Wilfried Schönborn **Lehrbuch der Limnologie**

Wilfried Schönborn

Lehrbuch der
Limnologie

Mit 316 Abbildungen und 65 Tabellen

E. Schweizerbart'sche Verlagsbuchhandlung
(Nägele u. Obermiller) · Stuttgart 2003

Dr. Wilfried Schönborn
Schützenhofstr. 9
07743 Jena

Meiner Frau Ilse gewidmet

Umschlagfoto: Die Ilm bei Wickerstedt (Thüringen) 1991. Kleiner naturnaher Mittelgebirgsfluß mit Insel.

ISBN 3-510-65204-5
http://www.schweizerbart.de

Johannesstr. 3A, 70176 Stuttgart. mail@schweizerbart.de
Druck: Maisch + Queck, Gerlingen
Printed in Germany.

∞ Gedruckt auf alterungsbeständigem Papier nach ISO 9706-1994

Vorwort

Das „Lehrbuch der Limnologie" geht auf eine Anregung von Frau Dr. J. Schlüter, der ehemaligen Leiterin des Gustav-Fischer-Verlages Jena, zurück. Inzwischen hat sich die Situation des Verlages derart geändert, dass ein Erscheinen des Buches dort nicht mehr möglich ist, und so fand es eine neue verlegerische Betreuung in einem Verlag, der schon die Klassiker der Limnologie begleitete.

Das Lehrbuch basiert auf entsprechenden Vorlesungen, die an der Friedrich-Schiller-Universität in Jena in den Jahren 1992–1999 gehalten wurden. Der Stoff wurde in Seminaren, Praktika und auf Exkursionen mit den Studenten diskutiert und auch den Nebenfächern angepasst. Im Vordergrund stehen die Interdisziplinarität der Limnologie, die systematische Behandlung der limnischen Lebensräume der Erde, d.h. ihre Eigenheiten und globale Bedeutung sowie die vielfältigen Anwendungen der Limnologie in Wirtschaft und Umweltschutz. Die mannigfachen ökologischen Zusammenhänge innerhalb der Limnologie werden im Text durch Querverweise unterstrichen und durch entsprechende Erläuterungen vertieft. Trotzdem muß ein gewisses Maß an ökologischen Grundkenntnissen vorausgesetzt werden. Der Student, vor allem auch der Nebenfächler, kann sicherlich über manche Einzelheiten und auch Organismennamen hinweglesen und sich nur die Quintessenz daraus merken.

Die moderne, verlagsgerechte Ausführung des geschriebenen Textes übernahm meine Frau, unterstützt von meiner Schwiegertochter Frau Dr. Ch. Schönborn. Den größten Teil der Abbildungen fertigte Frau Dr. K. Ramm, Thalbürgel, an. Ihnen allen sei nochmals herzlich gedankt.

Jena, Herbst 2002

Wilfried Schönborn

Teil I. Theoretische Limnologie

(Grundlagen der Limnologie)

Teil II. Angewandte Limnologie

Teil I

Theoretische Limnologie

(Grundlagen der Limnologie)

1. Zur Geschichte der Limnologie

Als Begründer der Limnologie gilt der Schweizer Gelehrte F.A. FOREL (1841–1912). In den Jahren 1892–1895 schrieb er ein dreibändiges Werk über den Genfer See (Lac Léman). Der Untertitel des in französischer Sprache erschienenen Werkes lautete: Monographie limnologique. Im Jahre 1901 erschien von ihm ein weiteres Werk, diesmal in deutsch: „Handbuch der Seenkunde. Allgemeine Limnologie". In diesen Werken tritt der Begriff „Limnologie" zum ersten Male auf. Er leitet sich von dem griechischen Wort „limne" (λίμνη) ab, was soviel wie stehendes Gewässer bedeutet. So war die Limnologie in ihrer Begründung zunächst eine Seenkunde. Schon in den beiden Geburtsurkunden war die Limnologie interdisziplinär angelegt. FOREL's Handbuch bestand zu 70 % aus Physik, Hydrographie und Geographie der Seen und zu etwa 30 % aus Biologie.

Als einer der Mitbegründer der Limnologie ist der Amerikaner S.A. FORBES anzusehen. Er veröffentlichte 1887 eine Arbeit mit dem Titel: „The lake as a microcosm". Diese programmatische Schrift enthält erstaunliche Erkenntnisse, die zum klassischen Wissensschatz der Limnologie gehören. In ihr werden schon Stoffkreisläufe beschrieben und biologische Begründungen gegeben (z. B. Räuber-Beute-Verhältnisse). Auch FOREL zitiert diese Schrift und übernimmt aus ihr die ganzheitlichen Ansätze für eine Gewässeranalyse.

Wie sooft in der Wissenschaft, gibt es neben den offiziellen Begründern einer Disziplin noch einen unbekannten Vorbegründer, der auch häufig noch ein Laie ist. So auch in der Limnologie. Es war der Dorfschullehrer F. JUNGE aus Kiel. Er veröffentlichte 1885, also noch vor FORBES und FOREL eine Schrift mit dem Titel: „Der Dorfteich als Lebensgemeinschaft". Der Titel hört sich so modern an, daß er aus unserer Zeit hätte stammen können. Wie FORBES, so faßte auch JUNGE das Gewässer als eine Lebensgemeinschaft und somit als Ganzheit auf. Er kann neben FORBES als einer der Mitbegründer der Limnologie gelten.

Die Arbeiten von FOREL intensivierten die Forschungen an Seen in Europa und Nordamerika und führten zur Bildung der ersten limnologischen Stationen. Kennzeichnend für diese klassische Zeit der Limnologie war die Auffassung des Gewässers als eine individuelle Einheit. Verallgemeinerungen und Voraussagungen, wie sie eine entwickelte Wissenschaft auszeichnen, gab es noch kaum.

Als weitere Klassiker aus dieser Zeit sollen nur F. Ruttner (Lunz) und W. Halbfass (Jena) genannt werden. Ruttner entwickelte die Physik und Chemie der Seen weiter, womit er schon 1914 begann. Schwerpunkte seiner Arbeiten waren das Leitvermögen des Wassers der Seen, die Kohlenstoffassimilation der Wasserpflanzen und der Kohlensäurekreislauf sowie die Besonderheiten tropischer Seen. Sein in 3. Auflage erschienenes Hauptwerk „Grundriß der Limnologie“ (1962) ist noch heute ein Standardwerk.

Halbfass war Geograph und vervollständigte Geographie, Morphologie und Hydrographie der Seen. Sein Hauptwerk sind die „Grundzüge der vergleichenden Seenkunde“ (1923). In ihm werden viele Seen morphometrisch, hydrographisch, einschließlich ihrer chemischen Inhaltsstoffe, oft nach geographischen Gesichtspunkten, verglichen, wobei das Individual-Konzept fast nicht überschritten wird.

Verweilen wir noch etwas bei diesem **Individual-Konzept**. Die vergleichenden Aspekte finden sich nicht nur bei Halbfass, sondern auch schon bei Forel. Dieser deutete Stoffkreisläufe an, stellte thermisch-geographische Seentypen auf, beschrieb morphodynamische Vorgänge und beispielsweise auch die Wirkung des Windes auf die Seen, was für ihren Stoffhaushalt grundlegend ist. Die genannten Vorgänge treten, modifiziert, in allen Seen auf. Trotzdem kam es noch nicht zur Ableitung von verifizierbaren Gesetzmäßigkeiten. Damit stoßen wir an ein Dilemma nicht nur der Limnologie, sondern der Ökologie überhaupt. Die Limnologie hat bis heute ein großes Wissen mit faszinierenden und auch generalisierbaren Erkenntnissen angehäuft. Aber wenn ein Limnologe einen Fluß oder See beschreiben soll, so beginnt er mit seinen Untersuchungen immer wieder von vorn. Ein Physiker oder Chemiker hat dies bei seinen Objekten nicht nötig. Der freie Fall ist auf der Erde überall gleich, die Gesetze der Atomphysik sind generell und das Massenwirkungsgesetz gilt für alle chemischen Reaktionen. Aber trotz generalisierbarer Erkenntnisse behält jedes Gewässer seine individuellen Züge. Das Individual-Konzept ist also nie ganz überwindbar. Dies mag immer wieder ein stimulierender Forschungsreiz für den Ökologen sein, für die Vertreter der sog. harten Wissenschaft (Physik, Chemie, auch Molekularbiologie) ist es jedoch ein Vorwurf. Die mit den individuellen Merkmalen und deren Variabilität verbundene Nicht-Verifizierbarkeit von Ergebnissen stempelt die Limnologie/Ökologie zu einer „weichen“ Wissenschaft, was einen anrüchigen Charakter hat. Jedoch scheint die Natur oberhalb der organismischen Ebene diese Struktur zu haben. So bitter es klingt, erst die immer bedrohlicher werdende Umweltkrise verhalf der Ökologie und somit auch Limnologie zu dem heutigen Ansehen.

Der hier angedeutete Konflikt ist schon sehr alt. Die Kontroverse geht auf M. Hartmann (1924) zurück, der sich weigerte, in seinem damals angesehenen Hauptwerk „Allgemeine Biologie“ die Ökologie aufzunehmen, da er sie nicht im Rahmen der biologischen Wissenschaften für salonfähig hielt. A. Thienemann, ein in dieser Zeit führender Limnologe, widersprach (zusammen mit einigen anderen Wissenschaftlern) auf das heftigste. Dieser Streit wurde sogar parallelisiert mit dem zwischen Goethe und Newton, was allerdings übertrieben erscheint und in diesem Fall nicht den Kern der Auseinandersetzung trifft. Diese Mißachtung der Ökologie ist zwar heute entschärft, aber nicht überwunden. Entschärft, da wir heute wissen, daß das Verhalten nichtlinearer Systeme, wie es die Ökosysteme sind, nicht exakt voraussagbar ist. So kann beispielsweise nach einem winterlichen oder verregneten April in gemäßigten Breiten die

Zusammensetzung der Lebensgemeinschaften eines Gewässers ganz anders verlaufen, als nach einem sonnigen Frühling. Mehrere gleiche Wasserbecken, aufgestellt mit gleichen Anfangsbedingungen, können im Verlauf der Besiedlung sehr unterschiedliche Organismen-Gemeinschaften aufweisen. Diese möglichen Frühdifferenzierungen kann man schließlich bis in die elementare Ebene zurückführen. Nichtlineare, stochastische Modelle spiegeln ein derartiges Verhalten von Systemen wider, können aber nicht die empirische Forschung ersetzen. Um die Natur richtig beschreiben zu können, muß auch ein relativer Exaktheitsgrad akzeptiert werden. Der Begriff Verifizierbarkeit ist in diesem Zusammenhang nicht mehr nützlich. Die Bildung des Methans in der Bakterienzelle läßt sich exakt beschreiben und verifizieren. Verläßt das Methan die Zelle und dringt in das Gewässer ein, ist seine Wirkung und Rolle mit dem intrazellulären Exaktheitsgrad nicht mehr zu erfassen. Aber es spielt eine bedeutende Rolle in den Gewässern und kann schließlich als Treibhausgas lebensbedrohend werden.

Die Ansätze zur weitgehenden Überwindung des Individual-Konzeptes kamen, nachdem sich eine Fülle an Daten angesammelt hatte, sogleich von drei Seiten aus.

Im Jahre 1911 veröffentlichten BIRGE und JUDAY ihre Ergebnisse, die sie an nordamerikanischen Seen gewonnen hatten. Sie untersuchten die Tiefenverteilung des Sauerstoffgehaltes des Wassers und fanden, daß man die Seen in zwei Typen einteilen kann: Seen, deren Tiefenwasser stets sauerstoffreich und solche, deren Tiefenwasser (im Sommer) sauerstoffarm ist. In letzteren kommen im Sediment besonders häufig die Mückenlarve *Chironomus* und der Schlammröhrenwurm *Tubifex* vor. Der Sauerstoffschwund in den Seen soll dadurch zustande kommen, daß die absinkenden organischen Reste oxidativ abgebaut werden. BIRGE und JUDAY konnten sich bereits auf einen Vorgänger berufen. Im Jahre 1895 fand HOPPE-SEYLER im Bodensee einen Rückgang des Sauerstoffs im Tiefenwasser und deutete diese Erscheinung als Indikator für den biogenen Stoffumsatz.

In Deutschland war es A. THIENEMANN, dem aufgefallen war, daß sich die Seen Norddeutschlands gegenüber denen des Voralpengebietes in der Fischfauna, der Zusammensetzung des Planktons und der Tiefenfauna unterschieden. In den Seen Norddeutschlands kamen in der Tiefe die Mückenlarven *Chironomus* und *Chaoborus* (= *Corethra*) vor und in den Voralpenseen die Mückengattung *Tanytarsus*. A. THIENEMANN sprach von einem baltischen und von einem subalpinen Seentyp. Er glaubte zunächst, daß es sich um ein tiergeographisches Problem handelte. Doch als er 1915 die Eifelmaare untersuchte, fand er beide Seentypen dicht nebeneinander [im Schalkenmehrener Maar (eutroph) und im Weinfelder Maar (oligotroph)]. Nun erst folgerte er, daß es sich um zwei ökologisch definierbare Seentypen handeln müsse und nicht um ein tiergeographisches Problem. Daher nannte er nun den baltischen Seentyp den *Chironomus*-See, den subalpinen den *Tanytarsus*-See. Er untersuchte beide Seentypen näher und fand ebenfalls wie BIRGE und JUDAY, daß der wichtigste ökologisch wirksame Faktor der Sauerstoffgehalt des Tiefenwassers ist. Der *Tanytarsus*-See hat stets sauerstoffreiches, der *Chironomus*-See (in den Sommermonaten) sauerstoffarmes Tiefenwasser.

Der dritte Initiator war E. NAUMANN (1918) in Schweden. Er ging von einer ganz anderen Basis als BIRGE, JUDAY und THIENEMANN aus, nämlich vom Planktongehalt des Oberflächenwassers der Seen und zwar genauer von dem pflanzlichen Anteil des Planktons, den Algen, die man als Phytoplankton bezeichnet. Es gibt Seen, die reich an Phytoplankton und Seen, die arm daran sind. NAUMMANN folgerte nun, daß die phytoplanktonreichen Seen, auch viele Pflanzennährstoffe haben müssen, die phytoplanktonarmen dagegen wenige. Als wesentliche Nährstoffe sah er Phosphor- und Stickstoffverbindungen an. Es gibt demnach nährstoffarme und nährstoffreiche Seen.

Für den nährstoffarmen See übernimmt NAUMANN aus der Moorforschung den Begriff **oligotroph**, für den nährstoffreichen den Begriff **eutroph**.

Das Kennzeichen der Seentypen ist also nach NAUMANN nicht der Sauerstoffgehalt des Tiefenwassers, sondern der Nährstoffgehalt oder Trophiegrad des Oberflächenwassers. Die Trophie ist bei NAUMANN noch unklar definiert und es brauchte sehr lange, bis sie richtig verstanden wurde.

Im Jahre 1920 vereinigt THIENEMANN sein System (incl. der Ergebnisse von BIRGE und JUDAY) mit dem von NAUMANN. Damit war das **Klassische Seentypensystem** geboren. Es war zugleich die Geburtsstunde der modernen Limnologie, die nun einen großen Aufschwung nahm. Äußerlich sieht die Vereinigung folgendermaßen aus:

1. Subalpiner Seentyp = *Tanytarsus*-See = oligotroph. Wenig Nährstoffe, wenig Phytoplankton. Schlamm arm an organischen Stoffen, kein Faulschlamm. Keine oder nur eine unwesentliche Sauerstoffabnahme im Vertikalprofil. Kalkgehalt variabel. Typischer bodenfaunistischer Indikator ist die *Tanytarsus*-Gruppe, besonders die Art *Lauterbornia coracina*. Kein oder nur gering ausgebildeter Pflanzengürtel am Ufer. Hohe Sichttiefe, Wasserfarbe oft seeblau. Über 18–20 m tiefe Seen.
2. Baltischer Seentyp = *Chironomus*-See = eutroph. Nährstoffreich, hohe Phytoplanktondichten. Schlamm reich an organischen Stoffen, Faulschlamm. Im Sommer (wie auch im Winter unter Eis) oft starke Sauerstoffabnahme im Tiefenwasser bis zum völligen Sauerstoffschwund. Mittlerer bis reicher Kalkgehalt. Typische bodenfaunistische Indikatoren sind die Gattungen *Chironomus* (besonders die Arten *Ch. plumosus* und *Ch. anthracinus*, *Chaoborus* und der Schlammröhrenwurm *Tubifex*). Alle Indikatoren zeigen Anpassungen an die Sauerstoffarmut. Gut ausgebildeter Pflanzengürtel am Ufer. Geringe Sichttiefe, Wasserfarbe oft gelblich-trüb. Unter 18 m tiefe Seen.
3. Braunwasser-Seen = para-oligotropher See NAUMANNS = dystropher Typ THIENEMANNS. Seen, die durch Humusstoffe, die von außen in das Gewässer gelangen, geprägt sind und somit abseits der autochthonen Reihe Oligotrophie – Eutrophie stehen. Die ausgeflockten Humuskolloide bilden den Schlamm des Sees, der Dy genannt wird. Im Sommer und im Winter unter Eis kommt es zur Sauerstoffabnahme in der Tiefe.

Damit war eine Exaktheit erreicht, wie sie in der Ökologie als beispielgebend bezeichnet werden kann. Aufgrund der Ermittlung eines Faktors, wie z. B. Seentiefe, Sauerstoffgehalt des Tiefenwassers, Sichttiefe oder Bodenfauna, ließen sich eine Anzahl von Voraussagen machen, wodurch das Individual-Konzept zu einem gewissen Grade überwunden wurde.

Dieses klassische Seentypensystem hob die Limnologie als abgerundete Wissenschaft aus der Taufe. Alle limnologischen Probleme fanden in ihm einen Platz und konnten eingeordnet werden in die Gesamtproblematik.

In der Folge wurde allerdings das Seentypensystem mehr oder weniger unterwandert, so daß es seine hohe Wertschätzung verlor, was zu einer Krise der theoretischen Limnologie führte. Die Ursache waren die zu hohen Anforderungen an den Exaktheitsgrad, mit dem man die Voraussagen treffen wollte. Es muß nochmals betont werden, daß der Exaktheitsgrad in der Ökologie/Limnologie nicht der der Physiker und Chemiker ist. Er ist immer relativ zu der Wissenschaftsdisziplin zu sehen, in der er angewandt werden soll. Darüber täuschen auch Statistik und mathematische Modellierung nicht hinweg. Die vielen interferierenden Faktoren lassen eine eindeutige quantitative Voraussage nur in seltenen Fällen zu. So spiegelten sich in der Seentypen-Literatur auch nach und nach die individuellen Züge der Gewässer wider. Schon 20 Jahre nach Aufstellung des Seentypensystems wurden in der europäischen Literatur bereits 60 verschiedene Seentypen bzw. Untertypen gezählt (Lang 1939). Dies desavouiert die Limnologie aber nicht, sondern zeigt einen Teil der Wirklichkeit dieser Welt auf.

An der Entwicklung der Seenkunde waren viele hervorragende Forscher beteiligt, die aus Platzgründen hier keine Erwähnung fanden Die Abb.1 gibt ein Merkschema zur Geschichte der Seenkunde. Zusammenfassende historische Darstellungen zur Limnologie finden sich in Thienemann (1925), Lampert (1928), Elster (1958, 1974), Schwoerbel (1999).

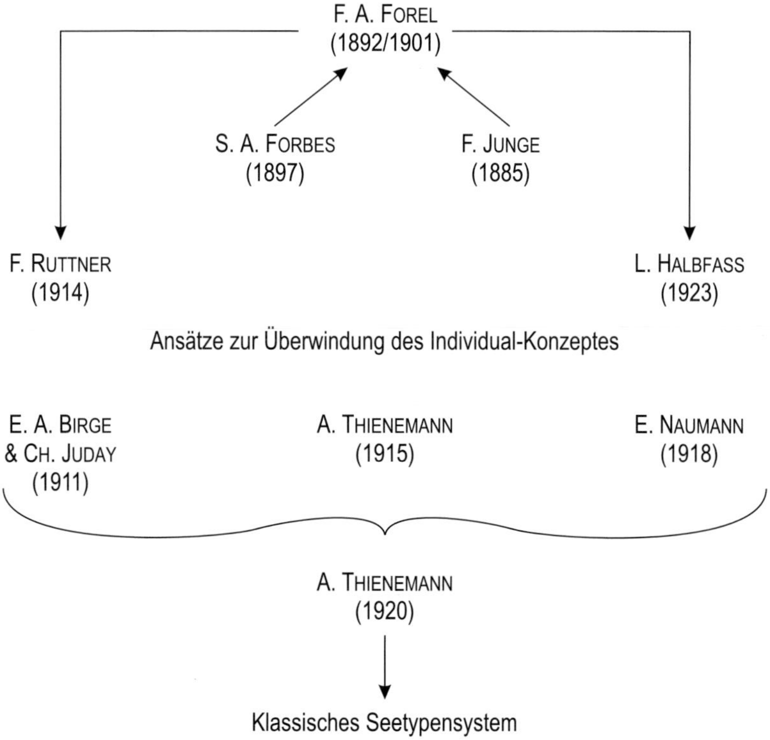

Abb. 1. Schema zur zeitlichen Entstehung des Hauptwerkes einiger wichtiger Begründer der Limnologie (Original).

Bis zu dieser Zeit war die Limnologie noch immer Seenkunde. Im Jahre 1922 wurde die **„Internationale Vereinigung für theoretische und angewandte Limnologie (IVL)"** gegründet. Gründungsort war Kiel. Hier wurde bewußt, daß der Wasserkreislauf in der Natur nicht nur Seen entstehen läßt, sondern gleichermaßen auch Grundwasser, Quellen, Fließgewässer und kleine Stillgewässer. Seitdem ist die Limnologie nicht mehr Seenkunde, sondern Binnengewässerkunde. Im Zentrum der jungen Wissenschaft stand sogleich der Stoff- und Energiehaushalt der limnischen Lebensräume, ganz im Sinne von HAECKEL, der die Ökologie als Lehre vom Haushalt der Natur definierte.

Es sollen jetzt einige Ausführungen zur Geschichte der Fließgewässerforschung folgen.

Die Flußfischerei kam schon sehr früh aus praktischen Gründen zu einer **Längszonierung** der Fließgewässer nach Leitfischen (FRITSCH 1882, SMOLIAN 1920). Wissenschaftlich aufgegriffen wurde dies durch Arbeiten von STEINMANN (1915) und THIENEMANN (1925). Diese Arbeiten führten direkt ins Zentrum der Fließgewässerforschung.

Auch die Suche nach Glazialrelikten in den kalten Gebirgsbächen, also nach Arten, die sich aus der Eiszeit erhalten haben, führte zu einer Intensivierung der Fließgewässerforschung. Sie führte auch zu einer ersten Analyse des wichtigen ökologischen Faktors in diesem Lebensraum, der Strömung (STEINMANN 1907, 1913).

Ein weiterer wichtiger Grund, sich schon sehr frühzeitig mit Fließgewässern zu befassen, war ihre zunehmende Verschmutzung, ihre Ausnutzung als „Vorfluter" (KOLKWITZ & MARSSON 1908/1909, THIENEMANN 1911, STEINMANN & SURBECK 1918). KOLKWITZ & MARSSON entwickelten das bekannte **Saprobiensystem**, das zu einem Grundinstrument der Abwasserbiologie wurde, der Gütebeurteilung abwasserbelasteter Fließgewässer. Dieses intensivierte sich noch mit der Revision des Saprobiensystems durch LIEBMANN (1951, 1962). Die zunehmende Belastung der Gewässer mit zivilisatorischen Abprodukten intensivierte generell die limnologische Forschung. Fließgewässerbiologie wird zu Beginn der zweiten Hälfte des 20. Jahrhunderts zur Abwasserbiologie. Ähnliches galt auch für Seen, so daß sich sehr schnell auch die **Angewandte Limnologie** oder Technische Hydrobiologie weiterentwickelte.

Mit der Entdeckung der Selbstreinigung der Gewässer sah man in Deutschland zunächst keinen Anlaß, Abwasser zu reinigen, bevor es in das Gewässer gelangt (PETTENKOFER 1890). Aber in dieser Zeit war bereits schon in England durch HASSAL (1850) die biologische Wasser- und Abwasseranalyse begründet. Im besonderen wurde der Ausbruch der Cholera schon bald mit dem Abwasser in Verbindung gebracht. Ein Überblick über die Geschichte der Abwasserforschung und -entsorgung findet sich bei ATV (1999) und MAUCH (1999), vgl. auch MOOG (1991).

Bei den Fließgewässern kam noch die **Verbauung** als Maßnahme gegen Hochwasserschutz, für Land- und Energiegewinnung, wie auch für die Schiffahrt, hinzu. Diese Eingriffe in den Wasserhaushalt mit ihren vielfältigen, auch unbeabsichtigten Folgen, erforderten immer wieder limnologische Begleitforschung. So kam es auch schon zu Beginn des 20. Jahrhunderts zu monographischen Bearbeitungen von großen Flüssen: Weser (LEMMERMANN 1907), Rhein (LAUTERBORN 1916/18), Elbe (HENTSCHEL 1923), Wolga (BEHNING 1928). Auch für Bäche gibt es schon sehr früh vergleichbare monographische Abhandlungen: Gebirgsbäche (STEINMANN 1907), Bäche des Sauerlandes (Deutschland) (THIENEMANN 1911/12) und von Rügen (Deutschland) (THIENEMANN 1926).

Ein Fließgewässer ist viel schwieriger zu verstehen als ein Stillgewässer. Daher hatte die Fließgewässerforschung einen viel längeren Weg bis zu ihrer heutigen Etablierung zurückzulegen als die Seenforschung. Wissenschaftliche Schwerpunkte waren zunächst die Längszonierung, Wirkung der Strömung und die organische Belastung. Die heutige faszinierende Problematik der Fließgewässerforschung ist erst in jüngster Zeit entstanden. Auch in der Geschichte der Fließgewässerforschung gibt es einen Vorbegründer, der lange Zeit unbekannt blieb. J.A. DIELHELM (1768) gab ein hydrographisches Wörterbuch heraus, in dem er Verlauf, Wasserbeschaffenheit, Flora, Fauna, Schiffbarkeit und Wasserbauten von etwa 1000 deutschen Fließgewässern gibt. Das Buch ist lexikalisch und kompilatorisch ausgerichtet, hätte aber schon im 18. Jahrhundert die Basis einer gezielten Fließgewässerforschung abgeben können (ECKHOLDT 1964).

Wie bei den Seen, so waren auch bei der Erforschung der Fließgewässer viele hervorragende Wissenschaftler beteiligt, die nicht alle genannt werden konnten. Zur Information über die Geschichte der Fließgewässerkunde ist die für die Seengeschichte empfohlene Literatur zu benutzen. (Nur die wichtigsten zitierten historischen Werke sind im Literaturverzeichnis aufgenommen.)

2. Gliederung der Limnologie

Zusammenfassende limnologische Literatur: HUTCHINSON (1957–1993), WETZEL (1983), BOHLE (1995), POURRIOT & MEYBECK (1995), LAMPERT & SOMMER (1999), SCHWOERBEL (1994, 1999).

Kapitelübergreifende spezielle Überblicksliteratur: GESSNER (1955–1959), VOLLENWEIDER (1969), KOHL & NICKLISCH (1988), OVERBECK & CHROST (1990), CHROST (1991), RHEINHEIMER (1991), FORD (1993). Vergl. auch WESENBERG-LUND (1939), ILLIES (1978).

Seit ihrer Gründerzeit wird die Limnologie in **Theoretische** und **Angewandte** Limnologie eingeteilt. Aus dem Lehrbuch wird hervorgehen, daß Grundlagen- und angewandte Forschung in der Limnologie so eng verzahnt sind, daß eine betonte Trennung beider Richtungen falsch ist. Ohne Grundlagen-Forschung ist die Angewandte Limnologie nicht entwicklungsfähig, wie auch umgekehrt die Theoretische Limnologie viele Anregungen und Forderungen aus dem angewandten Bereich erhält und umsetzt.

Die Theoretische Limnologie wird nach den gleichen Prinzipien wie auch Zoologie und Botanik, in **Allgemeine** und **Spezielle** Limnologie untergliedert. Die Allgemeine Limnologie behandelt die übergreifenden Themen der Gewässer-Ökologie: Ökologisch relevante Eigenschaften des Wassers, physiologische Ökologie der Süßwasserorganismen, limnische Populationsökologie (einschließlich Räuber-Beute-Verhältnisse und Konkurrenzprobleme), Grundlagen des Stoffhaushaltes und der Produktionsbiologie sowie des Stoffabbaues und der Stoffkreisläufe der Binnengewässer, Charakterisierung der Belastungszustände, der Trophie und Saprobie.

Die Spezielle Limnologie geht von den limnischen Lebensräumen aus: Grundwasser, Quellen, Fließgewässer, Still- oder Standgewässer. Sie behandelt ihre Besonderheiten und wendet die Erkenntnisse der Allgemeinen Limnologie auf sie an.

In diesem Lehrbuch stehen Spezielle und Angewandte Limnologie im Vordergrund. Die Allgemeine Limnologie ist, soweit möglich, in die Behandlung der limnischen Lebensräume integriert. In der neueren deutschen Literatur wird die Allgemeine Limnologie in den Werken von SCHWOERBEL (1999) und LAMPERT & SOMMER (1999) bevorzugt, in der französischen z. B. ist ihr ein eigenes Lehrbuch gewidmet (POURRIOT & MEYBECK 1995). Wie auch in Zoologie und Botanik üblich, gehen die meisten limnologischen Zusammenfassungen einen Kompromiß zwischen beiden Disziplinen ein. Der Speziellen Limnologie kommt noch eine besondere Bedeutung für den **Naturschutz** zu, was für ihre besondere Förderung spricht.

3. Die limnischen Lebensräume als Ökosysteme

Der Begriff **Ökosystem** ist unentbehrlich für jede ökologische Disziplin. Er meint das Beziehungsgefüge der Organismen untereinander und zu ihrem Lebensraum, wobei der Lebensraum zumeist physiographisch und topographisch als definierbar angenommen wird. Im allgemeinen gelten folgende (interne) Merkmale für ein Ökosystem:

1. Vorhandensein von Produzenten, Konsumenten und Destruenten; Aufnahme von Lichtenergie durch Autotrophe und Energieabgabe durch Heterotrophe als Wärme stehen etwa im Gleichgewicht.
2. Spezielle Lebensformen für den Lebensraum und eine deutliche Artendiversität.
3. Vorhandensein eines Stoffkreislaufes und somit Energieflusses.
4. Interaktionen zwischen Organismen (Räuber-Beute-Beziehungen, Konkurrenz).
5. Vorhandensein eines bestimmten Grades an Selbstregulation des Systems, d. h. es darf nicht völlig abhängig von anderen Lebensräumen sein.
6. Keine Vorherrschaft eines oder mehrerer abiotischer Faktoren, die ausschließlich die Lebensformen und zönotischen Strukturen des Systems prägen.

Es ist aber falsch, den Begriff Ökosystem eindeutig festlegen zu wollen. Die meisten Systeme besitzen die Möglichkeiten zu einer Entwicklung oder zumindest Vervollständigung. So auch die Ökosysteme. Derartige Möglichkeiten muß eine Definition berücksichtigen, um die Veränderungen der Systeme erfassen zu können. Vergleichen wir unsere limnischen Lebensräume mit Hilfe der genannten Kriterien, so machen wir eine erstaunliche Feststellung.

Zuvor müssen wir uns aber noch über die Entstehung der Binnengewässer verständigen.

Unsere Gewässer erhalten ihr Hauptmedium, das Wasser, aus den **Niederschlägen**. Die Niederschläge können direkt die Gewässer speisen (Himmelsseen, -weiher, episodische Flüsse) oder aber sowohl über den oberirdischen, als auch unterirdischen Abfluß. Viele der kleinen Stillgewässer erhalten durch den oberirdischen Abfluß ihr Wasser. Ein häufiger Weg der Wasserspeisung der Gewässer verläuft jedoch unterirdisch. Das Niederschlagswasser dringt in den Boden ein, verbleibt dort kapillargebunden oder versikkert tiefer bis zu einer wasserstauenden Schicht. Damit wird der erste limnische Lebensraum gebildet, das **Grundwasser**. Austretendes Grundwasser bildet die **Quel-**

len, den zweiten limnischen Raum. Das abfließende Quellwasser läßt einen Quellbach entstehen, also ein **Fließgewässer** als den nächsten wichtigen Lebensraum. Kleine Fließgewässer fließen zu größeren zusammen; es entstehen Flüsse und Ströme. Die meisten von ihnen münden in das Meer oder, um in unserer Kausalkette zu bleiben, in ein **Standgewässer** (See oder auch Weiher), den letzten großen limnischen Lebensraum. Dabei lassen wir die Entstehung der vielen Klein- und Kleinstgewässer außer Betracht.

Über Verdunstung und Niederschläge ist dieser Bildungsweg der Binnengewässer ein Teil des **Wasserkreislaufes**.

Betrachtet man nun die limnischen Lebensräume nach den genannten Ökosystemkriterien, so läßt sich eine Parallelisierung des Grades der Erfüllung dieser Kriterien mit der Reihenfolge der Lebensräume im Bildungsweg des Wasserkreislaufes vornehmen.

Grundwasser:

(1) Nicht erfüllt (fast keine Produzenten). (2) Erfüllt. (3) Schwach erfüllt (keine Pflanzen; Energiefluß geht von Detritus und Bakterien meist nicht über Turbellarien und Crustaceen hinaus, nur gering ausgebildeter Energiefluß). (4) Schwach erfüllt (geringe Individuendichten, wenig Prädatoren, „Notstandsstrategen" der Besiedler). (5) Vermutlich nicht erfüllt (stark von oberirdischen Ökosystemen abhängiger Lebensraum). (6) Extremes Diktat abiotischer Faktoren, v.a. durch die Dunkelheit, aber auch durch Nahrungsarmut, Sauerstoffarmut, hohe CO_2-Konzentrationen, Raumenge (z. B. in Sanden), niedere Temperaturen.

Abgrenzung: Topographisch eindeutig, aber kein genereller Strukturaufbau (Sande, Kiese, Spaltgewässer, Höhlen mit terrestrischen Übergängen).

Quellen:

(1) Erfüllt, aber noch relativ starker allochthoner Input (Laub, Totholz). (2) Erfüllt. (3) Vermutlich nur schwach erfüllt. (4) Erfüllt. (5) Schwach erfüllt (stark abhängig von Grundwasser und Quellbach). (6) Noch starke Dominanz mehrerer abiotischer Faktoren, wie Turbulenz, niedere Temperaturen, Raumenge, insuläre Verteilung.

Abgrenzung: Topographisch eindeutig, allerdings teilweise mit schwer abgrenzbaren Übergängen zu Quellbach und terrestrischen Räumen. Kein einheitlicher Strukturaufbau (s. Limno-, Rheo-, Helokrene).

Fließgewässer:

(1) Erfüllt, in den Oberläufen noch erhöhter allochthoner Input (Laub, Totholz). (2) Erfüllt. (3) Schwach erfüllt (auf den Habitatoberflächen = Grenzflächen vorhanden, ansonsten oft spiralförmig abgewandelt). (4) Erfüllt. (5) Prinzipiell erfüllt, besonders in Sohlennähe und auf den Habitatoberflächen. Wird aber durch inhärente Störeinflüsse (Hochwasser, Austrocknung) häufiger unterbrochen als in Stillgewässern, so daß noch Wiederbesiedlungsstrategien vorherrschen. (6) Nur noch ein vorherrschender absoluter Faktor, die Strömung. Gefälle und damit Strömung und Durchfluß haben noch eine prägende Wirkung auf die Fließgewässer-Ökosysteme.

Abgrenzung: Topographisch eindeutig, aber infolge des schwankenden Durchflusses noch mit schwankenden Grenzen. Die langen Ufer bewirken im Verhältnis zur geringen Größe des Wasserkörpers eine starke allochthone Beeinflussung der Fließgewässer, die allerdings flußabwärts abnimmt. Einheitliches Struktursystem: Habitatgradient (Ökokline).

Standgewässer (Seen):
Alle 5 Kriterien sind erfüllt. Die Abgrenzung des Lebensraumes ist eindeutig. Von allen Lebensräumen sind die Seen am vollständigsten abgeschlossen und ihr Stoffhaushalt ist stark autochthon geprägt. Je kleiner Stillgewässer sind (Tümpel, Kleinstgewässer), um so weniger erfüllen sie die Ökosystemkriterien.

In Seen ist das Absinken (Schwerkraftwirkung) der schwebenden Organismen noch ein bestimmender abiotischer Faktor, dessen Auswirkung jedoch meist die der Strömung in Fließgewässern nicht erreicht. Je extremer ein Lebensraum ist, um so inkompletter ist sein Ökosystem. Grundwasser, Quellen und auch noch Fließgewässer sind extreme Lebensräume. Sie wurden zumeist von der Oberfläche (Grundwasser) bzw. von Stillgewässern aus besiedelt. Die Organismen mußten sich den extremen Bedingungen anpassen, die auch die Struktur der sich bildenden Ökosysteme beeinflußte. „Extrem" heißt hier der Grad der Abweichung vom ökologischen Optimum: Vorhandensein von Sonnenlicht, Temperaturen von >10 °C – 30 °C, osmotischer Druck von 5 bar, relativ konstante Bedingungen, keine lebensbedrohenden Faktoren (wie z. B. auch Strömung), mittlerer Nahrungsreichtum, moderate Abundanzen.

Ökosystemdefinitionen sollten sich auf die Topographie (d. h. Abgrenzbarkeit) und das Vorhandensein spezieller Lebensformen und eine gewisse Artendiversität beschränken. Der Wasserkreislauf gibt uns ein System der limnischen Lebensräume vor. In der Reihenfolge dieser Lebensräume kommt es zu einer zunehmenden Komplettierung der limnischen Ökosysteme. Der Wasserkreislauf schafft diese Lebensräume und gibt ihnen auch die Grundlage für die Besiedlung mit Organismen. Alle Limnologie hat daher mit dem Wasserkreislauf zu beginnen.

4. Der Wasserkreislauf

Die Wassermengen der Erde sind gewaltig (Tab. 1). Man schätzt sie auf über 1,4 Milliarden km^3. Das meiste Wasser enthält das Meer, gefolgt von dem Grundwasser und den Gletschern, das wenigste enthalten (stationär betrachtet) die Flüsse. Trotz der relativ geringen Wassermenge des Süßwassers (vgl. Tab. 2), ist ihre Bedeutung enorm, da es nicht nur auf die Menge an Wasser ankommt, sondern auch auf ihre Verteilung, die im Gegensatz zum Meer diffus ist und somit alle Gebiete des Festlandes erreicht. Die Verweildauer des Wassers ist in den oben genannten drei Reservoiren am längsten, in den Flüssen am geringsten. Nur etwa 6 % des Wasservorrates des Erde nimmt ständig am Wasserkreislauf teil. Infolge der Wärmestrahlung der Sonne verdunstet (Übergang in die gasförmige Phase) ein relativ geringer Teil der Wasservorräte. Der größte Teil der Verdunstung findet über dem Meer statt. Der aufsteigende Wasserdampf bildet bei Abkühlung Wolken. Diese werden teils bis zum Festland verfrachtet, wo es aber auch zu zusätzlicher Wolkenbildung kommt. Die Kondensierung des Wasserdampfes zu Wolken (flüssige Phase) ist ein komplexer Vorgang, der auch an das Vorhandensein von Kondensationskeimen gebunden ist. Die Wolken bestehen aus schwebefähigen Wassertropfen

Tabelle 1. Die Wassermengen der Erde. (Zusammengestellt nach Angaben von KORZUN et al. 1974, LVOVIC 1974 aus BAUMGARTNER & LIEBSCHER 1990).

	Wassermenge [km³]	**Anteil %**	**Tiefe bei gleichmäßiger Verteilung über einen eingeebneten Erdkörper [m]**
Gesamtwassermenge der Erde	1.385.984.610 ~1.400.000.000	100	2.718
Wasser im Meer	1.338.000.000	96,5	2.623
Wasser der Binnengewässer	35.029.210	2,5	68
Wasser in Gletschern und Schnee	24.364.000	1,7	47,2
Grundwasser	23.400.000	1,7	46
Oberflächenwasser der Binnengewässer (einschl. Sümpfe, Moore)	189.990	0,01	0,4
Bodenfeuchte	16.500	0,001	0,3
Wasser in der Atmosphäre	12.900	0,001	0,02
Wasser in den Lebewesen	1.120	0,0001	0,002
Permafrost (-Böden)	300.000	0,02	–

Tabelle 2. Verteilung des Wassers der Binnengewässer auf der Erde. (Zusammengestellt nach Angaben von KORZUN et al. 1974, LVOVIC 1974 aus BAUMGARTNER & LIEBSCHER 1990).

	Wassermenge [km³]	**Anteil %**
Wasser in Gletschern und Schnee	24.364.000	68,7
Grundwasser bis 800 m Tiefe	4.200.000	12,0
Grundwasser > 800 m Tiefe	4.200.000	12,0
Grundwasser in der Antarktis	1.000.000	2,9
Süßwasserseen	125.000	0,34
Salzwasserseen	104.000	0,28
Fließgewässer	1.250	0,003
Sümpfe, Moore	11.470	0,03

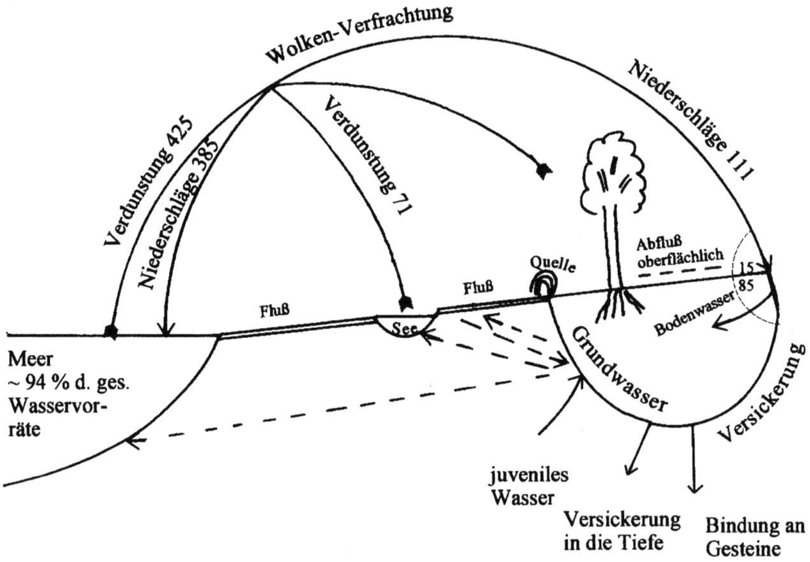

Abb. 2. Wasserkreislauf (Zahlenangaben ($\times 10^3 km^3 a^{-1}$) aus Baumgartner & Reichell 1974). Rechts: Prozente der Versickerung

oder Eiskristallen. Verschmelzen die kleinen Tropfen zu größeren, dann fallen sie als **Niederschlag** zur Erde (als Regen oder Schnee). Der größte Teil der marinen Verdunstung fällt auch als Niederschlag auf das Meer zurück. Etwa 10 % der marinen Verdunstung wird als Wasserdampf zum Festland verfrachtet und fällt dort als Niederschlag, so daß 36 % der festländischen Niederschläge Fremdzufuhr darstellen. Die unmittelbar von der Bodenoberfläche erfolgende Verdunstung heißt Evaporation. Das von den Pflanzen aufgenommene Wasser wird als Transpiration an die Atmosphäre abgegeben.

Evaporation + **Transpiration** = **Evapotranspiration** (festländische Wasserverdunstung). Die Abb. 2 vermittelt graphisch den globalen Wasserkreislauf mit dem entsprechenden **Wassermengentransport.**

Wichtig für die Limnologie sind die auf das Festland fallenden Niederschläge. Bei naturnaher Vegetation auf der Erdoberfläche fließen etwa 15 % der Niederschläge oberflächlich ab; das übrige Wasser dringt in den Boden ein (**Infiltration**). Davon wird ein Teil an den Boden gebunden (**Bodenwasser**). Dies geschieht als

a) hygroskopisches Wasser, das an die Bodenteilchen adsorbiert ist;
b) Häutchenwasser, das über dem hygroskopischen Wasser einen weiteren Wassermantel bildet (hygroskopisches + Häutchenwasser = Haftwasser);
c) Porenwinkelwasser, wenn hier Unterdruck herrscht (die Poren existieren zwischen den Bodenteilchen und bilden ein Porensystem);
d) Porensaug- oder Kapillarwasser. Das Kapillarwasser steigt gegen die Schwerkraft in dem Porensystem nach oben auf und verbindet Boden und Grundwasser. Bei bis zu

5 mm Körnchengröße im Boden ist noch Kapillarwasser möglich. Kapillarwasser, das keine Verbindung zum Grundwasser hat, heißt schwebendes Kapillarwasser.

Dieses Bodenwassersystem stellt noch keinen limnischen Lebensraum dar, steht aber dennoch biologisch mit aquatischen Lebensräumen in Verbindung. Bei der evolutiv erfolgten Besiedlung des Landes durch Wasserorganismen war der Boden mit seinem Bodenwasser eine wichtige Primär- und Übergangsstation. Noch heute leben echte Wassertiere, wie viele Protozoen und niedere Metazoen (z. B. Rotatorien), im Boden. In den großen Poren des Bodens ist meist Wasserdampf enthalten, so daß auch hier die Austrocknungsgefahr gemindert ist. Ist der Boden wassergesättigt, so dringen die Niederschläge über die Bodenwasserzone hinaus tiefer in das Erdreich ein, bis sie auf eine wasserundurchlässige Schicht stoßen. So entsteht das **Grundwasser**. Es ist im Gegensatz zum Bodenwasser ein zusammenhängender Wasserkörper, der tropfbar ist und der Schwerkraft folgt. Er ist der erste vom Wasserkreislauf gebildete limnische Lebensraum. Die Körnchengrößen im tieferen Erdreich sind meist über 5 mm groß.

Ein Teil des versickernden Wassers wurde im Laufe der Erdgeschichte an Gesteine gebunden. Geochemische Prozesse, wie die Verwitterung des Anhydrits zu Gips, verbrauchen Wasser, so daß der Wassergehalt der Lithosphäre (= **Bergfeuchte**) als schwankend angenommen wird. Immerhin macht der Wassergehalt der Lithosphäre etwa 38 % des wirklichen gesamten Wasservorrates aus, der aber dem Kreislauf nicht zur Verfügung steht und auch nicht in den Bilanzen erscheint.

Da die wasserstauenden Schichten selten parallel zur Erdoberfläche verlaufen, ist Grundwasser meistens fließend. Grundwasserströme können unterirdisch Flüsse, Seen und auch die Meere erreichen, wie auch umgekehrt Grundwasser durch Eindringen von Fließwasser in den Untergrund entstehen kann.

Wasser versickerte in früheren geologischen Perioden sehr tief und bildete das noch heute vorhandene **Tiefengrundwasser** (> 800 m tief, = fossiles Grundwasser). Die tiefsten Wasserstände stehen bis zu 2 000 m und mehr unter der Erdoberfläche. So liegen unter der Sahara große Areale ($2 \cdot 10^6$ km^2, $75 \cdot 10^3$ km^3) von fossilem Grundwasser aus dem Pleistozän (vor 0,75 Millionen Jahren). Der Zufluß von oben ist gering, da eindringendes Wasser mit dem oberen Grundwasser abfließt. Nur aus den Randgebieten sammelt sich noch etwas Wasser an. Die Erneuerungsdauer dieses Tiefengrundwassers liegt dann auch bei 20 000–70 000 Jahren. Im Gegensatz zum Tiefengrundwasser, das praktisch dem Kreislauf entzogen ist, gibt es auch **juveniles** Wasser, das noch nie am Kreislauf teilgenommen hat. Es stammt aus den magmatischen Vorgängen im Erdinneren und wird erstmalig in den Kreislauf eingespeist. Alles Wasser, das prinzipiell am Kreislauf teilnehmen kann, nennt man **vados**.

Ein für uns Menschen sensibler Bereich des Wasserkreislaufes ist die Verteilung des Abflusses des Niederschlagwassers. Die verheerenden Folgen entstehen durch Verschiebung des Abflusses von der Infiltration zu oberflächlichem Abfluß. Das Wasser fließt dann direkt in die Flüsse (und auch Seen), wodurch es zu extremen Erosionen und Überschwemmungen kommt. Die Ursachen sind die Degradation der natürlichen Vegetation durch Landwirtschaft und Entwaldungen, der Ersatz der tiefwurzelnden Bäume durch Flachwurzler (z. B. Fichte) und die Versiegelung des Bodens. Lokal kann der oberflächliche Abfluß bis über 90 % betragen.

Grundwasserbildung geht fast immer über die Bodenwasserzone, wobei die Struktur der Bodenoberfläche, die Bodenart und das Bodenwasser die wichtigsten Steuerelemente sind. Tritt Grundwasser an die Oberfläche, so bildet es den zweiten limnischen Lebensraum, die **Quelle**. Das Quellwasser fließt zumeist als Quellbach ab und bildet die **Fließgewässer** als weitverbreiteten limnischen Lebensraum. Fließgewässer münden häufig in ein Meer oder auch in **Süßwasser-Seen**. In ihnen erreicht schließlich, wie in Kap. 3 abgeleitet, das limnische Ökosystem seinen höchsten Grad an Vollständigkeit.

Die Tab. 2 zeigt die **Verteilung des Süßwassers** auf der Erde. Das meiste ist in den Gletschern und im Inlandeis gebunden, das ihnen folgende Wasserreservoir ist das Grundwasser. Den geringsten Anteil besitzen die Fließgewässer. Das sagt nichts über die enorme Bedeutung der Fließgewässer im Wasserkreislauf aus. In humiden Gebieten ist das Fließgewässernetz sehr dicht (Abb. 3). Praktisch gehört dann jeder Punkt auf der Erdoberfläche zu einem Einzugsgebiet eines Fließgewässers. Fließgewässer sind die Lebensadern der Landschaft und transportieren jährlich etwa 37 000 km^3 Wasser in das Meer. Sie sind die wichtigsten Entwässerungssysteme der Erde und bringen das Niederschlagswasser zu den Wassersammelstellen, dem Meer und den Süßwasser-Seen. Die **Flußdichte** wird in km Fließstrecke/km^2 angegeben. Der unterirdische Abfluß zum Meer beträgt etwa 13 000 km^3 Wasser. Auch die Atmosphäre enthält durch die Verdunstung ständig Wasserdampf (0,05 %). Innerhalb von etwa 10 Tagen wird der Wasserdampf der Atmosphäre (**Luftfeuchtigkeit**) ausgetauscht und geht in den Niederschlag ein.

Schwierig abzuschätzen ist die **Verteilung des Grundwassers**. Von den $60 \times 10^6\,km^3$ Grundwasser sind nur etwa $8 \times 10^6\,km^3$ süßes Wasser, der Rest liegt im Bereich der Meere als salziges Grundwasser. Der Süßwasseranteil ist zu gleichen Mengen als oberflächliches (austauschbares) und Tiefengrundwasser verteilt. Die Grundwasservorräte der Antarktis sind dabei nicht berücksichtigt.

Die Datenangaben über die Wassermengen der Erde sind nicht einheitlich. Das ist auch nicht zu erwarten, da es sich um gigantische Hochrechnungen handelt. Die wichtigsten Nachschlagewerke hierüber sind: Baumgartner & Reichel (1974), Korzun et al. (1974), Lvovic (1974), Baumgartner & Liebscher (1990), Marcinek & Rosenkranz (1996).

Aus unserem Schema des globalen Wasserkreislaufes (Abb. 2) lassen sich sehr leicht eine Reihe von Gleichungen ableiten. Global gilt:

Niederschläge = Verdunstung.

Für das Festland läßt sich die Gleichung noch spezifizieren:

Niederschläge = Verdunstung + Abfluß

Der Abfluß geschieht sowohl oberflächlich (= **Abflußbeiwert**) als auch durch Versickerung in den Boden (der dann über die Quellen auch wieder oberflächlich abfließen kann). Im Winter bei Schneefall kann der Niederschlag nicht abfließen, sondern bleibt als **Rücklage** zurück.

Daher die Formel:

Niederschläge (Winter) = **Verdunstung + Abfluß + Rücklage** (Schnee, Eis)

Diese winterliche Rücklage ist eine wichtige Voraussetzung, daß in humiden Gebieten im Sommer bei langanhaltender Trockenheit die Flüsse noch fließen. Die Sommerformel muß daher lauten:

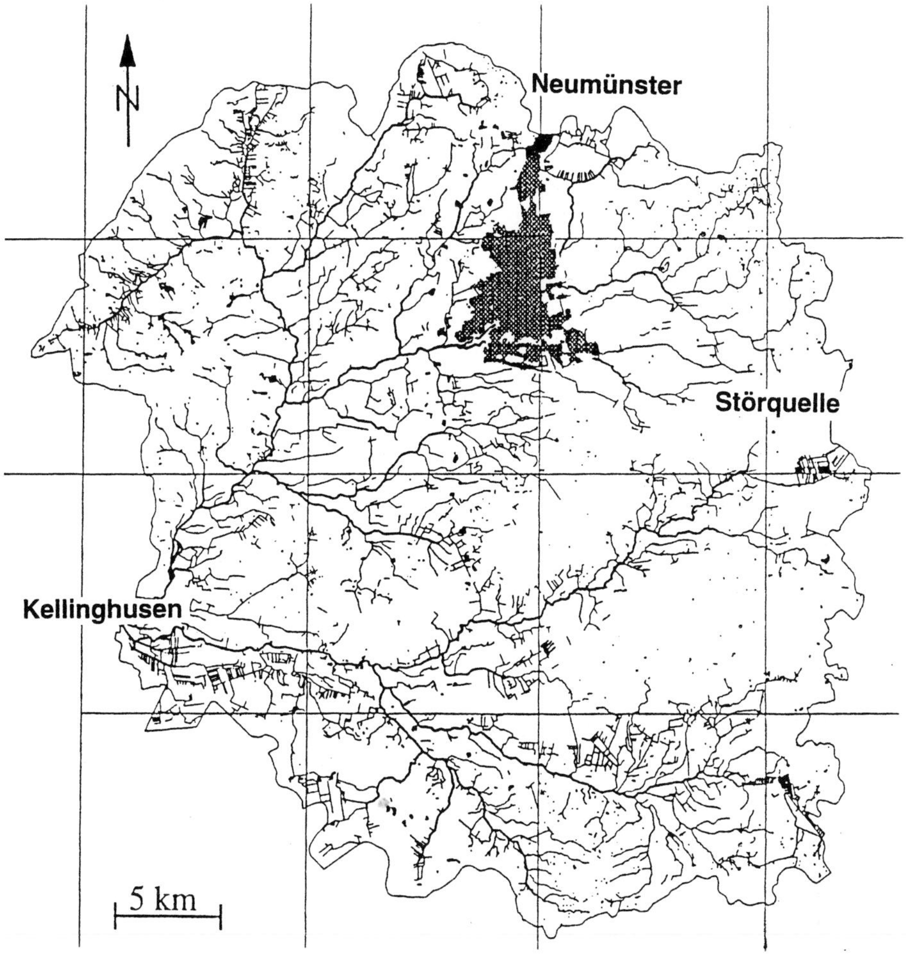

Abb. 3. Beispiel eines Fließgewässer-Netzes, zugleich die Flußdichte veranschaulichend. (Deutschland, Schleswig-Holstein, nach RIPL 1996a).

Niederschläge (Sommer) =
Verdunstung + Abfluß – Aufbrauch der winterlichen Rücklagen

Auf lange Zeiträume betrachtet, heben sich jedoch Rücklage und Aufbrauch auf, so daß die allgemeine Wasserhaushaltsgleichung des Festlandes benutzt werden kann. Für das Meer gilt schließlich:

Niederschläge = Verdunstung – Abtransport zum Land

Die globale Wasserhaushaltsgleichung ist die Summe aus den vielen Gebiets-Wasserhaushaltsgleichungen. Die größten Gebiete in diesem Zusammenhang sind die Nord- und Südhalbkugel der Erde. Auf der Südhalbkugel fallen nur etwa 63 % der festländischen

Niederschläge, bezogen auf die Nordhalbkugel. Der gleiche Prozentsatz gilt dann auch für Verdunstung und Abfluß. Daher gibt es auf der Südhalbkugel viel mehr Trockengebiete als auf der Nordhalbkugel und somit trockenfallende Fließ- und Stillgewässer.

Der Wasserkreislauf ist ein Destillationsvorgang, der weltweit zu einer gigantischen Wasserreinigung führt, aber auch aus Meerwasser Süßwasser entstehen läßt. Im Industriezeitalter ist dieser Reinigungsprozeß allerdings zweifelhaft geworden, da die Atmosphäre durch viele Stoffe verunreinigt ist, die sich in den Niederschlägen lösen (saurer und nährstoffbelasteter Regen). Aber auch der Destillationsprozeß ist nicht rein physikalisch zu verstehen, sondern erfährt nach neueren (hypothetischen) Anschauungen eine biologische Prägung. Die marinen Algen produzieren β-Dimethylsulfoniopropionat (DMPS), das mit ihrem Tod freigesetzt wird und sich zu Dimethylsulfid umwandelt (chemisch oder bakteriell). Es entweicht in die Atmosphäre und verbindet sich nach seiner Oxidation zu Sulfat mit Ammonium zu Ammoniumsulfat $(NH_4)_2\ SO_4$, das als Kondensationskeime für die Wolkenbildung dient. Das Ammonium stammt aus Abbauprozessen der Ozeane. Dieser Vorgang erklärt auch, daß beispielsweise säurehaltige Niederschläge in industriearmen Gebieten, wie der Antarktis, fallen (CHARLSON et al. 1987).

5. Das Grundwasser

Zu empfehlende Übersichtsliteratur: CHAPPUIS (1927), GIBERT et al. (1994), VOGELSANG (1998).

5.1. Definition, Bildung des Grundwassers

Grundwasser ist unterirdisches Wasser, welches tropfbar ist (nicht kapillar gebunden), der Schwerkraft folgt und einen zusammenhängenden Wasserkörper bildet. Es befindet sich oberhalb einer wasserstauenden Schicht. Grundwasser entsteht vorwiegend aus versickernden Niederschlägen (**Infiltrationstheorie**, s. **I. 4.**). Die Menge an Infiltrationswasser ist ein fundamentaler ökologischer Faktor auf der Erde. Er ist abhängig von der Bodenart (einschließlich geologischer Formation) und der Vegetation. Für die Bildung des Grundwassers ist der effektive Niederschlag entscheidend, d. h. der Teil des Niederschlages, der in den Boden eindringt und nicht abfließt oder verdunstet. Je grobkörniger der Boden ist, um so mehr Niederschlagswasser versickert, um so geringer ist die Verdunstung. In Sandböden versickert viel Wasser, in humosen Lößböden hingegen wenig. Je mächtiger die Vegetation ausgebildet ist, um so stärker ist die Verdunstung und um so geringere Mengen an Niederschlägen erreichen das Grundwasser. Im Wald ist die Verdunstung am höchsten, auch nehmen die Wurzeln viel Bodenwasser auf und können sogar das Grundwasser anzapfen. Daher steht das Grundwasser in Wäldern meist tief. Trotzdem bildet sich unter Wäldern Grundwasser, da es auch fördernde Faktoren gibt. Der Wald trocknet selten aus, Niederschläge fließen nicht ab; erreichen sie den Boden, sind sie immer effektiv.

Auf Ackerland fließt das Wasser oft schneller ab, als es versinken kann. Auch Wiesen (und generell Dauergrünland) halten das Wasser weniger zurück als der Wald, da der dichte Wurzelfilz das versinkende Wasser bremst. Straßen, bebaute Flächen, kranke

Wälder, flachwurzelnde Wälder (Fichtenforsten) und Kahlschläge halten wenig Wasser zurück. Nackter Boden verdunstet weniger Niederschläge als vegetationsreicher.

Die Grundwasserbildung hängt auch vom geologischen Untergrund ab. Bevorzugt entsteht Grundwasser in holozänen (alluvialen) Talböden und Flußauen (Schotter, Kiese, Sande). Auch pleistozäne (diluviale) Ablagerungen sind grundwasserreich. Dies sind Talsande, Sander, Moränen, Flußterrassen und Urstromtäler. Besonders grundwasserarm sind die Formationen Kreide, Jura, Keuper, Muschelkalk, Devon, Silur, Kambrium, Praekambrium, wobei speziell klüftiges Grundwasser (z. B. auch in Höhlen) im Muschelkalk, Jura, Rotliegenden und Karbon entstehen kann.

Sekundär entsteht Grundwasser auch durch **Uferfiltration** von Flußwasser. Das Grundwasser in den Flußauen kann durch Flußwasser gespeist werden, wie auch umgekehrt Grundwasser in die Flüsse eindringen kann. Diese wichtigen Wechselbeziehungen werden im Kap. **I.** 7.3. behandelt. Inwieweit juveniles Wasser an der Grundwasserbildung beteiligt ist, bleibt unbekannt.

5.2. Struktur der Grundwasser-Räume

Grundwasser ist ein aquatischer Lebensraum, der kein einheitlich-räumliches Struktursystem besitzt. Es gibt im wesentlichen drei Grundwasser-Systeme: Wasserführende Lockergesteine (**Aquifere**), Spalten, Klüfte und schließlich größere Höhlengewässer (**Aquifugen**). Lockergesteine sind Schotter, Kiese, Sande (auch verfestigtes Sedimentgestein kann hierzu gerechnet werden). Das Wasser findet sich in dem Lückensystem dieser Substrate. Höhlengewässer können seeartig, aber auch unterirdische Fließgewässer sein. Fließgewässer, die nur kurze Strecken unterirdisch fließen, gehören nicht zum Grundwasser. Auch teilweise oder vollständig versinkendes Flußwasser, das unterirdisch weiterfließt und dann wieder oberirdisch (oft als Quelle) zu Tage tritt, ist kein Grundwasser, obwohl es mit diesem in Beziehung treten kann. Derartige Erscheinungen zeigen Flüsse, die durch geologische Formationen mit klüftigem Gestein fließen; bekanntestes Beispiel ist in Europa die Donau. Größere wasserführende Spalten und Höhlen entstehen vorwiegend durch Lösungsvorgänge in **Karst**gebirgen. Diese bestehen im wesentlichen aus Kalkstein ($CaCO_3$), Dolomit, ($CaCO_3 \cdot MgCO_3$) und Gips ($CaSO_4 \cdot 2H_2O$). (Es können auch Höhlen in löslichen Silikatgesteinen entstehen.)

Versickerndes Niederschlagswasser nimmt im Boden viel Respirations-CO_2 auf. Ist der Gehalt höher als zur Aufrechterhaltung des Lösungsgleichgewichtes von Calciumbikarbonat, $Ca(HCO_3)_2$, nötig ist, so heißt die sich bildende Kohlensäure **aggressive** Kohlensäure und löst Kalk auf.

$$CO_2 + H_2O \rightarrow H_2CO_3$$
$$CaCO_3 + H_2CO_3 \rightarrow Ca^{2+} + 2HCO_3^-$$

Auch Grundwasser kann hierbei mitwirken, da sich sein CO_2-Gehalt noch erhöht (Abb. 4).

Große Teile des Grundwassers fließen ständig ab in Richtung Meer. Die Ursache ist die Unebenheit der wasserstauenden Schicht. Das Wasser in den Klüften und Spalten kommt meist als Karstquelle zu Tage und fließt in einem Quellbach ab. Im Karst gibt es keinen zusammenhängenden Grundwasserspiegel. Das Wasser zirkuliert in den Klüften, die sich allerdings vergrößern und vernetzen können und zu Fließsystemen werden können. Die Fließgeschwindigkeit kann bis zu 2 000 m/d^{-1} betragen, meist jedoch < 1 000 m/d^{-1}. In Lockergesteinen kann das Wasser sehr weite Strecken fließen. Bekannt sind die Grundwasserströme von Skandinavien unter die Ostsee hindurch bis nach Norddeutschland. Nur wenn die wasserstauende Schicht muldenförmig ist oder im Karst die Höhlungen abflußlos sind, gibt es stehendes Grundwasser. Die Geschwindigkeit des fließenden Grundwassers ist relativ gering. Es benötigt beim Fließen durch:

Feinsande	4–5 m/a^{-1}	Kiese	6–9 m/d^{-1}
Sande	1–4 m/d^{-1}	Grobe Talschotter	15 m/d^{-1}

Lockergesteine, die Grundwasser enthalten, werden als **Grundwasserträger** oder **-leiter** bezeichnet; die wasserstauende Schicht heißt **Wasserstauer**. Die wichtigsten Wasserstauer sind Ton, Mergel, Lehm, Tonschiefer und Urgesteine. Die meisten Wasserstauer müssen erst kapillar oder molekular wassergesättigt sein (Bergfeuchte), um die wasserstauende Funktion erfüllen zu können. Die Wasserführung der Grundwasserleiter richtet sich nach dem **Porenvolumen** (P):

$$P = \frac{100 \cdot v}{V} \, [\%]$$

v = Wasserverbrauch beim Auffüllen einer Lockergesteinsprobe
V = Volumen dieser Probe

Tabelle 3. Körnchengrößen, Porenvolumen und für den Durchfluß nutzbares Porenvolumen der Lockergesteine. (Nach GIESSLER 1957).

Lockergestein	Körnchen-durchmesser [mm]	Porenvolumen [%]	Nutzbares Porenvolumen [%]
Grobkies	7 – 20	35,24	
Mittelkies	4 – 7	35,47	
Feinkies	2 – 4	35,93	
Grobsand	1 – 2	37,38	
Mittelsand	0,3 – 1	39,60	
Feinsand	0,3	42,00	
	0,374		15,29
	0,285	> 42,00	14,35
	0,155		11,86
	0,118		10,02
	0,083		8,42

Das Porenvolumen hängt von der Körnchengröße und ihrer Lagerungsdichte ab. Wichtig ist, daß die Grundwasserleiter neben dem tropfbaren Wasser auch noch haft- und kapillargebundenes Wasser enthalten (s. **I. 4.**). Somit ist nicht das gesamte Porenvolumen wasserdurchgängig. Mit abnehmender Körnchengröße steigt das Porenvolumen, aber nicht gleichzeitig der für die Mobilität des Wassers nutzbare Anteil (Tab. 3).

Der Durchfluß durch Lockergestein errechnet sich aus der allgemeinen Durchflußgleichung:

$$Q = v \cdot F$$

Q = Durchfluß [$m^3\ s^{-1}$]
v = Fließgeschwindigkeit des Wassers [$ms{-}^1$]
F = Querschnitt des Fließgerinnes [m^2]

Im Lockergestein ist der Querschnitt F durch die Körnchen eingeengt. Der durch die Poren noch durchgängige Querschnitt ist $\psi \times F$. Da das Wasser nicht turbulent durch die Poren fließt, sondern gleitend (laminar), ist also

$$Q = v \cdot \psi \cdot F$$

$v \cdot \psi$ ist die **Filtergeschwindigkeit** in Lockergesteinen. Sie ist nicht nur eine fundamentale hydrologische, sondern auch ökologische Größe. Sie ist abhängig von dem Porenvolumen und seiner Struktur (Körnchenlagerung, nutzbarer Porenraum). Die Porenstruktur bildet minitiöse Fließgeschwindigkeitsmosaike und Habitate (Porengrößen, physikalisch gebundenes Wasser) (Abb. 4). Die Filtergeschwindigkeit ist ferner von dem Gefälle (I) abhängig, das wechseln kann

$$\frac{v \cdot \psi}{I} = k$$

Daher schreibt man:

$$Q = k \cdot I \cdot F$$ (= **Darcy'sches Gesetz**)

k ist somit der Beschaffenheitsbeiwert für die Durchlässigkeit (in ms^{-1} bei wassergesättigtem Lockergestein) (I = dimensionslos)

(In Sand gilt nährungsweise: $Q = v \cdot 0{,}25\ F$ oder $v \cdot \psi = \frac{v}{4}$)

Körnchengrößen > 0,1 mm lassen schon Wasser durch und gelten daher als Grundwasserleiter, haben aber nur ein bis zu 15 % freies Porenvolumen. Physikalisch gebundenes Wasser kommt noch bei Körnchengrößen bis 5 mm vor; es gibt jedoch ab 2,5 mm kein kapillares Steigen mehr, was die Verdunstung mindert. Das physikalisch gebundene Wasser schafft Mikrohabitate im Grundwasser, deren Bedeutung wir noch nicht kennen. Den Aufbau eines Grundwasserleiters zeigt die Abb. 5. Der Grundwasserabfluß zum Meer, einschließlich über Quellen, beträgt etwa $13 \times 10^3\ km^3\ a^{-1}$. Grundwasser kann auch in mehreren Stockwerken übereinander angeordnet sein. Grundwasser muß immer wieder durch Niederschläge erneuert werden. Die Geschwindigkeit der Grundwasserer-

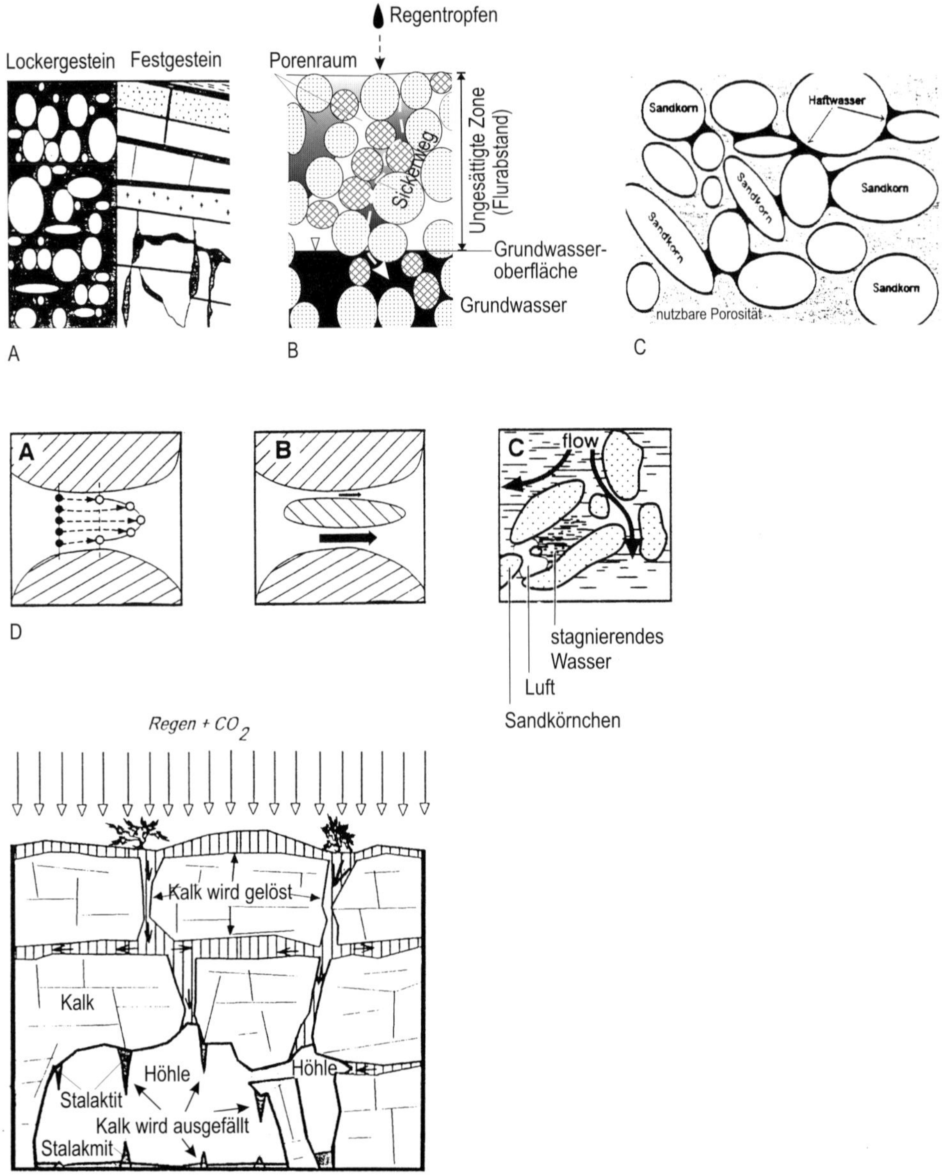

Abb. 4. Strukturen, Wasserverteilungen und Fließgeschwindigkeitsmosaike im Grundwasser. **A** = Poren im Lockergestein und Spalten im Festgestein. **B** = Sickerweg des Wassers von der Bodenoberfläche in das Grundwasser. **C** = Sandkörnchen, Haftwasser und der nutzbare Porenraum in einem Grundwasserleiter. **D** = Strömungen im Porensystem eines Grundwasserleiters. (In A zeigt die Länge der Pfeile die Fließgeschwindigkeit an). **E** = Spalten- und Höhlenbildung im Karstgebirge durch aggressives CO_2. (A, B, C, E nach Vogelsang 1998, D nach Zilliox 1994).

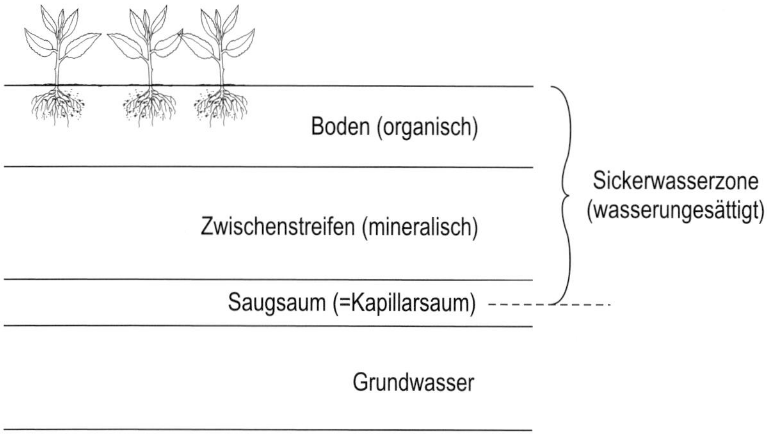

Abb. 5. Typischer Bodenaufschluß mit Grundwasserleiter. (In Anlehnung an Koehne 1948).

neuerung ist abhängig von den Niederschlagsmengen, der geologischen Formation, Bodenart und dem Grad der Vegetationsbedeckung. Dies muß bei jeder Manipulation mit dem Grundwasser berücksichtigt werden. Extrem niedrige Erneuerungsraten hat fossiles Grundwasser (s. **I. 4.**). Ober- und unterirdische **Wasserscheiden** stimmen nicht überein, da die oberflächlichen Höhenlinien keine entsprechenden in der Tiefe haben. Unterirdisch hingegen existieren viele Begrenzungen des Grundwasserabflusses durch Mulden, Verwerfungslinien und Schichtenaustritte.

Zwischen Boden und Grundwasser ist oft eine sehr feine Sandschicht abgelagert (Abb. 5), die bei Trockenheit Grundwasser kapillar aufsteigen läßt (**Saugraum**) und an die Wurzeln weitergeben kann. Auch hierdurch kann Grundwasser verloren gehen. Die Körnchengröße nimmt oft mit der Tiefe zu. Grundwasser der Lockergesteine kann oberflächennah sein (< 1 m), aber auch sehr tief stehen. Häufige Tiefen sind um 10 m, in Kiesgebieten und großen Wäldern aber bis 100 m. In Flachmooren, Bruchwäldern und anderen Feuchtgebieten steht das Grundwasser an der Oberfläche. Je älter das Grundwasser, um so tiefer steht es meist. Grundwasserführende Höhlen kommen in Deutschland z. B. in den Kalkgebirgen des Malm, den devonischen Kalkgesteinen (Harz) und im Zechsteingips vor. Sie liegen oft 100–600 m (und tiefer) unter der Erdoberfläche und sind immer offene Systeme.

5.3. Physik und Chemie

Die physikalischen und chemischen Faktoren können im Grundwasser eine große Schwankungsbreite haben. In ihrer räumlichen und zeitlichen Heterogenität liegen viele ungelöste Probleme im Verständnis der Lebensgemeinschaften des Grundwassers. Trotzdem gibt es auch eindeutige Tendenzen in den physikalisch-chemischen Bedingungen des Grundwassers, die für die Evolution der Organismen in diesem Lebensraum bestimmend waren.

Licht. Absolute Lichtlosigkeit.

Temperatur. Die Temperatur entspricht oft der mittleren oberirdischen Jahrestemperatur (Luft) des entsprechenden Gebietes. Die Grundwassertemperatur ist weitgehend unabhängig von der Jahreszeit. In Deutschland beträgt sie etwa 8–9 °C. Grundwasser ist relativ konstant kalt. Je oberflächennäher Grundwasser ansteht oder zu Flußwasser Kontakt hat, um so höher und schwankender sind auch die Temperaturen. Unter 2 m Tiefe herrschen aber schon relativ konstante Temperaturen.

pH. Der pH-Wert ist abhängig vom Gestein, in dem sich das Grundwasser befindet, tendiert aber zum sauren Bereich (erhöhter CO_2-Gehalt!). In Kalkgebieten ist er etwa neutral.

Sauerstoff-Kohlendioxid. Beim Durchsickern des Bodens wird der Sauerstoffgehalt des Niederschlagswassers verbraucht und Respirations-CO_2 reichert sich an. Diese Tendenz verstärkt sich im Grundwasser, da hier infolge der Lichtlosigkeit keine nennenswerte Primärproduktion, jedoch ein höherer Sauerstoffverbrauch, stattfindet. Auch diese Vorgänge sind relativ jahreszeitlich unabhängig. Grundwasser tendiert zur Sauerstoffarmut und zur hohen CO_2-Übersättigung. In vielen Grundwässern beträgt die Sauerstoffsättigung nur noch 30–40 %, die CO_2-Sättigung > 400 % (oft Werte von 30–60 mg l^{-1}, in Oberflächengewässern, mit Ausnahme der Tiefe eutropher Seen, oft nur < 10 mg l^{-1}). Auch juveniles CO_2 aus dem Erdinneren kann sich im Grundwasser ansammeln.

Ein Austausch mit der Erdatmosphäre ist im Grundwasser fast nicht möglich, wodurch es zu Gas-Übersättigungen kommen kann. Das heterogene Porensystem und Durchflußgeschehen (Abb. 4) läßt auch eine sehr feine mosaikartige Sauerstoffverteilung auf engem Raum vermuten.

Die O_2–CO_2 -Beziehungen sind im Grundwasser oft sehr komplex und bedingen daher auch räumliche und zeitliche Schwankungen der Redox-Verhältnisse. Oxidierende und reduzierende Verhältnisse können also auf engem Raum wechseln; exakte Daten darüber fehlen noch. Höhlengewässer sind meist sauerstoffreicher als Spalten- und Lückensysteme.

Das CO_2–H_2O–HCO_3^- -System ist das bestbekannteste chemische Beziehungsgefüge im Grundwasser. Es erfährt eine entscheidende Veränderung bei Austritt des Grundwassers in Quellen (s. **I. 6.3.**). Calcium kommt in kalkhaltigen Gebieten im Grundwasser in der gelösten Form als Calciumbikarbonat, $Ca(HCO_3)_2$, vor.

Eisen, Mangan. Grundwasser ist relativ eisenhaltig (1–10 mg l^{-1}). Eisen liegt gelöst als Fe^{2+} vor [oft als $Fe(HCO_3)_2$]. Bei höherem Sauerstoffgehalt im Grundwasser fällt es bereits teilweise als Eisenocker [$Fe(OH_3)$] in der dreiwertigen Form aus und lagert sich auf den Steinchen im Grundwasserleiter ab. Auch Mangan kann bis zu 10 mg l^{-1} im Grundwasser vorkommen und auch hier schon teilweise ausfallen. Eisen- und Manganausfällungen geschehen im sauren Milieu (wie meist im Grundwasser) mit Hilfe von Bakterien, nur im alkalischen Bereich verlaufen sie rein chemisch. Eisen und Mangan kommen häufig in der Erdrinde vor und konzentrieren sich daher im Grundwasser.

Stickstoff, Phosphor, Schwefel. Nitrate werden im Grundwasser häufig schnell zu molekularem Stickstoff reduziert (Denitrifikation), so daß Grundwasser generell sehr stickstoffarm ist. Das ändert sich erst bei Ausbringung von stickstoffhaltigem Dünger und Gülle auf Agrarflächen. Nitrate lösen sich schnell im Niederschlagswasser und gelangen dann in das Grundwasser, wo sie verheerende Folgen haben können. Phosphate neigen zur Adsorption an Partikel und erreichen kaum das Grundwasser. Sulfatvorkommen im Grundwasser sind meist geogen bedingt. Bei Sauerstoffmangel kommt es zur Reduktion bis zum H_2S (s. **I. 6.3**).

Kohlenstoff. Grundwasser ist nahrungsarm. Kohlenstoff als Leitelement organischer Stoffe gelangt in Form von Detritus (POM) von der Erdoberfläche in das Grundwasser. In Aquifugen ist dies deutlich mehr als in Aquifere. Der DOC-Gehalt liegt < 1 bis 2 mg l^{-1} und bleibt damit im oligotrophen Bereich. Grundwasser ist der auf der Erde verbreitetste oligotrophe Gewässertyp. Je oberflächennäher Grundwasser ansteht, um so höher ist sein DOC-Gehalt (bis 15 mg l^{-1}). (Abkürzung POM und DOC s. in **I. 7**. und **I. 8.**).

Andere Stoffe. Lockergesteine, besonders Sande, haben eine große Filterwirkung, die bei der Biologie des Grundwassers näher behandelt wird. Infolge der Filterwirkung bleiben viele Stoffe auf den Oberflächen der Sandkörnchen hängen, was nicht allein auf adsorptive, sondern auch auf biologische Vorgänge zurückzuführen ist. So konnte das Grundwasser lange Zeit das sauberste Wasser der Erde bleiben. Die Filterwirkung des Sandes macht man sich heute auch bei der Wasseraufbereitung zunutze (s. **II. 3.2.**). So werden viele Schadstoffe (Xenobiotika) und auch pathogene Bakterien an den Körnchen oberhalb und im Grundwasserleiter gebunden und belasten nicht das Wasser. Auch feinste Körnchenfraktionen (Schluff), die das Lückensystem des Grundwassers verstopfen können, werden schon in den Schichten oberhalb des Grundwassers festgehalten, sofern sie nicht in zu großen Mengen anfallen. Allerdings dringen Salze, z.B. aus der winterlichen Straßenstreuung, relativ schnell in das Grundwasser (Näheres s. **II. 4.6.**).

5.4. Lebensbedingungen im Grundwasser

Grundwasser ist ein **lichtloser Lebensraum**, dem Pflanzen und somit die phototrophe Produktion fehlen. Nur in geringem Maße gibt es eine bakterielle chemolithoautotrophe Produktion. Grundwasser ist **nahrungsarm**. Mit den Niederschlägen gelangt nur wenig Detritus (POM) in die Grundwasserleiter, zumeist über große Risse oder Wurzelgänge. Auch abgestorbene Wurzeln bringen bei ihrer Zersetzung organische Stoffe in tiefere Schichten. Höhlengewässer sind etwas nahrungsreicher als Spalt- und Porensysteme, besonders wenn sie durch unterirdische Flüsse gespeist werden. Leben Fledermäuse in den Höhlen, so gelangen durch ihren Kot erhebliche Mengen an Nährstoffen in das Gewässer. Der oberirdisch eindringende Detritus ist von Bakterien besiedelt, die zugleich den Grundwassertieren als Nahrung dienen.

Grundwasser ist ein extrem abhängiger **allotropher Lebensraum**. Seinem Ökosystem fehlt weitgehend die autotrophe Basis. Er ist zugleich extrem oligotroph. Grundwasser ist kalt und zeigt keine jahreszeitlichen Temperaturschwankungen. Diese Konstanz gilt in gewissem Maße auch für chemische Faktoren, besonders bezogen auf die Sauerstoffarmut und den CO_2-Überschuß.

Grundwasser kann nur von eurythermen und kaltstenothermen Organismen besiedelt werden. Für die Besiedlung ist auch die Konstanz der Faktoren und somit das Fehlen von unvorhersehbaren Veränderungen von Bedeutung.

Der Lebensraum der Lockergesteine ist ein enges Porensystem (**Interstitial**) und kann daher nur von bestimmen Morpho- und Bewegungstypen besiedelt werden.

Grundwasser ist in jedem Fall für die Organismen ein **extremer Lebensraum**. Seine Besiedlung geschah durch oberirdische Formen. Sie besaßen (zufällig) schon Merkmale, die sie befähigten, diesen extremen Lebensraum zu besiedeln (**Praeadaptationen**). Die praeadaptiven Pionierbesiedler haben sich dann im Laufe ihrer Evolution immer besser den spezifischen Lebensbedingungen des Grundwassers angepaßt (**Postadaptationen**). Aber nicht nur evolutive Anpassungen, auch andere genetische Vorgänge spielten dabei eine Rolle, wie noch gezeigt werden wird. Aus diesen Erörterungen geht hervor, daß im Grundwasser nur Mikroorganismen und Tiere leben können. Es sind mit Ausnahme der lithoautotrophen Bakterien im wesentlichen **heterotrophe Lebensgemeinschaften**.

Der Lebensraum Grundwasser heißt **Stygal**, seine Lebensgemeinschaft **Stygon**; speziell die höhlenbewohnenden Gemeinschaften werden als **Troglobios** bezeichnet. Die Bewohner des Grundwassers werden eingeteilt in **Stygobionte** (ausschließlich Grundwasser), **Stygophile** (vorwiegend Grundwasser), **Stygoxene** (selten erscheinend). Entsprechend gilt die Bezeichnung **Troglobionte**, **Troglophile**, **Trogloxene**. Mit zunehmender Tiefe gehen Arten- und Individuenzahlen zurück, nehmen aber Stygobionte zu. Die meisten Tiere leben oberhalb von 100 m; Protozoen werden aber bis 200 m und Bakterien bis 2000 m Tiefe gefunden. Im Karst sind die Tiere tiefer verbreitet als in Lockergesteinen.

Die Grundwasser der Küsten (marin) sind viel reicher besiedelt als die limnischen.

5.5. Die Organismen des Grundwassers: ihre morphologischen, physiologischen und ökologischen Besonderheiten

In Europa kommen > 1 220 stygobionte und stygophile (bzw. troglobionte und troglophile) **Tierarten** vor. Die Tab. 4 gibt einen Überblick. Turbellarien, Nematoden, Gastropoden, Hydracarinen, Copepoden, Isopoden und Amphipoden stellen die Mehrzahl der Invertebraten-Arten. Protozoen kommen auffallend wenig vor und wenn, dann wurden bisher vorwiegend Ciliaten registriert. Auch Insekten, mit Ausnahme von Käfern, sind nur wenig vertreten. Von den Vertebraten besiedeln Fische (in Europa nur *Phoxinellus adpersus ghethaldii*, Balkan) und Amphibien (in Europa nur *Proteus anguineus*, Grottenolm) die Höhlengewässer. Die wichtigste Höhlenfischfamilie mit stark reduzierten Augen ist die der Amblyopsidae (z. B. *Amblyopsis*, *Chologaster*, südliche und östliche USA). Aus der Familie der Characidae (Salmler) stammt die gut untersuchte Höhlenfischgattung *Astyanax* (Süd-Amerika). Es gibt noch andere höhlenbewohnende Fischgruppen. Die höhlenbewohnenden Amphibien gehören mit Ausnahme des Grottenolms *Proteus* zu den Salamandern: *Spelerpes* (USA), *Typhlotriton* (USA), *Typhlomolge* (USA), *Proteus* (Europa: Dalmatien, Herzegowina).

Die zweite wichtige Organismengruppe des Grundwassers sind die **Bakterien**. In geringer Dichte kommen chemolithoautotrophe Formen vor, die vor allem Eisen (*Gallionella*) und Mangan (*Hyphomicrobium*) oxidieren. Es sind gestielte metalloxidierende Bakterien, zu denen vermutlich auch *Caulobacter* gehört. Die Rolle dieser autotrophen Bakterien im Grundwasser wird noch nicht gut verstanden; vermutlich können sie auch fakultativ heterotroph sein. Unter den einfachen heterotrophen Bakterien dominieren *Achromobacter* und *Flavobacterium* (gram-negative, sporenlose Stäbchen). Beide Gattungen kommen auch in oberirdischen Gewässern vor und gelten als Indikatoren für Oligotrophie. Auch Denitrifikanten und Desulfurikanten, wie z. B. *Desulfovibrio desulfuricans*, kommen in entsprechend belasteten Grundwässern vor. Die Zahl der im Grundwasser gefundenen Bakterienarten kann relativ hoch sein, was jedoch immer nur

Tabelle 4. Zahl der in Europa vorkommenden grundwasserbewohnenden Tierarten.

Hydrozoa	1	Hydracarina	~ 150
Turbellaria	~80	Cladocera	4
Nemertini	1	Ostracoda	76
Rotatoria	3	Copepoda	~290 (Mehrzahl der Arten)
Nematoda	84	Syncarida	41 (alle europäischen Arten)
Gastropoda	116	Thermobaenacea	7
Lamellibranchia	4	Mysidacea	3
Polychaeta	2	Isopoda	144 (fast alle aquatischen Arten)
Oligochaeta	~30	Amphipoda	~180
Hirudinea	2	Coleoptera	2
Tardigrada	3	Amphibia	1

lokal bestätigt werden konnte. **Pilze** sind in Lockergesteinen selten; etwas häufiger erscheinen sie in Höhlengewässern, besonders, wenn Fledermauskot anfällt (z. B. *Rhizomorpha subterranea*).

Ob es spezielle Grundwasserbakterien gibt, ist noch unklar, da die Physiologie der im Grundwasser lebenden Arten den dortigen Bedingungen angepaßt ist.

Morphologie der Grundwassertiere. Viele von ihnen sind pigmentlos (weiß), haben reduzierte Augen und Körperanhänge. Die Tastorgane sind stärker als bei ihren oberirdischen Verwandten ausgebildet. Speziell in Lockergesteinen tendieren die Tiere zu geringer Körpergröße (oft < 1 mm) und Wurmform (Schlängeltyp; häufig ist das Stemmschlängeln). Grundwassertiere sind generell lichtscheu. Mehrere Arten haben verlängerte Antennen (z. B. *Gammarus minus*, die Dekapoden *Typhlocaris*, *Troglocaris*). Unter den Höhlenfischen haben die Amblyopsidae gut entwickelte Seitenlinien zur Ortung der Beute. *Astyanax spelaea* ortet 5 mal weiter als die oberirdischen Verwandten. *A. mexicanus* besitzt ober- und unterirdische Populationen. Bei der Höhlenform sind große Teile des Kopfes mit Tastsinnesorganen besetzt (Abb. 6). Bei der Beutesuche am Boden bilden Kopf und Boden einen Winkel von 45°. Zwingt man die oberirdischen Vertreter der Art, die diese Tastsinnen-Areale nicht haben, im Dunkeln auf dem Boden Futter zu suchen, so beträgt der Winkel 80° (Parzefall 1983).

Physiologie der Grundwassertiere. Viele Grundwassertiere können Sauerstoffdefizite tolerieren, nicht aber völligen Schwund. Verbreitet sind Ventilationsbewegungen, um frisches Wasser herbeizustrudeln. Ventilationen sind bei einigen Grundwassertieren ein Verhaltensmerkmal, das unabhängig vom aktuellen Sauerstoffgehalt existiert. Verwandte oberirdische Formen ventilieren nur bei Sauerstoffrückgang (Danielopol et al. 1994) (Abb. 7). Die Dichte der Tiere ist positiv mit dem Sauerstoffgehalt korreliert, was aber nicht immer leicht festzustellen ist, da mit der Tiefe der Sauerstoffgehalt abnimmt und wahrscheinlich unabhängig von ihm auch die Tierdichte (S. 34). Auch das postulierte feine Sauerstoffmosaik in Lockergesteinen ist schwer kalkulierbar (S. 22). Der Grottenolm kommt bei Sauerstoffmangel an die Oberfläche und schluckt Luft.

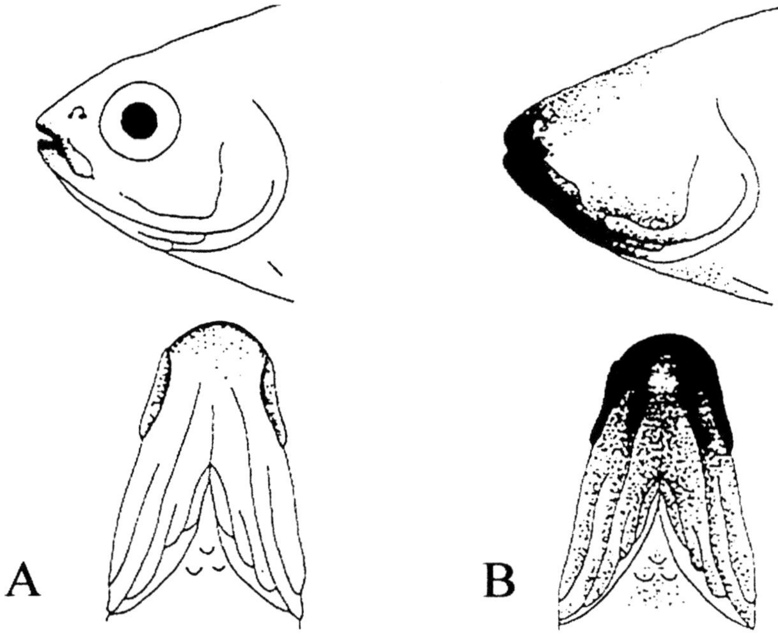

Abb. 6. Geschmacksknospenmuster bei Populationen des Salmlers *Astyanax mexicanus*. **A.** Oberflächenfisch, **B.** Höhlenpopulation *A. m. autrobius*. (Aus Schemmel 1974).

Die Nahrungsarmut des Grundwassers ist die Ursache des gedrosselten Stoffwechsels vieler unterirdisch lebender Organismen. Viele grundwasserbewohnende Bakterien wachsen optimal auf nährstoffarmen Medien (Hirsch & Rades-Rohkohl 1983) Grundwassertiere haben eine geringe Stoffwechselaktivität, ein langsames Wachstum und verlängerte ontogenetische Stadien, wodurch die Langlebigkeit zunimmt und die Reife verspätet erfolgt. Die Reproduktionsraten sind gering, was gleichermaßen für Invertebraten und Vertebraten gilt. Die Atmungsaktivität der Vertebraten in Höhlengewässern erreicht oft keine 20 % ihrer oberirdischen Verwandten. Dies mag auch eine Anpassung

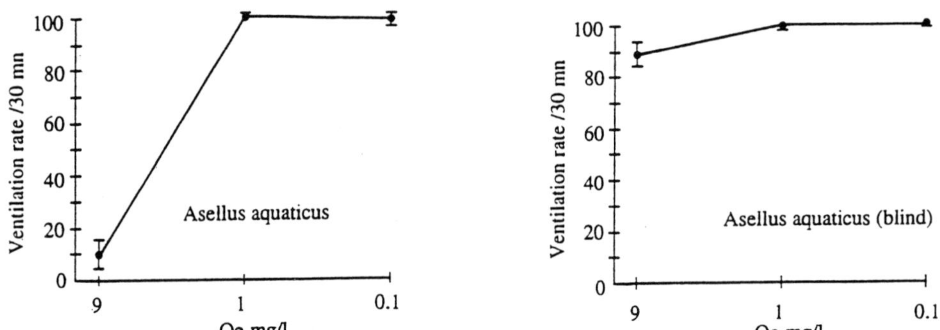

Abb. 7. Ventilationsraten einer oberirdisch und einer unterirdisch lebenden *Asellus*-Population in Abhängigkeit vom Sauerstoffgehalt. (Nach Danielopol et al. 1994).

an die niederen Temperaturen sein. Bei Temperaturerhöhung steigert sich zwar die Atmungsaktivität der Grundwassertiere, erreicht aber nie das Niveau ihrer oberirdischen Verwandten. Erstaunlich aber ist die Langlebigkeit und die damit zusammenhängenden Parameter der Grundwassertiere. Oberirdische Copepoden leben etwa 8 Monate, der unterirdische Vertreter *Parastenocaris vicesinus* bringt es auf 4 Jahre. Ähnliches gilt auch für die höheren Krebse (Tab. 5).

Im Vergleich zu den oberirdischen Verwandten ist auch die Bewegungsaktivität der Grundwassertiere verringert. Der oberirdisch lebende *Gammarus* schafft bis zu 1000 Ortsveränderungen pro Tag und das vor allem nachts, sein unterirdischer Verwandter *Niphargus* nur etwa 100 und zeigt keine Periodizität (Ginet & Decon 1977). Wie in den oberirdischen Flüssen, so driften die Amphipoden auch in den unterirdischen. Dies zeigt, daß die oberirdischen Aktivitäts- und Verhaltensweisen bei den unterirdischen Vertretern nie ganz unterdrückt werden.

Die Nahrungsarmut ist sicherlich die primäre Ursache der beschriebenen Retardationen. Es handelt sich dabei aber um genetisch fixierte Anpassungen und nicht um Hungererscheinungen. Je phylogenetisch älter die Arten des Grundwassers sind, um so ausgeprägter sind im allgemeinen diese Retardationen.

Populationsökologie der Grundwassertiere. Mit der Retardation wichtiger physiologischer und ontogenetischer Vorgänge geht auch eine Verringerung der Populationsgrößen und genetischen Variabilität einher (Poulson & White 1969). Wie schon angedeutet, ist hier nicht nur die Nahrungsarmut die Ursache, sondern auch die Konstanz der physikalischen Faktoren, d. h. ihre „Verläßlichkeit". Die Selektion arbeitet nicht mehr in Richtung Anpassungsstrategien, sondern in Richtung Verringerung der Populationsgrößen und genetischen Variabilität sowie Verlängerung der individuellen Lebenszeit. Diese Selektionsrichtung wird noch gefördert durch eine niedrige Mortalität infolge der Konstanz der ökologischen Faktoren und eines relativ geringen Prädationsrisikos. So entstehen die **A-Strategien** (Greenslade 1983) (= **A**dversity selection = Notstands-Selektion). Oberirdisch dominieren in den Bereichen mehr oder weniger ausreichender Ernährung die r- und K-Strategen. Die K-Strategen haben in bezug auf Fortpflanzung und Entwicklung ähnliche Merkmale wie die A-Strategen. Jedoch beruhen bei jenen diese Merkmale nicht auf einem Notstand, sondern auf einer starken Konkurrenzfähigkeit. Sie erwarben diese, da mit der Höherentwicklung die Körpergröße

Tabelle 5. Daten zur individuellen Entwicklung oberirdisch lebender und grundwasserbewohnender Asseln. (Nach Angaben von Magniez 1978).

	***Asellus aquaticus* (oberirdisch)**	***Proasellus cavaticus* (junger Vertreter im Grundwasser)**	***Stenasellus virei* (alter Vertreter im Grundwasser)**
Gelegezahl	1/ Monat	1/ 6 Monate	1/ 2–4 Jahre
Dauer Jugendphase	3 Monate	7 – 8 Monate	5–7 Jahre
Zahl der Häutungen	Etwa 3-wöchentlich	Etwa 2-monatlich	1/ Jahr
Lebensdauer	1 Jahr	> 5 Jahr	15 Jahre

und die Dauer der Generationszeiten „automatisch" zunahm. Die A-Strategen sind oft < 1 mm!

Aufgrund dieser unterschiedlichen Selektionsstrategien reagieren unterirdische Ökosysteme auch anders auf Umweltänderungen als oberirdische. Diese basieren auf einem relativ hohen Artenreichtum (Diversität) und einer hohen funktionellen Redundanz (funktionelle Gruppen sind durch viele Arten vertreten). Ausfälle an Individuen können oberirdisch relativ schnell wieder ersetzt werden. Nicht so im Grundwasser. Hier herrscht örtlich immer wieder eine große Arten- und Individuenarmut (oft nur eine oder wenige Arten). Daher müssen möglichst viele Individuen überleben (BLANDIN et al. 1976).

Da die Grundwasserökosysteme auf eine (vorhersehbare) Konstanz der Faktoren bauen, sind anthropogen verursachte Änderungen im Grundwasser immer katastrophal, verstärkt noch durch die infolge der A-Strategie fehlenden Substitution von Ausfällen. Eine Überlebensmöglichkeit bieten allerdings die langen ontogenetischen Stadien. Da ontogenetische Stadien unterschiedlich auf Umwelteinflüsse reagieren, gibt es bei der Länge der Stadien immer Individuen, die sich in einem günstigen Stadium befinden.

Von Umweltänderungen im Grundwasser werden besonders die stygobionten Arten betroffen, weniger die stygophilen. Auch hier gibt es wieder einen Ausweg: mit der Tiefe des Grundwassers nehmen die Stygobionten zu und entziehen sich damit weitgehend den oberirdisch induzierten Schwankungen ihrer Umwelt.

Evolution der Grundwassertiere. Wie entstehen evolutiv die Lebensgemeinschaften des Grundwassers? Der Genfluß ist bei Grundwassertieren stark eingeschränkt, bedingt durch die geringen Abundanzen und Reproduktionsraten. Das gilt auch für Grundwasserarten, die noch oberirdische Populationen besitzen, z. B. in Quellen. Gut untersucht in dieser Hinsicht ist *Gammarus minus*. Beide Populationen unterscheiden sich bereits morphologisch. So haben die Höhlentiere kleinere Augen und längere Antennen als die Quellen-Population. Mit Hilfe der Elektrophorese-Technik konnte gezeigt werden, daß der Genfluß stark eingeschränkt ist, sowohl zwischen der ober- und

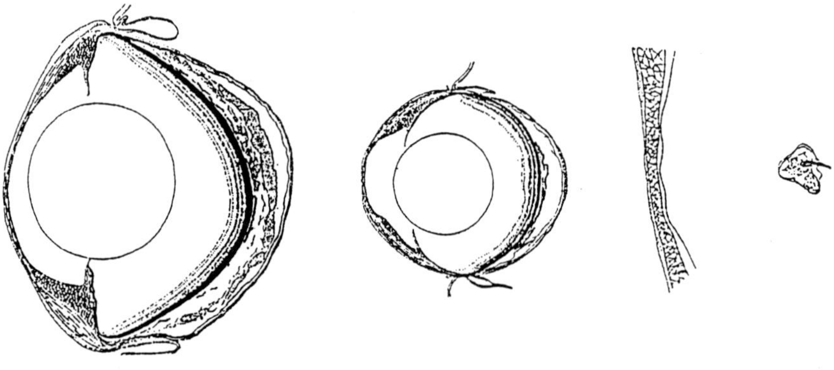

Abb. 8. Augenreduktion bei Populationen des Salmlers *Astyanax mexicanus* mit zunehmender Besiedlungszeit von Höhlen. Von l. nach r.: Oberflächenpopulation (*A m.*), *A. m. mexicanus* (jüngstes Mitglied der Höhlenbewohner), *A. m. antrobius*. (Nach PETERS & PETERS 1973).

unterirdischen Population, als auch innerhalb dieser (Kane et al. 1992). Grundwasserarten sind das Resultat z. T. extremer multipler Isolationen, wodurch es zu einer schnellen evolutiven Umbildung kam. Terrestrische Bewohner von Höhlen sind nicht so stark isoliert wie aquatische. Der Salmler (Characidae) *Astyanax mexicanus* lebt als räuberischer Schwarmfisch in mexikanischen Flüssen. Von ihm leiten sich 3 Höhlenformen ab: *A. m. mexicanus* (= Micos-Fisch), *A. m. hubbsi* (= Sabinos-Fisch), *A. m. antrobius* (= Pachon-Fisch). Die Augenreduktion nimmt vom Mikos- zum Pachon-Fisch zu (Abb. 8). In gleicher Reihenfolge breiten sich die Geschmacksknospen am Kopf aus. Die Höhlenformen zeigen auch Pigmentreduzierung und Verlust des Schwarm- und Aggressionsverhaltens. Der Micos-Fisch ist das jüngste Mitglied der Höhlenbesiedler.

Bei der Evolution der Grundwassertiere muß grundsätzlich zwischen **regressiver** (Reduktion von Augen und Pigmenten) und **progressiver Evolution** (Verstärkung der Tastorgane, Änderung der Körpergestalt) unterschieden werden.

Die regressive Evolution wurde sehr gut an *Astyanax* untersucht. Dabei zeigte es sich, daß die Augen- und Pigmentreduktionen wahrscheinlich keine Anpassungen an die Grundwasserverhältnisse darstellen. Viele Merkmale sind polygen bedingt (additiv polymer). Fallen schon einzelne Gene aus, die an der Ausbildung von Augen und Pigment beteiligt sind, so werden in oberirdischen Populationen die Träger dieser mutierten

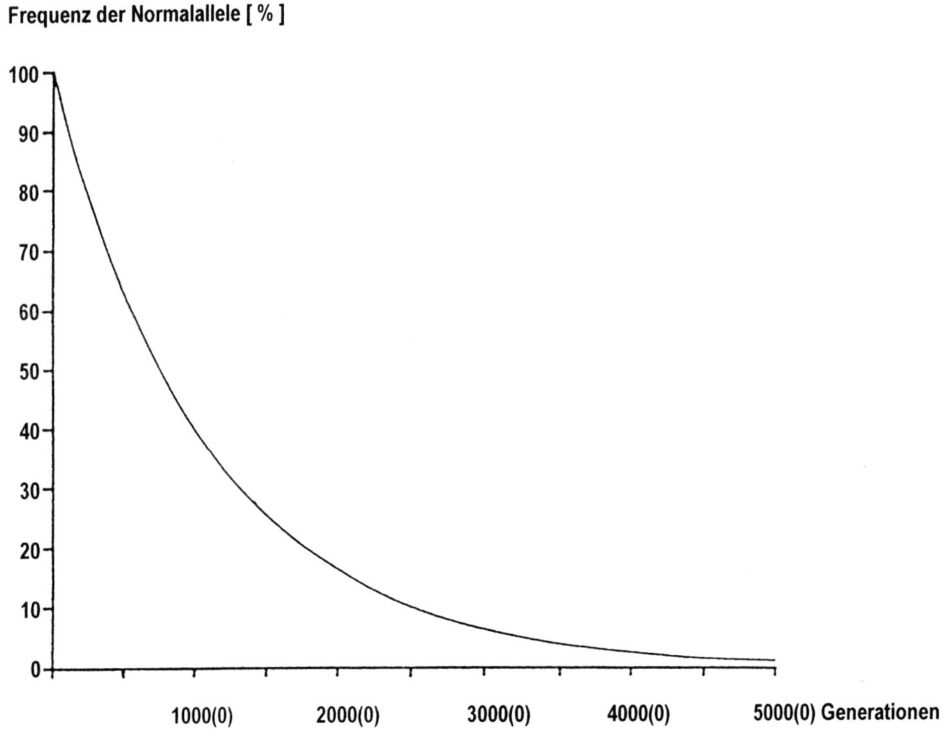

Abb. 9. Merkmalsrückbildung bei Höhlenfischen, dargestellt als Frequenzabnahme der Normalallele in Abhängigkeit von der Zeit (Generationen). (Nach Peters 1988).

Gene ausgemerzt. Unter Grundwasserverhältnissen unterbleibt diese Auslese, weil für die Träger keine Nachteile entstehen. So kann es zur Anhäufung der mutierten Gene kommen, wodurch ein **Merkmalsgradient** entsteht. Für derartige evolutive Änderungen ist im Grundwasser nicht die Selektion, sondern allein der Mutationsdruck verantwortlich. Schon die ersten Ausfälle von Normalallelen führen zu einer erstaunlichen Reduktion der Merkmale (Abb. 9).

Bei der progressiven Evolution handelt es sich im Grundwasser um echte Anpassungen, die durch einen starken Selektionsdruck entstehen: Ausbildung der Tastorgane, in Lockergesteinen die Reduktion der Körpergröße und der Körperanhänge, sowie die Herausbildung der Wurmgestalt.

Die Amblyopsiden weisen ebenfalls, wie *Astyanax*, eine Artenreihe des allmählichen Überganges von oberirdisch lebenden zu höhlenbewohnenden Fischen auf:

Chologaster cornutus – Normal gefärbt, oberirdisch
Ch. papilliferus – Blaß, in Quellen unter Steinen
Ch. agassizi – Pigmentlos, troglophil
Amblyopsis spelaea – Pigmentlos, troglobiont

Die genetische Variabilität nimmt in dieser Reihe stark ab (Tab. 6).
Eine ähnliche Reihe zeigen auch die Amphibien (Salamander):
Spelerpes maculicaudata – Augen und Pigmente vorhanden, an Höhleneingängen.
Typhlotriton spelaeus – Augen von Haut überzogen, schwach pigmentiert, in Höhlen.
Typhlomolge rathbuni – Augen einschließlich Retina verschwunden. Pigmentlos, Höhlen.
Dazu gehört auch der Grottenolm *Proteus anguineus* – Augen unter der Haut versenkt, Retina vorhanden. Pigmentlos und neotenisch! Höhlen.

Auch bei Invertebraten lassen sich Reihen von verwandten Arten in Richtung oberirdischer Bewohner – Stygophile – Stygobionte aufstellen. In dieser Reihe nehmen die Grundwassertier-Merkmale zu. Turbellarien sind reich im Grundwasser vertreten. Schon die oberirdischen Arten sind lichtscheu und leben am Tage oft unter Steinen. Hält man sie im Dauerdunkel, kommt es schnell zur Reduktion ihrer Becheraugenpigmente.

Tabelle 6. Abnahme der genetischen Variabilität mit zunehmender Bindung der Amblyopsidae (Fische) an das Höhlenleben. (Nach Swofford aus Kane et al. 1994).

Art	H	P_p	$P_{sp.}$
Chologaster cornuta	0,040	0,094	0,58
C. agassizi	0,028	0,068	0,47
Typhlichthys subterraneus	0,019	0,053	0,68
Amblyopsis rosae	0,006	0,026	0,16
A. spelaea	0,006	0,000	0,00

H = Durchschnittlicher Anteil heterozygoter Loci pro Individuum
P_p = Durchschnittlicher Anteil polymorpher Loci pro Population
P_{sp} = Anteil polymorpher Loci pro Art

Läßt man sie hungern, zerfallen sogar ihre Sehzellen. Turbellarien sind also praeadaptiert für die Besiedlung des Grundwassers.

Auch die Copepoden haben Becheraugen (1 medianes Auge). Bei den Stygobionten unter ihnen sind die Sehzellen verschwunden; bei den Stygophilen ist oft nur das Augenpigment reduziert, das aber bei Licht wieder regeneriert werden kann. Die Wasserasseln, ebenfalls wichtige Grundwasserbesiedler, neigen zur Reduktion ihrer Komplexaugen und Körperpigmente. Von der oberirdischen *Asellus aquaticus* gibt es weiße, blinde Höhlenpopulationen. *Gammarus pulex* hat auch eine unterirdische Population (*subterraneus*) mit noch reversiblen Höhlentiermerkmalen. Weitere Krebse weisen auch Reihen mit gradueller Ausbildung von Höhlentiermerkmalen auf.

Die ersten Phasen der regressiven Evolution sind also durchaus noch reversibel. Sie sind noch nicht genügend genetisch verankert. Auch schon oberirdisch bei Dunkelheit auftretende phänische Ausfallerscheinungen können im Grundwasser durch entsprechende (zufällige) Mutationen genetisch fixiert werden. Die Kleinheit und langgestreckte Gestalt vieler Grundwassertiere in Lockergesteinen ist bei oberirdischen Arten teilweise schon vorhanden (Praeadaptationen). Unter den Copepoden sind es die Harpacticiden, die diesem Gestalt- und Schlängeltypus bereits entsprechen, aber auch Turbellarien und Nematoden.

Die geringe Größe ist allerdings auch bei Grundwassertieren nicht immer genetisch festgelegt. Individuen in kleinen Lebensräumen bleiben oft kleiner als solche derselben Art in großen. In subterranen Tümpeln von nur 1 m Durchmesser bleibt *Niphargus* kleiner als in solchen von 2–3 m Durchmesser.

Voranpassungen an die Kaltstenothermie gibt es auch oberirdisch. Bekanntestes Beispiel ist die Planarie *Crenobia alpina*, die in Quellen und den oberen Bachläufen vorkommt und mehrere postadaptive Arten im Grundwasser hervorbrachte. Stygobionte sind oft stenotherm, Stygophile eurytherm.

5.6. Herkunft der Grundwassertiere und die Zeit ihrer Einwanderung

Vorberreitende Oberflächenhabitate. Alle Grundwassertiere stammen von oberirdischen Formen ab. Viele dieser oberirdischen Vorfahren lebten bereits in Habitaten, die zur Praeadaptation für die Besiedlung des Grundwassers führten.

- Unter Steinen. Viele Turbellarien, Isopoden, Amphipoden. Lichtscheu.
- Im Interstitial von Sedimenten und im Hyporheal der Fließgewässer (s. **I. 7.5.4.**), (dunkle Lückensysteme). Kleine Turbellarien, Nematoden, Hydracarinen, Copepoden, v. a. Harpacticiden.
- Moose. In dem System der kleinen Wasserkavernen der Blätter. Harpacticiden, besonders auch die Gattung *Gratiella*. Einige oberirdische Moosbewohner sind bereits blind.
- Marines Mesopsammal (Lückensystem des Meersandes). Es ist ein wichtiger Raum für die Vorbereitung der Grundwassertiere der Lockergesteine. Dies gilt im hohen Maße für die Küstengrundwässer, aber auch für die Binnen-Grundwässer. In tropischen Gebieten war dies in stärkerem Maße der Fall als in den gemäßigten Gebieten. Zwischenräume waren oft die Brackwässer. Bei Besiedlung des süßen Wassers mußte noch die osmotische Schranke überwunden werden (Abb. 10).

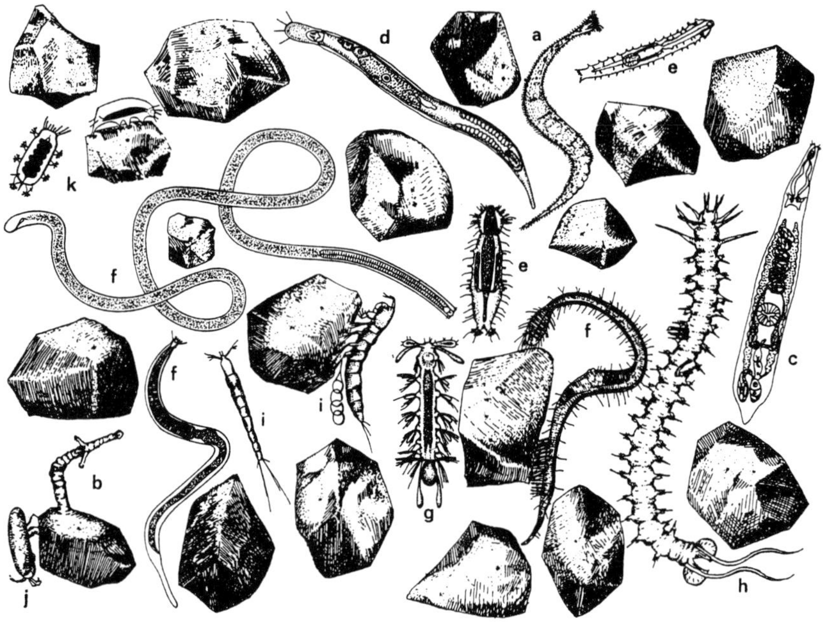

Abb. 10. Besiedler des marinen Mesopsammals (Lückensystem des Meeressandes). (Nach GERLACH 1968).

Einwanderungspfade. Die Besiedlung des Grundwassers erfolgte aktiv, was die vielen stygophilen Arten beweisen, die zwischen oberirdischem und unterirdischem Wasser pendeln können. Aus dem marinen Mesopsammal stammen z. B. *Troglochaetus, Bathynella, Thermosbaena* und einige Iso- und Amphipoden. Die wichtigsten Einwanderungspfade waren (und sind) Quellen und versinkende Flüsse oder Teile derselben. Die Einwanderung über Quellen geschieht bei geringer Schüttung. Viele Arten sind auch in Spaltgewässer eingedrungen, die eine Verbindung zur Erdoberfläche hatten. Von hier gelangten sie dann in Höhlen; so auch der Grottenolm. Die Frage, ob Höhlen oder Lockergesteine parallel besiedelt wurden oder ob die Arten der Lockergesteine von Höhlenbewohnern abstammen oder umgekehrt, ist schwer zu entscheiden. Vermutlich kam es zu einer parallelen Besiedlung beider Grundwassersysteme. So paßten sich viele Flußtiere (und auch Bakterien) dem hyporheischen Lebensraum (unter dem Fluß und seitlich davon) an und drangen von dort aus in das Grundwasser. Marine Tiere drangen auch direkt in Höhlen der Gebirge ein, die sich zum Meer öffneten (z. B. der Polychaet *Marifugia* in die Höhlen der Dinarischen Alpen).

Alter der Grundwassertiere. Viele Stygobionte (besonders auch Troglobionte) stammen aus dem Tertiär. Es gibt aber auch Gruppen, die bis in das Erdaltertum zurückgehen (z. B. die Bathynellacea, Brunnenkrebse). Das Grundwasser ist kein eigentlicher Refugialraum, sondern ein aktiver Einwanderungsraum. Die Eiszeit hatte meist einen hemmenden Einfluß auf die Grundwasserbesiedler. Das Eis blockierte den Zugang zum Grundwasser und unterband die Detritusversorgung. In Nordamerika wurde durch die

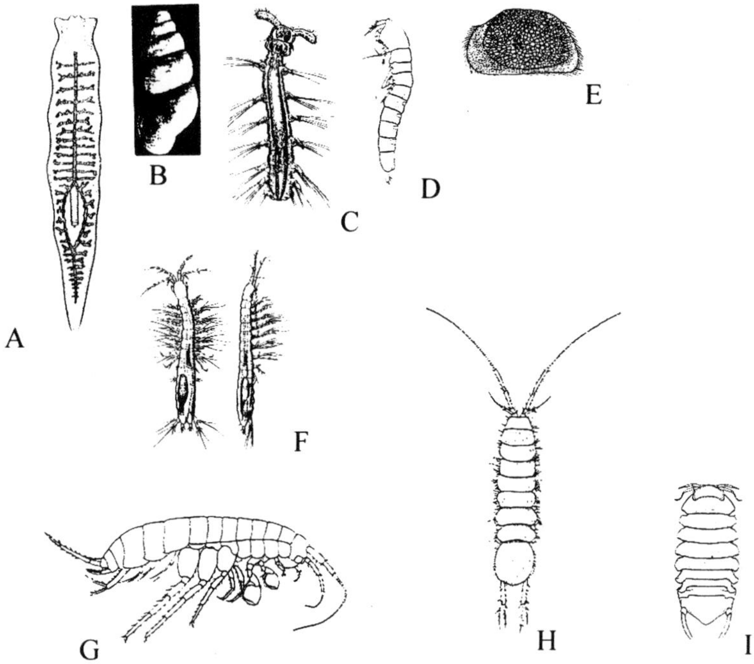

Abb. 11. Einige häufige europäische Grundwasser-Arten.
A. *Dendrocoelum infernale.* (Aus Böhnig 1909) ~10–15 mm
B. *Bythiospeum quenstedti.* (Aus Thienemann 1925) ~4 mm
C. *Troglochaetus beranecki.* (Aus Wesenberg-Lund 1939) 0,1–0,5 mm
D. *Parastenocaris brevipes.* (Aus Janetzky et al. 1996) 0,5–0,6 mm
E. *Candona zschokkei.* (Aus Wolf 1919) 0,8–0,9 mm
F. *Bathynella chappuisi.* (Aus Wesenberg-Lund 1939) ~1 mm
G. *Niphargus puteanus.* (Aus Schellenberg 1942) 10–18 mm
H. *Proasellus cavaticus.* (Aus Thienemann 1925) 1–8 mm
I. *Monolista caeca.* (Aus Chappuis 1927) ~3,5 mm
(Die Werke, aus denen Abb. entnommen wurden, sind nicht im Literaturverzeichnis zitiert).

Eiszeit ein Teil der Grundwasserfauna vernichtet, der bis heute noch nicht wieder vorhanden ist (Flint 1971), zugleich ein Zeichen, daß auch anthropogene Störungen des Grundwasserökosystems praktisch irreversibel sind. Grundwassertiere haben eine geringe Ausbreitungsgeschwindigkeit. Sie sind daher vorwiegend lokal verbreitet. Bekannteste Ausnahme ist *Bathynella*, die weltweit vorkommt. Auch *Troglochaetus* kommt in Zentraleuropa und Nordamerika vor.

Die meisten Höhlentiere Europas sind mediterranen Ursprungs. Das Ausbreitungszentrum lag auf dem Ägäischen Festland (Griechenland, Türkei) und auf der verschwundenen Tyrrhenis (bis zum Pleistozän vorhandene Landverbindung zwischen Italien, Korsika und Sardinien). Von dort aus wurden die unterirdischen Gewässer der

Pyrenäen Südfrankreichs, Italiens, der Dinarischen Alpen und südlichen Karpaten besiedelt. Die Einwanderer drangen nicht über die Alpen. Das hercynische Gebirgssystem (von Böhmen bis Südfrankreich) hat daher eine sehr arme Höhlenfauna, z. T. wurde auch sie durch die Eiszeit vernichtet. Die Abb. 11 stellt wichtige Grundwasserbesiedler vor.

5.7. Stoffhaushalt und Energiefluß in Grundwasser-Ökosystemen

Grundwasser ist ein von oberirdischen Ökosystemen abhängiger, nahrungsarmer Lebensraum. Er besitzt keine photoautotrophe, sondern nur eine geringe chemolithoautotrophe Produktion. Grundwasserökosysteme sind heterotroph geprägt. Infolge der Nahrungsarmut sind im Grundwasser die **Abundanzen** im Vergleich zu oberirdischen Lebensräumen gering. Die **Bakteriendichte** beträgt meist $< 10^5\,ml^{-1}$ (oft sogar nur $2 \cdot 10^4\,ml^{-1}$). Bei Belastung kann sie auf $> 10^6\,ml^{-1}$ ansteigen, was etwa oberirdischen Dichten entspricht. In diesem Fall nimmt auch die Zahl der Denitrifikanten, Desulfurikanten und methanogenen Bakterien zu. Die Aktivität der Bakterien ist im Grundwasser abhängig von den Redox-Bedingungen, die, wie bereits erwähnt, auf engem Raum wechseln können.

Die bakterielle Produktion im Grundwasser muß als gering angesehen werden. Heterotrophe und auch chemolithoautotrophe Bakterien bilden zusammen mit den Metallhydroxid-Ablagerungen auf den Steinchen der Lockergesteine einen Biofilm. Hier lebt die Mehrzahl der Bakterien, und hier finden die wichtigsten Stoffumsätze statt.

Grundwasser ist generell C-limitiert. Die im Grundwasser lebenden Bakterien sind an niedere Nährstoffkonzentrationen angepaßt. Eingeschwemmte Bakterien, die nicht diese Anpassung haben, werden schnell wieder eliminiert. Grundwasserbakterien sind auch an niedere Sauerstoffkonzentrationen angepaßt. Die Zahl an fakultativen Anaerobiern unter ihnen ist groß.

Detritus und Bakterien bilden die Nahrungsgrundlage der **Konsumenten**. Bakterien können sowohl im Detritus als auch auf dem Biofilm der Körnchen sein. Daher gibt es unter den **Primärkonsumenten** sowohl Substratfresser als auch Weidegänger. Ihre Dichten sind relativ gering und abhängig von dem Sauerstoffgehalt (positive Korrelation) und der Tiefe (negative Korrelation) (Abb. 12, Tab. 7) Auch Porenstruktur und Wasserdurchfluß werden eine Rolle spielen.

Substratfresser: Einige Nematoden, Oligochaeten (z. B. *Trichodrilus*-Arten), *Troglochaetus*, Ostracoden, Copepoden, Isopoden.

Weidegänger: Gastropoden (weiden Bakterienrasen ab).

Die Primärkonsumenten werden von den **Sekundärkonsumenten** (Prädatoren) erbeutet.

Prädatoren:

1. Ordnung: Gewisse Nematoden, Hydracarinen und Hydrachnellen (Wassermilben).
2. Ordnung: Amphipoden.
3. Ordnung: Turbellaria-Tricladia (große Plattwürmer), oft Gipfelräuber. (In Montana, USA, sind die Gipfelräuber die Larven der Höhlensteinfliege *Paraperla fontana* und der Amphipode *Stygobromus*, die in Europa nicht vorkommen, Stanford et al. 1994).
4. Ordnung: (Nur in Höhlen): Höhlenfische und Höhlen-Amphibien (Gipfelräuber).

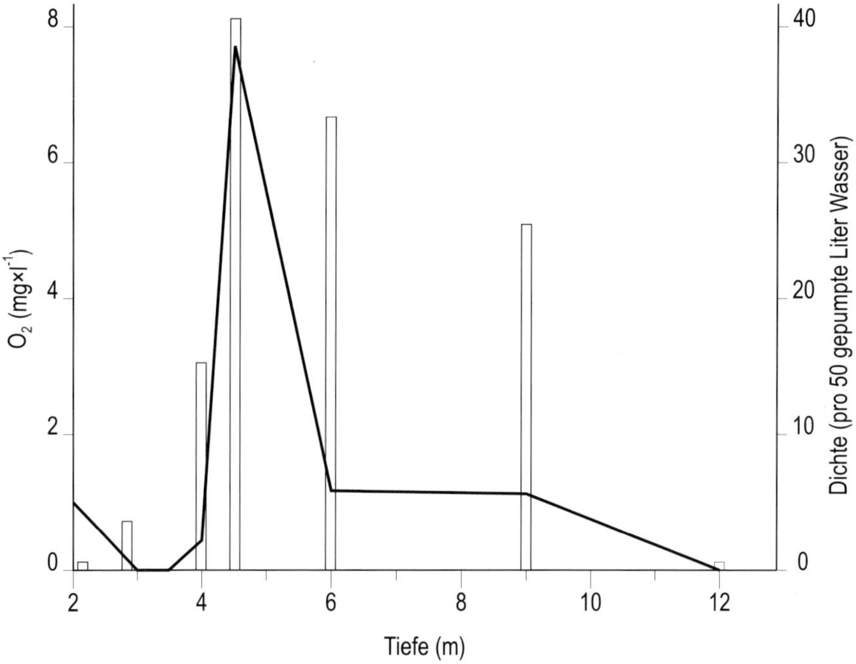

Abb. 12. Tiefenverteilung von Sauerstoff (Säulen) und Invertebratendichte (Linie) in einem alluvialen Grundwasserleiter. (Nach Angaben von HUSMANN 1975).

Tabelle 7. Tierdichten im Grundwasser.

Maß	Individuen	Bemerkungen	Autoren
50 l	30	4 m Tiefe, gepumpt, O_2 vorhanden	HUSMANN 1975
m^2	Bis 100 *Gammarus*	Unterirdischer Fluss	CULVER et al. 1994
m^2	~50 *Caecidotea* (Asseln)		
m^2	> 30 *Stygobromus* (Amphipoda)		
5 l	~ 5.000	Filtersand in Wasser-aufbereitungsanlagen	HUSMANN 1961, 1978

Die Amphipoden erbeuten gern Asseln und werden selbst von den großen Turbellarien gefressen. Unter den Asseln scheinen nur die Cirolanidae räuberisch zu sein.

Die Artenarmut im Grundwasser mindert die interspezifische und die geringen Dichten mindern die intraspezifische Konkurrenz. Infolge der Nahrungsarmut sind viele Tiere omnivor und können auch längere Zeit hungern. Viele Räuber, wie z. B. die Amphipoden, scheinen nur fakultativ räuberisch zu leben. In oberirdischen Gewässern gehören die Amphipoden, wie die Isopoden, dem Ernährungstyp der Zerkleinerer (hauptsächlich Laub) an.

Wir müssen annehmen, daß der Energiefluß in den Grundwasser-Ökosystemen sehr gering ist oder fragmentarisch verläuft. Auch die Selbstregulation der Tierbestände kann nur schwach sein, wozu auch die geringe Prädatorendichte beitragen wird. Trotzdem erfüllen diese Ökosysteme auch eine wichtige hydrogeologische Funktion. Die Bakterien bauen organische Stoffe ab, besonders, wenn durch Gülle und andere Einschwemmungen eine starke Belastung vorhanden ist. Neben der Erhöhung der Bakteriendichte (durch oberirdischen Input) treten auch vermehrt Zooflagellaten und Ciliaten (Protozoen) sowie metazoische Substratfresser und Weidegänger auf, die Bakterien in großen Mengen fressen und sie somit in der exponentiellen Wachstumsphase erhalten, wodurch ihre Produktion und somit Abbauleistung gesteigert wird. Diese akuten Neueindringlinge sind Stygophile, z.T. auch Stygoxene.

Die Grundwasserasseln zerkleinern, wie ihre oberirdischen Verwandten, auch größere Detrituspartikel. Nach den Darmpassagen können sie besser von Bakterien angegriffen werden. Ebenso werden Feinsedimente in grobe Kotpartikel verwandelt, wodurch das Porensystem freigehalten wird. Diese Vorgänge macht man sich auch in Langsamfiltern aus Sand zur Wasseraufbereitung zunutze (s. **II. 3.2.**). (Husmann 1978, Danielopol 1983).

5.8. Belastung des Grundwassers

Niederschläge können in die Grundwasserleiter, Spalt- und Höhlengewässer belastende Stoffe (organische und anorganische) einbringen. Die Sande des Grundwasserleiters und auch darüber stehende Schichten adsorbieren zunächst viele fremde Bakterien und auch Stoffe (z. B. mit Hilfe des Biofilms). Allein die Metallhydroxide auf den Körnchenoberflächen halten viele Stoffe fest. Bei einem Überangebot an Stoffen gelangen jedoch auch größere Mengen in das Grundwasser. Organische Stoffe erhöhen das Nährstoffangebot und fördern die Bakteriendichte, wodurch das Ökosystem, wie wir schon sahen, noch nicht geschädigt wird. Kommt es jedoch zu einem stärkeren Sauerstoffschwund, so gehen die Abundanzen der Grundwassertiere deutlich zurück. Bei völligem Sauerstoffschwund sterben viele Stygobionte. Die Zahl der Stygoxenen nimmt zu (z. B. oberirdische saprobienanzeigende Protozoen, Nematoden und Oligochaeten).

Schwere Schädigungen des Ökosystems in Grundwasserleitern entstehen durch ein übermäßiges Eindringen von Feinsedimenten, besonders Schluff und Ton (< 0,06 mm Körnchengröße). Sie verstopfen das Lückensystem und führen zum Absterben der Bakterien und Tiere (Abb. 13). Bei Sauerstoffschwund werden auch die Fe^{3+}-Beläge auf den Steinchen wieder in lösliches Fe^{2+} zurückgeführt, so daß die Adsorptionskraft der Körnchenoberflächen geschwächt wird. Die Wirkung der Eutrophierungsfaktoren selbst, PO_4^{3-}, NH_4^+, NO_3^-, auf die Grundwassertiere sind relativ unbekannt. Grundwasser-

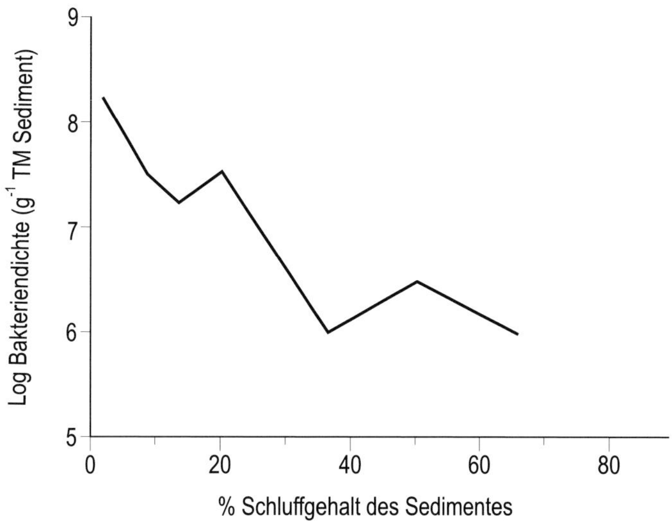

Abb. 13. Beziehung zwischen der Bakteriendichte (Direktzählung nach Anfärben mit Acridin-Orange) und dem Schluffgehalt im Grundwasser. (Schematisiert nach Angaben von SINGLAIR & GHIORSE 1989).

Krebse scheinen wenig sensibel auf sie zu reagieren (NOTENBOOM et al. 1994). Hingegen ist bekannt, daß Mollusken sehr sensibel auf erhöhte Nitratkonzentrationen reagieren (schon bei 1 mg l^{-1}). Der Nitratgrenzwert für Grundwasser (Trinkwasserverordnung) von 50 mg l^{-1} ist für das Ökosystem nicht zu akzeptieren. Gegen Cl^- sind Grundwasser-Krebse auch relativ unempfindlich (NOTENBOOM et al. 1994). Der Grenzwert von 200 mg l^{-1} wird jedoch häufig überschritten (bis > 500 mg l^{-1}), bedingt oft durch Streusalz-Ausbringungen auf Straßen. Auch Schwermetalle gelangen bis in das Grundwasser. Die bisher überprüften Grundwassertiere (Crustaceen) sind gegen sie weniger sensibel als ihre oberirdischen Verwandten. Sie können auch relativ viele Schwermetalle akkumulieren (DICKSON et al. 1979, NOTENBOOM et al. 1994) (Abb. 14). Wie generell, so reagieren auch Grundwassertiere sehr orts- oder gruppenspezifisch auf Xenobiotika.

Die weltweite Versauerung der Gewässer und Böden macht sich auch in schlecht gepufferten Grundwässern durch pH-Erniedrigung bemerkbar, was vermutlich nicht sehr gefährlich ist, da das Grundwasser zu niedrigen pH-Werten neigt. Andere Xenobiotika im Grundwasser sind häufiger chlorierte Kohlenwasserstoffe, leichtflüchtige Halogenwasserstoffe, Mineralöle und Pflanzenschutzmittel, z. B. Atrazin, Chlortoluron, Terbuthylazin. Sie schädigen sicherlich das Ökosystem und erniedrigen die Nutzung des Grundwassers.

Über die Selbstreinigungskraft des Grundwassers gibt es noch keine quantitativen Angaben. Grundwassertiere können allerdings bis zu 20 % des Detritus konsumieren (SINTON 1984). Ist ein Grundwasser-Ökosystem gestört, so dauert seine Regeneration vermutlich sehr lange bzw. ist kaum reversibel (s. eiszeitliche Störungen). Daher ist ein **Grundwasser-Biomonitoring** dringend notwendig. Erste Ansätze liegen vor.

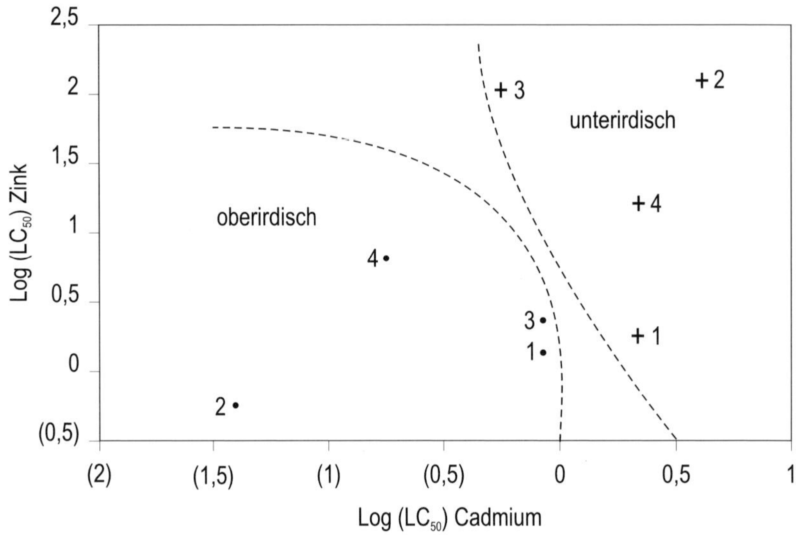

Abb. 14. LC_{50}-Daten für Zink und Cadmium für oberirdische und unterirdische Crustaceenpopulationen. Es bedeuten – oberirdisch: 1, *Nitocra spinipes;* 2, *Gammarus pulex*; 3, *Allorchestes compresa*; 4, *Lirceus alabamae.* – Unterirdisch: 1, *Parastenocaris germanica*; 2, *Niphargus aquilex*; 3, *Proasellus cavaticus*; 4, *Caecidotea bicrenata.* (Nach mehreren Autoren aus Notenboom et al. 1994).

Generell: Stygobionte deuten auf stabile, intakte Verhältnisse hin. Als Indikatoren sollten v.a. die wenigen weitverbreiteten Taxa genommen werden: *Troglochaetus* (Zentraleuropa, Nordamerika), *Bathynella* (weltweit).

Sauerstoff: *Cryptocandona kieferi* (Ostracoda) zeigt Sauerstoffschwund, *Parapseudoleptomesochra subterranea* (Copepoda) zeigt gute Verhältnisse an (Rouch 1988).

Organische Belastung: Höhere Dichten an stygoxenen Arten. (Zur Ermittlung der Stygoxenen vgl. bei Illies 1978).

Grundwasser ist die wichtigste Trinkwasserreserve der Menschheit (s. **I. 4, II. 3.1.**). Gutes Grundwasser, was nur wenig der Aufbereitung bedarf, setzt intakte Grundwasser-Ökosysteme voraus. Der Schutz des Grundwassers bezieht sich nicht nur auf diese wirtschaftliche Bedeutung, sondern auch auf den Erhalt einer einmaligen Fauna und Ökosystemstruktur. Alarmierend ist die heute noch zunehmende Konzentration an Pestiziden im Grundwasser. Oft sind es gleich mehrere Stoffe, die in Grundwasserproben gefunden werden. Der Abbau erfolgt langsam und ihre Mobilität hängt ab von den Absorptionsmöglichkeiten (Sorptionskapazität der Gesteine, Porenvolumen, Hydroxidgehalt, C_{org}-Gehalt) (Mattess 1997).

6. Die Quellen

Zu empfehlende Übersichtsliteratur: ZOLLHÖFER (1997). BOTOSANEANU (1998).

6.1. Definition, geologischer Aufbau und geohydrologische Klassifikation

Quellen sind örtlich begrenzte Grundwasseraustritte. Sie bilden einen Übergangsbereich zwischen zwei limnischen Lebensräumen: dem Grundwasser und dem durch abfließendes Quellwasser sich bildenden Fließgewässer. Somit erhebt sich mit der Definition die Frage, ob Quellen eigene Ökosysteme oder nur Ökotone (Grenzbereiche) darstellen. Diese Frage ist allerdings erst im Verlauf der Ausführungen zu entscheiden (s. **I. 3.**). Quellen sind wichtige Strukturen im Wasserhaushalt der Erde. Als Ursprung vieler Fließgewässer sind sie maßgeblich an der Entwässerung des Landes beteiligt (s. **I. 4.**). Es gibt auch abflusslose, **endorheische** Quellen. Bei ihnen versickert das Wasser nach einer relativ kurzen Fließstrecke.

In natürlichen Landschaften wird es mehr endorheische Quellen als Quellbäche gegeben haben.

Im Gegensatz zu Quellen sind **Brunnen** künstliche Grundwasseraufschlüsse, die kein eigenes Ökosystem besitzen, aber einen Einblick in die Grundwasserfauna gewähren.

Es gibt mehrere geohydrologische Einteilungsprinzipien der Quellen. Die gebräuchlichste Einteilung erfolgt nach Auslaufenden bzw. Absteigenden Quellen und Aufsteigenden Quellen.

Auslaufquellen

a) Talquellen. Die wasserdurchlässige Oberschicht senkt sich bis zum Grundwasserleiter ein. Es entsteht ein Quelltopf.
b) Schichtquellen. Ein geneigter Grundwasserleiter wurde durch Erosion angeschnitten, so dass sein Wasser oberirdisch abläuft. Schichtquellen an Berghängen bilden oft Quellhorizonte. Werden sie durch Bergschutt verdeckt, so daß ihr Wasser nur hervorsickert, heißen sie auch Schuttquellen.
c) Stau- oder Barrierequellen. Dem Grundwasser ist eine wasserstauende Schicht als Barriere vorgelagert. Führt es entsprechend viel Wasser, so kommt es zum Übersteigen der Barriere und somit Austritt des Wassers.
d) Überlaufquellen. Das Grundwasser steht in einer Mulde. Steigt seine Höhe an, kommt es zum Überlauf.

Aufsteigende Quellen

a) Verwerfungsquellen. Grundwasser, das unter einem hydrostatischen Druck steht, nutzt Verwerfungen als natürliche Aufstiegswege. Verwerfungen entstehen durch geologische Verschiebungen von Oberflächenbereichen, wodurch Grundwasser in mehrere undurchlässige Schichten geraten kann.
b) Artesische Brunnen. Es sind Sonderfälle von Verwerfungsquellen, bei denen Grundwasser zwischen zwei undurchlässigen Schichten liegt (= gespanntes Grundwasser). Infolge des Überdruckes wird durch geologische Vorgänge oder künstliche Anbohrung das Wasser herausgedrückt.

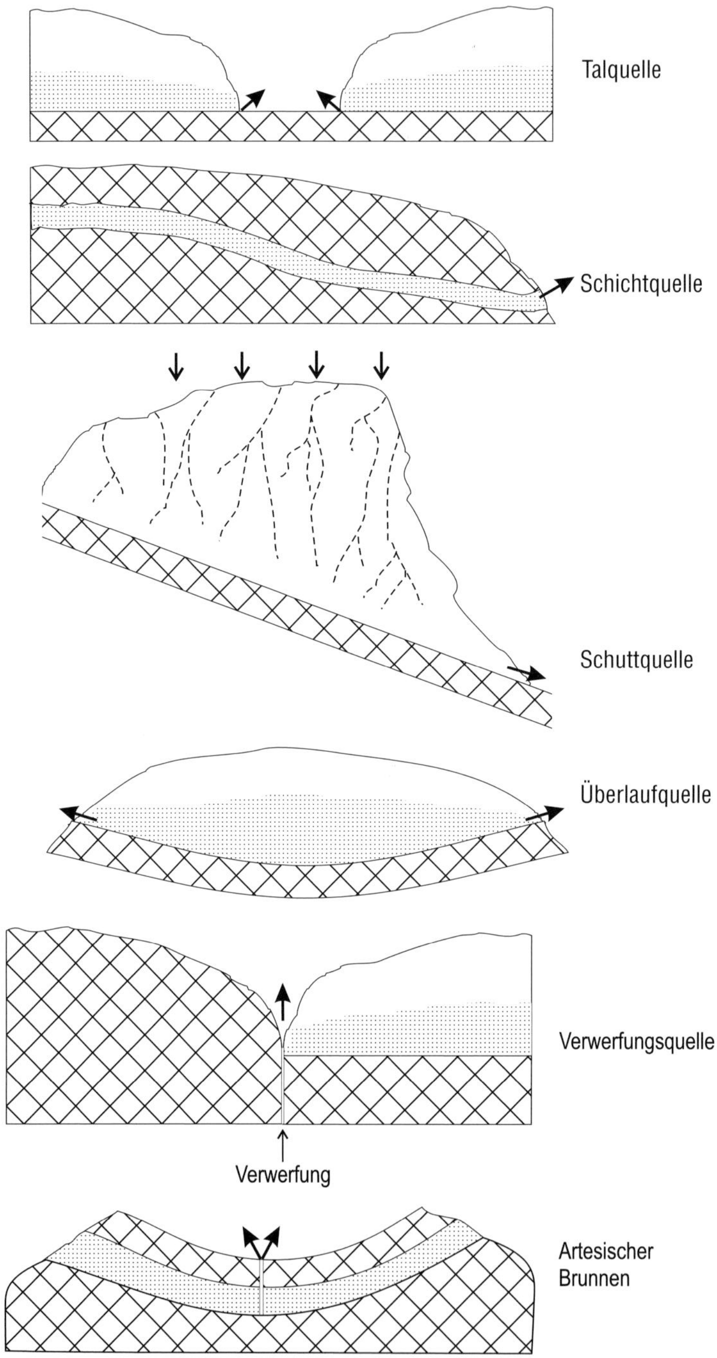

Abb. 15. Quellformen. Gekreuzte Schraffur = Wasserundurchlässige Schicht, gepunktet = Grundwasser. (In Anlehnung an verschiedene Darstellungen).

Die Abb. 15 demonstriert die genannten Quellformen.

Eine besondere Form sind **Karstquellen**. Das in den Klüften und großen Hohlräumen der Karstgebirge angesammelte Wasser (Aquifugen) tritt aus, wenn ein kanalartiger Spalt nach außen führt. Das Wasser muss allerdings höher stehen als die höchste Erhebung des Abflußspaltes. Daher sind diese Quellen oft **intermittierend** (Abb. 16). Aber nicht nur intermettierende, auch die üblichen **perennierenden Quellen** zeigen Schwankungen des Wasseraustrittes (der Schüttung). In Europa erfolgen die Schwankungen etwa um den Faktor 5–30. Die Schüttungen in Europa betragen (abhängig vom Einzugsgebiet der Quellen) etwa 5–30 l min^{-1}.

Intermittierende Quellen können (in selteneren Fällen) auch durch Gas (meist CO_2) entstehen. Das Gas sammelt sich in einer tief gelegenen unterirdischen Wasserblase an, bis diese platzt. Das ausströmende Gas reißt das Wasser mit nach oben. Danach sammelt sich erneut Gas an.

Versinkendes Flußwasser kann nach unterirdischem Lauf wieder als Quelle zu Tage treten. Dies sind dann keine echten Quellen, sondern Erscheinungsformen des Wassertransportes in Fließgewässern (s. **I. 7.**3.).

Das **Schmelzwasser** von Gletschern bildet ebenfalls Quellen. Die Grundmoräne (s. **I. 8.**1.2.) ist häufig die wasserstauende Schicht. Die Quelle kommt meist schon als Gletscherbach aus dem Gletscherfuß (= Gletschertor) hervor. Auch dies sind eigentlich keine echten Quellen.

In Hochgebirgen gibt es echte Quellen, die nachweislich ohne Einzugsgebiet (Grundwasser) sind. Die Bildung ihres Wassers wird durch Kondensation angenommen, also Taubildung in den Poren des Bodens (VOLGER'SCHE Theorie). Es ist nicht ausgeschlossen, daß derartige Prozesse auch für die Bildung anderer Quellen und Grundwasserbereiche eine Rolle spielen, wenn auch im geringen Maße.

6.2. Physikalische und chemische Klassifikation

Die Wassertemperatur der Quellen, gemessen 20 m unter der Erdoberfläche, entspricht der mittleren Jahrestemperatur der Luft des Quellortes. Die Quellentemperatur ist jah-

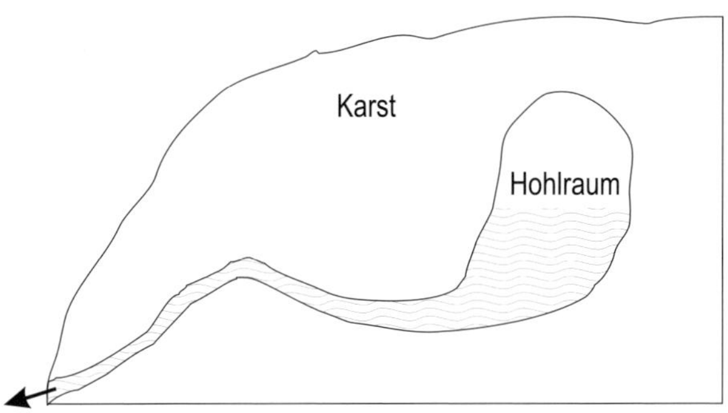

Abb. 16. Intermittierende Karstquelle. Die Quelle schüttet nur, wenn der Grundwasserspiegel in dem Hohlraum höher steht als in der höchsten Stelle des gebogenen Abflußkanals. (In Anlehnung an KLEE 1991).

reszeitlich konstant und beträgt in Mitteleuropa etwa 6–10 °C, in den Tropen 20–25 °C. Quellen, die aus oberflächennahen Grundwässern gespeist werden, haben entsprechend höhere Temperaturen, die auch schwanken können. In den gemäßigten Breiten sind die meisten Quellen sommerkühl und winterwarm. Quellen ohne große Mengen an gelösten festen Stoffen oder Gasen mit einer Temperatur, die der mittleren Jahrestemperatur des Ortes entspricht (vorausgesetzt der speisende Grundwasserleiter liegt > 20 m tief), heißen **Akratopegen** (oder kurz Pegen). Liegt die Wassertemperatur über der mittleren Jahrestemperatur der Luft, sind es **Akratothermen** (Thermalquellen oder kurz Thermen), zu denen auch Geysire gehören.

Quellen mit einem auffallend hohen Gehalt an gelösten festen oder gasförmigen Stoffen werden **Mineralquellen** genannt. Auch unter ihnen gibt es warme und kalte Quellen. Mit der Heilwirkung der Mineralquellen befaßt sich die **Balneologie**. Balneologisch werden als Thermen auch nur Quellen bezeichnet, deren Wassertemperatur > 20 °C liegt. Mineralquellen wurden limnologisch nur wenig untersucht und sollen daher nur kurz gekennzeichnet werden.

a) Säuerlinge. > 1 g l^{-1} CO_2 (pH 3 und weniger). Der hohe CO_2-Gehalt stammt vermutlich aus Magmaherden jungvulkanischer Gebirge (juvenil). Können intermittierend sein.
b) Alkalische Quellen. > 1 g kg^{-1} (Wasser) HCO_3. Meist handelt es sich um Natrium- und Calciumbikarbonate.
c) Solquellen. > 1 g kg^{-1} (Wasser) NaCl. Zumeist Auslaugungen von Salzlagerstätten, bzw. aus salzführenden geologischen Schichten kommend.
d) Schwefelquellen. > 1 mg l^{-1} H_2S – S oder auch als Sulfide. Schwefelquellen entstehen in der Nähe von Gipslagen durch Reduktion des Calciumsulfates oder auch im Bereich ölführender Gesteine. Schwefelwasserstoff kann vermutlich auch aus dem Magma stammen (juvenil). H_2S-Quellen sind auch reich an CO_2, nicht aber reine Sulfidquellen.
e) Bitterquellen. > 1 g kg^{-1} (Wasser) $(Na)_2SO_4$ (Glaubersalz) oder $(Mg)_2SO_4$.
f) Eisenquellen. > 10 mg kg^{-1} (Wasser) Fe^{2+}, meist als gelöstes Eisenbikarbonat. Viele Quellen haben einen erhöhten Eisengehalt; er liegt aber in den Pegen immer < 10 mg l^{-1}. Extrem hoch ist er in der Nähe von Eisenerzlagern.

Es gibt auch Quellen mit erhöhtem Arsen- oder Jodgehalt, sowie radioaktive Quellen.

6.3. Der Chemismus der Akratopegen

Der Chemismus der Quellen hängt weitgehend vom Grundwasser ab. Für den Limnologen ist es zunächst wichtig, in welcher geologischen Formation die Quelle entspringt. Liegen sie in Gebieten, in denen Granit, Gneis, Sandstein, Tonschiefer oder Grauwacke dominieren (= Silikatgesteine), so sind sie kalkarm, die elektrische Leitfähigkeit ihrer Wasser beträgt < 300 µS cm^{-1} (pH < 7).

Quellen im Muschelkalk, Mergel, Dolomit oder Jura sind kalkreich mit einer Leitfähigkeit > 300 µS cm^{-1} und einem pH > 7. Im ersten Fall kann man von **Silikat-** und im zweiten von **Karbonatquellen** sprechen. Sie prägen den anschließenden Quellbach und haben entscheidende Bedeutung.

Im Grundwasser, das fast immer einen erhöhten CO_2-Gehalt aufweist, bildet sich Kohlensäure:

$$CO_2 + H_2O \rightarrow H_2CO_3$$

Es entstehen die beiden Dissoziationsgleichgewichte:

$$H_2CO_3 \leftrightarrow H^+ + HCO_3^-$$
$$H_2CO_3 \leftrightarrow H^+ + CO_3^{2-}$$

Bei Anwesenheit von Ca^{2+} entsteht je nach dem CO_2-Gehalt des Grundwassers Calciumkarbonat ($CaCO_3$) oder Calciumbikarbonat [$Ca(HCO_3)_2$], das löslich ist. Damit es in Lösung bleibt, muss ständig CO_2 vorhanden sein (sog. „Gleichgewichtskohlensäure"). Tritt nun das Grundwasser in der Quelle nach außen, entweicht CO_2, wodurch das Bikarbonat in das fast unlösliche Karbonat zerfällt:

$$Ca(HCO_3)_2 \rightarrow CaCO_3 + CO_2 + H_2O$$

Das $CaCO_3$ lagert sich im Quellbereich ab. Steine, Pflanzen und auch Tiere werden mit Kalkkrusten überzogen. Diese Ablagerungen können in geologischen Zeiträumen große Ausmaße erreichen (Travertin, Kalksinter). Kalksinter wird abgebaut und als Baumaterial genutzt.

Auch Pflanzen, in den Quellen zum ersten Mal in einem limnischen Lebensraum erscheinend, können an der Kalkausfällung beteiligt sein. Dies sind der Hahnenfuß *Ranunculus penicillatus* var. *calcareus* und einige andere Arten. Sie assimilieren Hydrogenkarbonat (HCO_3^-) und entziehen daraus das CO_2:

$$Ca(HCO_3)_2 \leftrightarrow Ca_2^+ + 2\ HCO_3^-$$
$$6\ HCO_3^- + 12\ H_2O \rightarrow C_6H_{12}O_6 + 6\ O_2 + 6\ H_2O + 6\ OH^-$$

Die freiwerdenden OH^--Ionen erhöhen den pH-Wert des Wassers und das $CaCO_3$ fällt aus (= **biogene Entkalkung**). Die Dissoziation der Kohlensäure ist pH-abhängig (Abb. 17). Bei einem pH-Wert um 7 entsteht zumeist das Hydrogenkarbonat.

Auch Moose können in kalkhaltigen Quellen eine wichtige Rolle bei der Kalkablagerung haben. Viele Moose sind kalkfliehend (und ausschließliche CO_2-Assimilierer). Es gibt jedoch auch Arten, die bevorzugt in Kalkquellen vorkommen: *Philonotis calcarea,*

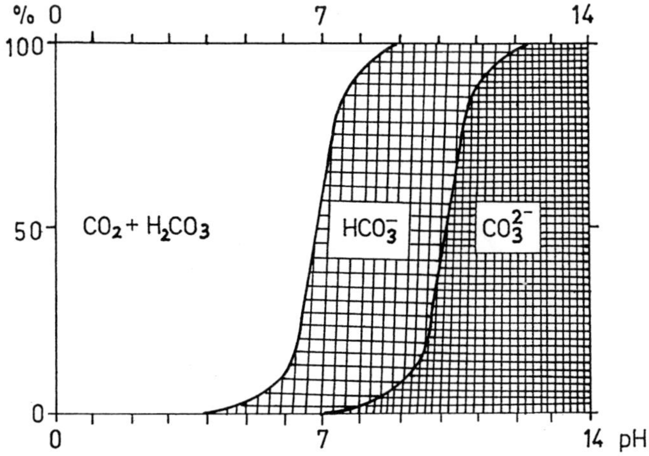

Abb. 17. Dissoziation der Kohlensäure in Abhängigkeit vom pH-Wert. (Nach FAURHOLT aus BREHM & MEIJERING 1990).

Barbula ehrenbergii und vor allem *Cratoneuron commutatum*. Sie entziehen dem Wasser für die Assimilation auch CO_2, doch dies ist im Vergleich zur Entgasung beim Austritt des Wassers gering. Trotz der Entgasung bleibt für die Pflanzen in den Quellen noch genügend CO_2; Quellen sind fast nie C-limitiert.

Wichtig ist nun, dass sich in den Moosteppichen der ausgefällte Kalk ablagert und ein strukturiertes (poröses) Kalksystem als besonderen Lebensraum bildet, der allerdings infolge der Verkrustung für die Besiedler nicht ungefährlich ist: **Kalksinter** (ungeeignet auch als **Kalktuff** bezeichnet). In sehr kalkreichen Quellen kann pro Jahr bis zu 5 mm Kalk in den Moosteppichen eingelagert werden. Nichtporöse, solide Kalkablagerungen heißen **Travertin**.

Im Grundwasser liegt das **Eisen** bei Sauerstoffmangel in der löslichen 2-wertigen (Fe^{2+})Form, meist als Eisenbikarbonat [$Fe\ (HCO_3)_2$], vor. Bei Austritt des Grundwassers aus der Quelle entweicht CO_2 und Sauerstoff reichert sich als atmosphärischer Eintrag an. Es kommt zur Oxidation des 2-wertigen Eisens zum 3-wertigen Eisenocker (Eisen-III-Hydroxid), der als braune Substanz ausfällt:

$$4Fe\ (HCO_3)_2 + O_2 + 2H_2O \rightarrow 4Fe\ (OH)_3 + 8CO_2$$

Die Ockerablagerungen treten oft sichtbar in Quellen mit Sickerabfluß (Helokrenen, s. **I. 6**.4.) oder in Quelltöpfen auf, während sie in schnellfließenden Quellen fortgespült werden. Im alkalischen Bereich geht dieser Vorgang rein chemisch vonstatten, im sauren sind daran Bakterien beteiligt. Bei Anwesenheit von Sauerstoff kann dieser Vorgang auch schon im Grundwasser ablaufen (s. **I. 5**.7., **I. 5**.8.). In Quellen sind dafür die Eisenbakterien *Crenothrix polyspora* und *Leptothrix ochrocea*, seltener *Gallionella* verantwortlich. Das Vorkommen von *Gallionella* erkennt man an den gedrehten Zöpfen des Ockers (entsprechend des gedrehten Stieles des Bakteriums). Diese Vorgänge wirken auf den abfließenden Quellbach enteisend.

Ähnliches geschieht auch mit dem **Mangan**. Gelöstes 2-wertiges Mangan (Mn^{2+}) ist im Grundwasser neben dem Eisen reichlich vorhanden. In den Quellen wird es zum 4-wertigen, schwerlöslichen Mangandioxid (MnO_2) oxidiert (Braunstein), das oft wasserhaltig ist (Hydrat). Es ist dunkelbraun und lagert sich oft rippenförmig ab. Im sauren Bereich sind auch hieran Bakterien beteiligt, zumindest ist es *Hyphomicrobium* (Abb. 18).

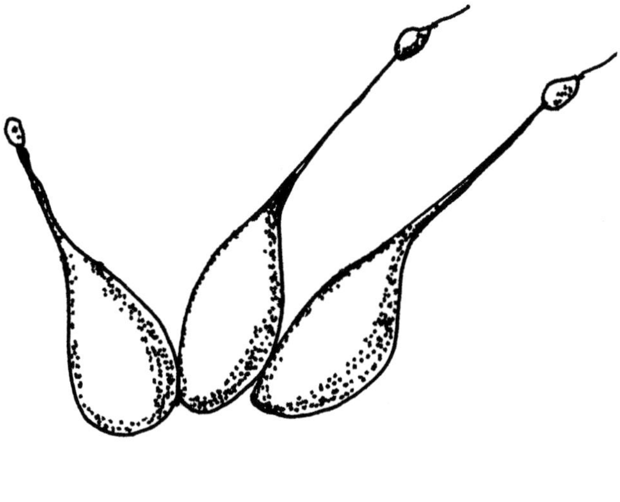

Abb. 18. *Hyphomicrobium*, ein manganfällender Mikroorganismus (Original).

Von den mineralischen Quellen sollen nur kurz die schwefelhaltigen erwähnt werden. Das Bakterium *Desulfovibrio desulfuricans* reduziert Sulfate zu H_2S, der sich im Grundwasser ansammelt. Bei Austritt aus der Quelle wird H_2S zu Schwefel oxidiert, der sich als weißer Belag ablagert. An der Oxidation sind Schwefelbakterien, z. B. *Thiobacillus thioparus*, beteiligt:

$$2H_2S + O_2 \rightarrow S_2 + 2H_2O + 334{,}4\ kJ$$

Die Ablagerungen in den Schwefelwasserstoff-Quellen sind ähnlich dem Faulschlamm in Abwässern.

Wie das Grundwasser, so sind auch die Quellen primär **nährstoffarm**. Der Gehalt an Nitrat ist extrem niedrig, meist < 1 mg l^{-1}, der an Orthophosphat $< 0{,}005$ mg l^{-1}. Mit Austritt des Wassers kommen allerdings aus der Umgebung Nährstoffe in die Quelle (Fallaub, Totholz). Bei dem Abbau der Blätter wird Stickstoff freigesetzt, der aber in oder an den Blättern verbleibt und Werte bis 50 mg l^{-1} erreichen kann (Iversen 1973). Das Wasser selbst wird durch diese Vorgänge wenig beeinflußt. Hinzu kommt die geringe Temperatur und der langsame sukzessive Aufschluß der Blätter und des Totholzes, der eine geringe Abbaurate bedingt. Gleiche Vorgänge geschehen auch in Bächen, sofern ihre Ufer mit Bäumen bestanden sind (s. **I. 7.6.9.**).

Allgemeine Schlußfolgerungen. Infolge der CO_2-Entgasung und des O_2-Eintrages sind Quellen Bereiche chemischen Ungleichgewichtes. Erst im anschließenden Quellbach kommt es wieder zu neuen chemischen Gleichgewichten. Der Chemismus der Quellen ist nicht nur geogen, sondern auch biogen geprägt. Die chemolithoautotrophen Zönosen der Quellen schützen das Fließgewässer vor zu starker chemischer Belastung aus dem Grundwasser, die aus der chemischen Zusammensetzung der Erdrinde herrührt (Filterfunktion der Quellen). Quellen sind primär oligotrophe Gewässer.

6.4. Limnologische Klassifikation

Aus der hydrologischen Klassifikation der Quellen lassen sich noch keine limnologisch definierbaren Lebensräume ableiten. Entscheidend hierfür ist, welche Strukturen die Quelle unmittelbar hinter dem **Quellmund** bildet. Steinmann und Thienemann beschrieben im ersten Quartal des 20. Jahrhunderts 3 klassische Strukturformen der Quellen, deren Anzahl durch neue Forschungsergebnisse bis heute kaum erweitert wurde: Rheokrenen, Helokrenen, Limnokrenen. Den Lebensraum der Quellbewohner bezeichnet man als **Krenal**, die Organismengemeinschaft der Quellen als **Krenon**. Das Krenal reicht vom Quellmund bis in den abfließenden Bach, soweit dieser, hauptsächlich im physikalischen Sinn, von dem Bereich des unmittelbaren Wasseraustrittes noch geprägt ist. Dies ist für Mitteleuropa die **5 °C-Jahresamplituden-Grenze**. Erst bei deren Überschreiten beginnt das eigentliche Fließgewässer. Das Krenal lässt sich daher unterteilen in **Eukrenal**, der eigentlichen Quelle und **Hypokrenal**, dem Quellabfluß.

Rheokrene. Das austretende Wasser fließt direkt in den Quellbach ab. Oft sind Rheokrenen Sturzquellen an Berghängen. Karstquellen bilden daher oft diese Quellform. Im flachen Gelände treten Rheokrenen als Fließquellen auf, zumeist bei Auslaufquellen. Es gibt Rheokrenen mit oder ohne Kalksinter-Terrassen; außer an Algen und Moosen sind sie pflanzenarm.

Helokrene. Ein definierbarer Quellmund ist nicht vorhanden. Das Wasser sickert durch die aufgelagerte Bodenschicht (Sickerquelle, Sumpfquelle, Naßgalle). Das durchsickernde Wasser bildet Feuchtstellen und kleine Rinnsale, die sich dann zu einem Quellbach vereinigen. Helokrene werden häufig durch aufsteigende Quellen des Flachlandes gebildet, aber auch grundsätzlich durch gering schüttende Quellen. Sie haben viele semiaquatische Strukturen, engen Kontakt mit den terrestrischen Zönosen und sind teilweise reich an höheren Pflanzen („Quellflurgesellschaften"). In den Tropen können derartige Quellgebiete mehrere Quadratkilometer groß sein und ein gesondertes Ökosystem bilden (Baumbestände, Weiher, Seen). Helokrenen können sich zu einem **übergeordneten Ökosystem** erweitern.

Limnokrene. Das austretende Wasser sammelt sich in einer Vertiefung an (Weiher- oder Tümpelquelle). Der Quellbach entsteht durch Überfließen des Quelltopfes. Der Quellmund liegt häufig auf dem Grund des Weihers. Im Flachland kann es infolge rückschreitender Erosion zur Ausbildung einer Vertiefung kommen, in der sich das Wasser ansammelt. Limnokrenen bilden sich bei auslaufenden Quellen, besonders Talquellen (Quelltopf), aber auch bei Karstquellen. Speisen mehrere Quellen eine wasserstauende Vertiefung, so kann die Limnokrene seeartige Ausmaße erreichen und sich zu einem **See-Ökosystem** erweitern. Limnokrenen sind meist reich an höheren Pflanzen. Typisch ist die Brunnenkresse (*Nasturtium officinale*).

Lineare Quellen (Zollhöfer 1997). Sie stehen zwischen Rheo- und Helokrenen. Der Wasseraustritt ist sickernd, fließt aber linienhaft ab und bildet den Quellbach. Im Sickerbereich sind diese Quellen meist intermittierend, im Quellbach-Bereich jedoch perennierend.

Zwischen den limnologischen Quellformen gibt es viele Übergänge. Habitate und Besiedlung der Quellform faßt die Tabelle 8 zusammen. In den grundwasserreichen Talsohlen austretende Quellen bilden oft kleine Aue-Bäche (s. **I. 7.5.13.**), die **Gießen** genannt werden.

6.5. Lebensbedingungen der Quellen

Im Gegensatz zum Grundwasser sind Quellen dem Licht ausgesetzt und lassen daher Pflanzenwuchs zu. Sie haben eine **photoautotrophe Primärproduktion** und sind daher prinzipiell autotroph. Liegen Quellen in Wäldern, was ursprünglich relativ häufig der Fall war (nicht so in vegetationsarmen Karstgebirgen), so erhalten sie durch Falllaub und Totholz eine starke **allotrophe Komponente**.

Quellen sind im Gegensatz zum Grundwasser kleinflächige (oftmals nur wenige Quadratmeter große) **punktuell verteilte** Lebensräume ohne einheitlichen Strukturaufbau. Nur in den Rheokrenen ist die Turbulenz ein zusätzlicher dominierender Faktor. Ähnlich dem Grundwasser sind Quellen oligotrophe Gewässer mit einem hohen Anteil an spezifischen Besiedlern. Ihre physikalischen und chemischen Faktoren sind relativ konstant (auch jahreszeitlich), worauf sich die Organismen einstellen konnten. Es herrschen bei ihnen daher nicht Anpassungsstrategien an wechselnde ökologische Faktoren vor, sondern die Selektion muß auch hier, ähnlich wie im Grundwasser, in Richtung Verringerung der Populationsgröße und genetischen Variabilität wirken. Die Funktion der genetischen Variabilität ist mit der Anpassung an konstante und berechenbare Umweltfaktoren erfüllt. Doch liegen hierüber noch keine Untersuchungen vor. In Über-

Tabelle 8. Quellformen, ihre Strukturen und Besiedler (Krenobionte, Krenophile). (In Anlehnung an ZOLLHÖFER 1997).

Quelltyp	Schüttung	Struktur, allochthoner Input, Pflanzen	Tierdichten und einige Charakterarten
Rheokrene (unversintert)	Gering bis stark	Kies, Steine, Blöcke, wenig Fallaub und Totholz. Pflanzenarm, außer Blaualgen und Algen, z. B. *Chamaesiphon*, Pleurocapsale Arten, *Diatoma hiemale*	> 7.000 m^{-2}, bei > 300 μScm^{-1} Leitfähigkeit auch *Crenobia alpina* und *Gammarus fossarum*. – Ansonsten z. B. *Agapetus fuscipes*, *Elmis rietscheli*, *Dixa*-Arten, *Atrichopogon thienemanni*, hygropetrische Fauna, *Salamandra*-Larven
Rheokrene (versintert)	Gering bis stark	Relativ hoher Anteil an Fallaub und Totholz. Kalkliebende Moose	< 5.000 m^{-2}, *Dalyella tatrica*, *Crunoecia*-Arten, *Dixa*-Arten, Fauna hygropetrica, *Lebertia*-Arten, *Salamandra*-Larven
Karstquelle	Stark schwankend, z.T. intermittierend	Sand, Kies, Blöcke, Moospolster, wenig grober Detritus, wenig höhere Pflanzen	Meist < 800 m^{-2}, Versprengte Grundwasserarten, *Plectrocnemia geniculata*, *Elmis rietscheli*, *Dixa*, *Thaumalea*-Arten
Limnokrene	Stark	Neben grobem Detritus (Fallaub, Holz) auch relativ hoher Anteil an feinem organischem Material. Neben Algen und Moosen reich an höheren Pflanzen, z. B. *Sium erectum*, *Chrysoplenium oppositifolium*, *Ranunculus penicillatus*	> 10–10^3 m^{-2}. Sehr artenreich, z. B. viele Ostracoden, viele Copepoden, viele Plecopteren (*Drusus annulatus*), viele Trichopteren (*Beraea maura*, *Crunoecia irrorata* und viele Arten der vorigen Quelltypen).
Helokrene	Gering	Viel Feinsediment und semiaquatische Lebensräume. Es dominieren höhere Pflanzen: *Carex*, *Juncus*, *Phragmites*, *Cardamine*, auch Landpflanzen	Dichten und Zusammensetzung sehr unterschiedlich, etwa bis $10 \cdot 10^3$ m^{-2}. Häufig sind Krenobionte, wie *Beraea maura*, *Crunoecia* sp., von den Dipteren *Pedicia*, *Ptychoptera*- und *Panimerus*-Arten.
Lineare Quellen	Gering, quellnah intermittierend	Viel Feinsedimente, auch mineralische, daneben Fallaub und Holz. Pflanzenbewuchs unterschiedlich	< 1.000 m^{-2}. *Helodes*- und *Dixa*-Arten, die Libelle *Cordulegaster bultoni*

einstimmung mit dieser Hypothese sind die Abundanzen, besonders der tierischen Besiedler, als relativ gering zu bezeichnen (Tab. 8). Zur Verminderung der genetischen Variabilität muß auch noch die inselartige Verteilung der Quellen und die zunehmende anthropogen bedingte Verinselung beitragen, die einen Genaustausch zwischen den einzelnen Quellpopulationen erschwert. Auch hierüber liegen keine Untersuchungen vor.

Quellen sind prinzipiell als **störungsarm** zu bezeichnen. Daraus läßt sich schließen, daß Quell-Ökosysteme sehr störanfällig sind, da sie auf Änderungen ihrer Umwelt nicht vorbereitet sind. Allerdings können in unserer heutigen Landschaft z. B. Wildschweine Quellen als Suhlen annehmen und sie stark beeinträchtigen. Inwiefern in früh- oder vormenschlicher Zeit Großtier-Konzentrationen ein Belastungsfaktor für Quellen waren, wissen wir nicht, ist aber anzunehmen, da dies für kleinere Fließ- und Standgewässer heute noch zutrifft.

Jede Quelle hat eine Fülle unterschiedlicher **Habitatstrukturen**, die für die Besiedlung von entscheidender Bedeutung sind. Die wichtigsten Strukturen sind: große Steine, Kies, grobes und feines organisches Material, speziell auch Fallaub und Totholz, poröse Kalksinter, Strömungsmosaike, für die Tiere noch Algenaufwuchse, Moose und höhere Pflanzen. Besonders Helokrenen haben viele verschiedene Lebensbereiche: schwach und stärker strömende Rinnsale, flache und tiefere Wasseransammlungen, semiaquatische und auch terrestrische Bereiche. Ein besonderer Lebensraum in Quellen ist die **Spritzzone** auf großen Steinen und am Rande des Quellmundes. Auch an der Grenze zwischen Quellwasser und Land entsteht ein durchfeuchteter Saum, der spezielle Besiedler aufweist. In der Spritzzone rieselt eine sehr dünne Wasserschicht über eine Fläche. Sie ist sauerstoffreich, aber starken Temperaturschwankungen ausgesetzt. Die unmittelbare Umgebung des Quellmundes ist meist gering besiedelt, da hier infolge des Wasserdruckes und der Habitatbewegung ein hoher hydraulischer Streß herrscht. Auch ist das unmittelbar austretende Wasser noch sauerstoffarm. Die Sauerstoffanreicherung erfolgt jedoch schon nach 1–3 m Wasserlauf.

Ein nicht zu vernachlässigender Faktor ist in Kalksinter-Quellen die **Verkalkung**, nicht nur von Pflanzenteilen, sondern auch von lebenden Pflanzen und Tieren. Dies scheint für viele Pflanzen und Tiere limitierend zu wirken (s. die relativ niederen Abundanzen in diesen Quellen, Tab. 8). Bestimmte Arten sind daran angepaßt, z. B. Chironomidenlarven, die Kalk zum Röhrenbau benutzen oder *Pericoma*-Arten (Psychodidae), die Kalk auf ihren Tergiten ablagern, wodurch sie kapillar Wasser binden können und so auch die Grenzbereiche zwischen Quellwasser und Land besiedeln können.

6.6. Die Organismen der Quellen

Trotz der Kleinflächigkeit und der Uneinheitlichkeit im Strukturaufbau kommen in den Quellen Europas > 400 hier ausschließlich lebende Tierarten vor (**Krenobionte**) und > 1 000 Tierarten, die bevorzugt (**Krenophile**) oder doch hin und wieder (**Krenoxene**) in Quellen auftreten. Die hohe Zahl von Tierspezialisten, verbunden mit einer relativ hohen photoautrophen Primärproduktion und dem Vorhandensein von Destruenten zeigt bereits, daß Krenal und Krenon ein Ökosystem darstellen, das höher entwickelt ist als das des Grundwassers, aber noch unvollständig bleibt. Von den **Bakterien** haben wir schon die metalloxidierenden Arten besprochen (also die chemolithoautotrophen Formen). Im Grundwasser und auch in Quellen sind heterotrophe Bakterien nur in geringer Dichte vertreten. Es sind z. T. die Arten des Grundwassers, die in den Quellen wieder erscheinen. Infolge des Laub- und Holzinputs von außen kommen noch einige andere Arten hinzu. Die Oligotrophie-Indikatoren *Flavobacterium* und *Achromobacter* finden sich auch in den Quellen. Entsprechend der Armut an leichtabbaubaren organischen Stoffen sind die Dichten in unbelasteten Quellen oft sehr gering: $2 \times 10^3\,ml^{-1}$ bis $10^5\,ml^{-1}$. Saprophyten sind oft extrem wenig vorhanden (z. T. < 100 ml^{-1}). In Quellen überwiegen kleine Kokken und Kurzstäbchen, die auch als Hungerformen aufgefaßt werden (RHEINHEIMER 1991). Infolge der niederen Temperaturen und des langsamen und sukzessiven Aufschlusses der Blätter und des Totholzes ist die Abbaurate nur gering. Abfälle von Bäumen sind grundsätzlich schwerer abbaubar als Wasserpflanzen.

Außer Hyphomyceten, die eine wichtige Rolle beim Laubabbau spielen, fehlen Pilze fast völlig in Quellen. Die Tab. 8 gibt einen Überblick über die Quellbesiedlung mit Pflanzen und Tieren, aufgeschlüsselt nach limnologischen Quellformen. Die Abb. 19 stellt einige wichtige krenobionte Tierarten vor. Quellen sind wenig limnologisch untersucht, so daß an unserem heutigen Bild jederzeit Korrekturen möglich sind. Die Tab. 8 gibt nur Richtlinien einer unterschiedlichen Quellform-Besiedlung. Jede Quellform kann Merkmale (besonders Habitatstrukturen) einer anderen ausbilden, so daß sich die Besiedlungsunterschiede verwischen können. So bildet das abstürzende Wasser einer Rheokrene auch viele lenitische Seitenwasser, die ähnlich wie Limnokrenen besiedelt werden können. Gleiches gilt für die Helokrenen. Überlaufendes Limnokrenen-Wasser kann rheokrene Habitate aufweisen.

Viele typische Bachformen können bis zur Quellregion siedeln, wie auch umgekehrt quelltypische Arten noch mehr oder weniger weit in den anschließenden Bach vordringen, wenn auch die 5 °C-Amplitude meist eine eindeutige Grenze bildet. Stets findet man rhithrale Eintags- und Steinfliegenlarven auch im Quellbereich. Innerhalb der krenobionten und krenophilen Arten gibt es schwer einzuordnende Arten. Neben den eigentlichen Krenoxenen gibt es Ubiquisten, die in vielen limnischen Habitaten vorkommen. Es gibt terrestrische Arten, die gerade in Quellbereichen auch aquatisch auftreten können.

Das aus Rheokrenen an Gebirgsabhängen herunterrieselnde Wasser wird oft von der Blaualge *Scytonema myochrous* besiedelt. Sie zieht sich als strichförmige Matten entlang des laufenden Wassers und wird als **Tintenstriche** bezeichnet. Auch sie werden, wie Algenmatten anderer Quellen, von Tieren besiedelt. In kalkarmen und sauren Quellen treten die Moose *Philonotis fontana* und *Brachythecium rivulare* auf, die wiederum Habitat für acidophile und euryione Tierarten sind. Die Besiedlung der Quellen ist also oft **habitat-** und nicht **quellformbezogen**. Ein wichtiges Habitat, besonders der Rheokrenen, ist die **Spritzzone**. Spritzer des herausstrudelnden Wassers benetzen die Steine. Das Wasser fließt in einer Höhe von 1–2 mm über ihre Oberflächen. Infolge der hohen Reibung fließt das Wasser gleitend (laminar) ab. Der Wechsel von Sonneneinstrahlung und Beschattung kann starke Temperaturschwankungen auslösen (VAILLANT 1956). Die hier lebenden Organismen heißen **Flora-** und **Fauna hygropetrica**. An niederen Pflanzen treten hier nur die krustenbildenden *Chamaesiphon*-Arten (Blaualgen) und *Cymbella*-Arten (Diatomeen) auf (s. **I. 7.5.5.**). Charakteristische Tiergruppen sind: Dixidae (*Dixa*), Psychodidae (*Pericoma*), Thaumaliidae (*Thaumalea*), Stratiomyidae (*Oxycera*), Trichoptera (*Beraea*) (Abb. 19).

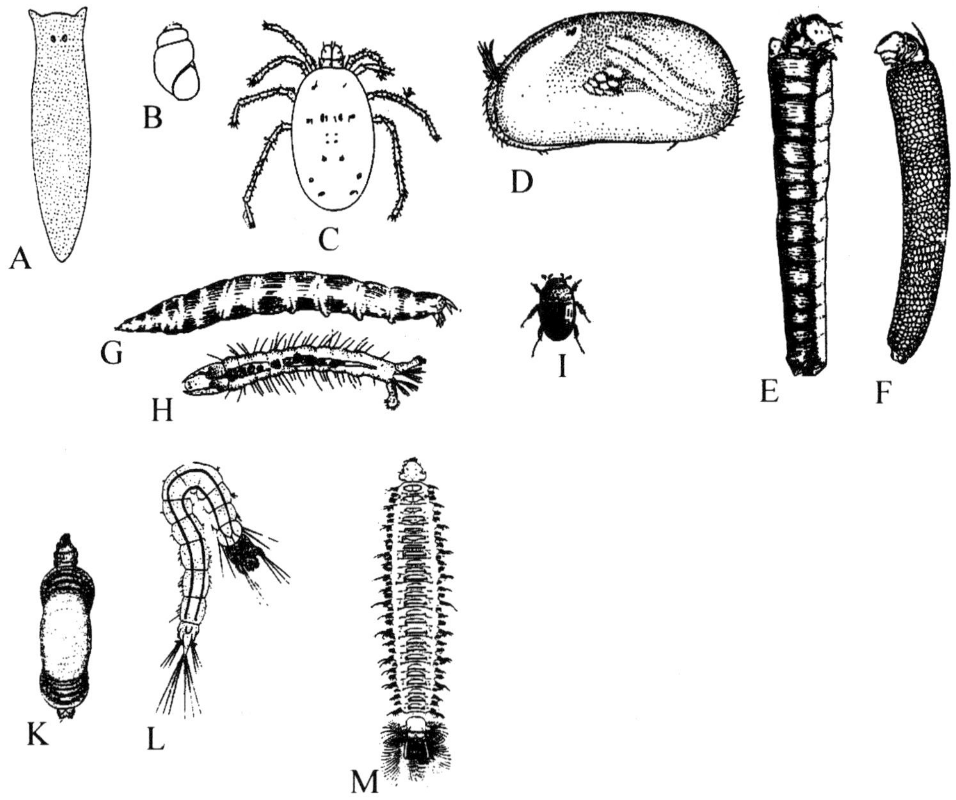

Abb. 19. Einige Quellbewohner unter den Tieren. (In Anlehnung an Liebmann 1962). **A.** *Crenobia alpina.* (Aus Reynoldson 1978) 12 mm, **B.** *Bythinella dunkeri.* (Aus Brohmer 1944) 2–3 mm, **C.** *Sperchon longissimus.* (Aus Thienemann 1925) 1 mm, **D.** *Ilyodromus olivaceus.* (Muschelkrebs aus Klie 1938) 1,5–2,0 mm, **E.** *Crunoecia irrorata.* (Aus Thienemann 1925) 10 mm, **F.** *Berea maurus.* (Aus Thienemann 1925) 9 mm, **G.**_Pedicia rivosa._ (Schnakenlarve aus Thienemann 1925) 30 mm, **H.** *Pelopia* sp. (Zuckmückenlarve aus Karny 1934) ~22 mm, **I.** *Anacaena globulosus.* (Kolbenwasserkäfer aus Reitter 1909) 3 mm, **K.** *Thaumastoptera calceata.* (Aus Thienemann 1925) 0,7 mm, **L.** *Dixa maculata.* (Aus Thienemann 1925) 5 mm, **M.** *Pericoma pulchra.* (Aus Thienemann 1925) 3,5 mm (K, L, M gehören bevorzugt zur Fauna hygropetrica). (Die Werke, aus denen Abb. entnommen wurden, sind nicht im Literaturverzeichnis zitiert).

Neben der Spritzzone gibt es in Quellen auch echte Grenzbereiche zwischen Wasser und dem umgebenden Land. Diese Säume werden z. T. auch von der Flora und Fauna hygropetrica besiedelt, aber auch von einigen spezifischen Arten, vor allem von den Limoniiden, wie z. B. *Thaumastoptera*, einer Gattung, die Gehäuse baut (Abb. 19). In den Helokrenen werden die dünnschichtigen, langsam ablaufenden Rinnsale von den Ptychopteridae besiedelt, die für diesen Lebensraum spezifische Anpassungen haben (s. **I. 6**.8.).

In den **Schwefelquellen**, die oft anaerob sind, kommen neben den genannten Bakterien viel weniger Arten als in den Akratopegen vor. Es sind, entsprechend ihrer Anzahl,

Protozoen, Collembolen, Ostracoden, Copepoden, Nematoden, Rotatorien, Chironomiden, Coleopteren und Oligochaeten. Meist handelt es sich um Ubiquisten und Faulschlammbewohner. Pflanzen fehlen bis auf Blaualgen fast völlig. Die Tiere, die in hohen Dichten vorkommen können, ernähren sich von den Schwefelbakterien (PAX 1978).

6.7. Herkunft der Quellbewohner

Die Krenophilen setzen sich, neben vielen Arten unbekannter Herkunft, zusammen aus Arten:

- des Grundwassers, die in Quellen gespült werden und hier noch existieren können (*Bythiospeum diaphanum*, *Niphargus*-Arten, *Proasellus cavaticus*);
- der oberen Bachläufe, die quellgespeist werden (*Gammarus fossarum* und vielen Arten der Tabelle 8);
- oligotropher Stillgewässer, so in Limnokrenen, aber auch Helokrenen;
- die der hygrophilen Landflora und -fauna angehören.

Auch die Krenobionten haben z. T. diesen Ursprung, sind aber postadaptiv stärker an Quellen angepasst. Zu den ersteren gehören auch Populationen von Arten, die auf dem Weg der Grundwasserbesiedlung sind, wie auch Grundwasserarten, von denen sich Quellpopulationen gebildet haben.

Zumindest einige Quellbewohner sind **Glazial- (Eiszeit)relikte**. Als sich das Eis der letzten Eiszeit vor etwa 10 000–12 000 Jahren zurückzog, folgten die (kaltstenothermen) nördlichen Gletscherrandarten nach Norden und siedelten sich circumpolar an. Die südlichen (kaltstenothermen) Gletscherrandarten, die durch die Alpen am Rückzug gehindert wurden, fanden Ersatzlebensräume in Quellen und Quellbächen der Gebirge und Mittelgebirge. Zu ihnen gehören z. B. *Crenobia alpina*, *Bythinella*-Arten, Wassermilben wie *Atractides vaginalis* und *Hygrobates norwegicus*.

6.8. Anpassungen an die Quellbedingungen

Die Bewohner der Rheokrenen haben, sofern sie nicht in lenitischen Nischen leben (relative Stillwasserbereiche), Anpassungen an die Strömung. Blaualgen sind oft klein und krustenförmig (pleurocapsale Arten, *Chamaesiphon*-Arten), Algen oft peitschenförmig (*Lemanea*, *Diatoma hiemale*, *Draparnaldia*) oder elastisch-gallertig (*Hydrurus*). Die genannten Formen kommen in Gebirgs- und Mittelgebirgsbächen vor und dringen in die Quellen ein (s. **I. 7.5.5.**). Eine strömungsresistente höhere Pflanze in den Quellen ist das Bittere Schaumkraut, *Cardamine amora*.

Die Tiere der Quellen sind meist von geringer Größe. Auch kleinwüchsige Standortsmodifikationen werden ausgebildet. Bekannt ist dies bei *Gammarus* im Verhältnis zu den Individuen großer stehender Gewässer. Bei Quellmilben, z. B. *Lebertia*-Arten, fehlen die Schwimmhaare in stark strömendem Wasser. Sie fehlen auch bei den quelltypischen Köcherfliegenlarven *Beraea* und *Crunoecia*. Bei *Beraea* fehlen auch die Kiemen, die dem turbulenten Wasser Angriffsmöglichkeiten geben. Die Dipterenlarven der Spritzzone haben am Abdomenende eine Stigmenplatte, die mit einem unbenetzbaren Borstenkranz umgeben ist. Der Borstenkranz wird an die Wasseroberfläche gedrückt, so daß atmosphärische Luft geatmet werden kann.

Die *Dixa*-Larven stecken mit dem Kopf in der Spritzzone unter Wasser, ihre Stigmenplatte dorsal auf dem 8. Segment, wird an die Wasseroberfläche gedrückt. Mit dem U-förmig gebogenen Rücken, der durch Adhäsionswasser feucht gehalten wird, ragen sie aus dem Wasser. Mit dem Strudelorgan am Kopf führen sie Algen herbei und fangen sie mit den Mundwerkzeugen auf (Abb. 19). Die *Ptychoptera*-Larven in den Helokrenen stecken mit dem Kopf in dem Schlamm der klaren langsamfließenden und flachen Rinnsale. Das Abdomen ist in ein langes, rektiles Atemrohr verlängert, in das die beiden Hauptstränge der Tracheen münden. Das Rohr hat dabei 2 Stigmen. Es kann reguliert werden, so daß es stets die Wasseroberfläche zum atmosphärischen Atmen erreicht. Die Larven fressen vermutlich Detritus und dies kopfüber im Schlamm; die Puppen stecken meist mit dem Hinterende im Schlamm. Am Vorderende befinden sich 2 Atemrohre, ein oft langes, mehrfach gebogenes, aber starres, das andere ist rudimentär. Diese geschlossenen Atemrohre dienen ebenfalls der Atmung, das lange erreicht immer die Wasseroberfläche; ändert sich der Wasserspiegel, ändert die Puppe ihre Lage (Abb. 20). Die niederen und konstanten Temperaturen sind ebenfalls ein Anpassungsfaktor. In Quellen leben nur kaltstenotherme und eurytherme Organismen. Viele Pflanzen vertragen in

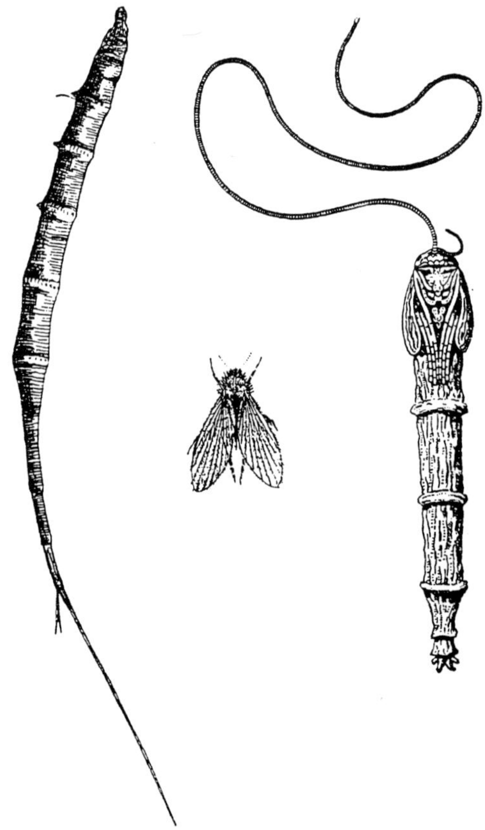

Abb. 20. *Ptychoptera*, Larve, Puppe, Imago, in Helokrenen. (Aus Wesenberg-Lund 1943).

ihrem Wurzelbereich die sommerlichen kühlen Temperaturen der Quellen nicht und scheiden damit als Quellbesiedler aus. Das Milzkraut, *Chrysosplenium oppositifolium*, hat diese Fähigkeit, ist aber nicht frostresistent. Daher eignet es sich vorzüglich als Quellbesiedler. Die in Quellen wachsenden Pflanzen sind fast immer wintergrün, da es zu keinem Frost kommt. Aus dem gleichen Grund bewohnt auch die frostempfindliche Schnecke *Lauria cylindrica* im Norden nur die Quellbereiche.

Das Temperaturregime der Quellen hat auch großen Einfluß auf den Schlüpftermin der merolimnischen Insekten. Sie schlüpfen in gemäßigten Breiten in der Zeit von April bis etwa Mitte Juni, z. T. schon früher, bedingt durch die Konstanz der Temperaturen. Der zeitige Flugtermin gibt den Imagines aber eine Nische, da viele limnische und terrestrische Insekten später schlüpfen. Bei hygropetrischen Arten gibt es oft keine besonderen Schlupfzeiten, wodurch die Imagines alle jahreszeitlichen Möglichkeiten nutzen können (Vaillant 1956).

Sowohl unter Pflanzen als auch unter Tieren gibt es kalkliebende, kalkfliehende und kalkunempfindliche Arten. Wir haben schon einige diesbezügliche Pflanzenarten kennengelernt. Unter den Tieren sind kalkliebende z. B. *Crenobia alpina*, *Gammarus*, viele Mollusken und auch Wassermilben. Kalkfliehend hingegen sind das Turbelar *Polycelis cornuta* und auch einige Wassermilben-Arten.

6.9. Stoffhaushalt und Energiefluß

Wir konnten die Quellen bereits schon als unvollständige Ökosysteme ausweisen. Die phototrophe Primärproduktion gibt ihnen eine gewisse Autarkie, doch ist der allochthone Input noch sehr groß. Es ist auch zu vermuten, daß infolge der Kleinräumigkeit Stoffkreislauf und Energiefluß innerhalb der Quellpopulation nur schwach ausgeprägt und häufig unterbrochen sind. Daher scheint der Grad an Selbstregulation auch nicht hoch zu sein.

Raumenge, niedere Temperaturen und in den Rheokrenen die starke Strömung hemmen die Ausbildung eines vollkommenen Ökosystems. Ökosystemare Untersuchungen in Quellen liegen fast nicht vor. Es gibt folgende Möglichkeiten des Energieflusses in Quellen:

Primärkonsumenten	Sekundärkonsumenten I. Ordnung	Sekundärkonsumenten II. Ordnung	Sekundärkonsumenten III. Ordnung
Abweider v. Bakterien, Blaualgen, Diatomeen: Dixidae, Psychodidae **Zerkleinerer:** *Gammarus* spec. *Sericostoma personatum* **Substratfresser, Sammler:** *Ptychoptera*, Chironomidae **Filtrierer**: *Wormaldia* (Netzbauer) *Simulium, Pisidium*	Milben *Plectrocnemia* (räuberr. Filtrierer) *Rhyacophila* spec. (*Niphargus*)	*Crenobia alpina* *Pedicia* *Cordulegaster*	*Salamandra*-Larven *Triturus vittatus*[1)] *Rana graeca*[2)] 1) Kaukasus 2) Balkan

Wie es artliche Unterschiede in der Besiedlung der Quellformen gibt, so sind auch die **Ernährungstypen** nicht gleichmäßig verteilt, obwohl in allen Quellformen auch alle Ernährungstypen vorkommen können. In Limnokrenen mit viel Feinsedimenten überwiegen die Substratfresser, in Quellen mit grobem Detritus die Zerkleinerer. In den Rheokrenen findet man oft viele Filtrierer. Die Artenzahl in Quellen ist relativ hoch, bedingt durch die Vielzahl an kleinräumigen Habitaten, wie dies WEIGAND (1999) auch in Karstquellen deutlich machte.

Die Dichte an Makrozoobenthos in Quellen kann man als gering bezeichnen (selten über 10 000 m^{-2}). Sie beträgt nur 1/6 bis 1/12 der Dichte der Gebirgs- und Mittelgebirgsbäche. Auch schon aus diesem Grund werden Energiefluß und Selbstregulation nicht sehr ausgeprägt sein. Leider ist auch die Produktion an tierischer Biomasse in Quellen noch wenig untersucht. Ergebnisse liegen für die Emergenz vor, d. h. die in der Zeiteinheit schlüpfenden Imagines der Quellinsekten. Sie betrug 2,6 und 3,7 TS $m^{-2} \cdot a^{-1}$ und ist in der Größenordnung der Emergenz der meisten Bäche (s. **I. 7.7.2.**). Dagegen lag die produzierte Biomasse von *Gammarus* in dänischen Helokrenen nur bei 3,81 g TS $m^{-2} \cdot a^{-1}$, mit zunehmender Tendenz im Quellbach (IVERSEN & JESSEN 1977). In Fließgewässern liegen die Werte 5 bis 10 mal höher.

Die ersten Ermittlungen über den Energiefluß in limnischen Lebensräumen fanden in Quellen statt, in den Nordamerikanischen Silver-Springs (ODUM 1957). Diese Quellen schütten allerdings $80 \cdot 10^3$ m^3 h^{-1} Wasser und speisen einen seeartigen Quelltopf mit einer reichen Fischfauna und gehören somit nicht mehr zu dem eigentlichen Quell-Ökosystem. Sie sind ein klassisches Objekt der Produktions- und Energieflußökologie und in jedem einschlägigen Lehrbuch dargestellt. Es soll sich daher hier nur auf einige wesentliche Aspekte beschränkt werden. Primärproduzenten sind ausschließlich höhere Pflanzen, v. a. *Sagittaria* und ihr Periphyton. Sie nehmen von der eingestrahlten Sonnenenergie 24 % auf; davon werden 57 % wieder veratmet. Von der assimilierten Energie werden nur 38 % an die Konsumenten weitergegeben; der Rest wird mit dem Quellbach abtransportiert. Die Konsumenten erhalten noch etwa 3 % Energie von außen. Von den 38 % gelangen nur 6 % zu den Gipfelräubern (Raubfische, Krokodile): Das Wasser ist extrem klar und besitzt fast kein Plankton. Der P/R-Quotient betrug im Sommer 1,38, im Winter 0,95 (s. **I. 7.6.1.**, **I. 7.6.9.**), trotzdem bleibt das Wasser immer oligotroph (s. auch S. 45). Die heterotrophen Bakterien, obwohl nur in geringer Dichte vorhanden, haben eine mehr als das Doppelte hohe Respirationsleistung. Die Energiemenge, die in (eutrophen) Flüssen die Konsumenten erreicht, dürfte um das 5 bis 10-fache höher sein, als in den Silver Springs (vgl. **I. 7.7.3.**, **I. 8.**1.10.8.).

Wie die chemolithoautotrophen Organismen der Quellen den sich anschließenden Bach vor zu starker anorganischer Belastung schützen, so verhindert der Abbau organischer Stoffe in den Quellen einen zu starken Nährstofftransport in den Bach. Diese Filterfunktion der Quellen wird allerdings erst bei erhöhter und zusätzlicher organischer Belastung wirksam.

6.10. Thermalquellen

Thermalquellen oder Thermen erhalten ihre hohen Temperaturen aus dem Magma. Thermalquellen sind das letzte Stadium der Wärmeabgabe der im Erdinneren erstarrenden Gluten. Zentren von Thermalquellen finden sich auf Island und im Yellowstone-Nationalpark in den USA. Unter diesen Quellen gibt es auch heiße Springquellen, **Geysire** genannt. Sie schleudern das heiße Wasser in hohen Wasserstrahlen nur zeitweise heraus. Dies geschieht, wenn der Siedepunkt periodisch überschritten wird.

Das Wasser der Thermalquellen kann juvenilen Ursprungs, aber auch vados sein, wenn Sickerwasser bis in große Tiefen gelangt. Die in dem heißen Wasser gelösten Stoffe setzen sich als **Kalk**- und **Kieselsinter** ab.

Die Thermen werden von extrem thermotoleranten und thermophilen Organismen besiedelt. Eine Übersicht gibt Tabelle 9. Beim Überschreiten von 35 °C können nur noch wenige Organismen existieren. Es bedarf besonderer physiologischer Anpassungen. Nur einige Bakterien- und Blaualgenarten können noch bei > 80 °C leben (VOUK

Tabelle 9. Organismen in Thermalquellen.

I. Pflanzen	
Bis etwa 35 °C	Noch Grünalgen, Kieselalgen, Blaualgen, Bakterien
> 38 °C < 45 °C	Grünalgen fallen aus, nur wenige spezialisierte Kieselalgen, wie z. B. *Pinnularia acoricola.* Noch viele Blaualgen und Bakterien.
> 45 °C	*Leptothrix thermalis*, ein Eisenbakterium, das in heißen Quellen zur Ockerausfällung führt. Spezialisierte Blaualgen: *Oscillatoria terebriformis,* *Mastigocladus laminosus* *Phormidium laminosus* *Synechococcus lividus, S. elongatum* und Vertreter weiterer Gattungen. Infolge der Konkurrenzarmut massives Auftreten. Optimale Temperatur etwa bis 60 °C. Phototrophe Bakterien.
II. Tiere	
Bis etwa 35 °C	Noch Schnecken, z. B. *Radix peregra*
> 35 °C	Larven von Chironomiden und Ephydriden, Wassermilben
± 50 °C	*Dasyhelea tersa* (Mücke auf Westjava) *Thermosbaena mirabils*: ein asselähnlicher Krebs in Tunesien, aus dem Erdaltertum stammend, pigment- und augenlos
III. Heiße Schwefelquellen (= Thiothermen)	
45°C, pH 3–0,4 (= normale Schwefelsäure)	*Cyanidium caldarium* (Blaualge)

1950). Der pH-Wert darf allerdings nicht unter 5 fallen, da sonst weitere Arten ausscheiden. Dem heraussprudelnden Wasser fehlt Sauerstoff, der sich aber auch in Thermen leicht anreichert. Durch die ausgedehnten Blaualgenmatten gibt es auch eine biogene Sauerstoffproduktion. Im Norden (z. B. auf Island), wenn im Winter Dunkelheit herrscht, gibt es keine Photosynthese und die herbivoren Tiere treten in eine Ruhephase (Starmühlner 1957).

Die wenigen Bakterien- und Blaualgenarten der Thermalquellen bilden ausgedehnte Matten, die den Tieren als Nahrung dienen. Im Yellowstone-Nationalpark werden die Matten bei Temperaturen < 40 °C von den Larven der Ephydridae (Salz- oder Sumpffliegen) abgeweidet. Auch Larven von Chironomiden und Tipuliden, sowie Amphipoden sind daran beteiligt. Diese Weidegänger werden von Milben erbeutet, die aber nicht in alle Strukturnischen und Temperaturbereiche dringen können, wodurch ihre Dichten reguliert werden. Andere nicht-thermophile Prädatoren sind Spinnen, Dolichopodiden (Langbeinfliegen; einige Arten fangen an der Wasseroberfläche Insekten und ziehen Larven und auch Würmer aus dem Wasser) und Vögel. Die Tierdichte in den heißen Quellen liegt < 2 000 m^{-2}, entspricht also der in kalten Quellen (Abb. 21) (Collins et al. 1976). Bei etwa 58 °C haben die filamentösen Bakterien und Blaualgen die höchste Produktion, ihre Prädatoren bleiben aber immer in Bereichen < 50 °C (Brock 1967). Auch

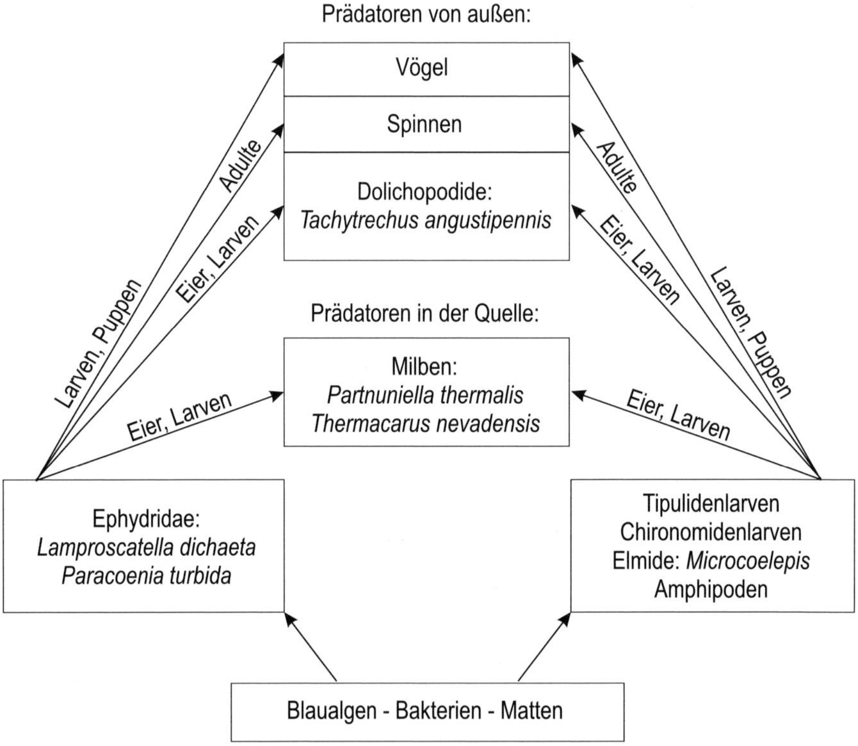

Abb. 21. Energieflußschema im Ökosystem von Thermalquellen (Yellostone-Nationalpark, USA). (In Anlehnung an Collins et al. 1976).

der extreme Lebensraum der Thermalquellen zeigt einen ökosystemar gesteuerten Energiefluß und (zumindest) Ansätze einer Selbstregulation. Gemessene Blaualgenproduktionen erbrachten Werte von etwa 25 kcal $m^{-2} \cdot d$ (≅ 5–6 g TM oder 2,5 g C_{org}), was sehr hoch ist und denen in den Fließgewässern gleicht. Trotzdem ist die Konzentration an Nährsalzen auch in heißen Quellen meist sehr gering (Nitrate: 0,001 µg l^{-1}, Phosphate < 0,003 µg l^{-1}, Brock 1967), seltener hoch (0,17 mg l^{-1} Phosphat nach Wiegert & Fraleigh 1972). Auch bei niederen Nährstoffangeboten kann die Produktion sehr hoch sein, wenn genügend Licht und CO_2 zur Assimilation vorhanden ist (> 90 mg l^{-1} CO_2!) und eine optimale Anpassung an die hohen Temperaturen vorliegt. Für die Produktion sind selbst sehr hohe Temperaturen günstiger als sehr niedrige.

6.11. Verbauung und Belastung, Renaturierung und Wiederbesiedlung

Wir konnten bereits ableiten, daß die Quell-Ökosysteme sehr störanfällig durch Veränderungen ihrer Umgebung sein müssen. Nicht die Fließgewässer sind die am stärksten verbauten und gestreßten Ökosysteme, wie dies oft angenommen wird, sondern die Quellen und dies trotz ihrer tiefen Verwurzelung im Volksbewußtsein. Die Gründe der **Quellverbauung** sind:

- Quellen sind hinderlich bei forst- und landwirtschaftlicher Intensivierung sowie bei kommunalen Ausdehnungen.
- Quellen werden zur Trinkwassergewinnung genutzt (s. **II. 3.1.**).

Die wichtigsten Verbauungen sind (in Anlehnung an Zollhöfer 1997):

- Das Quellgebiet wird durch Drainage-Rohre entwässert. Das Quellwasser wird in Rohren („Verdolung“) an einen wirtschaftlich weniger genutzten Ort verlegt (Abb. 22).
- Die Quellen werden „gefaßt“, z. B. zur Trinkwassergewinnung.

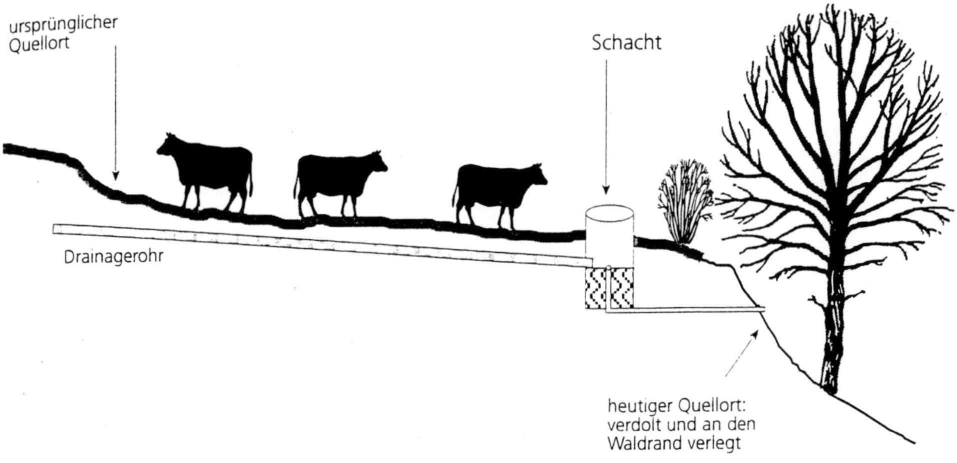

Abb. 22. Verlegter und verdolter Quellaustritt. (Nach Zollhöfer 1997).

- Quellverbauungen aus „Ordnungssinn". Quellbefestigungen aus Erosionsgründen sind nicht nötig. Sie schaden dem Ökosystem; und nur die Brunnenkresse in Limnokrenen profitiert davon.
- Versiegen der Quellen durch Grundwasserentnahme.
- Versiegen der Quellen durch den Hochwasserschutz und Nutzung der Flußauen. Beides führt zur Absenkung des Grundwassers in Flußauen, verstärkt oft noch durch Drainagegräben (s. **II. 6.1.**).
- Quellmulden werden mit Bauschutt und anderen Abfällen verfüllt.
- In Forsten werden Quellen mit Waldwegen überbaut und verrohrt unter den Wegen abgeleitet.
- Entwaldungen von Quellgebieten führen zu starker Besonnung, oft verbunden mit intensiver Beweidung, Überdüngung und Belastung mit Pestiziden.

Die Abb. 23 zeigt die Abnahme der Arten in einigen anthropogenen Überformungstypen der Quellen.

Der Rückgang der naturnahen und der Quellen überhaupt ist erschreckend. Mit der Verdolung der Quellen verschwanden auch viele Quellbäche. Dadurch **verarmt das Netz an Bächen** in Landschaften, was ebenfalls bezüglich des Abflusses zu Überbelastungen der vorhandenen Fließgewässer führt (s. **I. 4.**).

Naturnahe **Quelldichten** sind abhängig von der Landschaftsform und der geologischen Formation. Daher gibt es für die Quelldichten keine allgemeinen Richtwerte. Die

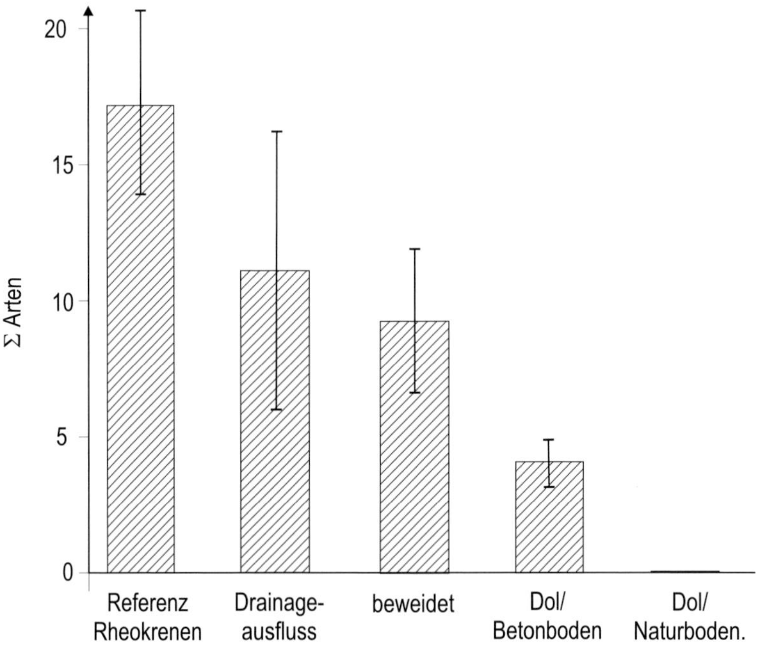

Abb. 23. Abnahme der Artenzahl in anthropogen überformten Quellen, (Dol = verdolt). (Nach ZOLLHÖFER 1997).

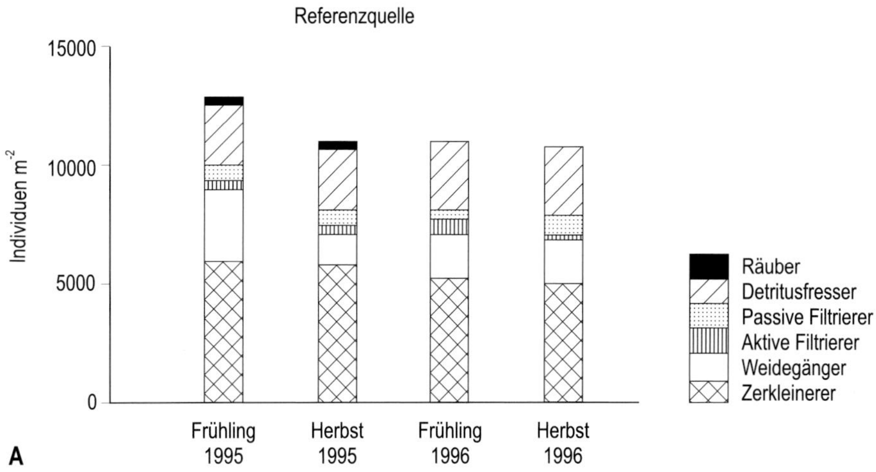

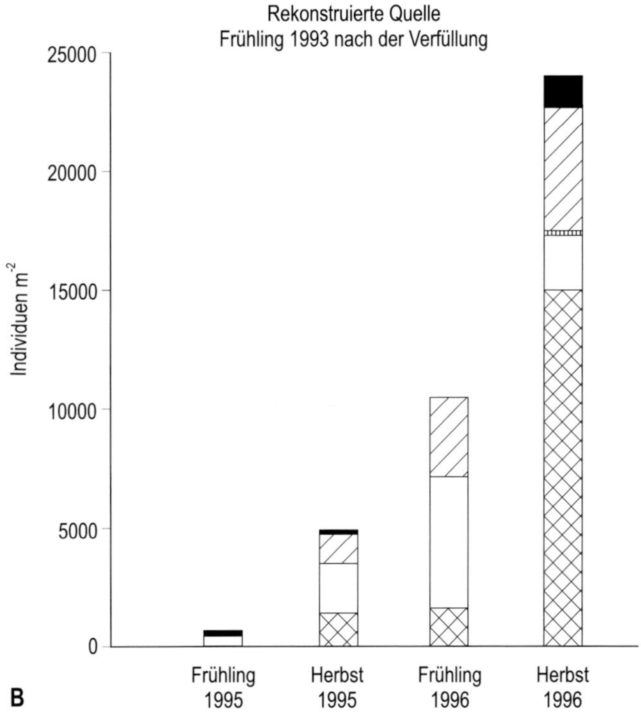

Abb. 24. Vergleich der Besiedlung einer rekonstruierten Quelle mit einer Referenzquelle auf der Basis von Ernährungstypen. (In Anlehnung an Moog 1995).

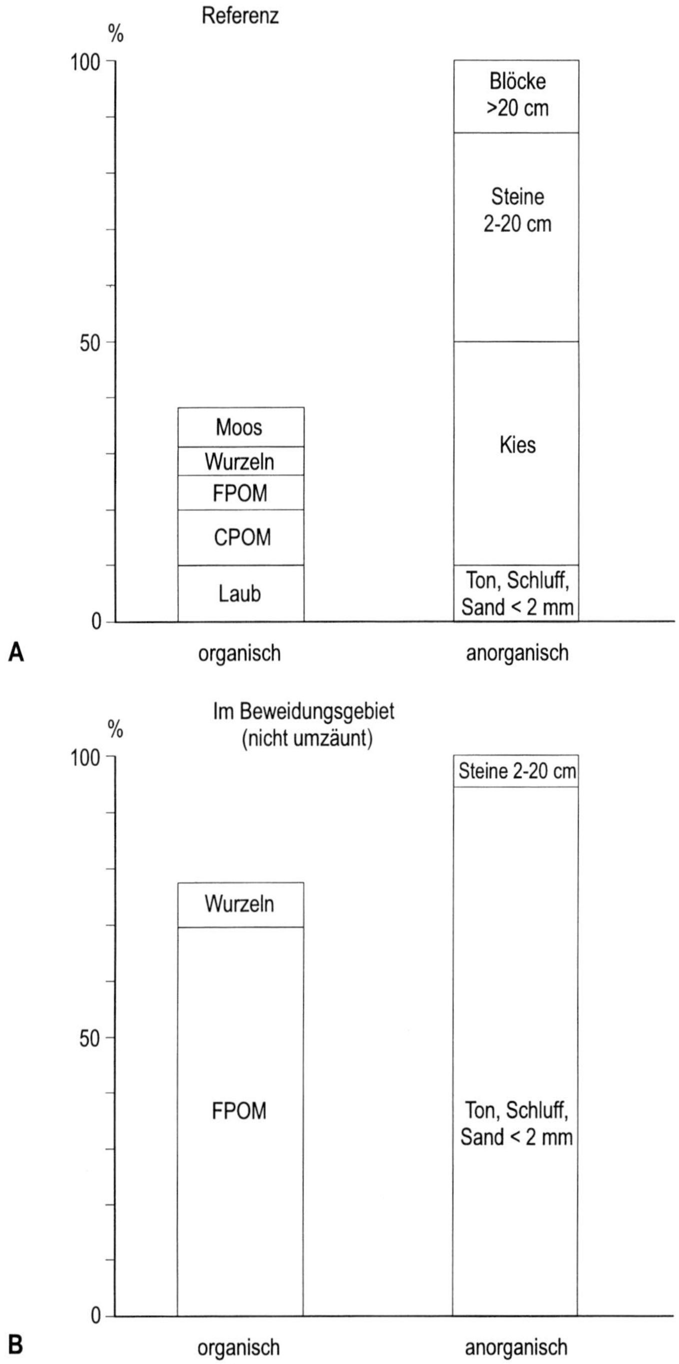

Abb. 25. Habitatanteile in einer Quelle eines Beweidungsgebietes. **A** = Referenzquelle, **B** = Nicht umzäunt.

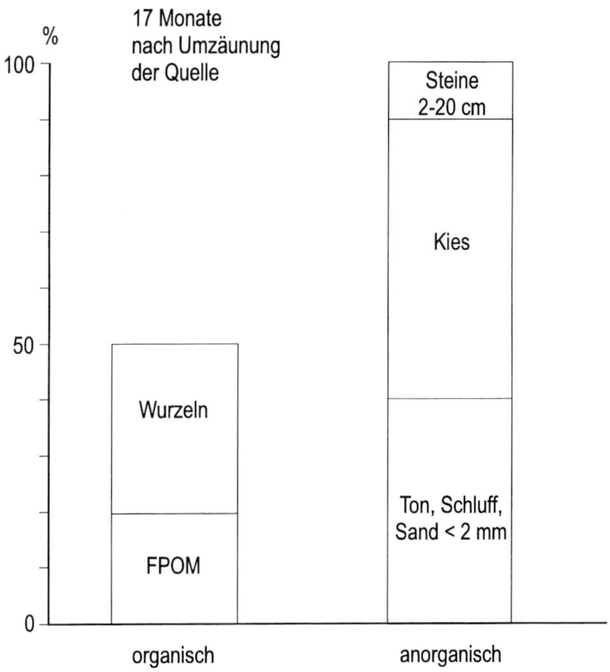

C

Abb. 25. Habitatanteile in einer Quelle eines Beweidungsgebietes. **C** = 17 Monate nach der Umzäunung. (Nach ZOLLHÖFER 1997).

natürliche Quelldichte ist heute in Mitteleuropa nicht mehr bekannt. Betrachtet man noch relativ vom Menschen unbeeinflußte Gebiete, so lassen sich etwa 1–20 Quellen km^{-2} annehmen.

Wir müssen aber auch annehmen, daß mindestens > 50% der ursprünglichen Quellen versiegt und die übrigen verdolt oder anderweitig verbaut wurden.

Zunehmende Verbauung zeigt eine zunehmende Ausfallrate der Krenobionten und Krenophilen. Es bleiben und vermehren sich die Krenoxenen und Ubiquisten (vgl. Abb. 26). Bei ständiger Störung einer Quelle verschiebt sich das Verhältnis von Insekten zu Nichtinsekten zugunsten der Insekten, da diese schneller anfliegen können (GOOCH & GLACIER 1991).

Renaturierung und Wiederbesiedlung. Die Wiederbesiedlung gestörter und zerstörter Quellen nach ihrer Renaturierung dauert relativ lange, besonders, wenn eine Wiederbewaldung einbezogen wird. In Abb. 24 wurde eine verfüllte Quelle wieder freigelegt. Nach 3,5 Jahren fehlten immer noch Ephemeropteren, Plecopteren, Coleopteren sowie die Filtrierer (z. B. Simuliiden).

Ein entwaldetes und beweidetes Rheokrenengebiet, das zuvor einen steinig-kiesigen Untergrund, wenig organische Feinsedimente, dafür aber Fallaub besaß, wurde durch die Beweidung in ein Ton-Schluff-Gebiet mit viel organischem Feinsediment verwandelt. Krenobionte und Krenophile fehlten fast völlig, nur Ubiquisten waren geblieben. Die Abb. 25 und 26 zeigen die Regeneration der Substrate und der Quellfauna nach der

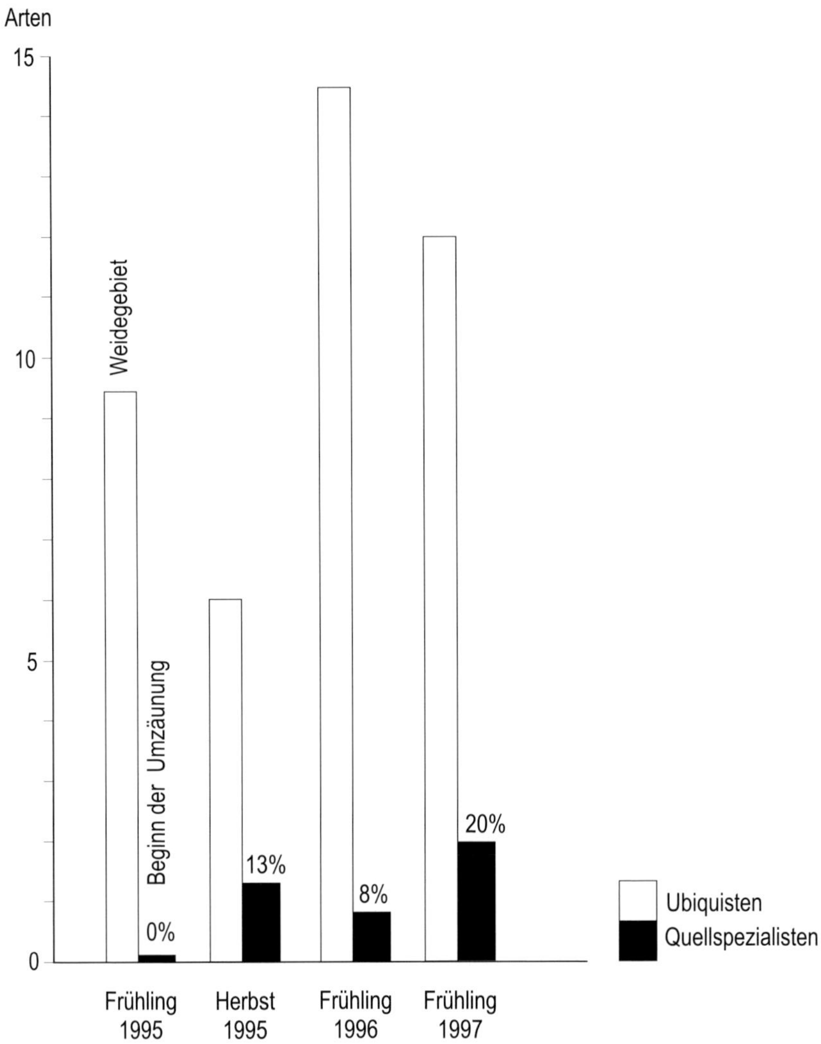

Abb. 26. Zunahme der Quellspezialisten nach Umzäunung einer überweideten Quelle. (Nach ZOLLHÖFER 1997).

Umzäunung des Quellgebietes. Nach 2 Jahren war wieder ein abgrenzbarer Quellbach entstanden. Die Grobkörnigkeit der Substrate nahm deutlich zu. Der Anteil der Quellspezialisten betrug 22 % (in einer Referenzquelle 35 %).

Der Umgang mit Quellen muß auch im Hinblick auf den Wasserhaushalt verantwortungsbewußter werden. Wo Möglichkeiten der Renaturierung bestehen, sollten sie genutzt werden, sofern die Quellen nicht unmittelbar der Trinkwassergewinnung dienen. Wichtige Maßnahmen der Renaturierung sind: Abriß von Verbauungen, besonders Quellfassungen, Verhinderung von zusätzlichen Belastungen, wobei Quellen an Talhängen stark gefährdet sind, wenn oberhalb intensive Landwirtschaft betrieben wird.

Quellschutzgebiete sind zu respektieren. Entwaldete Quellgebiete sind mit standortsgerechten Bäumen wieder aufzuforsten (in Mitteleuropa Erle, Esche, Ahorn, Buche). Diese Bewaldungen sind wichtige Filter gegen die Verschmutzung mit feinpartikulären und gelösten organischen Stoffen und beschatten die Quellen, was ihre naturgegebene Temperaturkonstanz schützt.

Was über die **Belastung** des Grundwassers gesagt wurde, gilt auch für die Quellen. Quellen werden durch ihre Umgebung belastet, wobei der natürliche Input (Fallaub, Holz), wie wir schon wissen, kaum die Trophie erhöht. Der wichtigste Quellverschmutzer ist die Landwirtschaft; ihre Abprodukte gelangen über das Grundwasser oder direkt in die Quellen. Die Folge ist, daß sich die Zahl der heterotrophen Bakterien drastisch erhöht (bis > 10^6 ml^{-1}), Ubiquisten und Krenoxene nehmen zu: *Dendrocoelum lacteum, Radix peregra, Eiseniella tetraeder, Tubifex, Erpobdella octoculata, Asellus aquaticus, Baetis rhodani, Rhyacophila dorsalis, Agabus*-Arten. Die Selbstreinigung der Gewässer beginnt schon im Grundwasser und in den Quellen.

7. Die Fließgewässer

Zu empfehlende Übersichtsliteratur: Hynes (1970), Whitton (1984), Minshall (1988), Dudson (1992), Calow & Petts (1992, 1995), Schönborn (1992a), Gordon et al. (1993), Allan (1994), Cushing et al. (1995), Cummins (1996).

7.1. Definition, Besonderheiten des Ökosystems „Fließgewässer"

Fließgewässer transportieren in selbstgeschaffenen Gerinnen, dauernd oder zeitweise, die auf das Festland fallenden Niederschläge zu den Wassersammelstellen der Erde, den Meeren und großen Seen und gleichen damit die durch die Verdunstung eingetretenen Wasserverluste wieder aus. Fließgewässer sind primär Transportsysteme von Wasser und daher ein wichtiges Kompartiment im Wasserkreislauf. Das Niederschlagswasser erreicht zu einem großen Teil über Quellen die Fließgewässer, weniger durch direkten ober- oder unterirdischen Abfluß. Auch über den Abfluß von Gletschern, Seen und Feuchtgebieten können Fließgewässer indirekt gespeist werden.

Da Quellen austretendes Grundwasser sind, stellen Fließgewässer den dritten durch den Wasserkreislauf geschaffenen limnischen Lebensraum dar. Das in Fließgewässern ober- und z. T. auch unterirdisch abfließende Wasser transportiert automatisch noch Stoffe und wurde von Pflanzen, Mikroorganismen und Tieren besiedelt. Es bildete sich ein Ökosystem, das bereits einen höheren Status als das der Grundwässer und Quellen hat. Trotzdem besitzt es noch einige Besonderheiten und sogar **Abnormitäten**, die offenbar mit dem fließenden Wasser an sich zusammenhängen.

Fast alle Ökosysteme sind flächenhaft ausgedehnt und zeigen eine vertikale Gliederung (Schichtung). In den oberen Schichten wird der Stoff produziert, in den unteren abgebaut (z. B. Wald, Steppe, See). Völlig anders sind Fließgewässer strukturiert. Sie sind **lineare, betont eindimensionale** Gebilde, die mehrere geologische Formationen und geographische Regionen berühren können. Ihre produzierten und transportierten Stoffe gelangen meist viel weniger als bei den Seen auf den eigenen Gewässergrund, sondern fließen auf einer schiefen Ebene ins Meer ab. Bezüglich der Uferlängen haben Fließgewässer im Gegensatz zu Seen einen relativ geringen Wasserkörper. Das bedeutet, daß es sich bei ihnen um sehr offene Systeme mit einer entsprechend hohen **allochthonen Beeinflussung** handelt, die allerdings nicht die der Grundwässer und Quellen erreicht und flußabwärts auch zurückgeht. Im Oberlauf werden Fließgewässer sowohl physikalisch (Licht, Temperatur) als auch ernährungsmäßig von den sie begleitenden Uferbäumen geprägt.

Das fließende Wasser zeigt auch eine physiologische Besonderheit. Jeder in Gewässern lebende Organismus ist mit einem Wassermantel umgeben. In diesem Mantel verarmen Sauerstoff und Nährstoffe. Im Gegensatz zu stehendem Wasser schafft fließendes Wasser immer wieder von oberhalb erneut Stoffe herbei, die in den Mantel diffundieren. Somit ist fließendes Wasser physiologisch sauerstoff- und nährstoffreicher als dasselbe im stehenden Zustand.

Die meisten Fließgewässer entspringen im Gebirge (Hochgebirge, Mittelgebirge) oder im Bergland. Von der Quelle bis zur Mündung nimmt das Gefälle ab. Parallel zu dem Abflußgefälle kommt es zu einem Faktorengefälle und damit zu einer kontinuierlich gerichteten Änderung in der Zusammensetzung der Lebensgemeinschaften. So etwas bezeichnet man in der Ökologie als Ökokline oder Kontinuum. Das Fließgewässer ist also eine **Ökokline** oder ein **Kontinuum**.

Das Transportsystem Fließgewässer ist abhängig von den Niederschlagsmengen. Der Wassertransport schwankt daher von niedriger bis sehr hoher Wasserführung, so daß das Wasser weit über die Ufer treten kann (Hochwasserbett, Aue). Das Fließgewässer erweitert also mehr oder weniger periodisch seine Ausdehnung, es **pulsiert**. Auch dies ist einmalig für ein Ökosystem.

Die Ursache dieser bisherigen Besonderheiten der Fließgewässer-Ökosysteme ist also die Geländeneigung, d. h. das **Gefälle**. Es bewirkt die **Strömung**, die zu einem dominierenden Faktor wird. Auch andere Ökosysteme haben dominierende Faktoren, wenn auch die Strömung sehr prägend wirkt. Wichtig ist jedoch, daß mit ihr zugleich mehrere Ausnahmeerscheinungen des gesamten Ökosystems verbunden sind. Neben den bereits erwähnten gibt es weitere. So sind Fließgewässer die einzigen Ökosysteme, die über **kinetische Energie** (= Gravitationsenergie) verfügen und mit der sie sich bei Störungen selbst helfen können. Große Seen und das Meer verfügen nur in geringem Maße über kinetische Energie, so durch den Wellenschlag an den Ufern.

Mit der Strömung ist auch die außergewöhnlich kurze **Verweilzeit** des Hauptmediums des Systems, des Wassers, gekoppelt. Dies wird uns sofort bewußt, wenn wir die Verweilzeit des Wassers im Fluß mit der eines Sees oder Grundwassers vergleichen.

In terrestrischen Systemen ist die Luft das verbindende Hauptmedium. Ihre Verweilzeit ist auch sehr kurzfristig, aber niemals in der Art und Weise eines gerichteten Abtransportes, sondern wechselnder Transportrichtungen (d. h. Windrichtungen) und somit wechselnder Zu- und Abdrift von Stoffen.

Kehren wir noch einmal zum Fließgewässer als **Ökokline** zurück. Auch das Hochgebirge ist in seiner physiographisch-biologischen Zonierung eine Ökokline: Dauerschnee, Polsterpflanzen, Grasheiden, Zwergstrauchheiden, niederwüchsige Baumgruppen, Nadelwald, Laubwald. Der entscheidende Unterschied zur Ökokline Fließgewässer besteht aber darin, daß bei dieser die jeweils unteren Zonen direkt abhängig von den oberen sind. Alle Vorgänge innerhalb einer beliebigen Stelle in der fließenden Welle sind immer nur der summarische Effekt der Vorgänge oberhalb der Stelle. Im Gegensatz zum Fließgewässer sind Besiedler der Zonen des Hochgebirges nicht **systembedingt** aufeinander angewiesen. Daher kann man auch nicht aus einem Fließgewässer Areale abgrenzen, ohne das Gesamtsystem zu zerstören, wie dies in terrestrischen Systemen (s. Nationalparks), aber auch in großen Seen und dem Meer prinzipiell möglich ist. Fließgewässer-Ökosysteme sind durch ihre **Gerichtetheit** charakterisiert, was sie als abnorm unter den übrigen Ökosystemen ausweist. Die in allen Ökosystemen vorhandenen Kreisläufe der chemischen Elemente werden in Fließgewässern, sobald die fließende Welle einbezogen wird, **spiralförmig** auseinander gezogen.

7.2. Die Strukturbildung der Fließgewässer im geomorphologischen Prozeß

Spezielle Übersichtsliteratur: Mangelsdorf & Scheurmann (1980), Richards (1982).

Viele der europäischen Fließgewässer sind schon im Tertiär (vor etwa 25 Millionen Jahren) und weit früher als die meisten heutigen Seen entstanden. Die Fließgewässer wechselten aber entsprechend den geologischen Vorgängen und ihrer Eigendynamik häufig Gestalt, Lage und Richtung. Die Vereisungsperiode des sich anschließenden Pleistozäns veränderte stark die tertiären Flußsysteme, vernichtete auch einige von ihnen und schuf neue.

Fließgewässer verbleiben länger auf der Erde als Seen, da Wasser immer abfließen muß. Am Ende der Eiszeit führten die Flüsse auch größere Wassermengen als heute. Auch der Transport an Feststoffen war damals viel höher als heute. Neue Flußsysteme entstanden vor allem am Ende der Eiszeit als abfließendes Schmelzwasser der Gletscher. Zunächst konnten in Europa die Schmelzwasser der Eisränder nur in westliche Richtungen abfließen, da ihnen nordwärts das Eis und südwärts die Mittel- und Hochgebirge den Weg versperrten. So entstanden die **Urstromtäler**. Erst nach dem völligen Rückgang des Eises aus Europa (vor etwa 10 000 Jahren) verließen die Schmelzwasser ihre Urstromtäler und flossen nordwärts.

Primär entstehen Fließgewässer, indem fließendes Wasser der Geländeneigung folgt und sich durch Lösung des anstehenden Gesteins oder Ausfurchung des Bodens Abflußrinnen schafft, die schließlich zu Fließgewässerbetten werden.

In humiden Klimagebieten, in denen die Niederschlagsmengen größer sind als die Wasserverluste durch Verdunstung, entstehen **Dauerflüsse**, in semihumiden Gebieten mit nur kurzzeitig höheren Verdunstungsmengen als Niederschläge, **periodische Flüsse**. Allerdings können auch in humiden Gebieten periodische Fließgewässer vorhanden sein, bedingt durch Versickerungen des Wassers in klüftiges Gestein (z. B. Muschelkalk). In den ariden Klimaten werden die Fließgewässer nur in den Regenperioden durch Niederschläge gespeist (**Trockenflüsse**, episodische Flüsse oder Wadis).

Die Niederschläge in den humiden und semihumiden Gebieten fließen meist nicht direkt ab, sondern versickern zunächst in den Boden und treten dann in Quellen wieder zu Tage. Dies ist der häufigste Ursprung der Fließgewässer. Ein anderer Ursprung ist der abfließende Wasserüberschuß von Seen, Mooren und anderen Feuchtgebieten. Abfließende Gletscherwässer in Hochgebirgen lassen auch viele Fließgewässer entstehen.

7.2.1. Die ökologisch relevante Strukturbildung in den Fließgewässern

Das abfließende Wasser leistet Arbeit (Umsatz der Gravitationsenergie): es erodiert und transportiert. Kann das Wasser die transportierte Last nicht mehr tragen, so akkumuliert es das erodierte und eingespülte Material. Diese Vorgänge bewirken die Bildung der ökologisch relevanten Habitatstrukturen und somit die strukturelle Basis der Fließgewässer-Ökosysteme. Geomorphologische Prozesse setzen sich in Ökosystemstrukturen um. Gleichzeitig benutzt der Fluß seine kinetische Energie immer wieder, um ein Gleichgewicht zwischen Abfluß und einwirkenden Faktoren zu erzielen, was einer Selbsthilfe entspricht, sowohl bei natürlich (Hochwasser, Bergabstürzen, Erdbeben, Baumeinstürzen, einmündende Bäche u.dgl.) als auch anthropogen bedingten (z.B. Begradigungen) Eingriffen.

Dieses Streben nach einem dynamischen Gleichgewicht macht man sich heute bei der Renaturierung von verbauten Fließgewässern zunutze (s. **II. 6.1.**). Das abfließende Wasser transportiert die durch die Verwitterung gelockerten Gesteinsgefüge und gräbt sich durch die abreibende Kraft des Wassers selbst und mit Hilfe der mitgeführten Verwitterungsprodukte immer tiefer in den Untergrund ein (= **Tiefenerosion**). Die Tiefenerosion ist um so wirksamer, je stärker das Gefälle ist. Dies ist besonders im Oberlauf der Fließgewässer der Fall. Örtlich erhöhte Tiefenerosion führt zu Strudellöchern oder **Kolken**, in denen das Wasser sehr turbulent ist. Bei anstehendem Gestein unterschiedlicher Härte entstehen **Stromschnellen**, oft kaskadenartig, aber auch **Wasserfälle** (mit rückschreitender Erosion). Es kann zu einer natürlichen Zerschneidung des Wasserlaufes kommen. Dies kann auch ganz anders geschehen, z.B. in Kalktuffbächen (s. **I. 6.3.**) durch die Ablagerung in Kalktuffterrassen. Bei hoher maximaler Fließgeschwindigkeit ($> 0{,}5\ m\ s^{-1}$) und Tiefenerosion fließt das Gewässer relativ geradlinig. Wird das Gefälle stromabwärts geringer, so beginnt das Gewässer zu mäandrieren und anstelle der Tiefenerosion kommt es zur Ufererosion (= **Seitenerosion**), oft schon bei $< 0{,}3\ m\ s^{-1}$ Fließgeschwindigkeit. Mit dieser Geschwindigkeitsmarke ($0{,}3–0{,}5\ m\ s^{-1}$) ändert sich auch die Biologie des Gewässers (s. **I. 7.5.1.**, **I. 7.5.3.**). Die Seitenerosion greift an den Biegungen des Flusses an, trägt sie ab und lagert das Material gegenüber als **Gleithang** wieder an. Der **Prallhang** wird unterhöhlt, stürzt ein und der Fluß pendelt zur Gleithangseite, wodurch seine Windungen verstärkt und die Lage des Flusses verändert wird. Die Seitenerosion verbreitert den Fluß und verstärkt die Schlingenbildung; sie ist aber nicht die Ursache der Mäandrierung. Diese scheint auf der Ökonomie der Arbeitsleistung eines Fließgewässers zu beruhen, nach der ein sich krümmender Fluß geringere Arbeit zu leisten hat, als ein geradliniger (Wundt 1941, Leopold & Langbein 1966). Mit abnehmendem Gefälle und Nachlassen der kinetischen Energie erhöht sich die Wahrscheinlichkeit der **Mäanderbildung**. Sie ist die eigentliche Ursache für den ökologisch relevanten Prallhang mit schnell fließendem Wasser und dem Gleithang mit langsam fließendem Wasser.

Eine Mäanderschlinge kann an dem Schlingenhals durchbrechen und ein **Altgewässer** abschnüren. Die Altgewässer können ganz abgeschnürt werden (= **Altwasser**), aber auch noch durch einen Restkanal mit dem Fluß verbunden sein (= **Altarm**). Diesem kommt eine fundamentale Funktion für das Funktionieren des Flußökosystems zu (s. auch **I. 8.1.2.6.**, **II. 6.1.4.**). Ursprünglich waren die Flüsse von ihren Altgewässern und Flußarmen begleitet. Das Abschnüren von Altgewässern verkürzt den Flußlauf, erhöht die Strömung, verstärkt die Seitenerosion und initiiert damit weitere Laufveränderungen. Andererseits, je mehr Mäanderschlingen entstehen, je mehr wird das fließende Wasser abgebremst und Fließgeschwindigkeit und Erosion nehmen ab. Bei zu geringer Fließgeschwindigkeit erlischt die Mäanderbildung, so daß die Ströme mündungsnah wieder geradlinig fließen. Die Mäanderform läßt sich als Quotient (M) aus Mäanderbreite und Flußbreite beschreiben (vgl. Abb. 35 C).

Wenn in einer Flußlandschaft tektonische Erhebungen sind, so erneuert sich die Erosion des Fließgewässers, es vertieft sich mit seinen Mäandern in dem sich erhebenden Land und bildet die sog. **Talmäander**. Zwischen den alten Mäandern und den neuen Hängen entstehen die **Terrassen**. Auch Inseln können sich bilden.

Der Seitenerosion kommt noch eine wichtige Funktion zu. Sie schafft an den Ufern die vielen kleinen **Buchten** und **Flachwasserstellen**, in den das Wasser sehr langsam fließt. Allerdings fließt das Wasser an den Ufern auch ohne Buchten sehr langsam (Reibung), verbunden oft mit **Kehrwässern**, die schon durch geringe Vertiefungen an den flachen Ufern entstehen. Kehrwässer und fast stehendes Wasser führen zu einem Rückhalt von Wasser in den Oberläufen der Fließgewässer (Abb. 27). Schnellfließende Bereiche eines Fließgewässers nennt man **lotisch**, langsame hingegen **lenitisch**.

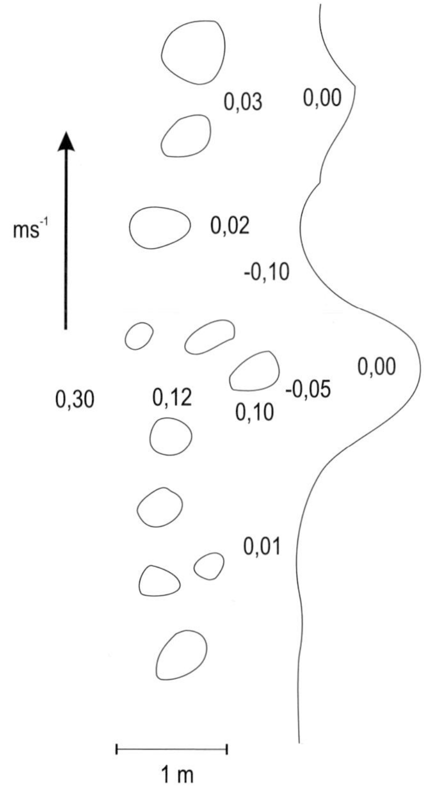

Abb. 27. Lenitische Bereiche im Oberlauf eines Mittelgebirgsbaches: Ufernähe, Buchten (z. T. mit Kehrwässern), hinter großen Steinen. Es kommt zur Verlängerung der Verweilzeit des Wassers im Oberlauf. (Angaben in m s^{-1}) (Original).

Fazit: Die Erosion schafft eine Fülle von ökologisch relevanten Habitatstrukturen und Vorgängen in den Fließgewässern.

Das durch die Erosion mitgenommene anorganische Material, ferner die in den Fluß eingeschwemmten anorganischen und organischen Stoffe sowie die auch im Fluß produzierten organischen Stoffe werden von der fließenden Welle transportiert. Meist unabhängig von der Arbeit des Flusses (aber auch durch Seitenerosion) stürzen uferbegleitende Bäume in das Gewässer. Sie und ihre Äste liefern das **Totholz** naturnaher Gewässer, eine enorm wichtige Struktur, die, wo möglich, im Gewässer verbleiben sollte. Auch das einfallende Laub, zugleich Nähr- wie auch Raumstruktur, bildet zusammen mit den Ästen kleine Dämme. Diese Dämme sind aber für Wasser, Stoffe und Organismen durchgängig, im Gegensatz zu den von Menschen geschaffenen Querverbauungen (s. **II. 6.**1.).

Dem **Transport** kommt sowohl für den Stoffhaushalt als auch für die weitere Strukturierung eine enorme Bedeutung zu. Stofftransport ist Arbeit durch innere Reibung, wodurch die kinetische Energie verringert wird und die Erosions-Arbeit zurückgeht. Auch diesen Zusammenhang nutzt man bei der Renaturierung verbauter Fließgewässer (s. **II. 6.**). Die Stoffe werden als Fest- und gelöste Stoffe transportiert. Feststoffe, die in Sohlennähe transportiert werden, heißen **Geschiebe**, die im Wasser selbst (suspendiert) **Schwebstoffe**. Speziell in der Geomorphologie unterscheidet man zwischen Geschiebe (im eigentlichen Sinne) und **Geröll**. Im ersten Fall werden große Feststoffe (Steine) geschoben, im zweiten vom Wasser gerollt. So ergeben sich einmal flache Ober- und Unterseiten der Steine, zum anderen gewölbte und kleinflächige. Dies hat eine große Bedeutung für die Besiedlung; flache Steine sind dichter besiedelt als gewölbte.

Der sohlennahe Transport der Feststoffe heißt allgemein **Geschiebetrieb**. Das fließende Wasser übt einen Druck auf die Feststoffe auf der Sohle aus, genannt die **Schubspannung** oder auch Schleppspannung. Die Schubspannung muß die Schwerkraft, die auf die Feststoffe wirkt und ihre Trägheit überwinden. Erst wenn dies geschieht, setzen sie sich in Bewegung (= kritische Schubspannung). Dies gilt für das Sandkorn ebenso wie für den Steinblock. Die Bewegungsform ist zunächst schiebend oder rollend, mit zunehmender Fließgeschwindigkeit auch springend und kann schließlich in den suspendierten (schwebenden) Transport übergehen (Abb. 28).

Der Geschiebetrieb führt zur **Instabilität** der Fließgewässersohle, die ein wichtiger ökologischer Störfaktor ist.

Es gibt viele Formeln zur Beschreibung der kritischen Schubspannung (τ_c). Die einfachste lautet:

$$\tau_c = p \times g \times I \times d \ [\mathrm{N\ m^{-2}}]$$

Es bedeuten: p = Dichte des Wassers (kg m^{-3}), g = Erdbeschleunigung (m s^{-2}), I = Gefälle der Sohle (dimensionslos) und d = Hydraulischer Radius (m).

Der hydraulische Radius ist eine wichtige Größe sowohl für die Geomorphologie als auch für die Ökologie der Fließgewässer. Er gibt das Verhältnis des Durchflußquerschnittes (F, in m^2) zum benetzten Umfang (U, in m) an:

$$d = \frac{F}{U} \ [\mathrm{m}]$$

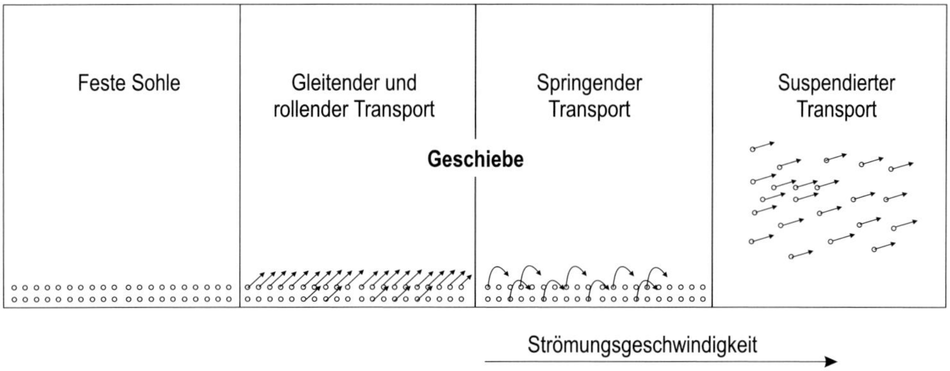

Abb. 28. Geschiebe- und suspendierter Transport auf der Fließgewässersohle in Abhängigkeit von der Strömungsgeschwindigkeit. (Nach GUNKEL 1996).

Er ist zugleich Ausdruck des Grades der Sohlenstrukturierung (Abb. 29). Je kleiner d ist, um so rauher ist die Sohle und um so besser besiedelbar. Zweckmäßig ist es, anstelle der kritischen Schubspannung die Grenzgeschwindigkeit (v_c) des Wassers zu wählen, bei der sich die Feststoffe in Bewegung setzen. Sie ist abhängig von τ_c; man kann sie aber auch als abhängig von der Wassertiefe (h) und des mittleren Körnchendurchmessers (D) betrachten, wie dies die empirische Schamov-Formel (TIPPNER 1972) annimmt, die allerdings nur Orientierungswerte liefert:

$$v_c = 4{,}6\ h^{1/6}\,D^{1/3}$$

(Die genaue Beziehung zwischen τ_c und v_c bestimmt sich nach der Formel:

$$v_c = k_s d^{1/6} \sqrt{\frac{\tau_c}{\rho g}}$$

[MANGELSDORF & SCHEURMANN 1980], worin k_s der Geschwindigkeitsbeiwert nach MANNING-STRICKLER [$m^{1/3}\,s^{-1}$] ist).

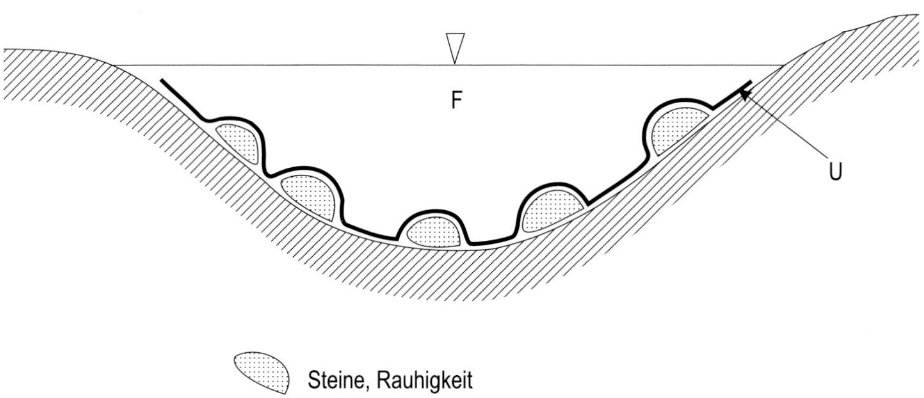

Abb. 29. Darstellung des hydraulischen Radius. F = Durchflußquerschnitt, U = Benetzter Umfang. (Original).

Die Grenzgeschwindigkeit ist auch abhängig von der Konzentration der mitgeführten Schwebstoffe. Mit steigender Schwebstofflast nimmt die Schubspannung ab, so daß sich die Grenzgeschwindigkeit erhöht. Da derartige Formeln für den Nicht-Hydrauliker schwer zu handhaben sind, werden häufig Erfahrungen aus dem Flußbau verwendet, die auf Schätzungen von $\cdot\tau_c$ und v_c aus der Sohlenbeschaffenheit beruhen (Tab. 10)

Der Geschiebetrieb führt zu weiteren ökologisch relevanten Strukturen. In schotterreichen Fließgewässerstrecken kommt es häufig zu einer Konzentration der Schotter in Abständen von 5–8 mal Bachbreite. Über den Schotterkonzentrationen (**Schnellen**, engl. riffles) fließt das Wasser schnell. Zwischen den Schnellen ist der Bach tiefer, schotterärmer und das Wasser fließt langsamer (**Stillen**, engl. pools). Diese **riffle-pool-Sequenz** ist von relativ hoher Stabilität. Sie beeinflußt in hohem Maße die Struktur der Fließgewässer-Ökosysteme (Abb. 30). In schotterarmen, aber sandreichen Strecken entstehen die **Riffeln** (engl. ripples) (Abb. 31). Riffeln sind oft < 10 cm bis 30 cm lang, asymmetrisch und entstehen durch springende Sandkörnchen. In großen Flüssen entstehen auch längere Riffeln, die dann **Dünen** heißen und stromabwärts wandern. Es sind auch **Antidünen** bekannt, die symmetrische Wellenstruktur besitzen und sich bei schießendem Wasser oder brechenden Wellen bilden. Sie sind stationär oder können sogar stromaufwärts wandern. Entstehen, Vergehen, Form und Wandern der Riffeln ist stark von der bodennahen Fließgeschwindigkeit abhängig. Wichtig für die Ökologie ist, daß sich in den Wellentälern der Riffeln Detritus ansammelt. Sie sind ein Retentionssystem, das viele partikuläre Stoffe zurückhält und zum Lebensraum von Bakterien und niederen Tieren wird. In diesem Zusammenhang ist die **Froude-Zahl** (F_r) von Bedeutung. Es gibt viele, oft komplizierte Formeln dieser Größe. Eine einfache Formel ist:

$$F_r = \frac{V}{\sqrt{gD}} \text{ [dimensionslos]}$$

Es bedeuten: V = mittlere Fließgeschwindigkeit [ms^{-1}], g = Erdbeschleunigung [ms^{-2}], D = Wassertiefe (besser Wellentiefe) [m].

Tabelle 10. Kritische Schubspannungen (τ_c) bei unterschiedlicher Beschaffenheit der Sohle. (Nach WITTMANN 1955) (s. auch Tab. 12).

Beschaffenheit der Sohle	τ_c (Nm^{-2})
Quarzsand 0,2–0,4 mm	1,8–2,0
Quarzsand 0,4–2 mm	4,0
Grobes Sandgemisch	6,0–7,0
Fester Sand, feiner Kies	8,0–12
Lehmiger Kies	15–20
Quarzgeröll 4–5 cm	44
Kalkgetriebe (plattenartig) bis 6 cm lang	50

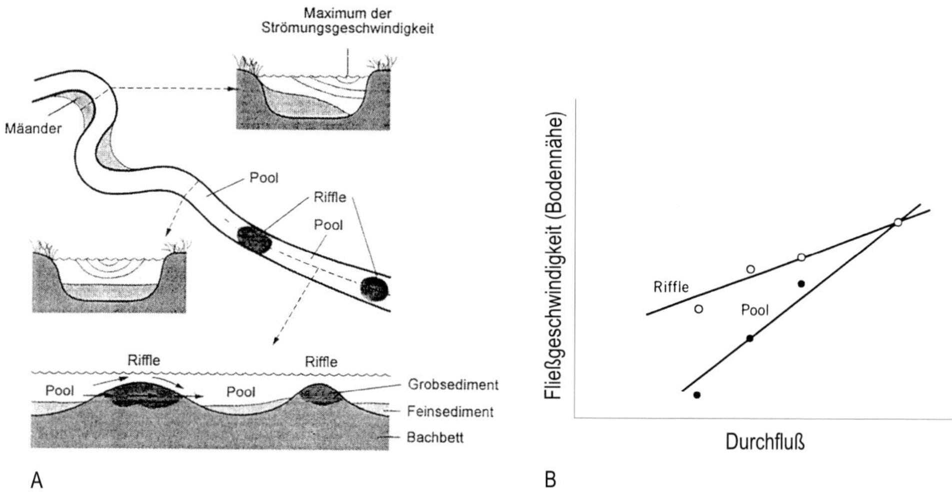

Abb. 30. Fließgewässerstrukturen und Fließgeschwindigkeiten. **A** = Mäander, Gewässerquerschnitte und die Riffle-Pool-Struktur. **B** = Durchfluß und Fließgeschwindigkeiten in Riffles und Pools. (A nach Horne & Goldman 1994, B nach Patrick 1995).

Es läßt sich aussagen:
$F_r < 1$ = strömende Bewegung. Es entstehen z. B. Dünen.
$F_r > 1$ = schießende Bewegung (hinweg über Steine oder Baumstämme).
Es können Antidünen entstehen. Selten in unseren Fließgewässern.
F_r 0,2–0,3 = bevorzugte Entstehung von Mäandern.

Nicht nur die flache Sandsohle, auch die Sandbänke können transportiert werden (sog. **Transportkörper**). Kleine und leichte Körnchen gehen beim springenden Transport schließlich in die suspendierte Phase über (Schwebstoffe). Ihr Transport ist von fundamentaler Bedeutung für das Ökosystem-Fließgewässer (s. **I. 7.6.7.**). In großem Umfang werden auch gelöste Stoffe transportiert. Der Transport partikulärer und gelöster Stoffe hat in der fließenden Welle große globale Bedeutung, da er zur Alterung der Erdoberfläche führt (s. **I. 7.8.3.**). Dabei spielt nicht nur die Menge, sondern auch die Transportform der Stoffe eine Rolle. Hier nur einige Hinweise über die transportierten **Stoffmengen**. Die Schwebstoffe nehmen flußabwärts zu. Schwebstoffe (anorganisch) bestehen zu etwa 90 % aus Ton und 10 % aus Sand. Sie beeinträchtigen das Lichtklima und somit den Pflanzenwuchs enorm. In gemäßigten Breiten überwiegt der Transport an gelösten, in tropischen an partikulären Stoffen. In Hochwasserzeiten kommt es allerdings in gemäßigten Breiten zu einem kurzzeitigen Überwiegen der partikulären Fracht.

Die Flüsse der Erde transportieren jährlich etwa 37×10^3 km³ Wasser in die Meere. In diesem Wasser sind etwa 4^9 t Stoffe gelöst. Die mitgeführten Salze gleichen immer wieder den Salzverlust der Meere aus, der durch Versinken von Meerwasser entsteht. Der Natrium-Gehalt der Erde ist infolge des Stofftransportes schon weitgehend im Meer konzentriert. Tab. 11 zeigt die Transportleistungen einiger Flüsse. Halten sich in einem Fluß auf der einen Seite Schwebstofffracht und Korngrößen und auf der anderen Seite

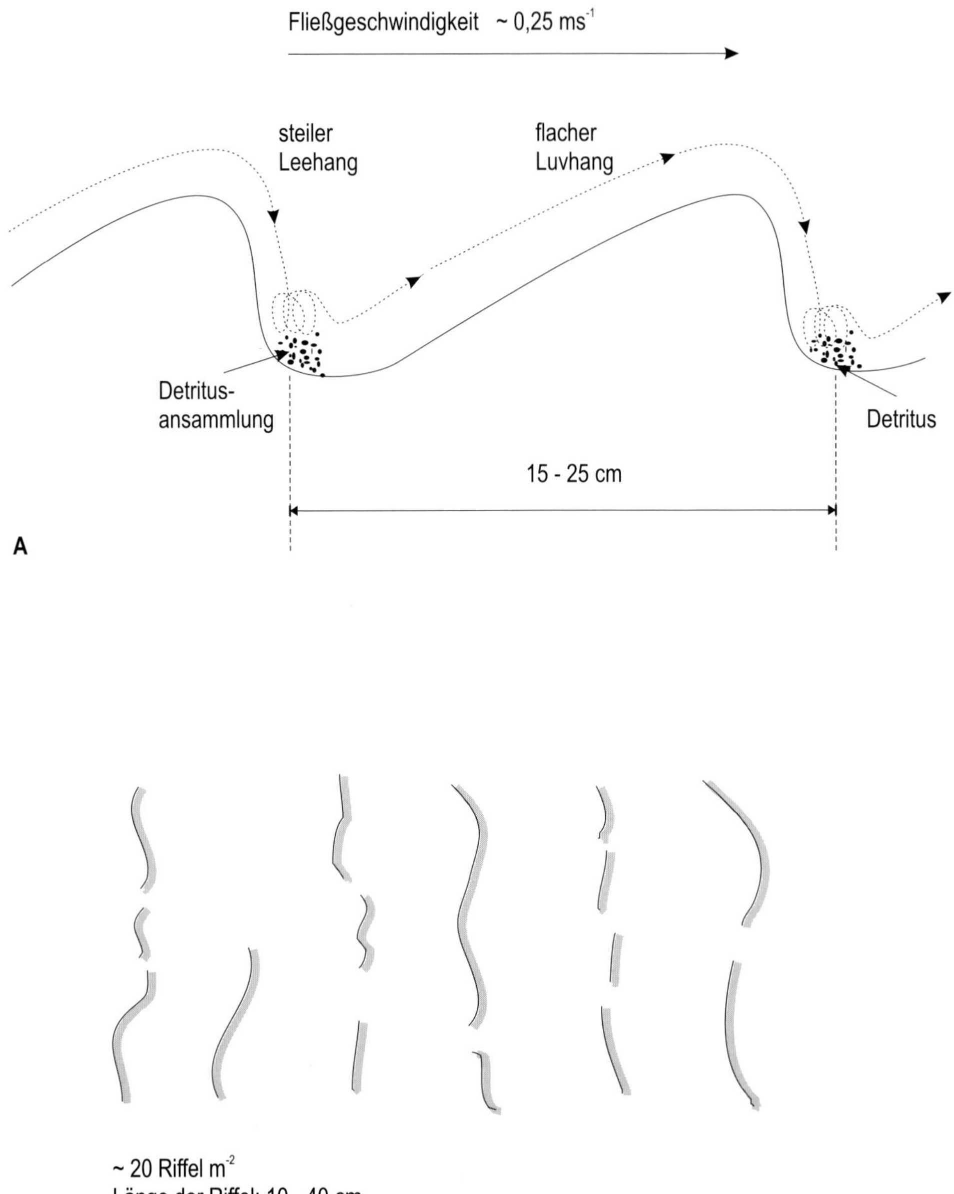

Abb. 31. Riffelbildung in sandreichen Fließgewässerstrecken. **A** = Aufbau der Riffel, **B** = Dynamik der Riffel, Momentaufnahme in einem kleinen Tieflandfluß. (Original).

Tabelle 11. Transportleistungen einiger Flüsse (in Mio. ta^{-1} in das Meer). (Entnommen aus mehreren Werken).

Fluß	Feste Stoffe	Gelöste Stoffe
Neckar	1,6	
Rhein	4,0	15
Nil	51	20
Mississippi	370	100
Huanghe	1.200	

Gefälle und Abfluß die Waage, so transportiert der Fluß. Erhöhen sich Gefälle und (oder) Abfluß, so wird erodiert; im Falle der Erhöhung der Schwebstofffrachten und (oder) Korngrößen kann der Fluß die transportierte Last nicht mehr tragen, er sedimentiert oder akkumuliert sie (Abb. 32). Die Abbildung zeigt auch, daß zur Erosion mit sehr kleinen und sehr großen Partikeln höhere Geschwindigkeiten nötig sind, als mit mittleren. Im allgemeinen findet im Oberlauf vorwiegend Erosion, im Mittellauf Transport und im Unterlauf Akkumulation statt. Die **Akkumulation** schafft neue Strukturen in den Fließgewässern, vor allem, weil sie zugleich mit der **Sortierung** des abgesetzten Materials verbunden ist. Im Oberlauf bleiben die großen Steine liegen, im Mittellauf die Kiesel und Sande und im Unterlauf die Feinsedimente, durchsetzt mit organischen Partikeln aus dem Abbau von Laub und eigenem Pflanzenmaterial. So entsteht der **Habitatgradient** der Fließgewässersohle, das wichtigste Struktursystem im Fließgewässer. Er kanalisiert die **Längszonierung** der Fließgewässer-Zönosen. Tab. 12 zeigt die für den Transport der Korngrößen notwendigen Fließgeschwindigkeiten.

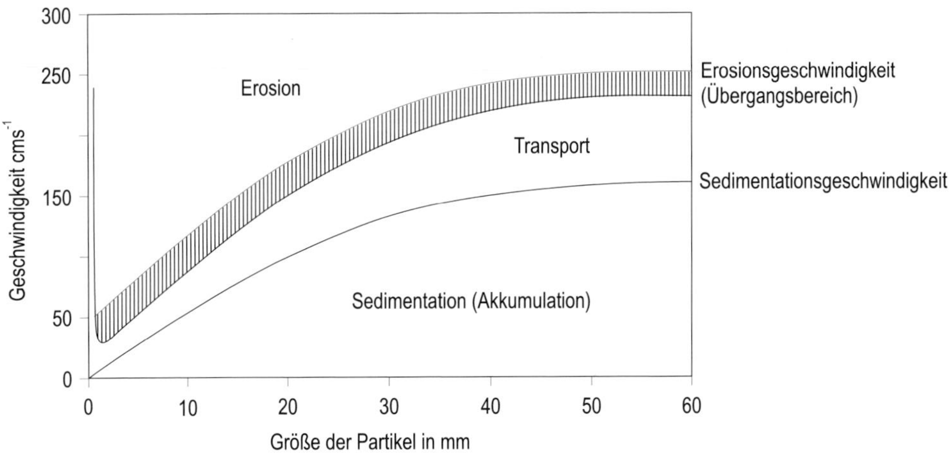

Abb. 32. HJULSTRÖM-Diagramm über Erosion, Transport, Akkumulation und Größe der transportierten und akkumulierten Partikel in Abhängigkeit von der Strömungsgeschwindigkeit. (In Anlehnung an KETTNER 1959).

Tabelle 12. Korngrößen und die notwendige Fließgeschwindigkeit für deren Transport. (Kombiniert nach mehreren Autoren).

Korngröße [mm]	Deutsche Bezeichnung	Englische Bezeichnung	Wird transportiert ab einer Fließgeschwindigkeit von [cm s^{-1}]
< 0,002	Ton	Clay	
0,002–0,06	Schluff	Silt	
0,06–0,2 (0,2)	Feinsand	Finesand	10
0,2–0,6	Mittelsand	Medium sand	17
0,6–2 (1,3)	Grobsand	Coarse Sand	25
2–6 (5,0)	Feinkies	Gravel	50
6–20 (11,0)	Mittelkies	Gravel	75
20–60 (45,0)	Grobkies	Pebble	150
> 60 (80,0)	Steine	Stones	200
(180)	Block	Rock	300

Das Korngrößengefälle in einem Fluß wird nicht allein durch die Akkumulation bestimmt, sondern auch durch den **Abrieb** des Geschiebes (D) (Gesetz nach Sternberg, verändert nach Stelczer 1968)

$$D = D_0 e^{-k_1 t/3}$$

Es bedeuten: D_0 = ursprünglicher Korndurchmesser, k_1 = Abriebkoeffizient (1/h); t = Zeit.

Aus der Strukturierung des Flußbettes ergibt sich seine **Rauhigkeit**. Sie schafft Besiedlungsflächen und ist somit ein fundamentaler ökologischer Faktor. Den hydraulischen Radius als Rauhigkeitsmaß kann man bereits für limnologische Untersuchungen verwenden. Je größer der Radius, um so geringer ist die Rauhigkeit. Häufig wird zur Berechnung der Rauhigkeit die Strickler-Rauhigkeit (k_r) benutzt (Strickler 1923),

$$k_r = \frac{26}{D^{1/6}}$$

die meist hinreichende Orientierungswerte ergibt. Die Rauhigkeit ist auch in dem Gesetz von Manning und Strickler enthalten, das die Abhängigkeit der Fließgeschwindigkeit (V) beschreibt:

$$V = k_s d^{2/3} I^{1/2}$$ (s. auch **I. 7.6.9.**)

k_s (Geschwindigkeitsbeiwert) nimmt mit der Rauhigkeit der Sohle ab. (vgl. **I. 7.6.9.**, **II. 5.**) Akkumulation und Sortierung zeigen zwar einen deutlichen Längsgradienten, finden

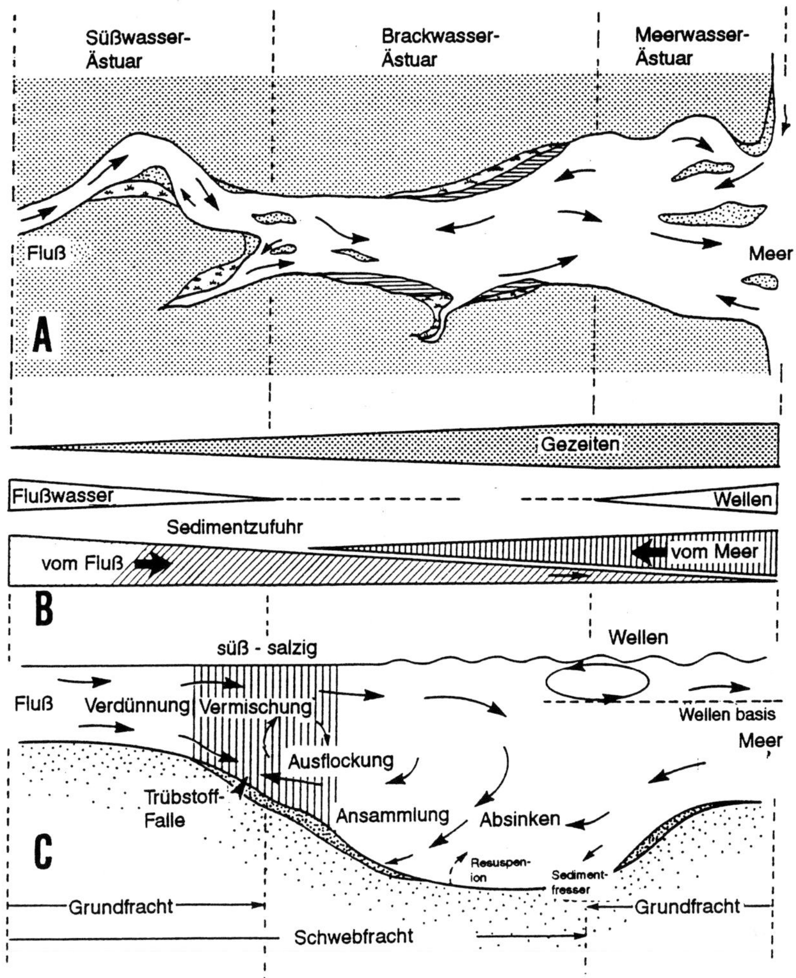

Abb. 33. Gliederung eines Ästuars mit den wichtigsten Transportvorgängen. (Nach Nichols & Biggs, aus Gerlach 1994).

jedoch auch ortsfremd statt. So kommt es im Oberlauf in den Uferbuchten, hinter und zwischen großen Steinen, zu lenitischen Zonen, in denen Feinmaterialien abgelagert werden, während flußabwärts infolge Flußverengungen die Strömung streckenweise so hoch ist, daß hier auch noch größere Steine transportiert werden können. So erscheint der Längsgradient streckenweise sehr **diskontinuierlich**.

Erreicht ein Fluß das Meer, so verringert sich die Fließgeschwindigkeit oder kommt zum Stillstand. Die Folge ist eine erhöhte Akkumulation. Flußmündungen haben ihre eigene Morphologie, die von dem Charakter des Meeres abhängt. In Gezeiten-Meeren bildet die Flußmündung eine trichterförmige Erweiterung, das **Ästuar**. Ursache ist die Corioliskraft, der zufolge sich horizontal über der Erdoberfläche bewegende Körper auf der Nordhalbkugel nach rechts, auf der Südhalbkugel nach links abgedreht werden. Daher erfolgt vom Fluß aus gesehen auf der Nordhalbkugel die Flutströmung auf der linken, die Ebbeströmung auf der rechten Seite, wodurch es zu der trichterförmigen Erweiterung kommt. In der Strommitte ist die Fließgeschwindigkeit am geringsten, wodurch langgestreckte Inseln entstehen. In den Ästuaren werden viele akkumulierte Stoffe in das Meer gespült. In ihnen kommt es auch durch Mischung von Meer- und Süßwasser zu **Brackwasser**. In gezeitenlosen Meeren oder großen Binnenseen bildet sich ein **Delta**. Die akkumulierten Schwebstoffe werden nicht in das Meer gespült, sondern bilden quer zur Mündung Flußbarren. Zwischen den Barren verzweigt sich der Fluß, es entsteht ein Delta, das dem Meer vorgelagert ist. Die Barren überwachsen mit Schilf (und anderer Vegetation) und bilden einen Großlebensraum. Deltas sind an Flüsse mit reichlicher Schwebstofffracht gebunden (Abb. 33).

Die Arbeitsleistung des Flusses bewirkt nicht nur die Strukturierung des eigenen Bettes, sondern auch die der unmittelbaren Umgebung. Es entstehen **Flußtäler**. Das Prinzip ihrer Bildung ist die Freilegung des Gesteins durch die Tiefenerosion, verbunden mit der anschließenden Verwitterung. Im Gebirge ist das Gestein relativ verwitterungsresistent, so daß **Engtäler** (Klamm) entstehen. In Richtung Flachland ist das Gestein zunehmend verwitterungsanfälliger, so daß immer breitere Täler entstehen. Reicht die Kraft des Fließgewässers noch aus, den durch die Verwitterung gebildeten Hangschutt abzutransportieren, entstehen die **Kerbtäler**; bleibt er flußabwärts liegen, die **Muldentäler**. Ist im Unterlauf die Akkumulation der Schwebstoffe so groß, daß sie die Talsohle bei Hochwasser bedecken, entstehen die **Sohlentäler** und schließlich die **Flachlandauen**. Die Seitenerosion verbreitert den Fluß entsprechend (Abb. 34). In Flußnähe wird vor allem Sand, anschließend zunehmend Schluff (= Auelehm) abgelagert. Der Auelehm kann dann sekundär das Flußufer überragen, in Europa wahrscheinlich eine Folge der mittelalterlichen Entwaldungen, verbunden mit hohen Überschwemmungsfrequenzen.

Fließgewässer mit ihren Tälern bilden ein übergeordnetes Ökosystem, dessen Strukturierung und Klassifizierung erst jetzt Gegenstand der Forschung wird (ROSGEN 1996, MEHL & THIELE 1998).

7.2.2. Morphologie

Die Abb. 30 demonstriert bereits wichtige Strukturen eines mäandrierenden Flusses; Abb. 35 zeigt die wichtigsten flußmorphologischen Begriffe in einem Flußquerschnitt. Diese Strukturen hängen von der Wasserführung, d. h. Durchflußmenge (Symbol Q), statisch auch als Wasserstand definierbar, ab. Der bei Niedrigwasser (NQ) bedeckte Grund des Fließgewässers heißt **Flußbett**, sein mittlerer Bereich **Sohle** und die Seiten **Ufer**. Die Linie, die durch das Mittelwasser markiert wird, ist die **Uferlinie**. Unmittelbar über der Uferlinie wurzeln die den Fluß begleitenden Bäume, zumindest in gemäßigten Klimaten. Der Raum zwischen Niedrigwasser- und Mittelwasserlinie ist die **Uferböschung**, die nur zeitweise von Wasser bedeckt wird. Durchflüsse, die das Mittelwasser überschreiten (genauer: den Mittelwert des langjährigen täglichen Abflusses und die langjährige Standortabweichung, meist noch multipliziert mit einer Konstanten), heißen Hochwässer (HQ). Sie überschreiten die Uferlinie und markieren das **Hochwas-**

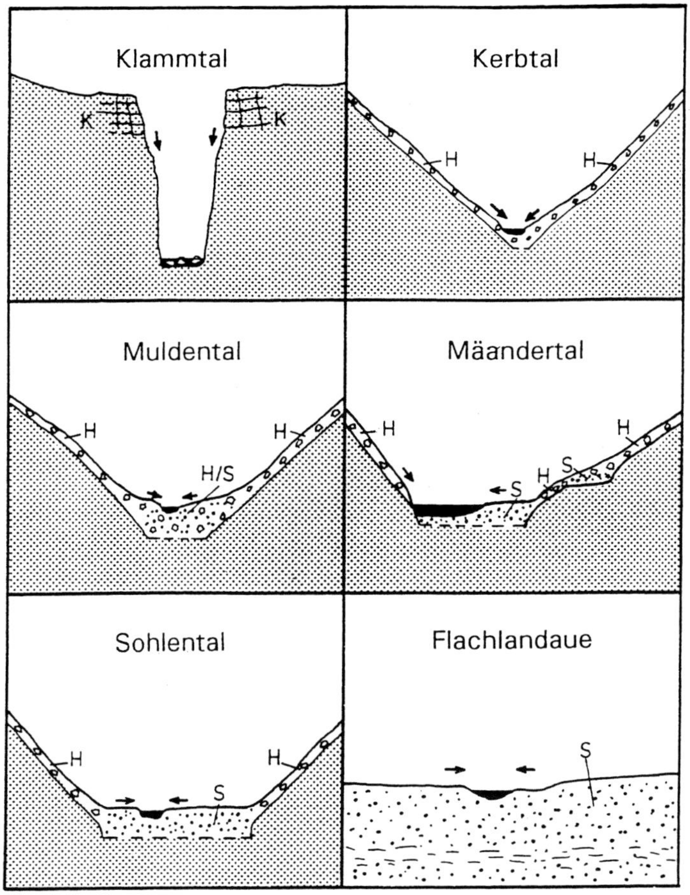

Abb. 34. Die wichtigsten Talformen. (Nach KERN 1994).

serbett oder die **Aue**, deren Gestalt von der Talform abhängt. Die Aue reicht bis zur Ausdehnung des Spitzenhochwassers („Jahrhunderthochwasser", HHQ).

Geröllstrecken im Hoch- und Mittelgebirge haben oft keine klaren Uferlinien. Tropische Auen sind anders gestaltet als die der gemäßigten Breiten (s. **I. 7.5.13.**). Fließgewässer beginnen als kleine Rinnsale, meist als **Quellbäche** (= **Fließgewässer 1. Ordnung**). Verschmelzen zwei primäre Bäche, so entsteht ein **Fließgewässer 2. Ordnung**. Mündet ein weiteres Fließgewässer 2. Ordnung ein, so wird es ein **Fließgewässer 3. Ordnung**. Das System nimmt um eine Ordnungsstufe zu, wenn sich zwei Gewässer gleicher Ordnung vereinigen, nicht aber, wenn sie ein Gewässer niederer Ordnung aufnehmen (**Klassifizierungssystem nach HORTON und STRAHLER**). Das System sagt aus, daß mit Zunahme der Ordnungsstufen die Zahl der Fließgewässer abnimmt (Abb. 36).

Sind N_u die Fließstrecken einer jeden Flußordnung, so ist

$$N_u > N_{u+1}$$

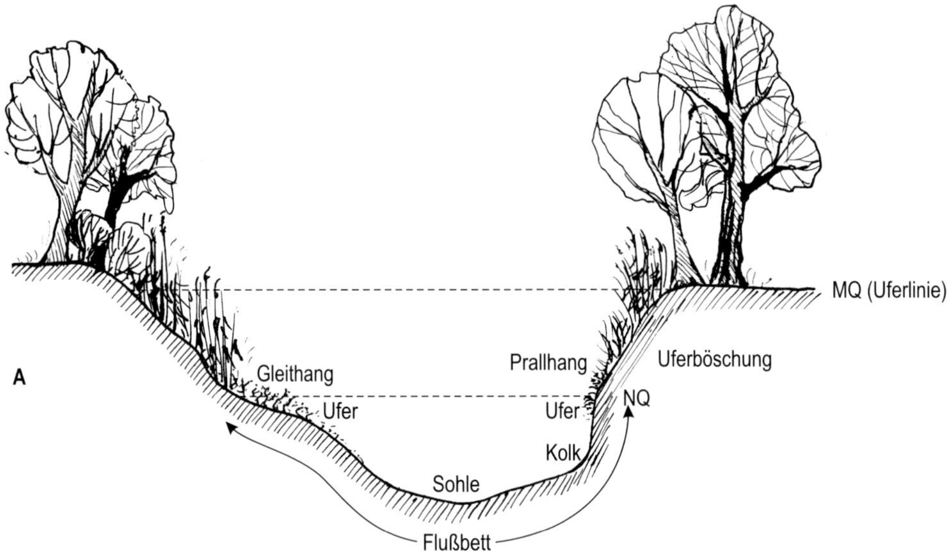

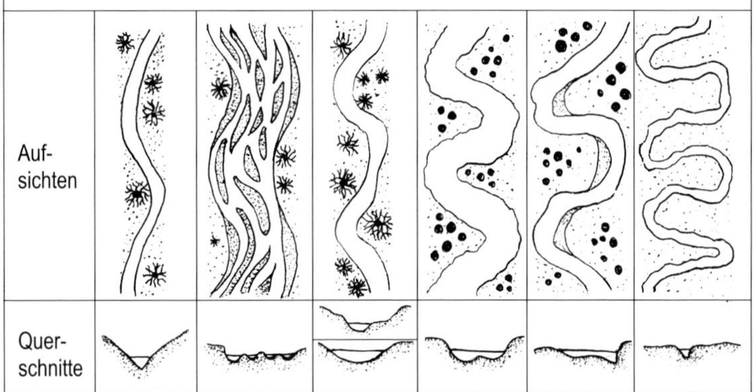

Mäanderformen						
$\overline{M}$	1.5	1.1	3.7	5.3	11.4	24.2
Spanne	1 - 3	1 - 2	2 - 8	2 - 10	4 - 20	20 - 40

C

Abb. 35. Genereller Aufbau eines Fließgewässers. **A** = Querprofil, **B** = Längsprofil, **C** = Mäanderformen. Es bedeutet: M = Durchschnittlicher Quotient aus Mäander- und Flußbreite. (A, B original; C nach Rosgen 1996).

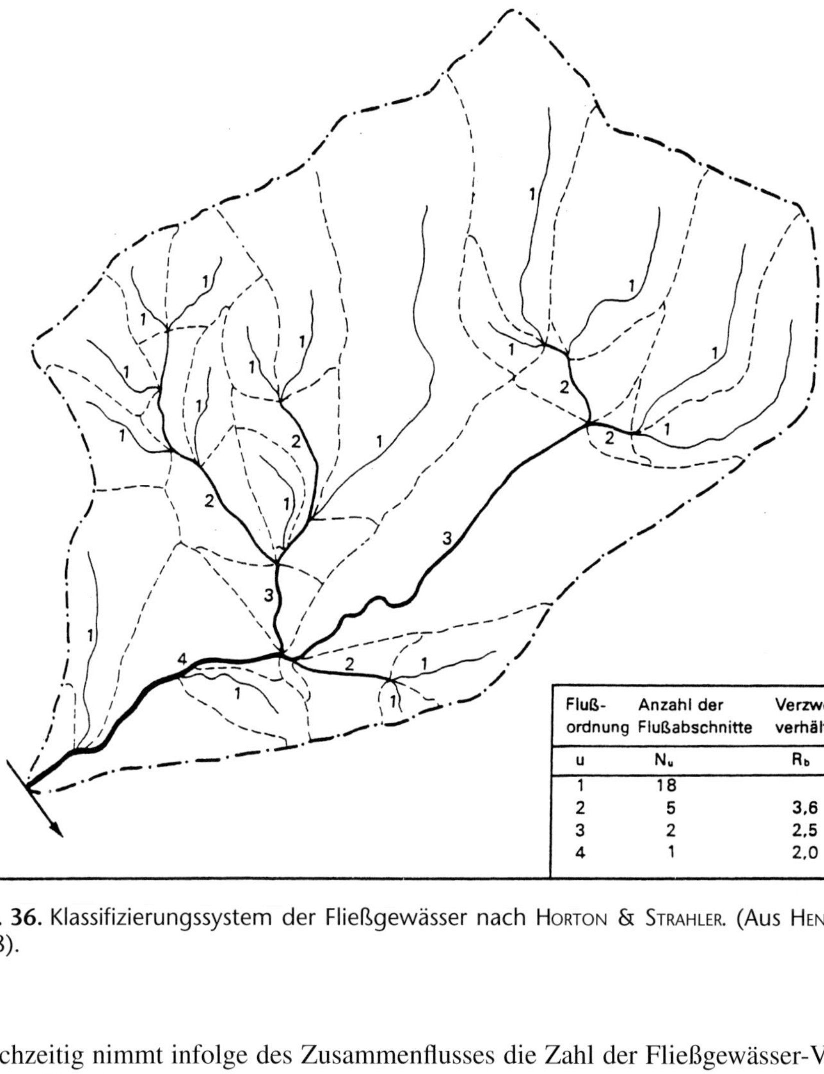

Fluß-ordnung	Anzahl der Flußabschnitte	Verzweigungs-verhältnis
u	N_u	R_b
1	18	
2	5	3,6
3	2	2,5
4	1	2,0

Abb. 36. Klassifizierungssystem der Fließgewässer nach Horton & Strahler. (Aus Hendl et al. 1978).

Gleichzeitig nimmt infolge des Zusammenflusses die Zahl der Fließgewässer-Verzweigungen (R_b) ab:

$$R_b = \frac{N_u}{N_{u+1}}$$

Mit Zunahme der Ordnungsstufen werden die Fließgewässerstrecken immer wasserreicher, länger, breiter und tiefer. Bis zu der Flußordnung 3 bezeichnet man das Gewässer als **Bach**, darüber als **Fluß**. Sehr breite Flüsse nennt man auch **Ströme**.

Ob die Flußstrecken gerade, mäandrierend oder verzweigt sind, hängt, wie bereits bekannt, von dem Gefälle und der Abflußmenge ab; das sind Größen, die auch im obigen Klassifizierungssystem enthalten sind (Abb. 37).

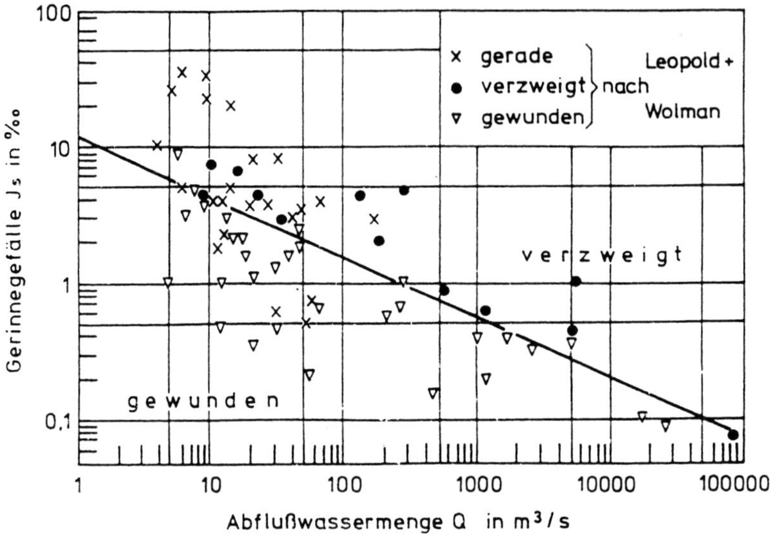

Abb. 37. Laufentwicklung eines Fließgewässers in Abhängigkeit von dem Gefälle und der Abflußmenge. (Nach Leopold & Wolman aus Mangelsdorf & Scheurmann, 1980).

Wir wissen bereits, daß viele Flußsysteme seit dem Tertiär existieren, aber ständig Lage und Ausbildung mit Hilfe ihrer kinetischen Energie veränderten. Bei Hochwasser können **Sandbänke** entstehen und **Schuttkegel** abgelagert werde. Die Wasser umfließen diese Hindernisse, wodurch Verzweigungen (**Bifurkationen**) und Verlagerungen entstehen. Die Sandbänke werden durch andere Hochwässer wieder eingerissen und bilden sich erneut an anderer Stelle. Sie können sich aber auch bei längerer Existenz begrünen, z. B. mit dem Rohrglanzgras *Phalaris arundinacea*, das der Erosion widersteht. Auch einmündende Fließgewässer bewirken ein Abdrücken des aufnehmenden Flusses, wie dies bei Laufänderungen häufig vorkommt. Eingestürzte Uferbäume, inklusive mitgeführter Baumstämme als Schwemmgut, bewirken ebenfalls Richtungsänderungen und Bifurkationen. Beobachtet man heute derartige Vorgänge, so nennt man sie **Flußverwilderungen**. Sie sind auch die Ursache der **Flußnebenarme** in Auen. Auch Elefanten, Nashörner, Flußpferde, Krokodile, aber auch der Biber können den Verlauf von Fließgewässern verändern, was in früh- und vormenschlicher Zeit sicherlich sehr häufig war. Flußpferde und auch Krokodile haben Reviere, die die Ufer mit einschließen, wodurch diese stark frequentiert werden. Erhöhter Durchfluß führt zu Uferabbrüchen; danach kommt es zu neuen Revierbildungen usw.

Alle Fließgewässer, die in einem Fluß zusammenfließen, der in ein Meer oder einen großen See mündet, gehören zu einem **Flußsystem**. Das von einem Fluß mit seinen sämtlichen unterirdischen oder oberirdischen Zuflüssen entwässerte Gebiet heißt sein **Einzugsgebiet**. Die Größe des Einzugsgebietes steigt mit der Ordnungszahl der Fließgewässer. Das größte Einzugsgebiet besitzt der Amazonas ($7 \times 10^6\,km^2$). Einzugsgebiete werden durch **Wasserscheiden**, meist als Reliefserhöhung, begrenzt. Die jeweils andersseitige Gefällrichtung gehört zu einem anderen Einzugsgebiet. Die Einzugsgebiete aller Fließgewässer, die einem bestimmten Meer zustreben, werden **Abflußgebiete** genannt.

Den auf das Einzugsgebiet bezogenen Abfluß bezeichnet man als **Abflußspende** (in $l\ s^{-1}\ km^{-2}$).

7.3. Wasserhaushalt

Fließgewässer erhalten ihr Wasser aus ihrem Ursprung (Quellen, Schmelzwasser aus Gletschern, Überlauf aus Seen, Mooren), dem oberirdischen Ablauf der Niederschläge und direkt aus dem Grundwasser. Ihre Wasserführung ist positiv mit der Häufigkeit und Ergiebigkeit der Niederschläge (plus Schneeschmelze) korreliert. Unterschieden werden: Niedrigwasser (NQ), extremes Niedrigwasser (NNQ), mittleres Niedrigwasser (MNQ), Mittelwasser (MQ), Hochwasser (HQ), extremes Hochwasser (HHQ), mittleres Hochwasser (MHQ). Geht man vom Wasserstand (W) aus, ist Q durch W zu ersetzen.

Das **Verhältnis NNQ/HHQ** ist in atlantisch beeinflußten Gebieten oft sehr weit, wird aber mit Größe des Einzugsgebietes deutlich enger (Elbe bei Dresden 1:207, im Hamburger Raum 1:30). Das Verhältnis ist in kontinentalen und auch in den immerfeuchten Tropen relativ eng und erweitert sich in den wechselfeuchten tropischen Gebieten (Kongo 1:3 bis 4; Blauer Nil 1:>250). Extrem weit ist das Verhältnis in periodischen und episodischen Flüssen. Wadis werden nur durch Regenwasser direkt gespeist!

Je weiter das Verhältnis zwischen geringstem und höchstem Abfluß ist, um so höhere Anpassungsforderungen werden an die Besiedler der Fließgewässer gestellt (s. **I. 7.5.8.**, **I. 7.5.10.**).

Wichtig für die Ökologie der Fließgewässer ist auch die jahreszeitliche Lage der **Abflußmaxima und -minima**. Häufig werden die Abflußregime nach Pardé (Pardé 1964) für eine Klassifizierung verwendet:

A. Einfache Abflußregime (1 Abflußmaximum/Jahresverlauf) Schnee oder Regen bestimmen Abflußgeschehen)
   1. Glaziäres Regime: Maximum Juli/August
   2. Ozeanisches Regenregime: Maximum Januar/Februar
   3. Tropisches Regenregime: Maximum Juli/September nördlich, Februar/April südlich des Äquators
   4. Schneeregime des Berglandes: Maximum etwa Juni
   5. Schneeregime des Tieflandes: Maximum etwa Mai (z. B. Sibirien)

B. Komplexe Abflußregime (mehrere Abflußmaxima/Jahr) Schnee und Regen bestimmen Abflußgeschehen
   1. Schnee – Regenregime: 1. Maximum April/Mai, 2. November/Dezember (geprägt durch Schneeschmelze, verstärkt durch Regen). Gebirge
   2. Regen – Schneeregime: 1. Maximum April (Schneeschmelze u. Regen), 2. November (Regen). Tritt nur bis 1800 m Höhe auf.
   3. Dreigipfeliges Regime: Treten in verschiedenen geographischen Gebieten auf. Beispielsweise im mitteleuropäischen Bergland durch Maxima im Frühjahr (Schneeschmelze, Regen), Sommer (Sommergewitter), Spätherbst (Niederschläge).

Große Ströme, die mehrere Abflußregionen berühren, haben z.T. sehr komplizierte Abflußregime (sog. Komplexe Abflußregime 2. Grades). Zu derartigen Flüssen gehören in Mitteleuropa auch Rhein und Donau. Bei limnologischen Vergleichen von Fließgewässern sollte immer das Abflußregime berücksichtigt werden.

In den pleistozänen und holozänen Urstromtälern und Talauen steht **Grundwasser** an und beeinflußt entscheidend die Wasserführung der Fließgewässer. Liegt der Wasserspiegel des Flusses tiefer als der des Grundwassers (z. B. bei NQ), so nimmt der Fluß Grundwasser auf; liegt er darüber (z. B. bei HQ), so gibt der Fluß Wasser an das Grundwasser ab. Je nach Geländeneigung kann der Fluß aus der einen Mäanderschlinge Wasser abgeben und an der anderen Grundwasser aufnehmen (Abb. 38). Eindringendes Grundwasser erhöht im Winter und erniedrigt im Sommer die Flußtemperaturen. Es wirkt ausgleichend auf die Wasserführung, erhöht aber die hydraulische Belastung der Sohle.

Grundwasserunbeeinflußte und -beeinflußte Fließgewässer unterscheiden sich oft stark in der Besiedlung (Dominanz von rheophilen und kaltstenothermen Arten in den letzteren) (TIMM & OHLENFORST 1994). Fließgewässer, die durch klüftiges Gelände fließen (z. B. Muschelkalkgebiete), zeigen oft partielle oder totale **Versinkungen** des Wassers. Es fließt eine Strecke unterirdisch und kommt dann als Quelle oder Zuspeisung vom Fluß wieder an die Oberfläche. Bei dem unterirdischen Fließen werden mitgeführte Schwebstoffe abgelagert, so daß ein Reinigungseffekt stattfindet (SCHÖNBORN 1996b).

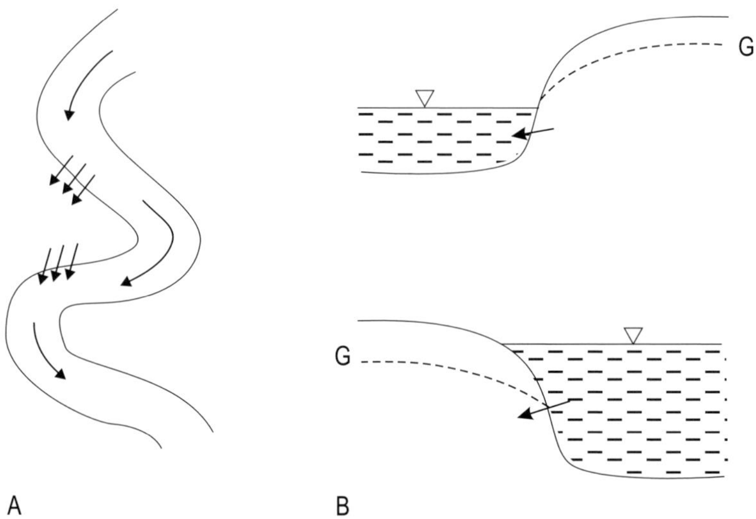

Abb. 38. Wechselwirkung von Grund- und Flußwasser. **A** = Ausfluß von Flußwasser aus dem Fluß durch Versickerung und am gegenüberliegenden Mäanderschenkel Wiedereintritt. **B** = Grundwasserspiegel (G) in Abhängigkeit vom Wasserstand des Flusses. (In Anlehnung an KETTNER 1959).

7.4. Physikalische und chemische Faktoren

7.4.1. Temperatur

Das Temperaturregime der Fließgewässer ist sehr komplex und in seiner Bedeutung für das Ökosystem relativ schwer zu interpretieren.

Es lassen sich zunächst **4 Temperaturregeln** formulieren:

1. Die mittlere Jahrestemperatur ($\overline{T}$) des Flußwassers steigt flußabwärts an, erreicht aber im Unterlauf oder bereits schon im unteren Teil des Mittellaufs ein Plateau (Abb. 39). Im Winter kann es flußabwärts zu einer leichten Temperaturabnahme kommen, oft überlagert durch tagesperiodische Änderungen.
2. Die Jahresamplitude der Temperatur ($\Delta T_{(a)}$) nimmt flußabwärts zu, geht aber im Unterlauf wieder etwas zurück. Im Bach wirkt sich die relative Temperaturkonstanz der Quelle noch aus und im Unterlauf, wenn der Fluß sehr viel Wasser führt, werden die Schwankungen durch die Wärmespeicherung gedämpft (Abb. 39).
3. Die tagesperiodischen Schwankungen ($\Delta T_{(d)}$) nehmen ebenfalls mit der Entfernung von der Quelle zu, erreichen dann ein Maximum und werden mit Zunahme der Wassermasse wieder geringer (Abb. 39).
4. Die Jahresamplitude der Monatsmitteltemperaturen liegt in den Oberläufen der gemäßigten Breiten (v.a. der Gebirgs- und Mittelgebirgsfließgewässer) immer < 20 °C, im Mittel- und Unterlauf > 20 °C. In den Tropen beträgt der Grenzwert 25 °C. Die 20 °C-Grenze ist eine wichtige biologische Größe. Sie beeinflußt sowohl das Verhalten der Bakterien, wie auch das Vorkommen von Pflanzen und Tieren. (s. **I. 7.5.1.**).

Die Mittelbereiche der Flüsse zeigen also die stärksten Temperaturschwankungen. Diese Temperaturregime werden mannigfach abgewandelt. Die wichtigsten **Einflüsse auf die Temperatur** sind:

1. Grundwasserzufuhr (s. **I. 7.3.**).
2. Die Beschattung durch Bäume (Sommerkühle kleiner Fließgewässer).
3. Fließgewässer, die Seen durchfließen, sind wärmer als solche ohne Seen.
4. Höhen- und geographische Lage.
5. Habitate. In den Pflanzenbeständen sind die Temperaturen oft 2–3 °C geringer als im Freiwasser. Die Temperaturschwankungen nehmen in der Reihenfolge Schnellen, Stillen, Tiefenzonen des Flusses ab (Ward 1985). Trotz der Turbulenzen gibt es viele **Temperaturmosaike** in Fließgewässern

In den gemäßigten Breiten der Nordhemisphäre erreichen die Fließgewässer im Juli und August die höchsten, im Januar die tiefsten Temperaturen. In den warmen Gebieten der Südhemisphäre sind dies Dezember bis Februar (höchste) und Juni bis August (tiefste).

Ein wichtiger Vorgang in Fließgewässern ist auch die **Eisbildung**. Bei langandauerndem Bodenfrost frieren die Fließgewässer oft vom Ufer her zu. Es bildet sich zunächst **Randeis**, das sich aber bereits bis zur Flußmitte ausdehnen kann (**Tafeleis**). Auch auf dem Grund des Gewässers kann es zur Eisbildung kommen (**Grundeis**). Bei Wasser-

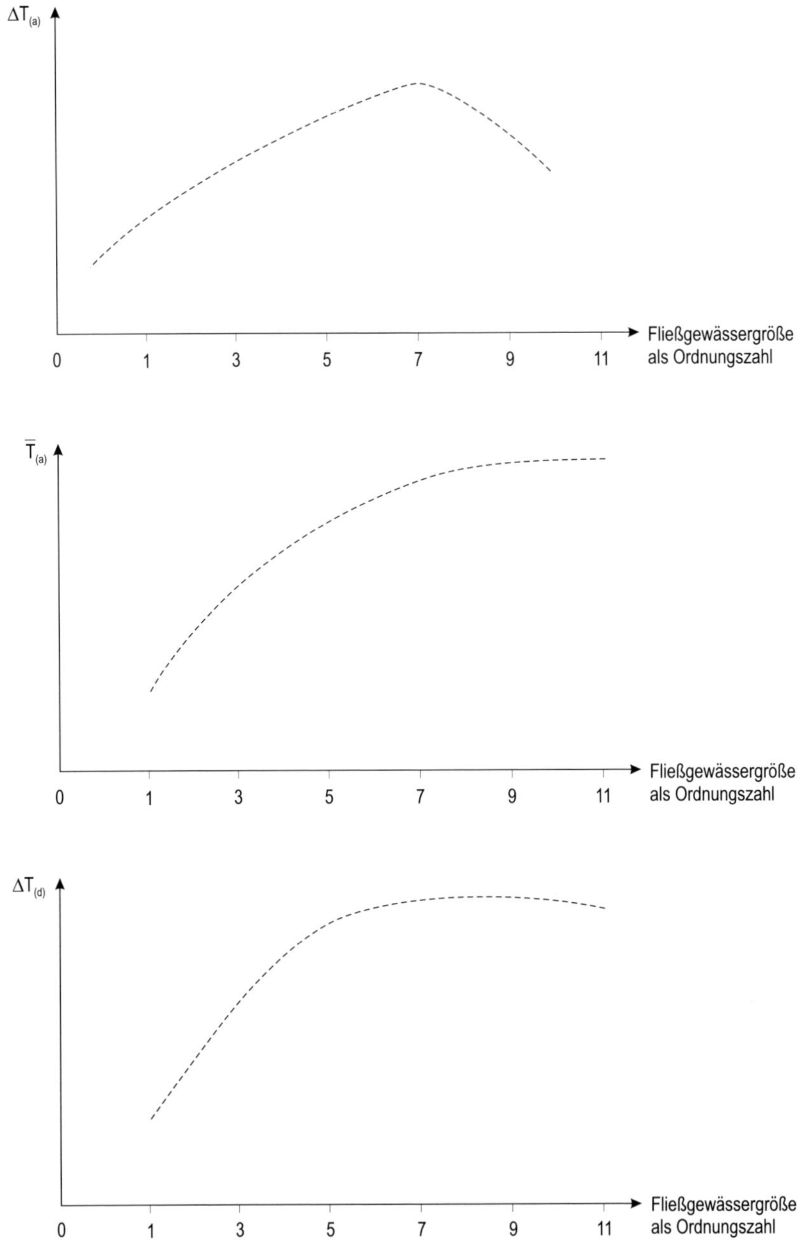

Abb. 39. Temperaturregime in Fließgewässern. $\Delta T_{(a)}$ = Jahresamplitude, $\overline{T}_{(a)}$ = mittlere Jahrestemperatur, $\Delta T_{(d)}$ = Tagesamplitude. (Original).

standsschwankungen zerbricht Tafeleis und treibt als **Treibeis** flußabwärts. Auch bei Tauwetter zerbricht Tafeleis. Die Schollen können sich übereinanderschieben und zu **Packeis** zusammenfrieren, das ebenfalls flußabwärts treibt. Treib- und Packeis räumen den Fluß aus, zerstören die Lebensgemeinschaften, öffnen aber das Porensystem zwischen Fließwasser und unterirdischem Wasser, das durch sedimentierende Schwebstoffe leicht verstopft. Das Offenhalten der Poren (Interstitial) der Flußsohle ist für die Funktionsfähigkeit des Fließgewässers von enormer Wichtigkeit (s. **I. 7.5.4.**). Auch Nährstoffe (z. B. Phosphor) und Schadstoffe, die im Sediment adsorbiert sein können, werden mit dem Eis abtransportiert. In kleinen Gebirgsbächen entsteht infolge von Turbulenzen, Wasserspritzern und Schaum (z. B. durch Auslaugen von Holz) sehr welliges und rilliges Eis, das **Spritzeis** (Kühlmann 1963). Viele Flüsse Europas frieren leider nur noch selten zu, da Abwässer aus Kläranlagen zu einer Temperaturerhöhung (± 2 °C Jahresdurchschnitt) und Gefrierpunkterniedrigung führen.

7.4.2. Strömung

Die Strömung ist der dominante ökologische Faktor, der dem Ökosystem sein Gepräge verleiht. Eigentlich müßte das strömende Wasser mit seiner Schubkraft die Organismen fortreißen und die Fließgewässer unbesiedelbar machen. Die Struktur der Fließgewässer, physikalische Eigenheiten des strömenden Wassers und die Anpassung der Organismen mildern jedoch die Auswirkungen der Strömung auf die Besiedler der Gewässer. Es gibt zwei Formen der Strömung, die **turbulente**, wobei sich die Stromfäden vermengen und die **laminare** mit gleichgerichteten, nebeneinander laufenden Stromfäden. Beide Formen lassen sich durch die Reynolds'sche Zahl (Re) abgrenzen:

$$Re = \frac{V \cdot d}{v}$$

Es bedeuten: V = Fließgeschwindigkeit (cm s^{-1}), d = Hydraulischer Radius (cm), v = kinematische Zähigkeit (entspr. im Wasser der Viskosität = innere Reibung) (cm^2 s^{-1}).

In der fließenden Welle kommt es bei Re < 500 häufig zur laminaren, darüber zur turbulenten Strömung (auch größere Werte werden angegeben). In den Fließgewässern liegt Re aber immer > 2 000, was bedeutet, daß selbst ein träge fließender Strom eine turbulente Strömung besitzt. Wie wir noch sehen werden, ist dies von großer Bedeutung für die Funktionsfähigkeit der Fließgewässer (s. **I. 7.6.7.**). Anders ist es im Porenraum des Sediments (Interstitial), dem Lückensystem des Algenaufwuchses und auf Habitatoberflächen (Steine, Holz, Pflanzenstengel). Auf letzteren muß der Re-Wert infolge der steileren Geschwindigkeitsverteilung und der hohen äußeren Reibung < 300 000 liegen, damit das Wasser laminar strömt. Dies ist auch häufig der Fall (obwohl auch turbulente Schichten auftreten können), was bedeutet, daß in diesen Lebensräumen eine sehr langsame laminare Strömung vorherrscht, also fast Stillwasserbereiche entstehen. Im Falle der Habitatoberfläche bedeutet der Faktor „d" in obiger Formel die Ausdehnung der Fläche in Fließrichtung. Als Faustregel gilt, daß bei einer Fließgeschwindigkeit von ~ 1 m s^{-1} die laminare Grenzschicht etwa 1 mm hoch ist. Nur durch die infolge der Reibung des Wassers an den Substraten verringerte Fließgeschwindigkeit und den erfolgten

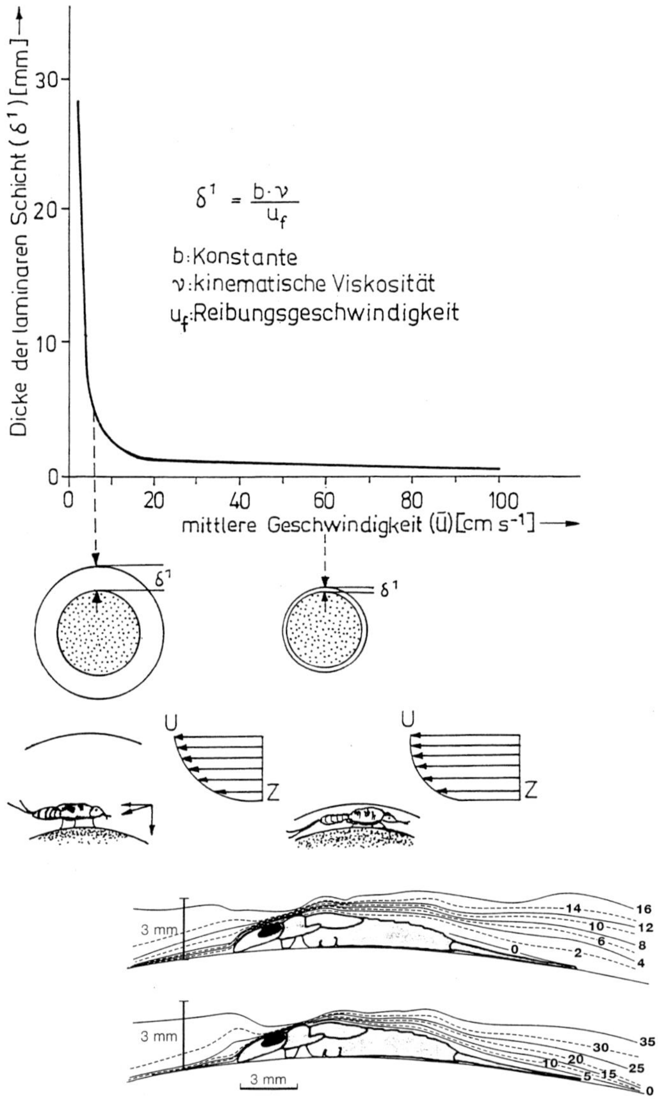

Abb. 40. Die Stärke der laminaren Schicht auf Substraten (in Abhängigkeit von der mittleren Fließgeschwindigkeit) und das Andrücken einer Eintagsfliegenlarve an das Substrat, um in der Grenzschicht zu bleiben. (Nach Daten von SMITH aus HORN 1984). Darunter der Strömungsverlauf über die Larve. Die Zahlen geben die Fließgeschwindigkeit der Stromlinien in cm s^{-1} an. (Nach STATZNER & HOLM 1982).

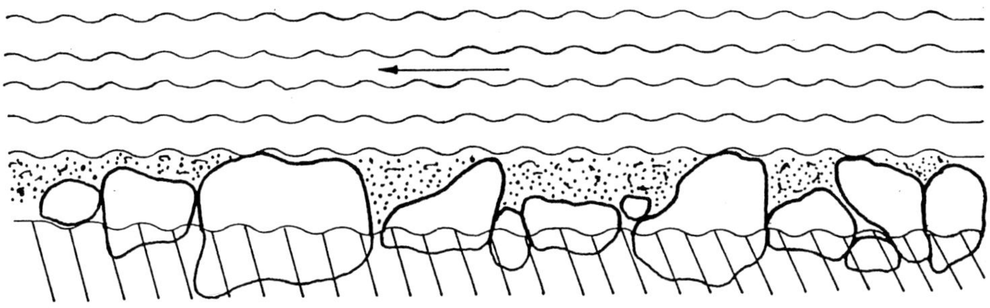

Abb. 41. Totwasserzonen hinter Steinen. (Nach AMBÜHL 1959).

Turbulenzverlust können die Fließgewässer zu einem Ökosystem werden. Die laminare Schicht auf den Habitatoberflächen heißt **Prandtl'sche Grenzschicht**. In ihr finden Mikroflora und Mikrofauna Schutz vor der Strömung und auch große Tiere entziehen sich der turbulenten Strömung, wenn sie sich flach an die Substratoberflächen drücken. Auch für den Stoffhaushalt und die Selbstreinigung des Gewässers ist diese Schicht von großer Bedeutung (s. **I. 7.6.4.**). Die Abb. 40 zeigt die Abhängigkeit der Dicke der laminaren Schicht von der Fließgeschwindigkeit.

Unter, hinter und zwischen den Steinen der Flußsohle (bzw. anderen großen Habitaten) ist die Strömung schwach und ungerichtet. Diese Zonen sind die **Totwasser**; sie ermöglichen ebenfalls die Besiedlung schnellfließender Fließgewässer (Abb. 41). **Mikro-Totwasserbereiche** entstehen hinter Sandkörnchen und Köchern von Köcherfliegenlarven. Die Reibung des Wassers bewirkt generell eine Verlangsamung der Fließgeschwindigkeit in Richtung Sohle und Ufer (Abb. 42). Die höchsten Geschwindigkeiten in der fließenden Welle liegen immer über den tiefsten Stellen der Sohle. Ihre Verbindung ergibt die **Stromlinie**. Infolge der Luftreibung liegt diese allerdings unter der Wasseroberfläche. Die **mittlere Fließgeschwindigkeit** (V) ist abhängig von dem Flußquerschnitt (F) und Durchfluß (Q) (s. **I. 5.2.**).

$$V = \frac{Q}{F}$$

Steigt der Durchfluß bei konstantem Querschnitt, so nimmt die Fließgeschwindigkeit zu. Das gleiche wird erreicht bei Verringerung des Querschnittes und gleichbleibendem Abfluß. So können sich bei Verringerung des Flußquerschnittes Habitate bilden, wie sie

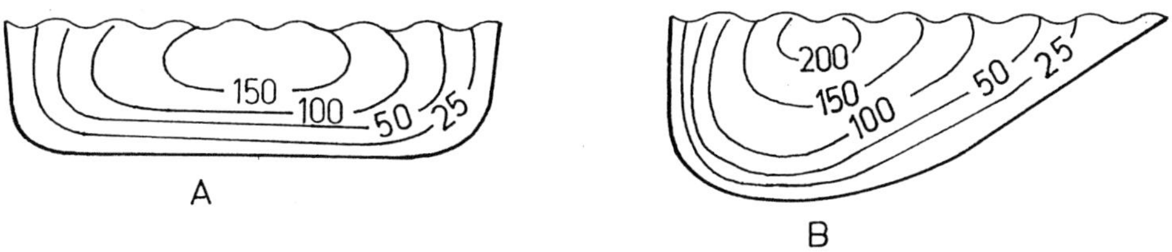

Abb. 42. Fließgeschwindigkeitsmuster in Flußquerschnitten, idealisiert. **A** = gerade, **B** = gekrümmte Strecke. (Nach HYNES 1970).

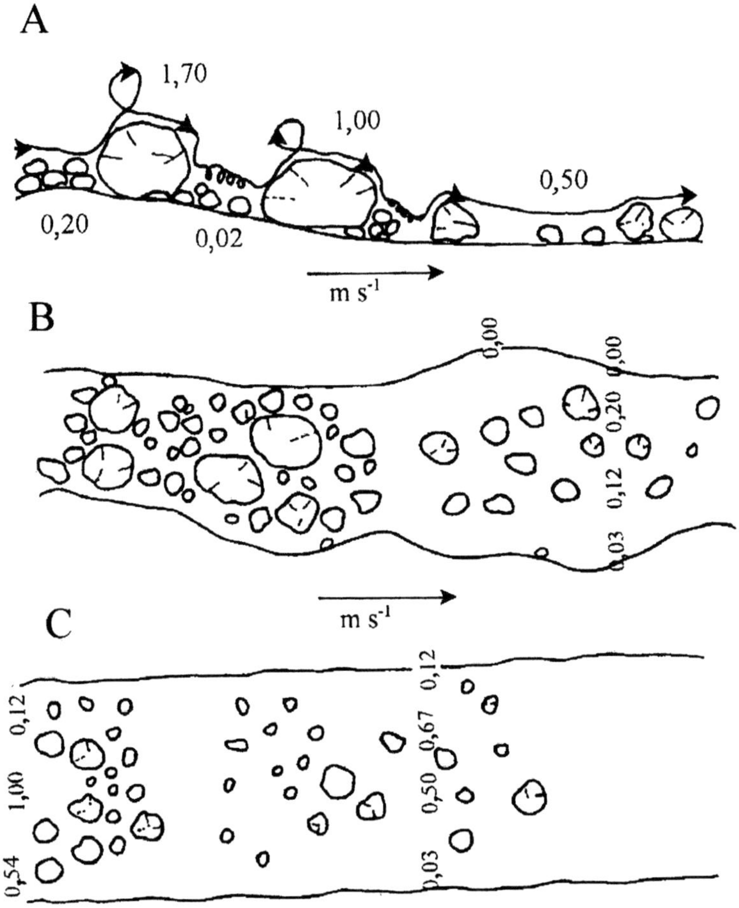

Abb. 43. Fließgeschwindigkeiten im Ober- und Mittellauf eines Mittelgebirgsbaches. **A** = Seitensicht, **B** = Aufsicht Oberlauf, **C** = Aufsicht Mittellauf. Die Fließgeschwindigkeit wird stark durch die Größe der Steine bestimmt. (Verändert nach Schönborn 1998).

generell für den Oberlauf typisch sind, wodurch es zur Erhöhung der Habitatdiversität (Habitatmosaike) kommt. Die Formel zeigt zugleich, daß es flußabwärts nicht unbedingt zur Abnahme der mittleren Fließgeschwindigkeit zu kommen braucht. Das steht zunächst im Widerspruch mit der offenkundigen Feststellung, daß mit abnehmenden Gefälle die Strömungsgeschwindigkeit abnehmen muß. Der Fluß setzt beim Abfluß seine kinetische Energie irreversibel in Arbeit um, so daß die **Entropie** ansteigt. Der hydraulische Gradient ist direkt proportional der Energie-Dissipation.

Die Abnahme der Fließgeschwindigkeit betrifft vor allem die maximalen Geschwindigkeiten, während die mittlere Fließgeschwindigkeit im gebirgigen Oberlauf durchaus geringer sein kann als im Mittellauf. Dies geht aus der Manning-Strickler-Formel (S. 69) hervor, nach der mit dem Gefälle und dem Flußquerschnitt die Fließgeschwindigkeit zunimmt, die Rauhigkeit der Sohle aber abnimmt. Die Rauhigkeit ist besonders im gebirgigen Oberlauf hoch. Vor und zwischen den großen Steinen kommt es zu einem Wasserstau. An den Ufern steht das Wasser fast, und es kommt auch zu **Kehrwassern** (Abb. 43). Es gibt mehr Totwasserstellen und lenitische Mosaike als im Mittellauf, wo sich die Rauhigkeit verringert. So kann die Verweilzeit des Wassers im Oberlauf sogar länger dauern als im Mittellauf. Mit zunehmender Mäandrierung (Bremsung des Wassers) und starker Abnahme des Gefälles verringert sich die mittlere Fließgeschwindigkeit erneut. So wird das Längsprofil der Strömung in einem Fließgewässer von vielen Faktoren beeinflußt, was sich auch in der Unschärfe der biologischen Zonierung bemerkbar macht.

Totwasser, Kehrwasser, Stillwasser am Ufer und in Uferbuchten halten Wasser zurück. Intakte Fließgewässer transportieren nicht nur Wasser, sondern halten es auch zurück oder verlangsamen seinen Abfluß.

7.4.3. Licht

Das in die Gewässer eindringende Licht bildet die Voraussetzung für die Photosynthese der Wasserpflanzen und ist zugleich Zeitgeber bestimmter physiologischer Vorgänge und Verhaltensabläufe. Es ist daher wichtig, die Physik des in das Wasser eindringenden Lichtes zu kennen.

Sonneneinstrahlung und diffuses Himmelslicht werden als **Globalstrahlung** zusammengefaßt. Ein Teil des auf die Wasseroberfläche auftreffenden Lichts wird wieder reflektiert. Die Reflexion hängt von der Bewölkung und dem jahreszeitlichen Stand der Sonne ab. Bei Sonne beträgt die Reflexion im Sommer 2,5 %, im Winter aber 14 %. Im Winter ist es also deutlich länger Nacht im Gewässer als auf dem Land. Die Reflexion ist im Fließgewässer etwas höher als in Standgewässern. Der langwellige Anteil des Lichtes (rot, orange, gelb) wird schon in der obersten Wasserschicht absorbiert und in Wärme und chemische Energie verwandelt; der kurzwellige (blau) dringt bis zum Gewässergrund. Ein großer Teil des Lichtes stößt aber an Partikel des Wassers und wird zerstreut. Auch die Wassermolekühle selbst zerstreuen das Licht. Absorption und Zerstreuung heißen **Extinktion** (genauer: **vertikale Attenuation**); das durchgehende Licht ist seine **Transmission**. Kurzwelliges Licht wird beim Eindringen in die Tiefe stärker zerstreut als langwelliges, kann aber auch vom Grund reflektiert werden. Auch die im Wasser treibenden Organismen absorbieren viel Licht und haben einen hohen Anteil an der Extinktion, was vor allem in Seen von Bedeutung ist (s. **I. 8**.1.9.3.).

Die Strahlungsintensität (I) einer bestimmten Wassertiefe (d) beschreibt das Lambert-Beersche-Gesetz:

$$I_{(d)} = I_o e^{-\varepsilon d}$$

Es bedeuten: I_o = Strahlungsintensität unmittelbar unter der Wasseroberfläche (in J cm^{-2} min^{-1}), ε = Extinktionskoeffizient.

Mit der Maßeinheit J cm^{-2} min^{-1} kann auch zugleich die pflanzliche Produktion ausgedrückt werden, so daß das Produktionsregime in einem Gewässer einheitlich beschrieben werden kann.

Das Lichtklima verändert sich drastisch bei **Belastung** des Gewässers. Schwebstoffe führen nicht nur zu einer Erhöhung der Zerstreuung und Absorption, sondern auch zu einer Erhöhung der Reflexion, wodurch ihre **Eigenfarbe** dominant werden kann und die physikalische Farbgebung unterdrückt wird (blau bei reinem Wasser, schwarz, wenn vom Grund keine Reflexion erfolgen kann). Trübstoffe verschlechtern das Lichtklima derart, daß es zum limitierenden Faktor für die Pflanzenproduktion werden kann. Generell verringert sich flußabwärts mit zunehmender Trübe die Durchsichtigkeit des Wassers. Mit der Tiefe nimmt die Lichtintensität exponentiell ab, weil stets noch Licht absorbiert wird.

Auch gelöste organische Stoffe verändern das Lichtklima. In diesem Fall wird der kurzwellige (blaue) Bereich stärker absorbiert als der langwellige, so daß die physikalische Farbe derart belasteter Flüsse gelblich-rötlich erscheint. **Huminstoffe** färben je nach Konzentration das Wasser gelb, grün oder braun.

Uferbäume (bei Belaubung) können bis zu 60 % und mehr zur Intensitätsminderung des Lichtes führen. Im Fluß herrscht in den Pflanzenbeständen und unter Steinen auch am Tage Dämmerlicht bzw. Dunkelheit.

Klareis im Winter behindert nicht die Lichtdurchlässigkeit. In Flüssen ist jedoch das **Eis** meist körnig und daher undurchsichtig, so daß sich das Lichtklima im Fluß bei Eis deutlich verschlechtert.

7.4.4. Der primäre Chemismus der Fließgewässer (geogen und abflußabhängig)

Der primäre Chemismus der Fließgewässer wird durch die **Geologie** ihrer Einzugsgebiete bestimmt. Danach lassen sich (wie schon im Kapitel Quellen berichtet) **Silikat-** und **Karbonatflüsse** unterscheiden. Ihr Chemismus läßt sich bereits an dem anstehenden Gestein ableiten (s. **I. 6.3.**). Die aus dem Erdinneren stammenden und je nach geologischem Untergrund z.T. hohen Konzentrationen an Ca^{2+}, Fe^{2+}, Mn^{2+} und H_2S werden am Quellmund durch Ausfällreaktionen bereits vermindert, wodurch es zu kei-

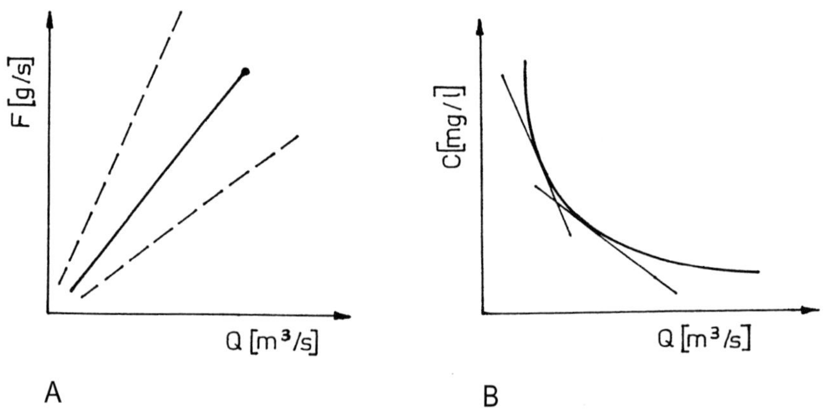

Abb. 44. Stofffracht **(A)** und die dazugehörige Konzentration **(B)** im Verhältnis zum Durchfluß in Fließgewässern. (Nach Walter & Bauer 1972).

ner übermäßigen Belastung der anschließenden Fließgewässer kommt. Die Konzentration der chemischen Verbindungen nimmt weiterhin flußabwärts durch zunehmende **Verdünnung** ab. Trotzdem transportieren die Flüsse noch genügend Salze. Dies sind vor allem Karbonate, Silikate, Chloride und auch Eisenoxide.

Der Chemismus der Flüsse zeigt oft eine hohe **Regionalität**, abhängig von der Geologie der Gebiete. Beispielsweise zeichnen sich die Flüsse östlich der Weichsel durch einen hohen Gehalt an Mg^{2+} und HCO_3^- aus, westlich hingegen durch einen solchen an Na^+, K^+, Cl^- und SO_4^{2-}. Differenzen im Calcium-Gehalt gibt es fast nicht (STANGENBERG 1958). In vielen mitteleuropäischen Fließgewässern finden sich Konzentrationen in der Größenordnung von Si (10 mg l^{-1}), Ca^{2+} (100 mg l^{-1}), Na^+ (< 20 mg l^{-1}), Fe^{2+} (im µg-Bereich), Cl^- (30 mg l^{-1}). Im wesentlichen wird der Chemismus der Gewässer durch die Anionen HCO_3^-, CO_3^{2-}, Cl^-, SO_4^{2-} und Kationen K^+, Na^+, Ca^{2+} und Mg^{2+} charakterisiert.

Der Chemismus ist auch vom **Durchfluß** abhängig. Zwei Meßmethoden sind für die transportierten gelösten Stoffe zu unterscheiden: Messung der Konzentration (in mg l^{-1}) und der Fracht (in g s^{-1}). In vielen Flüssen mit einem intakten Umfeld nimmt die Konzentration mit dem Durchfluß ab, die Fracht aber zu (Abb. 44). Niederschläge, die zu erhöhten Zuflüssen führen, bringen immer Stoffe in die Flüsse (Zunahme der Fracht), doch verdünnen gleichzeitig die Konzentration der Inhaltsstoffe. So entsteht die paradoxe Situation, daß der Stofftransport in das Meer zunehmen kann, die Wirkung der Stoffe im Fließgewässer infolge Verdünnung aber gleichzeitig gemindert wird. Hingegen steigt der Transport partikulärer Stoffe generell mit dem Abfluß an (HAMM et al. 1992). Intensive Bewirtschaftung der Auen, Talsperrenablässe und Abwassereinleitungen können die oben beschriebene Beziehung von Durchfluß und Stofftransport mannigfach abwandeln. Aber auch in vom Menschen unbeeinflußten Flußsystemen gibt es Ausnahmen. In einigen Flußsystemen sind die Stoffkonzentrationen unabhängig vom Durchfluß. Die Natriumkonzentration kann mit dem Durchfluß ansteigen, wenn diese aus der Schneeschmelze herrührt (CASEY & NEWTON 1973).

7.5. Biologie der Fließgewässer

Spezielle Übersichtsliteratur: BRAUKMANN (1987), BRETSCHKO & HELISIC (1998).

7.5.1. Biozönotische Längszonierung

Die aus dem geomorphologischen Prozeß hervorgegangene Habitatverteilung und auch die Wirkung der physikalischen und chemischen Faktoren in den Fließgewässern ließ sich weitgehend aus dem Gefälle ableiten. Im Verlauf des Fließgewässers zeigen daher Struktur und Faktoren einen **Gradienten** (Abb. 45). Diesem physiographischen Gradienten lassen sich nun auch Organismengemeinschaften zuordnen. So entsteht die **Längszonierung** des Fließgewässer-Ökosystems.

Die klassische Beschreibung der Längszonierung bezieht sich auf europäische Fische in der Abgrenzung von **Fischregionen** nach den Leitfischen. Im Oberlauf der Fließgewässer leben vorwiegend Bachforellen; es ist der Bereich der Blöcke und großen Steine. Unterschieden wird eine obere und untere **Forellenregion** (Begleitfische sind Elritze, Koppe, Schmerle).

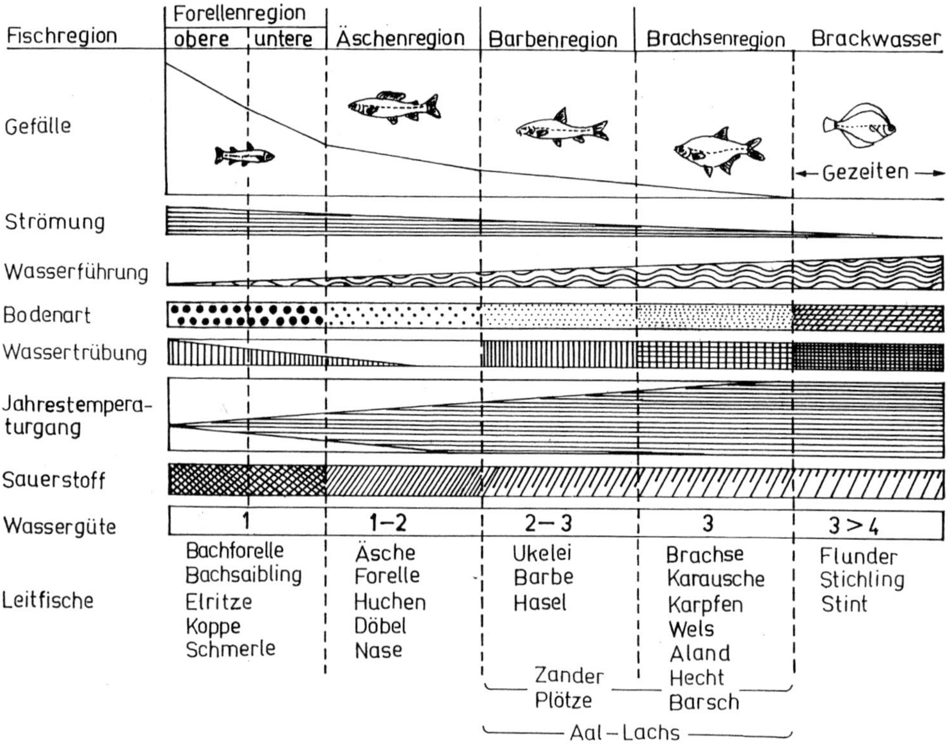

Abb. 45. Die Fischregionen der Fließgewässer und die Längsgradienten einiger abiotischer Faktoren. (Nach Klee 1991).

Daran schließt sich die Schotterstrecke mit der Äsche als Leitfisch (**Äschenregion**, Begleitfische sind Forelle, Döbel, Nase). Die im Oberlauf einfallenden Blätter der Uferbäume und der entstehende Grobdetritus (s. **I. 6.9.**) sind ein groblückenreiches System und Habitat vieler Tiere. Der beginnende Mittellauf ist typisch für die Barbe (**Barbenregion**, mit Hasel und Plötze). Daran schließt sich die **Bleiregion** (= Brachsenregion, mit Barschen, Hechten, Welsen). Im Unterlauf, in dem sich die Gezeiten und (oder) der Salzgehalt des Meeres bemerkbar macht, kommen dann schon marine Fische vor, z. B. die Flunder (= **Flunderregion**). Diese Fischregionen gelten für Gebirge und Mittelgebirge in Europa; und hier gibt es bereits Unterschiede bei den Begleitfischen.

Dieser Zonierung gehorchen auch Invertebraten und im größeren Maßstab auch Pflanzen. Die letzteren lassen sich unterteilen in **Makrophyten** (Phanerogamen, Moose, vereinzelt Wasserfarne) und sessile bzw. substratgebundene Algen (= **Aufwuchs** oder **Periphyton**). Zum Periphyton rechnet man auch die mit den Algen vergesellschafteten Bakterien und Kleintiere (s. **I. 8.**1.11.1.2.).

Die Basis der Zonierung sind Temperatur und Gefälle. Die Abb. 46 enthält die wissenschaftliche Bezeichnung der Fischregionen und ihre Zuordnung zur Ordnungszahl des Gewässers, zu dem Gefälle und der Temperaturamplitude (**Illies'sche Längszonierung**; Illies & Botosaneanu 1963). Der Bach wird in der klassischen deutschen Lite-

Fischregion	Limnologische Bezeichnung	Gefälle [‰]	Jahrestemperatur [°C] Amplitude	Ordnungszahl
Obere Forellenregion	Epi-	bis ~20	~10	
Untere Forellenregion	Meta-**Rithral = Bach**	7	10 - 18	1 - 3
Äschenregion	Hypo-	4	18 - 20	
Barbenregion	Epi-	2	>20	
Bleiregion	Meta-**Potamal = Fluß**			4 u. höher
Flunderregion	Hypo-	Mariner Einfluß		

M

Abb. 46. Längszonierung eines Fließgewässers, das im Mittelgebirge entspringt; mit Angaben über Gefälle, Amplitude der Jahrestemperatur und der Ordnungszahl. (M = Mündung) (Original).

ratur als **Rhithral** (Lebensgemeinschaft = Rhithron) und der Fluß als **Potamal** (Lebensgemeinschaft = Potamon) bezeichnet. Diese Nomenklatur ist leider weltweit nicht angenommen, stellt aber einen fundamentalen Fortschritt in der Fließgewässerforschung dar. Die Ursache mag sein, daß dieses System formal nicht auf alle geographischen Gebiete anwendbar ist; es muß diesem immer angepaßt werden. Im Hochgebirge zeigt das Epirhithral einen Gefällbereich von > 600 ‰ bis 8 ‰. Hier wird das Epirhithral noch um die Hochgebirgsstufe verlängert und zeigt entsprechend Unterzonierungen. Charakteristisch ist z. B. die *Diamesa* (eine Zuckmückengattung)-Stufe (Abb. 47). Der Tieflandfluß hingegen kann erst als Hyporhithral beginnen oder als Seeausfluß sogleich potamale Merkmale aufweisen. Nicht jeder Bach ist daher ein Rhithral. Polare Fließgewässer oder auch Küstengewässer bestehen oft nur aus Rhithral. Zwischen Rhithral und Potamal besteht ein scharfer floristischer und faunistischer Einschnitt.

Der Tieflandbach wird heute überwiegend als eigener Fließgewässertyp aufgefaßt. Er ist auch nicht so einheitlich wie der Mittelgebirgsbach. Nach Dominanz der Habitate wurden für das deutsche Tiefland 12 Bachtypen registriert, die mit den Fließgewässerlandschaften korrelieren (Höhenlage, Geologie, Relief). (MUNLV NRW 2001).

Tab. 13 zeigt einige Spezialisten für europäische Fließgewässerzonen. Metarhithral und Metapotamal sind am ungenauesten abzugrenzen und können fehlen. Trotz der Habitatgradienten wird die Längszonierung immer wieder durch ortsfremde Strukturen (**Mosaikstrukturen**) unterbrochen, die infolge hydraulischer Prozesse wechseln können. Flußverengungen können auch in Potamalen rhithrische Bereiche entstehen lassen. Hochwasser und Totholz verändern die Sohlenstrukturen, so daß es immer wieder zu ortsfremden Lebensgemeinschaften kommt (Dynamik von Mosaikgesellschaften), (Pringle et al. 1988). Es kommt jedoch zu keiner generellen Aufhebung der Längszonierung. Aber selbst in homogen erscheinenden Habitaten, wie organischen Feinsedimenten (Schlamm) oder dem Freiwasser oder an Wasserpflanzen ist die Besiedlung

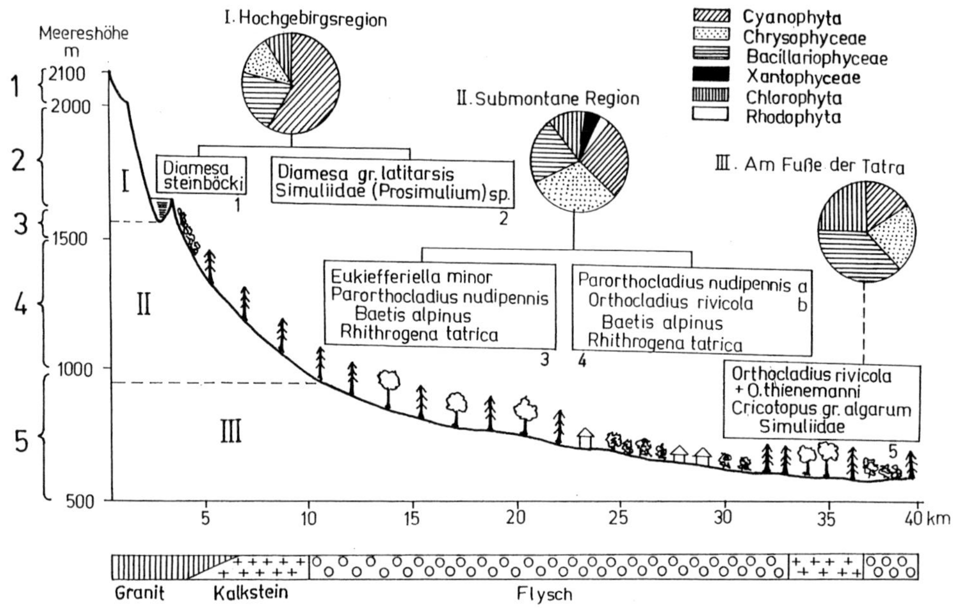

Abb. 47. Höhenzonierung eines Fließgewässers aus der hohen Tatra (Polen). (Nach KAWECKA et al. 1971).

durch Tierarten fast nie homogen, sondern immer heterogen; es liegt eine „geklumpte" Verteilung vor (engl. patches). Dies hat auch Konsequenzen für die Probeentnahmen.

Im Oberlauf ist die **Habitatdiversität** größer als im Unterlauf. Die großen Steine bewirken Totwasser, schnellfließendes Wasser und mosaikartig abgelagerte Feinsedimente (in lenitischen Bezirken). Hinzu kommen Periphyton (v.a. Diatomeenaufwüchse), Blätter von den Bäumen, Grobdetritus mit grobem Lückensystem. Flußabwärts nehmen immer mehr Feinsedimente zu, auch Makrophyten, die aber im Hypopotamal wieder zurückgehen. Dementsprechend geht die Artendiversität auch oft zurück.

Im Rhithral leben vor allem kaltstenotherme, rheobionte, rheophile und polyoxibionte Arten. Im Potamal sind es eurytherme, warmstenotherme und rheotolerante Arten. Die rhithrischen Arten sind oft stark an Steine gebunden (**lithophil**), die potamalen mehr an Sand (**psammophil**) und organisches Sediment (**pelophil**). Der größte Einschnitt in die pflanzliche und tierische Besiedlung der Fließgewässer erfolgt zwischen Rhithral und Potamal, oft bei einer Fließgeschwindigkeit ~ 0,4 m s^{-1}.

In den Tropen sind die Rhithrale wärmer als in den gemäßigten Breiten. Ein biogeographischer Vergleich zeigt, daß den **tropischen Rhithralen** weitgehend Plecopteren (Steinfliegen) fehlen, sie dafür aber mit Oligochaeten (z. B. *Nais*) und auch mit Hirudineen (Egel) besiedelt sind. Plecopteren sind weitgehend kaltstenotherm, *Nais* und Egel warmstenotherm und rheotolerant. Auch die Bakterienzahlen sind in warmen Rhithralen höher als in kalten. Alle drei Gruppen nehmen wichtige Stellen im Nahrungsnetz der Fließgewässer ein. Bei künstlicher Abwärme (s. **II. 4.8.**) in Rhithralen der gemäßigten Breiten kann es daher zu einer völligen Umkonstruktion des Ökosystem kommen.

Tabelle 13. Typische Arten der Fließgewässerzonen.

Epirhithrale Arten	Blaualgen	*Chamaesiphon polonius, Homeothrix janthina*
	Algen	*Hyrdrurus foetidus, Lemanea fluviatilis, Diatoma hiemale v. mesodon*
	Moose	*Scapania undulata*
	Turbellarien	*Crenobia alpina, Polycelis felina*
	Insekten	*Baetis alpinus, Isoperla rivolorum, Rhyacophila dorsalis, Diamesa*-Arten, *Esolus angustatus*
Metarhithrale Arten	(Typische Vertreter dieser Region scheint es nicht zu geben)	
Hyporhithrale Arten	(keine typischen Pflanzen)	
	Tiere	*Margaritifera margaritifera* (benötigt Sandsohle), *Isoperla grammatica, Elmis maugetii*
Epipotomale Arten	Keine ausschließlichen Arten, bevorzugt wird die Region z. B. von *Polycelis nigra, Gammarus roeseli*	
Metapotomale Arten	Keine Spezialarten der Zone, viel euryöke Arten	
Hypopotamale Arten	Auftreten mariner Arten wie z. B. *Cordylophora*, Polychaeten, *Mya arenaria, Cardium, Gammarus zaddachi, Corophium volutalor Crangon vulgaris, Neomysis, Balanus*	

7.5.2. Querprofile

Querprofile der Fließgewässer, besonders aber die der Potamale, sind fast immer ungleich besiedelt. Zunächst sind dies Prall- und Gleithang. Der Prallhang weist häufig höhere Tierdichten auf als der Gleithang (Abb. 48). Infolge des Geschiebetriebes sind die potamalen Flußsohlen oft sehr gering besiedelt. Erhöhter Reibungswiderstand des Wassers in Ufernähe, sowie die Uferbuchten schaffende Seitenerosion machen die Ufer besonders besiedlungsfreundlich. Es bilden sich viele räumliche Mosaike und auch Strömungsmosaike. Jungfische besiedeln besonders flache Fluß- und Uferregionen. Die Abb. 49 zeigt die räumlichen Nischen von 7 Fischarten auf engstem Raum in einem tropischen Fluß. Die Altarme sind wichtige Kinderstuben der Fische. In Europa bewohnte früher der Flußkrebs (*Astacus astacus*) in hohen Dichten die Ufer der Hyporhithrale. Hier fand und grub er sich seine Verstecke. Eine Flußbegradigung hat nicht nur für den Flußkrebs, sondern für die Artendiversität überhaupt, verheerende Folgen.

Die Querprofile von Rhithralen sind infolge der rauheren Sohle viel gleichmäßiger besiedelt, als die von Potamalen.

7.5.3. Plankton

Unter **Plankton** versteht man im freien Wasser von Standgewässern und Flüssen lebende kleine Organismen, die vorwiegend schweben und, wenn überhaupt, nur eine geringe

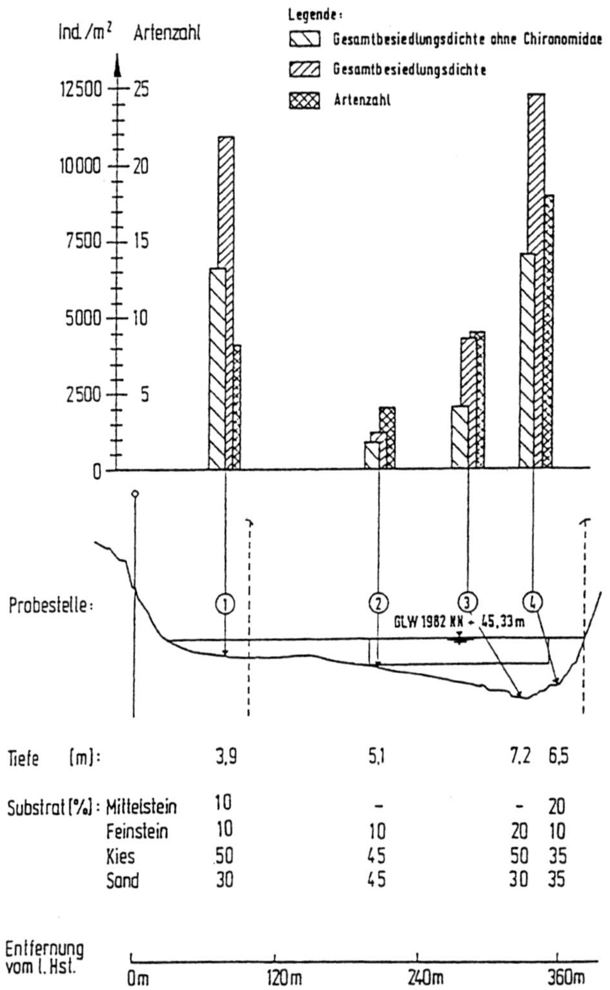

Abb. 48. Besiedlung eines Flußquerprofils (Rhein). (Nach Tittizer & Schöll 1993).

Fortbewegung besitzen. Das Plankton in Fließgewässern treibt flußabwärts. Sein wichtigstes Kennzeichen ist die Vermehrung in der fließenden Welle. Nicht alles, was an Organismen flußabwärts treibt, ist Plankton. Das Plankton ist von der organismischen Drift (s. **I. 7.**5.9.) und dem treibenden Input an terrestrischen Tieren (s. **I. 7.**5.13.) zu unterscheiden. Alle Organismen, die an Substraten der Gewässer leben, heißen **Benthos**, unterteilt in Mikro-, Meio-, Makro- sowie Phyto- und Zoobenthos. Die organismische Drift ist eine benthische Erscheinung. Eine große Anzahl von Invertebraten und auch Algen verlassen zeitweise ihre Substrate und lassen sich treiben, um sich wieder aktiv festzusetzen. Diese benthischen Organismen vermehren sich nicht in der fließenden Welle und gehören daher nicht zum Plankton. Das Plankton der Fließgewässer wird als **Potamoplankton** bezeichnet. Dies ist aber nur eine Ortsbezeichnung, denn alle Plankter der Fließgewässer

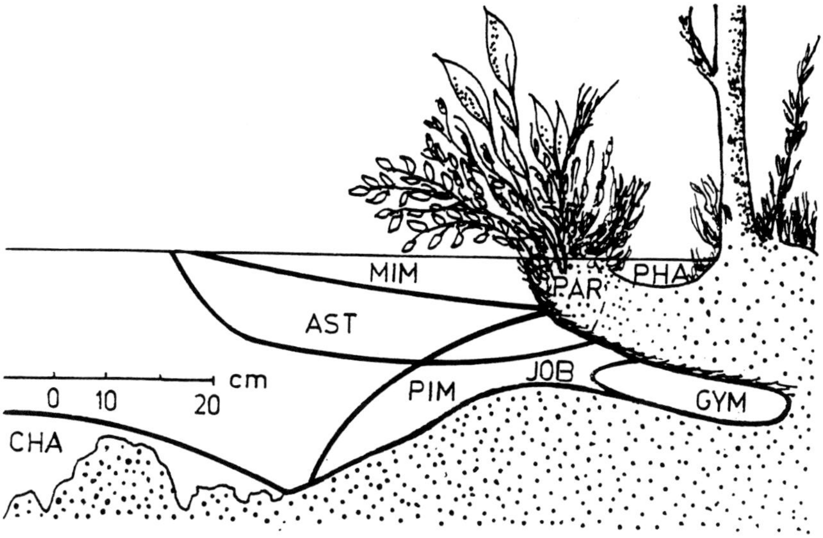

Abb. 49. Uferstrukturen und Fischbesiedlung im Oberlauf des Rio Mato Grosso (Brasilien). Die Abkürzungen stellen die Namen der Fischarten dar. (Nach Costa 1987).

kommen auch in Standgewässern vor. Das Potamoplankton treibt immer wieder meerwärts ab. Es muß daher immer wieder erneuert werden. Flüsse werden ständig mit Plankton beimpft, welches aus den Altgewässern und auch anderen Standgewässern, die von den Flüssen berührt oder durchflossen werden, stammt. Werden Fließgewässer begradigt und von ihren Altwässern oder angeschlossenen Standgewässern abgeschnitten, versiegt der Transport an Plankton. Das kann einen Fluß sehr schädigen. Der pflanzliche Teil des Planktons (Phytoplankton) kann bis zu 10 g m^{-2} d^{-1} Sauerstoff produzieren, der den Bakterien zum Abbau organischer Belastungen zur Verfügung steht. Bei Verlust des Planktons geht also die Selbstreinigungskraft (s. **I. 7.6.2.2.**) des Flusses zurück. Allerdings stammt das Plankton großer Flüsse heute oft aus den Stauhaltungen dieser Flüsse, die meist im Dienst der Schiffahrt stehen.

In der turbulenten Strömung werden transportierte Organismen sehr leicht zerschlagen. Daher tritt Plankton meist erst im Metapotamal ab einer Fließgeschwindigkeit von etwa 0,4 m s^{-1} auf. Bis zu 1 m s^{-1} wird allerdings noch vermehrungsfähiges Plankton registriert, doch diese Geschwindigkeit ist nicht optimal. Auch werden weitgehend alle Plankter eliminiert, die Körperfortsätze besitzen, wie sie bei Stillwasserformen zum Schweben förderlich sind. Der Fluß selektiert also das importierte Plankton. Die Körperfortsätze bieten der turbulenten Welle zu viele Angriffsstellen, und die Organismen bleiben auch leichter an den Substraten des Flusses hängen.

Das **Bakterioplankton** baut in der fließenden Welle die organischen Inhaltsstoffe des Wassers ab. Die ungefähren Dichten zeigt Abb. 50. Das Bakterioplankton ist nicht so empfindlich der Turbulenz gegenüber als höhere Organismen, so daß es auch im Rhithral vorkommt, wenn auch in geringer Dichte. Die Dichte der Bakterien nimmt mit der organischen Belastung und dem Durchfluß zu, d. h. auch flußabwärts und mit erhöhter

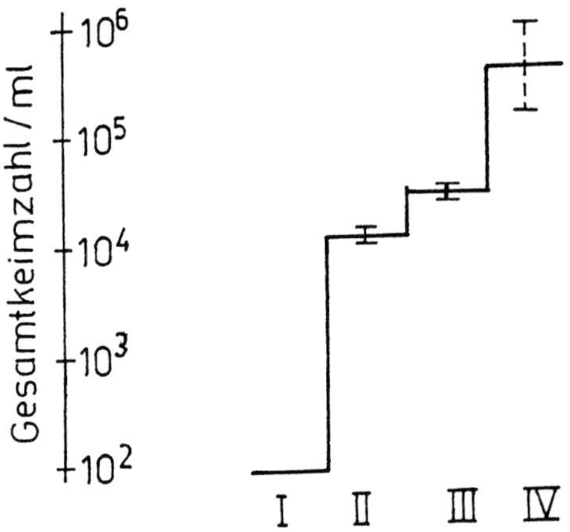

Abb. 50. Sprunghafte Zunahme der Keimzahl mit der Belastung des Fließgewässers. I = Grundwasserzone, II = Waldbachzone, III = Wiesenbachzone, IV = verbaute und belastete Zone. Schwankungsbreiten sind angegeben. (Nach Streichsbier 1977).

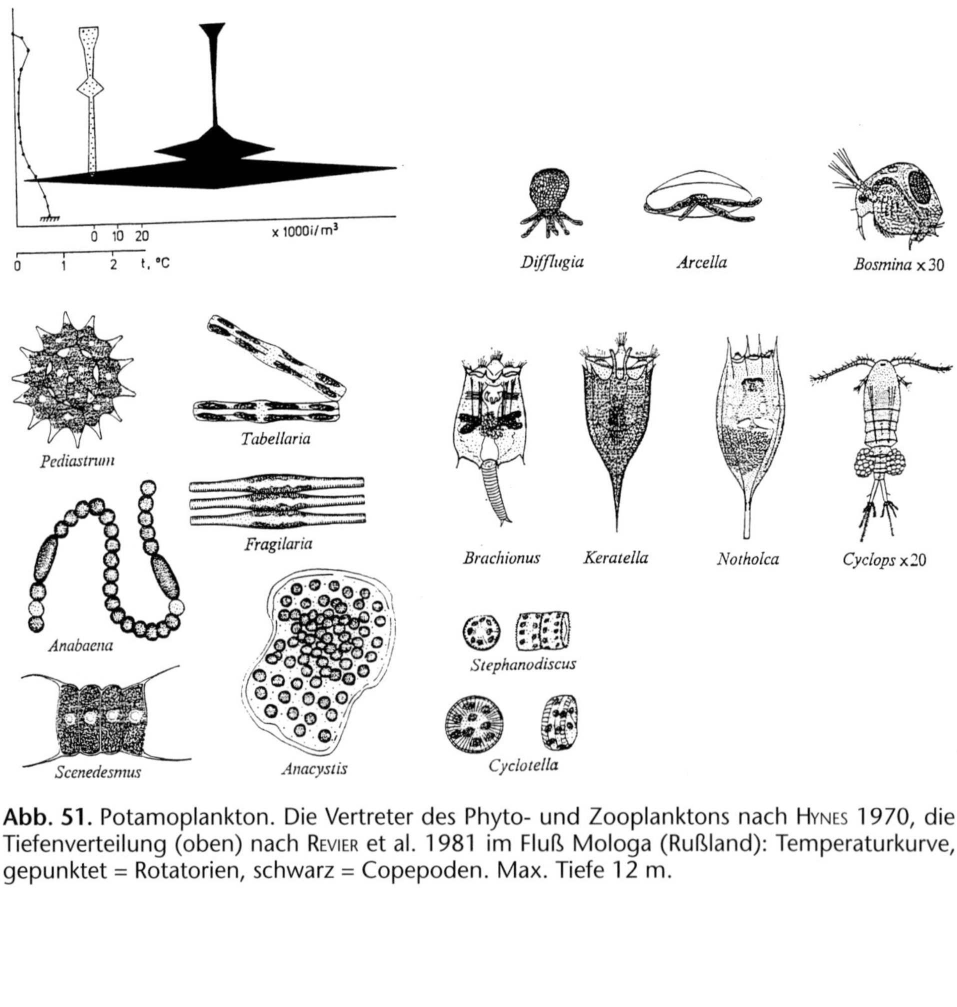

Abb. 51. Potamoplankton. Die Vertreter des Phyto- und Zooplanktons nach Hynes 1970, die Tiefenverteilung (oben) nach Revier et al. 1981 im Fluß Mologa (Rußland): Temperaturkurve, gepunktet = Rotatorien, schwarz = Copepoden. Max. Tiefe 12 m.

Wasserführung. Bei letzterer können Keime von außen eingeschwemmt, aber auch mit dem Sediment aufgewirbelt werden (Resuspension). Über die Hälfte der treibenden Bakterien sind an Schwebstoffe gebunden. Das **Phytoplankton** besteht aus treibenden und sich in der fließenden Welle vermehrenden Algen. Die Artendiversität kann sehr hoch und flußbezogen sein. Eine dominierende Stellung in den nördlichen Breiten nehmen aber zentrische Diatomeen ein, besonders sind es die Arten *Stephanodiscus hantzschii* und *Cyclotella meneghiniana*, gefolgt von pennaten Diatomeen und Grünalgen. In südlichen Breiten dominieren pennate Diatomeen häufig. Zelldichten um 10×10^3 l^{-1} sind heute keine Seltenheit (meist jedoch < 1000 l^{-1}). Dichtemaxima werden in europäischen Flüssen im Frühjahr und Herbst erreicht.

In den großen Flüssen ist neben der Turbulenz vor allem die Trübe ein limitierender Faktor. Die Algen gedeihen nur in der oberen lichtdurchfluteten Wasserschicht, werden aber für kurze Zeit auch in die lichtlose Tiefe transportiert. Dieser Hell-Dunkel-Wechsel stimuliert ihre Produktion, während die kontinuierliche Verschlechterung des Lichtklimas der oberen Schicht hemmend wirkt.

Im **Zooplankton** der Flüsse dominieren die Rotatorien (Rädertiere), gefolgt von den niederen Krebsen (in der Reihenfolge Copepoda und Cladocera). Auch Protozoen erscheinen regelmäßig im Potamoplankton. Die Dichte des Zooplankton beträgt etwa 10 % der des Phytoplanktons, meist noch viel weniger (oft < 100 l^{-1}).

Eine wichtige, aber bisher wenig beachtete Erscheinung ist die hohe Artenzahl an Zooplanktern in großen und tiefen Flüssen. Das Sediment dieser Flüsse besteht meist aus Sand und ist wenig besiedelt. In diesen Flüssen leben sehr viele benthische Tiere fast ausschließlich planktisch. Ganz besonders scheint dies für Protozoen zu gelten (Bereczky 1975). Tiefe Flüsse mit hohem Geschiebetrieb sind daher oft **planktongeprägt**, während flache Flüsse mit rauher Sohle **benthosgeprägt** sind. Tiefe Flüsse zeigen auch eine deutliche Schichtung des Zooplanktons (Abb. 51).

7.5.4. Hyporheal

Die benthische Längszonierung mit ihrem Habitatgradienten, die Querprofile und die fließende Welle sind wichtige Lebensräume der Fließgewässer. Zu ihnen gesellt sich noch ein vierter Lebensraum, der unterhalb und neben der Flußsohle liegt, das **Hyporheal** oder **hyporheische Interstitial** (Schwoerbel 1961, Stanford & Ward 1993, Bretschko 1995). Die benthische Besiedlung kann bis zu 70 cm unter die Sohle und ausgedehnt bis über die Uferböschung reichen. Dieser Raum besteht aus einem Lückensystem von Schottern und Sanden. Er hat viele Merkmale des Grundwassers, ist aber keines. Das Hyporheal ist physikalisch, chemisch und biologisch eng mit dem oberirdischen Teil der Fließgewässersohle verbunden. Sein Wasser fließt in Richtung des Flusses mit etwa 1–2 % der oberirdischen Geschwindigkeit. Das Grundwasser ist ein meist biologisch stark abgeschlossener Lebensraum und die Wasserbewegungen folgen den unterirdischen Wasserscheiden, die meist nicht mit den oberirdischen übereinstimmen. Trotzdem kommt es, wie bereits beschrieben, zu einem Austausch zwischen Grund- und Flußwasser, wobei die hyporheische Zone durchstoßen wird. Beide Systeme können sich biologisch punktuell beeinflussen, doch kommt es meist nur zu einer Versprengung von Faunenelementen. Nur im Hyporheal können Grundwassertiere auch längere Zeit

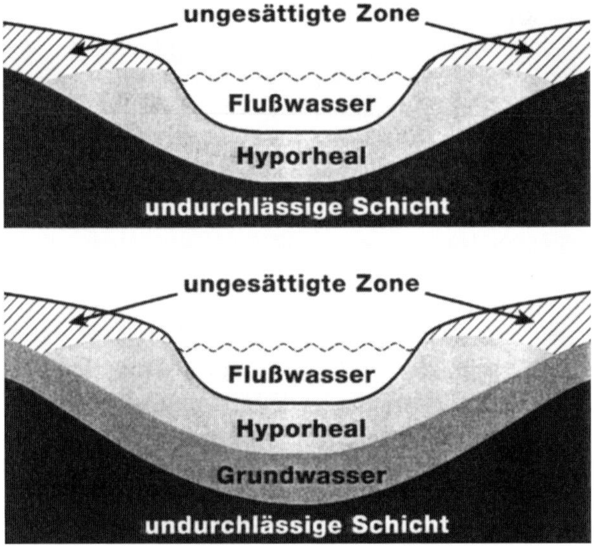

Abb. 52. Hyporheal und Grundwasser unter einem Fluß. (Nach White 1993, aus Hütte 2000).

erscheinen, und umgekehrt können hyporheobionte Arten bis in das Grundwasser eindringen (Abb. 52).

Physik des Hyporheals. Die Strömung ist laminar, die Geschwindigkeit hängt von der Weite der Lücken des Interstitials ab, beträgt aber nur wenige Prozent der des Oberflächenwassers. Die Temperatur ist deutlich niedriger als die des Oberflächenwassers, gehorcht aber nicht den Temperaturgesetzen des Grundwassers, da das hyporheische Wasser sehr oberflächennah fließt. Die Temperaturen liegen in den gemäßigten Breiten im Winter bei 3–4 °C (winterwarm) und können im Sommer bis auf 15–16 °C ansteigen (sommerkühl). Tageszeitliche Schwankungen betragen meist nur 1–2 °C. Wie das Grundwasser ist auch das Hyporheal lichtlos, so daß hier nur Mikroorganismen und Tiere leben können. Geschiebetrieb, Hochwasser und Austrocknungen des Fließgewässers erreichen das Hyporheal nicht.

Chemie des Hyporheals. Es existiert ein ständiger Wasseraustausch, einschließlich der Inhaltsstoffe, zwischen Oberflächenwasser und Hyporheal. Dieser Austausch ist abhängig von der Struktur der Sohle und des Durchflusses und kann sehr kleinräumig sein (Bretschko 1981a). Vor einer Sohlenerhebung (z. B. Schnelle) dringt das Wasser in das Hyporheal ein, und hinter ihr strömt es wieder heraus (Abb. 53). Ein derartiges Austauschsystem ist bereits durch die riffle-pool-Sequenz gegeben (Bretschko 1981a, Brunke & Gonser 1997). Flußabwärts, mit Abnahme der Rauhigkeit der Sohle und Zunahme der Feinsedimente, geht das Hyporheal selbst und auch der Austausch mit der Oberfläche immer mehr zurück, bleibt aber immer vorhanden (Wantzen 1992). Die Infiltrationsgeschwindigkeiten betragen z. B. 0,1 m d^{-1}, können bei Hochwasser aber auf 2 m d^{-1} ansteigen (Dehnert et al. 1999).

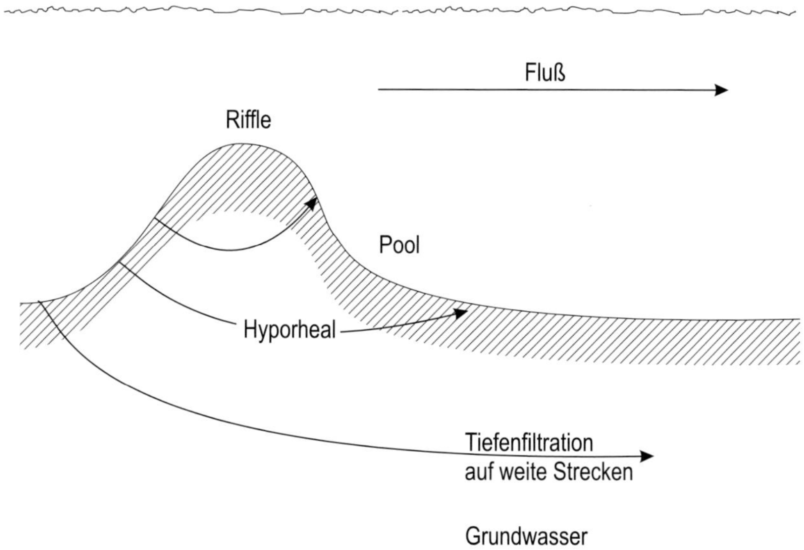

Abb. 53. Austausch von Oberflächen- und hyporheischem Wasser durch Filtrationsströme in Korrelation mit Riffle- und Poolstrukturen. (In Anlehnung an WHITE 1993 und GONSER 1994).

Der Sauerstoffgehalt nimmt mit der Tiefe des Hyporheals sehr schnell ab und sinkt bis unter 50 % Sättigung; entsprechend steigt der CO_2-Gehalt an und der pH-Wert sinkt (Abb. 54). Die Verhältnisse entsprechen denen im Grundwasser (s. **I. 5.3.**), desgleichen auch die für Stickstoff und Phosphor, die zumindest eine abnehmende Tendenz zeigen. Ganz anders als im Grundwasser verhält es sich aber mit dem DOC-Gehalt. Das Hyporheal fungiert als **DOC-Falle**, ohne dabei seinen Trophiestatus zu erhöhen. DOC dringt sowohl von der Oberfläche, als auch vom Grundwasser her in das Hyporheal. Obwohl die Konzentrationen immer nur gering sind, kommt es infolge des gerichteten, langsamen Abflusses zu einem Konzentrationseffekt. Die Bakterien des Hyporheals binden den Kohlenstoff (etwa 200–300 g m^{-2} a^{-1}), wodurch es zur Ausbildung eines üppigen Bakterienrasens an den Steinen des Hyporheals kommt (FIEBIG 1995). Der DOC-Gehalt belastet also nicht das hyporheische Wasser, da er sehr schnell gebunden wird. Der Bakterienrasen dient den hyporheischen Tieren als wichtige Nahrungsquelle. Bakteriendichten im Hyporheal selbst oligotropher Bäche betragen 10^8–10^9 ml^{-1}; sie sind deutlich höher als im Grundwasser und ihre Biomasse (bis > 2 g m^{-2} C_{org}) übertrifft die des Makrozoobenthos (FISCHER & SCHWOERBEL 1995). Ihre Respiration schwankt zwischen 0,2 bis > 1 mg l^{-1} h^{-1} (entspr. 2 g O_2 m^{-2} d^{-1}) (PUSCH & SCHWOERBEL 1994, PUSCH 1996). Sie ist damit sehr hoch im Vergleich zu anderen Habitaten und unter riffles höher als unter pools und positiv temperatur-korreliert. Das hyporheische Wasser ist infolge der Filterwirkung der Sande unterhalb der Sohle oft deutlich weniger belastet als das Oberflächenwasser.

Struktur des Hyporheals. In homogenen Sanden ist die Besiedlung optimal bei Körnchengrößen zwischen 0,1–1 mm Durchmesser, in Mischsanden liegt der Bereich

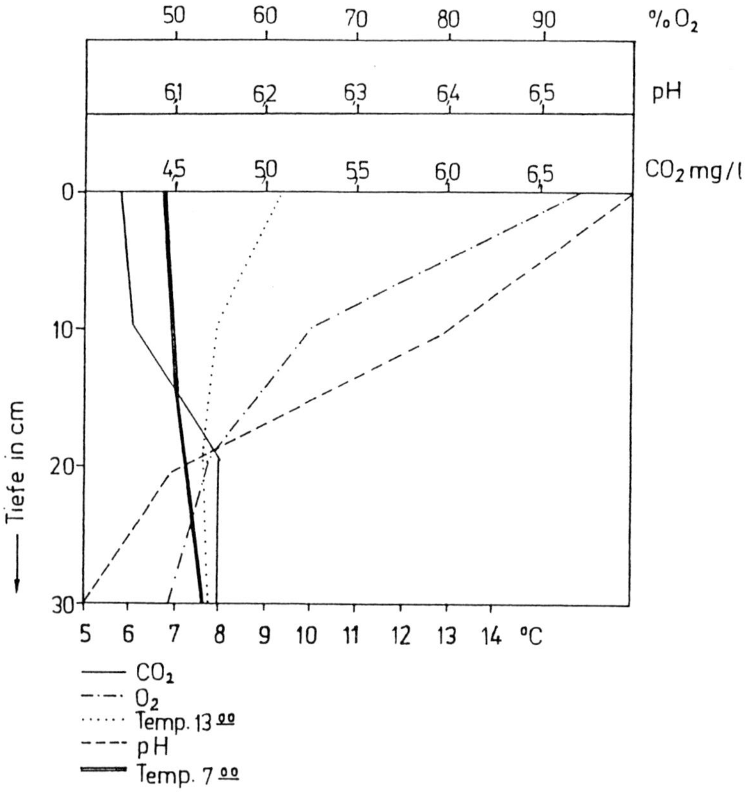

Abb. 54. Änderungen der Temperatur und einiger chemischer Faktoren im hyporheischen Interstitial der Breg (Deutschland) mit zunehmender Sedimenttiefe. (Nach Schwoerbel 1967).

zwischen 0,5–6 mm. Der Porenraum muß etwa 45 % des Gesamtvolumens betragen. Neben dem DOC-Gehalt ist auch die partikuläre organische Substanz (POM) relativ hoch im Hyporheal. Sie gelangt, wie auch beim Grundwasser, von der Oberfläche her in die unterirdischen Räume. Das POM kann an unterschiedlich (anorganisch) große Körnchen gebunden sein. Die größere Körnchenfraktion geht mit der Tiefe zurück. Im Hyporheal bilden sich auch unter pools mehr Feinsedimente als unter riffles. In den Feinsedimenten gibt es Proteine, Kohlenstoff- und Stickstoffverbindungen, so daß diese unter pools höhere Gehalte haben als unter riffles (Leichtfried 1994).

In Muschelkalkbächen ist das Interstitial nicht besonders lückig, wie man annehmen könnte, sondern infolge des Kalkschluffes verengt und daher auch geringer besiedelt als in Urgebirgsbächen (Mattiaschk 2000).

Biologie des Hyporheals. In vielen Fließgewässern, besonders schotterreichen Rhithralen, leben etwa nur 20 % der benthischen Invertebraten an der Oberfläche des Flußbettes. Die höchste Dichte findet man oft in 10–40 cm Tiefe (vgl. Bretschko 1981b) (Abb. 55). Mit weiterer Tiefe gehen die Dichten dann schnell zurück. Das gleiche gilt für die Bakterien, die mit dem freien POM abnehmen. Ihre Exoenzyme können Nähr-

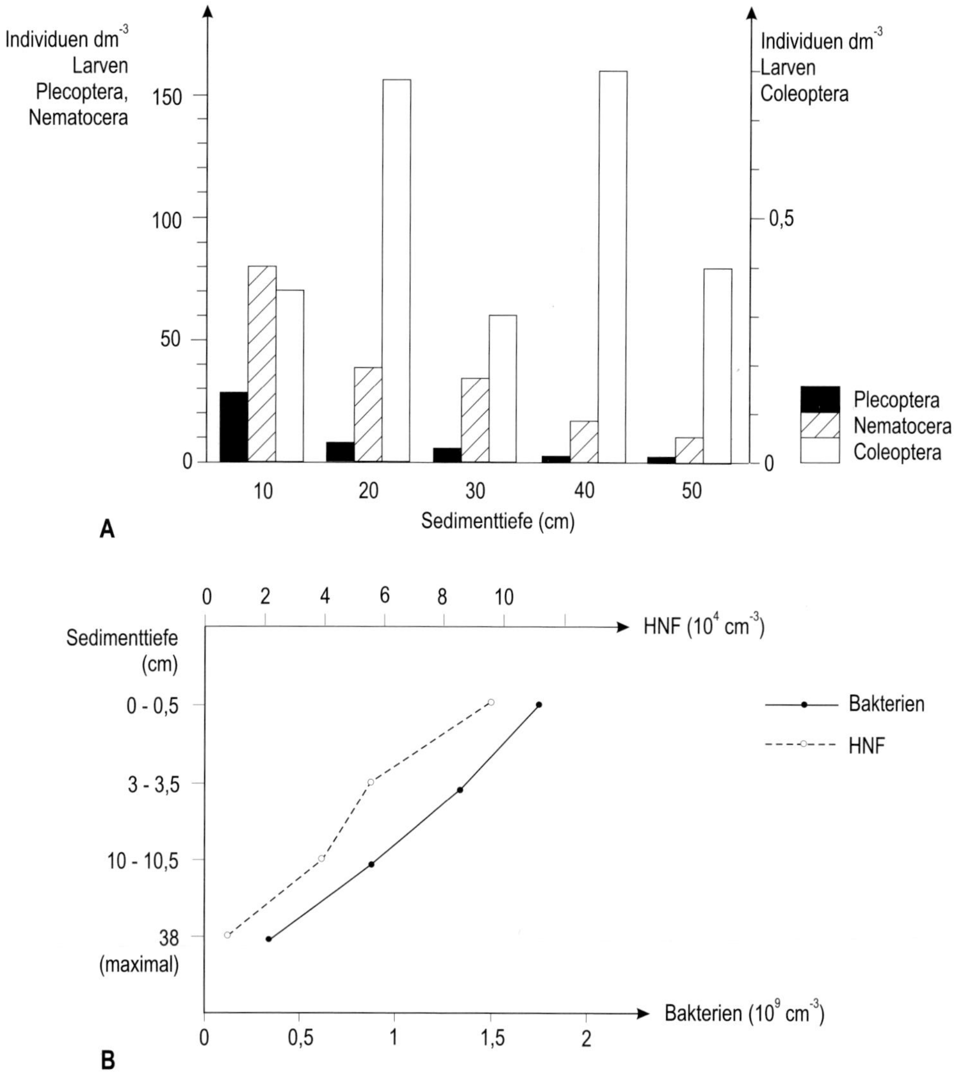

Abb. 55. Vertikalverteilung von heterotrophen Organismen im Hyporheal. **A.** Insekten. In einem schotterreichen Mittelgebirgsfluß. Beachte: Larven der Coleopteren zeigen keinen Tiefentrend. **B.** Verteilung von Bakterien und heterotrophen Nanoflagellaten (HNF) im Interstitial eines sandigen Baches. Max. Tiefe der Besiedlung: 38 cm.

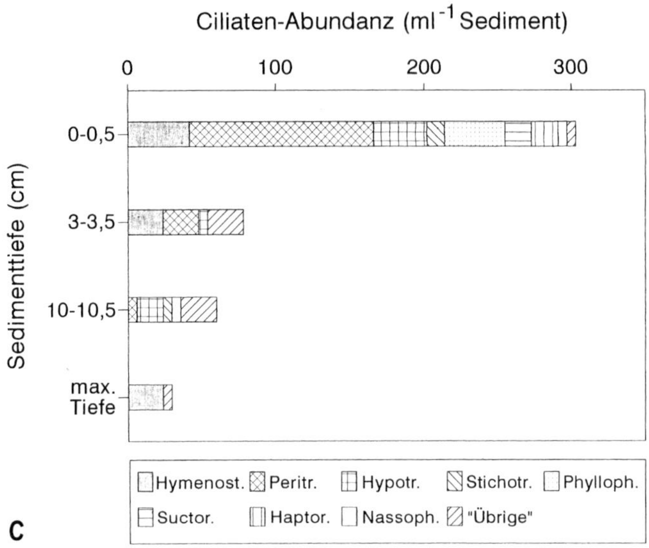

Abb. 55. Vertikalverteilung von heterotrophen Organismen im Hyporheal. **C.** Ciliaten. Max. Tiefe 42 cm. Nahrung: Bakterien und HNF. Bach w.o. (Nach Angaben aus [A] Meidl 2000, [B] Cleven 1999, [C] Cleven, unveröffentlicht).

stoffe auch aus partikulärem Material lösen; vermutlich aber nicht, wenn dieses Material an mineralischen Körnchen adsorbiert ist.

Fast alle benthischen Fließwasserarten können auch im Hyporheal erscheinen. Das gilt auch für Protozoen (Abb. 55). Es besteht ein ständiger Individuenaustausch zwischen oberirdischem und hyporheischem Lebensraum. Von einigen Arten bevorzugen nur bestimmte Entwicklungsstadien das Hyporheal, vor allem Jugendstadien (z. B. von *Gammarus fossarum*) oder Ruhestadien (z. B. Eier mit retardierten Schlupfraten, je nach Bedarf auf der Sohlenoberfläche, so daß das Hyporheal auch als Eierbank des Fließgewässers erscheint), speziell auch Diapausestadien (z. B. von der Steinfliegenlarve *Allocapnia pygmaea* im Winter). Bei groblückigem Hyporheal dringen hier auch Jungfische ein. Dichten von 300×10^3 Tieren pro m^2 sind keine Seltenheit.

Das Hyporheal ist gewissermaßen das Kellergeschoß des Flusses. Er benötigt es auch, da ein Fluß sehr störanfällig ist (Hochwasser, extremes Niedrigwasser, Gifttransport) und daher ständig Oberflächenflüchtlinge aufweist. Bei hohen Durchflüssen und anderen Katastrophen dringen viele Tiere in das Kellergeschoß ein, was für sie gleichzeitig ein Refugialraum ist. Nach Beendigung der Störung kommen die Tiere wieder an die Oberfläche und stellen ein wichtiges **Wiederbesiedlungspotential** dar. Das Hyporheal verleiht dem Fließgewässer-Ökosystem, das infolge seiner Durchflußschwankungen und der Transportgefahr auch von Schadstoffen ein inhärentes Störregime darstellt, eine hohe **Elastizität**. Die Abnahme der Tierdichte im Hyporheal erfolgt nicht nur mit der Tiefe, sondern auch mit der Entfernung von der Uferlinie landeinwärts. Eine schwerwiegende Belastung für den Fluß stellt daher die Verstopfung der Lücken zum Hyporheal dar (= **Kolmation**, s. **I. 7.5.8.**). Sie nehmen dem Ökosystem seine Elastizi-

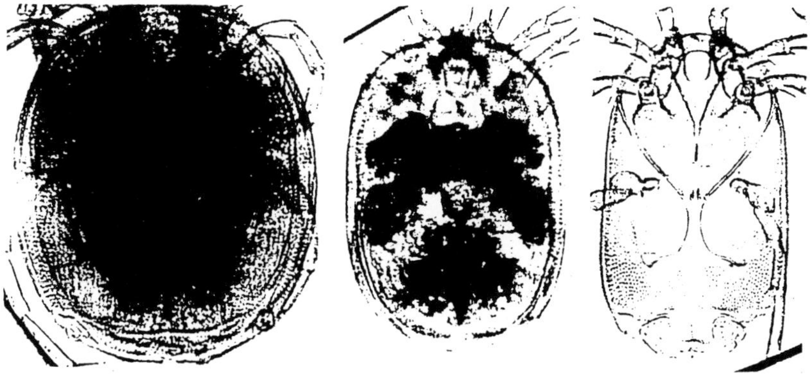

Abb. 56. Anpassung hyporheobionter Milben. **a)** *Ljana bipapillata* (oberirdisch), **b)** *Ljana macilenta macilenta,* **c)** *Ljana macilenta longissima* (beide hyporheobiont). (Nach SCHWOERBEL 1967).

tät. Die im Hyporheal lebenden Oligochaeten und Chironomidenlarven wirken dieser Kolmation entgegen, da sie Feinsedimente, vor allem wenn sie organische Anteile haben, von < 1 µm bis > 200 µm in Kotkrümel verwandeln, die oft 1 mm Durchmesser erreichen. Dadurch wird die Porenstruktur vergröbert, Wasser kann wieder zirkulieren (schon ab 0,1 mm Porendurchmesser!) und Tiere können sich bewegen. Neben den vielen Arten, die mehr oder weniger regelmäßig zwischen Ober- und Kellergeschoß pendeln oder unterhalb der Sohle bestimmte Lebensphasen verbringen, gibt es Arten, die bevorzugt oder ausschließlich im Hyporheal leben. Im Unterschied zu den Besiedlern des Grundwassers (Stygophile, Stygobionte) bezeichnet man sie als **Hyporheophile** und **Hyporheobionte**. Sie unterliegen den gleichen Bedingungen wie die Grundwasser-Tiere und zeigen entsprechende Merkmale: klein, wurmförmig, Verlust der Schwimmhaare und Reduktion der Augen. Im Grundwasser können sie sich nicht sehr lange halten, da sie an einen höheren Nahrungslevel angepaßt sind (Grundwasser ist extrem nahrungsarm). Vergleichende populationsökologische Untersuchungen zu Grundwassertieren stehen noch aus. Den höchsten Anteil an der hyporheobionten Fauna haben die Wassermilben (etwa 200 Arten in Europa) (Abb. 56), gefolgt von Mikroturbellarien, Ostracoden, Nematoden (besonders der Familie Mermithidae), Oligochaeten.

7.5.5. Morphologische Anpassungen

Nachdem wir die wichtigsten Lebensräume der Fließgewässer kennengelernt haben, müssen wir uns mit den Auswirkungen der Strömung befassen. Sie ist ein prägender Faktor, nicht nur für Strukturierung, sondern auch für die Biologie der Fließgewässer. Die Strömung ist grundsätzlich besiedlungsfeindlich. Wir wissen bereits, daß der Strömung durch ihre Physik (laminare, sohlennahe und Totwasserräume) schon viel von ihrer Gefährlichkeit genommen ist. Viele Fließgewässer-Organismen haben morphologische Anpassungen an die Strömung ausgebildet, wodurch ihr Einfluß weiterhin abgeschwächt wird.

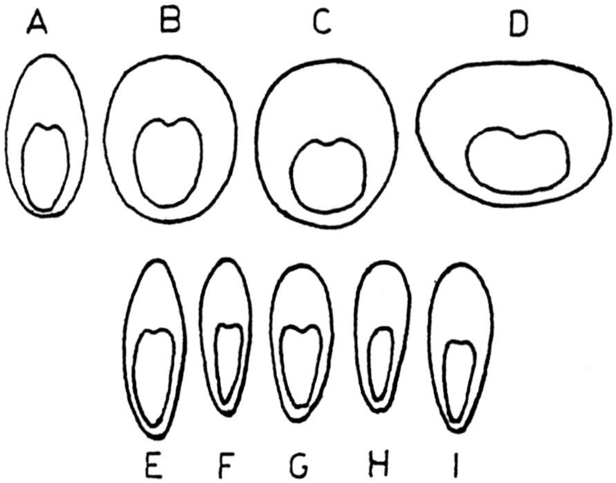

Abb. 57. Querschnitte von Fischen schnellfließender (A–D) und stehender Gewässer (E–I). **A** = Forelle, **B** = Elritze, **C** = Schmerle, **D** = Koppe. (Nach Bloch aus Hesse-Doflein 1943).

Bakterien, Mikroalgen, Protozoen und auch **kleine Metazoen** leben in der Prandtl'schen Grenzschicht (vgl. Abb. 40) oder im Interstitial des Schlammes und der Algenaufwüchse und benötigen daher keine Anpassungen an die Strömung. Es gibt auch größere Tiere, die ohne morphologische Anpassungen in stark strömenden Fließgewässern leben können. Sie nutzen Totwasser, strömungsarme Pflanzenbestände und andere lenitische Bereiche aus. Die Larven der bekannten Eintagsfliege *Ephemerella ignita* weichen immer quer zur Strömung aus und gelangen daher schnell wieder in lenitische Bereiche. Auch ein Charaktertier der Rhithrale wie *Gammarus* besitzt keine morphologischen Anpassungen. Die Tiere sitzen strömungsabseits hinter Steinen und schlagen ständig mit den Pleopoden, um sauerstoffreiches Wasser heranzustrudeln, denn in Totwasserräumen kann es zu Sauerstoffdefiziten kommen.

Die Fische der Oberläufe (Rhithrale) sind im Querschnitt rund, die der Mittel- und Unterläufe (Potamale) und der Standgewässer lateral komprimiert (Abb. 57). Eine laterale Abflachung böte der Strömung in den Rhithralen zu große Angriffsflächen. Die kritische Fließgeschwindigkeit, die ein Fisch gerade noch aushält, beschreibt die Formel:

$$V = K \times L^{e}$$ (Jones et al. 1974)

Es bedeuten: V = kritische Fließgeschwindigkeit (cm s^{-1}), L = Länge der Schwanzflosse (cm), K, e = arteigene Konstanten.

Die wichtigsten Anpassungen der **Invertebraten** sind in Tab. 14 aufgelistet und in Abb. 58 veranschaulicht. Viele abgeflachte Tiere haben außerdem noch Krallen oder Saugnäpfe, da das über sie strömende Wasser einen Auftrieb erzeugt. Die Simuliidenlarven richten sich beim Filtern (gegen die Strömung) auf und müssen sich schon deshalb durch eine Haftscheibe befestigen. Außerdem produziert eine Labialdrüse noch ein Sekret, das die Larven festklebt, unterschieden in Wanderhaftplatz- und Dauerhaftplatzsekrete (Kiel 1997).

Tabelle 14. Anpassungen der Organismen an die Strömung.

Anpassung	Bedeutung, Vertreter
1. Mikroorganismen und Pflanzen	
Verzweigte Sporen	Bleiben an Substraten hängen (Hyphomyceten)
Flache Krusten	Passen in die Prandtl'sche Grenzschicht (z.B. *Chamaesiphon, Hildenbrandia rivularis, Rhodoplax schinzii*)
Peitschenform der Thalli und Blätter	Schwingen in der fließenden Welle (*Lemanea, Hydrurus, Cladophora*, Primärblätter höherer Pflanzen, wie *Schoeneplectus lacustris, Sagittaria sagittifolia, Butomus umbellatus*)
Anheftung (siehe auch im Text Podostemonaceen und Hydrostachyceen)	Haftenscheiben (*Phormidium, Siphononema, Characiopsis*, das Moos *Eurhynchinus rusciforme* zu Haftorganen umgebildete Rhizoide)
2. Invertebraten	
Dorsoventrale Abplattung	Einpassen in die Prandtl'sche Grenzschicht (Turbellarien, *Ancylus fluviatilis*, die Trichoptere *Thremma*)
Randkontaktvorrichtungen	Verhindern Unterspülen (*Elmis*-Larven)
Seitwärts vorgelagerte Inseration der Extremitäten	Unterstützt Andrücken an die Unterlage (*Epeorus*-Larven)
Kapillare Luftschicht um den Körper	Erübrigt ständiges Auftauchen (*Elmis, Hydraena*) zum Luftholen
Optimale Hautatmung	Erübrigt Kiemen, die die Oberfläche vergrößern (*Rhithrogena, Baetis*)
Plastron	Perfekte Anpassung an ein Luftatmen unter Wasser (Wanze *Aphelocheirus aestivalis*)
Verlust von Körperanhängen und Borsten	Keine Angriffsflächen für turbulentes Wasser (Milben, *Baetis muticus*)
Einrichtung zur Befestigung an Habitaten	Kiemen zu Saugringen umgebildet (*Rhithrogena*) Gespinströhren (einige Chironomiden- und Trichopteren-Larven) Gespinstfäden zum Anheften (*Rhyacophila*) Starke Endkrallen (Perlidenlarven) Schleimabsonderung (Tubellarien, Schnecken) Saugnäpfe (*Liponeura*-Larven, Simuliidenlarven, einige Kaulquappen und Fische tropischer Bergbäche) Häkchen (Simuliidenlarven) Köcher der Trichopterenlarven, bei einigen zusätzlich durch große Steinchen beschwert (*Silo, Goëra, Lithax*)
Filtereinrichtungen	Anpassung an den Nahrungserwerb in der fließenden Welle. Netze (*Hydropsyche, Chironomus plumosus*), Fächer (Simuliiden-Larven), Vorderextremitäten hochgestellt und Borsten (*Brachycentrus*)

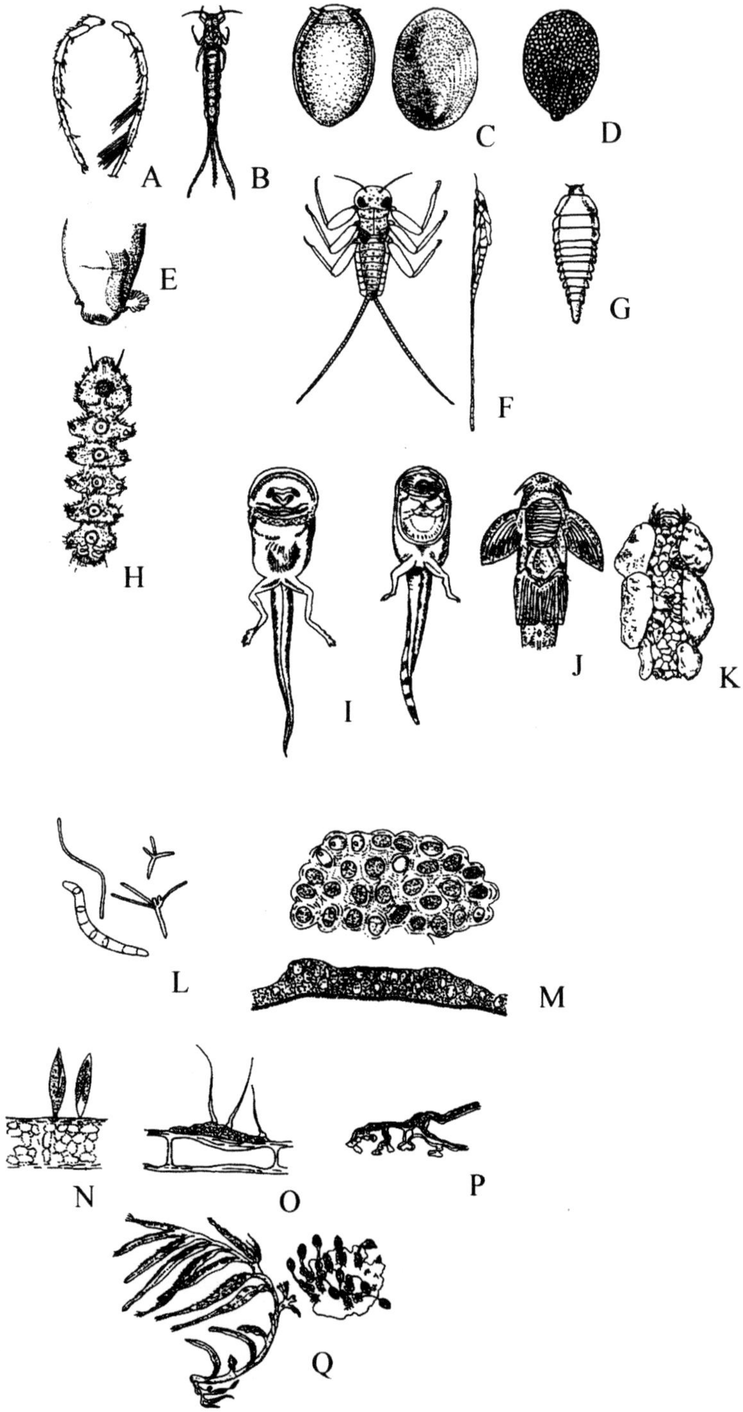
A
B
C
D
E
F
G
H
I
J
K
L
M
N
O
P
Q

Auch Pilze und Pflanzen zeigen Anpassungen an die Strömung (Tab. 14, Abb. 58). Die perfektesten Anpassungen unter den Blütenpflanzen haben die Podostemonaceen (Bergbäche im tropischen Amerika, Afrika und Asien) und die Hydrostachyceen (Südafrika, Madagaskar). Sie haben eine breite Palette an Anpassungen: Krustenbildner; fadenförmig flutende Blätter; chlorophyllhaltige Wurzeln, die sich allen Unebenheiten der Substrate anpassen können. Es fehlen ihnen Interzellulare, Spaltöffnungen und teilweise auch Gefäße. Das Integument der Samen ist stärkereich, wodurch es im Wasser sofort verschleimt und festhaftet. Bei Wasserpflanzen der Flüsse, die keine speziellen Anpassungen der Samen besitzen, überwiegt die vegetative Fortpflanzung. Die Pflanzen bilden keine geschlossene Pflanzendecke, sondern sind inselförmig verteilt. Die Schwaden oder Inseln, die immer nur aus einer Art bestehen, ändern infolge des Geschiebetriebes ständig ihren Ort. Die Neubesiedlung erfolgt durch herangeschwemmte Sprosse.

7.5.6. Verhalten als Anpassung

Dem Bewegungsverhalten von Tieren liegen oft Taxien zugrunde. Taxien sind gerichtete Bewegungen zu (positive) oder fort (negative) von einer Reizquelle. Fließwassertiere zeigen oft eine positive Rheotaxis, eine negative Phototaxis und eine Thigmotaxis.

Die **positive Rheotaxis** bewirkt ein häufiges Stromaufwärtswandern. Es wird zumeist als Reaktion gegen das Abgetriebenwerden gedeutet. Die schon erwähnte *Ephemerella ignita* ist hingegen negativ rheotaktisch.

Bei der Gegenstromwanderung müssen die Tiere dem Druck des Wassers (den es auf feste Körper ausübt) standhalten. Um sich gegen diese **Staudruckkraft** fortzubewegen, müssen sie eine noch größere Kraft (= **Rheokinese**) aufbringen.

Abb. 58 Anpassung von Fließgewässerorganismen an die Strömung. (Aus Schönborn 1992a).

A. Viertes Bein von Arten der Gattung *Lebertia* (Wassermilbe). Links: Bachform, rechts: Teichform.
B. *Baetis muticus*, eine sich eingrabende Ephemeropterenlarve.
C. *Ancylus fluviatilis*, Stromlinienform, breite Anheftfläche.
D. *Thremma* sp. Köcherfliegenlarve mit ähnlichen Anpassungen wie bei C.
E. *Simulium*, Hinterende, mit Saugnapf und Häkchenkranz.
F. *Epeorus*, Ephemeropterenlarve mit Verlagerung der Extremitäten in die Körperebene, daneben angeschmiegt an eine Unterlage.
G. *Elmis*, Käferlarve mit abgeflachtem Körper.
H. *Liponeura* mit Saugnäpfen.
I. Kaulquappen aus Bergbächen der Malaysischen Halbinsel.
J. *Pseudecheneis sulcatus*, Fisch mit Haftorganen aus indischen Bergbächen.
K. *Silo*, Köcherfliegenlarve mit beschwertem Köcher.
L. Konidiosporen von Hyphomyceten, hakig und gebogen zum Hängenbleiben.
M. *Rhodoplax schinzii*, krustenbildende Grünalge.
N. *Characiopsis acuta*, Alge mit Haftscheiben.
O. *Aphanochaete repens*, Alge mit angepresstem Fädenlager.
P. *Rhynchostegium riparioides*, Moos mit Haftorganen an den Rhizoiden.
Q. Zwei Arten der Podostemonaceen tropischer Rhithrale.

Die Staudruckkraft (S) berechnet sich nach der Formel

$$S = W \cdot A \cdot p \cdot \frac{V^2}{2} \text{ [N]}$$

Es bedeuten: W = Widerstandsbeiwert, A = angeströmte Druckfläche (m), p = Dichte des Wassers (kg m^{-3}), V = Fließgeschwindigkeit (ms^{-1}).

Je großflächiger der angeströmte Gegenstand (Organismus) ist, um so größer ist die Staudruckkraft. Die Gegenstrombewegung kann daher nur in strömungsschwachen Bereichen geschehen. Die Sohle muß rauh sein, d.h. viele Strömungsschatten besitzen. Auf einer planen und (oder) sandigen Sohle ist die Wirkung der Staudruckkraft meist zu stark für eine Gegenbewegung. Die Staudruckkraft ist verwandt mit der Schubspannung (s. **I. 7.2.1.**). Aber die erstere wird mit den Maßeinheiten der Kraft (N) gemessen und die letztere mit dem Druck (Nm^{-2}), da sie auf den gesamten Gerinne-Umfang wirkt (Fläche).

Die **negative Phototaxis** läßt die Tiere dunkle Stellen aufsuchen, wie Habitatlükken und Steinunterseiten, wodurch sie sich auch der Strömung entziehen. Nachts kommen die Tiere an die Oberfläche. Jetzt bewirkt aber die **Thigmotaxis**, daß sich die Tiere an die Habitatoberflächen andrücken, wodurch sie auch in die Prandtl'sche Grenzschicht gelangen. Die negative Phototaxis zeigt auch, daß die Mehrzahl der Tiere im Rhithral nachtaktiv ist.

7.5.7. Die tierischen Ernährungstypen und ihre Verteilung

Zu dem Komplex der Anpassungen an die Strömung gehören auch die Ernährungstypen der Tiere und ihre Verteilung im Verlauf der Längszonierung.

Zerkleinerer. Sie beißen größere Teile aus Makrophyten, besonders aber aus Laubblättern heraus, die von den Uferbäumen in das Fließwasser fallen. Zu ihnen gehören *Gammarus*, *Asellus* (Wasserassel), einige Trichopterenlarven (z. B. *Sericostoma*), einige Plecopterenlarven (z. B. *Zapada*) und große Tipulidenlarven.

Meißler. Sie „meißeln" von den in das Fließgewässer hineingefallenen Ästen ihre Nahrung ab. Ihre Mundwerkzeuge sind entsprechend meißelartig umgewandelt. Meißler sind z.B. die Trichopterengattungen *Heteroplectron* und *Lepidostoma*.

Weidegänger, Schaber. Sie schaben oder raspeln Algenaufwuchs von den Habitatoberflächen. Zu ihnen gehören vor allem die Schnecken, aber auch Ephemeropterenlarven (z. B. *Baetis*, *Ephemerella*), kleine Plecopterenlarven (z. B. *Leuctra*), einige Trichopterenlarven (z. B. *Glossosoma*) und auch Wasserkäfer (z. B. Dryopiden). Die wichtigsten Schabewerkzeuge sind „Rechen" und Bürsten an den Mundwerkzeugen der Insekten und die Radula der Schnecken (Abb. 59).

Substratfresser. Sie ernähren sich von Schlamm, Detritus und feinem Sand. Verdaut werden allerdings vor allem die Bakterien, Mikroalgen und auch Kleintiere in dem Substrat. Typische Substratfresser sind Oligochaeten und Chironomidenlarven.

Filtrierer. Sie filtrieren ihre Nahrung aus der fließenden Welle. Die wichtigsten Filtrierer sind Muscheln (z. B. *Unio crassus*), einige Trichopterenlarven, die Unterwassernetze bauen oder filtrierende Beinstellungen besitzen, einige Chironomidenlarven

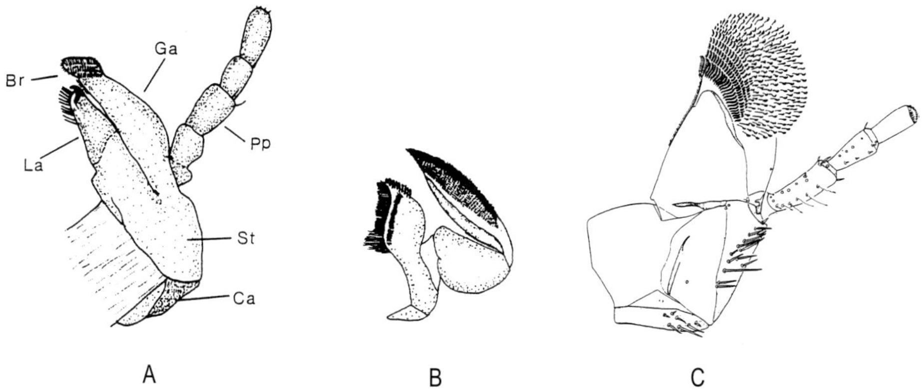

Abb. 59. Schabewerkzeuge (Bürsten und Rechen) bei Fließwasserinsekten. **A** = linke Maxille ventral der Steinfliegenlarve *Brachyptera risi.* Br = Bürste, La = Lacinia, Ga = Galea, Pp = Palpus, St = Stipes, Ca = Cardo. **B** = Maxille, ventral der Eintagsfliegenlarve *Rhithrogena* mit Kehrborsten an der Lacinia und Schabebürste am Palpus. **C** = linke Maxille des Käfers *Elodes marginata* mit großer Maxillenbürste, ventral. (Aus WICHARD et al. 1995).

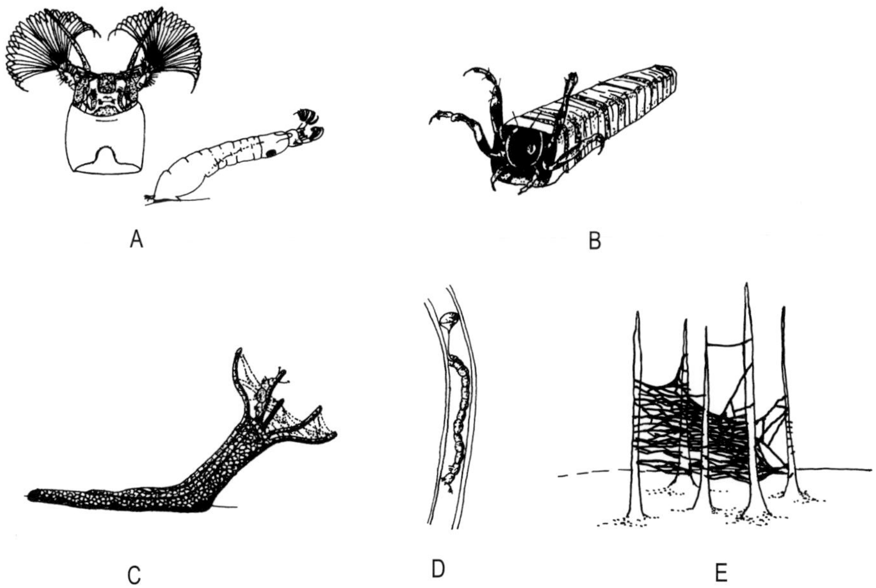

Abb. 60. Filtriermechanismen bei Fließwasserinsekten. **A** = Fächerkränze und Filtriererhaltung einer *Simulium*larve. **B** = Filtrierhaltung der Extremitäten von *Brachycentrus americanus.* **C** = *Rheotanytarsus* mit Fangfäden und schleimigem Gespinst. **D** = *Chironomus plumosus*, Röhre und Fangnetz. **E** = Netz einer *Hydropsyche.* (Aus SCHÖNBORN 1992a, E nach FEY 1993).

(Netze) und schließlich die Larven der Simuliiden mit ihren Kopffächern als effektive Filtrierorgane (Abb. 60).

Räuber. Sie erbeuten gezielt andere Tiere. Die wichtigsten Räuber in Fließgewässern sind Turbellarien, der Ringelwurm *Chaetogaster*, Egel (v. a. *Erpobdella octoculata*), mehrere Larven von Plecopterenarten (z. B. bei den Perliden), einige Trichopterenlarven (z. B. *Rhyacophila*), einige Coleopteren (z. B. Dytisciden) und Fische. Unter der Mikrofauna sind es einige Ciliaten (z. B. *Trachelius ovum,* Suctorien) und Rotatorien (z. B. *Euchlanis, Encentrum*).

Sammler. Sie nehmen gezielt Nahrungspartikel auf, vegetarische wie auch tierische (z. B. Detritusflocken, Mikroalgen, Kleintiere) und haben eine Ernährungsposition zwischen Substratfressern und Räubern. Zu ihnen gehört z. B. der Ringelwurm *Chaetogaster diastrophus*.

Verteilung der Ernährungstypen im Längsverlauf der Fließgewässer. Sie ist eine Funktion des Strukturgradienten (Abb. 61).Die Oberläufe, die von den Uferbäumen voll beschattet sind, enthalten viel Falllaub und eingefallende Zweige. Der Algenaufwuchs ist im Sommer (gemäßigte Breiten) gering entwickelt. Hier dominieren Zerkleinerer und Meißler. Sie greifen durch ihre Freßeigenarten entscheidend in den Stoffhaushalt des Gewässers ein. Flußabwärts, wenn mit zunehmender Breite die Beschattung durch die Uferbäume zurückgeht, nimmt der autotrophe Aufwuchs zu und somit verschiebt sich das Nahrungstypenspektrum zugunsten der Weidegänger. Im unteren Mittellauf

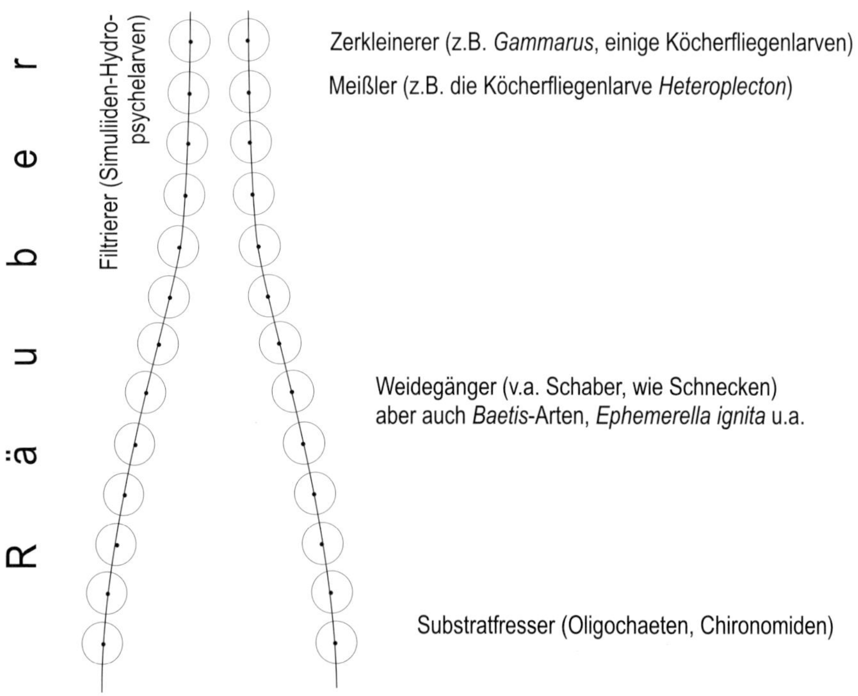

Abb. 61. Verteilung der Ernährungstypen in einem Fließgewässer. (Original).

und im Unterlauf werden immer mehr feinere Sedimente, auch organische Sedimente, akkumuliert. Hier dominieren die Substratfresser. Die Räuber sind weitgehend gleichmäßig über die Flußzonen verteilt; zu einem leichten Rückgang kann es im Unterlauf kommen, abgesehen von den Fischen. Auch Filtrierer sind nicht sehr zonengebunden, gehen aber in stark schwebstoffbelasteten Unterläufen zurück oder fehlen. Sie sind die typische Ernährungsgruppe der Seeausflüsse, also in Bächen, die vom Überlauf der Seen gespeist werden. Die Filtrierer ernähren sich hier von dem Plankton der Seen (Talsperren, s. **II. 7.1.11.**).

Die Verteilung der Ernährungstypen wird durch örtliche Heterogenitäten in der Flußstruktur stark modifiziert.

7.5.8. Die Instabilität der Habitate und die Besiedlungsdynamik

Die Anpassungserscheinungen an die Bedingungen im Fließgewässer beziehen sich nicht nur auf die Strömung und den Habitatgradienten, sondern auch auf Durchflußschwankungen und den Transport von suspendierten Stoffen. Vom Hochwasser bis zur Austrocknung können extreme Durchflußschwankungen vorkommen. Die Schubkraft bewirkt eine Bewegung der Sohle und der Habitate. Das strömende Wasser scheuert bei Geschwindigkeiten > 1 m s^{-1} die Habitatoberflächen ab, besonders aber, wenn es Schwebstoffe transportiert. Eine ähnliche Wirkung haben auch Treib- und Packeis. Es kommt in Fließgewässern zu einer **Instabilität der Habitate**. Fließgewässer sind gekennzeichnet durch ein extremes inhärentes Störregime. In gestreßten Fließgewässern kann es geschehen, daß das Ökosystem mehrmals im Jahr von neuem beginnen muß. Das Funktionieren des Ökosystems ist daher sehr schwer darstellbar.

Im Mittellauf ergeben sich (im Jahresverlauf) die höchsten Durchflußschwankungen (Abb. 62). Bei hohen Niederschlägen macht sich im Mittellauf auch die zunehmende Zahl an Nebenflüssen bemerkbar; im Unterlauf mit seinem großen Fassungsvermögen

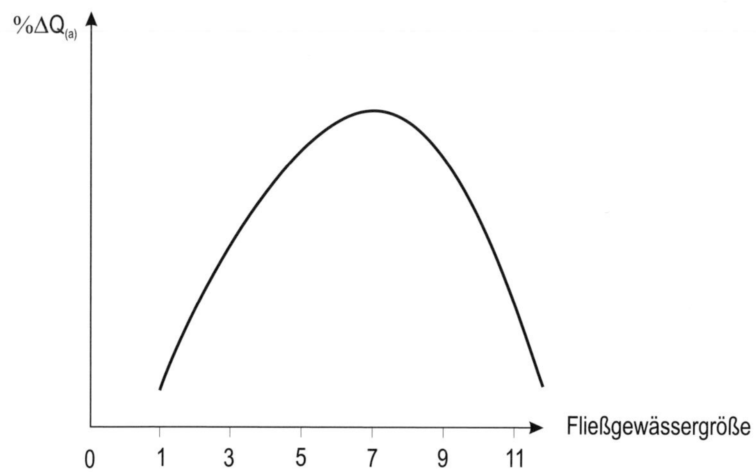

Abb. 62. Durchflußschwankungen mit zunehmender Größe der Fließgewässer. (Original).

sind die Schwankungen gedämpft. Wir sahen, daß auch die Temperaturschwankungen im Mittellauf am höchsten sind (s. **I. 7.4.1.**). Er ist also im besonderen Maße durch Instabilitäten gekennzeichnet. Trotzdem ließen sich bisher keine biologischen Auswirkungen nachweisen. Beim Überschreiten von 1 m s^{-1} Fließgeschwindigkeit kommt auch die Prandtl'sche Grenzschicht zum Verschwinden. Der Verlust an Makroinvertebraten bei Hochwasser beträgt etwa 75 %, der an Algen und Makrophyten 50–100 %. Rheobionte haben im allgemeinen geringere Verluste als rheophile und rheotolerante Arten. Die Grünalge *Cladophora* ist im besonderen Maße in das Abflußregime der Fließgewässer eingepaßt. Sie kann bereits geringe Mengen an Nitrat und Phosphat (s. **I. 7.6.5.**) akkumulieren und zu einem Massenwuchs gelangen; Büschel von 3 m Länge sind dann keine Seltenheit. Auch Schwermetalle und andere Xenobiotika werden akkumuliert. Auf einer Fließstrecke von 100 m Länge und 8 m Breite wurden in einer Woche > 1 t *Cladophora*-Frischmasse gebildet (SCHÖNBORN 1996a). Beim Überschreiten von 1 m s^{-1} Fließgeschwindigkeit kommt es dann in wenigen Tagen zu einem völligen Abreißen und Flußabwärtstransport der *Cladophora*-Büschel. Damit entlastet sich die Flußstrecke von Biomasse, Nähr- und Schadstoffen. Diese Anpassung fungiert also als Reinigungsmechanismus.

Im allgemeinen geht die Besiedlung bei zunehmender Instabilität der Habitate zurück. Es gibt aber auch spezielle Anpassungen an diese Instabilität. So wandern die Oligochaeten *Nais* und *Limnodrilus* unter die sich bewegende Sandschicht und nutzen hier den hohen Nährstoffeintritt (PETRAN & KOTHE 1978). Tubificiden und die Eintagsfliegenlarve *Baetis rhodani* sind an Sandumlagerungen angepaßt. Große sich ändernde Sandumlagerungen gibt es in kanadischen Flüssen. In diesen instabilen Bereichen leben Chironomidenlarven und die räuberische Eintagsfliege *Pseudiron* und bilden ein abhängiges System (SOLUK & CLIFFORD 1985). Infolge von Steinbewegungen können in einem Fluß > 60 % der Besiedler reduziert werden. Resistent ist dagegen die flache Kieselalge *Cocconeis placentula*, eine häufige Art der Fließgewässer. Sie übersteht selbst starkes Aneinanderreiben der Steine. Nach dem Geschiebetrieb nimmt ihre Dichte schnell zu, so daß sie dann die erste Nahrung der Wiederbesiedler ist (Abb. 63).

Tiere, die ein Hochwasser überstehen, sorgen danach durch schnelle Vermehrung ebenfalls zur Wiederbesiedlung. Aber alle Organismen, die einer Strömung ausgesetzt sind, unterliegen dem **hydraulischen Streß** (STATZNER 1981). Der hydraulische Streß (I) läßt sich in Anlehnung an die Manning-Strickler-Formel (s. **I. 7.2.1.**) beschreiben:

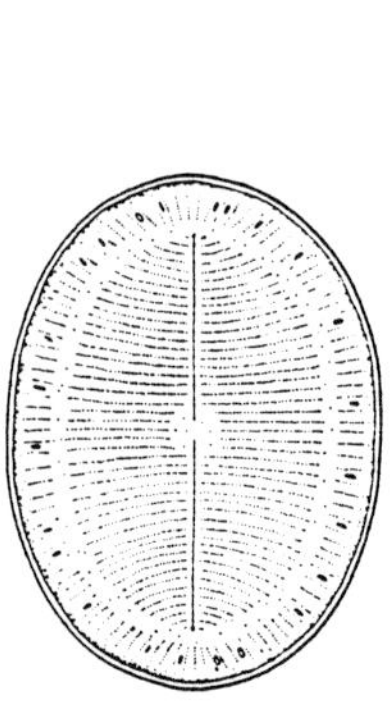

Abb. 63. *Cocconeis placentula*, eine Kieselalge mit flacher Schale. (Nach STREBLE & KRAUTER 2002).

$$I = \left(\frac{V}{k_s \left(\frac{D}{2 + D} \right)^{0,67}} \right)^2$$

Es bedeuten: V = Fließgeschwindigkeit (m s^{-1}), D = Wassertiefe (m), k_s = Faktor für die Rauhigkeit des Flußbettes.

Je größer die Fließgeschwindigkeit, um so größer der hydraulische Streß, je größer die Tiefe und je rauher die Sohle (kleiner k_s-Wert), um so geringer der hydraulische Streß.

Mit zunehmendem hydraulischen Streß nimmt das Durchschnittsgewicht vieler Fließwassertiere ab. Die durchschnittlichen Körpermaße von *Gammarus* und der Flußwanze *Aphelocheirus aestivalis* sind auf grobem Substrat größer als auf feinem. Mit zunehmender Fließgeschwindigkeit sind die Schalen der Flußmuscheln (Unionidae) kleiner, aber dicker (Abb. 64).

Die Tiere setzen der Strömung, je nach ihrem Anpassungsgrad, unterschiedlichen Widerstand entgegen. Wie es eine kritische Schubkraft für die Kornklassen gibt, so gibt es auch eine **kritische Grenzgeschwindigkeit**, bei der die Arten vom Substrat abgerissen werden (Tab. 15). Diese Grenzgeschwindigkeit muß im Vergleich zu transportierten Körnchen noch die Adhäsionskraft der Organismen (R) überwinden (WARINGER 1989):

$$R = f\,(g\,G - p\,B\,g)$$

Es bedeuten: g = Erdbeschleunigung (m s^{-2}), G = Gewicht des Organismus (kg), p = Dichte des Wassers (kg m^{-3}), B = Volumen des Organismus (cm^3), f = Adhäsionsfaktor.

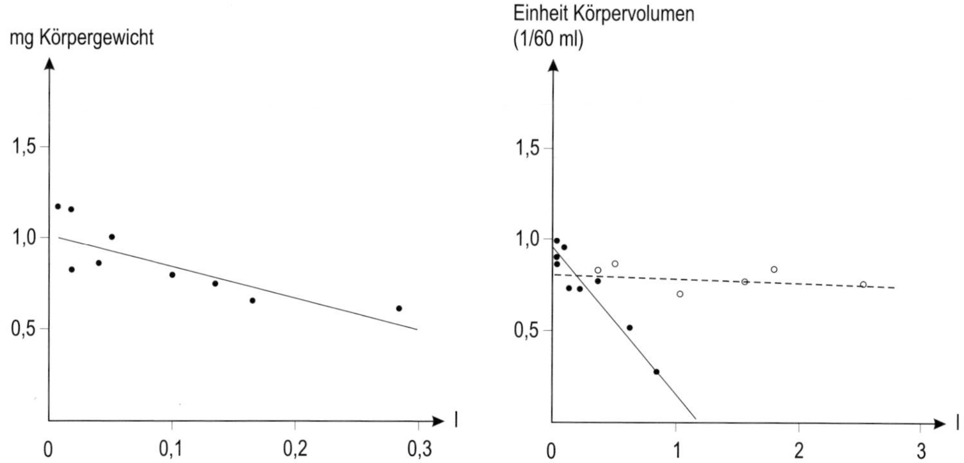

A B

Abb. 64. Einfluß des hydraulischen Streß auf Körpergewicht bzw. Körpervolumen von *Asellus aquaticus* und *Gammarus pulex*. (Nach STATZNER 1981).

Tabelle 15. Mittlere Grenzwerte der Strömungsgeschwindigkeiten für das Makrozoobenthos. (Nach DITTMAR 1955).

Arten	Grenzgeschwindigkeit m s^{-1}
Liponeura cinerascens	> 3,00
Simulium ssp.	2,80
Rhyacophila nubila	1,22
Ancylus fluviatilis	1,18
Brachycentrus montanus	1,08
Agapetus fuscipes	0,94
Dugesia gonocephala	0,93
Elmis maugei	0,91
Baetis ssp.	0,84
Isoperla oxylepis	0,60
Radix ovata	0,48

Erreicht die Staudruckkraft (s. S. 109) die Größe der Adhäsionskraft (inklusive Rheokinese), so werden die Organismen mechanisch von ihren Substraten abgespült. Die kritische Grenzgeschwindigkeit (v_c) berechnet sich dann nach der Formel:

$$V_c = \sqrt{\frac{2f\,(gG - pBg)}{W \cdot A \cdot p}}$$

Die Instabilität der Habitate, einschließlich des Abflußregimes, spiegelt sich in der **Diskontinuität der Besiedlung** wider. Die Tab. 16 vergleicht mehrere Lebensräume auf den Grad der Diskontinuität ihrer Besiedlung hin. Indikatorgruppe sind die beschalten Amöben (Testacea). Es sind 4–5 Arten (dieselben), die in den ausgewählten Lebensräumen regelmäßig und häufig vorkommen. Die Zahl der Monate, in denen die Arten nicht vorkommen, sind das Maß für den Grad der diskontinuierlichen Besiedlung. Es zeigt sich, daß sie statistisch signifikant in dem unregulierten Fluß am längsten ausbleiben, da sie sehr häufig abgespült werden, also das **Störregime** am stärksten ausgeprägt ist. Auch Bakterien und Algen werden abgespült. Bei ihnen spielt auch noch die Nährstoffzufuhr eine Rolle. Übersteigt der C-Flux 1 mg C_{org} l^{-1} d^{-1}, nimmt die Festigkeit des Aufwuchses ab.

Je rauher die Flußbetten und auch die Habitatoberflächen sind, um so geringer ist die Abspülfrequenz. Abb. 65 zeigt die Rauhigkeit eines Flußbettes und eines Steines (Mikrorelief auf der Steinoberfläche) in dem Flußbett. Das Basiselement sind sich wiederholende, selbstähnliche Vertiefungen unterschiedlichen Maßstabes. Derartige Strukturen nennt man **Fraktale**. Die Vertiefungen auf den Steinoberflächen reichen von Zentimetergröße bis hinab in den Nanobereich und dienen gleichzeitig der Besiedlung der Prandtl'schen Grenzschicht als Schutzstruktur. Mit Hilfe geometrischer Methoden

Tabelle 16. Grad der Diskontinuität der Besiedlung naturnaher Fließgewässer im Vergleich mit anderen Lebensräumen. (Nach Schönborn 1998).

Lebensraum	$\bar{x}$	**s**	s_x	**V**	**n**	s_p
Standgewässser (Teich)	5,55	0,88	0,29	15,8	53	5
Fließgewässer						
a) begradigt (Saale)	5,75	0,5	0,25	8,7	12	4
b) unbegradigt (Ilm)	9,16*	3,37	1,38	36,8	14	5
Erdboden	4,25	2,06	1,03	48,8	14	4

Testorganismen sind 4–5 stets dieselben Arten beschalter Amöben für die 4 Lebensräume.
Es bedeuten:

$\bar{x}$ = Durchschnittliche Zahl der Monate im Jahr, in denen die Arten fehlen (= Maß der Diskontinuität)
s = Standardabweichung
s_x = Standardfehler des Mittelwertes
V = Variabilitätskoeffizient
n = Zahl der untersuchten Proben
s_p = Zahl der Arten

läßt sich aus dieser Strukturhierarchie die fraktale Dimension ermitteln, die in diesem Fall als Maß der Rauhigkeit genutzt werden kann.

Wie geomorphologische Vorgänge (hier: unterschiedlich angerauhte Steinoberflächen), Strömungsmosaike im Mikrobereich und ökosystemare Energieflüsse sich verzahnen, demonstriert die Abb. 66. Der naidide Ringelwurm *Chaetogaster*, ein häufiger Bewohner der Fließgewässer, ernährt sich vorwiegend von Ciliaten. Er nimmt gezielt

Abb. 65. Die Rauhigkeit eines Bachbettes durch aufliegende Steine und die der Steinoberflächen durch das Mikrorelief (dieses etwa 4-fach vergrößert). (Nach Schönborn 1998).

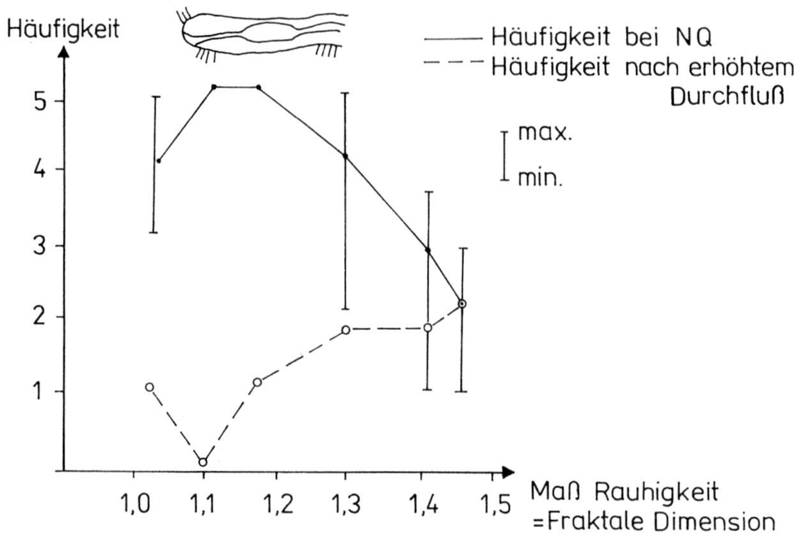

Abb. 66. Dichte von *Chaetogaster diastrophus*, ein wichtiger naidider Ciliatenräuber, in Abhängigkeit von der Rauhigkeit der Steinoberfläche und des Durchflusses. (Nach SCHÖNBORN 1996d).

seine Beute durch einen Schnapp-Saugmechanismus auf, indem er seinen geräumigen Pharynx erweitert, so daß ein Vakuum entsteht und die angezielte Beute hineingezogen wird. So kann er aus dem feinen Mikrorelief noch die Ciliaten erbeuten. Die Ciliatendichte steigt mit der Rauhigkeit; doch ab einer bestimmten Rauhigkeit nimmt die Versteckmöglichkeit der Ciliaten derart zu, daß ihre Erbeutung schwierig wird. Nach einem Hochwasser verbleiben aber in Bereichen höherer Rauhigkeit immer noch mehr *Chaetogaster* als auf glatten Stellen, so daß Energiefluß-Fragmente erhalten bleiben, von denen aus der weitere Wiederaufbau des Ökosystems erfolgen kann. Die Prandtl'sche Grenzschicht auf Steinen ist zugleich der Ort der höchsten Stoffumsätze im oberirdischen Teil eines Fließgewässers (s. **I. 7.6.2.4.**).

Nach einer drastischen Störung dominieren zunächst unter den Besiedlern die sog. **Kurzzeitbesiedler** (oft r-Strategen), die fast jeden unbesetzten Raum zu kolonisieren versuchen. Sie werden schließlich durch die **Langzeitbesiedler** (oft K-Strategen) verdrängt, die dann typisch für den betreffenden Flußabschnitt sind. Nach dem Konzept von CONNELL führt eine hohe Frequenz an Störungen zur Dominanz von Kurzzeit-, eine zu geringe zur Dominanz von Langzeitbesiedlern. Eine mittlere Störungsfrequenz begünstigt daher beide Besiedlungsstrategen und führt zur höchsten Artendiversität. Die Abb. 67 zeigt die modellmäßige Erfassung dieses Konzeptes an einem kleinen mitteldeutschen Fluß (s. auch TOWNSEND et al. 1997). Speziell für Flüsse bedeutet dies, daß sowohl regulierte (geringe Durchflußschwankungen) als auch Flüsse mit häufigen Durchflußschwankungen (infolge von Abholzungen, Waldsterben, Bodenversiegelung) Artenverluste aufweisen.

Nach einem Hochwasser sind viele Bereiche eines Flusses organismenleer oder -arm. Die Wiederbesiedlung läßt sich in vielen Fällen mit der Formel von MAC ARTHUR

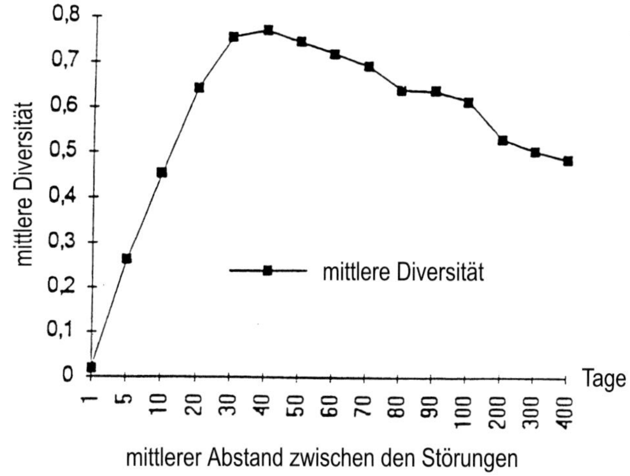

Abb. 67. Frequenz von erhöhten Durchflüssen und mittlerer Artendichte in einem kleinen Mittelgebirgsfluß (Ilm, Deutschland). (Nach LARSEN et al. 1995).

und WILSON für die Besiedlung von Inseln annähernd beschreiben. Dies gilt besonders, wenn die Zu- und Abwanderungen per Drift (s. **I. 7.5.9.**) erfolgen, so daß ein Besiedlungsgleichgewicht relativ schnell erreicht wird:

$$N_t = \frac{k}{m}(1 - e^{-mt})$$

Es bedeuten: N_t = Zahl der Individuen nach der Zeit t, k/m = Quotient aus konstanter Immigrations- und Emigrationsrate.

Zu Beginn dominieren Kurzzeitbesiedler mit einer starken Zu- und Abwanderung der Arten (bzw. Verlusten) (Abb. 68). Die Verlustraten in den Flüssen schwanken etwa zwischen 1,35 und 0,02 Taxa d^{-1}. Die instabile Anfangsphase dauert je nach Organismengruppe und Flußsystem 5–25 Tage; danach kommen die persistenten Arten. Oft ist ein Fluß innerhalb von 3–4 Wochen nach Hochwasserereignissen wieder rekolonisiert (wobei viele Faktoren modifizierend wirken). Das Erreichen des Arten- und Individuenmaximums erfolgt etwa gleichzeitig und gehorcht dem allgemeinen populationsdynamischen Schema: nach einer lag-Phase kommt es zum exponentiellen Anstieg, dem eine Verlangsamung der Dichtezunahme bis zum Sättigungsgrad folgt (Abb. 69).

Nach einem Hochwasser sind die Habitatoberflächen häufig nicht nur frei von Organismen, sondern auch von organischen Stoffen. Als erste Phase erfolgt dann die Adsorption von gelösten, kolloidalen und partikulären Stoffen. Danach besiedeln Bakterien die Oberflächen. Sie scheiden eine organische Matrix aus Polysacchariden und Enzymen aus, in die auch Metalle adsorbiert werden können. Erst danach erfolgt die Besiedlung durch Algen und Tiere (Abb. 70). Die Tierbesiedlung scheint stets nach bestimmten Mustern zu erfolgen, deren Gründe wir nicht kennen. Synchronität besteht einerseits bei

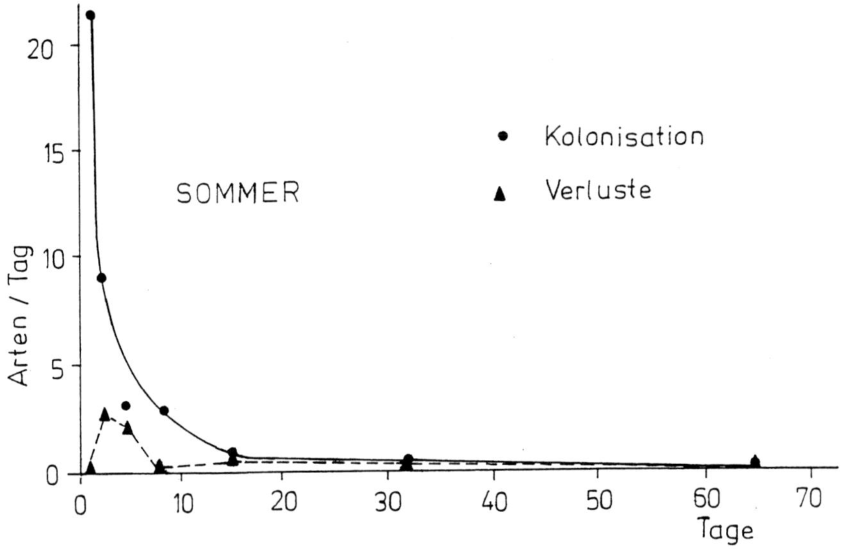

Abb. 68. Kolonisations- und Extinktionsraten benthischer Invertebraten in einem Bach (Mink-Bach, USA) während des Sommers auf zunächst unbesiedelten Habitaten. (Nach MINSHALL & PETERSEN 1985).

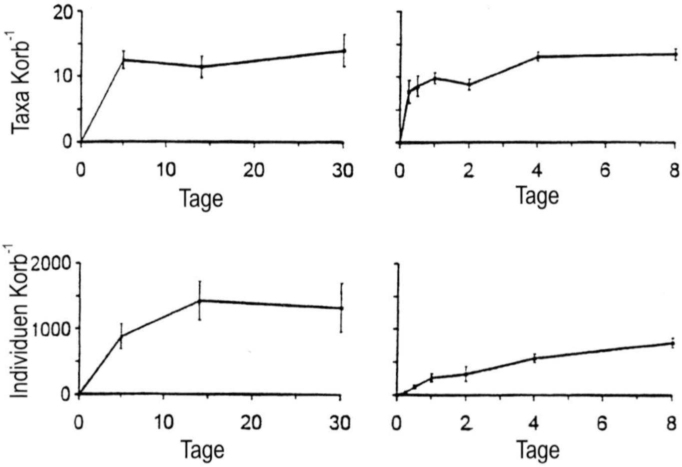

Abb. 69. Besiedlungsverlauf der Arten und Individuen von tierfreien Habitaten (exponierte Körbe mit Steinen) in einem kleinen Fluß (Ilm, Deutschland). (Nach ELSER 1999).

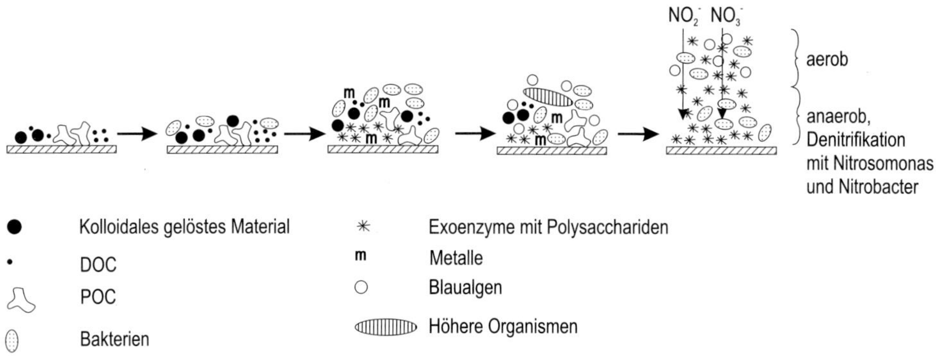

Abb. 70. Phasen der Besiedlung der Steinoberflächen. (Nach Angaben aus Lock et al. 1984).

den typischen Insektengruppen der Fließgewässer und Hydrozoen sowie andererseits den Nematoden, Oligochaeten und Coleopteren (Meyer 1991).

Ein Fließgewässer ist also in hohem Maße auf die Wiederbesiedlung angewiesen. Wo sind die Rekolonisierungspotenziale der Fließgewässer? Ein Potential haben wir bereits in dem Hyporheal kennengelernt. Weitere sollen in den folgenden Kapiteln besprochen werden.

7.5.9. Organismische Drift und Gegenstrombewegung

In Fließgewässern treiben regelmäßig benthische Algen (besonders Diatomeen) und Invertebraten flußabwärts. Im Gegensatz zum Plankton (**I. 7.5.3.**)vermehren sie sich nicht in der fließenden Welle, sondern setzen sich nach einer gewissen Driftstrecke aktiv wieder fest (= Kolonisierungsphase). Die organismische Drift ist ein wichtiges Element im Funktionsgefüge von Fließgewässer-Ökosystemen. Trotz vielfältiger Untersuchungen über diese Erscheinung wird sie noch immer nicht richtig verstanden. Die Drift ist ein multifunktioneller Vorgang, was auch schon ihre grobe Einteilung zum Ausdruck bringt (vgl. Brittain & Eikeland 1988, Konar 1990).

Katastrophendrift. Sie wird durch pessimale Veränderungen im Gewässer ausgelöst (Hochwasser, Austrocknung, Geschiebetrieb, Entkrautungsmaßnahmen, Elektrofischerei, starke organische Belastungen, Vergiftungen). Sie ist eine Fluchtreaktion zum Erreichen günstiger Lebensräume flußabwärts.

Zufallsdrift. Die Tiere werden zufällig bei ihren Bewegungsaktivitäten abgespült. So finden sich immer vereinzelt Individuen von nichtdriftenden Arten und Gruppen in der fließenden Welle. Die Driftdichte ist auch positiv mit der Fließgeschwindigkeit korreliert.

Verhaltensdrift. Sie wird durch verschiedene Verhaltensweisen ausgelöst, die im Zusammenhang mit den Populationsstrategien stehen: Dispersion, stadienspezifisches Verhalten, Häutung, Konkurrenz, Überdichten, Prädationsdruck.

Die Drift besitzt also eine Vielzahl auslösender Faktoren (vgl. Rühm 1998). Bei der Katastrophen- und Verhaltensdrift wird das fließende Wasser als Lokomotionsmedium genutzt.

Sehr viele Invertebraten driften; die häufigsten Drifter sind die Larven der Chironomiden, gefolgt von denen der Ephemeropteren.

Zu unterscheiden sind:

- **Driftdistanz** (vom Ablösen bis zur Kolonisierung des Einzelorganismus)
- **Driftstrecke**, die im Leben, oft Larvenleben bis zur Verpuppung, zurückgelegte Strecke.

Die Driftdistanzen sind relativ kurz und betragen nur wenige Meter. Driftstrecken können durchaus bis zu 300 m erreichen (z. B. bei Larven der Simuliiden, Rühm & Rupp 1993).

Die Drift wird durch eine aktive **Kolonisation** beendet. Dies geschieht durch:

- Aktives Abwärtsschwimmen (z. B. Plecopterenlarven).
- Die Fallschirmmethode (Körperanhänge, wie Antennen, Extremitäten, Cerci werden ausgestreckt und der Hinterleib wird aufgebogen), wodurch die Tiere schnell hängen bleiben.
- Spinnen von Ankerfäden, die schnell an Habitaten haften (z. B. bei Polycentropodiden unter den Trichopteren, Simuliiden, bei denen der Spinnfaden aus den Labialdrüsen entsteht, die auch die Haftplatzsekrete produzieren (s. **I. 7.5.5.**)).
- Die Turbulenz der Strömung, wodurch die Organismen Habitate berühren, so auch die driftenden Algen.

Die Drift wird als **Driftdichte** gemessen (Zahl der driftenden Organismen in einem bestimmten Wasservolumen, vergleichbar mit der Abundanzmessung im Benthal) und als **Driftrate** oder **Driftintensität** (Zahl der auf einer Netzfläche pro Zeiteinheit gefangenen Drifter).

Die Drift ist zeitlich und räumlich strukturiert. Algen, z. B. Diatomeen, driften am Tage (Photosynthese!), viele Invertebraten nachts (Abb. 71). Die nächtliche Drift kann ein-, zwei- und mehrgipflig sein, so daß auch endogene Faktoren eine Rolle spielen können. Im allgemeinen scheint aber die Lichtintensität der Zeitgeber zu sein. Es gibt jedoch auch unter den Invertebraten Tagdrifter und solche ohne tagesperiodische Periodizität. Die Bedeutung der Nachtdrift ist nicht geklärt. Infolge der bei Fließgewässertieren verbreiteten negativen Phototaxis, liegt ihre Aktivität vor allem in den Nachtstunden, so daß also auch die Drift nächtlich sein muß. Eine andere Hypothese postuliert das geringere Prädationsrisiko durch die visuell jagenden Fische. Eindeutige Beweise liegen jedoch nicht vor.

Die räumlich strukturierte Drift bezieht sich auf:

- Oberflächendrift. Die Organismen driften inmitten des Wasserkörpers.
- Grunddrift. Gedriftet wird in Sohlennähe. Die Grunddrift übersteigt oft die der Oberflächendrift. Ältere Insektenlarven driften vor allem in Grundnähe.
- Uferdrift. Gedriftet wird in Ufernähe. Sie kann die Drift in der Strommitte übersteigen.

Von den Insektenlarven driften besonders die jungen Stadien, was auf stadienbedingte Dispersion hindeutet. Auch das Aufsuchen günstiger Lebensräume und Verpuppungshabitate kann bei der Drift eine vordergründige Rolle spielen. Auch das Abdriften von Produktionsüberschüssen soll eine Driftursache sein. So sind benthische Dichte und Driftintensität im allgemeinen positiv korreliert. Das läßt sich auch in einem exponenti-

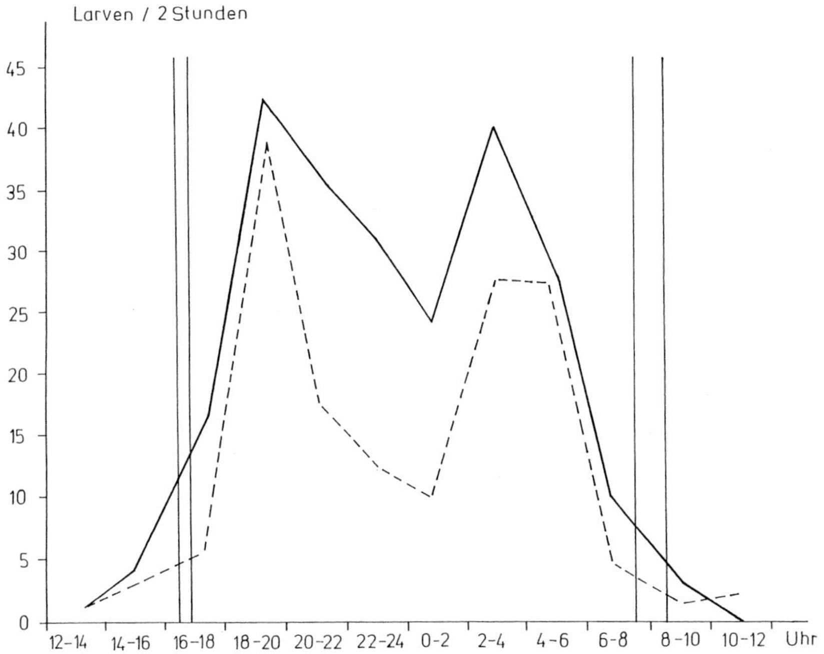

Abb. 71. Tagesperiodik der Drift der Steinfliegenlarve *Isoperla goertzi*. Die Ordinate enthält die in einem Monat aufsummierte Anzahl driftender Larven. Die senkrechten Striche deuten Sonnenauf- und Sonnenuntergang an. Gestrichelte Linie = November 1963, durchgezogene Linie = Dezember 1963, Deutschland. (Nach SCHWARZ 1967).

ellen Modell von WARINGER (1989) beschreiben, das situationsbedingten Modifikationen, etwa den natürlichen Verhältnissen, entspricht.

$$Y = a \cdot e^{bx}$$

Es bedeuten: Y = Driftrate, x = Benthosdichte, a, b = Konstanten

Untersuchungen an driftenden Simuliidenlarven sprechen sehr für eine Populationsregulation durch Drift (KIEL et al. 1998). Die Wiederbesiedlung nach Störungen geschieht im erhöhten Maße durch die Drift. Zwischen dem Grad der morphologischen Anpassung an die Strömung und der Driftintensität besteht keine Korrelation, weil die Drift in der Mehrzahl der Fälle ein aktiver Vorgang ist. Sie trägt zur Elastizität der Fließgewässer-Ökosysteme bei und stellt ein wichtiges Wiederbesiedlungspotenzial gestörter Fließstrecken dar. Zur Drift gibt es eine Gegenbewegung, die **Gegenstrom**- oder **Aufwärtsbewegung**. Sie leitet sich aus der positiven Rheotaxis ab. Zu ihrer Funktion werden geltend gemacht:

- Ausgleich der Drift
- Aufsuchen günstiger Lebensräume und stadienspezifischer Habitate.

Sicherlich ist auch die Aufwärtsbewegung multifunktionell und trägt zur Elastizität der Fließgewässer-Ökosysteme bei. Ebenso ist sie ein Wiederbesiedlungspotential.

Die Wanderbewegungen können auch quer zur Fließrichtung erfolgen, zu den Uferhabitaten oder zu den Nebenflüssen. Wie die Drift, so erfolgt auch die Aufwärtswanderung meist nachts und auf rauher Sohle mit vielen Totwassern. Sandstrecken können bei > 12 cm s^{-1} Fließgeschwindigkeit von den meisten Kleintieren nicht mehr überwunden werden. Die Wandergeschwindigkeiten betragen maximal 14 m d^{-1} (seltener als bei den wanderfreudigen *Gammarus*, 40 m h^{-1}), im Durchschnitt 4 m d^{-1}.

Zum Ausgleich der Drift soll auch der **Kompensationsflug** beitragen, bei dem merolimnische Insekten zur Eiablage bachaufwärts fliegen. Es gibt Bestätigungen dieses Fluges, vor allem von begatteten Weibchen, aber mindestens ebenso viele Beobachtungen, die keinen gerichteten Flug nachwiesen (Zwick 1990, s. auch Wagner 2000). Zu den Aufwärtsbewegungen gehören auch die **Laichwanderungen** vieler Fische in die Oberläufe. Es sind meist Kieslaicher, die die Kiesbänke aufsuchen. Dieses Verhalten soll auch der Drift der Jungfische entgegenwirken. Die Larven (Glochidien) der **Muscheln** (Unionidae) parasitieren an den Kiemen von Fischen und werden somit stromaufwärts transportiert.

Fische, besonders Salmoniden, nutzen die wandernden und driftenden Tiere als **Nahrungsquelle**. Wie groß der Einfluß auf wandernde und driftende Populationen durch Fische ist, bleibt umstritten.

7.5.10. Temporäre Fließgewässer

Neben den Dauerflüssen, deren Wasserführung vom Spitzenhochwasser (HHQ) bis zum extremen Niedrigwasser (NNQ) schwanken können, gibt es temporäre Fließgewässer, deren Wasser zu bestimmten Jahreszeiten völlig versiegt. In semihumiden Gebieten versiegt der Wasserfluß, wenn die Verdunstung die Niederschlagsmengen übertrifft. Auch in humiden Gebieten kann das Wasser zeitweise auf karstigem Untergrund versinken. Hochwasser und Trockenfallen sind die beiden Extreme der Wasserstandsschwankungen und die wichtigsten natürlichen Störereignisse im Leben der Fließgewässer. In beiden Extremen können Individuen überdauern und wird die Mehrzahl der Besiedler vernichtet, so daß eine Wiederbesiedlung notwendig wird.

Temporäre Gewässer können periodisch sein (z. B. in den gemäßigten Klimaten der sommertrockenen Bäche; Timm & Sommerhäuser 1993) oder episodisch, d. h. nicht voraussehbar. Temporäre Gewässer sind geographisch stets unterschiedlich zu bewerten, (s. **I. 7.2.**, **I. 7.3.**).

Es gibt mehrere **Überdauerungsstrategien** in der Trockenphase von Flüssen:

- Abwandern in das Hyporheal (woran auch Fische teilnehmen können) oder Abdriften in noch fließende Strecken. Ausgelöst werden diese Bewegungsrichtungen durch Abnahme des Wasserflusses und der damit verbundenen Konzentrationserhöhung an Wasserinhaltsstoffen.
- Übriggebliebene Pfützen auf der Fließgewässersohle. Es kommt zur Ausnutzung kleinster Wasseransammlungen.
- Unter Steinen, Totholz udgl.
- Eingraben in feuchten Schlamm.
- Eingraben in feuchtes Laub am Ufer und an der Uferböschung.
- Bildung von Dormanzstadien oder Überdauerung als Ei.

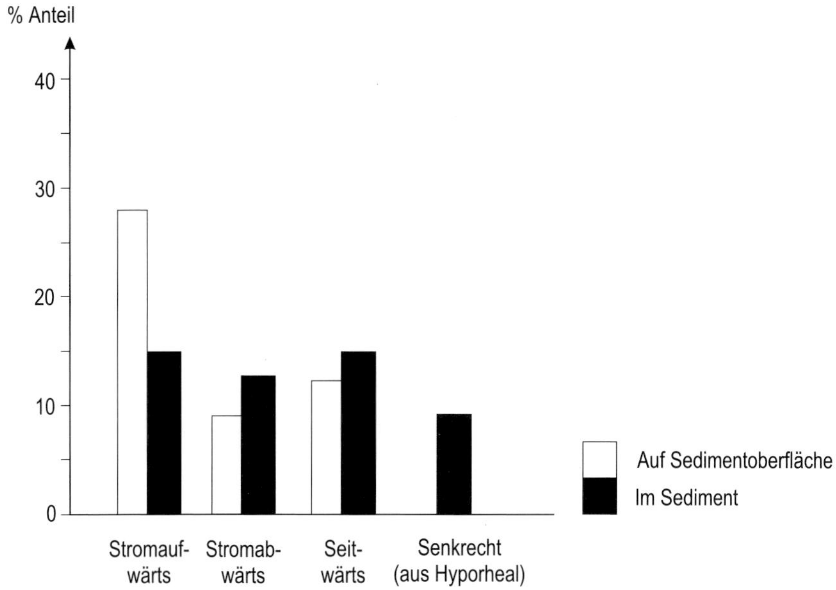

Abb. 72. Anteile der benthischen Wiederbesiedlungspfade nach einem Störereignis im Fließgewässer (ohne Drift und Eiablage durch anfliegende Insektenweibchen). (Nach ELSER 2001).

Die genannten Strukturen sind also in temporären Fließgewässern von überragender Bedeutung. Wasserkraftwerke können Bäche durch Wasserentzug zeitweise trockenlegen. Es gibt daher einen behördlich festgelegten, landschaftsnotwendigen (gebietsbezogenen) Mindestabfluß (Q_L) (s. **II. 6.1.1.**).

In einem kanadischen Experimentierfluß erfolgte die Wiederbesiedlung etwa nach folgenden Anteilen (WILLIAMS & HYNES 1976):

Drift	40 %
Eiablage durch anfliegende Insekten	28 %
Hyporheal	16 %
Aufwärtsbewegung	16 %

Einige Insekten, wie z. B. Käfer, deren Imagines auch im Wasser leben, können durch Abflug das trockenfallende Gewässer verlassen und durch Anflug wieder besiedeln. Es gibt auch Anpassungen an die temporären Gewässer: Verlegung der Flugzeiten der Wasserinsekten (z. B. Trichoptera) am Ende der Fließzeit, Sommerdiapausen, Verkürzung der Larvenzeit (z. B. Feuersalamander) (SOMMERHÄUSER 1995).

7.5.11. Die Wiederbesiedlungspfade der Fließgewässer nach Störungen

Wir haben bisher vier Wiederbesiedlungsmechanismen und -pfade kennengelernt, wobei die Eiablage durch anfliegende Insekten keine Spezifität besitzt, sondern für fast alle limnischen und terrestrischen Lebensräume zutrifft.

Die Wiederbesiedlungspfade sind nicht in jedem Fluß gleich, sondern flußspezifisch modifiziert.

In einem kleinen Mittelgebirgsfluß ließen sich bisher 8 Wiederbesiedlungspfade unterscheiden (ausgenommen die Eiablage durch merolimnische Insekten): Drift, Aufwärtswanderung oberflächig, Abwärtswanderung oberflächig, Aufwärtswanderung innerhalb des Sediments, Abwärtswanderung innerhalb des Sediments, aus dem Hyporheal und unterschiedlich von beiden Ufern (Abb. 72). Es gibt leider noch zu wenig Untersuchungen über die Wiederbesiedlungspfade unterschiedlicher Fließgewässertypen.

Schlußfolgerung: Von der Niedrigwasserführung bis etwa 1 m s^{-1} Fließgeschwindigkeit regulieren Fließgewässer ihre benthischen Zönosen nach den gleichen Mechanismen wie andere Ökosysteme auch (s. **I. 3.**). Doch wie kein anderer Lebensraum zeigen Fließgewässer systembedingte Störungen, so daß sie auf Wiederbesiedlung angewiesen sind. Sie besitzen für die Wiederbesiedlung besondere Strukturen und Mechanismen. Diese müssen bei jedem Flußbau und auch bei Renaturierungen genau beachtet werden (vgl. **II. 6.**).

7.5.12. Biologie der Flußmündungen

Das Hypopotamal mündet in ein **Meer** und bildet je nach der Ausprägung der Gezeiten ein Delta oder Ästuar (s. **I. 7.2.1.**). In einem **Delta** verzweigt sich der Fluß zwischen den Flußbarren und bildet ein übergeordnetes Ökosystem, das infolge seiner vielen seeartigen Ausbuchtungen, großen Schilfwälder und Flußverzweigungen, sowie geringer Fließgeschwindigkeit, kaum noch fließgewässertypische Merkmale besitzt.

Etwas anderes ist es in den **Ästuaren**, der trichterförmigen Mündung der Flüsse in Gezeitenmeeren, (vgl. Kausch et al. 1991). Im Ästuar mischen sich Meer- und Süßwasser zu **Brackwasser**. Der Aufbau eines Ästuars unterliegt stofflich und biologisch bestimmten Gesetzmäßigkeiten. Es besteht zunächst aus einem Süßwasser-, Brackwasser- und Meerwasserteil. Nicht nur Wasser, auch Sedimente werden in das Ästuar transportiert: sowohl vom Fluß in Richtung Meer, als auch vom Meer in den Fluß hinein. Flußwärts strömen Wasser und Sediment bei Flut, entgegengesetzt bei Ebbe. Im Bereich des beginnenden Brackwassers (vom Fluß aus) kommt es zu Wirbelbildungen und Tonausflockungen, so daß sich hier eine sog. **Trübstoff-Falle** bildet. Der Salzgehalt liegt bei etwa 5 ‰ und steigt dann meerwärts sehr schnell an. In diesem unteren Bereich des Brackwassers kommt es auch zu einem erhöhten Absterben mariner und limnischer Algen- und Tierarten. Es kommt zur Freisetzung von organischen Substanzen und Nitrat. Die Salzgehalte verändern sich mit den Gezeiten und laufen entweder fluß- oder meerwärts. Der Brackwasserbereich wird auch als **mesohaline Zone** (5–18 ‰) bezeichnet (das Meer ist dann poly- und das Hypopotamal oligohalin; < 0,5 ‰ = Süßwasser) (s. **II. 4.6.**) (Abb. 73).

Die Brackwasserzone ist also arten- und auch individuenarm. Hier leben einige euryhaline und spezifisch mesohaline Arten (Abb. 74). Die euryhalinen Arten, die Salzgehalte vom oligohalinen bis zum polyhalinen (36 ‰) Bereich ertragen können, müssen ihren Elektrolytenhaushalt sehr schnell umstellen können. Sie haben eine hohe Fähigkeit zur Osmoseregulation (= poikilosmotische Arten).

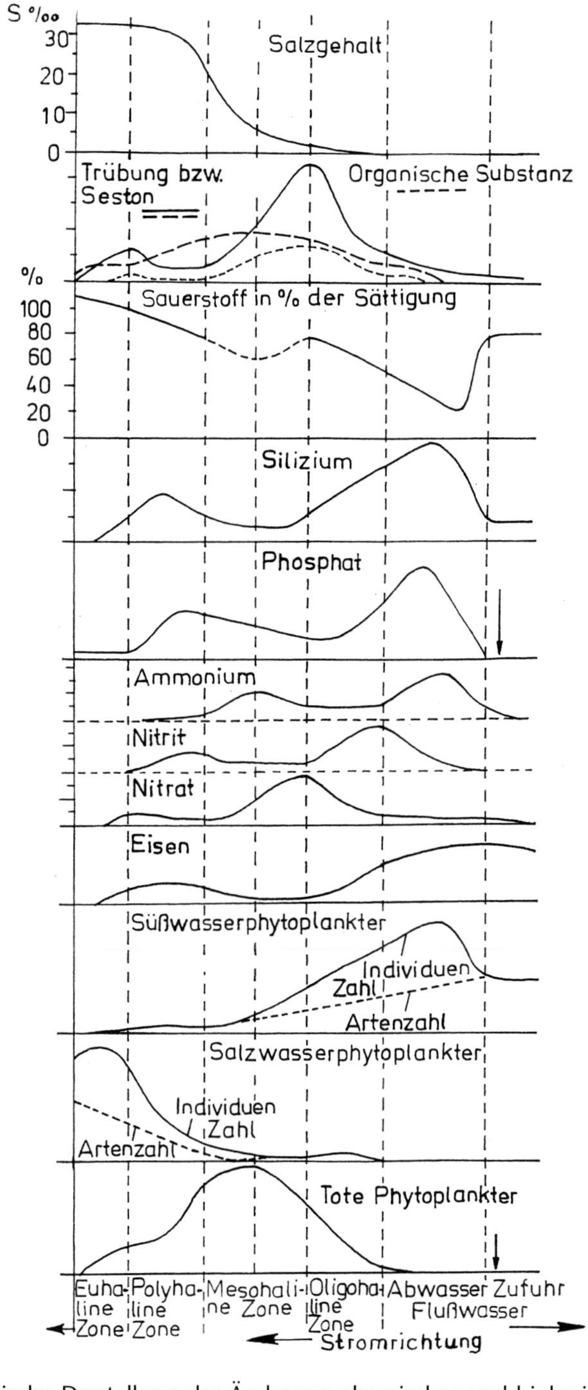

Abb. 73. Schematische Darstellung der Änderung chemischer und biologischer Komponenten in den Ästuaren deutscher Flüsse. (Nach KÜHL & MANN 1961).

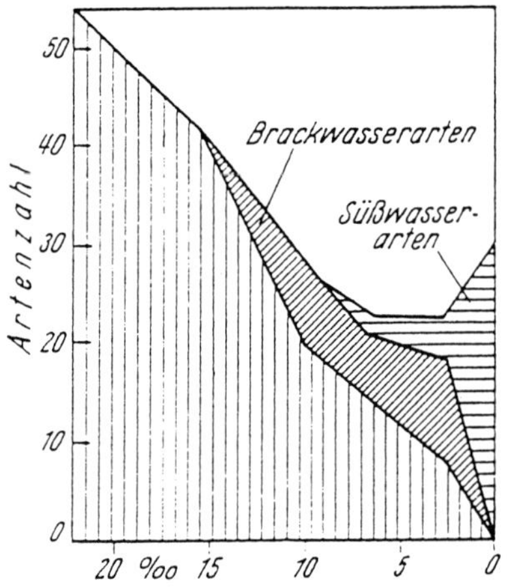

Abb. 74. Abnahme der Artenzahl im Brackwasser am Beispiel litoraler Nematoden (Kieler Bucht). (Nach GERLACH 1954).

Tropische Ästuare sind meist artenreicher besiedelt als Ästuare gemäßigter und kühler Klimazonen. In semiariden Gebieten, z. B. im südlichen Afrika, erreichen Flüsse nicht immer ein Meer oder einen Binnensee. Gelangen sie in extreme Trockenlandschaften, so verdunsten sie und bilden Endseen (s. **I. 8.**1.4.) oder ein **Binnendelta** mit Salzablagerungen. Ein bekanntes Binnendelta ist das Okavangodelta in Botswana. In der trockenen Jahreszeit (Juni–November) kann es fast austrocknen; nur Restseen, Tümpel und auch kleinere Fließgewässer sind noch vorhanden. Da in diesen Gebieten Grundwasser meist oberflächennah ist, bilden sich schon bei ersten Niederschlägen große **Regenüberflutungsbereiche**, die baumlos bleiben, aber sehr tümpel- und pfützenreich sind. Die Tümpel, die bald wieder austrocknen, können mehrere hundert Meter Durchmesser besitzen. Sie sind z. T. salzhaltig (s. **I. 8.**1.4.). Auch die Flüsse und Bäche schwellen sehr schnell an und überfluten die Aue; sie hinterlassen viele periodische Kleingewässer (s. **I. 8.**1.4.). Grundwassergeprägte afrikanische Auen bilden z. T. riesige *Cyperus*-Wiesen (s. **I. 7.**5.13.). Infolge des hohen Grundwasserstandes gibt es auch perennierende Seen und Fließgewässer im Binnendelta. Die Tümpelgebiete sind extrem reich an Wasservögeln und auch von Großsäugern besiedelt (z. B. von Flußpferden). Elefanten können in der Trockenzeit, bei der Suche nach Grundwasser, zusätzliche Tümpel ausheben.

Flüsse können in **Binnenseen** münden. Die ursprünglichen Flußlandschaften waren sehr seenreich. Die Flüsse hatten seeartige Ausbuchtungen und tangierten oder durchflossen Seen infolge der ständigen Änderung ihres Laufes.

Bei der Einmündung eines Flusses in einen Binnensee gelten folgende Gesetzmäßigkeiten (**Durchflußseen**):

- Das Flußwasser schichtet sich dort ein, wo es auf Seewasser mit der gleichen Temperatur trifft. Nur schwebstoffreiches Flußwasser schichtet sich tiefer ein.
- Die mitgeführten Nährstoffe, vor allem aber Phosphor, werden im See verarbeitet, so daß also der See eine Reinigungsfunktion für den Fluß besitzt.
- Das in den See eingebrachte Plankton stirbt schnell ab und sedimentiert (vgl. **II. 7.**1.).

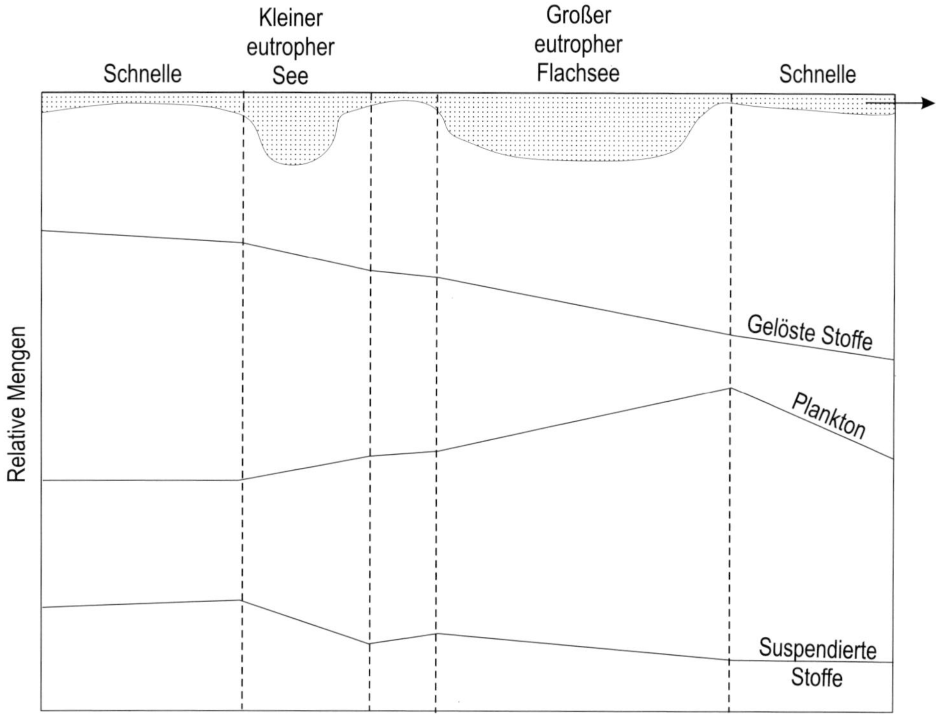

Abb. 75. Verhalten verschiedener Komponenten in einem Fluß-See-Durchflußsystem. (Verändert nach CUSHING 1974).

- Aus dem See in den Fluß transportiertes Plankton („Seenplankton") wird sehr schnell wieder eliminiert, wobei auch die Filtrierer unterhalb des Seeausflusses mitwirken (s. **I. 7.5.7.**).
- Seeausflüsse sind Oberflächenausflüsse. In die Seeausflüsse gelangt nur relativ wenig Plankton. Die überwiegende Menge an Plankton verbleibt im See, akkumuliert Nährstoffe (besonders P), stirbt ab und sinkt auf den Seegrund.

Schlußfolgerung: Durchflossene Seen reinigen die Flüsse in bezug auf ihre partikuläre und gelöste Fracht. Diese Mechanismen der Reinigung haben große Bedeutung in den Talsperren (s. **II. 7.1.9.**). Die transportierten Stoffe verbleiben im See (die Nährstoffe akkumuliert im Plankton) und erreichen somit nicht das Meer. Durchflossene Seen sind wichtige **Retentionssysteme** für Wasser und Stoffe und sorgen somit für den Verbleib von Wasser und Stoffen im Binnenland und entlasten das Meer (s. **I. 7.8.3.**) (Abb. 75).

7.5.13. Die Aue

Spezielle Übersichtsliteratur: MALANSON (1993), MITSCH & GOSSELINK (1993), TITTIZER & KREBS (1996), FRIESE et al. (2000).

Ein Fließgewässer endet nicht an seinen Ufern. Bei starken Niederschlägen tritt es über die Ufer. Das Hochwasserbett oder die Aue reicht bis zum höchsten Hochwasserstand (HHQ). Das Fließgewässer-Ökosystem pulsiert in seiner Ausdehnung, im Vergleich zu anderen Ökosystemen eine **abnormes** Merkmal. Die Auen sind nicht nur für die Fließgewässer, sondern auch für den Wasser- und Stoffhaushalt der Erde von enormer Bedeutung. Die heutige Degradierung der Auen ist ein schwerwiegender Eingriff in den Naturhaushalt.

Der Aufbau der Aue in den gemäßigten Klimazonen unterliegt gewissen Gesetzmäßigkeiten. Die Aue beginnt an der Uferlinie (s. **I. 7.2.2.**). In ihr wurzeln die Bäume, die die Ufer begleiten.

In vielen Bereichen der Erdoberfläche sind die Flüsse von Bäumen begleitet, nicht oder wenig in tropischen Auen mit hochanstehendem Grundwasser (Versumpfung!), ebenfalls wenig in ariden Gebieten und zum Teil auch in Hochgebirgen.

Die Bäume begleiten nicht nur die Ufer, sondern bilden in intakten Auen den **Auwald**. In gemäßigten Klimazonen unterteilt sich der Auwald in **Weichholz-** und **Hartholzaue**. Oberhalb der Uferlinie beginnt die Weichholzaue mit den Baumarten Schwarzerle (*Alnus glutinosa*), z. T. auch Grauerle (*A. languinosa*) und Weiden (*Salix*). Auch Ahorn (*Acer*) besiedelt die Ufer. Die Wurzeln dieser Baumarten sind hydrophil und wachsen der Sohle entgegen, wodurch sie Sohle und Böschung festigen. An die Weichholzaue schließt sich die Hartholzaue an, ursprünglich ein Ulmen-Eichen-Buchenwald, häufig auch noch mit Pappeln durchsetzt. Ihre Wurzeln sind hydrophob; an den Uferrand gepflanzt, führt das zu Uferabbrüchen (Abb. 76).

Die Ausdehnung der Aue und auch ihre vegetative Artendiversität nehmen flußabwärts zu (Abb. 77). In den Gebirgsregionen ist die Aue noch nicht entwickelt. Hier wachsen auch Nadelbäume in Bachnähe, erreichen aber infolge der engen Täler meist nicht den Bachrand. Steht das Grundwasser oberflächennah, so bilden sich in den gemäßigten Breiten an den Fließgewässern auch **Bruchwälder**, meist mit Schwarzerle und Bruchweide (*Salix fragilis*), die aber von den eigentlichen Auewäldern zu unterscheiden sind. Im tropischen Afrika sind es vor allem **Zypergrassümpfe** mit *Cyperus articulatus* und *C. papyrus*.

Die Böschungen (zwischen Niedrigwasser- und Mittelwasserlinie) gehören noch nicht zur Aue, werden in Europa aber auch von charakteristischen Pflanzengemeinschaften besiedelt. Im Bergland sind es Pestwurz (*Petasites hybridus*) und Rohrglanzgras, im Tiefland Röhrichte oder Weidengestrüpp. Auch diese Pflanzen festigen mit ihren Wurzeln die Böschung. Böschungsvegetation und die Weichholzaue sind relativ resistent gegenüber Überschwemmungen. Erle und Weide vertragen meist 120–160 Tage Überschwemmung, Ulme und Eiche (Hartholzaue) hingegen nur 100 Tage.

In einer natürlichen Aue fallen bei Windbruch oder aus Altersgründen Uferbäume in das Fließgewässer und zwingen es zur Änderung seines Laufes, schaffen aber auch zugleich viele Habitate und Strömungsmosaike (s. **I. 7.2**, **II. 6**.1.3.). Dabei entstehen in intakten Auen auch die oft zahlreichen **Fluß-Nebenarme.**

Wie arbeitet eine intakte Aue? Das Wasser tritt bei Hochwasser über die Böschung und dringt in die Aue ein. Die Bäume und die übrige Auevegetation hemmen die Geschwindigkeit der Wasserausbreitung, so daß es Zeit hat, in den Boden bis in das Grundwasser einzudringen und dieses aufzufüllen. Das strömende Grundwasser verhindert die Bildung von Staunässe und somit der **Gleyhorizonte**. Infolge des langsamen

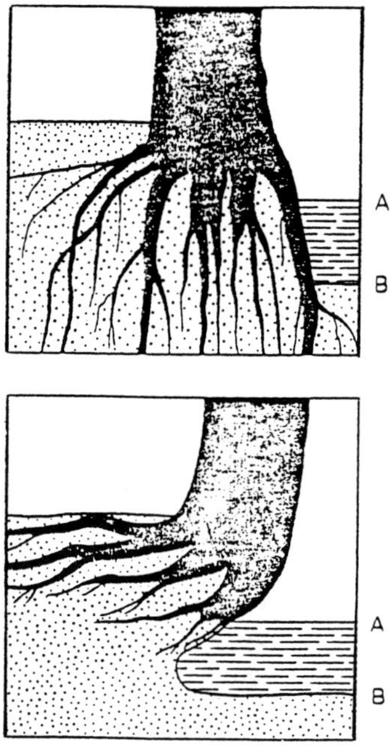

Abb. 76. Hydrophilie von Erlenwurzeln (oben) und Hydrophobie von Pappelwurzeln (unten) an einem Fließgewässer. **A** = Wasserspiegel, **B** = Gewässersohle. (Nach LOHMEYER & KRAUSE aus KLEE 1991).

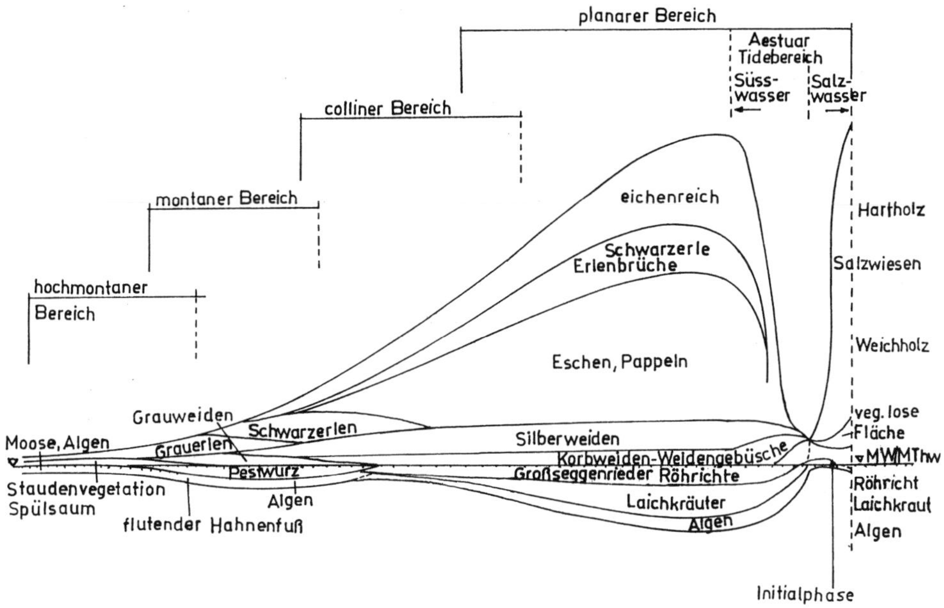

Abb. 77. Die Ausdehnung der flußbegleitenden Pflanzenbestände. Oben Auevegetation, unten Wasserpflanzen. (Nach KÜSTER 1978).

Fließens werden auch die mitgeführten Schwebstoffe abgelagert. Sie bilden den **Auelehm**, einen sehr fruchtbaren Boden von hoher biotischer Aktivität. Strömt das Wasser zurück, wird es nochmals durch die Auevegetation gefiltert; und auch die Pflanzen selbst nehmen gelöste Stoffe auf. Die Erlenwurzeln fixieren mit Hilfe der an ihnen lebenden Bakterien sehr viel Stickstoff. Sie halten ferner durch das Wurzelgeflecht viele Stoffe zurück und wirken als **Eutrophierungshemmer**.

Ein Hochwasser ist zugleich ein Reinigungsprozeß. In der Aue bleiben sowohl Stoffe (partikuläre und gelöste) als auch viel Wasser zurück. Die intakte Aue ist ein großes **Retentionssystem**, eine Stoff- und Wassersenke. Nitrate, die mit dem Wasser in den Boden dringen, werden in den sauerstoffarmen, aber bakterienreichen Schichten zu molekularem Stickstoff denitrifiziert.

Steht das Grundwasser unterhalb des Auelehms (= ungespanntes Grundwasser), so kommt es bei Niederschlägen zur erhöhten Versickerung und auch zum Sauerstoffeintrag in den Aueboden. In Trockenzeiten trocknet der Oberboden aus. Steht das Grundwasser bis an oder sogar in dem Auelehm (= gespanntes Grundwasser), versickern nur wenig Niederschläge. Sie stauen sich in der Aue an, bewirken Feuchtstellen, Pfützen und vor allem die Auetümpel und auch die Altarme werden aufgefüllt. In Trockenzeiten kommt es zu einem kapillaren Anstieg des Grundwassers, so daß auch dann der Aueboden durchfeuchtet wird (s. **I. 5.2.**). Die Aufstiegsrate liegt bei etwa 1–2 m d^{-1}. Gespannte Verhältnisse sind daher auch bei Renaturierungsmaßnahmen in der Aue anzustreben (s. **II. 6.1.4.**) (QUAST et al. 2000). In diesen Aueböden mit hochanstehendem Grundwasser kommt es zu besonders intensiver Denitrifikation und somit Nitratentlastung, da hier nur wenig Sauerstoff in den Boden eindringt. Es wurden bis zu 0,4 g NO_3–N -Verbrauch kg^{-1} 16 d^{-1} gemessen (TREMOLIERES 1993, BRETTAR et al. 1998). Im Allgemeinen dürfte die Denitrifikationsrate, vor allem in Auebruchwäldern, viel geringer sein (0,1 – > 1 g N m^{-2} a^{-1}). In trockeneren Zeiten liegt sie allerdings höher, wenn das verbliebene Wasser sehr sauerstoffarm ist. Dafür ist aber der Phosphatgehalt höher, da gebundener Phosphor freigesetzt wird. Bei Überflutungen kehren sich die Verhältnisse um; so reguliert die Aue den Stoffhaushalt (vgl. **I. 8.1.9.6.2.**). Diese Auen-Retentionssysteme schützen gleichzeitig das Binnenland vor zu großen Wasser- und Stoffverlusten und das Meer vor zu starker Eutrophierung (vgl. **I. 7.8.3.**).

Steht das Grundwasser in den Talauen hoch an, so ergeben sich oft Quellen in den Auen. Sie bilden kleine Auebäche, die häufig als **Gießen** bezeichnet werden und meist sehr reich besiedelt sind. Auch Moore entstehen häufig in Auen, die ebenfalls viel Wasser binden.

Was bedeutet eine bis an die Uferlinie entwaldete und in **Ackerland** verwandelte Aue? Das Hochwasser breitet sich schnell über die Auefläche aus. Ihm bleibt wenig Zeit, in das Grundwasser einzudringen und es wieder aufzufüllen. Das zurückfließende Wasser wird nicht gefiltert, sondern erodiert die Ackerkrume und nimmt viele Belastungsstoffe, unter ihnen auch Nährstoffe, mit zurück in das Fließgewässer. Bei den Nährstoffen handelt es sich vorwiegend um Phosphor, der sich schnell an den Bodenpartikeln adsorbiert. Bei Ausbringung von Nitratdünger und Gülle löst sich das Nitrat im Wasser, dringt bis in das Grundwasser ein und erreicht unterirdisch das Fließgewässer (s. **I. 7.6.4.**, **I. 7.6.5.**). **Dauergrünland** mildert diese Prozesse etwas, hebt sie aber im Gegensatz zu Wäldern nicht auf.

Die Nutzung des fruchtbaren Auelehms für die Landwirtschaft wird also teuer erkauft: Belastung der Flüsse, Verhinderung des Rückhaltens von festen und gelösten Stoffen sowie Wasser. Die Auswirkung dieser Prozesse ist nicht sofort spürbar und wird von dem unmittelbaren Nutzen der Auebebauung überdeckt; doch langfristig gesehen drohen hier ernste Umweltkrisen (s. **I. 7.8.3.**).

Während der mittelalterlichen Waldrodungsperioden muß es bereits derartige Krisen gegeben haben. Die Rodungen führten zu erhöhten Wasserabflüssen und damit zur Erhöhung von Zahl und Stärke der Hochwasser. Es wurde soviel Auelehm abgelagert, daß sich die Auen aufschichteten. Die Flüsse erscheinen dann eingetieft und das Grundwasser sinkt relativ zur Bodenoberfläche ab.

Führt ein Fluß Schadstoffe, z. B. Schwermetalle (s. **II. 4.1.**), so kommt es auch bei Hochwasser zu Ablagerungen in der Aue. Dies gilt besonders für das immobile Blei, das sich stark im Aueboden anreichert. In der Elbaue bei Wittenberge wurden bis zu 500 µg/g Boden gefunden. Mit zunehmender Hanghöhe der Aue nahm der Bleigehalt ab (Van der Veen & Zachmann 2000).

Die Auen sind nicht nur wichtige Retentionssysteme, sondern haben auch noch andere Funktionen. Die uferbegleitenden Bäume können kleine Fließgewässer völlig beschatten. Sie verhindern eine Erwärmung und eine erhöhte Primärproduktion. Entwaldete kleine Fließgewässer erwärmen sehr schnell und können schon bei relativ geringer Nährstoffbelastung verkrauten, wodurch ihre Transportfunktion extrem eingeschränkt wird (s. *Cladophora*, **I. 7.5.8.** und **I. 7.6.5.**). Die Lebensgemeinschaft der Oberläufe der Fließgewässer ist auf Beschattung und Kühle eingestellt. Viele Organismen ernähren sich von dem in den Bach gefallenen Laub und terrestrischen Tieren. Die Blätter der Weichholzaue haben ein niederes C/N-Verhältnis (Erle z. B. 15) und sind daher als Nahrung für Tiere geeignet. Ursache des hohen N-Gehaltes der Blätter sind die N_2-fixierenden Bakterien der Wurzeln. Infolge des aufgenommenen Stickstoffs wird den Blättern im Herbst kein N entzogen (s. **I. 7.6.4.**). Ihr Abbau geschieht innerhalb

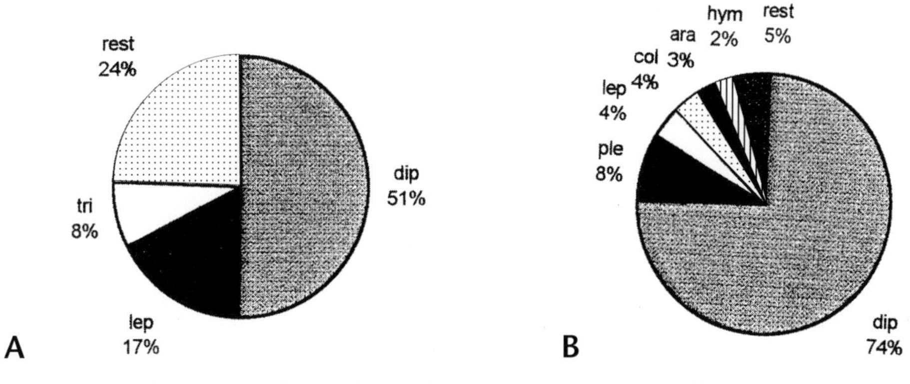

Abb. 78. Anteile terrestrischer Arthropoden am Input in einem kleinen Bach (Thüringen, Deutschland). **A.** Kontrollstrecke ohne Uferbäume. **B.** Strecke mit gemischtem Laubholzbestand. (Nach Jacob 1997).

Tabelle 17. Eintrag an terrestrischen Insekten (Fallenfänge) in ein kleines Fließgewässer (Leutra, Thüringen). (Nach Jacob 1997).

	Individuen [m^2a^{-1}] Strecke		Biomasse [$gTSm^{-2}a^{-1}$] Strecke	
Tiergruppe	**baumfrei**	**mit Laubbäumen**	**baumfrei**	**mit Laubbäumen**
Diptera	14.119	10.778	4,88	23,37
Plecoptera (1)	375	1.806	0,48	2,59
Exuvien	316	538	0,00	0,00
Aphidina	854	706	0,00	0,00
Araneida	962	1.155	0,44	0,83
Collembola	39	834	0,02	0,37
Thysanoptera	410	864	0,00	0,00
Hymenoptera	637	849	0,39	0,67
Coleoptera	646	809	0,32	1,10
Acari	94	173	0,00	0,00
Coccoidea	35	138	0,00	0,00
Megaloptera	5	1.061	0,00	0,00
Lepidoptera	99	118	1,67	1,30
Trichoptera (1)	143	54	0,78	0,26
Psocoptera	39	148	0,00	0,00
Ephemeroptera (1)	301	148	0,45	0,42
Rest	212	227	0,27	0,34
Mittelwert der Einzelfallen	19.286	20.406	9,68	31,26
Standardabweichung	1.968	4.611	0,55	7,68

(1) Imagines

eines Jahres. Blätter mit einem höheren C/N-Verhältnis, wie die aus der Hartholzaue (Eiche 47, Pappel 63) sind als Nahrung ungeeignet. Ihr Abbau dauert mehr als 2 Jahre. Im Verlauf des Abbaus sinkt aber das C/N-Verhältnis, so daß sie für die Fließwassertiere nutzbar werden. In Zeiten, in denen die Erlen- und Weidenblätter aufgebraucht sind, weht im nächsten Frühjahr der Wind die angegangenen Blätter aus der Hartholzaue in das Gewässer und ernährt die Lebensgemeinschaften (s. **I. 7.6.9.**).

Nicht nur Blätter, auch die aus den Bäumen in das Gewässer fallenden Spinnen und Insekten dienen Wassertieren als Nahrung, vor allem aber den Forellen und anderen

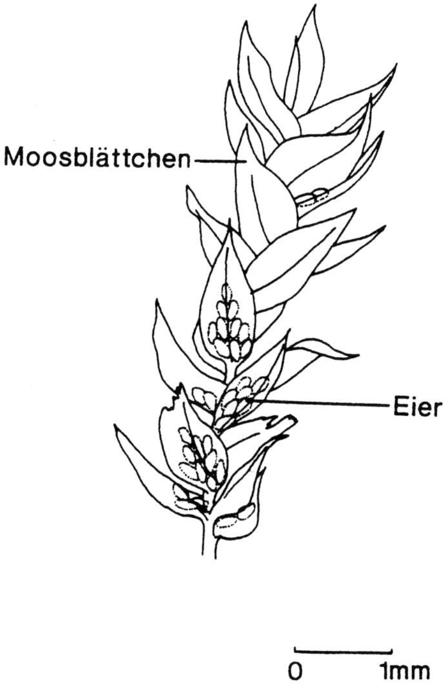

Abb. 79. Eier von Kriebelmücken in Blättern von Ufermoosen an Fließgewässern. (Nach TIMM & KLOPP 1993).

Fischen. Die Abb. 78 und Tab. 17 zeigen den Input an terrestrischen Arthropoden in einem mitteldeutschen Bach. Es dominierten terrestrische Dipteren, gefolgt von den Imagines der Plecopteren, den Blattläusen und Spinnen. Massemäßig nehmen oft Schmetterlingsraupen eine Spitzenstellung ein. Mit etwa 30 g TS m^{-2} a^{-1} liegt der Input an terrestrischen Arthropoden etwa in der Größenordnung der Jahresproduktion des Makrozoobenthos (s. **I. 7.7.2.**). Es gibt auch viel geringere Inputwerte für terrestrische Insekten, z. B. < 1000 a^{-1} in dem brasilianischen Fluß Itana (HENRY et al. 1994).

Spezielle Habitate, die die Landpflanzen den Wassertieren bieten, sind die im Wasser (oft) flutenden Erlenfeinwurzeln und die herabhängenden Zweige der Weiden. Die letzteren dienen z. B. den Weibchen der Ibisfliegen (*Atherix ibis*) zur gemeinsamen Ablage ihrer Eier (verkittete Klumpen). Die Weibchen selbst bleiben an den Eipaketen haften und dienen den Junglarven als erste Nahrung. Diese fallen nach und nach in das Wasser und leben hier räuberisch.

Obwohl ein Fließgewässer den ökologischen Ansprüchen der Larven merolimnischer Insekten entspricht, können sie fehlen, wenn die Aue oder generell das Umfeld des Gewässers den **Ansprüchen der Imagines** nicht genügt. Einige Kriebelmücken (Simuliiden) legen ihre Eier in die Blätter bestimmter Ufermoose ab. Fehlen diese Moose, dann sind auch die Larven in dem Gewässer nicht vertreten (TIMM 1993,TIMM & KLOPP 1993) (Abb. 79). Viele Kriebelmückenarten saugen an Waldvögeln (*Simulium argyreatum, Prosimulium vernum, Eusimulium latipes*), die in der Aue vorhanden sein müssen. Ist die Aue abgeholzt, so tritt häufig an die Stelle der genannten Arten die Art *Simulium ornatum*, die an Weidevieh schädlich werden kann. Entscheidend ist auch das

Abb. 80. Schwarmverhalten der Köcherfliegen-Imagines von *Hydropsyche* in Fließgewässer-Auen: **A** = *H. pellucidula,* **B** = *H. angustipennis,* **C** = *H. exocellata.* (In Anlehnung an ENGELS & NEUMANN 1995).

Schicksal der Imagines in den Auen und in den angrenzenden Landschaften und wie viele von ihnen wieder zur Eiablage gelangen. Über diese Zusammenhänge ist nur sehr wenig bekannt.

Die Auen sind das bevorzugte Fluggebiet merolimnischer Insekten. Die gewässernahen Flieger benutzen meist besondere Flugkorridore (WAGNER 2000).

Die Kriebelmücke *Wilhelmia equina* benötigt zur Paarung Bäume mit herunterhängenden Zweigen. Derartige Paarungs-Marker in der Aue sind auch von den Imagines der Köcherfliegen bekannt geworden (Abb. 80).

Die Auen sind generell wichtige Lebensräume der Erde. Intakte Auen werden bei Hochwässern von den Fischen auch zur Nahrungssuche benutzt. Wenig bekannt ist dies für europäische Fische, typisch ist es für die Überschwemmungsgebiete des Amazonas (s. **I. 9.2.**). Überschwemmte Auen werden auch zum Laichen von bestimmten Flußfischen aufgesucht. Bekannt ist, daß der Hecht (*Esox lucius*) seine Eier in Überflutungsgebieten ablegt, vorausgesetzt, das anstehende Wasser verbleibt etwa 40 Tage, so daß die Junghechte schlüpfen und selbständig Nahrung aufnehmen können. Auch Wirbellose verbreiten sich während des Hochwassers über die Aue. So kann man relativ häufig *Gammarus* und einige Wasserinsektenlarven beobachten. Über die Bedeutung dieser Wanderungen ist fast nichts bekannt.

Von der Reichhaltigkeit der Auenflora und -fauna in früheren Zeiten existieren heute in Europa kaum noch richtige Vorstellungen. Hier lebten die großen Gipfelräuber der Fließgewässer-Ökosysteme: Säger, Reiher, Kormorane, Fischotter, aber auch Bären und große Raubkatzen. Eine große Rolle spielte auch der **Biber** (*Castor* spp.), wie es heute noch in Kanada und in osteuropäischen Ländern der Fall ist. In Kanada z. B. wurden an einem Fluß 4. Ordnung 10,6 Biberdämme pro Flußkilometer registriert. Die Anstauungen führten zur erhöhten Sedimentation in und am Gewässer. Sie hielten pro Damm etwa 6 500 m^3 Sediment zurück. Die Biber erhöhen also die Retentionsfähigkeit der Fließgewässer und können Stoffhaushalt und Biogeochemie ganzer Flußsysteme beeinflussen. Sie bilden kleine Weiher und Feuchtgebiete in der Aue und verändern Flora und Fauna. Biberbauten führen zu großen Wasser-Rückhaltungen (und auch zu Stoff-Rückhaltungen), was gegen eine Versteppung wirkt und heute teilweise durch Talsperren (ökologisch sehr unvollkommen) ersetzt ist (Melillo & Hobbie 1986).

Der Biber war und ist teilweise noch eine wichtige Größe im Wasserhaushalt der Erdoberfläche. Neben den Anstauungen entstehen aber durch die Tätigkeit der Biber auch Sekundärbereiche, so daß die Habitatheterogenität zunimmt (lotische, lenitische Bereiche), was zu einer Änderung in der Fließgewässerfauna führt, meist aber ihre Diversität steigert. In mitteleuropäischen Biberrevieren nahmen deutlich Mollusken, Odonaten- und Trichopterenlarven zu (Harthun 1999), in kanadischen Schotterstrecken der Fließgewässer, die biberbedingt eine höhere Sedimentation erfuhren, die Chironomidenlarven (Naiman et al. 1984). Auch Kolmationen sind in diesen Bereichen natürlich.

Insgesamt leben in der Aue viele Insekten, Amphibien, Vögel und Säuger.

Wiederbesiedlung der Auen nach einem Hochwasser

Auebewohner zeigen häufig Überdauerungsstrategien bei Hochwasser. Die häufigste Strategie ist das Ausweichen auf höhere Pflanzenteile. Auch Mäuse erklimmen in dieser Situation sogar Bäume. Wühlmäuse, die in ihren Wohnbauen verbleiben, haben eine hohe Mortalität. Die Kletterer sind auch die ersten Wiederbesiedler nach einem Hochwasser. Mit einem Hochwasser werden auch viele Tiere (und Pflanzen) fortgespült und irgendwo bei Rückgang des Wassers in den Auen abgelagert. Auch dies ist eine Form der Verbreitung und Wiederbesiedlung (Boness 1975). Einige Gruppen, wie z. B. Carabiden (Laufkäfer), nutzen Treibholz zur Verdriftung bei Hochwasser. Im Verlauf von Hochwasser entstehen auch oft Kiesbänke und -inseln. Sie erwärmen sehr schnell und werden von terrestrischen Tieren besiedelt, besonders von Insekten. Die Nahrungsgrundlage ist meist das angeschwemmte organische Material oder die Besiedler sind räuberisch, wie Laufkäfer und Spinnen. Bei Hochwasser überdauern sie in dem groben Lückensystem der Kiesablagerungen oder verlassen die Inseln oder sterben auch ab, wenn die Inseln abtransportiert und umstrukturiert werden. Da jedes Hochwasser neue Inseln ablagert, bleibt der Lebensraum als solcher erhalten und wird von den Überlebenden schnell wieder besiedelt. Gut untersucht ist in dieser Hinsicht die Heuschrecke *Bryodema tuberculata*, eine kontinentale Steppenform in Osteuropa. Sie besiedelt die Wärmeinseln der Kiesbänke auch in Mitteleuropa, wobei die Weibchen an eine Bank gebunden sind, die Männchen aber durch Flug mehrere Kiesbänke erreichen (Reich 1991).

Flußmarsch und Süßwasserwatt. Im Gezeitenbereich werden die Auen verändert. Die Gezeiten machen sich bis in das Hypopotamal bemerkbar. Bei Flut kommt es zu einem Wasserstau, der über die Ufer tritt und feines Material ablagert (Schlick), das sowohl marinen als auch fluvialen Ursprungs ist. Die Ablagerungen bilden die Flußmarsch und führen zu einer Aufhöhung. Das sich anschließende Land neigt zur Moorbildung. Die Marschen sind heute eingedeicht und werden als Grünland bewirtschaftet. Ästuarwärts wird die Marsch nicht mehr von der Flut (Mittelhochwasser) überspült, da sie zu hoch und von Pflanzen bewachsen ist (Seemarsch). Der Streifen zwischen Seemarsch und Ästuar, der bei Ebbe trockenfällt, ist das Fluß- oder Süßwasserwatt, sofern es noch nicht zu weit im Brackwasserbereich liegt. Die Watten werden von salztoleranten Pflanzen besiedelt und dienen während der Ebbe vielen Wasservögeln als Nahrungsraum. Marsch und Süßwasserwatt sind infolge der Gezeiten und des Salzeinflusses umgewandelte Auen.

Tropische Auen. Sie zeigen oft keine Gliederung in Weichholz- und Hartholzauen. In ariden Gebieten Afrikas besiedeln vor allem *Acacia*-Arten die Auen. Oft sind es verschiedene *Acacia*-Arten, die vor und hinter der Mittelwasserlinie siedeln. Infolge der starken Erosion in ariden tropischen Gebieten ist die Uferböschung schon mit Bäumen besiedelt. Da in ariden Gebieten nur die Flußränder längere Zeit feucht sind, ziehen sich die Auebäume in Form von Galeriewäldern an den Flüssen entlang. Tropische Flußauen können sehr unterschiedlich aufgebaut (vgl. DAVIES & WALKER 1986), aber auch den europäischen vergleichbar sein. Im letzteren Fall, z. B. am Sambesi (südliches Afrika) ist die Weichholzaue durch Feigen (z. B. *Ficus verruculosa*) mit bis in den Fluß herabhängenden Zweigen, die Hartholzaue durch Mopane-Bäume (*Colophospermum mopane*), die sehr hartes Holz besitzen und Überflutung vertragen können, ersetzt. In der anschließenden Trockenzone treten *Acacia*-Arten, Baobab (*Adasonia digitata*) und viele andere Bäume auf. Diese Zonierung der Aue wird jedoch durch Elefanten, Kaffernbüffel und Antilopen sehr stark überformt, so daß es in den Auen zu Auflichtungen und einer artenreichen, mosaikartig verbreiteten Vegetation kommt. Diese Auen sind sehr tierreich; so leben hier auch Arten, die starken Einfluß auf das Gewässer nehmen, wie Wasserwaran (*Varanus niloticus*), Kormorane, Reiher, Buntstörche usw.

7.6. Stoffhaushalt der Fließgewässer

7.6.1. Trophie und Saprobie

Der Stoffhaushalt der Fließgewässer wird durch die Eigenproduktion (autochthon) an Stoffverbindungen, wie auch durch den Eintrag von außen (allochthon), der sehr hoch ist, bestimmt. Den Eintrag an Stoffen von außen, der auch anthropogen bedingt sein kann, bezeichnet man häufig als **Belastung** des Gewässers. Da es kein Gewässer gibt, welches nicht Wasserinhaltsstoffe besitzt, hält der allgemeine Begriff „Belastung" keiner strengen wissenschaftlich-kritischen Prüfung stand. Es muß immer gesagt werden, welche Art der Belastung gemeint ist, beispielsweise die anthropogene oder etwa die durch badende Elefanten. Da der natürliche und der anthropogen bedingte Stoffhaushalt der Gewässer kaum mehr zu trennen ist, werden hier beide Aspekte gemeinsam behandelt.

Es lassen sich zwei Stoffgruppen unterscheiden, die **anorganischen** und die **organischen** Stoffe. Wir befassen uns in diesem Teil des Lehrbuches nur mit den organischen und fäulnisfähigen Stoffen, einschließlich der pflanzlichen Nährstoffe, des Sauerstoffs und der anorganischen Kohlenstoffverbindungen, da sie Einfluß auf die Produktion der organischen Stoffe haben oder mit ihr in Verbindung stehen.

Die anorganischen Stoffe werden hauptsächlich unter dem Aspekt der anthropogen bedingten toxischen Belastung im zweiten Teil des Buches, der „Angewandten Limnologie", besprochen (s. **II. 4.**). Unter den toxischen Verbindungen gibt es auch organische, die aber aus didaktischen Gründen ebenfalls in **II. 4.** behandelt werden.

Zu Beginn des Kapitels über den Haushalt der organischen Stoffe stehen in der Limnologie die Begriffe Trophie und Saprobie. **Trophie** ist die Intensität der Primärproduktion, also die Produktion der grünen Pflanzen, wobei aus anorganischen Stoffen und Energie organische Stoffe entstehen, gemessen pro Zeiteinheit und Bezugsvolumen oder -fläche. Neben CO_2, H_2O und Sonnenlicht sind für die Primärproduktion auch noch Nährstoffe notwendig. Die wichtigsten sind Stickstoff und Phosphorverbindungen.

Saprobie ist die Intensität des Abbaus der organischen Stoffe, wiederum auf die Zeit und eine Raum- oder Flächengröße bezogen.

Der Trophie und im Prinzip auch der Saprobie liegt die bekannte Assimilation–Dissimilations-Formel zugrunde:

$$6\ CO_2 + 6\ H_2O\ (+\ \text{Licht} + \text{Nährstoffe}) \leftrightarrow C_6H_{12}O_6 + 6\ O_2 + 6\ H_2O$$

Für die Trophie wird die Formel von links nach rechts gelesen (**Assimilation, Photosynthese**). Als organische Stoffe werden zunächst **Kohlenhydrate** aufgebaut. Als Maß der Trophie läßt sich die produzierte Sauerstoffmenge (s. aber **I. 8.**1.9.6.3) oder die Menge des inkorporierten Kohlenstoffs nutzen (indem in die Gefäße mit den zu untersuchenden Pflanzen eine $NaH^{14}CO_3$-Lösung gegeben und später die ^{14}C-Assimilation als Impulszahl/min im Pflanzenmaterial gemessen wird).

Je mehr Sauerstoff in den Pflanzen pro Zeit- und Raumeinheit produziert oder Kohlendioxid assimiliert wird, um so höher ist die Trophie und um so mehr organische Stoffe werden produziert. Dabei lassen sich beide Meßgrößen ineinander umrechnen: **1 g C entspr. 3,195 g O_2**. Die Trophie bezieht sich auf den Aufbau der Kohlenhydrate, die Saprobie hingegen auf den Abbau aller organischen Stoffe, einschließlich der pflanzlichen und tierischen Fette und Eiweiße. Die Tiere ernähren sich primär von den Pflanzen, so daß letztere die Urproduzenten darstellen.

Für die Saprobie läßt sich die Formel (s. oben) von rechts nach links lesen (**Dissimilation**). Die Dissimilation geschieht einmal in der lebenden Pflanze selbst; am Tage, parallel der Assimilation (= Lichtatmung, Photorespiration), nachts (Dunkelatmung, mitochondriale Respiration), zum anderen, wenn die Pflanze abgestorben ist. Im zweiten Fall sprechen wir von Saprobie. Die Intensität des Abbaus kann nach der Formel durch den Sauerstoffverbrauch gemessen werden. Dieser Sauerstoffverbrauch wird durch Mikroorganismen (Bakterien, Pilze) vermittelt. Sie nehmen die gelösten organischen Stoff auf und veratmen sie, wobei die Stoffe mineralisiert in ihre anorganischen Ausgangsstoffe zerlegt werden (CO_2, H_2O, N-, P-, S-Verbindungen). Der Sauerstoffverbrauch ist daher ein Äquivalent für den Gehalt an abbaubaren organischen Stoffen. Die Saprobie entspricht der mikrobiellen Respiration.

Die **Photorespiration** bewirkt, daß es schon tagsüber mehr oder weniger zu einer Nettophotosynthese (ökologisch **Nettoproduktion**) kommt, da ein Teil der assimilierten Stoffe (vor allem Kohlenhydrate, etwas Fette und Proteine) wieder veratmet wird. Addiert man zu der Nettoproduktion (CO_2 bzw. C-Produktion) den wieder veratmeten Sauerstoff oder Kohlenstoff, so erhält man die reine oder Bruttophotosynthese (**Bruttoproduktion**). Im Dunkeln kommt es dann ausschließlich zur Atmung (wobei Licht- und Dunkelatmung allerdings nur in der O_2–CO_2 -Bilanz vergleichbar sind), so daß innerhalb von 24 Stunden morgens immer eine Nettoproduktion gemessen wird (s. auch S. 146).

Die Trophie ist positiv mit dem Gehalt des Gewässers an Pflanzennährstoffen korreliert. Gewässer mit niederem Gehalt an Nährstoffen sind **oligotroph**, solche mit hohem Gehalt an Nährstoffen **eutroph.** Die Saprobie ist die Kehrseite der Trophie. Vergleicht man beide, so ergibt sich:

oligotroph	–	oligosaprob (s. aber umstehend bei Selbstreinigung)
eutroph	–	β-mesosaprob
		α-mesosaprob
		polysaprob

Auch anthropogen unbeeinflußte größere Flüsse waren schon immer eutroph. Ihre organische Belastung läßt sich mit der β-mesosaproben Stufe beschreiben. Fließgewässer-Oberläufe (Rhithrale) sind ursprünglich fast immer oligotroph-oligosaprob.

Man unterscheidet im allgemeinen zwei weitere Saprobiestufen: α-meso- und polysaprob. Fließgewässer können diese hohe Saprobie nicht durch Eigenproduktion erreichen, evtl. noch die α-mesosaprobe Stufe, wenn eine Überdüngung vorliegt. Sie beruht immer auf erhöhter organischer Zufuhr von außen. In Staaten, in denen kein Großwild in höheren Dichten vorkommt (Elefanten, Nashörner, Büffel, Flußpferde, große Weidegänger), ist diese hohe Saprobie immer anthropogen bedingt. Der eutrophe Bereich wird heute je nach dem Nährstoffgehalt noch unterteilt in meso-, eu- , poly- und hypertroph (s. **II. 2.**). Die hypertrophen Verhältnisse bewirken eine Eigenproduktion, die zwar sehr in Richtung α-Mesosaprobie bei ihrem Abbau tendiert, erreichen sie aber nicht, da durch Selbstbeschattung der Pflanzen ihrer Produktion Grenzen gesetzt sind.

Selbstverständlich wird ein oligosaprober Bach durch Abwässer auch in einen β-meso-saproben oder noch darüber überführt. Es gibt eine allosaprobe β-Mesosaprobie; diese kann jedoch auch mit der Eigenproduktion erreicht werden (Autosaprobie).

α-mesosaprobe und polysaprobe Gewässer gibt es ohne Beeinflussung durch den Menschen in den großwildreichen Tropen und gab es auch bei uns in früheren geologischen Zeiten (Zwischeneiszeiten, Tertiär). Unsere Gewässer waren also auf ihre Degradierung als Abwasserrinnen biologisch vorbereitet (s. **II. 2.**).

Die Tab. 18 gibt die genannten Saprobiestufen in einer Abfolge wieder. Der Ausgangspunkt stellt eine Abwassereinleitung dar, die zur Polysaprobie führt. Im Verlauf des Flusses wird diese Konzentration an organischen Stoffen allmählich abgebaut und mineralisiert. Man unterscheidet 4 Stufen, die zugleich mit den Gütestufen der Wasserqualität identisch sind. Die Tab. 19 vermittelt noch einige weitere Merkmale der Saprobiestufen und unterteilt die oligosaprobe und polysaprobe Stufe nochmals.

Die in der ersten Abbaustufe entstehenden Aminosäuren können noch lange im Gewässer verbleiben, vor allem in den Sedimentporen. Die häufigsten Aminosäuren sind Serin, Glycin und Alanin (Heininger & Tippmann 1994). Den Abbau der organischen Stoffe von der Poly- bis zur Oligosaprobie bezeichnet man als **Selbstreinigung** des Gewässers. Allerdings erreicht die Selbstreinigung bei ständigem Zufluß von Abwasser niemals den oligosaproben Zustand, da sich NO_3^-, PO_4^{3-}, SO_4^{2-} als wichtige Nährsalze nur sehr unvollkommen aus dem Fluß eliminieren und somit immer wieder die Pflanzenproduktion stimulieren, so daß eine eutroph-β-mesosaprobe Wasserqualität entsteht. Erst bei Einstellung der Belastungsquellen fließen diese Stoffe flußabwärts und werden auch bei ihrem Rückhalt durch das nächste Hochwasser oder den folgenden Eisgang abgetrieben.

Ein wichtiger Summen-Parameter ist der Quotient aus Produktion und Respiration (P/R-Quotient), der sich unmittelbar aus der Assimilation-Dissimilations-Formel ableitet und auf Sauerstoff beschränkt werden kann. Die Tab. 18 ordnet auch die P/R-Quotienten den einzelnen Saprobiestufen zu und es ist nicht schwer, ihre Größenordnung aus

Tabelle 18. Charakterisierung der Saprobiestufen.

Polysaprobie (Gütestufe IV).

Sehr starke Verunreinigung. Rasante Abbauvorgänge, Sauerstoff aufgebraucht, Eiweiße höchstens bis Aminosäuren abgebaut. $P/R \ll 1$. Indikatoren: Tiere, Pilze, Bakterien. Keine grünen Pflanzen

α-Mesosaprobie (Gütestufe III).

Starke Verunreinigung. Wenig Sauerstoff, Aminosäuren bis zu NH_4^+, NH_3 abgebaut. Auftreten von H_2S. $P/R < 1$. Noch vorwiegend heterotrophe Indikatoren, die ersten pflanzlichen Indikatoren.

β-Mesosaprobie (Gütestufe II).

Mittel bis gering verunreinigt. Aerobes Mileu. NH_4^+, NH_3, H_2S sind zu NO_2^-, NO_3^- und SO_4^{2-} oxidiert. P/R 1 bis > 1. Heterotrophe und autotrophe Indikatoren.

Oligosaprobie (Gütestufe I).

Nicht oder gering verunreinigt. Sauerstoff gesättigt, wenig Nährstoffe: $P/R > 1$. Heterotrophe und autotrophe Indikatoren.

(Nicht erreichbar durch Selbstreinigung bei ständigem Input von Abwasser.)

Tabelle 19. Abgrenzung der Saprobitätsstufen in Fließgewässern. (Nach Caspers & Karbe 1967).

Saprobitätsstufe	Energiezufuhr allochthon	Energiezufuhr autochthon	Energieumsatz Respirationsrate	Abdrift und Sedimentation
I (β-oligosaprob)	gering	gering	gering	gering
II (α-oligosaprob)	gering	hoch	mittel	mittel
III (β-mesosaprob)	hoch	hoch	hoch	hoch
IV (α-mesosaprob)	sehr hoch	hoch	sehr hoch	hoch
V (β-polysaprob)	extrem hoch	gering	extrem hoch	extrem hoch
VI (α-polysaprob)	extrem hoch	ca. 0	extrem hoch	extrem hoch

Tabelle 20. Wichtige C-heterotrophe Bakterien (Kokken, Stäbchen, Fadenbakterien) und Pilze.

A. Kohlenhydratabbauer	
1. Leichtabbaubare Kohlenhydrate	
	Pseudomonas-Arten
	Bacillus-Arten
	Sphaerotilus natans (Fadenbakterium)
	Pilze:
	Mucor racemosus
	Aspergillus niger
	Fusarium aquaeductuum
2. Kohlenstoffverwerter schwerabbaubarer Substanzen	
Aerob	
Cellulose:	*Cytophaga, Sporocytophaga*
Lignin:	*Pseudomonas*-Arten
Chitin:	*Pseudomonas*-Arten, *Achromobacter, Flavobacterium, Vibrio*
	Pilze:
	Chytridiales, Saprolegniales (Czeczuga et al. 2000)
Anaerob	
Cellulose:	*Bacillus cellulosae*
Pektin:	*Pseudomonas*-Arten, *Flavobacterium*
Chitin:	*Bacterium chitinovorum*
B. Fettabbauer	
	Pseudomonas-Arten
	Bacillus-Arten
	Sarcina, Vibrio
C. Eiweißabbauer	
Aerob	*Sphaerotilus natans*
	Zoogloea ramigera
	Escherichia coli (fakultativ aerob)
	Pseudomonas fluorescens
	Bacillus subtilis
	Serratia marcescens
	Corynebacterium, Streptococcus
	Pilze: *Leptomitus lacteus*
Anaerob	
	Clostridium, Micrococcus
D. Denitrifikanten (Nitratatmer)	
$NO_3^- + 9H \rightarrow NH_4^+ + OH^- + 2H_2O$	
durch *Bacillus*-Arten, *Aerobacter*-Arten, *Escherichia coli*	
$2NO_3^- + 12H \rightarrow N_2 + 6H_2O$	
durch *Paracoccus denitrificans, Spirillum undulans* u. a.	

den bisher genannten Zusammenhängen abzuleiten. Tab. 20 zeigt die wichtigsten mikrobiellen Abbauer der Kohlenhydrate, Fette und Eiweiße. Es handelt sich dabei um heterotrophe Bakterien und einige Pilze. Die komplizierten Abbauvorgänge (hier nicht dargestellt) führen zu den Endprodukten, die in den Stoffhaushalt des Gewässers eingreifen: Kohlenhydrate, Fette: CO_2 (CH_4, anaerob) H_2O; Eiweiße: NO_3^- , PO_4^{3-} , SO_4^{2-}. Die Mehrzahl der Abbauer organischen Materials sind allochthoner Herkunft und an geringe Substratkonzentrationen angepaßt. Die Abbauorte sind habitatbezogen. An erster Stelle stehen die Steinoberflächen, gefolgt vom Porenwasser der Sedimente; und dann erst ist es die fließende Welle. In gleicher Reihe nehmen die Dichten der Bakterien ab, allerdings können sich die Proportionen bei Hochwasser vertauschen.

Die anthropogen bedingte organische Belastung kann **punktuell** durch Abwassereinleiter, aber auch **diffus** durch die Landwirtschaft geschehen. Nicht nur organische Stoffe, auch Nährsalze (Nitrate, Phosphate) gelangen durch Düngung in die Gewässer und fördern die autotrophe Produktion.

Der Sauerstoffverbrauch als Maß der Belastung bei der Selbstreinigung wurde standardisiert als **Biochemischer Sauerstoffbedarf (BSB)**. Eine Indexzahl gibt die Zahl der Tage der Sauerstoffzehrung an. Häufig gebraucht ist der BSB_5, der Sauerstoffbedarf (= Verbrauch nach 5 Tagen in einer Wasserprobe bei + 20 °C im Dunkeln). Während dieser Zeit werden etwa die leichtabbaubaren Kohlenstoffverbindungen oxidiert, während die Oxidation der Stickstoffverbindungen (bis zu NO_3^-) oft 20 Tage erfordert (Abb. 81). Trotzdem ist der BSB_5 ein verläßliches Maß der Belastung, sofern keine toxischen Stoffe vorhanden sind. Eine andere praxisrelevante Maßzahl des Sauerstoffverbrauches ist der **Einwohnergleichwert (EGW)**. Der EGW ist der BSB_5 für den Abbau der durchschnittlich von einem Einwohner pro Tag produzierten Menge an (leicht-)abbaubaren Stoffen. Er beträgt etwa 67 g O_2. Der Schmutzgehalt des Wassers wird auch mit Hilfe des **Chemischen Sauerstoffbedarfs (CSB)** gemessen. Hiermit wird auch die anorganische Belastung erfaßt. Dem Wasser werden Oxidationsmittel zugegeben (Kaliumpermanganat $K\,Mn\,O_4$ oder Kaliumdichromat $K_2\,Cr_2\,O_7$), die alle Schmutzstoffe

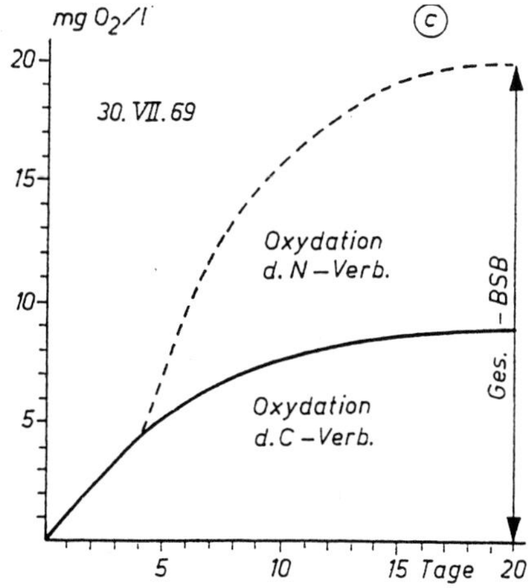

Abb. 81. Sauerstoffverbrauch der organischen Kohlenstoff- und Stickstoffverbindungen im Zeitverlauf. (Nach Oelmann, aus Uhlmann 1988).

Tabelle 21. Orientierungswerte der Sauerstoffproduktion und des Sauerstoffverbrauches in Fließgewässern.

Trophie (Produktion in $mgm^{-2}d^{-1}$ O_2)	**Saprobie (Verbrauch in $mgm^{-2}d^{-1}$ O_2)**
oligotroph: ± 2.000	oligosaprob: ± 500
eutroph: ± 6.000	β-mesosaprob: ± 2.000
	α-mesosaprob: > 2.000

oxidieren und sich dabei verbrauchen. Der Verbrauch ist dann das Maß der Verschmutzung. Der CSB ist also immer höher als der BSB.

Die Selbstreinigung (S) läßt sich auch berechnen als

$$S = \frac{Q(c_o - c_u)}{G} \quad [\text{Mol g}^{-1}\ \text{s}^{-1}]$$

Es bedeuten: Q = Durchfluß $[m^3\ s^{-1}]$, c_o, c_u = Konzentration der Belastungsstoffe am Eingang und Ausgang der untersuchten Flußstrecke [Mol m^{-3}], G = mikrobielle Biomasse [g] (Eichenberger 1975).

Unter der Selbstreinigungsstrecke versteht man die Flußstrecke, auf der die Saprobie durch Selbstreinigung um eine Stufe gesenkt wird (z. B. von α- auf β-mesosaprob). Sie beträgt in Deutschland etwa 15–30 km .

Zur Kennzeichnung der Trophie- und Saprobiestufen sind in Tab. 21 grobe Orientierungswerte der Sauerstoffproduktion und des Sauerstoffverbrauchs zusammengestellt. Bei den Abbauvorgängen spielen auch extracellulare Enzyme eine Rolle (z. B. Phosphatasen), wie sie für Fließgewässer erst wenig, für Seen hingegen ausführlich untersucht sind (Marxen & Witzel 1991, s. **I. 8.**1.9.10.).

7.6.2. Sauerstoffhaushalt

Wir sahen, daß die mikrobiellen Abbauvorgänge mit Sauerstoffverbrauch verbunden sind. Der überwiegende Teil der Organismen auf der Erde ist auf Sauerstoff angewiesen. Daher ist der Sauerstoffhaushalt von zentraler Bedeutung für die Gewässer.

Sauerstoff gelangt auf dreierlei Weise in die Fließgewässer: Lösung des atmosphärischen Sauerstoffs (physikalischer Eintrag), Produktion durch Pflanzen, Entnahme aus chemischen Verbindungen.

7.6.2.1. Die atmosphärische Belüftung

Sie ist die wichtigste Quelle des Sauerstoffeintrags in Fließgewässer. Zu ihrer Berechnung hat sich am besten die Formel (bei O_2-Defizit und + 20 °C)

$$K_2\,(20) = 8784\ U^{\,0{,}734}\ H^{\,-0{,}4220}\ J^{\,0{,}930}$$

bewährt (Thyssen & Erlandsen 1987).

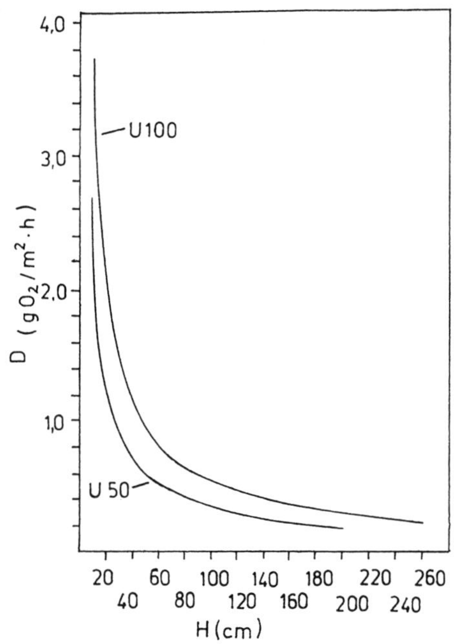

Abb. 82. Die atmosphärische Belüftung (D) in einem Fließgewässer (Saale) in Abhängigkeit von der Wassertiefe (H). (Nach PROFT 1976).

Es bedeuten: K_2 = Geschwindigkeitskonstante der physikalischen Belüftung (d^{-1}), U = mittlere Fließgeschwindigkeit (ms^{-1}), H = mittlere Tiefe (m), J = Wasserspiegelgefälle (dimensionslos).

K_2 steigt also mit der Fließgeschwindigkeit und dem Gefälle und nimmt mit der Tiefe ab. Die Geschwindigkeitskonstante K_2 ist um so größer, je höher O_2-Defizit und die Wassertemperatur sind (daher auch Wiederbelüftungskonstante) (Abb. 82). Die Wiederbelüftung ist also unterhalb von Wehren und Wasserfällen am höchsten.

7.6.2.2. Die biogene Belüftung

Sie steht in den Fließgewässern nach der atmosphärischen Belüftung an zweiter Stelle. Die grünen Pflanzen assimilieren am Tage CO_2 und geben O_2 ab. Vor allem nachts verläuft der Prozeß umgekehrt, die Pflanzen nehmen O_2 auf und veratmen einen Teil der am Tage synthetisierten Kohlenstoffverbindungen. Die Pflanzen in den Flüssen produzieren (als grober Orientierungswert) etwa **5–10 g O_2 m^{-2} d^{-1}**. Die biogene Belüftung ist zugleich das Maß der Trophie (s. **I. 7.6.1.**) und der Primärproduktion (s. **I. 7.7.1.**). Sie ist von verschiedenen Faktoren abhängig, die im Kapitel über die Primärproduktion besprochen werden. Im besonderen Maße ist sie von der **Globalstrahlung** abhängig, wobei das mittlere Strahlungsangebot maßgeblich ist. Die Sauerstoffproduktion P (O_2) läßt sich nach der Formel

$$P(O_2) = a \times B \times I^b \quad [g\ m^{-2}\ d^{-1}]$$

beschreiben.
Es bedeuten: a, b = Konstanten aus Modelluntersuchungen, B = Phytomasse ($g\ m^{-2}$), I = mittleres Strahlungsangebot ($J\ cm^{-2}\ d^{-1}$).

Bei einer Phytomasse von > 250 g TM m^{-2} machen sich jedoch negative Rückkopplungserscheinungen bemerkbar (Selbstbeschattung, Absterben, Faulschlammbildung, O_2-Verbrauch [Owens et al. 1969]). Aus der Assimilation-Dissimilations-Formel geht hervor, daß nachts in den Gewässern ein Sauerstoffverlust eintreten muß. Es kommt zu **Tag-Nacht-Rhythmen** des Sauerstoffgehaltes (Abb. 83). Die Tag-Nacht-Rhythmen verwischen in flachen turbulenten Gewässern, da sich mit dem nächtlichen Sauerstoffdefizit sofort die atmosphärische Belüftung erhöht und auch in stark organisch belasteten Gewässern, da hier auch am Tage eine hohe Sauerstoffzehrung vorherrscht.

7.6.2.3. Die chemische Belüftung

Sie spielt eine große Rolle in den Gewässern, dient aber nicht der allgemeinen Belüftung, sondern der Sauerstoffgewinnung bestimmter Organismen. Gemeint ist die Nitrat- und Sulfatatmung (**Denitrifikation, Nitratammonifikation und Desulfurikation**). Diese Vorgänge werden uns noch oft in der Limnologie begegnen. Die Organismen entziehen dem Nitrat und Sulfat den Sauerstoff für die eigene Atmung. Bevorzugt geschieht dies bei Sauerstoffdefiziten, aber nicht ausschließlich. Die für diese Atmung favorisierten Bakterien sind die Denitrifikanten (*Pseudomonas*-, *Bacillus*, *Aeromonas*-Arten, *Escherichia coli*, *Paracoccus denitrificans*, *Spirillum undulans* u. a.) und Desulfurikanten (*Desulfovibrio desulfuricans*). Bei der Denitrifikation entsteht N_2, bei der Nitratammonifikation NH_3. Beide Endprodukte können aus dem Gewässer entweichen (zugleich eine Reinigung).

Die Denitrifikation geschieht in 2 Schritten:

$$C_6H_{12}O_6 + 12\ NO_3^- \rightarrow 12\ NO_2^- + 6\ CO_2 + 6\ H_2O - 3990\ kJ$$
$$C_6H_{12}O_6 + 8\ NO_2^- \rightarrow 4\ N_2 + 2\ CO_2 + 4\ CO_3^{2-} + 6\ H_2O - 6240\ kJ$$

Bei der Desulfurikation entsteht H_2S (s. **I. 7.6.6.**; **I. 8.**1.9.6.). Nicht nur bestimmte Bakterien sind zur Nitratatmung befähigt, auch Tiere, v.a. Ciliaten und Tubificiden; das ist von großer Bedeutung für ihr Vorkommen in anoxischen Bereichen. Die Denitrifikanten sind heterotroph (sie nehmen gelöste organische Stoffe auf) und oxidieren mit Hilfe des Nitrat-Sauerstoffs die Kohlenstoffverbindungen. Dies kann 25 % des für die Oxidation der Kohlenstoffverbindungen benötigten Sauerstoffs betragen. Der Stickstoffaustrag durch Denitrifikation kann in größeren belasteten Flüssen > **10 mg N m^{-2} d^{-1}** betragen (s. **I. 7.6.4.**).

7.6.2.4. Der Sauerstoffverbrauch

Der wichtigste Sauerstoffverbrauch erfolgt durch den mikrobiellen Abbau der organischen Stoffe. Dieser geschieht sowohl im freien Wasser, in der Prandtl'schen Grenzschicht auf den Substraten, wie auch im Sediment (= **Sedimentzehrung**). Die Sedimentzehrung wird stark von der Wühltätigkeit der sedimentbewohnenden Tiere

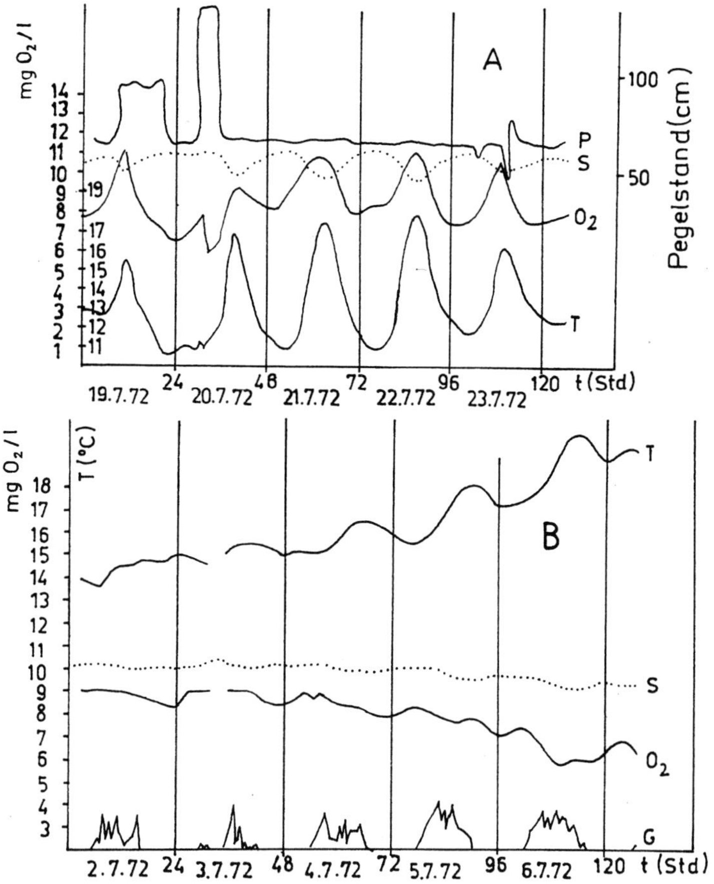

Abb. 83. Sauerstoffkurven in einem Fließgewässer (Saale). **A** = wenig belastete Strecke, **B** = stark belastete Strecke. T = Temperatur, S = Sauerstoffsättigung, G = Globalstrahlung, P = Pegelstand. (Nach Proft 1976).

(**Bioturbation**) und der Atmung der Wasserpflanzen-Wurzeln beeinflußt, wodurch es zu sehr starken Schwankungen kommen kann. Die bereits beschriebenen Umlagerungen des Sedimentes infolge erhöhter Strömungsgeschwindigkeiten und Geschiebetrieb verhindern stabile Stoffverteilungen. In stark belasteten Fließgewässern kann die Sedimentzehrung 4–9 mg l^{-1} d^{-1} O_2 betragen (etwa max. 900 mg m^{-2}), der Eintrag durch die Wühltätigkeit der Tubificiden aber 10 g O_2 m^{-2} d^{-1} erreichen (Edwards 1962).

In Fließgewässern kommt es an der Schlamm-Wasser-Kontaktzone zu intensiven Stoffaustauschen, deren Mechanismen bisher wenig bekannt sind.

In anaeroben Sedimenten entstehen CH_4, H_2S und NH_4^+ beim Abbau (s. S. 149). Sie werden an der Sedimentoberfläche oxidiert oder schon bei der bioturbulenten Belüftung, wodurch sich diese Gifte nicht ansammeln können. Stauen sich die giftigen Abbauprodukte unter abgestorbenen Laub- und Algenmassen, so können sie bei plötzlichen Aufwirbelungen schlagartig eine Flußstrecke vergiften und zu Fischsterben führen. Auch diese Prozesse gehören zur **Mosaik-Dynamik** (s. **I. 7**.5.1.) und sind typisch für Fließgewässer.

Die oxidierenden Bakterien sind chemolithotroph (Methanoxidierer, Sulfurikanten, Nitrifikanten). Das Methan wird in der kurzen Zeit, in der es das Sediment verläßt und als Gasblase die Wasseroberfläche erreicht, nur in geringem Maße oxidiert. Aufsteigende Gasblasen enthalten fast immer Methan.

Der stärkste Sauerstoffverbrauch findet nicht in der fließenden Welle, sondern auf den Habitatoberflächen (z. B. Prandtl'sche Grenzschicht), einschließlich der des Sedimentes, statt. Er beträgt etwa 90 %, bezogen auf die Gesamtrespiration des Fließgewässers, d. h., daß in diesen Mikrohabitaten auch die höchste DOC-Aufnahme durch die Bakterien erfolgt. Eine 1 cm^2 große epilithische Aufwuchsfläche wies die gleiche bakterielle Enzymaktivität auf wie eine Wassersäule gleicher Grundfläche, die aber bis 10,4 m hoch war (Verhältnis 0,04:1,04) (Chappell & Goulder 1994).

Über den Sauerstoffhaushalt eines Flusses geben **Sauerstoff-Budgets** einen guten Einblick. Derartige Budgets lassen zugleich viele Schlußfolgerungen über den Stoffhaushalt eines Flusses zu. In Abb. 84 ist ein Sauerstoffbudget für einen mitteleuropäischen Fluß (Saale) wiedergegeben. Im Flußverlauf nimmt der atmosphärische Eintrag ab, der biogene bleibt etwa konstant, wechselt aber die Dominanz der Produzenten (von den phytobenthischen [= Periphyton] zu den phytoplanktischen). Der mikrobielle Sauerstoffverlust steigt an, der durch die tierische Atmung bedingte nimmt ab. In reinen Gewässern (Oberlauf) kann die tierische Atmung 20 % der mikrobiellen betragen; im Unterlauf ist sie zu vernachlässigen (infolge der hohen mikrobiellen Respiration und der

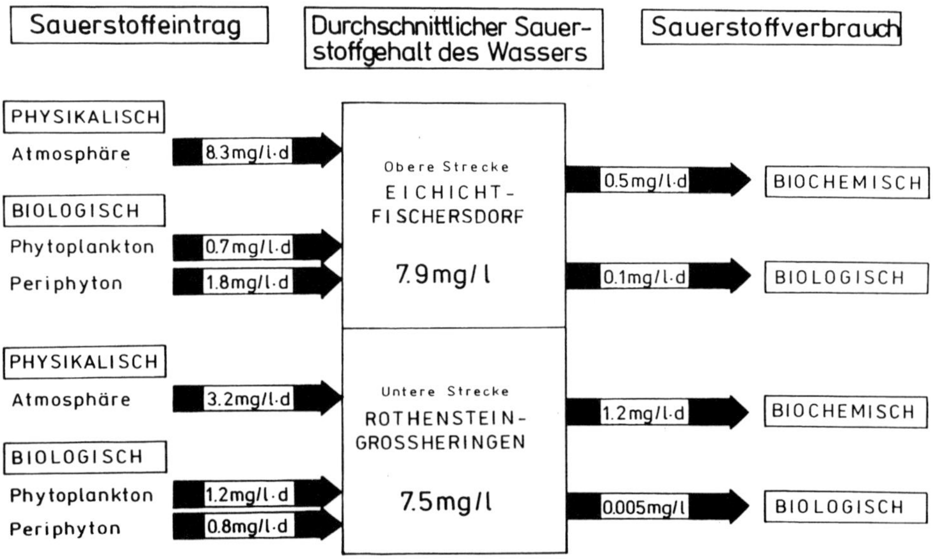

Abb. 84. Sauerstoffbudget in einem Fließgewässer (Saale). (Nach Schönborn 1992a).

Zunahme des Wasservolumens). Sinkt der Sauerstoffgehalt < 3–4 mg l^{-1} O_2, treten Artverluste in der gesamten Zönose auf.

7.6.2.5. Die Sauerstoffbilanz

Nach der Assimilation-Dissimilations-Formel muß ein Teil des durch die Pflanzen gebildeten Sauerstoffs von ihnen wieder veratmet und der Rest der Nettoproduktion nach dem Absterben der Pflanzen, durch die mikrobielle Zersetzung verbraucht werden. Es dürfte demnach keine positive Sauerstoffbilanz, sowohl auf der Erde als auch in den Gewässern, geben. Daß es sie doch gibt, beruht auf der unvollkommenen Realisierung der Formel. Die Nettoproduktion der Pflanzen beträgt etwa 50 % der Bruttoproduktion, d.h. etwa die Hälfte des assimilierten Kohlenstoffs wird wieder veratmet. Von der Nettoproduktion (den absterbenden Pflanzen) bleiben etwa 30 % unabgebaut und sedimentieren (Abb. 85). Somit ergibt sich eine positive Bilanz der biogenen Belüftungen unserer Gewässer (und auch der Erde).

7.6.3. Kohlenstoffhaushalt

Der Kohlenstoffhaushalt ist eng mit dem Sauerstoffhaushalt gekoppelt, besitzt jedoch auch seine eigene Dynamik. Der Kohlenstoff liegt vor als: gelöst-organisch (**DOC**), partikulär-organisch (**POC**), gelöst-anorganisch (**DIC**); **TOC** ist die Abkürzung für den gesamten organisch gebundenen Kohlenstoff. DOC und POC nehmen flußabwärts zu, der allochthone POC-Eintrag nimmt zwar flußabwärts ab, der autochthone jedoch stark zu. Die meisten Flüsse besitzen, je nach Belastung, einen TOC-Gehalt von 2–40 mg l^{-1}, davon sind etwa 60–80 % gelöst. In mitteleuropäische Flüsse gelangen etwa 1–4 t a^{-1}

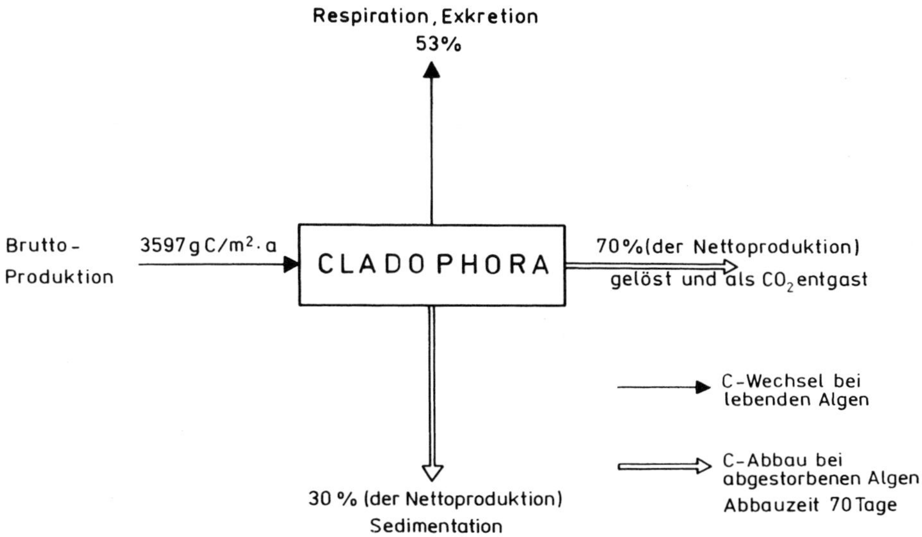

Abb. 85. Kohlenstoffbudget für die in Flüssen oft dominierende Grünalge *Cladophora*. (Nach SCHÖNBORN 1980).

TOC aus ihren Einzugsgebieten. Der Quotient DOC/POC ist in den gemäßigten Breiten im Sommer meist deutlich niedriger als im Winter, da in der warmen Jahreszeit ein deutlicher DOC-Abbau stattfindet (WETZEL & MANNY 1977). Der POC wird flußabwärts deutlich zunehmend in DOC überführt; trotzdem nimmt der POC flußabwärts zu. Der treibende POC wird als **Seston** bezeichnet. Beim Abbau wird der gelöste Kohlenstoff zu CO_2 oxidiert. Den Zusammenhang beschreibt die Formel (SCHÖNBORN 1980):

$$CO_2 \text{ [mg]} = a + b - O_2 \quad \text{Verbrauch [mg]}$$

(a und b haben in einigen mitteleuropäischen Flüssen die Werte 35,3 + 0,62)

CO_2 und O_2 sind im Stoffhaushalt der Gewässer Gegenspieler, bedingt durch die Respiration. **Eine O_2-Abnahme bedeutet immer eine CO_2-Zunahme, verbunden mit einer Erniedrigung des pH-Wertes und umgekehrt**. Gelangt ein C-Atom in ein Fließgewässer (in autochthon oder allchothon gebildeten Kohlstoffverbindungen), so läßt sich die Strecke, bis es zu CO_2 oxidiert ist, als **Turnover-Strecke** definieren. Sie kennzeichnet zugleich wichtige Eigenschaften des Flusses. Diese Strecke (S) läßt sich berechnen als

$$S = \frac{F}{R} \quad \text{[m]}$$

Es bedeuten: F = C g m^{-1} s^{-1}, flußabwärts treibend; R = Respiration in g m^{-2} s^{-1} bezogen auf die Sedimentfläche

Saubere und gut strukturierte Bäche haben häufig S = 3 km, größere belastete Flüsse S ~45 km (NEWBOLD et al. 1982). Die C-Turnover-Strecke hängt kausal mit der Selbstreinigungsstrecke (s. S. 144) zusammen; eine Korrelation zwischen beiden Streckenmaßen steht aber noch aus. In den meisten Fließgewässern beträgt der C-Durchfluß etwa < 1 mg C_{org} l^{-1} d^{-1} , entspr. < 5 mg DOC l^{-1} d^{-1}. Kohlenstoff gelangt auch unterirdisch durch das Grundwasser in die Fließgewässer (s. **I. 7.**) und muß bei der C-Bilanz berücksichtigt werden.

7.6.4. Stickstoffhaushalt

Der Stickstoffhaushalt ist eng mit dem Sauerstoffhaushalt gekoppelt. Zunächst einige Richtzahlen der Belastung. Oligotrophe Bäche enthalten oft < 0,5 mg l^{-1} NO_3–N entspr. < 2,2 mg l^{-1} NO_3^-. Als stark belastet gelten Fließgewässer > 1,0 mg l^{-1} NO_3–N entspr. > 4,4 mg l^{-1} NO_3^- (Umrechnungsfaktor 4,4). Für NO_2^- liegen die entsprechenden Werte bei 0,05 mg l^{-1} NO_2–N entspr. 0,16 mg l^{-1} NO_2^- und > 0,1 mg l^{-1} NO_2–N entspr. ~ 0,33 mg l^{-1} NO_2^-. Der biologische Grenzwert für NH_4–N liegt < 0,5 mg l^{-1} entspr. < 0,65 mg l^{-1} NH_4^+ (GUJER 1976). (Vgl. **I. 7.6.8.**, **II. 5.**).

Stickstoff gelangt durch den Abbau von Eiweißen in die Gewässer, die Nitrate auch direkt aus der Aue, vor allem aus dem Boden und heute besonders aus der Düngung (Gülle, mineralischer Dünger). Auch aus der Luft gelangen Nitrate in die Gewässer (~ 20 kg ha^{-1} a^{-1} N). Nitrate sind leicht wasserlöslich und werden fast immer über das Grundwasser in die Flüsse transportiert. Der Stickstoffhaushalt wird fast ausschließlich durch **Nitrifikation** und **Denitrifikation** reguliert. Das aus dem Eiweißabbau stammende Ammonium (**Ammonifikation**) geht in Fließgewässern sehr schnell in Ammoniak über. Es wird meist schnell zu Nitrit oxidiert:

$$2\ NH_3 + 3\ O_2 \xrightarrow{\text{Nitrosomonas}} 2\ NO_2^- + 2\ H_2O + 2\ H^+ \quad (-272\ kJ)$$

Für die Reaktion ist das chemolithotrophe Bakterium *Nitrosomonas* verantwortlich. Je nach dem Sauerstoffgehalt des Wassers wird das Nitrit relativ schnell oder auch langsamer durch das ebenfalls chemolithotrophe Bakterium *Nitrobacter* zu Nitrat oxidiert:

$$2\ NO_2^- + O_2 \xrightarrow{\text{Nitrobacter}} 2\ NO_3^- \quad (-75\ kJ)$$

Es ist von Bedeutung, daß die Ammoniak- und Nitritphase nur sehr kurz ist; verlangsamt sich die Oxidationsphase, kommt es zu einem deutlichen Rückgang der Artenmannigfaltigkeit infolge Giftigkeit beider Verbindungen. In anoxischen oder sauerstoffarmen Bereichen der Fließgewässer kommt es zur Nitratatmung (Tab. 20). Als Endprodukte entstehen dabei molekularer Stickstoff (Denitrifikation) oder Ammoniak (Nitratammonifikation).

$$NO_3^- \longrightarrow NO_2^- \begin{cases} \longrightarrow N_2O \longrightarrow N_2\uparrow \\ \longrightarrow NH_2OH \longrightarrow NH_3\uparrow \end{cases}$$

(aus RHEINHEIMER 1991)

Die Nitratammonifikation spielt vermutlich nur eine geringe Rolle in Fließgewässern. An ihr sind nur relativ wenig Bakterien beteiligt, z. B. *Bacillus*-Arten, *Clostridium* u. a. Die Nitratatmung ist aber eine fundamentale Reinigungsstrategie, auch in Fließgewässern. Sie findet nicht nur in sauerstoffarmen Uferbuchten und Mikrohabitaten statt, sondern im besonderen Maße auch in der Prandtl'schen Grenzschicht auf Steinen und anderen Habitatflächen. Schon wenn die Grenzschicht > 20 µm hoch ist, entstehen in den basalen Bereichen anoxische Zonen, in denen es zur Denitrifikation kommt. Diese epilithische Denitrifikation erreicht Werte bis zu 1 mg $m^{-2}\ d^{-1}$ N (LOCK et al. 1984). In belasteten Gewässern kann dieser Wert bis zu 16 mg $m^{-2}\ d^{-1}$ N ansteigen (NAKAJIMA 1979). So kann es zu größeren Stickstoffeliminationen selbst in turbulenten Gebirgs- und Mittelgebirgsbächen kommen, was bezüglich der Belastungen aus Touriststationen in den Bergen von enormer Bedeutung ist. Erinnert sei noch, daß in der Prandtl'schen Grenzschicht ein großer Teil der mikrobiellen Respiration stattfindet (s. S. 87, vgl. Abb. 70). Beeinflussungen des Stickstoffhaushaltes entstehen durch die N_2-Fixierung und die N-Akkumulation einiger Pflanzen. Einige heterotrophe Bakterien (z. B. *Azotobacter*, *Azomonas*-Arten), phototrophe Bakterien einschließlich Blaualgen (heterozystenbildene Arten) sind zur **Bindung von molekularem Stickstoff** befähigt. In anaeroben Bereichen hat diese Funktion vor allem *Clostridium* inne, während die überwiegende Zahl der Fixierer freien Stickstoff unter aeroben Bedingungen nutzt (s. aber S. 221). Über den Umfang der N_2-Fixierung in Fließgewässern gibt es im Gegensatz zu den Seen (s. **I. 8.**1.9.5.) wenig verläßliche Angaben.

Für kalifornische Bergbäche, in denen *Nostoc* hauptsächlich an der N_2-Fixierung beteiligt ist, geben HORNE & CARMIGGELT (1975) 42–360 mg $m^{-2}\ a^{-1}$ N an, was als beachtlich gelten kann. In einem Wüstenfluß mit den Blaualgen *Anabaena*, *Nostoc* und *Calothrix* wurden sogar 14–90 mg N m^{-2} d^{-1} gemessen (Grimm et al. 1994).

Eine besondere Rolle spielen in diesem Zusammenhang die uferbegleitenden Erlen (s. **I. 7.5.13.**). Ihre landwärts wachsenden Wurzeln bilden sog. Knöllchen aus, in denen symbiontische Bakterien leben. In diesem Fall sind es N_2-fixierende Actinomyceten (z. B. *Frankia*), die der Pflanze Stickstoff zukommen lassen; die Bakterien werden von den Pflanzen mit Nährstoffen und Wasser versorgt. Der aus der Bodenluft entnommene Stickstoff befähigt die Erlen, auch an Bächen zu wachsen, die in nährstoffarmen Gebieten fließen. Die Erlen entziehen den Blättern vor dem herbstlichen Laubfall keinen Stickstoff, so daß das C/N-Verhältnis in den Blättern, die in den Bach fallen, niedrig bleibt, wodurch sie sich vorzüglich als Nahrung für die Bachtiere eignen. Eine andere **Speicherung von Stickstoff** erfolgt in den Wasserpflanzen. Die Stickstoffaufnahme durch die Pflanzen ist abhängig vom N-Angebot und erreicht einen Sättigungsgrad. Im stickstofffreien Milieu wird wieder Stickstoff abgegeben. Der Stickstoffgehalt der Pflanzen schwankt zwischen etwa 6,5 mg N g TM^{-1} bei *Phragmites* (im Sommer) und 34 mg g TM^{-1} bei *Sparganium ramosum* (Stake 1967). Dies darf nicht dazu verführen, ständig die Pflanzen abzuernten, um kontinuierlich den N-Gehalt des Gewässers zu reduzieren, da dies ein drastischer Eingriff in die Struktur des Ökosystems ist.

7.6.5. Phosphorhaushalt

Phosphor ist im Gegensatz zum Stickstoff nur in geringen Konzentrationen in den Fließgewässern vorhanden. Unbelastete Bäche haben einen Gehalt < 0,005 mg l^{-1} PO_4–P entspr. < 0,015 mg l^{-1} PO_4^{3-} (Umrechnungsfaktor 3,1). Mittlere Belastungsgrade zeigen einen PO_4 – P-Gehalt bis 0,02 mg l^{-1}. P-Gehalte > 1 mg l^{-1} gelten bereits als extrem. Die Gesamtphosphatgehalte liegen oft nur wenig über denen des Orthophosphates (PO_4^{3-}). Phosphor ist daher häufig der limitierende Faktor für die Primärproduktion.

Zu den Gesamtphosphaten gehören gelöste Orthophosphate, Polyphosphate und partikulär-chemisch gebundene Phosphate, sowie partikulär-adsorbierte Phosphate. Phosphor hat eine große Neigung, sich an organische Partikel und Eisen zu binden. Aus der Aue kommt Phosphor mit Oberflächen-Einschwemmungen (infolge Erosion) in die Gewässer. Auch in Fließgewässern bindet es sich schnell an Sedimentpartikel und an Eisen („**Phosphateliminierung**"). Vom Sediment wird soviel Phosphor adsorbiert oder in Organismen aufgenommen, bis ein Konzentrationsgleichgewicht mit dem P der fließenden Welle erreicht ist. Wird das Sediment anaerob, geht Phosphor wieder in Lösung.

Andererseits kommt es infolge erhöhter Durchflüsse (oft im Zusammenhang mit Unwettern) zu Turbulenzen im Sediment, die zu einer **Resuspension** führen, wobei auch adsorbierter Phosphor wieder in Lösung gehen kann. So können 60 % und mehr vom jährlichen Gesamttransport an Phosphor in gemäßigten Breiten in 1–2 Wochen erfolgen. Da sich Phosphor sehr schnell wieder festlegt oder von Organismen wieder aufgenommen wird, hat er eine typische saltatorische Transportweise, die von Bedeutung für die Funktion der Fließgewässer ist (s. **I. 7.6.7.**).

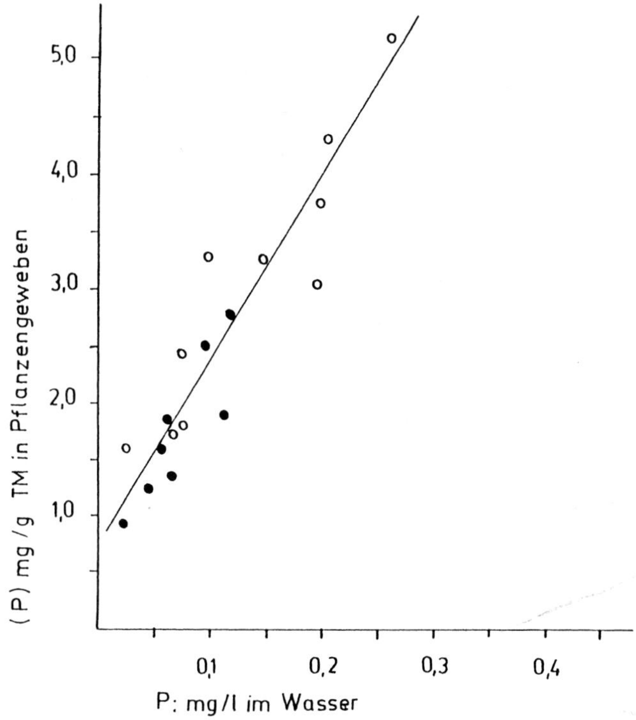

Abb. 86. Beziehung zwischen dem Phosphorgehalt in den Pflanzengeweben und dem umgebenden Wasser. Punkte = *Cladophora*, Kreise = *Potamogeton*. (Nach Wong & Clark 1976).

Phosphor ist ein wichtiger Nährstoff für Pflanzen und Mikroorganismen. Sowohl Algen als auch Mikroorganismen können nicht nur den gelösten, sondern mit Hilfe von Enzymen auch den adsorbierten Phosphor nutzen (nicht den chemisch gebundenen). Bis weit über 40 % des adsorbierten Phosphors kann für Organismen verfügbar sein. Pflanzen und Mikroorganismen können größere Mengen an Phosphor akkumulieren. Die Trockensubstanz vieler Wasserpflanzen besteht etwa zu 0,3–0,9 % aus Phosphor. Die P-Akkumulation der Pflanzen ist wie die des Stickstoffs eine nicht unwichtige Größe im Stoffhaushalt der Gewässer (s. **I. 8.**1.11.1.3.).

Besonders das Fadenbakterium *Sphaerotilus natans*, welches in seinen Büscheln Protozoen und niedere Metazoen beherbergt, akkumuliert zusammen mit seinen Mitbewohnern große Mengen an Phosphor (z. B. 8 g P m^{-2} 140 d^{-1}; Traaen et al. 1972). Die Akkumulation in den Pflanzen steigt mit dem P-Gehalt des Wassers (Abb. 86).

7.6.6. Schwefelhaushalt

Im Verlauf des Eiweißabbaues entsteht Schwefelwasserstoff (H_2S). Ist genügend Sauerstoff vorhanden, kommt es zunächst zur oxidativen Bildung von Schwefel und schließlich Sulfat (= **Sulfurikation**).

$$2\,H_2S + O_2 \rightarrow S_2 + 2\,H_2O\ (+334{,}4\ kJ)$$
$$S_2 + 3\,O_2 + 2\,H_2O \rightarrow 2\,H_2SO_4\ (+1003{,}2\ kJ)$$

An dieser Oxidation sind viele Bakterien beteiligt (Sulfurikanten), in Fließgewässern häufig die chemolithoautotrophen Schwefelbakterien *Thiobacillus, Beggiatoa* und *Thiothrix*. Sie lagern elementaren Schwefel oder auch Hydropersulfid als Zwischenprodukt intrazellulär ab, wodurch sie ein weißes Aussehen erlangen. Weiße Schichten in Quellen und langsamfließenden Gewässern zeigen daher immer H_2S-Bildung und seine Oxidation an der anaeroben-aeroben Grenzschicht an, da diese Sulfurikanten auf Sauerstoff angewiesen sind (s. **I. 6.3.**; **I. 8.**1.9.6.3.). Ein in Binnengewässern wichtiger Organismus ist *Thiobacillus denitrificans*. Er oxidiert H_2S (entgiftet!) und entnimmt gleichzeitig den Sauerstoff aus der Nitratatmung (entlastet!), da er anoxisch lebt.

In sauerstoffarmen Bereichen verbleibt H_2S, und Sulfate werden wieder zu H_2S reduziert (Sulfatatmung, **Desulfurikation**):

$$SO_4^{2-} + 8\,(H) \rightarrow H_2S + 2\,H_2O + 2OH^-$$

Hierzu sind Desulfurikanten befähigt, z. B. *Desulfovibrio desulfuricans*. Auch dies ist ein merkwürdiges Bakterium. Es kommt in fast allen eutrophen Gewässer-Sedimenten vor und benutzt zum Aufbau seiner Zellsubstanz gelösten organischen Kohlenstoff (ist also ein Abbauer organischer Substanzen), als Energiequelle jedoch Wasserstoff. Diese Art ist daher **chemolithoheterotroph**.

Desulfurikationen (und primäre H_2S-Ansammlungen) kommen in Uferbuchten, Totwassern und unter Laubpaketen vor. Sie sind in belasteten Fließgewässern sehr gefürchtet, da sie bei Sedimentaufwirbelungen schlagartig ganze Fließgewässerstrecken vergiften können und zu großen Fisch- (und auch Invertebraten-)sterben führen.

7.6.7. Transport und Retention gelöster und partikulärer Stoffe

Die transportierte Stoffmenge steigt mit dem Durchfluß an (als Fracht gemessen, s. **I. 7.4.4.**). Für die Funktion der Fließgewässer (s. **I. 7.8.3.**) ist auch die Art und Weise des Transportes von großer Bedeutung. Die Turbulenz des fließenden Wassers bewirkt, daß Oberflächenwasser in Sohlennähe und umgekehrt, daß sohlennahes Wasser nach oben gelangt. In Sohlennähe fließt das Wasser infolge erhöhter Reibung langsamer, so daß es hier zu einer Erhöhung der Konzentration der transportierten Stoffe kommt. Der Transport der Stoffe flußabwärts erfolgt daher **saltatorisch**. Beim Transport **gelöster (Nähr)Stoffe** werden diese in Sohlennähe von sessilen Organismen aufgenommen und erst nach ihrem Absterben wieder freigesetzt. In Sohlennähe ist auch die Temperatur oft etwas höher als oberhalb, was (vermutlich) eine Beschleunigung der Stoffaufnahme bewirkt.

Anstelle von Saltationen spricht man auch von einem **spiralförmigen Transport**. Die Spirallänge eines transportierten Stoffes ist die Strecke, nach der er von einem sessilen Organismus aufgenommen wird, plus der Strecke, nach der er wieder freigesetzt wird (Abb. 87). Hierdurch verlangsamt sich der Transport enorm und ein Teil der Stoffmengen verbleibt in den Resten der abgestorbenen Organismen, d. h. er wird, außer durch Unwetterereignisse für das Gewässer, nicht weiter transportiert. Wichtige diesbezügliche Untersuchungen fanden an Phosphor und Kohlenstoff statt (s. **I. 7.6.3.**). Die

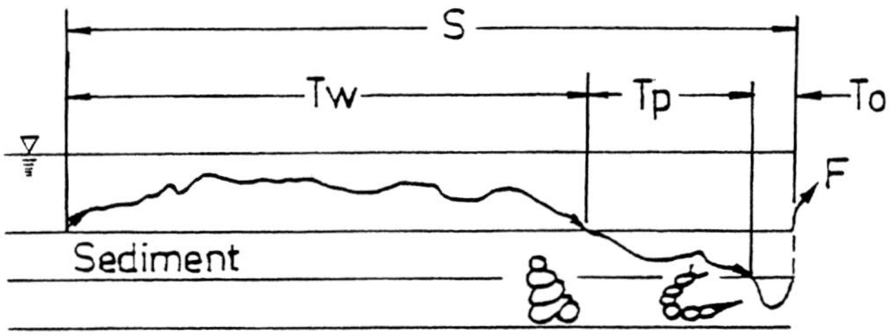

Abb. 87. Spirallänge (S) eines in einem Fließgewässer transportierten Nährstoffatoms. TW = im Wasser gelöster Transport, Tp = gebunden an Partikel (z. B. Sediment), To = inkorporiert in einem Organismus, F = aus dem Organismus wieder freigesetzt. (Nach Newboldt et al. 1981).

Spirallängen sind unterschiedlich lang und abhängig von der Flußbettstruktur und ihrer Besiedlung durch Bakterien, Algen und kleine Invertebraten. Dieser heterogene Aufwuchs wird auch als **Biofilm** bezeichnet. Die für Phosphor gemessenen Spirallängen liegen etwa zwischen 10 und 160 m. Je dichter die Sohle besiedelt ist, d. h. auch je rauher sie ist, um so kürzer sind die Spirallängen und um so verzögerter und verlustreicher ist der Stofftransport. Große Flußsysteme sollen > 50 (bis 70) % an transportierten Stoffen zurückhalten. Das Elbe-System hält etwa 50 % des transportierten Stickstoffs und Phosphors zurück, das Rhein-System nur 15–20 % (Behrend & Opitz 1999).

Auch partikuläre und suspendierte Stoffe, einschließlich des Laubes, werden saltatorisch transportiert. Die Retention der partikulären Stoffe erfolgt mechanisch an den Sohlenstrukturen und organisch durch die **benthischen Filtrierer**. Bei den letzteren handelt es sich um Ciliaten, Rotatorien, Poriferen (Schwämme), Lamellibranchier (Muscheln), Simuliiden und einige netzbauende Köcherfliegenlarven. Ihre Wirkung ist meist geringer gegenüber den mechanischen an Habitatstrukturen, jedoch nicht zu vernachlässigen. Über den Einfluß der Filtrierer auf den partikulären Stofftransport sind wir noch sehr unvollkommen unterrichtet, am besten noch über *Dreissena*. Die Muschel filtriert mindestens 300 ml Wasser pro Tier und Stunde partikelfrei (Reeders 1989). Etwa 10 000 Muscheln können die suspendierte Fracht eines Gewässers um 69 % reduzieren (Voogt 1989, Reeders 1990).

Klee (1971) bezeichnete *Dreissena* als die große Kläranlage des Bodensees. Stichprobenartige Untersuchungen ergaben, daß auch Unioniden vergleichbare Filterleistungen besitzen.

Mechanisch bleiben die transportierten Partikel an Pflanzenbüscheln, z. B. *Cladophora*, an hervorstehenden Steinen, Totholz, Dämmen aus Zweigen der das Gewässer begleitenden Bäume, (v.a., wenn sich darin Laub verfängt), in Erlenwurzeln (Baumert 2000), Totwassern und Uferbuchten hängen. Diese Strukturen sind für die Funktion eines Flusses (s. **I. 7.8.3.**) von enormer Bedeutung und sollten immer erhalten bleiben.

Die Retention von partikulären Stoffen nimmt mit abnehmender Fließgeschwindigkeit zu. Daher sind lenitische Bereiche in Fließgewässern von globaler Bedeutung: sie bewirken Retention von Wasser und Stoffen und schützen dadurch die Meeresküsten vor Eutrophierung (s. **I. 7.8.3.**). Die teilweise Freisetzung der zurückgehaltenen Stoffe kann durch erhöhte Abflüsse geschehen (**Resuspension**).

In den Büscheln der Grünalge *Cladophora* wurden bei NQ auf 120 m bewachsener Flußstrecke 280 kg Monat^{-1} (= 1,6 %) suspendierter Fracht festgehalten. Die herausgefilterte Sestonfracht wird sofort von Chironomidenlarven zu Wohnröhren verbaut und somit über lange Zeit (und nicht mehr resuspendierbar) festgelegt (SCHÖNBORN 1996a, 1997). In naturnahen Bächen blieb transportiertes Laub nach 13 ± 8 m, in kanalisierten nach 87 ± 31 m an Sohlenstrukturen hängen (PETERSEN & PETERSEN 1981). Feindetritus akkumuliert vorwiegend in Totwassern und Uferbuchten, Laub in Schnellen, oft in Akkumulationsraten von > 1 kg m^{-2} a^{-1} (TS). Trotz der hohen Retentionsleistungen der Flüsse sind Fließgewässer-Ökosysteme vom Standpunkt der Organismen extrem uneffektiv.

Sedimentationsraten erreichen oft > 1 kg m^{-2} a^{-1}. In größeren Flüssen lagern sich kleine Partikel zu größeren **Aggregaten** zusammen, wodurch sich das Tranport- und Akkumulationsverhalten der suspendierten Fracht verändert. Die Aggregate bestehen aus kolloidalen Tonpartikeln, organischen Partikeln und leeren Diatomeenschalen. Sie werden von lebenden Mikroalgen, Bakterien, Protozoen und kleinen Metazoen besiedelt. Die Mikroalgen scheiden Schleimlager und Exopolymere aus, die die Aggregate zusammenhalten (HOAGLAND et al. 1993, KIES et al. 1996). Im Inneren der Aggregate herrschen oft anaerobe Verhältnisse, wodurch es hier zur Denitrifikation kommen kann. Ansonsten handelt es sich bei den anhaftenden Bakterien meist um nitrifizierende Arten (GRESIKOVSKI et al. 1996). An die Aggregate sind auch Nährstoffe gebunden, und vor allem Schwermetalle und andere Xenobiotika werden durch sie transportiert. Generell sind dies Cadmium, Blei, Kupfer, Zink, Eisen und Mangan. Diese Spurenelement-Konzentration in den Aggregaten kann bis zu 6 Mal höher sein als in der gelösten Phase (HOROWITZ 1996). Im Elbe-Ästuar lag die Dichte der Aggregate, die hier 500–1200 µm maßen, bei etwa 1000 l^{-1}, allerdings mit großen Schwankungen. Bis zu 90 % der Planktonbakterien waren an sie gebunden (ZIMMERMANN 1997).

Aggregate akkumulieren und werden wieder resuspendiert. Erst verfestigte Sedimente werden nicht wieder resuspendiert und scheiden aus dem Transport weitgehend aus. Ihre Entstehung erfolgt erst, wenn die leichtabbaubaren Substanzen und die dadurch bedingte Methanbildung (Gasblasen!) abgeschlossen ist. Sie wird ferner durch einen hohen Anteil von Partikeln an den Aggregaten mit einem hohen spezifischen Gewicht beschleunigt. In solchen Fällen verkürzt sich auch die Sinkgeschwindigkeit der Aggregate.

Die Aggregate in der fließenden Welle sind eine in das Freiwasser verlagerte benthische Struktur, die infolge der Tätigkeit der Bakterien an und in ihr den Stoffwechsel des Fließgewässers intensiviert. Die Aggregate sind zugleich wichtige Transport- und Retentionssysteme (vgl. KAUSCH & MICHAELIS 1996).

7.6.8. Der Einfluß organischer Abwässer auf die Organismen

Die Tab. 22 gibt einen kurzen Überblick über die **Tierarten**, die bei Abwasserbelastung in ihren Dichten zurückgehen bzw. ganz verschwinden und jene, die zunehmen. Besonders fallen die rithralen Arten aus, allerdings mit einigen Ausnahmen, wie die Eintagsfliegenlarven *Baetis rhodani* und *Ephemerella ignita.*

Mollusken reagieren meist sehr sensibel auf Abwasserbelastungen. Schon beim Überschreiten von 1 mg l^{-1} NO_3^- fällt *Pseudanodonta complanatum* aus, die früher

Tabelle 22. Einfluß organischer Belastung auf Tiere der Fließgewässer.

Bei Abwasser fallen aus oder gehen stark zurück:	
Turbellarien	Viele Trichopterenlarven
Mollusken	Heteropteren
Crustaceen	Coleopteren
Ephemeopterenlarven (Ausnahme: *Baetis rhodani*)	Viele Chironomidenlarven
Plecopterenlarven	Simuliiden u.a. rhithrische Dipterenfamilien
Erhöhen ihre Artenzahl und (oder) Dichten:	
Chironomiden: *Chironomus thummi*-Gruppe, *Micropsectra atrofasciata, Prodiamesa, Paratendipes albimanus*-Gruppe	
Zooflagellaten und viele Ciliaten	
Oligochaeten: *Chaetogaster diastrophus, Nais elinguis,* Tubificiden	
Asellus aquaticus (Wasserassel)	
Erpobdella octoculata (Hundsegel)	
Hydropsyche angustipennis und *H. contubernalis* (Trichopteren)	

viele große Flußsysteme bewohnte. Sehr empfindlich sind beispielsweise *Unio crassus*, die Flußschnecke *Theodoxus fluviatilis* und die Flußperlmuschel *Margaritifera margaritifera*. Bei der letzteren werden bei Nitratbelastung ihre Larven, die Glochidien, von den Fischkiemen abgeworfen und gehen dann zugrunde. Von den deutschen Mollusken sind nur einige *Pisidium*- und *Sphaerium*arten, sowie *Radix auricularia*, abwasserresistent. Neben Mollusken sind vor allem viele Wasserinsekten abwassersensibel.

Der Quotient $\frac{\text{Artenzahl an Insekten}}{\text{Artenzahl an Nichtinsekten}}$ nimmt mit steigender Belastung ab.

Der Quotient $\frac{\text{Zahl d. Bakterien- u. Substratfresser}}{\text{Zahl der Weidegänger u. Räuber}}$ nimmt mit steigender Belastung zu.

Diese einfachen Quotienten zeigen bereits die von Abwassereinflüssen hervorgerufenen starken ökosystemaren Veränderungen.

Von den Fischen nehmen bei Abwasserbelastung ab: Stör, Lachs, Nase, Maifisch, Schnäpel, Barbe, Wels, Flußneunauge, Bachforelle, Koppe, Steinpeizker. Gefördert werden: Cypriniden, Hecht und Barsch.

Die konkreten Schadfaktoren für Tiere bei Abwasserbelastung sind im wesentlichen die folgenden: Es kommt zur Abnahme des Sauerstoffgehaltes infolge des mikrobiellen Abbaus. Sinkt der Gehalt unter 3–4 mg l^{-1} O_2, kommt es zu erhöhten Ausfallerschei-

Tabelle 23. Qualitative Änderungen der Zusammensetzung der Gemeinschaften der Mikroorganismen bei organischer Belastung (Auswahl an Arten).

Pseudomonas stutzeri *Achromobacter* spp. *Flavobacterium* spp. *Penicillium* spp. *Aspergillus* spp.	werden bei Belastung ersetzt durch: →	*Bacillus* spp. *Escherichia* spp. *Pseudomonas* spp. *Achromobacter ochracens* *Aspergillus flavus* *Leptomitus lacteus*

nungen unter den Tieren. Auch die Abbauprodukte, wie NO_3^-, NO_2^-, NH_4^+ (bzw. NH_3) und H_2S sind giftig. Es kommt oft zu einem $NH_4^+ - NH_3$ -Gleichgewicht, abhängig vom pH-Wert; < pH 9 entsteht v. a. NH_4^+, darüber NH_3, das besonders toxisch wirkt (vgl. Abb. 127). Hinzu kommen noch die Fäulnisstoffe Skatol, Indol, Hydroxylanin und bei Fäkalabwässern auch das sehr giftige Coprostanol. Viele **Mikroorganismen** erhöhen bei Abwasserbelastung drastisch ihre Dichten (s. auch Kohl 1975). Die Bakteriendichte auf Steinoberflächen in den Bächen und kleinen Flüssen steigt von etwa $10^2\,cm^{-2}$ auf $10^9\,cm^{-2}$ an.

In der fließenden Welle befinden sich in unbelasteten Fließgewässern etwa $26 \cdot 10^3 - 280 \cdot 10^3$, in belasteten bis zu $10 \cdot 10^9\,ml^{-1}$, meist aber $10^6\,ml^{-1}$ Bakterien (vgl. Abb. 50). Die bakterielle Verdichtung auf den Steinoberflächen beschleunigt die Selbstreinigung enorm. Die Respiration (s. **I. 7.6.2.4.**) und Denitrifikation (s. **I. 7.6.4.**) nehmen zu. Es kommt zur Zunahme bakterienfressender Ciliaten und deren Prädator *Chaetogaster diastrophus* (s. **I. 7.5.8.**). Die praedatorische Reduktion der Bakterien verhindert, daß ihre Populationen in die stationäre Wachstumsphase kommen; sie verbleiben in der exponentiellen Wachstumsphase, was ihre Produktion und Abbautätigkeit fördert (s. **I. 7.7.**).

Nicht nur quantitativ, auch qualitativ ändern sich die mikrobiellen Zönosen (Tab. 23). Unter den Fadenbakterien ist *Sphaerotilus natans* der wichtigste Vertreter in stark abwasserbelasteten Fließgewässern. Die Fäden bilden bei Polysaprobie handlange (mausgraue) Zotten, die auch abreißen und abdriften und als „**Pilztreiben**“ in die Literatur eingegangen sind. *Sphaerotilus* gedeiht nur in Fließgewässern, die trotz extremer Verschmutzung noch genügend atmosphärischen Sauerstoff besitzen; er ist temperaturtolerant, aber empfindlich gegen starke Sonneneinstrahlung (Abb. 88). Sein Konkurrent im Eiweißabbau ist der Pilz *Leptomitus lacteus* (Abb. 88), der ebenfalls makroskopisch sichtbare Zotten bildet. Leptomitus ist aber kaltstenotherm. So kann es geschehen, daß in Bächen mit abgeholzten Bäumen oder in Abwasserkanälen im Sommer der Eiweißabbau gestört ist.

Abwässer haben auch einen direkten Einfluß auf **Pflanzen**. Kieselalgen sind sehr gute Indikatoren für organische Belastungen; allerdings fehlen sie oder gehen stark in der polysaproben Zone zurück. Hier werden sie dann durch einige Grünalgen (z. B. Volvocales und Chlorococcales) ersetzt. Unter den höheren Pflanzen gibt es ausgesprochene abwassersensible und tolerante Arten. Das Vorkommen vieler Pflanzen wird zunächst von dem NO_3–N / PO_4–P-Verhältnis geregelt (**I. 7.7.1.**), wobei den absoluten Konzentrationen beider Nährstoffe Grenzen gesetzt sind. Für jede Pflanze wirken art-

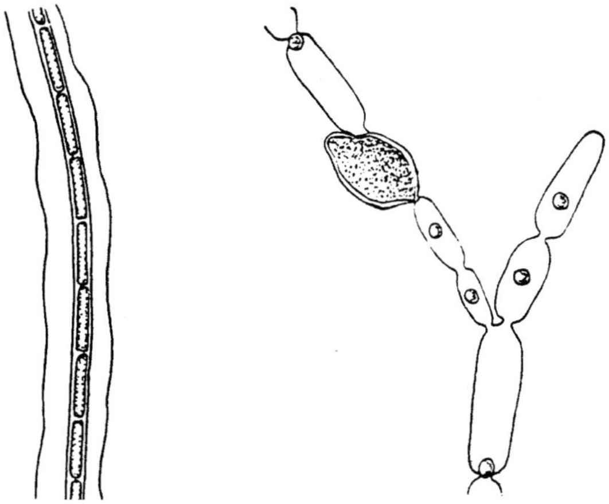

Abb. 88. Zwei wichtige Eiweißabbauer in unseren Fließgewässern: **A** = *Sphaerotilus natans* (Zellgröße 2–3 µm). **B** = *Leptomitus lacteus.* (Aus Liebmann 1962).

spezifisch unterschiedlich die Nährstoffe toxisch, Ammonium (NH_4^+) z. B. für *Callitriche* (Wasserstern) ab 5 mg l^{-1}, für *Sium* (= Merk) ab 20 mg l^{-1}. Sehr empfindlich sind z. B. *Potamogeton coloratus* und *Chara hispida*, sehr resistent hingegen *Potamogeton pectinatus* und *Elodea canadensis*. Der Wasserhahnenfuß *Ranunculus fluitans* benötigt als N-Quelle NH_4^+, aber kein NO_3^-. Er kann also α-mesosaprobe Zonen besiedeln. *Potamogeton coloratus* nutzt hingegen NO_3^- als N-Quelle, aber nicht das Ammonium; er dringt also höchstens bis in die β-mesaprobe Zone ein.

Die genannten Beziehungen zu den Nährstoffen sind abhängig von mehreren Faktoren. So benötigen die Pflanzen bei intensiver Lichteinstrahlung mehr Phosphor als bei geringerer Einstrahlung.

Die Massenentwicklung von *Cladophora* in abwasserbeeinflußten Fließgewässern (s. **I. 7.5.8.**), eine Folge ihrer intensiven Nährstoffakkumulation (vgl. Abb. 86), führt zu einer Zentrierung des Ökosystems. Die mächtigen *Cladophora*-Büschel verdrängen andere Pflanzen. In diesen Büscheln hält sich vornehmlich der Hundsegel *Erpobdella octoculata* (vgl. Tab. 22, **I. 7.7.3.**), der im Abwassereinfluß nicht nur sehr hohe Dichten erreicht, sondern auch größer wird. Alle Entwicklungsstadien des Egels von 3–60 mm leben räuberisch, so daß die Art das gesamte Meio- und Makrozoobenthos kontrollieren kann. In den *Cladophora*-Büscheln kommt es auch zu einer Massenentwicklung von Chironomidenlarven, die sich von dem gefilterten Seston (meist Detritus) ernähren und aus ihm ihre Wohnröhren bauen (s. **I. 7.6.7.**). Die Chironomidenlarven verdauen von dem aufgenommenen Detritus vor allem die darin befindlichen Bakterien. Von diesen Bakterien ernähren sich auch Protozoen und von ihnen wieder kleine Metazoen. So werden die *Cladophora*-Massen zu einem Primärproduktions-Habitat- und auch Prädationszentrum, das der Intensivierung des Abbaus organischer Stoffe dient. Das Ökosystem stellt sich also auf den Abwasserzufluß ein (Schönborn 1995b, 1998).

Wir unterscheiden im allgemeinen vier unterschiedliche Abbauzustände bei der Selbstreinigung in Fließgewässern; sie lassen sich auch biologisch charakterisieren. Die Indikation der Saprobiestufen geschieht nach dem **Saprobiensystem**. Für die 4(–6) Stufen gibt es mehr oder weniger charakteristische Indikatorarten. Ihre Bindung an die Saprobiestufen ist allerdings ein sehr schwer zu verstehender Vorgang. Infolge extremer ökologischer Faktoren bei hoher organischer Belastung (O_2-Schwund, CO_2-Zunahme, Zunahme von toxisch wirkenden Abbauprodukten) fallen viele Arten aus. Nur relativ wenige euryöke Arten nutzen den freien Raum und erreichen hohe Dichten. Diese Form der Bindung ist also ein Konkurrenzproblem, das dem Saprobiensystem eine **Unschärfe** verleiht, da die Arten auch in wenig belasteten Gewässern vorkommen können. Andererseits gibt es auch faktoriell gebundene Arten, deren Zuordnung zu einer oder mehreren Stufen ausschließlich ist. So leben haemoglobinbesitzende Arten (*Chirono-*

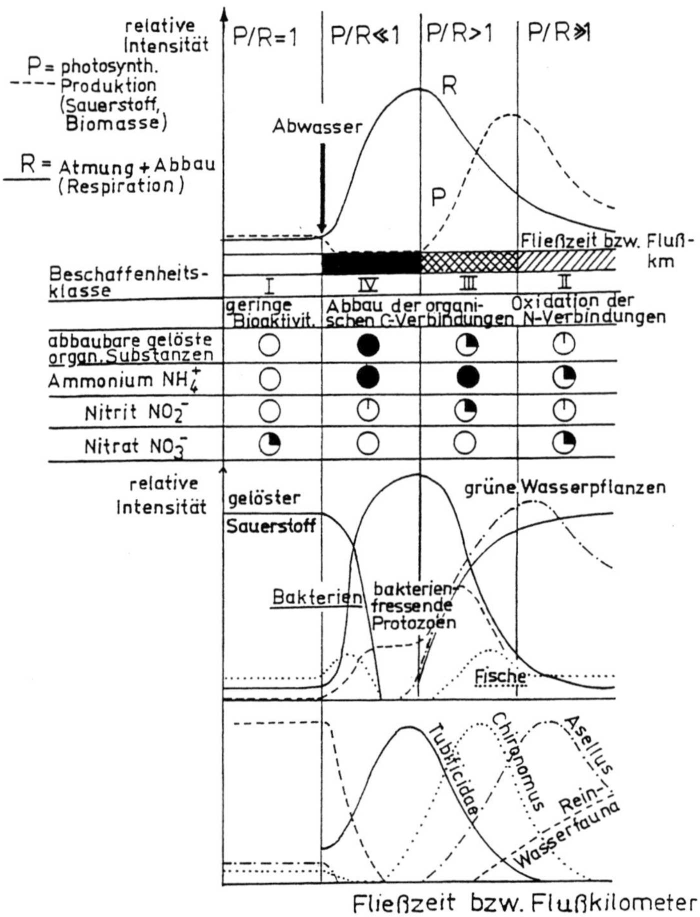

Abb. 89. Schematisierter Längsschnitt durch eine Selbstreinigungsstrecke (kombiniert nach Uhlmann 1988 und Hynes 1963).

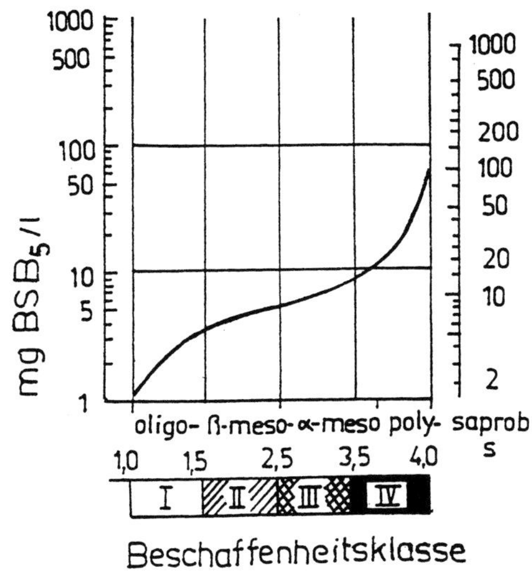

Abb. 90. Beziehung zwischen organischer Belastung (als BSB bzw. Einwohnergleichwerten, EGW) und Saprobienindex. (Nach v. TÜMPLING 1968).

mus thummi, Tubificiden) und Arten mit großen Kiemen (*Chironomus*) und Darmatmung (*Tubifex*) in Bereichen mit hohen Sauerstoffdefiziten. Diese Arten sind dann auch gleichzeitig resistent gegenüber toxischen Abbauprodukten.

Aufgrund der Unschärfe der Zugehörigkeit der Arten zu den Saprobiestufen erfolgt ihre Ermittlung mit Hilfe statistischer Verfahren.

Hier begegnen wir dem **Thienemann'schen Biozönotischen Grundgesetz** zum ersten Mal: Je extremer die Lebensbedingungen in einem Lebensraum, um so geringer ist die Artendiversität und um so höher sind die Individuendichten. In der Limnologie heißt dieses Gesetz, daß mit Zunahme der Eutrophierung und Saprobiestufen die Zahl der Arten abnimmt und die übrigbleibenden und neu hinzukommenden Arten extreme Dichten erreichen können. KOTHE (1962) formulierte dieses Gesetz als **Artenfehlbetrag** für die Abwasserbiologie.

Eine Vielzahl von limnischen Organismen wurde aufgrund von **Erfahrungen** in die 4 Abbaustufen eingeordnet. Die Indikatorarten werden dann gemäß ihres quantitativen Auftretens in den Saprobiestufen ermittelt (Saprobienindex). Dies wird näher im Angewandten Teil des Buches beschrieben (s. **II. 2.**). Die Selbstreinigung von der poly- bis zur β-mesosaproben Stufe ist schematisch in Abb. 89 dargestellt. In die Grundlagen des Stoffhaushaltes gehören aber auch die Beziehungen zwischen den biochemischen und biologischen Güteparametern (Abb. 90). Danach gibt es eine numerische Beziehung zwischen der molekularen (BSB_5, EGW) und der ökosystemaren Ebene (Saprobienindex, Güteklassen). Dies ist ein fundamentales Ergebnis für die gesamte Biologie, da es die Emergenz von der chemischen zur ökosystemaren Stufe zeigt, obwohl sie nur statistisch beschreibbar ist.

7.6.9. Natürliche Belastungen

Natürliche Belastungen mit organischen Stoffen werden durch **Großwild** (Elefanten, Nashörner, Flußpferde), **Krokodile** und **Laubeinfall** der uferbegleitenden Bäume verursacht, samt den darin lebenden terrestrischen Tieren (s. **I. 7.5.13.**; **I. 7.6.1.**). Großwild verschmutzt durch Kot die Gewässer, Krokodile durch die Erbeutung von Großtieren, wodurch die Gewässer polysaprob werden können. In den Bereichen, in denen Großwild keine Rolle mehr spielt, sind es nur die an und in Flußgebieten weidenden Rinder und der Baum- und Laubeinfall, die zur natürlichen Belastung führen, wobei die Verschmutzung durch Rinder gegenüber dem Großwild harmlos ist und auch meist zur anthropogen bedingten Verschmutzung gerechnet wird.

So soll hier nur der Laubeinfall betrachtet werden, der auch nur in kleinen Fließgewässern, meist Bächen, eine Rolle spielt, hier aber eine entscheidende. Kurz wird auch auf das Totholz eingegangen, das dann im praktischen Teil des Buches eine größere Rolle spielen wird. Wir wissen schon, daß Organismen oder Organismenteile nie ganz abgebaut werden. Der sedimentierende Rest heißt Detritus (heute oft „particulate organic material", **POM** genannt). Abgebaute Laubblätter ergeben den gröbsten Detritus (sehr lückenreich), der flußabwärts dann weiter zerkleinert und immer lückenärmer wird. Detritus von höheren Wasserpflanzen, Algen oder gar Tieren ist relativ fein. Die Tab. 24 gibt einen Überblick über die Detritusfraktionen. Diese Fraktionen entstehen durch den stufenweisen Abbau, verbunden mit Darmpassagen der Zerkleinerer und Detritivoren. Die Detritusmenge (D), die aus dem Laubeinfall entsteht, beschreibt die Formel:

$$D = \frac{I}{k + k_1} \quad [\text{MengeZeit}^{-1}]$$

Es bedeuten: I = Laubeinfall (Input) (in Europa als Orientierungsgröße 200–500 g m^{-2} a^{-1} TS, in den Tropen oft das Doppelte); k = abgebaute Blätter (und Zweige); k_1 = abtransportiertes Laub (einschließlich der Laubreste); beide Größen in % (Bormann et al. 1974).

Tabelle 24. Detritusfraktionen in Flüssen. (In Anlehnung an Boling et al. 1975).

Bezeichnung	Engl. Abkürzung	Größe	Beschreibung
Große Pflanzenstücke		> 16 mm	Blätteraggregationen, Rindenstücke, Zweige
Kleine Pflanzenstücke		> 16 mm	Einzelblätter, kleine Stiele
Grobpartikulärer Detritus	CPOM	1–16 mm	Fragmente von Pflanzenteilen
Mittelpartikulärer Detritus		250 µm–1 mm	Fragmente von Pflanzenteilen, auch von Tieren und Faeces
Feinpartikulärer Detritus	FPOM	75–250 µm	Wie oben, nur feiner
Ultrafeinpartikulärer Detritus	VPOM	0,45–75 µm	Wie oben, nur feiner

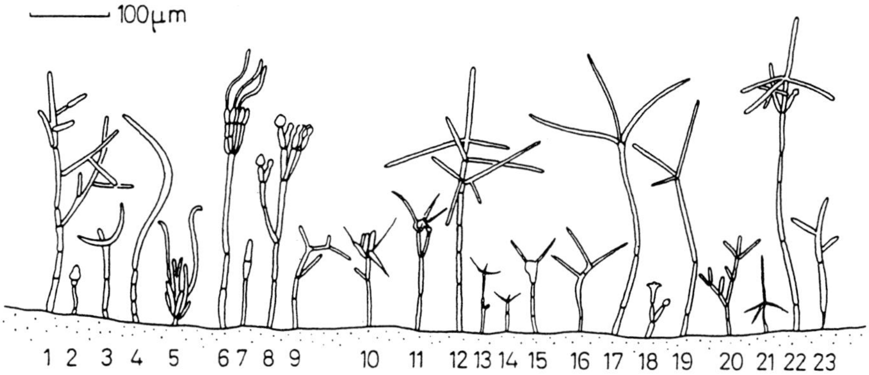

Abb. 91. Aquatische Hyphomyceten (Deuteromyceten) auf Laub im Gewässer. Einige der häufigen Arten sind: (4) *Anguillospora longissima*, (5) *Flagellospora curvula*, (9) *Tricladium angulatum*, (10) *Tetracladium setigerum*, (13) *Alatospora acuminata*, (14) *Heliscus longibrachiatus*. (Nach INGOLD aus RHEINHEIMER 1991).

Diese Formel setzt steady state (Fließgleichgewicht) voraus, was aber in der Natur sicherlich nicht zutrifft; dadurch erhält die Formel mehr theoretischen als praktischen Wert. Die Größen k und k_1 sind flußspezifisch unterschiedlich und hängen stark vom Retentionsverhalten des Gewässers ab (Rauhigkeit der Sohle, Dammbildungen durch herabgefallene Zweige und Äste, an denen sich das Laub staut).

Der **Abbau der Laubblätter** ist sehr kompliziert. Schon im Herbst werden in gemäßigten Klimagebieten die Blätter des Baumes von **Hyphomyceten** (Deuteromyceten, Fungi imperfecti), conidienbildende Pilzen, befallen. Häufig sind die Gattungen *Aureobasidium, Alternaria, Cladosporium*. Sie fallen mit dem Blatt in das Wasser und bauen hier weiter ab und werden schließlich im Winter von aquatischen Hyphomyceten ersetzt, z. B. *Anguillospora, Tricladium, Heliscus, Alatospora, Flagellospora, Tetracladium* (Abb. 91).

Ihre Sporen sind verzweigt, so daß bei einem Abtransport die Chance des Hängenbleibens besteht und sie sich anreichern können. Erst nach dem Befall mit aquatischen Hyphomyceten (etwa 3 Wochen) beteiligen sich auch **Bakterien** an dem Laubabbau (*Flexibacter, Achromobacter, Flavobacterium, Pseudomonas* u. a.).

Nicht ausschließlich, aber doch bevorzugt ernähren sich die **Zerkleinerer (= shredder)** von den durch Pilze und Bakterien befallenen Blättern. Die Fraßtätigkeit der Tiere beginnt daher erst deutlich nach dem mikrobiellen Befall der Blätter. Die wichtigsten Zerkleinerer sind *Gammarus*, *Tipula*-Larven (Schnaken), in Nordamerika noch Larven von *Zapada* (Plecoptera) und *Pycnopsyche* (Trichoptera). In eutrophierten Fließgewässern ist *Gammarus* oft durch *Asellus* ersetzt. Für die Zerkleinerer existiert eine Präferenzreihe der Laubarten: Erle, Weide, Esche, Ulme, Eiche, Pappel, Nadelhölzer. In dieser Reihe steigt das C/N-Verhältnis der Blätter (s. **I. 7.5.13.**, **I. 7.6.4.**). Die Bäume, die unmittelbar die Fließgewässer säumen (Weichholzaue), festigen die Sohle und fungieren zugleich als Nahrungslieferant für die Tierwelt der Bäche, die sich infolge der Beschattung nur sehr wenig von autochthoner Primärproduktion ernähren kann. Die

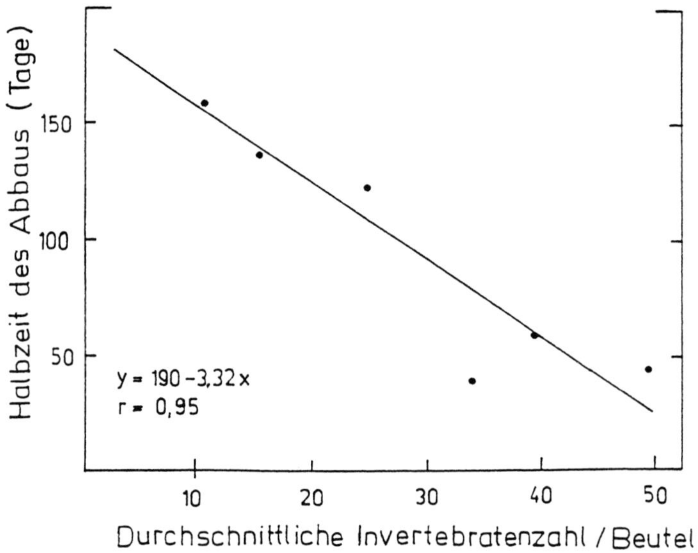

Abb. 92. Abbau von Buchenlaub in Bächen in Abhängigkeit von der Invertebratendichte. (Nach Iversen 1975).

Bevorzugung der Laubarten geschieht aber nicht allein nach dem C/N-Verhältnis, sondern auch nach dem Pilzbefall. So werden gewisse Pilzarten bevorzugt (z. B. *Anguillospara*), andere abgelehnt (z. B. *Tetracladium*). Werden Erlenblätter mit *Tetracladium* beimpft, Eichenblätter mit *Anguillospara*, so läßt sich die Präferenzreihe umdrehen. Auch der qualitative Pilzbefall des Laubes kann also den Energiehaushalt der Bach-Ökosysteme beeinflussen (Bärlocher & Kendrick 1973, 1974). Der mikrobielle Abbau der Blätter erfolgt schneller, wenn Zerkleinerer daran beteiligt sind. **Darmpassagen** der Blattsubstanz intensivieren das Wachstum der bakteriellen Populationen, da sie die Substanz für den bakteriellen Angriff besser aufschließen und gleichzeitig mit aufgenommene Bakterien verdauen, wodurch die Produktion der Überlebenden stimuliert wird (s. **I. 7.6.8.**). Nadeln der Koniferen müssen erst von Tieren angefressen werden, damit Bakterien in die Nadeln eindringen können (Bärlocher & Michaelides 1978). Aber auch Zerkleinerer werden durch Räuber reduziert, z. B. durch die räuberische Trichopterenlarve *Rhyacophila* und in Nordamerika durch *Megarcys* (Plecoptera). Sie reduzieren die Dichte der Zerkleinerer, wodurch ihre Jungendstadien schneller wachsen können und der Blattkonsum erhöht wird. Erst ein Überbesatz an Prädatoren bewirkt einen Rückgang des Abbaus (Abb. 92).

Der Abbau des in das Gewässer gefallenen Blattes beginnt auch unabhängig von mikrobiellen und tierischen Eingriffen. Relativ wenige Stoffe des Blattes gehen sofort in Lösung (= **Auslaugung** oder engl. **leaching**) (Gessner & Schwoerbel 1989), sind aber wesentlich am DOC-Gehalt des Bachwassers beteiligt. Die überwiegende Mehrzahl der Substanzen verbleibt im Blatt und wird durch Mikroorganismen zersetzt (Abb. 93). Die Zerkleinerer beschleunigen nur den Abbauvorgang, der von den Mikroorganis-

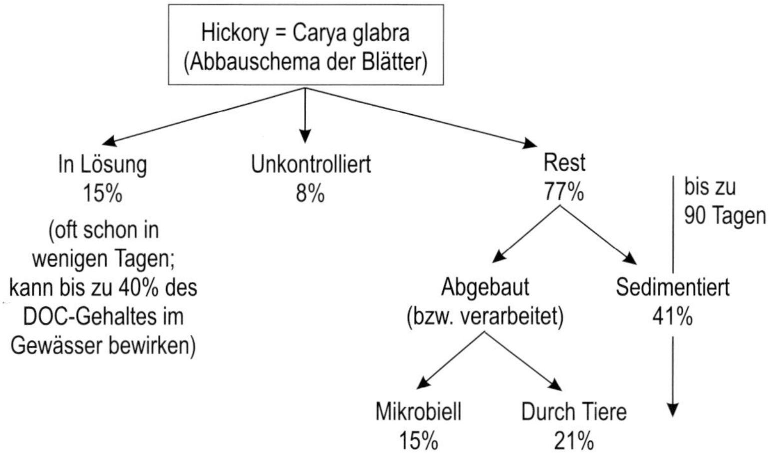

Abb. 93. Abbauschema von Laubblättern (*Carya glabra*) in einem Fließgewässer. (Nach Angaben aus Petersen & Cummins 1974).

men allein vorgenommen wird. Die Zerkleinerer, wie *Gammarus,* besitzen in ihrem Darm Zellulasen und Chitinasen, mit denen sie die Zellulose der Blätter und das Chitin der Pilzwände aufschließen können (Chamier & Willoughby 1986). Die Zellulasen nehmen sie vermutlich von außen mit der Nahrung auf (Walters & Smock 1991).

Der Abbau findet im Wasser schneller als auf dem Land statt und am schnellsten in Fließgewässern (vgl. S. 149, Abb. 85). Er dauert für Erlen-, Weiden- und Ahornblätter etwa $^1/_2$ Jahr (s. auch Casas et al. 1994). Die Rate beträgt etwa 0,020 d^{-1} (Chergui & Pattee 1990). In den Tropen können Bakterien schon vor den Hyphomyceten in den Blättern erscheinen. Der Abbau der Blätter läßt sich mit der Formel

$$W_t = W_o e^{-kt}$$

beschreiben.
Es bedeuten: W_t = Blattmaterial nach der Zeit t, W_o = Anfangsmenge, k = Abbaukoeffizient (k meist < 0,008 % d^{-1}) (Paul et al. 1978).

Beim Abbau des Laubes kommt es zu einer merkwürdigen Erscheinung. Die toten Blätter nehmen Phosphor und Stickstoff auf, so daß das C/N-Verhältnis absinkt; die Blätter der Hartholzaue können so noch von den Zerkleinerern genutzt werden. Der Wind trägt im folgenden Frühjahr das Laub der Hartholzaue in die Gewässer, wenn dort das Erlen- und Weidenlaub schon weitgehend aufgebraucht ist; so wird die allochthone Ernährung der Bachfauna fortgesetzt. Auch bei der zunehmenden Zerkleinerung des Detritus kommt es flußabwärts zur Senkung des C/N-Verhältnisses (Wallace et al. 1982). Es muß also zwischen direktem und lateralem Laubeintrag unterschieden werden. Der letztere kann etwa 20–70 % betragen (je nach Windstärke, Hangneigung, Ausrichtung der Böschung unterschiedlich) (Fisher & Likens 1973, Cushing 1988, Baumert 2000).

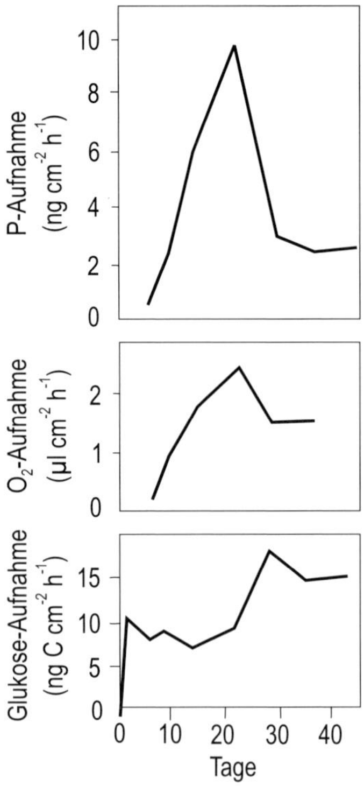

Abb. 94. Aufnahme von Phosphor, Sauerstoff und Glukose von Laubblättern im Verlauf ihres Abbaus in einem amerikanischen Bach. (Nach MULHOLLAND et al. 1984).

Die P- und N-Anreicherung in den Blättern hat einen Höhepunkt und geht dann wieder zurück. Parallel dazu verhält sich die Sauerstoffaufnahme der Blätter. Eine ähnliche Dynamik weisen auch Glukose und ATP-Gehalt der faulenden Blätter auf (Abb. 94). Ursache der P- und N-Aufnahme sind Ausscheidungen der Bakterien (oder das Freiwerden beim Absterben der Bakterien, N_2-Fixierung und vermutlich auch direkte Aufnahme aus dem umgebenden Wasser).

Laubeintrag und Laubabbau sind fundamental für die Fließgewässer. Hierdurch wird bis herunter zu dem feinsten Detritus ein großer Teil der Ernährungsgrundlage für das Ökosystem geschaffen. Von ihm gehen die **detritivoren Nahrungsketten aus**, ein wichtiges Kompartiment im Energiefluß der Ökosysteme (s. **I. 7.7.3.**).

In das Gewässer eingestürzte Bäume und größere Äste (Totholz) sind wichtige Strukturen natürlicher Gewässer. Sie erzeugen Habitatmannigfaltigkeit und bewirken eine hohe Stoffretention. In Europa beträgt die Menge an Totholz in den Fließgewässern etwa 0,3–26 m^3 100 m^{-1} Lauflänge, in den Alpen sind die Werte höher (HERING & REICH 1997) und in den USA werden 100 – > 1 000 t Totholz in den Fließgewässern gemeldet (HARMON et al. 1986). Aus den besprochenen Vorgängen leiten sich auch die Auswirkungen von Uferabholzungen für das Fließgewässer-Ökosystem ab (s. **I. 7.5.13.**). Die wichtigsten sind:

- Aufhebung der Beschattung.
- Wegfall der allochthonen Ernährung des Gewässers (Detritusquelle!).

- Temperaturanstieg um 2–3 °C im Jahresdurchschnitt.
- Massenentfaltung von Algen. Beschattet etwa 3–100 g m^{-2} TS, unbeschattet 100–600 g m^{-2} TS, je nach Nährstoffgehalt des Wassers. Zunahme der Makrophytenbiomassen bis zu 80 %.
- Ersatz kaltstenothermer Arten durch temperaturkonstante, die auch im Mittellauf vorkommen. Es fallen vor allem Plecoptera, aber auch viele Ephemeroptera- und Trichoptera-Arten aus.
- Ausfall vieler Insektenarten, deren Imagines an bestimmte Strukturen oder Nahrungsquellen der Aue gebunden sind.
- Überschreiten der artspezifischen Wärmesumme, die viele Insekten vom Ei bis zum Schlupf der Imagines benötigen. Es kommt zum Frühschlupf zu einer Zeit, in der die Imagines noch nicht in der Aue leben können. Im Herbst wird das Wachstum nicht zur rechten Zeit eingestellt, was zu einer kurzen Winterruhe und erhöhten Mortalität führt.
- Veränderungen in der Zonierung der Ernährungstypen: Reduktion der Dichten der Zerkleinerer, Zunahme der Weidegänger.
- Zunahme der Trophie infolge Erhöhung der autotrophen Produktion, was zu einem Rückgang der Artenzahlen, aber Zunahme der Individuenzahlen (bis > 50 %) führte. Fließgewässer können in Waldgebieten durch forstliche Maßnahmen wie Kahlschlag und Verbrennen von Holzabfällen, in Chemie und Biologie stark beeinflußt werden (BORMANN & LIKENS 1985).
- Wegfall des ursprünglichen Laubdetritus, der ein Grobdetritus ist, lückenreich und Habitat für viele rhithrische Tiere (vor allem Zerkleinerer) (ERNST & STEWART 1985, ZWICK 1977). Der infolge der Entwaldung anfallende Feindetritus der Algen ist lückenarm und zwar reichlich von Substratfressern besiedelt, neigt aber zur Kolmation des Interstitials.
- Gefahr der **Verkrautung**, vor allem kleinerer Fließgewässer infolge des hohen Algenwachstums. Es kann zur Abflußbehinderung kommen (s. **I. 7.2.1.**, **II. 5.**).

Die Abholzung hat nicht nur eine katastrophale Umkonstruktion des Ökosystems zur Folge, sondern sie schwächt auch eine wichtige hydrologische Funktion des Fließgewässers, den Abfluß, und behindert die Wiederbesiedlung aus dem Hyporheal.

Wie funktioniert es, daß ein Bach, trotz der hohen Zufuhr an Phosphor und Stickstoff durch die Laubblätter, oligotroph und oligosaprob bleibt? (s. **I. 6.3.**). Würde diese Nährstoffmenge in Form von Abwässern zugeführt, käme es zu einer starken Eutrophierung. Die jährliche Menge an Phosphor aus den Blättern beträgt (in Größenordnung) 0,5 g m^{-2} a^{-1} P, was relativ hoch ist (doppelt so hoch der N-Eintrag). Die Gründe sind:

- Der Abbau erfolgt stufenweise über 6 Monate.
- Phosphor und Stickstoff verbleiben weitgehend in den partikulären Pflanzenresten (Blattfragmente, Detritus).
- Es sind vorwiegend Kohlenhydrate, wenig Eiweiß.
- Der P/R-Quotient sinkt zwar oft < 1, ähnlich im α-mesosaproben Bereich, doch nur als Folge der geringen autotrophen Produktion. Der P/R-Quotient ist ein Summenparameter, der nicht uninterpretiert übernommen werden darf.

Der Abwassereinfluß gleicht unter natürlichen Bedingungen Kotbelastung durch terrestrische Tiere (Wasservögel, große Landtiere) bzw. der Belastung aus dem Freßvorgang bei Krokodilen und terrestrischen Beutegängern im Wasser. Hierdurch nimmt die Trophie deutlich zu.

7.7. Produktionsbiologie der Fließgewässer

Die Produktion an Biomasse ist ein Teil des Stoffkreislaufes bzw. Energieflusses der chemischen Elemente in den Ökosystemen. Die Produktion (P) kann auf Basis von Individuen (N) und (oder) der Biomasse (B) bestimmt werden.

Die allgemeine Formel lautet:

$$P_t = B_t - B_o + B_e$$

Es bedeuten: 0 und t zu Beginn und am Ende der Meßzeit; e ist die in dieser Zeit wieder eliminierte Biomasse (durch Absterben oder auch Erbeutung).

Grundsätze: Die Produktion wird immer pro Zeit und Flächen- oder Volumeneinheit des Lebensraumes bestimmt. Die Mortalität (M, entspr. B_e) fördert die Produktivität, da die entsprechenden Populationen nicht die stationären Phasen erreichen. Ferner produzieren Pflanzen stärker, wenn Teile von ihnen entfernt werden. Die beim Absterben oder bei der Erbeutung von Organismen freiwerdenden Nährstoffe können vor allem das bakterielle Wachstum anregen. Übersteigen die Verluste an Individuen einen bestimmen Wert, so kann es allerdings zum Zusammenbruch der Populationen kommen.

Aquatische Pflanzen haben einen Energiegehalt von etwa 20 kJ g^{-1} TS, Diatomeen jedoch von 13 kJ g^{-1} TS

Größenordnungsmäßig gilt für aquatische Invertebraten: 1 g Frischmasse (FS) entspr. 0,2 g Trockenmasse (TS) entspr. 0,1 g C_{org} entspr. 4,19 kJ.

7.7.1. Primärproduktion (PP) (s. I. 7.6.1.)

Primärproduktion ist die Produktion der autotrophen Organismen. Im Rhithral sind es besonders Blaualgen (Cyanobakterien) und Algen auf den Steinen, denen eine Produktionsbedeutung zukommt. Hier dominiert allerdings der allochthone Eintrag (Laub), aber besonders Diatomeen können auch im Halbschatten gedeihen (in gemäßigten Zonen vor allem im Frühjahr vor der Belaubung der Uferbäume). Flußabwärts kommen dann Makrophyten und schließlich auch Phytoplankton hinzu. Bis zum Mittellauf verdichtet sich auch der Algenaufwuchs. Als Orientierungshilfe können dienen (Nettoproduktion):

Rhithral :	± 3,0 g m^{-2} d^{-1} O_2 entspr. etwa 70 g C_{org} a^{-1}
Potamal :	Phytoplankton oft > 10 g m^{-2} d^{-1} O_2 entspr. etwa 230 g C_{org} a^{-1}
	Phytobenthos ± 3 – 10 g m^{-2} d^{-1} O_2 entspr. etwa 135 g C_{org} a^{-1}

(Die Jahreswerte berücksichtigen die Vegetationszeit.) Die autotrophen Bakterien (außer Blaualgen) spielen in Fließgewässern nur eine untergeordnete Rolle.

Die Pflanzenproduktion wird in den Fließgewässern durch Lichtintensität, Strömung, Gesteine bei sessilen Arten, Temperatur und Konzentration an Pflanzennährstoffen und Weidegängern beeinflußt.

Licht, Strömung. Die Turbulenz der Strömung bewirkt ein ständiges Ab- und Auftauchen des Phytoplanktons, wodurch die Lichthemmung der Produktion (s. **I. 8**.1.10.3.3.) verhindert wird. Generell steigt die Nettoproduktion mit der Beleuchtungsstärke an. Im allgemeinen erhöht fließendes Wasser die Aufnahme von Nährstoffen (WHITFORD & SCHUMACHER 1961) und somit die PP im Vergleich mit stehenden Gewässern; trotzdem sind die Verhältnisse noch schwer durchschaubar [s. hierzu den Grundsatz, daß fließendes Wasser physiologisch reicher als stehendes Wasser ist (s. **I. 7**.1.) und die Stimulierung durch Abspülereignisse].

Chemismus. Die PP in Fließgewässern ist abhängig von den zur Verfügung stehenden anorganischen Kohlenstoffverbindungen (CO_2, HCO_3^-, CO_3^{2-}), die je nach Verwertungstyp der Pflanzen unterschiedlich genutzt werden. In Weichwasserflüssen, in denen CO_2 die wichtigste Kohlenstoffquelle ist, war die Primärproduktion bis zu 5 Mal höher als in Hartwasserflüssen, in denen die Karbonate dominieren (HILL & WEBSTER 1982). Rhithrale mit Urgesteinen haben eine zum Teil 7 Mal höhere Pflanzenproduktion auf ihren Oberflächen als auf Sandstrecken (DUFFER & DORRIS 1966).

Temperatur. Generell nimmt die PP mit der Temperatur zu; doch diese Korrelation wird in Fließgewässern von vielen Faktoren beeinflußt und somit undurchsichtig (s. hierzu **I. 8**.1.10.3.3.).

Nährstoffe. Innerhalb bestimmter Konzentrationsgrenzen wirkt vor allem das $NO_3 - N / PO_4 - P$-Verhältnis auf die PP. Bei einem P/N-Verhältnis von 16:1 haben relativ viele Arten ein hohes Wachstum. Die Nährstofflimitation ist wiederum nicht absolut, sondern abhängig von dem N/P-Verhältnis. Bei N/P < 10 ist häufig N, bei > 20 P limitiert. Es werden dann jeweils andere Pflanzen begünstigt. Diese Verhältnisse sind besser in Seen (s. **I. 8**.1.10.3.2.) als in Fließgewässern untersucht.

Eine besondere Rolle spielt das **Silizium** für die Diatomeen, eine der wichtigsten Primärproduzenten unter den Mikroalgen. Für den Aufbau des Kieselpanzers bei der Teilung benötigen 10^6 Zellen der in Fließgewässern typischen Kieselalge *Stephanodiscus hantzschii* etwa 40 µg Si. Die Silizium-Dynamik in Fließgewässern wird sehr deutlich durch Diatomeen bestimmt (Abb. 95).

Metalle. Die Metalle K, Mg, Ca fördern im allgemeinen die PP. Sie gehören zusammen mit den Nährelementen P, N und S zu den sog. **Makronährstoffen** (> 0,1 % der Biomasse). Zu den **Mikronährstoffen** gehören zusammen mit dem Si die Metalle Fe, Cu, Mn, Zn, Co, Mo und viele andere. Sie sind nur in winzigen Mengen in der Biomasse vorhanden, sind jedoch für das Wachstum notwendig. Eisen fördert die PP, während Cu schon beim Überschreiten einer Mindestkonzentration sehr hemmend wirkt.

Pflanzenverluste. Sie entstehen durch Weidegänger und Hochwässer. In beiden Fällen halten sie den Pflanzenwuchs in der exponentiellen Wachstumsphase, ohne daß sich viel Biomasse ansammeln kann: Hohe Produktion bei minimaler Biomasse!

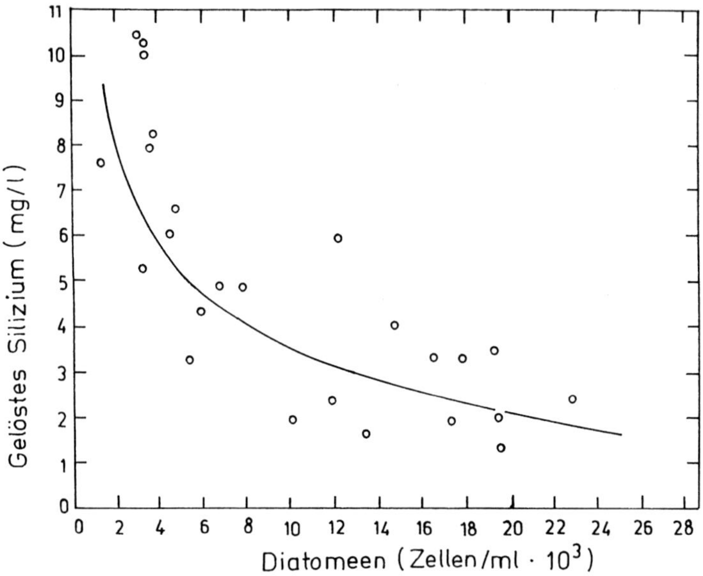

Abb. 95. Beziehung zwischen der Diatomeendichte und dem Gehalt an gelöstem Silizium in einem Fließgewässer. (Nach WANG 1969).

7.7.2. Sekundärproduktion (SP)

Es ist die Produktion der heterotrophen Organismen (Mikroorganismen und Tiere). Die Produktion der **Bakterien** an Biomasse wird sehr unterschiedlich sein und von vielen Faktoren abhängen. Ein grober Orientierungswert ist etwa 200 g C m^{-2} a^{-1} (entspr. etwa der PP des Phytoplanktons oder Phytobenthos im Potamal). In etwa trifft das auch für das Hyporheal (s. **I. 7.5.4.**) zu.

Unter den Tieren produziert das **Makrozoobenthos** etwa 20–100 g TS m^{-2} a^{-1} entspr. 12–60 g C_{org} (Rhithral u. Potamal). Dies entspr. etwa der PP des Rhithrals, ~10 % der des Phytobenthos und ~ 20 % der des Phytoplanktons generell in Fließgewässern.

Die Arten und Gruppen unter dem Makrozoobenthos mit den höchsten Produktionswerten sind der Egel *Erpobdella octoculata*, die Tubificiden, Simuliiden und Chironomidenlarven. Flußabwärts gibt es keine deutliche Veränderung der Produktion des Makrozoobenthos.

Die Produktion des **Mikro-** und **Meso(Meio)zoobenthos** beträgt nach bisherigen Ergebnissen etwa 30 % der des Makrozoobenthos. Dieser Wert ist jedoch viel zu gering. Die Ursache ist die methodisch schwierige Ermittlung der Produktion der Mikro- und Mesofauna (SCHÖNBORN 1987, 1992a). Von großer Bedeutung in der Produktionsbiologie ist das Verhältnis der Produktion zur durchschnittlichen Biomasse in der Zeit, in der die Produktion gemessen wurde: der **P/B-Quotient**. Als Bezugsgröße gilt oft ein Jahr: $P/B_{(a)}$. Es gilt wiederum als Orientierung:

Makrozoobenthos (> 4 mm Körpergröße): 2–8

Mesozoobenthos (0,2–4 mm):	± 40
Mikrozoobenthos (< 0,2 mm):	> 100

Das bedeutet, daß der Umsatz (= **Turnover**) des Mikrozoobenthos oft > 100 Mal häufiger erfolgt als der des Makrozoobenthos. Was heißt das? In einem Fluß hatten zum Beispiel die Wasserasseln und Ciliaten je eine Jahresproduktion von 10 g m^{-2} TS. Der P/B der Asseln betrug etwa 9, der der Ciliaten jedoch 207. Das bedeutet, daß ein höherer Umsatz der durchschnittlichen Biomasse auch eine höhere Zahl an produzierten Individuen bewirkt. Die gleiche Biomasse wird also je nach dem P/B in unterschiedlich viele Individuen aufgeteilt, wodurch der Energiefluß von den Konsumenten niederer phyletischer Stufe zu den Topräubern höherer Stufe intensiviert wird. Es bedeutet auch, daß die Biomasse (als Stoffakkumulator) gering bleibt, der Stoffumsatz aber hoch ist, was eine **Entlastung des Gewässers** ist.

Im Gegensatz zu der Invertebratenproduktion nimmt die **Fischproduktion** flußabwärts deutlich zu, oft um 100 % und mehr. Durchschnittswerte der Fischproduktion in naturnahen Fließgewässern sind:

Salmoniden: 8,16 g FS m^{-2} a^{-1} (entspr. ~1,9 g TS)

Nichtsalmoniden	(Nordamerika):	1,16 g FS m^{-2} a^{-1} (entspr. ~ 0,2 g TS)
	(Europa):	4,52 g FS m^{-2} a^{-1} (entspr. ~ 0,8 g TS)

Eine wichtige Erscheinung der Produktionsbiologie der Fließgewässer ist auch die **Emergenz**. Darunter versteht man die Produktion an Wasserinsekten, die als Imagines das Gewässer verlassen (Illies 1971, 1972, vgl. auch Zwick 1990). Im allgemeinen schlüpfen weniger als 30 % der produzierten Larven als Emergenz. Von den Imagines gelangen etwa 3 % (als Orientierungshilfe zu betrachten) wieder zurück in das Gewässer; der Rest wird vom terrestrischen Ökosystem inkorporiert (Jackson & Fischer 1986).

7.7.3. Stoffkreislauf und Energiefluß

Die chemischen Elemente (z. B. O_2, C, N, S) gehen in den Ökosystemen verschiedene Verbindungen ein. Ein Teil von ihnen kehrt aber immer wieder zu den Organismen als Ausgangsbasis zurück. Sie beschreiben **Kreisläufe** (s. **I. 7.6.1.**, **I. 7.6.3.**, **I. 7.6.4.**, **I. 7.6.6.**, vgl. **I. 8.1.9.6.**), angetrieben durch Nahrungsaufnahme, Assimilation (Pflanzen!) und Atmung der drei funktionellen Hauptgruppen im Ökosystem, den Produzenten, Konsumenten und Destruenten. Innerhalb der letzteren wird nur differenziert, wo sich die Elementverbindungen ändern (z. B. Nitrifikanten, Denitrifikanten). Im Gegensatz zu Standgewässern werden in Fließgewässern die Kreisläufe der Elemente, wenn die fließende Welle einbezogen wird, spiralförmig auseinandergezogen (s. **I. 7.6.7.**).

Bei dem **Energiefluß** handelt es sich um die Energie, die in das Ökosystem eingeht, in ihm gebunden wird oder es wieder verläßt, wobei die letzten beiden Größen der ersteren entsprechen. Die Energie tritt als Sonnenlicht und auch in organischen Stoffen in das System (angegeben wird die Energie als Joule, J; 1 Joule = 0,23889 cal, 1 J cm^{-2} s^{-1} etwa

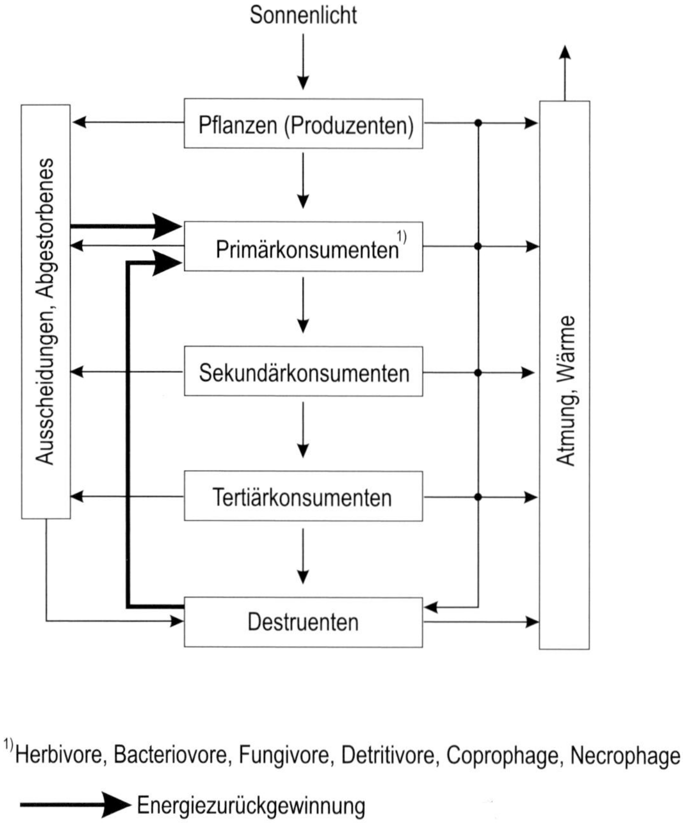

Abb. 96. Allgemeines Energieflußschema durch ein Ökosystem (Original).

0,5 µmol m^{-2} s^{-1}). Die Energie wird im wesentlichen durch die Nahrungskette weitergereicht, wobei sich ihre Quantität verändert. Es kommt zu keinem Kreislauf, sondern zu einem Fluß oder Transfer durch das Ökosystem (Abb. 96). Beim Durchfluß durch die **Ernährungsstufen** (= trophic levels) nimmt die Energie ab, bedingt durch die Atmung und den damit verbundenen Wärmeverlust, sowie durch die Sedimentierung von Teilen der Ausscheidungen und toten Organismen. Nur ein Teil von zunächst ausgesonderter Energie wird wieder durch die Destruenten und ihre Verwerter unter den Primärkonsumenten zurückgeholt, sowie deren coprophage und nekrophagen Arten. Als „Faustwert" gilt, daß etwa 10 % an Energie von jeder Ernährungsstufe weitergegeben wird.

Nahrungsaufnahme und Produktion sind die Motoren des Energieflusses. Den abnehmenden Energiegehalt von den Produzenten bis zur letzten Konsumentenstufe (Gipfelräuber, Topräuber), sowie auch ihre Produktionswerte (z. B. Jahresproduktionen) lassen sich in Form einer **Pyramide** darstellen. Diese Pyramiden bzw. die Ernährungsstufen sind jedoch nur eine künstliche Ordnungshilfe, da sie z. B. einen diatomeenfressenden Ciliaten auf eine Stufe mit einer aufwuchsabweidenden Großschnecke stellen. Beide leben zwar topographisch in einem Lebensraum, sind aber an sehr unterschiedli-

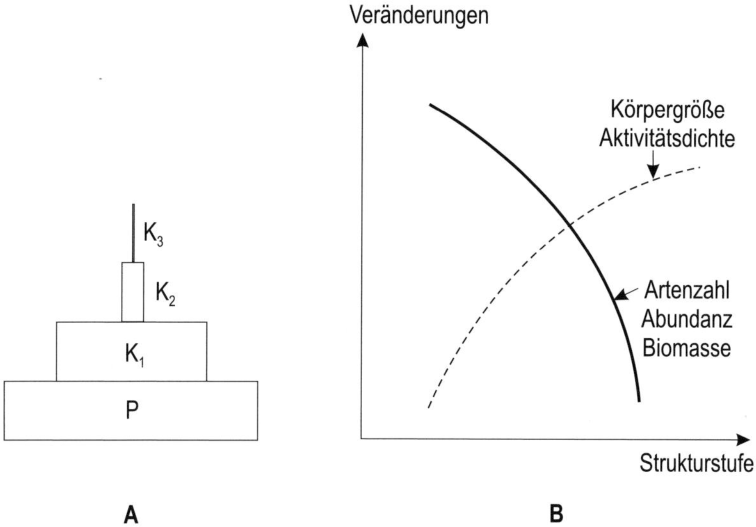

Abb. 97. Der Energiefluß durch das Ökosystem als Pyramide dargestellt **(A)**. Es bedeuten: P = Primärproduzenten, K1 = Primärkonsumenten, K2, K3 = Sekundärkonsumenten. **B** = Änderung wichtiger ökologischer Größen mit Zunahme der Strukturstufen (z. B.: Algenfaden, Algenfädenlücken – Aufwuchspolster – Flußbett). (Original).

che Strukturstufen gebunden (Lückensystem des Aufwuchses – Habitatfläche mit dem Gesamtaufwuchs). Sie haben daher sehr unterschiedliche Interaktionen, Abundanzen und Biomassen, die nicht mehr einer Pyramidendarstellung folgen (Abb. 97).

Betrachten wir zunächst den Energiefluß durch ein Individuum (in diesem Fall ein Konsument), woraus sich dann der Energiefluß durch eine Teilpopulation errechnet. Die Formel lautet (= **Energiebilanz**):

$$C = P + R (= A) + F + U$$

Es bedeuten: C = Konsumtion, P = Produktion, R = Respiration, A = Assimilation, F = Faeces, U = Exkrete

P + R werden auch bei Tieren als Assimilation bezeichnet (vergleichbar der pflanzlichen Bruttoproduktion). Hierzu gehören eigentlich auch die Exkrete, die ja (im Gegensatz zu den Faeces) aus dem Körper ausgeschieden werden. F + U werden oft aus methodischen Gründen als Egestion zusammengefasst, was aber nicht korrekt ist. Im Freiland lässt sich bei Tieren (an einer Population) noch relativ einfach die Produktion (P = Nettoproduktion) bestimmen. Die im Labor gewonnenen Beziehungen zwischen den Größen des Energieflusses durch ein Individuum lassen sich unter Vorbehalt auch auf das Freiland übertragen. Als Orientierungswerte können für Populationen gelten:

– für das Mikrozoobenthos (v. a. Protozoen) $C = 3$ bis $4\,P$
$C = \sim 5\,R$
$C = \sim 2\,F{+}U$

– für das Makrozoobenthos: C = 3 bis 10 P (häufig 5)
C = 2,5 bis 10 R
C = 2 bis 3 F+U

Erfaßt man die Produktion mehrerer Arten in einem konkreten Lebensraum, so kann man den Energiefluß durch einen Teil des Ökosystems berechnen. Das Verhältnis der Komponenten der Energiebilanz zueinander nennt man **ökologische Effizienzen** (= Ökologische Wirkungsgrade). Die häufigsten sind A/C (= % A von C), P/A, P/C. Der A/C ist bei den Herbivoren viel niedriger als bei den Räubern. Die Räuber nutzen ihre Nahrung viel besser aus als die Pflanzenfresser, wodurch diese viel mehr fressen müssen als die räuberischen Arten. Das hat wiederum eine günstige Wirkung auf das Ökosystem: Reduktion übermäßigen Pflanzenwuchses, Verhinderung einer Übernutzung der Beutetiere. Beispiel: detritivore Plecoptere *Pteronarcys scotti* A/C = 10,3 %, karnivore Plecoptere *Acroneuria californica* A/C = 86 % (Mc Diffett 1970, Heiman & Knight 1975).

Die Abb. 98 zeigt ein Energieflußschema für das Rhithral, die Abb. 99 ein solches durch ein Potamal. Dies ist zumindest teilweise quantifiziert. Das Schema zeigt, daß die Energie weniger in Form eines Nahrungsnetzes durch das Ökosystem fließt, sondern deutlich Hauptströme bevorzugt (Remmert 1992). Der 1. Hauptstrom führt über Bakterien und Mikroalgen zu den Ciliaten, dem naididen Ringelwurm *Chaetogaster* zu dem Hundsegel *Erpobdella*. Hier endet dieser Strom oftmals, da Egel relativ selten von Fischen gefressen werden. Der 2. Strom geht über *Hydropsyche angustipennis* (eine nichtköcherbauende Köcherfliegenlarve) direkt zu den Fischen. Sie ernährt sich von Bakterien, Mikroalgen, Protozoen und Detritus. Ein 3. Strom enthält viele herbivore und detritivore Arten des Makrozoobenthos und fließt sowohl zu *Erpobdella* als auch zu den Fischen. Eingebaut in diese Ströme sind Rädertiere (Rotatoria) und Kleinkrebse (v.a. Copepoda), deren Produktions- und Konsumtionsdaten noch unbekannt sind. Das System wird in Wirklichkeit noch komplizierter sein, als hier dargestellt, doch es enthält vermutlich die wichtigsten Leitströme der Energie. Für alle trophic levels gilt in dem Schema etwa C = 5 P. Wir sehen auch, daß z. B. *Chaetogaster* bis > 70 % der Ciliatenproduktion vertilgt. Nur so werden vermutlich die Ciliatenpopulationen in der exponentiellen Wachstumsphase gehalten. Die Herbivoren reduzieren die benthische Primärproduktion oft um 10–30 %, was die Produktion wieder stimuliert, aber die Phytomasse kurzhält, die, wenn sie wuchert, ein Fließgewässer aufheben kann (s. **II. 5.**).

Nach diesem Schema wären Egel und Fische schon Gipfelräuber der Fließgewässer; bei den Fischen ist es schließlich der Hecht (seltener noch der Wels). Aber auch das stimmt nicht. Die eigentlichen Gipfelräuber sind terrestrische Tiere, in Mitteleuropa z. B. Kormorane, Säger, Reiher, Fischadler unter den Vögeln und der Fischotter unter den Säugern. In den Tropen gibt es noch weitere Arten. Ein adulter Säger benötigt etwa 400 g Fisch d^{-1} (Lindroth 1955). Der Fischotter (*Lutra lutra*) erbeutet große Mengen an Großkrebsen (Dekapoda) und Fischen. Großkrebse, wie die Astacura, können das Algenwachstum durch ihren Fraßdruck stark einschränken und nehmen daher viel Phytomasse auf. Somit führen die eigentlichen Gipfelräuber zugleich Biomasse aus dem Gewässer und tragen zu seiner Entlastung bei (s. **I. 10.**). Die Fischotter setzen ihre Faeces an Land zur Reviermarkierung ab.

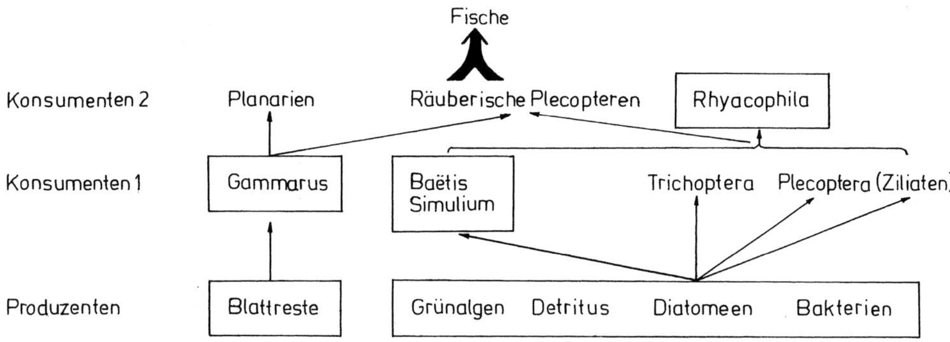

Abb. 98. Energieflußschema für das Rhithral. (Aus SCHÖNBORN 1992a).

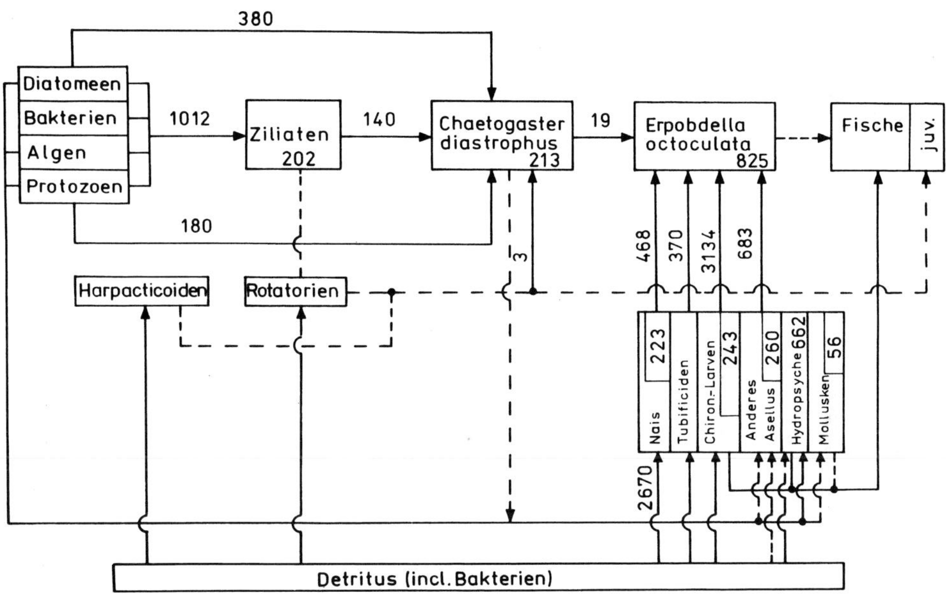

Abb. 99. Quantifiziertes Energieflußschema für das Potamal (Saale). Die Zahlen in den Kästen geben die Jahresproduktion, die auf den Pfeilen die jährliche Energieweitergabe zu der folgenden Konsumentenebene an. Werte in kJ m^{-2} a^{-1}. Gestrichelte Pfeile = geringfügiger Energietransfer. (Nach SCHÖNBORN 1987).

Das obengenannte Beispiel zeigt einen Energiefluß durch die Zoozönose. Andere Energiefluß-Untersuchungen gehen vom Input organischer Stoffe, deren Output (aus einer Fließstrecke) und Verbrauch als Respiration aus. Ein bekanntes Beispiel ist das Bearbach-Budget aus den USA (CUMMINS et al. 1973) (in kJ m^{-2} a^{-1}):

Input: 25,3 · 10^3 – Output: 16,7 · 10^3 – Respiration 8,5 × 10^3 kJ m^{-2} a^{-1}

Etwa 33,5 % werden von dem Ökosystem verarbeitet, über 99 % durch Mikroorganismen!

7.8. Allgemeine Aspekte der Fließgewässerbiologie und Zusammenfassung

7.8.1. River Continuum Concept (RCC)

Die **Längszonierung** der Fließgewässer läßt sich ökologisch als Ökokline oder Kontinuum definieren (s. **I. 1.**). In Fortführung des klassischen Längszonierungskonzeptes (s. **I. 7.5.1.**) schließt das RCC auch funktionale und physiologische Merkmale, sowie den Uferbewuchs ein (Vannote et al. 1980). Die Abb. 100 gibt dies als zusammenfassende Schemata wider. In den Oberläufen (Rhithrale), die oligotroph bleiben, kommt es durch den erhöhten Laubeinfall zur Bildung von Grobdetritus. Zerkleinerer dominieren, die den Grobdetritus zerkleinern und teilweise zum Abtransport flußabwärts vorbereiten. Wasserpflanzen und auch Algenaufwuchs sind infolge der Beschattung wenig entwickelt. Die gelösten organischen Verbindungen stammen bis zu 90 % von außen (allochthon). Trotz Oligotrophie bleibt der P/R-Quotient unter 1 (weitgehendes Fehlen der Autotrophie). Flußabwärts, mit Zunahme der Flußbreite und Verringerung der Beschattung nehmen Weidegänger und auch Substratfresser zu, gehen die Zerkleinerer aber zurück. Potamoplankton tritt auf und der P/R steigt auf 1 und darüber. Flüsse werden eutroph, auch ohne anthropogen beeinflußt zu werden (β-mesosaprob). Flußabwärts dominieren dann immer mehr die Substratfresser und der P/R sinkt wieder unter 1, verursacht durch die zunehmende Trübe und daher Verringerung der autotrophen Produktion.

Die physikalische **Entropiezunahme** flußabwärts (Energiedissipation, Rückgang der kinetischen Energie) (s. **I. 7.4.2.**) entspricht nicht einer biologischen Entropiezunahme. Bei einer Parallelisierung der Entropiezunahmen müßte sich der P/R-Quotient kontinuierlich verkleinern, was aber nicht erfolgt. Auch die übrigen biologischen Faktoren sind nicht mit der physikalischen Entropiezunahme gekoppelt, sondern gehorchen eigenen Gesetzmäßigkeiten. So gibt es flußabwärts keine einheitliche Tendenz in der Veränderung der **Artendiversität**. Es gibt etwa 1 580 Metazoenarten, die spezifisch für Rhithrale sind, aber nur 243 Arten für Potamale. Im einzelnen Rhithral leben meist > 200 Makrozoobenthos-Arten (bis 500 und mehr; Zwick 1992), im Potamal ± 100. Hingegen nimmt die Zahl der Pflanzenarten flußabwärts zu. Bei den Diatomeen wird durch das Eindringen von stillwasserbevorzugenden Arten in die Potamale ihre Diversität in den Rhithralen stark übertroffen. Flußabwärts erhöht auch das Potamoplankton enorm die Artendiversität.

Die Zahl der Fischarten nimmt flußabwärts deutlich zu, nicht aber ihre Abundanz und Biomasse.

Die Artendiversität der Invertebraten ist generell positiv mit dem Sauerstoffgehalt, aber negativ mit der Saprobie korreliert (Abb. 101). Da der Sauerstoffgehalt flußabwärts zur Abnahme, die Saprobie aber zur Zunahme tendiert, geht im allgemeinen die Artenzahl der Invertebraten zurück. Ihre Artendiversität ist gleichzeitig positiv mit der **Habitatdiversität** korreliert, die ebenfalls flußabwärts meist abnimmt (s. **I. 7.2.1.**;**I. 7.5.1.**)

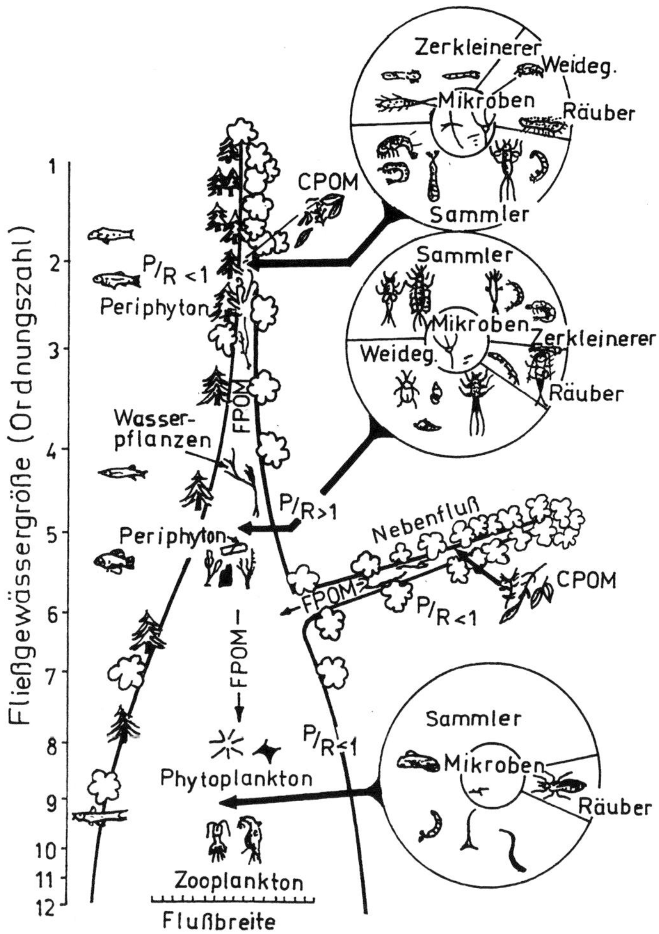

Abb. 100. Bildhafte Darstellung des Kontinuum-Konzeptes. (Nach VANNOTE et al. 1980).

und oft identisch mit der Rauhigkeit der Sohle ist. Die **Dichte** des Makrozoobenthos scheint flußabwärts stets abzunehmen (als Orientierungswerte etwa von $100 \cdot 10^3$ m^{-2} auf $< 50 \times 10^3$ m^{-2}), vor allem aber auch die Biomasse.

Die **Stabilität** eines Ökosystems kennzeichnet den Grad seiner Beständigkeit gegenüber äußeren Einflüssen. Die Stabilität läßt sich niemals generell fassen, sondern ist immer nur auf eine Einflußgröße bezogen. Betrachten wir die häufigsten Einflußfaktoren in Mitteleuropa, das Abholzen der Ufer und die zusätzliche organische Belastung, so verhalten sich die Potamale stabiler als die Rhithrale. Die Potamale sind weniger beschattet und natürlich eutrophiert, also auf derartige Störungen bereits vorbereitet.

Fließgewässer besitzen ein inhärentes Störregime (schwankender Durchfluß, Schadstofftransport) und reagieren daher besonders **elastisch**. Es sind pulsierende Lebensräume (Niedrigwasser bis zu extremen Hochwässern), die ihre eigenen Ökosysteme fortspülen können und im Extremfall nur noch als „Behälter" übrigbleiben. Sie verfü-

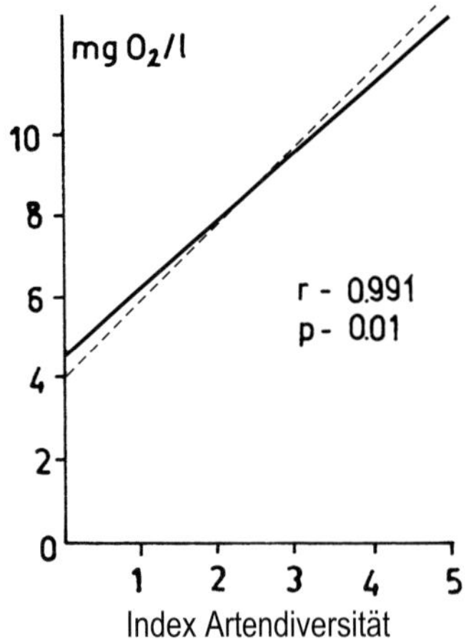

Abb. 101. Korrelation zwischen dem Sauerstoffgehalt und dem Index der Artendiversität in mehreren tschechischen und slowakischen Fließgewässern. (Nach KUBICEK 1978).

gen daher über viele Wiederbesiedlungspfade. Eine wichtige Struktur dafür ist das „Kellergeschoß" der Fließgewässer, das Hyporheal. Es ist in dieser Funktion ein Reserveraum für die Wiederbesiedlung des „Obergeschosses".

Die **Reife (Maturität)** nimmt flußabwärts zu. Bäche sind quellnah und bleiben daher ständig jung, während sich das Ökosystem flußabwärts immer mehr von seinem Ursprung entfernt. Mäander sind demnach Altersmerkmale und ein Delta oder Ästuar ist das Altersstadium (SIOLI 1951); Rhithral, Potamal und Delta (Ästuar) lassen sich dann als **Sukzessionen** des Lebensraumes „Fließgewässer" auffassen. Rein biologische Sukzessionen treten in Fließgewässern dauernd auf, hervorgerufen durch Störungen (Abspülungen) und Wiederbesiedlungen. Es sind kurzfristige und oft mosaikartig verteilte Sukzessionen, ohne daß darin eine Tendenz der Gewässerentwicklung zum Ausdruck kommt.

Fließgewässer können allerdings schon vor dem Delta das Altersstadium durch Verlandung erreichen, vergleichbar mit der Verlandung von Seen im natürlichen Alterungsprozeß (s. **I. 8.**1.8.). Es handelt sich um stark eutrophierte, langsam fließende Tieflandgewässer (nur noch geringe kinetische Energie). Auf der Gewässersohle bilden sich große Polster fädiger Algen und Blaualgen, die schließlich abreißen, abdriften und am Ufer akkumuliert werden, wodurch das Gewässer immer schmaler wird. Die faulenden Algenmassen werden von höheren Pflanzen bewachsen; in den Tropen vornehmlich von *Eichhornia crassipes*. In flachen Gewässern können auch wuchernde Grünalgen das Gerinne ausfüllen („Verkrautung", s. **I. 7.**6.9., **II. 5.**). Im Gegensatz zu Seen schafft sich das abfließende Wasser jedoch neue Abflußrinnen.

7.8.2. Die Einheit des Fließgewässer-Ökosystems

In **I. 7.**1. wurde auf die Einmaligkeit der Fließgewässer unter allen anderen Ökosystemen hingewiesen. Dazu gehört auch ihre **Gerichtetheit**, woraus sich die Frage ergibt, ob Rhithron und Potamon noch ein oder zwei bzw. mehrere Ökosysteme sind. Dabei muß man zunächst feststellen, daß sich die Ökosysteme kleiner und mittlerer Fließgewässer bei langandauerndem Niedrigwasser nicht gravierend von den Ökosystemen der Weiher und Seen-Litorale unterscheiden. In Habitatnähe dieser Fließgewässer, besonders aber in der Prandtl'schen Grenzschicht fließt das Wasser sehr langsam und oft laminar. In den Pflanzenbeständen ist die Fließgeschwindigkeit stark reduziert; und am Ufer in den Uferbuchten, sowie in Totwasser-Räumen, steht das Wasser sogar. Die hier lebenden Populationen zeigen **Regulationsmechanismen** wie in den genannten Stillgewässern auch. Erst bei Ansteigen des Durchflusses und besonders bei stark wechselnden Durchflüssen treten anstelle von Regulationsmechanismen immer mehr **Wiederbesiedlungsstrategien** auf. Im Extremfall muß ein Fließgewässer oder eine Strecke mehrmals im Jahr ein Ökosystem aufbauen. Vom Standpunkt des Ökosystems sind Fließgewässer extrem uneffektiv. Grenzt man eine hinreichend lange Bachstrecke durch zwei Querbauten aus, indem die Querbauten das Wasser, aber keine Tiere durchlassen und sorgt dafür, daß das Gewässer nur Niedrigwasser führt, so verselbstständigt sich ihr Ökosystem, das sich kaum noch von dem eines Weihers unterscheidet, vorausgesetzt die abgegrenzte Strecke enthält auch Raub- und Friedfische. Ein derartig **gestutztes (dekurtiertes)** Fließgewässer-Ökosystem kann sich z. B. zwischen zwei **Wehren** einstellen, repräsentiert aber nicht das Fließgewässer-Ökosystem. Im Gegensatz zu Stillgewässern (z. B. abgegrenzte Seeteile) oder terrestrischen Systemen (s. Nationalparks) läßt sich aus einem Fließgewässer kein Teil ausgrenzen, ohne das gesamte System zu beschädigen. Dies ist das Dilemma der modernen **Flußverbauungen**, die durch Talsperren und Querbauten (s. **II. 6**.1.1.) das Flußkontinuum zerstören. Derartig dekurtierte Fließgewässer haben auch ihre Ökosysteme, aber sie sind sehr inkomplett. Die ökologische Einheit des Fließgewässers wird durch den Stoff- und v. a. Detritustransport flußabwärts, durch die Fischwanderungen, organismische Drift und Aufwärtswanderung geleistet.

Jede Stelle in einem Fließgewässer ist als Folge der Gerichtetheit abhängig von den oberhalb gelegenen Fließstrecken.

Der Lachs wandert vom Potamal bis in die Oberläufe. Viele andere Fische sind ebenfalls Laichwanderer flußaufwärts. An ihren Kiemen transportieren sie Glochidien (Muschellarven) und sorgen somit zur Verbreitung dieses wichtigen Filtrierertyps.

Je geringer die Wasserführung, um so mehr gleichen sich die Strukturen von Fließgewässer- und Stillgewässer-Ökosystemen einander an. Die Gerichtetheit der Fließgewässer-Ökosysteme wird dabei nicht aufgehoben und betont die Ausnahmestellung unter den Ökosystemen. Die Einheit des Ökosystems eines Fließgewässers widerspricht nicht der Möglichkeit, daß sich in großen Flußsystemen **sexuell isolierte Subpopulationen** von Arten herausbilden können; vor allem, wenn das Gewässer mehrere geographische Regionen durchfließt. Derartige Isolationen sind in jedem großflächigen Ökosystem möglich. Die Einheit des Gesamtsystems der Fließgewässer wird auch nicht durch die erheblichen Unterschiede in der Artenzusammensetzung von Rhithron und Potamon aufgehoben, da sie durch übergreifende Konnexsysteme (v. a. piscivore Vögel) zusammengehalten werden. Rhithron und Potamon sind ein Ökosystem, allerdings mit flußabwärts abnehmendem Grad an Konnexität.

7.8.3. Zusammenfassung über die Funktionen der Fließgewässer im globalen Wasser- und Stoffhaushalt

Die **primäre Funktion** der Fließgewässer ist eine hydrologisch-geologische: Fließgewässer transportieren das aus den Niederschlägen stammende Wasser zu den großen Wassersammelstellen der Erde, den großen Seen und vor allem zu den Meeren. Sie besitzen damit eine wichtige Funktion im globalen Wasserkreislauf. Dieser primären Funktion schließen sich **Folgefunktionen** an. Eine der wichtigsten ist der mit dem Wassertransport verbundene **Stofftransport**. Dieser ist ein irreversibler, gerichteter Vorgang, der über sehr lange Zeiträume betrachtet, zur Stoffverarmung und Verödung des Landes führen muß. Bekannt ist das durch den Abtransport bedingte Natriumdefizit des Binnenlandes. Dem Natrium folgen Kalium und Calcium (Tab. 25) und andere Elemente. Der Nährstofftransport führt im Binnenland noch nicht zu spürbaren Defiziten, aber zu einer Eutrophierung der küstennahen Bereiche der Meere. Diese sind zum Teil bereits stark eutrophiert, woran über 60 % die Fließgewässer beteiligt sind.

Der Ausbau der Flüsse, die Entwaldung der Auen, genereller Waldverlust und Aufforstungen mit Flachwurzlern (z. B. Fichte), sowie die Versiegelung der Bodenoberfläche führen zu einer **Überfunktion** im Wasserkreislauf. Es werden zu viele Stoffe abgeschwemmt und es fließt zuviel Wasser oberflächlich ab, was katastrophale Folgen hat: Erhöhung der Seitenerosion, zunehmende Zahl an Überschwemmungen, Verstärkung der Tendenzen, die zur Versteppung führen.

Die Fließgewässer und ihre Auen besitzen natürliche **Retentionsmechanismen** für Wasser und Stoffe. Sie bewirken den teilweisen Rückhalt von Wasser und Stoffen oder verzögern deren Abtransport. Naturnahe Fließgewässer mit intakten Ökosystemen erfüllen diese Funktion am besten.

Der Stofftransport mittels der Flüsse muß zu einer stofflichen Verarmung des Binnenlandes und zu einer Überlastung der Meere führen. Dies bedarf allerdings sehr langer geologischer Zeiträume, denn mehrere Vorgänge wirken dem entgegen: Retention in

Tabelle 25. Basenausträge aus Aueböden in ein Fließgewässer (Stör, Schleswig Holstein). (Nach Daten aus Ripl 1996b).

Austrag in kg $ha^{-1}a^{-1}$	
Ca	263
Mg	18,9
K	26,5
Bilanzierung des Calcium in kg $ha^{-1}a^{-1}$	
Ca-Austrag	263
Ca-Eintrag über Niederschläge und Staub:	10
Ca-Eintrag über Düngung	100
	153 kg $ha^{-1}a^{-1}$ Verlust

den Fließgewässern, Stoffnachschub aus dem Erdinneren durch Gebirgsbildung und Vulkanismus, Verlust von Meerwasser in den Untergrund. **Die heutige Wirtschaftsweise der Menschen (Mobilisierung der Stoffe, Zerstörung der Retentionsmechanismen, Ausbau der Flüsse, Versiegelung der Erdoberfläche, Zerstörung der Vegetationsdecke) kann jedoch diese Prozesse enorm beschleunigen und zu einer großen Katastrophe führen.**

Die primären Entwässerungs- und sekundären Stofftransportsysteme wurden im nachhinein zu **Ökosystemen**. Das ist die zweite Folgefunktion der Fließgewässer: sie sind Lebensraum für viele Organismen, einschließlich der Auen. Die Strukturen dieser Ökosysteme sind einmalig und teilweise als abnorm zu bezeichnen. Die Arten zeigen spezifische Anpassungen an den Lebensraum. Die Auen gehören zu den arten- und individuenreichsten Lebensräumen überhaupt.

Liegt darin schon ein enormer Eigenwert, so haben die Fließgewässer-Ökosysteme auch eine wichtige Funktion im globalen Stoffhaushalt, beginnend mit den Quellen. Sie bauen viele Stoffe ab, bevor sie das Meer erreichen und sind somit Teil der Retentionsmechanismen geworden. Der Stoffhaushalt der Erde hat sich auf diese besonderen Ökosysteme eingestellt.

Das erdumspannende Netz der Fließgewässer bot sich als **Verbreitungsstraßen** für Pflanzen und Tiere an, eine weitere Folgefunktion. Dabei hatten Kurz- und Weitstrecken-Invasionen unterschiedliche genetische Auswirkungen (MÜLLER 2001).

Viele marine Arten drangen über die Flüsse in die Binnengewässer und paßten sich den limnischen Bedingungen an. Aber auch innerhalb der Binnengewässer wurden die Flüsse als Verbreitungsstraßen genutzt. Viele Fische verbreiteten sich auf diese Weise. Hochgebirgsseen wurden häufig über die Gebirgsbäche von Fischen besiedelt. Pflanzen und Tiere werden über Tausende von Kilometern stromabwärts transportiert. Sie gelangen dadurch zu anderen biogeographischen Regionen, was zu einer weltweit ähnlichen Flußbesiedlung führte (z. B. Nil, Wolga), zugleich ein weiteres Indiz für die Einheit des Ökosystems in Fließgewässern.

8. Die Standgewässer

Zu empfehlende Übersichtsliteratur: STANKOVIC (1960), WETZEL (1983b), ANDERSSON & OLSSON (1985), BROCK (1985), AUMEN & WETZEL (1995), Lake Biwa (ab 1987), BÄUERLE & GAEDTKE (1998), FORSBERG & PETTERSEN (1998).

Stand- oder Stillgewässer sind mit Wasser ganz oder teilweise angefüllte Vertiefungen der Erdoberfläche, in denen das Wasser weitgehend stagniert und keine Verbindung zum Meer hat. Im Verhältnis zu Fließgewässern sind die Bewegungen des Wassers der Standgewässer durch Wind, interne Strömungen und mögliche Zu- und Abflüsse als gering zu bezeichnen, haben aber eine Bedeutung für das entsprechende Ökosystem. Die Gewässer können eu- und astatisch bis zu periodischem und unperiodischem Austrocknen sein.

Die wichtigsten Formen der Standgewässer sind: Seen, Litoral (Flach)-Seen, Weiher und andere Flachgewässer, Sümpfe, Moore und Kleingewässer. Standgewässer sammeln das Wasser der Niederschläge für längere und kürzere Zeiten. Sie sind wichtige

Wassersenken unserer Erde und haben mannigfache Ökosysteme entstehen lassen. Nicht nur den großen Seen, sondern auch den vielen Sümpfen, Mooren und Kleingewässern kommen im Zusammenhang mit intakten Fließgewässern große Bedeutung gegen eine drohende Versteppung der Erdoberfläche zu.

8.1. Seen

8.1.1. Definition, allgemeine Charakterisierung

Unter Seen verstehen wir Standgewässer mit einer lichtlosen Tiefe, die optisch und nicht durch Trübung des Wassers bedingt ist. Somit besteht ein See, vom Standpunkt des Stoffhaushaltes, aus zwei konträren Schichten: der oberen belichteten Schicht, in der Primärproduktion möglich ist (**trophogene Schicht**) und einer tiefen Schicht, in der keine Primärproduktion vorhanden ist, sondern die produzierten Stoffe abgebaut werden (**tropholytische Schicht**).

Der See unterscheidet sich fundamental von einem Fließgewässer (Übergänge sind natürlich möglich!). Er ist ein ausgedehnter Lebensraum, der mehr oder weniger zur Kreisform tendiert. Die Uferentwicklung ist im Verhältnis zur Seeoberfläche gering, so daß der Stoffhaushalt relativ autark, aber nicht völlig unabhängig von der Umgebung ist. Wie in allen größeren Ökosystemen (außer Grundwasser und Fließgewässern) wird auch in Seen der Stoff (in Bezug zur Gravitation) oben gebildet, vertikal nach unten transportiert und hier abgebaut (vgl. z. B. Wald). Seen sind eustatisch und zeigen nur relativ geringe Wasserstandsschwankungen. Sie sind räumlich viel stärker abgeschlossen als Fließgewässer und sind die am höchsten entwickelten limnischen Ökosysteme. Sie stehen in der Kausalkette der limnischen Lebensräume an letzter Stelle (s. **I. 3.**), denn eine überwiegende Zahl an Seen erhält ihr Wasser durch einmündende Fließgewässer. Die in **I. 3.** genannten sechs formalen Kriterien für die Ökosysteme sind in Seen erfüllt. Es gibt auch keinen abiotischen ökologischen Faktor, der dominierend ist, wenn man von dem langsamen Absinken der Plankter (ab einer gewissen Größe und Schwere) absieht. Die Schwerkraft ist aber ein überall wirksamer ökologischer Faktor, der für die Entwicklung der Organismen eine wichtige selektive Funktion hatte und noch hat. Im Grundwasser und in den Fließgewässern ist die Wirkung der Schwerkraft weitgehend abgepuffert, wirkt aber stark in den epigäisch-terrestrischen Lebensräumen, nicht aber im Boden. Auch in Seen gibt es Lebensräume, in denen die Schwerkraft wenig Einfluß hat: im Algenaufwuchs, auch generell in den Pflanzenbeständen und im Sediment.

Grundsatz der Untersuchungstechnik: Im Fließgewässer ist es wichtig, Stoff und Organismen im Längsprofil, im See hingegen im Vertikalprofil zu erfassen.

8.1.2. Entstehung der Seen

Sie beruht auf geologischen Vorgängen, die für das Ansammeln von Wasser geeignete Hohlformen auf der Erdoberfläche entstehen lassen. Die primäre Hohlform ist eine einfache Vertiefung, auch **Wanne** genannt. Diese Vertiefungen können auf sehr unterschiedliche Weise entstehen.

8.1.2.1. Seen vulkanischen Ursprungs

Sie entstanden vorwiegend in jungen Vulkangebieten. Es lassen sich drei Entstehungsweisen unterscheiden:

a) **Kraterseen**. Sie entstehen, wenn sich der Trichter eines erloschenen Vulkans mit Wasser füllt. Diese Seen sind meist kreisförmig, tief (> 30 bis > 100 m) bei kleiner Oberfläche (oft < 0,5 km^2), mit steilen Ufern und von einem Wall umgeben (Tab. 26).
b) **Calderaseen**. Es sind eingestürzte unterirdische Hohlräume vulkanischen Ursprungs, die sich bei Vorhandensein einer wasserundurchlässigen Schicht mit Wasser füllen können. Auch diese Seen sind tief, kreisförmig und oft von nur geringem Umfang (Tab. 26). (Name nach einem Einsturzkessel auf La Palma, der infolge Trokkenheit jedoch kein Wasser führt.)
c) **Maare**. Dringt ein Lavastrom so weit in Richtung Erdoberfläche, daß er das Grundwasser zum Kochen bringt, kann es zu einer Wasserdampf-Explosion führen, die einen Trichter reißt. Füllt sich dieser mit Wasser, so heißt der See Maar (Tab. 26, Abb. 102). Maare neigen auch zur Kreisform, sind aber meist nicht so tief wie Krater- und Calderaseen (doch meist > 30 m), haben weniger steile Ufer und der Randwall ist relativ schwach ausgeprägt. Typische Maare gibt es in der Vulkaneifel (Deutschland); sie finden sich aber auch in Frankreich, Afrika, Neuseeland und Japan.

Die durch die Entstehungsweise bedingte Gestalt gibt den vulkanischen Seen ihr limnologisches Gepräge: sie neigen zur Oligotrophie (tief) zu Meromixis (bei geringer Oberfläche sehr tief), haben wenig Litoral und Buchten (steile Ufer) (s. **I. 8.1**.9.1.). Unter den flacheren Maaren ist das Schalkenmehrener Maar berühmt als frühes Objekt der Seetypenlehre (s. **I. 1**.).

Das Alter der Seen vulkanischen Ursprungs ist sehr unterschiedlich. Die Kraterseen reichen von rezent bis über 700 000 Jahre zurück. Die Maare entstanden vor etwa 10 000–12 000 Jahren.

Der Trichter des heutigen Laacher Sees (Hohe Eifel, Deutschland) entstand durch Explosion vor etwa 9 500 Jahren und schleuderte neben Steinauswurf auch große Mengen an Asche in die Luft, die sich fast über ganz Mitteleuropa verbreitete und heute noch in Seen (Sedimentbohrkerne!) als abgesetzte Tuffschicht (verkittete Asche; zugleich als Zeitmarke) feststellbar ist.

8.1.2.2. Seen tektonischen Ursprungs

Sie entstanden durch Bewegungen der Erdkruste, im besonderen durch Hebungen und Faltungen.

a) **Tektonische Stauseen**. Flußläufe können durch tektonische Hebungen aufgestaut werden und Seen bilden (z. B. die Seen nördlich des Viktoriasees und auch teilweise dieser selbst).
b) **Grabenbruchseen**. Tektonisch bedingte Absenkungen von Schollen der Erdkruste bilden Grabenbrüche, die sich mit Wasser auffüllen können. Der Zulauf geschieht durch Fließgewässer, wobei die Intensität der tektonischen Vorgänge größer sein muß als die Erosionswirkung. Zu den Grabenseen gehören die tiefsten, größten und ältesten Seen der Erde. Da die letzten großen tektonischen Vorgänge im Tertiär ver-

Tabelle 26. Beispiele verschiedener Entstehungstypen von Seen. (Daten aus Jung 1994, Keller 1962).

See	Land / Gebiet	Höhe über NN [m]	Tiefe [m]	Länge [km]	Fläche [km²]	Bemerkungen
Kraterseen						
Lago Albano	Italien	393	170	3,5	9,5	Vulkan Colli Albani
Lago di Nemi	Italien	318	34	1,6	1,7	Vulkan Colli Albani
Lake Nio	Ruanda	3.470	500	0,6	1,2	Virungavulkane
Maare						
Weinfelder Maar	Deutschland	479	51	0,5	0,2	} Bekannte Eifelmaare, haben Bedeutung für die Seetypenlehre
Schalkenmehrener Maar	Deutschland	420	21	0,5	0,2	
Gmünder Maar	Deutschland	405	38	0,4	0,07	
Calderaseen						
Lago di Bolsena	Italien	305	148	13	115	
Tobasee	Sumatra	910	529	90	1.264	
Grabenseen						
Tanganjikasee	Ostafrika	377	1435	655	32.880	} Liegen in Grabenbruchsenken
Baikalsee	Sibirien	455	1741	645	31.500	
Turkansee	Kenia	407	73	255	8.600	
Meteorkraterseen						
Popigaiakrater	Sibirien		500	2		
Glaziale Erosionsseen						
Michigansee	USA	177	265	524	58.140	Tiefste Stelle unter dem Meeresspiegel
Ammersee	Deutschland	533	81	15	46	Zungenbeckensee
Vätternsee	Schweden	88	119	138	1.899	Erosionsmuldensee
Dammseen (Bergstürze)						
Lago di Poschiavo	Schweiz	962	85	2,5	1,9	Sturzmasse Gneis
Klöntalersee	Schweiz	848	49	5,0	3,3	Sturzmasse Kalk
Reliktseen						
Aralsee	Russland	53	68	408	63.800	Aralsee: Wasserfläche verringert sich seit 1960 kontinuierlich. Rückhaltebecken an den Zuflüssen
Kaspisee	Russland	–28	1025	1170	37.100	führen das Wasser zur Bewässerung der Wüste zwecks Baumwollanbau ab.

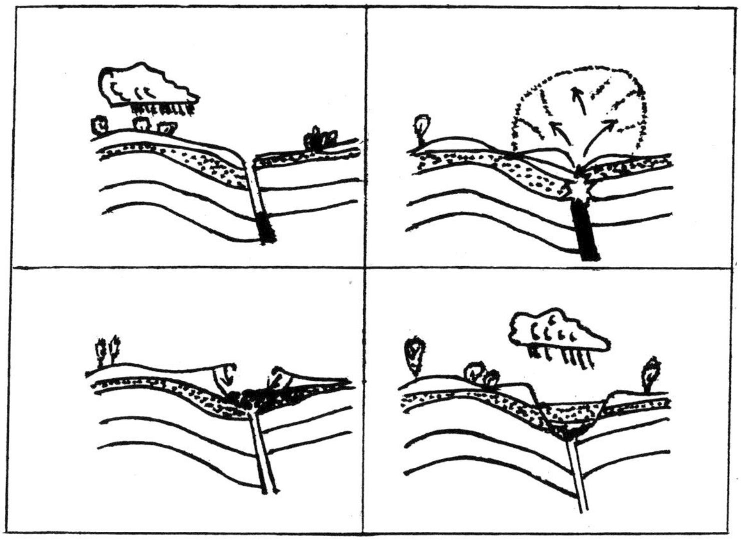

Abb. 102. Entstehung eines Maares. Magma steigt durch Spalten aus dem Erdinneren nach oben. Trifft es auf eine Grundwasserschicht (punktiert), gibt es eine Wasserdampf-Explosion, die einen Trichter reißt, der sich später mit Wasser füllt. (In Anlehnung an Darstellungen mehrerer Autoren).

liefen, stammen auch die Grabenbruchseen aus dieser Zeit (vor etwa 20 Mio. Jahren) (Tab. 26). Die Seen enthalten eine tertiäre Reliktfauna und viele Endemismen (s. **I. 8.**1.11.2.1.). Der tiefste See der Erde ist der Baikalsee. Sein Mittelbecken geht vermutlich bis ins Paläozoikum zurück, das Gesamtbecken ist aber pliozänen Ursprungs. Die Grabenbruchseen sind infolge der extremen Tiefe und der Steilheit der Ufer oligotroph. Es gibt auf der Erde etwa 30 Grabenbruchseen.

c) **Reliktseen**. Dies sind die in großräumigen Senkungs- und Hebungsgebieten noch vorhandenen Reste früherer größerer Seen oder Meeresteile. So sind der Aral- und Kaspisee Reste des alten Sarmatischen Meeres (sie entstanden vor etwa 55 Mio. Jahren). Andere Beispiele sind der Mälarsee in Schweden und der Ladogasee in Rußland. Sie sind Restseen des Ancylus- und Yoldiameeres, Entwicklungsstadien der Ostsee, von denen sie durch die Hebung Skandinaviens seit der Nacheiszeit (~ 7700 Jahre v.Chr.) abgeschnitten wurden. Reliktseen sind meist flacher als Grabenbruchseen; und die von der Ostsee abstammenden Seen enthalten oft Glazialrelikte (Tab. 26). Im Gebiet der Eiszeit wurden die Reliktseen häufig erosiv übertieft.

8.1.2.3. Dammseen

Wird ein Fließgewässer, das in einem Tal (meist Gebirgsbach) fließt, durch exogene oder eigene Ablagerungen angestaut, so spricht man von Damm- oder Abdämmungsseen. Exogene Staus können sein (Tab. 26):

a) **Bergstürze (Bergsturzstauseen), Erdrutsche**. Sie können sich bis in die heutige Zeit bilden. Auch auf den Sturzmassen entstehen infolge der rauhen Oberfläche oft kleine Standgewässer. Meist Gebirgsseen.
b) **Gletscher (Gletscherstauseen)**. Sie lassen sich nur rezent beobachten, da sie infolge der ständigen Bewegungen der Gletscher sehr kurzlebig sind. Gletscherstauseen erhalten durch die Gletscher häufig nur zusätzlichen Zufluß. Häufig auf Grönland, Spitzbergen, in Nordkanada und den Anden.
c) **Seitenmoränen von Gletschern**. Sie schneiden Seitentäler vom Haupttal ab und stauen das Wasser der Nebenbäche. Seitenmoränen sind die Geröllmassen, die der Gletscher an seinen Seiten mitführt. Gebirgsseen.
d) **Endmoränen**. Es sind die vorgeschobenen Gerölle vor den Gletschern. In Hochgebirgen stauen sie oft die Schmelzwässer der Gletscher und bilden die Vorlandseen [Wolfgangsee (Österreich), Bodensee (Deutschland), Gardasee, Lago Maggiore (Italien)]. Auch im Flachland konnten sich derartige Prozesse vollziehen (s. **I. 8**.1.2.4.)
e) **Lavaströme**. Lavastauseen sind in vulkanischen Gebieten verbreitet, sind aber durch die Brandung erosionsgefährdet (z. B. Seen in der Auvergne, Frankreich).

Flußeigene Ablagerungen können nach Hochwassern entstehen, die nicht nur die Morphologie abändern, sondern auch zu Seeanstauungen führen. Auch die Kalksinterbildungen in den Flußoberläufen können zu stauenden Barrieren werden (**Sinterseen**) (s. **I. 6**.3.).

8.1.2.4. Seen glazialen Ursprungs

Es handelt sich um Seen, deren Mehrzahl durch die Tätigkeit der Gletscher der letzten Eiszeit entstanden. Ihr Wasser erhielten sie nach dem Abschmelzen der Gletscher vor etwa 10 000–12 000 Jahren (Abb. 26).

a) **Glaziale Erosionsseen**. Die von Skandinavien und Nordamerika vorrückenden Eismassen hinterließen Erosionsrinnen, die in tektonischen Verwerfungslinien besonders intensiv waren. In diesen Rinnen bildeten sich nach Abschmelzen des Eises Seen, die eine mehr oder weniger deutliche Nordwest-Südost-Ausrichtung zeigen (Abb. 103). Hierher gehören auch die **Rinnenseen**, langgestreckte Seen im nördlichen Europa und Nordamerika. Sie entstanden auch durch fluviale Erosion am Rande der Gletscher und durch Schmelzwasserrinnen unter dem Eis (Solger 1951) Die Erosionsseen können sehr tief und mit steilen Ufern sein.
b) **Moränenseen**. Moränen heißen generell die von den Gletschern mitgeführten und vor allem zum Ende der Eiszeit (vor 10 000–12 000 Jahren) zurückgebliebenen Schuttmassen. Der unterhalb der Gletscher mitgeführte und zu einem sandig-tonigen Brei zerriebene Gesteinsschutt ist die Grundmoräne; das von der Stirn des Gletschers vor- und zusammengeschobene Material bildet die Stirn- oder Endmoräne (s. auch Seitenmoräne und Endmoräne im Gebirge). Die Grundmoränenlandschaft ist relativ eben, wird aber am ehemaligen Eisrand hügelig. Die Senken dieser Landschaft füllten sich mit Wasser und bilden die **Grundmoränenseen**. Sie sind häufig ohne Zu- und Abfluß, also Himmelsseen, meist relativ flach, insel- und buchtenreich. Sie neigen schon bald nach der Entstehung zur Eutrophie und haben infolge der flachen

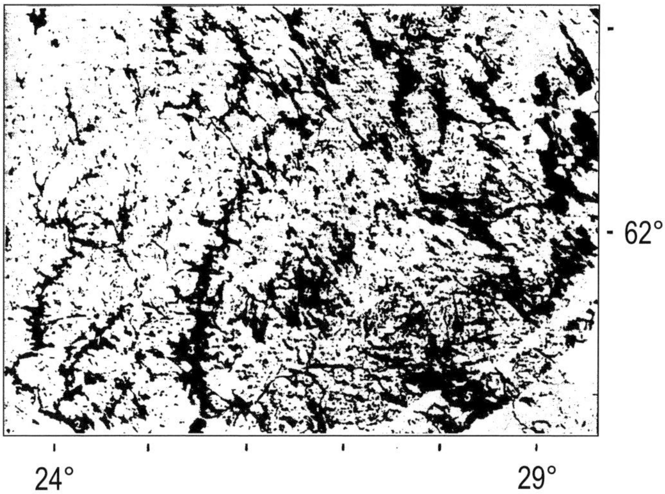

Abb. 103. Ausschnitt aus den Seen Finnlands. (Nach JÄRNEFELT aus KELLER 1962).

Ufer ein üppiges Pflanzenwachstum. Die Endmoränenlandschaft ist hügelig. In den abflußlosen Senken konnten sich Seen bilden, die aber meist tiefer und buchtenärmer als die Grundmoränenseen sind (**Endmoränenseen**). Auch durch Abdämmung von Schmelzwassern bildeten sich Endmoränenseen (s. Dämmungsseen). Glaziale Erosions- und Moränenseen sind vermutlich die häufigsten Seen der Erde. Sie treten in hohen Dichten auf, so daß man von **Seenplatten** spricht (z. B. kanadische, finnische, mecklenburgische Seenplatte).

c) **Toteisseen**. Beim Rückzug der eiszeitlichen Gletscher blieben große und kleine Eisblöcke zurück. Sie wurden übersandet oder mit Schutt verdeckt. Mit zunehmender Erwärmung entstanden aus ihnen Seen (Toteisseen). Je nach Größe des Eisblockes sind es große bis sehr kleine Gewässer, die meist buchtenarm sind und zur Kreisform neigen. Die sehr kleinen Toteisseen heißen **Sölle** und sind im eigentlichen Sinn keine Seen (s. **I. 8**.2.6.). Toteisseen liegen in den nördlichen Moränenlandschaften (Abb. 104).

d) **Karseen**. Es sind Hochgebirgsseen, deren Wanne durch Reibung der Gletschersteine vorwiegend während der Eiszeit entstanden ist (was aber auch noch rezent geschehen kann). Die Wanne ist eine trogförmige Nische, einseitig offen und ansonsten von steilen Felsen umgeben (Kar genannt). Auf dem Karboden sammelt sich Wasser und bildet den Karsee, meist von geringer Oberfläche, aber erheblicher Tiefe. Die Seen haben fast keine Uferentwicklung. Liegen Kare stufenweise übereinander, so führt der speisende Bach zu sog. **Kartreppen**. Karseen sind in Hochgebirgen ein verbreiteter Seetyp, aber auch der Feldsee im Schwarzwald (Mittelgebirge) gehört dazu.

e) **Talseen**. Gelangen die Gletscher in präglaziale Gebirgstäler mit engem Ausgang, die sie noch übertiefen, so entstehen beim Abschmelzen des Eises langgestreckte Seen. Moränen können den Ausgang noch zusätzlich versperren. Die Seen heißen Talseen. Bekannte Seen sind der Walensee in der Schweiz und der Torneträsk in Nordschwe-

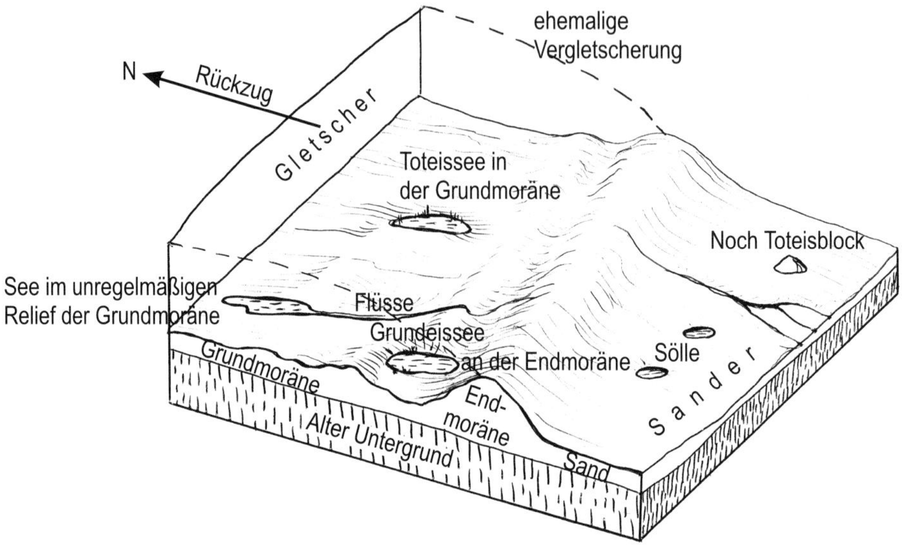

Abb. 104. Toteisseen in der Moränenlandschaft nach Rückzug der Gletscher. (Original).

den. Zu diesem Typ gehören auch die Fjordseen an der skandinavischen Westküste und auch der den Limnologen gut bekannte Lake Windermere in England.

8.1.2.5. Karstseen

Sie entstehen in Karstgebirgen (nicht zu verwechseln mit Karseen!). Niederschlagswasser nimmt im Boden viel CO_2 auf. Die sich bildende aggressive Kohlensäure löst den Kalk auf (s. **I. 5**.2.). Es entstehen oberflächliche Vertiefungen (Dolinen) oder auch im Gebirge Hohlräume, deren Decken einbrechen können (Einsturzdolinen). Werden genug Lehme eingeschwemmt, die den spaltreichen Karstboden abdichten, können Seen entstehen: **Dolinen**- und **Einsturzdolinenseen** (Abb. 105). Bei Dolinen spricht man nur von Vertiefungen bis etwa 2 km Durchmesser. Darüber hinaus heißen sie Poljen (**entsprechend Poljenseen**). Oft bleiben in diesen Seen Spalten im oder am See offen (= Ponare), in denen dann ständig Wasser abfließt, was im Wechselspiel mit Starkregen zu erheblichen Wasserstandsschwankungen führt. So gibt es auch episodische und periodische Karstseen.

8.1.2.6. Besondere Entstehungsweisen von Seen

a) **Ausgesüßte Strandseen**. Das sind Abdämmungsseen von flachen Meeresbuchten, die aussüßten. (Abdämmungen durch Wind, Wellen, Stranddünen.)
b) **Aueseen** (s. **I. 7**.2.1.). Dabei handelt es sich um Abtrennung von Mäanderschlingen. Das sind oft langgestreckte und gebogene Gewässer, meist keine eigentlichen Seen (Altarme, Tote Arme, in den USA Oxbow Lakes). (Abb. 106).

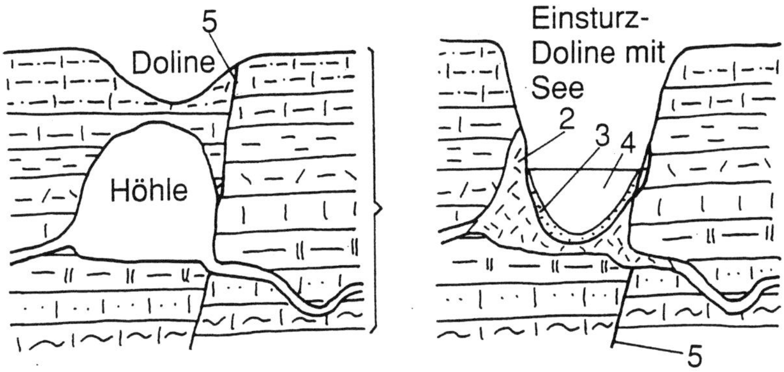

Abb. 105. Die Entstehung eines Einsturzdolinensees. (Nach JUNG 1994).

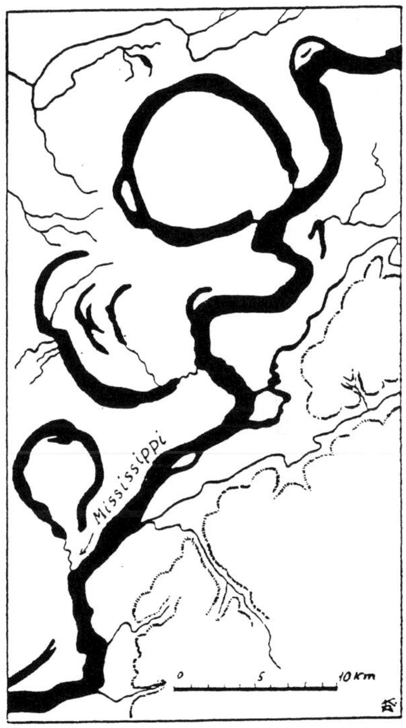

Abb. 106. Seenentstehung durch Abtrennung von Mäanderschleifen. (Nach KETTNER 1959).

c) **Deflationswannen**. Sie entstehen in ariden Gebieten, besonders Wüsten, durch Wind, aber auch tektonisch. Regengüsse schwemmen Ton ein und dichten den Boden ab, so daß sich Wasser ansammeln kann. Sie haben starke Wasserspiegelschwankungen, sind oft salzig und langzeitig trocken. (Nicht zu verwechseln mit Endseen, s. **I. 8.**1.4.).

d) **Meteorkraterseen**. Es sind wassergefüllte Meteorkrater. Sie haben Ähnlichkeit mit vulkanischen Kraterseen (Kreisform, tief, steilwandig). Es gibt Krater, die auf > 300 Mio. Jahre zurückgehen. Wann sie sich das letzte Mal mit Wasser füllten, das den heutigen See ausmacht, ist nicht zu ermitteln (Tab. 26).

8.1.3. Morphometrie

Die für den Limnologen wichtigsten morphometrischen Größen sind (Symbol in Klammern):

- Maximale Tiefe (z_m) [m]
- Mittlere Tiefe ($\bar{z}$) [m]
- Relative Tiefe (z_r) [%]
  Es ist das Verhältnis von maximaler Tiefe zum mittleren Durchmesser.
  $$\frac{\text{Maximale Tiefe}}{\text{Mittlerer Durchmesser}} \cdot 100\ [\%]$$
  $$\text{Mittlerer Durchmesser} = \frac{2\sqrt{\text{Oberfläche}}}{\sqrt{\pi}}\ [\text{m}]$$
- Seelänge (l) [m]
  Es ist der kürzeste Abstand zwischen den beiden entferntesten Uferpunkten des Sees.
- Seebreite (b_x) [m]
  Die am nächsten liegenden Uferpunkte senkrecht zur Länge.
- Mittlere Breite ($\bar{b}$) [m] $= \frac{\text{Seeoberfläche}}{\text{Seelänge}}$
- Seeoberfläche (A) [m^2, meist als km^2]
- Seevolumen (V) [m^3]
- Uferentwicklung (D_L)
  Es ist das Verhältnis der Uferlänge (L) zur Seeoberfläche, die als Kreisfläche gedacht ist.
  $$= \frac{\text{Uferlänge}}{2\sqrt{\pi \cdot \text{Seeoberfläche}}}$$
- Volumenentwicklung (D_V)
  Dies ist das Verhältnis des Volumens zu einem Kegel, dessen Grundfläche die Seeoberfläche und dessen Höhe die maximale Seetiefe ist, ausgedrückt als:
  $$D_V = \frac{3\bar{z}}{z_m}$$
  (Das Volumen eines Kegels ist 1/3 des Produktes aus Höhe und Grundfläche.)

Bei Formvergleichen von Seen genügt aber bereits der Quotient $\frac{\bar{z}}{z_m}$

Er sagt jedoch nichts über die Verteilung der tiefen Stellen im See aus. Der Wert liegt für viele Seen > 0,33.

- Umgebungsfaktor (f_n)
  Er gibt das Verhältnis des Einzugsgebietes zur Seeoberfläche an. Je größer dieser Quotient ist, um so stärker ist der See von seiner Umgebung abhängig, um so größer der allochthone Stoffeintrag. Der Wert von fn spielt also bei der Seensanierung eine große Rolle.
- Hypsographische Kurve
  Sie zeigt das Verhältnis der Wasseroberfläche einer Schicht zu der unter ihr verbleibenden Tiefe des Sees. Damit läßt sich ein See schichtweise in eine Flächen-Tiefen-Kurve zerlegen. Ähnlich läßt sich eine vertikale Tiefen-Volumen-Kurve beschreiben. An der Oberfläche ist der Flächenanteil an der Tiefe 100 %, an der tiefsten Stelle: 0 %. Somit läßt sich, wie auch mit der Tiefen-Volumen-Kurve, der Anteil am Stoffhaushalt der am Seeboden lebenden Organismen an einer bestimmten Wasserschicht zumindest abschätzen, wenn kein Wasseraustausch zwischen den Schichten erfolgt (Abb. 107).

Es läßt sich leicht nachvollziehen, daß die Morphometrie eines Sees weitgehend durch seine Entstehungsgeschichte bestimmt wird. Zur Auswertung der morphometrischen Daten in ihrem Einfluß auf das Ökosystem eines Sees s. **I. 8**.1.5. Dieser Einfluß wird allerdings im gesamten Seenkapitel gegenwärtig sein.

Eine ausführliche Besprechung der Morphometrie der Seen findet sich bei HUTCHINSON (1957). Von ihm werden auch 11 unterschiedliche Entstehungsweisen von Seen angeführt, die insgesamt zu 76 geomorphologischen Seetypen führen (vgl. auch KELLER 1962).

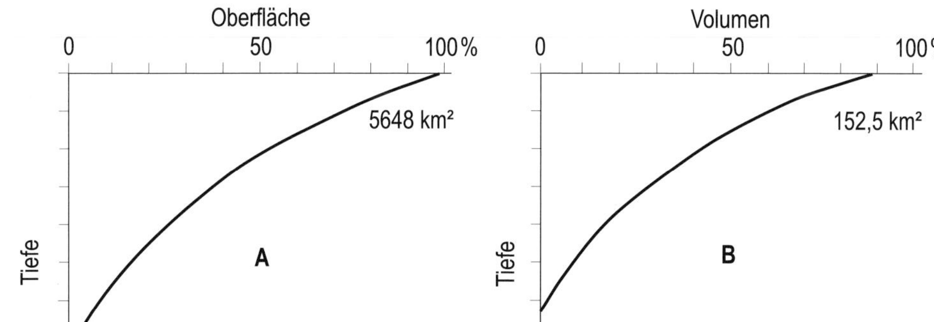

Abb. 107. Hypsographische Kurven an einem See. (Verändert nach HAKANSON 1981).

8.1.4. Wasserhaushalt

In humiden Gebieten erhält die Mehrzahl der Seen neben Niederschlagswasser auch eine oberflächliche Wasserzufuhr durch einmündende Fließgewässer. Da die Wasserzufuhr die Verdunstung übertrifft, besitzen die Seen auch einen Wasserabfluß, der mehrheitlich oberflächlich erfolgt. Die Grundmoränenseen sind beispielsweise in diesen humiden Klimaten oberirdisch zu- und abflußlos. Bei ihnen versickert Wasser durch die noch permeable sandige Moränenoberfläche. Aus der Bilanz von Wasserzugang und -abgang ergibt sich eine fundamentale Größe für die Seenkunde, die **Verweilzeit** des Wassers. Wir lernten sie schon bei der Besprechung der Fließgewässer kennen; ihr kommt aber in Seen eine noch größere Bedeutung zu (sowohl theoretisch, als auch bei der Seensanierung, s. **II.**, **1**.).

Seen sind wichtige Wassersammelstellen im Binnenland, abhängig von der Verweilzeit des Wassers, wobei eine große Zahl an Seen **Durchflußseen** sind (Berührung durch Verlagerung der Fließgewässerläufe oder endogener Anstau durch Fließgewässer, s. **I. 7**.2.2.; **I. 8**.1.2.3.) (Tab. 27).

Die Verweilzeit berechnet sich aus $\frac{\text{Volumen}}{\text{Abfluß}}$

Für den Genfer See beträgt sie z. B. $\frac{89\,000 \cdot 10^6 \text{m}^3}{252 \text{ m}^3 \text{s}^{-1}}$

Infolge der Abhängigkeit des Wasservolumens der Seen von äußeren Ereignissen kann der Wasserstand saisonal schwanken (Tab. 28). Die Schwankungen sind bei Seen vulkanischen Ursprungs am geringsten, am stärksten bei Seen mit einem großen Einzugsgebiet.

Tabelle 27. Verweilzeiten des Wassers in Seen. (Nach Angaben aus Uhlmann 1973).

See	Jahre	Bemerkungen
Baikalsee	400	Tiefer tertiärer Grabensee
Arendsee	25	Deutsche Tieflandseen
Müritzsee	14	
Kleine Voralpenseen	~ 2	Stark durchflossen

Tabelle 28. Schwankungen des Wasserspiegels von Seen. (Nach Angaben von Jung 1994).

See	Schwankungen [m]	Bemerkungen
Pulvermaar	< 0,3	Deutscher See vulkanischen Ursprungs
Lago Maggiore	8,24	Italien, mittelgroßes Einzugsgebiet
Tanganjikasee	11	Ostafrika, großes Einzugsgebiet

Der Wasserzu- und -abfluß der Seen kann auch unterirdisch erfolgen. Dies kann in Karstseen (spaltreicher Kalk) der Fall sein, aber auch in allen anderen Seen. Es gibt Quellen, die auf Seeböden austreten. Der Seeboden kann so tief liegen, daß er den Grundwasserspiegel berührt. Je nach dem Gefälle kann Grundwasser in Seen hineingedrückt werden oder Wasser unterirdisch ausfließen bzw. versickern. Bei allen Berechnungen über den Stoffhaushalt der Seen muß der unterirdische In- und Output berücksichtigt werden. Niederschlags- und anderer Zufluß läßt sich nach der Formel:

$$\text{Niederschlagszufluß} = \text{Seefläche} \cdot \text{jährlicher Niederschlag} - \text{Verdunstung.}$$

trennen.

Bei den meisten Seen übertrifft der Zufluß durch Fließgewässer den durch Niederschläge erheblich (im Bodensee beträgt der Niederschlag nur ~0,16 % des Zuflusses durch den Rhein). Für Seen in Gebieten mit hoher Verdunstung kann die Bilanz allerdings anders aussehen; hier zwei Beispiele einer Wasserbilanz von Seen unterschiedlicher Verdunstungsverluste (Tab. 29).

Im allgemeinen wird die Wasserbilanz durch die Gleichung

$$R + G + N = E + O + I \quad \text{ausgedrückt}$$

Es bedeuten: R = Wasserzufuhr durch Flüsse, G = durch Grundwasser, N = Niederschläge, E = Verdunstung, O = Abfluß, I = Infiltration in den Untergrund.

Die Formel drückt eine Konstanz des Wasserspiegels aus, die es aber fast nirgends gibt, wie wir bereits sahen. Unterschiedlich starke Niederschläge, verbunden mit unterschiedlicher Verdunstung infolge Temperaturdifferenzen, lassen den Wasserspiegel der Seen fast immer schwanken, wenn auch oft nur geringfügig.

Seen in ariden Gebieten, die durch einen oberirdischen Zufluß (seltener unterirdischen) gespeist werden, fehlt meist jeglicher Abfluß. Ihr Wasserverlust geschieht ausschließlich durch Verdunstung. Sie werden als **Endseen** bezeichnet, da sie das Ende eines hydrologischen Systems sind. Da die Seen eine hohe Verdunstung haben, im flachen Gelände liegen und auch wenig Niederschläge fallen, trocknen sie häufig aus bzw. haben einen stark reduzierten Wasserstand (ähnlich den Deflationswannen). Trockenheit und Temperatur bestimmen das Auftreten von Endseen. Dies läßt sich durch den **Ariditätsindex** (i) ermitteln:

$$i = \frac{N}{T + 10} \quad \text{(Martonne-Formel)}$$

Es bedeuten: N = jährlicher Niederschlag (in mm), T = mittlere Jahrestemperatur (°C). Dieser Index ergibt noch bis –10 °C positive Werte. Bei i < 5 ist kein Abfluß mehr möglich und es können sich Endseen bilden. (Es gibt mehrere Ariditätsformeln, die auch die Verteilung der Niederschläge im Jahr berücksichtigen. Die obige Formel gibt aber hinreichend genaue Werte und ist leicht handhabbar).

Viele Endseen sind Flachseen und daher keine eigentlichen Seen. Zu ihnen gehören aber auch Kaspi- und Aralsee sowie der Balaton (Ungarn) und der Neusiedlersee (Österreich). Endseen versalzen infolge des Salztransportes der Flüsse häufig und hinterlassen beim Austrocknen **Salzpfannen** (z. B. Etoschapfanne in Namibia) (s. **I. 8.1.9.7.**).

Tabelle 29. Wasserbilanz zweier sehr unterschiedlicher Seen. (Nach Angaben aus LIKENS 1985, Mirrow-See und CAMOUZE & JAEN 1981, Titicacasee).

Mirrowsee (USA).		
Seefläche 0,15 km², Einzugsgebiet 1,03 km²		
Wassereintrag	[$m^3 10^5$]	
Zufluß:	6,6	78,0 %
Niederschlag:	1,8	22,0 %
		100,0 %
Wasserverlust:	[$m^3 10^5$]	
Ausfluß:	4	48,0 %
Versickerung:	3,6	43,0 %
Verdunstung:	0,8	9,0 %
		100,0 %
Titicacasee (Bolivien, Peru).		
Seefläche 8.559 km², Einzugsgebiet 48.550 km²		
Wassereintrag	[$m^3 10^9$]	
Zufluß:	8,4	51,7 %
Niederschlag:	7,8	48,3 %
		100,0 %
Wasserverlust	[$m^3 10^9$]	
Ausfluß:	0,22	1,5 %
Versickerung:	1,40	8,5 %
Verdunstung:	14,50	90,0 %
		100,0 %

8.1.5. Geomorphologisch-ökosystemare Relation

Wir sahen bereits, daß die Morphometrie eines Sees weitgehend von seiner Entstehung abhängt. Die Morphometrie wiederum bestimmt wesentliche ökosystemare Parameter, besonders aber den Stoffhaushalt der Seen. Geomorphologie ist die Wissenschaft von den Formen der Erdoberfläche; bezogen auf Seen schlägt sie sich unmittelbar in deren Ökologie nieder.

Tabelle 30. Vergleich der Uferentwicklung (D_L) einiger Seen. (Nach verschiedenen Hinweisen aus der Literatur).

See	D_L	Bemerkung
Maar	± 1,04	Eifelmaar (Deutschland), rund, steil abfallend
Müggelsee	1,14	Deutschland (bei Berlin), leicht abweichend von Kreisform
Balkashsee	4,35	Kasachstan, langgestreckt, buchtenreich

Betrachten wir daraufhin die morphometrischen Größen:

- Tiefe. Bestimmt die (morphometrisch bedingte) Trophie. (**I. 8.**1.8.)
- Relative Tiefe. Beeinflußt die Mächtigkeit von trophogener und tropholytischer Schicht. Je größer z_r, um so mächtiger ist die tropholytische Schicht.
- Verhältnis Oberfläche zur Tiefe. Beeinflußt die Thermik des Sees (Stratifikation, Zirkulation). Tiefe Seen mit geringer Oberfläche können meromiktisch sein (s. **I. 8.**1.9.1.). Auch die Verteilung des Planktons wird beeifloßt (z. B. durch die Angriffsmöglichkeiten des Windes).
- Uferentwicklung. Sie ist mitbestimmend für die litoralen Pflanzenbestände und somit für die Produktivität des Sees. Sie nimmt generell mit der Abweichung des Sees von der Kreisform zu. Auch der Reichtum an Buchten drückt die Uferentwicklung aus. Wie noch gezeigt wird, haben Buchten eine wichtige Funktion bei der Abwehr des Sees gegen ansteigende Eutrophierung (s. **I. 10.**) (Tab. 30).
- Steilheit der Wannenseiten. Beeinflußt die Trophie, da mit zunehmender Steilheit auch die Tiefe zunimmt. Der Grad der Steilheit zeigt auch die Möglichkeit der Pflanzenbesiedlung an. Uferentwicklung und Grad der Steilheit der Seiten sind oft korreliert. Seen mit steilen Uferwänden (z. B. Kraterseen) sind meist oligotroph, solche mit flachen Uferwänden (z. B. Moränenseen) eutroph (anthropogene Beeinflussung ausgeschlossen).
- Verweilzeit. Sie ist abhängig von den Zu- und Abflüssen, die wiederum geomorphologisch bedingt sind. Der Stoffhaushalt der Seen hängt im hohen Maße von der Verweilzeit ab. Flüsse bringen Nährstoffe in die Seen. Mit zunehmendem Phosphoreintrag steigt die Trophie und zwar am stärksten mit zunehmender mittlerer Tiefe und verkürzter Verweilzeit. Andererseits werden mit zunehmender Verweilzeit Stickstoff und Phosphor von den Algen inkorporiert (vgl. Tab. 50, Abb. 228).
- Umgebungsfaktor. Er entscheidet über den Grad der Autarkie eines Sees und zwar, inwieweit die geologische Formation, in der der See liegt, die Zuflüsse, die umgebende Vegetation und das Relief Einfluß auf den See nehmen können. Vulkanische Seen sind morphometrisch oligotroph und weitgehend von der Umgebung abgeschnitten, vor allem, wenn sie eine Wallbegrenzung besitzen. Dagegen sind Seen mit hohem Zufluß und weiten Hängen besonders von ihrer Umgebung abhängig (Tab. 31).

Die geomorphologisch-ökosystemare Relation zeigt uns die Verknüpfung verschiedener Wissenschaftsebenen und Ansätze, steuernd in ein Ökosystem eingreifen zu können (s. **II. 6.**2., **II. 8.**).

Tabelle 31. Vergleich des Umgebungsfaktors (f_n) von Seen. (Nach verschiedenen Hinweisen aus der Literatur).

See	f_n	Bemerkung
Pulvermaar	1,4	Deutschland, Wallbegrenzung
Königssee	25,2	Hohe, ausladende Hänge
Stechlinsee	2,9	Deutschland, Flachland, Waldumgebung

8.1.6. Das Einzugsgebiet der Seen

Der Umgebungsfaktor zeigt bereits die Rolle des Einzugsgebietes und daß Seen nicht völlig unabhängig von ihrer Umgebung sind. Sie haben zwar im Gegensatz zu Fließgewässern eine relativ geringe Uferentwicklung und auch oftmals einen dichteren Pflanzengürtel als Schutzsystem, doch diese Strukturen sind nicht völlig abschirmend. Auch Seen haben ein Einzugsgebiet, das entsprechend ihrer Entstehung unterschiedlich groß sein kann. Die Größe des Einzugsgebietes wird bestimmt durch die Fläche, welche von den Zuflüssen entwässert wird. Die Abhängigkeit eines Sees von seiner Umgebung läßt sich durch folgende Einflußgrößen beschreiben.

- Stoffeintrag der Zuflüsse. Die Zuflüsse bringen Sediment und chemische Stoffe in den See. Die groben Sedimente können sich in Form eines Deltas ablagern, die feinen gelangen jedoch in größere Tiefen. Tab. 32 zeigt einige Sedimentationsraten durch Zufluß in Abhängigkeit vom Einzugsgebiet des Sees. Die Zuflüsse schichten sich häufig in das Metalimnion des Sees ein (s. **I. 7.5.12.**, **II. 7.1.7.**), bei hoher Schwebstofffracht auch tiefer. Die Einschichtung erfolgt oft unter starken Turbulenzen und Trübungen. Im Eriesee (Kanada) stammen etwa 30 % des Phosphoreintrages aus dem Eintrag des Grandflusses. Die Rheinwasserzufuhr im Schluchsee (Deutschland) erhöht auch seine Leitfähigkeit. Das relativ warme Wasser schichtet sich in das Hypolimnion ein und erwärmt es, wodurch es zur dauernden CO_2-Übersättigung und zum O_2-Schwund kommt (Eckstein 1963/64). Das von den Flüssen eingeschwemmte Potamoplankton sedimentiert sehr schnell im See. Durchflußseen wirken für die Fließgewässer als Kläranlagen. Diese Problematik beschäftigt uns unter praktischen Gesichtspunkten bei der Besprechung von Talsperren (s. **II. 7.**, s. auch **I. 7.5.12.**).

Tabelle 32. Einzugsgebiet und Sedimentationsrate von Seen.

See	Einzugsgebiet km²	Sedimentationsrate durch zuführende Fließgewässer [m^3a^{-1}]
Bodensee	10.900; starker Zufluß	$3{,}3 \cdot 10^6$
Stechlinsee	12,36; geringer Zufluß	unbedeutend

- Geologischer Untergrund. Der geogen bedingte Chemismus der Seen hat die gleichen Ursachen, wie sie auch für Grundwasser, Quellen und Fließgewässer gelten (s. **I. 7.4.4.**). Seen in Urgesteingebieten haben oft einen pH-Wert < 7.
- Terrestrische Vegetation am See. Sie kann schwer abbaubaren Abfall in den See einbringen (z. B. Buchen-, Eichenlaub, Koniferennadeln, Sphagnen). Das C/N-Verhältnis dieser Abfälle ist sehr hoch; beträgt es im Sediment > 20, so sprechen wir von **Dy**, der See ist dann **dystroph** (s. **I. 8.1.9.10.**; **I. 8.1.11.2.**).
- Wind. Der Wind trägt Staub, Mineralien und auch Chemikalien in die Gewässer. Dies gilt besonders für Steppenseen mit großen Oberflächen. Schon DECKSBACH (1924) beschrieb den Eintrag von Sand, Ton, Kristallen aus $CaSO_4$, NaCl, $CaCO_3$ in kirgisische Steppenseen. Aber auch in anderen Teilen der Welt trägt der Wind Staube in die Gewässer (s. anschließend).
- Atmosphärischer Eintrag. Neben Wind sind es vor allem Niederschläge, die Kohlenstoff und Nährstoffe in die Gewässer bringen. So gelangen in den Stechlinsee (Deutschland) trotz Waldumgebung etwa 20 mg P m^{-2} a^{-1} durch Regen und Schnee und > 23 mg P m^{-2} a^{-1} durch trockene Staube (MOTHES et al. 1985). Stickstoff wird aus der Luft meist durch Niederschläge in die Gewässer eingetragen. Im allgemeinen sind dies > 20 kg N ha^{-1} a^{-1}, was etwa 7 % des allochthonen Inputs an Stickstoff überhaupt entspricht. Metalle werden gelöst in Aerosolen verdriftet.
- Seen in Waldgebieten. Kahlschläge und auch Abbrennen der Holzreste haben auf Seen einen erheblichen Einfluß. Die Abprodukte werden durch Regen in die Seen transportiert. In einem finnischen See stiegen durch die genannten forstlichen Maßnahmen Alkalinität, Phosphor, Stickstoff, die Primärproduktion und Respiration an (RASK et al. 1993).

8.1.7. Die Verbreitung der Seen

Nach dem klassischen Werk von PENCK (1894) nehmen Seen etwa 1,8 % des Festlandes der Erde ein. Die Seendichte ist regional sehr unterschiedlich. Ihre höchste Dichte findet sich in diluvialen und rezenten Vergletscherungsgebieten (Skandinavien, Nordamerika, nördliches Rußland, Hochgebirge). Die skandinavische Seenplatte reicht bis zum nördlichen Deutschland und Polen. An der Gesamtfläche von Schweden haben Seen einen Anteil von 8,6 %, an der von Finnland 9,4 %. Auch Nordamerika hat eine hohe Seendichte diluvialen Ursprungs, wenn auch nicht gleichmäßig verteilt. Eine sehr hohe Dichte hat beispielsweise die Halbinsel Lower (Michigan) mit 11,6 % an der Landfläche. Diese nordamerikanischen Seen sind z. T. sehr groß und viel größer als die europäischen. Die bekanntesten fünf großen südkanadischen Seen (Oberer See, Michigansee, Huronsee, Eriesee und Ontariosee) nehmen eine Fläche von 246 481 km^2 ein und stellen das größte zusammenhängende Süßwasserbecken-Gebiet der Erde dar. Der größte See in Europa ist der Ladogasee. Die genannten großen und tiefen Seen waren alle tektonisch vorgezeichnet und wurden durch die Gletscher der Eiszeit erosiv übertieft.

Die zweite Stelle der Seendichten nehmen die Trockengebiete ein (darunter viele Endseen von Flüssen). Es folgen die nicht vergletscherten humiden Gebiete, schließlich die vulkanischen Gebiete und dann die Karst- und fluvialen Bereiche.

Die vertikale Verbreitung der Seen reicht von der Permafrostgrenze der Gebirge bis unterhalb des Meeresspiegels. Die Permafrostgrenze steigt von den Polargebieten von etwa 1 000 m äquatorwärts auf > 4 000 m an. Einige Seen liegen hingegen mit ihrem Wasserspiegel unter der Meereshöhe (z. B. Kaspisee –28 m). Ihre Becken heißen **Depressionen**. Etwa 1 000 Seen haben zwar ihren Wasserspiegel über NN, die Maximaltiefe liegt aber darunter (= **Kryptodepressionen**, Symbol z). Zu ihnen gehören viele Grabenbruchseen, aber auch z. B. der Ladogasee und der Große Plöner See. Neben Penck war es Halbfaß (1923, 1933), der eine Geographie und vergleichende Morphologie der Seen begründete, auf die auch in diesem Buch zurückgegriffen wurde.

8.1.8. Seenalterung und Aufbau der Seen

Die primär entstandenen **Seewannen** verändern im Verlauf der Zeit ihre Gestalt und ihre ursprünglichen morphometrischen Werte. Die windbedingten Oberflächenwellen unterhöhlen die Uferkante der Seewanne und bringen sie zum Einsturz. Das so erodierte Material lagert sich entsprechend der Größe ufernah (grobes Material) bis uferfern (feines Material) ab. Damit entsteht aus der Wanne das **Seebecken** mit der flachen Uferbank (Schar) und der sich daran anschließenden (durch Ablagerungen aufgeschütteten) abfallenden **Halde**. Den Beginn der Halde kennzeichnet die **Scharkante** (Abb. 108). Die durch See-Erosion bedingten Ablagerungen vergrößern die Uferbank und verringern die Seetiefe. Hinzu kommen die Sedimente, welche die Zuflüsse mitbringen. Ihre groben Partikel lagern sich zum Delta ab, die feineren auf dem gesamten Seeboden (Abb. 109). So läßt sich berechnen, daß der Bodensee allein durch seine Zuflüsse (v. a. durch den Alpenrhein) in etwa 20 000 Jahren verfüllt ist. Die Delta-Ablagerungen wachsen immer weiter in den See hinein.

Die Uferbank und auch Teile der Halde werden von Pflanzen bewachsen. Es breitet sich ein charakteristischer dreiteiliger **Pflanzengürtel** aus: emerse Zone (z. B. Schilf), Zone der Schwimmblattpflanzen (Seerosen, Laichkräuter) und die submerse Zone (*Chara, Myriophyllum* usw.). Die Pflanzenproduktion reicht, soweit das Licht eindringt, genauer bis dahin, wo eine positive Nettoproduktion der Pflanzen gerade noch möglich ist (also noch keine vollständige Veratmung der produzierten Biomasse stattfindet). Diese Grenze heißt **Kompensationsebene**. Sie trennt trophogene und tropholytische Schicht. Auf den Gewässerboden bezogen, trennt sie das **Litoral** von dem **Profundal**, dessen Mächtigkeit also von den optischen Eigenschaften des Gewässers abhängt. Die Zone zwischen dem mittleren Niedrigwasser eines Sees und dem mittleren Hochwasser bezeichnet man als **Eulitoral**. Hier beginnt, ähnlich wie beim Fließgewässer unter natürlichen Bedingungen die Erle zu stocken. Der Rest des Litorals heißt **Sublitoral** (auch Infralitoral genannt). In vielen Seen wird das Sublitoral durch eine schmale Zone leerer Moluskenschalen, meist Muscheln, abgeschlossen. Das Profundal unter 400 m Tiefe (in tiefen Grabenbruchseen) heißt auch **Abyssal**. In dieser Tiefe leben viele der tertiären Relikte (s. **I. 8.**1.11.2.1.).

Litoral und Profundal bilden das **Benthal**. Die hier lebenden Organismen einschließlich der Mikroorganismen und Tiere, die an den Pflanzen vorkommen, faßt man als **Benthos** zusammen.

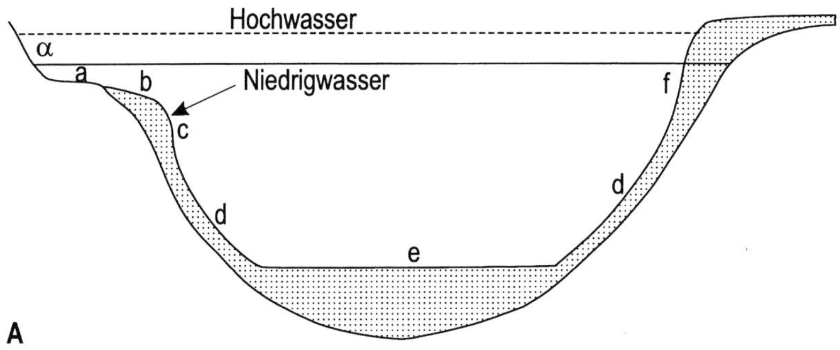

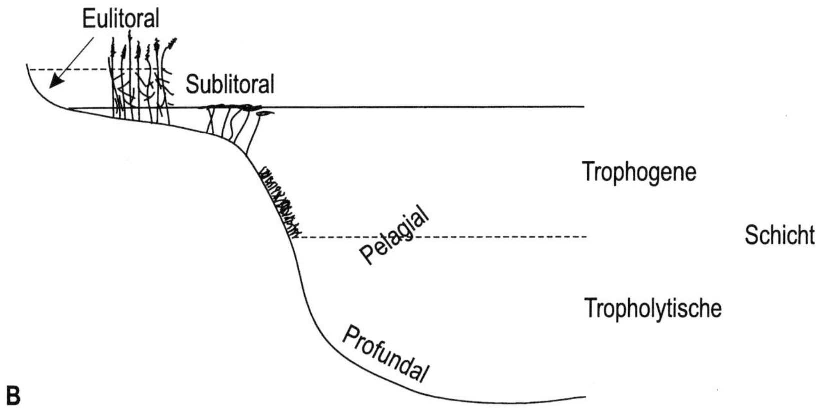

Abb. 108. Entstehung und Aufbau eines Seebeckens. **A.** Es bedeuten: a = vom Wellenschlag ausgewaschener Bereich; b = angeschwemmt, a+b = Uferbank; c = Halde (s. Scharkante); d = Hang des Seebodens mit meist seeinternen Ablagerungen; e = Seeboden mit seeinternen und auch durch Flüsse eingebrachte Sedimente; f = Ufergebiet mit Deltabildung; α = Strand, Eulitoral, überschwemmbares Gebiet. **B.** Typischer Aufbau eines Sees mit dreigliedrigem Pflanzengürtel im Litoral. (A aus THIENEMANN 1925, B Original).

Das Ufer, an dem der heftigste Wellenschlag erfolgt, heißt **Brandungsufer**. Es ist viel spärlicher mit Pflanzen besiedelt als die weniger betroffenen Ufer. Bei vorwiegend West-Südwestwinden ist es in Deutschland meist das Nord-Nordostufer. Das Brandungsufer hat die am ausgeprägtesten abgeflachte Uferzone.

Der freie Wasserraum des Sees ist das **Pelagial**. Auch die im Pelagial lebenden Pflanzen (meist schwebende Algen) können nur in der trophogenen Schicht überleben.

Schon bei der Umbildung der Wanne in das Becken verringert sich die Seetiefe. Das Ansteigen des Seebodens geschieht durch drei Vorgänge:

- Ablagerungen aus seeeigenen Erosionen,
- Ablagerungen aus Zuflüssen,
- Ablagerungen toter Organismenreste aus Litoral und Pelagial.

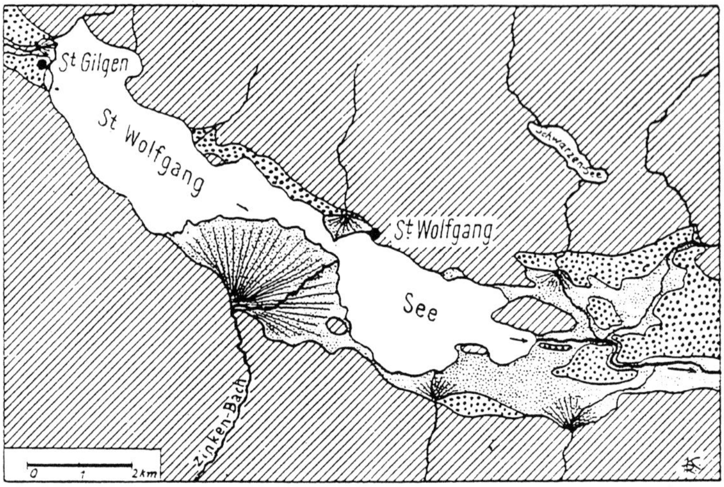

Abb. 109. Verfüllung eines Sees (Wolfgangsee, Österreich) durch Zuflüsse und deren Delta-Ablagerungen. (Nach KETTNER 1959).

Der See altert bzw. verlandet im Verlauf von **Sukzessionen**. Die noch wenig veränderte ursprüngliche Wanne ist das **Jugendstadium**. Die Ausbildung der Uferbank kennzeichnet das **Reifestadium**. Ist dann das Profundal eingeebnet, befindet sich der See im **Greisenalter**. Erreicht die Sedimentation das Litoral (Wegfall von Profundal mit tropholytischer Zone), ist der See ein Weiher geworden. Bei noch stärkerer Verlandung verschwindet auch die Freiwasserzone und **Sumpf**- oder **Moorpflanzen**, oft Bruchwälder, siedeln sich an (THIENEMANN 1925).

Mit zunehmender Verlandung verringern sich die morphometrischen Werte, nur der $\frac{\bar{z}}{z_m}$ -Quotient nimmt (meist) zu (Tab. 33). Die maximale Tiefe nimmt infolge der Sedimentation schneller ab als die durchschnittliche. Flache Seen haben meist einen höheren $\frac{\bar{z}}{z_m}$ -Quotienten als tiefe Seen.

Tabelle 33. Änderung der morphometrischen Parameter mit der Verlandung. (Nach HUTCHINSON 1957). Symbole s. Text.

See	A [km²]	z_m [m]	Z [m]	Z : Z_m	z_r [%]	V [$m^3 10^6$]
Tippecanoe (USA).						
Ursprüngliches Becken	3,63	54,9	13,3	0,242	2,41	48,3
Heutiges Becken	2,87	37,2	11,2	0,301	1,84	32,9
Winona (USA).						
Ursprüngliches Becken	3,26	39,1	10,4	0,266	1,81	33,9
Heutiges Becken	2,04	24,4	9,4	0,385	1,43	19,1

Mit der Alterung eines Sees steigt auch seine Trophie an. In tiefen Seen ist die tropholytische Schicht mächtiger ausgebildet als die trophogene. Daher ist schon aus räumlichen Gründen die Primärproduktion gering, und die in die Tiefe absinkenden organischen Reste werden stark verdünnt. Hinzu kommt, daß tiefe Seen oft steile Ufer haben, die benthischen Pflanzen wenig Möglichkeit zur Ansiedlung geben. In tiefen Seen werden die herabrieselnden organischen Reste bereits unterwegs mineralisiert und erreichen abgebaut das Profundal.

Flache Seen haben eine relativ mächtige trophogene Schicht, flache Uferbänke mit einem dichten Pflanzengürtel und die sedimentierenden Reste sind noch nicht ausgefault, wenn sie im Profundal ankommen, was dann zu Sauerstoffdefiziten führt.

Im allgemeinen gilt:

$$\frac{\text{Mächtigkeit der trophogenen Schicht}}{\text{Mächtigkeit der tropholytischen Schicht}} < 1 = \text{oligotroph}, > 1 = \text{eutroph}$$

Die Grenztiefe zwischen morphometrisch bedingten oligotrophen und eutrophen Seen liegt bei etwa 20 m (in gemäßigten Klimaten) (Abb. 110).

Eine Vielzahl von Seen ist heute bereits verlandet oder befindet sich in einem fortgeschrittenen Altersstadium. Bleibt die Frage, warum es heute noch tiefe oligotrophe Seen gibt? Müßten sie nicht schon eutrophiert sein? Die Gründe sind vielfältig: windgeschützte Lage (Täler, Wälder) mit geringer Wellenerosion, durch Waldbäume befestigte Ufer, keine Zuflüsse, nährstoffarme Einzugsgebiete (oder die Nährstoffe sind immobil).

Oligotrophe Seen mit einer wannenartigen Morphologie sind persistierende Jugendstadien.

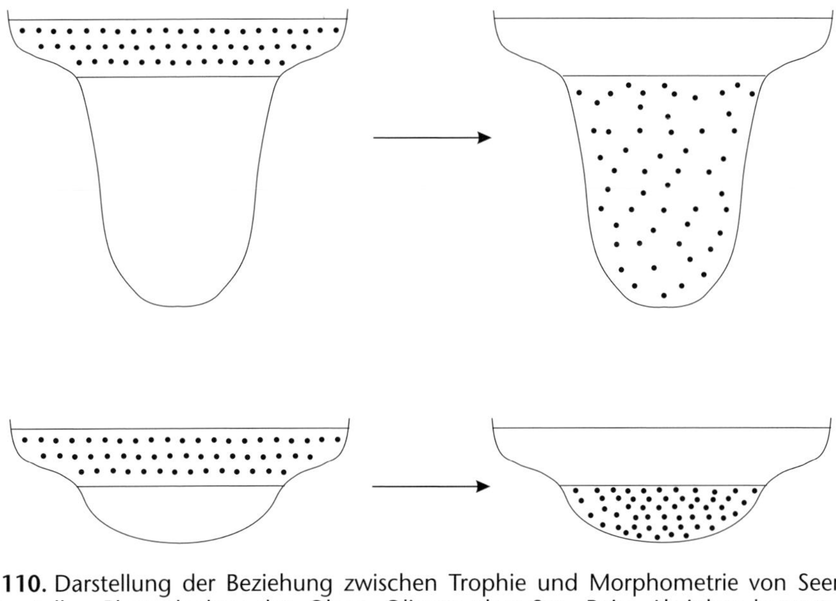

Abb. 110. Darstellung der Beziehung zwischen Trophie und Morphometrie von Seen. Die Punkte stellen Phytoplankter dar. Oben: Oligotropher See. Beim Absinken kommt es im Hypolimnion zur Verdünnung der organismischen Reste. Unten: Eutropher See, es kommt zur Konzentration der Reste. (Verändert nach THIENEMANN 1928).

Seen sind im Gegensatz zu Fließgewässern kurzlebige Ökosysteme. In durchflossenen Seen kann der Fluß dann ab einem bestimmten Verlandungsgrad den See auch entleeren.

8.1.9. Physikalische und chemische Faktoren

8.1.9.1. Temperatur und Wasserzirkulation

Das Wasser der Seen nimmt durch direkte Sonneneinwirkung und Globalstrahlung eine bestimmte Wärmemenge auf, die im Gewässer verteilt und bei Abkühlung wieder an die Atmosphäre abgegeben wird. Dieser **Wärmehaushalt** läßt sich durch ständige Temperaturmessungen nachvollziehen.

Die Temperatur greift viel stärker in das Ökosystem eines Sees ein, als dies für Fließgewässer der Fall ist. Ursache ist ihr Einfluß auf die Wasserbewegungen und somit den Stoffaustausch im gesamten See. Im Sommer besitzt das Pelagial der Seen der gemäßigten Breiten einen thermisch dreistöckigen Aufbau (Abb. 111). Die obere, mehr oder weniger gleichwarme Schicht ist das **Epilimnion**. Es folgt eine Schicht relativ steilen Temperaturabfalls, das **Metalimnion** oder die **Sprungschicht**, auch als **Thermokline** bezeichnet. Unterhalb dieser Schicht nimmt die Temperatur allmählich weiter ab: das **Hypolimnion**.

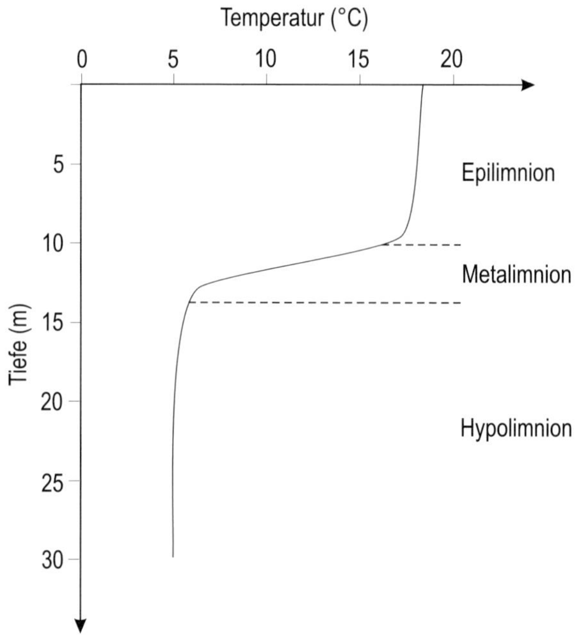

Abb. 111. Dreistöckige Temperaturschichtung im Pelagial des Sommers in den gemäßigten Breiten (Sommerstagnation) mit den entsprechenden Begriffen. (Original).

Wie kommt dieser dreistöckige Aufbau zustande? Bei dieser Frage muß man sich zunächst an eine physikalische Abnormität des Wassers erinnern. Bei + 4 °C (genau 3,98) hat das Wasser seine höchste Dichte (zieht sich am stärksten zusammen) und ist somit am schwersten. Im Gewässer befindet sich Wasser dieser Temperatur immer grundnah. Sowohl oberhalb als auch unterhalb der + 4 °C-Dichtegrenze nimmt die Dichte des Wassers wieder ab (oberhalb zunehmend schneller) (Abb. 112) und Eis schwimmt auf dem Wasser. Für Gewässer spielt es eine wichtige Rolle, daß gelöste (und partikuläre) Substanzen ebenfalls die Dichte des Wassers erhöhen und ihre Temperaturabhängigkeit verändern (Erniedrigung des Gefrier- und Erhöhung des Siedepunktes).

Betrachten wir einen See im Frühjahr nach der Eisschmelze. Wenn sich das Oberflächenwasser auf + 4 °C erwärmt hat und mit der Temperatur des Tiefenwassers übereinstimmt, herrscht **Homothermie**. Das Wasser des Sees ist überall gleich dicht und wird bei Wind völlig durchmischt (= **Frühjahrsvollzirkulation**). Mit weiterer Erwärmung des Oberflächenwassers kann der Wind immer weniger tief greifen, da das untere dichtere Wasser schwerer zu bewegen ist. Es kommt zur **Frühjahrsteilzirkulation**. Werden unter sommerlichen Temperaturen die Dichtegrade zwischen Oberflächen- und Tiefenwasser immer größer, so bewegt der Wind nur noch die epilimnische Schicht, während das Hypolimnion unbeeinflußt bleibt. Zwischen beiden Schichten ist das Metalimnion, das zugleich die Zone einer steilen Dichtezunahme ist und somit die Tiefenwirkung der Windenergie behindert. Dies ist der Zustand der **Sommerstagnation**. Mit der herbstlichen Abkühlung sinkt die Sprungschicht immer tiefer und so kommt es, gegenläufig zum Frühjahr, zunächst zur **Herbstteil-** und dann zur **Herbstvollzirkulation**.

Sinken die Wassertemperaturen schließlich unter +4 °C, so bleibt das kalte Wasser oben, während sich in der Tiefe das Wasser mit dem Dichtemaximum ansammelt. Bei 0 °C Wassertemperatur friert das Gewässer zu und verhindert die Einflußnahme des Windes (= **Winterstagnation**). Da jetzt das kalte Wasser oben und das wärmere unten steht, wird dieser Zustand auch **inverse Temperaturschichtung** genannt. Dieser für die gemäßigten Breiten typische Zirkulationsrhythmus heißt dimiktisch (zwei Zirkulationsperioden im Jahr). Geographisch lassen sich die Seen nach der Zahl ihrer jährlichen Zirkulationsperioden einteilen.

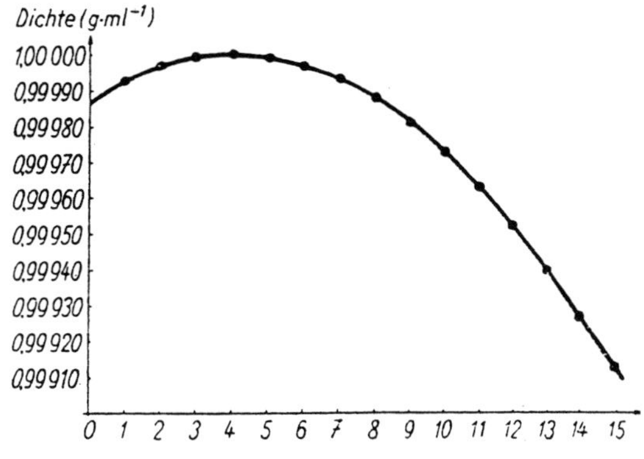

Abb. 112. Abhängigkeit der Wasserdichte von der Temperatur (Abszisse). (Aus Kleine Enzyklopädie Natur, Leipzig 1963).

- **Amiktisch**. Keine Zirkulation, ganzjährig zugefroren. Arktis, Antarktis, selten Hochgebirge.
- **Kalt-monomiktisch**. Eine Vollzirkulation im Sommer. Mit dem Auftauen des Eises erreicht die Wassertemperatur +4 °C. Ansonsten Winterstagnation. Polargebiete.
- **Warm-monomiktisch**. Eine Vollzirkulation im Winter. Der See friert nicht zu, bleibt immer über + 4 °C; auch das Tiefenwasser ist daher immer über + 4 °C warm. Im Sommer herrscht Sommerstagnation. Südliche Zonen der gemäßigten Breiten bis zu den Subtropen. Auch sehr große und tiefe Seen, die sehr viel Wärme speichern, bleiben über + 4 °C und sind somit warm-monomiktisch, wie in Deutschland der Bodensee.
- **Dimiktisch**. Zwei Vollzirkulationen (Frühjahr und Herbst). Sommer- und Winterstagnation. Gemäßigte Breiten.
- **Polymiktisch**. Meist viele Zirkulationen im Jahr oder auch täglich. In echten (d. h. tiefen Seen) nur in tropischen Breiten, bedingt durch die extreme Dichteänderung des Wassers bei hohen Temperaturen (Abb. 113). Schon eine Abkühlung um 2–3 °C infolge Regen, kühlerer Luftströmung oder auch nachts, kann zur Mixis führen. Sie kann auch ohne Wind zustande kommen, allein durch Absinken des etwas abgekühlten Oberflächenwassers. Die Zirkulationen erfolgen unperiodisch (mit Ausnahme in einigen geographischen Regionen). In gemäßigten Breiten können Weiher und Flachseen (s. **I. 8**.2.) polymiktisch sein.
- **Oligomiktisch**. Seen, die nur selten zirkulieren, also meist Dauerstagnation zeigen. Es sind große Seen der Tropen mit entsprechender Lage.

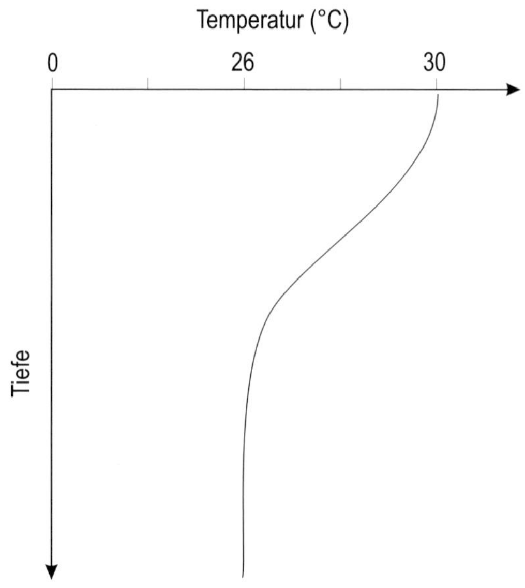

Abb. 113. Temperaturschichtung in einem tropischen See bereits auf Grund geringer Temperaturunterschiede. (Original).

Seen, die völlig durchmischen (Vollzirkulation) nennt man **holomiktisch**. Die Zirkulationszeiten sind von fundamentaler Bedeutung für den Stoffhaushalt der Seen. Sie führen zur Oxidation vieler Stoffe und zu deren gleichmäßiger Verteilung.

Es gibt Seen, die nie oder nicht immer vollständig durchmischen, also nur Teilzirkulation zeigen. Dies sind die meromiktischen Seen, deren Zahl viel größer ist als man zunächst annahm. Die **Meromixis** ist eine relativ wenig gut untersuchte Erscheinung. Die Tiefenzone, die nicht an der Durchmischung teilnimmt, heißt **Monimolimnion**, die sich durchmischende Schicht darüber das **Mixolimnion**. Die Entstehung des Monimolimnions hat mehrere Ursachen:

A. Höhere Konzentration an gelösten Stoffen im Tiefenwasser, wodurch die Dichte des Wassers zunimmt und nicht mehr vom Wind bewegt werden kann.
   - **Ektogene Meromixis**. Es handelt sich zumeist um den Zustrom salzhaltigen Wassers von außen (Meeresnähe, Salzlagerstätten, aber auch Streusalze der Straßen).
   - **Krenogene Meromixis**. Die höhere Stoffkonzentration geht auf eine Salzquelle am Grunde des Gewässers zurück oder generell auf den Zustrom gelöster Stoffe aus dem Grundwasser.
   - **Biogene Meromixis**. Sie beruht auf einer Stoffkonzentration im Hypolimnion, die aus dem seeinternen Stoffwechsel entsteht: Sedimentation, erhöhte DOC-Konzentration, generell Stoffe aus dem Abbau organischer Stoffe in der tropholytischen Schicht.

Die Grenze zwischen Monimolimnion und Mixolimnion ist die **Chemokline**. Die Kraft des Windes reicht nicht aus, sie zu durchbrechen.

B. Position und Morphometrie des Sees beeinträchtigen die Wirkung des Windes und somit die völlige Durchmischung. Derartige Seen sind im Verhältnis zur Oberfläche sehr tief und (oder) extrem windgeschützt.

Windgeschützte Seen bilden oft gar kein Epilimnion aus, sondern das Metalimnion beginnt an der Oberfläche.

Eine Orientierungshilfe für die morphometrisch bedingte Durchmischungstiefe (D_{max}) erlaubt die Formel nach BERGER (1955):

$$D_{max} = \sqrt[4]{\text{Oberfläche See}}$$

Ist die maximale Tiefe eines Sees größer als D_{max} ergibt, so ist damit zu rechnen, daß der See vom Wind nicht mehr völlig durchmischt wird. Die Durchmischungstiefe läßt sich allerdings mit der Formel nicht exakt berechnen, da sie noch von vielen anderen Faktoren abhängt, zeigt aber das morphometrische Potential zur Meromixis (Abb. 114).

Das Mixolimnion zeigt zur Stagnationsphase ebenfalls einen dreistöckigen thermischen Aufbau. Die Grenze zum morphometrisch bedingten Monimolimnion ergibt dann eine **zweite Thermokline**. Es kommt jedoch meist zu einer Kombination mit der biogenen Meromixis, da es in der undurchmischten Zone sehr schnell zu einer Aufkonzentration von seeinternen Abbaustoffen kommt (DOC, NH_4^+, NH_3, H_2S, CH_4 usw.), so daß auch hier die Thermokline zu einer Chemokline wird.

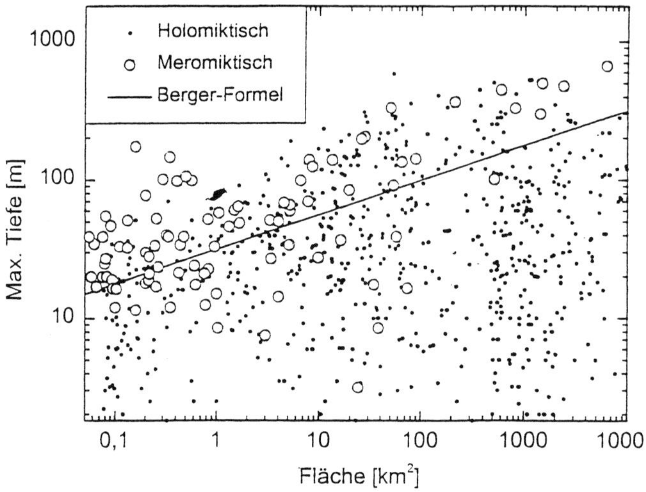

Abb. 114. Beziehung zwischen maximaler Tiefe und Oberfläche der Seen im Hinblick auf die windbedingte Durchmischungstiefe. Die Gerade entspricht der Berger-Formel. Danach haben die Seen oberhalb der Linie das Potential zur Meromixis. (Nach Jöhnk 1999).

Die Stabilität einer Schichtung in meromiktischen Seen und auch während der normalen Stagnationsphase läßt sich als Arbeit bestimmen, die im vorliegenden Fall der Wind aufbringen müßte, um die Schichtung zu zerstören und das Wasser zu durchmischen (= **Schmidt-Stabilität**) (Schmidt 1928).

Die Schmidt-Stabilität geht davon aus, daß sich der Schwerpunkt des Sees während der Schichtung in seinem unteren Teil befindet, in dem sich das schwerere Wasser ansammelt (Hypolimnion, Monimolimnion). Der Arbeitsaufwand, der zur Zerstörung der Schichtung führt, muß so hoch sein, daß er den Schwerpunkt des Sees auf die Höhe anhebt, die er bei ungeschichtetem Zustand hat. Diese Arbeit (S) ist dann:

$$S = (s - s_o) \cdot V \text{ [kg m]}$$

Es bedeuten: s = Schwerpunkt des Sees während der Schichtung, s_o = Schwerpunkt im ungeschichteten Zustand, V = Wassermenge des Sees, ausgedrückt im Gewicht.

Die Schmidt-Stabilität wurde ursprünglich für die thermische Schichtung aufgestellt, gilt aber generell für Schichtungstypen.

Der Wind wirkt mit folgender Energie (P_W) auf das Monimolimnion (oder Hypolimnion) ein:

$$P_W = C_D\, (p_a{}^3 / p_w)^{1/2} \cdot u_{10}{}^3 \cdot A$$

Es bedeuten : C_D = Dragkoeffizient (Zieheffekt bei Transporten) = 0,0018, p_a = Dichte der Luft = 1,3 kg m^{-3}, p_w = Dichte des Oberflächenwassers (gerechnet als 1000 kg m^{-3}), u_{10} = Windgeschwindigkeit 10 m über der Seeoberfläche A, (Boehrer 1999).

Reicht diese Energie nicht für die Anhebung des Schwerpunktes auf die Höhe desselben im ungeschichteten See, ist die Schichtung stabil.

Meromixis kann auch nur zeitweise auftreten.

Thermo- und Chemokline leisten der Windenergie Widerstand, schließen aber trotzdem Epi- bzw. Mixolimnion nicht hermetisch von Hypo- und Monimolimnion ab. Es kommt zu Wasser- und Stoffaustauschen ohne Zerstörung der Schichtung.

- **Interne Wellenbewegungen** an den Grenzflächen Thermo- und Chemokline. Sie entstehen immer dort, wo sich 2 Flüssigkeiten unterschiedlicher Dichte berühren. Diese Wellen breiten sich vertikal nach oben und unten aus; und das ist wichtig für die Verteilung des Planktons. Wellen haben auch Bedeutung für die Schlamm-Wasser-Grenzfläche (s. **I. 8.**1.11.2.1.)
- **Wirbel-Diffusion (engl. eddy diffusion).** Die horizontalen Strömungen in einem See (s. **I. 8.**1.9.2.) bilden kleine Wirbel, besonders wenn sie Dichteunterschiede aufweisen oder Gegenstände berühren. Diese Wirbel pflanzen sich vertikal fort und führen zu einem thermischen Ausgleich und zu einem Stoffausgleich. Dieser Austausch ist während den Zirkulationsperioden sehr hoch, findet aber auch bei Stagnation und Meromixis statt, allerdings ohne die Schichtung aufzuheben. Die Austauschgröße ist vom Grad der Durchmischung der Wirbel abhängig.
- **Molekulare Diffusion.** Sie tendiert sowohl zum Ausgleich eines Konzentrationsgefälles, als auch zum Stoffaustausch in beiden Dichtephasen. So diffundiert z.B. Sauerstoff durch die Chemokline in das Monimolimnion, es zwar nicht völlig oxidierend, aber doch Eisen ausfällend:

  $$Fe^{2+} + 0,25\ O_2 + 2,5\ H_2O \rightarrow Fe(OH)_3 + 2\ H^+$$

  Das ausfallende Eisenhydroxid senkt die Dichte des Wassers und somit auch die Höhe der Chemokline. Im Winter, wenn Eis den Sauerstoffzutritt hemmt, kann ihre Höhe wieder steigen. (Schimmele 1999) (Abb. 115).
- **Zustrom von Wasser** unterschiedlicher Dichten, z. B. durch Flüsse, Grundwasser, Niederschläge usw. Aus mitgeführtem sauerstoffreichen Wasser der Zuflüsse kann der Sauerstoff bis in das Hypolimnion diffundieren.

Die genannten Wasser- und Stoffbewegungen während der Schichtungen in einem See sind von grundlegender Bedeutung für die Verteilung der Organismen, besonders des Planktons. Ohne Kenntnis dieser Bewegungen blieben viele Beobachtungen im Plankton unverständlich. Das Monimolimnion ist meist etwas wärmer (oft nur um zehntel Grade) als das Hypolimnion. Im Verlauf langer Zeiträume bei hoher Schichtungsstabilität kann es aber der mittleren Jahrestemperatur der Luft des Ortes entsprechen (s. Grundwasser).

Zeitweise geothermal bedingte Erwärmungen des Monimolimnions führen zu einem Aufsteigen des sauerstoffarmen, aber stoffreichen Tiefenwassers mit verheerenden Folgen für die Organismen des Mixolimnions, wie z. T. in den alten Grabenbruchsystemen Afrikas (Tanganjikasee, Viktoria-See). Bei Übersättigung mit CO_2 (infolge juveniler CO_2-Aufkonzentration ohne Zirkulation) kann es zu regelrechten „Gasexplosionen" des Monimolimnions kommen (so z. B. in kamerunischen Seen).

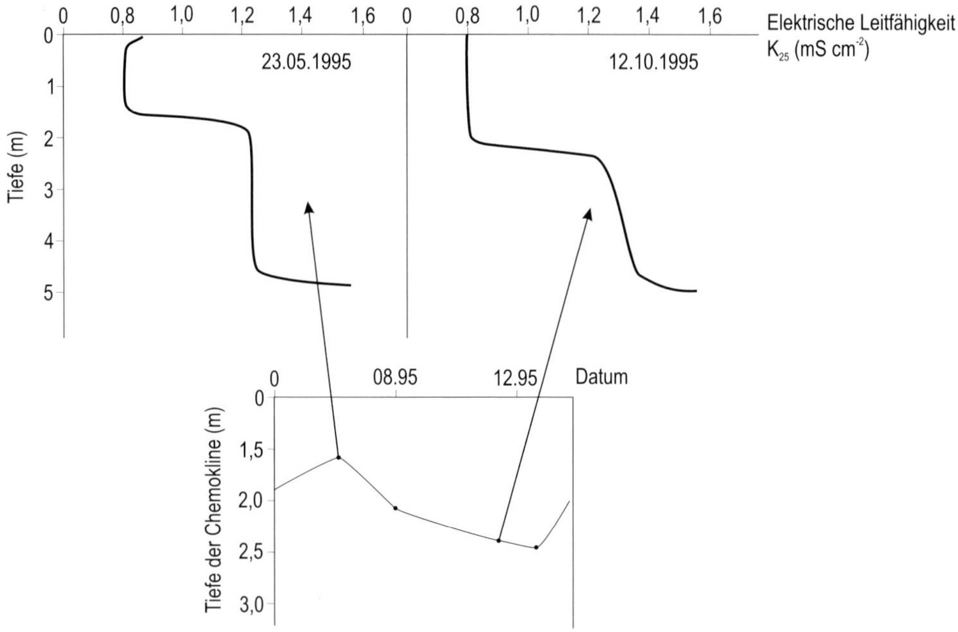

Abb. 115. Änderung der Tiefe der Chemokline in einem See und die zugehörigen Tiefenprofile der elektrischen Leitfähigkeit. (Nach SCHIMMELE 1999).

8.1.9.2. Wasserbewegungen

Wasserbewegungen in Seen entstehen durch Wind, Temperatur- und Luftdruckdifferenzen, Grenzflächenspannungen, interne Wirbelbildungen und Diffusionsvorgänge. Die beiden letzteren Bewegungsursachen sind in **I. 8.1.9.1.** besprochen; und auf die entscheidende Rolle des Windes bei thermischen Vorgängen wurde schon hingewiesen. Wichtige Einsichten in die **Hydrodynamik** der Seen verdankt die Limnologie MORTIMER (1974). Der Wind erzeugt auf der Wasseroberfläche **fortschreitende Wellen**. Ihr Tiefgang ist gering (bei einer Tiefe von 1/9 Wellenlänge kommt es bereits zu einer Reduktion der Amplitude um 50 %), führt aber zu einer generellen Strömung des Oberflächenwassers in Windrichtung. Erreichen diese Wellen das Brandungsufer, so werden sie zur Tiefe hin abgeleitet. Es kommt zu einer **wirbelartigen Rückströmung**, die zu einer Vermischung des Wassers führt. Mit zunehmender Erwärmung des Oberflächenwassers können die Rückströme schließlich das kältere Wasser infolge seiner höheren Dichte nicht mehr bewegen. Es kommt zur Ausbildung des durchmischten Epilimnions und der dem Wind Widerstand leistenden Sprungschicht. Mit zunehmender Abkühlung geht die Dichtedifferenz der Wasserschichten zurück, so daß der Wind mit Hilfe der rückläufigen Wirbelströme immer tiefer greifen kann und somit eine Vollzirkulation bewirkt (Abb. 116). Die durchschnittliche Mächtigkeit des Epilimnions (E) läßt sich annäherungsweise berechnen (VENTZ 1972):

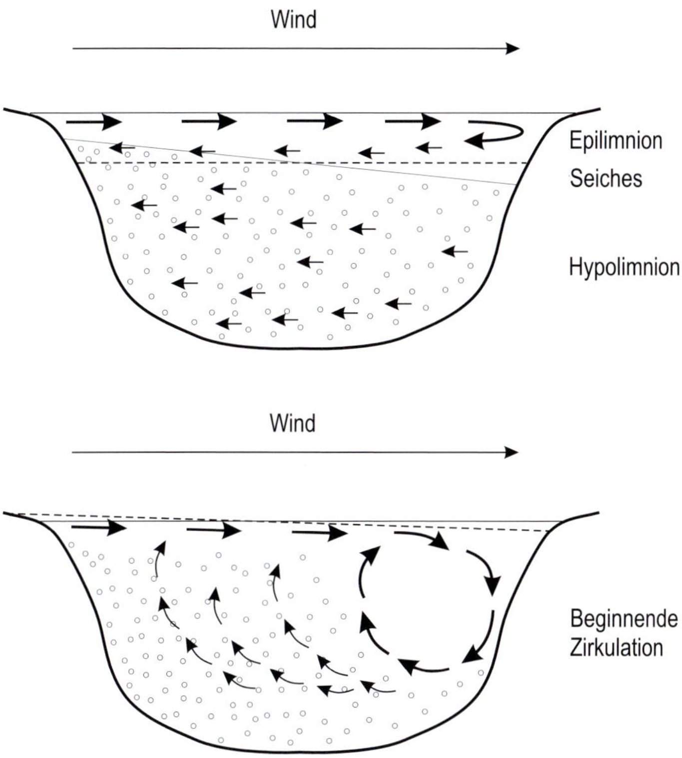

Abb. 116. Windbedingte Strömungen in einem See. Oben = im Epilimnion zur Stagnationszeit; unten = beginnende Zirkulation mit Abkühlung des Wassers. (Nach MORTIMER 1974).

$$E = 4{,}719 \cdot L^{0{,}393} \pm 1{,}23 \ [\mathrm{m}]$$

$$L = \frac{\mathrm{lm} + \mathrm{bm}}{2}$$

Es bedeuten: L = mittlere effektive Achsenlänge des Sees, lm = Längsausdehnung des Sees in der Achse der Hauptwindrichtung, bm = senkrecht zu lm größte Breite.

Nachts, bei Regenwetter oder auch starker Verdunstung, kühlt das Oberflächenwasser vorübergehend ab bis zu der Schicht, die dann seiner Temperatur entspricht. Dadurch werden vertikale Strömungen, **Konvektionsströme**, ausgelöst, die eine starke Durchmischungskraft besitzen. An heißen, windstillen Tagen kann sich im Epilimnion auch ein Temperaturgradient ausbilden, der aber bei dem nächsten Wind oder auch nachts wieder verschwindet. Die gesamte Wassersäule besitzt auch darüber hinaus zur Stagnationszeit eine **thermische Mikrostrukturierung**, die sich dauernd ändert (Abb. 117). Ihre Bedeutung für Wasserbewegung, Stoffaustausch und Planktonverteilung kennen wir nicht. Auch das Hypolimnion ist kein ruhender Wasserkörper, sondern besitzt eine horizontale Strömung, die entgegengesetzt der Windrichtung und vor allem der epilim-

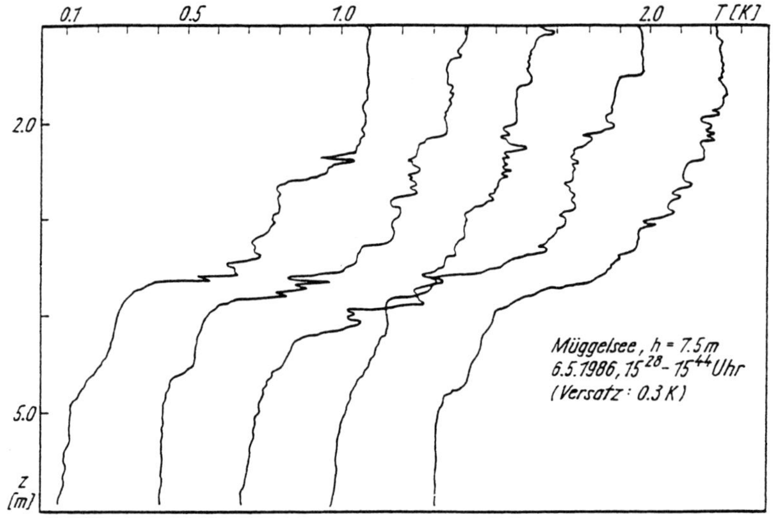

Abb. 117. Thermische Mikrostrukturierung in Seen und Ausschnitt ihrer ständigen Änderung. (Nach PAGENKOPF 1989).

nischen Strömung verläuft und durch hydrodynamische Eingangspfosten, den Seiches, verursacht wird.

Die **Seiches** oder **Stehenden Wellen** entstehen in fast allen großen Seen. Der Wasserkörper eines Sees vollzieht Schaukelbewegungen. Ursache ist eine Druckerhöhung auf einem begrenzten Teil der Wasseroberfläche, hervorgerufen durch lokale Barometerschwankungen, Windeinflüsse oder Regenfälle. Daher zeigen nur Seen mit großer Oberfläche deutliche Seiches. Die Schaukelbewegungen können nur die Oberfläche betreffen (Oberflächenseiches), in geschichteten Seen aber zusätzlich auch die Grenzfläche zweier Dichtephasen, also im wesentlichen das Metalimnion (interne Seiches). Die Dauer der Schwingungen der internen Seiches hängt vom Grad der Dichteunterschiede beider Wasserschichten ab. Je geringer der Dichteunterschied, um so langsamer verlaufen die Schwingungen.

Bei stehenden Wellen liegt in der Mitte die Knotenlinie, um die die Schwingungsbäuche sich bewegen. Die Höhe der Auf- und Abbewegung ist die Schwingungsamplitude, die Dauer der Schwingung die Schwingungsperiode (t). Diese berechnet sich für die internen Seiches nach der Watson-Formel:

$$t = \frac{21}{\sqrt{\dfrac{g(d_1 - d_2)}{\dfrac{d_1}{h_1} + \dfrac{d_2}{h_2}}}}$$

Es bedeuten: l = Länge des Beckens, h_1 = Höhe des Hypolimnions = untere schwere Schicht, h_2 = Höhe des Epilimnions = obere leichte Schicht, d_1,d_2 = die entsprechenden Dichten, g = Erdbeschleunigung.

Die Formel wurde an Modellvorstellungen gewonnen und bezieht sich auf einknotige Wellen. Anders liegen die Verhältnisse bei mehrknotigen Wellen. Bei einer zweiknotigen Welle muß es in der Seemitte zu Druckschwankungen kommen. In der Seemitte entsteht dann ein Wellenbauch, zu beiden Seiten eine Knotenlinie und an den Enden des Sees je ein halber Bauch. In einem langgestreckten See können außerdem longitudinale und transversale Wellen entstehen. Es können auch mehrere sich überlagernde Seiches auftreten und die Verhältnisse komplizieren (Hutter 1984).

Die Oberflächenseiches, meist geringer schwingend als die internen, kommen oft schnell wieder zur Ruhe, während das Metalimnion immer noch schwingt, was zur Vermischung von Epi- und Metalimnion führen kann oder zumindest das Metalimnion zeitweise unscharf werden läßt.

Für die Berechnung des Oberflächenseiches läßt sich die obige Formel vereinfachen, indem die Dichteunterschiede praktisch fortfallen (Merian-Formel):

$$t = \frac{2l}{\sqrt{gh}}$$

wobei h die Wassertiefe ist.

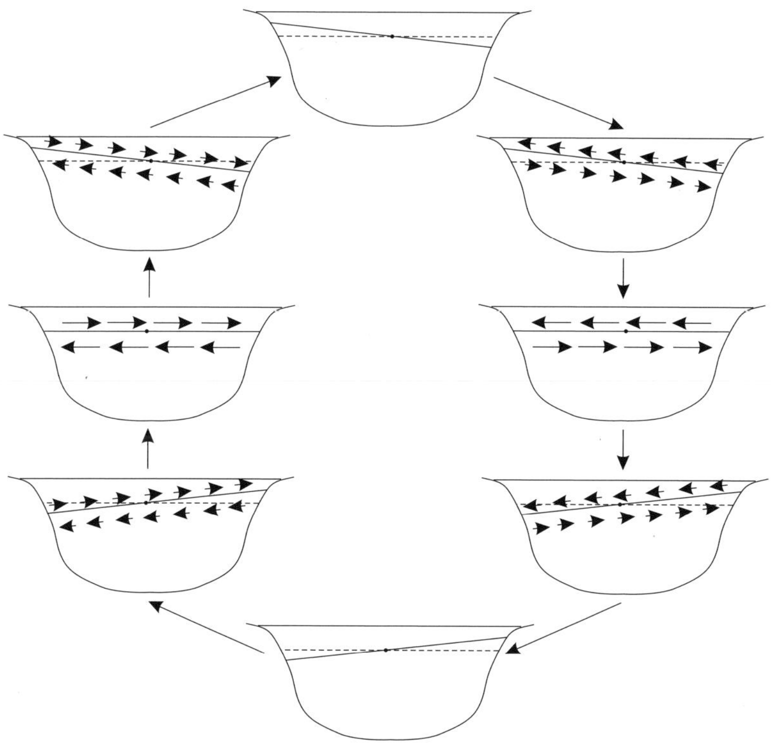

Abb. 118. Schwingungsperiode einer stehenden Welle während der Sommerstagnation (Metalimnion fortgelassen). Gestrichelte Linie = Trennung Epi – Hypolimnion. Ausgezogene Linie = Schwingungsfront. Die Pfeile in Epi- und Hypolimnion geben die Strömungsrichtung an, ihre Länge symbolisiert die Strömungsstärke. (Nach Mortimer 1952).

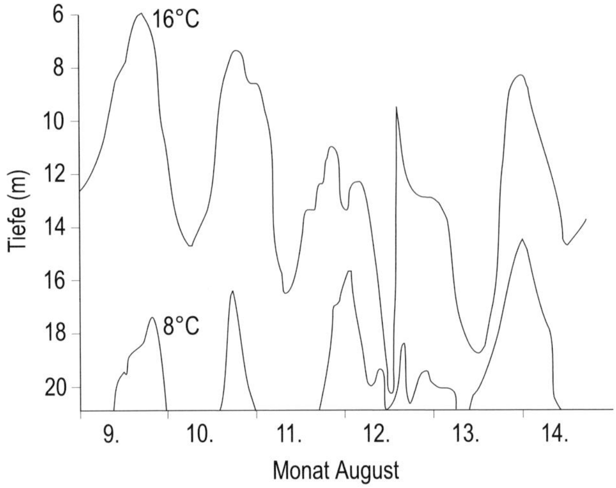

Abb. 119. Durch Seiches hervorgerufene kurzfristige Schwankungen zweier Isothermen. Madü-See (Deutschland). (Nach Wedderburn aus Hutchinson 1957).

Für natürliche Seen ergeben beide Formeln nur Orientierungswerte. Naturnahe Formeln sind sehr kompliziert und für die üblichen limnologischen Untersuchungen zu schwer handhabbar.

Infolge der Schaukelbewegung kommt es im überliegenden Epi- und im unterliegenden Hypolimnion zu entgegengesetzten horizontalen Strömungen. Diese Strömungen sind am stärksten, wenn die schwingende Schicht wieder in die Horizontale gelangt und sie je nach Schräglage ihre Richtung wechseln (Abb. 118). Die durch die Seiches im Hypolimnion induzierten Strömungen erreichen durchschnittlich 2 cm s^{-1} und haben enorme biologische Bedeutung (s. unten).

Abb. 119 zeigt die durch interne Seiches bedingten Schwankungen zweier Isothermen. In kleinen Seen erreichen die Oberflächenseiches nur Amplituden im mm-Bereich und Perioden < 1 h. In sehr großen Seen liegen die Werte entsprechend > 1 mm und 10 h. Auch die Schwingungsperiode der internen Seiches verlängert sich mit der Größe des Sees und steigt von wenigen Stunden bis etwa 1000 Stunden im Baikalsee an. Auf die Wasserbewegung in den Seen nimmt auch die Erdrotation als **Corioliskraft** (s. **I. 7.2.1.**) Einfluß. In sehr großen Seen schwingen durch sie die stehenden Wellen nicht um eine Knotenlinie, sondern rotieren um einen Knotenpunkt (Mortimer 1955). In einem geschichteten großen See werden die Isothermen durch diese Kraft verbeult und abgeschrägt, wodurch sie mehrere Wasserschichten verbinden können und somit die Stabilität der Schichtung unterlaufen.

Fazit: Die klassische Schichtungslehre ging davon aus, daß während der Stagnationsphasen und der Meromixis Hypolimnion und Monimolimnion durch Thermo- und Chemokline weitgehend vom Stoffaustausch mit den darüber liegenden Schichten ausgeschlossen sind.

Diese Lehre beschreibt auch heute noch hinreichend genau die Rahmenbedingungen für den Stoffhaushalt und die Verteilung des Planktons. Mit zunehmender Vertiefung der

Analyse des Ökosystems See ergeben sich aber viele Widersprüche zu der klassischen Lehre. Zu ihrer Deutung bedarf es der Kenntnis der Mechanismen des Stoffaustausches während der Schichtungsphasen. Dieser Stoffaustausch hat nie die durchschlagende Wirkung einer Zirkulationsphase, darf aber nicht außer acht gelassen werden. Die wichtigsten dieser schichtübergreifenden Prozesse sind:

- Interne Wellenbildung an Dichtegrenzflächen.
- Wirbel- und molekulare Diffusion, verbunden mit Wasser- und Stofftransport.
- Interne Seiches.
- Deformation der Isothermen durch Seiches und die Corioliskraft (vgl. auch STEWART & HOLLAN 1984).(Vgl. **I. 8**.1.9.6.2.; **I. 8**.1.9.6.3.; **I. 8.1.9.9**.; **I. 8**.1.10.2.; **8**.1.11.2.4.).

8.1.9.3. Licht (Strahlungsklima)

Das Verhalten der Lichtstrahlen im Gewässer wurde bereits im Kapitel über die Fließgewässer besprochen (s. **I. 7**.4.3.). Das dort Gesagte gilt auch für Seen, nur gibt es für das Strahlungsklima der Seen einige Spezifitäten und notwendige Komplettierungen anzumerken.

Nach dem **Lambert-Beerschen Gesetz** nimmt die Lichtintensität mit der Tiefe exponentiell ab. Je größer der Extinktionskoeffizient (= vertikaler Attenuationskoeffizient) ist, um so rapider erfolgt die Abnahme. Die **euphotische Zone** (entspr. ~ der trophogenen Zone) im See endet, wo die Lichtintensität des von den Pflanzen nutzbaren Spektralbereichs noch 1 % beträgt (darunter die **aphotische Zone**).

Die Spektralbereiche sind im Gewässer von unterschiedlicher Bedeutung:

300–380 nm	=	Ultraviolett. Schädlich für Organismen auch im Wasser. Es gibt Anpassungen an die UV-Strahlung (s. **I. 8**.2.2.).
380–750 nm	=	sichtbares Licht
750–3000 nm	=	Wärmestrahlung

Von dem sichtbaren Bereich nutzen die grünen Pflanzen für die Photosynthese die Strahlung von 400–700 nm. Sie wird abgekürzt als **PAR** (photosynthetically active radiation) bezeichnet. Abb. 120 zeigt die unterschiedliche Transmission der Wellenlängen in destilliertem Wasser. In natürlichen Seen ändert sich das Bild je nach dem vorhandenen Extinktionskoeffizienten (besser: vertikaler Attenuationskoeffizient) (Abb. 121). Ähnlich wie die Isothermen verlaufen auch die Isoplethen für die Lichtintensität in den Seen nicht genau horizontal.

In den Seen ohne allochthone Trübstoffe macht die Absorption des Lichtes durch das Phytoplankton den größten Anteil an der Extinktion aus. Abb. 122 zeigt dies für den Chlorophyll-a-Gehalt; der Extinktionskoeffizient variierte zwischen 0,5 und 2,5 m^{-1} (HIRAYAMA et al. 1993). Die Extinktion durch Absorption erfolgt nicht nur spektralbereichsabhängig, sondern auch organismenspezifisch. Bei heterotrophem Plankton (und Schwebstoffen) lag die Extinktion bei Wellenlängen von etwa 530 nm. Autotrophes Plankton erhöht die Extinktion; und absorbiert werden Wellenlängen < 570 nm, so daß der penetrierende Spektralbereich enger wird.

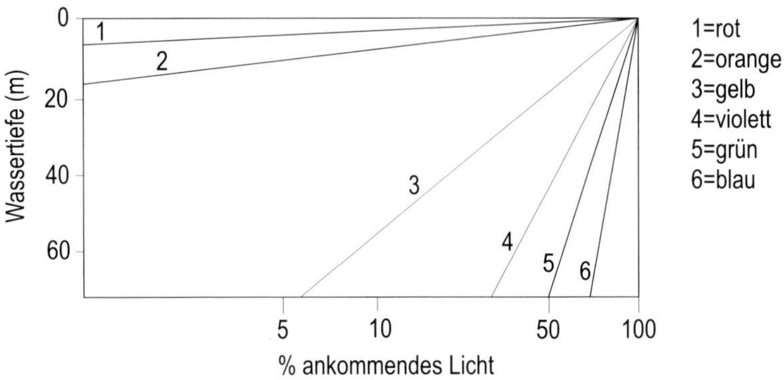

Abb. 120. Unterschiedliche Transmissionen der Wellenlängen des Lichtes in destilliertem Wasser. (Nach Clarke in Anlehnung aus Wetzel 1983b).

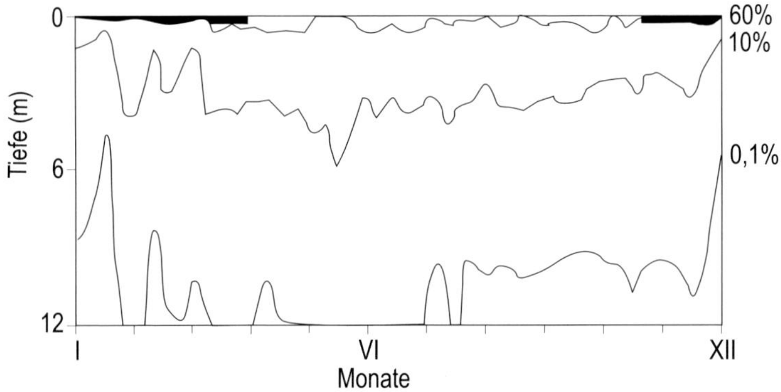

Abb. 121. Isoplethen der Lichttransmission (in %) in einem oligotrophen See (Lawrence-See). (In Anlehnung an Wetzel 1983b).

Noch stärker wird das Lichtklima durch Purpurbakterien (Schwefelbakterien, Chromatiaceae) verändert. Sie können in eutrophen Seen, z. B. im Metalimnion auftreten und absorbieren Wellenlängen < 600 nm (Vila & Abella 1993).

Während die Lichtintensität mit der Tiefe abnimmt, nimmt die **Lichteffizienz** (ϕ), d. h. der Ausnutzungsgrad des Lichtes durch das Phytoplankton (bis zur Kompensationsebene) linear zu. Die Effizienz (hier = Quantenausbeute bei der Photosynthese) wird durch den Quotienten aus Photosynthese-Rate (P) und Quantenabsorbtion durch die Photosynthese (Q) ausgedrückt (Abb. 123).

$$\phi = \frac{P\,[\mathrm{molC/(mg\,Chla)/h}]}{Q[\mathrm{mol\,Quanten/m^3/h(mg\,Chla\cdot a^{-3})}]}$$

Das kurzwellige Licht hat die höchste Transmission, aber auch die stärkste Streuung. Sie ist in einem See infolge der Dichteunterschiede der zu durchlaufenden Wasser-

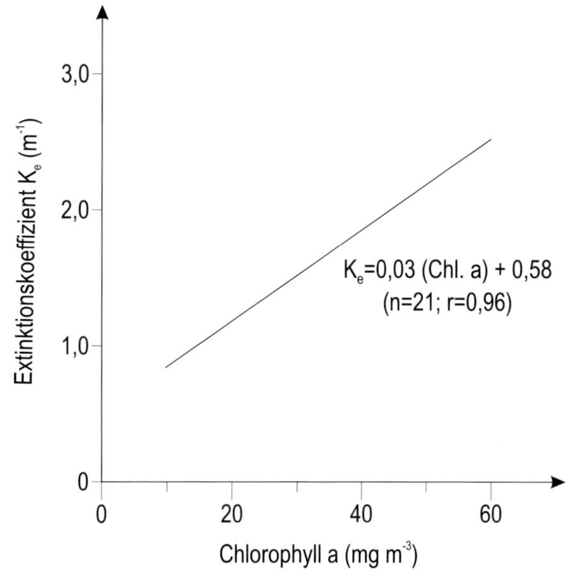

Abb. 122. Beziehung zwischen Extinktion des Lichtes und Dichte des Phytoplanktons (als Chl-a) in Seen. (Nach Hirayama et al. 1993).

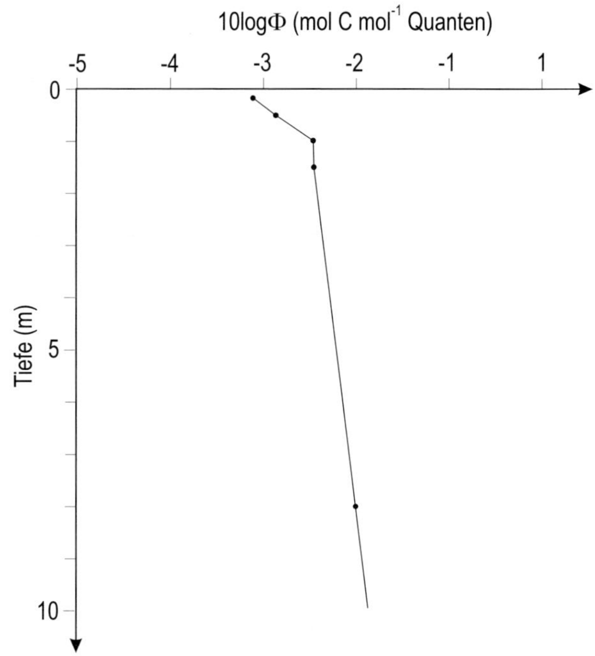

Abb. 123. Zunahme der Lichteffizienz (ϕ) mit der Wassertiefe (s. Text). (Nach Schanz & Friedl 1993).

schichten und auch der Bewegung der Wassermoleküle, sehr hoch. Die Streuung bewirkt auch, daß der abgelenkte (kurzwellige) Strahl wieder nach oben gelangt. Er kann dabei von dem Phytoplankton genutzt und absorbiert werden. Je partikelärmer der See ist, um so größer ist die Ausstrahlung. Klare und tiefe Seen erscheinen daher blau („Wüstenfarbe" der Seen). Wie in Fließgewässern, so geben auch in Seen bestimmte gelöste Stoffe (z. B. Huminstoffe, gelb-braun) und Partikel dem Wasser eine **Eigenfarbe**, je nachdem, welche Wellenlänge sie absorbieren oder durchlassen bzw. zurückwerfen. Dabei entstehen oft Mischtöne mit den optischen Farben.

Eine für den Limnologen wichtige Größe des Lichtklimas ist die **Sichttiefe**. Sie wird mit Hilfe der **Secchischeibe** gemessen, einer weißen Scheibe von ca. 30 cm Durchmesser, die so weit in das Gewässer gelassen wird, bis sie dem Auge des Beobachters entschwindet. Die Sichttiefe ist bis heute eine wichtige Größe, da sie sehr schnell über die optischen Verhältnisse in einem See informiert.

Klareis, auf Seen häufiger ausgebildet als auf Fließgewässern, behindert nicht den Durchtritt des Lichtes und ermöglicht auch im Winter die Photosynthese.

8.1.9.4. Sauerstoff und Kohlendioxid

Sauerstoff und Kohlendioxid sind die beiden großen Gegenspieler im Stoffwechsel der Organismen. Sie prägen auch zu einem Teil den Stoffhaushalt der Gewässer. Was über sie in den Kapiteln Grundwasser (s. **I. 5**.3.), Quellen (s. **I. 6**.3.) und Fließgewässer (s. **I. 7**.6.3.) gesagt wurde, gilt auch für Seen; in Seen jedoch ist die Verteilung dieser Gase und somit auch die Auswirkung auf das Ökosystem eine ganz andere als in den zuvor besprochenen Ökosystemen. Beide Gase gelangen, bei Fließgewässern und Seen, aus der Atmosphäre und dem Stoffwechsel in das Gewässer (O_2: Photosynthese, CO_2: Atmung). Ihre Löslichkeit gehorcht dem **Henry-Dalton'schen Gesetz** (Parallelität zu ihren Partialdrucken in der Atmosphäre, Abnahme mit steigender Temperatur und fallendem Druck). Die Löslichkeit des CO_2 läßt sich allerdings nur ungenau mit dem Gesetz berechnen, da ein geringer Teil des Gases mit Wasser und Erdalkalien reagiert und seine Löslichkeit steigert. In CO_2-haltigem Wasser kann sich kaum noch CO_2 aus der Atmosphäre lösen, da sein Partialdruck in der Luft geringer ist als im Wasser. CO_2 kann aber aus dem Wasser entgasen. Die Tab. 34 zeigt die Löslichkeit der beiden Gase in den Gewässern unter Normalbedingungen und sich ändernder Temperatur. Der Gehalt dieser Gase läßt sich auch in % Sättigung, bezogen auf eine bestimmte Temperatur, angeben. Es gibt sowohl Untersättigungen (Defizite) als auch Übersättigungen. Letztere können für CO_2, ähnlich wie im Grundwasser, im Hypolimnion sehr hoch sein.

Tabelle 34. Konzentration von Sauerstoff, Kohlendioxid und molekularem Stickstoff [mg l^{-1}] unter Normalbedingungen in Wasser. (Aus verschiedenen Büchern).

	0 °C	10 °C	20 °C	30 °C
O_2	14,2	11,0	8,8	7,2
CO_2	1,0	0,7	0,5	0,4
N_2	22,4	17,5	14,2	11,9

Aus den bisher dargestellten Zusammenhängen (Trophie, Zirkulation, Stagnation) läßt sich bereits die vertikale Verteilung des **Sauerstoffs** in den Seen ableiten. In oligotrophen Seen ist der Sauerstoff zu allen Jahreszeiten gleichmäßig verteilt und von gleicher Konzentration (meist um 10 mg l^{-1}) (= **orthograde O_2-Kurve**).

In eutrophen Seen kommt es zur Sommerstagnation im Hypolimnion zu einem Sauerstoffdefizit (noch vorhandene sauerstoffzehrende Abbauprozesse). Diese **klinograde O_2-Kurve** folgt praktisch der Temperaturkurve. Je höher die Eutrophierung, um so größer ist das Sauerstoffdefizit (bis zu anaeroben Verhältnissen). Zu den Zirkulationszeiten verläuft auch in eutrophen Seen die O_2-Kurve orthograd. Im Winter unter Eis geht der Sauerstoff zur Tiefe hin allmählich zurück, nicht in der gewinkelten Form wie im Sommer, da im Winter die wind- und dichtebedingte Verteilung von Wärme und Stoffen ausfällt.

Der Temperaturabfall im Metalimnion macht sich auch in der Sauerstoffabnahme bemerkbar, da hier infolge der zunehmenden Wasserdichte die Sinkgeschwindigkeit der Partikel (v. a. tote Plankter) abgebremst wird. Das längere Verweilen in dieser Schicht führt zu einem höheren Sauerstoffverbrauch (Abb. 124). Dies ist aber nur der Fall, wenn das Metalimnion in der Grenzzone von eu- und aphotischer Zone liegt (was allerdings häufig vorkommt). Liegt das Metalimnion noch in der euphotischen Zone, so kann es hier aus den genannten Gründen zur Konzentration lebender Phytoplankter kommen und zu einem Sauerstoffmaximum führen. Liegt das Metalimnion kurz unterhalb der euphotischen Zone, so kann es zu einem Sauerstoffminimum kommen. Man spricht dann im ersten Fall von einer positiven, im zweiten von einer negativen **heterograden O_2-Kurve** (Abb. 125). Häufig steckt hinter einem metalimnischen Sauerstoffminimum ein Zufluß, der sich entsprechend seiner Wassertemperatur in das Metalimnion einschichtet und durch Zuführung organischer Stoffe den Sauerstoffverbrauch intensiviert.

Das **Monimolimnion** ist immer sauerstofffrei (anaerob). Der aus dem Mixolimnion eindiffundierende Sauerstoff wird schnell gebunden, so daß das Monimolimnion nicht völlig anoxisch sein muß.

In den **Tropen** zeigt das Hypolimnion auch nährstoffarmer Seen Sauerstoffdefizite. Infolge der ständig hohen hypolimnischen Temperaturen (> 20 °C) findet hier eine viel intensivere Mineralisierung organischer Stoffe statt als in den gemäßigten Breiten. In naturbelassenen Gebieten kann es aber durch Großtiere (Flußpferde, Elefanten, Krokodile usw.) zur „Zwangsdestratifikation“ kommen.

Die **CO_2-Kurve** verhält sich spiegelbildlich zu der O_2-Kurve. In oligotrophen Seen mit ihrer geringen Produktion kommt dies noch nicht zum Ausdruck. Die Kurve ist auch hier orthograd und zeigt nur im Tiefenwasser eine leichte CO_2-Erhöhung an. In eutrophen Seen, im Sommer während der Stagnation, wird viel Kohlendioxid vom Phytoplankton assimiliert; es kommt zu einem epilimnischen Defizit. Die absinkenden organischen Stoffe werden abgebaut, so daß sich Kohlendioxid im Hypolimnion anreichert. Nachts kann es wieder zu einer Zunahme an Kohlendioxid im Epilimnion kommen, doch kommt es nie zu einem völligen Ausgleich, da die Sommernächte zu kurz sind. Je stärker der See belastet ist, um so ausgeprägter wird die klinograde CO_2-Kurve. Sie zeigt jedoch eine Besonderheit. Viele Seen haben einen mittleren bis hohen Kalkgehalt. Der Kalk als $CaCO_3$ (s. unten) sinkt abwärts. Im Hypolimnion kommt es durch den hier herrschenden hohen hydrostatischen Druck schnell zu einer Übersättigung mit

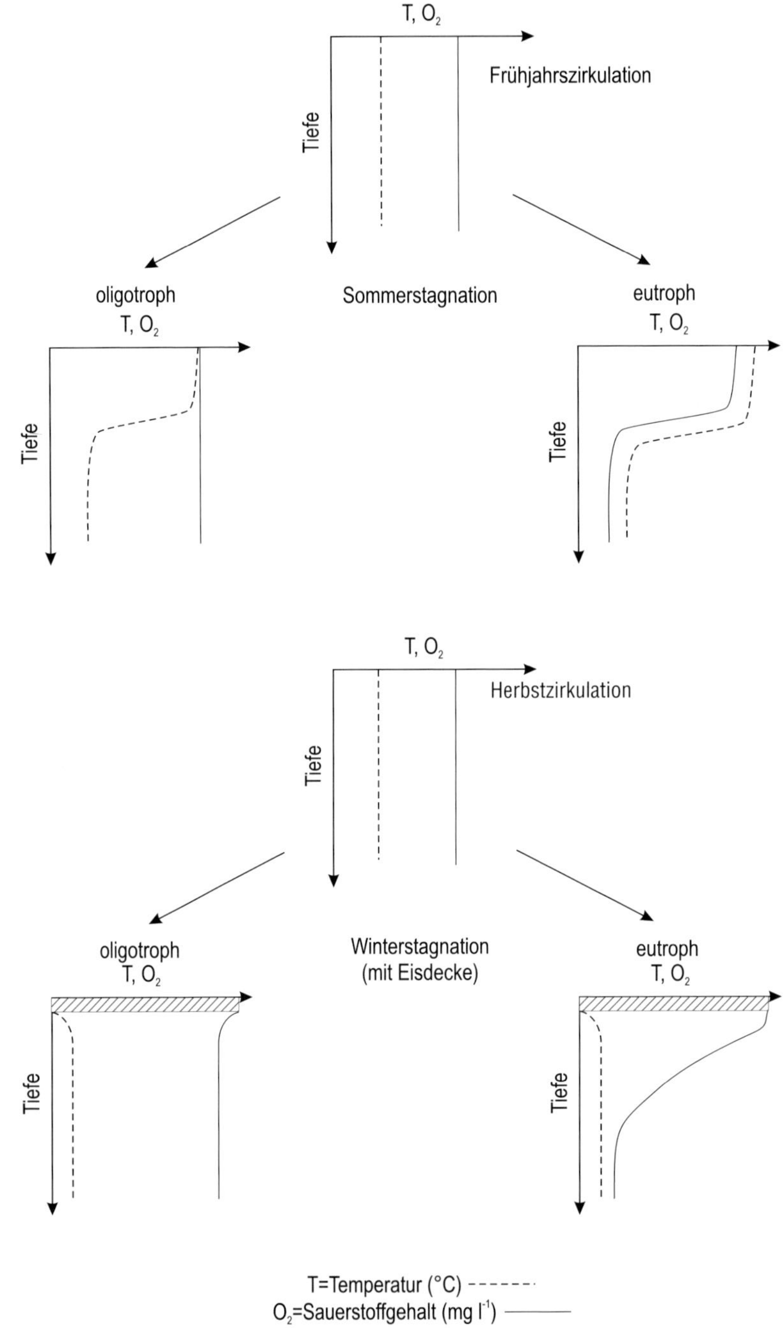

Abb. 124. Schematisierte Vertikalkurven von Temperatur- und Sauerstoff-Konzentration im Jahresverlauf im Pelagial der Seen gemäßigter Breiten. (Original).

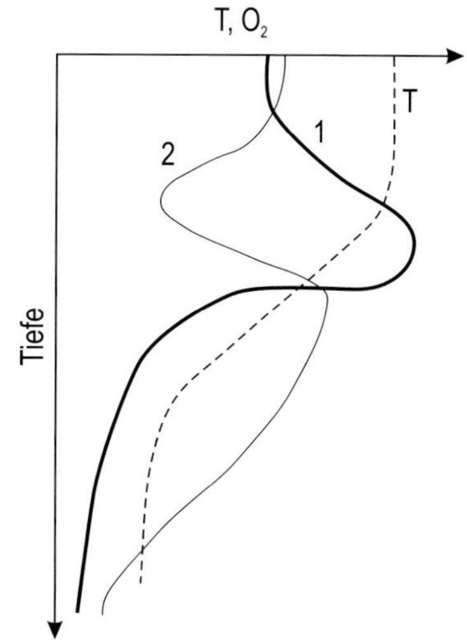

Abb. 125. (1). Heterograd positive Sauerstoffkurve (Metalimnion liegt in der euphotischen Zone, d. h. hohe Photosyntheserate). (2). Heterograd negative Sauerstoffkurve (Metalimnion liegt unter der euphotischen Zone). T = Temperatur. Vgl. Abb. 129. (In Anlehnung an WETZEL 1983b).

CO_2, die aggressiv wirkt, das $CaCO_3$ auflöst und sich zu $Ca(HCO_3)_2$ bindet. Es kommt zu einer Konzentrationsabnahme. Dicht oberhalb des Sediments sammelt sich wieder CO_2 an, so daß der hypolimnische Teil der Kurve zwei entgegengesetzte Kursänderungen zeigt. In kalkarmen eutrophen Seen ist der hypolimnische CO_2-Gehalt viel höher als in kalkreichen (Abb. 126).

Die **pH-Kurve** läuft mehr oder weniger der O_2-Kurve parallel und der CO_2-Kurve spiegelbildlich, da CO_2-Entzug den pH-Wert ansteigen, CO_2-Zuschuß ihn fallen läßt. CO_2- und pH-Kurven können auch heterograd sein (Abb. 126).

Eine wichtige Funktion kommt in Seen auch dem **Kalk-Kohlensäure-Gleichgewicht** zu. Es gelten hier die gleichen Prinzipien, wie sie uns schon bei den Quellen (s. **I. 6**.3.) begegneten. Der Dissoziationszustand der Kohlensäure ist pH-abhängig (Abb. 17). Es gibt auch Pflanzen in Seen, die, wenn das CO_2 verbraucht ist und der pH-Wert

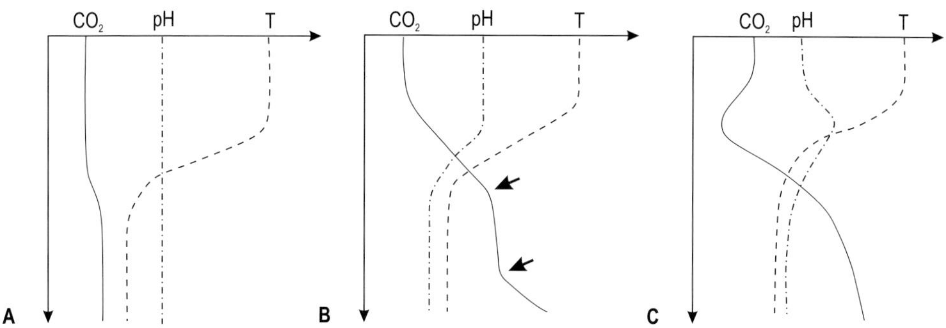

Abb. 126. Temperatur (T, °C), CO_2 (mg l^{-1}) und pH in Seen während der Stagnationszeit. **A** = oligotroph, **B** = eutroph, **C** = heterograd, wenn das Metalimnion in der euphotischen Zone liegt mit deutlichem CO_2-Verbrauch und pH-Anstieg. (In Anlehnung an WETZEL 1983b).

bis 8 angestiegen ist, das HCO_3^- nutzen können. In kalkreichen Seen geht Kalk in Form des Bikarbonats, $Ca(HCO_3)_2$, in Lösung. Zum Erhalt des Lösungsgleichgewichts ist freie CO_2 nötig („Gleichgewichtskohlensäure"). Kommt es infolge der Assimilation zu einem CO_2-Defizit, fällt das schwerlösliche $CaCO_3$ aus. Im Pelagial geschieht dies als mikroskopisch kleine Calcitkristalle, die dem Wasser einen weißlichen Ton geben können („whiting"). Sie bilden sich um winzige Partikel, wozu schon ein Bakterium dienen kann (KOSCHEL et al. 1983). Bei benthischen Pflanzen lagert sich der Kalk auf den Blättern bzw. an den Algenfäden ab. Der sich durch diese **biogene Entkalkung** im See sedimentierende Kalk bildet die **Seekreide**, die sich oft in Form von Seekreidebändern ablagert.

Das Kalk-Kohlensäure-System wirkt auch als **Puffer** im circumneutralen Bereich. Kommt es zum Verlust an CO_2 durch Assimilation, wird aus dem Zerfall des Bikarbonats immer wieder Hydrogenkarbonat, HCO_3^-, nachgeliefert. Dies (wie auch die Kohlensäure) spaltet H^+-Ionen bei der Dissoziation ab:

$$HCO_3^- \leftrightarrow CO_3^{2-} + H^+$$

und bei seiner Reaktion mit Wasser (Hydrolyse), OH^--Ionen

$$HCO_3^- + H_2O \leftrightarrow H_2CO_3 + OH^-$$

(s. auch die Assimilation des HCO_3^-, **I. 6**.3 und **I. 8**.1.11.1.3.).

Durch diese Mechanismen kann das Gewässer sowohl zusätzlich H^+ als auch OH^--Ionen aufnehmen, ohne den pH-Wert zu ändern. Den Grad an Säurebindungsvermögen nennt man auch die **Alkalinität** des Gewässers.

Kalkarme Gewässer sind meist sauer. Kommt es bei ihnen infolge Eutrophierung zu einer starken Entwicklung des Phytoplanktons, so können sie pH-Werte bis zu 10 erreichen.

Wie auch in Quellen, ist der Kalkgehalt der Seen geogen bedingt.

8.1.9.5. Andere Gase im Gewässer

Neben Sauerstoff und Kohlendioxid spielen molekularer Stickstoff, Methan, Ammoniak, Schwefelwasserstoff, Lachgas, Wasserstoff und „Knallgas" eine mehr oder weniger große Rolle.

- **Molekularer Stickstoff (N_2).** Er gelangt vor allem aus der Atmosphäre in die Gewässer, nur zu einem geringen Teil aus der see-eigenen Denitrifikation. Seine Löslichkeit im Wasser gehorcht dem Henry-Dalton'schen Gesetz. Molekularer Stickstoff ist nicht giftig und ist reaktionsträge. Trotzdem ist der N_2-Gehalt der Seen immer nahe dem Sättigungswert und liegt oft darüber (Tab. 34).
- Infolge seiner Reaktionsträgheit wird molekularer Stickstoff nur wenig im Ökosystem verwertet. Dies geschieht durch die **Stickstoff-Fixierung** einiger Bakterien (einschließlich Blaualgen), die ihn in den Kreislauf einspeisen. Im Pelagial sind dazu befähigt: vor allem Blaualgen (Cyanobakterien) der Gattungen *Anabaena, Nostoc, Phormidium* u. a., im Litoral und Sediment *Azotobacter* und *Clostridium*-Arten. Bei fädigen Blaualgen geschieht die N_2-Fixierung in den Heterocysten (dickwandige

Zellen), wobei mit Hilfe von Elektronen aus dem Energiehaushalt der Bakterien Ammonium entsteht:

$$N_2 + 6\,e^- + 8\,H^+ \rightarrow 2\,NH_4^+$$

- N_2-Fixierung tritt stärker in eutrophen als in oligotrophen Seen auf. Sie liegt im oligotrophen See meist < 0,1 g N m^{-2} a^{-1}, im eutrophen > 0,1 g N m^{-2} a^{-1}. In Sedimentnähe scheint die N_2-Fixierung jedoch erheblich zu sein, da im tiefen Hypolimnion der N_2-Gehalt deutlich zurückgeht, obwohl der erhöhte hydrostatische Druck auch eine erhöhte Löslichkeit bewirken müßte. Im Sediment eutropher Gewässer kann die N_2-Fixierung bis über 6 g m^{-2} a^{-1} betragen (vgl. **I. 7.6.4.**).
  N_2-Fixierung findet auch im Neuston durch *Azotobacter* und im Pleuston statt (s. **I. 8.1.10.1.**). Im Pleuston ist es der Wasserfarn *Azolla*, der mit *Anabaena azollae* eine Symbiose eingeht, wodurch in tropischen Seen, wenn der Farn die Seefläche bedeckt, bis > 30 g m^{-2} a^{-1} gebunden werden.
  Die für die N_2-Fixierung verantwortliche **Nitrogenase** ist nur im sauerstofffreien Milieu aktiv. In aeroben Wasserschichten erzeugen die Bakterien durch intensivierte Atmungsstrategien selbst anaerobe Mikrozonen um ihre Zellen.
  Die N_2-Bindung hat oft nur einen verschwindend geringen Anteil an dem N-Eintrag in das Seen-Ökosystem (< 1 %, selten mehr, wie z. B. im Sediment).
- **Methan (CH_4)**. Methan entsteht im anaeroben Sediment (oder kurz darüber) eutrophierter Gewässer aus organischen Stoffen. Es konzentriert sich zunächst über dem Sediment und steigt dann nach oben. Im Gegensatz zu den Fließgewässern wird das Methan auf seinem langen Weg durch den Wasserkörper eines Sees von methanoxidierenden Bakterien oxidiert (s. **I. 7.6.1.**; **I. 7.6.2.4.**). In manchen Seen beruht der Sauerstoffverbrauch bis zu 70 % auf **Oxidation** des Methans: $CH_4 + 2\,O_2 \rightarrow CO_2 + 2\,H_2O$. Im mesotrophen Lungernsee (Schweiz) betrug die Oxidation im Sediment > 6000 µmol CH_4 m^{-2} h^{-1} (Bossart & Gächler 1981). Im Wasser selbst liegt sie meist < 1,5 µmol l^{-1} h^{-1}. Häufige Methanoxidierer (chemolithoautotrophe Eubakterien) sind *Pseudomonas methanica, Methylomonas methanoxidans, Methylococcus* spec., *Bacillus methanicus*. Die vertikale Methan-Verteilungskurve läuft der des molekularen Stickstoffs mehr oder weniger spiegelbildlich. Methan entsteht in hohem Maße in hypertrophierten Flachgewässern, aber auch seine **Produktion** in geschichteten Seen gilt heute nicht mehr als unerheblich. An der Methanentstehung sind chemolithoautotrophe Archaebakterien beteiligt. Sie gehen mit acetogenen Bakterien eine Symbiose ein, die die beim Abbau der organischen Stoffe als Zwischenprodukte entstehenden organischen Säuren und Alkohole zu Acetat, H_2 und CO_2 vergären. Aus diesen Produkten bilden die Methanogenen in ihren Zellen Methan, das dann durch die Zellmembran in den Stoffhaushalt des Gewässers eintritt (s. **II. 3.6.4.**):

$$CO_2 + 4\,H_2 \rightarrow CH_4 + 2H_2O$$

Wichtige Methanbakterien sind: *Methanobacterium omelianski*, Arten von *Methanobacillus, Methanococcus, Methanosarcina, Methanospirillum*. Zur Methanbildung kann es auch unter bestimmten Umständen in oligotrophen Seen kommen, wenn z. B von den Uferbäumen schwerabbaubares Laub in das Litoral und dann in das Sediment gelangt, wo es zu anaeroben Zonen kommt. Für den diesbezüglichen Stechlinsee (Deutschland) stellten HEYER & BABENZIEN (1985) eine CH_4-Produktion von 232–786 µmol m^{-2} h^{-1} fest. In dem schon genannten mesotrophen Lungernsee sind dies nur 50–154 und in einem eutrophen mitteldeutschen See ~ 542 µmol m^{-2} h^{-1} (CASPER 1992), was als hoch gilt.

Aus dem Sediment entweicht Methan vorwiegend durch Gasblasenentwicklung (**Ebullition**) und nur zu einem geringen Teil durch Diffusion oder emerse Pflanzen. Die Ebullition aus dem Sediment steigt an bei Luftdruckabfällen (CASPER et al. 1999) und der Wühltätigkeit von Sedimentbewohnern (= Bioturbation) (FUKURARA & SAKAMOTO 1987); ebenso können die Blasen selbst Turbation auslösen. In den Gasblasen ist auch ein Anteil an molekularem Stickstoff vorhanden. Neben der Methanproduktion spielt heute die **Methanemission** eine große Rolle. Sie beträgt für Seen (einschließlich Flachseen) 36–51 · 10^{12} g a^{-1} (CASPER et al. 1999).

Methan ist nicht giftig, aber reaktionsträge, löst sich kaum in Wasser, spielt aber als **Treibhausgas** eine wichtige Rolle.

- **Ammoniak (NH_3)**. Aus dem Eiweißabbau, vorwiegend im Sediment eutropher Gewässer, entsteht das ungiftige Ammonium (NH_4^+). Im Wasser bildet NH_4^+ bis zu einem Gleichgewicht das sehr giftige Gas Ammoniak, das aber leicht wasserlöslich ist:

$$NH_4^+ + OH^- \leftrightarrow NH_3 + H_2O$$

  Dieses Gleichgewicht ist pH-abhängig. Wie schon die Gleichung ausdrückt, liegt in stark alkalischem Wasser NH_3, in weniger alkalischem NH_4^+ vor (Abb. 127). Im Epilimnion eutropher Seen entsteht vermehrt Ammoniak, wenn es an Sommertagen zu einer starken CO_2-Assimilation kommt und der pH-Wert extrem ansteigt, was dann ein Fischsterben auslösen kann (unterer Grenzwert 0,05 mg l^{-1} NH_3–N). Da viele Tiere NH_3-Exkretion haben (ohne den Grenzwert zu erreichen), kommt es bei erhöhten Werten im Wasser zur Exkretionshemmung, was ebenfalls zum Absterben führt.
- **Schwefelwasserstoff (H_2S)**. Schwefelwasserstoff ist ein sehr giftiges, leicht im Wasser lösliches Gas, das aus dem Eiweißabbau und bei der Reduktion von Sulfaten entsteht. Im sauren Milieu existiert nur der freie Schwefelwasserstoff, im schwach sauren bis mittelalkalischen Bereich bilden sich Sulfide, die ebenfalls leicht wasserlöslich sind oder auch kolloidal vorliegen. Versauerung belasteter Gewässer führt also häufig zur Bildung freien Schwefelwasserstoffs. Ammoniak und Schwefelwasserstoff spielen im Stickstoff- bzw. Schwefelstoffhaushalt eine Rolle (s. **I. 8**.1.9.6.).
- **Lachgas, molekularer Wasserstoff und Knallgasbakterien**. Bei der Denitrifikation (s. **I. 7.6.4.**) entsteht als Zwischenprodukt N_2O (**Lachgas**). Es ist nicht sehr beständig und wird schnell zu N_2 reduziert. Eine Bedeutung im Stoffhaushalt der Gewässer kommt ihm wahrscheinlich nicht zu. In geringen Mengen kann Lachgas auch aus den Seen in die Atmosphäre emittieren.

  Molekularer **Wasserstoff** entsteht beim Abbau von Kohlenhydraten und anderen organischen Stoffen als Zwischenprodukt und wird teilweise von methanogenen Bakterien zur Methansynthese verbraucht. Er entsteht unter anaeroben Bedingungen; der nicht verbrauchte Wasserstoff gelangt dann mit den Methanblasen in das freie Wasser. So kann es im Tiefenwasser eutropher Seen zu einer H_2-Konzentration von

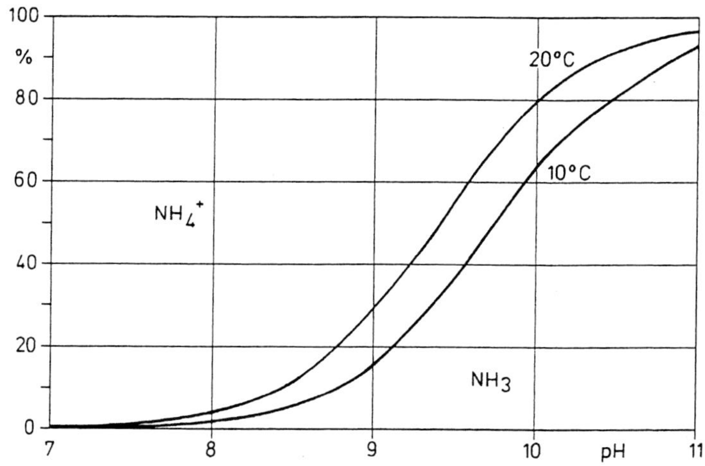

Abb. 127. Das Gleichgewicht zwischen Ammonium und Ammoniak in Abhängigkeit von der Temperatur und dem pH-Wert. (Nach Emerson et al. aus Gunkel 1996).

5–10 ml l^{-1} kommen, die durchaus die Konzentration von Sauerstoff im Oberflächenwasser erreicht. Oberflächenwärts nimmt dann der Gehalt schnell ab, so daß nun wenig oder gar kein Wasserstoff emittiert wird. Die Anwesenheit von Wasserstoff im Tiefenwasser fördert auch die Sulfat- und Nitratreduktion, z. B.:

$$2\,NO_3^- + 5\,H_2 + 2\,H^+ \rightarrow N_2 + 6\,H_2O$$

An letzterer ist *Micrococcus denitrificans* beteiligt. Erreicht Wasserstoff die belüfteten Wasserschichten, so wird er oxidiert. Da Wasserstoff-Sauerstoff-Gemische explosiv sind und als Knallgas bezeichnet werden (was aber im Wasser nicht zutrifft), bezeichnet man die an dieser Oxidation beteiligten Bakterien als „**Knallgasbakterien**“. Sie sind chemolithoautotroph, reduzieren also CO_2:

$$6\,H_2 + 2\,O_2 + CO_2 \rightarrow CH_2O + 5\,H_2O$$

Dabei entsteht (wie auch als Zwischenprodukt bei der Methanoxidation) das sehr unbeständige **Formaldehyd**.
Wichtige Knallgasbakterien unserer Gewässer sind verschiedene *Pseudomonas*-Arten (früher Gattung *Hydrogenomonas*), *Alcaligenes eutrophus, Micrococcus denitrificans, Nocardia*-Arten u. a. Das den Wasserstoff aktivierende Enzym in den Bakterien ist die Hydrogenase.

8.1.9.6. Kreisläufe der Elemente Stickstoff, Phosphor und Schwefel

Die Elemente N, P und S verhalten sich in ihren anorganischen Verbindungen (und nur diese werden hier zunächst besprochen) in den Seen gleichermaßen wie in Fließgewässern (s. **I. 7.6.4.**, **I. 7.6.5.**, **I. 7.6.6.**), nur sind ihre Kreisläufe entsprechend der Seen-Morphologie abgeändert. Unter den anorganischen Verbindungen dieser Elemente gibt es die wichtigsten Pflanzennährstoffe (auch für Bakterien notwendig), so daß sie im Stoffhaushalt der Seen eine zentrale Stellung einnehmen (vgl. auch **II. 2.**).

8.1.9.6.1. Stickstoff

Wichtigste Verbindungen: Ammonium, Nitrit, Nitrat.

Eintrag: Atmosphäre, Zuflüsse, N_2-Fixierung, in neuerer Zeit auch verstärkt Abwassereinleitung, Düngung, Eiweißzersetzung.

Prinzip des Kreislaufes: Die drei Verbindungen werden (unterschiedlich) von Pflanzen aufgenommen und der Stickstoff in die Organismen eingebaut. Durch Exkretion und Abbau der abgestorbenen Organismen wird Stickstoff wieder freigesetzt. Seine Umwandlungen durch Nitrifikation und Denitrifikation werden mikrobiell gesteuert (s. I. 7.6.2.3., I. 7.6.4.).

Epilimnion: Hier kann es bereits zu einem kleinen Stickstoffkreislauf kommen. Aus den Exkreten und dem Abbau der toten Plankter entsteht NH_4^+, das von Pflanzen aufgenommen oder nitrifiziert wird (und dann als Nitrat zur Verfügung steht).

Hypolimnion (zur Stagnationszeit): Aus dem Abbau abgesunkener toter organischer Substanz entsteht im sauerstoffarmen oder -freien Hypolimnion NH_4^+ (oder NH_3), noch vorhandenes Nitrat wird reduziert (zu N_2 oder NH_4^+). Ein Teil des NH_4^+ kann bereits von Bakterien assimiliert werden. Im Bereich des Metalimnions kann es, je nach Sauerstoffsituation, zur Anreicherung von Nitrit kommen. Auch zur Stagnationszeit gibt es infolge der Seiches, Diffusionen und internen Wirbelbildungen einen gewissen Austausch von epilimnischem Nitrat und hypolimnischem Ammonium.

(zur Zirkulationszeit): Die NH_4^+-Oxidation geschieht auch während der Zirkulationszeit nur wenige Millimeter tief im Sediment, darunter herrscht Denitrifikation. Im Wasser verschwinden allerdings (stark variierend) etwa 200 mg m^{-2} d^{-1} NH_4^+–N durch Nitrifikation, so viel wie auch unter anaeroben Verhältnissen gebildet werden. Nitrate diffundieren sowohl in das Sediment (wo sie denitrifiziert werden), wie auch in die Wassersäule. Diese Diffusionen können durch Bioturbation beeinflußt werden. Aus dem bisher Gesagten läßt sich auch für beide Seentypen die Tiefenverteilung von Nitrat und Ammonium während der Stagnation ableiten (Abb. 128).

8.1.9.6.2. Phosphor

Wichtigste Verbindung: In Gewässern fast ausschließlich Orthophosphat PO^{3-}, ein Phosphorsäurerest. Kationen sind meist Ca^{2+}, Fe^{3+} oder Al^{3+}. In den Organismen kann aufgenommenes PO_4^{3-} in Polyphosphat umgewandelt und gespeichert werden.

Die wichtigsten Fraktionen des Phosphors und ihre international gültigen Abkürzungen:

SRP (soluble reactive phosphorus), der gelöste reaktive Phosphor, praktisch das bioverfügbare Orthophosphat. Hierzu werden nicht die gelösten organischen Phosphate (DOP) und der kolloidal vorhandene Phosphor gerechnet. Geschieht dies doch, spricht man vom TDP (total dissolved phosphorus).

P_{tot} (= TP). Gesamtphosphor, d. h. gelöster und partikulärer Phosphor (PP = P_{part}), sowie Polyphosphate. Der PP kann chemisch-organisch gebunden oder auch nur an Partikel adsorbiert sein. In beiden Fällen gelingt es Algen und Bakterien, mit Hilfe der ausgeschiedenen alkalischen Phosphatase das bioverfügbare Orthophosphat freizusetzen. Die freiwerdende Phosphatase läßt sich im Seewasser nachweisen. Je mehr Phosphatase im Wasser ist, um so deutlicher ist P der limitierende Faktor (Jansson et al. 1988, Chrost & Overbeck 1987), um so weniger PO_4^{3-} ist im Wasser.

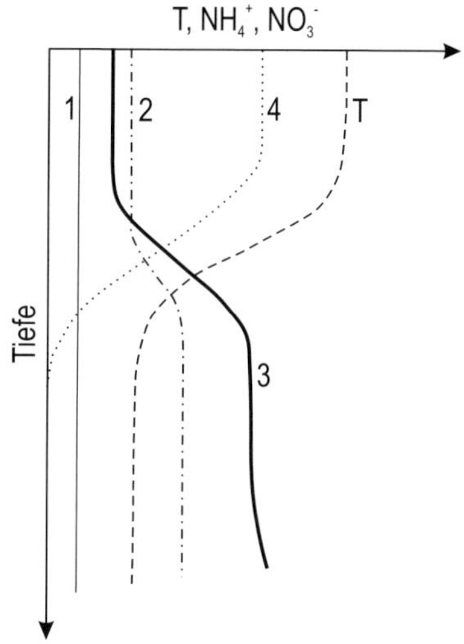

Abb. 128. Tiefenverteilung von Ammonium und Nitrat in Seen. T = Temperatur (°C, Stagnationszeit), NH_4 (mg l^{-1}): 1 = oligotroph, 3 = eutroph. NO_3^- (mg l^{-1}): 2 = oligotroph, 4 = eutroph. (In Anlehnung an WETZEL 1983b).

Chlorophyll-a und Phosphatase-Gehalt sind positiv miteinander korreliert und gehen zu den Zirkulationszeiten zurück. Doch können Humussubstanzen Phosphatasen binden und somit die Verfügbarkeit des Orthophosphates hemmen (s. **I. 8.1.9.10.**).

Eintrag: Zuflüsse, Atmosphäre (s. **I. 8.1.6.**), Eiweißzersetzung. Heute auch noch durch Abwässer und Düngung der Felder. In 8 Seen in Ontario (Kanada) dominierte bei kleinem Einzugsgebiet der atmosphärische Eintrag (21 mg m^{-2} a^{-1} TP) und bei großem fn-Wert (s. **I. 8.1.3.**) der aus dem Einzugsgebiet (> 50 mg m^{-2} Seeoberfläche a^{-1} TP) (DILLON et al. 1993).

Prinzip das Kreislaufes: P wird von Pflanzen und Bakterien aufgenommen, beim Durchgang der Nahrungskette akkumuliert und beim Abbau wieder freigesetzt.

Epilimnion (zur Stagnationsphase): Es kommt zu einem kleinen Phosphorkreislauf. Der aufgenommene P wird durch **Exkrete** und Abbau (**Autolyse**, bakteriell) der toten Plankter wieder freigesetzt und als Orthophosphat schnell wieder von Algen und Bakterien akkumuliert. Ein Teil der toten Plankter und litoralen Organismen bringt durch Absinken noch inkorporierten P in das Hypolimnion (etwa 20 % des im Phytoplankton akkumulierten P, BLOESCH & UEHLINGER 1990). In vielen Seen kommt es aus den genannten Gründen zu einem Aufbrauchen des Phosphors, was zu einer Limitierung der Primärproduktion führt, obwohl auch der freigesetzte organisch gebundene Phosphor durch die Phosphatase nutzbar gemacht werden kann. Die Freisetzung des Phosphors erfolgt beim Zerfall toter Plankter noch schneller als die des Stickstoffs.

Hypolimnion (zur Stagnationsphase): Der durch Zerfall der organischen Partikel, v. a. Organismen, freigesetzte Phosphor verhält sich je nach Situation unterschiedlich: diffundiert in das freie Wasser, akkumuliert sich, wird adsorbiert, chemisch gebunden und (oder) von Bakterien aufgenommen. Wichtig für den Stoffhaushalt der Seen ist das Verhalten des Phosphors im Sediment. Beträgt die Sauerstoffsättigung in der Sediment-Wasser-Zone mindestens 10 % (und mehr), gehen Phosphor und Fe^{3+} einen schwerlöslichen Komplex ein. So kann das Sediment dem überstehenden Wasser viel Phosphor entziehen (**Phosphorfalle des Sediments**). Ist wenig Eisen im Sediment, kann sich Phosphor auch an Sedimentpartikel adsorbieren. Sinkt der Sauerstoffgehalt unter 10 % Sättigung (oder bei einem Redoxpotential von $E_7 < 0{,}2–0{,}3$ mV, s. **I. 8**.1.11.2.1.), reduziert sich das Eisen zu Fe^{2+}, und damit geht Phosphor schlagartig wieder in Lösung.

Beispiel: Bei Belüftung von Tiefenwasser verschwanden 0,4–0,5 g PO_4–P m^{-2} Woche $^{-1}$, unter anaeroben Verhältnissen wurden 2,5 g PO_4–P m^{-2} d^{-1} wieder freigesetzt (KAMP-NIELSEN & FLINDT 1993).

Die Freisetzung von P liegt im Jahresdurchschnitt etwa bei 0,7–18 g P m^{-2}. Auch steigende Temperaturen, Aufwirbelung von Sediment, Abnahme des pH und die im Sediment lebenden gramnegativen Bakterien, die Zitronen-, Malon- und Milchsäure ausscheiden, fördern die Rücklösung des Phosphors (YAMAMOTO & SATOH 1992). Diese als **interne Düngung** bezeichnete Rücklösung des Phosphors erleidet der See in seiner Streßphase, der Stagnation; vor allem, wenn er stärker belastet ist. Der nur adsorptiv festgelegte Phosphor kann auch durch Wasserbewegungen ausgewaschen werden, so daß es auch bei Anwesenheit von Sauerstoff zur P-Freisetzung kommt, z. B. in den Zirkulationszeiten. Ist viel Eisen im Sediment und der Phosphor chemisch bereits gebunden, so entstehen größere Mengen an Ferrihydroxid, welches gelartig ist. Kommt es erneut zu einer Phosphor-Zufuhr, so bindet sich dieser nur adsorptiv an das Hydroxid und ist dann leicht auswaschbar.

Wie schon ausgeführt, ist das Metalimnion keine absolut dichte Trennungsschicht. Seiches und interne Wellenbewegungen, vor allem auch die eddy-diffusion in der aerob – anaeroben Grenzschicht, bringen auch im Sommer Phosphor in die euphotische Schicht (in Flachseen und polymiktischen Seen kann dies ständig geschehen). Gelangt zur Stagnationszeit Phosphor in die produktive Schicht, erhöht sich die Produktion und somit auch die Zahl der absinkenden toten Plankter. Das wiederum bewirkt Sauerstoffschwund, Methangasbildung und intensivierte Phosphorfreisetzung. Auch die Methanblasen reißen Phosphor mit in die Oberflächenschicht. So eskalieren die eutrophierenden Faktoren, es

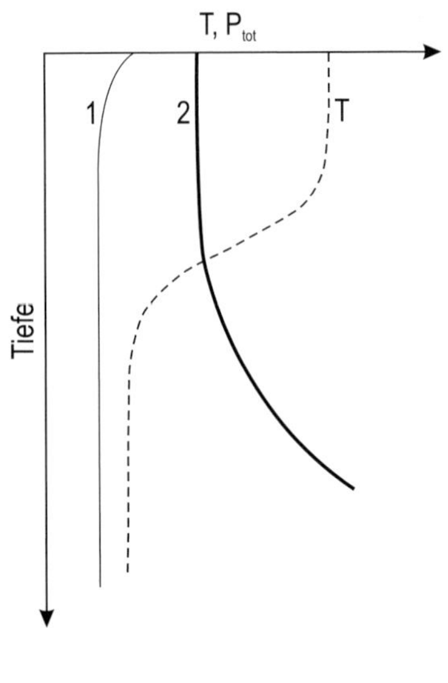

Abb. 129. Tiefenverteilung von Gesamtphosphat (P_{tot}) in Seen. T = Temperatur (°C, Stagnationszeit), 1= oligotroph, 2 = eutroph. (In Anlehnung an WETZEL 1983b).

kommt zur **rasanten Eutrophierung** (OHLE 1958). Diese Prozesse sind typisch für Flachseen, finden aber auch in nicht zu tiefen geschichteten Seen statt.

Im litoralen und oxidierten Sediment ist der Phosphor gebunden. Unter absterbenden Makrophyten kann es zu Sauerstoffschwund und damit zur Freisetzung des Phosphors in das Wasser kommen, wobei selbst noch Phosphor als Endprodukt entsteht. In Buchten eutropher Seen kann es auch im Sommer bei windstillen Perioden zum litoralen Sauerstoffschwund kommen, doch verbleibt dieser Phosphor meist im litoralen Wasserbereich.

Aus dem Kreislauf des Phosphors im Epi- und Hypolimnion läßt sich seine Verteilung (Abb. 129) für oligo- und eutrophe Seen ableiten. In den Zirkulationszeiten kommt es zur gleichmäßigen Verteilung von Phosphor im Ober- und Unterwasser und zu einer verstärkten Bindung an die Sedimente.

8.1.9.6.3. Schwefel

Wichtigste Verbindungen: Sulfat (SO_4^{2-}) als Pflanzennährstoff, Schwefelwasserstoff (H_2S), elementarer Schwefel (S), Sulfide (S^{2-}).

Eintrag: Ursprünglich aus Gipsvorkommen in der Erdkruste. Ferner aus dem Eiweißabbau, Zuflüssen, heute auch durch schwefelsaure Niederschläge aus den SO_2-Emissionen und Abwässern.

Prinzip des Kreislaufes: Aus dem Eiweißabbau entsteht H_2S. Dieser wird bei Sauerstoffzutritt zu elementarem Schwefel bzw. Sulfat oxidiert, was von Pflanzen und Bakterien aufgenommen und von dort an alle Organismen gelangt. Über die H_2S-Bildung kann der Kreislauf von neuem beginnen. Sulfat kann aber auch direkt wieder zu H_2S reduziert werden (bei Sauerstoffmangel), ein Prozeß, der den der primären Entstehung des H_2S noch übertreffen kann. Der Schwefelkreislauf wird mikrobiell gesteuert (s. I. 7.6.6.).

Epilimnion (zur Stagnationsphase): Im Epilimnion findet Sulfat-Assimilation durch Algen und heterotrophe Bakterien statt. Für den Schwefelkreislauf ist allerdings die Tiefe der euphotischen Zone besonders wichtig. Reicht sie bis unterhalb des Metalimnions, treten an ihrer Grenze photoautotrophe Schwefelbakterien auf, die zwar Licht benötigen, aber keinen Sauerstoff. Sie oxidieren den aus dem Hypolimnion aufsteigenden H_2S zu S und auch SO_4^{2-}. Es sind dies die Rhodospirillinae (Purpurbakterien, rot gefärbt, Charakterform ist *Chromatium*) und die Chlorobakterien (grüne Schwefelbakterien). Elementarer Schwefel wird als Zwischenstufe intrazellulär abgelagert (nicht bei den grünen Formen!).

Liegt das Metalimnion unterhalb der euphotischen Zone, können in ihm die farblosen Sulfurikanten siedeln (*Beggiatoa, Thiothrix, Thiobacillus*). Diese Schwefelbakterien benötigen kein Licht, wohl aber Sauerstoff. In diese Schicht diffundiert meist noch genügend H_2S nach den uns bereits bekannten während der Stagnation funktionierenden Mechanismen. Diese Mechanismen sorgen dafür, daß auch zur Stagnationszeit für Algen und heterotrophe Bakterien genügend Sulfat in das Epilimnion gelangt. Zu einem starken Sulfatschub kommt es erst bei der Zirkulation. Die autotrophen Bakterien fixieren ebenfalls C, aber aus dem CO_2. Die C-Fixierung in den genannten Grenzzonen kann für den See durchaus von Bedeutung sein. Es ist dies eine primitive Form der Photosynthese ohne Sauerstoffbildung.

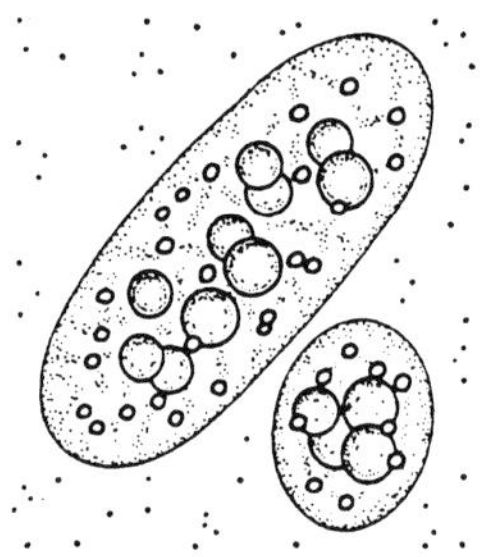

Abb. 130. Das Bakterium *Achromatium oxaliferum* (5–100 µm) mit großen Kalk- und kleinen Schwefelkörnern. (Nach Streble & Krauter 2002).

Hypolimnion (zur Stagnationszeit): Im Hypolimnion entsteht das H_2S. Es diffundiert nach oben, kann sich aber auch unter anaeroben Bedingungen und einem Redoxpotential von Eh < 0,1 (bis 0,06) an Eisen (Eisensulfid) binden. Noch vorhandenes Sulfat wird bei abnehmendem Sauerstoffgehalt zu H_2S reduziert, was oft mehr bringt als die H_2S-Bildung aus der Eiweißzersetzung. Hieran ist neben *Desulfovibrio desulfuricans* auch *Thiobacillus denitrificans* (s. **I. 7.6.6.**) beteiligt, der bei der Nitratreduzierung den Sauerstoff zur H_2S-Oxidierung benutzt. Daher kommt im Hypolimnion auch häufig etwas Sulfat vor.

Viele Desulfurikanten, die nicht chemolithoheterotroph sind, lassen bei der Reduktion des H_2S auch Acetat entstehen, da sie als heterotrophe Bakterien DOC als Energiequelle haben, dieses aber nur unvollständig oxidieren. Hierdurch kommt es weiterhin zu einer Versauerung des Hypolimnions.

Litoral: Im Sediment des Litorals entsteht unter den aeroben Bedingungen bei dem Abbau meist sofort Sulfat. Es kann hier zu einer Feinschichtung von Schwefelbakterien kommen. Im Sediment selbst herrschen anaerobe Bedingungen und in der Schlamm-Wasser-Kontaktzone schon oxidierende Verhältnisse. In dieser Grenzschicht lebt, auch in oligotrophen Seen, ein Schwefelbakterium, das zu den größten Bakterien überhaupt gehört: *Achromatium oxaliferum*. Es kommt nur in kalkreichen Seen vor. In seinem Inneren sieht man große Kalk- und daneben kleine Schwefelkörner (Abb. 130).

Den Kreislauf des Schwefels und die Tiefenverteilung von Sulfat und Schwefelwasserstoff zeigt die Abb. 131.

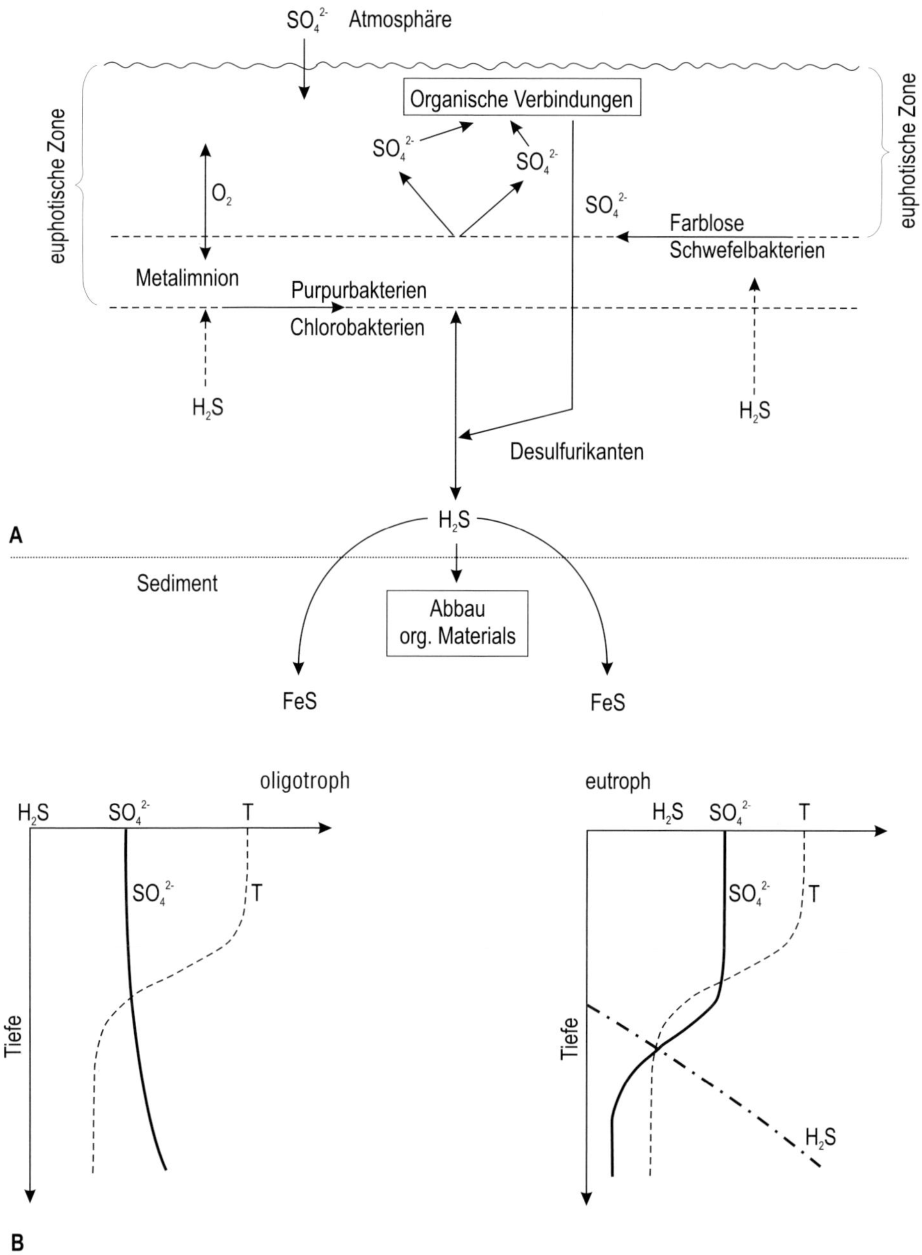

Abb. 131. Schwefelkreislauf und -verteilung in Seen. **A** = Schwefelkreislauf zur Stagnationszeit mit den entsprechenden Schwefelbakterien und Desulfurikanten. **B** = Tiefenverteilung von SO_4^{2-} und H_2S. (A nach verschiedenen Autoren, B in Anlehnung an WETZEL 1983b).

8.1.9.7. Calcium, Magnesium, Natrium, Kalium und ihre Salze

Die Konzentration dieser Alkali- und Erdalkalimetalle mit ihren Salzen bedingen den Salzgehalt oder die **Salinität** der Gewässer. Anthropogen bedingte Salzbelastungen von Süßwasserseen werden speziell in **II. 4.6.** besprochen Der Salzgehalt der Seen ist wie der der Fließgewässer (s. **I. 7.4.4.**) sehr lokal geprägt. Als Süßwässer werden Gewässer bezeichnet, die < 1 g l^{-1} Abdampfrückstand enthalten. Die meisten Süßwasserseen haben < 0,3 g l^{-1} Abdampfrückstand. In den Süßwasserseen dominiert von allen Salzen das Calciumbikarbonat. In diesen **Bikarbonatseen** ist weltweit das Äquivalenzverhältnis der einzelnen Ionen an der Gesamtkonzentration relativ konstant und beträgt (in mval - %):

Ca^{2+}	64	CO_3^{2-}	74
Mg^{2+}	17	SO_4^{2-}	16
Na^+	16	Cl^-	10
K^+	3		

Die Tab. 35 gibt einige Werte der Zusammensetzung der Salze von Seen an.

Interessant ist, daß sich der mittlere Ionengehalt der europäischen Flüsse von dem der Seen unterscheidet :

Ca^{2+}	67,2	CO_3^{2-}	66,9
Mg^{2+}	17,4	SO_4^{2-}	26,6
K^+,Na^+	15,4	Cl^-	6,5

Ein Maß für den Salzgehalt ist die **elektrische Leitfähigkeit**. Seen lassen sich mit ihr genauso wie Quellen (s. **I. 6.3.**) und Fließgewässer (s. **I. 7.4.4.**) einteilen.

Die Erdalkalien geben dem Wasser seinen **Härtegrad**. Man unterscheidet: Karbonathärte, Gesamthärte (= Gesamtmenge an Erdalkalien) und Permanente Härte (= Sulfathärte). Im Gegensatz zu Bikarbonaten, die beim Kochen in schwerlösliches $CaCO_3$ und $MgCO_3$ ausfallen, ändern sich Sulfate und Chloride nicht.

Tabelle 35. Anteil der Kationen und Anionen (in % der genannten) an der Salinität natürlicher Seen. (Aus Wetzel 1983b und Likens 1985).

See	Ca^{++}	Mg^{++}	Na^+	K^+	CO_3^{2-}	SO_4^{2-}	Cl^-
Weichwasserseen (Deutschland)	36,0	14,3	43,0	6,7	42,4	14,1	43,5
Hartwasserseen (USA)	79,3	14,4	3,3	3,0	60,0	37,9	2,1
Oligotropher See (Mirrowsee, USA)	50,8	10,8	28,0	10,2	37,2	52,8	10,1
Hypertropher See (Sylvansee, USA)	57,3	11,8	26,9	3,4	48,7	34,7	16,6

Maße sind „Deutsche Grade": 1 dH° = 10 mg CaO l^{-1} (Karbonat wird als CaO umgerechnet, 1 Teil MgO sind 1,4 Teile CaO äquivalent) und entsprechend sind: 1 dH° = 0,5603 französische Grade, 0,7987 englische Grade, und 0,0560 amerikanische Grade. Härte-Bewertung (dH°):

< 4	= sehr weich	8–18	= mäßig	hart > 30	= sehr hart
4–8	= weich	18–30	= hart		

Lokal gibt es Seen, die extrem von der Norm der Ionenzusammensetzung abweichen (= **Salzseen**).

- Binnensalzseen (v.a. NaCl neben KCl, $MgCl_2$, $MgSO_4$, K_2SO_4), z. B. Aralsee (10,8 ‰), Kaspisee (13 ‰, in abgeschlossenen Buchten > 280 ‰), Totes Meer (238 ‰); Großer Salzsee (USA) (234 ‰ und mehr).
- Natronseen, Sodaseen (v. a. Na_2CO_3 neben anderen Salzen), z. B. im Wadi-Natrun in Ägypten, Owensee in Kalifornien, Seen in Ungarn bei Debreczen und Szeged.
- Borax-Seen (v. a. $Na_2B_4O_7 \cdot 10\,H_2O$ neben anderen Salzen), z. B. in Tibet, Kalifornien, Nevada.

Natürliche Salzseen entstehen als Endseen (s. **I. 8.1.4.**) und in Verbindung mit salzführenden geologischen Schichten (über dem Grundwasser). Es gibt auch sulfat- und kaliumkarbonatbetonte Seen.

Auch vulkanische Seen können sehr abweichende Ionenzusammensetzungen zeigen. Bekannt sind zwei im Jahre 1980 neu entstandene Seen des Vulkans St. Helens, USA, die sehr extrem hohe Werte an Ca^{2+}, Mg^{2+}, Na^+ und K^+ enthalten (z. T. um das Doppelte und mehr der Norm) (Petersen 1993). In Mexiko gibt es sehr viele vulkanische Seen, die infolge der hohen Lufttemperatur auch austrocknen. Sie sind häufig gekennzeichnet durch hohe Na^+ und Mg^{2+} -, aber geringe Ca^{2+} -Werte (Vilaclara et al. 1993).

8.1.9.8. Eisen und Mangan

Eisen und Mangan gelangen aus dem Erdinneren über das Sediment in das Hypolimnion von Seen. Hier geschieht das gleiche wie auch beim Austritt aus dem Grundwasser in die Quellen (s. **I. 6.3.**). Das meiste als $Fe(HCO_3)_2$ austretende lösliche zweiwertige Eisen fällt bei einer Sauerstoffsättigung > 50 % und einem Redoxpotential E7 > 0,20–0,30 als dreiwertiges Eisenhydroxid $Fe(OH)_3$ aus. Dies geschieht zu den Zirkulationszeiten, während zur Stagnation der entgegengesetzte Prozeß abläuft. Wir wissen bereits, daß daran ein Teil des P-Kreislaufes geknüpft ist. Im sauren Wasser, wie es ja häufig im Hypolimnion vorhanden ist, sind an der Eisenausfällung chemolithoautotrophe Bakterien beteiligt, in Seen häufig *Thiobacillus ferrooxidans*, aber auch andere eisenoxidierende Formen.

Auch das Mangan verhält sich im Hypolimnion wie in Quellen: $Mn^{2+} \rightarrow Mn^{4+}$ mit Beteiligung von *Metallogenium* und vermutlich auch *Rhodopseudomonas palustris*. Das Mn^{2+} wird während der Zirkulationszeit zu MnO_2 (Braunstein) oxidiert und sinkt zur Stagnation wieder in die Tiefe. Hier erfolgt die Reduktion, oft auch zu MnS. Auch während der Stagnation kann gelöstes Mn in das Hypolimnion diffundieren. Im Interstitialwasser der Seen tritt Mn oft bis zu 70 % organisch gebunden auf (Yagi 1990).

Eisen spielt als Spurenelement (= Mikronährstoff, s. **I. 7.7.1.**) für Pflanzen eine Rolle. Da das Fe^{3+} schwer löslich ist, steht es nur als Spurenelement zur Verfügung. Ein allgemeines Verteilungsschema von Eisen und Mangan in Seen während der Stagnationszeit gibt Abb. 132.

8.1.9.9. Silizium

Die wichtige Algengruppe der Kieselalgen (Diatomeen) benötigt für ihre Panzer Silizium. Wie bereits bei den Fließgewässern besprochen (s. **I. 7.7.1.**), können Diatomeen den Siliziumhaushalt eines Gewässers bestimmen. Außer Diatomeen benötigen auch Chrysophyceen (Goldalgen), Wasserschachtelhalm, Heliozoen, Testaceen und Schwämme Silizium, wenn auch nur in geringen Mengen. Außerdem ist Silizium ein Mikronährstoff für höhere Pflanzen.

Wichtige Verbindungen: Gelöste Kieselsäuren (z. B. Orthokieselsäure H_4SiO_4), Siliziumdioxid (SiO_2). Letzteres entsteht durch Wasserabspaltung von Kieselsäuren (= Anhydrit) und bildet vernetzte Riesenmoleküle. Siliziumdioxid geht auch anorganische Bindungen ein.

Eintrag: Geogen durch Verwitterung von gesteinsbildenden Silikaten, den Salzen der verschiedenen Kieselsäuren, die aber alle auf die Orthokieselsäure zurückgehen.

Prinzip des Kreislaufs: Die Kieselalgen nehmen Kieselsäure auf (die nicht dissoziiert!) und wandeln sie in Siliziumdioxid für ihre Panzer um. Dadurch kommt es während der Stagnationszeit in der euphotischen Zone zur Si-Zehrung. Durch Absinken toter und lebender Kieselalgen gelangt das Silizium des Epilimnions bis in das Sediment. Hier kommt es zu einer teilweisen Lösung. Es kommt auch zur Nachlösung aus dem geogen bedingten Vorrat des Sedimentes an Kieselsäure. Während der Zirkulation gelangt das Silizium wieder in die euphotische Zone. Dabei gibt es fast regelmäßig ein

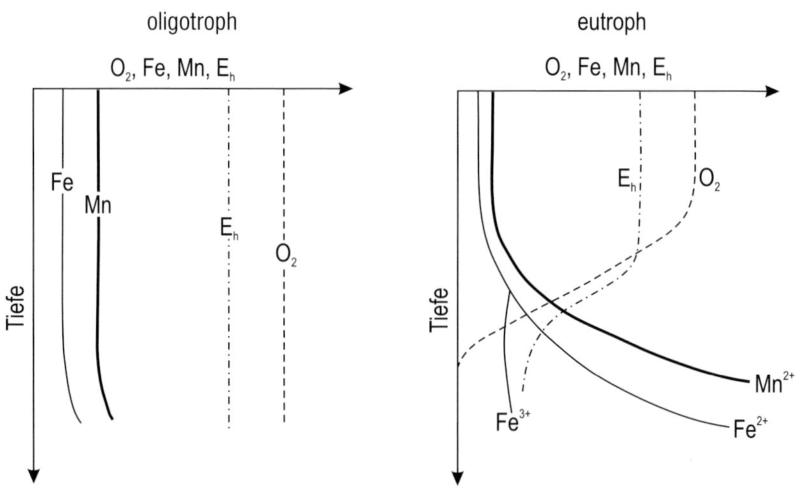

Abb. 132. Tiefenverteilung von Sauerstoff, Eisen, Mangan und dem Redoxpotential (Eh) im Pelagial oligotropher und eutropher Seen zur Stagnationszeit. Vgl. Abb. 216. (In Anlehnung an Wetzel 1983b).

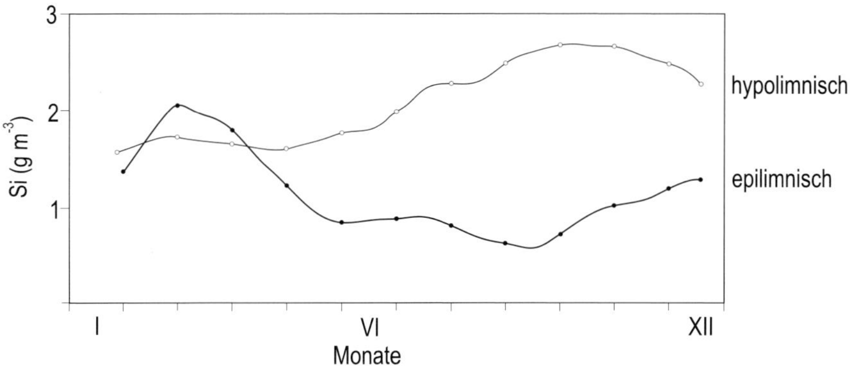

Abb. 133. Jahresschwankungen des Silizium in einem oligotrophen See (Stechlinsee, Deutschland). (In eutrophen Seen ist die Konzentration im Epilimnion geringer und die im im Hypolimnion höher). (Nach Angaben von MOTHES & KOSCHEL 1985).

Frühjahrs- und Herbstmaximum und ein Sommerminimum an Diatomeen in den geschichteten Seen der gemäßigten Breiten. Eine Diffusion von Silizium über das Metalimnion hinaus ist gering, aber nicht ganz zu vernachlässigen.

Der Siliziumverbrauch ist in eutrophen Seen größer als in oligotrophen, so daß in den letzteren auch die jahreszeitliche Diatomeendynamik nicht sehr ausgeprägt ist (Abb. 133). Ein metalimnisches Sauerstoffmaximum (s. S. 217) hat meist auch ein metalimnisches Silizium-Minimum zur Folge. Die Si-Freisetzung aus dem Sediment ist unabhängig vom Redoxpotential, aber abhängig von dem pH-Wert und der Temperatur. Die Freisetzung erfolgt im sauren Milieu (wie es im Hypolimnion häufig gegeben ist) und bei steigender Temperatur und wird durch die Bioturbation und Ebullition gefördert (TESSENOW 1966).

Freisetzungsraten sind z. B. 5 mg m^{-2} d^{-1} Si in einem oligotrophen und 95 mg m^{-2} d^{-1} Si in einem eutrophen See (KAMP-NIELSEN 1974).

8.1.9.10. Organische Stoffe

Fraktionen: Die organischen Stoffe kommen gelöst (**DOM**) und partikulär (**POM**) vor. Ihr Verhältnis in Seen ist oft > 20:1. Ähnlich verhält es sich auch mit **DOC** und **POC**, wenn auch nicht ganz so extrem. Der meiste Kohlenstoff in den Gewässern ist anorganisch gebunden (**DIC** : CO_2, HCO_3^-, CO_3^{2-}), oft doppelt so viel wie im DOC. Der meiste organisch gebundene Kohlenstoff ist im toten POM (**Detritus**) enthalten, gefolgt in abnehmender Reihenfolge vom Phytoplankton, Zooplankton und den Bakterien. SAUNDERS (1972) registrierte im Frains Lake, USA, ein Verhältnis Detritus-C : Phytoplankton–C von 1,3 : 16,9. Meßbasis der organischen Stoffe ist ihr C_{org}-Gehalt.

Eintrag: CO_2-Assimilation, Zuflüsse, Input aus der Ufervegetation, besonders durch Laubfall, Atmosphäre (Niederschläge, Stäube), Abwässer. Tab. 36 zeigt die Verhältnisse der Eintragsquellen des C_{org} in einem eutrophen See (Mikolaikensee, Polen, vgl. auch SZEZEPANSKI 1965) und dem oligotrophen Stechlinsee (Deutschland, BABENZIEN et al. 1988). An erster Stelle steht die phytoplanktische Primärproduktion, gefolgt von der der

Tabelle 36. Eintrag an organischem Kohlenstoff in einen eutrophen See (Mikolaikensee, Polen; nach PIECZYNSKA 1972) und einen oligotrophen See (Stechlinsee, Deutschland, BABENZIEN et al. 1988).

See	Oberfläche [km^2]	Uferlinie [km]	Bewaldung [%]	Niederschläge, Eintrag [$gC\ m^{-2}a^{-1}$]	Phytoplankton-Produktion [$gC\ m^{-2}a^{-1}$]	Laubeinfall [$gC\ m^{-2}a^{-1}$]	Makrophyten-Produktion [$gC\ m^{-2}a^{-1}$]
Mikolaikensee	0,45	14,4	52		330	0,36	
Stechlinsee	0,42	16,1	96	3,6	97	4,2	25,2

Makrophyten, dem Laubeintrag (abhängig vom Bewaldungsgrad der Ufer) und den Niederschlägen.

DOC, allgemein und Prinzip des Kreislaufes: Seine Zusammensetzung im Pelagial besteht etwa aus 84 % Kohlenhydraten, 15 % Proteinen, 1 % Lipiden, < 1 % Aminosäuren, einschließlich des allochthonen Eintrags.

Nach dem Absterben der Organismen (autochthone und allochthone) gehen durch Autolyse und bakteriellen Abbau 30–50 % des C_{org} aus den Organismen in Lösung. Relativ schnell geschieht dies beim Plankton, so daß ein kurzgeschlossener epilimnischer Kreislauf entsteht. Auch lebende Organismen scheiden DOC aus. Von großer Bedeutung sind die Ausscheidungen (= **Exsudate**) des Phytoplanktons und der Makrophyten. Beim Phytoplankton betragen sie etwa 5 % des fixierten Kohlenstoffs (aber auch bis 50 % je nach Algenart, physiologischem Zustand und den Umweltbedingungen). Am höchsten sind sie bei den Makrophyten; doch auch das Zooplankton scheidet aktiv DOC aus. Diese Ausscheidungen bestehen aus Aminosäuren (meist < 50 $\mu g\ l^{-1}$), kurzkettigen organischen Säuren, Peptiden, Polypeptiden (meist > 300 $\mu g\ l^{-1}$) und Kohlenhydraten (< 10 $\mu g\ l^{-1}$). Kohlenhydrate werden auch von Bakterien als Polysaccharide (dann in hohen Konzentrationen) auf Habitatoberflächen ausgeschieden und machen diese erst besiedelbar (s. **I. 7.5.8.**). Gelöste Aminosäuren kommen in jedem See vor, und zwar fast immer alle bekannten (~20) (allerdings im unteren $\mu g\ l^{-1}$-Bereich). Die häufigsten sind jedoch Serin und Glyzin. Sie werden laufend von Bakterien, aber auch Kieselalgen (!) aufgenommen. Freie Aminosäuren adsorbieren schnell am Schleim von Bakterien, bis ein Gleichgewicht von adsorbierten und freien entsteht. Werden die gelösten aufgenommen, gehen adsorbierte wieder in Lösung, so daß es zu einem Fließgleichgewicht kommt.

DOC im Pelagial wird häufig durch **unsauberes Fressen** räuberischer Arten, vor allem auch an hartschaligen Diatomeen, freigesetzt. Extremes Beispiel ist *Mysis relicta* in nordamerikanischen Seen. Sie steigt nachts in das Epilimnion auf und setzt etwa 0,02–3,3 $\mu g\ l^{-1}$ C_{org} frei (SIERSZEN & BROOKS 1982).

Assimilation – Dissimilation (über Herbivore, Omnivore, Carnivore) unter Einbeziehung von Mikroorganismen (Abbau, Exsudate), Detritivoren, und Coprophagen sind die Grundlagen des **Kohlenstoff-Kreislaufes** (s. **I. 7.6.3.**) (Abb. 134). Die Bakterien nehmen die Exsudate auf, die über bakterivore Plankter wieder in die Nahrungskette eingespeist werden (**microbial loop**).

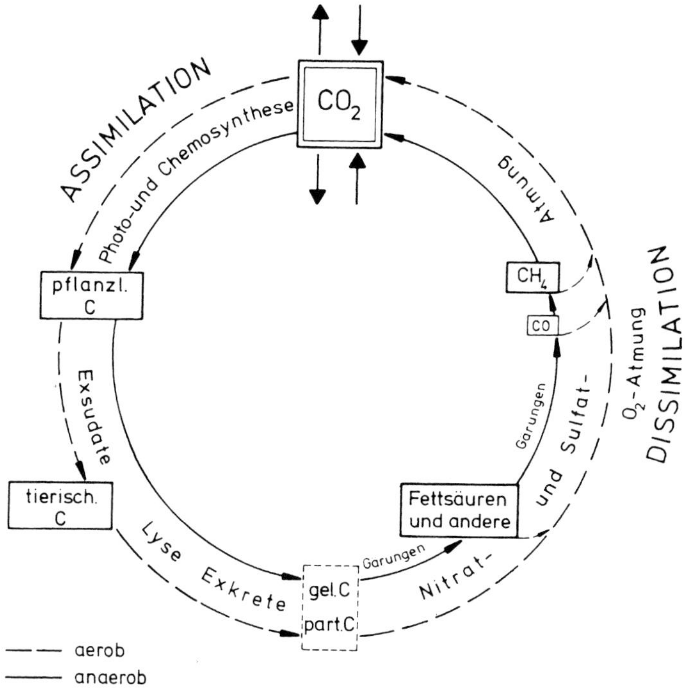

Abb. 134. Kohlenstoffkreislauf in Seen. (Nach Rheinheimer 1991).

Die wichtigsten organischen Stoffe und ihre spezifischen Funktionen:

- **Allomone**. Ausgeschiedene Abwehrstoffe, z. B. bei Wasserinsekten. Hierher gehören aber auch die Geschmacksstoffe von Algen und Bakterien (Antibiotika, Allelopathica), die das Wachstum der Konkurrenten hemmen. Beispiele sind die Cyanophyceen *Coelosphaerium* (grasartiger Geruch), *Aphanizomenon flos aquae* (grasartig), *Rivularia* (grasartig), die Actinomyceten (erdiger Geruch = Geosmin), viele Diatomeen, die nach Geranien riechen. Diese Geruchsstoffe sind sehr schwer bei der Wasseraufbereitung zu entfernen (s. **II. 3.2.**). Unter den Stoffen sind Acrylsäure, Thiolane und Polyphenole (Chrost 1975, Sieburth 1968). Höhere Pflanzen, die diese Stoffe abscheiden, verhindern damit ihre Besiedlung durch Epiphyten und die Keimung von Konkurrenten (s. **I. 8.1.11.1.6.**).
- **Toxine**. Sie werden vor allem von Cyanophyceen ausgeschieden, vermutlich auch als Schutz vor Freßfeinden, wirken aber auch giftig auf Muscheln, Krebse, Fische, höhere Wirbeltiere und auf den Menschen (Nerven, Leber, Atmungsorgane, Haut, Darm). Häufig ist es *Microcystis*, die bei Badenden Hautausschläge verursacht; ihr Gift ist das Microcystin, ein cyclisches Heptapeptid. Andere Toxine: Anatoxin, Saxitoxin (vgl. Carmichael et al. 1985) (Vgl. **II. 2.**).
- **Pheromone**. Es sind Botenstoffe, meist Sexuallockstoffe. Sie sind bei mehreren Gruppen nachgewiesen, so bei Rotatorien und Crustaceen. Es handelt sich z. T. um Glycoproteine.

- **Alarm-Pheromone**. Sie „warnen" Artgenossen vor einem Freßfeind, werden vermutlich rein mechanisch durch den Biß eines Feindes freigesetzt und finden sich bei Invertebraten und Vertebraten.
- **Kairomone**. Sie werden von Räubern ausgeschieden und nützen den Beutearten, z. B. führen sie phänotypisch zu Formveränderungen der Beutearten, die sie vor dem Gefressenwerden schützen (s. **I. 8.1.10.9.**). Dies verhindert ein Verschwinden der Beuteart und somit der Nahrungsgrundlage des Räubers (vgl. Larsson & Dodson 1993).
- **Enzyme**. Sie finden sich regelmäßig im freien Wasser und werden von Algen und Mikroorganismen zur Nahrungsaufnahme ausgeschieden (= Exoenzyme). Sie können wieder resorbiert werden, aber verbleiben auch im Wasser und werden auch beim Absterben der Organismen freigesetzt. Aus Algen und Bakterien stammen Phosphatasen, aus Mikroorganismen generell auch Saccharasen und Amylasen (Overbeck & Babenzien 1964). Cellulasen, Proteasen, Lipasen, α- und β-Glukosidasen u .a. Exo–Enzymaktivitäten sind positiv mit der Bakterienproduktion korreliert. Diese Enzyme nehmen im Sediment und mit der Tiefe des Sees ab (Chrost 1993). Auch Protozoen und höhere Tiere sollen Enzyme freisetzen.
- **Vitamine**. Auch sie werden im Seewasser nachgewiesen. Viele Organismen, im besonderen jedoch Bakterien, geben Vitamine in das Wasser ab. Am häufigsten ist Vitamin B_1 (Thiamin). Von Bakterien ausgeschieden, wird es vom Phytoplankton aufgenommen, das es zum Wachstum benötigt (Hagedorn 1971). Das ebenfalls häufige Vitamin B_{12} (Cobalamin) ist für methanogene Bakterien von Bedeutung (Schlegel 1992).
- **Huminstoffe**. Sie entstehen durch Humifizierung toter Organismen, im besonderen aber durch Umsetzungsprozesse des Lignins höherer Pflanzen, was häufig mikrobiell im Darm von Tieren eingeleitet wird. Es entstehen dabei hochpolymere Stoffe mit einem komplizierten Aufbau. Ein gewisser Anteil wird schnell abgebaut (= Nährhumus), zurück bleiben die mikrobiell schwer abbaubaren Huminstoffe. Sie sind schwach sauer, braun gefärbt, besitzen einen hohen Kohlenstoffgehalt und akkumulieren im Sediment. Pflanzenteile, die zur Humifizierung neigen, besitzen ein C/N-Verhältnis von > 25. Daher können die meisten Wasserpflanzen mit ihrem relativ geringen C/N-Verhältnis keinen Humus bilden; hierzu sind im wesentlichen (außer Typha und einigen anderen Makrophyten) nur terrestrische Pflanzen fähig: Laub der Bäume (v. a. Buchen, Eichen, Nadelhölzer), aber auch Moose, z. B. Sphagnen am Wasser. Humose Seen sind daher Moorgewässer oder **dystrophe Seen**, deren Schlamm aus **Dy** besteht (C/N > 10). Die Humifizierung kann außerhalb des Sees stattfinden; die Huminstoffe gelangen dann lateral in das Gewässer oder auch durch eingefallenes Laub oder einhängende Sphagnen. Die wichtigsten Huminstoffe sind: **Huminsäuren** (heterogene Polyphenole) und **Fulvosäuren** (= Gelbstoffe). Durch Polymerisierung entstehen aus ihnen die **Humine**; und schließlich entsteht der **Humus**. In dystrophen Gewässern haben die Huminstoffe Konzentrationen von etwa 20 mg l^{-1} C_{org}. Auch im Wasser geht ihr Abbau nur sehr langsam voran. Daran sind Spezialisten von Mikroorganismen beteiligt, die mit Hilfe von Exoenzymen arbeiten. Das hochpolymere Humusmolekül kann Wasserstoffionen gegen Metalle (z. B. auch Ca^{2+}) austauschen, wodurch der pH-Wert sinkt und das Gewässer kalkarm wird.

Humussäuren hingegen bilden mit Ca-Ionen die **Calciumhumate**. So kann es zur Dy-Bildung in nichthumosen Gewässern kommen, z. B. wenn schwer abbaubarer Bestandsabfall in kalkreiche Gewässer gelangt. Der Dy in kalkarmen Gewässern besteht aus ausgeflockten Humuskolloiden. In kalkarmen Seen gehen Humin- und Fulvosäuren mit Eisen (und anderen Schwermetallen) komplexe Verbindungen ein, **Chelate** genannt. Sie bleiben in Lösung und geben dem Wasser dystropher Seen die Braunfärbung. Sie binden aber auch toxische Stoffe; und die gelösten Metalle stehen Bakterien und Algen als Spurenstoffe zur Verfügung. Huminsäuren können allerdings auch die Aktivität der alkalischen Phosphatase hemmen (WETZEL 1991), wobei es zu Reaktivierungen zu kommen scheint. Humose Substanzen binden oft viel Phosphatasen; sie können allerdings durch schwaches UV-Licht wieder reaktiviert werden.

Im Sediment können bei Anwesenheit von huminen Stoffen **Humus-Eisen-Phosphor-Komplexe** entstehen, die die Phosphorbindung an Eisen begrenzen und die Rücklösung des Phosphors hemmen. Fulvosäuren sind vermutlich die häufigsten gelösten organischen Substanzen in Seen und sind überwiegend allochthoner Herkunft. Humuschemie und Humusökologie gelten als sehr schwierig und haben noch viele Verständnisdefizite.

- **POM, POC**. Partikuläre organische Substanz resultiert vor allem aus dem Abbau allochthoner (z. B. Laub, Nadeln) und autochthoner (Plankton, Benthos) Organismen oder Teilen von ihnen. Es ist der sedimentierbare Rest aus den Abbauvorgängen, zuzüglich der Faeces der Tiere und wird generell als **Detritus** bezeichnet (s. **I. 7.6.9.**). (Neuerdings findet man für DOM auch die Bezeichnung „gelöster Detritus".)

  Der Abbau der allochthonen und autochthonen pflanzlichen Substanz vollzieht sich in den Seen im Prinzip wie in Fließgewässern (s. **I. 7.6.9.**). Die Geschwindigkeit des Abbaus der (vorwiegend) Blattsubstanz nimmt in der Reihenfolge Schwimmblattpflanzen, submerse Pflanzen, Erlenblätter, emerse Pflanzen (Typha, Phragmites), Laubblätter, Koniferennadeln ab (GODSHALK & WETZEL 1978). POM sedimentiert in Litoral und Profundal. Es kann wieder resuspendiert werden und sein Kohlenstoff kann über schlammfressende (benthivore) Fische wieder in das Pelagial gelangen (s. **I. 8.**1.11.2.3.). Die obersten Sedimentschichten haben den höchsten Gehalt an organischem Kohlenstoff. Ist der POM humos, also Dy, so ist er meist sehr wenig besiedelt. Der Dy-Schlamm wird nur schwach von Bakterien abgebaut, wobei Humin- und Fulvosäuren vermutlich nicht von Bakterien aufgenommen werden. Der Dy-Schlamm selbst wird nur von wenigen Tieren genutzt, so von einigen Thekamöben und Chironomiden-Larven

8.1.10. Lebensgemeinschaft des Pelagials

Spezielle Übersichtsliteratur: SOMMER (1994).

8.1.10.1. Die Organismen und ihre Anpassungen

Die Organismen des Pelagials werden untergliedert in:

- Plankton: Kleine Organismen, die im Wasser schweben oder nur eine geringe Schwimmleistung haben (sie kommen z. B. nicht gegen Wasserströmungen an).

- Nekton: Aktive Schwimmer, in Europa im wesentlichen Fische.
- Neuston: Besiedler des Oberflächenhäutchens des Wassers (Grenzschicht Wasser–Luft).
- Pleuston: Auf der Wasseroberfläche treibende oder schwimmende Organismen (Wasserfarne, höhere Pflanzen).

Alles Schwebende im Wasser wird zusammengefaßt als **Seston** bezeichnet; die lebenden Organismen darunter sind das Plankton, das Tote ist das **Tripton**.

Das **Plankton** wird unterteilt in Bakterio-, Phyto- und Zooplankton (s. **I. 7.5.3.**). Bei der Analyse der planktischen Lebensgemeinschaft hat es sich als zweckmäßig erwiesen, Plankton in Größenklassen aufzuteilen (Tab. 37).

Die Dichte der Körpersubstanz der Plankter beträgt > 1,0 (~ 1,05 g ml^{-1} Protoplasma, ohne stärkere Derivate). Daher sinken planktische Organismen abwärts. Das Plankton unterliegt also einem Zwang, Anpassungen zur Verminderung der Sinkgeschwindigkeit zu entwickeln. Die Sinkgeschwindigkeit ist von mehreren Faktoren abhängig. Eine einfache Beschreibung dieser Faktoren enthält die **Ostwald'sche Formel:**

$$\text{Sinkgeschwindigkeit} = \frac{\text{Übergewicht}}{\text{Formwiderstand} \cdot \text{Viskosität des Wassers}}$$

Das Übergewicht ist die Differenz aus der Dichte des Plankters und der des Wassers, multipliziert mit dem Volumen des Plankters. Der Formwiderstand ist der Abweichungsgrad von der Gestalt der Kugel (die Kugel sinkt von allen Gestaltsformen am schnellsten).

Die vervollständigte Formel für die Sinkgeschwindigkeit nimmt auch noch das **Stoke'sche Gesetz** für die Sinkgeschwindigkeit der Kugel auf:

$$v_s = \frac{2}{9} gr^2 \frac{\rho' - \rho}{\phi \cdot \mu}$$

Tabelle 37. Größenklassen des Planktons. (In Anlehnung an Sommer 1994).

Bezeichnung	Größe [µm]	Gruppe
Femtoplankton	bis 0,2	Viren, Phagen
Picoplankton	0,2–2,0	Bakterien, kleinste Phytoplankter und Protozoen
Nanoplankton	2,0–20,0	Große Bakterien, Phytoplankton, Protozoen
Mikroplankton	20,0–200	Phytoplankton, Protozoen, kleine Metazoen wie Rotatorien
Mesoplankton	200–2000	Phytoplanktonkolonien , viele Metazoen
Makroplankton	> 2000	Große Phytoplanktonkolonien, große Cladoceren, Mysidaceen

Es bedeuten: v_s = Sinkgeschwindigkeit (m s^{-1}), g = Erdbeschleunigung (9,8 m s^{-2}), r = Radius einer Kugel oder eines kugelförmig gedachten Plankters (m), $\rho' - \rho$ = Differenz der Dichte des sinkenden Körpers und der des Wassers (kg m^{-3}), ϕ = Formwiderstand (dimensionslos), μ = Viskosität des Wassers (kg m^{-1} s^{-1}).

Diese obige Formel gilt allerdings nur, wenn die Wasserströmung laminar um den sinkenden Planktonkörper verläuft. Der Grenzwert der Reynolds'schen Zahl muß dann $< 0{,}1$ liegen. Es ist gleichgültig, ob eine Fläche angeströmt wird oder sich ein Körper mit seiner Oberfläche in einem stehenden Wasser bewegt. Wir wissen schon, daß die Reynolds'sche Zahl (Grenzwert zwischen laminarer und turbulenter Strömung) bei großen Flächen größer ist (s. **I. 7.4.2.**). Sie nimmt extrem bei Verringerung der Ausdehnung der Fläche ab und trifft in unserem Fall nur für sinkende Bakterien, Phytoplankter und Protozoen zu. Sie stimmt nicht mehr für die meisten metazoischen Zooplankter. Daher besitzen die meisten größeren Zooplankter eine Eigenbewegung, die dem Absinken entgegenwirkt.

Die Anpassung der Organismen an das pelagische Leben muß auf Senkung des Übergewichtes und Erhöhung von Formenwiderstand und Viskosität des Wassers ausgerichtet sein.

Senkung des Übergewichtes: Anstelle von Hüllen und Gerüstsubstanzen treten oft schleimige (wasserreiche) Absonderungen (z. B. bei den Blaualgen *Microcystis aeruginosa, Gloeotrichia echinulata*). Große Gallerthüllen finden sich bei *Conochilus* (Rotator) und *Holopedium* (Cladocere). Das Rädertier *Asplanchna* ist blasenförmig aufgetrieben. Bei mehreren Arten treten Öltropfen und Gasvakuolen im Plasma auf, bei der Larve der Büschelmücke *Chaoborus* sogar Schwimmblasen (Abb. 135).

Erhöhung des Formenwiderstandes: Die Sinkgeschwindigkeit der Plankter verringert sich mit zunehmender Abweichung von der Kugelgestalt:

$$V_s = \frac{V_k}{V_a}$$

Es bedeuten: V_s = Sinkgeschwindigkeit, V_k = Sinkgeschwindigkeit des Plankters als Kugel, V_a = Sinkgeschwindigkeit bei Abweichung von der Kugelgestalt.

Die wichtigste Methode der Plankter zur Erhöhung des Formwiderstandes ist die Verlängerung von Körperfortsätzen (sog. Schwebeeinrichtungen): *Asterionella formosa* (Kieselalge), *Staurastrum* (Zieralge), *Ceratium hirundinella* (Dinoflagellat), *Kellicottia longispina* (Rädertier), *Diaptomus* (Copepode mit verlängerten 1. Antennen).

Schon die kleinen tortenförmigen Cyclotellen (zentrische Kieselalgen) haben einen Formwiderstand. Auch die Bumerangform ist bei Planktern verbreitet (bei den Algen *Synedra,, Closterium)* (Abb. 135).

Viskosität: (= dynamische Viskosität). Sie können die Plankter durch Anpassung nicht verändern, sind aber von ihr abhängig. Die Viskosität selbst ist abhängig vom Salzgehalt und der Temperatur. In den folgenden Erörterungen wird der Salzgehalt außer acht gelassen. Die Viskosität wird in kg m^{-1} s^{-1} gemessen als Kraft, die einen Würfel von 1 kg Gewicht in 1 s um 1 m im Wasser verschiebt. 1 kg m^{-1} s^{-1} wird als Pascalsekunde (1 Pa · s) bezeichnet. Mit zunehmender Temperatur geht die Viskosität des

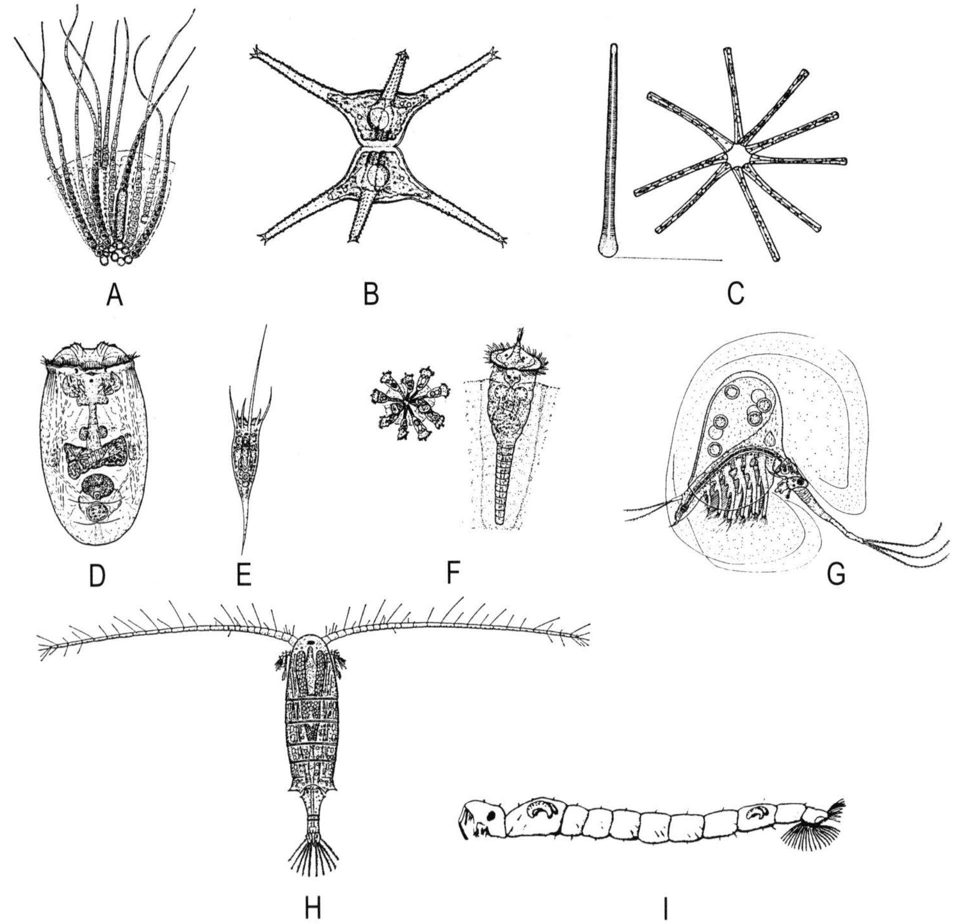

Abb. 135. Beispiele der Senkung des Übergewichts und Erhöhung des Formwiderstandes bei Planktern.

A. *Gloeotrichia echinulata*, Blaualge mit Schleimbecher.

B. *Staurastrum paradoxum*, Zieralge mit Schwebefortsätzen.

C. *Asterionella formosa*, Kieselalge mit Schwebefortsätzen.

D. *Asplanchna priodonta* Rädertier, blasenförmig aufgetrieben.

E. *Kellicottia longispinum*, Rädertier mit Schwebefortsätzen.

F. *Conochilus unicoris*, Rädertierkolonie in Gallertkugel.

G. *Holopedium gibberum*, Wasserfloh mit Gallerthülle.

H. *Eudiaptomus gracilis*, Copepode mit verlängerten 1. Antennen.

I. *Chaoborus*larve mit 2 Schwimmblasen im Thorax.

(A–H nach Streble & Krauter 2002, I nach Wichard et al. 1995).

Tabelle 38. Abnahme der Viskosität des Wassers mit steigender Temperatur. (Aus Schwoerbel 1999).

Wassertemperatur [°C]	Pascalsekunde [Pa · s] 10^{-3}	%
0	1,787	100
5	1,561	84,8
15	1,138	63,7
20	1,002	56,0
25	0,890	49,9

Wassers zurück; es wird immer dünnflüssiger. Tab. 38 zeigt die rapide Abnahme der Viskosität des Wassers mit steigender Temperatur. Setzt man die Viskosität bei 0 °C als 100 %, so beträgt sie bei +25 °C nur noch ~ 50 %. Das bedeutet, daß ein Plankter bei +25 °C doppelt so schnell absinkt wie bei 0 °C, bei der er nur die halbe Energie verbraucht, um sich fortzubewegen. Das waren lange Zeit die Gründe, weshalb einige Plankter im Sommer phänotypisch ihre Fortsätze verlängern und sie im Winter wieder verkürzen. Diese als **Zyklomorphose** bekannte Erscheinung galt früher als eine wichtige Erkenntnis der klassischen Limnologie. Unter den Algen *Ceratium hirundinella*, aber auch mehrere Arten der Rädertiere und Wasserflöhe bilden typische Beispiele (Abb. 136). Die Zyklomorphose läßt sich experimentell durch Temperaturerhöhung auslösen, wobei allerdings andere Faktoren, wie gute Ernährung und Wasserturbulenz, eine Rolle spielen. Heute sieht man kaum noch den Anpassungswert der Zyklomorphose in einem besseren Schweben bei geringer Viskosität, sondern infolge der Sperrigkeit in

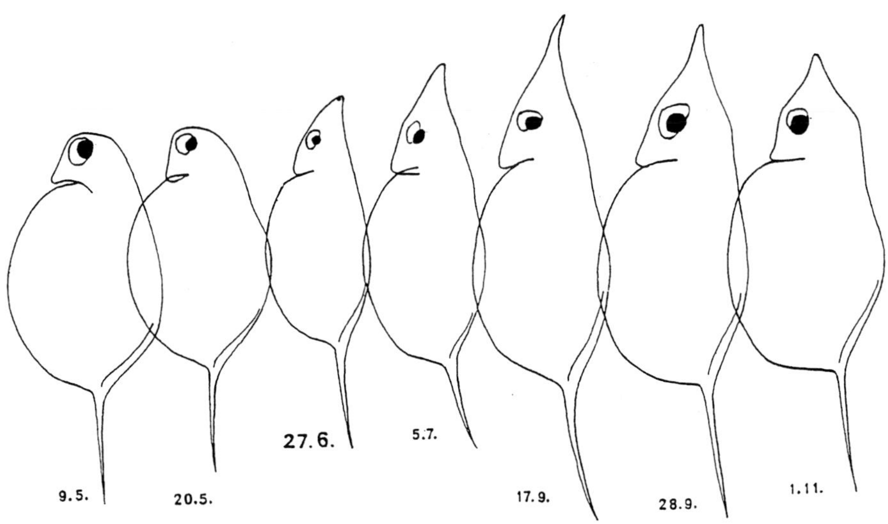

Abb. 136. Zyklomorphose von *Daphnia cucullata.* (Mitteldeutschland, Stechlinsee). (Nach Flößner 2000).

einer Verringerung des Prädationsrisikos, das in der warmen Jahreszeit besonders groß ist. Die Temperaturen (und evtl. andere Faktoren) sind also nur Auslöser (JACOBS 1967, 1987). Neben der temperaturbedingten Zyklomorphose gibt es auch ähnliche Erscheinungen, die durch Kairomone ausgelöste werden (s. **I. 8**.1.10.9.).

Die dynamische Viskosität (ξ) darf nicht mit der kinematischen Viskosität oder Zähigkeit (υ) verwechselt werden, wie sie z. B. in der Reynolds'schen Zahl eine Rolle spielt (s. **I. 7**.4.2.). Da aber die kinematische Viskosität der Quotient aus dynamischer Viskosität und der Dichte der Flüssigkeit ist, kann man für normale Süßwasser die Unterscheidung außer acht lassen.

Bedeutung des Absinkens der Plankter für das Ökosystem: Das Absinken der Plankter und die anpassungsbezogene Verminderung der Sinkgeschwindigkeit ist eine fundamentale ökologische Größe. Die Möglichkeit der Besiedlung des Pelagials ist von entscheidender Wichtigkeit für den See, da hierdurch sein Stoffhaushalt geprägt wird. Gleichzeitig sind die sinkenden toten Plankter wesentlich an der Struktur und dem Nährstoffgehalt des Sedimentes beteiligt und bestimmen schließlich auch die Verlandung des Sees mit. Es wird noch berichtet (s. **I. 8**.1.10.9.; **I. 8**.1.11.2.), daß die Anpassungen an das Schweben sehr unterschiedlich vollkommen sind, so daß auch lebende Plankter in größeren Mengen absinken und zur Ernährung der Profundalbesiedler beitragen (s. **I. 8**.1.10.10.).

Andere Anpassungen: Arktische und alpine Seen erhalten während der Mittagszeit etwa eine 10 % höhere Strahlung mit Wellenlängen > 400 nm (= UV-Licht) als Flachlandseen (HESSEN & SORENSEN 1990). In diesen Gewässern schützen sich Cladoceren und Copepoden vor schädigender Strahlung durch erhöhte Melanin- und Carotinoidpigmentation (HEBERT & EMERY 1990) (s. **I. 8**.2.2.).

Das **Neuston** besiedelt das durch die Oberflächenspannung entstehende Oberflächenhäutchen, eine Grenzlamelle zwischen Wasser und umgebender Luft. In dieser Grenzlamelle kommt es selbst in oligotrophen Gewässern zu erhöhten Konzentrationen von Bakterien. Die Ursache ist der atmosphärische Eintrag von feinverteilten organischen Stoffen (s. **I. 8**.1.6.), die im Oberflächenhäutchen gelöst verbleiben (v. a. Fette und Kohlenwasserstoffe) und nicht tiefer in das Epilimnion gelangen. Nur Huminstoffe (natürlich) oder Tenside (künstlich) können die Oberflächenspannung senken und dann den Verlust des Neuston zur Folge haben. In hypertrophen Gewässern können die hohen Bakteriendichten eine „Kahmhaut" bilden.

Die erhöhten Bakterienzahlen in der Grenzlamelle haben ein eigenes Ökosystem-Kompartiment zur Folge. Dies ist möglich, da die Oberflächenlamelle als Haftfläche dienen kann. Die Besiedler der Grenzlamelle haben hydrophobe Oberflächen, daher sinken sie nicht ab, sondern verbleiben an der Oberfläche. Die Besiedlung kann auf der Lamelle (Epineuston) und auch durch Anheftung von unten (Hyponeuston) erfolgen. Es handelt sich bei den Besiedlern neben Bakterien um Algen, Pilze, Protozoen, Cladoceren (*Scapholeberis mucronata*) und Schnecken (Abb. 137). Neben den Destruenten und Produzenten handelt es sich bei den Tieren im wesentlichen um Bakterienfresser oder Weidegänger (Schnecken) und bei dem Pilz *Arnaudovia hyponeustica* um einen Tierfänger. Die Anpassungen sind z. T. mit phänotypischen Umwandlungen verbunden, wie bei der Goldalge *Chromophyton rosanoffi* (Abb. 137). Zu dem Neuston kann man auch größere Tiere rechnen, die sich auf der Grenzlamelle bewegen, z. B. Wasserläufer (*Ger-*

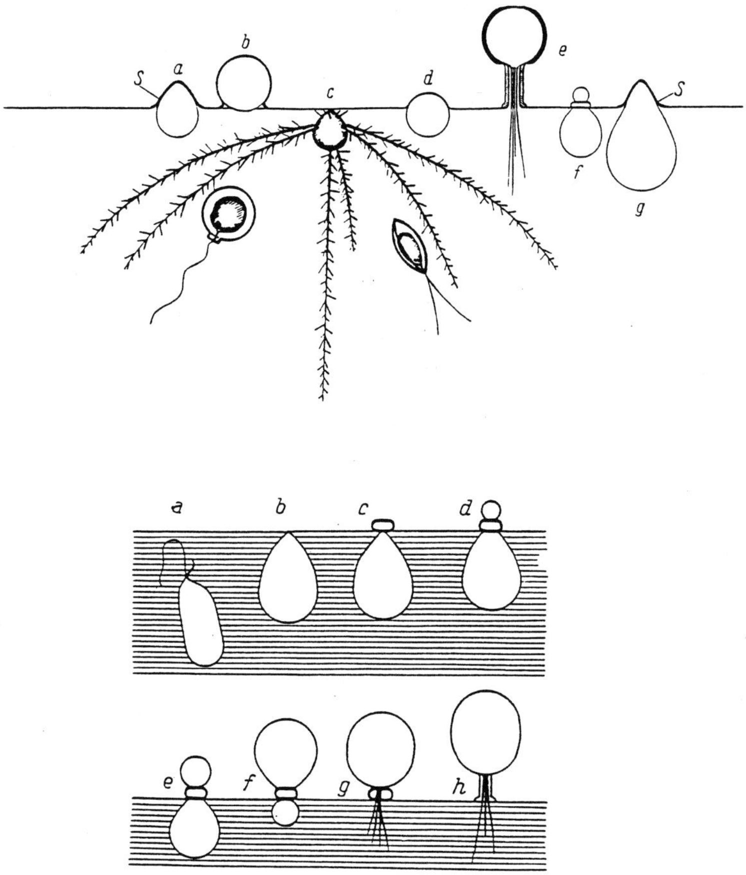

Abb. 137. Neustonorganismen am Oberflächenhäutchen. Es bedeuten (oben): **a** = *Kremastochloris conus* mit Schwimmschirmchen (S), **b** = *Botrydiopsis* sp., **c** = *Arnaudovia hyponeustonica,* **d** = *Chromulina smaragdina,* **e, f** = *Chromophyton rosanoffi,* **g** = *Nautococcus mammilatus.* Unten: Translokationsvorgang von *Chromophyton rosanoffi* von **a** (= schwimmende Chrysomonade) bis **h** (Epineustonalge). (Nach VALKANOV 1968).

ris, Velia), Käfer (*Stenus bipunctatus*), Spinnen (*Dolomedes*). Einige Wasserläufer und auch der genannte Käfer geben beim schnellen Laufen Tenside ab, wodurch sie mit der sich ausbreitenden Oberflächenentspannung angetrieben werden.

Bedeutung des Neustons für das Ökosystem: Darüber ist wenig bekannt. Eine hohe Besiedlung der Grenzlamelle hält viele Stoffe aus der Atmosphäre zurück, was einen gewissen Eutrophierungsschutz darstellt. Durch den Wind wird das Neuston an das Ufer getrieben, wo es vertrocknet und zu einer, wenn auch schwachen Entlastung des Pelagials, beitragen kann.

Bei dem **Pleuston** handelt es sich um höhere Pflanzen (Farne, Blütenpflanzen), die die Wasseroberfläche besiedeln und die Wurzeln in das Wasser hängen lassen. Bekannte Pleuston-Pflanzen sind die Wasserfarne *Azolla* und *Salvinia*, die Blütenpflanzen *Lemna,*

Eichhornia crassipes (Wasserhyazinthe) und *Pistia*-Arten. Bei Fehlen von entsprechenden Herbivoren oder auch bei starker Eutrophierung können schwimmende Pflanzen einen See (oft auch Talsperren) völlig bedecken und negative Auswirkungen auf Schifffahrt und Fischerei haben sowie die Bilharziose fördern. Unterhalb des pleustischen Teppichs kommt es zu Licht- und Sauerstoffmangel. Der Wind kann das Pleuston an die Ufer treiben, wo es vertrocknet. Besonders Seen mit einem stark schwankenden Wasserspiegel können dadurch eine Nährstoff-Immobilisierung erreichen. Auch Entenvögel wirken durch Pleustonaufnahme einer Eutrophierung entgegen.

Nekton, im wesentlichen Fische, wirkt durch Eigenbewegungen dem Absinken entgegen. Unter den pelagischen Fischen gibt es sowohl Zooplanktonfresser als auch Raubfische (piscivor). Fische greifen durch ihre Ernährungsweisen entscheidend in das Ökosystem ein (s. **I. 8**.1.10.6., **I. 8**.1.10.8.).

8.1.10.2. Die Vertikalwanderung

Viele planktische Arten führen tagesperiodische Vertikalwanderungen durch. Sehr oft wandern sie am Tage in die Tiefe und kommen nachts an die Oberfläche. Aber auch umgekehrte Wanderungsrichtungen sind bekannt, z. B. von Rotatorien. Wanderungen treten auf bei autotrophen Flagellaten, Rotatorien, Cladoceren, Copepoden, Mysidaceen und *Chaoborus*-Larven. Die Vertikalwanderungen sind durch aktives Auf- und Abwärtsbewegen gekennzeichnet, bei Flagellaten mit Hilfe der Geißeln.

Sowohl die Ursache der Wanderung als auch ihre Bedeutung sind noch relativ unklar. Hier einige wesentliche Analysen und Beispiele.

Phytoflagellaten: *Volvox*, aber auch *Gonyostomum semen, Peridinium inconspicuum, Ceratium hirundinella, Cryptomonas, Staurodesmus* leben am Tage oberflächennah und wandern abends in die Tiefe (mit Hilfe der Geißeln oder im Falle *Staurodesmus* biochemisch) Ursache ist der tagsüber abnehmende oberflächennahe P-Gehalt und die Nutzung des noch bei schwachem Licht abends und morgens nährstoffreicheren Tiefenwassers (Abb. 138).

Blaualgen (Cyanobakterien): Auch bei ihnen sinken gegen Abend Arten in tiefere Regionen (durch Einschmelzung von Gasblasen) und steigen gegen Morgen wieder nach oben (Bildung von Gasblasen) (Reynolds et al. 1987). Die Gründe mögen die gleichen sein wie bei den Phytoflagellaten. Die Blaualgen können abwärts sogar das Sediment erreichen.

Cladoceren und Copepoden: Die wandernden Arten halten sich am Tage im dunklen Tiefenwasser, nachts im Oberflächenwasser auf. Aber nicht alle Cladoceren und Copepoden wandern; Nichtwanderer haben oft eine höhere Geburtsrate als Wanderer. Auslöser oder Zeitgeber für die Wandererer ist die relavive Änderung der Lichtintensität, wie sie in den frühen Abendstunden (Aufwärtswanderung) oder frühen Morgenstunden (Abwärtswanderung) am schnellsten ist (Ringelberg et al. 1991). Die Wanderungen sind in gemäßigten Breiten auch nur zur Zeit der Sommerstagnation. Am Tage halten sich die Arten häufig in der Nähe der Sprungschicht auf, bei bewölktem Himmel höher, bei Sonne tiefer stehend. Die Wanderungen entstehen auch nur, wenn im See planktivore Fische vorkommen, wobei vermutlich über Kairomone das Warnsignal kommt.

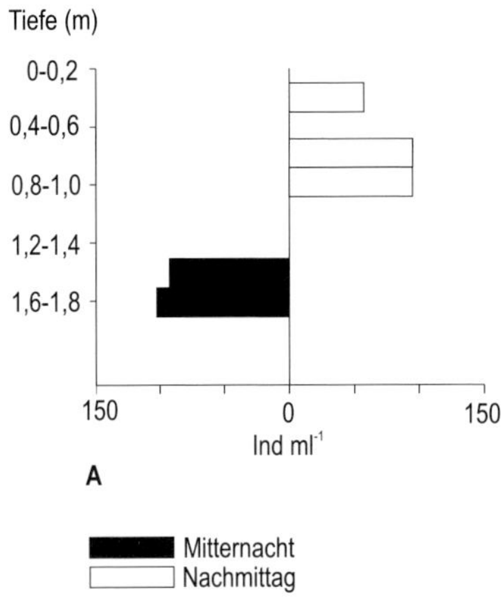

Abb. 138. Tiefenverteilung von Planktern nachts und am Tage. **A** = *Cryptomonas* sp., **B** = *Keratella cochlearis*, **C** = Nauplien. (In Anlehnung an Salonen et al. 1993).

Das ist der Grund, weshalb man die Vertikalwanderung des Zooplanktons als Anpassung an den Prädationsdruck ansieht (Lampert 1989, 1992). Wir erinnern uns, daß auch die Drift in Fließgewässern vorwiegend nachts erfolgt und auch hier als Vermeidung des Prädationsrisikos gedeutet wird. Für beide Wanderungen gilt aber, daß Fische auch bei geringen Lichtintensitäten, wenn nicht sogar im völligen Dunkel, ihre Beute machen. Doch scheint es, daß mit zunehmender Helligkeit der Beuteerfolg ansteigt. Für diese Ansicht spricht auch, daß sehr kleine Crustaceen, z. T. auch Rotatorien, besonders aber auch die Larvenstadien der Copepoden, relativ wenig wandern; vermutlich, weil sie weniger gut gesehen werden (Abb. 138).

Mysidaceen, *Chaoborus*-Larven. Sie leben am Tage im Hypolimnion (Schutz vor Fischfeinden) und steigen nachts in das Epilimnion auf, wo sie Zooplankton erbeuten. Auch diese Wanderungen kommen nur in fischreichen Seen vor. An diese Wanderungen können sich wiederum die Beutetiere anpassen. So wandert in dem fischfreien kanadischen Gwendolyne Lake der Copepode *Diaptomus* nachts in die Tiefe, um *Chaoborus* auszuweichen (Neill 1990).

In tropischen Seen mit ihrem nischenreichen Metalimnion (Tundisi et al. 1987) gibt es Bereiche mit hohen und auch niedrigen Sauerstoff-Defiziten. In den ersteren leben vor allem *Chaoborus*-Larven, die nicht wandern und vor Fischen geschützt sind, weil letztere den Sauerstoff-Defiziten ausweichen. Interne Wellen bringen für die Larven, die infolge ihrer Luftblasen Sauerstoffarmut vertragen können, genügend Nahrung herbei (Fukuhara et al. 1987).

Allgemeines: Die Vertikalwanderung kostet Energie, so daß es fraglich ist, ob am Tage im kühlen, nahrungsarmen Tiefenwasser der Verlust an Energie wieder ausgeglichen wird. Vermutlich überwiegt aber der Vorteil der Prädationsminderung den des Energieverlustes für die Population (Lampert 1989, 1992).

8.1.10.3. Phytoplankton

8.1.10.3.1. Wichtige Phytoplanktongruppen

Spezielle Übersichtsliteratur: REYNOLDS (1984).

Cyanophyta (Cyanobakterien, Blaualgen). Procaryonten. Häufig im Plankton, besonders bei eutrophen Seen: *Synechococcus, Microcystis, Aphanizomenon, Anabaena, Gloeotrichia, Lyngbya, Oscillatoria, Planktothrix, Limnothrix.* Unter ihnen auch fadenförmige Arten.

Chrysophyceae (Goldalgen). Einzellig oder koloniebildend. Primär eingeißelige Flagellaten, häufig mit Siliziumskeletten. *Chromulina, Chrysococcus, Dinobryon, Mallomonas, Synura, Uroglena.*

Chlorophyceae (Grünalgen). Im Plankton häufig einzellig, aber auch koloniebildend und mehrzellig (fadenförmig). *Volvox, Chlamydomonas, Phacotus, Gonium, Chlorococcum, Pediastrum, Chlorella, Scenedesmus, Planktonema lauterbornii.*

Bacillariophyceae (Diatomeen, Kieselalgen). Häufig im Plankton.
Centrales: *Cyclotella, Melosira, Stephanodiscus, Thalassiosira.*
Pennales: *Fragilaria, Synedra, Tabellaria, Asterionella, Nitzschia. Melosira* bildet fadenförmige Kolonien.

Conjugatophyceae (Jochalgen). *Closterium, Cosmarium, Staurastrum.*

Euglenophyceae. Einzellig mit Langgeißel. *Euglena, Astasia, Phacus.*

Pyrophyta, hier vor allem Dinophyceae (Panzergeißeltierchen). *Ceratium hirundinella, Gymnodinium, Peridinium.*

Cryptophyceae. Kleine, nackte, einzellige Plankter, oft 2 Geißeln. *Cryptomonas, Rhodomonas, Chilomonas* (letztere sekundär ohne Chromatophoren, phagotroph) (Abb. 139).

Der Anteil an Picoplankton am Phytoplankton (Gesamtchlorophyll) (nicht aber seine Leistung, s. S. 255) liegt für viele Seen < 10 %, seine Zusammensetzung aus pro- und eukaryontischen Zellen schwankt zwischen den Seen oft extrem.

8.1.10.3.2. Nährstoffe

Die Makro- und Mikronährstoffe (s. **I. 7.7.1.**) sind meist in ausreichender Menge in den Gewässern vorhanden. Limitierend ist vor allem P, daneben N, C (CO_2-Assimilation!) und für Kieselalgen noch Si. Phosphor bindet sich schnell adsorbtiv und wird in den Organismen auch schnell umgesetzt (s. auch Sedimentfalle des Phosphors). Im allgemeinen gilt, daß tropische Seen häufiger N- und Seen gemäßigter Breiten P – limitiert sind (TALLING & TALLING 1965). Die Limitierung gehorcht dem **Liebig'schen Minimum-Prinzip**. Sie bezieht sich also auf die Biomasse, die Mindestanteile der Elemente haben muß. Steht ein Element nicht schnell genug zur Verfügung (z. B. beim Freisetzen aus der adsorbierten Form), so kommt es zur Verzögerung des Wachstums von Phytoplankton-Populationen.

Seit der klassischen Zeit der Limnologie (NAUMANN!) ist bekannt, daß der Nährstoffgehalt der Seen die Höhe der Primärproduktion und somit die der Trophie bestimmt. Dies ist heute konkretisiert in dem Vollenweider Modell (VOLLENWEIDER 1980): Beträgt

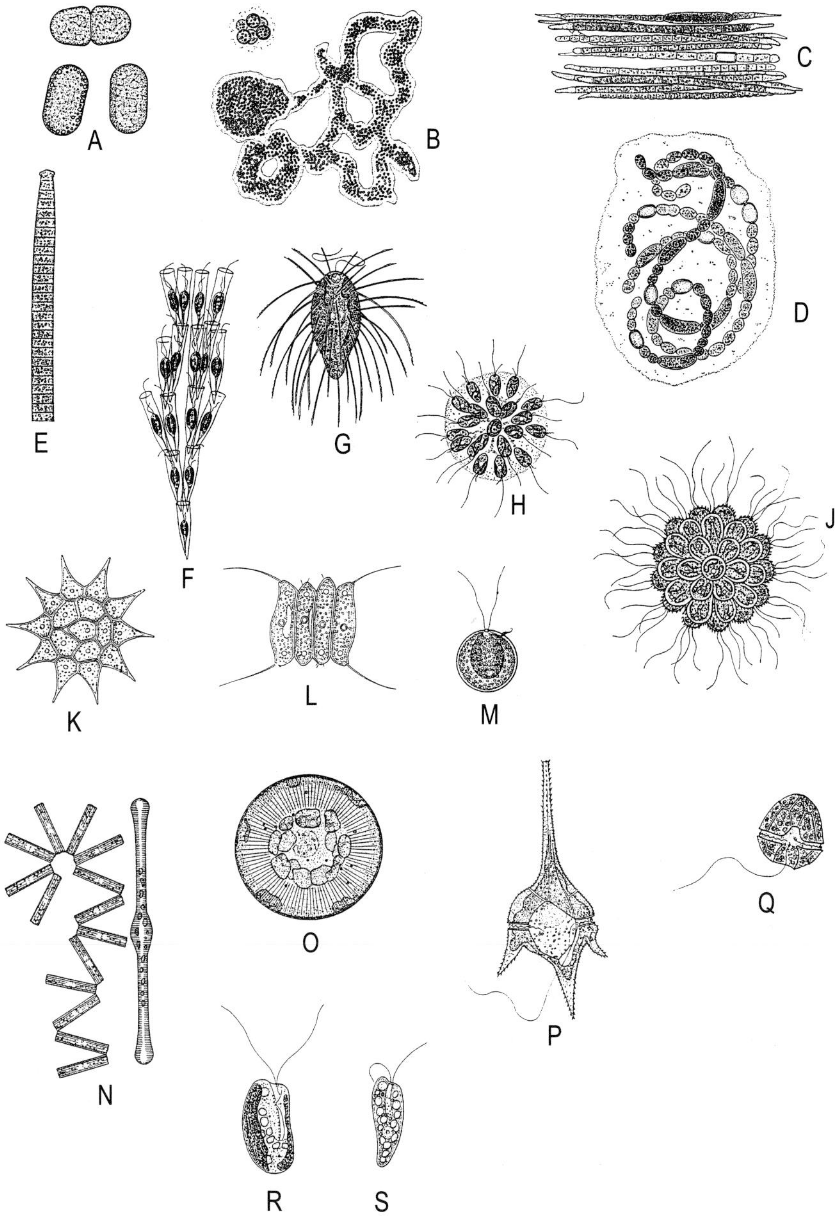

Abb. 139. Häufige Phytoplankter. **A.** *Synechococcus* sp., **B.** *Microcystis aeruginosa*, **C.** *Aphanizomenon flos-aquae*, **D.** *Anabaena flos-aquae*, **E.** *Planktothrix rubescens* (alles Blaualgen); **F.** *Dinobryon sociale*, **G.** *Mallomonas caudata*, **H.** *Uroglena volvox*, **J.** *Synura uvella* (alles Goldalgen); **K.** *Pediastrum simplex*, **L.** *Scenedesmus longispina*, **M.** *Phacotus lenticularia* (Litoralform) (alles Grünalgen). **N.** *Tabellaria fenestrata*, **O.** *Cyclotella comta* (beides Kieselalgen). **P.** *Ceratium hirundinella*, **Q.** *Peridinium umbonatum* (beides Panzergeißeltierchen). **R.** *Cryptomonas ovata*, **S.** *Chilomonas paramecium* (beides Cryptophyceen). (Nach Streble & Krauter 2002).

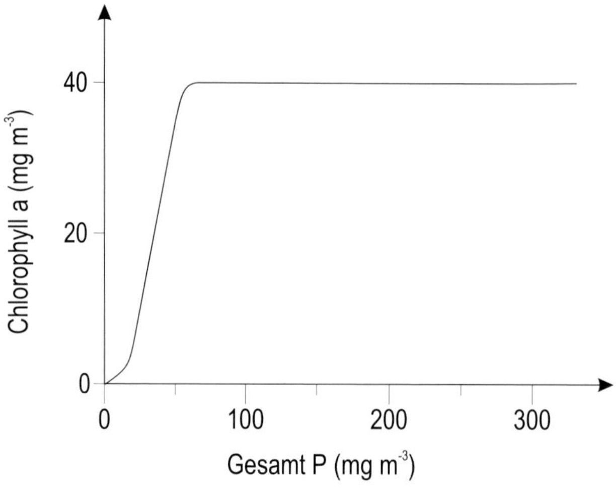

Abb. 140. Sättigungswert des Gesamtphosphor-Gehaltes für das Phytoplankton in vielen Seen der gemäßigten Breiten. (Nach STRASKRABA 1976).

die Flächenbelastung des Sees 0,21 g TP m^{-2} a^{-1}, ist der See oligotroph – mesotroph, bei 0,42 mesotroph – eutroph (s. **II. 2.**). Grundsätzlich gilt, daß der Phosphorgehalt mit der Chlorophyll(a)-Menge positiv und mit der Sichttiefe negativ korreliert ist (s. **II. 8**.1.).

Wie für viele andere Faktoren, so gibt es auch für die Nährstoff-Konzentration eine **Sättigungsgrenze**. Sie ist artverschieden und schwankt für PO_4–P häufig zwischen 20–60 µg l^{-1}. Von vielen Algen wird nur soviel Nährstoff aufgenommen, bis die Sättigungsgrenze erreicht ist. Die Nährstoffe können nur gelöst aufgenommen werden. Adsorbierte oder chemisch gebundene Nährstoffe (z. B. Phosphor) können durch **Exoenzyme** in Lösung gebracht und verfügbar gemacht werden (s. **I. 8**.1.9.6.2.) (Abb. 140).

Wann ein Nährstoff limitierend wirkt, hängt (innerhalb einer gewissen Konzentrationsbreite) nicht so sehr von seiner absoluten Konzentration, als vielmehr von dem N/P-Verhältnis ab. Der Grund dafür ist, daß N und P etwa im Verhältnis 16:1 aufgenommen werden. (s. **I. 7**.7.1.) Die wichtigsten Elemente C, N und P kommen im pflanzlichen Plasma etwa im Verhältnis 106:16:1 vor (REDFIELD-Verhältnis). Daher wäre es ideal, wenn N und P in den Gewässern im gleichen Verhältnis vorlägen, was aber relativ selten der Fall ist. Dem N/P-Verhältnis kommt eine wichtige Bedeutung für die Trophie zu. Je geringer es wird, d. h. je mehr der P-Gehalt ansteigt (was häufiger in abwasserbelasteten Gewässern der Fall ist), um so stärker werden die Blaualgen gefördert (viele Arten haben die Fähigkeit zur N_2-Fixierung und sind nicht auf gelöste N-Verbindungen angewiesen!); im umgekehrten Fall sind es mehr die Grünalgen. Blaualgen benötigen allerdings höhere Temperaturen als Grünalgen, wenn sie konkurrenzüberlegen werden, während für Kieselalgen, wenn sie mit Grünalgen in Konkurrenz treten, entsprechend hohe Si-Gehalte vorliegen müssen. Mit zunehmender Trophie und damit ansteigender Algendichte wird im Epilimnion das CO_2 stark verbraucht und der pH-Wert steigt an. Unter diesen Bedingungen sind Blaualgen den Grünalgen überlegen (SHAPIRO 1990).

Bei einem N/P-Verhältnis von 16:1 im Phytoplankton zeigt dies maximales Wachstum; es stellt sich ein, wenn keine N- oder P-Limitation vorliegt. Abweichungen zeigen also immer einen limitierenden Faktor an.

Einige Algen haben eine besonders niedrige Sättigungsgrenze für Phosphat und werden bei Überschreitung dieser sogar gehemmt. Sie sind also an niedere Nährstoffkonzentrationen angepaßt. Zu diesen Algen gehören die Goldalge *Uroglena* (Hemmung bei 5 µg l^{-1} PO_4–P) und die Kieselalge *Asterionella* (Hemmung bei 3 µg l^{-1} PO_4–P), aber auch viele fädige Algen. Für Kieselalgen spielt das Si – P-Verhältnis noch eine entscheidende Rolle. Allgemein gilt, daß pennate Kieselalgen bei hohen, centrische bei niederen Si – P-Verhältnissen dominieren:

Synedra	Si/P	> 500
Asterionella	Si/P	60–90
Fragilaria	Si/P	30
Cyclotella	Si/P	6
Stephanodiscus	Si/P	6

Bei hohem Si-Gehalt kommt es zur Konkurrenz-Überlegenheit der pennaten Diatomeen, vor allem mit den Grünalgen. Die Relationen zwischen TP, TN und SRSi (gelöstes reaktives Si), die oft über die Konkurrenz der Phytoplankter untereinander entscheidend sind (= resource – ratio Hypothese von TILMAN 1982), lassen sich in ihrer Dynamik Planktongemeinschaften zuordnen (DOWNING & MCCAULEY 1992).

Zwischen den Stoffkonzentrationen im Protoplasma der Algen und den Konzentrationen im umgebenden Wasser besteht ein abfallendes Konzentrationsgefälle. Daher erfolgt die Aufnahme der Nährstoffe in der Alge gegen das Konzentrationsgefälle, ist also ein aktiver Ionentransport durch die Membran hindurch. Dieser Mechanismus erfolgt durch sezernierte Enzyme, die mit den Nährstoffen Komplexe bilden, die dann von den Algen aufgenommen werden. Daher ist die Nährstoffaufnahme von deren Konzentrationen im Wasser abhängig und ist durch die Michaelis-Menten-Kinetik beschreibbar. Hierfür wird die Monod-Gleichung benutzt:

$$\mu = \frac{\mu_{max} \cdot S}{K_s + S}$$

Es bedeuten: μ = Wachstumsrate, μ_{max} = maximale Wachstumsrate, S = Substrat-(Nährstoff-)Konzentration, K_s = Halbsättigungskonstante, d. h. die Nährstoffkonzentration, bei der 50 % des Wachstums erreicht werden.

Ist allerdings das Nährstoffangebot deutlich niedriger als der K_s-Wert eines Phytoplankters, dann gilt:

$$\mu \approx \mu_{max} \cdot \frac{S}{K_s}$$

Liegt hingegen das Angebot deutlich über der Sättigungsgrenze, dann ist

$$\mu = \mu_{max}$$

Tabelle 39. Halbsättigungswerte [k_s-Werte] der Phosphoraufnahme (in PO_4–P l^{-1}). (Nach VOLLENWEIDER 1968).

Art, Gattung	k_s-Wert [µg l^{-1}]
Asterionella formosa	1
Tabellaria, Fragilaria	45
Scenedesmus	500
Oscillatoria rubescens	± 3.000

Es ist daher wichtig, die K_S-Werte der Phytoplankter zu kennen. Es liegen jedoch über sie relativ wenig und auch noch widersprüchliche Daten vor (Tab. 39).

Der K_S-Wert hängt allerdings auch von dem Ernährungszustand der Zelle ab. Ist dieser schlecht, kommt es auch unter optimalen Nährstoffbedingungen zu einer erhöhten Aufnahme. Wie wir bereits wissen speichern viele Algen Phosphate (Umwandlung von Orthophosphat in Polyphosphat) und nutzen sie dann bei Nährstoffmangel. Die Speicherfähigkeit der Algen und auch die Phosphatspeicherung der Sedimente mit ihrem Lösungsmechanismus zeigen, daß zwischen dem aktuellen P-Gehalt des Wassers und der Primärproduktion kein linearer Zusammenhang besteht.

Was bedeutet dieses unterschiedliche Verhalten der pelagischen Algen zu der Nährstoffkonzentration? Sie führt zur Ausnutzung aller Varianten und Möglichkeiten des Stoffhaushaltes des Pelagials. Bei geringen Konzentrationen sind die Arten mit niederen K_S-Werten überlegen, bei hohen Nährstoffkonzentrationen die mit den hohen Wachstumsgeschwindigkeiten. Die Abb. 141 zeigt die klassische Darstellung des Verhaltens.

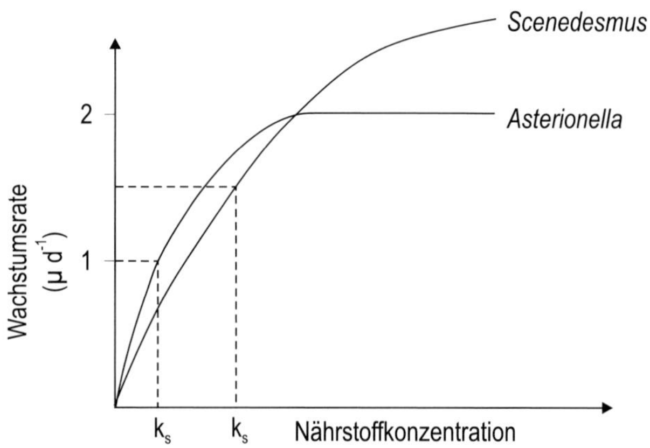

Abb. 141. Die unterschiedlichen Nährstoffansprüche zweier Phytoplankton-Algen. (Klassische Darstellung).

8.1.10.3.3. Photosynthese und Primärproduktion des Phytoplanktons

Die Primärproduktion ist die unmittelbare Folge der Photosythese. Diese wiederum ist abhängig von Licht, Temperatur, Wasserbewegung, Kohlenstoffversorgung und den Makro- und Mikronährstoffen. Einige Grundlagen der Photosynthese haben wir bereits besprochen (s. **I. 7.7.1.**) und auch die Nährstoffversorgung behandelt. Im folgenden sollen noch einige Spezifitäten für das Pelagial herausgestellt werden.

Nur ein geringer Teil des auf die Seeoberfläche auffallenden photosynthetisch wirksamen **Lichts (PAR)** wird von den Pflanzen genutzt. Im Mittel sind dies 0,45 %, und es schwankt von 0,03 bis 3 %. Bis etwa 15 % der Oberflächenstrahlung (entspr. 60–100 μ E m^{-2} s^{-1}) (Harris 1978) nimmt die Photosynthese experimentell zu. Bei weiterer Steigerung > 30 % der Lichtintensität (oder ab ± 1000 μ E m^{-2} s^{-1}) kommt es zur **Lichthemmung** der Photosynthese (Abb. 142). Sind Licht und CO_2-Gehalt des Wassers ausreichend vorhanden, läßt sich die Abhängigkeit der Photosynthese von der **Temperatur** durch eine Optimumskurve darstellen (Abb. 143). Bei Lichtbegrenzung in der Tiefe oder bei niederem Sonnenstand ist zumindest der Anfang der photosynthetischen Kurve relativ wenig temperaturabhängig. Im Sättigungsbereich ist die Temperatur jedoch sehr wichtig, denn bei hohen Temperaturen benötigt die maximale Produktion eine höhere Lichtintensität (Abb. 144). Bei sehr hohen Temperaturen setzt ebenfalls eine Hemmung der Photosynthese ein (was aber nicht für thermophile Blaualgen und Algen zutrifft, s. **I. 6.10.**). Die Atmung der Pflanzen ist viel weniger temperaturabhängig als die Photosynthese. Die 3 Stufen der Lichtintensität mit Begrenzung (Tiefe), Sättigung und

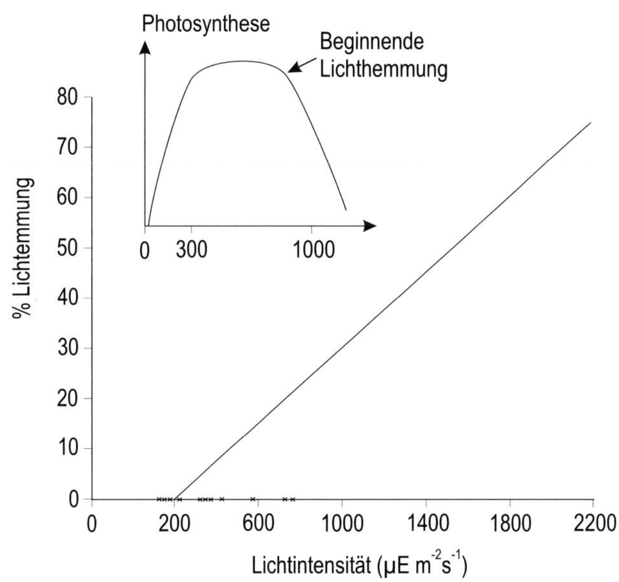

Abb. 142. Lichthemmung der Photosynthese. (Kombiniert in Anlehnung an Harris 1978 und Lampert & Sommer 1999).

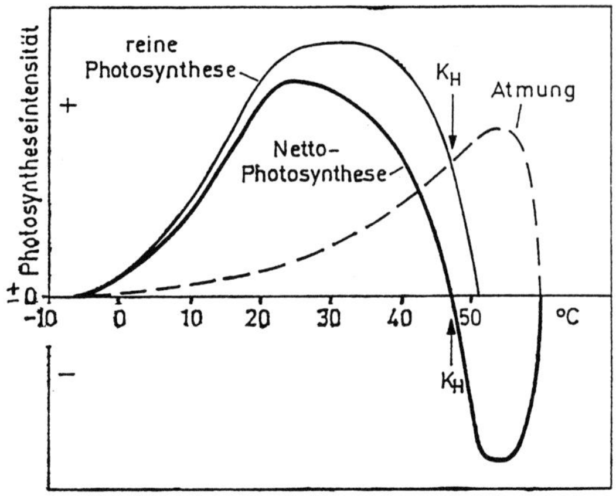

Abb. 143. Abhängigkeit der pflanzlichen Atmung, Bruttophotosynthese (= reine Photosynthese) und Nettophotosynthese von der Temperatur. K_H = Hitzekompensationspunkt. (Nach LIBBERT 1979).

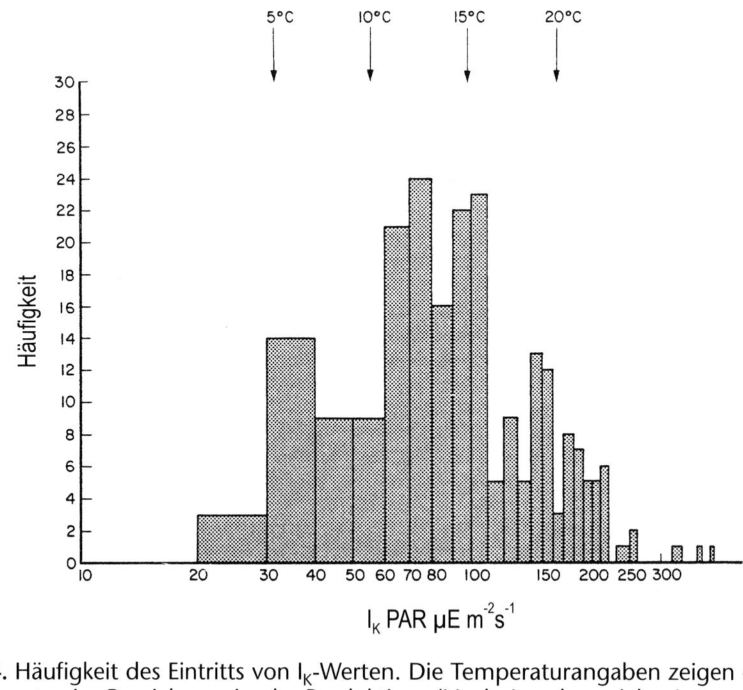

Abb. 144. Häufigkeit des Eintritts von I_K-Werten. Die Temperaturangaben zeigen den Einfluß der Temperatur im Bereich maximaler Produktion. (Nach Angaben vieler Autoren aus HARRIS 1978). (s. S. 253).

Hemmung machen sich besonders in den Tiefenprofilen der Photosynthese bemerkbar (Abb. 145). Unter der Oberfläche ist die Photosynthese infolge der Lichthemmung gering, dann erfolgt ein Maximum und tiefenwärts wieder eine Abnahme; dies ist sehr deutlich in eutrophen, weniger deutlich in oligotrophen Seen. Die Tiefe der euphotischen Zone (Z_{eu}) läßt sich grob aus der Secchi-Tiefe (Z_s) berechnen (TILZER 1988):

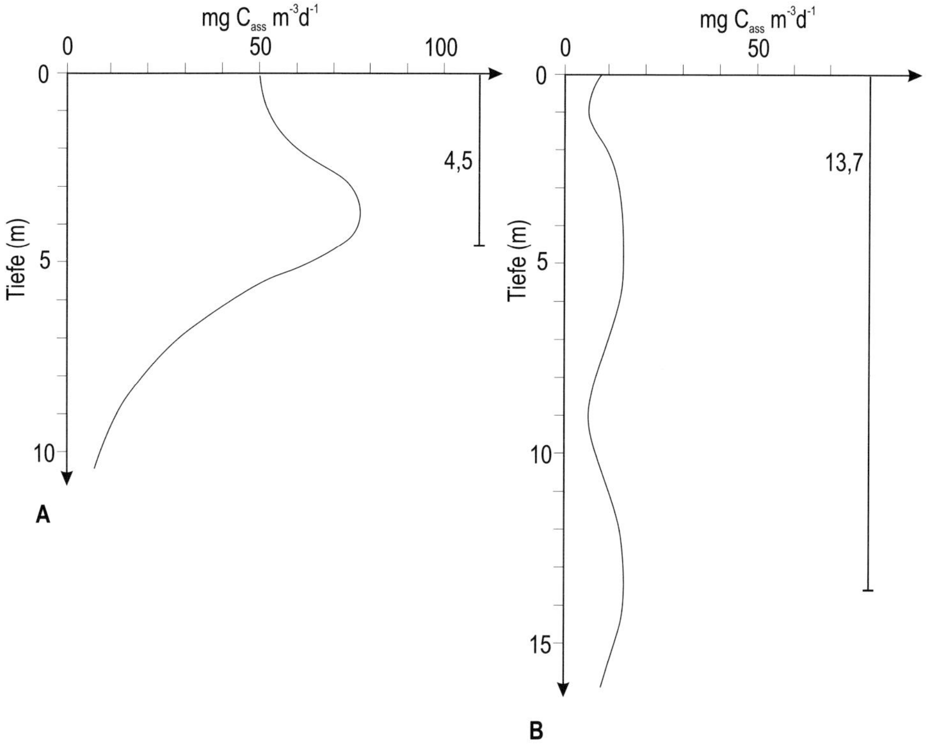

Abb. 145. Tiefenprofile der Photosynthese. **A** = Plöner See (eutroph), **B** = Torneträsk (oligotroph). (Nach RODHE 1965).

$$Z_{eu} \approx \sqrt[5]{Z_s}$$

Der Beginn der Lichtsättigung wird mit I_k, der der Sättigung mit I_{inh} markiert. Der Übergang zur Lichthemmung ist ein Prozeß, der linear mit der Lichtintensität zunimmt (Abb. 142). Er ist temperatur- und artenabhähgig. I_k liegt im Sommer höher als im Winter und wird über die maximale Produktion temperaturbeeinflußt. Die einzelnen Phytoplankter schichten sich entsprechend ihres Niveaus der Lichtsättigung und Temperaturpreferenz in unterschiedliche Tiefen ein (Abb. 146). Wind kann die Plankterschichtung zerstören, was positive Effekte haben soll. Daß aber das windbedingte Auf- und Abtauchen der Algen ihre Produktion stimulieren kann und die Lichthemmung verhindert, konnte allerdings für Seen nicht bestätigt werden (GROBBELAAR 1989). Die Wasserbewegung, die ja auch die Zelloberflächen erreicht, fördert zumindest die Nährstoffaufnahme.

Es gibt bei den planktischen Algen auch **Anpassungen an pessimale Lichtbedingungen**. Mehrere Arten (auch Blaualgen) können bei hohen Lichtintensitäten ihren Chlorophyllgehalt senken, bei niederem ihn erhöhen.

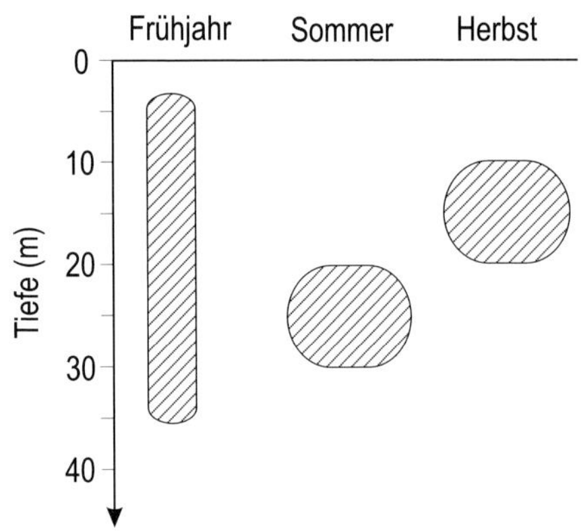

Abb. 146. Schematische Darstellung der Verteilungsschwerpunkte von *Planktothrix rubescens* im Plankton in Abhängigkeit von der Jahreszeit (Licht, Temperatur). (Ein diesbezüglich klassisches Studienobjekt).

Der **Jahresgang der Photosynthese** wird vom Sonnenstand (Lichtintensität) und von der Nährstoffversorgung beeinflusst, letztere vor allem in Bezug auf die Stagnations- und Zirkulationszeiten. Zunehmendes Sonnenlicht und die Nährstoffversorgung durch die Zirkulationszeiten fördern das Phytoplankton. So zeigt, grobgesehen, das Phytoplankton ein Frühjahrs- und Herbstmaximum, während im Sommer, wenn in der Stagnationsphase die Nährstoffe aufgebraucht werden, seine Dichte zurückgeht. Dieses Schema kann aber auch mannigfach abgewandelt werden.

Interessant sind auch die **tagesperiodischen Produktionskurven**. Morgens und abends bei abnehmendem Licht und Fehlen der Lichthemmung ist die Primärproduktion dicht unter der Wasseroberfläche am größten; erst im Laufe des Tages mit zunehmender Lichtstärke sinkt der Produktionsgipfel tiefenwärts (Abb. 147). Auch die P-Aufnahme ist morgens am höchsten, geht gegen Mittag zurück und steigt wieder am Nachmittag an, verbunden mit einsetzenden Zellteilungen (Overbeck 1962).

Neben Licht und Nährstoffen sind auch die verfügbaren **C-Quellen** unmittelbar wichtig für die Photosynthese. Die wichtigste Quelle ist das CO_2, das mehr oder weniger alle Pflanzen verwerten können. Erst wenn der CO_2-Vorrat zurückgeht, können relativ viele Pflanzen auf das HCO_3^- ausweichen (s. **I. 6**.3.; **I. 8**.1.9.4.), wobei dann allerdings der pH-Wert sehr ansteigt (Abb. 17). Es gibt aber auch Pflanzen, die zwar CO_2 aufnehmen, aber es schlecht verwerten können. Sie nehmen bevorzugt HCO_3^--Ionen auf. Zu ihnen gehören im Phytoplankton die *Scenedesmus*-Arten, nicht aber *Chlorella,* die vermutlich auf CO_2 beschränkt ist (Felföldy 1960).

Wir sind recht gut über die C-Assimilation bei höheren Pflanzen informiert, wenig aber über die Algen. In eutrophen Seen wird im Sommer sehr schnell das CO_2 aufassimiliert, so daß der pH-Wert bedenklich ansteigen und C zum limitierenden Faktor der pelagischen Primärproduktion werden kann. Im allgemeinen erfolgt die HCO_3^--Abspaltung aus dem Bikarbonat auch sehr langsam. Zu diesen Zeiten kommt es zwar häufig noch zu Massenentwicklungen der Phytoplankter (sog. **Wasserblüten**, s. **I. 8**.1.11.1.6., **I. 8**.2.3., **II. 6**.2.1.), die aber dann nur durch die Atmung der Bakterien hervorgerufen werden, wobei ja große Mengen an CO_2 entstehen (Kuenzel 1969). So regen Abwassereinflüsse nicht nur die Algenentwicklung infolge des N- und P-Eintrages, sondern, sondern auch indirekt durch das aus dem Abbau der organischen Stoffe freiwerdende Kohlendioxid an.

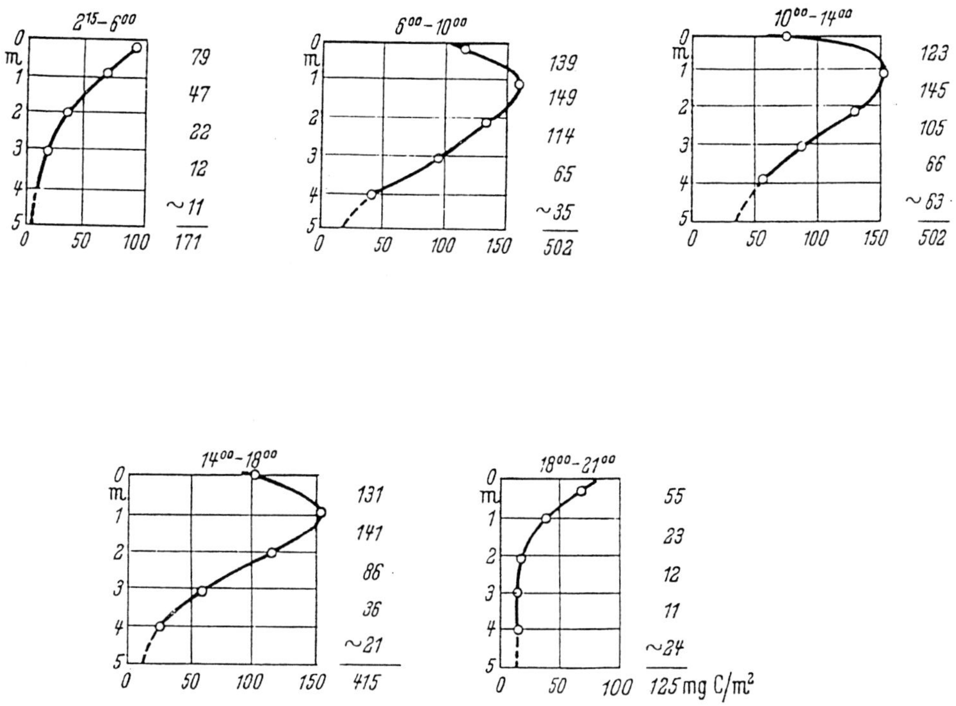

Abb. 147. Tageszeitliche Änderungen der pelagischen Primärproduktion in einem europäischen See (Erkensee, Schweden). (Aus Rodhe 1958).

Die Photosynthese als Basis der Produktion an pflanzlicher Biomasse (s. **I.** 7.7.1.) ist in allen Ökosystemen, so auch im Pelagial, die Grundlage des Stoffhaushaltes. Sie bestimmt auch weitgehend die **Trophie der Seen** (Abb. 148). Als grobe Orientierungswerte der phytoplanktischen Produktion können folgende Werte gelten:

Oligotrophe Seen:	± 200 mg C m^{-2} d^{-1}	entspr. meist < 100 g m^{-2} a^{-1}
Mesotrophe Seen:	± 500 mg C m^{-2} d^{-1}	entspr. ± 150 g m^{-2} a^{-1}
Eutrophe Seen:	± 4000 mg C m^{-2} d^{-1}	entspr. ± 250 g m^{-2} a^{-1}

Etwa 50–60 % der Bruttoprimärproduktion werden veratmet oder wieder ausgeschieden (als Exsudate, s. **I. 8**.1.9.10). Das Nano- bis Picoplankton ist mit etwa 70 % an der pelagischen Primärproduktion beteiligt. Je kleiner die Formen, um so kürzer sind ihre Generationszeiten und je größer ist damit der Umsatz. Kleine Phytoplankter, wie Flagellaten, vermehren sich relativ schnell (pro Tag 1 Teilung), große wie *Ceratium* oder *Asterionella*, langsam (etwa in 5 Tagen 1 Teilung). Erstere werden von einigen Forschern auch als r-, die letzteren als K-Strategen bezeichnet; eine Interpretation bleibt aber schwierig. Allerdings treten kleine Plankter oft im Frühjahr, größere später im Sommer auf (s. **I. 8**.1.10.9.).

Die Nettoproduktion einer Pflanzen- (hier Algen-) Art setzt sich unmittelbar in das **Wachstum** der entsprechenden Population um. Dies wird auch als **Bruttowachstum**

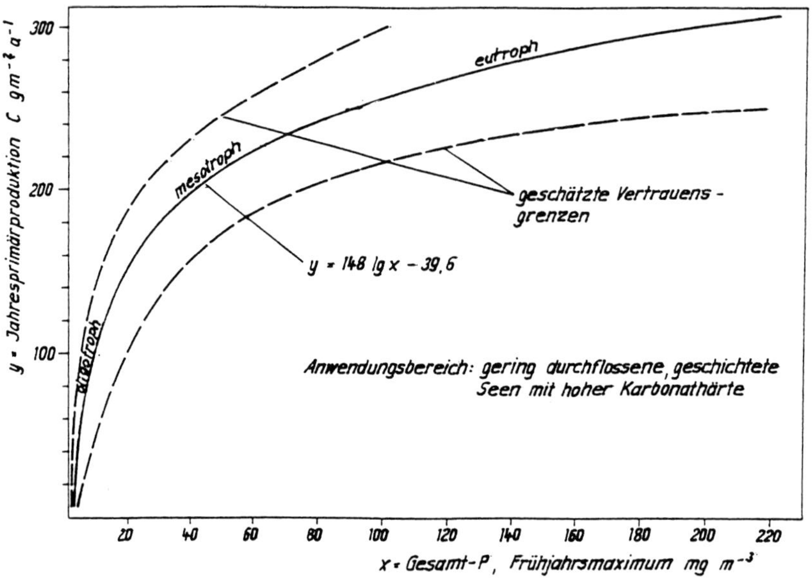

Abb. 148. Phosphorgehalt, Primäproduktion und Trophiestatus in Seen. (Aus Klapper 1992).

(μ) bezeichnet, während dann das **Nettowachstum** (r) nach Abzug der Verluste (λ) übrigbleibt:

$$r = \mu - \lambda$$

Verluste im Pelagial treten auf:

- Gefressenwerden, auch im Pelagial oft als grazing bezeichnet, betrifft vor allem die zarten Phytoplankter
- Normales Absterben aus Altersgründen (Seneszenz)
- Parasitismus (s. **I. 8**.1.10.9.)
- Absinken (Sedimentation, s. **I. 8**.1.10.10), vor allem der großen und schweren Arten

Chlorphyll-Gehalt (Biomasse) und Primärproduktion sind prinzipiell positiv miteinander korreliert. Die Vermehrungsgeschwindigkeit der Phytoplankter hängt aber von mehreren äußeren Faktoren ab. Sowohl bei Hemmung als auch bei Beschleunigung wird die Linearität beider Größen unterbrochen. Bei hoher Konsumtion der Herbivoren nimmt die Biomasse des Phytoplanktons ab, aber die Produktion wird beschleunigt. Der P/B-Quotient ist also auch hier Schwankungen unterworfen (von etwa 0,1 bis etwa 4 auf 1 Tag bezogen und grob gesehen im Jahr um den Wert 150–200!).

8.1.10.3.4. Das Phytoplankton im Zusammenhang mit der pelagischen Umgebung

Wir haben bereits autökologische Einflußgrößen auf das Phytoplankton behandelt. Es gibt aber noch eine Anzahl von Faktoren für das Phytoplankton, die aus seiner Gemeinschaft resultieren.

Die **biogene Kalkfällung** im Pelagial (s. **I. 8.1.9.4.**) führt zu einem höheren Lichtgenuß des verbleibenden Planktons, da die herabrieselnden Kristalle viele Plankter in die Tiefe reißen (STRONG & EADIE 1978). Gleichzeitig kommt es auch zu einer Abnahme von Phosphor (OTSUKI & WETZEL 1972, KOSCHEL et al. 1983) und des Vitamins B_{12} (WHITE & WETZEL 1985), die an die Kristalle adsorbieren. Während der Kalzitfällung kommt es allerdings zu einer verstärkten Attenuation des Lichtes; und auch die P-Adsorption und somit der Reinigungseffekt im Pelagial ist von vielen Faktoren abhängig und kann auch völlig ausbleiben (DOBOLYI & HERODEK 1980). Die Kalkfällung kann ebenso unmittelbar an Phytoplankter gebunden sein, z. B. an die Chlamydophycee *Phacotus*. Sie bildet in Hartwasserseen eine dicke Kalklorica, die, wenn sie leer ist, ebenfalls absinkt (KOSCHEL & RAIDT 1988, SCHLEGEL et al. 1998). Die sinkenden Loricae können mit 50 % und mehr an der Kalkfällung beteiligt sein; und auch sie nehmen Phosphate und Algen mit in die Tiefe und reinigen somit das Pelagial (KRIENITZ et al. 1993).

Hohe Phytoplanktondichten führen auch zur **Selbstbeschattung.** Kommt es zu keiner windbedingten Durchmischung, sinkt die Primärproduktion ab, wodurch wiederum die Korrelation zwischen Biomasse und Produktion unterbrochen ist (s. S. 256). Auch allochthoner Partikeleintrag, verbunden mit P-Adsorption, kann ähnliche Wirkungen haben.

In tiefen oligotrophen Seen (nicht in eutrophen!) kommt es häufig zu einem metalimnischen Phytoplankton-Maximum, obwohl die Lichtintensität unter 5 % der Oberfläche sein kann (vgl. Abb 125). Ursache ist die infolge der Seiches erhöhte Nährstoffzufuhr, die trotz des geringen Lichtes (woran es Anpassungen gibt, s. S. 253) genutzt werden (MOLL & STOERMER 1982) (Abb. 149). Ausgeprägt sind die tiefen Phytoplanktonmaxima in klaren Hochgebirgsseen.

Eine weitere Variabilität der phytoplanktischen Parameter entsteht durch die Möglichkeit, daß sich flagellate Vertreter von der phototrophen auf phagotrophe Ernährung umstellen können. So nimmt die Chrysophycee *Dinobryon divergens* bis zu 1,0 µm große Partikel auf und komplettiert damit ihren P-Bedarf (REES & JONES 1993). Der Flagellat *Ochromonas ornata* schaltet bei geringer Dichte an pflanzlicher Nahrung auf Photosynthese um, ansonsten ist er vorwiegend phagotroph. Er kann sowohl einen hohen Anteil an der Photosynthese als auch am Bakterienkonsum haben. Mit Hilfe der Phagotrophie nimmt die Art oft mehr Phosphor auf, als sie benötigt und kann im Dunklen den Überschuß freisetzen und somit zur Regeneration des Phosphors beitragen (ROTHHAUPT 1996). In hochalpinen Seen mit geringer Nährstoffkonzentration dominieren oft mixotrophe Formen als Anpassung an die Nährstoffverhältnisse: *Chromulina, Dinobryon sertularia, Mallomonas alveolata, Gymnodinium* (PUGUELLI & BETTINETTI 1999).

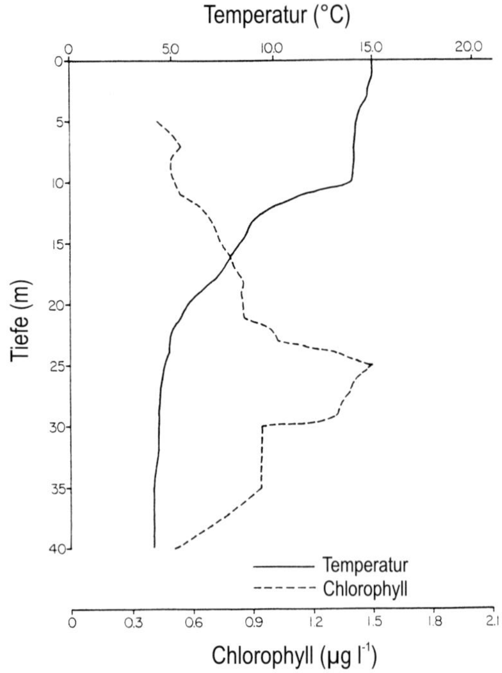

Abb. 149. Darstellung eines metalimnischen Phytoplanktonmaximums in einem oligotrophen See (Lake Superior, USA). (Nach Moll & Stoermer 1982).

8.1.10.4. Bakterio- und Mykoplankton (mit Ausnahme Cyanobacteria)

Die **heterotrophen Bakterien** nehmen DOC auf und zerlegen dabei die organischen Stoffe, wie dies bereits kurz geschildert wurde (s. **I.** 7.6.1.). Die Aufnahme der gelösten Stoffe erfolgt nach der Michaelis-Menten-Kinetik (s. **I. 8.**1.10.3.2.). Halbsättigungskonstanten schwanken zwischen 2 und 47 µg l^{-1}.

Unter anaeroben Bedingungen setzt die **Gärung** ein, z. B. im eutrophen Hypolimnion, wobei der Wasserstoff nicht an Sauerstoff, wie bei der Atmung, sondern an ein organisches Substrat gebunden wird. Dieser (primitive) Energiegewinn für die vergärenden Bakterien ist viel geringer, als das bei der aeroben Atmung ist. Als Endprodukte entstehen CO_2 (vollständig oxidiert) und reduzierte Stoffe, wie Alkohole, organische Säuren, Methan, Wasserstoff und Schwefelwasserstoff. Im Epilimnion treten vor allem heterotrophe Bakterien auf; photo- und chemolithotrophe Bakterien erscheinen in tieferen Schichten (s. **I. 8.**1.9.5., **I. 8.**1.9.6.3.). Die heterotrophen Bakterien bauen vermutlich auch den Hauptteil der organischen Schwebstoffe (Detritus) ab (durch Exoenzyme). Auch die schon gelösten Exkrete und Exsudate werden von Bakterien aufgenommen und über sie wieder in die Nahrungskette eingespeist (= **microbial loop** = mikrobieller Umweg) (Azam et al. 1983). Die Bedeutung des microbial loop wurde zunächst überschätzt, spielt aber dennoch eine Rolle.

Die Bakterienzahlen in Seen sind sehr hoch. Von einem oligotrophen zu einem eutrophen See kann die Bakteriendichte um das 700-fache ansteigen (Tab. 40), oftmals aber viel weniger, z. B. nur um das Doppelte, von 10^6 auf 2×10^6 (FURTADO et al. 2001).

Tabelle 40. Bakteriendichten in verschiedenen Seetypen. (Nach RHEINHEIMER 1991).

Seetyp	Dichte [x 10^3 ml^{-1}]
Oligotroph	50–340
Mesotroph	450–1.400
Eutroph	2.200–12.300
Dystroph	430– 2.300

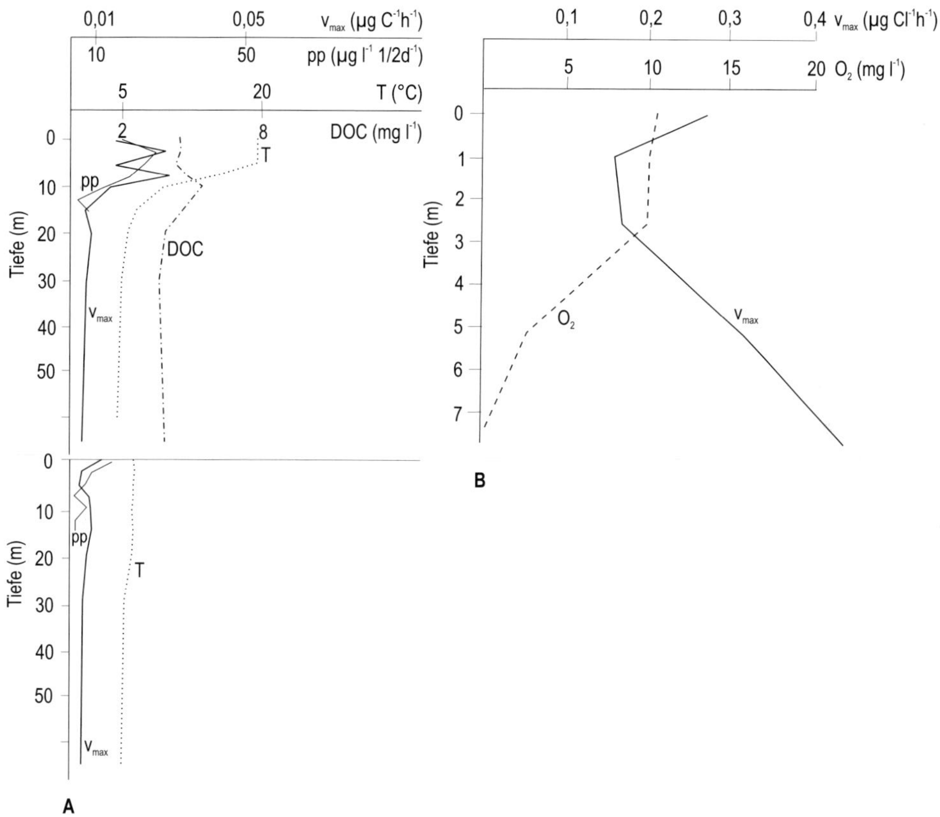

Abb. 150. Die heterotrophe Aktivität (als V_{max}) in Beziehung zur Primärproduktion (PP) und der DOC-Konzentration im oligotrophen See zur Stagnations- und Zirkulationszeit **(A)** und im eutrophen See zur Stagnationszeit **(B)**. Hier nimmt V_{max} stark zu, besonders im Hypolimnion. (Nach BABENZIEN & BABENZIEN 1985).

Die heterotrophe Aktivität (als Maß dient V_{max}) ist abhängig von dem verfügbaren DOC und der Primärproduktion. Die Abb. 150 zeigt die V_{max} in Abhängigkeit von einigen Parametern in einem oligotrophen See zur Stagnations- und Zirkulationszeit. Die V_{max} steigt im eutrophen See stark an (Abb. 150). In Sedimentnähe kommt es dann zu einer stark erhöhten Aufnahmetätigkeit, da es hier zu einer Konzentration des DOC kommt. Zu einer erhöhten Aufnahmetätigkeit, verbunden mit einem Sauerstoffrückgang, kommt es auch nach einem Phytoplanktonmaximum, wenn also die Absterbephase beginnt. Die heterotrophe Aktivität läuft grundsätzlich dem POC-Gehalt (einschließlich dem des Planktons) parallel. Dies wurde oft bestätigt. Etwa 20–40 % der phytoplanktischen Produktion werden vom Bakterioplankton genutzt (Cole et al. 1988). Dazu gehören zerfallendes Chlorophyll und Exsudate (Bird & Kalff 1984), so daß Chlorophyllgehalt und Bakteriendichte bzw. -masse positiv miteinander korreliert sind (Abb. 151). Bakterien und Phytoplankton konkurrieren um Nährstoffe, vor allem um Phosphor, wobei die Bakterien unterliegen (Abb. 151).

Die Produktion der Bakterien (vorwiegend der heterotrophen) ist schwer einzuschätzen. Größenordnungsmäßig liegt sie in Höhe:

Oligotrophe Seen	< 10 g C m^{-2} a^{-1}	entspr. ~ 10 % der Primärproduktion
Eutrophe Seen	100-200 g C m^{-2} a^{-1}	entspr. 40–80 % der Primärproduktion

Sowohl **photo- als auch chemolithoautotrophe Bakterien** sind Primärproduzenten. Sie spielen jedoch in der Produktionsleistung der Primärproduzenten meist eine untergeordnete Rolle, außer in der Grenzschicht (s. **I. 8**.1.9.6.3.). Ähnlich wie bei den Phytoplanktern gibt es auch bei den Bakterien unterschiedliche Beziehungen in den Nährstoffkonzentrationen. Kleine Bakterien (< 1 µm) mit ihrer relativ großen Oberfläche sind an niedere Nährstoffkonzentrationen angepaßt und entgehen oft dem grazing durch mixotrophe Flagellaten und Zooplankter. Große Bakterien (1–3 µm) gedeihen besser bei hohen Nährstoffkonzentrationen. In Seen sind zwar die kleinen Bakterien in höheren Dichten als die großen vorhanden, erreichen aber nicht deren Produktion. Die großen Bakterien sind besser zu konsumieren, wodurch infolge der Verdünnung ihrer Dichten ihre Produktion ständig angeregt wird. Daher spielen die großen Bakterien eine bedeutendere Rolle im Energiefluß als die kleinen (Letarte et al. 1992).

Das **Mykoplankton**, Pilzplankton, wird in der Limnologie stark vernachlässigt. Die Pilze leben saprophytisch wie die heterotrophen Bakterien oder auch parasitisch. Die parasitische Lebensweise beschäftigt uns im Kapitel **I. 8**.1.10.9.

Von Höheren Pilzen kommen im Plankton eutropher Seen häufig Hefen (Saccharomycetaceen) vor, die sich vom DOM ernähren. Andere Pilze im Plankton gehören den Chytridiomyceten und Oomyceten (Niedere Pilze) an. In einem See wurden von ihnen 33 Arten festgestellt, die auf den Carapaces und Panzern abgestorbener Zooplankter gediehen und an deren Abbau beteiligt waren. Am häufigsten besiedeln sie Reste der Cladoceren, gefolgt von denen der Rotatorien und schließlich der Copepoden (Czeczuga et al. 2000).

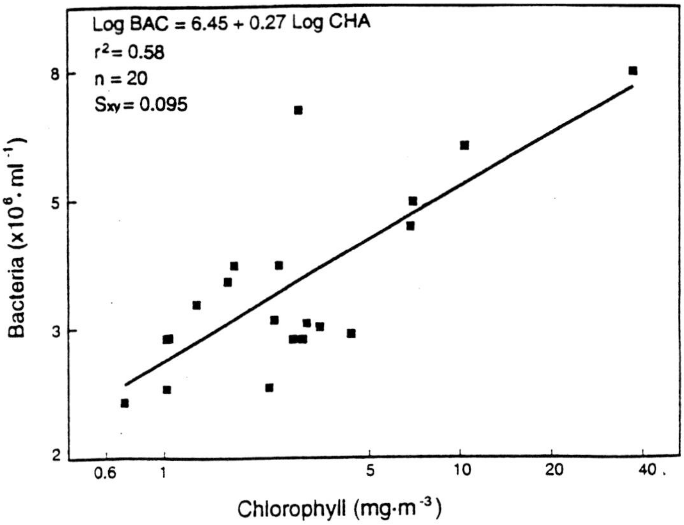

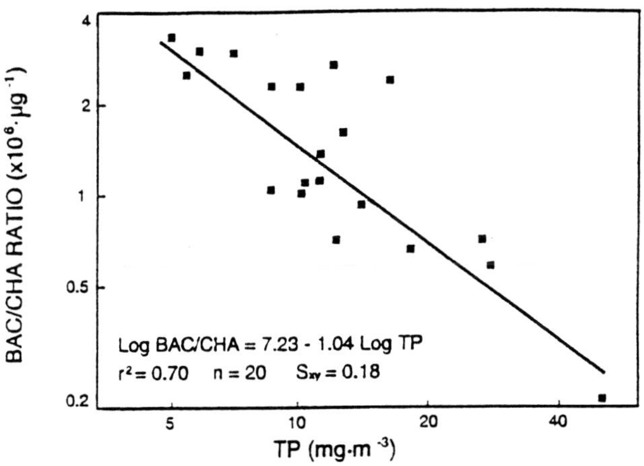

Abb. 151. Oben: Beziehung zwischen Bakteriendichte und pelagischem Chlorophyllgehalt. Unten: Der Bakterien-Chlorophyllquotient (Biomasse) als Funktion des Phosphorgehaltes. (Nach Del Giorgio & Peters 1993).

8.1.10.5. Zooplankton

8.1.10.5.1. Wichtige Zooplanktongruppen

Protozoa. Einzeller, die sich heterotroph-phagotroph (mit wenigen Ausnahmen) ernähren. Es sind dies (1) heterotrophe Flagellaten (das sind osmotrophe, mixotrophe und phagotrophe Arten der Choanoflagellaten, Kinetoplastiden, v. a. Bodoniden, Dinoflagellaten, Chrysomonadiden, Cryptomonadiden, Cercomonadiden), die je nach ihrer Größe als HNF (heterotrophe Nanoflagellaten) oder LHF (L. = Large) abgekürzt werden (vgl. Arndt et al. 2000). (2) Nacktamöben (Amoebina). Sie bewegen sich amoeboid auf festen Substraten, mehrere Arten können sich aber in die Schwimmform umwandeln und das Pelagial besiedeln (Abb. 152), in eutrophen Seen bis > 300 000 l^{-1} (Arndt 1993). Auf Aggregaten können auch die benthischen Formen erscheinen (s. **I. 8**.1.10.10.). (3) Beschalte Amöben (Testacea). Unter ihnen gibt es euplanktische (z.B. *Difflugia limnetica*) und viele tychoplanktische (s. **I. 8**.1.10.10.) Arten. (4) Sonnentierchen (Heliozoa). Häufig im Plankton, (z. B. *Acanthocystis turfacea*). (5) Wimpertierchen (Ciliata). Sehr verbreitet im Plankton; in oligotrophen Pelagialen dominieren mehr algivore Oligotrichida, in eutrophen hingegen bakteriovore Scuticociliatida. Auch sessile Ciliaten, wie Vorticelliden, können im Plankton erscheinen, dann angeheftet an Aggregaten und fädigen schwimmenden Algen. In allen See-Pelagialen sind die prostomatiden Ciliaten *Balanion* und *Urotricha* sehr verbreitet.

Rotatoria. Viele Arten (bedeutende Arten s. im Text).

Crustacea. Hier sind es besonders Cladoceren und Copepoden, die im Pelagial dominieren, weniger Mysidaceen (bedeutende Arten s. im Text).

Insektenlarven. Hier sind nur die Chaoboriden (Büschelmücken)-Larven zu nennen.

Die Mehrzahl der Zooplankter ernährt sich von Bakterien (bakteriovor) und (oder) Phytoplankton (herbivor). Es gibt aber auch räuberische Arten unter ihnen, die wichtigsten sind:

- Cladocera: *Leptodora kindtii, Bythotrephes, Polyphemus*
- Rotatoria: *Asplanchna*

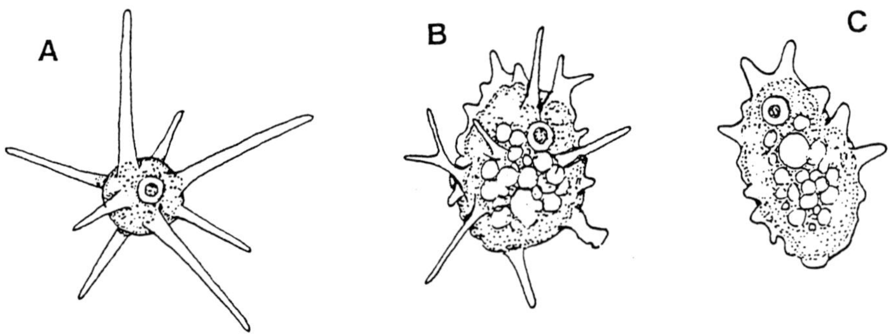

Abb. 152. Die Amöbe *Mayorella corlissi*. Umwandlung der planktischen Schwimmform **(A)** in die Kriechform **(B, C)**, benthisch. (Nach Arndt 1993).

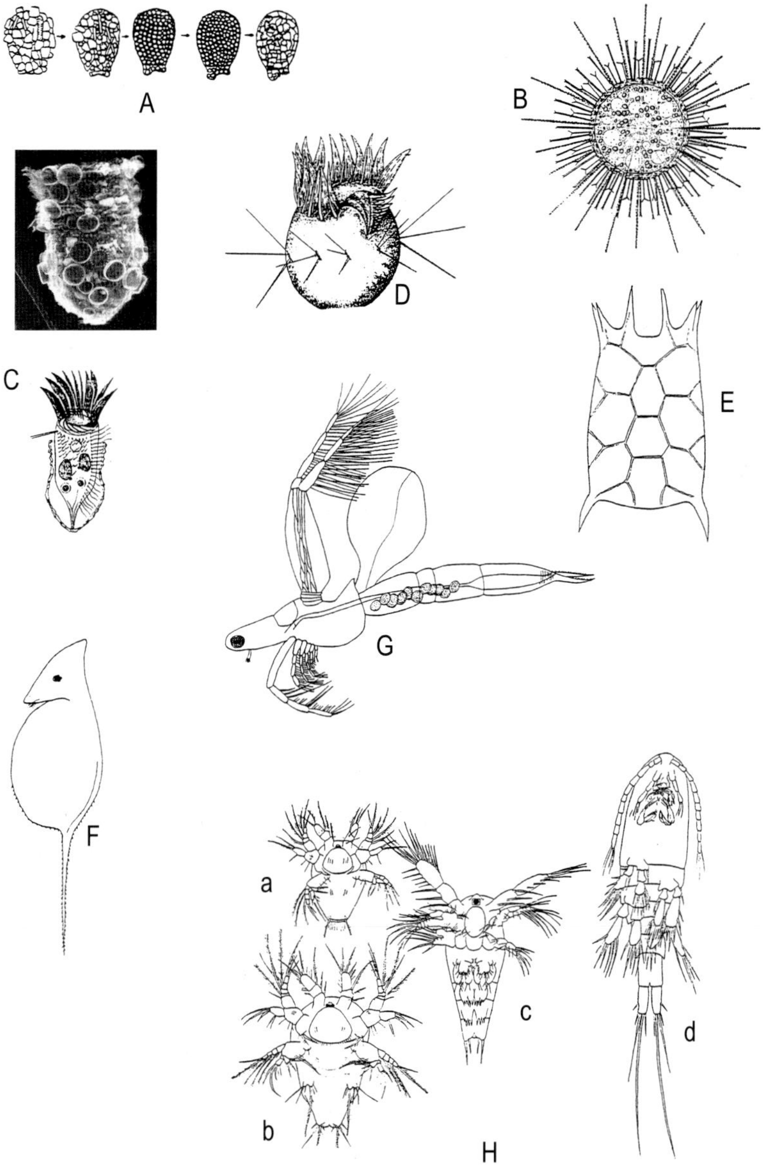

Abb. 153. Häufige Zooplankter. **A.** *Difflugia limnetica* (Frühjahrs- bis Sommerform, beschalte Amöbe), 60 µm; **B.** *Acanthocystis turfacea*, Sonnentierchen bis 150 µm; **C.** *Codonella cratera*, Wimpertierchen 40–140 µm ; **D.** *Halteria* sp., Wimpertierchen 20–40 µm; **E.** *Keratella quadrata*, Rädertier 200–250 µm; **F.** *Daphnia cristata*, bis 1,8 mm; **G.** *Leptodora kindtii*, räuberischer Wasserfloh bis 18 mm; **H.** Jugendstadien von Copepoden (a,b = Nauplius von *Cyclops*, c = Nauplius von *Diaptomus*, d = Copepodit von *Cyclops).* (Nach A. – Schönborn, B – Streble & Krauter, C – Foissner & Hausmann, D – Mackinnon & Hawes, E,H – Pennak, F,G – Flößner. Die Autoren werden nicht extra im Literaturverzeichnis zitiert).

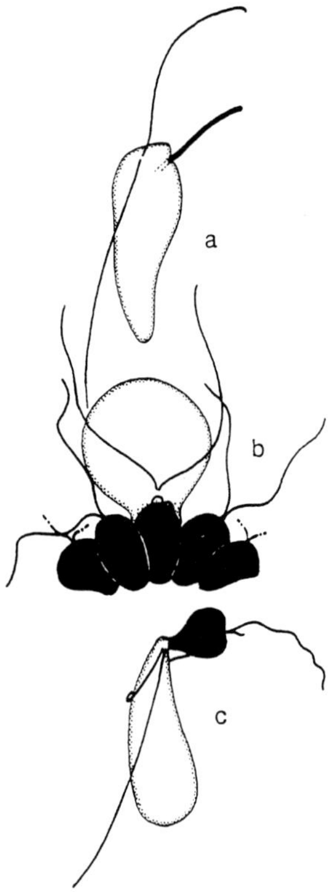

Abb. 154. Freßstrategien des heterotrophen Flagellaten *Bodo* spec. **a** = Ingestion eines Fadenbakteriums, **b** = Phagocytose einer großen *Synura*zelle, **c** = Erbeutung einer Chrysophycee. (Nach Hänel 1979).

- Copepoda: Viele Arten sind omnivor. Die cyclopoiden Copepoden werden im Verlauf ihrer Larvenentwicklung zunehmend räuberischer; ihre Nauplien sind noch weitgehend herbivor. Aber auch vorwiegend herbivore Formen, wie z. B. *Diaptomus*, sind gelegentlich räuberisch. Da adulte Cyclopoidea Daphnien fressen, sollen sie damit zugleich die Nahrungskonkurrenz ihrer Nauplien vermindern (Lampert & Schober 1978). Die Abb. 153 gibt eine Übersicht über die Formenvielfalt der Zooplankter.

8.1.10.5.2. Ernährung

Die bakteriovoren und herbivoren Zooplankter sind Strudler (sie strudeln durch Cilien oder Wimpern die Nahrung in den Mund, wie Ciliaten und Rotatorien), Filtrierer (ein Wasserstrom wird durch siebartige Strukturen gepreßt und die Nahrung herausgefiltert, wie bei den Cladoceren) oder Greifer (gezieltes Ergreifen einer Bakterie oder Alge).

Auch die räuberischen Arten kann man zu den Greifern rechnen, nur ist ihre Beute ein Tier. Typische Greifer unter den bakteriovoren Planktern sind die phagotrophen Flagellaten. Sie fallen Plankter an und schlingen sie dann in ihr Cytostom (Abb. 154). Die Bodoniden unter ihnen sind die intensivsten Bakterienfresser. Die Copepoden als herbivore und räuberische Greifer erzeugen mit den Mundwerkzeugen einen Wasserstrom zum Mund hin, wo durch Borsten die Beute zurückgehalten und dann ergriffen wird.

Greifer treffen eine Nahrungsauswahl, Strudler und Filtrierer so gut wie nicht. Die effektivsten Filtrierer sind die Cladoceren. Sie besitzen an den Blattbeinen (Thorakopoden) Filterkämme, durch die das eingesogene Wasser gepreßt wird. Die Filterkämme bestehen aus vielen Filterelementen, jedes dieser Elemente aus einer Seta und vielen Setulae, die netzartig zusammengreifen (Abb. 155). Die Filterkammerbeine (meist 3. und 4. Thorakopod) liegen in einer Filterkammer, die Wasser einsaugen und auspressen kann. Das ausgefilterte Material wird in den Mund transportiert. Ein passives Filtern ist infolge der niedrigen Reynold'schen Zahl in den engen Maschen (~ 10^{-3}) nicht möglich. Gefressen wird das, was in den Filterkämmen hängenbleibt, bestimmt weitgehend durch die Maschenweite. Es erfolgt keine qualitative, sondern nur eine größenbezogene Selektion. Hiermit lassen sich zumindest drei Selektionsgruppen unterscheiden (Geller & Müller 1981):

1. Maschenweiten 0,2–0,3 µm (z. B. *Diaphanosoma brachyura*, *Ceriodaphnia quadrangula*). Sie können Bakterien und Phytoplankter aufnehmen. Diese Arten sind typisch für eutrophe Seen.

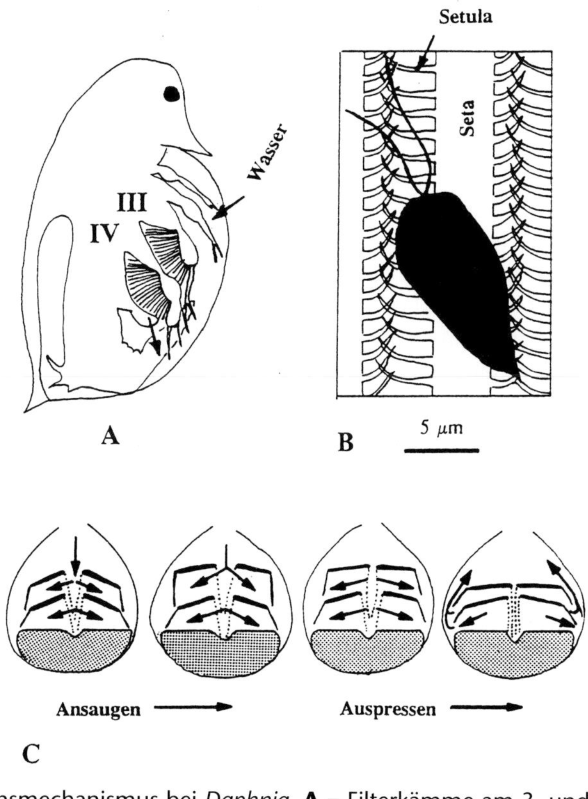

Abb. 155. Filtrationsmechanismus bei *Daphnia*. **A** = Filterkämme am 3. und 4. Thorakalbein. **B** = eine Seta mit den Setulae und eine filtrierte Alge. **C** = Filtrationsvorgang. Filterkammer mit den Filtrationsextremitäten. (Nach Sommer 1994).

2. Maschenweite ± 1 µm (die meisten Daphnien). Sie filtrieren große Bakterien und Phytoplankter. Typisch für mesotrophe Seen.
3. Maschenweite > 1 µm (z. B. *Sida* und *Holopedium*). In ihren Maschen bleiben große Phytoplankter hängen. Die Arten sind typisch für oligotrophe Seen, in denen Phytoplankter dominieren (weniger Bakterien).

Die Größenselektion der Nahrung bei den Filtrierern erfolgt nicht nur durch die Maschenweite der Filterkämme, sondern auch durch die Breite der Carapaxspalte und der Öffnungsweite der Mandibeln. Es handelt sich immer um einen Ausschlußmechanismus, bei dem die Partikel > 30–50 µm nicht mehr genommen werden können. Es läßt sich ein Selektionskoeffizient (Wi) berechnen, der von 0 (nicht freßbar) bis 1 (sehr gut freßbar) reicht und sich im wesentlichen auf die Größe und Sperrigkeit der Algen bezieht (SOMMER 1988):

$$Wi \frac{di}{dmax}$$

Es bedeuten: di = Erbeutungsrate der Alge, dmax = Erbeutungsrate der am besten freßbaren Alge.

Toxine von Blaualgen können den Filtervorgang hemmen (LAMPERT 1987a). Copepoden als auswählende Greifer verschmähen derartige Blaualgen. Bei Dominanz von fädigen Blaualgen geht die Daphniendichte oft zurück, da die Tiere nur mit Energieaufwand die Fäden aus dem Filterapparat entfernen können. Die durch den Ausfall der Daphnien freiwerdende Lücke wird wird oft von Copepoden und kleinen Zooplanktonarten eingenommen. Feinfädige nichtgiftige Blaualgen werden sowohl von Daphnien als auch Copepoden genommen, wobei letztere Fadenstücke abbeißen können. Auch Strudler (Rotatorien, Ciliaten) treffen mit Ausnahme ihrer räuberischen Formen nur eine Größenselektion. Rotatorien bevorzugen Größen von 0,5–3 µm (RONNEBERGER 1997); ihr Kaumagen (Mastax) dient lediglich zur Zerkleinerung. Ähnliche Beutegrößen haben auch die Ciliaten, wobei artliche Unterschiede auftreten. So bevorzugen die Ciliaten *Vorticella rhabdostyloides* und *Tintinnidium fluviatile* nicht nur etwas unterschiedliche Partikelgrößen, sondern auch Futterqualitäten, wie z. B. die zweite der genannten Arten, die Kieselalge *Nitzschia palea* (ZIMMERMANN-TIMM & BARKMANN 2000). Alle diese selektiven Nahrungsaufnahmen repräsentieren zugleich **Nischen** des Zooplanktons, die seine Diversität erhöhen.

Genauere Untersuchungen über die Nahrungsaufnahme liegen für die filtrierenden Cladoceren vor. Es muß unterschieden werden zwischen (a) **Filtrationsrate** (= die Wassermenge, die von einem Tier pro Zeiteinheit filtriert wird). Sie beträgt für *Daphnia* etwa 0,1–3,4 ml Ind^{-1} d^{-1}. (b) **Ingestionsrate** (= Fressrate = die Aufnahme der Nahrungsmenge in den Darm pro Zeiteinheit). Sie beträgt für *Daphnia* 0,35–3,2 $µm^3$ Ind^{-1} d^{-1}. Beide Vorgänge sind von vielen Faktoren abhängig. Eine sehr strenge Abhängigkeit besteht zur Körpergröße (L). Die Ingestionsrate (I) nimmt exponentiell mit der Körpergröße zu: $I = 0{,}08\, L^{2{,}19}$ (GELLER 1975, vgl. PETERS 1983).

Filtrationsraten für die Strudler betragen etwa: Rotatorien < 0,05 ml Ind^{-1} d^{-1} und Ciliaten 0,002–0,02 ml Ind^{-1} d^{-1}.

Die Filtrationsrate der Cladoceren steigt mit der Futterkonzentration an, erreicht ein Plateau und nimmt bei weiterer Steigerung wieder ab. Dies liegt daran, daß die Schlag-

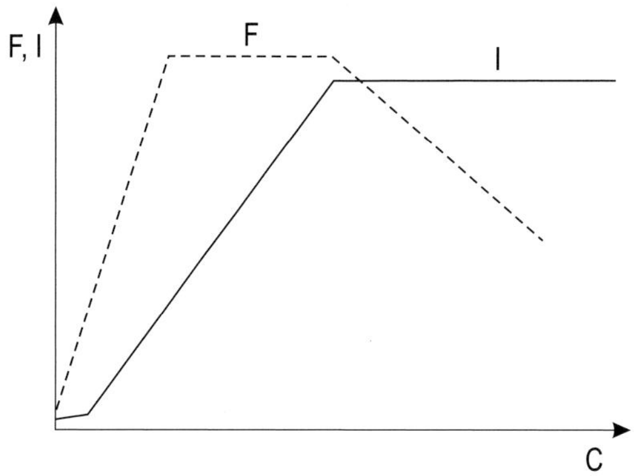

Abb. 156. Filtrations-(F) und Ingestionsrate (I) bei planktischen Cladoceren in Abhängigkeit von der Futterkonzentration (C) (Schematisiert nach Angaben mehrerer Autoren).

frequenz der Thorakopoden zunächst mit steigender Futterkonzentration zunimmt, dann aber abnimmt (Burns 1968). Die Ingestionsrate steigt ebenfalls mit der Futterkonzentration an. Sie nimmt auch noch zu, wenn die Filterleistung nachläßt, da die Mandibeln noch Futter verarbeiten und das Tier noch frißt. Dies geht solange, bis der Futternachschub ausbleibt (Mc Mahon & Rigler 1963) (Abb. 156). Auch bei den Strudlern, z. B. Rotatorien, geht mit zunehmender Nahrungsdichte die „Strudelrate" zurück und die Konsumtion erreicht ein Plateau (Klekowski 1973) (Abb. 157). (In vielen Arbeiten wird zwischen Filtrierern und Strudlern nicht unterschieden.) Das Zooplankton konsumiert meist < 80 % des Phytoplanktons, woran maßgeblich Nano- und Mikroplankton beteiligt sind. Dies reduziert aber auch die Bakteriendichten. Das basale Nahrungsspektrum sieht wie folgt aus: Die heterotrophen Flagellaten (HNF, LHF) konsumieren sehr viele

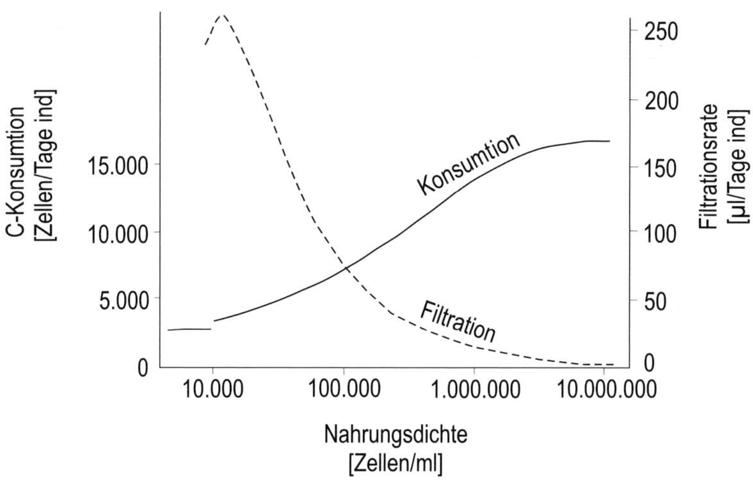

Abb. 157. Strudel (= Filtrations)rate und Konsumtion bei planktischen Rotatorien (*Brachionus rubens*, gefüttert mit *Chlorella*). (Nach Pilarska aus Klekowsky 1973).

Bakterien, die Ciliaten ernähren sich von Bakterien, Flagellaten und kleinen Phytoplanktern (zur neueren Literatur s. WEISSE 1990).

Viele Zooplankter benötigen Futter (Algen) mit einem ausreichenden Gehalt an **mehrfach ungesättigten Fettsäuren**. Fehlen sie oder ist ihr Gehalt in den Algen gering, treten Wachstumshemmungen auf und die Mortalität nimmt zu (AHLGREN et al. 1990, 1992, SUNDBOM & VREDE 1997, ARTS & WAIMAN 1999).

Der Gehalt an mehrfach ungesättigten Fettsäuren ist sehr unterschiedlich bei den phytoplanktischen Arten. So fehlen z. B. der verbreiteten *Chlamydomonas reinhardti* bestimmte ungesättigte Fettsäuren. Wichtig sind vor allem die langkettigen Fettsäuren (Eicosapentaen- und Docosahexaensäure), die besonders in Flagellaten und Diatomeen enthalten sind. Blaualgen und Grünalgen sind damit weniger ausgezeichnet, sie enthalten kurzkettige Fettsäuren, z. B. α-Linolensäure, die aber auch von Bedeutung sind. Der Fettgehalt in den Algen scheint jedoch grundsätzlich von den verfügbaren Nährstoffen abhängig zu sein. So ist er bei N-Limitierung höher als bei N-Belastung (GROEGER & KIMMEL 1988).

In tiefen oligotrophen Seen liegt die Kompensationsebene oft unter dem Metalimnion (nicht in flachen eutrophen Seen!) (s. **I. 8.1.9.4.**). Hier siedeln sich dann Copepoden an, die hochwertiges Futter auslesen können. Infolge der geringen Temperaturen und somit des langsameren Stoffwechsels akkumulieren sie die Stoffe (vorwiegend Fette) und erreichen ein langes individuelles Leben (s. Anklänge an das Grundwasserleben, s. **I. 5.5.**) (KERFOOT & KIRK 1991).

Die Wertigkeit des Futters für die Zooplankter ist auch abhängig von dem **C/P-Verhältnis** des Algenplasmas. Liegt dies > 300:1, kann es zur Phosphorlimitierung der Zooplankter kommen. In solchen Fällen erhöht der Phosphoreintrag in das Gewässer auch deutlich die Daphniendichten (SUNDBOM & VREDE 1997). In vielen Seen liegt das C/P-Verhältnis des Sestons bei ± 120, in arktischen Seen auch darunter (HECKY et al. 1993).

8.1.10.5.3. Produktion

Die Produktion des Zooplanktons ist wie alle tierische Produktion mit der Formel

$$P_t = B_t - B_o + B_e$$

beschreibbar.

(s. **I. 7.7.** und **I. 7.7.2.**; **I. 7.7.3.**; auch die Grundvorgänge der Produktion sind hier behandelt). Anstelle der Biomasse (B) kann auch die Individuenzahl (N) eingesetzt werden. Da die Zunahme der Individuen häufig exponentiell erfolgt, läßt sich die Produktion für kleine Zeiträume auch als

$$N_t = N_o \cdot e^{rt}$$

berechnen.

In der Formel ist r der **Wachstumskoeffizient** = Geburtenrate minus Sterberate. Das Wachstum einer Population läßt sich auch mit

$$\frac{dN}{d_t \cdot N}$$

ausdrücken; darin spielt die Kenntnis der Mortalität keine Rolle. Aus der Summe der kurzzeitigen Produktionsbestimmungen läßt sich dann ein größerer Zeitraum produktionsmäßig erfassen. Die gewählten Zeiten müssen so kurz sein, daß die Mortalität keine Rolle spielt. Wird dann stichprobenartig über das Jahr verteilt die Produktion gemessen, so ist die Mortalität in jedem Neuansatz mehr oder weniger enthalten.

Die Erfassung der Sekundärproduktion ist immer schwierig, aber notwendig, da Abundanz und Biomasse nur Momentaufnahmen liefern. Eigentlich müßte bei jeder Analyse von Lebensgemeinschaften die Produktion ermittelt werden, was aber aus Zeitgründen meist nicht geschieht. Die limnologisch bedeutsamen Methoden der Sekundärproduktionsbestimmungen finden sich zusammengefaßt bei SCHWOERBEL (1994) und speziell für Protozoen bei SCHÖNBORN (1992b).

Die Mortalität läßt sich auch ermitteln, wenn man die Abundanzen einer Altersgruppe (= Kohorte) verfolgt. Man erhält dann eine Alterspyramide (Abb. 158). Wie wenig die Abundanz Auskunft über Zuwachs und Tod in ihrer Population gibt, zeigt Abb. 159.

Der Energiefluß durch einen Zooplankter oder durch eine Population innerhalb des Pelagials gehorcht den in **I. 7.7.3.** beschriebenen Prinzipien. Als Beispiel sei die planktische Cladocere *Simocephalus vetulus* genannt (KLEKOWSKI & FISCHER 1975):

$$C\ [\mathrm{cal} \cdot 10^{-3}\ \mathrm{Ind}^{-1}\ \mathrm{d}^{-1}] = \underbrace{P + R}_{A} + FU \qquad A/C = 24\ \% \qquad P/C = 14{,}9\%$$

356 85,8 270,2 (mit *Chlorella* gefüttert)

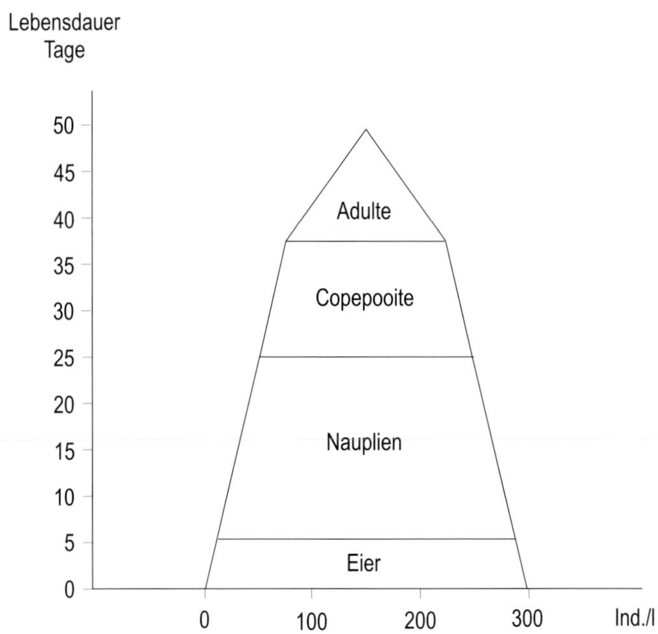

Abb. 158. Alterspyramide von *Eudiaptomus graciloides* in einem eutrophen See (Erken, Schweden). (Nach NAUWERCK 1963).

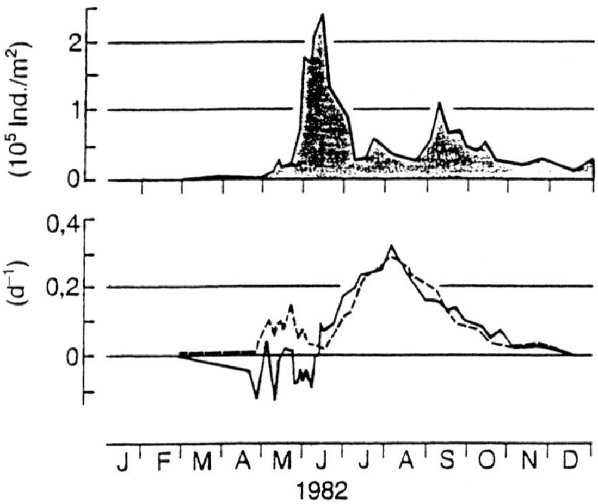

Abb. 159. Populationsdynamik von *Daphnia longispina* in einem mitteleuropäischen See (Schöhsee, Holstein, Deutschland). Oben: Jahreszeitliche Abundanzkurve. Unten: Geburtenrate (gestrichelt), Sterberate (durchgezogen). (Nach Lampert 1988).

Es gibt aber auch Beispiele, nach denen herbivore Zooplankter ähnliche ökologische Effizienzen wie räuberische Arten haben, d. h. sehr hochliegende, wie z. B. das Rädertier *Brachionus rubens* (A/C = 63,6 %, P/C = 13,4 %). Ursache mag das hochwertige Futter sein (Klekowski & Fischer 1975). Der A/C scheint jedoch generell negativ mit der Futterkonzentration korreliert zu sein (Richman 1958), d. h. bei hoher Futterdichte kommt es zu einem geringeren Ausnutzungsgrad der Nahrung (Abb. 160), was mit der Beziehung Futterkonzentration und Ingestionsrate (Abb. 156) übereinstimmt.

Produktionswerte für das Zooplankton liegen größenordnungsmäßig etwa bei

$$20 \text{ g C m}^{-2} \text{ a}^{-1} \text{ in oligotrophen und}$$

$$50 \text{ g C m}^{-2} \text{ a}^{-1} \text{ in eutrophen Seen}$$

Der P/B (a)-Durchschnitt liegt bei etwa 13.

Diese Werte entsprechen 20 % der Primärproduktion. Über den Grad der Ausnutzung der bakteriellen und primären Produktion als Futter für das bakteriovore und herbivore Plankton gehen die Meßergebnisse stark auseinander. Als Orientierungswerte können gelten: Protozoen (heterotrophe Flagellaten und Ciliaten) nutzen 70 % der bakteriellen und Rotatorien und Cladoceren etwa 30 % der bakteriellen und primären Produktion. Das ist fast immer mehr, als es die gegenwärtige Biomasse an Bakterien und Algen ist. Hier wirkt das ökologische Grundprinzip: mit Verminderung der Dichte, in diesem Fall der Beuteorganismen, wird ihre (abschöpfbare) Produktion erhöht (s. **I. 7.7.**, **I. 8.1.10.9.**). Die Beziehung zwischen Bruttoprimärproduktion (BPP) und Sekundärproduktion (SP) (= Nettosekundärproduktion) wird mit der Korrelation

$$SP = 0{,}128 \text{ BPP} - 36{,}05 \ (r^2 = 0{,}82) \ [\text{in kJ m}^{-2} \text{ a}^{-1}]$$

angegeben (Peters 1986).

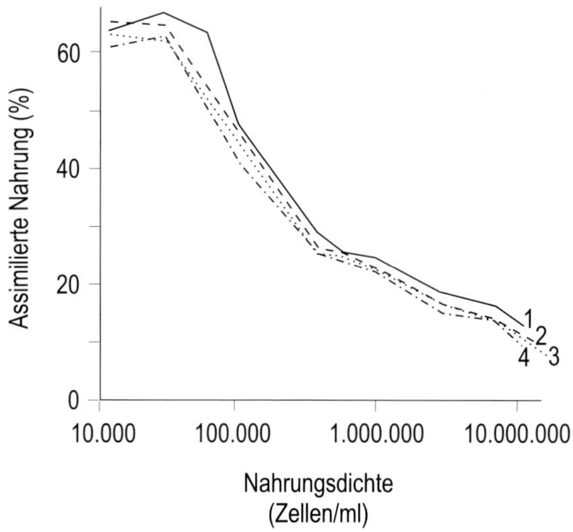

Abb. 160. Nahrungsassimilation in Beziehung zur Futterkonzentration (*Chlorella*) von *Brachionus rubens* in verschiedenen Altersklassen (als Größenangaben). 1 = reproduzierende Weibchen, 2 = 124–154 µm, 3 = bis 179 µm und 4 > 180 µm Länge. (Nach PILARSKA aus KLEKOWSKY 1973).

8.1.10.6. Fische

Die pelagischen Fische (Nekton) bewegen sich im Gegensatz zum Zooplankton auch bei Wellengang und Wasserströmungen ausschließlich aus eigener Kraft. Ähnlich wie die Fließgewässer können auch die Seen nach fischereilichen Gesichtspunkten in mehrere **Fischgewässer** unterteilt werden (vgl. BARTHELMES 1981).

8.1.10.6.1. Einteilung der Seen nach Leitfischen

Salmonidenseen. Es sind meist große, tiefe und oligotrophe Seen. Leitfischarten sind die pelagischen Salmoniden. In Hochgebirgsseen ist es der Seesaibling (*Salvelinus alpinus*) und z. T. auch die Bachforelle (*Salmo trutta* f. *fario*). In den Voralpenseen nehmen diese Stellung die Coregonen (Felchen, Renken) ein (z. B. *Coregonus lavaretus*), in den Flachlandseen sind es die Maränen (*Coregonus lavaretus, C. albula*). Sie benötigen viel Sauerstoff (> 50 % Sättigung) und auch relativ niedere Temperaturen.

Bleiseen. Sie sind die typischen eutrophen Seen (*Chironomus*-Seen). Leitfisch ist der Blei (Brachse), *Abramis brama*. Er ist stark an das ausgedehnte Litoral gebunden, ernährt sich von der litoralen und profundalen Sedimentfauna, tritt aber auch pelagisch als Zooplanktonfresser auf.

Hecht – Schleiseen. Hierbei handelt es sich um Weiher und Flachseen, also keine eigentlichen Seen, da ihnen ein Hypolimnion fehlt. Leitfische sind Hecht (*Esox lucius)* und Schleie (*Tinca tinca)*. Es sind benthische Fische; auch der Hecht jagt vor allem im Litoralbereich.

Zanderseen. Es sind große, meist nicht sehr tiefe eutrophe Seen mit einem ausgedehnten Pelagial, einschließlich großer Flachseen, wie der Neusiedler See und der Balaton. Leitfisch ist der pelagisch lebende Zander, *Stizostedion lucioperca.*

Die genannten Seen enthalten viele sog. **Begleitfische**. Besonders die Leitfische der drei letzten Seetypen können ebenso in allen anderen Seen auftreten; so können auch die mehr benthischen Leitfische pelagisch erscheinen. Die wichtigsten Begleitfische sind Ukelei (*Alburnus alburnus*) und Plötze (*Rutilus rutilus*), die auch im Pelagial eine größere Rolle spielen.

8.1.10.6.2. Ernährung

Es werden planktivore, piscivore und benthivore (im Schlamm fressende) Arten unterschieden. Planktivor sind besonders Coregonen, Blei und auch Plötze, piscivor sind Hecht, Barsch und Zander. Die benthivoren Arten sind in Seen auch wichtig als Verbindungsglied zwischen Benthal und Pelagial (s. **I. 8**.1.10.10.). Sie schalten z. B. zur Planktovorie um, wenn im Litoral das große Schlüpfen der Insekten beginnt und damit eine Nahrungsverarmung eintritt. Juvenile Bleie und Plötzen gehen vor allem nachts in das Pelagial und fressen Zooplankton. Sie fangen also auch im Dunkeln ihre Beute. Ältere Tiere sind vorwiegend benthivor. Die Planktivoren nehmen ihre Beute meist optisch wahr. Die Entfernung, in der die Beute wahrgenommen wird, hängt von deren Größe, Pigmentierung, von der Trübung des Wassers und von der Anpassung der Fische an lichtschwache Bedingungen ab. Die meisten Fische sind Schnapper; nur wenige pumpen das Wasser durch das Maul und halten an den Kiemenreusen das Zooplankton zurück (z. B. der Blei).

Es gibt Fische, die im Dunkeln fast genau so gut fangen können wie im Hellen (Blei, Plötze, Renken), andere, wie der Barsch, sind stark eingeschränkt (Bohl 1980, Diehl 1988). (Vgl. die Theorien über Vertikalwanderung).

Viele Fische können das Zooplankton nach Größe und Gestalt selektieren (s. **I. 8**.1.10.9.). Einige Arten wählen zumindest auch qualitativ. So bevorzugt *Coregonus lavaretus* die Cladoceren *Bythotrephes, Leptodora* und *Daphnia* (Mayr 1998).

Wichtig zu wissen ist, daß die piscivoren Fische (v. a. Zander und Barsch) in ihrer Jugend planktivor sind (s. **I. 8**.1.10.9.). Große und pigmentierte Zooplankter (große Daphnien) werden eher gefressen als kleine (kleine Cladoceren, Rotatorien) und unpigmentierte (*Leptodora, Chaoborus*). Je beweglicher die Zooplankter sind, um so weniger werden sie von den Fischen gegriffen. So entgehen die flinken Copepoden den Fischen häufiger als die langsamen Daphnien.

Wie bei den Filtrierern, so steigt auch bei den planktivoren Fischen mit Zunahme der Beutedichte die Freßrate, bis sie auch hier ein Plateau erreicht. Diese Gesetzmäßigkeit gilt vor allem für die leicht zu erlangende Beute, nicht so für die schwierigeren Arten (Abb. 161).

Die für die Fische leicht zu erbeutenden Zooplankter sind (zufällig) die energiereichsten und deren Fang ist nicht sehr energieaufwendig. Im Laufe der Entwicklung verschiebt sich natürlich die Größenpräferenz. Sehr kleine Jungfische beginnen mit dem Fang von Protozoen und Rotatorien.

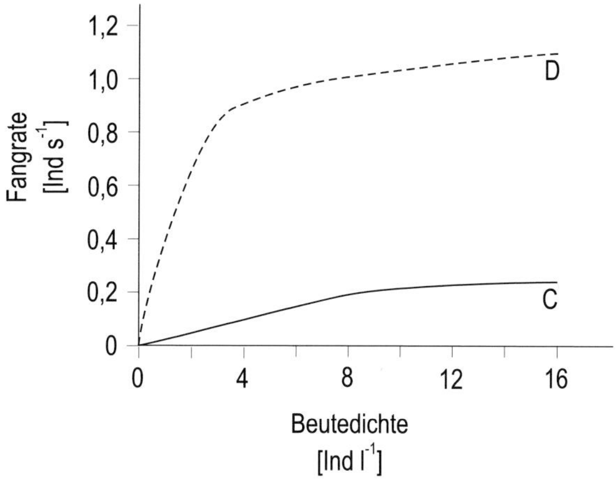

Abb. 161. Fangrate einjähriger Barsche in Beziehung zur Beutedichte : D = *Daphnia*, C = *Cyclops*. (In Anlehnung an PERSSON 1987).

8.1.10.6.3. Produktion

Über die Produktion der pelagischen Fische gibt es sehr wenige verläßliche Angaben. Diese beziehen sich meist auf den Ertrag, also ohne Berücksichtigung der Mortalität. Leider wird für den Fischertrag auch der Begriff „Produktion" (wirtschaftlich gemeint) verwendet. Größenordnungsmäßig läßt sich die **Fischproduktion** als 0,03–0,04 % der Primärproduktion bestimmen. Über den Fischertrag gibt es eine Fülle von Angaben (Abb. 162). Er steigt vom oligotrophen zum eutrophen See an, fällt dann aber mit weiterem Anstieg der Trophie und läßt sich für die fischereilichen Seetypen größenordnungsmäßig bestimmen.

Aus diesen Grundlagen läßt sich auch der Fischertrag (Y) aus der Primärproduktion (PP) (und somit Trophie) berechnen:

$$Y = [gTSm^{-2}a^{-1}] = \frac{(PP)^2}{10^6}[gCm^{-2}a^{-1}] \; r^2 = 0,74 \text{ (PETERS 1986)}$$

Der Fischertrag läßt sich auch mit dem Phosphorgehalt direkt korrelieren. *Coregonus lavaretus*, der Leitfisch oligotropher Seen, nimmt mit zunehmender Eutrophierung an Gewicht zu, aber an Abundanz ab (als Folge der zunehmenden Trübung und des rückläufigen Sauerstoffgehaltes). Für den Ammersee (Deutschland, Bayern) ließ sich die Beziehung

$$Y\ [kg\ FS\ ha^{-1}\ a^{-1}] = 7,42\ P\ [Gesamt\ P\ in\ \mu g\ l^{-1}] + 121,9,\ r = 0,88 \text{ (MAYR 1998)}$$

aufstellen. Aus afrikanischen Seen sind Beziehungen zwischen Salzgehalt, mittlerer Tiefe und Fischertrag hergestellt worden:

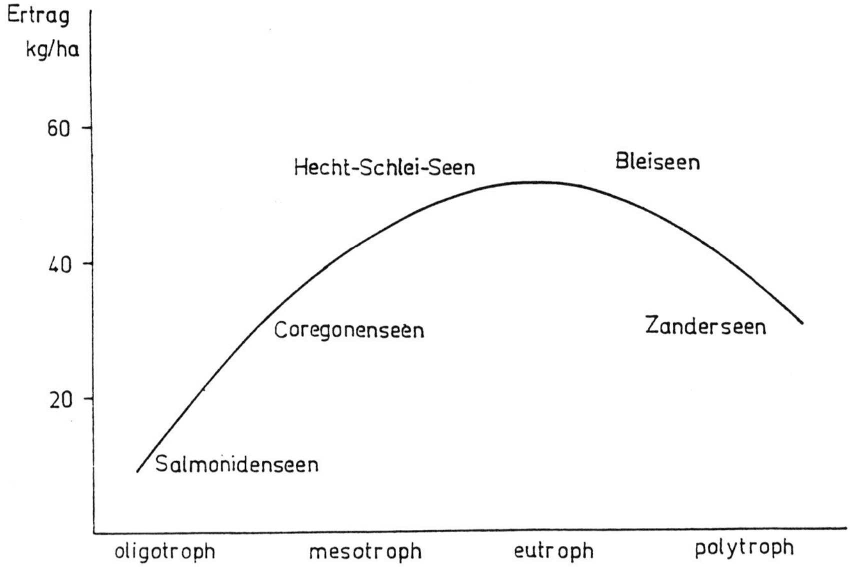

Abb. 162. Beziehung zwischen Trophie, fischereibiologischen Seentypen und Fischertrag in Mitteleuropa. (Nach HEROLD & BARTHELMES 1976).

$$Y\ [\text{kg FS ha}^{-1}] = 8{,}74 + 0{,}38\ \text{MEI},\ r = 0{,}507$$ (HENDERSON & WELCOME 1974)

$$\text{MEI (= Morpho-edaphischer Index)} = \frac{\text{Salzgehalt (Trockenrückstand in mg)}}{\text{Mittlere Tiefe (m)}}$$

Alle diese Formeln sind nicht zu verallgemeinern und gelten meist nur für die Seen, für die sie entwickelt wurden. Sie sind nur grobe Orientierungen für mögliche Korrelationen.

8.1.10.7. Piscivore Vögel

Neben großen Raubfischen greifen auch Vögel in das biozönotische Gefüge des Pelagials ein. Sie sind die eigentlichen Top-Räuber des Systems, obwohl über ihren Einfluß nur wenig bekannt ist. Die wichtigsten piscivoren Vögel in Europa sind: Fischadler (aber territorial und daher nicht sehr wirksam), Kormorane (extremer Einfluß, s. **I. 8.**1.10.9., **I. 10.**), Lachmöwen (nicht nur Fischfresser, sondern auch Zwischenwirt für Fischbandwürmer, *Ligula*) und Entenvögel. Die letztgenannten sind unterschiedlich auf die Seetypen verteilt (KALBE 1965):

Gänsesägerseen. Oligotrophe oder mesotrophe Seen (klares Wasser). Gänsesäger (*Mergus merganser*) ausschließlich piscivor.

Tauchentenseen. Vorwiegend eutrophe Seen. Typisch ist die Schellente (*Bucephala clangula*). Ernährt sich von Fischen und Makrozoobenthos.

Gründelentenseen. (Anatinae). Es sind Weiher und flache eutrophe Seen mit üppiger Ufer- und Unterwasservegetation. Wenig Fischnahrung, meist Kleintiere und Pflanzen.

Als Begleitarten sind in allen Seen Bleßrallen (*Fulica atra*) und Haubentaucher (*Podiceps cristatus*) anzutreffen. Auch hier schließen sich Leitformen nicht aus. So besiedeln bei hoher Dichte auch Gänsesäger eutrophe Seen.

8.1.10.8. Piscivore Säugetiere

Die wichtigsten piscivoren Säugetiere sind weltweit die Fischotter (Lutrinae). Sie sind meist in hohen Dichten von den Gebirgen bis in das Flachland verbreitet und bewohnen alle Gewässertypen. Sie benötigen als Nahrung große Mengen an Großkrebsen (Dekapoden) und Fischen und setzen ihren Kot zur Reviermarkierung außerhalb des Gewässers ab. Ihr großer Fischkonsum entlastet die Gewässer, da die Stoffe dann außerhalb der Gewässer sind. Extreme Mengen an Fischen erbeutet der Riesenotter des Amazonasgebietes (vgl. **I. 10.**).

8.1.10.9. Die biozönotischen Beziehungen im Pelagial

Spezielle Übersichtsliteratur: Carpenter (1988), Carpenter & Kitchell (1993), Andersen (1997), Tilzer (2000).

Das pelagische Ökosystem besteht wie alle Ökosysteme aus Destruenten (saprophytische Bakterien und Pilze), Parasiten, Primärproduzenten (pro- und eukaryotische Algen), Konsumenten 1. Ordnung (bakteriovores und herbivores Zooplankton), Konsumenten 2. Ordnung (räuberische Rotatorien, wie *Asplanchna*, viele cyclopoide Copepoden, einige Cladoceren, die herbivores Zooplankton fressen), Konsumenten 3. Ordnung (zooplanktivore Fische), Konsumenten 4. Ordnung (Raubfische) und Konsumenten 5. Ordnung (piscivore Groß- und Greifvögel, sowie Säuger). Diese Stufen (level) können jedoch erst ab einer bestimmten Nährstoffkonzentration entstehen, also noch nicht in ultraoligotrophen Seen, wo kaum Phytoplankton leben kann.

Neuerdings spielt auch die **Virusforschung** in den Gewässern eine Rolle (**Femtoplankton** < 0,2 µm). Es handelt sich dabei besonders um Phagen, die Bakterienzellen abtöten können. Ihre Dichte kann sehr hoch sein (z. B. 1,6–37 × 10^7 ml^{-1}) und die der Bakterien um das 50-fache übertreffen (Witzel et al. 1993). Viren sollen im Bodensee (Deutschland) 1–24 % der Gesamtmortalitität der Bakterien bewirken (Hennes & Simon 1995). Künftig wird die Planktonanalyse mit den Viren beginnen müssen, da diese bedeutenden Einfluß auf die Produktivtät der Bakterien zu haben scheinen.

Läßt man Viren und Bakterien außer Betracht und ordnet die Biomassen der trophischen Stufen in Richtung der Nahrungskette an (s. **I. 7.7.3.**), so erhält man nicht immer die **Pyramiden**darstellung. In vielen Fällen ist die Pyramide **invers**, d. h. das Phytoplankton hat geringere Biomassen als das herbivore Zooplankton (Abb. 163). Setzt man anstelle der Biomasse die Produktion an Biomasse ein, so ist die Pyramide wieder hergestellt. Die Produktion des Phytoplanktons übertrifft bei weitem die der höheren trophischen Stufen. Trotz geringer Biomasse kann das Phytoplankton das Zooplankton ernähren, weil alles Produzierte sofort konsumiert wird. Die Herbivorie des Zooplank-

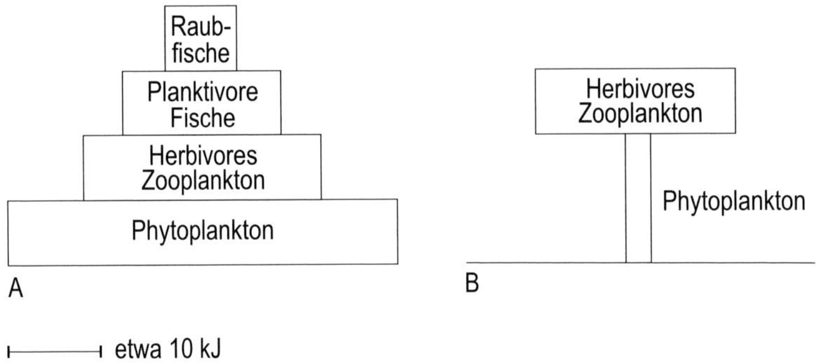

Abb. 163. Zwei Biomassepyramiden des Planktons. **A** = normale, **B** = inverse Pyramide. (Nach VINBERG 1972).

tons stimuliert gleichzeitig die Produktion des Phytytoplanktons. Früher nahm man an, daß sich das Zooplankton in phytoplanktonarmen Zeiten osmotisch ernährt (PÜTTER 1911).

Aus dem Nährstoffangebot, der Lichtintensität und den Nahrungsbeziehungen ergibt sich auch der **Jahresgang der Plankterdichten**. Er ist etwas unterschiedlich für oligotrophe und eutrophe Seen. Im Frühjahr bringt die Zirkulation Nährstoffe in die euphotische Schicht, die Lichtintensität nimmt zu und somit auch das Phytoplankton (= **Frühjahrsmaximum des Phytoplanktons**). Es folgt etwas verschoben ein Zooplanktonmaximum. In oligotrophen Seen sind die Nährstoffe bald aufgebraucht, so daß das Phytoplankton und damit auch das Zooplankton zurückgehen (**Sommerminimum des Planktons**). Im Herbst bringt die Herbstzirkulation wieder Nährstoffe nach oben. Da die Lichtintensität zurückgeht, bildet sich meist nur ein **kleines Herbstmaximum der Plankter** aus. (Das Zooplankton folgt hier wieder dem Phytoplankton.)

In eutrophen Seen kommt es im Sommer nicht zu einem begrenzenden Nährstoffschwund. Im Frühjahr setzt sich sehr schnell das Pico- und Nanoplankton durch, da es sich schneller vermehrt als das größere Phytoplankton. Dieses Phytoplankton ist aber besonders nutzbar für das Zooplankton, so daß in eutrophen Seen mit Beginn des Sommers häufig ein **Klarwasserstadium** auftritt. In dieser Zeit wird die phytoplanktische Produktion fast zu 100 % konsumiert, und es gibt immer inverse Biomasse-Pyramiden. Schließlich bricht das **Zooplanktonmaximum** zusammen, woran auch die vielen planktivoren Jungfische beteiligt sind. Nach dem Zusammenbruch des Zooplanktons kommt es wieder zur Verdichtung des Phytoplanktons, jetzt dominieren aber große und schlechter freßbare Arten, vermutlich, weil das ebenfalls wieder zunehmende Zooplankton die kleinen Phytoplankter konsumiert (Selektionseffekt). Daher bleibt die Zooplanktondichte im Spätsommer und Herbst relativ gering, und mit abnehmender Lichtintensität geht auch das Phytoplankton zurück. Zur Zeit der Herbstzirkulation kann es nochmals zu einem kleinen Planktergipfel kommen. So erscheinen in oligotrophen Seen zweigipfelige, in eutrophen dreigipfelige Jahreskurven der Plankterdichten mit abnehmender Höhe der Gipfel zum Herbst (Abb. 164).

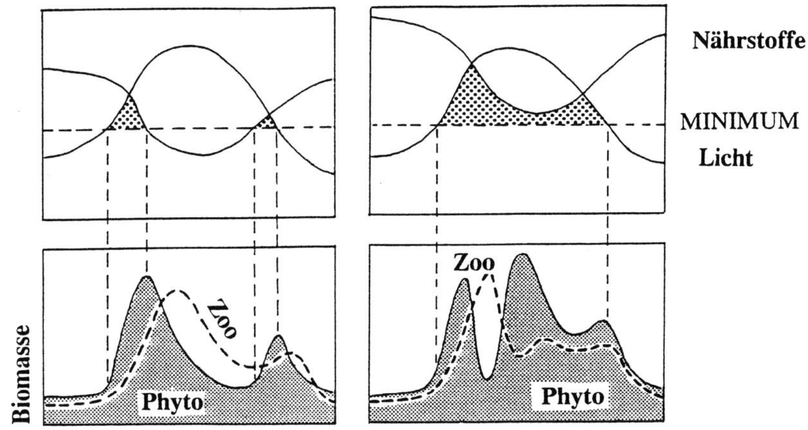

Abb. 164. Schematisierter Jahresverlauf von Nährstoffen, dem Lichtangebot und der Biomasse von Phyto- und Zooplankton (links oligotroph, rechts eutroph). (Nach SOMMER 1994).

Das Klarwasserstadium ist nur eine kurze Periode im Jahresgang eines eutrophen Sees und dies auch nur, wenn zu Beginn des Frühjahrs gut freßbare Phytoplankter erscheinen. Klarwasserstadien können auch durch endogenes Zusammenbrechen von Phytoplanktonpopulationen entstehen. VYHNALEK et al. (1993) beschreiben einen Phytoplanktonzusammenbruch, an dem 45 % grazing, 45 % Absterben und 10 % Absinken beteiligt waren, bezogen auf *Cyclotella pseudostelligera*. Mit zunehmender Eutrophierung wird das Klarwasserstadium immer weniger voraussagbar.

Solange Nährstoffe ausreichend vorhanden sind, setzt sich das Phytoplankton immer wieder durch, auch bei Anwesenheit des herbivoren Planktons, da zunehmend nichtfreßbare Formen dominieren. Werden die planktivoren Fische ausgeschaltet, so sind sie meist schnell durch das räuberische Zooplankton ersetzt (s. **II. 6.2.3.**).

Aus diesen mosaikartigen Daten, die uns über das Pelagial zur Verfügung stehen, muß nun der **Energiefluß** in dem System zusammengesetzt werden (vgl. **I. 7.7.3.**). Dieser Energiefluß und seine Strukturierung sind schließlich für das Funktionieren des Systems verantwortlich. Die Abb. 165 vermittelt einen Torso des pelagischen Energieflusses. Die Verbindung der Mitglieder des pelagischen Systems kann man auch durch eine **Kohlenstoffbilanz** beschreiben, wie dies von WETZEL et al. (1972) für den Lawrence-See, Michigan, USA, durchgeführt wurde. Danach betrug der C-Input 120,4 g C m^{-2} a^{-1} und der Output 117,6 g C m^{-2} a^{-1}, Input autochthon (Produktion) und allochthon, wie auch der Output (Respiration, Sedimentation, Ausfluß). Gewinn: 2,8 g C m^{-2} a^{-1}.

Nur unter bestimmten Umständen führt Herbivorie, wie schon ausgeführt wurde, kurzzeitig zum Zusammenbruch phytoplanktischer Populationen. Im allgemeinen bleibt mit zunehmender Biomasse und Freßrate des Zooplanktons die Biomasse des Phytoplanktons konstant. Der Fraßverlust wird ausgeglichen durch (a) Stimulierung der Produktion infolge Verdünnung der Dichte und (b) durch Nährstoffregenerierung aus Exkreten, Faeces, Absterben und unsauberem Fressen (ELSER 1988).

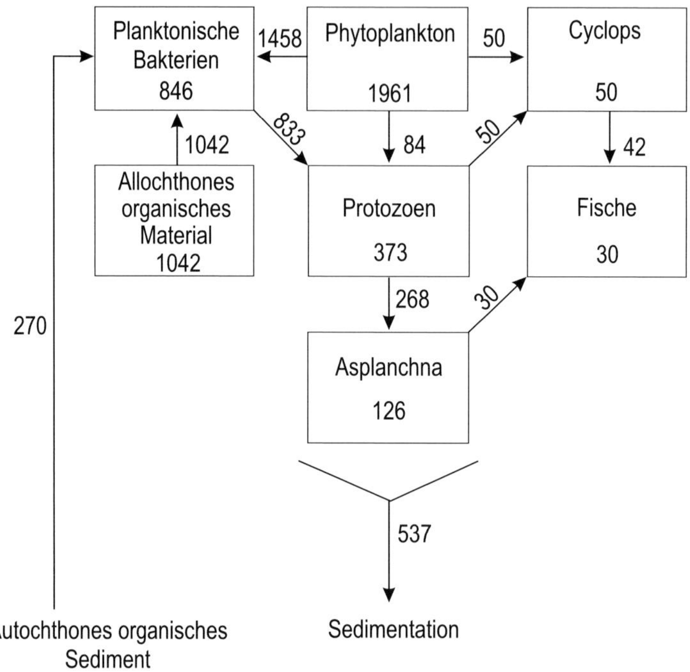

Abb. 165. Energieflußschema im Pelagial eines Sees (Dalnee-See, Kamchatka, Rußland). Stark vereinfacht. Originaldaten umgerechnet in J m^{-2} $Monat^{-1}$ (Juli). (Nach SOROKIN & PAVELJEVA 1972).

In dem zunächst homogen erscheinenden Pelagial gibt es eine große Anzahl planktischer Arten, die sich nur schwer aktiv entmischen können. HUTCHINSON (1961) sprach von dem **Paradoxon** des Planktons, da die hohe Artenzahl dem Nischenprinzip (Ausschlußprinzip) zu widersprechen scheint. In dem oligotrophen Stechlinsee (Deutschland) sind etwa 85 Phytoplankton- und > 60 Zooplanktonarten registriert (CASPER & SCHÖNBORN 1985).

Einige Gründe für diese Mannigfaltigkeit sind uns schon bekannt:

- Stratifikation des Wasserkörpers (temperatur-, licht-, dichtemäßig), wodurch die Homogenität des Lebensraumes schon eingeschränkt wird.
- Unterschiedliche Beziehungen zur Nährstoffkonzentration der Bakterien und Algen (P, Si, N:P). Die Konzentrationsunterschiede können räumlich und zeitlich im Wasserkörper wechseln (s. auch TILMAN 1982, SOMMER 1989).
- Unterschiedliche Sinkgeschwindigkeit der (lebenden) Plankter.
- Mehrere äquivalente morphologische Anpassungen an den Hauptfaktor „Sinken".
- Die Arten-Vermischung ist im Pelagial geringer als zunächst angenommen. Die Durchmischung bei schwebenden Arten ist langsamer als ihre Reproduktionsrate, was zu einem Verteilungs-Ungleichgewicht und somit zur Minderung von Konkurrenz und Räuberdruck führt.

- Werden Nährstoffe oder andere Faktoren limitierend, so erhöht sich die Konkurrenz, da Plankter nur schwer ausweichen können. Es kommt darum zu Verdrängungen, z. B. bei Algen durch Arten, die an niedere Nährstoffkonzentrationen angepaßt sind (TILMAN & STERNER 1984). Bei Regeneration der Nährstoffe können die verdrängten Algen wieder erscheinen.
- Die Koexistenz der Arten wird gefördert, wenn (a) die Faktoren, an die sie gebunden sind, variieren, (b) ein Faktorgefälle vorliegt (z. B. für Licht, Temperatur, Nährstoffe), (c) die Relativität zu den Faktoren bei mehreren Arten, die um einen limitierenden Faktor konkurrieren, zum Tragen kommt.

In unseren bisher analysierten Beziehungsgefügen, besonders aber auch im Energiefluß-schema, spielt das **Räuber-Beute-Verhältnis** eine besondere Rolle. Auch hierbei kommt es zu einer unerwarteten Vielfalt. Das herbivore Zooplankton wird von räuberischen Zooplanktern und Fischen (Weißfischen, jungen Raubfischen) gefressen. Zwischen diesen, wie auch zwischen Herbivoren und den Algen, kommt es nur selten zu **Volterra-Kurven**. Dieses geschieht meist nur, wenn Räuber und Beute etwa die gleichen Generationszeiten haben, was im pelagischen Bereich kaum realisiert ist. Die Beutetiere der carnivoren Arten haben auch entsprechende **Schutz- und Abwehrreaktionen**. So werden von den Daphnien nur die mittleren Größen am besten von *Chaoborus* erbeutet. Mit der Beutegröße nimmt die Begegnungswahrscheinlichkeit zwischen Beute und Räuber zu, aber zugleich wächst die Schwierigkeit, die Beute zu bewältigen (Anwachsen der „**Handhabungszeit**") (PASTOROK 1980, 1981). Von den Fischen werden Cladoceren leichter erbeutet als Copepoden, da die letzteren beweglicher sind und fliehen können (BROOKS 1968). Aber auch bei Fischen spielt die Beutegröße eine Rolle. In der Talsperre Bautzen (Deutschland) fehlte die Größenklasse an Daphnien, die sich im Magen ihres Hauptfeindes, des Barsches, befanden (KÖPKE et al. 1988). Für viele planktivore Fische sind die großen Filtrierer die ideale Beute; und die kleinen Zooplankter sind Beute des räuberischen Zooplanktons. Da sich aber die planktivoren Fische vorwiegend optisch orientieren, können Filtrierer in tieferen und somit dunkleren Wasserschichten überdauern.

Wie schon bemerkt, kann das räuberische Zooplankton eine den Fischen vergleichbare Konsumleistung haben. Im besonderen Maße gilt dies für *Chaoborus* und *Leptodora* (Abb. 166). Der Einfluß der Räuber auf die Größenzusammensetzung des Zooplanktons ist unbestritten (DODSON 1974) und führte schon früh zu Überlegungen für eine biologische Seensanierung. Die Abb. 167 gibt einen Überblick über die Größenselektion beim Zooplankton. Die Erkenntnisse basieren auf HRBACEK (1962), der diese Zusammenhänge zuerst erkannte. In Seen mit vielen planktivoren Fischen besteht das Zooplankton aus kleinen Arten, in fischlosen Seen aus großen Filtrierern und räuberischen Zooplanktern (die die kleinen Arten erbeuten). BROOKS & DODSON (1965) sprechen von einer „Size-Efficiency-Hypothese". Die Zahl der planktivoren Fische hängt von der Dichte der Raubfische ab, wie aus der Abb. 167 hervorgeht.

Auch diese Verhältnisse zeigen, wie mannigfaltig das „homogene" Pelagial besiedelt sein kann. Nährstoffhaushalt, Stratifikation, Seiches, Vertikalwanderung usw. gehen in die Besiedlung ein und bilden einen Komplex, der sich bisher im Pelagial methodisch viel besser erfassen ließ als im Benthal.

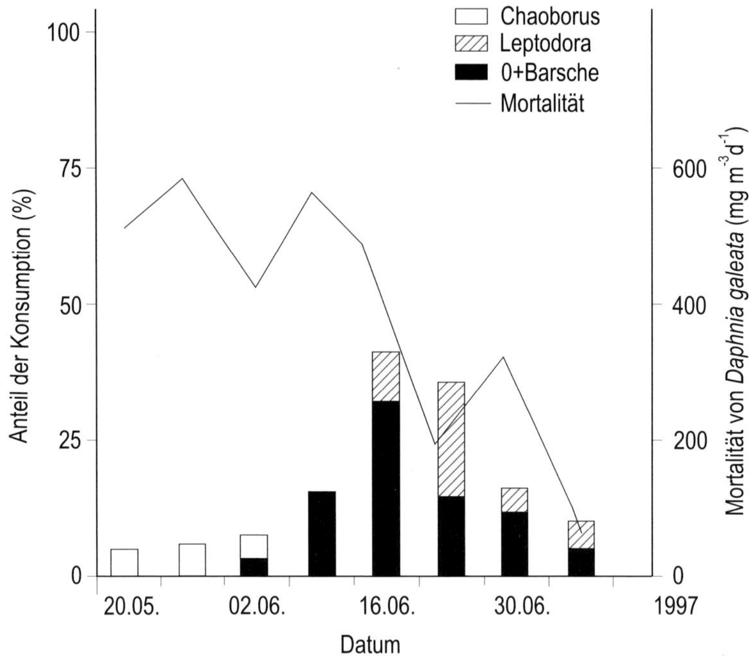

Abb. 166. Konsumleistung des räuberischen Zooplankton im Vergleich zu der der Barsche an *Daphnia galeata*. (Nach WAGNER et al. 1999).

Wir hörten schon, daß Einrichtungen, die das Schweben fördern, zugleich auch ein Schutz vor Freßfeinden sind (Sperrigkeit, Gallerthüllen). Das eindrucksvollste Beispiel der Abwehr gegen Freßfeinde ist das Reagieren der Beutetiere auf die von dem Räuber abgegebenen **Kairomone** (s. **I. 8**.1.9.10.). Sie bewirken phänotypisch cyclomorphoseähnliche Verlängerungen von Dornen und Fortsätzen, verändern die Größen und immer in Richtung der unpassenden Freßform. *Daphnia hyalina* wird nach der ersten Reproduktion bei Anwesenheit von Fischen und *Notonecta* (Rückenschwimmer) kleiner, da beide Prädatoren große Daphnien fressen. Kommen *Chaoborus*-Kairomone hinzu, wird die nächste Generation wieder größer, da dieser Räuber kleine Daphnien frißt (STIBOR & LÜNING 1994). Daphnien-Räuber können auch Kairomone abgeben, die die Schwarmbildung der Daphnien fördern, die die Räuber irritiert (PIJANOWSKA 1994). Die Abb. 168 zeigt die Einwirkung des Räubers *Asplanchna* auf seine Beute, *Brachionus calcyflorus* (beides Rotatorien). Wichtig ist noch die Ausbildung sog. Nackenzähne bei Daphnien, die von *Chaoborus* ausgelöst werden und zumindest kleinere *Chaoborus*-Arten am Erbeuten hindern (HAVEL & DODSON 1984, BENNDORF et al. 2000).

Der starke Einfluß planktivorer Fische auf das Zooplankton und das Entstehen von Klarwasserstadien bei hoher Dichte an großen Filtrierern führte zur Idee der **Biomanipulation** (oder Nahrungsketten-Manipulation) (SHAPIRO & WRIGHT 1984) als biologische Maßnahme der Seensanierung (s. **II. 6**.2.3.). Je mehr planktivore Fische, um so weniger große Filtrierer, um so höher ist die Phytoplanktondichte als entscheidende Größe der Wasserqualität (P-Akkumulation, Verminderung der Sichttiefe, starker

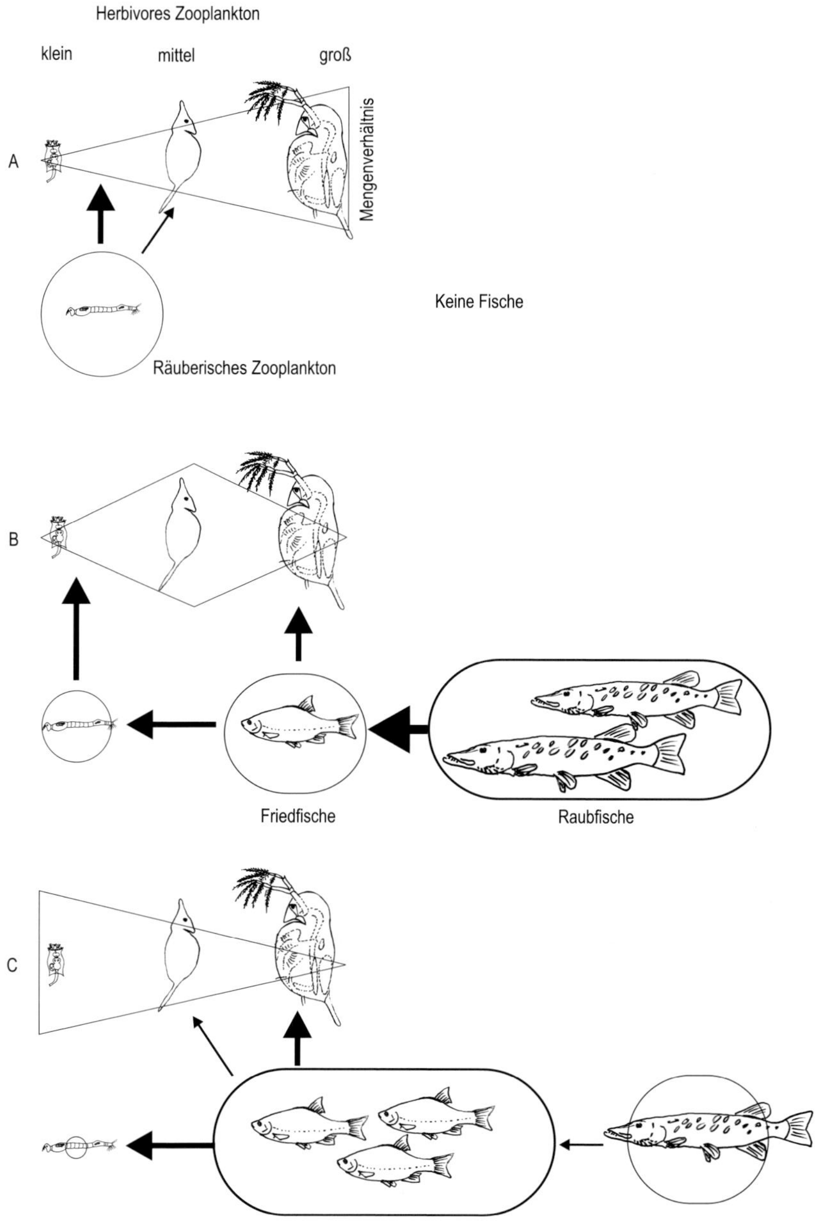

Abb. 167. Einfluß von räuberischen Invertebraten und Fischen auf die Größenzusammensetzung des Zooplanktons. **A** = keine planktivoren Fische : großes Zooplankton. **B** = wenig planktivore Fische, da hoher Raubfischbesatz : mittelgroßes Plankton. **C** = viel planktivore Fische : kleines Zooplankton. (In Anlehnung an Lampert 1987b).

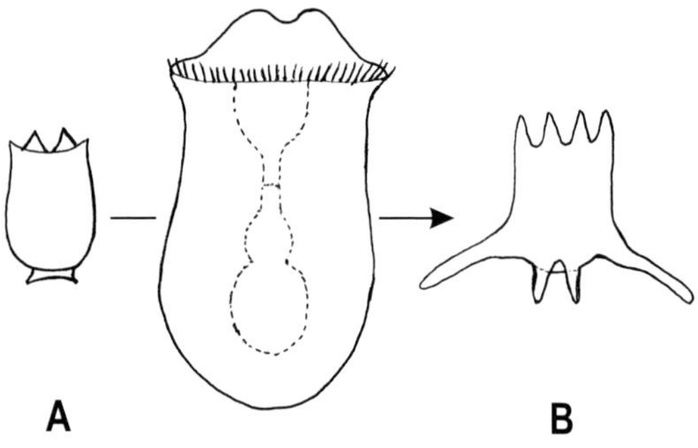

Abb. 168. Einfluß des Räubers *Asplanchna* auf seine Beute *Brachionus calcyflorus* **(B)**. **A** = ohne Einfluß des Räubers. (In Anlehnung an GILBERT 1967).

pH-Anstieg, extremer $CO_2 - O_2$-Wechsel bei Tag und Nacht). Wird daher die Dichte der planktivoren Fische reduziert (durch Raubfisch-Überbesatz oder Abfischung), so läßt sich über eine Erhöhung der Filtriererdichte das Phytoplankton reduzieren.

Aus diesen praktischen Erwägungen wurde auch ein theoretischer Problemkreis entwickelt. Erfolgt die Steuerung der Dichte prädatorisch von „oben nach unten" (oft „top down" oder **trophische Kaskade** nach CARPENTER et al. 1985 genannt) oder von „unten nach oben", d. h. über das Nahrungs- bzw. Nährstoffangebot (in diesem Zusammenhang „bottom up" bezeichnte)?

Gehen zwischen den trophischen Stufen: Nährstoffe, Phytoplankton, Zooplankton, planktivore Fische, Raubfische die Pfeile von links nach rechts oder von rechts nach links oder wechselt ihre Richtung (Modell von PERSSON et al. 1988)?

Auf diese alternativen Fragen gibt es keine einheitliche Antwort. Die Literatur über diese Probleme ist emens. Langfristig bestimmt der Nährstoffgehalt die Phytoplanktondichte für jeden See (entsprechend dem Vollenweider Modell, s. **I. 8**.1.10.3.2.). Daran kann auch keine Steuerung durch herbivores Plankton etwas ändern. In dem oberen Bereich der Nahrungspyramide kann der prädatorische Effekt („top down") groß sein. Raubfische können stark in den Kleinfischbestand eingreifen. Der in den Viktoria-See (Afrika) eingesetzte Nilbarsch (*Lates niloticus*) brachte über 200 Cichliden-(Buntbarsch-)Arten zum Verschwinden. Der prädatorische Einfluß von oben nach unten wird jedoch immer schwächer und ist immer nur kurzfristig! Ursache ist die hohe Diversität an Arten, Morpho- und physiologische Typen der Algen, so daß sich das „bottom up" Prinzip immer wieder durchsetzt. Ein Überbesatz an Raubfischen in unseren Seen kann die Weißfische reduzieren, hat aber keinen dauernden Einfluß auf die Phytoplanktondichte. Eine einheitliche Theorie über die Wirkungen der Biomanipulation ist nicht möglich (vgl. MCQUEEN et al. 1989); und viele der Vorgänge sind gewässerspezifisch.

Die eigentlichen Gipfelräuber der Seen sind, wie auch in Fließgewässern, terrestrische Prädatoren, die gleichzeitig die Seen entlasten (s. **I. 7**.7.3.). In Seen sind es neben Fischotter vor allem Kormorane und Störche, die in Seen große Mengen an Fischen erbeuten und auch Klarwasserstadien erreichen (LEAH et al. 1980). Sie sind die natürlichen Dauerentlaster der Seen. Viele Karpfenartige (Cypriniden) sind meist Pflanzenfresser (s. **I. 8**.1.11.1.5.); werden sie erbeutet, geht ein großer Teil der Primärproduktion aus dem Gewässer heraus. Dies führt uns zu einem oft nicht klar erkannten Grundphänomen der Eutrophierung. Es ist zu unterscheiden zwischen **Trophiepotenz** und **Trophierealisierung**, d. h. zwischen dem bloßen Vorhandensein der Nährstoffe und ihrem Umsatz in Phytomasse. Seeinterne Nahrungsketten können nur die Trophierealisierung verhindern; Nahrungsketten, die aus dem Gewässer führen, reduzieren jedoch die Trophiepotenz. Das gleiche Problem begegnet uns wieder bei der Seenrestaurierung (**II. 6**.2.3.) zwischen symptomatischer und essentieller Behandlung.

Zum Abschluß dieses Kapitels wollen wir uns nochmals mit dem Mykoplankton (s. **I. 8**.1.10.4.) befassen, jetzt aber mit den **parasitischen Pilzen**. Die uns schon als Abbauer begegneten Chytridiomyceten und Oomyceten treten auch parasitisch auf. Chytridiomyceten parasitieren an Kieselalgen (*Rhizophydium planktonicum* z. B. an *Asterionella formosa*), Rotatorien (z. B. *Olpidium rotiferum*), *Euglena* (z. B. *Polyphagus euglenae*). Ihr Rhizoidmycel verbreitet sich im Wirtsorganismus und bringt ihn zum Absterben. Es bilden sich Zoosporen aus, die sich mit ihrer Geißel wiederum an Algen festheften, wobei die Geißel dann zum Rhizoidmycel wird. Die Zoospore kann aber auch Gametangien ausbilden, so daß es zu einem Generationswechsel mit einer geschlechtlichen Phase kommt (aus der Gametangiogamie entsteht eine Dauerspore und aus dieser bilden sich wieder Zoosporen) (Van Donk 1989).

Über den Einfluß der Pilze auf die Wirtspopulationen und die Abhängigkeit vom Trophiestatus des Sees liegen widersprüchliche Angaben vor. Es muß jedoch mit einem deutlichen Einfluß, zumindest auf die Diatomeenpopulationen, gerechnet werden.

Von den Oomyceten befällt *Ectrogella bacillariarium* planktische Diatomeen. Auch sie vermehren sich ungeschlechtlich mit Hilfe der Zoosporen und geschlechtlich durch Gametangiogamie. Der populationsökologische Einfluß auf die Wirtsalgen wird auch hier gewässerspezifisch unterschiedlich sein. Oomyceten parasitieren auch in relativ vielen Arten der Cladoceren und Copepoden. Parasitiert werden die Körper, meist aber die Eier. *Aphanomyces*, eine häufige Gattung, umwächst das Abdomen des Copepodenweibchens und parasitiert dann die Eier, die absterben (Abb. 169).

Andere Parasiten. Neben Pilzen treten auch Bakterien und Protozoen als Parasiten auf. Relativ stark werden Cladoceren von Pilzen befallen (Green 1974). Bittner et al. (1999) stellten im Bodensee an Daphnien 9 Parasiten fest, darunter nicht nur Pilze, sondern auch Bakterien und Protozoen. Buchmeier et al. (1999) fanden in einem eutrophen See, daß von *Bosmina longirostris* 50 % durch das Sporozoon *Coelosporidium chydoricola* stark geschädigt waren, was zum Zusammenbruch der Population beitrug.

8.1.10.10. Die Beziehungen zwischen Pelagial und Benthal

Die zunächst wichtigste Beziehung zwischen Pelagial und Benthal ist die **Sedimentation**. Es sedimentieren autochthoner und allochthoner Detritus, Erosionsmaterial der Ufer, tote und lebende Plankter und die Faeces der Zooplankter. Nur wenige kleine Plankter erreichen beim Absinken den Seeboden; sie werden gefressen oder lösen sich im Epilimnion fast völlig auf. Die großen Kieselalgen haben hingegen große Sinkverluste; sie sind unvollkommene Schweber. So sinken große Kieselalgen etwa 1 m d^{-1}, kleine aber nur 0,2–0,3 m d^{-1}. Große Plankter, die aber gute Schweber sind, wie *Ceratium* mit den Schwebeeinrichtungen, sinken zwar nicht gut, werden aber auch wenig infolge ihrer Sperrigkeit gefressen. Sie zersetzen sich bereits im Epilimnion, bilden Detritus, der aber auch nur absinkt und sicherlich oft in den Filtereinrichtungen der Cla-

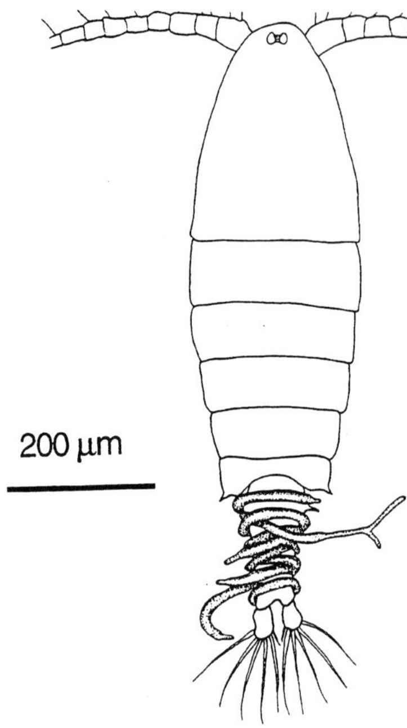

Abb. 169. Infektion eines weiblichen *Eudiaptomus gracilis* (Copepoda) durch den Oomyceten *Aphanomyces* im Mondsee (Österreich). (Nach Miao & Nauwerck 1999).

doceren endet (detritischer Teil der Nahrungskette) (Abb. 170). Die schlechten Schweber, im besonderen große Kieselalgen, sinken auch lebend ab und dienen dann den Profundalbewohnern als fett- und vitaminreiche Nahrung.

Etwa 80 % der sinkenden Phytoplankter sind Kieselalgen; etwa 50 % der jährlichen Phytoplanktonproduktion sinkt in die Tiefe (Bloesch & Uhlinger 1986). Unter den sinkenden Kieselalgen sind auch viele parasitiert. Es ist möglich, daß die Parasiten (meist Pilze) auch noch als Nahrung der profundalen Bewohner dienen.

Die Sedimentation oder der vertikale Stoff-Flux ist in den Seen von fundamentaler Bedeutung. Auf diese Weise bildet sich das Sediment, vergleichbar dem Humus im Wald und somit ein wichtiger Lebensraum und ein Stoffwechselzentrum. Die Sedimentation wird in exponierten Gefäßen (Sedimentfallen) gemessen, was bis heute noch mit erheblichen Schwierigkeiten verbunden ist. Die Sedimentation variiert extrem, innerhalb eines Sees und von See zu See. Sie wird von vielen Faktoren beeinflußt (z. B. relative Tiefe, Form und Größe der Seen, bewaldete oder offene Lage, Wind, Stratifikation, Zuflüsse, Relief der Umgebung, vor allem auch Zusammensetzung des Planktons). In Zeiten der Stagnation ist die Sedimentationsrate im Epilimnion höher als im Hypolimnion. Ursache ist der Dichtesprung des Wassers im Metalimnion.

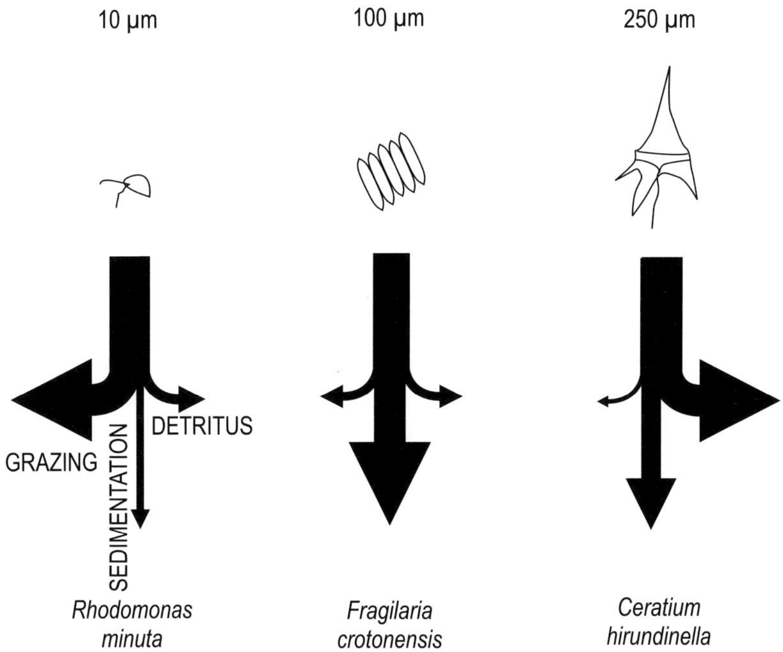

Abb. 170. Unterschiedliche Grade von grazing (Gefressenwerden), Absinken (Sedimentation) und Detritusbildung im Pelagial verschiedener Plankter in Abhängigkeit von Größe, Schwere und Schwebefähigkeit. (Nach LAMPERT 1999).

Im See gilt bei völlig ruhendem Wasser (was es aber nicht gibt):

Sedimentation [Menge Zeit^{-1}] = Konzentration der Partikel × Sinkgeschwindigkeit im Pelagial.

Als Faustregel gilt: oligotrophe Seen sedimentieren pro Jahr 1 mm, eutrophe 2 mm Sediment.

Auch **Aggregatbildungen** (s. **I. 7.6.7.**; **I. 8.1.10.5.1.**) gibt es im Pelagial der Seen, auch „lake snow" genannt, und sie sind denen in Fließgewässern vergleichbar (ZIMMERMANN 1997). Sie spielen im Stoffhaushalt des Pelagials eine noch wenig untersuchte Rolle, erhöhen aber die Sinkgeschwindigkeiten und somit die Sedimentation. Es wird zwischen Brutto- und Nettosedimentation (letztere = abzüglich Resuspension) unterschieden. Aufgewirbeltes Sediment gelangt in den Wasserkörper und in die Sedimentfallen. Diese **Resuspension** spielt besonders in Flachseen (s. **I. 8. 2.**) eine große Rolle, ist aber auch in tiefen Seen von Bedeutung. Sie nimmt generell mit den Zirkulationszeiten zu und mit der Tiefe ab. So veränderte sich die Menge des resuspendierten Materials im Eriesee (Kanada) mit zunehmender Tiefe (vom Ufer aus) von 113 auf 8,4 g m^{-2} d^{-1} (BLOESCH 1982). Mit der Sedimentation gelangen auch Nährstoffe (z. B. Phosphor) aus dem Pelagial in das Sediment. Die in einem See in Sedimentfallen gemessene Sedimentation von Phosphor betrug 496 mg m^{-2} a^{-1}. Im Sediment akkumulierten sich aber nur

49 ± 14 mg m^{-2} a^{-1}. Die Differenz ist Resuspension (EVANS 1993). Die Resuspension kann sehr hoch sein. Selbst im Epilimnion tiefer Seen erreichte sie 80 % des Falleninhaltes (KLEEBERG et al. 1998).

Die Resuspension in den großen Seen kommt vor allem aus dem Litoral und ist für das Plankton von erheblicher Bedeutung. Sie führt einerseits zu einem Nährstoffeintrag in das Pelagial, hemmt aber andererseits durch die Trübung die planktische Primärproduktion. Nettosedimentation als Sinkverlust und Resuspension als internen Eintrag in das Pelagial und Austrag aus dem Benthal verzahnen sich zu einem kaum zu durchschauenden Gefüge, wobei die Zusammensetzung des Planktons einen großen Anteil hat.

In einer Talsperre war der Phosphoreintrag sechsmal höher als in einer Vergleichssperre, trotzdem war der Phosphorgehalt im Pelagial nur doppelt so hoch. Die Ursache waren die Diatomeen, die 90 % des Phytoplanktons ausmachten und durch hohe Sinkverluste den Phosphor aus dem Pelagial in das Profundal transportierten (HORN & HORN 1998).

Unwetter können zu einem erhöhten Absinken von Planktern führen. Verbunden mit starkem Wind können sie aber das Plankton und seine Produkte (z. B. Faeces) an das Ufer treiben und die Sedimentationsrate reduzieren. Sedimentmenge und -zusammensetzung verändern sich auch im Jahresverlauf. In der Zeit des Klarwasserstadiums dominieren z. B. Zooplanktonreste in den Sedimentfallen. Im allgemeinen ist aber das Phytoplankton (z. B. 40 cm^{-3} m^{-2} d^{-1}) in den Sedimentfallen stärker vertreten als das

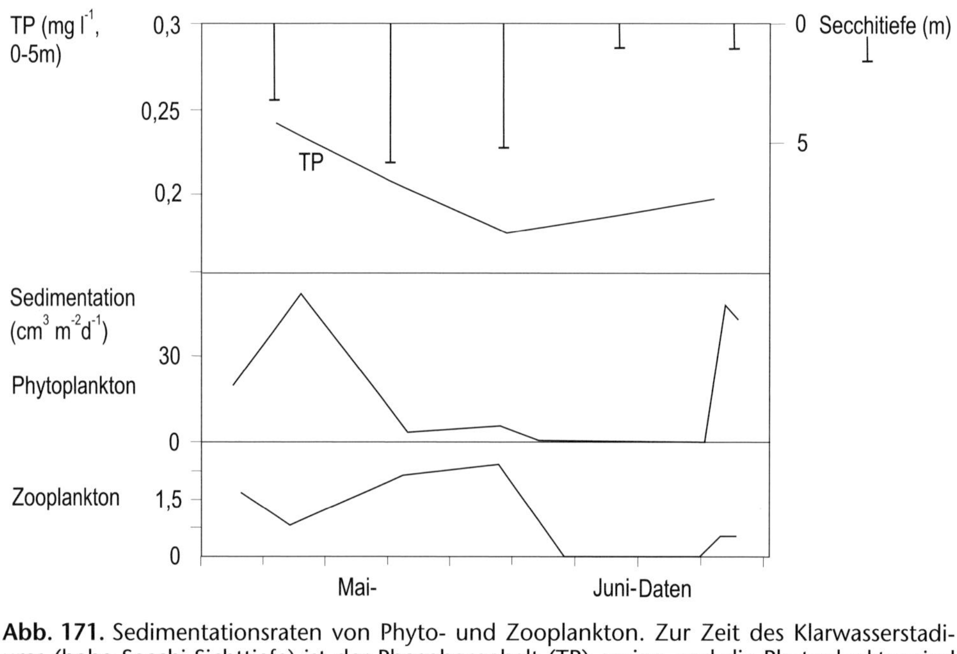

Abb. 171. Sedimentationsraten von Phyto- und Zooplankton. Zur Zeit des Klarwasserstadiums (hohe Secchi-Sichttiefe) ist der Phosphorgehalt (TP) gering und die Phytoplankter sind bereits abgesunken, aber noch hohe Sinkrate des filtrierenden Zooplanktons. (In Anlehnung an NEUBAUER et al. 1998).

Zooplankton (z. B. ± 2 cm^{-3} m^{-2} d^{-1}). Ursache ist die höhere Produktion des Phytoplanktons (Abb. 171).

Die Resuspension wird durch Wind, Fraß- und Wühltätigkeit im Sediment, besonders aber durch benthivore Fische verursacht. Nicht nur durch die Resuspension des Sedimentes selbst, sondern auch durch Faeces der Fische gelangen die Nährstoffe in das Pelagial. Aber nicht nur Stoffe, sondern auch lebende Organismen gelangen mit der Resuspension aus dem Sediment in das Pelagial. Es handelt sich dabei häufig um Bakterien und Protozoen. Im allgemeinen nimmt in den Zirkulationszeiten das Auftreten benthischer Arten im Pelagial zu. Diese Arten bilden dann das **Tychoplankton**. Die Abb. 172 zeigt dies für benthische Testaceen (beschalte Amöben). Tychoplankton kann aber auch aktiv zustande kommen, indem z. B. epipelische Flagellaten, Algen und auch Protozoen (z. B. *Arcella*) Gasblasen bilden und in das Pelagial aufsteigen. Dieser tychoplanktische Zuschuß kann vermutlich die Sinkverluste des **Euplanktons** weitgehend ausgleichen. Von den benthischen Copepoden ist bekannt, daß einige Arten eine planktische Phase einschalten können. Der Einfluß des Benthals auf das Pelagial bezieht sich auch noch auf andere Korrelationen.

Epipelische Fadenalgen können bei Eutrophierung so stark wuchern, daß Turbulenzen an den Polsteroberflächen auftreten, die zum Abreißen führen, so daß die Polster als **Algenwatten** an die Oberfläche treiben. Großtiere, die die Gewässer durchwaten oder

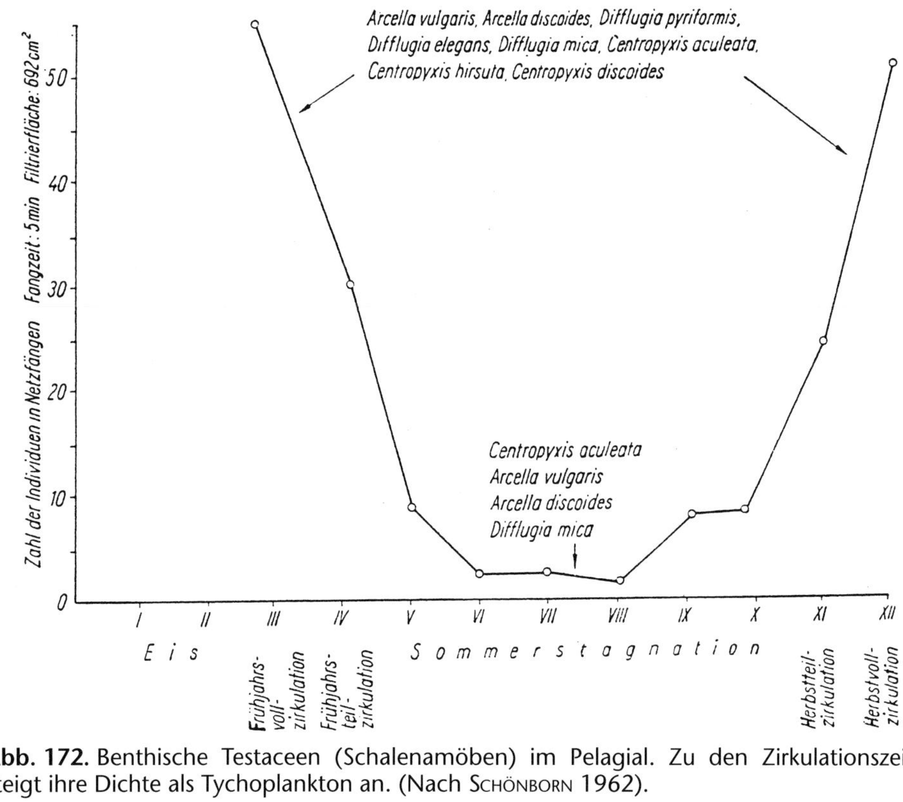

Abb. 172. Benthische Testaceen (Schalenamöben) im Pelagial. Zu den Zirkulationszeiten steigt ihre Dichte als Tychoplankton an. (Nach Schönborn 1962).

durchschwimmen, sind oft von den Watten behangen und entlasten damit auch die Gewässer (s. **I. 8**.11.1.6.).

Ein ausgedehnter **Pflanzengürtel** am Ufer mit den vielen epiphytischen Algen kann dem **Phytoplankton Konkurrenz** machen. Dies geschieht durch Nährstoffentzug, aber auch durch allelopathische Vorgänge. Es liegen Beobachtungen vor, daß das Phytoplankton bei Zunahme der Makrophyten zurückging (Rorslett et al. 1986). Wie die Resuspension, so spielen auch diese Vorgänge in Weihern und Flachseen (s. **I. 8**.2.) eine große Rolle und werden an entsprechender Stelle ausführlich besprochen. Andererseits scheiden die litoralen Pflanzen auch Stoffe aus (Sekretion), die in das Pelagial dringen (s. **I. 8**.1.9.10.).

Das Litoral fungiert ebenfalls als **Refugium** und **Reservoir** für Plankter. Planktische Oscillatorien und *Rhodomonas*-Arten haben im Jahr Perioden, in denen sie ufernah leben und vermutlich dabei geschützter sind als im Freiwasser (Szelag-Wasielewska 1993). Das litorale oder ufernahe Zooplankton ist oft viel artenreicher als das des offenen Pelagials. Es besteht aus Euplanktern, aber auch aus Arten, die eine Übergangsposition zwischen dem benthischen und dem planktischen Leben einnehmen (kein Tychoplankton mehr, sondern ein „**Semiplankton**"). Die Biomasse des litoralen Zooplanktons unterscheidet sich meist nicht von der des offenen Pelagials (Abb. 173). Die Zooplankter sind gegenüber Prädation im litoralen Freiwasserbereich relativ gut geschützt, so daß dieser Bereich als Refugium und Reservoir für die Besiedlung des offenen Pelagials dient. Die sich im Litoral aufhaltenden Jungfische bilden Schwärme („Schulen"). Sie selbst verringern dadurch das Risiko gefressen zu werden, reduzieren aber auch gleichzeitig den Prädationsdruck auf die litoralen Zooplankter:

- durch Schulenbildung sind sie nicht flächendeckend,
- ihre Freßaktivitäten sind zeitlich begrenzt (Sommermonate),

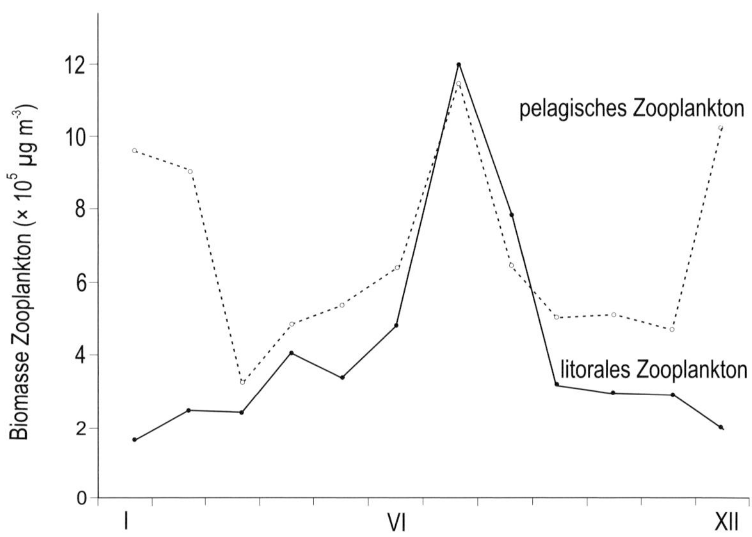

Abb. 173. Biomassen von litoralem und pelagischem Zooplankton. (Nach Lair et al. 1993).

- infolge der Nähe von Freiwasser, Pflanzen und Sediment ernähren sie sich nicht nur planktivor, sondern auch benthivor, wobei die benthische Nahrung stärker als die planktische ihr Wachstum fördert (Fischereierfahrung).

Das Litoral kann auch Einfluß auf die Ergebnisse der Biomanipulation nehmen. Dominieren unter den Piscivoren die Barsche, so leben die Jungbarsche meist in den Makrophytenbeständen, wo sie vor den piscivoren adulten Barschen geschützt sind. Werden die Jungbarsche piscivor, besiedeln sie das Pelagial und reduzieren dort die planktivoren Fische. Sie erreichen damit, daß die Phytoplanktondichte nicht zunimmt, sondern konstant bleibt. Bei Zunahme der Trophie nimmt jedoch der Barschbestand im Pelagial wieder ab und das Phytoplankton zu (Abb. 174).

8.1.11. Lebensgemeinschaften des Benthals

8.1.11.1. Litoral

Viele Strukturen und Vorgänge im Litoral treten auch in Flachseen und Weihern auf, die praktisch Litoralseen sind. Es ist daher zu empfehlen, auch das Kapitel über die Flachgewässer zu Rate zu ziehen. Die Linie zwischen trophogener und tropholytischer Schicht gliedert auch den Gewässergrund in Litoral und Profundal. Zum Litoral gehören daher das Sediment, die darauf wachsenden Pflanzen sowie die Wasserschicht über dem Sediment mit den litoralen Planktern. Der sehr auffällige Teil der litoralen Pflanzen sind Makrophyten, daneben kommen aber noch viele sessile Algen vor.

8.1.11.1.1. Litoraler Pflanzengürtel

Charakteristisch für Seen-Litorale ist die gürtelförmige Anordnung der Makrophyten (s. I. 8.1.8.). Es handelt sich meist um Angiospermen (Blütenpflanzen), zu einem geringeren Anteil aber auch um makrophytische Algen (z. B. Characeen), Moose und sogar Farne. Alle höheren Wasserpflanzen stammen von Landpflanzen ab. Mit der Eroberung des limnischen Raumes bildeten sich spezifische Anpassungen heraus. Der vollständige Pflanzengürtel ist dreigliedrig unterteilt in emerse, Schwimmblatt- und submerse Pflan-

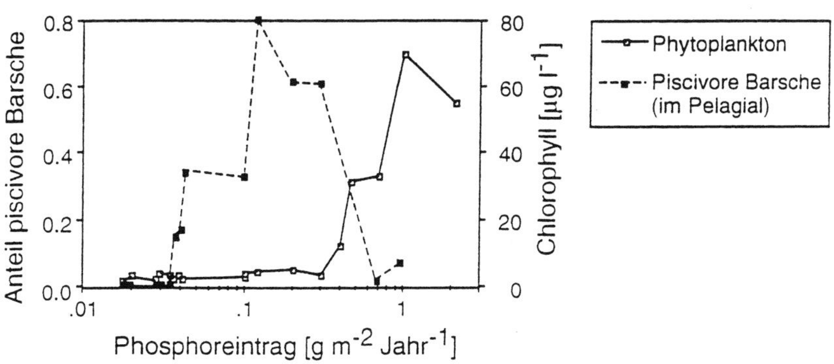

Abb. 174. Beziehung zwischen piscivoren Barschen, Phytoplanktonbiomasse und Phosphateintrag. (Nach PERSSON 1994 aus DIEHL 1998).

zen. In dieser Form findet er sich aber meist nur in eutrophen und mesotrophen Seen. In oligotrophen Seen erscheint er fast nur in Buchten, während weite Teile des Ufers infolge der nur schwach ausgebildeten Uferbank sporadisch mit Emersen bestanden ist. Hier fehlt dann auch die Schwimmblattzone und die Submersen-Bestände bestehen häufig aus Characeen. Den Abschluß der litoralen Pflanzenbestände (die auch zusammengefaßt als **Phytal** bezeichnet werden) bilden Moose. Die Zonierung beginnt allerdings, wie auch in Fließgewässern, bereits außerhalb der Uferlinie mit der **Erlenzone** (oder allgemein Baumzone). Sie wachsen auch in den Überschwemmungsbereichen, die, im Gegensatz zu den Fließgewässern, sehr schmal sind. Auch ihre Funktion gleicht der an Fließgewässern. Ihre Wurzelsysteme hemmen die Stoffdiffusion vom Lande her (s. **I.** 7.5.13.).

Die **Emersen** (vor allem Schilf, *Phragmites australis*; Rohr, *Typha* spec. u. a.) wurzeln bis 1 m unter der Wasseroberfläche im Schlamm, gefolgt von den **Schwimmblattpflanzen** (*Nymphaea, Nuphar, Potamogeton natans* u. a.), die bis zu 3 m unter die Oberfläche reichen. Die **Submersen** (= unterseeische Wiesen, z. B. *Elodea, Myriophyllum, Ceratophyllum* u. a., Characeen und das Moos *Fontinalis*) reichen, entsprechend der Kompensationsebene, in oligotrophen Seen bis zu 15–20 m, in eutrophen bis 6–8 m.

Die maximal mögliche Tiefe des Vorkommens des litoralen Pflanzengürtels läßt sich grob aus der Secchi-Tiefe (s. **I. 8**.1.9.3.) bestimmen (Abb. 175). Die **Anordnung der Pflanzen** im Ufergürtel ist abhängig von der Ufergestaltung, der Windrichtung, dem Lichtgradienten, dem Wasserdruck und von den erworbenen Anpassungen.

Ufergestaltung und Windrichtung. Mäßige Steilufer mit Windschatten zeigen oft die deutlichste Ausprägung des Pflanzengürtels. Bei Flachseen nimmt der Emersengürtel große Flächen ein, im Bereich der Brandungsufer ist seine Dichte spärlich.

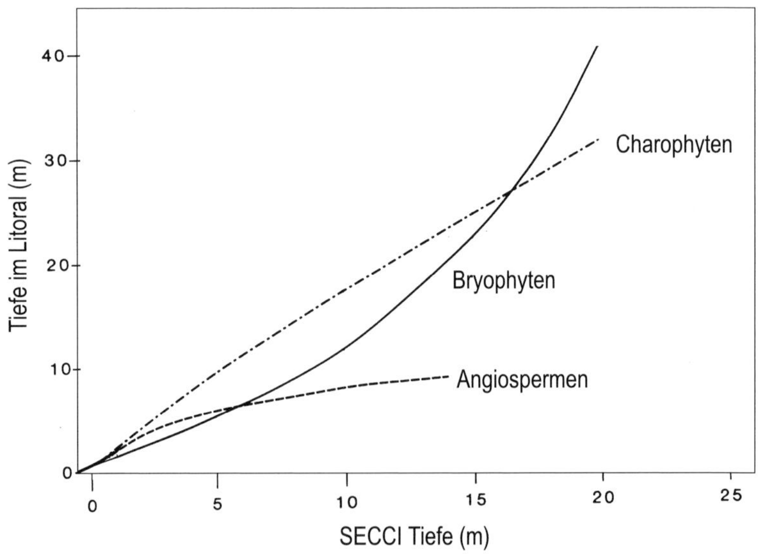

Abb. 175. Besiedlungstiefen der Gruppen der Makrophyten im Litoral der Seen in Abhängigkeit von der Secchi (= Sicht)-Tiefe. (Nach Chambers & Kalff 1985).

Licht. Mit Abnahme des Lichtes geht generell die Primärproduktion zurück (s. **I. 8.1.11.1.3.**). Es gibt aber auch Schattenpflanzen, die an schwache Lichtbereiche adaptiert sind. Lichthemmung kommt bei litoralen Pflanzen nur wenig vor, in geringem Maße bei Characeen und Aufwuchsalgen.

Wasserdruck. Die Angiospermen unter den Wasserpflanzen besitzen große Interzellulare (s. unten), die durch den Wasserdruck zusammengepreßt werden. Schon bei 1 Atm. Überdruck treten physiologische Hemmungen auf. Großalgen wie Characeen (*Chara, Nitella*) und Moose besitzen keine Interzellulare und können daher auch die tieferen Regionen des Litorals besiedeln, in oligotrophen Seen bis zu einer Tiefe von 20 m.

Anpassungen. Die Wasserpflanzen zeigen nicht nur in Fließgewässern, sondern auch in Standgewässern spezifische Anpassungen.

- Die Angiospermen sind mit echten Wurzeln im Sediment verankert. Die Wurzeln sind auf Sauerstoff angewiesen, der im Sediment, selbst im oligotrophen, immer knapp ist und meist völlig fehlt. Daher haben die Wasserpflanzen vergrößerte Interzellulare im Rindenparenchym, das sog. **Aerenchym**, durch das sie Sauerstoff bis in die Wurzeln leiten können. Die Gefäßbündel liegen zentral, wodurch der Stengel zugfester und biegsamer wird. Das Aerenchym macht die Blütenpflanzen jedoch vom Wasserdruck abhängig (Abb. 176).
- Jedes Teil einer Wasserpflanze ist von einem Wassermantel umgeben. Die Pflanze nimmt Nährstoffe und Gase (CO_2) aus dieser Grenzlamelle auf. Ein Nachdiffundieren ist immer mit Zeitverzögerung verbunden. In Fließgewässern ist diese Grenzlamelle infolge des fließenden Wassers so dünn, daß die Pflanzenteile stets reichlich mit Nährstoffen versorgt werden (s. **I. 7.5.5.**; **I. 7.7.1.**). Daher können sich die Pflanzen in Fließgewässern fadenförmige Blätter als Anpassung an die Strömung leisten, während in Standgewässern alles auf Vergrößerung der Blattoberfläche ausgerichtet ist, was zur **Fiederung** der Blätter führt. Bei Pflanzen mit unterschiedlichem Grad der Fiederung ist die Photosyntheseleistung bei den am stärksten gefiederten Blättern am größten (Abb. 177). Die Diffusion von CO_2 in Luft und Wasser erfolgt etwa im Verhältnis 10:1. Die Schwierigkeit, unter Wasser zu assimilieren, zeigt ein Experiment, in dem das Landmoos *Polytrichum formosum* unter Wasser gebracht wurde (Abb. 178). Bei Pflanzen, die Über- und Unterwasserblätter haben, sind die oberen weniger stark

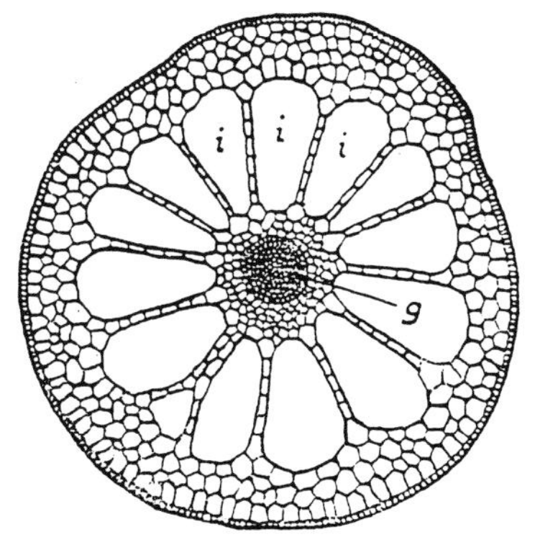

Abb. 176. Querschnitt durch den Stengel von *Myriophyllum spicatum*. i = Luftkanäle des Aerenchyms, g = zentrales Gefäßbündel. (Nach VÖCHTING aus RUTTNER 1962).

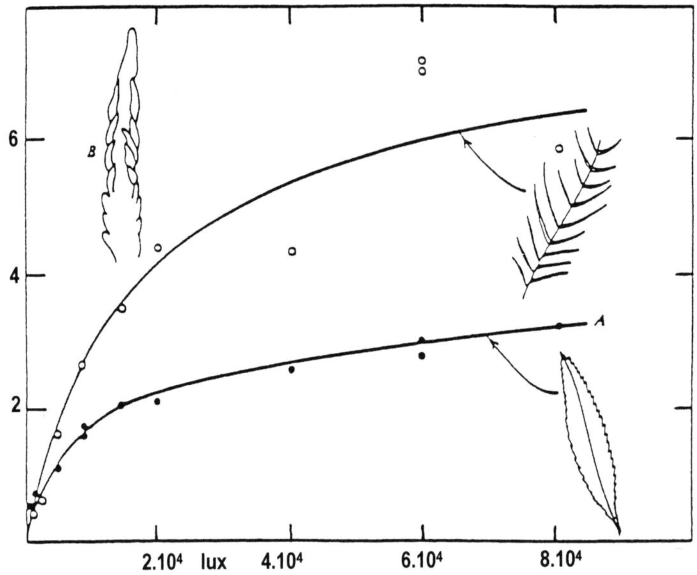

Abb. 177. Unterschiedliche Photosynthese (Ordinate, relativ) bei gefiederten und gerundeten Blättern von *Proserpinaca palustris.* (Nach HUTCHINSON 1975).

gefiedert als die unteren (z. B. *Ranunculus aquatilis, R. baudotii, Oenanthe phellandrium*), was als **Heterophyllie** bezeichnet wird. Mit Zunahme von Licht und Temperatur geht die Fiederung wieder zurück, was aber meist nicht von langer Dauer ist. Aus der Luft kann CO_2 viel schneller aufgenommen werden als im stehenden Wasser. Daher gilt das Gesagte auch nur für submerse Pflanzen. Die Emersen besitzen dementsprechend auch die höchste Produktion unter den Wasserpflanzen.

- In Anpassung an das Wasserleben ist die **Cuticula**, die ein Transpirationsschutz ist, reduziert. Desgleichen fehlen auch die **Spaltöffnungen**. Die Gase werden durch die Oberflächenzellen aufgenommem. Bei Schwimmblattpflanzen sind die Spaltöffnungen auf die Blattoberseite beschränkt, und nur bei den Emersen sind sie völlig erhalten geblieben.
- Bei den Landpflanzen erfolgt durch die Wasserabgabe aus den Spaltöffnungen ein Sog, der **Transpirationssog**, durch den Flüssigkeit und Nährstoffe, die die Wurzeln aufnehmen, in die Blätter befördert werden. Bei den Emersen funktioniert dieser Transpirationssog noch, wodurch ihre Produktionsleistung ebenfalls gefördert wird, nicht aber mehr bei den Submersen. Bei ihnen wird der Stofftransport mit Hilfe des **Wurzeldruckes** erreicht. Die Wasserabgabe der Unterwasserpflanzen geschieht ebenfalls aktiv durch die **Hydathoden**. Die Oberflächenzellen nehmen nicht nur CO_2, sondern wie die Wurzeln, auch Nährsalze auf. Auch dies geschieht wieder aktiv durch besondere Zellen, die **Hydropoten**.

Typisch für die Sohle der Fließgewässer sind einartliche Pflanzenbestände, die meist inselförmig verteilt auftreten und ihren Standort verändern (s. **I. 7.5.5.**). In den Uferzo-

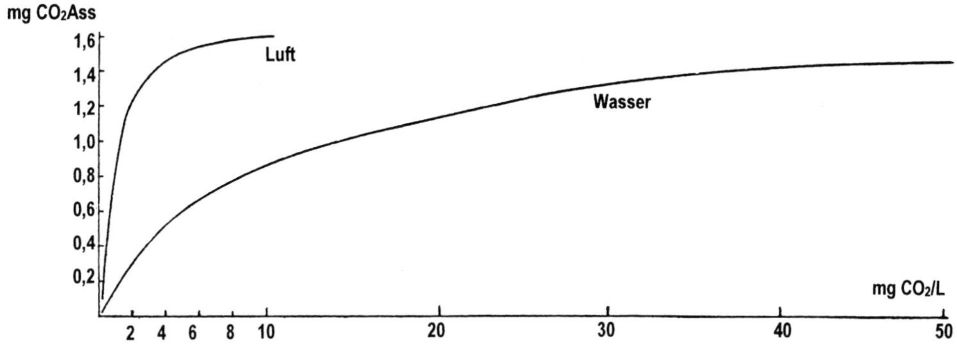

Abb. 178. Assimilation an der Luft und unter Wasser am Beispiel des Mooses *Polytrichum formosum.* (Nach Gessner 1955).

nen der Seen kommt es zu einer geordneten Zonierung der Pflanzen, wobei die Zonen auch hier zu einartlichen Ansammlungen neigen. Extrem ist dies bei den Emersen und hier ist es besonders das Schilf, das riesige einartliche und stabile Bestände bilden kann. Die Wurzeln des Schilfes sind als Speicherorgane ausgebildet, Rhizome, die sowohl vertikal als auch horizontal wachsen. Sie dringen bis über 2 m tief in das Sediment ein. Die Rhizome stehen so dicht, daß Schilfsamen keine Chance zum Keimen haben. Schilf vermehrt sich daher praktisch nur vegetativ; und Schilfbestände bestehen aus einem oder mehreren Klonen. Die Stabilität der Schilfzonen zeigt sich auch daran, daß über 1000 Jahre alte Schilfbestände bekannt sind (z.B. an der Donau; Rudescu 1974). Die im Herbst abfallenden Schilfblätter können die Sedimentoberfläche hermetisch abriegeln, so daß die Belüftung der Wurzeln völlig durch die Interzellular-Leitungen erfolgt, wovon auch die übrigen Sedimentbezirke profitieren (s. **I. 8**.1.11.1.6.). Bei geringer Produktion im Winter kann Sauerstoff auch durch die porösen Nodien des Schilfes in die Wurzeln gelangen (Hofmann 1992).

8.1.11.1.2. Algenaufwuchs

Spezielle Übersichtsliteratur: Wetzel (1983a).

Die Algen und Blaualgen des Litorals sind sessil oder doch zumindest stark substratgebunden. Die Gemeinschaft sessiler Algen heißt **Aufwuchs** oder **Periphyton** (s. **I.** 7.5.1.). Hierzu gehören aber auch Bakterien und sessile Tiere (z. B. Vorticelliden [Glockentierchen], sessile Rotatorien u. a.). Je nach Substrat bezeichnet man den Aufwuchs als epilithisch (auf Steinen), epipsammisch (auf Sandoberflächen), epipelisch (auf Schlammoberflächen), epiphytisch (auf Makrophyten). Der Aufwuchs spielt in allen Gewässern eine wichtige Rolle (s. **I.** 7.6.7.). Bevor Algen eine Oberfläche besiedeln können (v. a. auch Steine), muß sich gelöstes, kolloidales und partikuläres Material adsorbiert haben, wie dies auch in Fließgewässern der Fall ist (s. **I.** 7.5.8.). Hier ist der Vorgang auch näher beschrieben. Die ein- oder mehrschichtige Lage aus Mikroorganismen und Mikroalgen bezeichnet man auch als **Biofilm**.

Mit zunehmender Tiefe nimmt die Mächtigkeit des Aufwuchses ab und seine Zusammensetzung ändert sich. In oligotrophen Seen, bei geringer Konkurrenz durch die Makrophyten, kann es zu einer deutlichen Zonierung der Algen kommen (Ruttner 1962):

- *Tolypothrix*-Zone (Blaualge). Auf Steinen, die auch trockenfallen.
- *Rivularia*-Zone (Blaualge). Auf Steinen, die bereits im Wellenschlag liegen.
- *Schizothrix*-Zone (Blaualge). Auf Steinen unter Wasser, kaum noch Wellenschlag.
- Diatomeen-Grünalgen-Zone. Auf Makrophyten, einschließlich Großalgen.
- Rot-bunte-Zone. In den unteren Litoralbezirken. Hier leben noch Diatomeen, Blaualgen und Rotalgen (z. B. *Hildenbrandia, Chantransia*). Diese Algen können das kurzwellige Licht mit ihren Pigmenten besser ausnutzen als die Grünalgen. Die den Eigenpigmenten komplimentären Spektralfarben werden photosynthetisch am besten verwertet.

In den eutrophen Seen beginnt die Zonierung meist mit den Diatomeen und Grünalgen, oft dominiert durch *Cladophora*-Arten, die auch an den Wellenschlag angepaßt sind. In der Brandungszone kommen dann Fließgewässerarten vor (*Cladophora glomerata*), die hier einen adaequaten Lebensraum finden. Die Diatomeen-Grünalgen-Zone ist sehr artenreich. Sie wird meist nach Substrat und dominierenden Diatomeenarten differenziert:

- *Gomphonema-Achnanthes*-Gemeinschaft (bes. auf *Potamogeton*).
- *Achnanthes-Turbellaria*-Gemeinschaft (bes. auf *Chara*).
- *Achnanthes-Cymbella-Tabellaria*-Gemeinschaft (*Myriophyllum, Fontinalis*).

Besonders auf *Myriophyllum* und *Fontinalis* (stark gefiedert!) kann der Aufwuchs sehr dicht sein.

Die auf dem organischen Sediment (Schlamm) lebenden Algen dringen fast nicht unter die Oberfläche. Anders ist dies bei den epipsammischen Algen. Sie dringen bis etwa 10 cm unter die Sandoberfläche und leben an den Steinchenoberflächen der Lükkensysteme (Abb. 179). Das Licht reicht allerdings nur wenige Millimeter unter die Sandoberfläche. Vermutlich gelangen die Algen auch nur passiv durch Umschichtung infolge Wellenbewegung in die Tiefe, können aber wieder aktiv nach oben kriechen (z. B. Diatomeen, Blaualgen) (Harper 1969). Unter den Algen gibt es auch viele schwachlichtadaptierte Arten (Taylor 1964, Kann 1985), fakultativ heterotrophe Diatomeen und solche, die ihren Stoffwechsel stark minimieren können (Steele & Baird 1968, Vincent & Goldman 1980).

Auf dem Sediment leben sowohl große filamentöse und gallertbildende Arten, oft in Kolonien (*Nostoc, Aphanothece, Spirogyra, Mougeotia, Cladophora, Oedogonium, Microspora*), aber auch viele einzellige und z. T. bewegliche Arten (Diatomeen, Desmidaceen, Flagellaten, fädige Blaualgen). An geringe Nährstoffkonzentrationen sind angepaßt: z. B. *Frustulia rhomboides, Eucocconeis flexella, Eunotia*-Arten, *Tabellaria binalis*, an hohe Nährstoffgehalte *Aphanothece stagnina, Synura uvella, Cryptomonas ovata.*

Der Aufwuchs hat eine bestimmte Architektur. Die untere Schicht besteht aus dichtanliegenden Algen, die durch Adhäsion oder Plasmaströmungen haften. Daneben (oder auch darauf) siedeln Arten mit speziellen Hafteinrichtungen. Diese Hafteinrichtungen

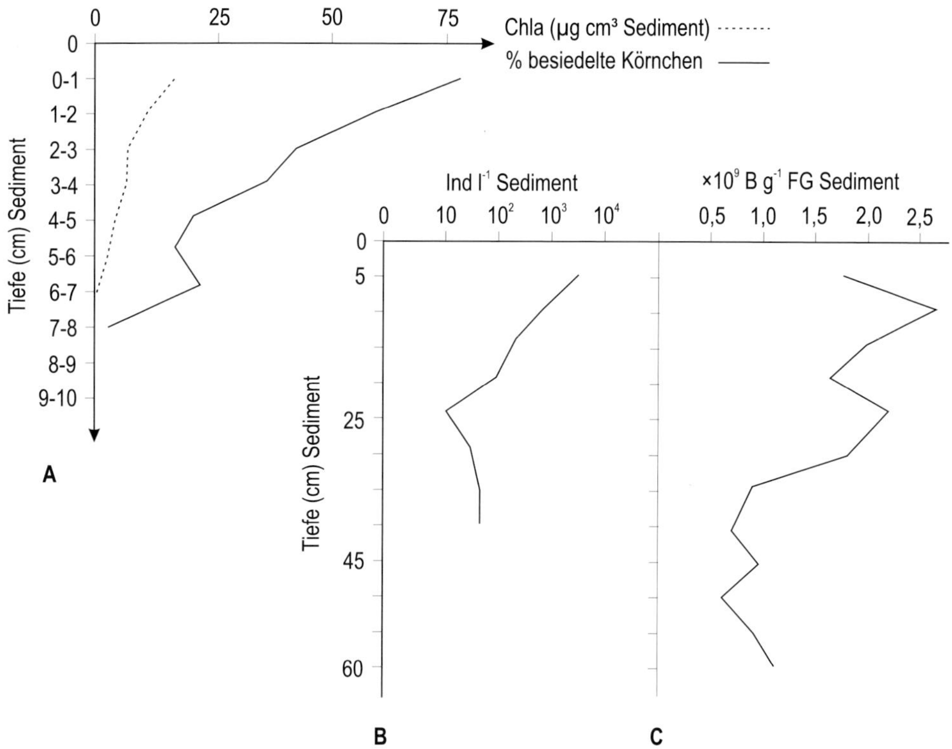

Abb. 179. Tiefenbesiedlung von Sedimenten. **A** = Phytobenthos, **B** = Meiozoobenthos, **C** = Bakterien. (In Anlehnung an Beulker & Gunkel 1996).

sind vermutlich Anpassungen an den Wellenschlag und das mögliche Fortspülen (ähnlich wie in Fließgewässern). Es handelt sich um Gallertstiele (sessile Diatomeen), Gallertbecher und -fäden (Flagellaten, verschiedene Protozoen, Rotatorien), Haftscheiben (diverse Fadenalgen), Stiele mit Haftorganellen (viele sessile Ciliaten).

Der Aufwuchs ist sehr unterschiedlich zusammengesetzt. Das klassische Bild aus Ruttner (1962) ist nur ein Aspekt (Abb. 180). Von großer Bedeutung sind die fädigen Aufwuchswatten auf Sedimenten und an den Makrophyten. Ihr Inneres bildet ein verschiebbares Interstitial als eine wichtige **mikromorphologische Struktur** im Gewässer. Dieses variable Interstitial wird von einer großen Arten- und Gestaltenfülle an Bakterien, Mikroalgen, Flagellaten und Tieren von den Protozoen bis zu den Insektenlarven besiedelt. Der Algenanteil an diesen Inhabitanten wird auch als **Metaphyton**, der der Tiere entsprechend als **Metazoon** bezeichnet.

Das verschiebbare System bildet eine variable Struktur, in die viele unterschiedliche Lebensformtypen der Inhabitanten hineinpassen. Tiefenwärts mit Abnahme der Mächtigkeit des Aufwuchses geht die Zahl an Lebensformtypen zurück. Die Abb. 181 demonstriert dies an den beschalten Amöben (Testacea). Ihre einfachen Schalenformen sind ein guter Indikator für die genannte Gesetzmäßigkeit. Eine andere mikromorphologische Struktur ist das Interstitial des Sedimentes (Schlamm, Sand). Hier gibt viel weni-

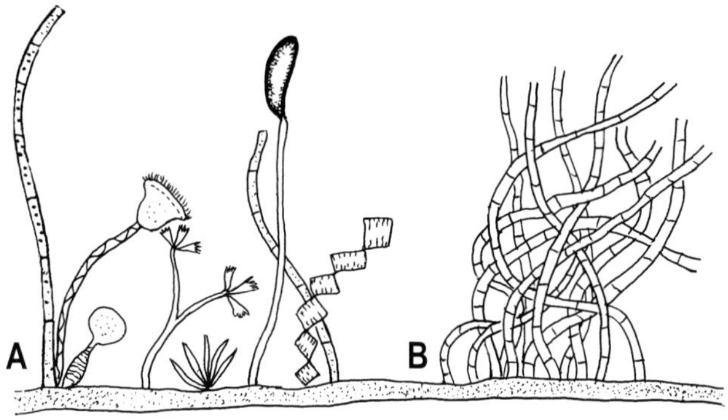

Abb. 180. Aufwuchs (Periphyton). **A** = heterogener Aufwuchs. Von links n. rechts: Grünalge, 2 Vorticelliden, *Gomphonema, Synedra, Tabellaria* (alles Diatomeen), Grünalge. **B** = Aufwuchs aus Fadenalgen, das verschiebbare enge, aber elastische Interstitial zeigend. (In Anlehnung an Ruttner 1962, B. Original).

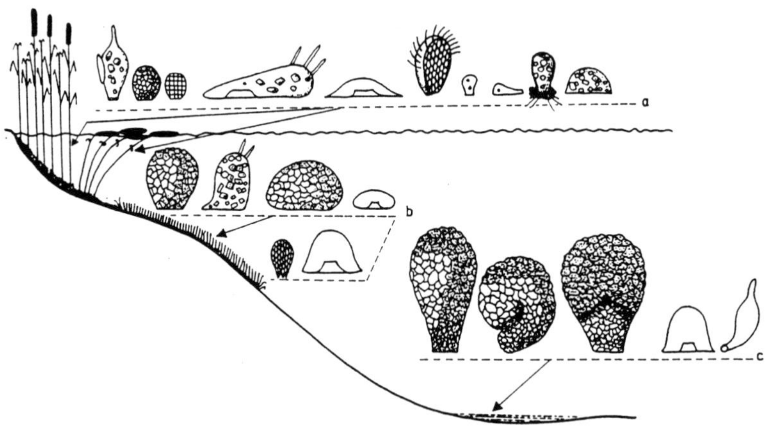

Abb. 181. Verteilung der Formentypen der Testaceen in einem See (Stechlinsee). Die Abb. zeigt die Besiedlung des Algenaufwuchses an *Typha, Phragmites, Potamogeton, Chara* und des Sedimentes (Nach Schönborn 1985).

ger Lebensformen als im Periphyton (wie das auch Abb. 181 zeigt). Demgegenüber wird die Gesamtheit der Makrophyten als Lebensraum und das Pelagial als **makromorphologische Struktur** bezeichnet. Auf den Aufwuchsalgen selbst siedeln oft weitere Epiphyten. Wie bei den Makrophyten, so sind auch die Algenarten und -gruppen von verschiedenen Epiphyten besetzt. Die zygnematalen Algen, wie *Spirogyra, Mougeotia* und *Zygnema* haben eine Gallertschicht um die Fäden, in die vermutlich auch Gerbstoffe abgesondert werden (Pankow 1961), die eine Besiedlung durch Epiphyten verhindern. Auch Algen schützen sich durch Allomone vor epiphytischer Besiedlung (s. **I. 8**.1.9.10.).

8.1.11.1.3. Nährstoffhaushalt und Primärproduktion im Litoral

Emerse Pflanzen nehmen die Nährstoffe ausschließlich durch die Wurzeln auf. Bei submersen Pflanzen geschieht dies entweder teilweise (z. B. *Elodea*) oder vorwiegend über die Blätter (*Ceratophyllum*) (s. **I. 8.1.11.1.5.**). Wie bei den Phytoplanktern, gibt es auch bei Makrophyten ein unterschiedliches Verhältnis zu den Nährstoffkonzentrationen. Das Schilf ist nitrophil und kann relativ große Mengen an Stickstoff akkumulieren. Es wurden N-Aufnahmen bis zu 20 g m^{-2} a^{-1} und P-Aufnahmen von 3–6 g m^{-2} a^{-1} berechnet (Börner 1992; berechnet in Pflanzenkläranlagen, s. **II. 3.7.**). Die Phosphoraufnahme ist allerdings stark temperaturabhängig (Schwoerbel 1968). Schilf kann bei hohen Phosphor- und Stickstoffkonzentrationen (z. B. > 500 µg l^{-1} TP) gedeihen; seine Trockenmasse besteht bis zu 3,4 % aus Stickstoff.

Auch Submerse gedeihen bei hohen Nährstoffgehalten, vor allem auch viele litorale Fadenalgen. Im Gegensatz zu diesen Pflanzen sind z. B. Characeen häufig auf geringe Nährstoffkonzentrationen angewiesen. Sie bilden viel Phytomasse, aber wenig pflanzliche Eiweiße. Der Grenzwert für *Chara aspera* liegt bei etwa 10 µg l^{-1} TP (Melzer 1993). Die Sättigungsgrenze für Nährstoffe (beim Überschreiten toxische Wirkungen!) und auch die Nutzung der N-Quellen sollen hier nicht weiter erörtert werden, verwiesen sei auf **I. 7.6.8.**, da die Verhältnisse in Fließgewässern ähnlich liegen. Wir sehen daraus, daß es für alle Trophiebereiche angepaßte Wasserpflanzen gibt.

So unterschiedlich das Verhalten der Pflanzen den Nährstoffen gegenüber ist, so auch das der Nutzung der C-Quellen für die Photosynthese. Es gelten hier die gleichen für das Phytoplankton genannten Beziehungen (s. **I. 8.1.10.3.3.**). Im Pelagial lernten wir bereits den ***Scenedesmus*-Typ** kennen, der zwar CO_2 aufnehmen, aber schlecht verwerten kann. Diese Pflanzen bevorzugen HCO_3^- als C-Quelle.

Im Litoral kommt diesem Verwertungstyp der ***Elodea*-Typ** nahe. Er kann zwar CO_2 recht gut nutzen, schaltet aber bei einsetzendem Mangel, wie er im Sommer häufig vorkommt, sofort auf HCO_3^--Aufnahme um. Zu diesem Typ gehören viele submerse Pflanzen, z. B. *Myriophyllum spicatum, Ceratophyllum*, mehrere *Ranunculus*- und *Potamogeton*-Arten, aber auch viele Algen, wie *Chara fragilis, Cladophora glomerata, Oedogonium, Spirogyra* u.a. Die dabei stattfindende biogene Entkalkung (s. **I. 8.1.9.4.**) findet auf der Blattoberseite statt. Hier werden die OH-Ionen frei und der Kalk fällt aus. Die Blattunterseiten dienen ausschließlich der HCO_3^--Aufnahne. Bei der biogenen Entkalkung steigt der pH-Wert an.

Ganz anders verhält sich der ***Fontinalis*-Typ**. Wie das Quellmoos verhalten sich auch viele andere Wassermoose. Sie nehmen ausschließlich CO_2 auf. Dies ist ein weiterer Grund, weshalb Moose den Abschluß des submersen Gürtels bilden. In diesen Tiefen befindet sich fast immer schon Respirations-CO_2 aus dem Abbau. Zu diesem Verwertungstyp gehören ferner die Rotalge *Batrachospermum* (die in klaren Bächen und Seen vorkommt), die Algen *Vaucheria, Chlorella* und von den höheren Pflanzen *Callitriche palustris* und *Myriophyllum verticillatum.*

Die unterschiedlichen Verwertungstypen der C-Quellen haben eine wichtige Funktion bei der Besiedlung des Litorals durch Pflanzen. Das verfügbare CO_2 wird sehr schnell assimiliert, viel schneller als das HCO_3^-. Dies bewirkt bei Trophiezunahme ebenfalls einen Aspektwechsel der Pflanzenarten, sorgt aber gleichzeitig für eine ausrei-

Tabelle 41. Primärproduktion im Litoral von Seen (Orientierungsdaten). (Zusammengestellt nach mehreren Autoren, z. T. durch Umrechnungen; vgl. SCHMIDT 1996, STUGREN 1986, WETZEL 1983b).

Gruppe	g C_{org} $m^{-2}a^{-1}$	Bemerkungen
Emerse		
(*Phragmites*)	80 → 800	Gemäßigte Breiten
	> 1.000	Tropen
(*Typha*)	um 400 1.500–2.500	Gemäßigte Breiten
	3.000–4.000	Tropen
Schwimmblattpflanzen	um 50–1.400	Generell
Submerse	50–400	Gemäßigte Breiten
	um 2.000	Tropen
Litorale Algen	um 40	Oligotroph
	um 160, aber auch bis > 400	Eutroph
Litorales Phytoplankton	um 100	Oligotroph
	um 1.000	Eutroph

chende Besiedlung. Steigt die Trophie, so verschwindet das kalkmeidende *Myriophyllum verticillatum* und wird durch *M. spicatum* ersetzt; gleichermaßen nimmt *Cladophora glomerata* den Platz anderer Algen ein.

Die DOC-Ausscheidungen der Makrophyten (s. **I. 8.**1.9.10.) machen sie besonders bevorzugt für Epiphyten (Bakterien und Algen), so daß die epiphytische Produktion sehr hoch sein kann

Die **Primärproduktion** im Litoral ist relativ hoch, ihr Beitrag zu der des Gesamtsees hängt aber von dessen Morphometrie ab (Tab. 41). Die in der Tabelle genannten Werte sind nur als Orientierungshilfen zu werten, da auch die Primärproduktion seenspezifisch stark abgeändert sein kann.

Sehr extrem können litorale und pelagische Primärproduktion in tiefen oligotrophen Seen mit nur schmaler Uferzone, die nur von Periphyton auf Steinen bewachsen sind (z. B. Lake Tahoe, USA), differieren (Abb. 182).

Wie bereits abgeleitet, haben die Emersen die höchste Produktion, gefolgt von den Schwimmblattpflanzen und schließlich den Submersen als geringste Produzenten. Bei ihnen spielt auch die Lichtattenuation als begrenzender Faktor eine Rolle. In oligotrophen Seen ist allerdings die emerse Produktion schon morphometriebedingt relativ gering. Hier können aber die Characeen erhebliche Produktionswerte erreichen. Verglichen mit oligotrophen Seen nimmt in eutrophen die litorale Primärproduktion etwa um den Faktor 3, bei emersen sogar um etwa 5 zu. Die im Litoral vorhandenen Aufwuchsalgen haben eine Produktion, die der der submersen Pflanzen gleichkommen kann, oft

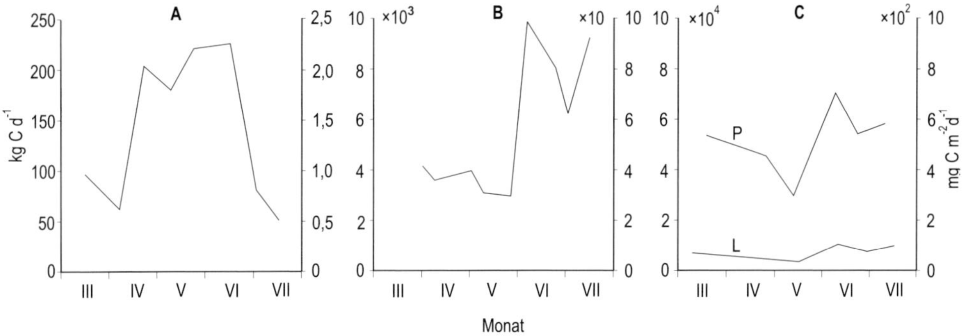

Abb. 182. Vergleich der Algenproduktionen in einem tiefen oligotrophen See (L. Tahoe, USA). **A** = Periphytonproduktion, **B** = Phytoplanktonproduktion im Litoral, **C** = gesamte Primärproduktion im Pelagial (P) und Litoral (L). Linke Ordinaten: Tagesraten im gesamten See, rechte Ordinate pro m². (Nach Goldman & De Amezaga 1975).

allerdings auch darunter bleibt. Die Produktionsleistung der Algen nimmt oft in der Reihenfolge ab: epiphytisch, epipsammisch, epilithisch, epipelisch, kann allerdings wiederum seenspezifisch abgeändert sein. Letzteres betrifft vor allem die epipelischen Algen. Im Litoral gibt es auch ein litorales Phytoplankton. Seine Produktion scheint etwa der der epiphytischen Algen zu entsprechen (Tab 42).

Die Biomasse der Makrophyten im Litoral ist sehr hoch (z. T. > 500 g m^{-2} C), der P/B (jahresbezogen) ist oft < 1 (selten bis 2), d. h. der Umsatz (Erneuerung der Pflanzen) sehr gering. Die litoralen Algen haben hingegen eine geringe Biomasse (~ 50 – 300 mg m^{-2} C), aber einen hohen Umsatz (P/B bis > 200; bei epilithischen Algen liegen aber Messungen in dem oligotrophen Mirrow Lake [USA] von < 10 vor [Likens 1985]), (s. **I. 8.1.10.3.3.**). Daher ist der Stoff im Litoral viel stärker gebunden als im Pelagial. Er ist weniger verfügbar und muß erst durch Aufschluß der Pflanzenteile zurückgewonnen werden. Das Litoral dient als Stoffentlastung des Pelagials, es ist biomasse-, nicht so sehr umsatzbestimmt. Makrophyten und Aufwuchsalgen haben in den gemäßigten Breiten einen charakteristischen **Jahresverlauf**. Im Winter stirbt ein Teil der submersen und Schwimmblattpflanzen ab. Im Frühjahr steigt die Produktion an, aber oft weniger die Biomasse, da vermutlich in tieferen Regionen infolge des Lichtverlustes wieder viel veratmet wird. Die zunehmende Beschattung drosselt im Frühsommer auch wieder die Photosynthese. Erst im Spätsommer, wenn die Pflanzen über der Wasseroberfläche blühen, kommt es zu einem Anstieg von Photosynthese und Biomasse. Auch der Aufwuchs ist deutlich zeitlich strukturiert. Die Algen haben (vergleichbar dem Pelagial) ein Früh-

Tabelle 42. Primärproduktion im Litoral polnischer Seen. (Umgerechnet in kJ; nach Pieczynska & Szczepánska 1966).

	Makrophyten	Litorales Phytoplankton	Periphyton	Gesamt
kJ $m^{-2}a^{-1}$	11.300	3.871	4.566	19.737
Anteil (%)	57	20	23	

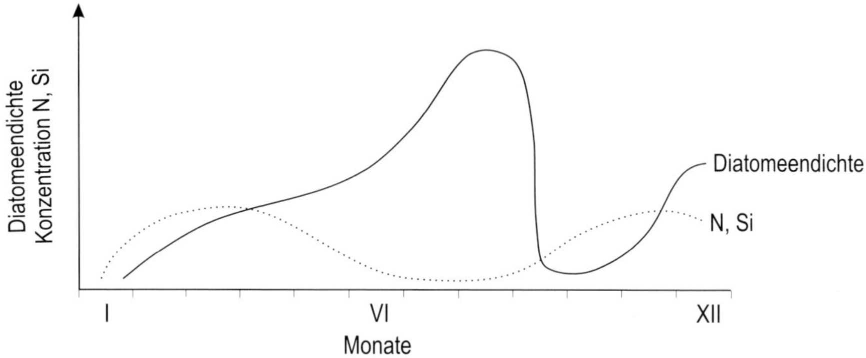

Abb. 183. Dichteänderungen litoraler Diatomeen gemäßigter Breiten im Jahresverlauf. Im Dichtemaximum kommt es zu einem hohen N- und Si-Verbrauch. (Schematisiert nach ROUND 1968).

jahrs- und ein Herbstmaximum und ein Sommerminimum. Ursache ist der sommerliche Nährstoffverbrauch und die Beschattung (Abb. 183). Die Verhältnisse sind oft komplizierter als hier dargestellt. Diatomeen als Epiphyten auf *Phragmites* gedeihen auch, wenn im Wasser ein Silizium-Minimum festzustellen ist. Vermutlich nutzen die Diatomeen die Kieselsäure auf den Blättern (verkieselte Epidermis). Bei Diatomeenbesatz wurde auch tatsächlich eine Abnahme des Silizium auf den Schilfblättern beobachtet (Abb. 184). Ähnliches mag auch für einige submerse Pflanzen gelten (JØRGENSEN 1957). Epipelische Algen zeigen oft einen ähnlichen Jahresgang wie epiphytische, doch können bei ihnen Störungen durch Sedimentumlagerungen aufreten (Abrasionswirkungen wie in Fließgewässern). Die Primärproduktion des Pelagials ist, auf eine Einheitsfläche

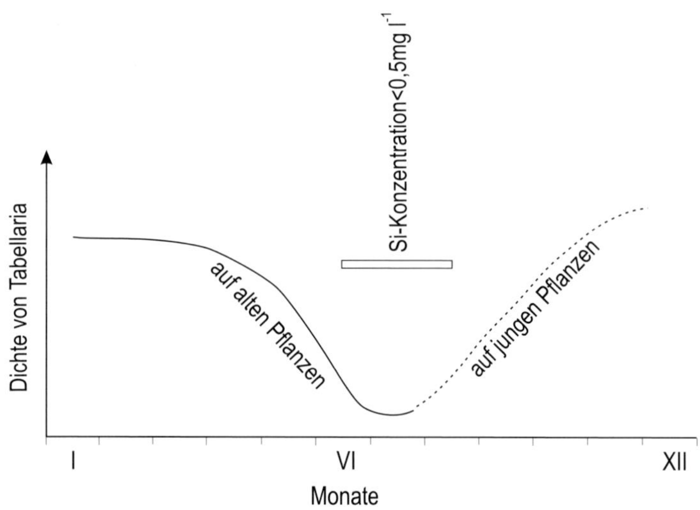

Abb. 184. Dichte von *Tabellaria flocculosa* auf den Blättern von *Phragmites.* (Schematisiert nach KNUDSEN aus ROUND 1968).

bezogen, meist geringer als die des Litorals. Der Beitrag beider Lebensräume für den Gesamtsee richtet sich, wie schon erwähnt, vor allem nach der Morphometrie (Tab. 41). Je größer und tiefer ein See, um so deutlicher geht der litorale Beitrag zurück und kann dann bis auf 5 % und weniger sinken. In flacheren eutrophen Seen hingegen kann der litorale Beitrag 70 % und mehr übersteigen. Neben der Morphometrie spielen auch noch andere Faktoren eine Rolle (s. **I. 8.1.10.3.**).

Im Frühjahr hat der Aufwuchs oft ein Tiefenmaximum von 1–2 m, im Sommer nur noch von 0,5 m, was auf Beschattung und evtl. auch Trübung zurückzuführen ist. Besonders in kleinen Seen kann es zu Verschiebungen in den Maxima von litoralen und pelagischen Algen kommen, vermutlich bedingt durch Konkurrenz um Nährstoffe oder Ausscheiden von Hemmstoffen (s. **I. 8.1.11.1.6.**).

8.1.11.1.4. Bakterien

Dieses Kapitel behandelt im wesentlichen die Leistungen der heterotrophen Bakterien im Litoral. Die chemolithoautotrophen Bakterien der Sedimente und des sedimentnahen Wassers sind stark mit den Stoffkreisläufen gekoppelt und wurden an anderer Stelle beschrieben (s. **I. 8.1.9.5.**, **I. 8.1.9.6.**). Aber auch das Bakterioplankton reicht bis in die Sedimentnähe (s. **I. 8.1.10.4.**).

Die Produktion der heterotrophen Bakterien im litoralen Sediment erreicht meist nicht die des Pelagials. Sie liegt schätzungsweise bei

oligotrophen Seen	< 5 g m^{-2} a^{-1} C_{org}
eutrophen Seen	± 60 g m^{-2} a^{-1} C_{org}

Dies ist auch weniger als in Fließgewässern. Dabei muß allerdings bedacht werden, daß bisher nur sehr wenige und schwer hochzurechnende Werte vorliegen. Tageswerte sind realistischer (Abb. 185). In diese Werte gehen nicht die Bakterien ein, die an Makrophyten und Algen haften und die im litoralen Freiwasser leben. Über diese Bakterien wissen wir sehr wenig. Die Produktion der sedimentbewohnenden Bakterien nimmt in 3–5 cm Tiefe schon stark ab, obwohl die Bakterienzahlen noch hoch sind. In dem genannten See dringen die Bakterien bis in 80 cm Tiefe. Die Masse der Bakterien ist aber nicht mehr an der Produktion beteiligt und somit auch nicht am Abbau der organischen Stoffe. Bakterienbiomasse und Bakterienproduktion korrelieren oft schlecht miteinander. Es gibt vor allem unter den Bakterien viel inaktive Biomasse. Die Masse der Bakterien ist im Sediment ungleich höher als im Pelagial (vgl. Abb. 150, 179), aber nicht ihre Aktivität. Bakterien können bis zu 20 % am C-Gehalt der Sedimente beteiligt sein (Schallenberg et al. 1989). Die bakterielle Biomasse der Sedimente zeigt oft nur geringe jahreszeitliche Schwankungen.

Die Respiration im litoralen Sediment erreicht Werte von < 50 bis > 200 mg m^{-2} d^{-1} C. Sie wird fast ausschließlich von Bakterien geleistet. Sie liegt in der gleichen Größenordnung wie die Sedimentzehrung in Fließgewässern (s. **I. 7.6.2.4.**). Die Respiration der litoralen Pflanzen (s. S. 314) scheint aber höher als die der mikrobiellen im Sediment zu sein (im Lawrence Lake, USA, etwa 117 g m^{-2} a^{-1} C, Wetzel et al. 1972).

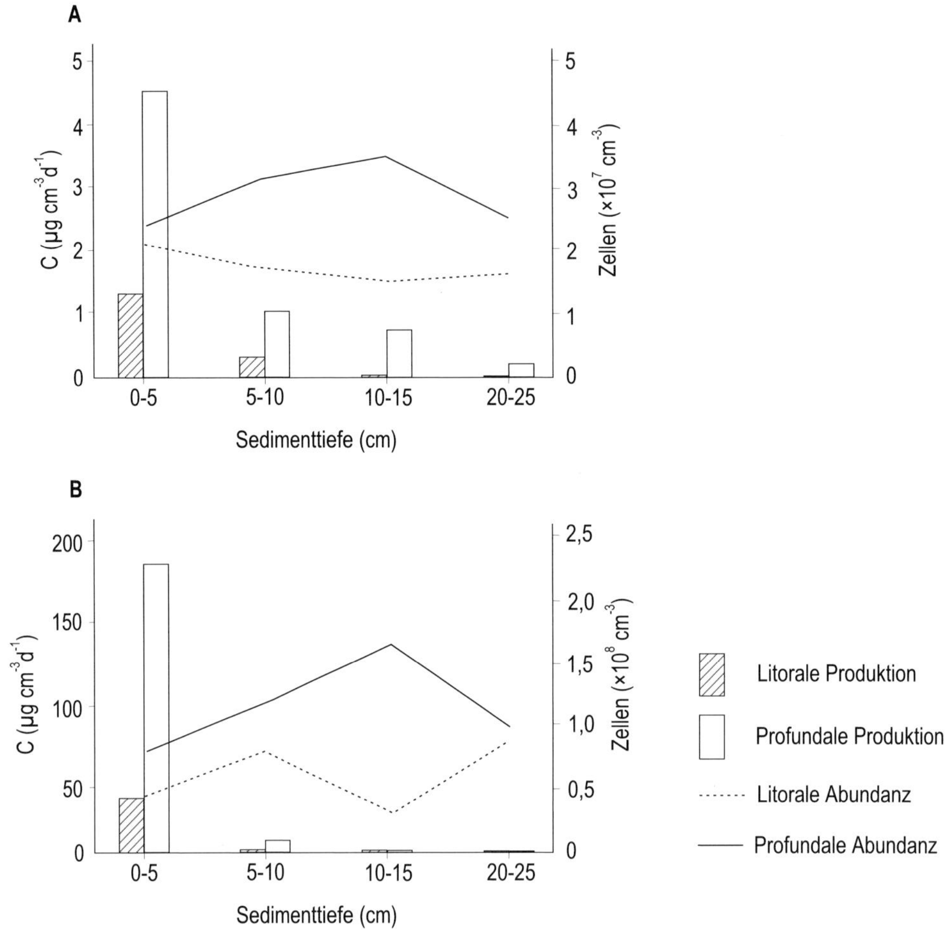

Abb. 185. Produktions- (µg C cm^{-3} d^{-1})- und Abundanzprofile (Zellen cm^{-3}) der Bakterien in Seesedimenten. Man beachte die hohe Zahl an inaktiven Bakterien! **A** = oligotropher, **B** = eutropher See. (Vereinfacht nach FURTADO & CASPER 1999).

8.1.11.1.5. Zoobenthos

Im Litoral lebt eine **große Fülle an Tieren**: Zooflagellaten, Amöben, Heliozoen, Thekamöben, Ciliaten, Poriferen, Coelenteraten, Turbellarien, Nematoden, Bryozoen, Rotatorien, Gastrotriche, Tardigraden, Oligochaeten, Hirudineen, Mollusken, Ostracoden, Cladoceren, Copepoden, höhere Krebse, Milben, Ephemeropteren, Odonaten, Hemipteren, Coleopteren, Trichopteren, Lepidopteren, Dipteren, Fische, Amphibien, Reptilien, Vögel, Säuger.

Von den 29 Gruppen (höhere Vertebraten unberücksichtigt) haben es nur 9 geschafft, das Pelagial zu besiedeln und dann auch nur 5 mit entsprechend hoher Artenzahl. Im

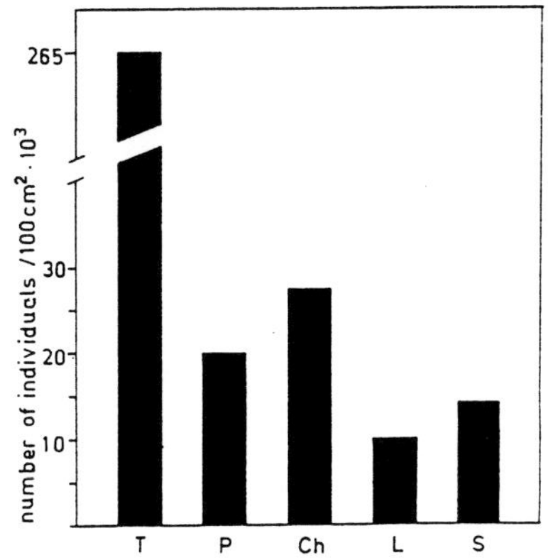

Abb. 186. Individuendichten an Testaceen im Aufwuchs von *Typha* (T), *Potamogeton* (P), *Chara* (Ch), an in den See gefallenen Laubblättern (L) und im Sediment (S). (Nach Schönborn 1985).

Profundal (s. **I. 8.**1.11.2.3.) sind es etwa 14 Gruppen und meist in geringer Artenzahl. Das Litoral besitzt also die höchste Artendiversität in den Seen.

Pelagial und Profundal sind im Vergleich zum Litoral als **Anpassungsräume** zu bezeichnen. Als Ursache der hohen litoralen Artendiversität lassen sich anführen:

- die hohe Habitatdiversität (der dreigliedrige Pflanzengürtel mit seinen vielen Pflanzenarten und Blattformen, organisches Sediment, Sand, Blattreste von Uferbäumen und Makrophyten, Fadenalgen).
- die universelle Struktur des variablen Lückensystems der Fadenalgenwatten, die viele Lebensformtypen beherbergen kann.

In mitteleuropäischen oligotrophen Seen ist mit etwa 1000 Tierarten zu rechnen. Wie die Artendichte, so ist auch die der tierischen Individuen sehr hoch im Litoral. Für die **Mikrofauna** sollen die Thekamöben (Testacea) dies demonstrieren (Abb. 186). Ihre Dichte nimmt mit der Tiefe und zum Sediment hin ab.

Bei der **Meso**- oder **Meiofauna** (**Meiobenthos**) handelt es sich um Nematoden, kleine Mollusken, kleine Oligochaeten, Tardigraden, Milben, Chydoriden (zu den Cladoceren gehörend), Ostracoden, Harpacticoiden (= substratgebundene Copepoden), kleine Chironomidenlarven. Diese Fauna dringt bis 60 cm tief in das Sediment ein, wenn genügend Sand vorhanden ist und bedeutend weniger, wenn es sich um reines organisches Sediment handelt (Abb. 179).

Ebenso verhalten sich auch die Artendichten. Die Meiofauna des Phytals ist nur ungenügend quantifiziert. Besser sind wir über die **Makrofauna** unterrichtet. Bezogen auf das gesamte Habitatspektrum sind Dichten von 15 000 Ind. m^{-2} als etwaiger Durchschnitt anzunehmen. Die Besiedlung geht von den Makrophyten zum Sediment hin stark zurück, oft mehr als die Hälfte (Tab. 43, Abb. 187).

Biomassen des Makrozoobenthos in der Größenordnung von 6 g m^{-2} TS werden häufig angegeben, ohne allerdings die exakte Abgrenzung der Habitate immer anzugeben.

Sowohl Abundanz als auch Biomasse des Makrozoobenthos nehmen zu in Richtung (vom Pelagial aus gesehen): vor dem Phytal, Phytalrand, Phytalmitte und Phytalinneres. Vor und am Phytal ist noch ein erheblicher Wellenschlag, in der Mitte ein moderater und

Tabelle 43. Abundanzen des Makrozoobenthos im Litoral (Stechlinsee, oligotroph) [Ind. m^{-2}]. (Angaben nach MOTHES 1985, gerundet).

	Submerse Pflanzen (Characeen)	**Emerse Pflanzen (Phragmites)**	**Sandboden**	**Organisches Sediment**	**Laub-ansamm-lungen**
Gesamtabundanz:	20.000	4.000	2.000	5.000	20.000
Dominante Gruppen					
Mollusken	13.000	700	200	800	11.000
Larven der Ephemeropteren und Plecopteren	900	700	200	1.000	1.000
Larven Trichopteren	600	200	100	100	200
Larven Chironomiden	3.000	1.100	700	700	300

im Inneren nur noch ein schwacher (Abb. 188). Ein weiterer Grund kann auch die zunehmend bessere Verbergung vor Räubern (Fische) sein (DIEHL 1988).

Räumliche und zeitliche Strukturen der Zönosen im Phytal sind sehr kompliziert und bisher ungenügend erforscht. Für die Mikrofauna sahen wir als Beispiel die Testaceen,

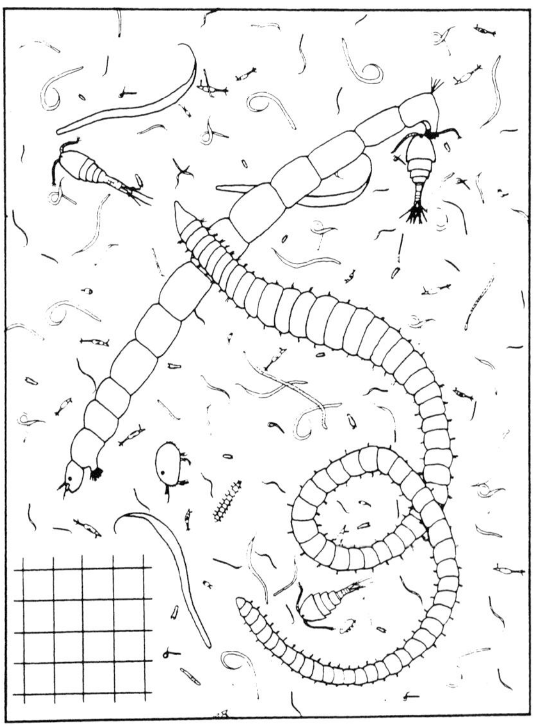

Abb. 187. Makrozoobenthos in See-Sedimenten. (Nach LIKENS 1985).

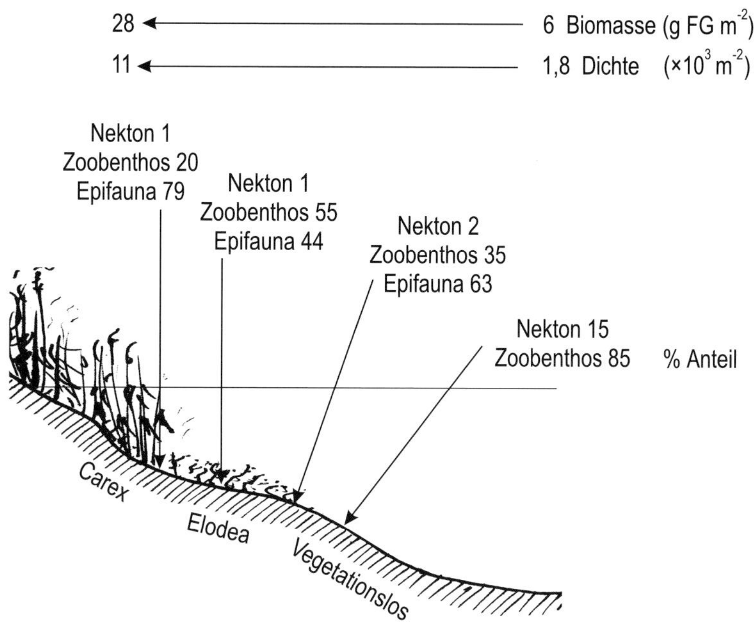

Abb. 188. Verteilung der Makroinvertebraten im Litoral, bezogen auf die *Elodea*zone. Die waagerechten Pfeile geben konkrete Biomasse- und Dichtewerte von der vegetationslosen Zone bis an den Emerseninnenrand an. (Nach Angaben aus Kornijow 1989).

für die Makrofauna soll die Verteilung der Wasserläufer (Gerromorpha) erwähnt werden (Abb. 189). Mit zunehmender Größe der Wasserläuferarten emanzipieren sie sich immer mehr von dem Pflanzengürtel und werden schließlich zum Neuston (s. S. 242) der freien Wasseroberfläche. Die Oberflächen der Blätter werden von der **Epifauna** besiedelt (s. **I. 8.**1.11.1.2.). Am Brandungsgürtel lebt oft eine Fauna, die der der Rhithrale ähnlich ist: *Gammarus* (Bachflohkrebs), *Nemoura* (Steinfliegenlarve), und die Trichopterenlarven *Goera* und *Silo* (vgl. auch *Cladophora glomerata*).

Die **Ernährungsweisen** und **Nahrungsbeziehungen** sind im Litoral ebenfalls sehr kompliziert und noch kaum erforscht. Wichtige Ernährungsweisen sind im folgenden aufgeführt.

Blattfresser. Wasservögel, vor allem Bleßrallen (*Fulica atra*), Fische, z. B. Rotfedern (*Scardinius erythrophthalmus*) (beide rupfen große Pflanzenteile ab), aber auch viele Karpfenartige (Cypriniden), wie Graskarpfen (*Ctenopharyngodon idella*), Nase (*Chondrostoma nasus*), viele Barben, Elritzen, *Discognathichthys* u. a. sind Pflanzen- und vor allem Periphytonfresser, Insektenlarven (einige Chironomiden, Coleopteren, Lepidopteren), sowohl Spurenfresser als auch Lochfresser (letztere sind besonders der Seerosenblattkäfer *Galerucella nymphaeae* und der Schilfkäfer *Donacia crassipes*, beide als Imagines), die Chironomidenlarve *Cricotopus myriophylli* frißt speziell an *Myriophyllum*, ebenfalls der Käfer *Macroplea appendiculata*, aber auch an anderen Submersen. Käfer-Imagines, die unter Wasser leben, besitzen meist eine Plastronatmung.

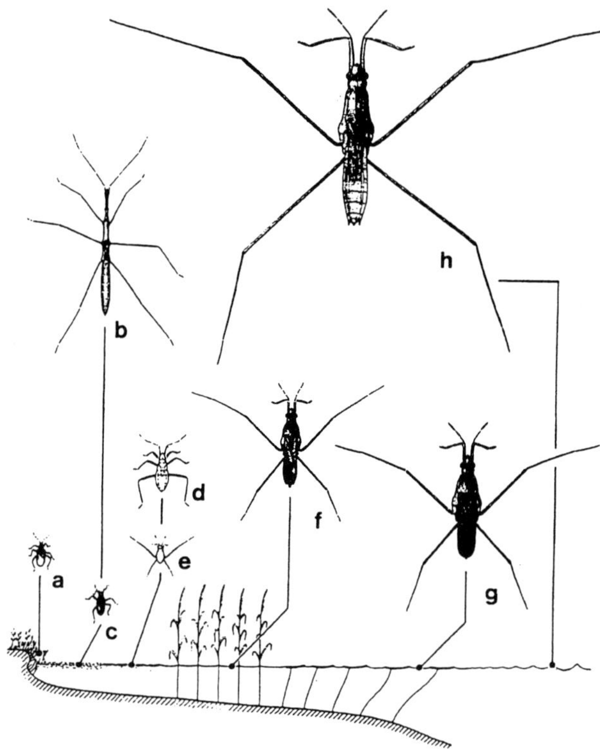

Abb. 189. Verteilung der Wasserläufer (Gerromorpha) in einem See. Mit Größenzunahme der Arten emanzipieren sie sich immer mehr von dem Pflanzengürtel. Ganz nah am Ufer lebt der Zwergwasserläufer *Hebrus pusillus* (A), bereits entfernt vom Pflanzengürtel der große *Gerris paludum*. (Nach ANDERSEN 1982).

Im weiteren Sinne gehören zu diesem Ernährungstyp auch die **Zerkleinerer** oder shredder, die auch typisch für Fließgewässer sind. (vgl. **I. 7**.5.7.). Es sind auch dieselben Arten, die wie im Rhithral die Uferbereiche der Seen besiedeln und hier die Laubblätter der Uferbäume und auch die von abgestorbenen Makrophyten zerkleinern: *Gammarus pulex* und *G.roeseli*, die noch in schwach eutrophen Gewässern vorkommen, in stark eutrophen allerdings fehlen, *Asellus aquaticus*, die Wasserassel, die auch eutrophe Seen besiedelt, dann der trophieunempfindliche amerikanische Krebs, *Orconectes limosus,* und von den Insekten *Tipula*-Larven.

Sauger. Beispiele sind die Schilfschildlaus *Chaetococcus phragmitis*, die über dem Wasser lebt und die Zwergzikade *Macrostelis cyanae* als Phloemsaftsauger an Seerosen.

Bohrer und Minierer. Die Larven der Zünsler (Pyralidae) sind zumindest zeitweise echte Minierer an Wasserpflanzen, *Nymphula nymphaeata* in Seerosen und *Potamogeton*-Arten, *Acentria ephemerella* in *Elodea* und auch *Potamogeton*. In Schilfhalmen leben als weitere Schmetterlingsgruppen die Raupen des Rohrbohrers, *Phragmataecia castaneae*, und die der Schilfeulen, z. B. *Archanara geminipunctata.*

Wurzelfresser. Hierzu gehören vor allem die Larven der Schilfkäferarten (*Donacia*). Sie nutzen bei ihrer Lebensweise den Sauerstoff des interzellulären Luftkanalsystems (Aerenchym). Die vielfältigen Besiedler des Pflanzengürtels, vor allem auch semiterrestrische Insekten und ihre komplizierten Interaktionen finden sich bei SCHMIDT 1996 dargestellt (vgl. auch WICHARD et al. 1995).

Weidegänger. Hierzu gehören viele Wasserschnecken, die den epiphytischen Aufwuchs abweiden. Sie sind keine Blattfresser.

Sammler. Viele Invertebraten (von den Protozoen bis zu Insektenlarven) sind Epiphyten- und Bakterienfresser. Dies beginnt schon bei den heterotrophen Flagellaten (Abb. 190). Durch Wellen abgespülte und zu Boden gesunkene Epiphyten werden von Sedimentbewohnern aufgenommen (KAIRESALO 1983). Abgestorbene Blätter bringen viele Bakterien in das Sediment, die die Nahrungsqualität für Substratfresser und Zerkleinerer erhöhen (SAND-JENSEN & MADSEN 1989).

Substratfresser. Vor allem sind es Oligochaeten (z. B. Tubificiden) und Chironomidenlarven. Sie fressen organisches Sediment (Schlamm), verdauen aber im wesentlichen die darin befindlichen Bakterien (s. **I. 8.**1.11.2.3.).

Filtrierer (im weitesten Sinne). Es sind Ciliaten, Rotatorien, Poriferen (Schwämme), Bryozoen (Moostierchen) und Bivalven (Muscheln). Unter den Muscheln haben die Unioniden und die Dreikantmuschel *Dreissena polymorpha* große Filterleistungen (s. **I. 7.**6.7.). In Neuseeland (Lake Tuakitoto) wird die dort lebende Muschel *Hyridella menziesi* sogar zur Reduktion des Phytoplanktons genutzt (OGILVIE & MITCHELL 1995).

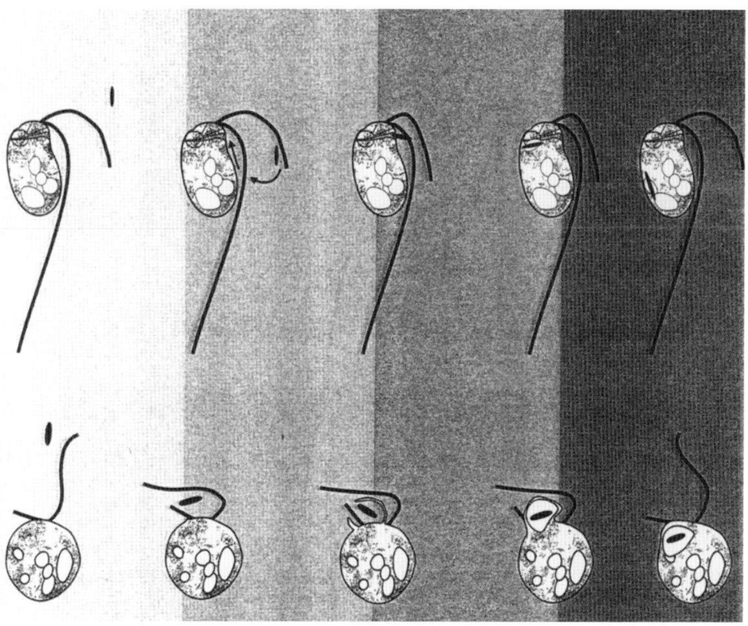

Abb. 190. Freßstrategien der heterotrophen Flagellaten *Bodo saltans* (oben) und *Spumella* sp. (unten). Bei der ersteren Art geschieht die Nahrungsaufnahme mit Hilfe der beiden Flagellen, bei der zweiten auch unter Bildung von Pseudopodien. (Nach BOENIGK & ARNDT 2000).

Die Larven der *Dreissena* (Veliger-Larven) leben planktisch. Sie setzen sich an Substraten fest (Steine, Makrophyten) und befestigen sich mit Hilfe von Byssusfäden. Nackte Substratoberflächen werden schlecht angenommen; es muß zumindest ein Biofilm vorhanden sein (s. **II. 4.3.**). Die Filtrierleistungen der Ciliaten und Rotatorien sind sehr gut im Pelagial untersucht. Schwämme sollen eine enorme Leistung vollbringen, wenn sie massiert auftreten (Savarese et al 1997 für den Baikalsee). Bryozoen schaffen eine Filtrierleistung von 3 ml Wasser $Tier^{-1}$ h^{-1} (Wallace & Starkeweather 1985), die also in der Größenordnung der der Wasserflöhe liegt. Nur ist die Dichte der Bryozoen meist sehr gering, und daher ist ihr Einfluß bedeutungslos.

Räuber. Unter den Ciliaten sind es z. B. *Trachelius ovum* (frißt Vorticelliden u. a. Ciliaten), *Dileptus cygnus* und *Stentor* (z. B. Thekamöben), unter den Rotatorien ist *Diglena grandis* ein wichtiger Räuber (frißt Ciliaten, andere Rotatorien), Turbellarien, *Chaetogaster* (ein wichtiger Räuber unter den Oligochaeten), Hirudineen (Egel), Decapoden (omnivor, z. B. *Orconectes limosus*), Arachniden (Milben, die Wasserspinne *Argyroneta aquatica*, ferner *Dolomedes fimbriatus* und *Pirata piraticus*, die beiden letzteren auf dem Wasser jagend), Odonatenlarven, viele Hemipteren (Wasserläufer, *Ranatra, Nepa*, einige Corixiden, *Notonecta* u. a.), Coleopteren (Dytisciden, die sehr artenreich im Litoral vorkommen, Hydrophiliden), Sialiden (Schlammfliegenlarven), Sisyriden (Larven saugen in Schwämmen), Hymenopteren (z. B. *Prestwichia aquatica* ist Eiparasit an Unterwassergelegen von Wanzen und Käfern), Weißfische (kleine Cypriniden), Raubfische, v. a. Hecht und große Barsche.

Milben und Wanzen werden von Fischen oft verschmäht, so daß sie im Litoral in hohen Dichten anzutreffen sind und vermutlich den durch die guten Versteckmöglichkeiten herabgesetzten Fraßdruck der Fische wieder ausgleichen können (Scrimshaw & Kerfoot 1987).

Der **Einfluß der Tiere** auf die litoralen Pflanzen kann erheblich sein und ist auch ein Gegenstand der Angewandten Limnologie (s. **II. 6.2.6.**) Das Thema wurde besonders durch die Notwendigkeit der Bekämpfung von Neophyten intensiviert (vgl. Lodge et al. 1998). Entenvögel und Bleßrallen (*Fulica atra*) können bis zu 90 % der submersen Pflanzen konsumieren (Reichholf 1993). Bleßrallen und herbivore Fische (z. B. *Scardinius eurythrophthalamus*) können *Elodea*-Bestände derart schädigen, daß sich *Ceratophyllum* ausbreiten kann, das kaum gefressen wird. Dies beeinflußt wiederum stark den Stoffhaushalt: *Ceratophyllum* nimmt die Nährstoffe hauptsächlich über die Blätter auf (s. **I. 8.1.11.1.3.**) und tritt danach in Konkurrenz mit dem Phytoplankton (Van Donk et al. 1994).

Blattfresser wie *Cricotopus myriophylli* (Chironomide) und *Acentria ephemerella* (Zünslerraupe) und andere können die *Myriophyllum*-Bestände derart schädigen, daß *Elodea* die dominierende Pflanze wird (Johnson et al. 1997). So kann der Einfluß der Tiere auf die litoralen Pflanzen deren Zusammensetzung und auch den Stoffhaushalt des Sees verändern. Die Makrophyten können sich in geringem Maße gegen den Fraßdruck wehren. Hierzu gehört die Verkieselung der Epidermis, besonders die von Schilf und Binsen, die den epiphytischen Diatomeen gleichzeitig als Siliziumquelle dient. Auch Allomone (s. **I. 8.1.9.10.**) spielen hierbei eine Rolle, doch liegen für Seenlitorale zu wenig Bestätigungen vor (s. unten).

Produktion des litoralen Makrozoobenthos. Die Produktion des Makrozoobenthos liegt größenordnungsmäßig bei den Seen:

(oligotrophe Seen)	4–20 g C m^{-2} a^{-1}
(eutrophe Seen)	20–50 g C m^{-2} a^{-1}

und entspricht etwa 20 % der Primärproduktion.

Im eutrophen Esromsee (Dänemark) produzierte und respirierte das Makrozoobenthos des Litorals:

P ~ 963 kJ	entspr. 23 g C m^{-2} a^{-1}
R ~ 1498 kJ	entspr. 36 g C m^{-2} a^{-1}

Produktion und Respiration der Tiere im Litoral lassen sich grob mit der Formel

$$P = 0{,}518\ R$$

beschreiben (DALL et al 1993) (s. **I. 7.7.3.**).

Die jährlichen P/B-Quotienten liegen um 13 (KAJAK et al. 1970), oft aber auch tiefer um 5.

Das Mikrozoobenthos ist sehr wenig untersucht. Der räuberische Ciliat *Dileptus cygnus* hat einen A/C-Quotienten von 71–26 und P/C-Quotienten von 25–7 (abnehmend mit zunehmender Futterdichte), der bacteriovore *Spirostomum ambiguum* hingegen einen A/C von nur 27 und P/C von 15 (KLEKOWSKI & FISCHER 1975). Das heißt aber, daß für Ciliaten die Bakterien nicht so nahrhaft sind wie tierische Beute.

Übergänge von der litoralen zur planktischen Lebensweise gibt es vielfältige. Die erste Stufe auf diesem Weg ist das Schwimmen zwischen den Pflanzen, was viele litorale Tiere auch können. Die zweite Stufe ist ein schon relativ geringer Kontakt mit dem Substrat und das Erreichen des pelagischen Randes. Ein typischer Vertreter hierfür ist die räuberische Cladocere *Polyphemus pediculus.*

Nachts, wenn die Vertikalwanderung nach oben beginnt, gelangen viele planktische Rotatorien und Krebse an das Ufer und verbleiben hier den Rest der Nacht. Morgens, wenn es hell wird, schwimmen sie in das Pelagial zurück, indem sie sich optisch orientieren. Diese Erscheinung wird als **Uferflucht** bezeichnet. Nach dem Erreichen des Pelagials beginnt wieder die Tiefenwanderung.

8.1.11.1.6. Das Litoral als übergeordneter Lebensraum

Das Litoral ist relativ flach, durchleuchtet und zeigt auch zur Stagnationszeit eine Zirkulation des Wassers. Daher gilt das Litoral als ein **ständig sauerstoffreicher Lebensraum**, was aber in dieser Verallgemeinerung nicht zutrifft.

Am Tage ist die biogene Sauerstoffproduktion häufig sehr hoch; des nachts kommt es aber in eutrophen Litoralen zu Sauerstoffdefiziten, bei Windstille nicht selten zum Sauerstoffschwund. Dies ist besonders in schilfbestandenen Buchten der Fall. Auch im Hochsommer kann es in Schilfbeständen im Wasser bei maximaler Beschattung zu Sauerstoffdefiziten kommen und des nachts, auch bei Wind, zu Sauerstoffschwund. Am Schilfrand ist hingegen immer sauerstoffreiches Wasser (Abb. 191). Generell ist aber das Litoral ein relativ sauerstoffreicher Lebensraum.

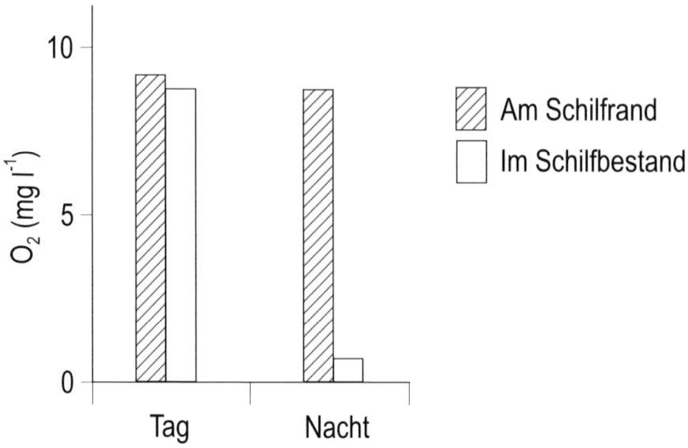

Abb. 191. Sauerstoffkonzentrationen im Wasser am Schilfrand und im -bestand eines Sees am Tage und in der Nacht (Mai, Neusiedler See, Österreich). (Nach Angaben aus LÖFFLER 1979).

Von besonderer Bedeutung ist die **Sauerstoffversorgung des litoralen Sedimentes**, hervorgerufen durch das Aerenchym der Wasserpflanzen (s. **I. 8**.1.11.1.1.). Dieses Interzellularsystem versorgt nicht nur die Wurzeln mit Sauerstoff, sondern oxidiert die gesamte Rhizosphäre und somit das litorale Sediment. Das Schilf gibt etwa 5 g m^{-2} d^{-1} O_2 aus den Wurzeln ab (entspr. ~15 l Luft) (HOFMANN 1991). Durch die Atmung der Wurzeln entsteht aber auch CO_2, und auch Phosphor, Silizium und DOC werden abgegeben (TESSENOW & BAYNES 1978). Sauerstoff und die Nährstoffe bewirken im Wurzelraum eine intensive bakterielle Tätigkeit. Die Bakterienzahlen steigen dort, wo das Schilf wurzelt, um das 10-fache an (z. B. 10^8 auf 10^9 g TS^{-1}) (HOFMANN 1992). Es entstehen in erhöhtem Maße Nitrifikationen und Sulfurikationen, die zur Entgiftung des litoralen Schlammes führen (Oxidationen von NH_3 und H_2S). Neben diesen vielen aeroben Zonen gibt es aber auch im und auf dem Schlamm anaerobe Bereiche, meist dort, wo abgefallene Schilfblätter auf dem Schlamm liegen. Hier finden Denitrifikationen und Desulfurikationen statt. Die Denitrifikation (bis zum N_2) ist ein Reinigungssystem; das wiederkehrende H_2S bleibt jedoch auf diese Bereiche beschränkt (HÜRLIMANN 1951). Dieses Mosaik von aeroben und anaeroben Zonen arbeitet wie ein Klärwerk (s. **II.3**.6.2., vgl. **I.** 7.6.4., **I. 8**.1.9.6.1., **I. 8**.1.9.6.3.). Wichtige Bakteriengruppen sind: *Pseudomonas, Flavobacterium* und *Cytophaga*, aber auch *Arthrobacter* und Actinomyceten bauen vor allem die zellulosereichen Schilfblätter ab.

Das Litoral ist auch die **Anspülzone** des Sees. Der Wind treibt Neuston, Pleuston, Wasserblüten, aber auch die aufsteigenden epipelischen Algen an das Ufer und in die Buchten (meist Lee-Ufer). Bei Eutrophierung können epipelische Algen enorm wuchern und große Areale des Sedimentes bedecken. Erreichen sie eine bestimmte Mächtigkeit, steigen sie als **schwimmende Algenwatten** nach oben. Infolge der zunehmenden Rauhigkeit der Wattenoberflächen entstehen Turbulenzen (der ansonsten laminaren Strömung bei Wellengang) über den Watten. Kommt es bei hoher Sonneneinstrahlung zur Gasblasenentwicklung (biogene O_2-Produktion), reißen sie ab. Diese Abtriebmechanismen fördern viel Biomasse mit den von ihnen akkumulierten Nährstoffen an das Ufer, wo sie teilweise ausgeworfen wird (= **Auswurf**) oder sich im Schilf verfängt. Hier wird sie relativ schnell abgebaut, begünstigt durch den hohen Sauerstoffgehalt am Schilfrand und im Sediment, wenn sie durch Resuspension (s. d.) überdeckt wird. Niedrigwasserstände begünstigen den Abbau. GEORGE & EDWARDS (1976) beschrieben modellmäßig die Abdrift der Biomassen an das Ufer. In einem flachen See wurden > 75 % der *Microcystis*-Blüten an das Ufer getrieben (VAN DER VEER et al. 1993). In diesem Abtriebmechanismus lernen wir ein weiteres Reinigungssystem des Litorals kennen.

Das **litorale Phytoplankton** stammt bis zu 10 % aus dem Pelagial. Im Litoral kommt es, besonders wenn es sich um Diatomeen handelt, relativ schnell zur Sedimentation, gefördert durch die geringe Tiefe und das relative Stillwasser infolge der Bremswirkung des Phytals für die Wellen. Auch diese sedimentierenden Algen dienen der sedimentbewohnenden Fauna als Nahrung und werden relativ schnell abgebaut.

Der **Abbau des litoralen pflanzlichen Materials** erfolgt ähnlich dem in Fließgewässern (s. **I. 7.6.9.**). In der Reihenfolge: Schwimmblattpflanzen, submerse Pflanzen, wie *Myriophyllum, Elodea*, Erlenlaub und Schilf, verlangsamt sich der Abbau. Die Abfälle von *Ceratophyllum* und *Stratiotes aloides* (Krebsschere) liegen etwa in der Mitte der Reihe. Je höher auch hier das C/N-Verhältnis der Blätter (d. h. je zellulosereicher sie sind), um so langsamer vollzieht sich der Abbau (Abb. 192) (vgl. **I. 8.1.9.10.**).

Beim Abbau von *Elodea* wird fast die Hälfte des Stickstoffs und der gesamte gespeicherte Phosphor wieder freigesetzt (Abb. 192). Da aber der Turnover selbst zarter submerser Pflanzen viel geringer ist als der des Phytoplanktons, bindet das Litoral doch relativ viel Nährstoffe. Submerse Pflanzen speichern in hohem Maße Nährstoffe. Die emersen Pflanzen (besonders aber das Schilf), die auch Nährstoffe speichern, setzen sie beim Abbau nur in geringem Maße frei. Dies liegt daran, daß die Blätter im Herbst weniger absterben und der Abbauprozeß langsam verläuft.

An dem schnellen Abbau der Schwimmblatt- und submersen Pflanzen sind vorwiegend Bakterien, an den schwerer abbaubaren Pflanzen (Erlenlaub, Schilfhalme) Pilze beteiligt. Der Grad des Abbaus beeinflußt die **Verlandungsgeschwindigkeit** des Lito-

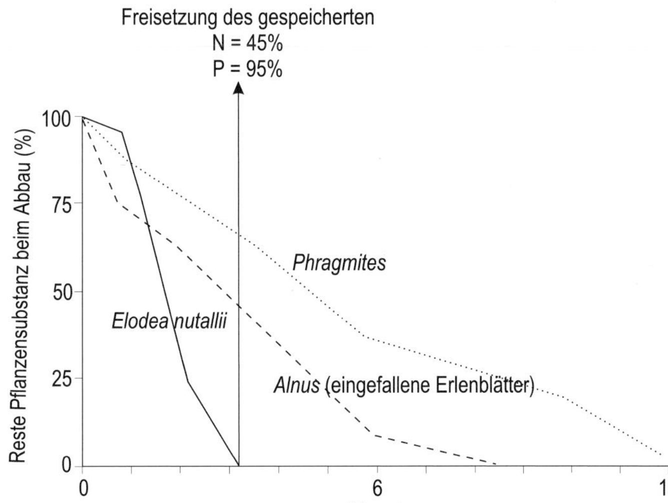

Abb. 192. Abbau von litoralen Pflanzen (bei ± 20 °C Wassertemperatur) im Vergleich zu dem eingefallener Erlenblätter von den Uferbäumen. (Nach Angaben aus GESSNER 1999 [*Phragmites, Alnus*] und OCHIAI & NAKAJIMA 1994).

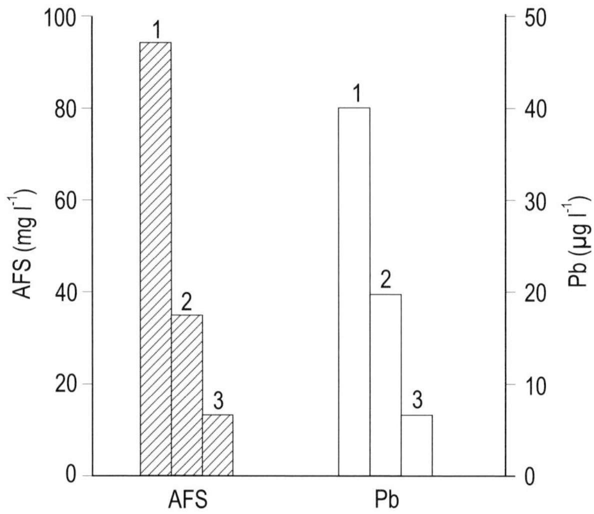

Abb. 193. Rückhalt von abfiltrierbaren Stoffen (AFS) und Blei (Pb) im Bodenkörper einer Pflanzenkläranlage. 1 = vor, 2 = inmitten der Kläranlage, 3 = im Ablauf der Anlage. (Nach OSTERKAMP et al. 1999).

rals und somit auch des Sees. Die Abbaureste, die zunächst nicht weiter oder nur noch sehr langsam abgebaut werden (vgl. **I. 7.6.2.5.** und **I. 7.6.9.**) sammeln sich besonders im Litoral an, wodurch die Sedimentschicht zunimmt. Ein Teil von diesen Abbauresten gelangt allerdings auch in das Profundal. Mit der Anhäufung des Sedimentes nimmt die Verlandung zu. Die stärksten Verlander im Litoral sind Schilf, Rohr und die Binsen, in den Tropen oft *Cyperus*gräser. Wir hörten bereits, daß zu den begünstigten Bakterien der Rhizosphären und des Schlammes (infolge Belüftung) auch Arten der *Cytophaga*-Gruppe gehören (Zellulose-Abbauer). Viele dieser Arten sondern Schleim ab, der zu einer Verklebung der Detritusteilchen des Sedimentes führt. Es entstehen Aggregate, die zu einer Verfestigung des litoralen Sedimentes beitragen, so daß es sich anhäuft und weniger resuspendierbar ist (ROWBURY et al. 1983).

Das Phytal ist, wie bereits beschrieben, ein wichtiger **Lebensraum** für Epiphyten, Invertebraten und Fische. Hier ist der Wellenschlag vermindert, wodurch auch empfindliche Arten existieren können. Am stärksten besiedelt ist *Myriophyllum*, gefolgt von *Elodea* und Characeen. Am wenigsten werden *Ceratophyllum* und *Stratiotes* angenommen.

Zur Steuerung des Makrophyten- und Epiphytenwuchses im Litoral scheiden Makrophyten allelopathische Stoffe, wie Thiolane, aus (s. **I. 8.1.9.10.**). Sie hemmen benachbarte Pflanzen, sind aber in ihren ökologischen Effekten noch schwer zu durchschauen (GROSS 2000).

Wir sind schon unterrichtet, welche Bedeutung die litoralen Strukturen für die Fische haben, auch im Hinblick auf deren Einfluß auf das Plankton des Sees. Das Phytal ist für viele Fische Nahrungs- und Schutzraum, besonders für jüngere Fische. Größere Bestände an Igelkolben (*Sparganium erectum*) und auch Teichbinse (*Schoeneplectus lacustris*) erfüllen diese Funktionen nur schlecht.

Aus den bisher gemachten Angaben läßt sich erkennen, wie komplex die Interaktionen und der Energiefluß im Litoral ablaufen. Wir sind noch weit entfernt, diese Vorgänge zu verstehen.

Die Bestände an Schilf und Rohr sind auch ein spezieller Lebensraum für viele terrestrische Tiere. Am bekanntesten ist dies als Brut- und Übernachtungsraum für viele Vogelarten. Sehr ausgeprägt ist dieser Lebensraum in Flachseen (s. **I. 8**.2.). Taucher, Entenvögel, Rallen, vor allem aber Reiher greifen als hochpositionierte Räuber in den Stoffhaushalt des Sees ein (s. **I. 8**.1.10.9.).

Die wichtigste Funktion des Litorals ist die **Schutzfunktion** für den See. Wir haben diesbezüglich schon einige Vorgänge kennengelernt, wollen sie aber unter einheitlichen Gesichtspunkten noch einmal zusammenfassen.

- Das pflanzenbestandene Litoral fungiert als „Haut" des Sees. Daran sind 2 Zonen beteiligt: die der Erlen und die Emersen. Das dichte Geflecht an Erlenwurzeln hemmt die Diffusion von Stoffen in das Gewässer. In den Emersen können 30 bis > 90 % abfiltrierbarer Stoffe verbleiben, an denen auch Schwermetalle adsorbiert sind (Osterkamp et al. 1999) (Abb. 193).
- Der Emersenbestand ist generell eine Stoffalle. Die an das Ufer gespülten Algenmassen bleiben in ihm hängen und werden relativ schnell abgebaut, gefördert durch die Sedimentbelüftung der Pflanzen.
- Die Beschattung durch die Makrophyten wirkt der Algenentwicklung entgegen.
- Die Emersen und Submersen akkumulieren viele Nährstoffe. Der gespeicherte Phosphor wird zwar durch Abbau und auch durch direkte Ausscheidungen wieder frei, aber auch schnell wieder im belüfteten Sediment gebunden.
- Im Litoral finden in erhöhtem Maße Nitrifikationen und Sulfurikationen statt (Entgiftungen). In den anaeroben Bereichen kommt es dann zur Denitrifikation (N_2), aber auch zur Desulfurikation (Wiederentstehung von H_2S). Der Schwefelwasserstoff bleibt aber auf kleine Bereiche beschränkt und beeinflußt nicht die gesamte Zönose. Das Mosaik von aeroben und anaeroben Bereichen führt zu einem Reinigungsmechanismus. Schädigungen des Schilfgürtels (s. **II. 6**.2.6.) können die genannten Schutzmechanismen enorm beeinträchtigen und zur Belastung des Sees beitragen.

In naturbelassenen Gebieten haben terrestrische Großtiere einen wesentlichen Einfluß auf das Litoral. Elefanten, Flußpferde, Nashörner, Antilopen, aber auch Elche, Wasserschweine u.a. ernähren sich auch von Unterwasserpflanzen, verschmutzen und entlasten zugleich das Gewässer. Welcher Aspekt überwiegt, ist bisher kaum untersucht. Auch terrestrische Fischfresser greifen stark in die litoralen Lebensgemeinschaften ein, bewirken aber über den Fischkonsum meist eine Entlastung des Gewässers (s. **I. 7**.7.3.; **I. 8**.1.10.8.; **I. 10**.).

Den Abschluß dieses Kapitels soll eine **Kohlenstoffbilanz** des Litorals bilden, wie sie bisher nur selten durchgeführt wurde (nach Wetzel et al. 1972 im Lawrence See, Michigan, USA). Diese Bilanz ist naturgemäß nicht auf jeden See übertragbar, (s. dazu das pelagische System des Sees, **I. 8**.1.10.9.):

Eintrag		Austrag	
(C m^{-2} a^{-1})		(C m^{-2} a^{-1})	
Makrophyten:	87,9	Sekretion:	5,5
Epiphytische Algen:	37,9	Respiration:	117,5
Epipelische Algen:	2,0		
Heterotrophe:	2,8		
Summe:	130,6	Summe:	123,0
	Gewinn 7,6		

8.1.11.2. Profundal

8.1.11.2.1. Allgemeine Lebensbedingungen

Die Kompensationsebene trennt das Litoral vom Profundal, wobei sich das Profundal aber nur auf das Sediment und eine kurz darüber stehende Wasserschicht bezieht.

Im Profundal lebt vorwiegend eine heterotrophe Organismengemeinschaft. Sie besteht aus Mikroorganismen (Destruenten) und Tieren (Konsumenten). Hinzu kommen chemolithoautotrophe Bakterien. Sie spielen für den Stoffhaushalt der Seen eine große Rolle (s. **I. 8**.1.9.5.; **I. 8**.1.9.6.), biomassemäßig sind sie aber weniger bedeutsam.

Die profundale Gemeinschaft wird von verschiedenen Faktoren beeinflußt:

Licht. Es reicht nicht mehr zur Nettoprimärproduktion aus (s. **I. 8**.1.9.3.), was zu Ähnlichkeiten mit dem Grundwasser führt.

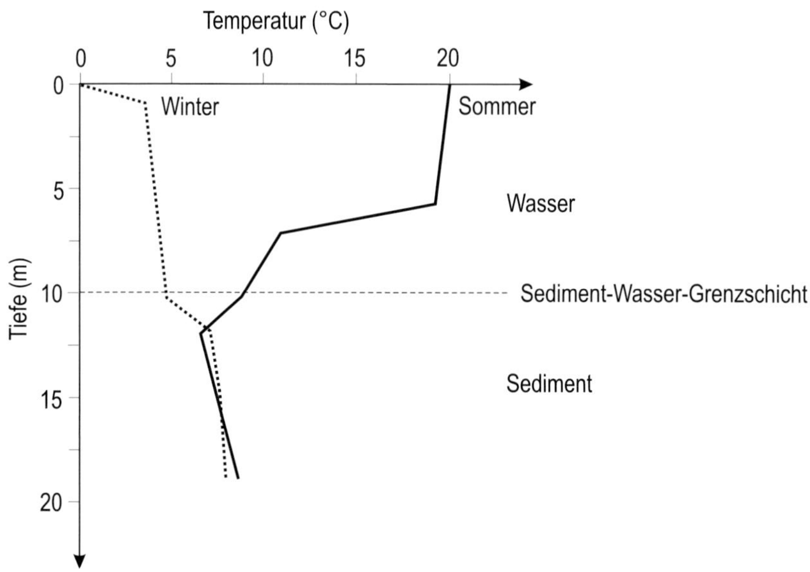

Abb. 194. Temperaturen im Wasser und im Sediment eines Sees (Mirrow L.) zur Winter- und zur Sommerzeit. (Nach LIKENS 1985).

Temperatur. In tiefen Profundalen ist sie relativ konstant und bewegt sich nicht viel über + 4 °C (kalt-konstant). Auch hierin besteht Ähnlichkeit mit dem Grundwasser.

Wasserbewegungen. Es kommt zu diversen Wasserbewegungen, über deren Auswirkungen aber wenig bekannt ist (s. **I. 8**.1.9.1., **I. 8**.1.9.2.). Das Sediment ist im Sommer kälter und im Winter wärmer als das unmittelbar darüber stehende Wasser (Abb. 194). Daher kommt es auch ohne Bioturbation zu Konvektionsströmen, die sich in der Vertikalen ungehindert ausbreiten können, da es im schlammnahen Wasser keine Dichteunterschiede gibt. Diese Ströme führen zu einem Stoffaustausch zwischen Sediment und Wasser. Sie können selbst bei Anwesenheit von Sauerstoff adsorbierten Phosphor abwaschen.

Sauerstoff. Er spielt für die Profundalbewohner eine zentrale Rolle (s. **I. 8**.1.9.4.) und führt zur Ausbildung der oligotrophen und eutrophen Profundalgemeinschaften (s. unten). Im Sediment selbst herrscht fast immer Sauerstoffmangel (s. bei Redoxpotential). Auch in dieser Beziehung gibt es Ähnlichkeit mit dem Grundwasser.

Redoxpotential. Es steht unmittelbar mit dem Sauerstoffhaushalt in Verbindung und ist oft maßgebender als der freie Sauerstoff, da Oxidation und Reduktion nicht nur auf Aufnahme und Abgabe von Sauerstoff bzw. (umgekehrt) Wasserstoff beruhen, sondern auch auf einem Elektronenaustausch der miteinander reagierenden Stoffe. Oxidation ist immer Elektronenabgabe, Reduktion Elektronenaufnahme. Ein Stoff wird oxidiert, wenn ihm durch ein Oxidationsmittel Elektronen entzogen werden und das Mittel selbst dabei reduziert wird. Bei der Reduktion eines Stoffes verlaufen diese Vorgänge umgekehrt. So sind Oxidation und Reduktion immer miteinander gekoppelt.

Sowohl im Wasser als auch im Sediment bestehen zwischen den gelösten verschiedenwertigen Elementen elektrische Spannungen. Ein solches System elektrischer Spannungen bezeichnet man als Redoxpotential (Zeichen E_H). Die Elemente sind bestrebt, Elektronen abzugeben und in die oxidative Phase einzutreten. Ist die Spannung in der Lösung hoch, hat sie eine oxidierende, ist sie gering, eine reduzierende Kraft. Das Redoxpotential ist stark pH-abhängig. Daher sind die meisten E_H-Angaben auf pH_7 ($= E_7$) korrigiert.

Für das Sediment eines Gewässers sind diese Vorgänge von viel größerer Bedeutung als für das Freiwasser, da im Sediment beim Abbau toxische Stoffe (NH_3, H_2S usw.) entstehen und Nährstoffe (z. B. P) freigesetzt werden, was von den oxidativen Bedingungen abhängt. An der Sedimentoberfläche eines oligotrophen Sees besteht das Redoxpotential bei $pH_7 = E_7 = 600$ mV, in etwa 4 cm Tiefe nur noch 200 mV. Unterhalb 200 mV herrschen vorwiegend reduzierende, darüber oxidierende Bedingungen. Freier Sauerstoff in oligotrophen Sedimenten reicht bis etwa 3 cm Tiefe.

Grundsätzlich läßt das Redoxpotential im Sediment keine Rückschlüsse auf freien Sauerstoff zu. Bis zu 300 mV und auch darüber fanden REVSBECK & JØRGENSEN (1986) keinen freien Sauerstoff mehr. Das bedeutet, daß in anaeroben Sedimenten noch Vorgänge stattfinden, die als Oxidation bezeichnet werden müssen. Die ersten grundlegenden Einsichten in das Redoxpotential der Seensedimente sind MORTIMER (1941) zu verdanken. Die Abb. 195 gibt seine klassische Darstellung wider.

Bei Sauerstoffschwund sinken die E_H-Werte, bei Zunahme steigen sie. So kann die 200 mV-Kurve im Jahresverlauf, entsprechend der Stagnations- und Zirkulationszeiten, wandern.

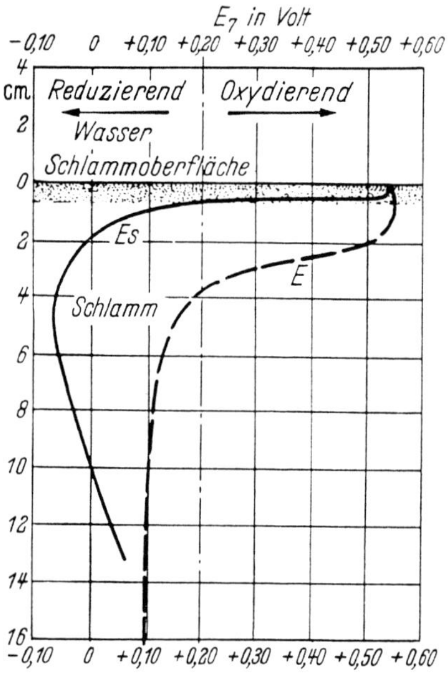

Abb. 195. Redoxpotentiale im Sediment eines oligotrophen (E) und eutrophen (E_S) Sees aus Nordengland. (Nach MORTIMER 1941 aus RUTTNER 1962).

Bioturbation und Ebullition können lokale Änderungen des Redoxpotentials hervorrufen. Durch Bioturbation (Wühl- und Freßtätigkeit von Invertebraten und Fischen) können tiefere Sedimentschichten oxidiert werden. Dadurch kann es auch punktuell zum Ausfall von Eisen (III)-Verbindungen kommen mit entsprechenden Phosphorbindungen. Es kommt zu einer mosaikartigen Verteilung von aeroben und anaeroben Bereichen. Die

Tabelle 44. E_7-Werte in Sedimenten, bei denen wichtige Reduktionsvorgänge einsetzen.

Reduktionsvorgang	E_7 [mV]	Bemerkungen
$NO_3^- \rightarrow NO_2^- \rightarrow NH_4^+$	421–220	Ab 220 mV ist kein NO_3^- mehr nachweisbar (Mikrobiell gesteuert)
$SO_3^{2-} \rightarrow H_2S$	< –100	Theoretisch erst ab –207 mV zu erwarten (SIGG & STUMM 1991). In Gewässern liegt der Wert aber höher, was auf die schnelle Vergiftung des Hypolimmions hindeutet. Mikrobiell gesteuert.
$Mn^{3+-} \rightarrow Mn^{2+}$	< 346	Nach SCHLESINGER 1991
$Fe^{3+-} \rightarrow Fe^{2+}$	um 200 und weniger	Es ist die Reduktion des ausgefallenen Eisenhydroxids zur zweiwertigen löslichen Phase. Dabei wird chemisch gebundener und adsorbierter Phosphor freigesetzt (vgl. **I.** 8.1.9.6.2.), der zur internen Düngung führt. Die Beteiligung von Mikroorganismen ist unklar.

Bioturbation kann andererseits auch NH_4^+, PO_3^{3-} und vor allem Silizium aus dem Sediment transportieren (TESSENOW 1964). So können bis zu 90 mg m^{-2} d^{-1} N in das Wasser befördert werden (FUKUHARA & SAKOMOTO 1988). Im wesentlichen ist es das Redoxpotential, welches eine Mikroschichtung von Sauerstoff und anderen Stoffen bewirkt. Diese Mikroschichtung ist entscheidend für die Verteilung von Bakterien und Protozoen. Es kommt zu einer Mosaikdynamik und einem Nebeneinander entgegengesetzter Vorgänge mit häufigem Wechsel, dessen Gesamtwirkung wir bisher noch nicht verstehen.

Die Tab. 44 zeigt E_7-Werte, unterhalb derer die Reduktionsvorgänge wichtiger Verbindungen einsetzen. Aus der Tabelle ist auch die **Reihenfolge der Atmungsvorgänge** ersichtlich. Zunächst wird der freie Sauerstoff veratmet, dann der molekular gebundene, beginnend mit der Nitratatmung; erst danach kommt es zur Sulfatatmung.

Chemismus (s. **I. 8**.1.9.5., **I. 8**.1.9.6.). In den Chemismus sind häufig Bakterien integriert. Zwischen Sediment und dem darüber stehenden Wasser findet ein reger Stoffaustausch statt. Dieser ist abhängig von dem Konzentrationsgefälle, den chemischen Bedingungen und Transportmechanismen, wie z.B. Bioturbation (s. auch Redoxpotential).

Stoffe, wie CO_2, NH_4^+, H_2S, P, Si, Fe^{2+}, Mn^{2+}, die im Sediment entstehen oder hier vorhanden sind, können in das Wasser diffundieren. Andererseits dringen Stoffe aus dem Wasser in das Sediment.

Sedimenttypen. Das organische Sediment von oligotrophen und eutrophen Seen, die **Gyttja** und von dystrophen, der **Dy**, spielt für die Verbreitung der profundalen Fauna eine wesentliche Rolle (s. **I. 1**.; **I. 8**.1.9.10.). Über dem eigentlichen Sediment steht meist eine Schicht stark wasserhaltiger **Weichsedimente**, die, wie auch in Fließgewässern, leicht resuspendierbar ist.

Mit zunehmender Eutrophierung weicht das profundale Milieu immer mehr von dem Bereich optimaler Lebensbedingungen ab: es verarmt an Sauerstoff, reichert sich mit CO_2, NH_4^+, H_2S, CH_4 an. Dies kann soweit führen, daß das Profundal azoisch wird. Das Profundal ist grundsätzlich ein extremer Lebensraum mit hohen Anpassungsforderungen. Daher kommt es zu einer Abnahme der Artenzahl, aber einer Zunahme an Individuen (s. **I. 8**.1.11.1.5.).

Es wurde schon ausgeführt, daß das Profundal Merkmale des Lebensraumes Grundwasser (s. **I. 5**.) besitzt. Wie dieser ist er ein abhängiger Lebensraum. Die zugeführte Nahrung besteht aus lebenden und toten Planktern, organischen Einträgen aus dem Litoral und allochthon aus der Umgebung. Absinkende lebende Phytoplankter sind die wertvollste Nahrung (s. **I. 8**.1.10.9.).

Wie das Grundwasser ist auch das Profundal ein Refugialraum für alte Faunenelemente, besonders aber für **Glazialrelikte** (s. **I. 6**.7.). Die bekanntesten Glazialrelikte sind *Mysis relicta* (s. **I. 8**.1.9.10., **I. 8**.1.10.2.), die Amphipoden *Pontoporeia affinis* (Quellen, Profundale), *Pallasea quadrispinosa* (Quellen, Profundale) und Arten der Nematodengattung *Desmoscolex* (1 Art im Grundwasser, eine andere im Profundal des Genfer Sees). Ein Höhlen- oder Brunnentier, das im Profundal auftreten kann, ist z.B. *Niphargus kochianus* (kein Glazialrelikt!, s. **I. 5**.6.). Der kosmopolitische und fast ubiquistische Strudelwurm *Gyratrix hermaphroditus* bildet in Brunnen und Profundalen blinde Populationen, während die oberirdischen Augen haben. Es kommt also zu Parallelanpassungen an die lichtlosen Lebensräume. Glazialrelikte treten aber fast nur in oligotrophen Seen auf, da die Tiere sauerstoffbedürftig sind.

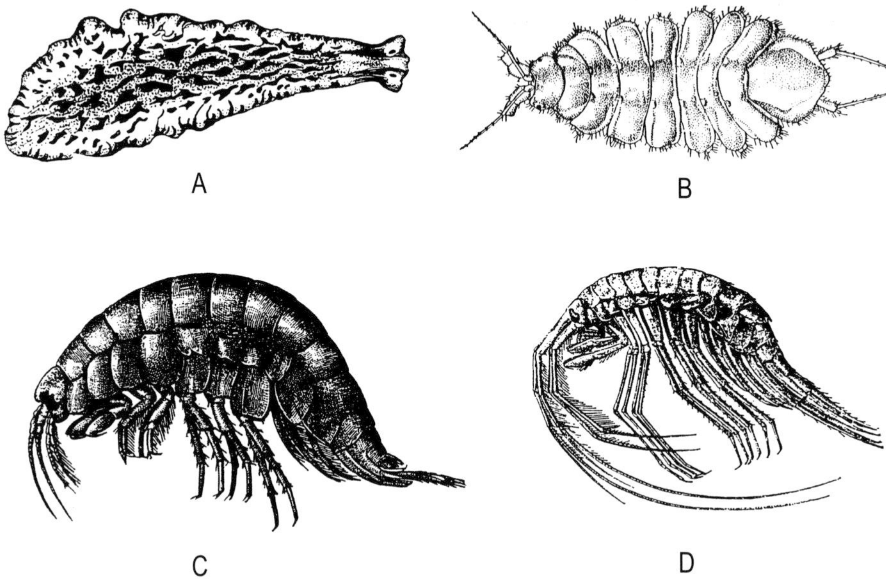

Abb. 196. Tertiärrelikte aus der Tiefe des Baikalsees. **A.** = *Armilla pardalina* (Turbellarie bis 25 mm), **B.** = *Asellus dybowskii* (Assel bis 10 mm), **C.** = *Otogammarus albinus* (bis 25 mm), **D.** *Abyssogammarus sarmatus* (bis 63 mm). (Nach Koshov 1963).

Andere Anpassungen beziehen sich vor allem auf die Sauerstoffarmut in eutrophen Seen (s. **I. 8**.1.11.2.3.)

Tertiäre Grabenbruchseen beherbergen auch **tertiäre Relikte**. Die Profundale dieser Seen erstrecken sich bis in große Tiefen (Abyssal) (s. **I. 8**.1.8.). Tertiärrelikte, die dann immer endemisch sind, besiedeln zwar nicht nur die Tiefen dieser Seen, viele sind aber doch sedimentgebunden und leben oft sehr tief. Abb. 196 zeigt einige Formen aus der Tiefe des Baikalsees. Dort leben allein über 80 endemische Turbellarien (Triclada). Auffallend sind einige Asseln und vor allem die vielen endemischen Amphipoden des Baikals (~ 300 Arten).

Inwieweit bei Profundalbewohnern auch A-Strategen vorkommen (s. **I. 5**.5.), ist unbekannt. Erinnert sei aber an die relative Langlebigkeit von Copepoden im Hypolimnion (s. **I. 8**.1.10.5.2.).

Ähnlich wie das Hyporheal der Fließgewässer (als Grenzbereich zwischen ober- und unterirdischem Wasser), fungiert auch das Profundal als **Eierbank** und **Dormanzraum**. Dauereier von Cladoceren und anderen Tieren können hier viele Jahre liegen, bis ihr Schlupf erfolgt. Es sind vor allem Entwicklungsstadien von Copepoden, die im Hypolimnion und Profundal ihre Ruhephasen überdauern (Jonasson 1996).

8.1.11.2.2. Bakterien

Im Profundal kommen vor:
- Archaebakterien. Es handelt sich um die anaerob lebenden Methanbakterien, die Methan bilden (s. **I. 8**.1.9.5.).
- Chemolithoautotrophe Eubakterien. Es sind Nitrifikanten, Sulfurikanten, Eisen-Mangan- und Methanoxidierer (s. **I. 8**.1.9.5., **I. 8**.1.9.8.).
- Denitri- und Desulfurikanten (s. **I. 8**.1.9.6.).
- Viele heterotrophe Arten (Saprophyten), die an der Kohlenhydrat-, Fett- und Eiweißzersetzung beteiligt sind (s. **I. 8**.1.9.6.). Sie spielen im Profundal eine dominierende Rolle.
- Stickstoff-Fixierer (s. **I. 8**.1.9.5.).

Viele Bakterien vertragen ein relativ breites pH- und E_H-Spektrum. Eisenbakterien erscheinen zwischen pH 2 und 7 und E_H 200 und 800 mV. Desulfurikanten können bei pH 4 bis 10 und E_H 0 bis –400 mV leben. Die Bakterien können ihr Milieu derart verändern, daß dies zum Neuerscheinen oder zum Ausfall von Organismen führt. Der bekannteste Vorgang ist die Sauerstoffabnahme durch Respiration, die zu niederen pH- und E_H-Werten führt.

Von den litoralen zu den profundalen Sedimenten steigen Abundanz und Produktion, zumindest die der heterotrophen Bakterien, an (Abb. 185). Verglichen mit dem hypolimnischen Wasser nehmen die Bakterienzahlen im profundalen Sediment stark zu (um das 10 bis sogar > 100-fache). Der Anstieg der Abundanzen mit zunehmender Trophie ist auch im Profundal sehr deutlich.

Die hohen Bakterienzahlen im profundalen Sediment sind damit zu erklären, daß das Profundal die **Sammelstelle** der autochthonen und allochthonen Abfallprodukte ist. Im Profundal erfolgt der umfangreichste Abbau der organischen Stoffe im See.

8.1.11.2.3. Zoobenthos

Im Profundal sind die **folgenden Tiergruppen** vertreten:
- Zooflagellaten (wenig erfaßt).
- Amöben (wenig erfaßt).
- Beschalte Amöben (Testacea) (gut erfaßt).
- Ciliaten (gut erfaßt).
- Turbellarien (z. B. *Gyrathrix hermaphroditus* und *Otomesostoma auditivum).*
- Oligochaeten (typisch sind Tubificiden).
- Nematoden (unerforscht. Sollen eine ähnliche ökologische Bedeutung wie das Zooplankton im Pelagial haben. Ihre intensive Bacteriovorie bewirkt eine enorme Stimulation der bakteriellen Produktion [Abrams & Mitchell 1980]).
- Muscheln (Bivalvia). Z. B. einige *Pisidium*-Arten.
- Ostracoden.
- Copepoden (einige Harpacticiden, seltener Cyclopiden).
- Cladoceren (z. B. einige Chydoriden).
- Höhere Krebse (*Mysis*, einige Amphipoden).
- Wassermilben (Acari).

- Insektenlarven (vor allem Larven von Chironomiden und *Chaoborus*).
- Fische. In Europa suchen vor allem ältere Bleie (*Abramis brama)* im Profundal nach Nahrung. Aber auch Aal und sogar Güster, Barsch, Kaulbarsch und Karpfen treten gelegentlich im Profundal auf.

Im Profundal geht die **Artenzahl**, bezogen auf das Litoral, stark zurück. Die **Abundanzen** sind je nach Zustand des Profundals mehr oder weniger denen im Litoral gleich oder steigen sogar noch an (s. „Biozönotisches Grundgesetz", s. **I. 7.6.8.**).

Als Beispiel des Mikrozoobenthos seien wieder die beschalten Amöben, Testacea, genannt. In dem oligotrophen Stechlinsee (Deutschland) lag ihre Dichte bei etwa $1{,}5 \cdot 10^6$ m^{-2} (Abb. 186), was allerdings gegenüber dem Litoral sehr wenig ist. Die Abundanz des Makrozoobenthos liegt in oligotrophen Profundalen etwa bei 2 000 m^{-2} (Mothes 1985), kann aber in eutrophen Seen um das 10-fache zunehmen (Abb. 197). Auch geht meist die Biomasse des Zoobenthos vom Litoral zum Profundal zurück und liegt für verschiedene Seen nach den vorliegenden Literaturangaben oft bei 1,2 g m^{-2} TG.

Die **Produktion** des Makrozoobenthos (bisher im Profundal sehr wenig bestimmt) lag im eutrophen Esromsee (Dänemark) bei 17,5 g m^{-2} a^{-1} TG, entspr. 8–9 g C_{org} (umgerechnet nach den Angaben von Jonasson 1972), ist aber deutlich niedriger als im Litoral. Die Ursache sind die niedrigen Temperaturen und die z. T. pessimalen Bedingungen im Profundal (s. unten). Für viele Chironomidenlarven im See beträgt der P/B-Quotient (Jahr) etwa 15, im Profundal bei nur 1 Generation im Jahr 4 (Kajak et al. 1972).

In den gemäßigten Breiten (untersucht im dänischen eutrophen Esromsee) legen die Larven der bekannten profundalen Chironomide *Chironomus anthracinus* im Winter eine **Ruhepause** ein, da die pelagische Nahrungszufuhr ausbleibt. Das gleiche geschieht im Sommer bei Sauerstoffmangel. Die Larven können daher nur zu den Zirkulationszeiten aktiv sein. So kommt es, daß diese Chironomide nur 1 Generation in 2 Jahren hat. Für diese Zeitspanne ist ihre Produktion als relativ hoch zu bewerten (etwa 75 % der makrozoobenthischen Gesamtproduktion) (Jonasson & Kristiansen 1961).

Große Bedeutung für die Profundalbewohner haben die Strategien des **Nahrungserwerbes** und der Ausnutzung des oft geringen **Sauerstoffgehaltes**.

Tubificiden. Sie besitzen Haemoglobin und können damit noch geringe Sauerstoffgehalte nutzen. Sie stecken mit dem Kopfende im Schlamm, wobei sie ständig Schlamm fressen. Da sie Darmatmung besitzen (ihr Enddarm nimmt Wasser auf) und ständig mit dem herausgestreckten Wurmende ventilieren, erhöhen sie nochmals den Ausnutzungsgrad selbst geringster Sauerstoffkonzentrationen (s. **I. 7.6.8.**, **I. 7.6.2.4.**). Tubificiden können etwa 45 l m^{-2} a^{-1} organisches Sediment konsumieren. Sie verdauen aus dem Substrat jedoch vor allem die Bakterien. Tubificiden können bis zu 20 cm tief in das Sediment eindringen. Infolge ihrer Wühl- und Freßtätigkeit (im Schlamm fressen, an der Oberfläche ausscheiden), kommt es zur Umschichtung und zur Belüftung des Sedimentes (= Bioturbation), was auch mit Resuspension verbunden sein kann. Die Belüftung der Sedimente kann durch Tubificiden bis zu 10 g m^{-2} d^{-1} O_2 betragen. Die Darmpassagen der Sedimente geben diesem eine krümelige Struktur, so daß sich ein ausgeprägtes Lückensystem (Interstitial) entwickeln kann. Die oberen 3–4 cm der von *Tubifex* besiedelten Sedimente werden im Jahr mindestens einmal umgeschichtet. 1 g

FG *Tubifex* transportiert ~ 4 g Sediment (FG) d^{-1}. Ein *Tubifex* wiegt etwa 1,5 mg (FG). Mit Hilfe der ausgezählten Dichten lassen sich dann die Leistungen der Würmer berechnen. Dichten von > 100 000 m^{-2} bis > $10^6\,m^{-2}$ sind keine Seltenheit (MESCHKAT 1937, EDWARDS 1962, DAVIS 1974). *Tubifex* übersteht auch Sauerstofflosigkeit (Anaerobiose, s. unten) und ist vermutlich auch zur Nitratatmung befähigt. Infolge Sedimentbelüftung und Bakterienkonsum fördert er die bakterielle Produktion und somit den Abbau organischer Stoffe und verbessert die Nahrungsqualität der Sedimente (VAN DER BUND et al. 1994). Im allgemeinen gilt für Tubificiden, daß der A/C-Quotient je nach Mineral- und Bakteriengehalt des Sedimentes zwischen 4 und 60 % schwankt (je bakterienreicher, um so höher die Ausnutzung des konsumierten Substrates).

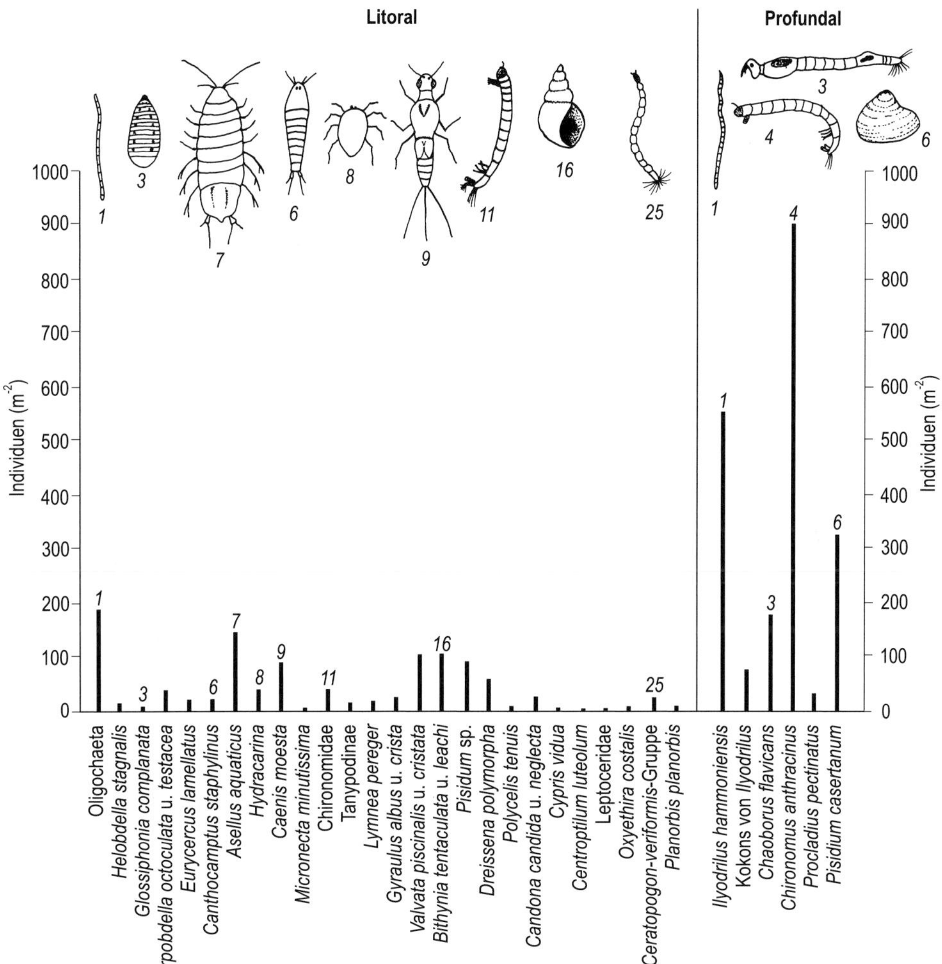

Abb. 197. Arten und Individuendichten des Makrozoobenthos im Litoral und Profundal eines eutrophen Sees (Esromsee, Dänemark). (Nach JONASSON 1972).

Tubificiden sind weit verbreitet, auch in flachen Gewässern. Sie kommen in oligotrophen Bereichen vor, in höheren Dichten oder massiert nur in eutrophen und stark eutrophierten Gewässern. Sie bauen mit Schlammpartikeln besetzte Schleimröhren, in denen sie stecken (Schlammröhrenwürmer) und in die sie sich bei Gefahr blitzschnell zurückziehen können.

Chironomidenlarven. Sie sind die klassische Indikatorgruppe für oligotrophe und eutrophe Seen. Man verwendet ihr profundales Vorkommen, da im sauerstoffreichen Litoral eutropher Seen auch solche oligotropher Seen vorkommen können. Wichtige Chironomiden oligotropher Profundale sind: *Tanytarsus*-Arten, *Lauterbornia coracina, Sergentia coracina*. Sie haben Hautatmung und besitzen kein Haemoglobin, sind daher hellgrün gefärbt.

Die Arten eutropher Profundale besitzen Kiemen und Haemoglobin, damit sie auch noch niedrige Sauerstoffkonzentrationen nutzen können. Indikatorarten sind: *Chironomus anthracinus, Ch. plumosus, Ch. thummi* u. a. *Chironomus plumosus* ist ein Filtrierer. Er baut Wohnröhren, ventilliert, so daß ein Wasserstrom durch die Röhren fließt, der der Atmung dient. Die Hauptnahrung besteht aus Diatomeen, die aus dem Pelagial absinken. In den Röhren befindet sich ein Netz, welches die Plankter zurückhält (Abb. 60 D). Die Sauerstoffatmung bleibt zwischen Konzentrationen von 10 bis 2,5 mg l^{-1} O_2 konstant; sinkt die Konzentration weiter ab, beginnt der glykolytische Prozeß. Unter 1 mg l^{-1} O_2 wird keine Nahrung mehr aufgenommen. Die Larven zehren dann von ihren Körperreserven und ihr Gewicht nimmt ab (Hamburger et al. 1993). Diese Vorgänge treten regelmäßig im Sommer zur Stagnationszeit auf.

Beim glykolytischen Prozeß wird der Stoffwechsel gedrosselt und die Energiegewinnung geschieht aus der anaeroben Umwandlung des Glykogen zu Milchsäure (= **Anoxibiose** oder **Anaerobiose**). Während der Zirkulationszeit tritt dann die sog. Erholungsatmung ein, bei der die Milchsäure wieder zu Glykogen oxidiert wird. *Chironomus anthracinus* ist Weidegänger und Substratfresser. Vorwiegend werden die sedimentierenden Algen von der Sedimentoberfläche abgeweidet und dabei auch Sedimentpartikel aufgenommen. Auch er kann Anaerobiose durchführen. *Tubifex* und die genannten Chironomus-Arten können die lange Zeit der Stagnation überstehen (= **Langzeitanaerobier**). Ganz anders verhält sich der ähnliche *Chironomus thummi*. Er übersteht die anaerobische Phase nur kurzzeitig (= **Kurzzeitanaerobier**) und lebt daher nur im Schlamm von Flachgewässern (Neumann et al. 1986).

***Chaoborus*-Larven**. Sie sind räuberisch und greifen in die pelagischen Lebensgemeinschaften ein (s. **I. 8.**1.10.9.). *Chaoborus*-Larven besitzen als Anpassung an das Schwimmen zwei Tracheenblasen. Sie gleichen damit ihr Körpergewicht dem des Wassers an und können mit diesem Mechanismus steigen und sinken. Die Larven besitzen Hautatmung und stecken am Tage mit dem Kopf im profundalen Schlamm. Nachts steigen sie in das Pelagial auf, wo auch die Erholungsatmung stattfindet. Als Kurzzeitanaerobier können sie keine längere Sauerstofflosigkeit überstehen. Sie sollen durch das Eintauchen in das Sediment Mikroschichtungen zerstören und so zum Stoffaustausch beitragen (Scharf 1998).

Protozoen. Im Profundal leben Arten von Nacktamöben, beschalten Amöben (Testacea), Zooflagellaten und Ciliaten. Vermutlich sind alle Arten vorwiegend Bakterienfresser. Eine wichtige Rolle spielen die Ciliaten mit *Spirostomum, Frontonia* und *Lo-*

xodes. Vertreter der letzten Gattung haben eine große Bedeutung für eutrophierte Profundale und verfügen über Anpassungen an niedere Sauerstoffkonzentrationen. *Loxodes* lebt in Bereichen von 0–10 % Sauerstoffsättigung. Den für ihn optimalen Sauerstoffgehalt findet *Loxodes* durch geotaktische Orientierung. Er besitzt statocysten-ähnliche

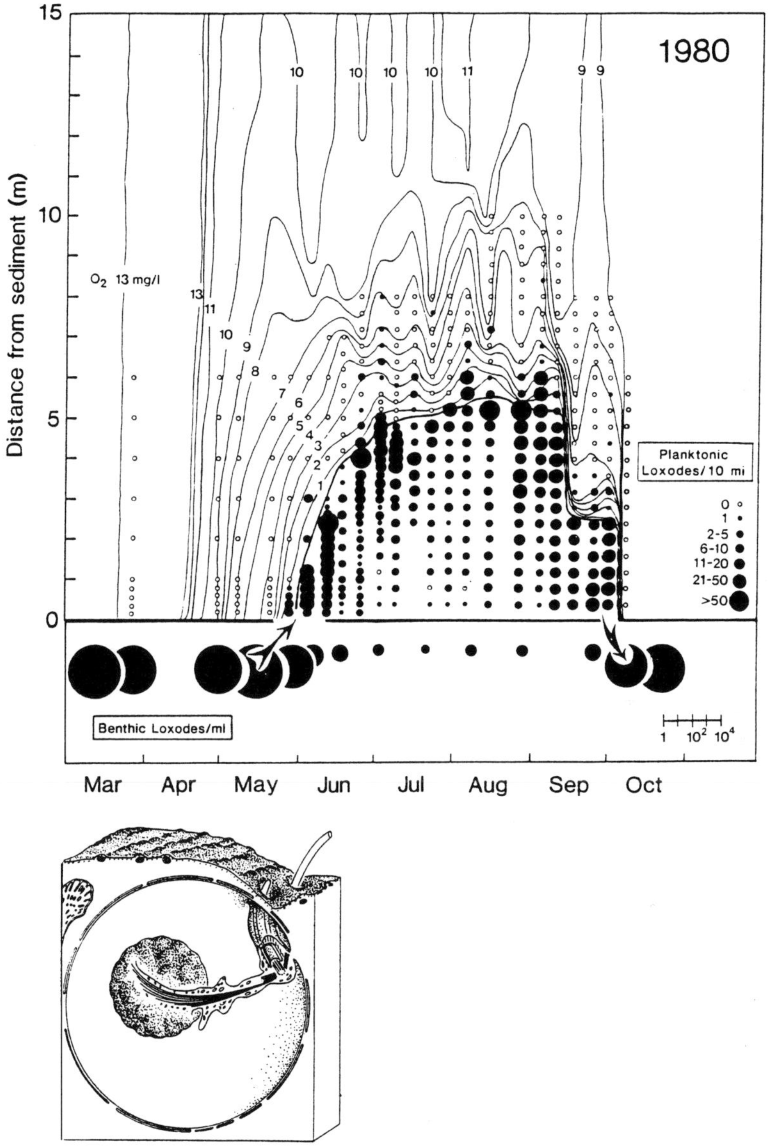

Abb. 198. Die Verteilung von *Loxodes* im Hypolimnion eines Sees in Abhängigkeit von dem Sauerstoffgehalt. (FINLAY & FENCHEL 1986). Darunter ein Müller'sches Körperchen, das dem Ciliaten zur Orientierung verhilft. Man sieht den Plasmafortsatz mit dem Bariumsulfat-Körper. (Nach FENCHEL 1987).

Organellen, die „Müllerschen Körperchen". Das sind etwa 7 µm große Bläschen, die an der Zelloberfläche liegen. In jedes Bläschen ragt ein Plasmafortsatz hinein, der Bariumsulfat enthält und das Tier informiert, wo „oben" und „unten" ist. „Oben" heißt immer in Richtung zunehmender Sauerstoffgehalte, „unten", d. h. sedimentwärts, in Richtung abnehmender Gehalte.

Loxodes lebt während der Zirkulationszeiten im Sediment, da es hier sauerstoffarm ist; während der Stagnationszeiten wandert er nach oben, bis er die für ihn optimale Sauerstoffkonzentration gefunden hat. Wichtig ist, daß er in anaeroben Bereichen mit Hilfe von Nitratreduktase (s. **I. 7.6.2.3.**, **I. 7.6.4.**) Nitratatmung betreiben kann und so direkt an der Entlastung des Sees teilnimmt (Abb. 198) (FINLAY & FENCHEL 1986)

Nahrungsbeziehungen: Über Nahrungsbeziehungen und somit den Energiefluß des Profundals ist nur sehr wenig bekannt. Als Prädatoren kommen vor: das Turbellar *Otomesostoma auditivum*, welches Tubificiden erbeutet, die Milben, einige Nematoden und Fische.

Die Chironomidenlarven sind die wichtigsten Fischernährer des Profundals. Bei starkem Sauerstoffschwund findet der Fraßdruck der Fische auch nur während der Zirkulationszeiten statt (JONASSON 1965). Viele Nichtprädatoren ernähren sich von Bakterien (im Sediment) und abgesunkenen Planktern.

Mit zunehmender Profundalfauna-Dichte beschleunigt sich deutlich das Wachstum des Bleis als einem der wichtigsten Kleintierprädatoren des Profundals. Dadurch geht viel Energie aus dem Profundal in den übrigen See. Ein nicht als Nahrungsraum zu nutzendes Profundal reduziert die Fischproduktion eines Sees (BARTHELMES 1981).

8.1.11.2.4. Die Bedeutung des Profundals in der klassischen Limnologie

In der klassischen Limnologie galt das Profundal als **Spiegel des Stoffhaushaltes** eines Sees. Mit Hilfe der Profundalbesiedlung wurde weitgehend die Seentypenlehre aufgestellt, mit der die moderne Limnologie begann (s. **I. 1.**): *Tanytarsus*- und *Chironomus*see (s. auch **I. 8.1.11.2.3.**).

Gyttja (bei starker Anreicherung von Fäulnisstoffen auch **Sapropel** genannt) und Dy, sowie der Sauerstoffgehalt des Tiefenwassers waren die biologisch wirksamen Endprodukte des Stoffhaushaltes. Als mikrofaunistische Indikatoren kamen noch hinzu: *Centropyxis aerophila* für oligotrophe und *Difflugia urceolata* für eutrophe Seen. Die Schalen dieser Testaceen sind lange haltbar und können auch paläolimnologisch verwendet werden (SCHÖNBORN et al. 1966; s. **I. 8.1.12.**).

Indikatorarten für den Dy sind z. B. die Chironomidenlarven *Psectrocladius bisetus, Einfeldia* spp., die Thekamöben *Nebela* spp. und *Heleopera petricola*. In dystrophen Seen kommt es zu einem Rückgang der Artenzahlen, was auch für Fische gilt (s. **II. 4.4.**). Dystrophe Seen haben eine den eutrophen Seen ähnliche Sauerstoffverteilung: im Sommer und im Winter (unter Eis) Sauerstoffdefizite im Hypolimnion. Diese Defizite kommen aber nicht durch seeinterne, sondern durch allochthonen Eintrag zustande. Somit steht der dystrophe See abseits der Reihe oligotroph – eutroph.

Die „Spiegeltheorie" für das Profundal und damit auch für das Hypolimnion wurde quantifiziert durch die Berechnung der Assimilationsleistung (AC) des Sees nach OHLE (1952):

$$AC = \frac{\text{Menge an } CO_2 \text{ im Hypolimnion [mg } CO_2 \text{ m}^{-3}]}{\text{Volumen Epilimnion [m}^3]}$$

Liegt AC < 5, ist der See oligotroph, > 5 eutroph.

Diese auf Exaktheit angelegte Grundtheorie der Seenkunde ist heute nicht mehr aufrecht zu erhalten. Sie geht davon aus, daß der CO_2-Gehalt aus dem Abbau der im Epilimnion und Litoral produzierten Biomasse stammt. Dies stimmt quasi nur für stark abgeschlossene Seen gemäßigter Breiten.

- Diese Theorie stimmt nicht für dystrophe und meromiktische Seen. Auch ein oligotropher meromiktischer See hat im Hypolimnion ebenfalls totalen Sauerstoffschwund (Ansammlung von organischen Stoffen über lange Zeiträume, keine Zirkulation).
- Der kurzgeschlossene Kreislauf des Epilimnions schlägt sich nicht in der hypolimnischen und profundalen Bilanz nieder.
- Der allochthone Einfluß wird nicht berücksichtigt und ist nicht nur bei dystrophen Seen vorhanden. Sein Einfluß bezieht sich auch auf: a) Eintrag terrestrischer und semiterrestrischer Vegetation, b) den atmosphärischen Eintrag und den durch Wind (s. **I. 8.1.6.**). In jedem Profundal findet man auch regelmäßig „Indikatoren" dieses Eintrages: Wollfäden, Haare, Schmetterlingsschuppen, Bruchstücke terrestrischer Tiere und Pflanzen, Pollen udgl., c) Zuflüsse durch einmündende Fließgewässer oder durch Grundwasser. Zuflüsse schichten sich oft in das Metalimnion ein (s. **I. 7.5.12.**, Talsperren). Sie bringen Sauerstoff mit, der in das Hypolimnion diffundiert und vorhandenen Sauerstoffdefizit auffüllen kann (s. **I. 8.1.9.1.**).

ABERG & RHODE (1942) erweiterten das klassische Seentypensystem, indem sie die allochthone Komponente einbezogen (Abb. 199). Sie verweist bereits die klassische Theorie auf den oberen Teil des Koordinatensystems.

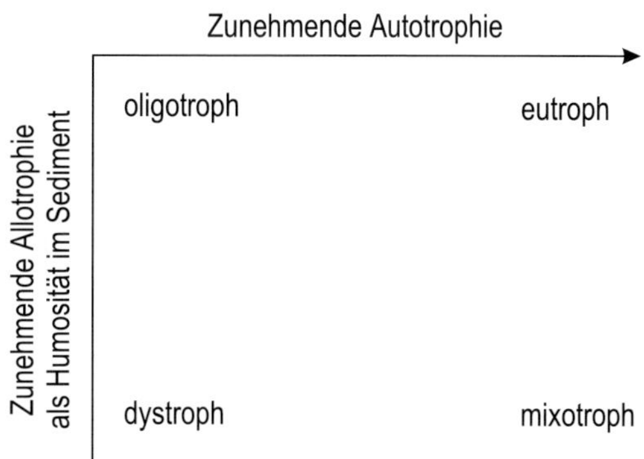

Abb. 199. Erweitertes Seentypensystem (Einbeziehung der allotrophen Komponente) von ABERG & RODHE (1942). (Original).

- Phosphor kann in Form von Polyphosphaten in den Algen gespeichert werden, so daß es auch während phosphorarmer Zeiten zu einer hohen Primärproduktion kommt (z. B. bei einer Reoligotrophierung, s. **II. 6.2.2.**)
- In tropischen Seen verlieren Profundal und Hypolimnion noch stärker ihre Bilanzfunktion als in gemäßigten Breiten. Die hohen hypolimnischen Temperaturen bewirken einen 4 bis 9 Mal schnelleren Umsatz als in gemäßigten Breiten. Daher steigt auch der Sauerstoffverbrauch um das 4 bis 9-fache an, so daß auch oligotrophe Seen ein hypolimnisches Sauerstoffdefizit aufweisen (s. **I. 9.3.**).

Aus den genannten Gründen ist es nicht verwunderlich, daß es eine relativ breite Palette an Indikatorarten gibt und die Indikation generell **unscharf** wird. Die molekular (s. AC) – biozönotische (Indikatoren) – Einheit der klassischen Limnologie läßt sich nur sehr grob aufrechterhalten, obwohl es im ABERG-RHODE'SCHEN System in den Übergangszonen durchaus Kombinationen der Indikatorarten geben kann (z. B. unter den Testaceen).

Die klassische Limnologie hat die großen Zusammenhänge zwischen Morphometrie, Stoffhaushalt und Besiedlung aufgedeckt. Eine Verfeinerung dieser Beziehungen und exakte Voraussagen läßt sie aber nicht zu, wozu bisher auch keine andere ökologische Theorie imstande ist (s. hierzu ELSTER 1962).

8.1.12. Paläolimnologie der Seen

Zu empfehlende Übersichtsliteratur: FREY (1964), KORDE (1966), HAYWORTH & LUND (1984), GRAY (1988), DAVIS (1990)

Aus den seit der Entstehung eines Sees abgelagerten Sedimenten lassen sich mit Hilfe von Stechbohrern Profile entnehmen, die, in kleine Scheiben zerlegt, physikalisch, chemisch und biologisch analysiert werden können. Ein See, der vor etwa 10 000 Jahren entstand, als die Gletscher sich zurückzogen und der oligotroph geblieben ist, hat eine Sedimenthöhe von etwa 10 m (angenommene Sedimentationsrate 1 mm a^{-1}), bei Eutrophie von etwa 20 m (angenommene Sedimentationsrate 2 mm a^{-1}) (s. **I. 8.1.10.10.**). Je nach Schicksal des Sees kann die Sedimenthöhe stark variieren.

Die Paläolimnologie ist von enormer Bedeutung. Sie kann physikalische, chemische und biologische Änderungen im See und in dessen Umgebung dokumentieren und aus der Zeitperspektive ihre Ursachen viel besser klären, als dies in der Gegenwart möglich ist. Auch Vorgänge in der menschlichen Kulturgeschichte, sofern sie Auswirkungen auf Seen haben, können erfaßt werden. In dieser Hinsicht sind Trophieschwankungen, bedingt durch menschliche Aktivitäten, von besonderer Bedeutung, da sie Langzeitauswirkungen und auch Möglichkeiten der Reoligotrophierung dokumentieren.

Chemische Dokumentation. In den Sedimentschichten der Bohrkerne können alle chemischen Elemente bestimmt werden. Die Abfolge ihrer Konzentrationen gibt Hinweise über den Stoffhaushalt im Verlauf der Geschichte des Sees. Für die Erfassung der Trophiegeschichte des Sees sind vor allem Stickstoff, Phosphor, das C/N-Verhältnis, Eisen und Silizium von Bedeutung. Zunehmender Gehalt an Stickstoff und Phosphor deutet auf Eutrophierung. Das C/N-Verhältnis gibt Auskunft über Gyttja oder Dy und somit auch über die Vermoorung und Verlandung des Sees. Interessant sind die oft starken Schwankungen der chemischen Werte, die allerdings auch Artefakte sein können

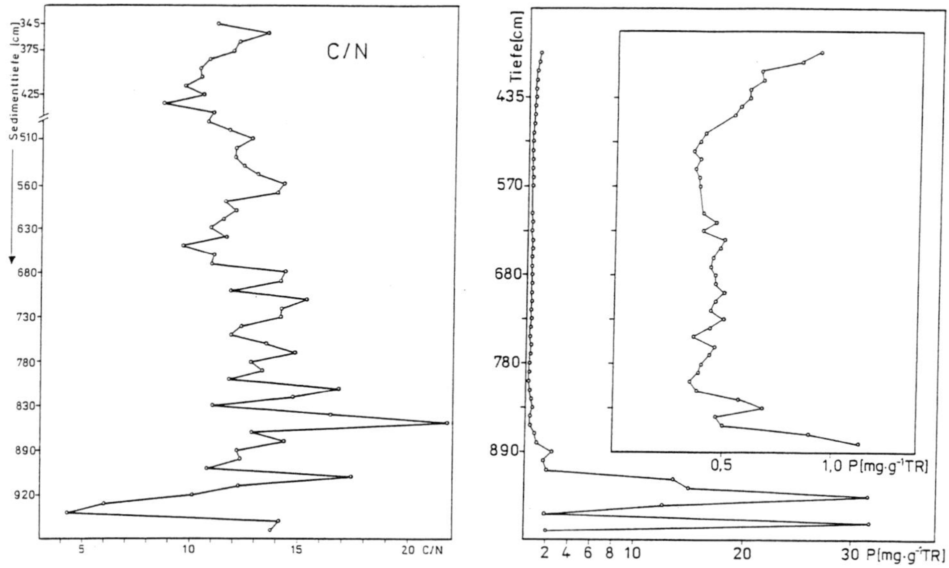

Abb. 200. Schwankungen des C/N-Verhältnisses im Sediment eines Sees während seiner Geschichte (Bohrkern). Niedere Verhältnisse zeigen den ursprünglichen oligotrophen Zustand, spätere höhere Verhältnisse die Phasen der Dystrophierung (Vermoorung). Auch der Phosphorgehalt unterlag ständigen Schwankungen. (Nach PROFT & KREY 1990).

(Abb. 200). Hohe Werte an Eisen, Mangan und auch Phosphor werden vor allem in älteren nacheiszeitlichen Sedimenten gemessen. Phosphor- und Stickstoffgehalte sind stark abhängig von äußeren Einflüssen und steigen zu Zeiten menschlicher Aktivitäten im Uferbereich stark an, stehen aber auch in Korrelation zum Baumbestand der Ufer (Abb. 200). In der waldlosen und -armen Zeit nach dem Rückgang der Gletscher ist wenig Phosphor in den Sedimenten; mit dem Auftreten von Kiefern und Birken, die sicherlich bis zu den Ufern standen, steigt sein Gehalt deutlich an, ohne jedoch, wie biologische Indikatoren beweisen, den oligotrophen Status der Seen zu verlassen (langsamer und sukzessiver Abbau, s. **I. 7.6.9.**).

Biologische Dokumentation. Wichtige in limnischen Sedimenten erhalten gebliebene Organismenreste sind: Schalen von Diatomeen, Gehäuse von Flagellaten (z. B. *Phacotus*), Panzer der Dinoflagellaten, Kieselteile von Chrysophyceen, Reste von Makrophyten, Pflanzenpigmente (Chlorophylle, Carotinoide), Schalen von Thekamöben, Kieselelemente von Heliozoen, Gehäuse von Ciliaten (z. B. Tintinniden), Gemmulae und Nadeln von Schwämmen, Kokons von Turbellarien und Anneliden, Statoblasten von Bryozoen, Reste von Molluskenschalen, Reste von Kleinkrebsen (Cladoceren, Ostracoden, Copepoden) und höheren Krebsen (meist sehr selten), Reste von Milben und Insekten (besonders der Larven von *Chaoborus*, Chironomiden, Ceratopogoniden), sowie von Fischen.

Eine häufige Bearbeitung in der paläolimnologischen Literatur finden Diatomeenschalen, Reste von Cladoceren und Ostracoden und die Kopfkapseln der Chironomiden. Je nach vorhandenen Spezialisten werden auch die anderen Gruppen bearbeitet.

Tabelle 45. Vegetationsgeschichte und Klima im Postglazial (Europa).

Zeit BP (= before present, 1954)	Zeitabschnitt	Vegetation	Frühgeschichtliche Kulturen	Klima
0 2.500	Subatlantikum	Zunehmend Wirtschaftswälder Buchenzeit	Geschichtliche Zeit	Kühler und feuchter.
5.000	Subboreal	Eichenmischwälder, Buchenwälder	Bronzezeit	Noch warm und trokken, aber beginnende Klimaverschlechterung.
8.000	Jüngeres Atlantikum Älteres	Eichenmischwälder	Neolithikum	Warm, feucht.
9.000	Boreal	Hasel, erste Eichenmischwälder	Mesolithikum	Warm, trocken.
10.000	Praeboreal	2. Birken- und Kiefernzeit		Erwärmung
11.000	Jüngere Dryaszeit	Waldarm	Paläolithikum	Kälterückschlag
12.000	Allerödzeit (Beginn des Holozäns)	1. Birken- und Kiefernzeit		Mäßige Erwärmung, trocken.
15.000	Ältere Dryaszeit (Spätglazial)	Waldlos		Kalt
17.000	Glazial (Spätwürm)	Waldlos		Kalt

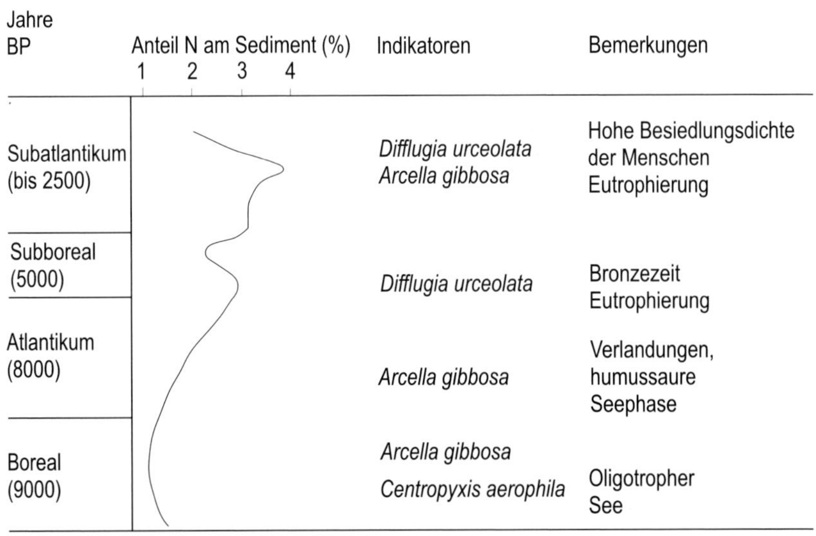

Abb. 201. Entwicklungsphasen des polnischen Woryty-Sees an Hand subfossiler Testaceenfunde im Bohrkern des Sedimentes. Die Eutrophierungsphasen lassen sich gut mit der Zunahme von Stickstoff und dem Auftreten von *Difflugia urceolata*, einem Trophieindikator, dokumentieren. (Vereinfacht nach Schönborn 1982).

Tabelle 46. Bohrkernanalyse eines heutigen Moorsees (Deutschland), der kurz nach der Eiszeit ein Toteissee war. Anhand von Indikatorarten und des Sedimenttyps lassen sich sowohl die Seegeschichte als auch die Kulturgeschichte im Einzugsgebiet des Sees rekonstruieren. (Nach Angaben von FLÖßNER, 1990 und SCHÖNBORN 1990).

Sediment-tiefe [cm]	Etwa Jahre BP	Chemie Sediment	Indikatoren	Bemerkungen
± 0	Gegenwart	Dy	*Eunotia faber, Tabellaria flocculosa*	Azidophile Diatomeen
160	750	Dy-Gyttja	*Bosmina longirostris* *Difflugia urceolata*	Eutrophierung und Seeflächenzunahme, Deutsche Landnahme mit Abholzung
200	1.950	Dy	*Alona*-Arten *Drepanocladus*	Wieder Moorphase, Tümpelplankton, Grundmoos *Drepanocladus*
270	4.500	Dy-Gyttja	*Bosmina longirostris* *Difflugia urceolata*	Eutrophierung und Seeflächenzunahme. Bronzezeit mit Abholzungen
550	9.000	Dy	*Sphagnum*reste	Moorphase
580	9.500	Dy-Gyttja 4,2–0,1 % $CaCO_3$	*Alonella*-Arten *Alona*-Arten *Drepanocladus*	Verlandungsphase mit dem Grundmoos *Drepanocladus*; Tümpelplankton
600	11.500	Laacher Tuff Gyttja, 12 % $CaCO_3$	*Codonella cratera* *Bosmina longirostris*	Oligotropher großer See
650	14.000			Entstehungszeit

Handelt es sich bei den gefundenen und oft rekonstruierten Arten um Indikatoren, so lassen sich Rückschlüsse auf den Trophiegrad, die Größe und auch den Versauerungsgrad des Sees zu der entsprechenden Zeit ziehen.

Einige häufige **Trophieindikatoren**: Oligotrophie: viele Diatomeen, *Centropyxis aerophila* (Testacea), *Moina*-Arten (Cladocera), *Tanytarsus lugens* u. a. (Chironomidae). Eutrophie: *Cyclotella meneghiniana, Navicula cryptocephala, Synedra parasitica* (Diatomeen), *Difflugia urceolata* (Testacea), *Chydorus sphaericus, Alona rectangularis* (Cladocera), *Chironomus*arten, *Chaoborus*.

Versauerung: *Arcella gibbosa* (Testacea), *Alonella excisa* (Cladocera), *Eunotia faber, Tabellaria flocculosa* (Diatomeen). Unter den Diatomeen gibt es wichtige Indikatoren für Versauerung (BLATTERBEE et al 1986).

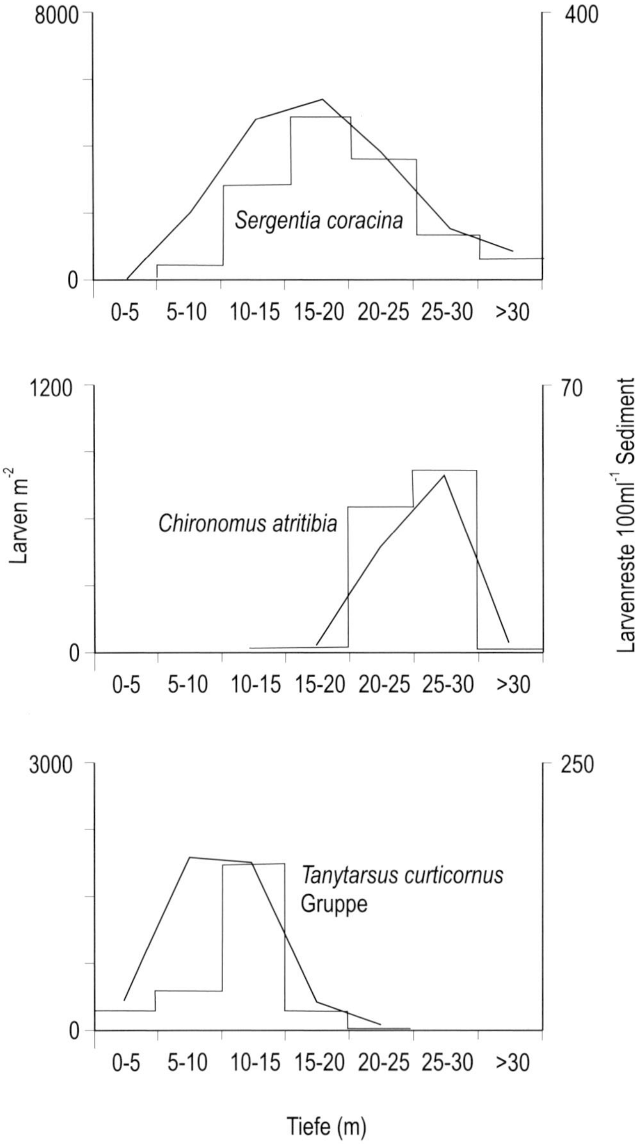

Abb. 202. Beziehung zwischen dem Vorkommen lebender Chironomidenlarven (Histogramm) und ihren Resten im Sediment (Kurven). (Nach Iovino aus Frey 1990).

Indikatoren für **große Seen**: *Codonella cratera* (planktischer Ciliat), *Bosmina longirostris* (Cladocera); für **Flachgewässer**: viele moosbewohnende Testaceen, *Alona*-Arten (wie überhaupt Chydoriden) (= litorale Arten, „Tümpelplankton").

Die biologische Altersbestimmung der Sedimente erfolgt nach den aus der Umgebung des Sees eingewehten Pollen (= **Pollenanalyse**). Die Florengeschichte kann das erste

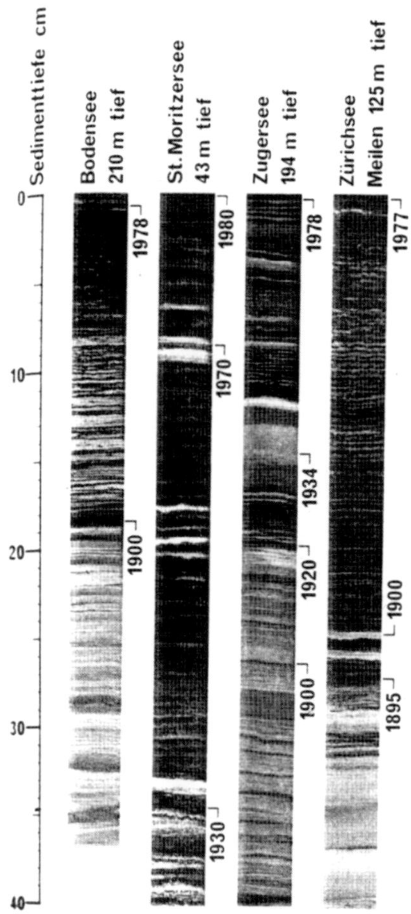

Abb. 203. Warven im Sediment einiger Seen. (Nach Züllig 1982).

postglaziale Auftreten von charakteristischen Baumarten datieren. Erscheinen die in den See eingewehten Pollen zum ersten Mal in größeren Mengen, so läßt sich eine Altersbestimmung der Sedimentschicht durchführen. Die Basis der zeitlichen Einordnung der Pflanzenarten lieferten geologische Ereignisse (z. B. die nach dem Eisrückgang entstandenen Bändertone), vor allem aber die ^{14}C-Analysen (Firbas 1949). Für die Datierung jüngerer Sedimentschichten werden auch ^{210}Pb (bis 150 Jahre zurück) und ^{137}Cs (Atombombenversuch, Tschernobylkatastrophe) herangezogen. Die wichtigsten Datierungen herangezogener Pollen stammen von Kiefer, Birke, Hasel, Eiche und Buche.

Die Tab. 45 gibt einen Überblick über den Verlauf des Postglazials.

Die Abb. 201 zeigt die Testaceen als Indikatoren aus einem Bohrkern des Woryty-Sees (Polen) in Verbindung zu den Stickstoffgehalten der Sedimentschichten und der menschlichen Besiedlung der Umgebung des Sees seit der Bronzezeit.

Die Tab. 46 zeigt die Verlandungen (Vermoorungen) eines Toteissees, der mehrmals durch Abholzung des umgebenden Waldes in frühgeschichtlicher und mittelalterlicher Zeit aufgefüllt wurde. Dies ist ein Beispiel, wie die Waldnutzung den Wasserhaushalt

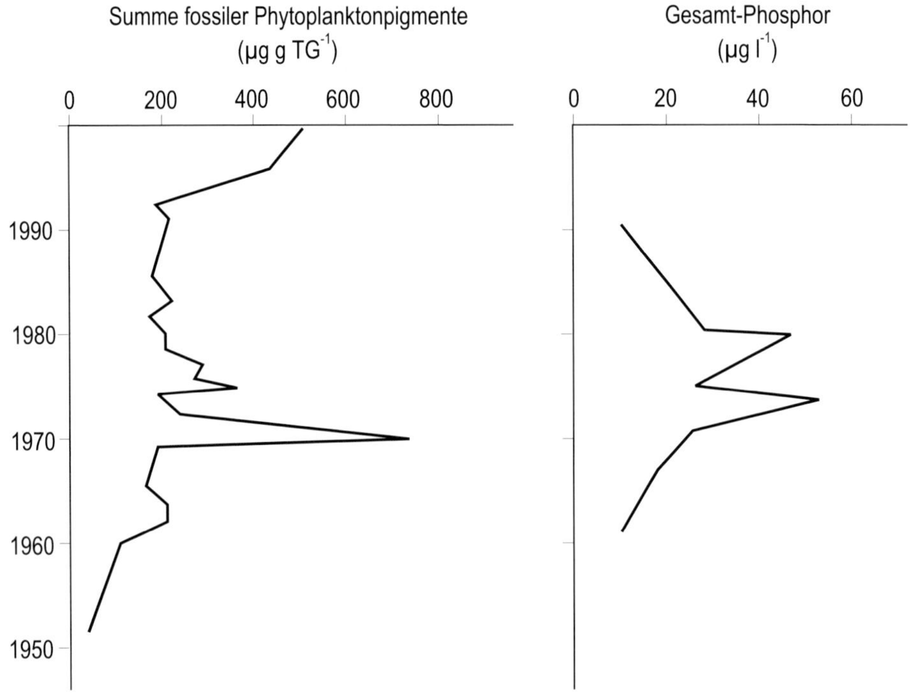

Abb. 204. Subfossile Phytoplanktonpigmente in datierten Bohrkernen, korreliert mit der rekonstruierten epilimnischen Phosphorkonzentration. (Nach LENHARD 1995).

und die Seenbildung beeinflußt (s. **I. 7.5.13.**, **II. 6.1.**). In den letzten 20 Jahren kam es zu einer zunehmenden Versauerung des Sees.

Die Perioden der Klimaerwärmung im Verlauf des Postglazials bewirken eine leichte Eutrophierung der Seen, was aber oft Schwierigkeiten in der Deutung bereitet. So verschwindet in Perioden der Erwärmung der Oligotrophieanzeiger *Tanytarsus lugens* aus dem Flachwasser, kann aber im Tiefenwasser noch überleben (HOFMANN 1983). Inwieweit sich Reste litoraler Arten im Profundal ansammeln können, scheint seenspezifisch unterschiedlich zu sein. Nach IOVINO (s. FREY 1990) ist dies wenig der Fall (Abb. 202), doch gibt es auch entgegengesetzte Feststellungen.

Uferabrutsche, Bioturbationen und andere Ereignisse können die Ablagefolge der Sedimente mit den eingeschlossenen Resten erheblich stören, so daß die Chronologie der Schichten nicht mehr gewährleistet ist. Daher ist eine exakte zeitliche Bestimmung jeder Sedimentschicht von Wichtigkeit. In dieser Hinsicht ist eine für die paläolimnologischen Untersuchungen der Sedimente sehr günstige Erscheinung die Bildung von **Warven**. Warven sind Jahresschichten im Sediment (Abb. 203). Ihre Entstehung kann mehrere Ursachen haben. Das klassische Beispiel stammt aus dem Zürichsee (Schweiz). Im Sommer lagert sich eine für Alpenseen typische hellgraue Gyttja ab. Mit der durch Abwassereinleitungen um das Jahr 1896 beginnenden Eutrophierung des Sees trat in

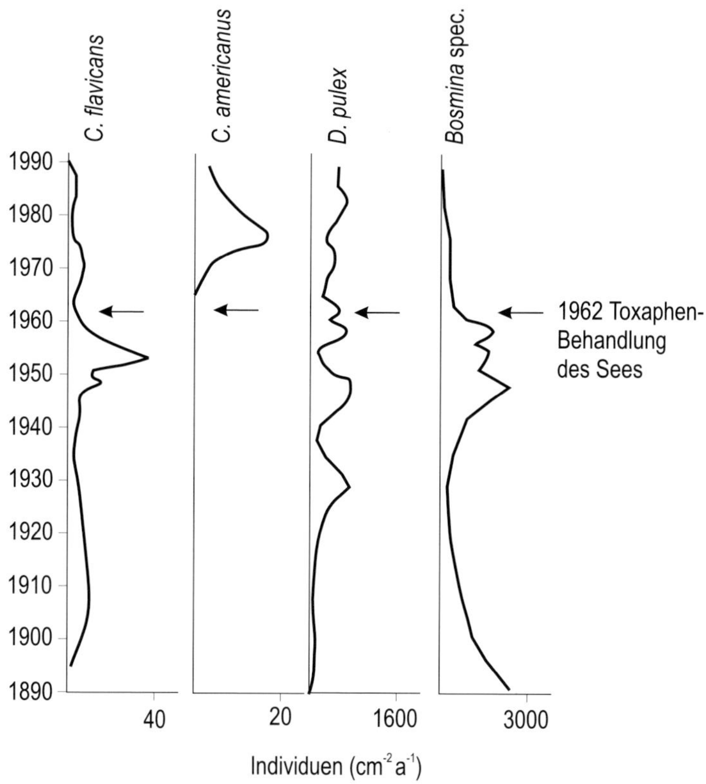

Abb. 205. Auswirkungen der Toxaphen-Behandlung eines Sees (L. Chatwin, Alberta), 0,018 ppm zur Vernichtung von planktivoren Fischen im Rahmen einer Biomanipulation. Das ökologische Freilandexperiment zeigt die Abhängigkeit der Arten untereinander. C = *Chaoborus*, D = *Daphnia*. (Nach Miskimmin & Schindler 1993).

den Wintermonaten massiert die Blaualge *Planktothrix rubescens* (vgl. Abb. 146) auf. Die beim Absterben der Alge entstehenden Rückstände färben sich durch Eisensulfid schwarz. Das Eisensulfid entsteht aus der Reaktion des aus dem Abwasser stammenden Schwefelwasserstoffs mit dem Eisen des Sedimentes ($H_2S + Fe^{2+} \rightarrow FeS$). Im Sommer fehlt *Planktothrix* und es lagern sich wieder helle Sedimente ab.

Warven können auch durch sommerliche biogene Kalkfällung entstehen. Auch Störereignisse lassen sich in der Warvenskala zeitlich genau einordnen. Die Abb. 204 zeigt die warvendatierte Analyse der Pflanzenpigmente in den abgelagerten Sedimenten des Ammersees (Deutschland) und die rekonstruierten epilimnischen Phosphorkonzentrationen. Etwa im Jahre 1950 setzte die Eutrophierung ein, hatte ihren Höhepunkt in den 70-er Jahren und ging dann wieder zurück.

Die Paläolimnologie ist eine noch junge Disziplin und von großer Aussagekraft. Sie wird schon heute auch auf Fließgewässer und Einzugsgebiete ausgedehnt. Voraussetzung für den biologischen Aspekt der Paläolimnologie ist eine genaue morphologische

Kenntnis der Arten und ihrer ökologischen Ansprüche. Mit diesem Wissensschatz lassen sich bereits wichtige Fragen beantworten: Eutrophierung und Reoligotrophierung, Bildung zeitlicher Rassen und Besiedlungsmuster im Verlauf des Postglazials, Einflüsse menschlicher Aktivitäten, ihre Schäden im Ökosystem und auch ihre Überwindung, Verfolgung von Versauerungen und Schadstoffanreicherungen.

Ein Beispiel der Auswirkungen der Pestizid-Beeinflussung eines Sees (Kanada) durch Toxaphen auf die Invertebratenfauna zeigt Abb. 205. *Bosmina* verschwand und große *Daphnia*-Arten wurden dominant. Ähnliches geschah bei *Chaoborus*, die kleine *C. flavicans* verschwand und die große *C. americanus* erschien. Sie reduzierte die kleinen Cladoceren, jedoch die großen vermochte sie nicht zu erbeuten (s. **I. 8**.1.10.9.). Die subfossilen Reste der Sedimente eines Gewässers stellen somit sein **Gedächtnis** dar.

8.2. Flachseen und Weiher

Zu empfehlende Übersichtsliteratur: Salánki & Ponyi (1975), Carmouze et al. (1982), Aumen & Wetzel (1995).

8.2.1. Allgemeine Charakteristik

Flachseen und Weiher (= Flachgewässer, Seichtgewässer) sind perennierende Standgewässer, in denen **prinzipiell** das Licht bis zum Grund eindringt (Fehlen der tropholytischen Zone) und der Wind ständige Zirkulation (Fehlen einer Stagnationszeit) hervorrufen kann. Als grobe Faustregel gilt, daß das Licht etwa bis 8 m in eutrophe Standgewässer eindringt. **Flachseen** sind große Flachgewässer (= Litoralseen), **Weiher** entsprechend kleiner. **Teiche** sind künstliche Weiher, die ablaßbar sind und der Fischwirtschaft dienen.

Prinzipielles Fehlen von tropholytischer Zone und Stagnationszeit heißt in unserem Fall, daß es **real** infolge Trübung (Resuspension, Algenblüte) durchaus zu einer lichtlosen Zone und bei längerer Windstille auch zu einer Stagnation kommen kann. Flachgewässer sind daher als polymiktisch zu bezeichnen. Die Sedimentoberfläche ist aerob, kann aber bei längerer windstiller Periode plötzlich anaerob werden.

Bei gutem Lichtklima ist Pflanzenwuchs auf dem gesamten Gewässerboden möglich. Dies geschieht jedoch in Flachseen seltener, da das Sediment infolge der häufigen Zirkulationen aufwirbelt und Pflanzenwuchs verhindert. Flachseen besitzen daher häufig ein „**Pseudoprofundal**".

Flachgewässer gleichen dem Litoral der geschichteten Seen. Für sie entfällt daher die Gliederung in Litoral, Profundal und Pelagial. Nur bei großen Flachseen mit entsprechend großer pflanzenfreier Zone kann man von Pelagial sprechen. Ein neutraler Begriff, der auch auf Weiher mit pflanzenfreiem Innenbezirk zutrifft, ist „Freiwasserzone". Im Kapitel **I 8**.1.11.1. wurde bereits vieles über Struktur und Vorgänge im Litoral gesagt, das auch für Flachgewässer gilt und hier nicht wiederholt wird. Es ist daher zu empfehlen, das Kapitel über das Litoral auch an dieser Stelle zu nutzen, an der im wesentlichen nur die grundsätzlichen und spezifischen Probleme besprochen werden.

Viele Weiher sind Stadien verlandeter Seen. Es gibt allerdings auch primäre Weiher. Flachgewässer waren im frühen Postglazial nach der Eiszeit extrem häufig (s. **I. 8**.3.5.).

Sie neigen aufgrund ihrer Morphometrie (flach!) zur Eutrophierung, außer in Hochgebirgen oder auf nährstoffarmen Arealen (Sander). Die Eutrophierung der Flachgewässer führt infolge Fehlens der Tiefenregion schnell zu hohen Trophiegraden (polytroph, hypertroph), was im Angewandten Teil näher besprochen wird (**II. 2.**).

Bekannte europäische Flachseen sind das Steinhuder Meer (Deutschland), der Neusiedler See (Österreich/Ungarn), der Balaton (Ungarn) und der Spirdingsee (Polen).

Wie für die bisherigen Gewässer, gilt besonders auch für Flachgewässer, daß gewässerspezifische Eigenheiten Verallgemeinerungen schwierig machen. Oft vollziehen sich gegenläufige Prozesse, wodurch das zu beobachtende breite Spektrum der Erscheinungen zustande kommt. Tropische Flachgewässer sind oft sehr fischreich und werden von zahlreichen vertebraten Topräubern besiedelt, wodurch die Trophie dieser Gewässer in Grenzen gehalten wird (s. **I. 9.4.**, **I. 10.**).

8.2.2. Einige abiotische Faktoren

Temperatur und Wind. Flachgewässer erwärmen sich schneller und kühlen sich auch entsprechend schneller ab als geschichtete Seen. Sie sind stark von der Lufttemperatur abhängig. Auch der Tag-Nacht-Gang der Temperaturen ist stark ausgeprägt und fehlt fast in geschichteten Seen. Als Faustregel gilt: Die Jahresschwankungen eines geschichteten Sees entsprechen den Tagesschwankungen eines Flachsees. In jedem Flachgewässer können sich unperiodisch kurzzeitig Temperaturschichtungen ausbilden, die bei dem nächsten Wind wieder verschwinden. Starker Wind durchmischt das Gewässer und resuspendiert viel Sediment. Mehrere windstille Tage können in Grundnähe zu Sauerstoffschwund führen, falls das Gewässer eutroph ist. Starker Wind kann auch Makrophyten entwurzeln; Windgeschwindigkeiten von > 3 m s^{-1} führten in einem etwa 3 m tiefen Flachsee zur starken Resuspension des Sedimentes. Dabei wurde das aufgewirbelte Material sowohl horizontal als auch vertikal im See transportiert, was zu einer erhöhten internen Belastung des Gewässers führte (Kumagai et al 1986). Wind und Resuspension spielen in Flachgewässern eine dominante Rolle in Stoffhaushalt und Besiedlung. Das resuspendierte Material sedimentiert sehr locker, wodurch der Gewässerboden schwierig zu besiedeln ist, vor allem durch Muscheln.

Licht. Es wird durch erhöhte Resuspension und im Falle von Algenblüten oft gehindert, den Gewässerboden zu erreichen. Wo das doch geschieht, kann das Gewässer völlig von Makrophyten durchwachsen sein, so daß es kein Plankton geben kann.

Anders liegen die Verhältnisse in klaren Flachseen der Hochgebirge und in Polnähe. Hier ist der Einfluß der UV-B-Strahlung (280–315 nm) von Bedeutung. Unter den autotrophen Organismen sind die Cyanophyceen besonders sensibel, aber auch höhere Pflanzen. Unter den Tieren sind es Cladoceren, gefolgt von Copepoden (Siebeck et al. 2000). Alte und guternährte Wasserflöhe sind geschützter als junge und hungernde (Schönberger & Zellmer 1994). Die Organismen schützen sich durch:

- Reparatur nicht allzu schwerer Schäden (z. B. Fotoreparaturen an DNS).
- Ausweichen in tiefere Schichten, obwohl Tiere UV-B-blind sind.
- Ausbildung von sog. Schirmpigmenten (Mykosporine bei Algen, Melanine, carotinoidhaltige Proteine und auch mykosporinähnliche Aminosäuren bei Tieren (Larson 1997)).

UV-Strahlung kann auch polymere Huminsäuren in leichtabbaubare überführen und damit das Bakterienwachstum anregen (Wetzel et al. 1995).

Sauerstoff. Flachgewässer sind oft bis zum Grund belüftet. Bei Eutrophie kann es aber zu sehr wechselvollen Erscheinungen kommen. Windstille führt zu Sauerstoffschwund über dem Grund. Im Freiwasser kommt es infolge der hohen Phytoplanktondichte am Tage zu Sauerstoffüberschuß und CO_2-Schwund und pH-Anstiegen > 10. Nachts sinkt der Sauerstoffgehalt, der des CO_2 steigt an und auch der pH-Wert sinkt, jedoch infolge der relativ kurzen Nächte nicht ausreichend genug. Bei sinkendem Sonnenstand im Herbst kann es sogar zu Sauerstoffdefiziten an der Oberfläche kommen (Kalbe 1972).

Nährstoffe. Flachseen eutrophieren schneller als geschichtete Seen und sind daher in der bewirtschafteten Landschaft oft eutroph bis hypertroph. Infolge der hohen Resuspension des Sedimentes gelangen sowohl an die Partikel gebundene Nährstoffe (im wesentlichen Phosphor), als auch gelöste in das Freiwasser. Die nur adsorbierten Phosphate (an Sedimentpartikel, auch an Eisenhydroxid, s. **I. 8**.1.9.6.2.) werden leicht abgewaschen. Dies geschieht unabhängig von dem Sauerstoffgehalt der Sedimentoberfläche, so daß hier die Phosphorfalle des Sediments häufig wirkungslos ist. Bei Nachlassen extremer Phosphorzufuhr kommt es in hocheutrophen Flachgewässern sofort zur Freisetzung von Phosphor aus dem Sediment, weil dann das Konzentrationsgefälle vom Sediment zum Freiwasser sehr steil wird. Auch die Bioturbation trägt zur P-Freisetzung bei. Je flacher das Gewässer ist, um so schneller erreicht der Nährstoff auch den gesamten Wasserkörper.

Die Verhältnisse können auch widersprüchlich sein. So kann das resuspendierte Material viel Phosphor aus dem Freiwasser binden. Beschattung und verbunden mit Nährstoffarmut können fädige Blaualgen begünstigen, da sie Licht und Nährstoffe besser als kompakte Formen nutzen (Gons et al. 1991).

Benthische Fische scheiden viel Phosphor aus und tragen gleichzeitig zur Resuspension bei. Sie entnehmen mit dem Maul das Sediment, sortieren die Beutetiere aus und drücken das Sediment durch das pharyngeale Sieb wieder nach außen. Etwa 100 g *Abramis brama* (Blei) resuspendieren etwa 61 g m^{-2} d^{-1} Sediment. Davon verbleiben etwa 9 mg l^{-1} in Suspension (Breukelaar et al. 1994).

In den Sommermonaten neigen Flachseen dazu, ihren Stickstoffgehalt mittels Denitrifikation zu senken. Bei stark erwärmtem Wasser, windstillen Tagen, verbunden mit Sauerstoffschwund in Grundnähe, kommt es zu einer intensiven Denitrifikation. Es kann dabei geschehen, daß das N:P-Verhältnis unter das Redfield-Verhältnis absinkt, das Gewässer somit N-limitiert ist. Zu anderen Jahreszeiten hingegen (oder bei starker Beschattung) kann das Redfield-Verhältnis übertroffen werden und zur P-Limitierung führen. Trotz des hohen Nährstoffgehaltes kommt es dann zum Rückgang des Phytoplanktons, was noch durch eine Zunahme an Zooplankton verstärkt werden kann, bis dann schwerfreßbare Phytoplankter auftreten (Möllgaard & Klasten 1998).

Die erhöhte Freisetzung von Phosphor aus dem Sediment in Flachgewässern führt jedoch langfristig immer zur Verdichtung des Phytoplanktons. Die an der P-Freisetzung beteiligte Resuspension verschlechtert andererseits kurzfristig das Lichtklima und hemmt die phytoplanktische Produktion. Bei starkem Wind kann es zum Sedimenttreiben kommen, wodurch Plankter auch einsedimentiert werden können. Es sind zwei gegenläufige Prozesse, die je nach ihrem Anteil die Phytoplanktondichte bestimmen. In Flachgewässern kommt es überhaupt sehr schnell zum Wechsel der Situationen, was jedoch charakteristisch für sie ist.

Wie bereits für den Sauerstoff ausgeführt, kann es auch bei den Nährstoffen zu kurzfristigen windabhängigen Gradienten kommen. Phosphor wird in dem Oberflächenwasser aufgebraucht und über dem Gewässergrund infolge Freisetzung aufkonzentriert. Soweit es die Lichtverhältnisse zulassen, können sich dann hier mobile Phytoplankter ansammeln.

Vergleicht man bei ausreichend langen Zirkulationszeiten das geschichtete mit dem ungeschichteten Gewässer, so gibt die Abb. 206 einen einprägsamen Eindruck. Jedoch ist immer zu bedenken, daß sich die Verhältnisse kurzfristig radikal verändern können. Ein Flachgewässer ist instabil.

8.2.3. Plankton und Makrophyten

Das Verhältnis der Ausdehnung der Makrophyten zu der der Freiwasserfläche ist in Flachgewässern zugunsten der ersteren verschoben (s. I. **8**.1.11.1.3.). Das bedeutet, daß die Konkurrenz zwischen Makrophyten und Phytoplankton um Nährstoffe in Flachseen generell stärker ist als in tiefen Seen. Mit Ausdehnung der Makrophyten wurde häufig ein Rückgang des Phytoplanktons beobachtet, wobei die Konkurrenz direkt und (oder) über den Besatz an Epiphyten erfolgte (Ozimek et al. 1990, Phlips et al. 1995). Andererseits kann die Beschattung bei extremer Phytoplanktonblüte so stark werden, daß submerse Makrophyten absterben. Ausdehnungen der Makrophytenbestände können auch die Resuspension hemmen und somit für geringere Eintrübungen sorgen (Car-

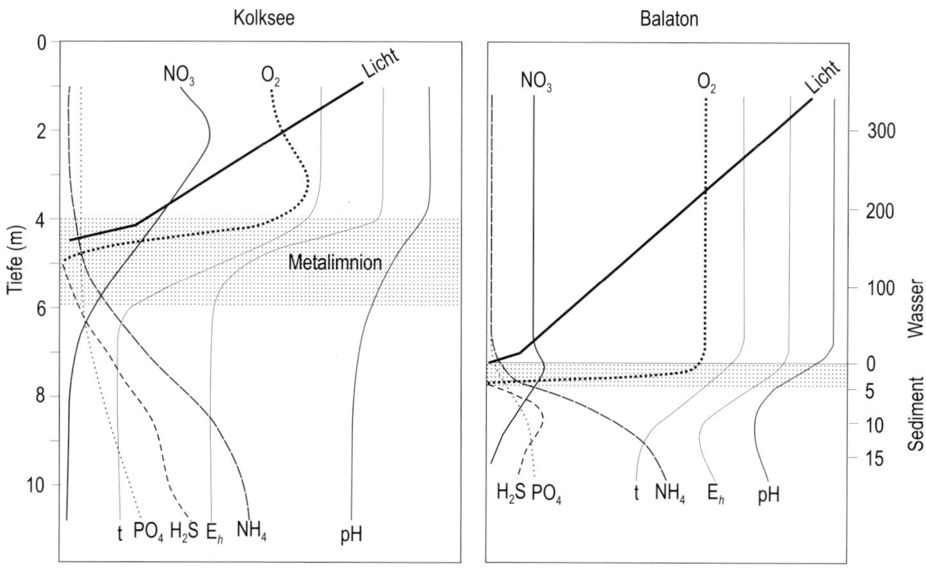

Abb. 206. Vergleich der Tiefenprofile (zur Sommerzeit) einiger physikalischer und chemischer Faktoren in einem tiefen (Kolksee) und Flachsee (Balaton). (Nach Olah 1975).

PENTER & LODGE 1986, MEJER et al.1990). Dies wiederum kann das Phytoplankton fördern, zugleich ein gegenläufiger Prozeß zur Konkurrenz. Auch die Makrophyten beeinflussen sich gegenseitig durch allelopathische Stoffe (s. **I. 8**.1.11.1.6.).

Die wichtige Funktion der Makrophytenbestände als Refugium für Jungfische und Plankter (s. **I. 8**.1.11.1.6.) ist in Flachseen viel stärker ausgeprägt als in geschichteten Seen. So erreichen Barsche in Flachseen mit ausgedehnten Makrophytenbeständen viel häufiger die nötige Größe für die Piscivorie als in großen und tiefen Seen (BLINDOW et al. 1993). Auch der Hecht ist typisch für Flachseen, so daß in ihnen ein relativ starker piscivorer Fraßdruck herrscht, wodurch das Zooplankton gefördert und das Phytoplankton reduziert wird. Die hohe interne Düngung wirkt jedoch diesen Vorgängen entgegen, so daß es häufig zu Algenblüten kommt, besonders auch von Blaualgen, wie *Microcystis*.

Starke Winde, wie Hurrikans, können den Makrophytenbestand zerstören. Dann kommt es zur Vorherrschaft von Phytoplankton, unterstützt durch das Meroplankton (SCHELSKE et al. 2000). In Flachseen treten mehrere Phytoplankter auf, die in der aphotischen Zone und auf dem Sediment Nährstoffe assimilieren und dann durch Resuspension im Freiwasser erscheinen (kein Tychoplankton). Sie werden auch als **Meroplankter** bezeichnet, was aber nicht ganz korrekt ist (s. marine Plankter). Typische Arten sind die Diatomeen *Aulacoseira italica* und *Cyclotella stelligera*.

8.2.4. Produktion

Die **Primärproduktion** hängt ab von dem Grad des Makrophytenbewuchses des Grundes und von der Nährstoffbelastung und entspricht den litoralen Verhältnissen in geschichteten Seen (s. **I. 8**.1.11.1.3., Tab. 41). Im allgemeinen haben eutrophe Flachgewässer, vor allem auch Weiher, höhere Produktionswerte als geschichtete Seen gleicher Trophie (Poly- und hypertrophierte Flachgewässer, s. **II. 2**.).

Ähnliches gilt für die **Sekundärproduktion**. Nur können die Bakterien im Sediment eutropher Flachseen (wie im Castoria-See, Mazedonien) Dichten erreichen, die die im Profundal eutropher geschichteter Seen weit übertreffen (Abb. 207). Dies ist ein Ausdruck der ständigen Verfügbarkeit von Nährstoffen und infolge der geringen Tiefe vorwiegend im Sediment stattfindenden Mineralisation organischer Stoffe.

8.2.5. Typische Besiedler von Flachgewässern

Flachgewässer mit reichlichem Pflanzenwuchs können sehr artenreich an Pflanzen und Tieren sein. Dies soll hier nicht näher ausgeführt werden; verwiesen sei auf das Buch von SCHMIDT (1996) und auf Kapitel **I. 8**.1.11.1.5.

In primär oligotrophen Flachgewässern kommen meist auch die für geschichtete Seen typischen Indikatoren vor. Eine in Mitteleuropa floristische Kostbarkeit ist die *Isoetes-Lobelia*-Gemeinschaft. *Isoetes lacustris* ist ein Brachsenkraut (Farn), ein Nachfahre der karbonischen Siegelbäume. Es besiedelt, oft zusammen mit der Blütenpflanze *Lobelia*, flache oligotrophe Gewässer mit sandigem Untergrund. Die maximale Besiedlungstiefe reicht bis 2,50 m (bei *Lobelia* meist noch geringer). Auch die Ufer tiefer Seen können besiedelt sein. Typisch war die Gemeinschaft für die oligotrophen Weiher in den Sandern der Moränenlandschaft, die im frühen Postglazial häufig waren, jetzt aber nicht mehr existieren. Typischer Indikator in eutrophierten Flachgewässern ist (neben *Chao-*

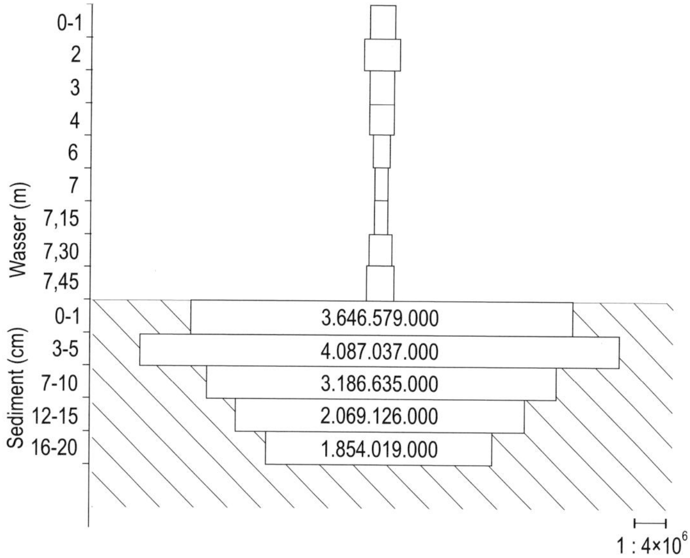

Abb. 207. Bakteriendichten in einem eutrophen Flachsee (L. Castoria, Mazedonien). Im Wasser ml^{-1}, im Sediment cm^{-3}. (Nach Ocevski et al. 1975).

borus und Tubificiden) *Chironomus plumosus*. Ihre Dichten unterscheiden sich unwesentlich von denen der Litorale. Das Freiwasser wird von einem Plankton besiedelt, das häufig als „Tümpelplankton" bezeichnet wird (wobei der Begriff „Tümpel" nur auf temporäre Gewässer anwendbar ist, s. **I. 8**.4.). Es gibt sowohl Phyto- als auch Zooplankter, die nur in kleinen flachen Gewässern vorkommen. Unter den Algen sind es viele Xanthophyceen, aber auch viele Arten anderer Gruppen (s. **I. 8**.4.2.) unter den Cladoceren z. B. die Chydoriden.

8.2.6. Sölle

Sie sind eine besondere Form von Weihern (Einzahl: Soll). Es handelt sich um kleine (5–20 m Durchmesser, wenige Meter Tiefe) oft runde, von Wasser und Torf gefüllte Hohlformen, die in den Grundmoränen-Zonen der ehemaligen vergletscherten Gebiete liegen. In Deutschland sind sie besonders in Mecklenburg zahlreich. Sie sind von Bäumen umgeben und stellen in der sonst baumlosen, landwirtschaftlich genutzten Fläche **Habitatinseln** dar. Sie weisen eine hohe Artenzahl an limnischen und terrestrischen Pflanzen und Tieren, vor allem auch an Amphibien, auf. Sölle waren einstmals Toteisblöcke, die zunächst von Sand überlagert waren, beim Rückgang der Gletscher aber schmolzen. Sie verlandeten schnell zu Mooren. Die spätere Abholzung der Gebiete erhöhte den Wasserablauf und füllte sekundär wieder die Moore zu Söllen. Die Sölle haben daher eine Torfschicht unterhalb des Gewässerbodens (s. **I. 8**.3.). Obwohl sie meist in einer überdüngten Landschaft liegen, sind sie meist nicht hypertrophiert. Die Ursachen sind: Abschirmung durch den sie umgebenden Baumbestand und die Emersenzone, Adsorption von Stoffen in dem porenreichen Torf und die Denitrifikation. Der

Tabelle 47. Nährstoffe in Söllen. Drainage-Sammler, der durch 3 verbundene Sölle führt. (Nach Angaben aus Amlong 1992).

	Sammler	Soll 1	Soll 2	Soll 3
NO_3–N [mg l^{-1}]	39,20	8,62	1,09	0,37
PO_4–P [mg l^{-1}]	0,43	0,49	0,32	0,42

Sauerstoffgehalt des grundnahen Wassers ist meist gering (wenig Zirkulation infolge Windabschirmung durch die Bäume), was die Denitrifikation fördert, aber auch die P-Freisetzung aus dem Sediment. Die Tab. 47 gibt ein Beispiel, wie sich der Stickstoffgehalt in den Söllen reduziert, nicht aber der Phosphorgehalt (s. aber **I. 8**.3.2.).

Reliefvertiefungen in der Fläche, die sich später mit Wasser füllten und kein Moor waren, bezeichnet man als **Pseudosölle** (Klafs et al. 1973).

8.3. Moore

8.3.1. Einführung

Etwa 20–30 % der europäischen Moore sind bisherige Endstadien der Verlandung von Seen (s. **I. 8**.1.8.). Moore sind daher traditionsgemäß Gegenstand der Limnologie. Da sie aber Übergangslebensräume zum terrestrischen Bereich sind und viele Moore keinen limnischen Ursprung haben, werden sie auch von der terrestrischen Ökologie behandelt. Dies gilt im besonderen für die landschaftsökologischen Strukturen der Moore. Die Beschäftigung mit den Mooren erbrachte eine Vielzahl von speziellen Problemen, so daß sich eine selbständige **Moorkunde** entwickelte (Succow & Joosten 2001). Im Rahmen dieses Lehrbuches werden die Moore daher nur relativ kurz behandelt, sofern sie für den Limnologen von Interesse sind.

Moore sind Bereiche, in denen **Torf** produziert und akkumuliert wird. Unter Torf werden abgestorbene Pflanzenteile verstanden, die infolge von Wasserstau und Luftabschluß nicht völlig zersetzt werden. Torf ist ein Vorläufer von Kohle. Durch Abschluß von den oberirdischen Stoffvorgängen (Untergrundsenkung, Überlagerung von Sand) wird aus Torf durch die als **Inkohlung** genannten Vorgänge Kohle. An der Torfbildung sind verschiedene Pflanzen beteiligt.

8.3.2. Entstehung und Charakterisierung der Moore

Für die Entstehung von Mooren sind folgende Voraussetzungen erforderlich:

- Das Gebiet muß niederschlagsreich und die Luftfeuchtigkeit hoch sein (humides Klima).
- Im Boden muß eine wasserstauende Schicht vorhanden sein.
- Die Produktion an Pflanzensubstanz muß die durch Zersetzung verlorengehende übertreffen, d. h., es wird weniger zersetzt als produziert wird.
- Der Bereich, in dem ein Moor entstehen kann, darf nicht beschattet sein.

Treffen die Bedingungen zu, so wird in einem feuchten Milieu durch die immer vorhandene, sich zersetzende Pflanzensubstanz ständig CO_2 produziert, wodurch schließlich der pH-Wert gesenkt und auch das Wasser zwischen den Pflanzen immer saurer wird. Dies bewirkt die Besiedlung durch säureliebende Pflanzen: Seggen (*Carex*), Wollgras (*Eriophorum*), Binsen (*Scheuchzeria*), die Laubmoose *Calliergon* und *Drepanocladus* und viele andere Arten.

Ein solches Stadium der Moorbildung heißt **Flachmoor**. Ist noch kein Torf gebildet, kann man es auch als **Sumpf** bezeichnen. Schreitet die Versauerung fort, treten Torfmoose (Sphagnen) auf. Sie haben zwei wichtige Eigenschaften: sie wachsen an der Spitze weiter, wenn der untere Teil abstirbt, so daß sich die tote Pflanzenmasse immer mehr ansammelt und sie adsorbieren Calciumionen (Ca^{2+}) aus dem Wasser. Diese letztere Fähigkeit besitzt auch der Torf:

$$Ca(HCO_3)_2 \rightarrow Ca^{2+} \text{ (adsorbiert)} + 2HCO_3^-$$
$$HCO_3^- \rightarrow CO_3^{2-} + H^+$$

Der Bereich wird kalkarm und zunehmend saurer (H^+ !). Diese als Basenadsorption bezeichnete Eigenschaft besitzen bereits die erstbesiedelnden Sphagnen: *Sphagnum teres, Sph. subsecundus, Sph. cymbifolium* u. a.. Sie bereiten schließlich das Milieu für die Folgebesiedler vor: *Sphagnum maghellanicum, Sph. papillosum, Sph. rubellum* (rötlich!), u. a. Diese Sphagnen zeichnen sich durch ein üppiges Wachstum aus. Geschieht dies lokal in auffälliger Weise, so nennt man die Erhebungen auch **Bulten**. Im allgemeinen läßt das Moorwachstum am Rande nach, so daß sich das Moor zur Mitte hin aufwölben kann; es entsteht das **Hochmoor**. Das bedeutet auch, daß Moore zum Rand hin trockener werden. Für Stadien zwischen Flach- und Hochmoor ist der Begriff **Zwischen-** oder **Übergangsmoor** gebräuchlich. Die Bezeichnung Hochmoor wird auch unabhängig von der Moorform, nur nach der Besiedlung durch die Sphagnenarten, die auch eine bestimmte Tierwelt bedingen, gebraucht.

Üppiges Wachstum der Sphagnen findet vor allem in kühlen Klimaten statt; daher gibt es in den Tropen keine Hochmoore (wohl aber Sphagnen). Nichtazidophile Pflanzen können zumindest Hochmoore nicht besiedeln. Auch Bäume können intakte Moore nicht besiedeln, da es für ihre Wurzeln zu feucht und kein Sauerstoff vorhanden ist. Die Torfschicht dämmt die Luftzufuhr ab und verbraucht durch die zwar nur sehr langsame Zersetzung im Laufe der Zeit aber doch den Sauerstoff.

In den Unebenheiten der Torfmoosfläche sammelt sich Wasser an, **Schlenken** genannt; tiefere Ansammlungen heißen auch **Blänken**. Trotz der intensiven Assimilation kann es in ihnen zu Sauerstoffschwund und CO_2-Übersättigung kommen, bedingt durch die Abbauvorgänge im unterliegenden Torf. Die (relativ langsam) erfolgende Zersetzung der tierischen Moorbewohner läßt auch immer etwas H_2S entstehen. Diese allmählichen Zersetzungsvorgänge führen jedoch nicht zur Erhöhung der Trophie des Moores. Die Zersetzungsprodukte können aber durch Turbation (hervorgerufen durch Trittstörungen von Mensch und Großtier) frei werden.

In den trockeneren Randbereichen siedeln sich Zwergsträucher an: Sumpfporst (*Ledum palustre*), Heidelbeere (*Vaccinium myrtillus*), Moosbeere (*V. oxycoccus*), Rauschbeere (*V. uliginosum*), aber auch Seggen (*Carex*), Wollgras (*Eriophorum*), Blasenbinse (*Scheuchzeria*).

Auf der Hochmoorfläche ist der Sonnentau, *Drosera*, als fleischfressende Pflanze charakteristisch. Die Carnivorie ist eine Anpassung an die extreme **Oligotrophie** des Hochmoores.

Die Oligotrophie der Hochmoore kommt zustande durch:

- das hohe C/N-Verhältnis der Moorpflanzen, besonders der Sphagnen. Es bewirkt die schwere Zersetzbarkeit des Materials, so daß der Zersetzungsprozeß sehr lange Zeit benötigt (C/N der Sphagnen > 30, das der Flachmoorpflanzen < 20 !).
- eine intensive Denitrifikation im sauerstoffarmen Torfkörper.
- den Torfkörper, der sich wie ein Schwamm mit Wasser vollsaugt und an seine poren- und somit oberflächenreiche Struktur viel Stoffe bindet.
- den relativ hohen Eisengehalt, der Phosphor bindet.

Der Phosphorgehalt der Moore ist sehr unterschiedlich, aber meist nicht als gering zu bezeichnen; er ist aber kaum verfügbar. Das Verhältnis von C : N : P beträgt in oligotrophen Mooren etwa 100 : 3 : 1; bei stärker eutrophierten Mooren kann es auf etwa 100 : 10 : 2 ansteigen. In den Schlenken und Blänken kann es auch infolge der hohen Lichteinstrahlung schon bei relativ geringen Phosphorwerten zu einer erhöhten Algenproduktion kommen, so daß hier eutrophe Verhältnisse entstehen können. Hierzu trägt auch der relativ hohe CO_2-Gehalt bei. So können sich auch in Mooren die Verhältnisse sehr unterschiedlich und gegensätzlich gestalten.

Flachmoore sind oft meso- bis eutroph, z. T. auch kalkhaltig. Der Trophiegrad eines Moores richtet sich im wesentlichen nach der Pflanzengesellschaft, die das Moor bildet und dem Zustrom von Fremdwasser. Moore mit Pflanzen von geringerem C/N-Verhältnis und dem Zustrom nährstoffreichen Wassers sind meso- bis eutroph. Diesen Mooren fehlt dann auch meist die Basenadsorption, so daß die Kalkarmut und Oligotrophie vor allem für Hochmoore zutrifft.

Im allgemeinen verlanden stark eutrophierte Gewässer, die in offener Landschaft liegen, zu Flachmooren, ohne daß sie den Hochmoorstatus erreichen. Diesen erreichen meist nur schwach eutrophierte Gewässer in Waldgebieten. Die typischen Hochmoore sind hingegen meist nicht limnischen Ursprungs (s. **I. 8**.3.3.).

Die Torfbildungsrate liegt durchschnittlich bei etwa 0,7 mm a^{-1}, im Subatlantikum muß sie allerdings etwa 1,3 mm a^{-1} betragen haben. Im allgemeinen ist der pH-Wert des Moorwassers abhängig vom Trophiegrad:

oligotrophe Moore	pH 3,4–4,5
mesotrophe Moore	pH 4,5–5,5
eutrophe Moore	pH > 5,5

Wenn ein Moor nicht mehr ausreichend feucht ist, hört sein Wachstum auf. Später erfolgende Fremdwasserzufuhr kann das Wachstum wieder anregen. So entstehen die **Sekundärmoore**. Alle ursprünglichen Moore sind dann **Primärmoore**.

8.3.3. Moortypen

Sind die oben genannten Bedingungen für die Moorentstehung gegeben, kann die Moorgenese sehr verschiedenartig verlaufen, so daß es schwerfällt, eine alle Aspekte umfassende Moorsystematik zu liefern. Die Moorentstehung durch Verlandung ist nur ein Aspekt. Es wird hier nur eine kurze Übersicht der Moortypen gegeben.

- **Verlandungsmoore**. Ist ein See völlig verlandet, so kann sich, wenn die obigen Bedingungen erfüllt sind, ein Moor bilden. Ein verlandender See eutrophiert zunehmend. Die zunehmende Phytomasse verbraucht aber soviel Nährstoffe und speichert sie, daß der Trophiegrad sinkt (d. h. im Wasser zwischen den Pflanzen !). Die sich bildende Torfmasse dichtet lateralen und Grundwasserzustrom ab. Kommt es oberflächlich zu keinem nährstoffreichen Wasserzulauf, wird das Moor oligotroph. Gelangt nährstoffreiches Wasser in das Moor, so eutrophiert es und verbleibt dann auf dem Flach- oder Zwischenmoorstatus. Erfolgt keine Trophieabsenkung bei der Verlandung, so wird der ehemalige See zu einem **Erlenbruch**. Es bildet sich Erlenbruchtorf, auch Schilftorf, der bei dieser Art Verlandung immer vorhanden ist. Bei entsprechendem Wasserhaushalt können sich Erlenbrüche auch zu Mooren mit Hochmoorcharakter weiterentwickeln. In der heutigen Landschaft verbleiben allerdings viele Erlenbrüche und Flachmoore auf diesem Stadium, bzw. werden auf sie wieder reduziert. Verlandungsmoore sind gekennzeichnet, daß unter dem anstehenden Torf limnische Sedimente lagern, **Mudden** genannt. Mudde ist der allgemeine Oberbegriff für limnische Sedimente (Gyttja, Dy), wird aber speziell oft nur auf die sich unter Luftabschluß veränderten Sedimente unter dem Torf angewandt. Sie werden nach groben, mittleren und feinen Detritusanteilen, sowie den Anteilen an Kalk und Ton unterschieden. Unter **Lebermudde** versteht man eine elastische Schicht, die vorwiegend aus abgestorbenen Algen gebildet wurde. Oft steht unter dem Sphagnumtorf noch Braunmoostorf; das ist der Torf der oben genannten Laubmoose. In Nordeuropa verlanden Seen häufig zu **ringförmigen Mooren**. Ein Seerest ist ringförmig von einem Hochmoor umgeben, wobei der Sphagnumrasen als sog. **Schwingrasen** in das Wasser ragt. Die Verlandung und Moorbildung schiebt sich dann immer weiter in den Wasserkörper hinein. Der Torf sinkt in das Gewässer, das zunehmend dystroph wird (Abb. 208), schließlich sich verfüllt, so daß sich das Moor ausdehnen kann.
- **Regenmoore**. (= Ombrogene Moore). Die zu ihrer Entstehung nötige Feuchtigkeit erhalten sie ausschließlich durch Niederschläge. Sie bilden die eigentlichen großflächigen Hochmoore und spielen in der Moorforschung neben den Verlandungsmooren eine wichtige Rolle. Von Verlandungsmooren unterscheiden sie sich durch das Fehlen einer Muddeschicht und einem Restgewässer (Abb. 209). Große Hochmoorflächen zeigen auch klimatische Besonderheiten, z. B. starke Temperaturschwankungen zwischen Tag und Nacht. Das Regenmoor ist häufig von einem wassergefüllten Graben, **Lagg** genannt, umgeben. In ihm sammelt sich das Wasser aus der großen aufgewölbten Moorfläche und auch vom umgebenden Land.
- **Kesselmoore**. Primär waren es Verlandungsmoore. Nach Stillstand des Wachstums kam es zur erneuten Bewässerung (Regen oder lateraler Zufluß). Diese Moore liegen immer in einem Talkessel (Name!), wodurch sich Feuchtigkeit stauen kann. Es sind sekundäre Moore, die zu Hochmooren wurden. Kennzeichnend ist der steil abfallende Torfrand, auch wenn noch ein Restgewässer vorhanden ist (Succow & Joosten 2001). Mudden sind vorhanden; Lagg-Bildung ist möglich. Kesselmoore sind meist klein (1–5 ha).

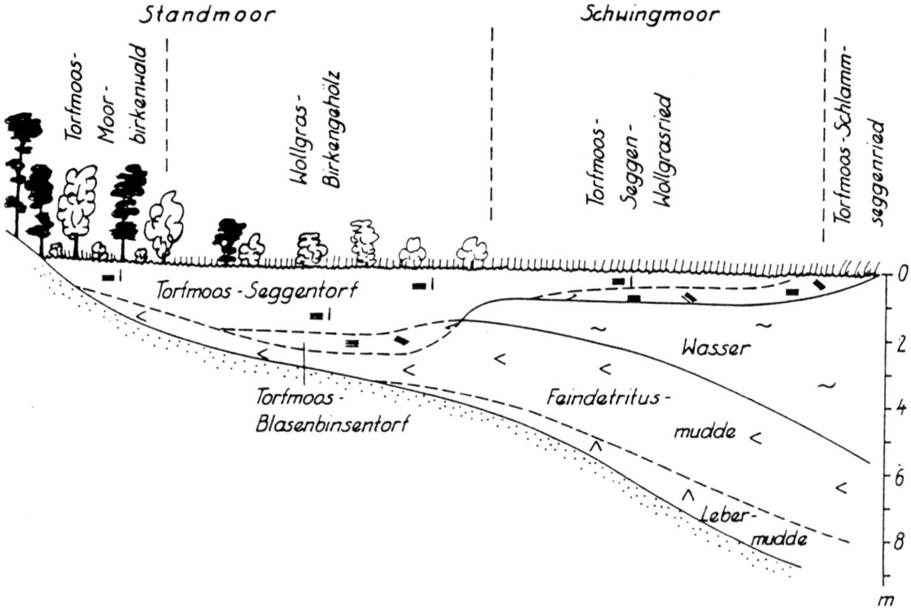

Abb. 208. Ringförmige Moorbildung um einen See mit Schwingrasen. Beachte Mudde und Lebermudde. (Nach SUCCOW & JOOSTEN 2001).

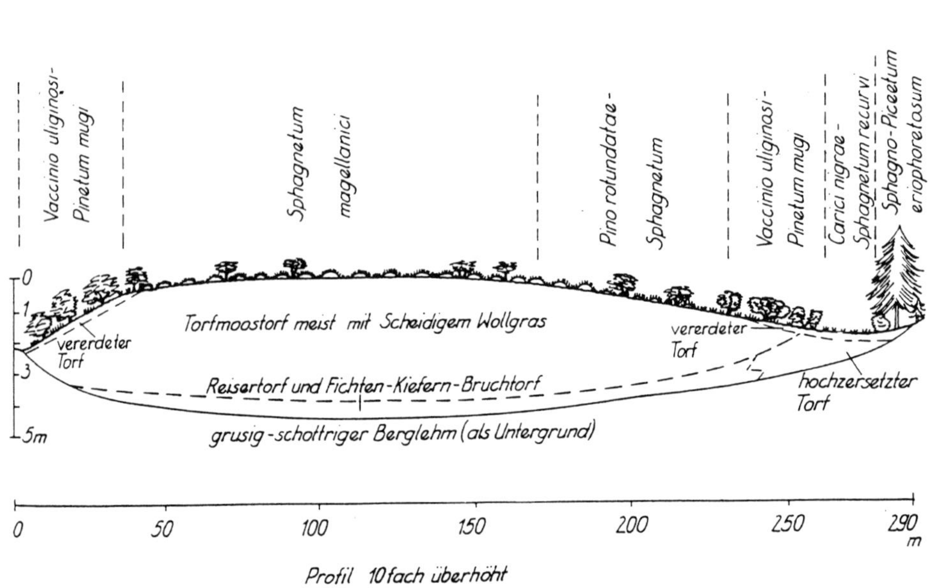

Abb. 209. Regenmoor (ombrogenes Moor). Beachte die Laggbildung und das Fehlen von Mudden. (Nach SUCCOW & JOOSTEN 2001)

- **Überflutungsmoore.** Sie entstehen in den Auen durch die Überflutungen. Es handelt sich meist um eutrophe, häufig mit Erlen, Weiden, Seggen bewachsene Flachmoore. Auch an Küsten können sich Überflutungsmoore bilden.
- **Quellmoore.** Sie entstehen im Feuchtraum von Quellen, besonders von Helokrenen und werden von verschiedenen Pflanzengesellschaften besiedelt, auch von Sphagnen. Es sind meist kalkreiche Flachmoore.
- **Versumpfungsmoore.** Es handelt sich um eutrophe Flachmoore, die mit Erlen und Schilf bewachsen sind. Sie sind sehr verbreitet, vor allem aber in den Urstromtälern, in denen das Grundwasser oberflächennah ansteht.
- **Durchströmungsmoore.** Ähnlich wie bei den Kesselmooren wurde ein nicht mehr wachsender Torfkörper sekundär von Wasser gespeist, in diesem Fall durch Grundwasserströme. Bei diesem Sekundärmoor ist die Mooroberfläche gleich der Grundwasseroberfläche. Die Grundwasserströme resultieren aus einem Grundwasseranstieg. Es sind typische Moore der Grundmoränengebiete und bilden sich oft in flachen Tälern der Flüsse (keine Überflutungsmoore !). Sie werden von verschiedenen Pflanzengesellschaften besiedelt, teilweise auch von Sphagnen. Je nach dem Primärmoor stehen unter dem Torf Mudden oder Flachmoortorfe. Die Moore sind meist oligo – mesotroph und können Hochmoorcharakter besitznen.
- **Hangmoore.** Sie entstehen an flachen Hängen und werden vom abfließenden Bodenwasser gespeist. Es sind sehr junge (Subatlatikum) Flachmoorbildungen und von *Carex*, Wollgas und anderen Pflanzen, auch Sphagnen, bewachsen.
- **Kombinationen von Moortypen.** Die genannten Moortypen können in mannigfachen Kombinationen auftreten, so daß sich eine Mooranalyse oft als sehr schwierig erweist. Dies gilt nicht nur für die Sekundärmoore. Viele Moore auf der Nordhalbkugel sind (im naturnahen Zustand) von Kiefern und Birken umgeben. Dies gilt besonders für Hochmoorbildungen, während Flachmoore mehr mit Erlenbeständen kombiniert sind.

8.3.4. Flora und Fauna der Moore

Dieses Kapitel beschränkt sich nur auf die Hochmoorbildung. Die höheren Pflanzen wurden schon mehrfach erwähnt; die Pflanzensoziologie hat viele Pflanzengesellschaften der Moore beschrieben.

Die Hochmore sind elektrolytenarm und sauer. Daher leben hier Arten, die entweder euryök, acidophil oder alkaliphob sind. Hochmoore sind als extremer Lebensraum artenarm und individuenreich. Sie gehorchen damit dem biozönotischen Grundgesetz, das aber von einigen Gruppen durchbrochen wird. Diese Gruppen nutzten den konkurrenzfreien Lebensraum und brachten eine hohe Artenzahl hervor, die mehr oder weniger auf Moore beschränkt ist. Unter den Algen zählen hierzu die Zieralgen **Desmidiaceen** und **Mesotaeniaceen**. Andere Algengruppen stellen wenige Arten, aber in hohen Dichten: Cyanophyceen (z. B. *Croococcus turgidus*), Chrysomonaden (z. B. *Chlorobotrys*), Dinophyceen (z. B. *Gloedinium montanun*), Diatomeen (z. B. *Frustulia saxonica*), Conjungaten (z. B. *Zygonium ericetorum*), Protococcale (z. B. *Eremosphaera*).

Das Pendant zu den Desmidiaceen sind im Tierreich die **Testacea** (beschalte Amöben). Auch sie haben eine eigene Moorfauna entwickelt. Sie leben in den was-

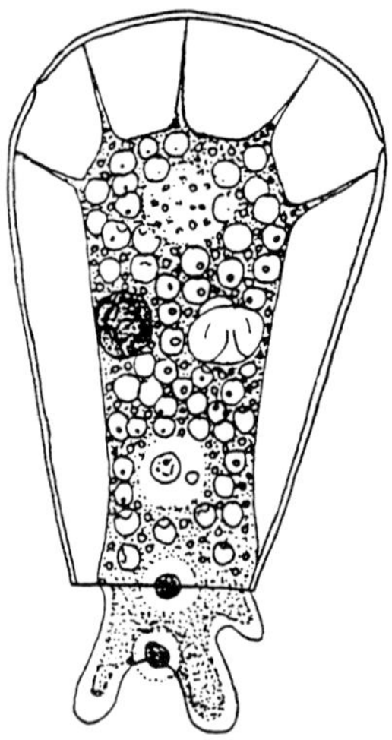

Abb. 210. *Hyalosphenia papilio,* eine zoochlorellenführende beschalte Amöbe der oberen grünen oligotrophen *Sphagnum*-schicht. Im Zytoplasma Verdauungsstadien von Zoochlorellen mit Ausstoßen verdauter Symbionten. (Nach Schönborn 1965).

sergefüllten Mikrokavernen der *Sphagnum*blätter, die Kleinstgewässer darstellen (vgl. **I. 8**.4.).

Andere Tiergruppen haben nur wenige Vertreter in den Mooren: Ciliaten, Heliozoen, Rotatorien, Copepoden, Cladoceren (z. B. *Streblocerus, Scapholeberis*), einige Insekten, wie Odonaten (z. B. *Leucorrhina dubia*).

Es fehlen völlig Hirudineen, Mollusken (Kalkarmut !), aber auch Ostracoden, Hydracarinen, viele Insektengruppen (Ephemeroptera, Plecoptera), Amphibien.

Die Oligotrophie bezieht sich nicht nur auf die Nährstoffe, sondern auch auf die Nahrung der Tiere. Im Hochmoor gibt es fast nur die Sphagnen. Es ist zweischichtig: die grüne Moosspitze und die untere braune, abgestorbene Schicht, die dann in ihrer Mächtigkeit den Torf bildet (vgl. Abb. 212). Im oberen grünen Teil fehlen Bakterien und auch Feindetritus. Als Anpassung an die Nahrungsarmut haben die hier lebenden Tiere Symbiosen mit Zoochlorellen (vergleichbar mit der Carnivorie der *Drosera* als Anpassung an die Nährstoffarmut). Die Zoochlorellen assimilieren; und es werden von den Wirtstieren stets nur einige verdaut. Die Wirtstiere bieten den Zoochlorellen Lebensraum (Zytoplasma); diese sind aber auf einen ausreichenden Feuchtigkeitsgehalt in der Umgebung der Wirtstiere angewiesen. Die Testaceengattung *Amphitrema* ist nur auf ihre Zoochlorellen angewiesen und nimmt keine Nahrung mehr auf (Abb. 210).

Kurz unterhalb der grünen Schicht leben Testaceen, die keine Zoochlorellen-Symbiose besitzen, dafür aber Zellulasen im Plasma, mit denen sie die harten abgestorbenen Mooszellen aufbrechen können. Sie ernähren sich außerdem von den hier (in geringer Dichte) anwesenden Bakterien und Pilzhyphen. Die Schalen der abgestorbenen Testaceen verbleiben im Torf und werden infolge der sauren Reaktion und Bakterienarmut nur sehr wenig abgebaut. Sie verbleiben in der Schicht, in der sie abstarben. Wie bereits für das Sediment beschrieben (s. **I. 8**.1.12.), werden auch aus dem Torf Bohrkerne entnommen, in Scheiben zerlegt und auf organismische Reste untersucht. Zur Datierung der Schichten dient wieder die Pollenanalyse. Die Erfassung der Zusammensetzung der Testaceenarten an Hand der subfossilen Schalen bezeichnet man als **Rhizopodenana-**

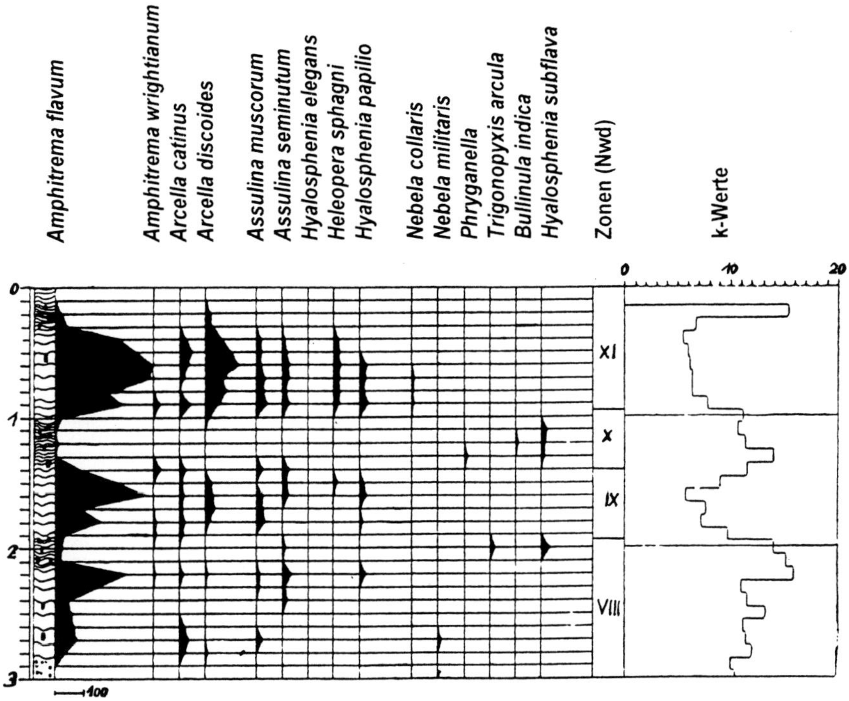

Abb. 211. Rhizopodendiagramm aus einem Moor (Norddeutschland), VIII–IX = Atlantikum, warm und feucht; X = Subboreal, warm, trocken; XI = Subatlantikum, kühler und feuchter. (Nach GROSPIETSCH 1958).

lyse der Moore (HARNISCH 1948, GROẞPIETSCH 1953). Mit Hilfe der Testaceenarten lassen sich Aussagen über das Klima im Postglazial machen. Kommen Arten vor, die auf dem feuchten Teil der Hochmoore leben (z. B. die Zoochlorellenführenden), war das Klima feucht; herrschen Arten vor, die am trockneren Rand oder gar in terrestrischen Moosen vorkommen, war das Klima trocken (Abb. 211). Wir kennen auf der Abbildung 3 Feuchtigkeitsperioden, gekennzeichnet z. B. durch *Amphitrema flavum* und *Hyalosphenia papilio*. Zu den Trockenperioden fehlen sie, ersetzt durch z. B. *Trigonopyxis arcula* und *Hyalosphenia subflava*, die trocknere Bereiche lieben und keine Zoochlorellen besitzen.

Zwischen Subboreal und Subatlantikum lag eine lange Trockenperiode, die auch den Torf austrocknen ließ und ihn sekundär beeinflußte; sie wird in der Torfstratigraphie als **Weber'scher Grenzhorizont** benannt.

8.3.5. Alter der Moore

Die ältesten Moorbildungen liegen etwa 11 000 Jahre zurück. Hier im Alleröd setzte die Verlandung der Flachgewässer ein. Im Präboreal und Boreal waren viele Flachgewässer bereits verlandet. Die Verlandungen führten zu Moorbildungen mit Seggen- und Braunmoostorf. Das Moorwachstum kam jedoch bald zum Stillstand, da diese Periode warm und trocken war. Nach dem Rückgang der Gletscher am Ende der Eiszeit muß es sehr viele Flachgewässer (vgl. **I. 8.2.**) gegeben haben, weil überall kleine Eisblöcke eingeschlossen waren, die dann auftauten. Im nachfolgenden Atlantikum wurde es zwar deutlich feuchter, doch erfolgte nicht überall ein erhöhtes Moorwachstum, da zugleich Bewaldung und damit Beschattung und Transpiration durch die Laubbäume zunahmen (Ausnahme z. B. ist der norddeutsche Raum). Im Subboreal, vor allem aber im Subatlantikum kam es wieder zum Moorwachstum. In diesen Zeiten bildeten sich häufig Sekundärmoore auf alten Torfkörpern (Zurek 1984, Lange et al 1986).

8.3.6. Bedeutung der Moore für den Wasserhaushalt

Moore binden sehr viel Wasser und sorgen damit für einen verminderten Oberflächenabfluß (s. **I. 4.**). Sie produzieren einen Überschuß an Phytomasse, die schwer zersetzbar ist. Moore sind daher **Senken** für Wasser, Kohlenstoff (langsamer Abbau), Phosphor und Stickstoff. Zumindest in den gemäßigten Klimaten sind sie ein wichtiger Faktor in der Stoffbilanz. Bei der Moorentwässerung werden Wasser und Nährstoffe remobilisiert und belasten Grund- und Oberflächengewässer (Scheffer 1977).

Die Moorfläche der Erde beträgt etwa 1 %, in Europa ist sie aber weit größer (3–4 %) (Göttlich 1980). Sie speichert weltweit ~11 500 km³ Wasser, das sind etwa 0,05 % der Süßwassermenge auf der Erde, etwa der 10. Teil der in Seen gespeicherten Menge. Es kommt dabei, wie bei den übrigen Binnengewässern, nicht so sehr auf die Gesamtmenge an, sondern auf ihre punktuelle Verteilung über die Festlandsfläche.

Im frühen Postglazial war der Mooranteil extrem höher als heute.

8.3.7. Nutzung und Schutz der Moore

Moore sind Ökosysteme, die fast ausschließlich durch Sonnenenergie, Wasser und Kohlendioxid einen **wertvollen Rohstoff** produzieren, den Torf. Sie benötigen dafür sehr lange Zeiträume, was bedeutet, daß eine Torfnutzung nach den für uns maßgebenden Zeiträumen das Moor **irreversibel** zerstört. Seit der Bronzezeit (vor ~4000 Jahren) nutzt der Mensch Torf als Brennstoff (Dieck 1983). Neben der Nutzung als Brennmaterial wird der Torf abgebaut (Torfstich) auch für die

- Landwirtschaft (v. a. Flachmoortorfe zum Ausgleich des Fehlbetrages an organischer Substanz auf den Äckern)
- Gartenbau (als Torfmull)
- Medizin (für Moorbäder) und Industrie (als Rohstoff). Hierfür wird v. a. der Hochmoortorf (= Sauertorf) genutzt, der wertvoller als der Flachmoortorf ist.

Neben der Nutzung der Moore als Rohstoffquelle gibt es noch andere Zerstörungsformen. Die schwerwiegendste ist die **Entwässerung** zum Zweck der Aufforstung oder landwirtschaftlichen Nutzung. Für letztere werden vor allem Flachmoore in landwirtschaftliche Flächen umgewandelt. Große Regenmoore sind bereits in hohem Maße der Forstwirtschaft zum Opfer gefallen.

Ein dritter, nicht zu unterschätzender Störfaktor, vor allem für große Moore, ist der **Tourismus**. Er führt zu erheblichen Trittschäden, die allerdings auch durch Überdichten an Schwarz- und Rotwild verursacht werden.

	1963 vor dem Nährstoffeintrag	Festgestellt ab 1992
Oberer Horizont: grüne, lebende Sphagnen	In abnehmender Dichte:	In abnehmender Dichte:
	*Hyalosphenia papilio**	*Hyalosphenia papilio**
	*Amphitrema flavum**	*Hyalosphenia elegans*
	*Heleopera sphagni**	*Nebela tincta*
	*Amphitrema stenostoma**	*Euglypha ciliata*
	Centropyxis minuta	*Assulina muscorum*
	*Placocista spinosa**	*Centropyxis minuta*
		Nebela collaris
Unterer Horizont: braune, tote Sphagnen	*Nebela tincta*	*Hyalosphenia elegans*
	Assulina muscorum	*Nebela tincta*
	Hyalosphenia elegans	*Euglypha ciliata*
	Nebela collaris	*Nebela collaris*
	Nebela minor	*Nebela militaris*
	Nebela militaris	*Centropyxis minuta*
	Centropyxis minuta	

Abb. 212. Zerstörung der Stratigraphie lebender beschalter Amöben (Testacea) in einem Hochmoor durch Nährstoffeintrag (vermutlich über die Luft). Arten mit Stern markiert bedeutet zoochlorellenführend. (Nach Strüder-Kypke & Schönborn 1999).

Bis 1920 gab es in Deutschland noch > 2 × 10⁶ ha Moorfläche. Nach 1976 waren es nur noch 0,7 × 10⁶ ha, davon etwa 6 % Hochmoore. Die Bedeutung der Moore erfordert einen konsequenten **Schutz** der noch vorhandenen lebenden.

Nur bereits entwässerte, nicht mehr lebende Moore (d. h. kein *Sphagnum*wachstum mehr) dürfen noch abgebaut werden. Moore, die noch nicht völlig tot sind, aber doch deutliche Schäden aufweisen, können in einem geringen Maße **renaturiert** oder ihre weitere Zerstörung kann gestoppt werden durch:

- Verhinderung der drei genannten Zerstörungsursachen: Torfstich, Entwässerung, Tourismus.
- Anhebung des Wasserstandes mittels Verschluß aller wasserführenden Gräben.
- Wiederbewässerung. Hierfür darf nur Niederschlagswasser genommen werden (andere Wässer enthalten Kalk oder Nährstoffe !).
- Schutz vor Nährstoffeintrag (z. B. Anlage eines Kiefern-Birken-Ring-Forstes um das Moor).
- Beseitigung von Gehölzen auf der verbliebenen Moorfläche.

Wir hörten, daß in postglazialen Trockenzeiten das Moorwachstum aufhörte. Auch in der Jetztzeit können wir derartige Vorgänge erleben. Schon nach mehreren nacheinander folgenden Trockenjahren läßt sich das Vordringen von Birken und Kiefern auf die

Moorfläche beobachten. Noch intakte Moore, auf denen tote Baumstämme stehen, zeigen an, daß sie Trockenperioden in jüngster Vergangenheit erlebten.

Aber auch der Nährstoffeintrag aus der Luft eutrophiert die Moore. Das bedeutet, daß immer mehr Pflanzen den Sphagnenrasen besiedeln. Diese Pflanzen produzieren Detritus und somit Nahrung für an sich moorfremde Tiere. Die Stratigraphie der Testaceen verschwindet, indem die zoochlorellenführenden Arten der grünen Schicht durch die der unteren braunen Schicht verdrängt werden (Abb. 212).

8.4. Kleingewässer

Zu empfehlende Übersichtsliteratur: Rigler et al. (1980), Williams (1987).

8.4.1. Einführung

Kleingewässer sind stehende Gewässer, die meist kleiner als Weiher und nur temporär (oft periodisch) mit Wasser gefüllt sind. Eine exakte Größenabgrenzung ist nicht möglich. Als Kleingewässer in diesem Sinne gelten: Tümpel, Pfützen (heute vor allem auch wassergefüllte Wagenspuren), Phytotelmen (Wasseransammlungen zwischen Blättern, Ästen und in Baumhöhlen), Lithotelmen (wassergefüllte Vertiefungen in großen Steinen). Zu ihnen gehören aber auch leere Schneckenhäuser, die mit Wasser gefüllt sind und auch künstliche Kleingewässer, wie Regentonnen, Viehtränken usw.

Die Kleingewässer wurden bisher von der Forschung vernachlässigt. Sie beherbergen aber eine interessante Flora und Fauna, sind medizinisch von Bedeutung und auch bedeutend für den Wasserhaushalt. Niemand weiß, welche Größenordnung sie in der Wasserretention für das Festland haben. Niemand kennt hinreichend gut die ökosystemaren Strukturen dieser kleinen Lebensräume und ihre Einbettung in das sie umgebende terrestrische System.

Kleingewässer gehören zu den extremen Lebensräumen, bedingt durch die Trockenperiode und die bei der Wasserverdunstung zunehmende Konzentration an Wasserinhaltstoffen. Ferner sind sie oft so kleinflächig, daß sie nicht mehr von Winden beeinflußt werden, was zu extrem kleinräumigen Gradienten führen kann.

Die Besiedlung der Kleingewässer erfordert daher besondere Anpassungen:

- Schnelle Entwicklung zur Ausnutzung der Wasserperiode (rechtzeitiges Verlassen des Gewässers bei Austrocknung).
- Einpassung des Lebenszyklus in die Periodizität von Austrocknung und Wiederbefüllung.
- Überdauern in zurückbleibenden feuchten Stellen (Restfeuchte) im und am Gewässer, bzw. in tieferen Schlammschichten.
- Ausbildung von Dauerstadien (Cysten, trockenresistente Eier, Dormanzstadien). Die trockenresistenten Eier befinden sich im dehydrierten Zustand und besitzen eine dicke Schale.
- Hohe genetische Variabilität (d. h. viele Genotypen, aus denen sehr schnell bei sich ändernden Bedingungen die geeigneten ausgelesen werden). So zeigten die Populationen des Copepoden *Mixodiaptomus kuppelwieseri* in permanenten Seen 2,7 Allele pro Locus, in alpinen italienischen periodischen Kleingewässern (Tümpel) jedoch > 3,7–4,5 Allele (Rossi et al. 1994, s. auch Maynhard Smith 1989).

- Schnelles Auffindenen noch wassergefüllter Kleingewässer.
- Viele Spezialanpassungen (z. B. bei Schnecken Diaphragmabildung vor der Schalenöffnung bei einsetzender Trockenheit, Dehydration bei Rädertieren, Cystenbildungen oder Schleimabsonderungen bei Protozoen, fakultative Parthenogenese).

Es gibt viele Kleingewässerbewohner, besonders in Tümpeln, die auch in Weihern und litoralen Seen vorkommen, sofern es dort die Konkurrenz zuläßt. Zu ihnen gehören auch die ubiquistischen Arten. In diesem Fall können sie infolge ihrer relativ kurzen Entwicklungszeiten dann auch die astatischen Gewässer besiedeln, wo sie geringer Konkurrenz ausgesetzt sind. Es handelt sich dann um r-Strategen (Wiggins et al. 1980). Zu diesem Kapitel vgl. auch Williams (1997).

8.4.2. Tümpel

Es sind kleine, zeitweise mit Wasser gefüllte Vertiefungen der Erdoberfläche und verschiedenen Ursprungs. Meist sind Tümpel < 6 m im Durchmesser (< 1 m Durchmesser werden sie auch als Pfützen, s. **I. 8.4.3.**, bezeichnet). Eine Dichteerfassung von Tümpeln ist sehr schwierig. Rackham (1986) gibt für England und Wales eine durchschnittliche Dichte von 5,4 km^{-2} an.

In semiariden tropischen Gebieten können Tümpel viel größere Dimensionen als in Europa annehmen.

Die **abiotischen Faktoren** verhalten sich in Tümpeln anders als in Weihern, da der Wind fast keine Angriffsmöglichkeiten hat und somit eine Zirkulation verhindert wird. Auch die Ufervegetation, oft Seggen, hat eine Bremswirkung auf den Wind. So kommt es zur Ausbildung jahres- und tageszeitlicher Gradienten, die denen in Seen nicht unähnlich sind. Abb. 213 zeigt den **Temperaturgradienten** im Sommer und Winter (unter Eis). Im Winter ergibt sich, wie in den Seen, eine inverse Temperaturschichtung. Der Temperaturgang ändert sich im Tagesverlauf. Nachts kann es zur Homothermie kommen.

Wasserstandsschwankungen beziehen sich nicht nur auf die Füllungs- und Austrocknungsphase, sondern auch innerhalb der Füllungsphase (Abb. 213), bedingt durch Verdunstung und Niederschlagsmengen. Die Trockenphase setzt in den gemäßigten Klimaten im Sommer ein (Juli–September), in den Tropen ist sie unperiodisch.

Die Füllung mit Wasser geschieht im Frühjahr vor allem durch die Schneeschmelze (Frühjahrstümpel). Es gibt in den gemäßigten Breiten aber auch Tümpel, die nur im Herbst Wasser führen (Herbsttümpel). Ein wichtiger Tümpeltyp sind die **Auetümpel**, die durch die Frühjahrsüberschwemmungen entstehen (Schneeschmelze!). Es sind wichtige Retentionssysteme in den Auen, die heute aber weitgehend verschwunden sind. (In Australien heißen die flußbegleitenden Tümpel **Billabongs**.).

Bei der Renaturierung von Auen ist auch immer an die Schaffung von Auetümpeln zu denken (s. **II. 6.1.4.**). Viele durchziehende Zugvögel finden im Frühjahr in den Tümpeln die erste Nahrung.

Die **Sauerstoffsättigung** schwankt mit dem Wasserstand. Je höher dieser ist, um so höher ist auch der Sauerstoffgehalt, der vor allem im Sommer einen Tagesgang zeigt, der in der Mittagszeit am ausgeprägtesten ist (infolge biogener Belüftung). Im Winter unterbleiben die tageszeitlichen Schwankungen (Abb. 213), wie auch in vegetationslosen Tümpeln.

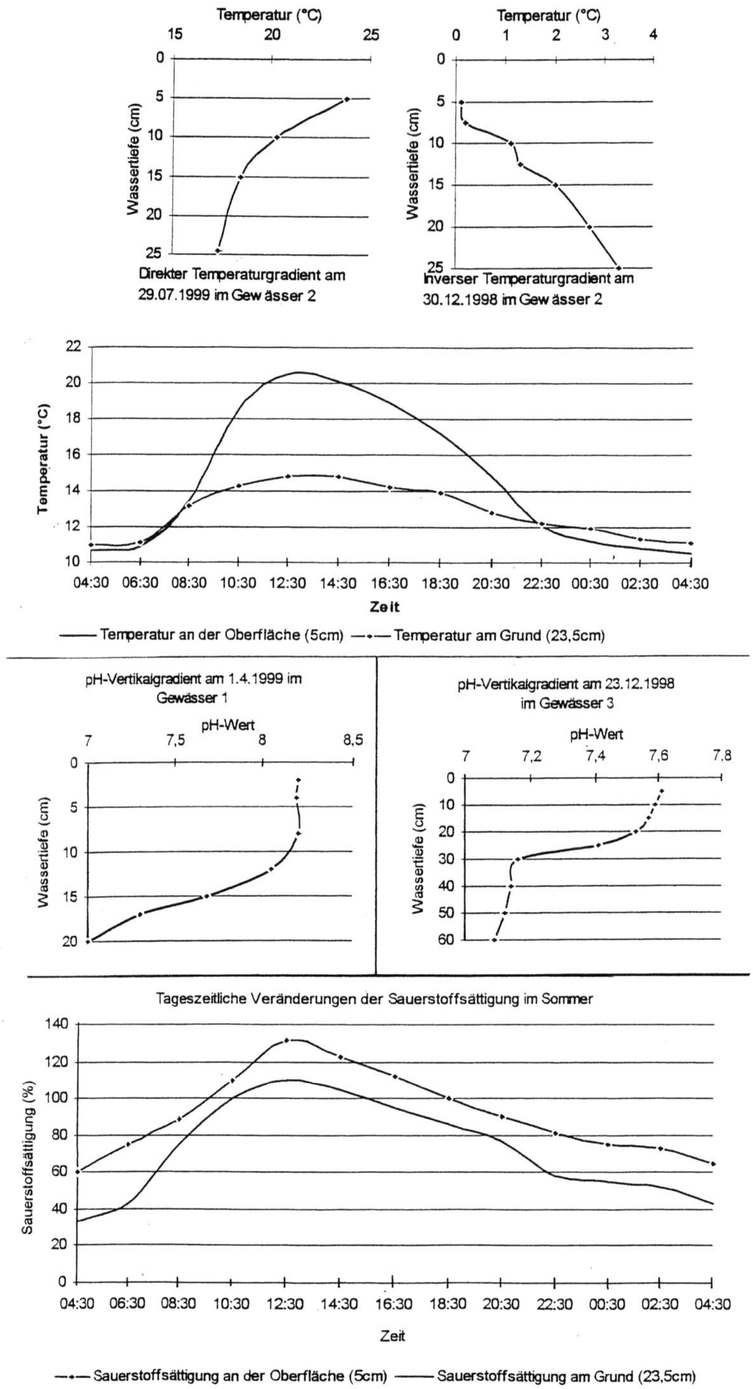

Abb. 213. Abiotische Faktoren in Tümpeln. (Nach Arle 1999).

Die **elektrische Leitfähigkeit** weist vor allem im Winter einen Gradienten auf, indem sie in der Tiefe extrem zunimmt. Dies wird durch die kryogene Aussalzung hervorgerufen, d. h., beim Gefrieren gibt das Wasser die Salze ab, so daß nun schwereres Wasser in die Tiefe absinkt. Anders zeigt der pH-Wert im Sommer und im Winter einen der Leitfähigkeit entgegengesetzten Gradienten (Abb. 213). Die Ursache ist die erhöhte Assimilation des pflanzlichen „Tümpelplanktons" (KÜHLMANN 1960). Dies zeigt sich auch daran, daß der pH-Wert zur Mittagszeit im oberflächennahen Wasser ansteigt, nicht aber in der Tiefe. Im Sediment von Tümpeln können auch hohe Konzentrationen an NH_4^+ und H_2S aufreten, die dann eine Besiedlung erschweren. Chemie und Besiedlung der Tümpel sind auch von dem geologischen Untergrund abhängig. Auf Urgestein wird ein Tümpel z. B. anders besiedelt als auf Kalkgestein.

Biologie der Tümpel. Neben Mikroorganismem und Protozoen, die wenig untersucht werden, sind die wichtigsten Besiedler:

- Turbellarien. In Europa sind es vor allem *Mesostoma*-Arten. Sie leben räuberisch und haben Dauereier.
- Hirudineen. Es sind nur wenige Arten; räuberisch.
- Rotatorien, Mollusken (einige Arten).
- Urkrebse. Es sind die Gruppen Anostraca (kein Carapax, schwimmen mit dem Bauch nach oben; z. B. *Branchipus, Chirocephalus*), Notostraca (Carapax schildförmig, z. B. *Triops cancriformis*, ~10 cm lang; *Lepidurus apus*, ~3 cm lang) und Conchostraca (vermutlich die Vorfahren der Cladoceren), Abb. 214. Die Urkrebse sind z. T. karbonischen Ursprungs und überdauerten in den Tümpeln, da sie als Extremräume relativ konkurrenzarm sind. Als Anpassung haben sie trockenresistente Dauereier. Zu den Anostracen gehört auch das Salinenkrebschen *Artemia*. Alle Urkrebse sind Filtrierer (Tümpelplankton).
- Andere Krebse. Daphnien (bilden Dauereier), Copepoden (z. B. *Diaptomus amblydon, Arctodiaptomus rylovi*), Ostracoden (*Cyclocypris globosa*, adaptiert durch die runde und dickwandige Schale, *Cypricercus ovum* u. a.).
- Odonatenlarven (räuberisch).
- Hemipteren (z. B. Wasserläufer, räuberisch).
- Coleopteren. ARLE (1999) fand in Tümpeln 68 Käferarten, darunter räuberische Dytisciden. Ein häufiger Käfer ist z. B. *Anacaena limbata*.
- Dipteren. Häufig sind die Larven von Culiciden, Chironomiden und Ceratopogoniden.
- Weitere Insektenlarven, z. B. Trichopterenlarven.
- Vertebraten. Tümpel sind ein wichtiges Habitat für Jungfrösche. In den Tropen gibt es aber auch Arten mit speziellen Anpassungen für einen Daueraufenthalt. Auch als Laichgewässer dienen Tümpel, z. B. für Unken. In den Tropen kommen auch Fische mit speziellen Anpassungen an die Trockenphase vor.
- Pflanzen. Unter den Algen sind Xanthophyceen häufig (z. B. *Botryochloris minima, Goniochloris torta*). Ferner kommen *Euglena*-Arten vor, auch Diatomeen, die bisher nur in astatischen Kleingewässern gefunden wurden und Vertreter vieler anderer Gruppen, die auch schwebend auftreten („Tümpelplankton"). Die Algen der Tümpel haben teilweise verdickte Zellwände. Von den höheren Pflanzen besiedeln häufig Lemnaceen die Tümpel.

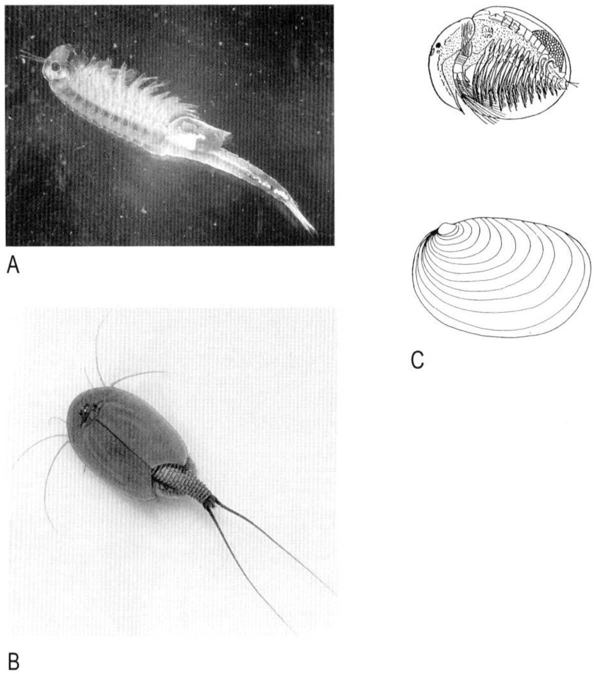

Abb. 214. Urkrebse. **A** = *Eubranchipus grubii* (Anostraca, bis 30 mm), **B** = *Triops cancriformis* (Notostraca, bis 110 mm), **C** = *Lynceus brachyurus* (Tier 5 mm), *Leptestheria dahalacensis* (leere Schale, bis 12 mm) (Conchosraca). (Aus Eder & Hödl 1996).

Lebenszyklus und Verhalten der Tümpelbesiedler. Neben der physiologischen Toleranz, der genetischen Variabilität, Anpassung an die Periodizität einschließlich Migration, spielen Lebenszyklus und Verhalten die entscheidenden Rollen bei der Besiedlung kleiner astatischer Gewässer. Die Abb. 215 zeigt die Einpassung des Schlupfes der parthenogenetischen Chironomidengattung *Smittia* in die wasserführende Phase der Tümpel. Für viele Wasserkäferarten ist die Restfeuchte während der Austrocknungsphase entscheidend für ihr Auftreten (Abb. 216). Je unperiodischer der Wechsel zwischen Wasserführung und Trockenphase ist, um so geringer ist die Artenzahl in den Tümpeln.

Daher sind tropische Tümpel auch oft nur von sehr wenigen Arten besiedelt. In derartigen Tümpeln ist der Selektionsfaktor vorwiegend physikalischer Natur und die Entwicklung von Anpassungsstrategien wird um so schwieriger, je unvorhersehbarer der Wechsel von Wasserfüllung und Trockenheit ist.

Mit zunehmender Größe der Tümpel nimmt auch ihre Zeit der Wasserführung zu. Daher werden große oder kleine Tümpel von verschiedenen Arten besiedelt. Im tropischen Afrika z. B. in großen Tümpeln mit einer langen Wasserführung sind es die Larven von *Chironomus imicola*. In diesen Tümpeln ist genügend Zeit für die Larvenentwicklung. In kleinen Tümpeln mit nur kurzzeitiger Wasserführung leben die

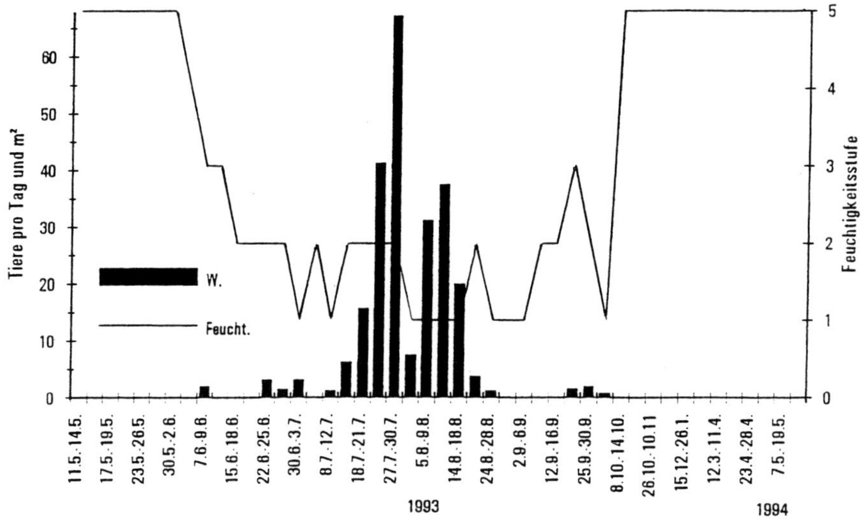

Abb. 215. Einpassung der Chironomide *Smittia* in die wasserführende Phase der Tümpel. W = Schlupf, in diesem Fall Weibchen. (Nach Dettinger-Klemm & Bohle 1996).

Larven der Chironomide *Polypedilum vanderplanki*. Hier ist die Wasserzeit zu kurz für eine larvale Entwicklung. Die Larven können aber Trockenheit überstehen und sind dann bei Wiederfüllung die ersten Besiedler und im Konkurrenzvorteil. Die Gnitzenlarve *Dasyhelea thompsoni* besiedelt Tümpel mittlerer Größe. Die Wasserzeit reicht gerade für eine Larvenentwicklung; die Mücken sind aber in der Lage, sehr schnell noch wassergefüllte Tümpel zu finden (McLachlan & Cantrell 1980).

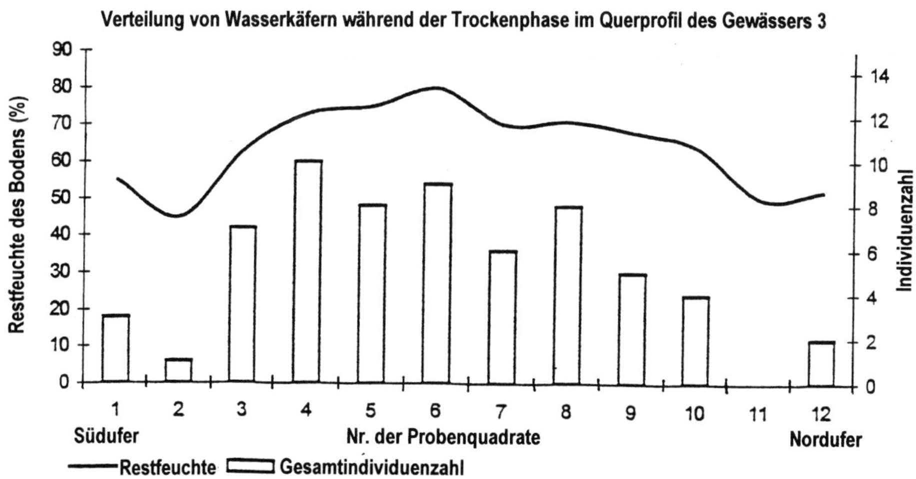

Abb. 216. Verteilung überdauernder Käfer während der Trockenphase eines Tümpels in Abhängigkeit von der Restfeuchte. (Nach Arle 1999).

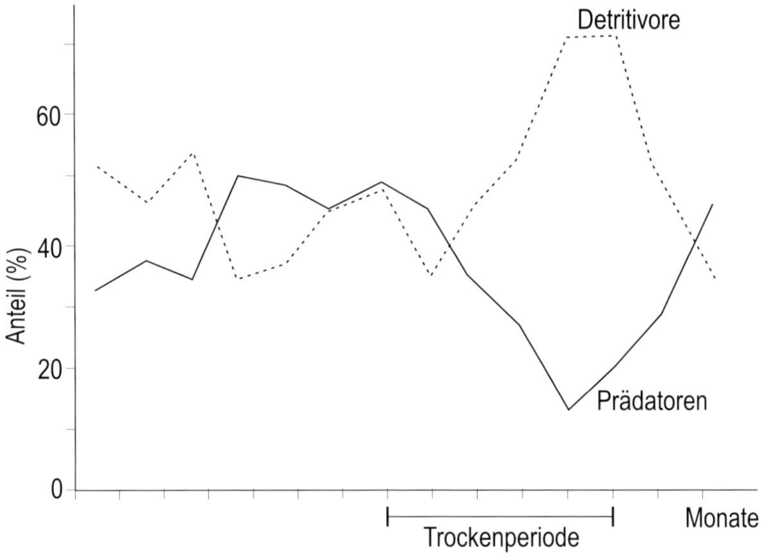

Abb. 217. Detritivore und Prädatoren in einem Tümpel. Wichtig ist das Verhalten während der Trockenperiode. (Nach WILLIAMS 1997).

Nährstoffhaushalt und ökosystemare Beziehungen. Nach Untersuchungen in Tümpeln von Massachusetts (USA) (COLE & FISHER 1978) werden die Nährstoffe bei Austrocknung zurückgehalten, der DOC-Gehalt wird aber aus dem System entfernt. In den untersuchten Tümpeln war *Chara* der wichtigste Primärproduzent mit einer Jahresproduktion von 2140 kcal m^{-2}. Der Verlust des organischen Kohlenstoffs betrug 2629 kcal m^{-2}, davon verschwanden 84 % des organischen Kohlenstoffs durch Respiration der Heterotrophen ($P/R < 1$, ein heterotrophes System). Die Austrocknung bewirkt eine schnelle Detrituszersetzung, was zur Erhöhung der Nahrungsqualität für detritivore Tiere, aber auch zur Freisetzung von Nährstoffen führt (WIGGINS et al. 1980). Daher tendieren Tümpel zur Eutrophierung, deren Auswirkung aber nicht mit der von Seen vergleichbar ist, da geringe Größe, Wasserstandsschwankungen und Austrocknungsphasen besonderen Einfluß haben. Auf der Basis der Primärproduktion entwickelt sich auch ein kurzfristiges (fragmentarisches) Ökosystem in den Tümpeln.

Viele Invertebraten der Tümpel sind detritivor, so auch die wichtige Gruppe der Larven der Culiciden (Stechmücken). Sie nehmen mit dem Detritus auch Mikroorganismen auf (AMEEN & IVERSEN 1978). Eine weitere Stelle im System nehmen die Suspensionsfresser ein. Sie ernähren sich vor allem vom pflanzlichen Tümpelplankton, z. B. Urkrebse, aber auch Culiciden- und Chironomidenlarven.

Die wichtigsten Räuber sind Turbellarien, Egel, Ceratopogoniden und Libellenlarven sowie einige Käfer. Ihre Dichte geht im Verlauf der Trockenphase zurück, während sie von Herbivoren, Detritivoren und Omnivoren besser überstanden wird, die dann sogar von dem geringeren Prädationsdruck profitieren (Abb. 217). Unter den Räubern, vor allem aber bei den räuberischen Käfern (da sie flugfähig sind), scheint der Konkurrenzdruck vermindert zu sein, da das Erscheinen der Beute unberechenbar und kurzzeitig ist und ein Ausweichen auf Nachbartümpel immer möglich ist. Je größer die Tümpelfläche und -tiefe ist, um so höher ist der Reichtum an räuberischen Käfern. Beschattung und unperiodisches Austrocknen reduzieren sie (Kholin & Nilsson 1998). Häufige Wasserstandsschwankungen scheinen aber die Artendiversität zu erhöhen (Connell 1978), wobei Tümpel grundsätzlich konkurrenzärmer als perennierende Gewässer sind. Sie ermöglichten ja auch den Urkrebsen das Überdauern. Die Prädation wird vor allem durch die in vielen Tümpeln fehlenden Fische reduziert.

Die unter praktischen (medizinischen) Gesichtspunkten wichtigste Gruppe der Tümpel sind die Stechmücken (Culiciden) (Tab. 48). Als Faustregel gilt, daß in Tümpeln offener Gelände und in Ortschaften die Larven der Gattungen *Culex* und *Theobaldia* überwiegen, in den Wäldern die von *Aedes*. *Anopheles* (als Malariaüberträger) kann in allen Kleingewässern auftreten.

Eine besondere Tümpelform entsteht auf den **negativen Polygonböden** in Nordskandinavien. Dies sind steinreiche Böden über Dauerfrostschichten. Infolge von Gefrieren und Auftauen entstehen vieleckige Vertiefungen, die mit Wasser gefüllt sind. In ihnen entwickeln sich die Stechmücken Lapplands, die zu der berüchtigten Plage

Tabelle 48. Stechmücken (Culicidae) in europäischen Kleingewässern. (insgesamt etwa 60 Arten in Deutschland).

Art	Vorkommen	Bemerkung
Culex pipiens	Offenes Gelände, Nähe menschlicher Siedlungen	Gemeine Stechmücke
Theobaldia annulata	Offenes Gelände, Nähe menschlicher Siedlungen	Geringelte Extremitäten, Flecke auf den Flügeln der Imagines
Anopheles maculipennis *bifurcatus*	Im offenen Gelände und in Wäldern	Überträger von Malaria
Aedes		
communis	Wälder	
maculatus	Wälder	
annulipes	Wälder	
punctor	Wälder	
geniculatus	Wälder	Larven bevorzugt in Baumhöhlen (Phytotelmen)
vexans	Offenes Gelände, Wiesen	
caspicus	Offenes Gelände, Wiesen	
sticticus	Auewälder	
aegypti	Offenes Geländer, Wälder, Larven häufig in Baumhöhlen	Überträger von Gelbfieber (schon in Südeuropa)

führen. Diese Massenentwicklungen geschehen nur alle 4 Jahre, nämlich in den Lemmingjahren, da diese Nager ihre hauptsächlichen Blutlieferanten sind. Im Gefolge der Lemminggradation kommen dann Schneeeulen, Vielfraß, Gerfalken und Raubmöwen. Die Lemminge intensivieren also die Interaktionen in dem dortigen Ökosystem. Die Stechmücken dieser Tümpel gehören zur Gattung *Aedes*. Sie legen, wie alle *Aedes*arten, ihre Eier nach dem Austrocknen in die Tümpel. Im kommenden Jahr, wenn sich die Tümpel mit der Schneeschmelze wieder füllen, schlüpfen die Larven.

8.4.3. Pfützen

Pfützen sind sehr kleine Tümpel, die aber fast immer unperiodisch mit Wasser gefüllt sind. Sie können schon nach geringen Niederschlägen Wasser führen und schon nach wenigen Sonnentagen austrocknen. Ihr Wasserhaushalt gleicht dem der tropischen Tümpel. Nach den wenigen vorliegenden Untersuchungen bilden sich auch keine Gradienten abiotischer Faktoren wie in Tümpeln. Obwohl hier auch der Wind keinen Einfluß hat, wird die Zirkulation des Wassers durch Bioturbation verursacht. Wasserkäfer und vor allem Amphibien, die sich in dem sehr flachen Gewässer bewegen, zerstören sofort jede Schichtbildung. Zwischen Tümpel und Pfütze besteht jedoch ein breiter Übergangsbereich. Im allgemeinen ist die Artendiversität in Pfützen sehr gering (geringe Größe des Gewässers, unperiodische Wasserführung). Von Pflanzen sind fast immer Algen vertreten, häufig auch epipelische Matten, die sich vom Grund abheben können, ferner *Lemna*; von Tieren erscheinen Wasserkäfer, Wasserläufer, Larven von Culiciden, Chironomiden, Ceratopogoniden und Amphibien (häufig junge Wasserfrösche), in den Tropen auch Sumpfschildkröten. Es handelt sich um Tiere mit kurzen Entwicklungszeiten, Dauereiern, Überdauerer im feuchten Schlamm und (oder) mit schnellem Auffindungsvermögen noch wasserführender Pfützen. Dies sind Anpassungen, die auch für die Besiedlung von Tümpeln entscheidend sind.

Naturlandschaften in humiden Gebieten sind sehr reich an Pfützen. In der ausgeräumten und genutzten Fläche geht ihre Dichte zurück. An ihre Stelle sind oft die **Wagenspuren** getreten. Sie entstehen auf Feld- und Waldwegen. Die dauernde Nutzung der Wege durch schwere Fahrzeuge führt zu einer Bodenverdichtung, wodurch sich das Wasser länger hält. In Wagenspuren auf Waldwegen hält es sich länger als in solchen auf Feldwegen. Infolge des Laubeinfalles ist der Sauerstoff in Waldpfützen immer defizitär, auch steigt selbst in Mitteleuropa die Temperatur kaum über 15 °C an. Es können Cladoceren, Ostrakoden und Copepoden auftreten und auch Unken zum Laichen kommen. Räuber sind Gerriden (Wasserläufer), Ceratopogonidenlarven und Dytisciden (Jäger 1981). In Pfützen ohne erheblichen Laubeinfall herrscht meist Sauerstoffsättigung.

Was über die Tümpel in bezug auf die Bedeutung für den Wasserhaushalt und die Ökosystemforschung gesagt wurde, trifft auch auf Pfützen zu. Pfützen sind winzige Inseln auf der Erdoberfläche. Sie sind als Inseln im Sinne der Inseltheorie (MacArthur & Wilson) aufzufassen, wie dies auch geschehen ist (Nilsson 1984). Das stößt jedoch auf Schwierigkeiten, da die Beziehung zwischen Größe und Artendiversität nur für sehr große Flächendifferenzen gilt und die Korrelationen bezüglich der Besiedlungsdynamik infolge der relativ hohen Dichte, aber Unperiodizität der Gewässer, nicht gelten.

8.4.4. Phytotelmen

Es sind Wasseransammlungen an Pflanzen: in Baumhöhlen, zwischen Ästen, an rauher Borke, in Blattachseln. Zu den Phytotelmen gehören auch die *Nepenthes*kannen und im weiteren Sinne die durch die Blätter der Moose gebildeten Mikrokavernen. Sie wurden schon kurz bei der Besprechung der Moore (s. **I. 8**.3.) erwähnt, sind aber auch bei den terrestrischen Laubmoosen zu finden. Sie werden hier nicht besprochen, stellen aber einen wichtigen Übergangsraum vom limnischen zum terrestrischen Leben dar. Auch die winzigen Phytotelmen in den Blattachseln von Krautpflanzen werden hier nicht besprochen. Behandelt werden Baumhöhlen, Blattachseln der Bromeliaceen und *Nepenthes*kannen.

Baumhöhlen. In Europa sind es vorwiegend Buchenasthöhlen (daneben Eichenasthöhlen). Sie sind nur unperiodisch mit Wasser gefüllt, da schon geringe Niederschlagsmengen Abläufe an den Stämmen verursachen, die die Höhlen füllen. Warme und regenlose Perioden führen zum Austrocknen. Das in den Baumhöhlen stehende Wasser ist sauerstoffarm, ammoniakhaltig, reagiert alkalisch und ist häufig giftig. Die Besiedler benötigen also besondere physiologische Anpassungen. In Baumhöhlen dominieren:

- Culicidenlarven. Es sind meist *Aedes*arten, z. B. *A. geniculata*, ein Plagegeist der Wälder. *A. aegypti* kann Gelbfieber übertragen, bereits schon in Südeuropa. *Anopheles maculipennis* ist Überträger von Malaria (auch in S.-Europa). Eine in Mitteleuropa häufige Art ist *Anopheles bifurcata* (s. **I. 8**.4.6.).
- Chironomidenlarven. Häufig ist *Metriocnemus cavicola*.
- Larven der Tipuliden, Psychodiden, Ceratopogoniden.
- Eristalidenlarven (Schwebfliegen). Sehr viele Arten; wassergefüllte Baumhöhlen sind ein typischer Lebensraum der Larven der Schwebfliegen der Wälder.
- Coleopteren. Ein charakteristischer Käfer der Baumhöhlen ist *Prionocyphon serricornis* (nur die Larven).

Ferner kommen Bakterien, Protozoen, Rotatorien (z. B. *Habrotrocha thienemanni*) und Copepoden (*Maraenobiotus*-Arten, *Mararia brevipes* u. a. Arten, *Bryocamptus*-Arten) vor. Viele Gruppen, die zumeist als ubiquistisch gelten, wie z. B. Nematoden, haben keine Vertreter in diesem extremen Lebensraum. Ihre Bedeutung für die Praxis erhalten diese Baumhöhlengewässer wiederum durch die Culiciden.

Die Baumhöhlenbewohner sind fast ausschließlich detritivor (Detritusaufnahme zusammen mit Mikroorganismen). Der Detritus läßt sich einteilen in grob, fein und suspendiert. Die Schwebfliegenlarven ernähren sich meist von grobem, die Larven der Chironomiden von feinem und die der Culiciden häufig von suspendiertem Detritus (Kitching 1983).

Es gibt jedoch Fälle, bei denen sich in Baumhöhlen sehr komplizierte ökosystemare Verhältnisse ausbilden können. In Baumhöhlen der Westküste der USA ernähren sich die Larven von *Aedes sierrensis* von Ciliaten (*Lambornella clarki*), die sich wiederum von Bakterien ernähren. Die *Aedes*larven sondern einen Stoff ab, der die Ciliaten in Parasiten umwandelt, die sich nun von Geweben und der Haemolymphe ihrer Räuber ernähren. Es kommt zu einer Umkehr der Räuber–Beuterollen, was zum Gleichgewicht zwischen beiden führt (Washbourn et al. 1988). Es ist damit zu rechnen, daß die Mini-

Lebensstätten auch in den ökosystemaren Fragmenten einem Gleichgewicht zustreben, das oft nur mit raffinierten Mitteln zu erreichen ist.

Bromeliaceen. Sie gehören zu den Liliiflorae und sind zumeist epiphytische Rosettenpflanzen der amerikanischen Tropen und Subtropen. Zu ihnen gehört auch die erdbewohnende *Ananas savaticum*. Bromeliaceen besitzen meist lange, schmale, harte und oft gezähnte Blätter, deren löffelförmige Basen Hohlräume darstellen, in denen sich Regenwasser und das Wasser der Nebelniederschläge ansammelt (= Zisternenepiphyten oder Tank-Bromeliaceen). Man kennt über 2 000 Bromeliaceen-Arten.

Schon lange ist bekannt, daß diese meist die Bäume der tropischen Urwälder bewohnenden Epiphyten ein in Wirklichkeit riesiges (diskretes) Gewässer darstellen (Picado 1913). Eine Pflanze kann bis zu 1,3 l Wasser enthalten (Benzing 1980), und über 1 m^2 Urwaldboden können in den Bäumen weit über 50 Bromeliaceen wachsen. In feuchten Gebieten ist es nicht selten, daß das Wasserreservoir nie austrocknet, so daß diese bromeliaden Kleingewässer eigentlich nicht periodisch sind. Doch ist der Wasserhaushalt standortbedingt.

Die großen Baumwurzeln der Urwälder haben eine hohe Saugkraft, so daß sie eine Gewässerbildung in den Urwäldern verhindern (Ausnahme sind die Urwaldbäche des Amazonas-Gebietes). Infolge der hohen Temperatur und Luftfeuchtigkeit wird auch der Humus dieser Wälder sofort mineralisiert. Die Bromeliaceen sind es nun, die sowohl die Gewässer als auch den Humus bis 50 m über den Urwaldboden verlagern. Steht das Wasser in den lebenden Blättern, so sammelt sich hingegen zwischen den abgestorbenen Blättern Humus an. So entstehen die hängenden „Aquarien und Terrarien“ der Urwälder (Abb. 218). Es handelt sich um ein viele Millionen Jahre altes Ökosystem, dessen Erforschung noch große Defizite aufweist.

Die bisher bekannte Artenzahl an Tieren in den Bromeliaceen wird mit über 400 angegeben. Das ist etwa die Hälfte der Artenzahl, die in Seen zu erwarten ist. Vermut-

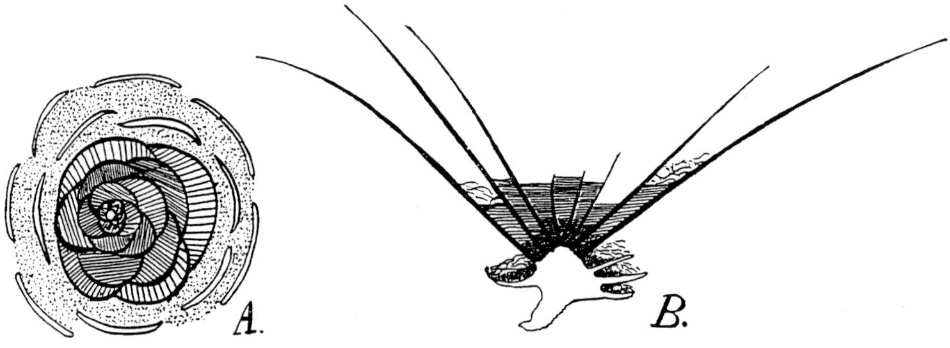

Abb. 218. Die „Aquarien" und „Terrarien" in einer Bromeliacee. **A** = Aufsicht: punktiert die Humusablagerungen, gestrichelt: in den Blatttüten stehendes Wasser. **B** = Seitenansicht. (Klassische Darstellung nach Picado 1913).

lich ist die wahre Artenzahl in den Bromeliaceen noch kaum erfaßt und kann in die Millionen gehen.

Die Lebensbedingungen sind vom Standort und den äußeren Einflüssen stark abhängig und können, wie in allen Kleingewässern, schnell wechseln. Die Blätter der Bromeliaceen sondern Sekrete ab, die die Fäulnis verhindern, so daß Leichen für nekrophage Arten übrigbleiben. Bromeliaceen, die inmitten des Waldes wachsen, haben auch viel Detritus in den wassergefüllten Blattachseln, so daß sich neben den nekrophagen auch detritivore Nahrungsketten ausbilden. Inmitten der Urwälder besitzen die Bromeliaceen meist einen konstanten Wassergehalt, so daß sich relativ stabile ökosystemare Beziehungen ausbilden können. Die Bromeliaceen in den oberen Baumkronen oder auf Kakteen des Freilandes sind sonnenbeschienen, trocknen häufig aus, werden aber an den inneren Blattseiten von Algen besiedelt, so daß herbivore Nahrungsketten entstehen (Frank 1983).

Regenwasser, das zunächst an den Stämmen abläuft und dann in die Bromeliaceen gelangt, ist nährstoffreicher als direkt oder durch Nebelniederschläge einfallendes Wasser. Wird Detritus in den Blattachseln abgebaut, ist es ähnlich wie in Baumhöhlen sauerstoffarm und ammoniakreich. In den sonnenbeschienenden Bromeliaceen kann es zu Tag-Nacht-Schwankungen des Sauerstoffgehaltes kommen (Janetzki & Vareschi 1994).

Dem O_2-Gehalt engegengesetzt verhält sich die CO_2-Konzentration. Bei hohen CO_2-Konzentrationen in beschatteten Bromeliaceen sinkt der pH-Wert bis auf 4, in besonnten steigt er am Tage bis auf 8.

Besiedler der Bromeliaceen sind Bakterien, Thekamöben, Ciliaten, Turbellarien, Rotatorien, Gastrotriche, Oligochaeten, Copepoden, Larven von Culiciden (auch *Anopheles*-Arten als Malariaüberträger), Chironomiden, Tipuliden, Syrphiden, Musciden, Stratomyiden, Phoriden, Tabaniden, Odonaten und sogar Plecopteren und Trichopteren, ferner Coleopteren (z. B. Helodiden) und Hemipteren (z.B. auch Wasserläufer), Frösche (v. a. Kaulquappen) und höhere Krebse (z. B. Krabben). Corbet (1983) fand 47 Libellenarten in Bromeliaceen, aber nur immer 1 Larve pro Blattachsel, die hier ein wichtiger Prädator ist. Es bildet sich ein Ökosystem aus, das aber immer fragmentarisch bleibt, d.h., in dem ständig Nahrungskonnexe ausfallen können; dadurch besitzt das System nur eine kurzzeitige Selbstregulation (vgl. Frank & Lounibos 1983).

Nepentheskannen. Die Pflanzengattung *Nepenthes* (Nepenthaceae) ist carnivor und kommt von Madagaskar östlich bis Neukaledonien vor; die Hauptverbreitung ist auf den Malaysischen Inseln. Sie besitzt zu Kannen umgebildete Blätter. In den Kannen (maximal bis zu 40 cm lang und 60 cm Umfang) steht Wasser, in das die Pflanzen Verdauungsfermente sezernieren. Es ist ein hypertonisches Milieu mit meist saurer Reaktion. Durch Nektar angelockt, fallen Tiere in die Kannen und ertrinken. Nur ertrunkene Tiere werden von der Pflanze verdaut. Es gibt nun Tierarten, die gegen die Verdauungsfermente resistent sind (durch Abgabe von Antiprotease), die sog. **Nepenthobionten**. Sie bauen in den Kannen ein aquatisches Ökosystem auf, dessen Bewertung sehr schwierig ist. Zu den Bewohnern der Kannen gehören Protozoen, Rotatorien, vor allem aber wiederum Culicidenarten, darunter auch Arten, die Gelbfieber und Malaria übertragen. Andere Dipteren sind z. B. Chironomiden, Phoriden und Syrphiden.

Interessant ist, daß die Ökosysteme in den Kannen (die, so lange eine Kanne existiert, immer Wasser führt!) unterschiedlich komplex sind, bedingt durch die geographi-

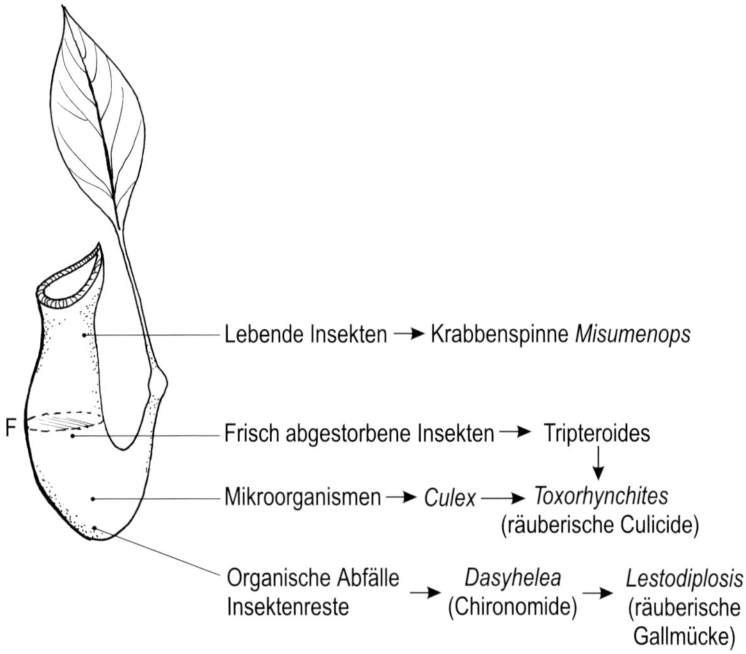

Abb. 219. Nahrungskonnex in *Nepenthes*kannen. F = Flüssigkeitsspiegel. Bei den Insekten in der Kanne handelt es sich um Larven. (Nach Angaben aus Beaver 1983).

sche Lage. Von den Seychellen über Madagaskar, Sri Lanka bis nach dem westlichen Malaysia nimmt die Komplexität zu; das Verhältnis der Räuber- zu Beutearten bleibt dabei relativ konstant. Die Ursachen sind schwer zu erklären. Vermutlich spielt hier die Randlage und die räumliche und zeitliche Isolierung der Gebiete (Seychellen, Madagaskar) eine Rolle (Beaver 1983).

In den Nepentheskannen gibt es neben dem Detritus und den Mikroorganismen fressenden Mückenlarven auch räuberische Arten (z. B. *Megarhinus, Toxorhynchites*). Grundlage des Nahrungskonnexes sind frisch abgestorbene Insekten, Mikroorganismen, ältere Leichenteile und organische Reste (Detritus). Oberhalb des Wasser-Ferment-Randes leben terrestrische Räuber (meist Spinnen), die die Insekten, bevor sie in die Kannen fallen, erbeuten. Abb. 219 bringt einen Ausschnitt aus dem Nahrungskonnex in westmalaysischen Nepentheskannen.

Andere verbreitete Phytotelmen entstehen in sog. **Nestepiphyten** in den Urwäldern (Farne, Orchideen) und in den **Blüten** bestimmter Pflanzen. Zu diesen gehört z. B. *Heliconia caribaea*, ein Bananengewächs, in dessen Blüten und Hochblättern sich Wasser ansammeln kann.

8.4.5. Lithotelmen

Lithotelmen sind zeitweise mit Wasser gefüllte Vertiefungen in großen Steinen oder Felsen. Die Felstümpel an den Küsten heißen **Rock pools**. Sie gehören zu den extremsten aquatischen Lebensräumen. Sie werden sowohl von Regenwasser als auch bei hohem Wellengang von Meereswasser gefüllt. Bei sonnigem Wetter und ruhiger See beginnen sie auszutrocknen, wobei extreme Salzkonzentrationen entstehen können. Bei ruhiger See und Regenzeiten enthalten sie fast destilliertes Wasser. Auch die Trophie kann sehr unterschiedlich sein. Auf Urgestein sind Lithotelmen oft oligotroph, auf Kalkstein und durch Beeinflussung von Vogelkot eutroph bis hypertroph. Auch Moosvegetationen und Humusbildung können auftreten, so daß sie dystrophieren.

In diesen Rock pools können nur euryöke, besonders euryhaline Organismen existieren; aber dahinter steckt meist eine hohe genetische Variabilität. In den Rock pools leben Protozoen, Tubificiden, niedere Krebse, Amphipoden (oft *Gammarus duebeni*), Hemipteren, Coleopteren, Culiciden (z. B. *Aedes villatus, Culex mineticus*) und als Topräuber auch der Stichling *Gasterosteus aculeatus* (Ganning 1971). Williams & Williams (1976) listeten über 30 Taxa an verschiedenen Rock pools auf.

Ein wichtiger Mechanismus zur Besiedlung dieses Lebensraumes ist, wie schon angedeutet, eine hohe genetische Variabilität. Bei Änderungen der Bedingungen in den Rock pools kommt es zum Auslöschen der Populationen und zu einer schnellen Wiederbesiedlung durch andere Genotypen, die wiederum nur kurzfristig existieren können. Es kommt zu ständigen **Gründereffekten**. Aus der Vielzahl der ankommenden Genotypen einer Art sind es nur ein oder zwei, die unter den konkreten Bedingungen existieren können.

Beispiele: An der Kalifornischen Küste lebt die Harpacticide (Copepoda) *Tigriopus californicus* in Rock pools. Sie hat keine erkennbaren Anpassungen oder Dauerstadien. Bei Änderungen in den Tümpeln sterben die Individuen sofort ab und werden durch andere ersetzt. Zwischen Besiedlern benachbarter Rock pools kommt es zu Vermischungen, nicht aber zwischen entfernter liegenden (z. B. durch einen Sandstreifen getrennte), da hier andere Genotypen leben (Burton & Swisher 1985)

Auf Alaska gehört *Daphnia pulex* zu den häufigen Besiedlern der Rock pools. Je weiter die pools von der Küste entfernt liegen, um so mehr treten salzsensible Genotypen auf, küstennah sind es salztolerante. Es kommt zu einem Toleranzgefälle landeinwärts (Weider & Hebert 1987). Die Genotypen werden mit Hilfe von Allozymanalysen ermittelt.

Lithotelmen kommen auch in Island auf Felsen und großen Steinblöcken vor. Mehrere Untersuchungen liegen aus dem tropischen und subtropischen Afrika vor. Die Lithotelmen sind hier nur 2–3 m im Durchmesser und trocknen meist sehr schnell aus. In ihnen leben oft 2–3 Froscharten, einige Anostraca und Culicidenlarven. In Lithotelmen, die etwa nach einem Regen noch 8 Tage Wasser enthalten, lebt der Anostrace *Branchipodopsis wolfi*. In 7 Lithotelmen auf 100 m wurden bei ihm 7 polymere Enzymloci festgestellt (Riddock et al. 1994).

8.4.6. Die Bedeutung der Culiciden (Stechmücken) in Kleingewässern

In Deutschland kommen etwa 60 Stechmückenarten vor, die allerdings nicht ausschließlich in Kleingewässern leben (Tab. 48). Weltweit ist diese Mückenfamilie außerordentlich artenreich (etwa 2000 Arten). Alle Stechmückenweibchen sind Blutsauger und daher erhebliche Plagegeister, *Anopheles*arten übertragen Malaria, *Aedes aegypti* das Gelbfieber. Die Gefahren aus den tropischen Wäldern kommen oft aus den Bäumen (Phytotelmen). Die Abb. 220 zeigt die Unterschiede zwischen *Culex* und *Anopheles* für

Larven, Puppen und Imagines (s. Abdomenhaltung bei *Anopheles* !). Culicidenlarven sind Luftatmer, besitzen ein Atemrohr und hängen an der Kahmhaut. Somit gehören sie zum **Neuston** der Kleingewässer. Sie besiedeln auch häufig Regentonnen und Viehtränken. Wie wir sahen, sind auch Gnitzenlarven (Ceratopogoniden) häufig in Kleingewässern vertreten. Alle etwa 500 Arten in der Welt sind ebenfalls Blutsauger.

Malaria gab es in Deutschland bis in die 2. Hälfte des 19. Jahrhunderts. Dann verschwand sie auch in weiten Teilen Europas. Die Ursachen sind bis heute nicht ganz geklärt (BAER 1960). Es werden drei Gründe genannt:

1. Entwässerung der Feuchtgebiete
2. Abkühlung des Klimas
3. bessere Hygiene und höherer Lebensstandard

Der letzte Grund ist nicht ganz einsichtig, scheint aber doch von Bedeutung zu sein. So traten 1945 (nach dem 2. Weltkrieg) kurzzeitig wieder Malariafälle in Deutschland auf.

Früher gab es Malaria selbst in Schweden (Sumpffieber, Wechselfieber). LINNÉ berichtete davon bei seinen Exkursionen in die Umgebung von Uppsala. In Mittel- und Nordeuropa führte die drastische Reduzierung von Sumpfgebieten und Tümpeln in einer total auf Land- und Forstwirtschaft umgestellten Landschaft zu einem starken Rückgang der Malaria. Aber auch die gezielte Bekämpfung von Malaria und Gelbfieber beeinträchtigte die Kleingewässer. Die wichtigsten Methoden der Bekämpfung sind:

- Großflächige Insektizidbehandlung von Feuchtgebieten. Dies ist heute als sehr kritisch zu bewerten, da die Lebensgemeinschaften zerstört werden.
- Großflächige Entwässerung von Feuchtgebieten. Auch dies gilt heute als kritikwürdig, muß aber in Malariagebieten akzeptiert werden. Entwässerungen machten in Italien das berüchtigte Malariagebiet der römischen Campagna malariafrei.
- Einsetzen von Fischen, die Culicidenlarven konsumieren. In Südeuropa, besonders Italien, wurden gute Erfahrungen mit *Gambusia*, einer Guppiart, gemacht. Es ist die ökologisch beste Methode, aber nicht auf Phytotelmen anwendbar.

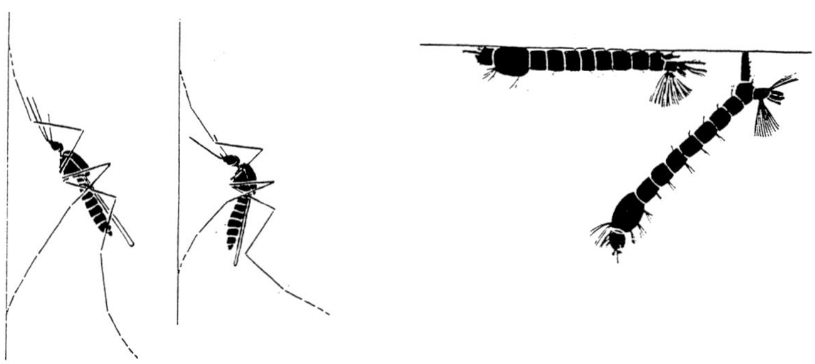

Abb. 220. *Anopheles* (Imago und Larve, links bzw. oben) und *Culex (Imago* und Larve). (Nach PEUS 1951; nicht zitiert).

8.5. Organismen des Schnees und der Gletscher

Schnee und Gletscher gehören zu den abnormen und extremen limnischen Lebensräumen, die auch terrestrische Tiere aufnehmen können. Insgesamt spricht man von **Kryoflora** und **Kryofauna**. Frisch gefallener Schnee wird nicht besiedelt, nur älterer und dies besonders in den Polar- und Hochgebirgsregionen.

8.5.1. Kryoflora

Es handelt sich zumeist um einzellige Algen. Die Kryoflora ist abhängig vom geologischen Untergrund und dem pH-Wert des Schnees.

Silikotropher Schnee auf Urgestein (Gneis, Granit) hat einen pH-Wert von 5,4–5,8. Leitform ist *Chlamydomonas nivalis*. Die Alge erzeugt den Blutschnee; der rote Farbstoff ist ein **Carotinoid** (= **Astaxanthin**). Die Zellen sind rund, dickwandig und unbeweglich. Die Vermehrung erfolgt über Zoosporen, die dann im feuchten Schnee ausschwärmen. Der rote Farbstoff fungiert wahrscheinlich als Rotfilter um die Chloroplasten vor der intensiven UV-Strahlung zu schützen. (Andere Theorien: Reservestoff; erhöht die Temperatur in der Zelle; bildet Wassermantel um die Zelle, der gelöste Substanzen aufnimmt).

Calcitropher Schnee in Kalkgebirgen, besitzt einen pH-Wert von 6,0–6,5. Leitformen sind *Scotiella nivalis* (das sind die Zoosporen von der Grünalge *Carteria*), *Chlamydomonas flavovirens* (bewirkt gelbgrünen Schnee), *Ankistrodesmus nivalis* (grüner Schnee). Die letzteren beiden Arten sind oft vergesellschaftet mit *Raphidonema* und *Koliella*. Auf Hochgebirgsgletschern kommen auch kryophile Desmidaceen vor (z. B. *Ancylonema nordenskioeldii, A. meridionale*). Es gibt eine enorme Anzahl von kryophilen Algen (vgl. Kol 1968, das klassische Werk über die Schneealgen). Die Schneeflora des Kaukasus besteht z. B. aus 18 Arten von Grünalgen, 10 Blaualgen, 26 Kieselalgen und einer Rotalgenart. Auch kryophile Pilze sind bekannt (z. B. *Chionaster nivalis, Selenotila nivalis, Chytridium chlamydococcii*), desgleichen kryophile Bakterien (vgl. Stein & Amundsen 1967). Die etwa 10 Arten besiedeln die Gletscher und Schneeoberflächen und sind besonders dickwandig (Kol 1968). Die meist unbeweglichen Schneealgen haben jedoch häufig eine **Sukzessionsfolge**, indem ihre Arten bestimmten und wechselnden Bedingungen angepaßt sind. So haben die kryophilen Arten der Gattung *Chloromonas* unterschiedliche Affinitäten zu Lichtintensitäten, CO_2-Konzentrationen und Temperaturgraden (Hoham et al. 1983) (Abb. 221).

8.5.2. Kryofauna und ökosystemare Beziehungen

Unter der Kryofauna dominieren die Collembolen (Springschwänze). Am bekanntesten sind die auf dem Gletschereis lebenden Arten *Isotoma saltans* (= Gletscherfloh) und *I. kosiana*.

Wichtige Collembolen der Ebene sind *Proisotoma schoetti, P. crassicaudata* und *Agrenia bidenticulata*. Sie sind schwarz oder dunkelblau pigmentiert und besitzen ein Haarkleid, alles Anpassungen zur Speicherung und Erhaltung der Wärme. Sie können aktiv bevorzugte Temperaturen und Schneestrukturen aufsuchen. Sehr gut diesbezüglich ist *Hypogastrura socialis* untersucht (Leinaas 1981). Die Art sucht die Schneetiefen auf,

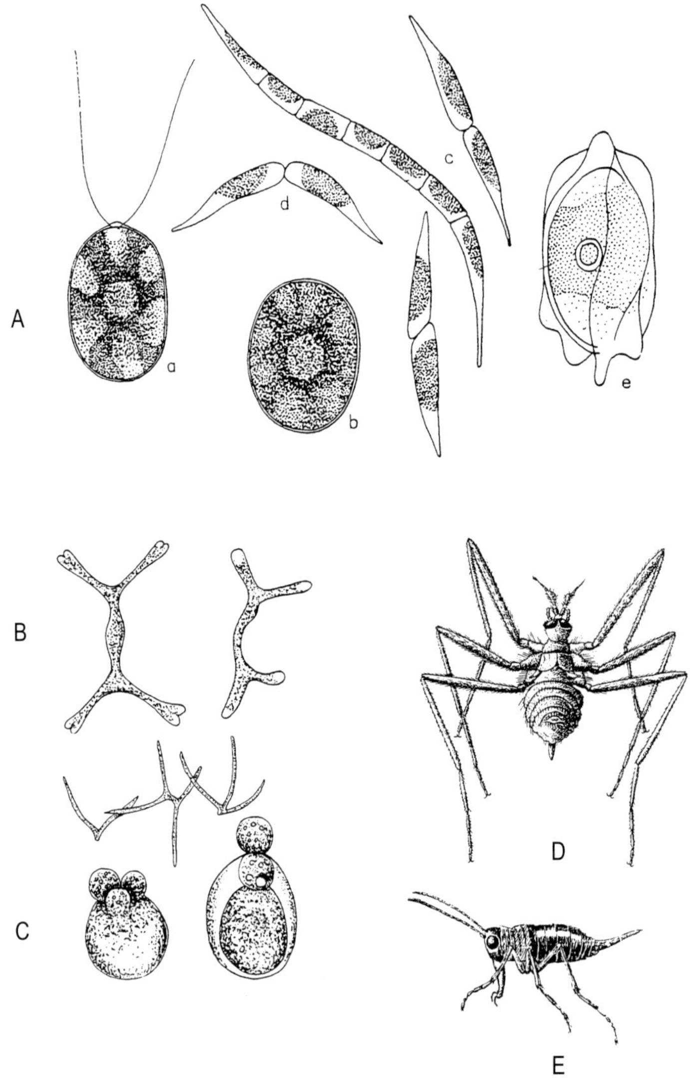

Abb. 221. Auswahl schneebewohnender Organismen (Kryoflora und Kryofauna). **A** = Schneealgen: **a, b** = *Chlamydomonas nivalis* (b = unbewegliche Zelle), **c** = *Raphidonema nivale,* **d** = *Raphidonema (Koliella) tatrae,* **e** = *Scotiella* sp. **B, C** = Schneepilze. **B** = *Chionaster nivalis* (1,5–2,5 µm), **C** = *Selenotila nivalis* (oben, 2–3 µm breit), *Chytridium chlamydococcii* (unten > 10 µm Durchmesser). **D, E** = Kryofauna. **D** = *Chiona arenoides* (Schneemücke), **E** = *Boreus* sp. (Schneefloh, eine Schnabelfliege). (A. nach verschiedenen Autoren aus Fott 1971, B.,C. aus Kol 1968, D. nach Strübing 1958, E. nach Stitz 1931; nicht zitiert).

die eine Temperatur von 0 °C besitzen. Im Sommer sind die Zähne an ihrer Furca klein, im Winter auf dem Schnee groß (Zyklomorphose!), um sich besser im Schnee festhalten zu können. Auch die erwähnten *Isotoma*arten suchen gern grobkörnigen Schnee auf und dringen oft tief ein.

Andere Schneeinsekten sind die Schneemücke *Chionea aranoides* und der Schneefloh *Boreus*, eine flügellose Mecoptere (Schnabelfliege) mit Sprungvermögen. Die Schneeinsekten sezernieren Stoffe in ihr Blut, die den Gefrierpunkt senken. Auch Oligochaeten, z. B. *Mesenchytraeus*-Arten, das ubiquistische Rädertier *Philodina roseola* und die kryophile Nematode *Aphelenchus nivalis* sind im Schnee nachgewiesen (Abb. 221). **Ökosystemare Beziehungen** sind für kryophile Organismen kaum untersucht. Infolge der geringen Dichte bildet sich aber nur ein fragmentarisches und kurzzeitiges Ökosystem aus. Bakterien, Pilze, Mesenchytraeen und Collembolen ernähren sich von Pflanzenresten, die der Wind auf den Schnee weht. Collembolen fressen auch die kryophilen Algen. Der Pilz *Chytridium chlamydococci* lebt parasitisch in *Chlamydomonas*. *Philodina* und Nematoda sind Bakterienfresser. Als wichtiger Räuber ist *Boreus* anzusehen. Vögel nehmen algenbesetzten Schnee auf. Dies ist im hohen Norden vermutlich für sie eine wichtige Vitaminquelle.

Die **globale Bedeutung** der Kryoflora ergibt sich aus der durch sie verursachten Pigmentierung des Schnees in den Polar- und Hochgebirgsgebieten. Es kommt zu einer Absorption der Sonnenstrahlung und damit Erhöhung der Schneeschmelze. Ferner bewirkt die hohe Einstrahlung, daß nicht nur organische Reste auf dem Schnee, sondern auch die Schneealgen verkohlen können (= Karbonisation). Es entsteht der schwarze Schnee, der ebenfalls die Schneeschmelze intensiviert.

Besonders in den Hochgebirgen schlägt sich mit dem Schneefall Staub nieder, der sich bei der Schneeschmelze auf dem Boden sammelt und dessen Fruchtbarkeit erhöht. Von dieser ist z. B. die „**Schneetälchenflora**" abhängig.

9. Geographie der Gewässer und die Verbreitung limnischer Organismen

Zu empfehlende Übersichtsliteratur: Afrika: Balon & Coche (1974), Beadle (1981), Allanson et al. (1990), ; Australien: Dekker & Williams (1980), ; Nordamerika: Frey (1963).

9.1. Einführung

Die geographische Verbreitung der Binnengewässer zeigt die Abb. 222. Die Ausdehnung von Rhithral und Potamal der Fließgewässer ist abhängig von der geographischen Breite und der Höhe über dem Meeresspiegel. In Polnähe sind Fließgewässer fast nur Rhithrale. In den Tropen gibt es echte Rhithrale (steinig, turbulent, kalt) nur in den Hochgebirgen. Schon ab 1 000 m Höhe abwärts bekommen die Fließgewässer infolge der hohen Temperaturen schon potamalen Charakter. Es sind **Pseudorhithrale** (vgl. I. 7.5.). In den gemäßigten Breiten sind Rhithrale auf das Hoch- und Mittelgebirge beschränkt. Erst Bäche der Tiefebenen bekommen potamalen Charakter. Die Seen lassen sich einteilen in Kalt- und Warmwasserseen sowie Seen der gemäßigten Breiten.

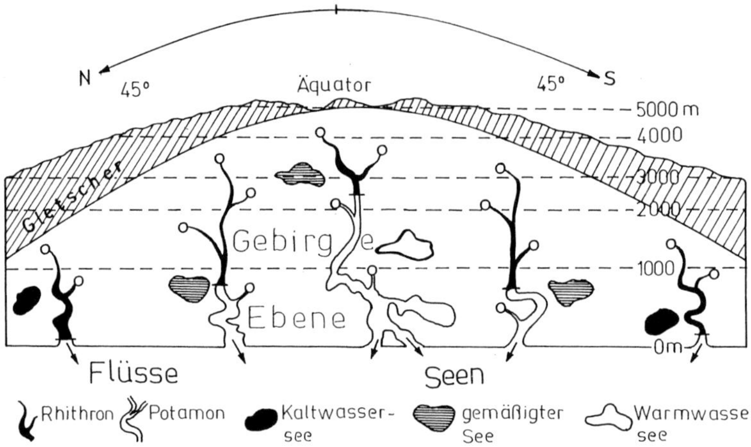

Abb. 222. Die regionale Verbreitung der Binnengewässer: Flüsse (Rhithral und Potamal) und Seen. (Nach Illies 1961).

9.2. Fließgewässer

Äquatorwärts nimmt die Temperatur der Fließgewässer zu. In den Tropen ist sie ganzjährig relativ konstant und sehr hoch (± 30 °C). Dies führt zu folgenden Konsequenzen:

- Intensivierung der Primärproduktion und somit auch der biogenen Belüftung.
- Ausbreitung von Pleustonpflanzen, die das Gewässer abdunkeln, die Verlandung fördern (so bei sehr langsam fließenden flachen Flüssen) und die Artendiversität in den betroffenen Flüssen reduzieren.
- Schnelle Remobilisierung von Nährstoffen, wodurch die Primärproduktion weiter stimuliert wird.
- Schneller Abbau organischer Stoffe, wodurch es aber nicht zur Entlastung kommt, da die Pflanzennährstoffe ständig verfügbar sind.

In trockenen Klimabezirken nimmt die Dichte an temporären Fließgewässern zu. In den Tropen dominieren meist drei Flußtypen: Klar-, Schwarz- und Weißwasserflüsse.

Klarwasserflüsse. Gut untersucht sind z. B. der Rio Tapajos, R. Trompeta und R. Xingu aus dem Amazonasgebiet. Sie sind sehr elektrolytenarm und entspringen im Bereich tertiärer Ablagerungen oder in paläozoischen Gebirgen. Die Leitfähigkeit des Wassers ist gering; Stickstoff und Phosphor sind in sehr geringen Konzentrationen vorhanden. Trotzdem ist die Primärproduktion hoch. Der Grund sind die guten Lichtverhältnisse und die ständige Verfügbarkeit der Nährstoffe, die nicht lange inkorporiert bleiben. Die Flüsse sind molluskenarm.

Schwarzwasserflüsse (Kongo, Rio Negro, R. Cururu, R. Caroni, die letzteren im Amazonasgebiet). Sie kommen aus paläozoischen Gebirgen oder Swamps. Die dunkle Farbe des Wassers entsteht durch gelöste Huminstoffe; das Wasser ist sauer. Sie sind infolge der Basenadsorption elektrolytenarm und haben eine gewisse Leitfähigkeit. Der (zwar langsame) Abbau der Huminstoffe führt in tieferen Schichten zur Sauerstoffzehrung. Die Flüsse sind extrem nährstoffarm, auch bleibt infolge der Lichtlimitierung die Primärproduktion gering. Die Fischfauna ist arm, doch sind Invertebraten außer Mollusken reich vertreten.

Weißwasserflüsse. (Blauer Nil, Amazonas mit Rio Solimoes, R. Madeira, R. Branco). Es sind trübe Flüsse, da sie viel Tonmineralien transportieren. Die Trübstoffe sind oft reich an Eisen und Aluminium. Der Amazonas transportiert z. B. 50–200 mg Tonmineralien l^{-1}. Weißwasserflüsse sind reich an Elektrolyten und Nährstoffen. Sie entspringen in geologisch rezenten Gebieten und führen daher eine Erosionslast. Trotz des hohen Nährstoffgehaltes ist die Primärproduktion gering, da es wiederum zur Lichtlimitierung kommt. In Grundnähe kann Sauerstoffzehrung vorherrschen. In diesen Flüssen treten oft vermehrt Pleustonpflanzen auf (*Paspalum repens, Eichhornia crassipes, Pistia, Salvinia*). Weißwasserflüsse sind molluskenreich.

Die Tab. 49 gibt einen Überblick über die Faktoren der Flußtypen.

Urwaldbäche. In Urwäldern sind Bäche infolge der hohen Saugkraft der Bäume selten. Nur in den Urwäldern des Amazonas sind sie zahlreich. Die Mehrzahl dieser

Tabelle 49. Charakterisierung amazonischer Flüsse. (Nach Schmidt & Uherkovich 1973).

Wassertyp **Untersuchungszeit**	**Weißwasser** **Rio Solimoes** **1969/70**	**Schwarzwasser** **Rio Negro** **1967/68**	**Klarwasser** **Rio Tapajos** **1968/69**
Strömung ca. [m s^{-1}]	1–2	0,5–1,5	0,2
Temperatur [°C]	28–29	29–30	29–30
Farbe [mg Ptl^{-1}]	Ca. 40	109–145	10–20
Sichttiefe (Transparenz) [m]	0,3 – 0,5	0,9–1,6	2,0–3,9
Suspensoidgehalt [mg l^{-1}]	37–165	< 10	0
Elektr. Leitfähigkeit (bei 20 °C) [µScm^{-1}]	45–84	8–10	12–15
Härte [dH°]	> 1	Meist < 1	< 1
pH	6,5–7,5	5–5,5[1]	6,5–7,2
SBV [m val l^{-1}]	0,3–0,7	0,03–0,05	0,12–0,16
NO_3–N [µg l^{-1}]	18–84	± 24	0–8
Gesamt N [µg l^{-1}]	100–840	± 412	240–440
PO_4 – P [µg l^{-1}]	0–26	± 3	< 1
Gesamt P [µg l^{-1}]	26–136	± 13	8–21
Si (gel.) [mg l^{-1}]	3,6–4,5	± 2,8	Ca. 2,5
Primärproduktion [gC$m^{-2}d^{-1}$]	um 0[2]	0,06	Ca. 1,4
Sauerstoff	Zehrung über der Sohle		100 % Sättigung
Herkunft	Rezente erosionsfreudige Gebiete, Wasser trüb	Urgestein, Swamps	Urgestein, tertiäre Sande

[1] Humussäuren, Basenadsorption, Braunfärbung
[2] Dafür Pleuston *(Eichhornia, Salvinia, Pistia, Paspalum repens)*

Bäche sind elektrolytenarme Klarwasserbäche, seltener kommen Schwarz- und Weißwasserbäche vor. Physikalisch sind die Bäche durch die ganzjährigen hohen Temperaturen und durch die extreme Beschattung durch die Urwaldbäume gekennzeichnet. Die Beschattung schließt fast völlig eine Primärproduktion aus, so daß die Bäche durch Abfälle der Urwaldbäume und einfallende terrestrische Tiere ernährt werden.

Die Invertebraten der Bäche sind sehr artenreich, wenn auch nicht sehr individuenreich vertreten. Auch ihre Biomasse ist relativ gering (etwa 10 % die der Bäche gemäßigter Breiten, d. h. 1–2 g m^{-2}). Was diese Bäche auszeichnet, ist ihre extrem hohe Arten- und Individuenzahl an Fischen. In einem zentralamazonischen Bach leben etwa 50–80 Fischarten, auf 300 m Bachstrecke sind es > 300 Individuen mit einer Biomasse von etwa 5 g m^{-2}. Sie ernähren sich vor allem von pflanzlichen und tierischen Abfällen der Urwaldbäume; es gibt jedoch auch eine hohe Anzahl piscivorer Fische.

Bei Überschwemmungen besiedeln die Bachtiere den Urwaldboden mit seinem reichen Nahrungsangebot. Gipfelräuber sind Krokodile, die sich von Fischen ernähren. Ihr Kot dient wiederum den Jungfischen als Nahrung.

Wie funktioniert dieses Ökosystem? Weder die Invertebraten noch die Fische besitzen räumliche oder zeitliche Nischen. So gibt es zunächst für die merolimnischen Insekten keine arttypischen Emergenzzeiten, sondern alle Arten schlüpfen über das ganze Jahr verteilt. Die Larvenzeiten betragen oft nur 2–3 Wochen. Ursache sind die ganzjährigen hohen Temperaturen. Sowohl die Fische als auch die Invertebraten sind einem starken Prädationsdruck ausgesetzt, die Invertebraten sowohl durch Fische als auch invertebrate Räuber. Diese werden vor allem durch Palaemoniden (Süßwassergarnelen) und Odonatenlarven gestellt, die hier dichter und artenreicher als in Bächen gemäßigter Breiten sind. Auch der Druck der Räuber bewirkt keine Nischenbildung. Ursache ist das Überangebot an Nahrung für die Nichtprädatoren (Laub, Holz, Blüten, Früchte, Landinsekten), ferner die hohe Artenzahl, die eine volle Ausnutzung der Nahrung garantiert und die sofort in Biomasse umgewandelt wird, was zu einer Optimierung des Energieflusses führt und auch gleichzeitig den Prädationsdruck ausgleicht (Sioli 1965, Fittkau 1973). Dies Beispiel zeigt, wie flexibel und angepaßt Ökosysteme sein können.

Im Gegensatz zum Amazonasgebiet sind die Fließgewässer des **zentralen Mittelamerika** relativ fischarm. Die wenigen Fischarten stammen von nordamerikanischen Arten ab, die einst im Tertiär durch die schmale Verbindung zwischen Nord- und Mittelamerika einwanderten. Eine erhöhte Evolution hat in der neuen Heimat, im Gegensatz zum Amazonasgebiet, nicht stattgefunden. In Mittelamerika sind jedoch in den Fließgewässern die Wassermilben sehr arten- und individuenreich vertreten (Böttger 1984).

Welche ökosystemaren Auswirkungen derartige geographische Faunenverschiebungen und Evolutionszentren haben, ist uns fast immer unbekannt.

Amazonas. Der Amazonas entsprang ursprünglich im Gondwanaland und zwar im heutigen Gebiet der Sahara. Vor etwa 130 Millionen Jahren, als die Kontinente auseinander drifteten, wurde der Amazonas zerrissen. In Südamerika entwässerte er zunächst noch in den Stillen Ozean, dann aber, als die Anden auffalteten, kam es zur Umkehr der Fließrichtung in den Atlantischen Ozean. Aus dieser Geschichte des Flusses erklären sich viele faunistische Besonderheiten des Amazonas, z. B. die vielen urtümlichen Fische und marinen Elemente, wie z. B. ein Vorkommen von Süßwasserrochen.

Der Amazonas hat das größte Einzugsgebiet eines Flusses der Erde (650 000 km²). Er erodierte ein riesiges Tal, das er durch eigene Schwemmlandböden auffüllte und damit eine sehr weite und fruchtbare Ebene schaffte, die **Varzea**. Seine gewaltigen Wassermassen sollen sich ausgleichend auf das gesamte Klima der Erde auswirken.

9.3. Seen

Zirkulations- und Stagnationszeiten, die im Zusammenwirken von Temperatur (d.h. Energieeinstrahlung) und Wind entstehen, haben neben Morphometrie und Trophie den stärksten Einfluß auf die Ausbildung eines Seetypes. Sie sind im besonderen Maße von der geographischen Lage des Sees abhängig (s. **I. 8.**1.9.1.). In diesem Kapitel wollen wir uns nur mit den beiden Endgliedern dieses geographischen Seengradienten befassen, den Warmwasser- oder tropischen Seen und den Kaltwasser- oder polaren Seen.

Tropische Seen. (Unterstützende Literatur: PAYNE 1986, LEWIS 1987). Tropische Seen sind wie die Fließgewässer durch ganzjährig hohe Temperaturen gekennzeichnet. Dies hat eine ganzjährige hohe Primärproduktion und eine Instabilität der Schichtung zur Folge. Die Temperatur am Gewässergrund (T_b in °C) berechnet sich nach der Formel

$$T_b = 28{,}9 - 0{,}43\,B' - 0{,}0038\,H$$

Es bedeuten: B' = korrigierte geographische Breite, H = Höhe über NN (m) (LEWIS 1987).

Die fast sprunghafte Abnahme der Viskosität des Wassers bei hohen Temperaturen führt zur Polymixis tropischer Seen. Schon 0,5 °C können eine Sprungschicht ausbilden (ARUMUGAM & FURKADO 1980). Geringer, meist über Nacht einsetzender Temperaturrückgang um einige Grad, kann eine Zirkulation hervorrufen. Hinzu kommen die für tropische Seen charakteristischen **multiplen Thermoklinen** (Sprungschichten). Das Epilimnion, das bis zur tiefsten Thermokline reicht, kann noch Unterthermoklinen besitzen, hervorgerufen durch geringste Temperaturunterschiede.

Die Folgen der temperaturbedingten Polymixis und der multiplen Thermoklinen (die auch als **Atelomixis** bezeichnet werden) machen tropische Seen unvergleichbar mit den Seen der gemäßigten Breiten. Diese Folgen sind eine schnelle und intensive Rückführung von Nährstoffen, was immer wieder die Primärproduktion stimuliert und kurzzeitige Belüftungen (Sauerstofftransport in die Tiefe) und unmittelbar danach, wenn Stagnation einsetzt, ebenso wieder kurzzeitige Sauerstoffzehrungen hervorruft. Diese Verhältnisse sind weitgehend unabhängig von der Trophie, da die hohen Temperaturen eine schnelle und vollständige Mineralisierung organischer Stoffe bewirken, verbunden mit der schnellen Rückführung der Nährstoffe. Die für gemäßigte Breiten geltende Regel, daß oligotrophe Seen stets ein sauerstoffreiches Hypolimnion haben, gilt für tropische Seen nicht (PAYNE 1986). Die Abb. 223 zeigt nochmals die Abhängigkeit der Primärproduktion, der Rückführrate der Nährstoffe, die Sättigungskonzentration des Sauerstoffs und die Zeitspannen der hypolimnischen Zehrungen von der geographischen Breite. Der Sauerstoffhaushalt ist in den Tropen auch deshalb angespannter als in gemäßigten Breiten, da die Sättigungskonzentration mit der Temperatur abnimmt. Aufgrund der hohen Rückführung der Nährstoffe gelten für die Abgrenzung von Oligotrophie und Eutrophie andere Maßstäbe als in den gemäßigten Breiten (vgl. SALAS & MARTINO 1991):

	Tropen	Gemäßigte Breiten
Oligotroph	bis 0,023 mg P l^{-1}	0,015 mg l^{-1}
Mesotroph	0,040 mg P l^{-1}	0,025 mg l^{-1}
Eutroph	0,1 mg P l^{-1}	0,04 mg l^{-1}

(vgl. **I. 7.6.5.**; **II. 2.**).

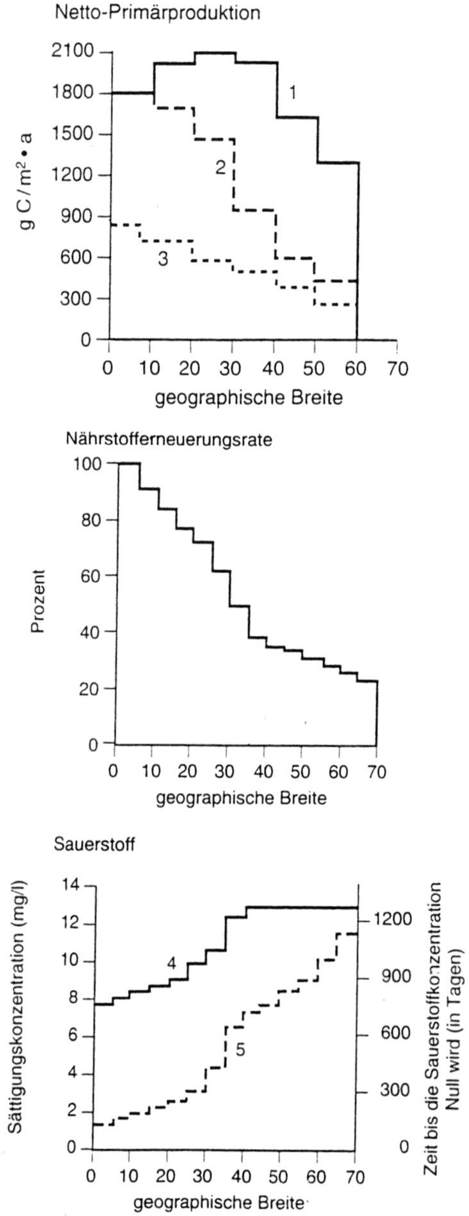

Abb. 223. Abhängigkeit der Netto-Primärproduktion (1 = berechnet auf der Basis der Lichtversorgung, 2 = berechnet bei zusätzlicher Berücksichtigung der Temperatur, 3 = gemessen), der Nährstofferneuerungsrate und des Sauerstoffhaushaltes (4 = Sättigungskonzentration, 5 = Zeit bis ein Hypolimnion sauerstoffrei wird) in den Seen von der geographischen Breite. (Nach LEWIS 1987).

Aus diesen Gründen kommt es auch zu einem anderen **Nährstoffhaushalt** als in gemäßigten Breiten. In diesen sind die Seen oft P-limitiert (s. **I. 8.**1.9.6.2., **I. 8.**1.10.3.2.), in den Tropen sehr unterschiedlich durch P, N und auch Licht (Trübung !), wobei allerdings für viele Seen die N-Limitierung überwiegen kann.

Während der Zirkulationszeiten geht die Primärproduktion in tropischen Seen zurück, steigt aber dann sofort wieder bei Stagnation an. Während dieser kann es, wie in gemäßigten Breiten auch, zur Verarmung von Nährstoffen kommen, das aber niemals in Zusammenhang mit dem Grazing zu einem Klarwasserstadium führt. Die Primärproduktion bleibt auf hohem Niveau und der Umsatz der Nährstoffe zwischen Phytoplankton und Wasser bleibt extrem hoch. Der Einfluß des herbivoren Zooplanktons auf die Primärproduktion ist in tropischen Seen vermutlich belanglos (Lewis 1987). Es scheint auch, daß an Partikel gebundener adsorbierter Phosphor in den Tropen sehr schnell von den Organismen verfügbar gemacht wird (Grobbelaar 1983). Die hohen Temperaturen fördern auch die Cyanophyceen. Bei N-Limitierung und hoher Cyanophyceen-Dichte kommt es zur erhöhten N_2-Fixierung (vgl. **I. 8.**1.9.5.). Im Lake George (Uganda) betrug bei einem allochthonen N-Input von 1500 t a^{-1} die N_2-Fixierung 1280 t a^{-1} (Ganf & Viner 1973). Cyanophytenblüten bilden in den Tropen im besonderen Maße eine ernste Gefahr für die Gesundheit badender Säugetiere und damit auch Menschen. Dem Zooplankton kommt (wie schon erwähnt) in tropischen Seen meist geringere Bedeutung als in Seen gemäßigter Breiten zu. Das liegt auch daran, daß das Phytoplankton bei N-Limitierung nicht sehr nahrhaft ist und nur wenig Zooplankter ernähren kann. Haupträuber ist oft *Chaoborus* (Saunders & Lewis 1988). In tropischen Seen besteht zwischen Phyto- und Zooplankton keine gute Korrelation. In diesen Seen sind es vor allem Kormorane und andere piscivore Großvögel, die über den Fischfraß Einfluß auf das Ökosystem der Seen nehmen.

Viel mehr als in Kulturlandschaften sind Seen mit Fließgewässern in Naturlandschaften, wie sie in den Tropen noch zu finden sind, verbunden. Viele Seen sind sog. **Durchflußseen**. Sie sind oft nicht tief und meist polymiktisch. (In Deutschland ist das Havel-Spree-System ein relativ großes Durchflußseen-Gebiet). Die Problematik der Durchflußseen wird uns nochmals im Angewandten Teil bei der Behandlung der Talsperren (**II. 7.**1.) begegnen (vgl. **I. 7.**5.12.).

Die genannte Varzea im Schwemmland des Amazonas besitzt einen großen Reichtum an Seen, die mit dem Hauptstrom verbunden sind („Varzea-Seen"). Diese Durchflußseen haben eine besondere Dynamik („Flood-Pulse-Concept" nach Junk 1989, 1997).

Im November, während der Hochwässer, steigt der Wasserspiegel der Seen an, was zu einer Verdünnung der Nährstoffkonzentrationen führt, so daß die Seen oligotrophieren. Im Mai kann Stagnation eintreten, was sofort zur Sauerstoffzehrung in Grundnähe führt und reduzierte chemische Verbindungen entstehen läßt. Häufig treten dann einige Tage lang kalte Winde auf, die Vollzirkulation bewirken und plötzlich H_2S und CH_4 im gesamten Wasserkörper verteilen, was ein großes Fischsterben zur Folge hat. Sinkt der Wasserspiegel weiter, kommt es zur Polymixis mit einer schnellen Rückführung der Nährstoffe, wodurch die Seen jetzt eutrophieren (Tundisi et al. 1984, Payne 1986).

In **Flachseen** der Tropen treten Thermoklinen, wie auch in gemäßigten Breiten, kaum auf oder sind kurzfristig und schwach ausgebildet. Nachts kommt es immer zur Zirkulation.

Klassifikation tropischer Seen. Sie wurde nach dem Grad der elektrischen Leitfähigkeit ihres Wassers vorgenommen (TALLING & TALLING 1965).

- Flußseen. Leitfähigkeit (LF) meist < 600 µS cm^{-1}. Es dominieren Na^+, HCO_3^-, P < 150 µg l^{-1}. Im Amazonasgebiet kommt es darauf an, ob die Seen von Weißwasserflüssen (LF 30–80 µS cm^{-1}, P < 116 µg l^{-1}) oder Schwarzwasserflüssen (LF 5–50 µS cm^{-1}, P ±70 µg l^{-1}) durchflossen werden.
- Seen vulkanischer Gebiete. LF 600–6000 µS cm^{-1}. Sie kommen meist in alkalisch – vulkanischen Gebieten vor. Es dominieren Na^+, HCO_3^-, Cl^-. Hierzu gehört auch der Tanganyika-See.
- Salzseen. LF 6000–16 000 µS cm^{-1}. Sie treten vor allem in Gebieten hoher Wasserverdunstung auf. Salze sind Natron (= Soda-Seen): $Na_2CO_3 \cdot NaHCO_3 \cdot 2H_2O$, NaCl, hohe Si-Konzentration. Der pH-Wert steigt > 9 an. Meist hohe Phosphorkonzentrationen und Primärproduktion (s. **I. 8**.1.4., **I. 8**.1.9.7.).
  Wichtiger Primärproduzent in tropischen Sodaseen und Hauptnahrung vieler herbivorer Arten ist die planktische Blaualge *Spirulina platensis*. Es treten z. T. interessante Ökosysteme auf. Der Konsum der Blaualge, vor allem durch Flamingos, kann bis über 50 % der Primärproduktion betragen. Im Nakurusee (Ostafrika) spielen neben dem System *Spirulina*-Flamingo die anderen Herbivoren und auch Karnivoren (Seeadler, Pelikan) nur eine Nebenrolle (VARESCHI & JAKOBS 1985).
- Die Sodaseen heißen auch Karbonatseen. In Chloridseen (vorherrschen von Chloriden) ist die Lebensgemeinschaft reichhaltiger als in Sodaseen. Sie entstehen (wie auch Salzgewässer) häufig durch Solquellen (vgl. **I. 6**.2., **I. 7**.4.4.) (vgl. im Angewandten Teil **II. 4**.6.).

Andere Seetypen sind die Sulfatseen, die vorwiegend auf aride Gebiete beschränkt sind und die Borax-Seen.

Polnahe Seen (Kaltwasserseen). Die Kaltwasserseen verhalten sich völlig anders als die tropischen Seen. Sie sind die längste Zeit des Jahres mit Eis bedeckt. Nach dem Auftauen in dem kurzen polaren Sommer kommt es zur Vollzirkulation (kalt-monomiktisch). Die Seen sind, wenn nicht speziell von außen beeinflußt, oligotroph bis ultraoligotroph. Die Sichttiefen können bis > 30 m betragen. Der Lichtgenuß ist jedoch durch die Polarnacht eingeschränkt (etwa 2 Monate) und durch die lange Eis- und Schneebedeckung der Seen (etwa 10 Monate). Unter Eis kommt es zu einem Rückgang der Dichten. Dies kann für benthische Algen mehr zutreffen als für planktische, wenn hier mixotrophe Arten dominieren (s. **I. 8**.1.10.3.4.). Die Rückführung der Nährstoffe ist stark gehemmt. Diese sind auch in sehr geringen Konzentrationen vorhanden. Der SRP liegt meist unter der Nachweisgrenze (< 1 µg l^{-1}), der TP meist nicht viel über 5 µg l^{-1}. Der NO_3^--N erreicht meist nicht mehr als 30–40 µg l^{-1}. In den arktischen Seen ist der Kot von Lemmingen und Rentieren eine wichtige Quelle der Nährstoffzufuhr, wodurch jedoch nie die oligotrophe Schwelle überschritten wird. Dieser Kot gelangt im Spätfrühling mit Einsetzen der Schneeschmelze in die Gewässer und bewirkt eine Nitratschichtung (eisdecken- und grundnah erhöhte Konzentrationen). Während der eisfreien Sommerzeit ist N nicht nachweisbar (Abb. 224).

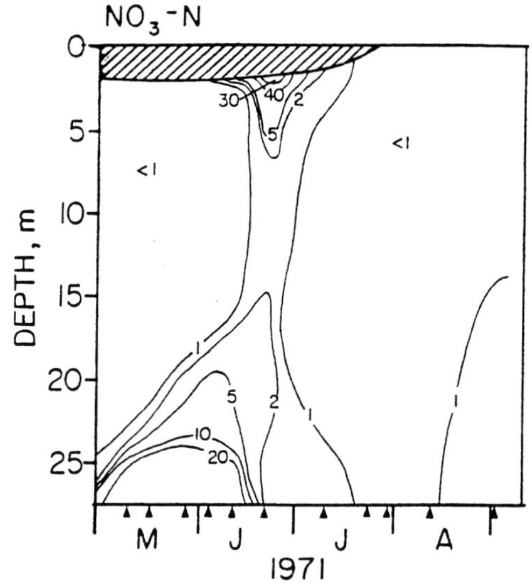

Abb. 224. Nitrathaushalt in arktischen Seen (NO_3–N in µg l^{-1}). Gestrichelte Schicht = Eisdecke. (Nach SCHINDLER et al. 1974).

Die Bioturbation ist sehr gering, in antarktischen Seen fehlt sie völlig. Die Bakteriendichten erreichen selten mehr als $3 \times 10^8\ l^{-1}$, liegen meist sogar < $10^8\ l^{-1}$. Höhere Pflanzen und Vertebraten fehlen nicht selten oder sind nur in wenigen Arten vertreten.

Das Phytopankton kann Zellzahlen bis zu $10^5\ l^{-1}$ erreichen. Auch eine Schichtung ist häufig zu verzeichnen, besonders in arktischen Seen, in vertikaler Richtung von oben nach unten: Chrysomonaden, Grünalgen, Dinoflagellaten, Cryptomonaden, dann Diatomeen bis zum Grund. Die planktische Primärproduktion kann bis zu 30 mg C l^{-1} d^{-1} betragen, in antarktischen Seen meist weniger als 4 mg C l^{-1} d^{-1}, also viel weniger als in oligotrophen Seen gemäßigter Breiten. (s. **I. 8**.1.10.3.3.). Im Zooplankton dominieren in den oberen Wasserschichten oft Cladoceren (mit UV-Schutz, vgl. **I. 8**.1.10.1.), darunter Copepoden. Auch Rotatorien sind vorhanden. Die Produktion liegt bei etwa 260 mg m^{-2} a^{-1} AFG (= aschefreies Gewicht, entspricht grob dem C_{org}-Gehalt). Sie erreicht also nur etwa 10 % der Zooplankton-Produktion in den Seen der gemäßigten Breiten (vgl. RIGLER et al. 1974). Fische fehlen oft, wenn vorhanden, dann oft *Salvelinus alpinus* (Seesaibling). Generell fehlen Prädatoren oder sind nur in geringer Dichte vorhanden. Ursache ist die **10 %-Regel des Energieflusses** (s. **I. 7**.7.3.): Extreme Nährstoffarmut, geringe Primärproduktion, wenig herbivore Arten, so daß es nicht mehr zur Ernährung der Prädatoren reicht.

Die benthische Flora kann in den arktischen Seen Moose (z. B. Lebermoose) enthalten, in den antarktischen Seen sind es Blaualgenmatten. In der Bodenfauna dominieren in den nördlichen Seen Chironomiden und in der Mikrofauna die Thekamöben. In den Blaualgenmatten der antarktischen Seen kommt eine reiche Palette an Mikro- und Meiofauna vor; höhere Pflanzen fehlen hier (CATHEY et al. 1981).

Viele polarnahe Seen sind Durchflußseen. Dies gilt auch besonders für die antarktischen, die auch oft vom Meerwasser beeinflußt sind.

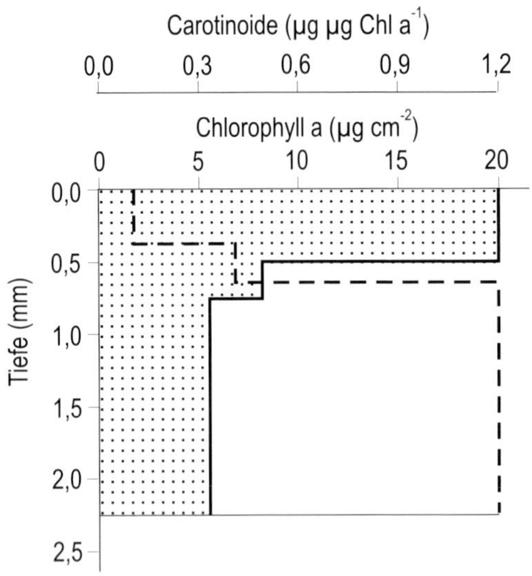

Abb. 225. Pigmentschichtung in einer antarktischen Blaualgenmatte. Das Carotinoidlager ist mit durchgehendem Strich abgegrenzt und punktiert, das Chlorophyllager gestrichelt umgrenzt. (Schematisiert nach QUESADA & VINCENT 1993).

Die antarktischen Seen, die meist relativ flach sind, zeigen durch die benthischen Blaualgenmatten besondere Verhältnisse (VINCENT 1988). Die Blaualgenmatten persistieren auch während der winterlichen Dunkelheit. Die Matten sind zweigeteilt, eine dünne Oberflächenschicht mit Carotinoiden (als Schutz gegen die hohe UV-Strahlung), darunter dominieren dann Chlorophyll a und Phycobiliproteine (Abb. 225). In der unteren Schicht herrscht Heterotrophie und zeitweise Sauerstoffschwund. Die Zweiteilung der Matten ist in Fließgewässern ausgeprägter als in Seen. Das Phytoplankton ist gering entwickelt (z. B. 5 mg Chla m^{-2}, die benthischen Matten dagegen 300 mg Chla m^{-2}). Die Matten binden die wenigen Nährstoffe fast völlig (extrem hohe Oberfläche !). Auch in ihren Interstitialen ist der N-Gehalt um vieles höher als im Freiwasser!

Der zwar geringe, aber doch vorhandene Abbau toter Blaualgenfäden führt zur Bildung von Aggregaten, an denen sich dann auch die meisten Bakterien aufhalten. Die ökosystemaren Strukturen in Warm- und Kaltwasserseen zeigen uns sehr anschaulich, wie sie sich den extremen Temperaturverhältnissen anpassen.

9.4. Geographische Aspekte der Verbreitung limnischer Organismen

Dies ist Gegenstand der **Biogeographie**, einer eigenen und sehr umfassenden Disziplin. Im Rahmen eines Lehrbuches der Limnologie lassen sich leider nur wenige ausgewählte Hinweise über die Verbreitungsgeschichte der Süßwasserorganismen bringen, da für eine intensivere Beschäftigung kein Platz bleibt. Dies ist bedauerlich, da die durch die geologischen Veränderungen auf der Erdoberfläche verursachte Verbreitung der Organismen die Strukturen der Ökosysteme in erheblichem Maße mitbestimmte. Es muß auch gesagt werden, daß das Beziehungsgefüge zwischen Biogeographie und der Ökologie der Organismen noch ungenügend untersucht ist. Eine Ausnahme bilden die relativ guten Kenntnisse über die Auswirkungen der letzten Vereisung in Europa und Nordamerika (vor etwa 10 000 Jahren) auf die Ökosysteme der Binnengewässer.

Zur Vertiefung des Studiums der Biogeographie der Süßwasserorganismen seien empfohlen: THIENEMANN (1950) (eines der wichtigsten klassischen Werke darüber), MÜLLER (1991), ILLIES (1978), BANARESCU (1980), COX & MOORE (1987), SCHÄFER (1997).

Eine globale Bedeutung für die Limnologie hat die **Mertens-Regel**, nach der in Richtung Äquator die marinen Relikte in den Binnengewässern zunehmen. Marine Relikte sind Faunenelemente marinen Ursprungs. Eine große Rolle spielen sie bei der Besiedlung der Grundgewässer (s. **I. 5.6.**). Aber auch für die Oberflächengewässer trifft die Regel zu. Im besonderen Maße gilt sie für Fische und höhere Krebse. Von den letzteren sind zu nennen: **Glaskrebse** (Mysidacea). Sie kommen auch schon in nördlichen Breiten vor, häufiger aber in südlichen (vgl. **I. 8.1.9.10.**). In nördlichen Breiten ist *Mysis relicta* ein marines Relikt und lebt in oligotrophen Pelagialen.

Süßwassergarneelen. Die Palaemoniden leben räuberisch und spielen in tropischen Gewässern eine große Rolle. Die Atyiden sind Weidegänger, die auch tote Tiere fressen (nekrophag).

Süßwasserkrabben (z. B. Potamocarinini). 460 Süßwasserkrabben-Arten sind bekannt; die meisten sind omnivor, einige stark räuberisch, meist tropisch.

In den tropischen Tümpeln sind **Anostraken** und **Conchostraken** (Urkrebse) reichhaltiger vertreten als in gemäßigten Breiten. In afrikanischen Seen ist die **Fischfauna** durch die Cichliden (Buntbarsche) und Clupeiden (Heringartige) besser dem pelagischen Leben angepaßt als in anderen Regionen. So gibt es eine Fülle von geographischen Unterschieden in der Besiedlung der Binnengewässer, die sich in den Ökosystemen niederschlagen muß, aber noch wenig verstanden ist. Dies kommt besonders in der Verbreitung der Gipfelräuber der limnischen Ökosysteme zum Ausdruck. Die eigentlichen **Gipfelräuber** der Binnengewässer sind amphibisch oder terrestrisch lebende Vertebraten. Weltweit sind es die Fischotter (Lutrinae), Kormorane (*Phalacrocorax*) und auch Buntstörche (*Mycteria)* neben vielen anderen Arten, die diesbezüglich die wichtigste Rolle spielen (s. **I. 8.1.10.7.**, **I. 8. 1.10.8.**). Die meisten dieser Arten leben in den Tropen und sind piscivor. Sehr reichlich an piscivoren Topräuber sind die Flachgewässer bis zur Tümpelgröße: Schnappschildkröten (Chelydridae), Sumpfschildkröten (Emyidae), Pelomedusa-Schildkröten (Pelomedusidae), Schlangenhalsschildkröten (Chelidae), auch viele Krokodile. In tiefen Gewässern kommen ebenfalls Krokodile vor (z. B. Nilkrokodil), in Südamerika ferner die Anakonda. Der großen Art *Eunectes murius* sollen sogar Kaimane zum Opfer fallen. Die Wassertrugnattern (Homolopsinae) in Asien bis Australien sind hervorragend dem Wasserleben angepaßt. Auch viele andere Schlangen sind weltweit piscivor. In Gebirgsbächen Südchinas und Hinterindiens erbeuten Großschildkröten (Platysternidae) selbst größere Fische.

Amphibien spielen in den tropischen Gewässern eine größere Rolle als in denen gemäßigter Breiten. Sie sind immer räuberisch. Die Riesensalamander (Cryptobranchidae) Asiens und Nordamerikas sind ebenfalls Fischfresser, desgleichen die Fischmolche (Amphiumidae) Nordamerikas. Auch unter den Fischen gibt es eigentliche Gipfelräuber. Dazu gehört schon der Wels (*Silurus glanis*), der von Mittel- über Osteuropa bis Westasien verbreitet ist. Er erbeutet nicht nur Fische, sondern auch Wasserschlangen, Wasservögel und -säuger. Damit greifen Gipfelräuber auch in den terrestrischen Bereich ein und da sie Landtiere im Wasser konsumieren, wie z. B. auch die Krokodile, belasten sie die Gewässer. Andererseits entlasten die amphibischen und terrestrischen Gipfelräuber die Gewässer. Somit entsteht ein neuer Problemkreis der Limnologie (s. **I. 10.**).

9.5. Neophyten und Neozoen

Verschiebungen der geographischen Verbreitungsgrenzen von Arten gab es zu jeder Periode der Erdgeschichte. In den letzten 100 Jahren ist es aber durch den Menschen, beabsichtigt oder unbeabsichtigt, zu einer erhöhten Einwanderung von Arten in fremde Gebiete gekommen. Die länder- und kontinenteübergreifende Mobilität, verbunden mit der Intensivierung des Warenaustausches, sind dafür die Hauptursachen. Ein von den Organismen oft benutztes Transportmittel ist das Kühl- und Ballastwasser der Schiffe. Viele Neozoen in Mitteleuropa stammen aus dem südöstlichen Europa (Ponto-Kaspisches Gebiet), begünstigt durch den Rhein-Main-Donau-Kanal.

Die eingeschleppten oder ausgesetzten Fremdarten werden als Neophyten bzw. Neozoen bezeichnet, soweit dies nicht vor Beginn der geschichtlichen Neuzeit (1492) geschah.

Der Rhein büßte von 1900 bis 1970 fast 70 % seiner Makrozoobenthosarten ein. Bis etwa 1990 war der Verlust wieder ausgeglichen; unter den Zuwanderern gab es aber 12 Neozoenarten (Kinzelbach 1982, 1983). In einigen großen europäischen Flüssen sind > 10 % des Makrozoobenthos Neozoen.

Das Ökosystem, in unserem Fall das Gewässer, reagiert nie als Ganzes auf die Eindringlinge. Kommt es zu Konflikten, geschieht dies immer zwischen dem oder den Eindringling(en) und einer bzw. mehreren der etablierten Art(en), allerdings oft mit eskalierender Wirkung. Die wichtigsten Verhaltensweisen des etablierten Ökosystems auf Eindringlige sind:

- Keine Reaktionen. Die Fremdarten besetzen offene Nischen. Dies geschieht häufig in anthropogen veränderten Gewässern mit Artenverlusten. Die neuen Arten, oft euryök, besetzen schnell die freien Lebensräume. Nicht alle Nischen, auch in unbeeinflußten Gewässern, scheinen komplett besetzt zu sein, da die Eiszeit viele Tiere aussterben ließ. Beispiel: die nordamerikanische Turbellarie *Dugesia tigrina* ist heute in vielen europäischen Seen verbreitet, ohne sichtbare Veränderungen bewirkt zu haben.
- Unterschiedliche Reaktionen auf Prädatoren als Eindringlinge. Eine Ausrottung oder Verdrängung von etablierten Arten kann völlig ausbleiben (s. *D. tigrina*), nur graduell oder lokal sein, wie dies häufig in Europa der Fall zu sein scheint (Tittizer1997), aber auch katastrophale Folgen haben. Bekanntester Fall ist das Aussetzen des räuberischen Nilbarsches (*Lates niloticus*) in den Victoria-See. Innerhalb kurzer Zeit waren etwa 200–300 endemische Buntbarscharten (Cichliden) verschwunden oder vom Aussterben bedroht. Es verschwand nicht nur eine einmalige Fauna und mit ihr ein interessantes Studienobjekt der Evolutionsforschung, sondern das gesamte Ökosystem des Sees änderte sich, indem sich die Nahrungsketten stark vereinfachten (Witte et al. 1992).
- Unterliegen etablierter Arten durch eindringende Konkurrenten. Die Dreikantmuschel *Dreissena polymorpha*, ein sehr bekanntes Neozoon, hat kaum ökosystemare Veränderungen unter den einheimischen Arten verursacht. Sie tritt vor allem als Raumkonkurrent auf Hartsubstraten auf, die vermutlich nischenmäßig in Europa

unterbesetzt sind. Ihre verwandte Art, *Dreissena bugensis*, die im Eriesee (Kanada) die Feinsedimente besiedelt, erwies sich als starker Konkurrent gegenüber den einheimischen Kleinmuscheln. Gleichzeitig förderten ihre Pseudofaeces einige einheimische Arten, so daß es also insgesamt zu deutlichen ökosystemaren Veränderungen kam (Dermott & Kerrec 1997).

- Fehlende Konkurrenten und Feinde. Ein Beispiel hierfür ist die aus Südamerika nach Afrika eingeschleppte Wasserhyazinthe *Eichhornia crassipes*. In ihrer neuen Heimat hat sie weder Konkurrenten noch Feinde, so daß sie dichte Teppiche auf Gewässern bilden kann, diese abdunkelt und durch Behinderung der Schiffahrt und Fischerei erheblichen wirtschaftlichen Schaden verursacht.
- Elastische Reaktion. Es gibt mehrere Beispiele, in denen der Eindringling zunächst konkurrenzmäßig den einheimischen Arten überlegen ist, dann aber in seiner Dichte zurückgeht und sich bei Erhalt der einheimischen Arten einnischt. Ein bekanntes Beispiel ist der Neophyt *Elodea canadensis*, die „Wasserpest". Die Mechanismen dieser elastischen Reaktion sind unbekannt.
- Unterliegen der Eindringlinge. Dies wird sehr häufig der Fall sein, ist aber exakt nur nachweisbar an mißlungenen Einbürgerungsversuchen.

10. Abwehrreaktionen der Gewässer gegen äußere Einflüsse

Nährstoffe und Schadstoffe gelangten zu allen Perioden der Erdgeschichte in die Gewässer. Als intensive Eutrophierungsfaktoren gelten Großtiere, zumindest seit dem Mesozoikum (Dinosaurier) (s. **I. 7.5.13.**, **I. 7.6.1.**, **I. 7.6.9.**, **I. 8.1.11.1.6.**). In geologischen Zeiten des erhöhten Vulkanismus werden auch viele toxische Stoffe die Gewässer belastet haben (**II. 4.1.**). Die Eutrophierung war und ist eine ständige Gefahr für die Gewässer. Sie bewirkt eine Umbildung der Ökosysteme, indem konkrete Ökosysteme verschwinden: ein Tod ohne Leichen. Mit der Eutrophierung schreitet die Verlandung fort. Für den Wasserhaushalt der Erde ist es jedoch wichtig, daß die Verlandung der Gewässer nicht schneller erfolgt als ihre Neubildung.

Die langandauernde Belastungsgefahr und ihre Bedeutung für die Existenz der Gewässer lassen vermuten, daß sich im Laufe der Erdgeschichte eine ökosystemorientierte Selektion herausbildete, derart, daß Gewässer, die zufällig Strukturen, Arten bzw. Artenkombinationen aufwiesen, die zur Erhaltung des Gewässers beitrugen, überdauerten, während andere schneller verlandeten. Es ist bisher nicht nachweisbar, daß das Ökosystem als Ganzes gegen äußere Einflüsse, vor allem die Eutrophierung betreffend, reagiert. Immer sind es einzelne Arten, die durch natürliche Selektion Anpassungen entwickeln, die zu ihrem eigenen Schutz die Eutrophierung hemmen. Doch kommt dies dann dem gesamten System zugute. Artegoistische Anpassungen erlangen somit systemaltruistische Bedeutung. Eine übergeordnete Selektion läßt sich insofern erkennen, als Artenkombinationen oder Verhaltensweisen, die zum Erhalt des Gewässers beitragen, bestehen bleiben, wie dies z. B. für die Strukturen der Ufervegetation zutrifft, aber auch für die terrestrischen Ausleitsysteme (s. unten).

Auch eine über längere geologische Zeiträume andauernde Gewässervergiftung (durch Vulkanismus) kann durchaus globale Auswirkungen haben, indem der Abbau des terrestrischen Eintrages an Pflanzen (z. B. Laub) gehemmt wird, so daß die Gewässer schneller verfüllen, wie auch die biologische Stoffretention, wodurch die Küstenbereiche der Meere belastet werden.

Einige wichtige Abwehrreaktionen der Gewässer gegen äußere Einflüsse (Eutrophierung, Vergiftung) sind:

- Mikrobielle Selbstreinigung. Sie hat sich seit den frühen Erdperioden erhalten. Seit Bakterien heterotroph wurden, sind sie als Schutzfunktion in die Ökosysteme integriert. Ohne sie wären die Lebensräume schnell mit Leichen verfüllt und das Leben stürbe aus.
- Wasserpflanzen speichern viel Nährstoffe. Einige Arten werden in Fließgewässern bei erhöhtem Duchfluß abgerissen und aus der Flußstrecke fortgespült (**I. 7**.5.8.). In Seen werden Wasserblüten und Massierungen von Neuston, Pleuston und auftreibenden Algenwatten vom Wind an das Ufer oder in Uferbuchten getrieben, wo sie einem schnellen Abbau zugeführt und z. T. auch ausgeworfen werden (Seebuchten als „Sputumkammern") (**I. 8**.1.10.1., **I. 8**.1.10.9., **I. 8**.1.11.1.6.). Mit Hilfe dieser Mechanismen schaffen sich die Pflanzen eine für sie noch erträgliche Umwelt. Nach der Abdrift kommt es zu einem schnellen Neuwachstum.
- Terrestrische Ausleitsysteme. Sie basieren auf der Nahrungskette: Wasserorganismus → terrestrischer Konsument.
  1. Wasserpflanze – terrestrischer herbivorer Konsument: Enten als Pleustonfresser (**I. 8**.1.10.1.). Große Weidegänger als Unterwasserpflanzenäser (**I. 8**.1.11.1.6.).
  2. Fische und Krebse – terrestrischer Prädator (**I. 7**.7.3., **I. 8**.1.10.8., **I. 8**.1.11.1.5.). Wichtig ist, daß viele Fische und Großkrebse pflanzliche Nahrung aufnehmen, so daß viele gespeicherte Nährstoffe aus dem Gewässer entnommen werden.
  3. Kleintiere – terrestrischer Konsument. Enten seihen große Mengen an Tubificiden aus dem Schlamm, wenn diese Massenentwicklungen zeigen.

Mit der Entnahme von Biomasse und Nährstoffen durch terrestrische Konsumenten gelangt bei einigen Arten durch Faeces wieder ein Teil der entnommenen Stoffe zurück, doch wird über lange Zeiträume der Entzug dominieren. Die Nutzung der Unterwasserpflanzen durch terrestrische Konsumenten ist zugleich eine Anpassung gegen die generelle Verschmutzung der Gewässer, die von Großtieren, wie Krokodilen, ausgeht.

- Marine Ausleitsysteme. Katadrome Fische, vor allem Aale, wandern „gemästet" aus den Binnengewässern zum Laichen in das Meer und führen somit Stoffe ab. Es ist jedoch unklar, ob nicht die einwandernden Aallarven (Faeces aus mariner Nahrung) und anadrome Fische (die zum Laichen aus dem Meer die Flüsse aufsuchen) den Austrag wieder ausgleichen.
- Konzentration der Biomasse. Die Eutrophierung führt zu einer Konzentration der Biomasse (vor allem Phytomasse), so daß sie schneller entfernbar ist (durch Abdrift), als Nahrung.
- Zentrierung des Ökosystems, wodurch der Abbau intensiviert wird (**I. 7**.6.8.). Mit Zunahme der Trophie nimmt nicht nur die Dichte der Bakterien zu, sondern es treten auch bakteriovore Arten vermehrt auf, die wiederum von Prädatoren kontrolliert werden. Die Nahrungskette verlängert sich, so daß es zu einer Stimulierung der Produktion und des Umsatzes kommt.

- Pelagische Calcitfällung. Sie führt zur Reinigung des Pelagials, indem die absinkenden Calcitkristalle Biomasse und Phosphor mit in die Tiefe nehmen (**I. 8**.1.9.4., **I. 8**.1.10.3.4.).
- Nischenbildung, die dem Gesamtsystem nutzt. Als Beispiel können Tubificiden gelten. Infolge ihres Freß- und Atmungsverhaltens sind sie in eine Nische eingepaßt, die zur Oxidierung des Sedimentes beiträgt (vgl. auch Bioturbation) (s. **I. 7**.6.2.4., **I. 8**.1.11.2.1.).
- Erlengürtel (an Fließ- und Standgewässern) und Emersengürtel (an Standgewässern) haben wichtige Schutzfunktionen für die Gewässer. Sie schützen das Gewässer nicht nur gegen Stoffe von außen, sondern haben auch intern eine ebenso wichtige Entlastungsfunktion (**I. 7**.5.13., **I. 8**.1.11.1.6.).
- Denitrifikation und Phosphorfalle. Auch diese physiko-chemischen Mechanismen und Reaktionen dienen der Entlastung der Gewässer. Da es sich um inhärente Mechanismen der Gewässer handelt, ist der Einfluß irgendeiner Selektion auf sie schwer vorstellbar, es sei denn über die Denitrifikanten.
- Akkumulation von Schadstoffen. Dies ist sicher eine durch Anpassung erworbene Abwehrreaktion. Die Organismen, in unserem Fall vor allem Pflanzen, akkumulieren Schadstoffe (vorwiegend Schwermetalle), ohne zunächst Schaden zu nehmen. Sie entlasten aber gleichzeitig damit das Wasser und somit den Lebensraum. Auch die akkumulatorischen Pflanzen werden häufig abgetrieben und somit aus dem Lebensraum entfernt (s. **II. 4**.1.).

Gegen Neophyten und Neozoen, also in ein Ökosystem eindringende Fremdarten, scheint es keine Abwehrreaktionen zu geben (s. **I. 9**.5.). Die Ursache mag sein, daß im Gegensatz zu der ständigen Gefahr des Eintrages von Nährstoffen und Schadstoffen, das Auftreten von Fremdarten unvorhersehbar ist, und daher kam es es auch zu keinen Anpassungen zu ihrer Abwehr.

Die Abwehrreaktionen sind oft unvollkommen, schießen über das Ziel hinaus und schädigen nicht beteiligte Kompartimente des Gesamtsystems (= Dysökien, Schönborn 1995b):

- *Cladophora*-Massenentwicklungen verdrängen viele ortstypische Organismen. Bei der Abdrift entlasten sie nur die von ihnen bewachsenen Strecken. Sie können aber in rauheren Bereichen hängen bleiben und dann dort belasten.
- Die Calcitfällung entlastet das Pelagial, die sedimentierenden Kristalle verstopfen aber die Interstitiale von Sediment und Fadenalgenaufwuchs und führen zu großen Artenverlusten (Schönborn 1995a).
- Die mikrobielle Selbstreinigung der Gewässer führt zu Sauerstoffdefiziten, die oft verheerendere Folgen haben als die organischen Stoffe selbst.
- Abtreibende Wasserblüten entlasten, haben aber zuvor einen extremen Tag–Nachtwechsel von CO_2, O_2 und pH verursacht.

In diesen Dysökien gleichen die ökosystemaren Abwehrreaktionen den Überreaktionen des Immunsystems in Organismen; nur beruhen beide auf sehr unterschiedlichen Mechanismen.

Teil II

Angewandte Limnologie

1. Ziele der Angewandten Limnologie

Zu empfehlende Übersichtsliteratur: WETZEL (1969), BESCH et al. (1985), UHLMANN (1988), KLEE (1991), STEINBERG et al. (1997 ff).

Die Ziele der Angewandten Limnologie lassen sich auf vier Schwerpunkte zurückführen: Gewässerschutz, Wissenschaftliche Begleitung der Wassernutzung, Reparierung geschädigter Gewässer-Ökosysteme und Hilfeleistung bei der Entscheidungsfindung für wirtschaftliche Aufgaben und Probleme.

Gewässerschutz. Es ist generell das Vorsorgetreffen, um (weitere) Gewässerschädigungen zu vermeiden: Verhinderung von Verbauungen, Belastungen und Störungen jeglicher Art. Bei wirtschaftlichen Zwängen müssen ökologisch vertretbare Maßnahmen vorgeschlagen werden, wie dies vor allem in Punkt (4) zum Ausdruck kommt. Voraussetzung für einen erfolgreichen Gewässerschutz ist die gezielte Weiterentwicklung der mit den organischen und toxischen Belastungen verbundenen Forschung, z. B. auch die Entwicklung einer Gewässertoxikologie. Zum Gewässerschutz gehört auch, beratend in die Forst-, Land- und Bauwirtschaft einzugreifen: Verringerung von Waldsterben, Kahlschlag, falschen Aufforstungen, ungeeigneter Landwirtschaft vor allem in Auen, ferner der Reduzierung der Neubesiedlung von Auen und Seeufern, der Versiegelung des Bodens durch Neubauten, Straßen und Gewerbegebiete.

Wissenschaftliche Begleitung der Wassernutzung. Sie ist eine klar umrissene Aufgabe der Angewandten Limnologie: Wissenschaftliche Kontrolle und Beratung bei der Entnahme des Nutzwassers (unter Vermeidung stärkerer Schädigungen an den Ökosystemen), der Aufbereitung des entnommenen Wassers, dem Wassertransport und der Abwasserreinigung in den verschiedenen Kläranlagen. Sie bezieht sich auch auf die Rückführung des (mehr oder weniger geklärten) Abwassers in den natürlichen Wasserkreislauf und die damit verbundenen hygienischen Probleme. Voraussetzungen für diesen angewandten Aufgabenbereich der Limnologie ist die Kenntnis der ökosystemaren Auswirkungen der organischen und Nährstoff-Belastungen, wie sie in der Theoretischen Limnologie entwickelt wurden, spezifiziert auf Abprodukte der Kommunen, verschiedenen Industrien und Landwirtschaften.

Wiederherstellung geschädigter Gewässer oder einzelner Kompartimente. Die in der Literatur hierfür verwendeten Ausdrücke sind: Sanierung, Renaturierung, Restaurierung, Revitalisierung und Regeneration. Alle fünf Begriffe werden sowohl synonym als auch unterschiedlich verwendet. Alle Begriffe drücken aber das Bestreben aus, ein geschädigtes Gewässer wieder in Richtung eines naturnahen oder ursprünglichen Zustandes zu überführen. Dabei entsteht das Problem der prinzipiellen Irreversibilität komplexer Makroprozesse. Es muß also exakt heißen: einen Zustand zu schaffen, der dem ursprünglichen mehr oder weniger ähnlich ist. Es muß allerdings davor gewarnt werden, die Probleme um eine Reparierung von Gewässern in eine fruchtlose philosophische Diskussion ausarten zu lassen. Das gilt auch für den unten zu erläuternden Begriff des Leitbildes.

Zunächst noch einige Hinweise zur Differenzierung der genannten Begriffe. Der Begriff „Sanierung" bezieht sich in der älteren Literatur fast ausschließlich auf die Verbesserung der Wassergüte; heute beinhaltet er häufig die Rückgestaltung von Gewässern einschließlich ihrer Einzugsgebiete. In diesem Zusammenhang bezieht sich „Restaurierung" dann nur auf das Gewässer. Damit identisch ist häufig der Begriff „Renaturierung", bei Fließgewässern allerdings auch die unmittelbar angrenzende Aue betreffend. „Revitalisierung" wird sowohl synonym mit „Renaturierung" verwendet, aber speziell auch auf die Erneuerung fast erloschener Gewässer angewandt (z. B. verfüllte Altwässer und Weiher).

Sind diese Begriffe vor allem Ausdruck aktiver Um- und Rückgestaltung eines Gewässers, so wird „Regeneration" oft in passivem Sinne gebraucht, z. B. bei der Selbstüberlassung eines Gewässers nach Abstellung der Störeinflüsse. Bei der Renaturierung der Fließgewässer wird diesen allerdings auch oft die Chance zur Selbsthilfe gegeben, indem man ihnen die Freiheit schafft, die Abflußdynamik wieder selbst zu gestalten, wenn es sich um stark verbaute Fließgewässer handelt. Ein von seinen Fesseln (Begradigungen, diverse Verbauungen) befreiter Fluß kann, wenn man ihm Startbedingungen schafft und zur Eigendynamik provoziert, relativ schnell naturnahe Merkmale entwickeln. Dies ist nur möglich, da ein Fluß über kinetische Energie verfügt. Daher ist die **Verweilzeit** des Wassers in ihm auch nur kurz, so daß sich bei einem Stopp von Abwasserzuflüssen sehr schnell die natürliche Wassergüte wieder einstellt, spätestens nach dem nächsten Hochwasser oder Eisgang.

Im Gegensatz zu Fließgewässern verfügen Standgewässer nur über geringe kinetische Energien (durch den Wind, der das Wasser an die Ufer drückt) und somit über eine lange Verweilzeit des Wassers (Abb. 226). Die Erneuerungsrate des Wassers eines Sees bestimmt die Ausdünnung eines permanenten belastenden Stoffes (s. **I. 8**.1.4., **I. 8**.1.5.):

$$C = C_0 \times e^{-D \cdot t}$$

Es bedeuten: C = die angestrebte Konzentration eines belastenden Stoffes, C_0 = seine unerwünscht hohe Ausgangs-Konzentration, D = Erneuerungsrate des Wassers.

Die Erneuerung des Wassers von Seen reicht z.B. von 0,0025 a^{-1} (entspr. ~400 Jahre) (Baikalsee) bis 0,4 a^{-1} (entspr. 2,5 Jahre) (z. B. Gebirgsseen). Viele Seen des mitteleuropäischen Tieflands haben Erneuerungsraten von 25–30 Jahren. Mit der Ausdünnung eines gelösten Stoffes geht die Belastung des Sees oft nicht zurück, da parallel zur Abnahme des Stoffes seine Nachlösung aus dem Sediment erfolgt (s. **I. 8**.1.11.2.1.). Bei der Sanierung von Seen gilt daher nicht das Prinzip der Selbsthilfe, sondern hier muß aktiv eingegriffen werden, oft bis zum Identitätsverlust des Gewässers.

Der Begriff des **Leitbildes** beinhaltet das angestrebte oder mögliche Ziel der Renaturierung eines Gewässers. Dieses Ziel ist abhängig von den landschaftlichen und ökonomischen Gegebenheiten und kann sich heute nicht mehr auf vorgeschichtliche Zustände

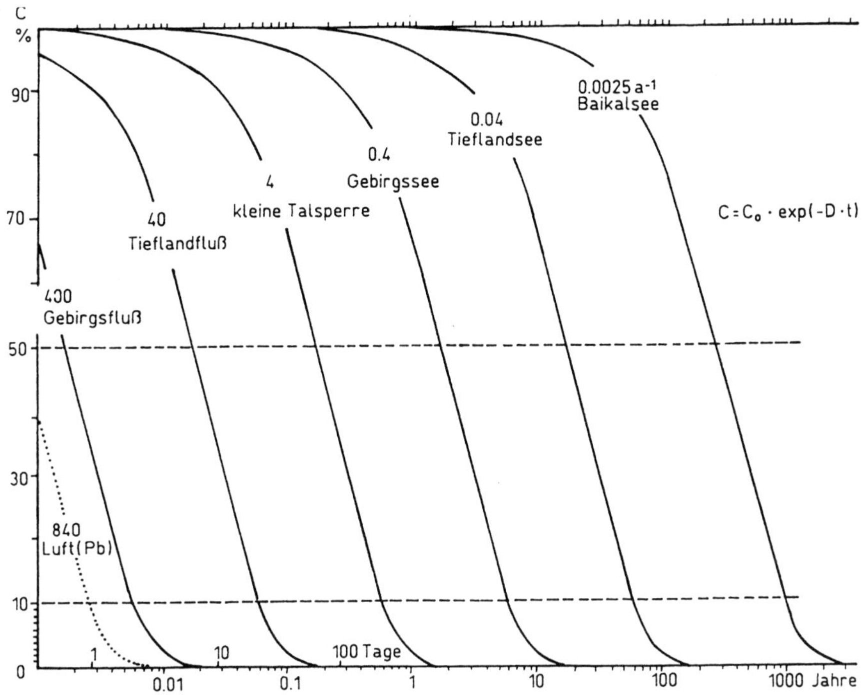

Abb. 226. Abnahme der Konzentration eines konservativen Wasserinhaltstoffes (C) in Seen in Abhängigkeit von der Erneuerungsrate des Wasserkörpers (a^{-1}). (Nach UHLMANN 1977).

beziehen. Daher: Renaturierung heißt, das Gewässer im Rahmen der landschaftlichen und ökonomischen Gegebenheiten stufenweise in Richtung eines Zustandes zu überführen, der Ähnlichkeit mit dem ursprünglichen hat. Welche Stufe dabei erreicht werden kann, muß das entwickelte Leitbild zum Ausdruck bringen. Oft wird ein Leitbild gar nicht gebraucht, da die z. T. extrem beschränkten Möglichkeiten sehr schnell erreicht sind. Das Leitbild kann sich sowohl auf die Wasserqualität als auch auf die Struktur und Umgebung des Gewässers beziehen. Leitbilder werden unterschieden:

- **Potentielles Leitbild** (= ideales): Möglicher erreichbarer Zustand, aber ohne ökonomische Rücksichtnahme. Die Differenz aus dem Ist-Zustand und dem potentiellen Leitbild zeigt das ökologische Defizit an. Daraus läßt sich dann das
- **Integrierte Leitbild** (= operationelles) entwickeln. Es ist das unter den gegebenen landschaftlichen und ökonomischen Zwängen realisierbare. Dazu gehört auch eine Kostenkalkulation und die Klärung rechtlicher Fragen, wenn z. B. Lebensräume (bei Fließgewässern oft der Auebereich) im und am Gewässer aus der Nutzung genommen werden müssen. Es kommt dann zu **sozioökonomischen Maßnahmen**, bei denen es zumeist um einen vertretbaren Ausgleich für verlorengegangene Nutzungsrechte geht.

Zur Entwicklung des integrierten Leitbildes kann man sich verschiedener Methoden bedienen. Hier sollen vier derartige Orientierungshilfen genannt werden:

- Historische Methode. Es wird sich daran orientiert (falls Unterlagen vorhanden sind), wie das Gewässer vor einer überschaubaren Zeit ausgesehen hat (z. B. vor 30–100 Jahren).
- Referenzmethode. Es wird sich an vergleichbar anderen Gewässern oder Flußstrekken orientiert, die sich noch in einem relativ naturnahen Zustand befinden.
- Ökosystemare Methode. Aus der Theoretischen Limnologie ist bekannt, welche Merkmale das zu renaturierende Ökosystem haben muß und es wird dann rekonstruiert, soweit dies möglich ist.
- Organismische Methode. Das Gewässer wird soweit wieder hergestellt, daß wichtige **Leitorganismen** in ihnen leben können. Damit muß das Gewässer (gewissermaßen automatisch) eine Anzahl von naturnahen Merkmalen zurückerhalten. Auch bei dieser Methode sind limnologische Grundkenntnisse ausschlaggebend. Leitorganismen für kleinere Fließgewässer sind z. B. die Flußmuschel (*Unio crassus*) und der Edelkrebs (*Astacus astacus*).

Entscheidungshilfen. Sie sind überall dort vonnöten, wo es um einen Kompromiß zwischen ökonomischen Erfordernissen und ökologischer Vertretbarkeit geht. Instrumente sind Wissen und Erfahrung der Limnologen, aber auch die Entwicklung von Modellen zur Voraussage zu erwartender Prozesse bei Eingriffen durch den Menschen. Besondere Schwerpunkte sind in diesem Zusammenhang die wissenschaftliche Begleitung (und limnologische Voraussagen) beim Talsperrenbau und der Bewirtschaftung der Sperren, bei der Flutung von Tagebaurestgruben für verschiedene Zwecke, Abholzung von Flußstrecken, dem Ausbau von Gewässern, aber auch bei Änderungen in der Energiewirtschaft (z. B. Einfluß von Änderungen im Kraftstoffangebot auf die Gewässer, Auswirkungen der Schiffahrt, der Energiegewinnung usw.).

2. Die anthropogen bedingte Belastung der Gewässer mit organischen Abfällen und Pflanzennährstoffen sowie ihre Indikation

Zu empfehlende Übersichtsliteratur: Liebmann (1960, 1962), Hynes (1963), Bayerisches Landesamt für Wasserforschung (1985), Hamm (1991), Sutcliffe & Jones (1992), Mason (1993), Klee (1993), Lozan & Kausch (1996).

(Vgl. hierzu die Kapitel: **I. 7**.6.1.; **I. 8**.11.2.; **II. 3**.; **II. 5**.; **II. 6**.2.)

Die Kenntnis der Auswirkungen des Abbaus organischer Stoffe und die davon auch unabhängig mögliche Belastung mit Pflanzennährstoffen (z. B. infolge Düngung der Äcker) auf die Gewässer ist eine wesentliche Voraussetzung für die Angewandte Limnologie und dient vor allem der Überprüfung des in die Gewässer geleiteten mehr oder weniger geklärten Abwassers. Daher sind für diese Ausführungen die oben genannten Kapitel im „Theoretischen Teil“ zu Rate zu ziehen. Für die Beurteilung der organischen Belastung der Fließgewässer genügt im allgemeinen die Unterteilung in 5 Saprobiestufen (s. Tab. 19): β-oligosaprob (= katharob, = xenosaprob, Symbol x), keine Belastung, z. B. in Quellen; α-oligosaprob (Symbol o), geringe Belastung; β- und α-mesosaprob, β-polysaprob (meist gleich als polysaprob bezeichnet) (s. Tab. 18, 19) (Symbole β, α, p).

Die Saprobiestufen gelten vor allem für Fließgewässer, da sich hier der zeitliche Verlauf der Selbstreinigung räumlich als Fließstrecke realisiert. Trotzdem läßt sich auch ein durch Abwässer belasteter See oder Weiher einer Saprobiestufe zuordnen. Die Beziehungen zwischen Trophie und Saprobie sind in **I. 7.6.1.** begründet. Nährstoffbelastungen über die eutrophe Stufe hinaus werden in poly- und hypertroph unterteilt. Sie spielen für die Belastung der Gewässer, besonders die der Standgewässer, eine besondere Rolle. Beide Trophiestufen haben keine Parallelen in der Saprobie, da der infolge Überdüngung anfallende organische Stoff ausschließlich autotropher Herkunft ist. Diese extremen Trophiestufen können eine α-Mesosaprobie bewirken, was aber keinesfalls immer erfolgen muß oder gar ableitbar ist.

Die Tab. 50 gibt eine Übersicht über die Abgrenzung der **Trophiestufen**. Mit einer hypertrophen Stufe setzt eine zunehmende Instabilität des Ökosystems ein. Die Pflanzen erreichen die Grenzen ihrer Produktion; sie können das Nährstoffangebot nicht mehr ausnutzen und die Selbstbeschattung drosselt die Primärproduktion. Die Folgen sind extreme Oszillationen des Chlorophyllgehaltes (Abb. 227), aperiodische Schwankungen im Sauerstoffgehalt, aber hohe Respiration (UHLMANN 1966, KALBE 1996). Generell werden bei sehr hoher Wachstumsrate der Algenpopulationen die Schwankungen um das Sättigungsniveau chaotisch. Wir wissen bereits, daß bei hoher Phytoplanktondichte die Filterleistung der Zooplankter zurückgeht; auch der Energietransfer wird

Tabelle 50. Kennzeichnung der Trophiestufen in Seen (Orientierungswerte) (Vgl. z. B. KALBE 1997, KLAPPER 1992, SCHWOERBEL 1999, ZAUKE et al. 1995).

Kriterium	oligotroph	mesotroph	eutroph	polytroph	hypertroph
Frühjahrszirkulation					
PO_4 – P [µg l^{-1}]	± 5	± 10	± 30	± 50	> 50
Gesamt P [µg l^{-1}]	< 15	15–45	45–150	150–1.500	> 1.500
N (anorg. geb.) [µg l^{-1}]	± 300	± 500	± 1.000	± 1.500	> 1.500
Stagnation (Epilimmion)					
PO_4 – P [µg l^{-1}]	bis 2	bis 5	bis 100	> 100	> 500
Gesamt P [µg l^{-1}]	± 15	± 40	40–300	> 300	> 500
N (anorg. geb.) [µg l^{-1}]	± 10	± 30	± 100	> 100	> 500
Chlorophyll a [µg l^{-1}]	± 3	± 10	10–40	40–60	>60
Primärproduktion des Phytoplanktons (vorwieg. Bruttoproduktion) [$gCm^{-2}a^{-1}$]	< 100	± 150	± 250	± 400	> 500
Secchi-Sichttiefe [m]	6–14	± 4	1–2	± 0,5	< 0,5

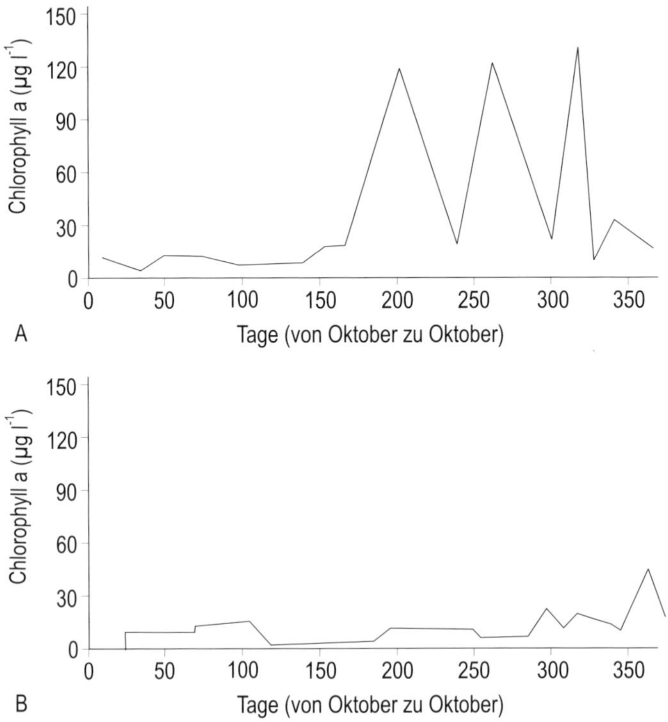

Abb. 227. Änderungen der Algenmasse in einem hypertrophen **(A)** und eutrophen **(B)** kanadischen Präriesee. In dem hypertrophen See kommt es zu starken Oszillationen. (In Anlehnung an Barica 1980).

immer mehr blockiert (Rosenzweig 1971), so daß das Ökosystem nicht nur instabil, sondern auch funktionsuntüchtig wird. Dies geschieht z. B. wenn 30 mg l^{-1} N und 3 mg l^{-1} P erreicht werden. Infolge der extremen Selbstbeschattung, auch des Phytoplanktons, ist in hypertrophen Standgewässern nur die oberflächennahe Wasserschicht produktiv, darunter kommt es zu einer Reduktion der Artenvielfalt, vor allem auch im benthischen Bereich.

Es wird immer wieder versucht, den Grad der Trophie als eine Wahrscheinlichkeitsfunktion des Phosphoreintrages vorauszusagen. Basis ist das Modell von Vollenweider (1968) (s. auch **I 8.1.10.3.2.**), das ausschließlich auf „bottom up" beruht und prädatorische Eingriffe unberücksichtigt läßt. Neben der flächenbezogenen Belastung mit Phosphor spielen in dem Modell auch Tiefe des Gewässers und die Verweilzeit des Wassers eine Rolle. Bei gleichem Phosphoreintrag geht mit zunehmender mittlerer Tiefe und Verkürzung der Verweilzeit des Wassers der Trophiegrad zurück, was aus den **Grundlagen der Limnologie** ableitbar ist (Abb. 228). Die Modellformel für die kritische (externe) Flächenbelastung eines Sees für Phosphor lautet:

$$L_{pc} = P_c \cdot \frac{z}{t_w}(1 + [t_w]^{0,5})$$

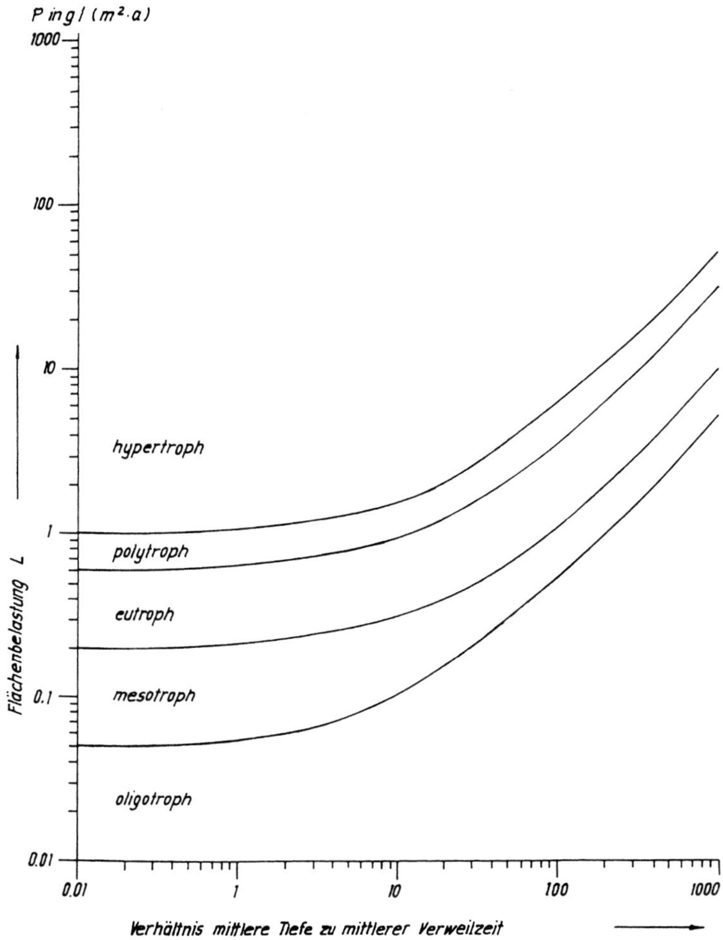

Abb. 228. Abschätzung des Trophiegrades eines Standgewässers auf der Basis der Phosphor-Flächenbelastung. (Modifiziertes VOLLENWEIDER-Modell. Aus KLAPPER 1992).

Es bedeuten: L_{pc} = externe Flächenbelastung von Standgewässern in mg m^{-2} a^{-1} P
P_c = 10 mg m^{-3} TP (= als Grenzbelastung mesotroph/eutroph angenommen)
z = mittlere Tiefe (Volumen/Fläche)
tw = Verweilzeit des Wassers (Volumen/Durchfluß)

Die Voraussage des Trophiegrades spielt für den Bau von Talsperren eine zentrale Rolle (s. **II. 8**.2.), desgleichen heute bei der Flutung von Tagebaurestgruben. Die Vorhersage der quantitativen Werte für TP, Chla-Konzentration und mittlerer (jährlicher) Secchi-Sichttiefe für die Trophiestufen läßt sich als Wahrscheinlichkeitsverteilung darstellen (Abb. 229). Diese hängt neben anderen Faktoren vor allem stark vom Kalkgehalt des

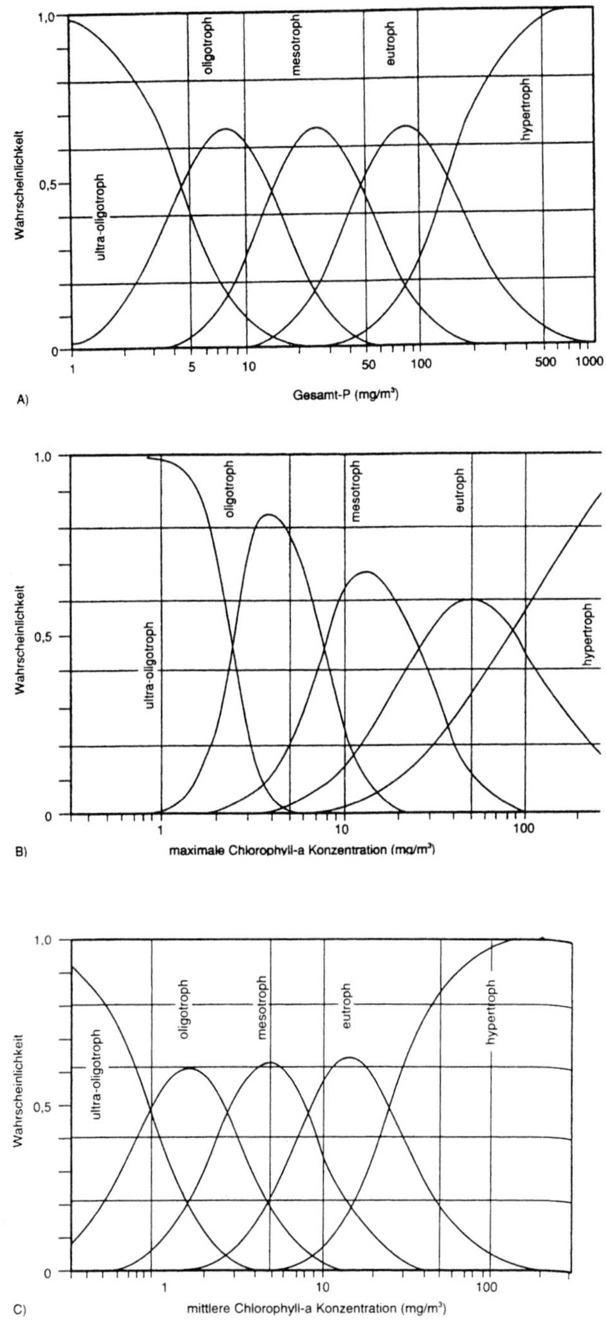

Abb. 229. Wahrscheinlichkeiten der Zuordnung eines Meßwertes zu einer Trophieklasse eines Sees (für TP, maximaler und mittlerer Chlorophyllkonzentration). (Nach OECD 1982 aus ZAUKE et al. 1995).

Gewässers ab. Poly- und hypertrophe Zustände sind in Gebieten, in denen Großwild in hohen Dichten fehlt, ausschließlich das Ergebnis einer Überdüngung.

Eutrophierung heißt Steigerung der Trophie. Da sich aber mit Zunahme der Trophie das Ökosystem eines Gewässers grundlegend verändert (qualitativ wie quantitativ, s. Thienemann's Biozönotisches Grundgesetz, s. die Indikatorlisten für Trophie und Saprobie), ist die Eutrophierung das Kardinalproblem der aquatischen Ökosysteme. Mit der Eutrophierung verlieren sie ihre Identität, wobei jedoch das „Gefäß" des Systems (Becken, Rinne) und auch die Sedimente („Gedächtnis", s. **II. 6.2.**) erhalten bleiben.

Die Eutrophierung von Seen ist fast immer mit einer Abnahme der Sichttiefe verbunden, was zu gegenläufigen Prozessen führt: der hohe Nährstoffgehalt fördert die Primärproduktion, die Verschlechterung des Lichtklimas hemmt sie.

Auch die **Saprobiestufen** reichen noch über polysaprob hinaus. Gelten die 5 Stufen von xeno – (β) polysaprob für natürliche Gewässer (= **Limnosaprobie**), so beziehen sich die folgenden 4 Stufen auf das Abwasser vor Erreichen der Kläranlagen (= **Eusaprobie**). Die α-Polysaprobie (s. Tab. 19) tritt nur selten in natürlichen Gewässern auf, z. B. wenn das Abwasser völlig ungeklärt in sehr kleine Bäche eingelassen wird. Die α-polysaprobe Stufe ist daher in die Eusaprobie integriert:

- Isosaprobie (Symbol i): Ciliatenstufe. Im Abwasser kommen als höchste Organismen noch Ciliaten vor, oft aber auch noch Nematoden und Rotatorien.
- Metasaprobie (m): Flagellatenstufe. Es fehlen bereits Ciliaten und höhere Organismen.
- Hypersaprobie (h): Bakterienstufe. Eukaryonten fehlen.
- Ultrasaprobie (u): Abiotische Stufe. Es fehlen auch Bakterien.

Im eusaproben Wasser ist die Primärproduktion = Null, d. h. es ist oligotroph bei extrem hoher Saprobie. Wie wir bereits sahen, besteht eine Korrelation zwischen Trophie und Saprobie nur im eutroph-β-mesosaproben und (mit Einschänkung) im oligotroph–oligosaproben Bereich.

Als Ausdruck der Selbstreinigung werden die limnosaproben Stufen durch die im Saprobiensystem aufgeführten **Indikatororganismen** charakterisiert. Das klassische Saprobiensystem wurde von Kolkwitz & Marsson (1908, 1909) aufgestellt, die wichtigste Revision nahm Liebmann (1962) vor, indem er Arten zweifelhafter Zuordnung aus dem System eliminierte und in hohem Maße Bakterien, Pilze und Protozoen, vor allem aber Ciliaten, berücksichtigte. Dies sind Gruppen, die unmittelbar am Abbauprozeß beteiligt sind. Weitere Revisionen und Präzisierungen gehen auf Friedrich (1990) (Makrosaprobier), Berger et al. (1997) (Mikrosaprobier) und Foissner et al (1991–1995) (Ciliaten) zurück (vgl. auch Mauch 1986). Zur allgemeinen Orientierung s. Klee (1993).

Ein grundlegendes Werk über die Beurteilung der Wasserqualität mit ausführlichen Listen über die Indikatororganismen stammt von Sladedecek (1973). Als Indikatoren lassen sich nur Arten verwenden, keine höheren taxonomischen Einheiten. Für die Trophie wie auch Saprobie werden sowohl autotrophe wie auch heterotrophe Indikatoren verwendet, da die Trophie über Autosaprobie und Sauerstoffschwund entscheidend die Tiere beeinflußt, wie auch die Endprodukte des Abbaus direkt auf Pflanzen einwirken. Wichtige Indikatoren sind die Diatomeen, bei denen auch heterotrophe Arten vorkommen. In neuerer Zeit gibt es Bestrebungen, für die Trophie nur autotrophe und für die Saprobie heterotrophe Organismen zu verwenden (FRIEDRICH 1990).

Das Saprobiensystem gilt im wesentlichen für Fließgewässer, wobei dann die Selbstreinigung auch räumlich als Fließstrecke angesehen werden kann. Es wird auch auf stehende Gewässer angewendet und ergibt hier den Saprobiestatus, aber nicht den Vorgang der Selbstreinigung. Eine auf den litoralen Pflanzen beruhende biologische Gewässerbeurteilung der Seen stammt von MELZER (1990).

Eine Vielzahl von Organismen, von den Bakterien bis zu den Makrophyten und Fischen, wurde im Laufe der Zeit nach ihrem bevorzugten Vorkommen in die 5 Saprobiestufen eingeordnet. Diese Einordnung wird quantifiziert durch die Berechnung des **Saprobienindex** (heute auch Saprobitätsindex genannt). Die einfachste Berechnung, die aber teilweise ausreichend ist, erfolgte nach PANTLE & BUCK (1955):

$$S = \frac{\Sigma(s \cdot h)}{\Sigma h}$$

Es bedeuten: S = Saprobienindex, s = Saprobiewert der jeweiligen Art. (Die Werte 1–5 sind Tabellen zu entnehmen, vielfach genügen auch Werte 1–4). h = Häufigkeit (meist 1–5 geschätzt).

Dann ist S:

0 – 0,5	xenosaprob,	keine Belastung (x),	dunkelblau bei graphischer Darstellung
0,51–1,5	oligosaprob,	geringe Belastg. (o),	hellblau
1,51–2,5	β-mesosaprob,	mäßige Belastung (β),	grün
2,51–3,5	α-mesosaprob,	starke Belastung (α),	gelb
3,51–4,0	polysaprob,	sehr starke Belastung (p)	rot

Wird die Bewertung auch auf die Eusaprobie (Symbol E) ausgedehnt, wird die Polysaprobie bis zum Wert 4,5 gerechnet und es folgt dann

4,51–5,5	Isosaprobie (i)
5,51–6,5	Metasaprobie (m)
6,51–7,5	Hypersaprobie (h)

Die Tab. 51 gibt einen Ausschnitt aus der Indikatoren-Liste. Aus derartigen Listen wird der Saprobiewert für die Berechnung des Saprobienindex entnommen.

Die Zahlen unter den 5 Saprobiestufen ergeben in der Summe immer 10 (= 100 %) und sind Erfahrungswerte für das Vorkommen der einzelnen Arten in den Saprobiestufen (= **saprobielle Valenz**).

G bedeutet das **Indikatorgewicht**; das ist eine Zensur für den Grad der Eignung der Art als Indikator (von 1 = ungeeignet bis 5 = eindeutig). Aus der saprobiellen Valenz wird der Saprobiewert berechnet. Es wird dabei von der Nummer der Saprobiestufe ausgegangen, die für die betreffende Art die höchste saprobielle Valenz besitzt. Die davor stehenden Valenzwerte werden mit 0,x ab-, die dahinter stehenden mit 0,x zugezogen. Ein + bedeutet, daß die Tendenz zur Besiedlung der Stufe besteht; sie wird je nach Stellung mit 0,05 zu- oder abgezogen.

Tabelle 51. Auswahl an Indikatorarten der Saprobie. (Nach SLADEČEK 1973).

	s	(0) x	(1) o	(2) β	(3) α	(4) p	G	Bemerkung
Bakterien und Pilze (einschl. Cyanobakterien)								
Sarcina paludosa	7,0					10	5	E p–h, H_2S
Streptococcus margaritaceus	7,0					10	5	p–h
Zoogloea ramigera	6,0				1	9	5	E p–h, H_2S
Sphaerotilus natans	3,55			+	4	6	3	p–α
Oscillatoria putrida	3,8				2	8	4	p
Oscillatoria formosa	3,1				9	1	5	α
Mucor racemosus	3,0				10		5	α
Fusarium aquaeductuum	7,0				+	10	5	p–h, H_2S
Leptomitus lacteus	2,9			1	9		5	α
Diatomeen								
Cocconeis placentula	1,2	2	4	3	1		1	β
Cymbella cesatii	0,1	9	1				5	x
Melosira italica	1,4		6	4			3	o–β
Andere Mikroalgen								
Euglena viridis	4,5			1	4	5	2	E
Scenedesmus quadricaudata	2,0		2	6	2		3	β
Hydrodictyon reticulatum	1,8		3	6	1		3	β
Closterium moniliferum	2,1		1	7	2		3	β
Rhodophyta (Rotalgen)								
Batrachospermum moniliforme	0,9	3	5	2			2	x–β
Lemanea fluviatilis	1,1	1	7	2			3	o
Höhere Pflanzen								
Potamogeton pectinatus	2,6			4	6		3	α–β
Zaunichellia palustris	1,5		5	5			3	o–β

(Symbole s. Text)

Tabelle 51. Fortsetzung.

	s	(0) x	(1) o	(2) b	(3) a	(4) p	G	Bemerkung
Farblose Flagellaten								
Astasia klebsii	2,9			1	9		5	α
Bodo putrinus	6,0					10	5	E p–m
Hexamitus inflatus	6,0					10	5	E p–m, H_2S
Ciliaten								
Aspidisca lynceus	2,9			1	9		5	α
Carchesium polypinum	2,9			2	7	1	3	α
Trithigmostoma cucullulus	2,85		+	1	9		5	α
Codonella cratera	1,4		6	4			3	o–β
Colpidium colpoda	4,5				3	7	4	E p–i
Coleps hirtus	2,5		+	5	5	+	3	β–α
Strombilidium gyrans	1,0		+					o
Vorticella convallaria	2,9			1	9		5	α
Rotatorien								
Kellicottia longispina	1,2	1	6	3			3	o
Rotaria rotatoria	3,15		+	1	6	3	3	α
Makrozoobenthos								
Crenobia alpina	0,1	9	1				5	x
Erpobdella octoculata	3,0			2	6	2	2	α
Ancylus fluviatilis	1,4	1	4	3	2		1	o–β
Unio crassus	1,05		+	+				β–o
Daphnia pulex	2,8			2	8		4	α
Baetis rhodani	1,7	3	3	3	1		1	x–β
Dinocras cephalotes	0,2	8	2				4	x
Anabolia nervosa	2,0		3	4	3		2	β
Chironomus thummi (Gruppe)	3,95		+	1	2	7	3	p
Atherix ibis	1,15	2	5	3	+		2	o

Beispiele:
Sphaerotilus natans: 4 – 0,4 – 0,05 = 3,55
Coleps hirtus: 3 – 0,5 + 0,05 – 0,05 = 2,50

Sind nur Tendenzen bekannt, d. h. mit + vermerkt, werden die Nummern der Saprobiestufen, unter denen sie stehen, gemittelt.

Es sei betont, daß bei einer übersichtsmäßigen Feststellung der Limnosaprobie meist nur die Saprobiewerte von 1-4 genügen. In derartigen Fällen werden die Werte < 1 auf 1 aufgerundet und > 4 auf 4 abgerundet. In neueren Revisionen (Friedrich 1990) sind die saprobiellen Valenzen sogar bis zum Summenwert 20 aufgeschlüsselt. Rotatorien werden ausgeschlossen, ebenfalls alle schwerbestimmbaren Arten und jene mit geringem Indikatorgewicht. Diese Revision dient der Vereinheitlichung der Saprobie-Bestimmungen.

Es gibt eine Vielzahl anderer Indices zur Ermittlung der Saprobie. Einige von ihnen sind in Abb. 230 zusammengefaßt. Sie demonstrieren zugleich die Abweichungen bei der Anfertigung eines **Gütelängsschnittes** für ein Fließgewässer.

Ein verbreitetes Verfahren (genannt „Bestimmung des Saprobitätsgrades“) ist das von Zelinka & Marvan (1961). Für jede gefundene Art einer Probenstelle wird von ihrem tabellarischen Vorkommen in allen Saprobiestufen das Produkt aus absoluter Dichte, saprobieller Valenz und Indikatorgewicht ermittelt. Die sich für jede Stufe ergebende Summe der Werte der einzelnen Arten wird als Prozentsatz der an der Probenstelle auftretenden Indikatoren der 5 Saprobiestufen angegeben. Das dient auch der von Friedrich (1990) vorgeschlagenen Vereinheitlichung.

Es sei darauf hingewiesen, daß die Natur zu vielfältig ist, um eine exakte Indikation zu erreichen. Das gröbere Verfahren ist oftmals das naturnahe, wie es sich auch bei der Bestimmung der Seentypen ergeben hat.

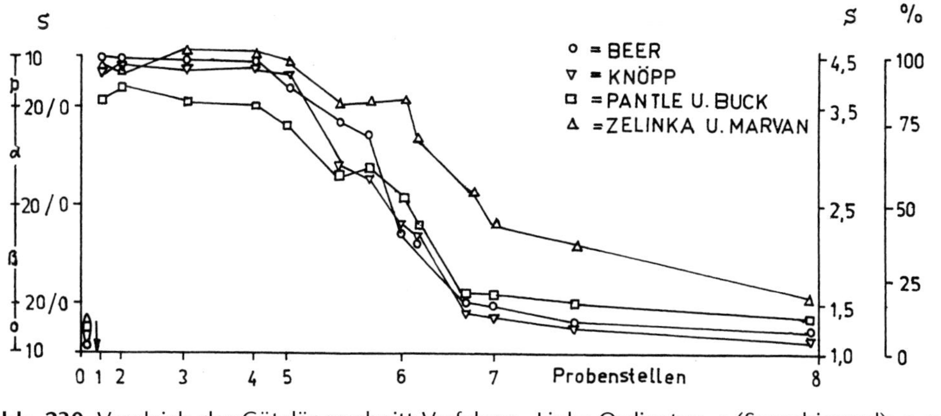

Abb. 230. Vergleich der Gütelängsschnitt-Verfahren. Linke Ordinaten, s (Saprobiegrad): o–p nach Knöpp; Zahlenstufen 10–20/0–20/0–20/0–10 nach Beer. Rechte Ordinaten, S (Saprobienindex): Indizes von 1,0–4,0 nach Pantle & Buck; relative Belastung nach Zelinka & Marvan. (Nach Schreiber 1975).

Ein weiterer Index ist der **Artenfehlbetrag**. Im allgemeinen geht mit zunehmender Saprobie der Anteil der Autotrophen zurück, wie dies im **Biological Index of Pollution** (BIP) formuliert ist (HORASAWA 1956).

$$\mathrm{BIP}\ \frac{H}{A + H} \cdot 100\%$$

Es bedeuten: H = Zahl der heterotrophen und A = der autotrophen Organismen.
Der Index wurden in den internationalen Standard für Trinkwasser der WHO aufgenommen.

Protisten, vor allem Protozoen, zeigen meist höhere Saprobiewerte an als höhere Organismen. Der Grund ist, daß die benthischen Arten Mikrohabitate bewohnen, die infolge des intensiveren Stoffumsatzes eine höhere Saprobie aufweisen, als dies in der fließenden Welle, von der vor allem Makroorganismen beeinflußt werden, der Fall ist (s. **I. 7**.6.8.). So können in dem Oberlauf eines Fließgewässers auf den Steinoberflächen schon saprobielle oder potamale Verhältnisse herrschen und wenige Zentimeter darüber noch ursprünglich oligosaprobe (Abb. 231). In derartigen Fällen haben Protisten die Funktion eines **Frühwarnsystems**.

Das Mosaik von Strukturen in einem Fließgewässer bewirkt auch eine mosaikartige Verteilung der Indikatoren (z. B. unterschiedliche Indikatoren in Schwellen, Stillen und lenitischen Uferbuchten).

Mit zunehmendem Sauerstoffgehalt, aber gleichbleibender stofflicher Belastung (z. B. durch erhöhten physikalischen Eintrag) sinken auch die Saprobitätsindices (= **Fehlmann´sches Oxibiontensystem**), da viele Saprobie-Indikatoren vom Sauerstoffgehalt abhängig sind. Aus den uns schon bekannten Beziehungen der Organismen

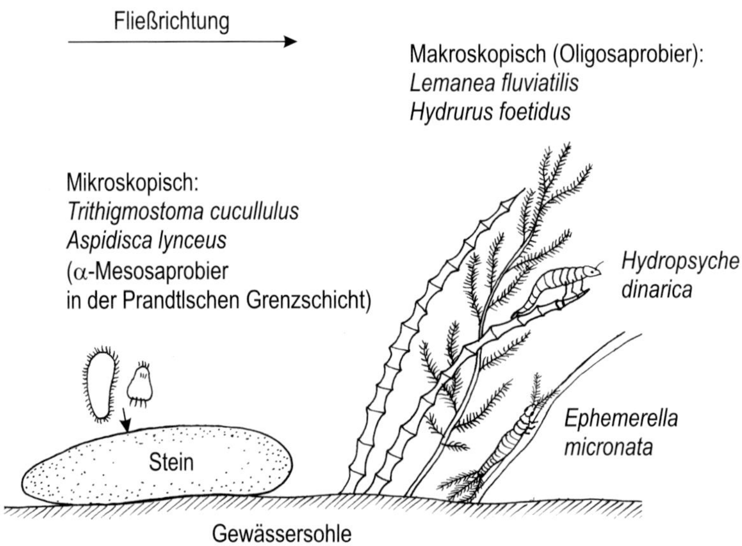

Abb. 231. Unterschiedliche Wassergüte in der Grenzschicht auf Steinen und im makroskopischen Bereich. Sie entsteht schon bei geringer zusätzlicher Belastung. (Original).

zur Strömung ist ableitbar, daß bei gleicher stofflicher Belastung in Standgewässern eine höhere Saprobie angezeigt wird als in Fließgewässern (s. **I. 7**.1.). Indikatoren für extreme Belastung sind, wie wir bereits wissen, bestimmte Blaualgen (Cyanophyta), die Toxine abgeben (s. **I. 8**.1.9.10.). Es sind etwa 77 Blaualgenarten bekannt, die Neuro- und Hepatotoxine synthetisieren. Sie schädigen nicht nur die Leber der Badenden, sondern sind auch tumorfördernd. Das häufige Toxin Microcystin wird in vielen Varianten nicht nur von *Microcystis*, sondern auch bei *Anabaena, Lyngbya, Aphanizomenon, Planktothrix, Nostoc, Phormidium* und anderen Gattungen nachgewiesen (Skulberg et al. 1994). Die Toxinausscheider kommen häufig in belasteten Flachgewässern vor. Bei Anwesenheit von Wasserflöhen bildet *Microcystis* große Kolonien und entgeht somit der Biofiltration. Eine Bekämpfung ist bisher nur durch Phosphatfällung (z. B. mit Hilfe von $FeCl_3$) möglich (Meybohm et al. 1998) (s. **II. 6**.2.3.). Einige Dinoflagellaten, z. B. *Peridinium cinctum*, sondern das Gift Saxitoxin ab, das sogar das Absterben von Enten bei Massenhaltungen hervorgerufen hat.

Die Indikation ist ein sehr differenziertes Verfahren, da die Organismen unterschiedlich sensibel reagieren, die Abwässer auch unterschiedlich sein können und einem räumlich- und zeitlichen Wirkungsmuster unterliegen, obwohl sie gleiche Summenparameter (Konzentrationen an NH_4^+, BSB, DOC) aufweisen. Beispiele:

- Periphyton ist für Fließgewässer und Seen ein sehr sensibler Indikator. Sein Wachstum erfolgt bereits sehr deutlich, wenn die Zunahme an Phosphor und pelagischem Chlorophyll noch kaum meßbar ist. Auch dieser Indikator hat die Funktion eines **Frühwarnsystems** (Abb. 232)
- **Fäkalabwässer** zeichnen sich durch giftige Abbaustoffe (z. B. Coprostanol, s. **I. 7**.6.8.) besonders aus. Beispielsweise tritt der NH_4^+-sensible Ciliat *Coleps hirtus* bei der Selbstreinigung von kohlenhydratreichen Abwässern schon bei α-Mesosaprobie, bei der an Faekalabwässern erst bei β-Mesosaprobie auf (vgl. Tab. 51, Bick 1966). Die Spezifität von Abwässern betrifft vor allem auch Bakterien. So treten coliforme Bakterien sehr differenziert in den verschiedenen Abwassertypen auf (Abb. 233).
- Es kann zu einer sehr unterschiedlichen Verteilung von eutrophierenden Zuflüssen kommen. Bekannt sind lange Abwasserfahnen, die sich an dem Einleitungsufer hinziehen, ohne sich mit dem gesamten Wasserkörper zu vermischen.

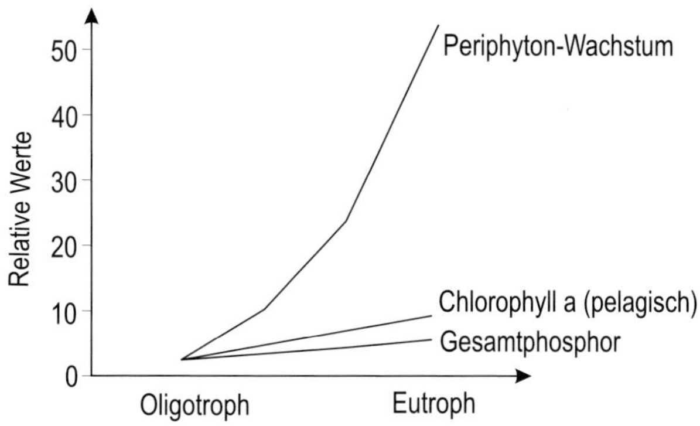

Abb. 232. Periphytonwachstum als guter Indikator für schon geringe Phosphorzunahmen. (Nach Herve 2000).

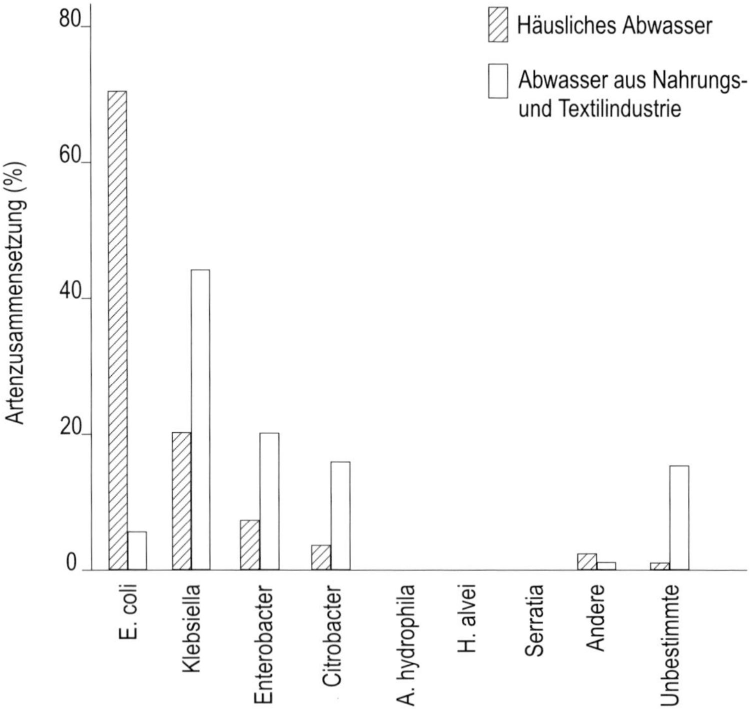

Abb. 233. Auftreten coliformer Bakterien in Abwässern verschiedener Herkunft. (Nach Niemi et al. 1997).

- Zuflüsse aus mehr oder weniger geklärtem Wasser fallen auch **zeitlich** unterschiedlich an. Bekannt sind die im Herbst anfallenden Abwässer aus der Zuckerrübenkampagne. Je nach den Industrien eines Gebietes ist auch mit zeitlich verschobenem Anfall spezifischer Abwässer zu rechnen. Tageszeitliche Unterschiede sind in mehreren europäischen Staaten nur für Kläranlagen von Bedeutung (s. **II. 3.**), in Staaten mit geringer Klärkapazität der Abwässer auch für die Gewässer, in die eingeleitet wird. Diese zeitlichen Strukturen richten sich nach den Gewohnheiten der Bevölkerung. In europäischen Staaten mit relativ geringer Klärkapazität der Abwässer steigen vor allem um Mitternacht die Nitratwerte in den als Vorfluter benutzten Gewässern an.

Die anthropogene Beeinflussung der Gewässer mit eutrophierenden Stoffen und organischem Material erfolgt auf unterschiedlichen **Belastungspfaden**. Grundsätzlich wird der punktuelle (Abwasser aus Kommunen, Industrien, Kläranlagen) und diffuse (aus land- und forstwirtschaftlichen Flächen und der Luft) Weg unterschieden (s. **I. 7.8.13.**). Bei der diffusen Belastung nimmt Phosphor den adsorbierten Weg über den Bodenabtrag, Nitrat den gelösten über das Grundwasser (Abb. 234).

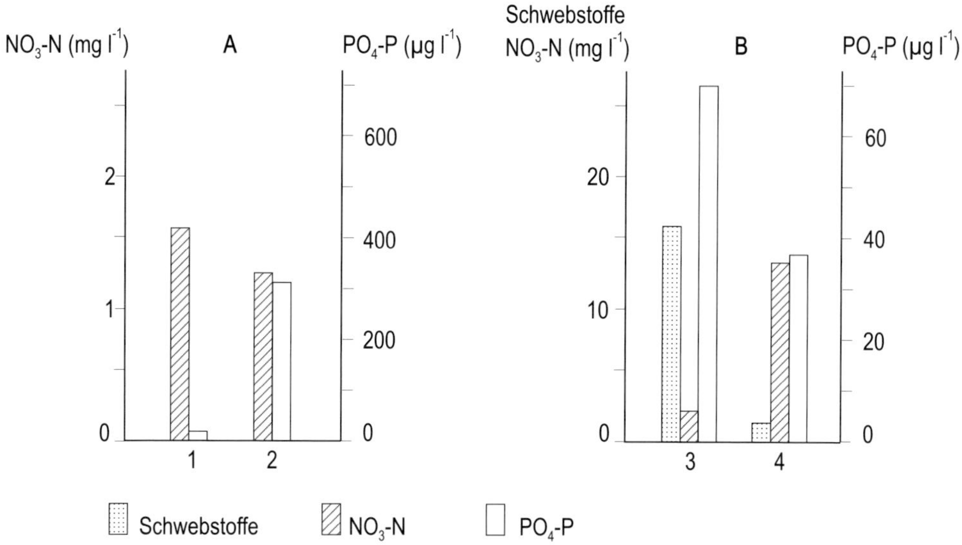

Abb. 234. Demonstration der unterschiedlichen Wege, die Nitrat und Phosphat aus der Aue in das Gewässer nehmen. **A** = Abspülexperiment: Ausgebrachtes Wasser am Auehang (1) und am Fluß (2) aufgefangen. Deutliche Zunahme an Phosphat (Durchschnittswerte aus 13 Versuchen mit 2,2 m³ Beregnungswasser). **B** = Aus dem Fluß versinkendes Wasser (3), das nach 4,5 km unterirdischem Lauf (4) wieder austritt (Reinigungseffekt für Schwebstoffe und Phosphate, Zufluß an Nitrat aus dem Grundwasser). (Nach Polz, A = Angaben aus Schönborn 1996b, B = aus Schönborn 1997).

Die Abb. 235 gibt die Anteile an punktuellen (hier aus Kläranlagen) und diffusen Belastungen unserer Gewässer an (s. **II. 5.**). In Deutschland verschoben sie sich in den letzten Jahren zunehmend von den punktuellen zu den diffusen Belastungen.

Für den diffusen Eintrag in Fließgewässer ist der Abfluß aus den Auen entscheidend. Dieser ist abhängig von der Hangneigung, der Vegetation und dem geologischen Untergrund. Zunehmende Hangneigung fördert, Verdichtung der Vegetation hemmt den Abtrag. Buntsandsteinböden sind besonders erodierbar, gefolgt von Keuperböden, vor allem mit Lösschichten (Schönborn 1996b).

In Einzugsgebieten mit Muschelkalk ist die Nitratbelastung der Flüsse besonders akut. Befinden sich in derartigen Gebieten Großviehanlagen oder andere stickstoffabgebende landwirtschaftliche Einrichtungen, so sollten sie infolge der Klüftigkeit des Muschelkalkes in andere Gebiete umgesiedelt werden (z. B. Urgesteinsuntergrund). In den unterirdischen Abflüssen kommt es zwar zu einer Ausfällung von Phosphor und Retention von Schwebstoffen, aber nicht von Nitraten (Abb. 234; s. auch **I. 7.3.**).

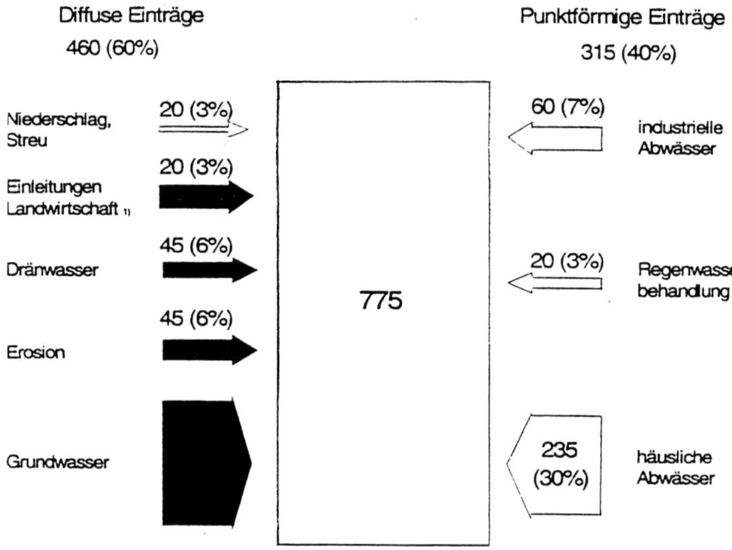

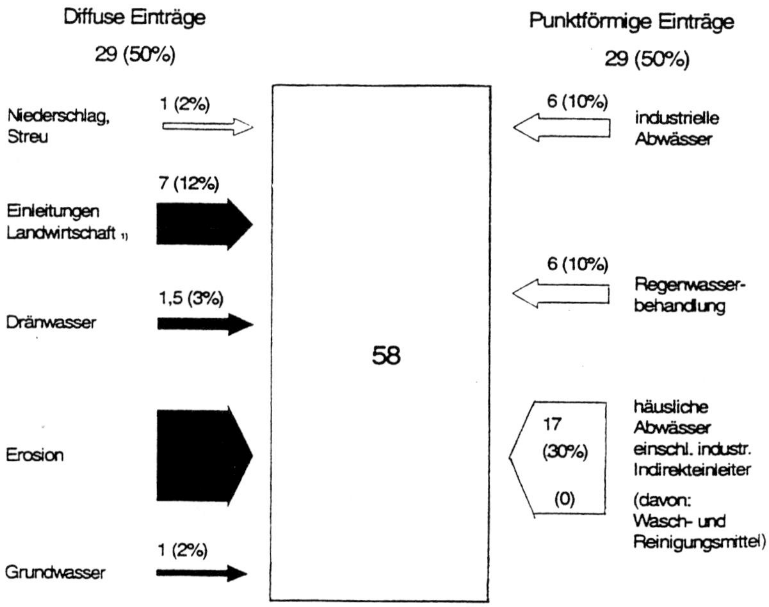

Abb. 235. Stickstoff- (oben) und Phosphoreinträge (unten) in Fließgewässern, in 10^3 t, 1995, Deutschland. (Nach dem Umweltbundesamt 1997).

3. Herkunft und Reinigung des Abwassers

Zu empfehlende Übersichtsliteratur: CURDS & HAWKES (1983), HARTMANN (1983), IMHOF (1993), MUDRACK & KUNST (1994), SCHWOERBEL (1999), Welt im Wandel – Wege zu einem nachhaltigen Umgang mit Süßwasser, Jahresgutachten (1997), Springer-Verlag.

Das mehr oder weniger geklärte Abwasser aus Kommunen und Industrien hat einen langen Weg der Behandlung und Nutzung hinter sich. Es wird aus Gewässern entnommen, für die Nutzung aufbereitet, muß zu den Nutzern transportiert und nach seiner Nutzung in die Kläranlagen geleitet werden. Von hier aus gelangt es zurück in den natürlichen Wasserkreislauf (Abb. 236).

3.1. Wasserentnahme

Die Wasserentnahme zum Zweck der Nutzung in Kommunen und Industrien (einschließlich der Landwirtschaft) geschieht aus natürlichen und künstlichen Gewässern. Die gesamte Wasserentnahme der Erde betrug 1995 ~4145 km³, davon fast 70 % für die Landwirtschaft und weniger als 10 % für Haushalte. In Deutschland betrug die Wasserentnahme 1990 etwa 47 km³. Bedingt durch Wasserentnahme fallen die Grundwasserspiegel auf der Erde jährlich um mehrere Meter; die Hauptnutzung entfällt auf die Bewässerung von Feldkulturen. Saudi Arabien entnimmt zu 80 % Wasser aus nicht erneuerbarem Grundwasser (fossiles Grundwasser, s. **I. 4.**). Eigentlich muß bei jeder Grundwasserentnahme zuvor seine Erneuerungsrate bestimmt werden. Der größte Teil des Nutzwassers wird in den Tropen und Subtropen zur Bewässerung, in Deutschland als Kühlwasser verbraucht.

Die Gewässer werden unterschiedlich zur Wasserentnahme genutzt (Orientierungswerte, hauptsächlich für Europa):

Grundwasser:	70 %	Flußwasser:	0,5 %
Quellen:	6 %	Seen:	1,5 %
Uferfiltrat:	5 %	Talsperren:	7 %
(aus Hyporheal u. anschließendem Grundwasser)		Künstlich erzeugtes Grundwasser:	10 %

Grundwasser. (s. **I. 5**.1., **I. 5**.2., **I. 5**.8.). Aus relativ flach liegenden Grundwasserleitern wird das Wasser mit Hilfe von Sickerleitungen entnommen. Das sind durch Kies abge-

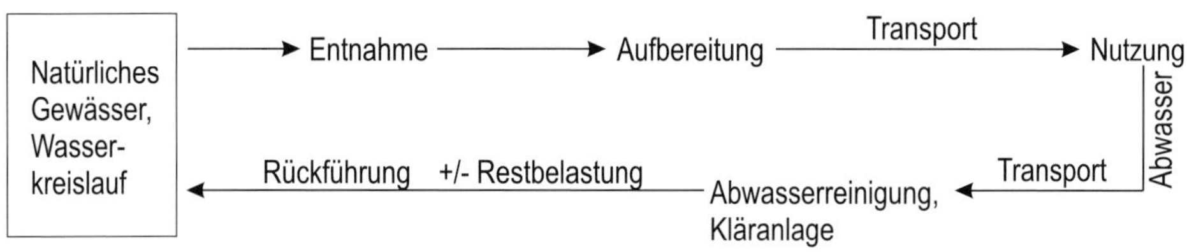

Abb. 236. Schema der Nutzung, Klärung und Rückführung des Wassers in den Gemeinden. (Original).

schirmte durchlöcherte Rohre, die in das Grundwasser verlegt werden und in die das Wasser einsickert und abgepumpt wird. Grundwasser aus tieferen Lagen wird aus Horizontalfilterbrunnen gewonnen (Abb. 237). Dabei wird der Brunnenschacht bis unter die Grundwassersohle gesenkt. Dicht über der Sohle sind Filterrohre sternenförmig angeordnet. Im oberen Teil des Schachtbrunnens befinden sich Pumpen, die das Wasser hochpumpen. Auch heute noch gilt Grundwasser aus über 20 m Tiefe als unbedenklich für den menschlichen Genuß. Grundwasser wird häufig in Flußtälern gewonnen.

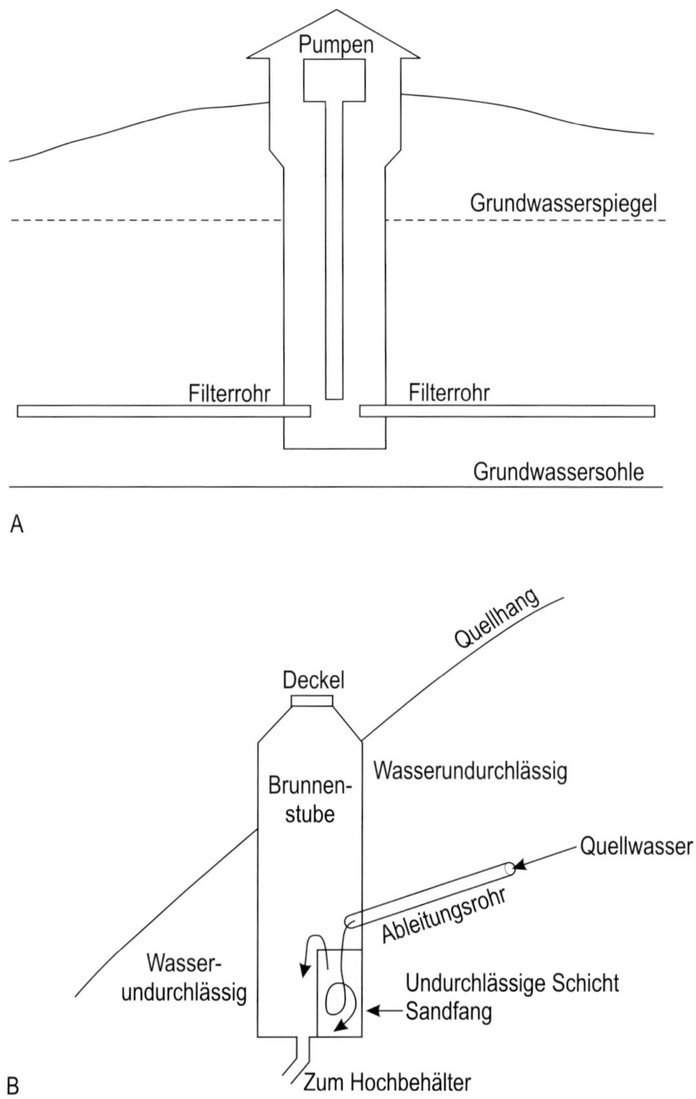

Abb. 237. Schematische Darstellung der Wasserentnahme aus dem Grundwasser (Horizontfilterbrunnen, **A**) und aus Quellen (Quellfassung, **B**). (In Anlehnung an KLEE 1991).

Quellen. (s. **I. 6.**11.). Ähnlich wie bei den Filterbrunnen, werden für die Wasserentnahme aus Quellen Brunnenstuben angelegt, die unter die undurchlässige Schicht des Grundwasserleiters reichen, über der die Quelle austritt (Abb. 237). Bevor das in die Brunnenstube einfließende Wasser abgepumpt wird, gelangt es oft in einen Sandfang, der sich auch zur Kontrolle der Grundwasserfauna eignet. Die Brunnenstuben werden gut abgedichtet (gegen eindringendes Wasser, auch von oben gegen Verschmutzung). Sind Rohre für den Einlauf in die Brunnenstube nötig, werden auch diese abgedichtet. Für sehr tiefe Grundwasserleiter werden Vertikalbrunnen gebaut, aus denen das Wasser abgepumpt wird.

In Nordafrika werden Stollen bis in die Grundwasserleiter angelegt, wobei das Grundwasser im freien Gefälle abfließt und entnommen wird (sog. Foggaras) (Förster 1990).

Uferfiltrat. Mindestens 50 m von einem Flußufer werden Brunnen angelegt, die das hyporheische und anstehende Grundwasser abpumpen. Die Brunnen liegen unterhalb des Flußwasserspiegels, so daß auch Mischwasser (nachströmendes bodenfiltriertes Oberflächenwasser) mit erfaßt wird. Die Saprobie des genutzten Flusses sollte nicht höher als β-mesosaprob sein.

Künstlich erzeugtes Grundwasser. Steht kein brauchbares Oberflächenwasser oder Uferfiltrat zur Verfügung, so werden in der Aue neben dem Fluß Filterbecken eingerichtet (Voraussetzung ist eine großflächige wasserundurchlässige Schicht). Die Filterbecken erhalten eine Sandschicht (Korngröße etwa 2 mm). Flußwasser drückt in die Filterbecken, wird dadurch bereits vorgereinigt und passiert dann die Sandschicht. Dabei kommt es zu einem enormen Reinigungseffekt (bis > 90 % der Keime adsorbieren an den Sandkörnchen) (s. auch Langsamfilter, **II. 3.**2.). Das filtrierte Wasser reichert sich über der wasserundurchlässigen Schicht an und wird abgepumpt (Abb. 238).

Auch Flüsse, die zur Grundwasseranreicherung dienen, sollten nicht stark belastet sein, ansonsten kommt es in der filtrierenden Uferschicht sehr schnell zur Kolmation. Günstig ist ein Sandkörnchensystem mit guten hydraulischen Eigenschaften, einem Biofilm von etwa 0,1 mm Stärke und bakteriovoren Protozoen, die die abbauenden, an die Körnchen gebundenen Bakterien in der produktiven Phase halten und den Biofilm nicht zu sehr wuchern lassen.

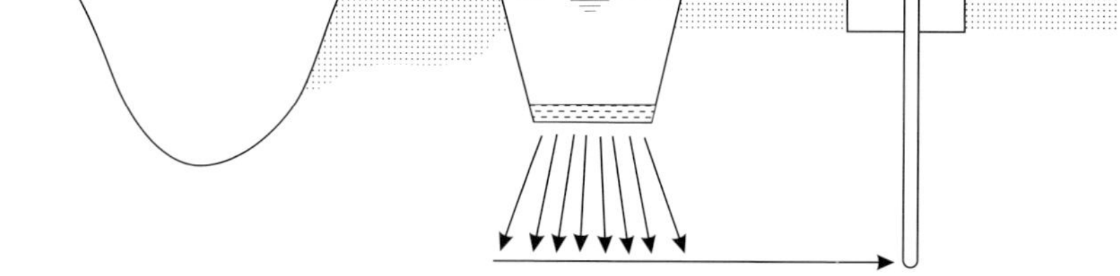

Abb. 238. Vereinfachtes Schema der künstlichen Grundwasseranreicherung durch Flußwasser-Filtration. Das Wasser wird in den Filterbecken nochmals sandgefiltert. (In Anlehnung an Klee 1991).

Oberflächenwasser. In gewässerarmen Gebieten werden häufig **Zisternen** zum Auffangen von Regenwasser angelegt. Das Wasser sammelt sich in einem Sammelraum, sollte aber vor dem Abpumpen noch eine Filterkammer aus Kies oder Holzkohle passieren.

Eine direkte Wasserentnahme aus **Flüssen** ist in Deutschland nur noch selten aktuell. Aus **Trinkwassertalsperren** und **Seen** wird Wasser nur aus dem Hypolimnion entnommen (meist mit Hilfe von Entnahmebauwerken). Die Gewässer sollten oligotroph und mindestens 40 m tief sein. Tiefenwasser ist kühl und planktonarm. Trotzdem ist das Einsetzen von Mikrosieben bei der Entnahme notwendig, da Plankter die Wasserqualität erheblich mindern können. Oberflächenwasser muß von allem entnommenen Wasser am intensivsten aufbereitet werden.

3.2. Wasseraufbereitung

Das entnommene Wasser muß vor allem, wenn es als Trinkwasser benutzt werden soll, auf seine Qualität geprüft werden. In der Mehrzahl der Fälle wird es nach strengen Richtlinien **aufbereitet**, d. h. gereinigt. Aber auch industriell zu verwendendes Wasser muß zumindest von partikulären Verunreinigungen befreit werden. Die an die Trinkwasserqualität gestellten Forderungen sind sehr hoch (Tab. 52). Aber auch die Wasseraufbereitung ist teuer und die Kosten steigen mit Qualitätsabfall des Entnahmewassers extrem an, so daß ein anthropogen unbelastetes Wasser nicht nur vom Standpunkt des Gewässerschutzes, sondern auch für die Gewinnung von Nutzwasser von Bedeutung ist (Abb. 239).

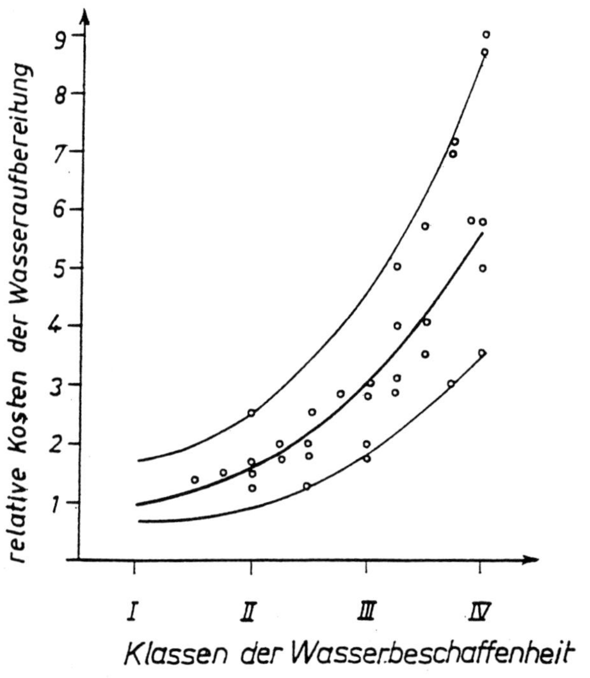

Abb. 239. Beziehung zwischen Wasserbeschaffenheit (Belastungsgrad) und Kosten für die Wasseraufbereitung. (Nach v. Tümpling 1969).

Tabelle 52. Grenz- und Richtwerte für Trinkwasser. (Vgl. CHAPMAN 1992; SCHÖNBORN 1995a, s. II.5.) TVO = Trinkwasserverordnung in Deutschland. (Die Tabelle stellt einen Auszug aus den vorhandenen Listen dar).

Parameter	Dimension	TVO	EU	WHO
Temperatur	°C	25	12 (bis 25)	
Elektrische Leitfähigkeit	$\mu S\ cm^{-1}$	2.000	400	
pH-Wert	–	6,5–9,5	6,5–8,5	6,5–8,5
Färbung	$mgl^{-1} PtCo^{-1}$	0,5 m^{-1}	1 (bis 20)	
Trübung	TE	1,5	1 (bis 10)	
Oxidierbarkeit (Mn VII – Mn II)	mgl^{-1}	5	2 (bis 5)	
Gelöste Salze	mgl^{-1}			1.000
Chlor (freies)	mgl^{-1}	0,3		
Chlorid	mgl^{-1}	250	25	250
Sulfat	mgl^{-1}	250	25 (bis 250)	400
Cyanid	mgl^{-1}	0,05	bis 0,05	0,10
Fluorid	mgl^{-1}	1,5	bis 1,5	1,5
Nitrat	mgl^{-1}	50	25 (bis 50)	10
Nitrit	mgl^{-1}	0,1	0,1	
Ammonium	mgl^{-1}	0,5	0,2 (bis 0,5)	0,2
Phosphor (P_2O_5)	mgl^{-1}	5	5	
Blei	mgl^{-1}	0,04	0,05	0,05
Cadmium	mgl^{-1}	0,005	0,005	0,005
Chrom	mgl^{-1}	0,05	0,005	0,05
Eisen	mgl^{-1}	0,2	0,3	0,3
Kupfer	mgl^{-1}	3	0,1	1
Nickel	mgl^{-1}	0,05	0,05	
Quecksilber	mgl^{-1}	0,001	0,01	0,01
Magnesium	mgl^{-1}	50	30	
Kalium	mgl^{-1}	12	12	
Natrium	mgl^{-1}	150	175	200
Arsen	mgl^{-1}	0,01	0,05	0,05
Mineralöle	mgl^{-1}	0,01	0,01	
PAK (Polycyklische aromatische Kohlenwasserstoffe)	mgl^{-1}	0,0002	0,0002	
Benzol	mgl^{-1}			0,010
Chlorphenole	mgl^{-1}			0,010
Org. Chlorverbindungen	mgl^{-1}	0,010	0,025	
Phenole	mgl^{-1}	0,0005	0,0005 (bis 0,001)	
Detergentien	mgl^{-1}		0,2	

Die Aufbereitung von Wasser durchläuft im Prinzip drei Verfahren: Entfernung von Verunreinigungen, Stabilisierung und Hygienisierung.

Entfernung von Verunreinigungen. Die Entfernung von partikulären und gelösten Stoffen ist besonders für Oberflächenwasser notwendig und verläuft nach dem Schema der Abb. 240. Die Mikrosiebe mit 10 µm Maschenweite halten Plankter zurück, vor allem sperrige Arten (*Asterionella, Fragilaria*) und gallertige Kolonien (*Eudorina, Synura*). Die Siebe werden allerdings von Nano- und Picoplanktern passiert. Diese Plankter müssen dann mit Hilfe der Flockung beseitigt werden. Mit der Flockung werden alle feinsuspendierten Substanzen und auch kolloidale Verunreinigungen erfaßt. Als Flockungsmittel werden Aluminiumsulfat $Al_2(SO_4)_3$, Eisenchlorid ($FeCl_3$) und andere Chemikalien benutzt. Der Zusatz von Polyelektrolyten verbindet Mikroflocken zu Großflocken, die dann ausfallen und sedimentieren. Neuerdings sind auch **Nanofiltrationen** im Einsatz (Porendurchmesser 1nm, mit Druckpressen). Damit können auch mittel- und hochmolekulare organische Stoffe zurückgehalten werden.

Ein weiteres Verfahren ist der Einsatz von **Magnetitpartikeln** (1–10 µm) (Home et al. 1992). Bei pH 7 sind die magnetischen Partikel positiv geladen und binden kolloid- und feindisperse Partikel und auch Makromoleküle (organische, wie Humin- und Fulvosäuren, die negativ geladen sind). Die Komplexe werden mit Hilfe von Magneten aus dem Wasser entfernt, die Magnetite können wieder benutzt werden. Mit diesen Methoden umgeht man den Einsatz der Flockungschemikalien.

Zu den klassischen Verfahren der Trinkwasseraufbereitung gehören die **Sandfilter**, die je nach Körnchengröße als Langsamfilter (Filtriergeschwindigkeit 0,05 m h^{-1}), Schnellfilter (Filtriergeschwindigkeit 5 m h^{-1}, für wenig verschmutztes Wasser) oder Mehrschichtfilter benutzt werden. Sandfilter halten auch über 90 % der Bakterien zurück, darunter Coliforme, Huminstoffe, Mineralöle, Lösungsmittel, Rückstände von Pflanzenschutzmitteln; Geschmacksstoffe (z. B. von Algen) sind hingegen sehr schwer entfernbar. Trotz Nanofiltration wird auch heute noch zu ihrer Entfernung **Aktivkohle** benutzt (Poren und Kapillaren in der Aktivkohle haben eine Oberfläche von 600–1500 m^2 g^{-1} und somit eine starke Adsorptionskraft). Auch **Adsorberharze** finden Anwendung, sowie **Ozon**, das gleichzeitig entkeimt, vor allem auch geruchsbildende Stoffe zerstört.

Stabilisierung. Hierunter versteht man die Entsäuerung, Enteisenung (und Entmanganung), Enthärtung und Entsalzung des Wassers.

- Entsäuerung. Überschüssiges CO_2 („aggressive Kohlensäure") wird entfernt. Eine das Kalk- und Kohlensäuregleichgewicht übersteigende CO_2-Konzentration führt zu

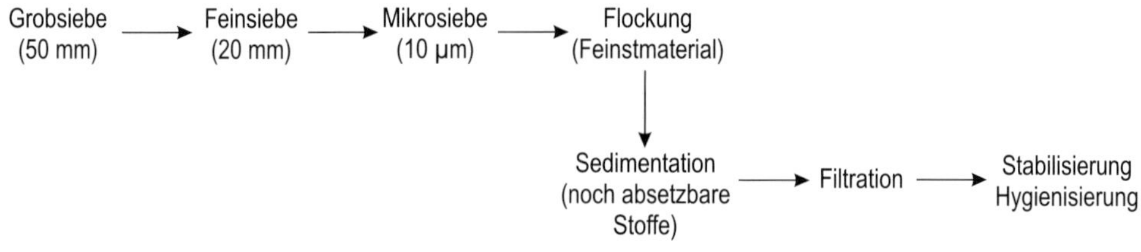

Abb. 240. Schema der Wasseraufbereitung. (In Anlehnung an Darstellungen mehrerer Autoren).

Korrosionen in den Wasserrohren. CO_2-Überschuß ist vor allem bei Grundwasser häufig. Wichtigste Verfahren sind Gasaustausch (CO_2 durch O_2 ersetzen) oder Zugabe von Calciumhydroxid: $Ca(OH)_2 + 2\ CO_2 \rightarrow Ca(HCO_3)_2$. (s. **I. 6.**3., **I. 8.**1.9.4.).

- Enteisenung. Sie beruht auf der Umwandlung von Fe^{2+} durch Oxidation in die unlösliche Fe^{3+}-Form (s. **I. 6.**3.). Die Ockerflocken, die sich sonst erst in den Wasserrohren bilden würden, werden abfiltriert. Ockerbildung entsteht auch häufig in den Schnellfiltern und Absetzbecken. Ähnliche Verfahren dienen der Entfernung von Mangan.
- Enthärtung. Sie entsteht meist mittels Fällung als $CaCO_3$ oder durch Ionenaustauscher. Mit der Enthärtung wird die Bildung von Kesselstein in den Wasserrohren verhindert, die besonders stark bei erwärmtem Wasser stattfindet. Durch Enthärtung wird auch der Bedarf an Wasch- und Reinigungsmitteln reduziert.
- Entsalzung. Sie geschieht mittels Ionenaustauscher. Dabei werden auch Nitrate entfernt. Ein radikales Verfahren ist die **Destillation** des entnommenen Wassers. Sie dient nicht nur der Entsalzung, sondern wird überhaupt bei hohen Stoffkonzentrationen angewendet. Das Verfahren ist sehr energieaufwendig und hängt von dem Grad der Möglichkeit der Rückgewinnung des Wassers ab.

Hygienisierung. Sie dient der Reduzierung der Bakterien und Pilze, vor allem der pathogenen. In letzter Zeit nimmt die Belastung des Trinkwassers mit Krankheitserregern zu, was allerdings teilweise ein Transportproblem ist (s. umstehend). Die wichtigsten Verfahren sind:

- Silberung. Wasser wird über Silberplatten geleitet. Nach etwa 4 Stunden kommt es zur Abtötung der Keime.
- Ultraviolettbehandlung. Dazu ist eine relativ lange Bestrahlungszeit nötig.
- Chlorung. Sie ist die am häufigsten benutzte Hygienisierungsmethode. Mit abnehmendem pH-Wert verkürzt sich die Keimtötungszeit. Benutzt werden unterchlorige Säure und Chlordioxid. Bei letzterem muß das Wasser völlig phenolfrei sein, da sonst das krebserregende Chlorphenol entsteht.
- Ozonisierung. Es ist ein sehr wirksames Verfahren. Ozon zerfällt in den zweiatomigen und einatomigen Sauerstoff. Dieser letztere ist sehr wirksam und zerstört sowohl organische Verbindungen als auch Bakterien
- Bestrahlung mit γ -Strahlen. Ein wenig benutztes Verfahren.

Die genannten Verfahren (vgl. Abb. 240) werden bei der Wasseraufbereitung **kombiniert**. Die Kombination erfolgt unterschiedlich, je nachdem, ob Grund- (bzw. Quell-) Wasser oder Oberflächenwasser behandelt wird. Bei der Aufbereitung von Oberflächenwasser sind Mikrosiebe, Filtrationen, Flockungen, Sedimentation, Adsorption und Hygienisierung vordringlich, bei Grundwasser ist es die Stabilisierung (und je nach Belastung auch Flockung und Filtration).

3.3. Wassertransport zu den Nutzern

Das aufbereitete Wasser muß in Rohren zu den Nutzern transportiert werden. In den Rohren kann es zu **Sekundärverschmutzungen** kommen. Es handelt sich um erneutes mikrobielles Wachstum und davon abhängig auch um höhere Organismen. Auch Aufwüchse können entstehen, die dann in Haushalten und Industrien Störungen und Verstopfungen an den Geräten hervorrufen. Bedenkliche Baumaterialien sind vor allem organische Werkstoffe (Bitumen, PVC, Epoxidharze, Chlorkautschuk u. a.), die Nährböden für Mikroorganismen sind.

Wie schon erwähnt, kommt es auch zur **Schädigung der Rohre**. Die wichtigsten sind Korrosionen bei ungenügend entsäuertem Wasser und durch Ockerausfällung.

3.4. Die Nutzung des Wassers und die Charakterisierung des Abwassers

Der Verbraucher verändert den physikalischen, chemischen und biologischen Zustand des Nutzwassers, so daß **Abwasser** entsteht. Seine Definition nach DIN 4045 des Deutschen Normausschusses lautet: „Abwasser ist nach häuslichem oder gewerblichem Gebrauch verändertes, insbesondere verunreinigtes, abfließendes und von Niederschlägen stammendes und in die Kanalisation gelangendes Wasser."

Abwasser muß gereinigt werden, bevor es wieder zurück in den Wasserkreislauf kommt. Diese Forderung ist erst in wenigen Ländern erfüllt. Weltweit werden nur etwa 5 % der Abwässer gereinigt. In diesem Kapitel werden nur Abwässer behandelt, die durch organische (fäulnisfähige) Stoffe belastet sind. Sie werden nach ihrer Herkunft eingeteilt:

- Häusliche Abwässer: Private Haushalte, öffentliche Einrichtungen, Kleinbetriebe (sofern keine toxischen Abprodukte anfallen). Etwa 20 % des genutzten Wassers verdunstet. Das Abwasser wird in öffentlichen Kläranlagen gereinigt. In diesen Bereichen fallen etwa 200 l Abwasser pro Einwohner und Tag an.
- Industrielle Abwässer: Das sind je nach der Industrie sehr heterogene Abwässer. Ausgeklammert bleiben auch hier anorganische und toxische Abwässer. Ihre Entsorgung wird in diesem Buch nicht behandelt. Sie wird von den Industriebetrieben meist selbst durchgeführt. Die Wirkung dieser Stoffe auf die aquatischen Ökosysteme wird, zusammen mit anderen anorganischen und toxischen Stoffen, die sich im Umlauf befinden, in einem gesonderten Kapitel (**II. 4.**) behandelt.
- Die industriellen organischen Abwässer werden in öffentlichen Kläranlagen gereinigt. Zu der organische Abfälle produzierenden Industrie gehören landwirtschaftliche Betriebe, Molkereien, Brennereien, Brauereien, Schlachthöfe. Die Einordnung als abbaufähiges Abwasser läßt sich relativ einfach nach dem Quotienten CSB/BSB_5 bestimmen. Er darf für die Abbaufähigkeit nicht viel höher als 1,7 sein (s. **I. 7.6.1.**). Der Vergleich zwischen häuslichem und industriellem organischen Abwasser geschieht mit Hilfe der Einwohnergleichwerte (EGW). Die EGW für industrielle Abwässer berechnen sich nach

$$\frac{\text{Menge des Abwassers pro Tag}\,[\text{m}^3] \cdot \text{BSB}_5\,[\text{g}]}{\text{EGW}\ (= 67\ \text{g})}$$

  (s. **I. 7.6.1.**)

- Regenwasser: Es wird bereits in der Luft belastet, außerdem bei dem Ablauf auf Feldwegen, Straßen, Höfen, Dächern udgl. Das in die Kanalisation ablaufende Wasser bedarf einer besonderen Behandlung, die auch heute noch nicht wissenschaftlich und technisch völlig beherrscht ist. Es gibt zwei Verfahren:

a) **Mischverfahren**. Das Abwasser wird mit dem Regenwasser als Mischwasser in einem Kanal gesammelt und zur Kläranlage geleitet.
Vorteil: Es ist nur ein Abflußkanal nötig und das Regenwasser, das fast immer verschmutzt ist, wird der Reinigung zugeleitet.
Nachteil: Bei starken Regenfällen kommt es zu einem Rückstau im Schmutzwasserkanal.

b) **Trennverfahren**. Regen- und Abwasser werden in getrennten Kanälen in die Kläranlage geleitet. Es gibt auch Möglichkeiten der Versickerung, Einleitung in ein Gewässer oder eine Klärung in besonderen Becken. Da Regenwasser oft einen BSB_5-Wert von 20 mg l^{-1} besitzt, den gleichen, den auch geklärtes Abwasser aufweist, ist eine Einleitung in ein Fließgewässer (Verdünnungseffekt!) nicht katastrophal, aber jedoch eine zusätzliche Belastungsquelle.
Vorteil: Kein Rückstau bei starken Regenfällen.
Nachteil: Bei Zuführung zur Kläranlage ist der relativ hohe Aufwand des doppelten Kanalbaus notwendig, desgleichen die Behandlung in gesonderten Becken.

Heute entschließt man sich meist für das Mischverfahren. Dafür ist allerdings die Anlage eines **Regenrückhaltebeckens** (Regenüberlaufbauwerke) notwendig, das eine Überlastung der Kläranlage verhindern soll. Die Bemessungsgrundlage des Volumens des Rückhaltebeckens beläuft sich auf einen Starkregen von 20 min ha^{-1}, der abläuft (nicht versickert!) plus 200 l d^{-1} Abwassermenge pro Einwohner.

Zusammensetzung des Abwassers. Die Tab. 53 gibt eine Übersicht über die durchschnittliche Zusammensetzung des Abwassers in Deutschland (bezogen auf die Abwassermenge von 200 l E^{-1} d^{-1}). Über 30 % der Abwasserlast besteht aus absetzbaren Stoffen; die überwiegende Menge ist gelöst. Eine besondere Rolle im Klärprozeß spielen die nichtabsetzbaren Stoffe, die etwa 7 % ausmachen. In die Kläranlagen gelan-

Tabelle 53. Belastung der häuslichen Abwasser. (Nach IMHOFF 1993).

Absetzbare Stoffe	50 g $E^{-1}d^{-1}$	≡	20 g BSB_5 $E^{-1}d^{-1}$	≡	100 mg l^{-1} BSB_5
Nichtabsetzbare Schwebstoffe	15 g $E^{-1}d^{-1}$	≡	10 g BSB_5 $E^{-1}d^{-1}$	≡	50 mg l^{-1} BSB_5
Gelöste Stoffe	125 g $E^{-1}d^{-1}$	≡	30 g BSB_5 $E^{-1}d^{-1}$	≡	150 mg l^{-1} BSB_5
	190 g $E^{-1}d^{-1}$	≡	60 BSB_5 $E^{-1}d^{-1}$ (= 1 Einwohnergleichwert, EGW)	≡	300 mg l^{-1} BSB_5

E = Einwohner

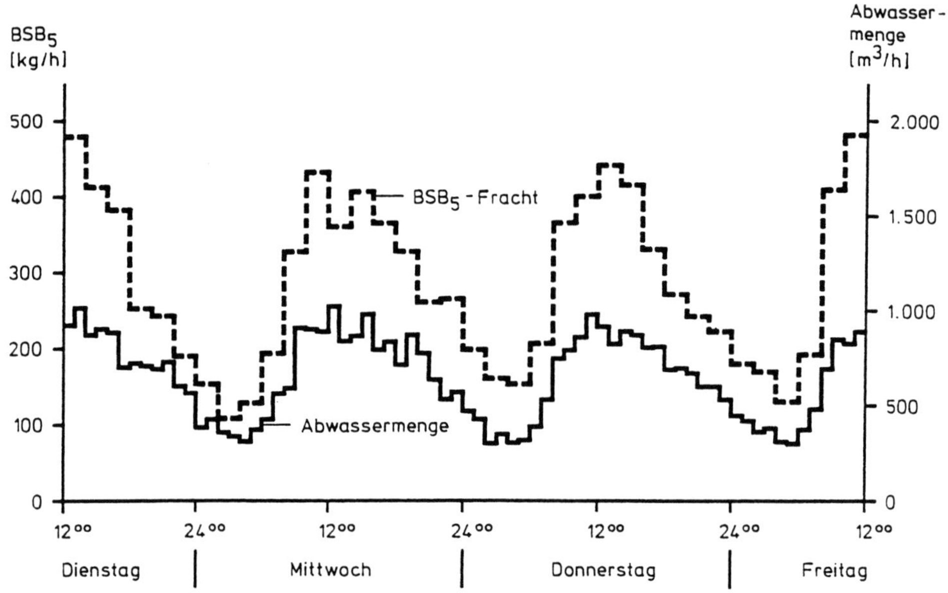

Abb. 241. Tagesperiodik des Zuflusses von Abwasser zu den Kläranlagen. (Nach MUDRACK & KUNST 1994).

gen aber nicht nur Abwässer (mit den heterotrophen Bakterien und Protozoen, die notwendig für den Abbau sind), sondern auch Schadstoffe, pathogene Bakterien, Viren und Wurmeier.

Zeitliche Unterschiede des Abwasseranfalls. Der Zufluß zu den Kläranlagen erfolgt nicht kontinuierlich, sondern ist z. B. in Deutschland um die Mittagszeit am stärksten (Abb. 241). Dies hängt jedoch stark von den Gewohnheiten der Bevölkerung ab und ist auch jahreszeitlich verschieden (STANGENBERG-OPOROWSKA & SOLSKI 1964).

3.5. Transport des Abwassers zur Kläranlage

Die Abbauvorgänge beginnen bereits in den Rohrleitungen auf dem Transportweg in die Kläranlage. Es entwickeln sich Mikroorganismen an der Rohrwand, die einen Aufwuchs bilden, die **Sielhaut**. Es kommt zu Sauerstoffdefiziten, wodurch die im Wasser enthaltenen Sulfate zu H_2S reduziert werden (Desulfurikanten-Aktivität). Die Rohre sind nicht völlig mit Abwasser angefüllt, sondern enthalten einen Freiraum, der Luft enthält. An der oberen Rohrdecke bildet sich Kondenzwasser, das entsprechend aerob ist. Dringt H_2S in dieses Kondenzwasser ein, so wird es bis zur Schwefelsäure oxidiert: $H_2S + 2\ O_2 \rightarrow H_2SO_4$. Die Säure führt schließlich zu Korrosionen an der Rohrleitung (Abb. 242).

Maßnahmen: *Thiobacillus*-hemmende Stoffe in das Wasser geben oder sulfatresistente Baumaterialien verwenden. Wird für eine Belüftung der Rohrleitungen gesorgt, kann es bereits in den Transportleitungen zu einem signifikanten Abbau der Abwasserstoffe kommen, wodurch die Kläranlage entlastet wird.

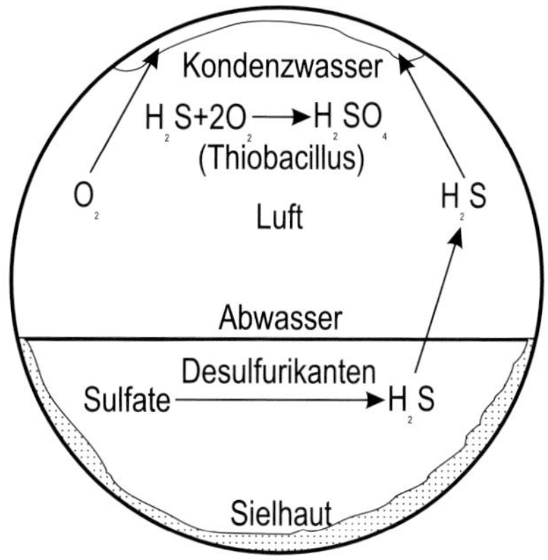

Abb. 242. Korrosionsprozesse in einem Transportrohr (Beton) bezüglich mikrobieller Schwefelumsetzungen. (Nach McKinney aus Uhlmann 1988).

3.6. Die technischen Kläranlagen

Die Abb. 243 gibt eine Übersicht über die Stufen des Klärvorgangs. Die Reinigungsstufen werden in mechanische, biologische und dritte Reinigungsstufe (N- und P-Elimination) eingeteilt. Die technischen Kläranlagen werden unterschieden in Belebtschlamm- und Tropfkörperverfahren.

3.6.1. Die mechanische Reinigungsstufe

Die **Rechen** oder auch großen Siebe halten die groben Partikel und Gegenstände zurück. Im **Sandfang** sedimentieren die sich im Abwasser befindlichen Sandkörnchen (1 mm – 0,1 mm Korngrößen). Das Wasser fließt im Sandfang etwa 0,3 m s^{-1}. Es wird mit 10 l Sand E^{-1} a^{-1} gerechnet. Der Querschnitt des Sandfangs berechnet sich:

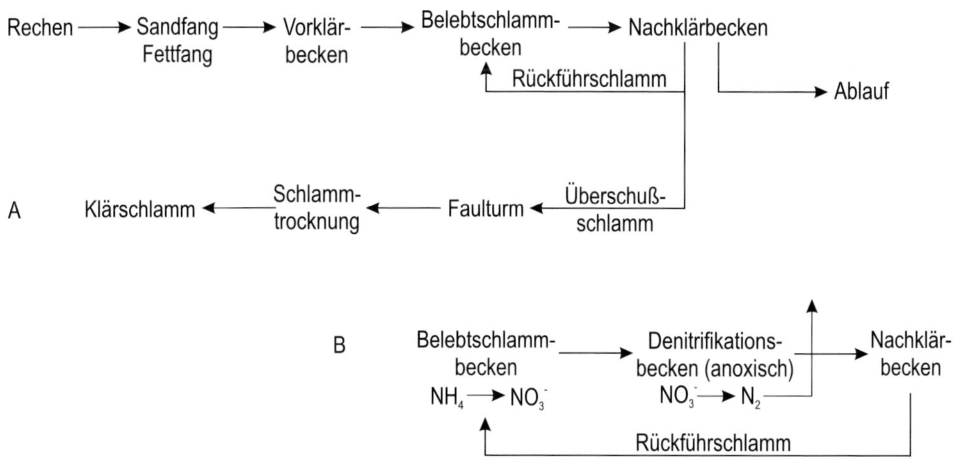

Abb. 243. Schema einer Belebtschlammanlage. **A** = Grundschema, **B** = mit einer Variante der Stickstoffeliminierung (3. Reinigungsstufe). (In Anlehnung an Darstellungen mehrerer Autoren).

$$\text{Sandfang } (m^2) = \frac{\text{Durchfluß } (m^3 s^{-1})}{\text{Fließgeschwindigkeit } (= 0{,}3 \text{ ms}^{-1})}$$

Fettfänger. Das auf der Oberfläche schwimmende Fett wird zusammengeschoben und abgeschöpft. Dies geschieht mit Hilfe verschiedener Techniken. Heute sind Sandfang und Fettfänger häufig kombiniert. Lufteingaben in den Sandfang bewirken, daß auch die feinsuspendierten Stoffe aufgewirbelt werden und zusammen mit dem Fett entfernt werden können. Danach kann sich der reine Sand sedimentieren (Flotationsverfahren, auch kombiniert mit Flockungsmitteln). Anschließend gelangt das Abwasser in das **Vorklärbecken** (**Absetzbecken**). Hier setzen sich die Feststoffe ab, die durch die Siebe und Rechen gingen und nicht Fett oder Sand sind. Es handelt sich um die feinen organischen Partikel, die innerhalb von 2 Stunden sedimentieren (Durchflußdauer 1–2 Stunden!). Partikel von 0,05 mm Durchmesser sedimentieren etwa 0,76 m h^{-1}. Die abgesetzten Stoffe werden entfernt (s. **II. 3.6.4.**). Schwebstoffe, die sich in dieser Zeit nicht absetzen, gelangen in die biologische Stufe und sind hier sogar erwünscht. Je nach Kläranlagentyp handelt es sich dabei um Belebtschlamm- oder Tropfkörperanlagen.

3.6.2. Die biologische Reinigungsstufe

3.6.2.1. Belebtschlammanlage

Das Belebtschlammverfahren ist dem Ökosystem des Freiwassers (eines großen Flusses oder Durchflußsees = durchmischter Reaktor) nachgebildet. Zur Berechnung des Fassungsvermögens einer Kläranlage wird die doppelte Menge des Trockenwetterabflusses eines Gebietes (= 2 TWA) zugrunde gelegt. Die biologische Reinigung erfolgt in dem **Belebtschlammbecken**. Das aus dem Vorklärbecken zulaufende Wasser enthält hohe Konzentrationen an gelösten und kolloidalen organischen Stoffen sowie an winzigen nicht sedimentierbaren Partikeln. Im Gefolge dieser Belastung treten hohe Dichten an Bakterien und bacteriovoren Protozoen auf (vor allem Zooflagellaten und Ciliaten, auch nackte und beschalte Amöben) sowie Rotatorien und Nematoden. Das Belebtschlammbecken muß gleichmäßig und reichlich mit Sauerstoff versorgt werden (2–3 mg l^{-1} O_2 sollte ständig vorhanden sein). Dementsprechend gibt es mehrere Typen von Belebtschlammbecken, bezogen auf die Luft- bzw. Sauerstoffzufuhr und -verteilung (Durchmischung).

In den belüfteten Becken verlaufen die Abbauprozesse rasant (Kohlenhydrate, Fette, Eiweiße, s. **I. 7.6.1.**). Als Endprodukte entstehen CO_2, H_2O, SO_4^{2-} , NO_3^- und Phosphate. Die Aufenthaltsdauer des Wassers im Belebtschlammbecken beträgt fast nur 6–10 Stunden, die der Belebtschlammflocken aber viel länger (= Schlammalter).

Der Klärprozeß vollzieht sich, indem die Bakterien die gelösten organischen Stoffe aufnehmen, sie in Biomasse verwandeln, dabei sich immer mehr zu Flocken (= **Belebtschlammflocken**) zusammenballen, die sedimentieren und somit entfernt werden können. Gelöste organische Stoffe werden in absetzbare Biomasse verwandelt. Infolge der hohen Dichten sondern die Bakterien Schleim ab, in dem sie zu Aggregaten verklumpen (Aggregationstheorie). Es handelt sich dabei um kleine kompakte Bakterien, z. B. *Pseudomonas, Micrococcus, Bacillus, Klebsiella, Zoogloea* und auch Nitrifikanten und nur um wenige fadenförmige Arten. Die Artenzahl ist sehr hoch, oft mehrere hundert Arten. Die sich bildenden Flocken erreichen Durchmesser von 50 bis > 800 µm. In ihnen sind auch anorganische Stoffe eingeschlossen (~30 %). Auch die aus dem Vorklärbecken stammenden, nicht absetzbaren Partikel und kolloidalen Stoffe können sich physikochemisch zu größeren Aggregaten zusammenschließen (da ihre Oberflächen elektronegativ geladen sind). Durch Zugabe von Aluminiumsalzen lassen sich die physikochemischen Aggregate noch vergrößern, so daß sie besser sedimentieren.

Die Belebtschlammflocke ist meist diffus sternenförmig (Abb. 244). Die Bakterien der Randzone sind sehr aktiv, die der Kernzone sind es weniger. Dabei ist wichtig, daß die Kernzone noch genügend Sauerstoff besitzt, 0,1 mg l^{-1} sind jedoch ausreichend. In schwachbelasteten Anlagen sind die Flocken relativ kompakt, und im Zentrum befindet sich vorwiegend anorganisches Material.

An den Flocken leben auch bacteriovore Protozoen und Metazoen. Die wichtigsten Zooflagellaten sind *Trigonomonas*- und *Bodo*-Arten, die der Ciliaten *Paramecium caudatum, Colpidium* spec., *Colpoda* spec., *Trithigmostoma cucullulus, Aspidisca costata,* Vorticelliden, *Euplotes affinis, Litonotus* spec. Häufige Thekamöbenarten sind *Euglypha* spec. und *Frenzelina reniformis*.

Die Ciliaten gehören vorwiegend der α-mesosaproben Zone an. Sie erreichen Dichten von > $100 \cdot 10^3$ ml^{-1}.

Durch die Bacteriovorie der Protozoen und kleinen Metazoen werden die Bakterienpopulationen in der exponentiellen Wachstumsphase gehalten und somit wird ihre Produktion stimuliert. Nur eine sich teilende Bakterienzelle benötigt viel Nahrung. Es ist wichtig, zu wissen, daß die Ciliaten sowohl Bakterien als auch Flagellaten konsumieren. Das System tendiert zu einem Gleichgewicht zwischen Bakterien, Zooflagellaten und Ciliaten, wobei die Zooflagellaten extreme Bakterienfresser sind.

Im Hinblick auf die Entfernung von Stickstoffverbindungen legt man Wert darauf, daß es bereits im Belebtschlammbecken zu einer **Nitrifikation** kommt. Die Nitrifikanten haben relativ lange Generationszeiten. Daher muß das Schlammalter mindestens das Doppelte dieser Zeit betragen; das sind etwa 8–10 Tage (Imhoff 1993). Auch darf die Sauerstoffzehrung nicht zu groß sein, sie muß < 0,15 kg BSB_5/kg TS · d betragen. Im Sommer bei hohen Temperaturen ist die Sauerstoffzehrung besonders stark.

Dem Belebtschlammbecken ist das **Nachklärbecken** angeschlossen, das also noch zur biologischen Reinigungsstufe gehört. In ihm setzen sich die Belebtschlammflocken

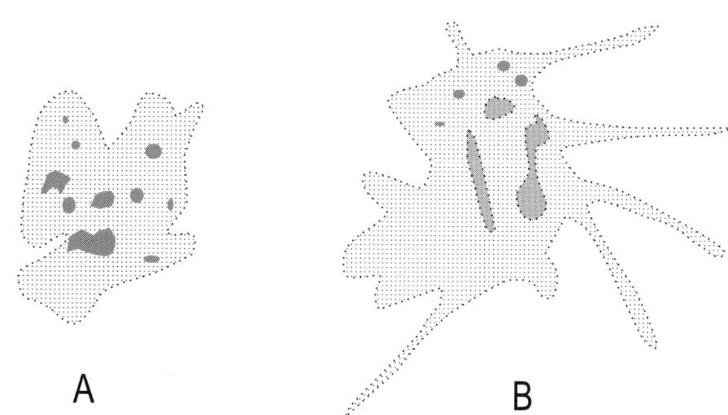

Abb. 244. Schematisierte Darstellung einer schwachbelasteten **(A)** und stark belasteten **(B)** Belebtschlammflocke. (In Anlehnung an Mudrack & Kunst 1994).

ab und werden somit von dem gereinigten Wasser getrennt. Mit dem vom Hauptbecken getrennten Absetzen von mikrobieller Biomasse wird diesem viel Biomasse entzogen. Ein Teil des Belebtschlammes wird daher dem Hauptbecken wieder zugeführt (**Rückführschlamm**). Dies gewährleistet eine gleichmäßig hohe Biomassekonzentration und auch den Ausgleich von Konzentrationsschwankungen des zugeführten Abwassers.

Der gesamte abgesetzte Schlamm wird in einem gesonderten Verfahren behandelt (s. II. 3.6.4.).

Wird in dem Hauptbecken bereits eine Nitrifikation erreicht, kann es im anaeroben Schlamm des Nachklärbeckens auch zu einer starken **Denitrifikation** kommen. Allerdings wirbelt der aufsteigende molekulare Stickstoff den Schlamm wieder auf, was den Absetzvorgang erheblich stört. Daher wird häufig zwischen dem Belebungs- und Nachklärbecken ein **Denitrifikationsbecken** eingerichtet, aus dem der molekulare Stickstoff dann entweichen kann (Abb. 243). Aber auch schon im Belebungsbecken kann Denitrifikation einsetzen und zwar in den Kernzonen der Flocken, wenn diese anoxisch sind.

Mit dem **Ablauf** aus dem Nachklärbecken verläßt das gereinigte Wasser die Kläranlage. Das Ziel ist ein BSB_5 von 15–20 mg l^{-1} bei einem Eintrag in die Kläranlage von 200 bis 300 mg l^{-1} BSB_5 und ~150 mg l^{-1} CSB (Tab. 54).

Den normalen Klärprozeß bewirken kleine kompakte Bakterien (Kokken, Stäbchen). Anstelle dieser Bakterien können die auch in der Belebtschlammflocke vorhandenen fadenförmigen Arten zur Dominanz gelangen. Dazu gehören vor allem *Microthrix parvicella*, weniger *Sphaerotilus natans*. Es bilden sich dann keine absetzbaren Flocken, sondern der Schlamm „bläht" auf (**Blähschlamm**). Das bedeutet ein Versagen des Klärprozesses (Abb. 245). Die Ursachen der Blähschlammbildung sind vielfältig und teilweise auch unbekannt. Zunächst können es Verschiebungen des Gleichgewichts der bacterivoren Organismen sein. Fehlen Ciliaten, (z. B., wenn das Abwasser nicht isosaprob ist), kommt es zur Massenentwicklung der Zooflagellaten, die die Dichten der klei-

Tabelle 54. Bemessung der Belastungskriterien von Belebtschlammanlagen. (Nach Imhoff 1993).

Belastungskriterium	**Biologische Reinigung:**		
	ohne Nitrifikation	**mit Nitrifikation**	**mit aerober Schlammstabilisierung**
Ablaufqualität (Rest BSB_5) [mg l^{-1}]	20	15	15
BSB_5-Raumbelastung [kg m^{-3} d^{-1}]	1,0	0,5	0,2
Schlammgehalt [kg TS m^{-3}]	3,3	3,3	5,0
BSB_5-Schlammbelastung [kg/kg TS d]	0,3	0,15	0,05

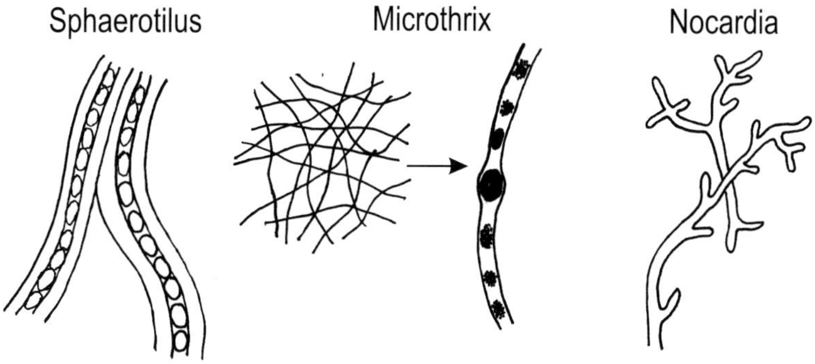

Abb. 245. Fädige Bakterien in Kläranlagen. *Sphaerotilus* (die Zellen in der Scheide 2–3 µm), *Microthrix parvicella* (200–400 µm lang, bis 1 µm dick. Es sind dünne Fäden, die keine zelluläre Struktur erkennen lassen und Knäuel bilden. Verdichtungen sind Phosphatgranulae), *Nocardia* (2–16 µm lang). (Originale).

nen Bakterien derart reduzieren, daß die Lücke von Fadenbakterien ausgenutzt wird. Besitzt das Abwasser zu geringe Konzentrationen an Nährstoffen, so sind die Fadenbakterien infolge ihrer großen Oberfläche im Vorteil und können den Raum ausfüllen. Dieses Problem läßt sich oft mit einer genügenden Menge an Rückführschlamm beheben. Auch Sauerstoffmangel begünstigt Blähschlamm, desgleichen Abwasser aus bestimmten Industriezweigen (Lebensmittel-, Papier- und Textilindustrie).

Bekämpfungsmaßnahmen sind:

- Zerstörung der Fadenbakterien durch hochtourige Separatoren.
- Bekämpfung mit Chlor oder H_2O_2.
- Rückführung von Belebtschlamm (und damit kleinen Bakterien).
- Bei Sauerstoffmangel diesen abstellen.
- Phosphate und Stickstoffverbindungen lange genug im Hauptbecken lassen, d. h. die 3. Reinigungsstufe nach hinten verschieben (s. **II. 3.6.3.**).
- Nitrit schädigt die kleinen Bakterien, nicht aber die fadenförmigen. Daher darf Nitrit als Zwischenprodukt bei der Denitrifikation nicht in das Hauptbecken gelangen.

Neben Blähschlamm treten neuerdings auch **Schaumbildungen** an der Oberfläche der Belebtschlamm- und Nachklärbecken auf. Auslöser ist die Massenentwicklung bestimmter Actinomyceten, wie *Nocardia, Rhodococcus* und *Gordona.* Mit ihren stumpfen Verästelungen fangen sie Luft- oder im Nachklärbecken Stickstoffbläschen ein. Die Ursache für das Auftreten der Actinomyceten sind oberflächenaktive Stoffe im Abwasser. Die Actinomyceten können diese verwerten und auch die Oberflächen besiedeln, da sie im Gegensatz zu vielen anderen Bakterien relativ unempfindlich gegenüber UV-Strahlen sind. Actinomycetenschaum muß abgeschöpft werden und darf nicht als Rückführschlamm benutzt werden (Lemmer 1992) (Abb. 245)

Auch Faulbehälter (s. **II. 3.6.4.**) können schäumen, so daß mit der Flut neuer Substanzen in Industrie und Haushalten immer mehr neue Probleme auf die Kläranlagen zukommen.

3.6.2.2. Tropfkörperanlagen

Das Tropfkörperverfahren ist dem mikrobenthischen System nachgebildet (Lückensysteme im fädigen Aufwuchs und im Interstitial = Feststoffreaktor) (Abb. 246). Die **Turmtropfkörper** sind runde oder rechteckige Behälter von etwa 7–8 m Durchmesser (bzw. Breite) und 4–5 m Höhe. Sie sind ausgefüllt mit gekörnter Schlacke, Koks, Lava oder Kunststoffen, also porösem Material, welches ein Interstitial bildet. Bei einer Körnung von 40–80 mm ergibt sich eine Oberfläche von 90 m^2 m^{-3} und ein Hohlraumanteil von 50 % am ausgefüllten Turmtropfkörper. Viele von ihnen haben aber bereits einen Hohlraumanteil von 90 %. Bewährt hat sich dabei die Verwendung von Kunststoffen mit bekannter Porenweite. Über dieser Packung von porenreichem Material wird das aus dem Vorklärbecken kommende Wasser versprüht (z. B. mit Hilfe eines Drehsprühers). Die Tropfkörper werden nicht künstlich belüftet, sondern die Luft dringt auf natürlichem Wege von oben und unten in den Behälter (Abb. 246).

In dem enormen Porenraum im Tropfkörper bildet sich ein Bakterienrasen aus, auf dem sich ein artenreiches System aufbaut, das viel reichhaltiger ist als das im Belebungsbecken. Der Abbau der organischen Belastungsstoffe vollzieht sich rasant. Es wird ein etwa 80 %-iger BSB_5-Abbau erreicht. Die Abb. 247 zeigt die Abbaustufen auf. Die Durchlaufzeit des Wassers liegt (je nach Belastung) meist unter einer Stunde.

Der biologische Rasen in den Lückensystemen kann bis 10 mm Höhe erreichen, bei geringerer Belastung aber auch weniger. Primärbesiedler sind Bakterien und auch Pilze, sowohl kleine kompakte Bakterien als auch fadenförmige. Das Indikatorsystem für die Belebungsanlage gilt hier nicht mehr. Auch Actinomyceten, wie *Nocardia* erscheinen hier, desgleichen *Fusarium* und andere Pilze, ohne Schaden anzurichten.

Von den Mikroorganismen ernähren sich viele Protozoen (Zooflagellaten, wie *Bodo, Trigonomonas*, Ciliaten, etwa dieselben Arten wie im Belebungsbecken), Rotatorien und Nematoden. Die Protozoen werden von *Chaetogaster* gefressen, der in natürlichen limnischen Lebensräumen ebenfalls eine Schlüsselrolle besitzt (s. **I. 7.5.8.**, **I. 7.7.3.**).

Den Aufwuchs als Gesamtheit weiden ab: große Oligochaeten, wie z. B. Lumbriculiden und vor allem die Larven der Schmetterlingsmücke *Psychoda*. Die beiden letzten

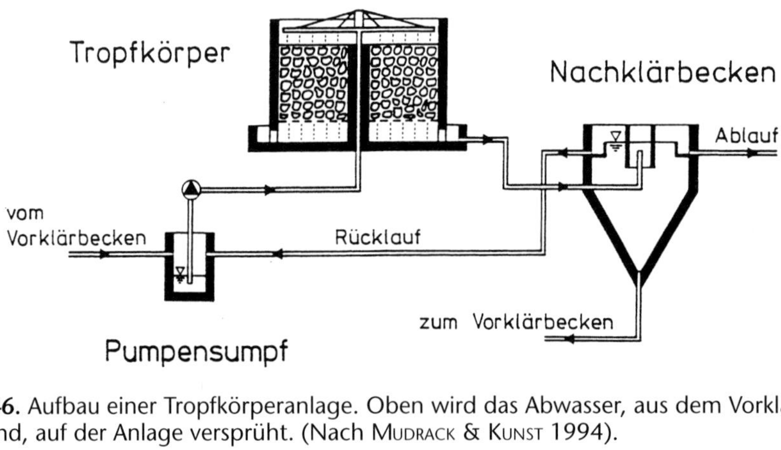

Abb. 246. Aufbau einer Tropfkörperanlage. Oben wird das Abwasser, aus dem Vorklärbecken kommend, auf der Anlage versprüht. (Nach MUDRACK & KUNST 1994).

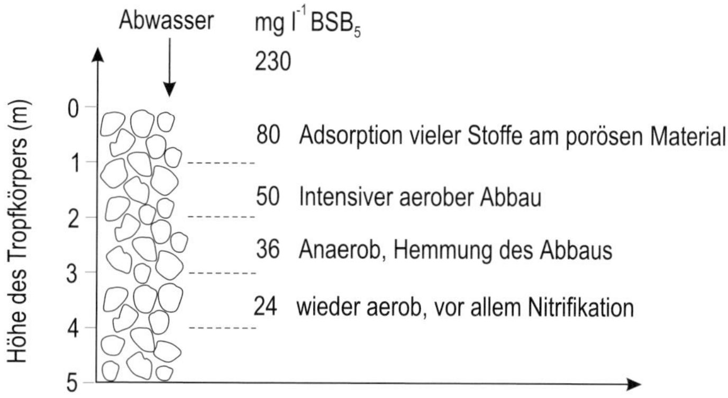

Abb. 247. Beispiel der Reinigungsleistung eines Tropfkörpers. (In Anlehnung an KLEE 1991).

Gruppen sorgen vor allem für eine Bioturbation in dem Rasen, so daß Sauerstoff tief eindringen kann. Als oberster Räuber kann der Springschwanz *Podura aquatica* gelten, der die Mückenlarven frißt. Die Imagines der Mücken werden in den Anlagen oft lästig, doch läßt sich durch eine Erhöhung der *Podura*-Dichten steuernd eingreifen.

Dieses intensive Energieflußsystem stimuliert die Abbauleistungen der Mikroorganismen. Sowohl die Mikroorganismen als auch die daran anschließenden Prädatorenstufen werden in der exponentiellen Wachstumsphase ihrer Populationen gehalten. Auch der Weidefraß hält den Aufwuchs generell in der Wachstumsphase. Das übersprühende Abwasser reinigt zugleich die Poren und führt abgerissene Rasenteile mit (Abb. 248).

Ist die Abwasserbelastung zu groß, kann es jedoch zu Störungen kommen. Der Aufwuchs erreicht Dichten und Höhen, für die das Wasser keinen durchschlagenden Spüleffekt mehr hat. Es kommt zu Verstopfungen des Porensystems. Der Sauerstoff dringt

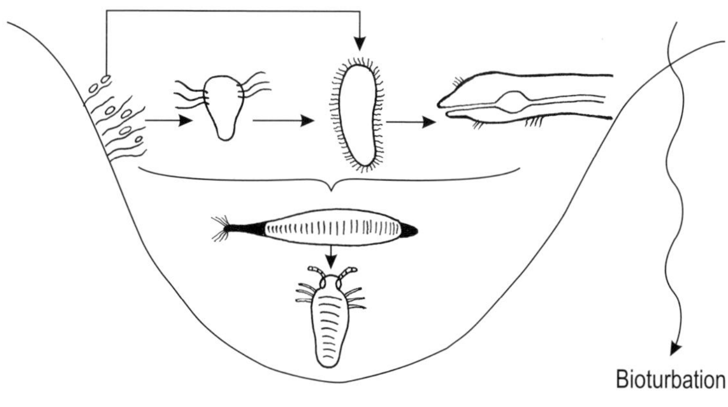

Abb. 248. Vereinfachtes und schematisiertes Nahrungsgefüge (Pfeile) im Rasen einer Pore des Tropfkörpermaterials. Oben: von links nach rechts – Bakterieller Rasen, Zooflagellat, Ciliat, *Chaetogaster.* Unten: *Psychoda*-Larve, *Podura.* (Keine Größenproportionalität). (Original).

nicht mehr tief genug ein, so daß die Rasenbasis anoxisch wird. Große Teile des Rasens lösen sich ab. Diese Verdünnung führt dann wieder zu erneutem Wachstum, so daß es in gewissen Grenzen zur Selbstregulation kommt; doch generell läßt die Leistung des Tropfkörpers nach.

Die abgerissenen und abgespülten Aufwuchsteile werden in dem **Nachklärbecken** aufgefangen.

Wir sehen, daß es am Ende des Abwasser-Durchlaufes zu **Nitrifikationsvorgängen** kommt (Abb. 247). Nachdem in der 3. Abbauzone der Sauerstoff aufgebraucht ist und die Produkte, wie NH_4^+ reichlich vorhanden sind, wird es in der unteren Zone durch den von unten in den Tropfkörper wieder eindringenden Sauerstoff oxisch, wodurch es zur Nitrifikation kommt. Wird nitrifiziertes Abwasser erneut durch den Tropfkörper gegeben, kann es bei relativ dichtem Aufwuchs in dessen anoxischer Basis und in der 3. Zone zur **Denitrifikation** kommen. Auch vorgeschaltete Denitrifikationstropfkörper finden heute schon Anwendung.

Für gering belastete Abwasser genügen auch **Scheiben**- oder **Tauchtropfkörper**. Dies sind Kreisscheiben von etwa 1 cm Stärke und 2–3 m Durchmesser. Sie drehen sich langsam um eine Achse und tauchen dabei mit der unteren Hälfte in eine Wanne, durch die das Abwasser läuft. Auf den Scheiben bildet sich ein mikrobieller Aufwuchs, der, wenn er außerhalb des Wassers gelangt, belüftet wird. Meist sind mehrere zusammengefaßte Scheibenpakete hintereinander geschaltet (Abb. 249).

3.6.2.3. Vergleich zwischen Belebtschlamm- und Tropfkörperverfahren

Das Belebtschlammverfahren wird heute bevorzugt. Es ist weitgehend unabhängig von der Menge und Belastung des Abwassers. Mit steigender Raumbelastung nimmt die Abbauleistung relativ wenig ab. Das Verfahren ist einsehbar, kontrollierbar, relativ gut

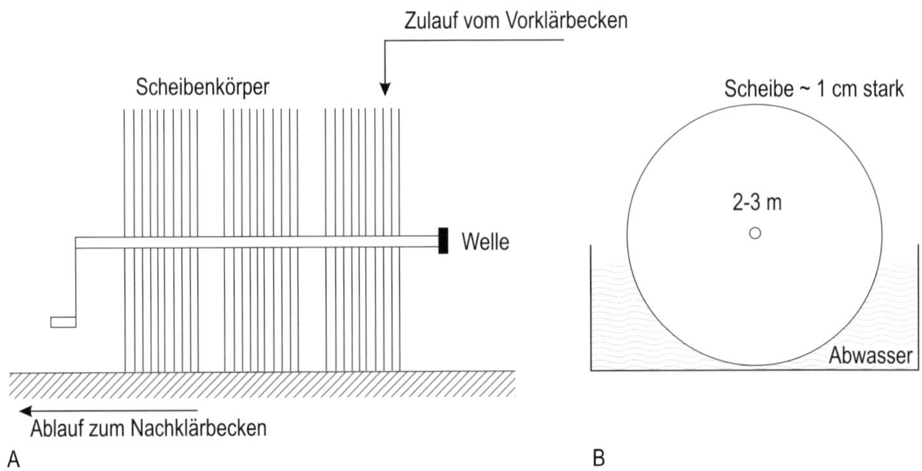

Abb. 249. Tauchtropfkörperanlage (Scheibenanlage). **A** = Längsschnitt, **B** = Querschnitt. (Schematisiert nach mehreren Darstellungen).

zu steuern und zu messen. Nachteile entstehen durch die Möglichkeit von Blähschlamm und Schaumbildung, auch im Nachklärbecken.

Die Tropfkörperanlagen haben zwar eine rasante Abbauleistung, sind aber störanfällig durch die Verstopfung der Poren. Menge und Belastung des Abwassers haben engere Grenzen als im Belebtschlammverfahren. Der Tropfkörper ist nicht kontrollierbar, so daß es zu Überraschungen kommen kann. Hier gibt es allerdings keinen Blähschlamm!

Es gibt heute auch Kombinationen beider Verfahren. So lassen sich in das Belebtschlammbecken Aufwuchsträger und (oder) Schaumstoffwürfel mit hohem Porenvolumen einbringen (HEGEMANN & WILDMOSER 1986). Es wird bald möglich sein, die qualitative und quantitative Besiedlung von Schaumstoffporen vorauszusagen (SCHÖNBORN 1996c). Durch Einsatz von Festbett (Benthos-) Elementen im Belebtschlammbekken kann die Raumbelastung der Anlage noch erhöht werden. Die Nitrifikationsrate steigt an und mosaikartig auch die Denitrifikationsrate, wenn z. B. im Zentrum der suspendierten Schaumstoffwürfel anoxische Verhältnisse vorkommen.

3.6.3. Die dritte Reinigungsstufe

Als dritte Reinigungsstufe bezeichnet man die Eliminierung von Stickstoff- und Phosphorverbindungen aus dem Abwasser. Als Mineralisationsprodukte bleiben beim Abbau der organischen Stoffe Ammonium bzw. Nitrate und Phosphate erhalten, die als Eutrophierungsfaktoren in den natürlichen Gewässern unerwünscht sind. Im weitesten Sinne gehören zur dritten Reinigungsstufe auch die Entfernung aller schwerabbaubaren oder noch suspendierten Stoffe. Die Eliminierung von Stickstoff- und Phosphorverbindungen ist heute in Deutschland für jede Kläranlage gesetzlich gefordert.

3.6.3.1. Stickstoffeliminierung

Die meisten Abwässer enthalten etwa 30–50 mg l^{-1} Stickstoff. Die biologische Eliminierung geschieht, wie in den natürlichen Gewässern, über Nitrifikation und Denitrifikation. Der Einbau dieser Vorgänge in den Klärprozeß wurde bereits bei der Behandlung der Belebtschlamm- und Tropfkörperanlagen beschrieben. Bei dieser Integration ist zu berücksichtigen, daß die Nitrifikation einen zusätzlichen Sauerstoffbedarf von 4,6 g O_2 g^{-1} $NH_4 - N$ besitzt, was schon sehr erheblich ist.

(Früher waren Nitrifikations- und Denitrifikationsreaktoren dem Hauptbecken nachgeschaltet. Auch physikalisch-chemische Eliminierungsverfahren wurden und werden angewendet.)

Die Reduktion an Stickstoff sollte etwa 90 % betragen.

3.6.3.2. Phosphateliminierung

Abwasser enthält durchschnittlich etwa 10 mg l^{-1} Phosphate, davon sind etwa die Hälfte Orthophosphate. Für die Eliminierung ist aber nur das Orthophosphat zugänglich. Die menschliche Abgabe an Phosphor in das Abwasser beträgt 2–5 g E^{-1} d^{-1} P.

Das klassische Verfahren ist die **chemische P-Fällung**. Sie verliert zugunsten einer biologischen P-Eliminierung zunehmend an Bedeutung. Als chemische Fällungsmittel dienen z. B. $Al_2(SO_4)_3$, $FeCl_3$, $Ca(OH)_2$. Die Fällungsprodukte sind Al PO_4, Fe PO_4,

$Ca_5(PO_4)_3$ OH, $Ca_3(PO_4)_2$ u. a. Als Teil der dritten Reinigungsstufe kommt eine P-Fällung auch räumlich oft nach der biologischen Stufe (= **Nachfällung**). Die Eliminierung kann aber auch vor dem Hauptbecken (= **Vorfällung**) oder in demselben (= **Simultanfällung**) stattfinden.

Die Vorfällung hat den Nachteil, daß zu wenig Phosphor im Hauptbecken verbleibt, so daß fädige Bakterien die Oberhand erlangen können und es zur Blähschlammbildung kommt. Die Simultanfällung hat mehrere Vorteile. Sie beansprucht den geringsten Platzaufwand, beugt Blähschlamm vor und erhöht die Absetzbarkeit der Belebtschlammflocken. Die Nachfällung hat den besten Wirkungsgrad, da sich auch die letzten suspendierten Partikel, die noch das Nachklärbecken passieren, absetzen. Sie hat den Nachteil der Errichtung eines zusätzlichen Beckens.

Die **biologische Phosphateliminierung** beruht auf der Fähigkeit einiger Bakterien, das aufgenommene Orthophosphat als Polyphosphat zu speichern. Diese Fähigkeit wird zunehmend in die Klärtechnik eingeführt und technisch vervollständigt. Schon die vielen Bakterien im Belebtschlammbecken nehmen als Nährstoff Phosphat auf und reduzieren die Phosphorfracht um etwa 20–30 %. Es gibt auch Bakterien, die sich nur bei Phosphormangel einen Polyphosphatspeicher anlegen. Schließlich gibt es Arten, bei denen es zur verstärkten Aufnahme von Phosphor kommt, wobei nicht Phosphormangel der Auslöser ist, sondern Streß, wie z. B. beim Wechsel von aeroben zu anaeroben Bedingungen. Hierbei werden die Bakterien selektiert, die zu dieser Phosphatspeicherung fähig sind (= **Luxusaufnahme**, engl. luxury uptake) (Nicholls & Osborn 1979). Die Polyphosphate werden als „Voluntin-Granulae" gespeichert. Diese Bakterien sind entscheidend für die Phosphateliminierung. Wichtigstes Studienobjekt ist *Acinetobacter*, worauf sich fast alle diesbezüglichen Ausführungen beziehen (Wentzel et al. 1990). Andere polyphosphatspeichernde Bakterien, die zumeist viel bedeutender als *Acinetobacter* sind, finden sich vor allem bei den Pseudomonaceen, aber auch *Flavobacterium, Klebsiella, Aeromonas* haben diese Fähigkeiten. In einem Anaerobbecken (dem Belebtschlammbecken vorgeschaltet, oft kombiniert mit dem Vorklärbecken) produzieren fakultativ anaerobe Bakterien organische Säuren, z. B. Essigsäure. Die hier vorkommenden polyphosphatspeichernden Bakterien, die aerob sind, bauen aus den Säuren den Reservestoff Poly-β-hydroxylbuttersäure (= PHB) auf. Die Energie dafür entnehmen sie dem Polyphosphatspeicher, wodurch Orthophosphat freigesetzt wird (Brodisch 1985). Diese Vorgänge erlauben den aeroben Polyphosphatspeicherern das Überleben und geben ihnen zugleich einen Konkurrenzvorteil gegenüber anderen aeroben Bakterien. Die Polyphosphatspeicherer gelangen dann mit dem freigesetzten Phosphor in das Hauptbecken (oder in ein anderes Aerobbecken), wo sie sofort unter den aeroben Bedingungen mit einer enormen Polyphosphatspeicherung beginnen. Die nötige Energie wird der PHB und organischen Stoffen (BSB_5) entnommen, so daß der Reservestoff abnimmt. Die Menge des gespeicherten Phosphors ist abhängig von der des freigesetzten Phosphors (Röske & Schönborn 1993). Im Nachklärbecken werden die Polyphosphatspeicherer abgesetzt und im Überschußschlamm abgeführt (= **Hauptstromprozeß**), (Abb. 250). Das Anaerobbecken wird hingegen wieder mit Rücklaufschlamm beschickt. Um Rücklösungen an P aus den Bakterien nicht zu behindern, darf in dem Becken kein Nitrat vorhanden sein, das den Rücklöseprozeß stört. Denitrifikanten sind Konkurrenten der polyphosphatspeichernden Bakterien um organische Substrate.

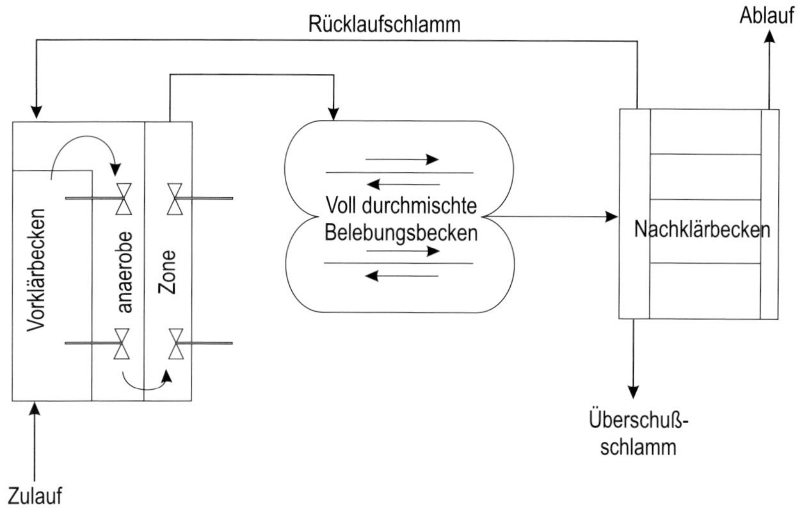

Abb. 250. Kläranlage mit Phosphateliminierung. Das Vorklärbecken ist als Anaerobbecken umgebaut. (Es findet keine Stickstoffeliminierung statt). (Nach Röske & Ch. Schönborn 1993).

Dem Überschußschlamm kann auch noch zusätzlich Schlamm entnommen entnommen und in einen „anaeroben Eindicker" überführt werden. Hier kommt es dann zur Rücklösung von Phosphor, der chemisch gefällt wird (= **Nebenstromprozeß**). Abb. 251 stellt die Grundvorgänge der biologischen P-Elimination noch einmal schematisch dar.

Im Belebtschlammbecken finden nicht nur diverse biologische Phosphoreliminierungen statt, sondern auch **natürliche chemische P-Fällungen**. Dies geschieht in den Flocken, wenn deren Zentrum anoxisch ist und Denitrifikation zeigt. Das gleiche gilt für den basalen Teil des Aufwuchses in den Tropfkörpern. Da Ca^{2+} immer im Abwasser anwesend sind, entsteht in den Flocken Calciumtriphosphat, begünstigt durch pH-Anstieg und auch polyphosphatspeichernde Bakterien (Arvin & Kristensen 1983). Der Anteil des natürlich gefällten Phosphors am Gesamtphosphor-Gehalt liegt bei etwa 15–27 % (Lan et al. 1983).

Die **Reduzierung** des Phosphorgehaltes in der Kläranlage soll 90 % betragen. Für Anlagen ab 100 000 Einwohner darf der Grenzwert im Kläranlagen-Auslauf nicht > 1 mg l^{-1} P_T sein (Rahmen-Abwasser VwV 1992).

3.6.4. Die Schlammbehandlung

Aus dem Klärvorgang fällt viel Schlamm an. Er stammt aus dem mechanischen Teil der Kläranlage und dem Nachklärbecken. Es ist Überschußschlamm, der in **Faultürmen** soweit behandelt wird, daß er fast geruchlos ist und die mikrobiellen Vorgänge nur noch sehr langsam ablaufen. Er muß daher etwa 50 % der organischen Substanz verlieren, stark entwässert und als Boden landwirtschaftlich verwendbar sein.

Der in den Faultürmen ablaufende anaerobe Fäulnisprozeß ist sehr kompliziert und heute noch nicht völlig aufgeklärt. Die Abb. 252 gibt einen Überblick. Die Kohlenhy-

Vorgänge unter:

anaeroben Bedingungen

- Abbau des Polyphosphat-Speichers (PP)
- P-Freisetzung
- Aufbau von Poly-ß-hydroxybuttersäure (PHB)

aeroben Bedingungen

- Aufbau des PP-Speichers
- P-Aufnahme
- Abbau von PHB

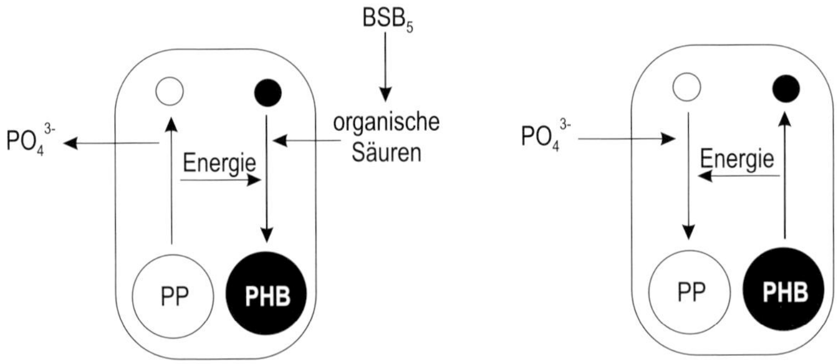

Abb. 251. Die bei der biologischen P-Elimination in der Bakterienzelle ablaufenden Vorgänge als Modellvorstellungen. (Aus Ch. Schönborn 1995).

drate, Fette und Eiweiße werden zunächst durch fakultativ anaerobe Bakterien bis zu organischen Säuren, Alkoholen, H_2 und CO_2 gespalten, wobei die Essigsäure eine besondere Rolle spielt. Bakterien sind z. B. *Bacillus subtilis, Corynebacterium laevaniformans.* Nun treten acetogene Bakterien auf, die die Essigsäure noch vermehren, indem sie die organischen Säuren und Alkohole zu Essigsäure , bzw. Acetate, umbauen. In enger Symbiose mit den acetogenen Bakterien stehen Methanbakterien (*Methanosarcina*-Arten, *Methanothrix soehngenii*), die aus Essigsäure, H_2 und CO_2 Methan synthetisieren:

$$CH_3\,COO^- + H_2O \rightarrow CH_4 + HCO_3$$
$$CO_2 \quad + 4\,H_2 \rightarrow CH_4 + 2\,H_2O$$

Im Faulprozeß wird Methan etwa zu 70 % aus Essigsäure und zu 30 % aus Wasserstoff gebildet. Das entstehende Faulgas enthält:

70 – 90 % CH_4 (Methan)	10 % N_2
10 – 30 % CO_2	1 % H_2S
5 % H_2	

Im Faulprozeß wird also ein großer Teil der organischen Stoffe der Klärschlämme vergast (Husmann 1964).

Methanbakterien sind sehr stenök. Sie benötigen eine Temperatur von 27–30 °C und einen pH von 6,5–7,5. Deshalb müssen diese Parameter in den Faultürmen genau eingehalten werden. Geschieht dies nicht, erlangen die euryöken Bakterien die Oberhand, Essigsäure und Acetate werden nicht mehr zu Methan abgebaut, so daß der Schlamm

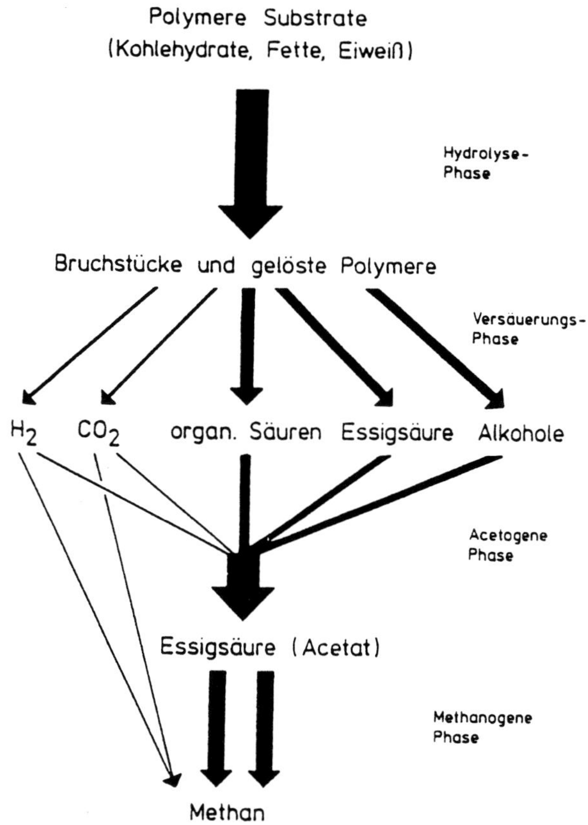

Abb. 252. Schema des anaeroben Abbaus organischer Stoffe. (Nach Mudrack & Kunst 1994).

versauert, verbunden mit starker Geruchsbelästigung und einem sehr langsamen Abbau. In den Faultürmen muß der Abbau also zugunsten der Methanbakterien gesteuert werden. Der ausgefaulte und entwässerte Schlamm bedarf noch weiterer Behandlung, bevor er in Land- und Gartenwirtschaft verwendet wird. Der Schlamm wird pasteurisiert und je nach Verwendung auch mit Kalk behandelt oder kompostiert (Strauch 1988). Das Ziel ist dabei die Abtötung von pathogenen Keimen und Wurmeiern (z. B. *Enterobius vermicularis, Trichuris trichiura, Ascaris lumbricoides*, sowie die des kleinen und großen Leberegels als auch von Bandwürmern).

Auch vorhandene Schadstoffe, wie Schwermetalle im Klärschlamm, verhindern seine Verwendung. Daher muß vor Verkauf des Schlammes eine Bestimmung toxischer Stoffe durchgeführt werden. Es sind streng einzuhaltende Grenzwerte vorgeschrieben, z. B. in der Klärschlammverordnung, Abf-Klär V vom 25.04.1992. Die Verordnung erhält die Grenzwerte für Schwermetalle, polychlorierte Biphenyle (PCB), Dibenzodioxine (PC, DD) u. a.

Die **Technik der Faulbehälter** hat eine lange Entwicklung genommen, begonnen mit einfachen Faulgruben bis zu mehrstufigen Faultürmen und getrennten Faulbehältern (Abb. 253). In diesen modernen Anlagen ist der Faulraum heizbar, so daß eine konstante

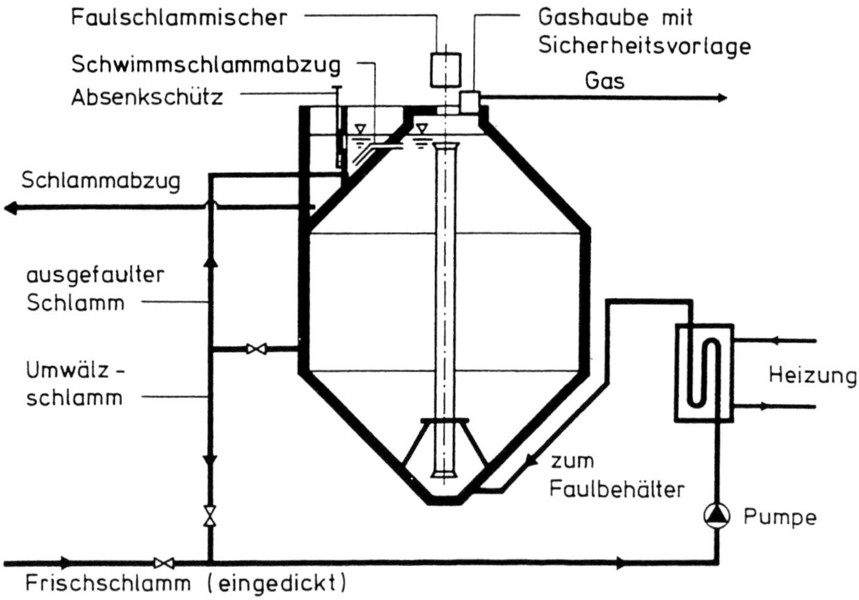

Abb. 253. Aufbau eines modernen Faulbehälters. (Nach MUDRACK & KUNST 1994).

Temperatur eingehalten werden kann. Das Faulgas wird abgefangen und wirtschaftlich genutzt. Das Faulraumwasser muß ständig abgelassen werden, damit Raum für neuen Frischschlamm geschaffen wird. Der ausgefaulte Schlamm setzt sich ab und wird abgezogen.

Schwierigkeiten treten neuerdings durch Schaumbildungen auf (s. unten) und durch die teilweise nicht mehr ausreichende Entwässerung des Schlammes, da infolge der modernen mechanischen Reinigungsstufe grobe Strukturelemente fehlen. Die Fauldauer beträgt etwa 2–3 Wochen.

Neben der üblichen anaeroben gibt es für kleinere Kläranlagen auch noch eine **aerobe Schlammbehandlung**. Bei der simultanen Form findet sie im Belebungsbekken selbst statt, indem das Schlammalter auf 25 Tage heraufgesetzt und eine Schlammbelastung von $\leq 0{,}05$ kg BSB_5 kg^{-1} d^{-1} eingehalten wird. Bei der getrennten Form wird Schlamm in gesonderten Kontainern belüftet.

3.7. Naturnahe Kläranlagen und -verfahren

Zu empfehlende Übersichtsliteratur: zu der auf S. 401 genannten: WISSING (1995), OTTOW & BIDLINGMAIER (1997).

Geringe Abwassermengen und weniger stark belastete werden auch heute noch in naturnahen Anlagen abgebaut und zeigen sogar wieder eine zunehmende Tendenz. Kleine Gemeinden, die weitab von großen Städten liegen, nutzen mit Erfolg naturnahe Kläranlagen. Die folgende Einteilung dieser Anlagen hat sich z. B. in Deutschland durchgesetzt:

Absetzteiche. Bemessungsgrundlage ist 0,5 m^3 E^{-1} (Einwohner). Der Schlammraum in den Teichen soll 0,15 m^3 E^{-1} umfassen. Die Durchlaufzeit beträgt mindestens 1 Tag. Eine BSB_5-Abname erfolgt häufig um 50 %. Derartige Teiche sind heute jedoch nur Notbehelfe, Übergangslösungen oder Vorstufen anderer Anlagen.

Unbelüftete Abwasserteiche. Meist ist ihnen ein Absetzteich oder eine mechanische Reinigung vorgeschaltet. Bemessung: 10 m^2 E^{-1}. Die große Oberfläche der Anlage dient der natürlichen Belüftung. Die Tiefe beträgt nur 1,0–1,5 m, damit der Teich gut durchlichtet wird und das Wasser windbedingt zirkulieren kann. Meist entwickeln sich auch Phytoplankter, die zur biogenen Belüftung beitragen. Die Durchflußzeit beträgt etwa 20 Tage. Mit zunehmender Größe wird die Reinigungsleistung dieser Teiche durchaus akzeptabel und ist dann auch mit Nitrifikation verbunden (Abb. 254). Eine BSB_5-Abnahme um 80 % ist möglich. Wichtig bei diesen Teichen ist die stetige Entfernung von *Lemna* und den schwimmenden Algenwatten. Damit werden Nährstoffe entfernt und die Durchlichtung der Teiche wird gefördert.

Der Nachteil der Teiche ist der große Platzbedarf. Eine Schlammberäumung ist meist nach einigen Jahren nötig.

Belüftete Abwasserteiche. Eine Belüftungsanlage gestattet die Verkleinerung der Teichfläche. Bemessung: 5 m^2 E^{-1}. Die Luft wird meist eingeblasen und bewirkt auch eine Zirkulation des Wasserkörpers. Auftretende Wasserpflanzen sorgen zusätzlich für eine biogene Belüftung. Dem belüfteten Teich (oft sind es auch mehrere) wird ein nichtbelüfteter nachgeschaltet. Bei nicht zu starker Belastung sind durchaus 90 % BSB_5-Abbau möglich. Diesen Teichen werden auch **Abwasserfischteiche** nachgeschaltet, die dann jedoch meist eine Zugabe von Frischwasser erhalten.

Schönungsteiche. Es sind vegetationsreiche Teiche, die den Nachklärbecken der technischen Kläranlagen nachgeschaltet sind. Sie sollen den Reinigungsprozeß des aus der Kläranlage abfließenden Wassers noch verstärken. Diese Teiche entsprechen praktisch natürlichen Flachgewässern; ihre Tiefe soll 2 m nicht überschreiten. Die Verweilzeit des Wassers beträgt 1–5 Tage. Die Böschungen der Teiche werden flach gestaltet. Eine Schlammberäumung ist alle 5–10 Jahre nötig. Der Wasserkörper muß bis zum Sediment aerob sein, damit es zu keiner Rücklösung von Phosphor kommt.

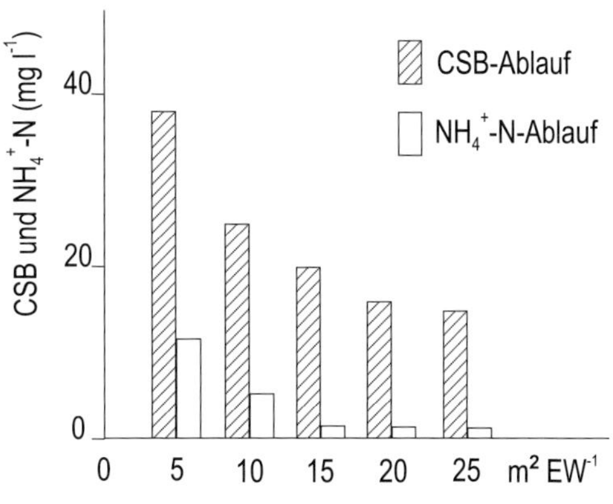

Abb. 254. Reinigungsleistungen von Abwasserteichen in Abhängigkeit von ihrer Größe (m^2 pro Einwohner), gemessen als CSB und NH_4^+ im Auslauf der Teiche. (Nach Angaben aus SCHLEYPEN 1987).

Pflanzenkläranlagen. Sie erhalten zunehmend Bedeutung für die Klärung abgelegener Siedlungen mit einer Einwohnerzahl bis zu 2000. Auch für die Klärung von kommunalen Straßen- und anderen Oberflächenabläufen erwiesen sich die Pflanzenkläranlagen als brauchbar, da auch an organischen Partikeln adsorbierte Schwermetalle zurückgehalten werden (Osterkamp et al. 1999). Die Bemessung dieser Anlagen ist etwa 10–m^2 E^{-1}. Das Wasser wird vorgeklärt, zumindest mechanisch vorgereinigt.

Pflanzenkläranlagen bestehen aus einem durch Folie (oder auch Beton) abgedichteten Becken, in dem bindiges (Ton) oder auch nichtbindiges Material (Sand, Kies udgl.) eingebracht sind. Diese Bodenfilter werden bepflanzt, vor allem mit Schilf und Flechtbinse, aber auch mit *Typha* und anderen Pflanzen. Von den Anlagen mit nichtbindigem Material sind zwei Verfahren etabliert: das Mettmanner System besteht aus mehreren Abteilungen mit unterschiedlichen Pflanzen und das Krefelder System aus stufenweise angeordneten Einheiten, wobei die erste Stufe das stark belastete Abwasser abfiltiert (= Filterbecken) und die nächsten Stufen die gelösten Stoffe eliminieren (Eliminationsbekken). In beiden Becken durchfließt das Abwasser auch das Bodenmaterial (Abb. 255).

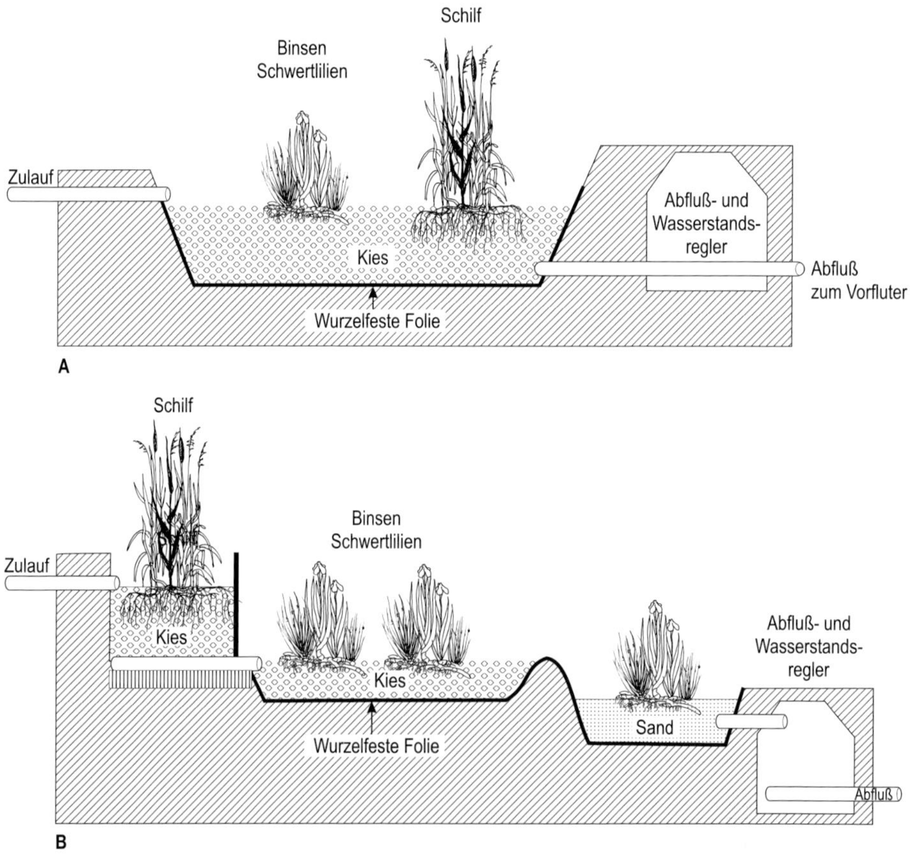

Abb. 255. Aufbau von Pflanzenkläranlagen. **A** = Mettmanner System, **B** = Krefelder System. (In Anlehnung an LWA aus Wissing 1995).

Es lassen sich 5 Arbeitsweisen dieser Systeme unterscheiden:

- Bindung der Nährstoffe an das Bodenmaterial. Die Bodenfilterleistung ist enorm. Im bindigen Material werden etwa 500 g m^{-2} a^{-1} NH_4 – N, 800 mg kg^{-1} TS^{-1} P festgehalten; im Sand sind dies nur 20 g bzw. 100 mg.
- Oxidation der Rhizosphäre. Die Leistung der natürlichen Litorale wird in den Pflanzenkläranlagen technisch ausgenutzt (s. **I. 8**.1.11.1.6.).
- Abbau durch den heterotrophen Aufwuchs auf den Pflanzenteilen. Die Wirkungsweise ist die gleiche wie in den Tropfkörpersystemen.
- Abbauintensivierung durch biogene Belüftung.
- Aufnahme von Stickstoff und Phosphor durch die Pflanzen (s. **I. 8**.1.11.1.3.). Sie beträgt nur 5 % bzw. 3 % der Jahresbelastung der Kleinanlage. Die Pflanzen werden einmal im Jahr geschnitten und damit die akkumulierten Nährstoffe entnommen.

Der Auslauf aus gut funktionierenden Pflanzenkläranlagen kann eine BSB_5-Reduzierung von 90 % zeigen, was eine Endkonzentration von 20 mg l^{-1} bedeuten kann, also ein Wert, der vergleichbar mit den technischen Anlagen ist.

Daphnienklärteiche. Die Anwendung von Daphnienklärteichen befindet sich noch in der Überprüfungsphase. Hierbei wird vor allem die enorme Filterleistung der großen Art *Daphnia magna* ausgenutzt. Die Daphnien nehmen auch direkt von der Sedimentoberfläche Partikel auf. Die Anlage ist anwendbar für einzelne Häuser und Gemeinden bis zu 800 Einwohnern. Für diese Kapazität müßte die Anlage ein Volumen von 1 200 m^3 haben (beruhend auf einem Wasserverbrauch von 120 l E^{-1}). Auch ein Einsatz der Daphnienteiche im Trübwasser von Absetzbecken und in dem Ausfluß vor Kläranlagen ist möglich (Hathaway & Stefan 1995, Naujok 1998).

Verrieselung und Verregnung. Abwasser wird auch entsorgt, indem es auf Bodenflächen ausgebracht wird. Die sog. Rieselfelder sind gut drainierte und durchlässige Flächen, auf denen das Abwasser verrieselt wird. Die Bodenbakterien bauen in den oberen Bodenschichten die organischen Stoffe ab, so daß dann das mehr oder weniger gereinigte Wasser auch das Grundwasser erreicht. Von Verrieselung spricht man, wenn das Abwasser nach der Ernte, von der Verregnung, wenn es auf bebaute land- und forstwirtschaftliche Fläche ausgebracht wird. Bei dem letzten Verfahren steht neben dem Reinigungseffekt auch das Abwasser als Sekundärrohstoff im Vordergrund. Es hat in den oberen Bodenschichten zugleich eine Bewässerungs- und Düngewirkung. Die ausgebrachten Abwässer dürfen nur aus Landwirtschaft, Haushalt oder natürlichen Industrien (z. B. Lebensmittelindustrie) stammen.

Es gibt viele Bedenken gegen diese Methode der Abwasserentsorgung:

- Häufig werden nährstoffarme Forsten ausgewählt. Die Folge ist, daß sie eutrophieren und das Abwasser zum Verschwinden von Trockenrasen- und Heide-Lebensgemeinschaften beiträgt.
- Es führt zur Überdüngung von Grünland und Ackerkulturen mit allen schädlichen Folgen für die Artenvielfalt und auch Gesundheit des Menschen.
- Es ist nie zu verhindern, daß nicht auch das Grundwasser und auch angrenzende Oberflächengewässer belastet werden.
- Es gibt große hygienische Bedenken durch das Ausbringen pathogener Keime und Eier parasitärer Würmer.

Die möglichen Gegenmaßnahmen sind zumeist nicht ausreichend. Es sind:

- Nur vorgereinigtes Abwasser darf ausgebracht werden.
- Das Abwasser wird vor der Verregnung gestapelt bzw. gespeichert. Dies erspart die ständige Verregnung bei ungünstigem Wetter (Dauerregen, Frost). Außerdem beginnt mit der Stapelung bereits die Ausfaulung und auch Parasiten und sogar Viren sterben ab.

Zur Abwasserbeseitigung werden neuerdings auch bewachsene (z. B. mit Schilf) und unbewachsene Bodenfilter benutzt, auf die das (vor allem) landwirtschaftliche Abwasser gegeben wird. Der Erfolg spricht durchaus für das Verfahren. Im Prinzip handelt es sich um vertikal durchströmte Pflanzenbeete (HEGEMANN 2000), die den Reinigungserfolg von Verrieselungen und Verregnungen zeigen.

4. Biologie der anorganischen und toxischen anthropogenen Belastungen der Gewässer

Zu empfehlende Übersichtsliteratur: SCHÖNBORN (1992), STREIT & KENTNER (1992), SCHWOERBEL (1999), GUDERIAN & GUNKEL (Hrsg.) (2000).

Die Industrie produziert viele toxische Abprodukte, deren Entsorgung oft Schwierigkeiten bereitet. Auch sind viele Stoffe mit toxischen Eigenschaften durch den Handel im Umlauf und können in die Gewässer gelangen. Immer mehr Fremdstoffe passieren mit dem Abwasser die Kläranlagen und erreichen auf diesem Weg die Gewässer mit oft noch unbekannten Auswirkungen.

Die allgemeinste Bedeutung toxischer Stoffe in den Gewässer-Ökosystemen ist die Einschränkung der **Selbstreinigungskraft**. Sie bemißt sich an der Zahl der an den Abbauvorgängen beteiligten Bakterienarten. Geht ihre Zahl durch toxische Einwirkungen zurück, sinkt auch die Selbstreinigungskraft. Werden zu einer Wasserprobe organische Modellstoffe in vorgeschriebenen Mengen (z. B. Pepton und Glukose) gegeben (= **Zusätzliche Zehrung**, ZZ, nach KNÖPP 1968), so müßte der Verlauf der Sauerstoffzehrungskurve parallel der der BSB_5-Kurve der Probe sein. Kommt es zu einer Divergenz der beiden Kurven, indem die ZZ-Kurve deutlich abfällt, so zeigt dies an, daß eine Störung der Selbstreinigung vorliegt (s. **II. 4.9.**). Ursache kann sein, daß der BSB_5 auf einer sehr einseitigen Bakterienflora beruhte oder aber die Selbstreinigungskraft ist geschwächt und nicht mehr in der Lage, weitere Belastungen entsprechend abzubauen. Die noch im Fluß verbliebene Selbstreinigungspotenz (SRP) läßt sich indexmäßig erfassen (SCHÖNBORN 1976):

$$p = \frac{ZZ_{7h}}{BSB_5}$$

$p > 1$ = sehr gute SRP	p 0,2 – 0,4 = geschwächte SRP
p 0,5–1,0 = gute SRP	$p < 0{,}2$ stark geschwächte SRP

Derartige Divergenzen zwischen ZZ und BSB_5 nehmen immer mehr in den Fließgewässern zu und deuten auf toxische Ereignisse hin.

4.1. Schwermetalle

In geringen Konzentrationen kommen Schwermetalle auch als **Spurenelemente** in natürlichen Gewässern vor. Diese Konzentrationen betragen etwa (in µg l^{-1}):

Pb, Cu	<	4,0	Ni	<	2,0
Cd, Cr, Co	<	0,8	Zn	<	50,0
Hg	<	0,03			

Die natürlichen Konzentrationen sind vor allem von der Geologie des Einzugsgebietes des Gewässers abhängig.

Schwermetalle kommen sowohl gelöst als auch an Schwebstoffe gebunden vor. So sind Pb und Cr vorwiegend an Schwebstoffen adsorbiert, Cd, Zn, Ni und andere werden gelöst transportiert. Daher treten Pb und Cr vermehrt im Sediment auf. Zn ist häufig an sehr kleine Partikel gebunden und wird daher sehr schnell transportiert. Die Bindung an Schwermetalle kann sowohl an organische als auch an anorganische Partikel geschehen. Der höchste Schwermetalltransport soll an anorganischen Partikeln in der Größe von 0,06–2,0 µm erfolgen (Förstner & Wittman 1979).

Das Transportverhalten der Schwermetalle hat einen entscheidenden Einfluß auf ihre biologischen Auswirkungen. Im Pelagial führt die Adsorption an Partikel infolge Sedimentation zu einer Verminderung der Konzentration der Schwermetalle, aber zu einer Aufkonzentration im Sediment. In kleinen Flüssen herrscht oft die gelöste Fraktion vor, in großen die partikelgebundene.

In Deutschland kam es infolge des seit Jahrhunderten betriebenen Bergbaus schon frühzeitig zu einer Schwermetallbelastung der Flüsse. In Elbsedimenten, die noch vor der Bergbauzeit abgelagert wurden, finden sich Hg-Konzentrationen von < 0,4 µg g^{-1} TS, Ende 1980 waren es 10–70 µg g^{-1} TS (Wilken & Weiler 1986). Als sehr schwermetallbelastet gelten der Missouri (USA) und der Espierre (Belgien). Viele Schwermetalle zeigen fast weltweit signifikante Konzentrationszunahmen, vor allem in den oberen Schichten der Gewässersedimente (Abb. 256). Die Bleikonzentrationen gehen in den jüngsten Ablagerungen wieder etwas zurück.

Grundsätzlich wird die Akkumulation eines Schwermetalls mit Hilfe des Geoakkumulations-Index (I_{geo}) bewertet:

$$I_{geo} = \log_2 \frac{C}{1{,}5\,B}$$

Es bedeuten: C = Element-Konzentration in der Sedimentprobe, B = Hintergrund-Konzentration des Elementes (oft in Tongestein).

Nach dem Index werden dann Bewertungsklassen formuliert (Müller 1979). Schwermetalle kommen auch im Grundwasser vor (s. **I. 5**.8.). Die Schwermetallgehalte schwanken im Jahresverlauf. Sie sind oft im Frühjahr durch die Schneeschmelze besonders hoch (Heide et al. 1978). Die **Toxizität** der Schwermetalle ist von vielen Faktoren abhängig. Sie nimmt generell in der Reihe Hg, Cd, Zn, Ni, Co ab. Entscheidend ist, in welcher Verbindung sie vorliegen. Metallisches Quecksilber ist weniger giftig als orga-

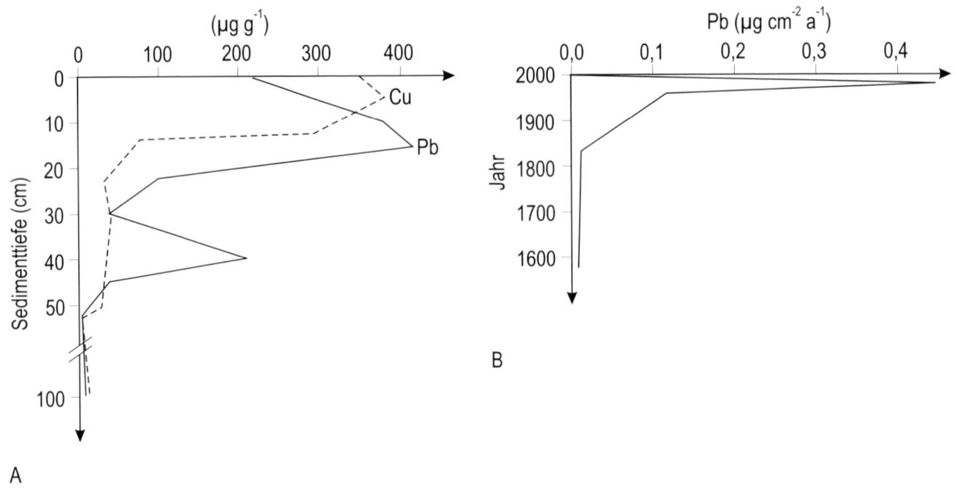

Abb. 256. Blei- und Kupferprofile in See- und Moorsedimenten. **A** = Blei und Kupfer im Sediment eines norddeutschen oligotrophen Sees (Stechlinsee), **B** = Blei in einem irländischen Moor. (A nach SCHWARZ & RICKING 1995, B nach SCHELL et al. 1993).

nische Quecksilberverbindungen, da sie oft fettlöslich sind und in die Gewebe eindringen. Schwermetalle gehen auch mit Humin- und Aminosäuren Verbindungen ein und können somit komplizierte Transportwege in einem Ökosystem besitzen. Sie können sich in den Organismen an Enzyme binden und sind dann sehr schädlich für den Organismus.

Die Toxizität wird auch durch die chemische Umwelt der Schwermetallverbindung beeinflußt. Die wichtigsten Faktoren sind: Kalkgehalt (Ca^{2+} mindert oft die Toxizität), pH (saures Wasser steigert die Toxizität, bei Fischen sind es die basischen Bereiche), Anwesenheit anderer Metalle (steigert meist die Toxizität), Temperatur (Anstieg steigert die Toxizität).

Schwermetalle wirken sehr **differenziert** auf die Organismen ein. Es gibt für jedes Schwermetall und seine Verbindungen sensiblere und weniger sensible bis resistente Arten. Nach dem Biozönotischen Grundgesetz werden die sensiblen vernichtet, während die toleranten an Dichte zunehmen können. Es gibt auch einige Fälle, wonach Schwermetalle (vor allem Zink) produktionsfördernd wirken.

Bakterien. Relativ unempfindlich auf Schwermetallkontamination reagieren *Pseudomonas aeruginosa, Enterococcus, Citrobacter* und *Escherichia coli*. Es scheint nicht nur Zn-tolerante, sondern auch Zn-liebende Bakterien zu geben. In der Nähe von Zinkminen wurden Bakterien nachgewiesen, die noch bei 250 mg l^{-1} Zn wuchsen, nicht aber im Zn-freien Wasser. Hier scheinen schon genetisch bedingte Anpassungen vorzuliegen.

Die Mehrzahl der Bakterien reagiert aber sehr empfindlich auf Schwermetallkontaminationen. Dies betrifft auch die nitrifizierenden Bakterien, wodurch Abbau und Selbstreinigung gehemmt werden. Ab 2 mg l^{-1} Zn oder 0,1 mg l^{-1} Cu verlangsamt sich der oxidative Abbau schon sehr deutlich (TERZIEVA et al. 1985).

Algen. Relativ tolerant gegenüber Schwermetallkontamination sind die Grünalgen *Cladophora, Hormidium,* die Kieselalgen *Pinnularia subcapitata, Achnanthes minutissima, Gomphonema parvulum, Eunotia exigua.* Speziell relativ chromresistent sind z. B. *Euglena*-Arten, die Grünalge *Stigeoclonium,* die Jochalge *Closterium acerosum* und die Kieselalgen *Nitzschia palea* und *Navicula atomus.*

Die Mehrzahl der Algen ist jedoch schwermetall-sensibel und dies in besonderem Maße bei Kupfer. Schon 10 µg l^{-1} Cu senken bereits das Wachstum vieler Algen um 50 % (Eichenberger et al. 1981). Auch bei Algen sind genetische Anpassungen an erhöhte Schwermetallkonzentrationen wahrscheinlich.

Wassermoose. Sie sind generell sehr unempfindlich gegenüber Schwermetallen.

Höhere Wasserpflanzen. Im Gegensatz zu den Wassermoosen sind sie schwermetall-sensibel. Bei hoher Lichteinwirkung kann es schon bei geringer Schwermetallbelastung zu einer Inhibition der CO_2-Assimilation kommen, ohne daß die Pflanzen sofort absterben (Weise et al. 1985).

Tiere. Als relativ unempfindlich gegenüber Schwermetallen gelten Tubificiden, Wassermilben, Wasserwanzen und Trichopterenlarven. Speziell chromresistent sind die Eintagsfliegenlarven *Baetis rhodani* und *B. gemellus,* als kupferresistent gelten Plecopteren.

Aber auch bei den Tieren ist die überwiegende Mehrzahl der Arten sehr sensibel. So liegt die Cu-Verträglichkeit bei Chironomidenlarven < 2,5–7,0 µg l^{-1}. Sehr schwermetallempfindlich sind Wasserasseln (als Zerkleinerer). Auch Fische sind generell schwermetall-sensibel. In Fließgewässern können sich benthische Invertebraten durch Drift einer Schwermetallkontamination entziehen und Fische durch Aufsuchen unbeeinflußter Flußstrecken.

Bioakkumulation. In der Schwermetall-Biologie begegnen wir dem Phänomen der Bioakkumulation. Darunter wird die Akkumulation von Schadstoffen (in diesem Fall Schwermetalle) verstanden, ohne daß dem akkumulierenden Organismus physiologische Nachteile entstehen. Es handelt sich um einen wichtigen Abwehrmechanismus, der noch katastrophalere Auswirkungen durch Schadstoffe verhindert, als sie bisher auftreten. Es ist anzunehmen, daß sich dieser Mechanismus der Bioakkumulation im Laufe der Erdgeschichte herausgebildet hat. Zu Zeiten von erhöhtem Vulkanismus wurden in früheren Erdperioden vermutlich die Gewässer stark toxisch belastet. In den meisten Fällen treten bei zu hoher Toxizität aber doch überoptimale Akkumulationen auf, die dann zur Schädigung des Organismus führen.

Grundsätzlich gilt, daß Autotrophe bessere Akkumulatoren als Heterotrophe sind. Der Anreicherungsfaktor (d. h. die Konzentration im Organismus, gegenüber der im umgebenden Wasser, wenn der Quotient > 1 ist) schwankt bei Pflanzen von etwa 300 bis 10^6, bei vielen Invertebraten liegt er bei etwa 100.

Eine Ausnahme unter den Tieren macht z. B. die asiatische Muschel *Corbicula fluminalis* mit einem Anreicherungsfaktor für Cadmium bei 3770 (oft ist die Anreicherung für Cadmium höher als beispielsweise für Blei).

Die Bioakkumulation ist von vielen Faktoren abhängig. Sie korreliert positiv mit der Temperatur, dem pH-Wert, der Lichteinstrahlung und der Trophie, ist aber auch abhängig von Alter, Stadium und Konstitution des Organismus sowie von der Anwesenheit von Ionen (Abb. 257). Fische sind schlechte Akkumulatoren.

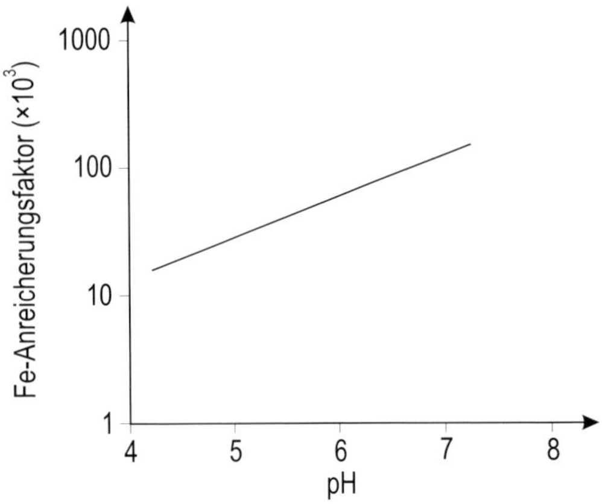

Abb. 257. Anreicherung von Eisen in den Sproßspitzen des Wassermooses *Scapania undulata* in Abhängigkeit vom pH-Wert. (Nach Tremp & Kohler 1993).

Akkumulationsorte der Schwermetalle. Pflanzen akkumulieren sowohl mit den Wurzeln (bzw. Rhizoiden) durch Entnahme aus dem Sediment und mit den oberirdischen Teilen (Entnahme der gelösten Schwermetalle). Auch hier gibt es Unterschiede: bevorzugte Orte reichen von der Stengelbasis bis zur Blattspitze.

Schlammfresser, wie Tubificiden und Chironomidenlarven, nehmen vor allem gebundene Schwermetalle auf (z. B. Blei). Simuliidenlarven akkumulieren viel Zink, da es an feinste Partikel gebunden ist, welche die Simuliiden herausfiltern.

Wichtige Bioakkumulatoren und Monitorarten für Schwermetalle. Viele (jedoch nicht alle) schwermetallresistenten Arten sind auch gute Akkumulatoren.

- *Sphaerotilus natans*. Akkumuliert viel Cu (erst 37,7 mg l^{-1} wirken bei ihm subletal), Pb und Zn.
- *Cladophora* und *Ulothrix*. Diese Algen sind nicht nur resistent, sondern auch gute Akkumulatoren von fast allen Schwermetallen.
- Wassermoose. Besonders *Fontinalis* und *Amblystegium* gelten als Monitorgattungen (Say & Whitton 1983).
- Höhere Pflanzen. Auch unter ihnen gibt es einige bemerkenswerte Bioakkumulatoren. *Potamogeton* speichert Eisen, *Elodea canadensis* und *Ranunculus fluitans* akkumulieren sogar viele Schwermetalle (Adams et al. 1973).
- Tiere. Hier sind es besonders Oligochaeten (vor allem Tubificiden) und die asiatische Muschel *Corbicula fluminalis*, die als Monitorarten gelten (Wachs 1985).

Grundsatz: Zwischen den Schwermetallkonzentrationen in Wasser, Sediment und Organismen gibt es keine linearen Beziehungen. Der Grund ist die unterschiedlich wirkende Toxizität und die von vielen Faktoren abhängige Bioakkumulation (Abb. 258). Ein schwermetallbelastetes Gewässer kann durchaus mit Pflanzen und Tieren auffällig besiedelt sein, doch es ist nur ein Torso eines Ökosystems.

Biomagnifikation. Mit diesem Begriff wird die Anreicherung von Schadstoffen in der Nahrungskette verstanden. Danach müßten die Gipfelräuber die höchsten Konzentrationen aufweisen. Innerhalb limnischer Nahrungsketten ist dies nicht einwandfrei nachgewiesen. Der wichtigste Pfad der Schadstoffaufnahme ist der über die Zellmem-

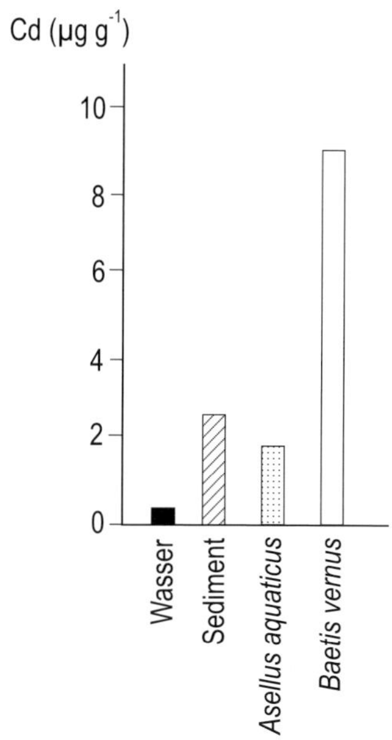

Abb. 258. Cadmiumverteilung in dem südpolnischen Fluß Drwinka. (In Anlehnung an Jop & Wojtan 1982).

branen (bzw. bei Tieren über die Haut oder Kiemen). Die Aufnahme mit der Nahrung (Oligochaeten, Simuliiden) scheint viel langsamer zu erfolgen als über die Haut.

Abgabe akkumulierter Schwermetalle. Die Bioakkumulation vollzieht sich nach dem Prinzip der allgemeinen Aufnahmekinetik von Stoffen: die Anreicherung erfolgt bis zu einem Plateau, auf dem sich dann Aufnahme und Abgabe die Waage halten. Auf diesem Plateau steht die Konzentration des angereicherten Stoffes im Gleichgewicht mit der des umgebenden Wassers. Steigt die Konzentration im Wasser an, so können, wie bereits erwähnt, die Organismen eine überoptimale Speicherung meist nicht verhindern und werden geschädigt.

Im schwermetallfreien Wasser kommt es ausschließlich zur Abgabe von Schwermetallen, die meist exponentiell erfolgt. Doch gilt das nicht für alle Schwermetalle, z. B. nicht für Quecksilber. Auch die Abgabekinetik ist von vielen Faktoren abhängig, z. B. von der Verbindung, in der das Schwermetall aufgenommen wurde.

4.2. Synthetische Wasch- und Spülmittel (Detergentien)

Waschmittel sind die häufigsten Umweltchemikalien. Die Waschmittelindustrie zeigt einen derart schnellen Wandel ihrer Produkte, daß eine aktuelle Darstellung kaum möglich ist, wobei sich diese Industrie jedoch mit ihren Produkten nach den Umwelterfahrungen richtet. Synthetische Wasch- und Spülmittel bestehen aus einem Komplex von Stoffen. Den Hauptanteil haben die grenzflächenaktiven Stoffe, die auch die Waschleistung erbringen, die **Tenside**. Unter ihnen ist das lineare Alkylbenzolsulfonat (LAS) (= weiche Detergentien), als Anionenanteil, das wichtigste. Die allgemeine Strukturformel lautet:

Von den nichtionischen Tensiden spielen die Alkoholexthoxilate die größte Rolle. Flüssige und pulverisierte Waschmittel haben etwas unterschiedliche Zusammensetzung.

Die früher in den Waschmitteln vorhandenen Phosphate förderten vor allem die Waschkraft. Da sie ein wichtiges Eutrophierungspotential für die Gewässer darstellten, sind sie heute weitgehend durch andere Stoffe ersetzt, deren Auswirkungen auf die Gewässer aber noch nicht hinreichend bekannt sind. Diese Stoffe sollen also nicht eutrophierend wirken, abbaubar und nicht giftig sein. Häufig benutzte Ersatzstoffe sind die Nitrilotriessigsäure (NTA) und das unlösliche Zeolith, ein Natrium-Aluminium-Silikat.

LAS ist zwar giftig, biologisch aber abbaubar (Kobuke 1985). Die Toxizität betrifft vor allem Pflanzen, deren Chloroplasten geschädigt werden. Dies ist für submerse Pflanzen etwa bei 500 µg l^{-1}. Als Grenzwert (plus Sicherheitswert) der Belastung für Gewässer ist 100 µg l^{-1} festgesetzt, der in unseren Gewässern kaum überschritten wird. Oft liegt die Belastung um 6 µg l^{-1}, in deutschen Ausläufen von Kläranlagen oft zwischen 3–40 µg l^{-1} (Schöberl 1997). LAS-Konzentrationen werden auch als methylenblauaktive Substanz, MBAS, angegeben, d. h. LAS plus Störstoffe.

Die Abb. 259 zeigt die LAS-Belastung der Ruhr (Deutschland). Man erkennt den stets erfolgenden Abbau der Substanz. LAS tritt aber in relativ hohen Konzentrationen im Klärschlamm auf, desgleichen sind stark konzentriert einige „Aufheller" aus dem Stoffgemisch der Waschmittel und auch die NTA, obwohl der Transport an Schwebstoffen nicht bedeutend ist (Hellmann 1995).

Bakterien und Tiere bleiben bei den in unseren Gewässern vorhandenen LAS-Konzentrationen unbeeinflußt. (Schwellenwert für *Gammarus* z. B. 7 mg l^{-1}, Janicke 1973).

Tenside zeigen wenig Neigung zur Bioakkumulation und werden in vielen Organismen auch gut metabolisiert (Tolls et al. 1997).

4.3. Pestizide

Pestizide sind Chemikalien, die zur Vernichtung unerwünschter Pflanzen, Pilze und Tiere eingesetzt werden. Man rechnet zur Zeit mit etwa 10 000 verschiedenen Pestiziden. Die verbreitetsten Mittel sind Insektizide (zur Insektenbekämpfung), Herbizide (zur Pflanzenbekämpfung) und Fungizide (zur Pilzbekämpfung; auch als Pflanzenschutzmittel zusammengefaßt), Molluskizide (gegen Mollusken) und Lamprizide (gegen Meerneunaugen).

Insektizide. Sie gelangen direkt in die Gewässer zur Bekämpfung der Larven der Simuliiden, deren Imagines Krankheiten übertragen (dies vor allem in Fließgewässern) und indirekt durch Besprühen (z. T. aus der Luft) der umgebenden terrestrischen Lebensräume gegen Schädlinge, sowie durch Drainagen und Oberflächenabflüsse bewirtschafteter Flächen. Insektizide gelangen auch bis in das Grundwasser (s. **I. 5**.8.).

Die **direkte** Anwendung bezieht sich im besonderen auf *Simulium damnosum* in Afrika und auf einige andere Arten in Südamerika. Die Imagines übertragen beim Menschen durch ihren Stich den Nematoden *Onchocerca volvulus*, der die **Onchozerkose** hervorruft. Die Nematoden bilden subkutane Bindegewebsknoten. Bei ihren Wanderun-

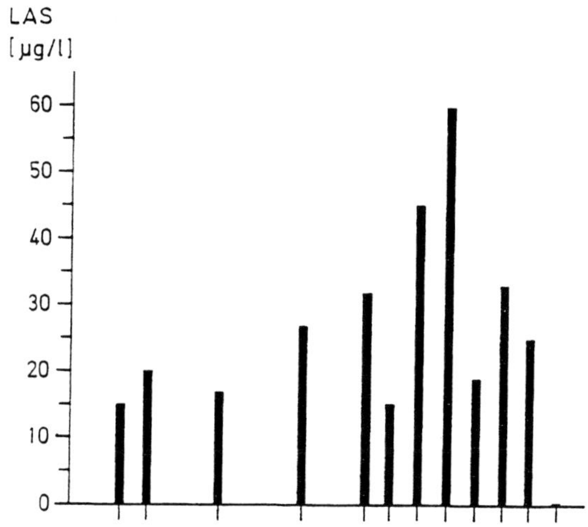

Abb. 259. LAS-Konzentrationen im Längsprofil der Ruhr (Deutschland; September 1990). (Nach HELLMANN 1995).

gen können die Würmer auch die Augen befallen und die „Flußblindheit" bewirken. Etwa 18 Millionen Menschen sind infiziert (Afrika, Mittel- und Südamerika). Die klassische Bekämpfung der Simuliidenlarven wurde mit Hilfe von Insektiziden durchgeführt, z. B. Temephos und Primiphosmethyl. Die Anwendung hatte verheerende Folgen für die Fließgewässer-Ökosysteme. Viele Insekten starben ab, so auch die Prädatoren der Simuliiden, z. B. *Cheumatopsyche* (Trichoptere). Es kam zu starken Änderungen in der Zusammensetzung der Insektenzönosen. Katastrophendrift war fast immer die Folge von Insektizid-Applikationen.

Neuerdings gibt es ein biologisches Bekämpfungsprogramm (das OCP = Onchiocerciasis Control Programme der WHO), das sehr gute Erfolge brachte. Die Larven werden mit *Bacillus thuringiensis* infiziert (durch Ausbringen von Suspensionen des Krankheitserregers).

Viele Insektizide gelangen **indirekt** durch Ausbringen bei der Land- und Forstwirtschaft in die Gewässer. Auch dies führt zum Absterben vieler Wasserinsekten; und Katastrophendrift ist ebenfalls die Folge (Abb. 260). Auch hier gilt, wie schon bei den Schwermetallen behandelt, daß die einzelnen Chemikalien sehr differenziert auf die Invertebraten wirken, wobei auch Alter und physiologischer Zustand eine Rolle spielen. Bei Ausfall der Weidegänger unter den Insekten kann es zu einem erhöhten Algenwachstum kommen (Abb. 261) und auch die Zusammensetzung der Algengemeinschaften können sich ändern, wobei Blaualgen häufig zur Dominanz neigen (EDELMANN et al. 1978).

Die Insektizide treten gelöst, suspendiert oder adsorbiert an Schwebstoffen im Gewässer auf. Suspendierte und adsorbierte gelangen schneller in das Sediment als gelöste. Einige der zyklischen Kohlenwasserstoffe sind gelöst und akkumulieren wenig im Sediment (Abb. 262). Dies ist von großer Bedeutung, da im Interstitial des Sedimentes und auch des Hyporheals viele Insekteneier liegen („Eierbank") (s. **I. 7.5.4.**), die bei Konkurrenzarmut auf der Sohle schlüpfen. Dies geschieht auch nach Insektizideinträgen, die das Benthos vernichten. Nach Abfluß der Giftwellen kommt es sofort wieder zur Besiedlung durch kleine Larven (SCHÖNBORN 2000).

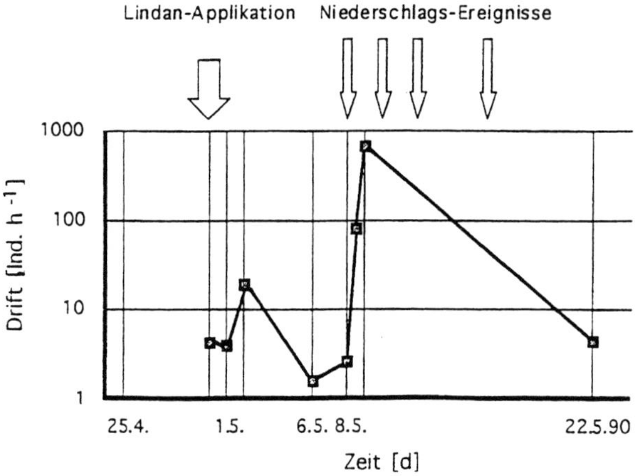

Abb. 260. Driftreaktion von *Gammarus pulex* durch Lindan-Ausbringung auf ein dem Gewässer angrenzendes Rübenfeld. Mit den Niederschlägen gelangte das Pflanzenschutzmittel in das Gewässer. (Aus LIESS & SCHULZ 1995).

Trotz z. T. hoher Insektizideinträge (untersucht vor allem in Fließgewässern) bleibt die Background-Belastung mit Insektiziden vergleichsweise gering (bewertet nach dem Trinkwasser-Grenzwert von etwa 0,1 µg l^{-1}). Dies ist jedoch nicht ungefährlich. Hier begegnet uns das Phänomen der **chronischen Effekte** geringer Konzentration (nicht zu verwechseln mit der Biomagnifikation), die auch zu Schädigungen der Organismen führen kann (Abb. 263), wie dies am Schlupferfolg einer Trichoptere gezeigt werden konnte. In Fließgewässern werden selbst große Mengen an Insektiziden relativ schnell abtransportiert. Als grober Orientierungswert kann gelten, daß in Fließgewässern von etwa 20 m Breite und darüber nach 10–15 km etwa 90–95 % Reduktion der Konzentration vorliegt (Abb. 264). Beachtenswert ist, daß bei einseitiger Gifteinleitung in einen Fluß auf lange Zeit keine Vermischung mit dem übrigen Flußwasser erfolgt.

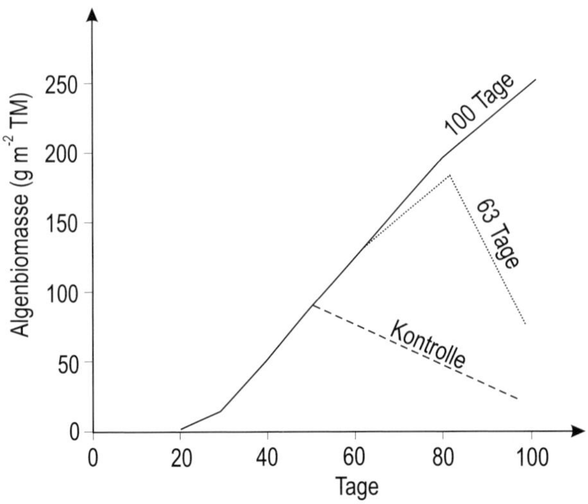

Abb. 261. Einfluß des Ausfalls der Weidegänger unter den Insekten auf die Algenbiomasse: 63- und 100-tägige Behandlung mit dem Insektizid Rotenon. (Vereinfacht nach EDELMANN et al. 1978).

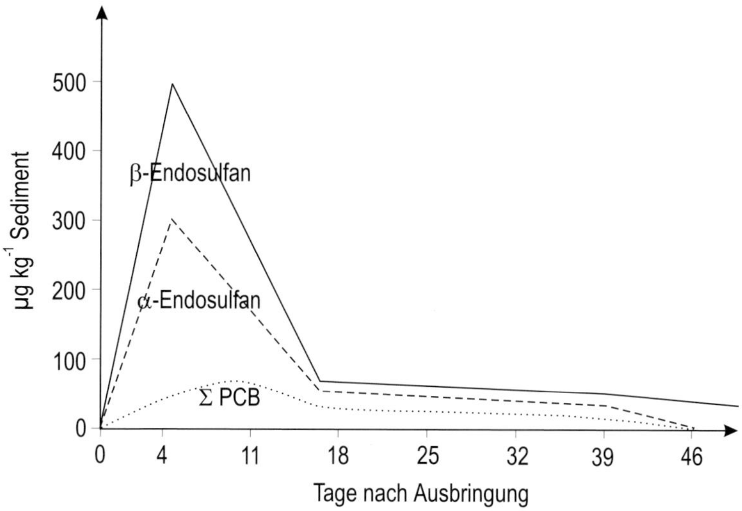

Abb. 262. Beispiele der Akkumulation von Pflanzenschutzmitteln im Sediment von Fließgewässern (Ilm, Deutschland). Die meisten Substanzen akkumulieren wenig und nur kurzfristig. (Nach Kolbe 2000).

Einige wichtige Insektizide. Organochlorverbindungen: Schwer abbaubar. Organophosphorverbindungen: (z. B. Malathion, Dimethoat, Parathion). Sie sind z. T. für Tiere sehr toxisch, aber relativ leicht abbaubar unter Sauerstoffzehrung.

Chlorierte Kohlenwasserstoffe:

- Polychlorierte Biphenyle (PCB, z. B. DDT). Sie sind sehr giftig und persistent, binden sich leicht an Schwebstoffe und können sich im Sediment anreichern. Aufge-

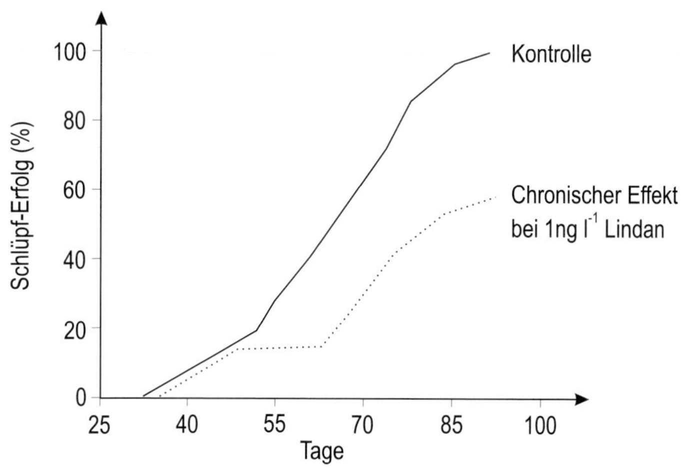

Abb. 263. Chronischer Effekt geringer Lindankonzentrationen auf den Schlupferfolg von *Limnephilus lineatus* (Trichoptere). (Nach Liess & Schulz 1995).

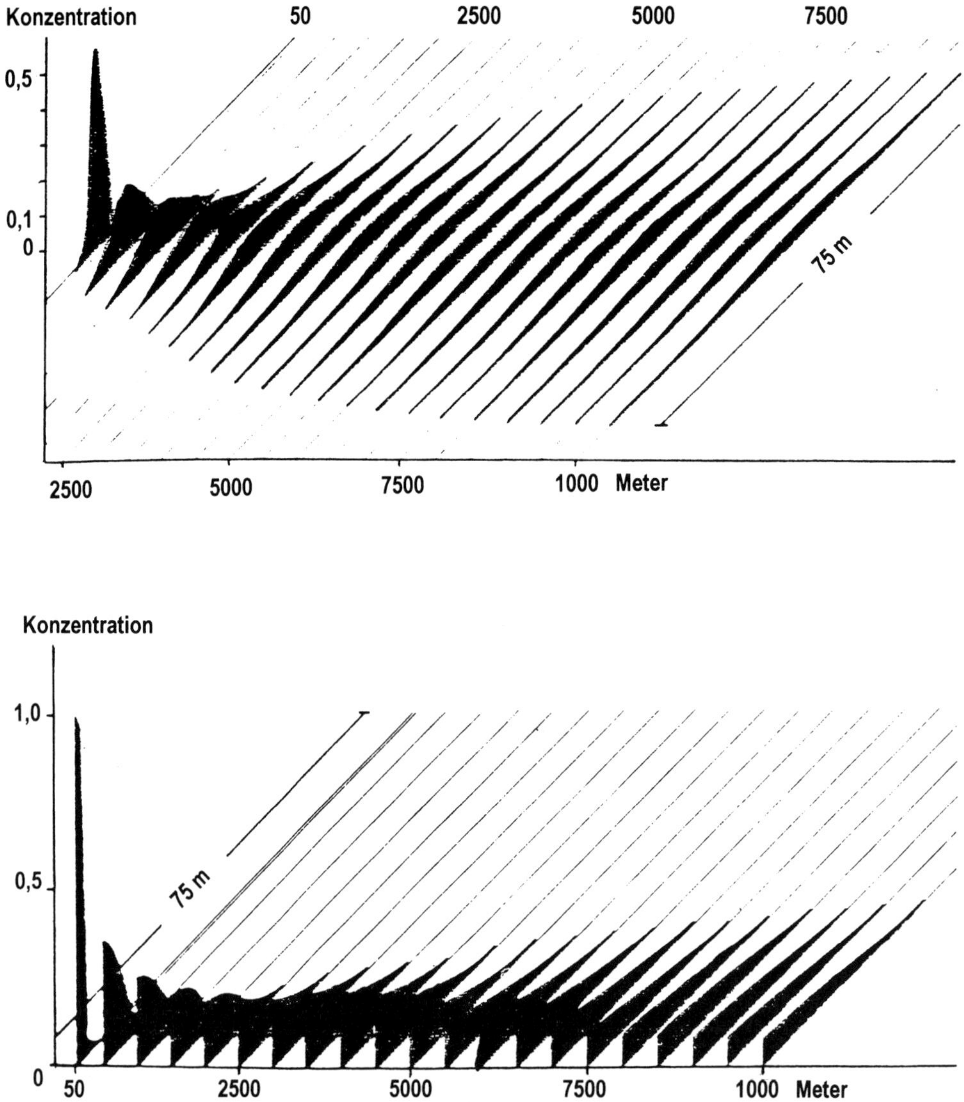

Abb. 264. Ausbreitung eines Stoffes in einem Fließgewässer. Oben: Flußmitte, unten am rechten Ufer. (Nach Besch 1982).

nommen, reichern sie sich im Fettgewebe von Tieren an. Sie neigen zur Biomagnifikation, z. B. können Möweneier stark kontaminiert sein. In Europa vielfach verboten.

- Dieldrin. Persistent und sehr giftig. In Europa vielfach verboten.
- Endosulfan. Sehr fischtoxisch.
- Lindan. (= γ-Hexachlorcyclohexan). Leicht löslich.

Herbizide. Sie gelangen direkt zur Algenbekämpfung in die Gewässer oder indirekt bei der Unkrautbekämpfung in Feldern und Wäldern, vor allem durch Oberflächenabflüsse von landwirtschaftlichen Flächen, aber auch Kläranlagenausflüssen. Einige Herbizide dienen auch als Wachstumsregler und Keimhemmer. Bekannt sind etwa 900 Herbizide und Fungizide. Herbizide sind für Tiere weniger toxisch als Insektizide, doch auch ihre Wirkung ist wiederum sehr differenziert. Ein häufig angewendetes Herbizid ist Atrazin. Es ist relativ persistent, schwer abbaubar, aber wenig toxisch und findet sich auch häufig im Grundwasser. Seine hohe Persistenz läßt es infolge chronischer Effekte doch bedenklich erscheinen. Schon bei 1 ppm starben nach 6 Tagen 10 % der Individuen des Egels *Helobdella stagnalis* (STREIT & SCHWOERBEL 1976). Atrazin neigt wenig zur Anreicherung und wird im atrazinfreien Wasser schon innerhalb eines Tages von den Organismen wieder abgegeben. Aus der Vielzahl der herbiziden Stoffe soll noch Reglone genannt werden, das sehr schädigend auf aerobe Bakterien wirkt (TCHEPILSKA et al. 1985). Nur wenige Herbizide kommen in Konzentrationen über dem Trinkwasser-Grenzwert (0,1 $\mu g\ l^{-1}$) in unseren Gewässern vor, wie z. B. Atrazin, Isoproturon, Diorun (von akuten Einträgen abgesehen). Nur sehr selten werden Konzentrationen von 1 $\mu g\ l^{-1}$ erreicht, meist liegen sie dicht über dem Grenzwert. Nach Störfällen in Fließgewässern waren einige Herbizide noch bis zu 10 Tagen in der fließenden Welle nachweisbar, meist aber nur eine kürzere Zeit.

Molluskizide. Es sind Giftstoffe, die vor allem gegen Schnecken eingesetzt werden, die als Zwischenwirte von Trematoden (parasitische Plattwürmer) dienen. Den umfangreichen Anwendungsbereich bildet die Bekämpfung der **Bilharziose** oder **Schistosomasiasis** beim Menschen.

Erreger sind *Schistosoma*-Arten (Pärchenegel), die in Blutgefäßen parasitieren, Blut fressen und heftige Entzündungen hervorrufen. Bilharziose ist die am weitesten verbreitete Tropenkrankheit. Etwa 200 Millionen Menschen sind von ihr befallen, 200 000 von ihnen sterben pro Jahr an der Krankheit. *Schistosoma* hat 3 Generationen. Ökologisch wichtig ist die 1. Generation, die Miracidium-Larve, die den Zwischenwirt (Schnecke) aufsucht und die 3. Generation, die Cercarien-Larve, die in den Endwirt (Mensch) eindringt (Abb. 265). Wichtige Arten sind: *Sch. mansoni* (Darm- und Leberbilharziose), Afrika, eingeschleppt in Mittel- und Südamerika (Zwischenwirt sind Planorbiden); *Sch. haematobium* (Urogenitalbilharziose), Afrika, Vorderer Orient (Zwischenwirt ist die Schnecke *Bulimus*); *Sch. japonicum* (Lungenbilharziose), Asien (Zwischenwirt ist der Prosobranchier *Oncomelania*).

Die wichtigste Bekämpfungsstrategie ist die Bekämpfung der Zwischenwirte. Hierzu dienen zunächst Molluskizide, wie Natriumpentachlorphenolat, Bayluscid und Yurimin. Einige Molluskizide schädigen auch Vertebraten (z. B. Fische und Amphibien) und können daher nur gezielt eingesetzt werden.

Es wird versucht, die chemische Bekämpfung durch eine biologische zu ersetzen, die aber bisher noch keinen sicheren Schutz bietet. Die wichtigsten Methoden sind:

- Verstärkung des Befalls der Zwischenwirte mit dem kommensalen Oligochaeten *Chaetogaster* (*limnaei*). Er erbeutet an den Schnecken vorwiegend Cercarien.
- Verdrängung der Zwischenwirte durch andere eingesetzte Schneckenarten.
- Aussetzen von Schneckenprädatoren, z. B. räuberischen Wasserkäfern.

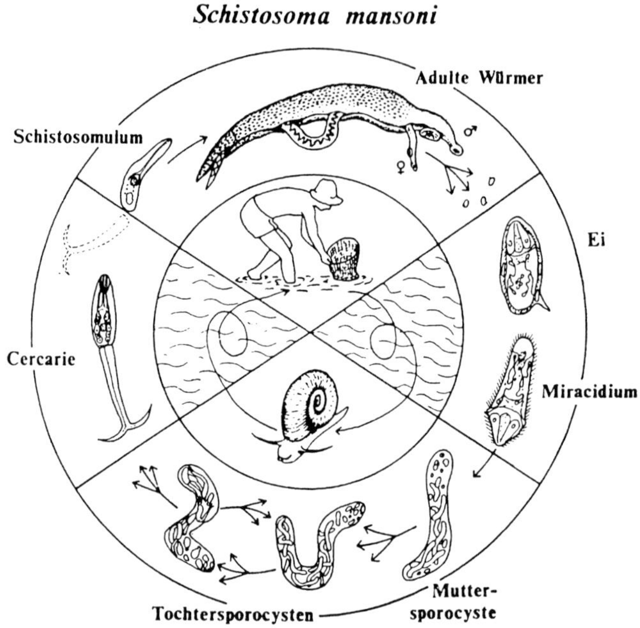

Abb. 265. Entwicklungszyklus von *Schistosoma mansoni,* dem Erreger der Darm- und Leberbilharziose. (Nach HAAS 1985).

Es gibt noch mehrere andere Trematodenarten, die für Mensch und Haustier gefährlich werden können. Unter den Wiederkäuern kann der **Große Leberegel** (*Fasciola hepatica*) großen Schaden anrichten (Erreger der „Leberfäule", parasitiert in den Gallengängen). Zwischenwirt ist die kleine Wasserschnecke *Galba truncatula*, die in Pfützen und Flachgewässern vorkommt. Auch gegen sie werden Molluskizide eingesetzt, doch zeigen Massierungen von *Galba* immer ein geschädigtes Ökosystem an. Es fehlen ihre wichtigsten Prädatoren, nämlich Limikolen (Watvögel), vor allem der Kiebitz. Ersetzbar sind diese Vögel durch den Fasan, der ebenfalls Schnecken frißt. *Fasciola*-Eier gelangen mit dem Klärschlamm oder bei der Verregnung der Abwässer auf die Felder.

Ein anderes wirtschaftliches Problem, hervorgerufen durch Mollusken, in diesem Falle Muscheln, ist das **Zusetzen der Wasserleitungen** industrieller und wasserwirtschaftlicher Einrichtungen (z. B. durch *Corbicula manillensis* und Larven von *Dreissena*). Sie werden auch heute noch häufig mit einer Kaliumlösung bekämpft, die die Nahrungsaufnahme hemmt (ANDERSON et al. 1976).

Lamprizide. Hierbei handelt es sich um Pestizide, welche die Larven des Meerneunauges, *Petromyzon marinus*, vernichten, die z. B. in Kanada großen Schaden an den (genutzten) Flußfischen anrichten können. Verwendet wird 3-Trifluoromenthyl-4-Nitrophenol (TFM), das aber das Flußökosystem stark schädigt und bei niederen Temperaturen bis 55 cm tief in den hyporheischen Raum eindringt (JEFFREY et al. 1986).

4.4. Versauerung

Spezielle Übersichtsliteratur: CHARLES (1990), STEINBERG & WRIGHT (1992), HERRMANN (1994).

Die **natürliche Versauerung** entsteht durch die Humifizierung schwerabbaubarer Pflanzenteile, in deren Verlauf die schwach-sauren Huminstoffe und durch Polymerisierung schließlich der Humus entsteht. Das Humusmolekül kann noch Wasserstoffmoleküle gegen Metalle (meist Ca^{2+}) austauschen, wodurch die Versauerung zunimmt (**I. 8**.1.9.10.).

Die **anthropogen bedingte Versauerung** beruht zum überwiegenden Teil auf den Auspuffgasen der Fahrzeuge und den industriellen SO_2-Emissionen wie auch auf Stickoxid-Belastungen der Atmosphäre (letztere z. B. durch die Landwirtschaft).

Die Gase werden in der Atmosphäre oxidiert und hydrolisiert und kommen als schwefel- und salpetersaurer Niederschlag in Böden und Gewässer. Versauerung bedeutet immer einen Überschuß an H^+-Ionen:

$$SO_2 + H_2O + 0{,}5\ O_2 \rightarrow SO_4^{2-} + 2\ H^+$$
$$NO_2 + 0{,}5\ H_2O + 0{,}25\ O_2 \rightarrow NO_3^- + H^+$$
$$NH_3 + 2\ O_2 \rightarrow NO_3^- + H_2O + H^+$$

Weltweit werden jährlich emittiert: $150 \cdot 10^6$ t SO_2 – S und $49 \cdot 10^6$ t NO_x – N. Der atmosphärische Transport kann bis zu 1 000 km betragen. Durch die Landwirtschaft werden weltweit $54 \cdot 10^6$ t a^{-1} NH_3 – N freigesetzt. Infolge der vorherrschenden westlichen Winde sind in Europa besonders die skandinavischen Gewässer von der Versauerung betroffen. Bei erhöhten Niederschlägen und vor allem zur Zeit der Schneeschmelze geht der pH-Wert in den Gewässern meist zurück. Da der Schnee fast alle Schadstoffe aus der Atmosphäre deponiert, nimmt beim Schmelzen auch deren Konzentration in den Gewässern zu.

Die Auswirkungen der Zunahme der H^+-Ionen sind abhängig von dem **Puffersystem** in Böden und Gewässern (s. **I. 6**.3.; **I. 8**.1.9.4.), d. h. von der Alkalinität oder der Säureneutralisationskapazität (= ACN).

Gewässer in großen Waldgebieten mit schwerabbaubaren Baumabfällen (z. B. Koniferenwälder) oder in Gebieten mit Silikatgesteinen sind schwach gepuffert. Gewässer in Buntsandstein- und Granitgebieten sind besonders gefährdet.

Ein wichtiger Effekt der Versauerung ist die Freisetzung von Metallen. Besondere Beachtung verdient die Lösung von Aluminium aus Bodenmineralien und Sedimenten. Dieser Vorgang ist auch positiv korreliert mit dem DOC-Gehalt und der Menge der Niederschläge. Für Norwegen gilt die Beziehung:

$$\log(\text{verfügbares})\ Al = 1{,}82 - 0{,}53\ pH + 0{,}30 \log DOC - 0{,}11 \log \text{Niederschläge}$$

(HONGVE 1993).

Aluminium ist für Organismen sehr giftig, so daß die negative Wirkung der Versauerung durch die Verfügbarmachung von Aluminium noch erhöht wird. Aluminium bindet sich an die DNS der Zellkerne und stört die Eiweißreduplikation. Bei Pflanzen führt Aluminium noch zur Verringerung der Durchlässigkeit der Zellmembranen, was zu Nährstoffmangel führt. Fische verfügen über keinen oder nur geringen Schutz gegen erhöhte Aluminiumgehalte, was sie äußerst sensibel gegenüber Versauerungen macht (LENHART & STEINBERG 1984, SAGER 1986). Aber auch viele andere Metalle werden bei Versauerung freigesetzt.

Biologisch-limnologische Auswirkungen.

- Wird Aluminium freigesetzt, bindet es Phosphat zu Aluminiumphosphat. Setzt eine Eutrophierung ein, wirkt diese Reaktion als Schutzmechanismus dagegen.
- Wie bereits bei der natürlichen Versauerung dargestellt, geht auch mit der anthropogen bedingten die Artendiversität zurück. Das gilt für Bakterien, Phytoplankton, Makrophyten, Zooplankton, Benthos und Fische. Als grober Orientierungswert kann gelten, daß ein pH-Rückgang von 7 auf 4 die Artendiversität um 80 % senkt und bei weiterer Versauerung noch stärker, wie LEßMANN et al. (1994) zeigten. Die einzelnen Arten reagieren aber auch hier sehr unterschiedlich (OEKLAND & OEKLAND 1986).
- Der Abbau der organischen Stoffe wird stark gehemmt, da mit abnehmendem pH-Wert die bakterielle Aktivität zurückgeht (Abb. 266).
- Mit dem Rückgang des Phytoplanktons in versauerten Seen steigt die Sichttiefe, obwohl ein Teil der ausgefallenen Arten durch euryione ersetzt wird.
- Auch das Periphyton geht mit der Versauerung zurück. Hier kommt es zum Ersatz der sensbilen Arten durch tolerantere, ohne daß der Verlust völlig ausgeglichen wird. Das Wachstum der verbleibenden Arten kann sich ändern. So sind *Mougeotia* und *Zygnema* im sauren Bereich nicht mehr sessil, sondern bilden vermehrt haufenförmige Massen (SCHINDLER 1980).
- Makrophyten gehen in sauren Gewässern stark zurück. Arten, die CO_2 als alleinige C-Quelle nutzen, gewinnen an Konkurrenzfähigkeit, vor allem *Juncus bulbosus*, die Knotenbinse.

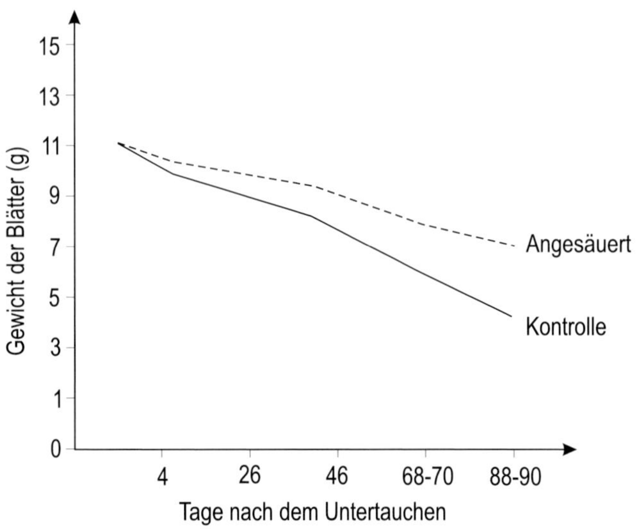

Abb. 266. Abbau der Blätter von *Alnus rugosa* im Fließgewässer nach Ansäuerung. (Nach ALLARD & MOREAU 1986).

- Invertebraten reagieren sehr unterschiedlich. Empfindlich gegen Veränderung sind: Mollusken, Gammariden, Ephemeropterenlarven und Wasserasseln. Nicht sehr empfindlich sind die Larven der Plecopteren, mehrere Trichopteren, Dytisciden und Chironomiden sowie einige Wassermilben (vor allem aber Oribatiden, Hornmilben) (HARRISON 1958, MATTHIAS 1983, MERILÄINEN & HYNYNEN 1990). Ein Quotient aus der Dichte der Ephemeropteren- und Plecopterenlarven ist positiv mit der Alkalinität korreliert (Abb. 267). Sehr einschneidend macht sich die Versauerung auch auf das Vorkommen der **Ernährungstypen** bemerkbar. Carnivore sind weniger sensibel als Herbivore (SUTCLIFFE & CARRICK 1973). Unter den letzteren sind es vor allem die Zerkleinerer und Weidegänger, die ausfallen (OTTO & SVENSSON 1983, MACKAY & KERSEY 1985). Aber auch hier gibt es wichtige Ausnahmen. Von den Zerkleinerern sind, wie bereits erwähnt, die Wasserasseln extrem gefährdet, nicht aber die Trichopteren unter ihnen, wie z. B. *Potamophylax cingulatus* (BURTON et al. 1985, OTTO & SVENSSON 1983). Trotz hoher Gehalte akkumuliert diese Larve wenig Aluminium. Die Zerkleinerung der Blätter bleibt also von zoologischer Seite gesehen, abgesichert (Abb. 268). Von den Zooplanktern scheinen z. B. *Bosmina longirostris* und auch einige Rotatorien (z. B. *Keratella*) sehr euryion zu sein. Generell gibt es unter den beschalten Amöben viele euryione Arten.
- Fische sind sehr säureempfindlich, besonders sind dies die Salmoniden. Die Forellenabundanz läßt sich sehr gut mit der Azidität korrelieren. Für Fische sind pH-Werte < 5,5 stets kritisch, dies vor allem, wenn Al^{3+} mobilisiert ist. Es kommt zu einem

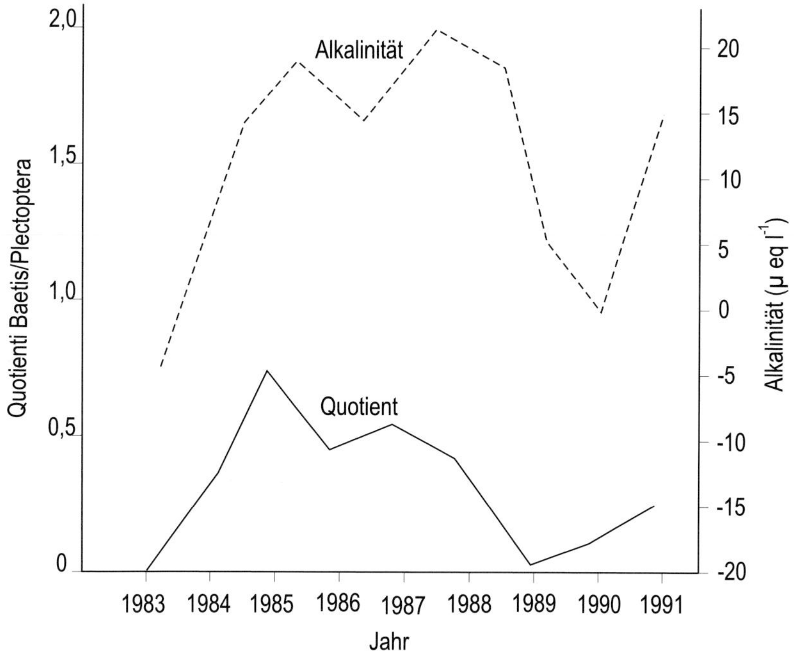

Abb. 267. Korrelation zwischen dem Quotient Ephemeroptera (*Baetis*)/Plecoptera zur Alkalinität. (Nach RADDUM & FJELLHEIM 1994).

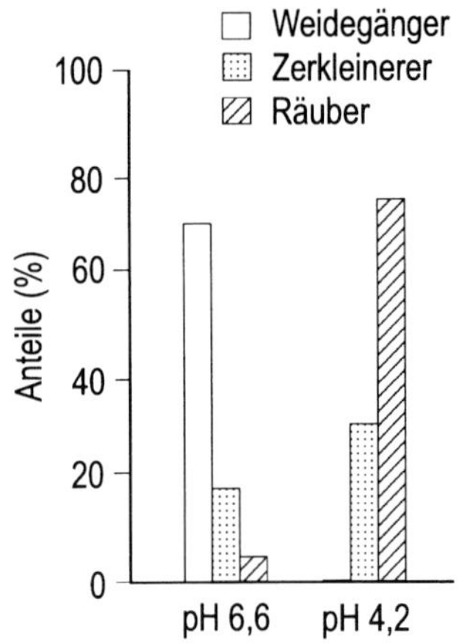

Abb. 268. Anteile der funktionellen Gruppen der Trichopterenemergenz in einem Bach in Abhängigkeit des pH-Wertes des Wassers. (Nach LEßMANN et al. 1994).

Chloridverlust aus Körperflüssigkeit und Geweben (ROSSELAND et al. 1986), einer Atmungsblockierung an den Kiemen (ROSSELAND et al. 1992) und zu einer Störung beim Schlüpfen aus dem Ei (KÜGEL et al. 1990). Fische haben generell enge pH-Grenzen des Vorkommens. So treten > pH 8 ebenfalls Schwierigkeiten auf. Die Sensibilität der Fische bezieht sich sowohl auf mineralische wie auch auf humussaure Gewässer. Eine geringe Puffermöglichkeit (bis 1 pH-Einheit) zeigt bei Salmoniden die Flüssigkeit zwischen Ei- und Befruchtungsmembran (KÜGEL & PETERSEN 1989).

- Die Phosphorfällung und auch der Ausfall vieler Arten vereinfachen das Ökosystem stark versauerter Gewässer (LENHART & STEINBERG 1992).

4.5. Radioaktivität

Radionuklide lassen sich in fast allen Gewässern nachweisen. Es gibt ein natürliches und ein anthropogen bedingtes Vorkommen (letzteres als Folge von Atombombenversuchen, Unglücksfällen in Kernkraftwerken und Abprodukten der Atomindustrie). Das häufigste natürliche Isotop ist ^{40}K. Sein Anteil am Gesamtkalium in Fließgewässern beträgt 0,012 %. Andere natürliche Isotope sind ^{226}Rd, ^{232}Th, ^{238}Ur. Die Zahl der Radionuklide hat sich in den Gewässern anthropogen bedingt auf 10 und mehr erhöht.

Die Freigrenze liegt bei 370 m Bq (α + β-Strahlung) l^{-1} (Umrechnung: 1p Ci entspr. 37 m Bq). Sie wurde auch zu Zeiten der Atombombenversuche und größerer Havarien von atomaren Anlagen nur relativ kurzfristig und lokal überschritten. Die bisher stärkste Havarie fand im Atomkraftwerk von Tschernobyl (Ukraine) am 26. April 1986 statt. Das dominierende freigewordene Radionuklid war ^{137}Cs. Es reicherte sich vor allem im Sediment an, in skandinavischen Seen bis zum 7-fachen der Background-Aktivität, etwa 0,01 % davon fand man in Fischen (BLAKAR & HONGVE 1991).

Radioaktiv belastete Gewässer haben verheerende Folgen für ihr Ökosystem. Bei einer Belastung von 677 m Bq l^{-1} etwa 8 km unterhalb einer Uranmine betrug die Reduktion an Bakterien um 90 %, die des Chlorophyll-a um 28 % (HILL & RAI 1981). Radionuklide neigen prinzipiell zur Anreicherung in Sediment und Organismen, z. B. in Wasserpflanzen, wie aus Untersuchungen zu Zeiten früherer Atombombenversuche her-

Tabelle 55. Anreicherung von Radionukliden in Wasserpflanzen nach den Atombombenversuchen 1961. Messungen im Stechlinsee (Norddeutschland). (Nach GLASER 1963).

Art	**β-Strahlung [pcg^{-1} = 10^{-12} cg^{-1}]** **Aktivität im Oktober 1962 / Aktivität im Oktober 1960**		
	Frischgewicht	**Trockengewicht**	**Aschgewicht**
Potamogeton natans	7,2	6,9	6,9
Potamogeton lucens	10,1	6,5	5,9
Stratiotes aloides	1,9	1,8	3,5
Myriophyllum spicatum	1,7	16,1	4,2
Platyhypnidium rusciforme	9,9	6,7	9,8
Nitellopsis obtusa	6,1	3,8	4,1
Algenaufwuchs auf *Typha*	11,3	10,2	8,4

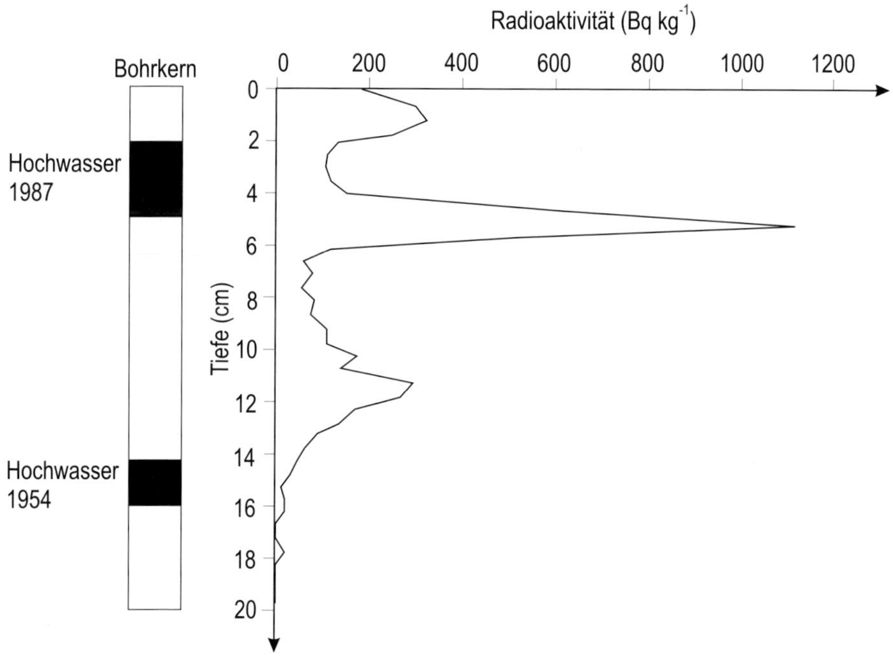

Abb. 269. Bohrkern aus dem Bodensee. Der erste Gipfel der Radioaktivität zeigt noch die Zeit der Atombombenversuche, der zweite den Reaktorunfall Tschernobyl. Die nebenstehende Darstellung der Bohrkernstruktur zeigt ungestörte Verhältnisse. (Nach LINDNER et al. 1993).

vorgeht (GLASER 1963, JUSTYN & STANEK 1974) (Tab. 55). Die Atombombenversuche fanden 1961 statt, der Kontrollwert 1960 in der Tabelle beruht auf ^{40}K. Ein Sedimentprofil aus dem Bodensee (Deutschland) spiegelt sehr gut die Zeit der Atombombenversuche und den Reaktorunfall in Tschernobyl wider (Abb. 269).

4.6. Versalzung

Spezielle Übersichtsliteratur: WILLIAMS (1981), HAMMER (1986), JAVOR (1989).

Der Salzgehalt der Binnengewässer zeigt ein breites Konzentrationsspektrum (Abb. 270). (s. **I. 7**.5.12.; **I. 8**.1.4.; **I. 8**.1.9.7.; **I. 9**.3.). Der Salzgehalt ist natürlicher wie auch anthropogen bedingter Herkunft. Kochsalz (Natriumchlorid) ist ein Hauptbestandteil der Salzbelastungen. Die künstliche Salzlast übersteigt heute oft bis zum 20-fachen die natürliche. Als Ursache der anthropogenen Versalzung gelten:

- Abwässer des Kali-Bergbaus, der Erdölförderung und des Kohlebergbaus (aus chlorid- und sulfathaltigen Nebengesteinen).
- Bewässerung von Trockengebieten zur landwirtschaftlichen Nutzung, wobei sich Salze aus dem Boden lösen.
- Ersatz flachwurzelnder Steppenpflanzen durch tiefwurzelnde Kulturpflanzen, wobei Salze an die Oberfläche gelangen (WILLIAMS 1987).
- Abwasser aus Kommunen, Industrie und Landwirtschaft, die immer Salze enthalten. Salze passieren auch die Kläranlagen.
- Streusalze auf den winterlichen Straßen in Gebieten mit Schnee und hohem Verkehrsaufkommen.
- Im Falle des Aralsees wurde das Wasser der Zuflüsse zur Bewässerung von Baumwollplantagen benutzt. Dies bewirkte (seit 1960) ein Schrumpfen des Sees mit starkem Anstieg der Salzkonzentrationen und verheerenden Folgen für Ökosystem und die Bevölkerung, die auf den See angewiesen war (vgl. Tab. 26).

Die Abwässer der Soda- und Kaliindustrie haben in Deutschland schon seit langem versalzte Flußstrecken bewirkt (Oberrhein, Unstrut, Saale, Elbe, Werra und Weser). Sehr gut sind diesbezüglich Oberrhein und Werra untersucht.

Besonderheiten der künstlichen Versalzung. Die Salinität kann 30–35 ‰ erreichen und gleicht damit der der Meere. Infolge der schwankenden Zuflüsse, die verdünnend wirken, ist im Gegensatz zur Konstanz der marinen Salinität die künstliche sehr

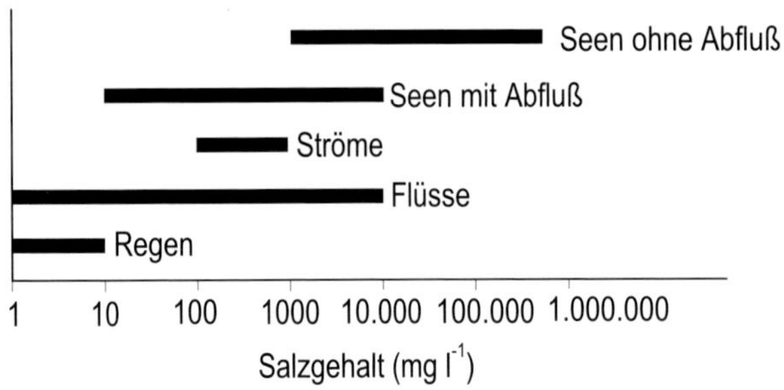

Abb. 270. Salzgehalt verschiedener Süßgewässer. (Nach GEMS-Water Datenbank 1997).

inkonstant. Dies ist für die Organismen ein zusätzlicher Auslesefaktor. Organismen, die sich diesen **poikilohalinen Verhältnissen** anpassen müssen, sind daher euryhalin (Gegensatz: **homoiohaline Verhältnisse** mit stenohalinen Organismen).

Viele der versalzten Süßwasser haben die gleiche oder doch ähnliche Zusammensetzung des Salzes wie im Meer. Es können jedoch schon geringe Abweichungen entscheidend für die Besiedlung sein. Die Wirkung des Salzes beruht sowohl auf der Erhöhung des osmotischen Druckes als auch auf der Toxizität einzelner Ionen. Kaliumionen erhöhen im allgemeinen die Toxizität (schon 200 mg l^{-1} K^+ wirken toxisch, auf *Gammarus fossarum* schon 6 mg l^{-1}), während Calciumionen sie mindert (Schmitz et al. 1967). Auch das Ca/Mg-Verhältnis spielt eine Rolle.

Indikation und Klassifizierung der Salzlast. Es gibt salzanzeigende, salztolerante und salzmeidende Arten. Man findet diese Arten in den meisten Organismengruppen; sehr gut wurden sie für die Diatomeen untersucht (Hustedt 1957). Wie das Saprobiensystem, so wurde auch ein **Halobiensystem** entwickelt. Seine Quantifizierung geschieht durch den Halobienindex (H) nach Ziemann (1971):

$$H = \frac{\Sigma h_H - \Sigma h_x}{\Sigma h} \cdot 100$$

Es bedeuten: Σh_H = Häufigkeitssumme der salzanzeigenden Arten
Σh_x = Häufigkeitssumme der salzmeidenden Arten
Σh = Häufigkeitssumme aller untersuchten Arten.

Die Indexwerte liegen zwischen –100 bis +100 und laufen prinzipiell dem Chloridgehalt parallel.
Die klassische Einteilung der Salzlasten lautet (in ‰ = g Salze l^{-1} Wasser):

< 0,5 ‰ = Süßwasser	5–18 ‰ = mesohalin
0,5–5 ‰ = oligohalin	> 18 ‰ = polyhalin

Vom Standpunkt der Limnologie gibt es noch eine andere Einteilung (Tab. 56). Auch die Ionenzusammensetzung des Salzes ist, wie bereits erwähnt, wichtig für die Besiedlung. Sie läßt sich angeben als

$$p = \frac{Na^+ + K^+ \times 100}{Na^+ + K^+ + Ca^{2+} + Mg^{2+}} \cdot \text{Salinität}$$

[meq l^{-1}] [g l^{-1}]

Der Quotient steht in einem festen Verhältnis zum Halobienindex:

$$H = 22{,}283 \times \log p - 12{,}55 \pm 6{,}15 \; (r = 0{,}91) \text{ (Ziemann 1997)}$$

(Abb. 271), wobei auch die Toxizität einzelner Ionen Berücksichtigung findet.

Biologische Wirkung der Versalzung. Sie gehorcht zunächst dem Biozönotischen Grundgesetz:

Tabelle 56. Limnologische Klassifizierung der Salzbelastung. (Nach Ziemann 1997).

H	‰ Cl^-	Bemerkung
< –30		Infrahalob. Extrem salzarm, meist sauer.
- 30 bis – 10		γ-oligohalob. Schwach gepuffertes Wasser, halophobe Arten vorherrschend.
> – 10 bis + 15	< 0,1	β-oligohalob. Typisches Süßwasser, gut gepuffert ($Ca(HCO_3)_2$). Meist noch halophobe Arten.
> + 15 bis + 30	0,1 – 0,5	α-oligohalob. Noch Süßwasser, aber halophile Arten können auftreten.
> + 30 bis + 50	0,5 – 5	β-mesohalob. Mäßig salzhaltig, halophile Arten.
> + 50 bis + 75	5 – 35	α-mesohalob. Salzwasser. Halophile und halobionte Arten.
> + 75	> 35	polyhalob. Extrem salzhaltig. Starke Abnahme der Artendiversität. Spezialisten.

H = Halobienindex

- Rückgang und Ausfall vieler Arten.
- Zunahme weniger, resistenter Arten.
- Freiwerdende Stellen im Ökosystem werden teilweise durch Einwanderer aus dem Brackwasser und dem Meer besetzt. Bei poikilohalinen Verhältnissen sind dies meist euryhaline Arten.
- Generell geht die Artendiversität mit der Versalzung zurück, nicht aber die Individuendichte.

Die physiologischen Ansprüche vieler Arten sind immer relativ und ändern sich auch mit dem Salzgehalt. So ändern sich z. B. die Temperaturpreferenda bei vielen Tieren mit steigendem Salzgehalt und auch das Verhältnis zu Schadstoffen. Mit der Salzlast erhöht sich z. B. bei *Dreissena* die Akkumulation von Cd, Zn und Pb (Lucker et al. 1997). Es treten jedoch bis 1000 mg $Cl^- l^{-1}$ noch keine erheblichen Veränderungen und Schäden bei den Süßwasser-Zönosen auf. Wichtige Einflüsse auf die Organismengruppen sind:

Bakterien. Etwa bei 10 ‰ kommt es zu einem Wechsel von Süßwasser- zu Salzwasserbakterien. Mit steigender Salzlast verlängern sich die Generationszeiten der Süßwasserbakterien und ihre Aktivität geht zurück, besonders auch die der Nitrifikanten. Hierdurch kommen z. B. halophile Diatomeen, die saprobe Verhältnisse vertragen können, zur Massenentwicklung (z. B. die halophile *Thalassiosira fluviatilis*). Stellt sich mit der steigenden Salzlast eine marine Bakterienflora ein (bzw. eine salzadaptierte), so normalisiert sich der Abbau wieder (Herbst 1997). Allerdings können sich Süßwasserbakterien bei steigender Salzlast gegen die osmotische Wirkung zunächst schützen durch Absonderung von Ectoin und Betain (Galinsky 1994, Schulz et al. 1997).

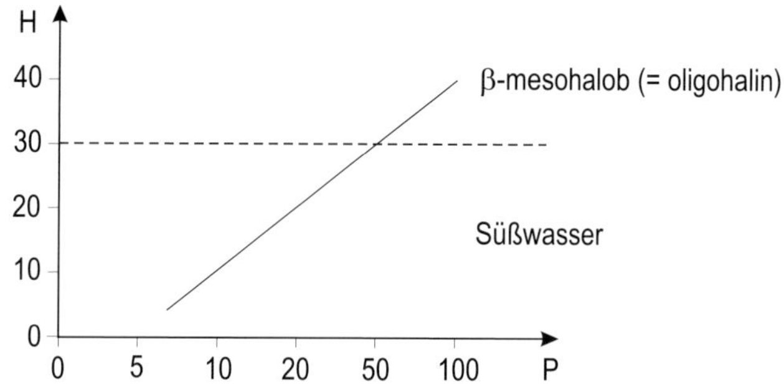

Abb. 271. Beziehung zwischen dem Halobienindex (H) und dem Quotienten der Ionenzusammensetzung (P). (Nach ZIEMANN 1997).

Algen. Klassisches Studienobjekt sind die Diatomeen. Diatomeen reagieren sehr sensibel auf Salzbelastung; schon bei 100–200 mg $Cl^- l^{-1}$ können sich die Zusammensetzungen ihrer Gemeinschaften ändern (PUDWILL & TIMM 1997). Es gibt unter ihnen Anzeiger der einzelnen Salinitätsstufen, sicherlich auch in Abhängigkeit der Ionenzusammensetzung des Salzes.

Höhere Pflanzen. Sie reagieren relativ empfindlich, *Elodea canadensis* reduziert schon bei 100 mg $Cl^- l^{-1}$ deutlich ihre Nettoproduktion. Toxisch auf höhere Pflanzen wirken vor allem $MgCl_2$ und KCl (NOBEL & KOHLER 1978). Auch der Wasserhahnenfuß *Ranunculus fluitans* geht bei Salzbelastung schnell zurück. Sein Lebensformentyp wird durch die makrophytische Grünalge *Enteromorpha intestinalis* ersetzt.

Protozoen. Sie gelten als salztoleranter als Metazoen; die kritische Grenze liegt bei 5000 mg $Cl^- l^{-1}$. Gute Untersuchungen liegen an Ciliaten vor, die sich auch als Indikatoren eignen. FOISSNER et al. (1965) unterscheiden 5 Toleranzklassen für Ciliaten, die auch noch eine feinere Untergliederung zulassen (Abb. 272). Für sessile Ciliaten scheinen weniger Toleranzklassen vorzuliegen (NOLTING & RUSTIGE 1997) und die epizoischen (z. B. auf *Gammarus* und *Asellus*) sind weitgehend von der ihrer Träger abhängig (RUSTIGE 1999).

Metazoische Invertebraten. Sie reagieren im allgemeinen sehr sensibel auf Salzbelastung, besonders Schwämme, Bryozoen, Muscheln, Ephemeropteren und Plecopteren. Es gibt aber auch Ausnahmen. So sind die Eintagsfliegenlarve *Cloeon crassi* und Plecopterenlarve *Paragnetina media* sehr salzresistent, d. h. euryhalin. Das sind auch viele Oligochaeten, vor allem die Tubificiden. Auch halobionte Einwanderer gibt es

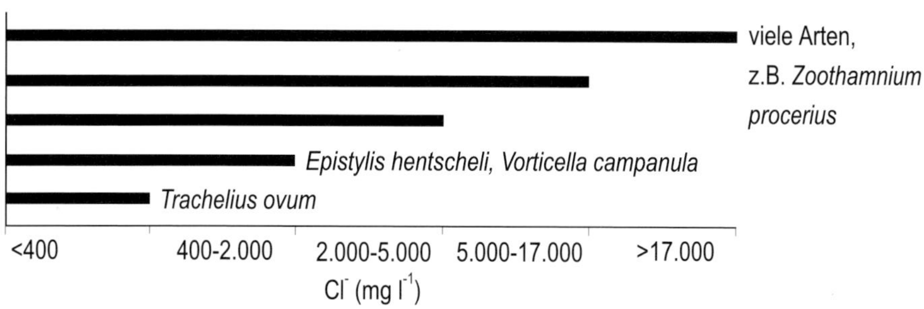

Abb. 272. Toleranzklassen der Besiedlung salzbelasteter Gewässer durch Ciliaten. (Nach FOISSNER et al. 1995 und Angaben aus NOLTING 1998).

unter den Oligochaeten, z. B. *Ilyodrilus bavaricus, Postiodrilus sonderi* (Wachs 1963). Die häufigste Schnecke versalzter Fließgewässer ist *Potamopyrgus crystallinus carinatus*. *Gammarus pulex* fällt bei 1000 mg Cl^{-} l^{-1} aus. Aus diesem Grund wurde im Jahre 1959 in deutsche versalzte Flüsse *G. tigrinus* eingeführt. Er stammt aus Nordamerika, lebt dort im Brackwasser, breitete sich sehr schnell in Deutschland aus und wurde so zu einem Charaktertier versalzter Flüsse. Gefördert wird seine Ausbreitung durch seine saprophile Tendenz. Anlaß der Aussetzung war die Suche nach einem Ersatz des wichtigen Fischnährtieres *Gammarus pulex* (Schmitz 1960). Neue europäische Einwanderer sind die Brackwasserarten *G. duebeni* und *G. zaddachi*.

Die häufigsten salzliebenden Insekten in versalzten Gewässern sind die Salzfliegen *Ephydra* und *Scatella*, die Chironomiden *Chironomus halophilus*, *Ch. salinarius* und *Halocladius varians*.

Fische sind nicht sehr salzempfindlich. Der kritische Wert, bei der die Reproduktionsfähigkeit zurückgeht, liegt bei 5000 mg Cl^{-} l^{-1} (Bäthe et al. 1994). Sehr resistent sind Salmoniden, Barsch, Zander, Kaulbarsch, Aal.

Versalzung und Saprobiensystem. Das klassische Saprobiensystem ist auf versalzte Fließgewässer nicht mehr anwendbar. Es besteht auch keine faktorielle Beziehung mehr zwischen BSB und Saprobiensystem (Ziemann 1970).

Regeneration des Gewässers nach Reduktion der Salzlast. Die Regeneration des Gewässers nach Rückgang der Salzfracht erfolgt relativ langsam über mehrere Jahre (Marcus et al. 1984) (Tab. 57).

Ökosystemare Änderungen in versalzten Gewässern. In stark salzbelasteten Binnengewässern kommt es zu einer Reduktion des Nahrungsnetzes und auch der Nahrungspyramiden. Je nach Spezifität des Gewässers und seiner Salzlast fallen im Freiwasser häufig Zooplankton und z. T. auch Fische aus. In derartigen Fällen entstehen kurzgeschlossene Kreisläufe zwischen Phytoplankton und Destruenten. Im Benthos scheinen weniger Primärproduzenten als im Freiwasser auszufallen, doch auch hier ist das System vereinfacht (Bähte 1992).

Tabelle 57. Regeneration eines versalzten Flusses (Werra, Deutschland) nach Reduktion der Salzlast anhand der Besiedlung mit Diatomeen. (Nach Hofmann 1997, vgl. auch Bäthe 1997).

		1989–1995 Reduktion der Salzlast	
	September 1988 (5.500 mgl^{-1} Cl^{-})	Oktober 1993 (1.500 $mgl^{-1}Cl^{-}$)	Oktober 1995 (± 1.000 $mgl^{-1}Cl^{-}$)
Polyhalobe Arten [%]	16	1	5
Mesohalobe Arten [%]	19	18	30
Halophile Arten [%]	55	43	13
Σ %	90	62	68
Halobienindex	75	36	36
Gesamtzahl Arten	17	48	36
Diversitätsindex	1,7	2,6	2,6

4.7. Häufige Xenobiotika in den Gewässern (ausgenommen Pestizide und Detergentien)

Xenobiotika sind vom Menschen hergestellte naturfremde Stoffe, die in die Umwelt gelangen und oft schädigend auf die Organismen wirken. Viele dieser Umweltchemikalien gehören zu den Pestiziden und Detergentien, doch gibt es heute noch eine Vielzahl anderer Stoffe, die im Handel sind und direkt über Kläranlagenabflüsse die Gewässer belasten können. Es wird mit über 70 000 derartigen Stoffen gerechnet, die in der menschlichen Gesellschaft genutzt werden. In diesem Kapitel soll nur ein kurzer Überblick über einige wichtige Stoffe und ihre Wirkung auf limnische Organismen gegeben werden.

Früher waren die Abwässer von Galvanisierungsanlagen, Papierfabriken, Beizereien, Färbereien, Eisenerzgruben und der pharmazeutischen Industrie reich an Chemikalien, die in die Gewässer gelangten. Heute sind diese Industrien verpflichtet, ihre schädlichen Abprodukte selbst zu entsorgen und nicht abzuleiten.

Hinzugekommen ist die Fülle synthetischer Stoffe, die in Industrie, Gewerbe und Haushalt genutzt werden und über verschiedene Belastungspfade die Gewässer erreichen.

Es gibt auch Stoffe, die keine eigentlichen Xenobiotika, aber doch hochgiftig sind und die Gewässer beeinflussen. An erster Stelle steht hier das **Chlor**, noch immer das wichtigste Mittel bei der Wasseraufbereitung. Es ist für Invertebraten und Fische sehr toxisch. Schon 0,24 mg l^{-1} Cl^{-} führten zu hoher Mortalität bei Insektenlarven (Watson et al. 1982). Chlor verbindet sich auch zu den cancerogenen Chloraminen.

In gewissem Sinne gehören zu dieser Stoffgruppe auch die **Cyanide** und das **Arsen**, hochgiftig und immer wieder in Gewässer gelangend. Cyanide sind nicht naturfremd, da HCN in geringen Mengen von Bakterien, *Chlorella* und *Ranunculus repens* produziert wird. Gefundene Belastungswerte von Cyaniden in deutschen Gewässern lagen mit 200 µg l^{-1} an oder über dem Grenzwert (Krutz 1979) (s. Tab. 52.). Arsenate wurden früher als Schädlingsbekämpfungsmittel verwendet. So findet sich in Seesedimenten von 10-20 cm oft Arsen deponiert. Arsenate werden aber in Gewässern von *Anabaena oscillaroides* zu Arseniten reduziert (Freeman 1985).

Es folgt nun die Besprechung einiger Xenobiotika.

Chlorierte Kohlenwasserstoffe. Die leichtflüchtigen unter ihnen, wie z. B. Chloroform, Tetrachlorkohlenstoff, Trichlorethen werden noch in fast allen gesellschaftlichen Bereichen verwendet. Chloroform tritt häufig in kommunalen Abwässern auf und hat in deutschen Flüssen eine Konzentration von < 5 000 ng l^{-1} und das 1,1,2-Trichlorthen < 500 ng l^{-1} mit abnehmender Tendenz (Abb. 273) (infolge von Verboten). Bei den schwerflüchtigen chlorierten Kohlenwasserstoffen handelt es sich zumeist um Insektizide (**II. 4.3.**). In beiden Stoffgruppen sind die lipophilen Verbindungen am gefährlichsten, da sie in Organismen eindringen und auch immer wieder in Fischen nachgewiesen werden.

Mineralöle. Es sind teerartige Öle fossilen Ursprungs, die als Rohöle gefördert werden. Sie bestehen aus einem Gemisch von mehreren hundert Stoffen, unter denen Kohlenwasserstoffe dominieren. Rohöle werden in Raffinerien großtechnisch verarbeitet. Sie gelangen aus beschädigten Pipelines und anderen Rohrleitungen in die Gewässer, aber auch durch Tankanlagen, Förderbrunnen, Waschwasser aus Tankern und als Schmieröle.

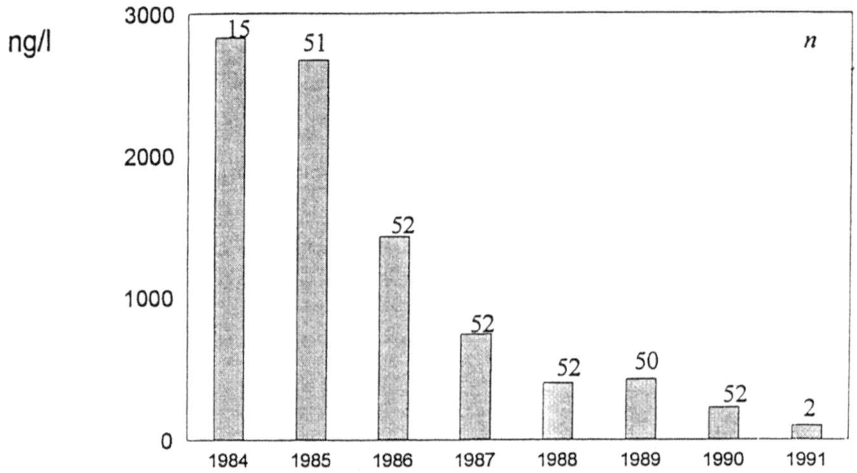

Abb. 273. Abnahme der 1,1,2 – Trichlorethen – Belastung der Elbe bei Schnackenburg (Deutschland). (Nach LAWA 1994 aus KETTRUP & HEINISCH 2000).

Der Backgroundwert für Erdölkohlenwasserstoffe liegt in unseren Gewässern bei etwa 0,05 mg l^{-1} (HELLMANN 1998).

Öle werden bakteriell abgebaut und unterliegen der Alterung, wodurch ihre Toxizität zurückgeht. Erst bei 12,6 mg l^{-1} Erdölkohlenwasserstoffe sank die Primärproduktion des Donauwassers um 36 % (TOMAJKA 1985). Beim Abbau kommt es allerdings zu einem erheblichen Sauerstoffschwund. Ölteppiche wirken vor allem mechanisch, weniger toxisch. Bei Berührung mit dem Öl verkleben Vogelfedern, Haare und die Filterung und der Gasaustausch wird bei entsprechenden Tieren blockiert. Allerdings gibt es auch hier sehr widerstandsfähige Organismen (falls der Ölteppich nicht zu dick wird), darunter viele Kleinalgen, Protozoen, Rotatorien und auch *Cyclops* (MCCAULEY 1966).

Phenole. Dies sind aromatische Alkohole mit der Grundformel des Benzolringes, an dem unmittelbar eine (= einwertige Ph.) oder mehrere (= mehrwertige Ph.) Hydroxylgruppen sitzen. Phenole waren früher eine schwere Belastung der Gewässer, die zwar heute abgenommen hat, aber nicht aufgehoben ist. Phenole finden in Teerfarbstoffen, aber auch in Desinfektionsmitteln und Arzneien Anwendung und sind immer noch in den Abwässern der petrochemischen Industrie zu finden. Sie sind bakteriell gut abbaubar (in 72 Stunden werden etwa 20 mg l^{-1} abgebaut), was aber deutliche Sauerstoffzehrungen zur Folge hat. Phenole werden jedoch im Sediment adsorbiert und können noch auf längere Zeit das Zoobenthos beeinflussen. Es sind vor allem die mehrwertigen Phenole, die zu dem Phenolgeschmack des Fischfleisches führen, wie überhaupt Phenole den Geschmack des Trinkwassers beeinträchtigen können. Daher liegen ihre Grenzwerte sehr niedrig (Tab. 52).

Im Gegensatz zu mehrwertigen haben einwertige Phenole nur eine geringe Toxizität. Bei mehrwertigen wirken 1 mg l^{-1} schon toxisch auf Fische. In vielen Ländern gibt es z. Z. noch stark phenolhaltige Flüsse.

Polyzyklische aromatische Kohlenwasserstoffe (PAK). Es sind etwa 16 PAK's bekannt und einige von ihnen häufig in Gewässern nachweisbar, z. B. Fluoranthen, Chrysen, Phenanthren. Sie entstehen bei unvollkommenen Verbrennungsprozessen und werden meist durch die Atmosphäre (Regen, Stäube) verbreitet. In Gewässern sind Konzentrationen von > 4000 µg kg^{-1} TS Sediment nicht selten. PAK's sind meist stark an Schwebstoffe und Sediment adsorbiert und neigen zur Bioakkumulation (Nachweise in Fischen). PAK's mit großen Molekülen sind relativ giftig und wirken vor allem cancerogen (KETTRUP & HEINISCH 2000). Sie können jedoch mit Huminsäuren Komplexe eingehen, wodurch sich ihre Moleküle derart vergrößern, daß sie Zellmembranen nicht mehr passieren können (MCCARTHY et al. 1985).

Polychlorierte Dibenzo-p-dioxine (PCDD). Sie werden häufig zusammen mit den Dibenzofuranen (DCDF) nachgewiesen. Beides sind Nebenprodukte aus verschiedenen chemischen Herstellungsprozessen, die durch die Atmosphäre verbreitet werden. Ihre Konzentration in den Sedimenten steigt in den letzten Jahren bedeutend an (bis > 200 ng kg^{-1} TS-Sediment), ohne daß bisher ihre Wirkung bekannt ist (STEINBERG & JÜTTNER 2000).

Ethylendiamintetraessigsäure (EDTA). Sie ist in Waschmitteln als Phosphorersatz enthalten, stammt aus der photochemischen metallurgischen und kosmetischen Industrie (fungiert z. B. als Wasserenthärter). Sie passiert die Kläranlagen und findet sich im Flußwasser in Konzentrationen von etwa 10–20 µg l^{-1}, maximal sogar bis 160 µg l^{-1}, ist aber in diesen Bereichen noch nicht toxisch, zumindest für *Dreissena* (ZEIS & GRIESHABER 1998). EDTA bildet, wie die in gleicher Funktion in Waschmitteln eingeführte Nitrilotriessigsäure (NTA) auch, mit Metallen Komplexe. Dadurch werden bis zu 50 % der Schwermetallkonzentrationen gebunden, wodurch die Metalle in Lösung gehalten werden und die Komplexe schwer abbaubar werden.

Riechstoffe (Moschus-Verbindungen). Es handelt sich um Zusätze in Parfüms, Seifen und Waschmitteln. Verbreitet sind Nitromoschusverbindungen (Moschus-Keton und Moschus-Xylol) und polycyclische Verbindungen. Es sind etwa 30 Verbindungen mit Moschusgeruch im Handel. Sie haben hohe Persistenz und neigen zur Bioakkumalation (gemessen an Fischen) (RIMKUS & WOLF 1993). In Kläranlagenzuläufen werden etwa 90–1700 ng l^{-1} Moschusxylol und 570–2 400 ng l^{-1} Moschus Keton gemessen. Die entsprechenden Abläufe betragen 30–310 und 220–1300 ng l^{-1}. In Kläranlagen findet also ein teilweiser Abbau statt. Im Klärschlamm ließen sich 12–21 mg kg^{-1} TS nachweisen und in Oberflächengewässern sind es bis ~400 ng l^{-1} (ESCHKE 2000).

Organische Halogenverbindungen. Sie werden benutzt als Pestizide, Desinfektions-, Konservierungs- und Lösungsmittel, aber auch in Kunststoffen, Medikamenten, Farbstoffen, Feuerlöschmitteln und in der Kältetechnik. Belastungsquellen für die Gewässer sind Krankenhäuser, KfZ-Werkstätten, Druckereien, Gummi- und Kunststoffproduktionen. Die Stoffe gelangen durch Abwässer (sie passieren die Kläranlagen), aber auch über Oberflächenabläufe, die Atmosphäre (Niederschläge, Stäube) und aus Deponien in die Gewässer. Die häuslichen Abwässer sind etwa mit 50–100 µg l^{-1} organischer Halogenverbindungen belastet. Es handelt sich dabei um Chlor-, Flour- (FCKW!) und Jodverbindungen (z. B. als Röntgenkontrastmittel). Viele Gewässer sind mittelstark (± 40 µg l^{-1}) und einige darüber belastet. Organische Halogenverbindungen sind schwer abbaubar und neigen zur Bioakkumulation (OLEKSY-FRENZEL 2000).

Arzneimittel. In Abwässern und Gewässern sind bisher etwa 25 Pharmaka nachgewiesen: Antibiotika, Lipidsenker, Zytostatika, Antiseptika, Antiphlogistica, Östrogene. Sie gelangen über Faeces und Urin in die Abwässer (STUMPF et al. 1996a) und passieren die Kläranlage bei einem etwa 80 %-igen Abbau (mit entsprechenden Unterschieden). In den Abläufen befinden sich noch Konzentrationen von < 0,1 bis 0,3 µg l^{-1}, im Fließgewässer dann nur noch im ng l^{-1}-Bereich (HABERER & TERNES 2000). Phenolische Antiseptika sind in Abwässern oft in größeren Mengen vorhanden. Überhaupt gehören Pharmaka teilweise zu den wichtigsten chemischen Belastungskomponenten des kommunalen Abwassers (BORCHARDT 2000). Toxikologische Erkenntnisse über Pharmaka in Gewässern liegen bisher nicht vor, doch besteht immer die Gefahr der Langzeiteffekte, selbst bei sehr geringen Konzentrationen, auf die Organismen.

Östrogene. Werden hormonelle Stoffe aus Abwasser und Gewässern analysiert, so handelt es sich fast immer um solche mit östrogenen Wirkungen. Sie gelangen verstärkt durch Kontrazeptiva in die Umwelt. Aber auch aus Papierfabriken, vermutlich aus dem verarbeiteten Holz, werden Stoffe freigesetzt, die bei Fischen Reproduktionsstörungen hervorrufen (VAN DER KRAAK et al. 1992).

Natürliche Steroidvorkommen werden in Kläranlagen fast völlig abgebaut, nicht aber synthetische Sexualhormone. Ihre Konzentrationen in den Ausläufern der Kläranlagen liegen bei etwa 1– >20 ng l^{-1}, im Flußwasser bis > 70 ng l^{-1} (STUMPF et al. 1996b). Auswirkungen sind bei Fischen und anderen wasserbewohnenden Wirbeltieren in der Störung der Geschlechtsbestimmung und der Ovarien zu erwarten (SUMPTER & JOBLING 1995).

Schlußfolgerungen. Dieses Kapitel zeigt die enorme Anzahl naturfremder Stoffe, die die Kläranlagen und Gewässer beeinflussen und mit zunehmender Tendenz in Zukunft beeinflussen werden. Nur ein ganz geringer Teil dieser Stoffe wurde bisher überhaupt analytisch erfaßt. Immer mehr Stoffe werden in Umlauf kommen; ihre Wirkungen sind zum überwiegenden Teil unbekannt. Es ist dabei mit den heimtückischen Langzeiteffekten (sog. **chronischen Effekten**) bei geringen Konzentrationen und nicht akuter Toxizität zu rechnen. Dies gilt sowohl für Kläranlagen als auch natürliche Gewässer.

Es ist möglich, daß die Wirkanalyse dieser Xenobiotika und der Schutz der Gewässer vor ihnen zu einem wichtigen Teilgebiet der Limnologie werden wird. Bei Unkenntnis der Wirkung dieser naturfremden Stoffe werden uns viele Vorgänge in den Gewässern unverständlich bleiben.

4.8. Thermische Belastungen

Neben den stofflichen, meist toxischen Belastungen, gibt es anthropogen bedingt, physikalische, die ebenfalls schädigend auf die Ökosysteme einwirken können. Im wesentlichen ist dies die thermische Belastung, die im Anschluß an die stoffliche besprochen werden soll. (Vgl. hierzu: SCHÖNBORN 1992, MEYER 2000).

Die künstliche Aufwärmung der Gewässer nimmt zu, bedingt durch die Kühlwasser aus Kraftwerken und die erhöhten Temperaturen von Fabrikationsabwässern.

Biochemische Wirkungen und Richtwerte. Eine Temperaturerhöhung beschleunigt die mikrobielle und tierische Atmung, senkt aber die Löslichkeit des Sauerstoffs.

Damit entsteht eine Gegenläufigkeit zwischen Sauerstoffbedarf und -angebot. Es kommt generell zu einer Beschleunigung der Abbauprozesse und der Nitrifikation, wodurch der BSB_5 zunimmt. Schon bei einer Temperaturerhöhung um 4,2 °C nahm der Sauerstoffgehalt um durchschnittlich 15 % ab (Descy & Mouyet 1984). Daher müssen für jedes betroffene Flußsystem **Wärmelastpläne** aufgestellt werden (LAWA 1977). Danach ist der Grenzwert für die Temperaturerhöhung +28 °C in sommerwarmen und +25 °C in sommerkühlen Fließgewässern und +18 °C in Salmonidengewässern. Die Aufwärmung soll in sommerwarmen Gewässern nicht +5 °C, in sommerkühlen nicht +3 °C überschreiten.

Aus der Not läßt sich eine Tugend machen, indem bei thermischer Belastung künstlich belüftet wird; dann hat sie sogar einen Reinigungseffekt. Im gewissen Sinne macht die Natur dieses auch selbst, da bei Erwärmung viele Wasserpflanzen sehr gut gedeihen, was zu einer Intensivierung der biogenen Belüftung führt. Daher haben in gemäßigten Breiten künstliche Erwärmungen im Winter einen stärkeren negativen Effekt als im Sommer. Hinzu kommt die größere Schockwirkung der Erwärmung im Winter für die Organismen (s. unten). Bei künstlichen Aufwärmungen sollte in dem betroffenen Gewässer immer die Möglichkeit der Pflanzenansiedlung gegeben sein.

Möglichkeiten der Wärmereduzierung. In vielen Kraftwerken wird durch ein **Rückkühlverfahren** die Temperatur des auslaufenden Wassers gesenkt (Ablaufkühlung, Kreislaufkühlung). Die Kreislaufkühlung bewirkt die geringste Wärmeabgabe (etwa 90 % Senkung im Vergleich zur direkten Kühlwasserabgabe). Da das Wasser im Rückkühlprozeß mehrmals genutzt wird, kommt es zu einer Aufsalzung des Kühlwassers, so daß das Wasser verdünnt werden muß. Zur Hemmung des natürlichen Aufwuchses werden auch Pestizide zugesetzt, was wiederum ein Nachteil ist.

Wird einem Fluß nur von einem Ufer aus aufgewärmtes Wasser zugeführt (was meist der Fall ist), so bildet sich an der entsprechenden Flußseite eine **Kühlwasserfahne**. Das erwärmte Wasser vermischt sich zunächst nicht mit dem gesamten Flußwasser (s. auch **II. 4**.3.; Abb. 264). Daher können bewegungsaktive Tiere, vor allem aber Fische, ausweichen. Die nach längerer Fließzeit erfolgte Vermischung bewirkt dann eine deutliche Temperatursenkung.

Grenzsituationen. Im warmen Wasser vermehren sich intensiv coliforme Bakterien, Salmonellen und Enterokokken. Daher dürfen in keinem Fall in warmen Abläufen Faekalabwässer enthalten sein. Kühlwässer sollten immer nur eine möglichst geringe organische Belastung aufweisen, da viele Bakterien bei gleichzeitiger Belastung und Erwärmung Autolyse zeigen, so daß der Abbau im warmen Wasser gehemmt wird.

Winterliche Wärmebelastung führt auch zu einer Umstrukturierung der bakteriellen Zönosen. Die psychrophilen Bakterien (bis etwa +10 °C) werden durch mesophile ersetzt (bis etwa +40 °C), was auch immer zu einer Vakanzzeit führt. Steigen die Temperaturen > +40 °C, werden die Mesophilen durch Thermophile ersetzt. In diesen hohen Temperaturbereichen kommt es dann zur Hemmung der Nitrifikation und viele Ciliatenarten fallen aus, die sonst das bakterielle Populationswachstum stimulierten (Moltmann 1978). Bei künstlicher Temperaturerhöhung kann es im Sommer, wenn künstliche Belüftung und Pflanzenwuchs fehlen, zur Anaerobie kommen.

Ökosystemare Auswirkungen. Sie folgen zunächst wieder dem Biozönotischen Grundgesetz: Die Artendiversität geht zurück; und eine Abundanzerhöhung der resistenten Arten ist die Folge. Stenotherme Arten fallen aus, die eurythermen verbleiben und können sich stärker vermehren. Allerdings kommen thermophile Einwanderer hinzu (z. B. auch aus den Tropen, wenn es sich um gemäßigte und kältere Zonen handelt), die aber den Ausfall an Arten nicht kompensieren können. Übersteigen die Temperaturen den genannten Grenzwert, geht die Dichte (generell) zurück und das Ökosystem wird definitiv geschädigt.

Bei einer Temperaturerhöhung von +15–25 °C auf +20–29 °C sank der Sauerstoffgehalt um 3–4 mg l^{-1} und die Biomasse des Zoobenthos ging auf 17 % zurück (Heger-Bursik & Rodinger 1975). In einer durch Kühlwasser erwärmten Flußstrecke reduzierte sich die Phytoplanktondichte um 50 %, wobei es zur Vorherrschaft von Blaualgen kam (Simmons & Armitage 1974), wie dies häufig bei Temperaturerhöhungen zu beobachten ist. Rhithrale mit ihren vielen stenothermen Arten werden von künstlichen Erwärmungen stärker betroffen als Potamale, die vor allem eurytherme und thermophile Arten beherbergen. Viele potamale Fische zeigen bei +28 °C noch erhöhte Wachstumsleistungen; und der Karpfen laicht erst bei dieser Temperatur (als eingeführter exotischer Fisch). Viele potamale Fische verlassen die Abwärmebereiche erst, wenn der Sauerstoff unter 3–4 mg l^{-1} sinkt. Steigen die Temperaturen > +28 °C, kommt es vor allem bei Jungfischen zu erhöhter Mortalität.

Mit dem Temperaturanstieg kommt es zur Zunahme von Makrophyten und Periphyton. Verbunden mit dem letzteren nehmen die Weidegänger zu, vor allem Schnecken. Prinzipiell sind Anneliden thermophil (vor allem gilt dies für *Nais*, Tubificiden und *Erpobdella*). Sammler, vor allem Chironomidenlarven, gehen im allgemeinen zurück.

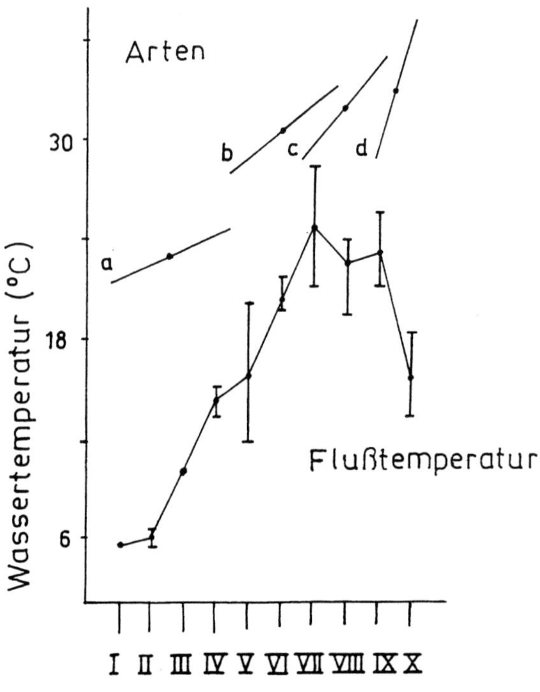

Abb. 274. Vergleich der LT_{50} – Werte und der zugeordneten Regressionslinien einiger Insektenlarven mit den monatlichen Temperaturen eines kleinen Flusses. **a** = *Ephemerella invaria*, **b** = *Symphitopsyche morosa*, **c** = *Stenonema ithaca*, **d** = *Brachycentrus lateralis*. (Nach Kozlowski & Bunting 1979).

In Rhithralen reduzieren sich extrem die Larvendichten der Ephemeropteren und Plecopteren (vgl. hierzu z. B. MAUCH 1990). Der Schlupf vieler Jungtiere (vor allem bei Insekten und Krebsen) erfolgt verfrüht, so daß ihre Lebenszyklen verkürzt werden. Dies geschieht auch durch Fortfall von Dormanzstadien (LANGFORD & DAFFERN 1975, FEY 1977).

Temperaturadaptationen. Allmähliche Temperatursteigerungen werden von Wassertieren besser vertragen (geringere Mortalitätsrate) als plötzliche auftretende, die zu einem Temperaturschock führen und selbst bei eurythermen Arten die Mortalität erhöhen können.

Der **LT_{50}**-Wert gibt an, bei welcher Temperatur 50 % eines untersuchten Individuenkollektivs abstirbt. Dieser Wert ist höher, wenn eine allmähliche Anpassung an höhere Temperaturen erfolgt, als wenn dies plötzlich geschieht (Abb. 274).

4.9. Biotestverfahren

Spezielle Übersichtsliteratur: GUNKEL (1994).

Allgemeines. Die Erfassung des Vorkommens und Prüfung auf Toxizität von Xenobiotika und anderen Abprodukten aus Haushalt und Industrie, wie auch die Analyse der natürlichen Gifte (z. B. Toxine von Bakterien, Cyanophyceen, Algen udgl.) sind Gegenstand der **Ökotoxikologie**. Einer ihrer Schwerpunkte sind die anthropogen bedingten Vergiftungserscheinungen der Gewässer. Die wichtigste Methode zur Erfassung der Toxizität von Stoffen sind die **Bioteste**. Sie dienen im wesentlichen der

- Prüfung von Gewässern auf das Vorhandensein toxischer Stoffe,
- toxischen Prüfung von Abwässern und Kläranlagenausflüssen, bevor sie für den Vorfluter zugelassen werden,
- Festlegung von Grenzwerten für giftige Stoffe.

Für jede Aufgabe gibt es bevorzugte Testarten.

Das Prinzip der quantitativen Ermittlung der Toxizität ist folgendes: Von der zu prüfenden Substanz oder des zu untersuchenden Abwassers wird eine Verdünnungsreihe angelegt. Die **Testorganismen** werden in die Verdünnungsstufen überführt und es wird festgestellt, ab welcher Stufe Veränderungen an den Organismen erfolgen. Dabei wird mit der stärksten Verdünnung begonnen. Parallel ist eine Kontrollkultur anzusetzen. Folgende Feststellungen sind dann zu treffen:

- **GC** = Grenzkonzentration. Es sind noch keine Veränderungen festzustellen, heute meist als NOEC-Wert angegeben (= No observed effective concentration). Die Kontrolle muß über längere Zeit erfolgen.
- **SC** = Schwellenkonzentration. Erste signifikante Abweichungen, meist vom Verhalten der Organismen. Häufig wird auch die EC (= Effective concentration) benutzt, genauer angegeben als EC_{50} (= mittlere subletale Konzentration).
- **LC** = Letale Konzentration. Es kommt zum Absterben von Individuen. LC_x = x % der Tiere einer zugegebenen Anzahl sterben. x ist häufig 50, aber auch 90, 100. Dazu werden zumindest die Versuchsdauer und auch die Versuchstemperatur angegeben.

Während bei großen Tieren die Änderungen und Absterbeprozesse direkt sichtbar sind, werden bei mikroskopischen Organismen spezielle Verfahren angewendet.
Eine andere Meßgröße der Toxizität ist

- **LD_x** = Letale Dosis, d. h., die von dem Organismus aufgenommene Menge pro Gewichtseinheit, welche zum Tod führt. x = % der Versuchstiere, die bei oraler oder subkutaner Applikation absterben.

Grundlage dieser Messungen ist die Erkenntnis, daß Gift ein quantitativer Begriff ist, d. h. die Toxizität eines Stoffes richtet sich nach seiner Konzentration bzw. Dosis.

Bakterienteste. Sie werden eingesetzt zur toxischen Überwachung von Abwasser bzw. Kläranlagenausläufen, aber auch zur Grenzwertfestlegung von Xenobiotika und Schwermetallen. Testbakterium ist *Pseudomonas putida*. Bestimmt wird die Konzentration der zu prüfenden Substanz, bei der es in der angesetzten Kultur zu einer Hemmung des Populationswachstums im Vergleich mit der Kontrolle um 10 % kommt. Die Veränderungen der Populationsdichten werden mit Hilfe eines Trübungsmessers (in Trübungseinheiten) gemessen. Ein anderes Verfahren ist die Messung des Sauerstoffverbrauchs in einem Abwasser oder einer Gewässerprobe. Nachdem das Wasser von natürlichen Bakterien freifiltriert ist, wird es mit *P. putida* beimpft (und belüftet). Der O_2-Verbrauch wird mittels einer Sonde gemessen und es wird als Grenzwert die Verdünnung bestimmt, bei der die Hemmung des O_2-Verbrauchs noch < 10 % ist.

Verbreitet ist der Leuchtbakterientest mit *Photobacterium phosphoreum*. Das Bakterium ist marin und fakultativ anaerob. Testkriterium ist das Leuchten des Bakteriums, die Luminescens. Das Verfahren gilt als sehr geeignet für Kurzzeitteste. Mit Hilfe eines Luminometers wird die Leuchthemmung gemessen. Festgestellt wird die Verdünnungsstufe, bei der es gerade zu einer Leuchthemmung kommt. Die Konzentration des Stoffes muß dann unter diesem G_L-Wert bleiben. Nachteil: Es muß in einer Salzlösung gearbeitet werden, wobei die Möglichkeit besteht, daß Stoffe, die im Süßwasser nicht toxisch wirken, bei den Leuchtbakterien Hemmung anzeigen.

***Haematococcus*test**. *Haematococcus* ist ein eugenoider Flagellat, der leicht in Kultur zu nehmen ist. Bestimmt wird mit ihm die Toxizität von Wasserproben. Die von ihm bei einer bestimmten Lichtintensität produzierte Sauerstoffmenge ist bekannt. Gemessen wird ihr Rückgang, der auf Schadstoffe im Wasser hindeutet. Mit dem Test läßt sich auch der für ein oligotrophes Gewässer limitierend wirkende Stoff ermitteln, indem sich bei getrennten Zugaben von N und P feststellen läßt, bei welchem Nährstoff die Produktion in der Kultur beginnt (gemessen an Trübungseinheiten)

***Ankistrodesmus*test**. *Ankistrodesmus* ist eine einzellige planktische Grünalge, die leicht zu züchten ist. Geprüft werden mit ihr z. B. Abwässer auf Toxizität. Kriterium ist das Populationswachstum, gemessen als Trübungseinheiten. Es wird die Hemmung in der Verdünnungsreihe gemessen.

***Paramecium*test**. Angewandt wird er zur Prüfung der Toxizität von Abwasser, aber auch zur Grenzwertbestimmung von Tensiden, organischen Zinnverbindungen, Triazinherbiziden, Schwermetallen. Die Zahl der zugegebenen Paramecien muß genau bekannt sein. In 1 ml Prüfungswasser müssen mindestens 50 Tiere enthalten sein.

Beispiel eines toxischen Abwassers aus der Herbizidindustrie: GC (48 h) 1:40; SC (48 h) 1:30; LC_{50} (48 h) 1:13; LC_{100} (48 h) 1:5 verdünnt. Angegeben werden noch die Versuchstemperatur, evt. noch der pH-Wert und andere Parameter.

Tubificidentest. Tubificiden sind sehr widerstandsfähige Organismen und Akkumulatoren für Schwermetalle. Werden sie geschädigt, deutet dies auf eine gefährliche Toxizität für viele Organismen hin. Die Tiere wurden vor allem früher von der Industrie als Testorganismen zur Bestimmung der noch akzeptablen Verdünnungsstufe toxisch belasteter Abwässer verwendet. Testtiere werden gezüchtet, gewaschen und auf Sand gehalten. Als Futter dienen Bäckerhefe, Kleie, gekochte Kartoffeln udgl. Die gezüchteten Tiere werden ausgelesen und in die zu prüfenden Verdünnungsstufen des Abwassers gegeben. Registriert werden zunächst Verhaltensabnormitäten (SC): gesteigerte Bewegungsintensität, Verkrampfungen, Knäuelbildung, dann schließlich die Todesrate.

***Asellus*test**. Er wird z. B. zur Testung von Abwässern aus der Insektizidindustrie benutzt, aber auch zur Prüfung von Insektiziden selbst, bevor sie in den Handel kommen. *Asellus* ist im Gegensatz zu *Tubifex* ein sehr empfindlicher Organismus. Als SC werden Muskelzuckungen und unkoordinierte Bewegungen erfaßt.

Beispiel für Lindan: LC_{50} (96 h) 3,5 µg l^{-1}.

***Gnathonemus*test**. Der Nilhecht *Gnathonemus petersi* gibt schwache elektrische Impulse von ~1 Volt ab, die ein individuenspezifisches Muster zeigen. Bei Anwesenheit toxischer Stoffe ändern sich die Muster bis hin zum Aussetzen der Impulse.

Daphnientest. Dies ist ein sehr häufig angewendeter Test. Mit ihm werden z. B. die Grenzwerte bestimmter Xenobiotika ermittelt, vor allem die von Schwermetallverbindungen und Pestiziden. Es gibt sog. Daphnien-Testautomaten, die die Änderungen im Schwimmverhalten registrieren. Das Normalschwimmen ist schräg aufwärts mit kurzzeitigem Absinken.

Beispiel für das Insektizid Dimethoat: NOEC (24 h) 40 µg l^{-1} SC (24 h) 64 µg l^{-1} LC_{50} (24 h) 116 µg l^{-1} (+20 °C).

Guppytest. Er dient zum Testen der Giftigkeit von Tensiden, Pestiziden, Phenolen, Cyaniden, Schwermetallen, bzw. der Abwässer dieser Gifte.

Forellentest. Testart ist die Regenbogenforelle *Salmo gairdneri*. Getestet werden Pestizide, Cyanide, Schwermetalle, Phenole, Tenside. Benutzt wird ein großes Prüfbekken, das mindestens 50 Forellen enthalten muß.

***Phormidium*test**. Testart ist meist *Phormidium uncinatum*, eine nur wenige µm lange fädige Blaualge. Sie dient der Prüfung der Grenzwerte von Herbiziden und Schwermetallen. Die Fäden der leicht zu züchtenden Blaualge bewegen sich kriechend. Kriterium ist die Kriechhemmung durch Gifte. Die Hemmung (H) der Wanderungen berechnet sich als

$$H = \left(1 - \frac{r_x}{r_o}\right) 100\ (\%)$$

Es bedeuten: r_x = mittlerer Wanderradius der Fäden in der Prüfprobe
r_o = mittlerer Wanderradius der Fäden in der Kontrollprobe

***Dreissena*test**. Er wurde zu einem Warn- und Überwachungstest entwickelt (s. **II. 5.**). Der Test beruht darauf, daß die Muscheln in einem durchströmten Gerinne beide Schalenhälften geöffnet halten, beim Auftreten toxischer Stoffe aber schließen. Für den Test wird an einer Schalenhälfte der Muscheln ein Magnet angebracht, der bei geöffneter Schale Kontakt zu einem Schalter hat. Schließt sich die Schale bei Anwesenheit von Giften, wird ein Alarmzeichen ausgelöst. Das System ließ sich als Muschel-Monitor ausbauen, der z.B. ständig Kläranlagenausläufe prüft (Abb. 275).

Genotoxische Teste. Abwasser und somit auch Kläranlagenausläufe können auch mutagene Substanzen enthalten, die bei Tier (z. B. Fischen) und Mensch karzinogen wirken. Die bekannteste Methode zur Feststellung derartiger Wirkungen ist der **Ames-Test** (nach seinem Erfinder B. AMES genannt). Testorganismus ist das Bakterium *Salmonella typhimurium*. Es wird dabei von einer Mutante ausgegangen, die kein Histidin synthetisieren kann (his^-). Die Mutante kann daher nur auf histidinhaltigem Agar gedeihen. Zur Prüfung werden Teile der Kultur auf Histidin-Mangelnährböden überführt und mit der Testsubstanz oder dem Abwasser behandelt. Erfolgen Rückmutationen, indem das Bakterium auf den genannten Nährböden gut gedeiht, zeigt dies, daß eine Substanz vorhanden ist, die die Gene angreift. Bei 85 % getesteter karzinogener Substanzen ergaben 66 % signifikante Rückmutationen im AMES-Test.

Keimungstest. Bevor Abwasser oder Auslaufwasser aus Kläranlagen zur Verregnung freigegeben wird (s. **II. 3**.7.), sollte es dem Keimungstest unterzogen werden. Testpflanze ist der Weiße Senf, *Sinapis alba*. Die Samen werden mit dem zur Verregnung vorgesehenen Wasser behandelt. Erst wenn alle Samen keimen, darf das Wasser zur Ver-

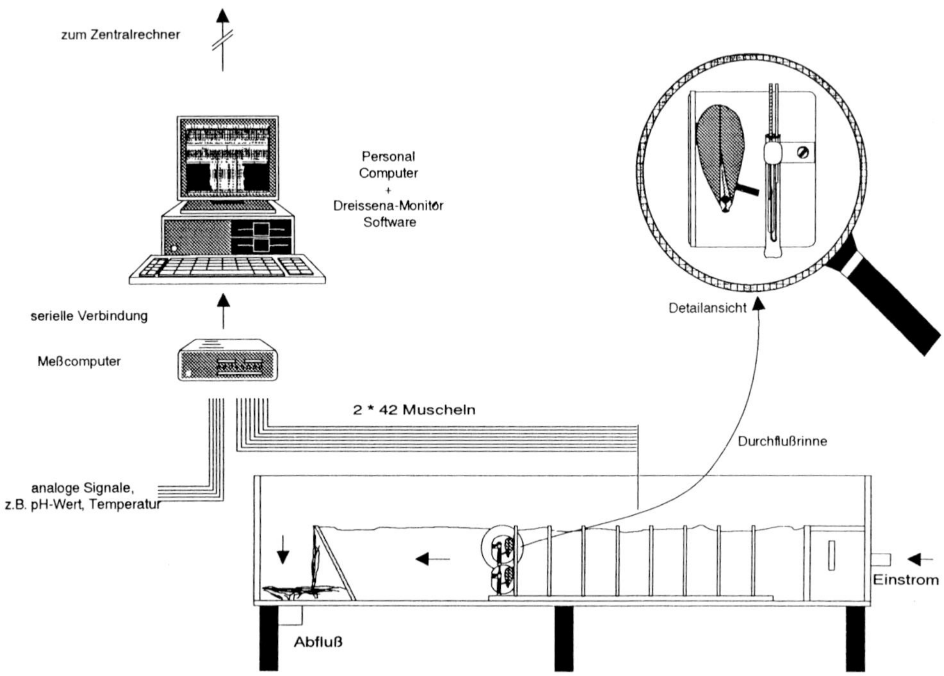

Abb. 275. *Dreissena*test als Muschel-Monitor-System zur toxikologischen Überwachung von Abwasser. (Nach NEUMANN & BORCHERDING 1992).

regnung benutzt werden. Der Test ist auch verfeinert und bezieht sich dann auf das Wachstum der Jungpflanzen (z. B. auf Wurzel- und Blattlänge). Zu Testzwecken wird der Weiße Senf in Hydrokultur gehalten.

IRGA-Test. Er betrifft die Messung des Gasstoffwechsels von Wasserpflanzen in einem Infrarotgasanalysator. Der Rückgang der CO_2-Assimilation weist auf Giftstoffe hin.

BSB-Test. Er dient der Prüfung der Selbstreinigungskraft, d. h. der Prüfung, wie weit die Abbauleistung der Bakterien durch Gifte beeinträchtigt ist (s. auch Bakterientest; **II. 4**., die Zusätzliche Zehrung).

Der Test hat folgenden Aufbau:
(1) BSB des zu prüfenden Wassers
(2) BSB einer künstlichen Peptonprobe
(3) BSB des zu prüfenden Wassers plus der Peptonprobe

Ist der BSB von (3) geringer als der theoretische Wert aus der Summe von (1) und (2), so liegt eine Vergiftung vor (Abb. 276).

Schlußfolgerungen. Die Mängel in der Aussage der Biotestverfahren beruhen auf dem sehr differenzierten Reagieren der Organismen auf toxische Stoffe. Diesem Problem begegneten wir im gesamten Kapitel **4**. des Angewandten Teiles. Die Tab. 58 gibt ein Beispiel dafür. So besteht zwischen NOEC und EC_{50} bei vielen Organismen häufig ein Unterschied von einem Faktor > 10, der aber selten bei 100 liegt. Der genannte Mangel läßt sich nur mildern durch die Anwendung eines breiten systematischen Spektrums an Testorganismen und kombinierten Tests bei der Prüfung einer Probe oder eines Schadstoffes. Dafür wurde bereits eine sehr große Anzahl an Biotests entwickelt; die hier genannten sind nur eine kleine Auswahl.

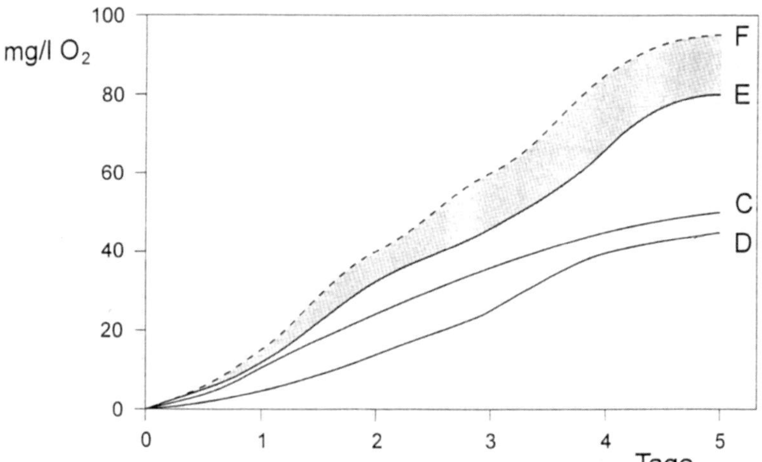

Abb. 276. BSB-Test zur Überprüfung der verminderten Abbauleistung des Wassers durch Gifte. Es bedeuten: D = BSB der zu untersuchenden Probe, C = BSB einer parallelen Peptonprobe, F = BSB aus C + D, E = BSB der zu untersuchenden Probe + Peptonzusatz (wie oben). Liegt die Kurve unter F, sind Gifte in der Probe vorhanden. (Aus Gunkel 1994).

Tabelle 58. Unterschiedliche Wirkung von Pestiziden auf Invertebraten. Beispiel: LC50 (48 h) Lindan. (Nach MACEK et al. 1976 und BLUZAT & SEUGE 1979 (*Lymnaea*)).

Lymnaea stagnalis	7.300 µg l^{-1}
Gammarus fasciatus	39 µg l^{-1}
Daphnia magna	485 µg l^{-1}
Chironomus tentans	207 mµg l^{-1}

5. Grenzwerte und Monitoring

Ein wichtiges Anliegen der Angewandten Limnologie ist die Erarbeitung von Grenzwerten bzw. Richtlinien für physikalische und chemische Parameter, bei deren Unter- bzw. Überschreitung es zu signifikanten Änderungen im Artengefüge oder generell im Ökosystem des Gewässers kommt. Ferner muß die Angewandte Limnologie Überwachungssysteme (Monitoring) zur Einhaltung der Grenzwerte entwickeln. Die in der Tab. 52 zusammengefaßten Grenzwerte gelten ausschließlich für das Trinkwasser des Menschen und sind daher limnologisch als Beurteilung eines Gewässers nur bedingt zu gebrauchen. Beispielsweise gelten die für Nitrat gegebenen Trinkwassergrenzwerte von 25–50 mg l^{-1} niemals für natürliche Gewässer. Die Flußmuschel *Unio crassus* ist bei 8 mg l^{-1} NO_3^- schon nicht mehr reproduktionsfähig (s. **I. 7.6.8.**).

Viele Parameter, wie N, P, aber auch O_2, BSB haben in der Limnologie trophie- (bzw. saprobie-) bezogene Grenzwerte (s. **I. 7.6.**; **II. 2.**; Tab. 50). Ab einem BSB_5 von etwa 4–5 mg l^{-1} beginnt die α-mesosaprobe Zone, die heute in Mitteleuropa immer anthropogen bedingt ist, in naturnahen Gebieten mit Großtieren (Elefanten, Flußpferde usw.) aber natürlich sein kann. Sauerstoffwerte von < 3–4 mg l^{-1} sind im Sommer im Hypolimnion naturnaher eutropher Seen normal; kommen sie durch Belastung in Gewässern zustande, die normalerweise höhere Sauerstoffwerte aufweisen, bedeutet das eine Schädigung ihrer Ökosysteme; für Salmonidengewässer liegt der Grenzwert bei 6 mg l^{-1} O_2.

Ammoniak, Schwefelwasserstoff, Nitrit sind giftige Stoffe und entstehen sowohl in naturnahen eutrophen, als auch in anthropogen belasteten, zuvor oligotrophen oder mesotrophen Gewässern. Im letzteren Fall ist es hilfreich, die von der LWA (1990) herausgegebenen Güteanforderungen an mäßig beeinträchtigte Gewässer zu konsultieren (Tab. 59).

Der DOC-Gehalt als wichtiger Summenparameter sollte in europäischen naturnahen Gewässern 2 mg l^{-1} nicht überschreiten.

Ähnlich wie bei eutrophierenden Faktoren, verhält es sich auch beispielsweise mit Schwermetallen. Der Richtwert für Kupfer beträgt nach den WHO-Richtlinien für Trinkwasser 1 mg l^{-1}, aber der wichtige Zerkleinerer *Asellus* und auch viele Algen werden schon bei 10 µg l^{-1} geschädigt.

Tabelle 59. Güteanforderungen für mäßig beeinträchtigte Fließgewässer. (Nach LWA, Nordrhein-Westfalen 1991).

Faktor	Dimension	Richtwert	Grenzwert
Temperatur	°C		
Salmoniden-			21,5
Cyprinidengewässer			28,0
pH-Wert		6,5–8,5	
BSB_5	mgl^{-1}		
Salmoniden-		< 3	
Cyprinidengewässer		< 6	
CSB	mgl^{-1}	≤ 20	
NH_3–N	mgl^{-1}	< 0,004	< 0,02
NH_4–N	mgl^{-1}	< 0,03	< 0,78
NO_3–N	mgl^{-1}	≤ 8	
NO_2–N	mgl^{-1}	< 0,003	
Eisen	mgl^{-1}	≤ 2	
Blei	mgl^{-1}	≤ 0,02	
Cadmium	mgl^{-1}	≤ 0,001	
Kupfer	mgl^{-1}	≤ 0,04	
Quecksilber	mgl^{-1}	≤ 0,0005	
Kohlenwasserstoff	mgl^{-1}	< 0,3	
Phenole	mgl^{-1}	≤ 0,005	
Suspendierte Stoffe	mgl^{-1}	< 25	
Tenside (MBAS)	mgl^{-1}	≤ 0,3	

Das Ökosystem wird bereits durch den Schadstoff, für den nur eine Art den geringsten LC-Wert aufweist, verändert. Wir können die Folgen, die die Schädigung der betroffenen Art für das Ökosytem besitzt, meist nicht nachvollziehen; es gibt sie aber fast immer. Noch schwieriger sind in dieser Hinsicht die chronischen Effekte zu werten. Neben der Belastung des Wassers spielt auch die der Sedimente eine große Rolle. Die Tab. 60 gibt die Grenzkonzentration für Sedimentbelastungen einiger toxischer Stoffe an.

Wichtige Gesetzesgrundlagen für die Wassernutzung. Aus der Vielzahl der Verordnungen und Richtlinien auf nationaler (in Deutschland vor allem auf Landesebene) und EU-Basis seien nur wenige erwähnt:

- Gesetz zur Ordnung des Wasserhaushaltes (Wasserhaushaltsgesetz – WHG vom 23.09.1986.). (Grundlegende Gesetzgebung für die Nutzung und den Unterhalt der natürlichen Gewässer)
- Allgemeine Rahmen-Verwaltungsvorschrift über die Mindestanforderung an das Einleiten von Abwasser in Gewässer. Rahmen-Abwasser VwV, vom 08.09.1989. (Angaben über Belastungsrichtlinien für CSB, BSB_5, NH_4-N, P_{ges}).
- Gesetz über Abgaben für das Einleiten von Abwasser in Gewässer (Wasserabgabegesetz – AbwAG) vom 06.11.1990.
- Verordnung über Trinkwasser und über Wasser für Lebensmittelbetriebe (Trinkwasserverordnung – TrinkwV) vom 05.12.1990. (Hierin auch Auszüge aus Tab. 52; die Angaben über EG-Richtlinien entsprechen denen der EU).
- EU-Wasserrahmenrichtlinie (2000) (Rat der Europäischen Union 2000) mit der Forderung, die Oberflächengewässer zu schützen und sie bis 2015 in einen ökologisch akzeptablen Zustand zu überführen, gemessen an Hand biozönotischer Kriterien).

Als Basis für Gesetzesgrundlagen gibt es erste Versuche der Grenzwertberechnung, wenn sie beispielsweise von einem Parameter abhängig sind, hier von der Wasserhärte.

Beispiel Zink (Parkerton et al. 1989, vgl. Köck 1996):

$$\mathrm{CMC}\ (\mu g\ l^{-1}) = \exp\ (\alpha \cdot \ln \mathrm{WH}) + \beta$$

Es bedeuten: CMC (= Criterion maximum Concentration) = 1 h durchschnittlicher Konzentration, die nicht öfter als einmal in 3 Jahren überschritten werden darf, WH = Wasserhärte, α, β = Beiwerte (α = 0,8473, allerdings wasserhärteabhängig, β = 0,8604).

Tabelle 60. Güteanforderungen für Sedimente natürlicher Gewässer. (Nach Amtsblatt Berlin 1996).

Toxischer Stoff [mg $kgTS^{-1}$, Dioxin in ng $kgTS^{-1}$]	**Grenzkonzentration**
Arsen	< 30
Blei	< 200
Cadmium	< 1
Quecksilber	< 1
Zink	< 300
Cyanide	< 10
Dioxine	< 40
Kohlenwasserstoffe	< 300
PAK	< 5
PCB	< 0,1

Monitoring, Indikation. Bestimmungen der Wasser- und Gewässergüte sowie die Überwachungsmöglichkeiten von Grenzwerten sind heute (zumindest in einigen Ländern) schon weit entwickelt. In diesem Buch werden nur einige wichtige Hinweise gegeben. Zur Unterstützung des Kapitels werden empfohlen: VOLLENWEIDER & KEREKES (1982), LOEB & SPACIE (1994), PLUTA et al. (1994), WHITTON & ROTT (1996), HEINONEN et al. (2000), GUNKEL (2000) und speziell für Deutschland die Richtlinien der Umweltämter und wasserwirtschaftlichen Einrichtungen der Länder (vgl. **II. 2.**).

- Routine Meß- und Analyseprogramme. Wichtige physikalische Parameter und chemische Inhaltsstoffe werden durch ständige Probenahmen routinemäßig erfaßt (Programm vieler Wasserwirtschaftsbehörden). Auch biologische Proben werden dabei häufig genommen. Die Programme können spezifiziert sein, z. B. Überwachung von Fließgewässern unterhalb einer Sperrmauer usw.
- Automatische Meßstationen, im Gewässer installiert, zeichnen im Dauerbetrieb physikalische und chemische Faktoren auf, z. B. Temperatur, Wasserstand, pH, Trübe, elektrische Leitfähigkeit, Sauerstoff. Es wird versucht, auch biologische Daten automatisch zu erfassen.
- Besonders wichtig sind **Frühwarnsysteme**, die künftige Gefahren rechtzeitig ankündigen (s. dazu im Text des Lehrbuches und **II. 2.**).
- Prognosemodelle. Auch sie dienen als Frühwarnsysteme. So werden häufig Fischsterben registriert, ohne daß akut eingeleitete Giftstoffe dafür verantwortlich sind. Die Ursache sind plötzliche Abwasserstöße, vor allem auch aus diffusen Einträgen und Bodenaufwirbelungen, wobei z. B. H_2S freigesetzt wird, der sich unter abgestorbenem Laub und Algenmaterial gebildet hat. Derartige Modelle beruhen auf dem Prinzip der stochastischen Zeitreihenanalysen und können kurzfristige Veränderungen im Sauerstoffgehalt voraussagen (CEMBROWICZ & KRAUTER 1988) (s. **I. 7.6.2.4.**, **II. 8.**).
- Indikation. Bestimmung der Trophie und Saprobie mit Hilfe von Trophie- und Saprobieindikatoren (s. **I. 8.1.11.2.3.**, **I. 8. 1.12.**, **II. 2.**; Tab. 52). Es wird auch versucht, mit Hilfe von Indikatoren Größenordnungen des Nährstoffgehaltes des Gewässers abzugrenzen, z. B. durch Makrophyten (MELZER 1993, SCHNEIDER et al. 2000). Ebenso läßt sich der Grad der Versauerungen gut durch Indikatoren belegen. Wichtige Indikatoren sind die Diatomeen; sie werden auch diesbezüglich in der Paläontologie (s. **I. 8.1.12.**) verwendet: *Fragilaria virescens, Navicula rotaena, Eunotia tenella* (ZIEMANN 1975). Auch andere Gruppen haben Versauerungsindikatoren (s. **II. 4.4.**). Wichtig sind die Wassermoose, da sie **Langzeitindikatoren** sind, während Diatomeen und andere Indikatoren oft nur akute Versauerungen anzeigen (sog. **Kurzzeitindikatoren**). Häufig besteht ein Unterschied zwischen Indikatoren humin- und mineralisch saurer Gewässer. Der Grad der Versalzung läßt sich ebenfalls sehr gut mit Diatomeen bestimmen (s. **II. 4.6.**). Zum Thema Bioindikation vgl. STEINBERG & SCHIEFELE (1988), DECSY & COSTE (1990, 1991). Nicht nur die Wasserqualität, auch die Struktur der Gewässer bedarf der Indikation. Die Strukturen der Gewässer, vor allem die der Fließgewässer wurden durch den Menschen z. T. extrem verändert, verbunden auch mit negativen wirtschaftlichen Folgen. Daher wurden umfangreiche Renaturierungsprogramme entwickelt. Ihre Kontrolle und die Bestandsaufnahme der vorhandenen Strukturen, gemessen an ihrer Naturnähe, ist Aufgabe der **Strukturgüte-Kartierung**. Zur Einführung in dieses Aufgabengebiet vgl. FRIEDRICH &

LACOMBE (1992), ZUMBROICH et al. (1999), (s. **II. 6.**). (Vgl. über biologische Bewertungsmethoden für Fließgewässer bei MOOG 1991 und BÖHMER et al. 1999).

- Kontrolle der Wiederbesiedlung nach toxischen Havarie-Ereignissen, aber auch Havarien anderer Art (z. B. Sandeinträgen in Fließgewässer, wie sie beim Straßenbau erfolgen können usw.).
- Überwachung von Einleitern (z. B. Kläranlagenausläufe) durch ein Netz von Biomonitoren. Es sind kontinuierliche Testverfahren, die on-line die Toxizität registrieren, wie z. B. für den *Dreissena*-Test beschrieben, aber auch schon für Bakterien, Algen und Wasserflöhe entwickelt wurden.
- Erfassung von veränderten Organismen (s. unten) oder deutlich reduzierten Dichten von Arten, die auf Xenobiotika im Gewässer hindeuten (= **Effektmonitoring**).
- Biochemische Toxizitätstests. Beispiel: Tritt in Fischlebern erhöht Monooxygenase auf, zeigt dies Vergiftungen an, da das Enzym als Entgiftungsreaktion in der Leber gebildet wird. Erhöhtes Auftreten von Metallothioneinen in Fischen und Invertebraten gibt Hinweise auf Metallvergiftungen. Metallothioneine sind Polypeptide, die im Körper durch Metalle bei deren Bindung und Entgiftung gebildet werden (BODAR et al. 1990).
- **Passives Monitoring**. Kontrolle der Akkumulationsindikatoren in situ auf Bioakkumulationen von Schwermetallen, Pestiziden und anderen Xenobiotika. Wichtige Indikatoren sind: *Cladophora, Ulothrix*, Wassermoose (vor allem *Scapania undulata*), *Tubifex, Corbicula fluminalis*. Im Gegensatz hierzu geht das **aktive Monitoring** von im Labor gezüchteten und dann in das zu untersuchende Gewässer exponierten Akkumulationsindikationen aus. Damit können auch Gewässer untersucht werden, die keine brauchbaren Indikatoren besitzen oder auch zu Jahreszeiten untersucht werden, in denen Indikatoren fehlen (z. B. in den Wintermonaten) (KELLY et al. 1987).
- Zu einem Monitoring-Programm gehört auch die Erfassung und Bewertung der äußeren Einträge in das Gewässer (s. **II. 2.**), als da sind: Landwirtschaft und Viehhaltung, Aktivitäten in Forsten, Einfluß des Straßenverkehrs, von Einzelgehöften, Ortschaften, aber auch vom Grundwasser, der Atmosphäre und größeren Mooren.
- Krankheiten bei Pflanzen und Tieren. Zum Biomonitoring gehört auch die Registrierung von Krankheiten bei Pflanzen und Tieren in belasteten Gewässern. Bekanntestes Beispiel ist das Auftreten von Tumoren bei Fischen. Bei aquatischen Insektenlarven wurden Mißbildungen an den Mundwerkzeugen registriert, die mit Pestizidbelastung oder auch atmosphärischen Einträgen in Verbindung gebracht werden können (WARWICK 1990).
- Es wird damit begonnen, die Monitorprogramme und -daten europaweit zu sammeln und schließlich in einem **Eurowaternet** zu koordinieren. Koordinator ist die EEA (European Environment Agency) (EEA 1998).
- Verkrautung (s. **I. 7.6.9.**). Zunehmende Eutrophierung und Wegfall der Beschattung durch Uferbäume führen in Fließgewässern oft zu einem Massenwuchs von Pflanzen, wodurch der Abfluß stark behindert wird. Bei einem k_s-Wert (s. **I. 7.2.1.**) von 20 ist noch ein ausreichender Abfluß gewährleistet (entspricht etwa 30 % Profilfüllung durch Unterwasserpflanzen, v. a. auch *Cladophora*). Ein unverkrauteter Fluß hat einen k_s-Wert von 30. Auch in anderer Hinsicht gibt es Grenzwerte für die Phyto-

masse. Als Grenzwert gilt 250 g TS m^{-2}, weil dann durch Selbstbeschattung erhöhte Fäulnisprozesse eintreten. Bereits bei 160 g TS m^{-2} kommt es zur Entgasung von Sauerstoff. Die Phytomasse (B; als Chlorophyll a) läßt sich berechnen als

$$B = \frac{P_{max}}{A - s}$$

Es bedeuten: P_{max} = gemessene Brutto-Photosynthese bei Lichtsättigung
A = Assimilationszahl ohne Beschattung (entspr. 7,9 g O_2/g Chl a h^{-1})
s = Beschattungskoeffizient nach einem Nomogramm (WONG & CLARK 1979)

Monitoring und globale Klimaänderung. Die sich andeutende globale Klimaänderung hat Auswirkungen auf die Binnengewässer und ihre Ökosysteme. Es gilt daher, ein Warnsystem für mögliche limnische Änderungen zu entwickeln. In vielen Fällen lassen sich diese bereits aus den Grundlagen der Limnologie ableiten. Entsprechende Spekulationen sind in FIRTH & FISHER (1992) zusammengefaßt. Paläoklimatische Dokumentationen können über langfristige Auswirkungen von Klimaänderungen Auskunft geben, wobei auch die Paläolimnologie helfen kann. Es ist notwendig, möglichst viele abiotische und biotische Parameter **langfristig** in unseren Gewässern zu messen, um ein entsprechendes Monitoring zu entwickeln.

- Das Wassermanagement benötigt ein gutes Monitoringsystem: Zunahme an Niederschlägen läßt Wasser in Seen und Fließgewässern ansteigen, Zunahme der Temperaturen z. B. kann den Abfluß senken (KARL & RIEBSAME 1989).
- Es sind Änderungen im Stoffhaushalt der Gewässer zu erwarten. So wird beispielsweise Trockenheit den Stickstoffgehalt im Hyporheal und Grundwasser ansteigen, den Sauerstoffgehalt abnehmen lassen.
- Umstellungen in den Ökosystemen sind zu erwarten, auch basierend auf genetischen und physiologischen Mechanismen.
- Gute Indikator-Gewässer sind extreme Lebensräume, z. B. Polarseen (Vordringen eurythermer Arten, Streßfaktoren) und semiaride Flüsse (gut sichtbare Änderungen im Abflußgeschehen).

6. Wiederherstellung geschädigter Gewässer (Gewässertherapie)

Zu empfehlende Übersichtsliteratur: JÖRGENSEN (1980), LILLEHAMMER & SALTVEIL (1982), PETTS (1984), GORE (1985), OSTENDORP & KRUMSCHEID-PLANKERT (1993), LANGE & LECHER (1993), HARPER & FERGUSON (1995), JÄGER & KOSCHEL (1995), GUNKEL (1996), PATT et al. (1998), BERMAN et al. (2000), HÜTTE (2000) (vgl. auch **II. 7.**; **II. 8.**).

6.1. Nutzung, Ausbau und Renaturierung von Fließgewässern, einschließlich ihrer Auen

Fließgewässer wurden schon in frühgeschichtlicher Zeit genutzt und entsprechend ausgebaut. Als es möglich wurde, schwere Technik hierfür einzusetzen, wurde der größte

Teil der Fließgewässer in Europa reguliert oder verbaut. Erst in der 2. Hälfte des 20. Jahrhunderts nahm man auch die negativen Folgen des Ausbaus zur Kenntnis, so daß ein Bestreben nach Renaturierung einsetzte. Die Folgen des Ausbaus betrafen nicht nur die Beschädigungen der Ökosysteme, sondern waren auch wirtschaftlicher Art. Jeder Nutzen, den der Ausbau zur Realisierung eines Zieles bringt, ist auch mit einem Nachteil verbunden.

6.1.1. Nutzung und Ausbau der Fließgewässer

Nutzung und Ausbau der Fließgewässer dienten sehr verschiedenen Zielen. Die wichtigsten sind:

- Hochwasserschutz,
- Schiffahrt,
- Anstauungen zum Zweck der Fischzucht, Wasserentnahme und Grundwasseranhebungen,
- Holzdrift und Energiegewinnung,

Eine Vielzahl weiterer Verbauungen trat im Gefolge der genannten Nutzungen auf, die ihre schädlichen wirtschaftlichen Auswirkungen mildern sollten, aber zugleich weitere Belastungen für die Fließgewässer darstellten.

Hochwasserschutz. Er machte sich notwendig, als der Mensch die zum Fluß gehörende Aue besiedelte. Die wichtigsten Maßnahmen sind:

- Vergrößerung des Gerinnequerschnittes, meist in Trapezform, zum schnellen Ablauf des Wassers (bei großen Flüssen mit einer Mittelwasserlinie auch in Doppeltrapezform).
- Hochwasser haben in der Höhe ihrer Abflüsse eine gewisse Rhythmik (s. **I. 7.3.**); die extremen Hochwasser zeigten in vielen Regionen sogar einen Jahrhundertabstand. Zumindest seit der Mitte des 20. Jahrhunderts läßt sich für viele Regionen (nicht für alle !) eine zunehmende Tendenz von Hochwasser-Ereignissen mit extremen Abflüssen in immer geringeren Abständen nachweisen. Ursache sind die zunehmenden Abholzungen der Wälder und Versiegelungen des Bodens (s. **I. 7.5.13.**, **I. 7.8.3.**); die Abb. 277 zeigt die Verbindung von Hochwasserabflüssen und dem Grad der Bodenversiegelung.
- Vergrößerung des Gefälles zum schnellen Ablauf durch Begradigung der Ufer, da Mäander die Fließgeschwindigkeit bremsen. Damit verbunden war die Abholzung der Flußränder (Abb. 278).
- Anlage von Flußdeichen.
- Anlage von Flutmulden, Rückhaltebecken und Polder (**II. 7.1.6.**; Abb. 306).
- Abholzung der Auwälder, Entwässerung der Auen zum Zweck ihrer Bewirtschaftung.

Diese Maßnahmen zerstören eine Vielzahl von für das Ökosystem der Fließgewässer wichtigen Strukturen: Rückgang der hohen Biodiversität der Auen, Wegfall der Uferhabitate und der Randbäume. Der schnelle Abfluß läßt nur geringfügige lenitische Zonen zu; er erhöht die Schleppkraft und damit die Änderung der Körnchenzusammensetzung,

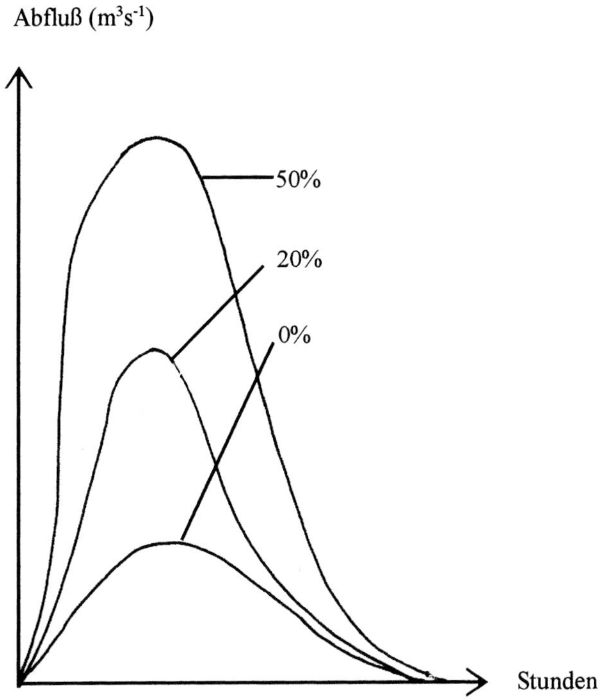

Abb. 277. Beziehung zwischen Hochwasserabflüssen und dem Grad der Bodenversiegelung. (Nach Angaben mehrerer Autoren).

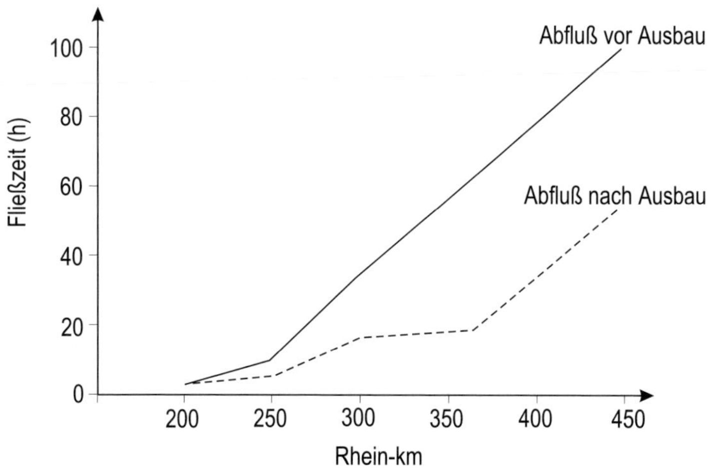

Abb. 278. Die Verkürzung der Fließzeit durch den Ausbau des Fließgewässers. Beispiel Rhein (mittlere Fließzeiten der zehn größten Sommerhochwässer). (Nach VIESER, verändert aus KELLER 1980).

verstärkt die Tiefen-und Seitenerosion, verbunden mit einer Ausräumung der Sohle und somit auch ihrer Habitate. Die im naturnahen Fließgewässer vorhandenen Fließgeschwindigkeits-Mosaike verschwinden. Mit den Habitaten geht auch die Selbstreinigungskraft zurück. Der Verlust der Beschattung kann eine Temperaturerhöhung von 2–3 °C bewirken und in flachen Gewässern zur Verkrautung führen. Generell nimmt die Eutrophierung zu und die Artendiversität stark ab. Es fallen mehrere Ernährungstypen aus, so daß sich die Zönosestrukturen ändern (Abb. 279, 280) (s. **I. 7.6.9.**).

Seit dem 18. Jahrhundert wurden die Fließgewässer in Europa stark verkürzt, tieften sich ein und ihre Dichte ging zurück (durch Verrohrung, Fortfall von Quellen).

Die **Flutmulden** sind ökologisch noch akzeptabel. Sie nehmen erst ab einer bestimmten Wasserhöhe Hochwässer auf und leiten sie später in den Fluß zurück (Abb. 281). Auch die **Polder** (Abb. 306) sind relativ naturnah und sind natürlichen, den Fluß begleitenden Seen, nachempfunden.

Zunehmende Tiefen- und Seitenerosion machen weitere Baumaßnahmen notwendig. Zur Verhinderung der **Tiefenerosion** werden **Querbauwerke** (Sohlschwellen und -stufen) in den Fluß eingebaut. Tiefenerosionen senken meist das Grundwasser ab, so daß die Auen stark austrocknen

Sohlschwellen dienen der örtlichen Sohlbefestigung, ohne daß es zu stärkeren Änderungen der hydraulischen Parameter kommt. Dies sind aus Holz oder Steinen hergestellte, nicht sehr hohe Querwälle im Fluß. Schwerwiegender sind **Sohlstufen**, die Abstürze darstellen. Eine meist senkrechte Wand führt zu einer Anstauung des Wassers. Das überlaufende und abstürzende Wasser bildet unterhalb einen **Kolk** oder ein Tosbekken. Das Energiegefälle des Fließgewässers und somit die Schleppspannung wird durch die plötzliche Energieumwandlung am Absturz verringert. Dies führt zur Minderung der Tiefenerosion und Anhebung des Grundwasserstandes (Abb. 282). Sohlstufen segmentieren den Fluß und hemmen die Aufwärtsbewegung und auch bei starkem Tosbecken die Drift. Sohlstufen von 20–30 cm Höhe stellen bereits für Kleinfische Barrieren dar; Forellen und Lachse können bis etwa 70 cm hohe Abstürze springend überwinden.

Zur Unterbindung der **Seitenerosion**, die zwar typisch und wichtig für mäandrierende Fließgewässer ist, aber auch bei erhöhten Abflüssen in begradigten Flüssen auftritt, werden weitere Baumaßnahmen unternommen. In großen und schiffbaren Flüssen werden **Buhnen** angelegt, dies auch infolge der Wellenbildung großer Schiffe. Buhnen sind vom Ufer in den Fluß vorgebaute Wände oder Dämme. Ihr Abstand beträgt meist 1,5 bis 2,5 m Buhnenlänge. Die Buhnen stehen meist inklinant (flußaufwärts geneigt), wodurch erhöhte Durchflüsse vom Ufer abgelenkt werden (Gegensatz: deklinant) (Abb. 283A). Buhnen sind in schiffbaren Flüssen ökologisch akzeptabel, da sie die Strukturvielfalt erhöhen: Aufwuchsflächen, lenitische Räume, Retentionsräume, Kinderstuben für Jungfische.

Andere Uferbefestigungen sind **Steinschüttungen, Natursteinpflaster, Stahlspundwände, Betonbohlen, Betonplatten, Asphaltdeckwerke**. In dieser Reihenfolge nimmt die ökologische Akzeptanz ab (Abb. 283 B).

Otto (1991) formulierte einen **Ungleichförmigkeitsindex** nach einem Dreipunktsystem von 4 Merkmalen: Laufkrümmung (gerade bis stark gekrümmt), Uferlinie (gerade bis sehr unregelmäßig), Profiltiefe (gleichförmig bis sehr unterschiedlich), Profilbreite (gleichförmig bis sehr unterschiedlich). Dabei ist 0 naturfern, 3 naturnah. Die

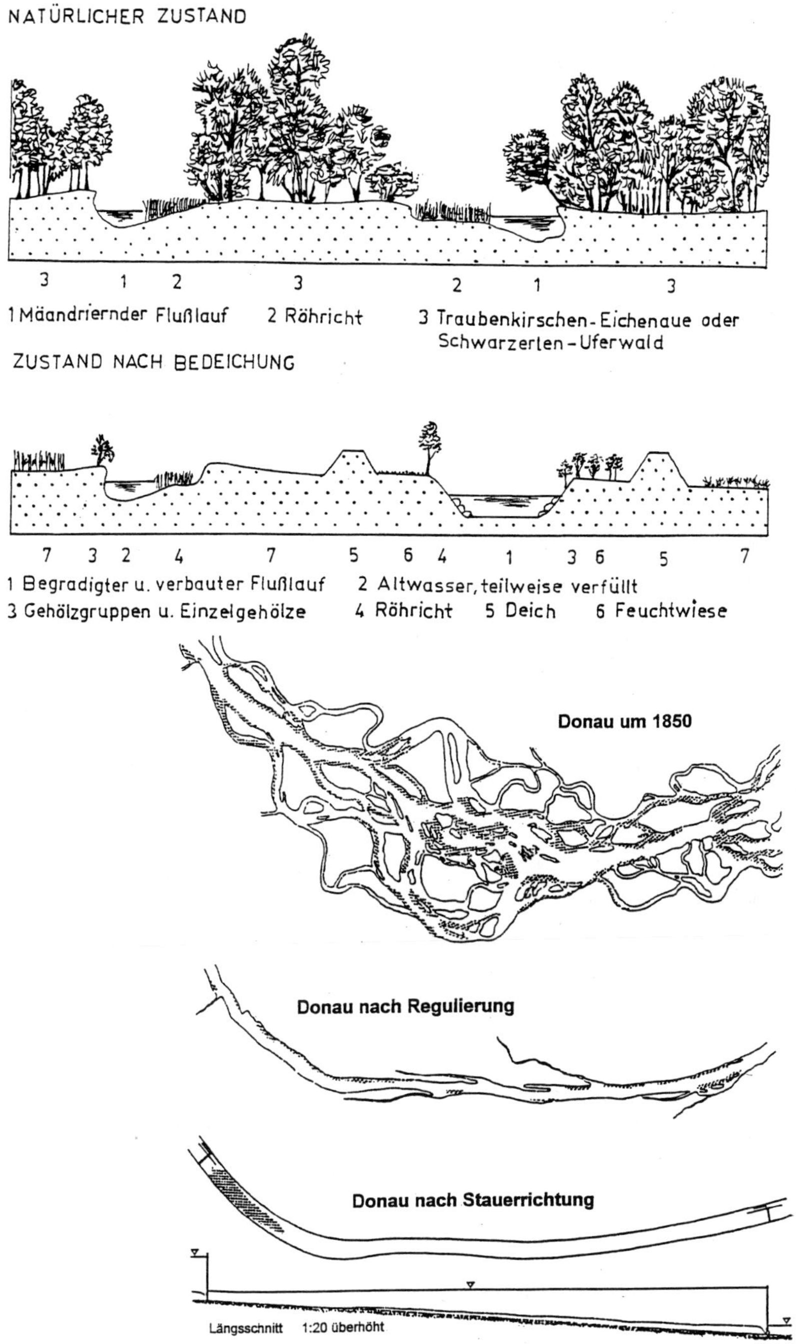

Abb. 279. Verbauung eines Fließgewässers. Oben: Querschnitte. (Nach Bayr. Landesamt f. Wasserwirtschaft, München 1987). Unten: Aufsicht (Donau) (Nach Zauner 1996).

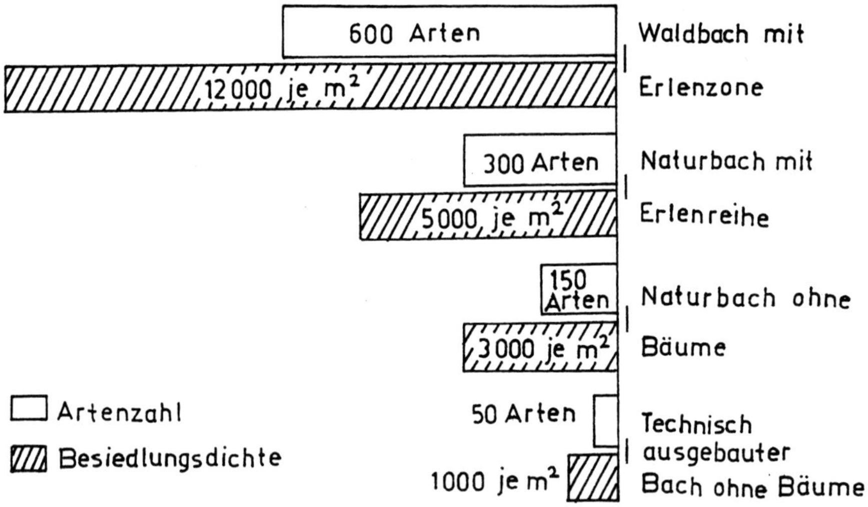

Abb. 280. Artenzahl und Individuendichte von Pflanzen und Tieren in Fließgewässern mit unterschiedlicher Dichte an begleitenden Baumbeständen und in einem technisch ausgebauten Bach. (Nach HESS aus BARTH 1987).

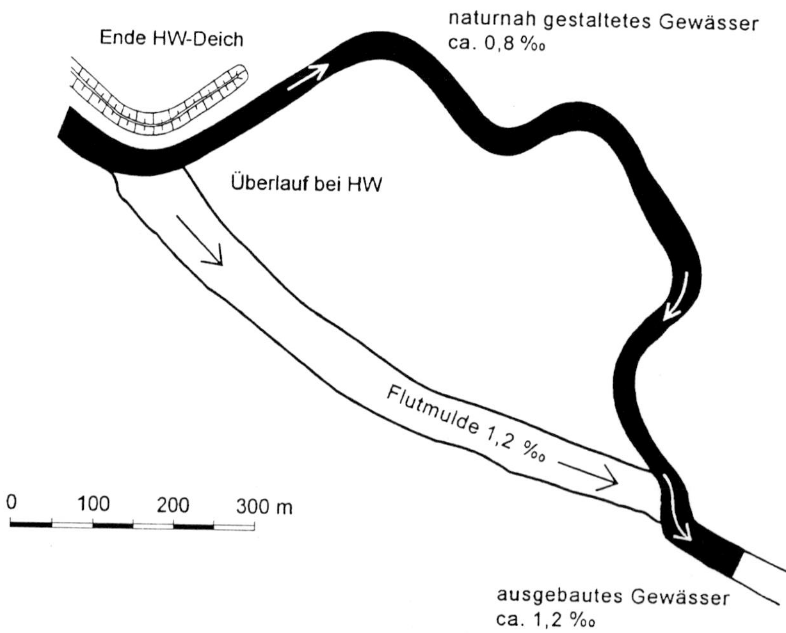

Abb. 281. Flutmulde. (Nach DVWK 1984).

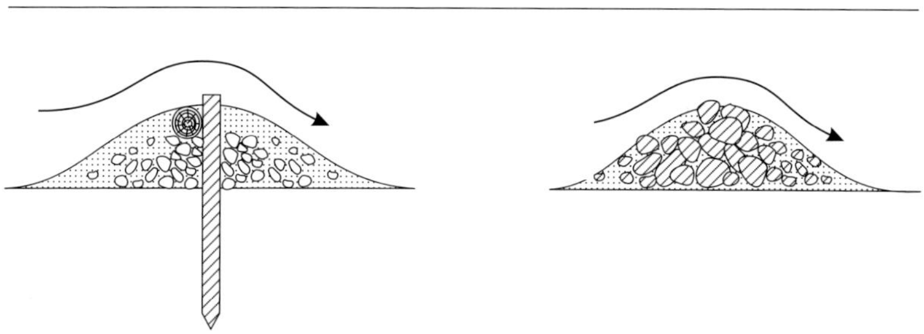

Abb. 282. Naturnahe Schwellen. Links: Holzschwelle (Holzstäbe und Querholz), rechts: Steinschwelle. (In Anlehnung an Darstellungen mehrerer Autoren).

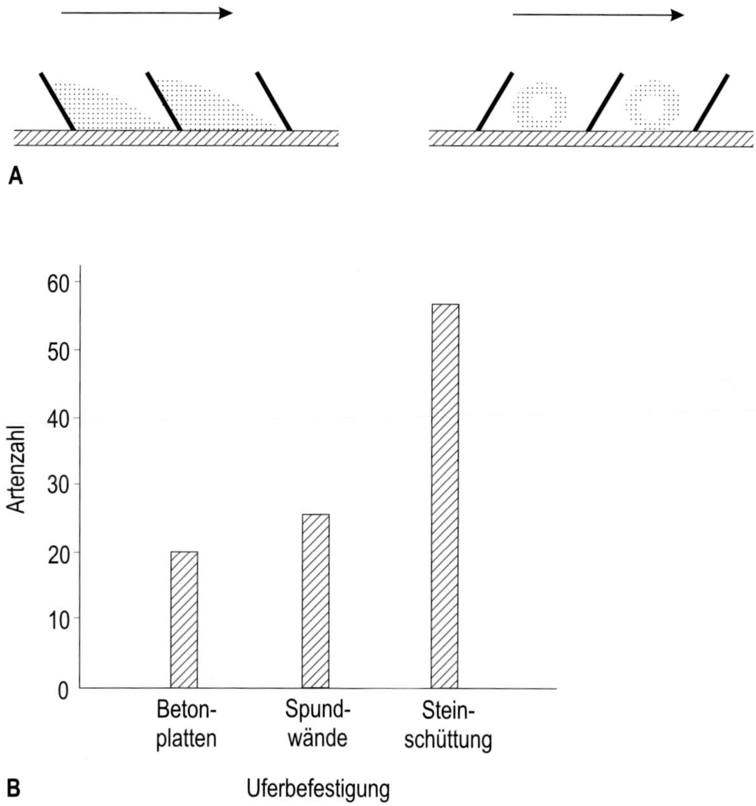

Abb. 283. Uferbefestigungen an Flüssen. **A** = Buhnen, inklinant (vorn), deklinant (hinten) und die Strömungs- und Sedimentationsverhältnisse. (In Anlehnung an OWWV 1992). **B** = Unbiologische Uferbefestigungen. (In Anlehnung an KOTHÉ & KNÖPP 1965).

Abb. 284 korreliert den Ungleichförmigkeitsindex (Summe der Noten) mit der Anzahl der makrozoobenthischen Taxa und der Ufervegetation. Mit zunehmender Ungleichförmigkeit und somit Strukturdiversität nimmt die Artenzahl zu.

Erhöhen Flußbaumaßnahmen den Transport von Sand, werden häufig **Sandfänge** eingebaut, die jedoch keinen Rückstau bewirken dürfen. Sie können so eingebaut werden, daß sie ökologisch keinen ernsten Schaden anrichten.

Die extremste Verbauung eines Fließgewässers stellt die **Verrohrung** (Eindolung) dar. Das Fließgewässer wird völlig durch ein Rohr geleitet, das dann unterhalb der zur Geländeerschließung dienenden Fläche (Baugebiet, landwirtschaftliche Nutzfläche) geführt wird. Dies bedeutet praktisch die Aufhebung des Gewässers. Wenn Verrohrungen durchgeführt werden, sollte darauf geachtet werden, daß das Rohr eine rauhe Sohle hat und Lichteinfälle durch Kanaldeckel ermöglicht werden (Tierwanderungen, Algenwachstum).

Eine Beeinträchtigung von Fließgewässern sind auch die **Kreuzungsbauwerke**. Das sind Brücken und Düker. Das Fließgewässer wird als Düker unter einem kreuzenden Hindernis (z. B. Straße, Kanal) geführt. Bei Brücken muß beachtet werden, daß unterhalb der Brücke ein Uferstreifen erhalten bleibt (z. B. daß der Fischotter wechseln kann). Für Düker gilt, was schon für die Verrohrung gesagt wurde: wichtig ist die Rauhigkeit des Rohres, aber auch eine nur geringe Neigung der Durchlaßstrecke (1:10), damit die Fließgeschwindigkeit $< 0,7$ m s^{-1} bleibt. Dükerrohre setzen sich leicht zu, was vor dem Rohr angebrachte Rechen (10 cm Stababstand!) verhindern können. Reinhold & Tittizer (1998) stellten in einem Düker eine Reduktion der Arten um 67 % und eine der Individuen um 19 % fest. Die Drift scheint noch möglich zu sein; erschwert ist aber die Gegenstrombewegung.

Andere Nutzungen und Baumaßnahmen. Begradigungen von Flußläufen und Einbau von Sohlabstürzen waren auch für die **Holzdrift** nötig. **Anstauungen** von Fließgewässern dienen der Fischzucht, Wasserentnahme (für Industrie, Landwirtschaft, Trinkwasserversorgung, Kühlwasser), Hebung des Grundwasserspiegels und der Anlage von Talsperren. Anstauungen sind immer mit dem Bau von **Wehren** verbunden, die jedoch entscheidend in die Gewässer-Ökosysteme eingreifen.

Bei allen Maßnahmen, die mit einem Wasserentzug verbunden sind (direkte Entnahmen, Entnahme aus dem Stauraum von Wehren für Wasserkraftwerke und Mühlen udgl.) ist immer auf den Erhalt eines **landschaftsnotwendigen Mindestabflusses** im Fließgewässer zu achten. Bei der Festlegung wird regional unterschiedlich von Durchfluß- und anderen Bezugsgrößen ausgegangen.

Beispiel (DVWK 1996c):

Frankreich:	2,5 % MNQ, auch 10 % MQ
Oberösterreich:	100 % MNQ und 20 cm Tiefe
Deutschland: (Rheinland-Pfalz)	20–25 % MNQ

Ziel ist es, dem betroffenen Gewässerabschnitt die ökologische Funktionsfähigkeit einigermaßen zu erhalten.

Wehre werden auch für den Betrieb von **Wasserkraftwerken** (Laufkraftwerke) benötigt. Sie lassen sich einteilen in Flußkraftwerke, bei denen ein großer Teil des Fluß-

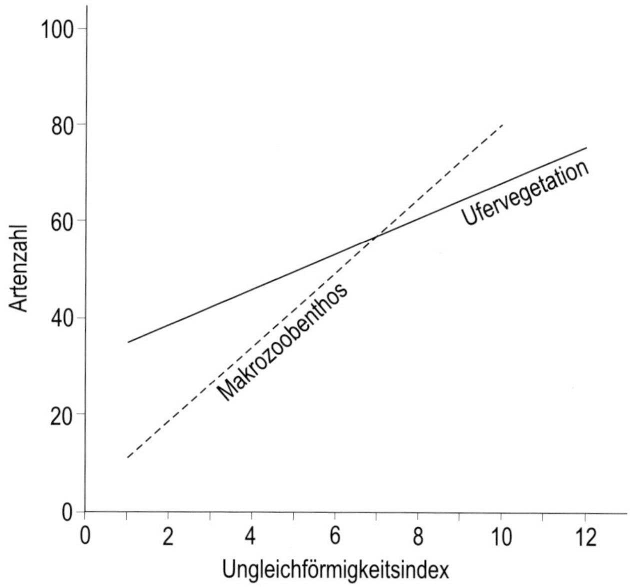

Abb. 284. Artenzahl und Strukturmannigfaltigkeit (diese ausgedrückt als Ungleichförmigkeitsindex) in einem Fließgewässer (Variationsmaße fortgelassen). (Nach Otto 1991).

wassers direkt durch das Werk geleitet wird und die Turbinen antreibt und Auslaufkraftwerke (Kanal-Kraftwerke), bei denen ein Kanal von einem durch ein Wehr angestauten Fluß abzweigt und durch das Werk führt. In der sog. Restwasserstrecke zwischen Wehr und Rückgabeteil des Kanals muß besonders auf die Einhaltung eines Mindestabflusses geachtet werden (Abb. 285) (vgl. Moog et al. 1993).

Bei den Flußkraftwerken kommt es auf den Turbinentyp an. Die Mortalität beim Passieren der Turbinen wurde bisher nur an Fischen ermittelt, betrifft aber auch Kleinorganismen (Algen, Invertebraten). Bei deren Zerschlagung an den Turbinen kann es zu enormen Freisetzungen von DOC und Phosphor kommen. Abzulehnen sind die sog. Peltonturbinen, bei denen das Wasser mit einer Geschwindigkeit von 200 m s^{-1} auf die Schaufeln trifft. Bei der sog. Kaplan-Turbine lag die Fischmortalität bei etwa 5–50 % (Haddering & Bakker 1998), ähnlich scheinen die verbreiteten Francis-Turbinen zu wirken. Zur Reduzierung der Verluste werden Fischscheuch-Anlagen entwickelt. Für große Stauräume, wie sie bei großen Flußkraftwerken auftreten können, gibt es bereits ein ökologisch betontes **Stauraummanagement** (Steiner & Leitner 1997).

Auch **Mühlen**, die an einem Fließgewässer liegen, leiten meist den Mühlenrädern aus dem Stauraum des Wehres das Wasser durch einen Kanal („Mühlgraben“) zu, wobei es auch, vor allem bei sehr kleinen Bächen, zu enormem Wasserentzug kommen kann.

In jedem Fall bestehen die Wehre aus **Wehrkrone**, vor der sich das Wasser staut und dem Absturz- mit **Tosbecken**. Im **Stauraum** kommt es häufig zur Akkumulation von Feinsedimenten, wodurch sich im Sediment Methan bilden kann.

Zwischen den Wehren entstehen **Flußsegmente**, die praktisch ein Fließgewässer wiederholen (Fraktale): im Tosbecken herrschen rhithrische und in Richtung zum näch-

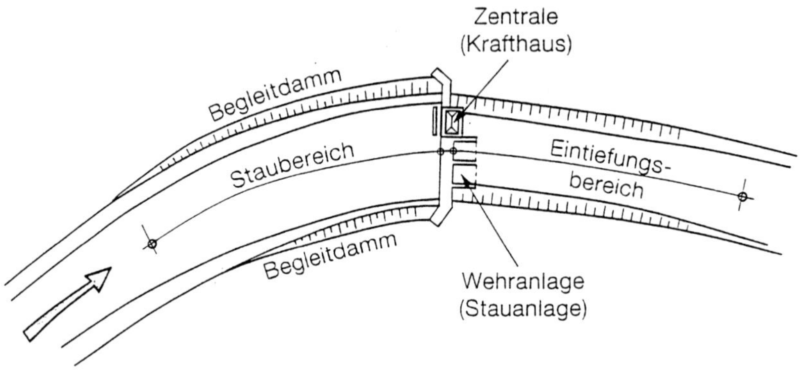

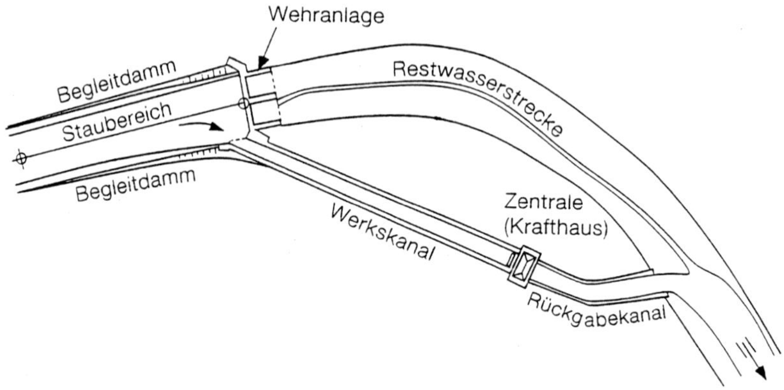

Abb. 285. Schema eines Laufkraftwerkes (oben) und eines Auslauf- (Kanal-)kraftwerkes. (Nach Hütte 2000).

sten Stauraum potamale Verhältnisse. Viele Wehre haben eine verstellbare Wehrkrone, deren Höhe dem Wasserstand angepaßt wird. Die Wehre als Querbauten segmentieren das Fließgewässer. Die Konsequenzen sind folgende:

- Behinderung der Laichwanderer unter den Fischen (Rhithrallaicher wie *Salmo* und *Lota*.)
- Behinderung der Fische aus Nebengewässern, die zum Laichen kiesige und schnellfließende Regionen in größeren Flüssen aufsuchen (*Aspius*).
- Behinderung der Fische, die zum Laichen die Nebengewässer aufsuchen (*Esox*).
- Behinderung der Aufwärtswanderung vieler Invertebraten und auch z.T. der Drift (Absinken in den Stauraum, Zerschlagen unterhalb des Wehres). Der Wanderspezialist *Gammarus* (s. **I. 7**.5.9.) soll Möglichkeiten finden, selbst hohe Abstürze zu umgehen (Halle 1993).
- In den Flußsegmenten entwickelt sich eine abgekürzte Längszonierung mit den typischen Zonenbesiedlern (Abb. 286). Das Fließgewässer als Gesamtökosystem bleibt

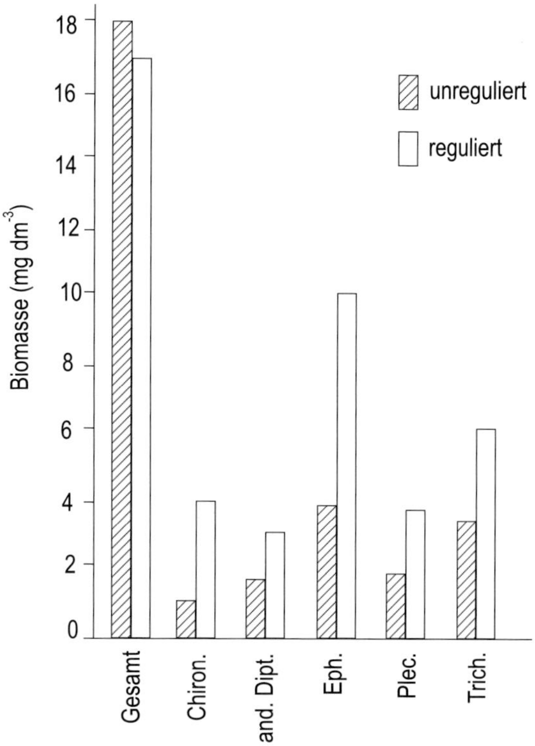

Abb. 286. Biomassevergleich einer durch Sohlenschwellen regulierten und einer unregulierten Fließstrecke. (In Anlehnung an Kowarc 1994).

jedoch geschädigt, da die flußauf- und abwärts erfolgende Verbreitung und auch der Austausch unter den Organismen behindert wird.

Werden **Fischteiche** in Rhithralen angelegt, fördern sie potamale Elemente im Bach (und die Eutrophierung) und führen zu einer Umorganisation in der Anordnung der Ernährungstypen (z. B. Konzentration von Filtrierern an den Ausläufen).

Für die großen Flüsse ist die **Schiffahrt** die größte Belastung. Die großen Flüsse wurden schon seit langem als Wasserstraßen ausgebaut. Sie wurden begradigt (kanalisiert), das Querprofil doppeltrapezförmig gestaltet (Niedrig-, Mittel-, Hochwasserbett) und durch Staustufen und Schleusen reguliert. Die Staustufen gliedern den Fluß in strömungsschwache und strömungsstarke Abschnitte, wodurch die natürliche Zonierung der Körnchengrößen verloren geht. Das Profil ist im Mittelwasser oft durch Buhnen geschützt. Schleusen, an den Seiten der Staustufen, müssen die Schiffe wieder auf das Niveau des Unter- bzw. Oberwassers bringen. Die Regulierung hatte den Ausfall vieler Flußfische zur Folge: Lachs, Stör, Schnäpel, Maifisch, Wels, Barbe, Flußneunauge.

Eine positive Wirkung der Schiffahrt ist die Aufwirbelung des Sedimentes, die dafür sorgt, daß die Poren zum Hyporheal nicht verstopfen.

Gefällreiche Gebirgsbäche als stark erodierende Rhithrale mit sich sprunghaft verändernder Wasserführung (sog. **Wildbäche**) waren immer eine Gefahr für die sich talwärts ansiedelnden Menschen. Sich verfangende Feststoffe lösen oft lawinenartige Geröll- und Holzstürze aus (Muren). Zum Schutz vor derartigen Ereignissen werden **Sperrbauwerke** angelegt, die aber den Lebensraum ökologisch erheblich schädigen. Um die Verbauungen einzuschränken, müssen Abholzungen, die Anlage von Straßen und Pisten in Wildbachnähe, sowie Weidebetrieb bis an die Ufer, vermieden werden (LANGE & LECHER 1993).

6.1.2. Naturnaher und ingenieurbiologischer Flußbau

Die Nutzung der Gewässer ist in der industrialisierten Gesellschaft nicht zu umgehen. Erweisen sich technische Eingriffe in Fließgewässer als notwendig, müssen sie heute, zumindest in einigen Ländern, nach ökologischen Gesichtspunkten erfolgen. Diese Forderung wurde in Europa mit Beginn der 80er Jahre des 20. Jahrhunderts erhoben. Auch vorhandener unökologischer Ausbau wird heute teilweise ökologisch um- und rückgebaut. Es zeigte sich, daß mit der zunehmenden Hochwassertendenz der Hochwasserschutz für die Unterläufe der Flüsse nicht mehr ausreicht und nur sehr kostenaufwendig zu verstärken ist. Auch die Begradigungen in Ober- und Mittelläufen wirken sich durchflußerhöhend für die Mittelläufe aus. Daher muß durch den ökologischen Umbau die Wasserretention grundsätzlich im Fließgewässer und in der Aue, verbunden mit entsprechender Stoffretention, gewährleistet werden (**I. 7**.8.3.). Dann kommt es automatisch auch zur Verbesserung der Struktur- und Artenvielfalt.

Naturnaher Flußbau besteht aus einem Kompromiß zwischen Ökonomie und Ökologie:

- Profilgestaltung. Bei trapezförmig ausgebauten größeren Flüssen kann eine Uferseite abgeflacht werden; die andere behält das Profil. Infolge der Abschrägung kann das Gewässer viel Wasser aufnehmen, so daß der erhöhte Abfluß gewährleistet ist. Der ökologische Gewinn besteht darin, daß die abgeschrägte Seite sich schnell begrünt, die biogene Belüftung aktiviert und Habitate schafft. Lokal lassen sich Steilwände anlegen (sog **Bermen**), die nicht nur dem Eisvogel als Nistmöglichkeit dienen, sondern auch weitere Habitate entstehen lassen. Die Abb. 287 zeigt den ökologischen Ausbau eines mäandrierenden Flusses. Die „Begradigung" erfolgt schwach bogenförmig, abgetrennte Mäanderschleifen sind als Flutmulden zu nutzen, entstandene Altarme wieder anzuschließen; und auch naturnahe Parzellen können in der Aue belassen werden. Alle genannten Maßnahmen sind oft mit **Landkauf** von den Anliegern verbunden.
- Sohlenräumung. Wenn möglich, sind Betonierungen der Sohle abzureißen. Sind Entschlammungen nötig, sollten sie sukzessive erfolgen (etwa 50 m a^{-1}).
- Querbauten. Sohlenstufen und Wehre können ökologisch so umgebaut werden, daß sie für Fische und Invertebraten durchgängig sind. Ein Abriß der Querbauten würde zu erhöhten Abflüssen und somit zur Tiefenerosion führen. Der ökologische Umbau muß also die Stauwirkung erhalten. Schon **lückig gesetzte große Steine**, die in etwa eine Schnelle simulieren, ergeben eine Stauwirkung bei hoher Durchlässigkeit. Am häufigsten werden segmentierende Querbauten durch **Sohlenrampen** und **Soh-**

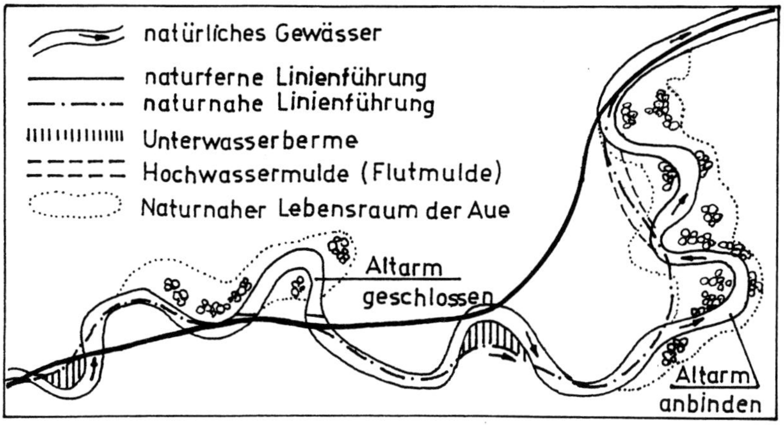

Abb. 287. Beispiel einer naturnahen Linienführung bei nötigem Ausbau eines Fließgewässers. (Nach LANGE & LECHER 1993).

lengleiten ersetzt. In beiden Fällen handelt es sich um grob und lückig gesetzte Steinwälle, die in einer Betonbettung lagern. Das Gefälle einer Sohlenrampe (höchstens bis 1:10) ist steiler als das einer Sohlengleite (1:20 bis 30). Derartige Umbauten sind sogar für Fische durchgängig (STAHLBERG 1986). Auch **Umgehungsgerinne** der Querbauten sind eine akzeptable Lösung; sie lassen sich sehr naturnah anlegen (Abb. 288). Kommt es unterhalb von Querbauten zur Tiefenerosion, sind Geschiebezugaben sinnvoll (WESTRICH 1988), so daß der Fluß Transportarbeit auf Kosten der Erosion erhält.

- **Fischpässe**. Schon seit langem werden in Querbauten Fischpässe eingebaut, um Fischen den Durchgang flußaufwärts zu ermöglichen. Die häufigsten Paßformen sind: Beckenpaß (sehr gut, aber hohe Verstopfungsneigung), Schlitzpaß (gut, geringe Verstopfungsneigung), Denilpaß (vorgefertigt einsetzbar, es können jedoch nur starke Fische passieren, keine schlechten Schwimmer) (Abb. 289). Wichtige Kriterien sind: Die richtige Lockströmung bei Wasseraustritt aus dem Paß ($\pm$ 1 m s^{-1}), nicht zu hohe Fließgeschwindigkeit im Paß (0,4–0,5 m s^{-1}), Ausruhmöglichkeiten im Paß (DVWK1996a, VDFF 1997). Für sich flußabwärts bewegende Fische sind Fischpässe nicht geeignet. Wehrkronen lassen sich so gestalten, daß sie von gut springenden Fischen, wie Lachsen und Forellen, überwunden werden können (WHITE 1979).
- **Naturnahe Ufersicherung**. Von den alten Methoden der Uferbefestigung erwiesen sich die Rohsteinschüttungen aus ökologischer Sicht noch am verträglichsten. Aber schon große Steine, lückig an dem gefährdeten Ufer längsgesetzt, können eine Seitenerosion verhindern. Sehr gut haben sich auch Steinbuhnen bewährt, oftmals vor der bruchgefährdeten Uferstrecke in Dreiecksform gesetzt (vgl. Abb. 291).

Ingenieurbiologischer Wasserbau. (vgl. SCHLÜTER 1996). Hierunter versteht man einen umweltverträglichen Wasserbau durch Verwendung lebender und toter Pflanzen. Wichtige Bauelemente sind die **Faschinen**, zusammengebundene frische Weidenrutenbündel, die an der Uferböschung befestigt werden. Als **Vegetationsfaschinen** werden

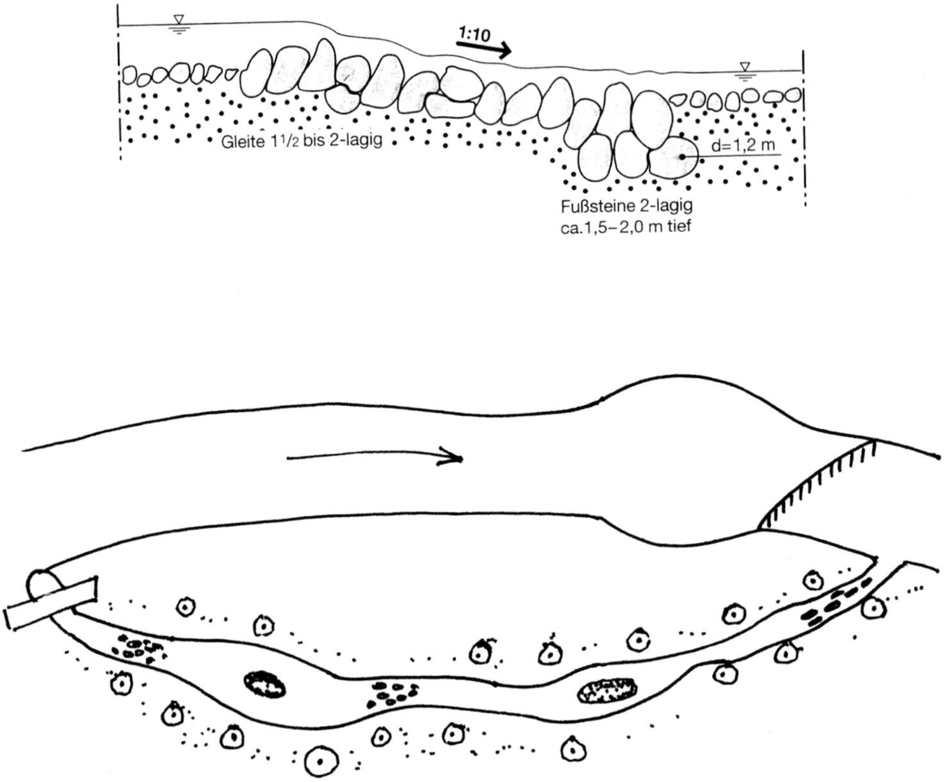

Abb. 288. Oben: Schema einer naturnahen Sohlenrampe. (Nach Gebler 1991). Unten: Umgehungsgerinne (naturnah angelegt mit Uferbäumen und Schnellen) einer Querverbauung. (Original).

walzenförmige Ballen aus verrottbaren Naturfaserstoffen verstanden, die mit Rohrglanzgras, Schilf oder Teichbinsen bepflanzt und an die Ufer gebracht werden. Die Ballen bilden sogleich einen Uferschutz, später verrotten sie und die heranwachsenden Pflanzen übernehmen diese Rolle. Anstelle der Naturstoffballen lassen sich auch **Matten** verwenden, die ebenfalls abbaubar sind. Mehrere Lagen von Weidenruten, an die Ufer gepackt, heißen **Spreitlagen**. Sie werden mit Pflöcken, häufig auch Faschinen, befestigt. Bei entsprechenden Böschungsverhältnissen lassen sich auch Rohrglanzgras, Schilf und (oder) Teichbinsen anpflanzen. Auch Pflanzen der Wiesengesellschaft können angesät werden. Damit es nicht zur Verkrautung kommt, müssen diese aber gemäht werden. Weidenstecklinge können zwischen grobe Steinschüttungen am Ufer gepflanzt werden (sog. **Rauhpflaster**).

Die Faschinen- und Spreitlagenmethoden sind nur als Notbehelf zu betrachten, die besser sind als technische Baustoffe, jedoch keine Renaturierung bedeuten.

Abzulehnen sind **Formsteinwerke** (= Rasengittersteine) und **Drahtschottermatten**, die zwar das Ufer befestigen und Pflanzenwuchs zulassen, aber nicht die Struktur-

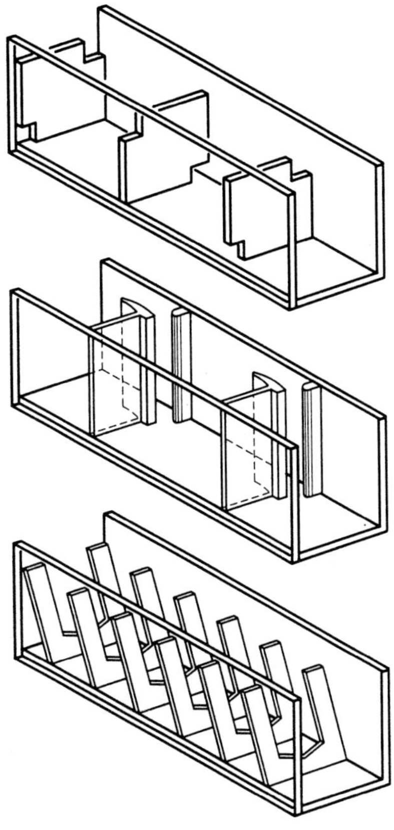

Abb. 289. Wichtige Typen von Fischpässen: Bekkenpaß (oben), Schlitzpaß (Mitte), Denilpaß (unten). (Nach DVWK 1996a).

vielfalt erhöhen. Sie bieten als konkurrenzfreie Räume oft unerwünschten Pflanzen Lebensraum.

6.1.3. Renaturierungsmaßnahmen

Unter Renaturierung versteht man die Rückversetzung eines verbauten Fließgewässers in einen Zustand, der dem ursprünglichen ähnlich ist oder doch als naturnah zu gelten hat. Wie weit dies möglich ist, muß ein zuvor entwickeltes Leitbild (s. **II. 1.**) entscheiden. Häufig sind nur ökologische Umbauten möglich, so daß auch zwischen ökologischem Wasserbau und Renaturierung viele Übergänge existieren. Renaturierungsmaßnahmen sind bisher aus methodischen Gründen nur an kleinen Fließgewässern möglich. Bevor ein Fließgewässer renaturiert wird, sollte es mindestens die Wassergüte II (d.h. β-mesosaprob) haben.

Als Beispiel einer **totalen Renaturierung** zeigt die Abb. 290 einen zuvor kanalisierten und betonierten Bach:

- Abreißen der betonierten Sohle und Ufer.
- Mit dem Bagger dem begradigten Bach eine leichte Schwungform geben, d. h. das ausgebaute symmetrische Profil in ein asymmetrisches verwandeln.

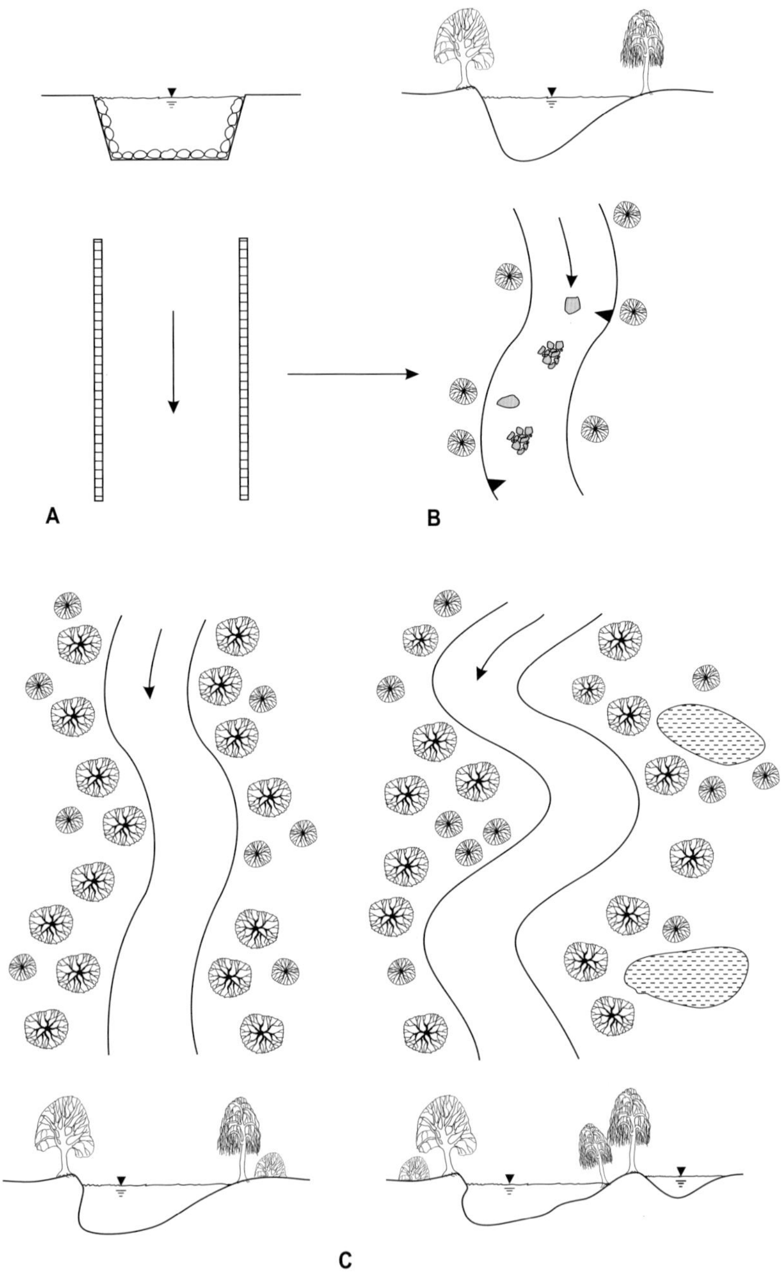

Abb. 290. Renaturierungsbeispiel von Fließgewässern. **A** = völlig ausgebauter Fluß. **B** = Gestaltung: Abriß der betonierten Sohle und der Steinbefestigungen der Ufer. Der gerade Verlauf erhält eine Schwungform, ferner Einbau von Leitwerken und Ausbringen von Störsteinen und Schotter. Es folgt eine Uferbepflanzung mit Bäumen. **C** = Entwicklungsphase (Eigenentwicklung auf Grund der Startbedingungen). (In Anlehnung an DVWK 1996b).

- Es können Leitwerke (hier als Dreiecksbuhnen) eingebaut werden, die den Fluß zur Arbeit anregen, die Mäandrierung zu verstärken.
- Dem Bach Schotter und große Steine geben, damit er arbeiten kann und ein Strömungsmosaik entwickelt
- An der Uferlinie Erlen anpflanzen.

Die Abb. 290 zeigt auch ein Renaturierungsprogramm. Die Anregung zur Mäandrierung oder auch **Provokation zur Eigendynamik** geschieht auch mit Hilfe eingestürzter Bäume im Bachlauf oder durch weitere Steinanordnungen als **Gurte** oder **Störsteine** (Abb. 291). Es bilden sich Prall- und Gleithang aus, sowie Sand- und Kiesbänke. Das

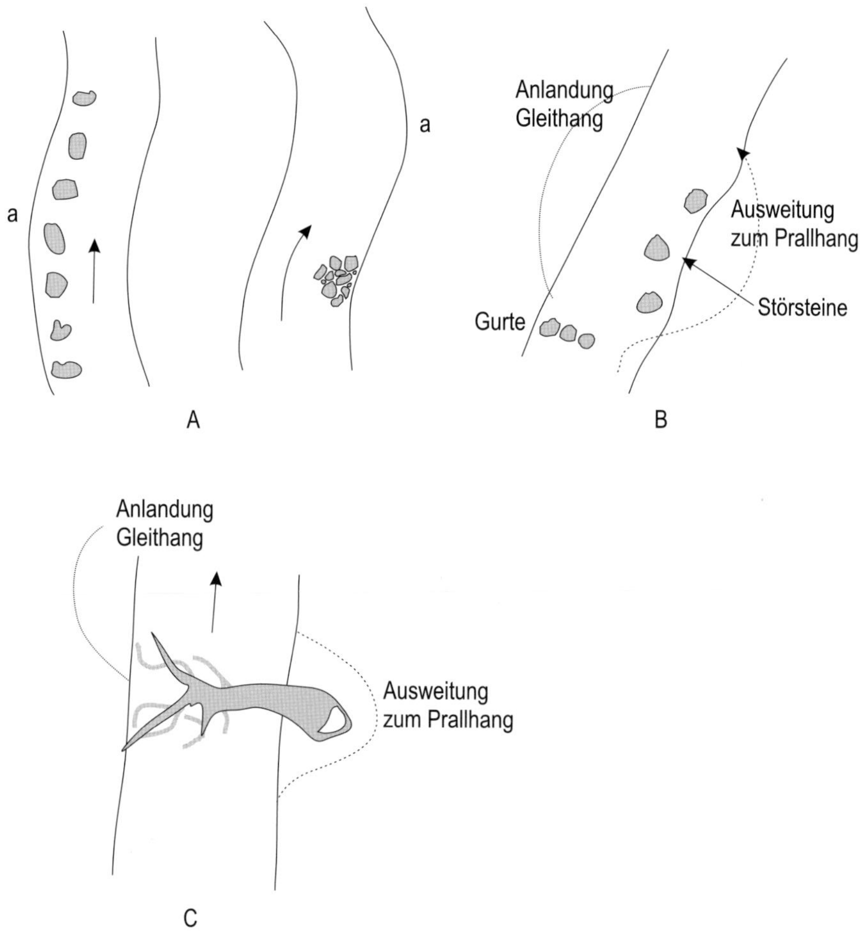

Abb. 291. Naturnahe Uferbefestigungen und Provokation eines Flusses zur Eigendynamik. **A** = lückig gesetzte Steinreihen oder dreiecksförmige Steinbuhnen zur Minderung oder Verhinderung von Uferbrüchen. **B** = Entwicklung der Eigendynamik (Mäandrierung) eines Fließgewässers mit Hilfe von Gurten und Störsteinen oder **(C)** eingestürzten Bäumen. (In Anlehnung an mehrere Autoren).

nächste Hochwasser verlagert diese Strukturen wieder, bis sich ein Gleichgewicht zwischen Struktur und Abfluß einstellt.

Eine Schwierigkeit der Renaturierungsmaßnahmen ist die sog. „**grüne Verrohrung**". Hierbei handelt es sich um vermauerte Ufer, die nachträglich mit Erlen und Weiden bepflanzt wurden. Die vermauerten Ufer müssen eingerissen werden und die dabei einfallenden Bäume liegen bleiben, so daß der Fluß seinen „befreiten" Lauf selbst gestalten kann. Auch alte Wehre kann man in ähnlicher Weise „geordnet" zerfallen lassen. Sie werden eingerissen, so daß das Wasser durchströmen kann und sie weiter zerbricht, aber nach eigendynamischen Gesetzen. Über diese Vorgänge liegen noch wenige Erfahrungen vor.

Große Bedeutung in der Renaturierung von Fließgewässern kommt **Störsteinen** zu. Das sind einzelne große Steine, die, in ein kleines Fließgewässer gebracht, Besiedlungsflächen besitzen, Strömungsmosaike schaffen und auch das Gewässer zur Eigendynamik anregen. In völlig ausgebauten, kleinen Fließgewässern von Ortschaften, die infolge ihrer Einbettung zwischen Häusern und Straßen nicht zu renaturieren sind, bringen zumindest Störsteine eine gewisse Dynamik hinein. Wenn möglich, sollte wenigstens eine Seite dieser Bäche abgeschrägt oder besser abgetreppt werden mit der Möglichkeit der Pflanzenentwicklung (Abb. 292). Auch **Einleitungsgräben** aus Fischteichen, Kläranlagen oder anderen Einrichtungen sollten ein stärkeres Gefälle mit Störsteinen besitzen (O_2-Eintrag, Habitatflächen, Selbstreinigung).

Zur Renaturierung gehört auch das Einbringen von **Totholz** (s. **I. 7**.2.1.). Es wirkt nicht nur morphodynamisch, sondern ist Habitat vieler Tierarten. Mengenangaben über Totholz in Fließgewässern sind naturgemäß schwierig (**I. 7**.6.9.). HERING et al. (2000) geben für Zentraleuropa einen Durchschnittswert von 1,44 m^3 100 m^{-1} Flußlänge, entspr. 0,202 m^3 100 m^{-2} Sohle, an. An Holz im Wasser lebt auch eine Anzahl xylophager Arten; und andere Ernährungstypen benutzen es als Habitat (Abb. 293). Totholz ist ein relativ stabiles Habitat. Der Abbau großer Äste dauert oft 100 Jahre und länger (NAIMAN & SEDELL 1980). Naturnahe Fließgewässer sind meist totholzreich.

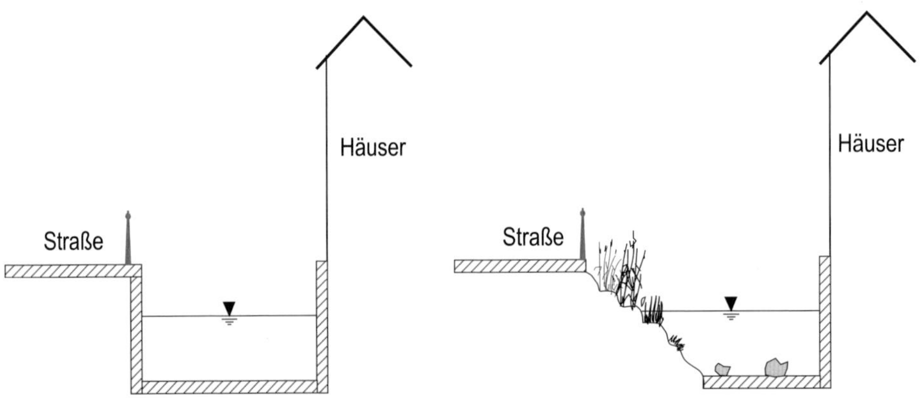

Abb. 292. Völlig ein- und ausgebautes Fließgewässer in einer Ortschaft. Verbesserungsmöglichkeit durch Auslegen von Störsteinen und Abtreppung einer Uferseite, die sich dann begrünen läßt. (In Anlehnung an DVWK 1996b).

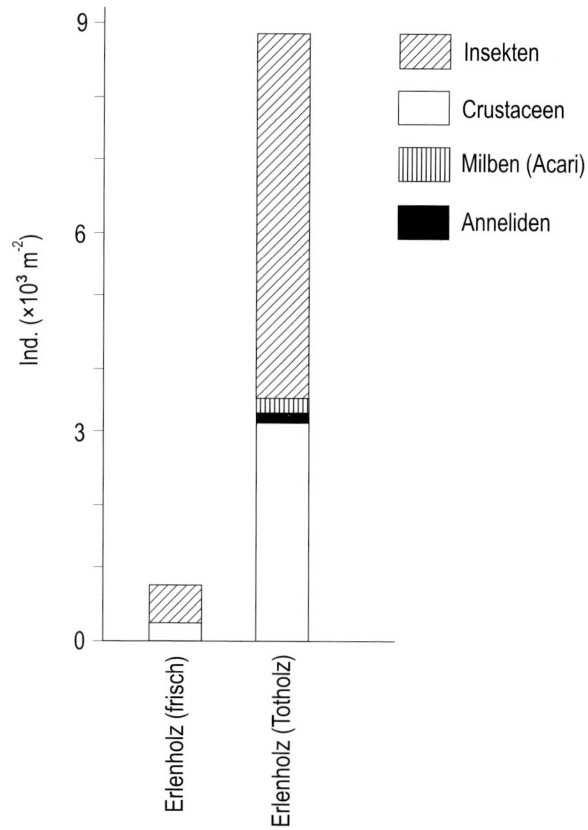

Abb. 293. Holzbesiedlung in Fließgewässern. (Verändert nach SPÄNHOFF et al. 2000).

Die hier geschilderte **morphodynamische Renaturierung** muß durch die **biologische Renaturierung** ergänzt werden, d. h. in diesem Fall durch Arten, die einen gestalterischen Einfluß auf das Gewässer haben:

- Biber. Er errichtet Biber- und viele extra Zweigdämme, die große lenitische Zonen induzieren. Diese Dämme bilden Sperren für den Fluß, sind aber für Tiere durchgängig (s. **I. 7.5.13.**). Die ausgedehnten lenitischen Bereiche waren selbst für europäische Bergbäche ursprünglich typisch.
- Fischotter. Er konsumiert große Mengen an Fisch und Edelkrebsen, setzt aber seinen Kot (zur Reviermarkierung) am Land ab. Der Fischotter dient somit der Entlastung des Gewässers (s. **I. 7.7.3.**).
- Flußkrebs. Er reduziert das Algenwachstum und fördert die Durchlüftung der oberen Sedimentschichten (s. **I. 7.7.3.**).
- Flußmuschel. (*Unio crassus*). Sie hat eine hohe Filtrationsleistung (s. **I. 7.5.7.**).
- In tropischen Gebieten (z. B. heute noch in wenigen Gebieten Afrikas) beeinflussen Elefanten, Flußpferde und Krokodile die Fließgewässer nicht nur morphodynamisch, sondern auch ihren Stoffhaushalt (s. **I. 7.2.2.**, **I. 7.6.1.**), wie das im Tertiär und in den Zwischeneiszeiten auch in Europa der Fall war, z.T. mit anderen großen Weidegängern, wie den Hirschartigen, die auch stark die Gewässer beeinträchtigten.

Tabelle 61. Regenerationsprozesse und -zeiten durch Eingriffe in Fließgewässer nach Aufgabe der Nutzung (Nach KERN 1994).

Eingriff	Regenerationsprozeß	Regenerationszeit (Jahre)
Auenauflandung oder Zerstörung der Auenmorphologie	Umlagerung der Auensedimente in Abhängigkeit vom Klima	10^3
Laufverkürzung und andere Ursachen erhöhter Sohlenerosion	Regeneration der Laufentwicklung durch erneute Krümmungen	10^2–10^3
Rodungen der Auen	Wiederbewaldung	10^2
Uferstabilisierung, Änderung der Bettstrukturen infolge verschiedener Maßnahmen, z. B. durch Laufverlegungen	Regeneration der Ufer- und Bettstrukturen sowie die Laufentwicklung	10^0–10^2

Diese biogene Ergänzung der Renaturierung der Fließgewässer ist noch schwieriger zu erreichen als die morphodynamische. Die Verbauungen der Gewässer sind nicht nur räumlich, sondern auch zeitlich betrachtet, schwerwiegende Eingriffe. Die vollständige **Regenerationszeit** der Fließgewässer nach Beendigung ihrer Verbauung kann bis zu 1 000 Jahre betragen (Tab. 61).

Die Kontrolle und Bewertung des Zustandes eines Gewässers in Bezug auf seine morphodynamische Naturnähe geschieht nach dem Verfahren der **Strukturgüte-Kartierung** (s. **II. 5.**). Sie ist ein Teil der Gesamtbewertung der Naturnähe eines Fließgewässers, die auch die Gewässergüte und die Pflanzen- und Tiergemeinschaften einschließt, wie dies schon in dem Hemerobiensystem (KONOLD 1984) zum Ausdruck kommt, das die Gewässer von oligohemerob (schwach kulturbeeinflußt) bis polyhemerob (sehr stark kulturbeeinflußt) einteilt. Die Verfahren beruhen darauf, daß der Grad der Naturnähe der Merkmale benotet wird (meist von 1 bis 7) (s. **II. 6.1.1.** Ungleichförmigkeitsindex). Die Tab. 62 gibt einen Überblick über wichtige Bewertungsmerkmale für Fließgewässer, einschließlich ihrer Aue.

6.1.4. Renaturierungsmaßnahmen in der Aue

Bei der **totalen Renaturierung** einer Aue muß diese aus der Bewirtschaftung herausgenommen, dürfen keine Bebauung und menschliche Ansiedlungen zugelassen und muß auegerecht aufgeforstet werden. Deiche, falls vorhanden, müssen abgerissen und Überschwemmungen wieder zugelassen werden. Altarme, sofern sie verfüllt sind, sind zu revitalisieren und anzuschließen, neue Altwässer und Frühjahrstümpel neu anzulegen. Grundsätzlich müssen in der Aue Retentionsflächen für Wasser und Stoffe geschaffen werden (s. **I. 7.5.13.**, **I. 7.8.3.**).

Meist sind jedoch nur **Teil-Renaturierungen** möglich. Die wichtigsten Maßnahmen sind:

Tabelle 62. Bewertungsmerkmale für Fließgewässer. (Nach LWA Nordrhein-Westfalen 1985).

Strukturbereich	Bewertungsmerkmal
Aquatischer Bereich	• Geomorphologische Strukturelemente • Habitate • Fließverhalten • Gewässergüteklasse • Wasserpflanzengesellschaften • Tiergemeinschaften
Amphibischer Bereich	• Geomorphologische Strukturelemente • Ufervegetation
Terrestrischer Bereich	• Geomorphologische Strukturelemente • Vegetation der Aue • Tiergemeinschaften
Stillgewässer der Aue	• Wasserpflanzengesellschaften • Tiergemeinschaften • Ufervegetation
Quellen	• Habitate • Pflanzengesellschaften • Tiergemeinschaften

- Keine zusätzlichen Bebauungen zulassen.
- Ackerflächen, soweit möglich, in Dauergrünland umwandeln.
- Uferstreifen zu beiden Seiten des Fließgewässers anlegen.
- Falls Ackerland noch vorhanden, muß eine bestimmte Bewirtschaftungsform zur Hemmung des diffusen Eintrages eingehalten werden (s. unten!).
- Altarme schaffen.
- Alle Drainagegräben verschließen, um kein Grundwasser abzuziehen (s. **I. 7**.5.13.).
- Bei waldlosen Auen sollten **Biotopvernetzungen** geschaffen werden, d. h. Heckenanlagen bis zum nächsten Wald oder größeren Gewässer.

Der **Stoffeintrag aus der Aue** ist abhängig von der Talneigung, Vegetation und dem geologischen Untergrund (s. **II. 2**.). Der Bodenabtrag läßt sich mit Hilfe mehrerer Verfahren berechnen bzw. abschätzen. Häufig wird hierfür die Allgemeine Bodenabtragsgleichung (ABAG) benutzt. Der Abtrag (in t a^{-1} h^{-1}) ist danach das Produkt aus Regenerosivität, Bodenerodierbarkeit, Hanglagen-, Bewirtschaftungs- und Schutzfaktor (Kretzschmar 1992).

Der Bodenabtrag muß möglichst minimiert werden. An erosionsgefährdeten Stellen ist daher zu beachten:

- Kein Rapsanbau, da Raps viele stickstoffreiche Abfälle hinterläßt.
- Kein Maisanbau, da Mais das Wasser nur wenig zurückhält.
- An erosionsgefährdeten Stellen ist Pflügen und Drainieren zu unterlassen, da hierdurch Nährstoffe mobilisiert werden.

- Bevorzugung einer extensiven Landwirtschaft, bei der die Nährstoffe im Boden festgehalten werden.
- Bei steilen Hanglagen ist parallel zum Hang zu pflügen.

Auf den landwirtschaftlich genutzten Hangflächen bildet das abfließende Wasser bei starken Niederschlägen Rinnen (sog. **Linearerosionen**). Auf diese Weise erreicht viel Wasser die Fließgewässer. Derartige Linearerosionen auf vegetationsarmen Flächen sind zu unterbinden. Das abfließende Wasser nutzt auch oft Feldwege. Daher sollten sie von breiten Grasrändern eingerahmt sein und nie direkt an das Gewässer führen. Aus Ortschaften abfließendes Niederschlagswasser sollte nicht in die Fließgewässer gelangen.

Zum Schutz der Gewässer müssen, wo nicht vorhanden, **Gewässerrandstreifen** angelegt werden. Ihre Funktion ist vielfältig. Sie dienen als Filter- und Pufferzone gegen den allochthonen Eintrag und sind Lebensräume für Vögel und andere terrestrische Tiere (s. **I. 7.5.13.**). Experimentelle Untersuchungen belegen einen Rückhalt von NH_4^+ von ~40 % und PO_4^{3-} von > 50 % (Fabis et al. 1994). Gewässerrandstreifen ohne Baumbestand sollten wenigstens 10 m, solche mit Baumbestand 5 m und an großen Flüssen immer mindestens 10 m betragen. Hat der Gewässerrand angepflanzte Bäume, haben diese oft ein gleiches Alter. Daher sollte die Baumreihe heterogenisiert werden: Kappen einzelner Kronen oder auch Abholzen einzelner Bäume; dies gilt besonders für Pappeln und andere Bäume der Hartholzaue.

Viehweiden sollten in Randstreifenbreite vom Gewässer abgegrenzt sein. Die Verunreinigung der Fließgewässer durch angrenzendes, weidendes Vieh wird oft übertrieben, da im Naturzustand die Gewässer durch Großwild sehr stark beeinflußt werden, so daß sie immer stark eutrophiert sind. Hier kommen die natürlichen Abwehrmechanismen der Gewässer zur Wirkung (**I. 10.**).

Wichtig für die Auen ist die Anlage von Vertiefungen, in denen das Niederschlagswasser eine zeitlang stehen bleibt (**Pfützen, Tümpel**). Sie sind nicht nur für die Wasserretention von großer Bedeutung, sondern auch Konzentrationsstellen vieler Tiere: Limikolen, Wasservögel, auch andere terrestrische Tiere und die eigentlichen aquatischen Bewohner (s. **I. 8**.4.2., **I. 8**.4.3.). Die Anlage der Tümpel gelingt nur, wenn Grundwasser in der Aue hoch ansteht (gespanntes Grundwasser) und kein Wasser abgeführt wird.

Von besonderer Bedeutung sind **Altarme** und **Altgewässer**. Altgewässer sollten durch Anbindung an den Fluß zu Altarmen umfunktioniert werden. Altarme sind die Kinderstuben vieler Fische und der Aufenthalt bestimmter Stadien des Makrozoobenthos. Von hieraus erfolgt eine ständige Wiederbesiedlung des Fließgewässers nach Verlusten, z. B. durch Hochwasser und auch die Beimpfung mit Phyto- und Zooplankton. Gewässer in der Aue sollten daher erhalten bzw. revitalisiert oder neu angelegt werden.

Die **Neuanlage** von Altarmen geschieht im einfachsten Fall als langgestreckte Ausbuchtung eines Flußufers gegen die Strömung, da es in paralleler Richtung zu einer schnellen Verlandung käme. Anders orientierte Arme müssen dann immer tiefer als der Fluß sein. Sohlenschwellen oder kurze Gurte hinter dem Arm sorgen dafür, daß der Altarm auch bei Niedrigwasser nicht austrocknet. Gleichzeitig akkumulieren sich an diesen

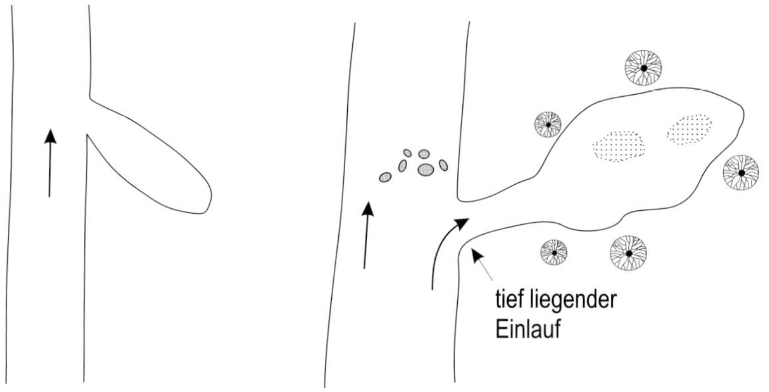

Abb. 294. Beispiele der Neuanlage von Altarmen. Links: einfacher Arm gegen die Stromrichtung; rechts mit grobgesetztem Steingurt und Sohlenschwelle. Altarm mit Anlage von Inseln und Baumbepflanzung. (In Anlehnung an mehrere Darstellungen).

Strukturen mitgeführte Schwebstoffe, die also nicht in den Arm gelangen und bei dem nächsten Hochwasser wieder fortgespült werden (Abb. 294).

6.2. Restaurierung von Seen, einschließlich Sanierung der Einzugsgebiete

6.2.1. Therapieansätze bei Seen

Anders als bei Fließgewässern mit ihrer kurzen Wasser-Verweilzeit, liegt das Schwergewicht der Restaurierung der Seen auf der Reduzierung der Nährstofflast oder deren Auswirkungen. Es ist allerdings nicht allein die lange Verweilzeit des Wassers in Seen, die für die Langzeitbelastung verantwortlich ist, sondern auch die vielfältigen Rückhaltemechanismen der Nährstoffe, besonders des Phosphors (s. **I. 8**.1.9.6.2.). In letzter Zeit sind auch morphologische Defizite an Seen in das Bewußtsein der Limnologen getreten. Es handelt sich dabei um Uferverbauungen, Ufererosionen und besonders um das seit Mitte des 20. Jahrhunderts aufgetretene Schilfsterben, das zum Teil auch auf die zunehmende Eutrophierung zurückgeht. Die weltweit zu beobachtende Zunahme der Eutrophierung der Seen, hat auch weltweit zu einer Massenvermehrung der Blaulagen geführt, deren Toxine auf Mensch und Tier schädigend wirken. Daher ist die Bekämpfung der Blaualgenblüten ein wichtiger Motor für die Erarbeitung von Therapiemaßnahmen für stark eutrophierte Seen.

6.2.2. Reaktionsverzögerung von See-Ökosystemen bei Nährstoffdrosselung

Wir wissen bereits, daß es mehrere Retentionsmechanismen, vor allem für Phosphor, in den Seen gibt. Es ist daher wichtig, bevor man sich mit Verbesserungen der Trophie befaßt, diese zu kennen. Die wichtigsten sind:

- Akkumulation des Orthophosphates als Polyphosphat in den Algen.

- Vergrößerung der euphotischen Zone. Wird der Zufluß von Phosphor gedrosselt, kann es in der oberen Wasserschicht zu einem Rückgang der Phytoplanktondichte kommen. Dies erhöht die Lichtdurchlässigkeit, so daß sich die euphotische Zone vertieft. Der Raumgewinn für das Phytoplankton bedeutet oft eine Produktionssteigerung in der Tiefe. Bevor das Ökosystem generell auf eine Phosphordrosselung reagiert, können bis zu 10 Jahre vergehen (Abb. 295).
- Ein wichtiger Retentionsmechanismus ist die Phosphorfalle des Sedimentes. Unter anoxischen Bedingungen kommt es dann zu einer Freisetzung des Phosphors. Das kann auch unter oxischen Bedingungen geschehen, wenn es zu einer Übersättigung des Interstitialwassers der Sedimente mit Phosphor kommt. Dies geschieht als Folge des Ungleichgewichts der Phosphorkonzentration im Sediment und des darüber stehenden Wassers. Diese Situation verschärft sich, wenn dem Phosphor Bindungspartner, wie Calcium und Eisen fehlen, so daß er nur an organische Partikel adsorbiert ist (s. **I. 8**.9.6.2.).
- Die Verzögerung der Oligotrophierung bei Phosphorentzug kann zu einer Instabilität in der Algenzusammensetzung führen, ohne daß sich ihre Biomasse reduziert (Dokulil & Jagsch 1992).

6.2.3. Die wichtigsten Restaurierungsmaßnahmen

Das Ziel der Restaurierung hocheutropher Seen der gemäßigten Zone ist die Beseitigung des Sauerstoffdefizites und der hohen Konzentration an CO_2, NH_4^+, H_2S und CH_4 im **Hypolimnion** während der Stagnationszeit. Gleichzeitig soll mit einer Belüftung des Hypolimnions die Bindung des Phosphors im Sediment erhöht und seine Freisetzung erschwert werden. Phosphor läßt sich auch direkt aus dem See eliminieren. Die Oxidierung des Hypolimnions intensiviert auch den Abbau organischer Stoffe.

Im **Epilimnion** ist das Ziel, die Algendichte zu senken, die Transparenz des Wassers zu erhöhen, den Assimilationsverlust an CO_2 zu mindern und somit auch den pH-Wert zu senken sowie eine Übersättigung mit Sauerstoff bei starker Sonneneinstrahlung zu verhindern. Das gleiche gilt auch für Flachseen.

Die genannten Ziele werden durch Belüftung des Hypolimnions und direkten Phosphorentzug erreicht. Die Restaurierungsmaßnahen sind jedoch sehr kostspielig und nicht immer erfolgreich. Daher ist es billiger, den See nicht zu belasten. Die beste Methode, dies zu erreichen, sind **Ringleitungen**. Derartige Leitungen nehmen das vorgeklärte Wasser auf, leiten es nicht in den See, sondern um ihn herum zu einer Gruppenkläranlage, in der die endgültige Reinigung des Abwassers erfolgt. Positive Beispiele in Deutschland für dieses Verfahren sind der Bodensee, Titisee (Schwarzwald) und der Schliersee. Die wichtigsten Renaturierungsmaßnahmen für hocheutrophe Seen sind (s. hierzu besonders Klapper 1992).

- **Tiefenwasserbelüftung**. Sie ist eine schonende Methode (ohne große Nebenwirkungen), das Hypolimnion während der Stagnationszeit zu belüften (vgl. Bernhard 1978). Die Sanierung ist symptomatisch, nicht essentiell. Belüftet wird mit Luft oder reinem Sauerstoff. Die Methode führt zur Sauerstoffanreicherung und Entgiftung des Hypolimnions, zur Intensivierung des Abbaus, sowie zur Phosphorbindung an das Sediment. Ihre Anwendung ist auf die Stagnationszeit beschränkt. Es gibt mehrere

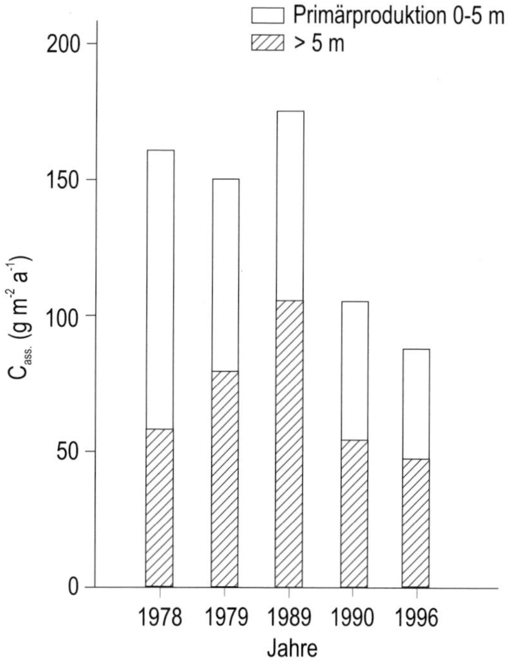

Abb. 295. Planktische Primärproduktion nach Senkung des P-Gehaltes um 90 % in der Zeit von 1979 bis 1990. Erst 1990 erfolgte ein Rückgang der Produktion, bis dahin nahm sie in der Tiefe noch zu. (Vereinfacht nach GAMMETER et al. 1998).

technische Verfahren zur Tiefenbelüftung. Eine einfache Methode sind eingelassene Schläuche mit groben Poren, durch die von außen Luft eingepumpt wird. Andere Verfahren arbeiten mit Unterwasserpumpen und Injektor, der die Luft oder den Sauerstoff eingibt. Es gibt relativ viele Beispiele von Belüftungsanlagen, die das Ziel, Phosphorkonzentration und Algendichte zu reduzieren, nicht erreicht haben, obwohl das Hypolimnion oxisch wurde. Die möglichen Gründe dafür sind oben angeführt.
Reicht die euphotische Zone tiefer als das Metalimnion, so können durch die Belüftung Nährstoffe nach oben transportiert werden, die unterhalb des Metalimnions zum Wachstum filamentöser Blaualgen (*Limnothrix redeki*) führen, welche die Dichte der Wasserflöhe reduzieren, da die Blaualgen nicht filtrierbar sind (KNOPF & ULRICH 1995). Selbst die schwache Wasserbewegung der Belüftung kann die Phosphoraufnahme des Phytoplanktons intensivieren. Für den Erfolg der Belüftung spielen auch der Verbrauch an Sauerstoff durch das Sediment und die möglichen Bindungsformen des Phosphors eine Rolle, ohne im Einzelnen zu wissen, wie diese Mechanismen tatsächlich funktionieren.

- **Destratifikation**. (Zwangszirkulation). Sie gehört zu den am häufigsten angewandten Methoden der Seenrestauration. Anwendungszeit ist die sommerliche und winterliche Stagnation. Eingepumpte Druckluft steigt mit intensiver Blasenbildung nach oben und führt zu einer künstlichen Vollzirkulation. Es kommt zu einer Belüftung des Hypolimnions, wie bei der Tiefenbelüftung, nur weniger schonend als bei dieser. Die Folgen sind Störungen der planktischen Schichtung und die Erwärmung des Hypolimnions, was zum Verschwinden kaltstenothermer Arten führt. Die Methode ist jedoch zur Blaualgenbekämpfung geeignet. Mit der Zwangszirkulation kommt

CO_2-reiches Wasser in das Epilimnion, wodurch auch der pH-Wert gesenkt wird, aber vor allem die Grünalgen begünstigt werden, die jetzt den Blaualgen überlegen sind (s. **I. 8**.1.10.3.2.) (SHAPIRO 1997, BENNDORF 1998). Neuerdings gibt es statt der netzbetriebenen auch solarbetriebene Destratifikationsanlagen. Die Destratifikation ist nicht auf meromiktische Seen anzuwenden, da sich dann schlagartig das hochbelastete Wasser des Monimolimnion im gesamten See verteilt. Da in einer Durchmischungszone das Lichtangebot geringer als im ruhigen Wasser ist, kann es bei deren Vergrößerung auch generell zur Reduktion des Phytoplanktons kommen. Dies ergibt sich, wenn das Lambert-Beersche Gesetz (**I. 7**.4.3.) dem angepaßt wird (FAST & LORENZEN 1978):

$$I_{mix} = I_o \frac{1 - e^{-k \cdot Z^{mix}}}{k \cdot Z_{mix}}$$

Es bedeuten: Z_{mix} = Durchmischungstiefe, k = Attenuationskoeffizient

Die Erfahrungen mit der Destratifikation sind diesbezüglich sehr widersprüchlich.

- **Tiefenwasserableitung und Absaugen oberster Weichsedimente**. Beide Methoden dienen nicht nur der symptomatischen Bekämpfung der Erscheinungen extremer Eutrophie, sondern reduzieren wesentlich den Gehalt an Phosphor, Stickstoff und auch giftigen Verbindungen im Hypolimnion. Bei meromiktischen Seen ist auch hier Vorsicht geboten, da es beim Absaugen des Monimolimnions zur Destratifikation kommen kann. Daher ist der Ersatz des abgepumpten Wassers durch solches aus weniger belasteten Seen zu empfehlen (= **Verdünnungsmethode**) (PECHLANER 1979).
- **Ausbaggern**. Tiefere Sedimente werden durch Ausbaggern entfernt. Damit wird auch der tiefere nährstoffreiche Schlamm erfaßt. Gleichzeitig wird der See vertieft, was die morphometrisch bedingte Oligotrophierung fördert. Die Methode hat jedoch einen großen Nachteil. Mit den Altsedimenten wird dem See sein „Gedächtnis" genommen (s. **I. 8**.1.12.). Alle seine Strukturen werden zerstört, so daß häufig ein neuer See entsteht
- **Calcitfällung und Kalkabdeckung der Sedimente**. Die Calcitfällung in Seen ist selbst ein natürlicher Reinigungsvorgang (s. **I. 8**.1.10.3.4.; **I. 8**.1.9.4.), der auch künstlich durch Einbringen von CaO, am besten in das Hypolimnion, provoziert werden kann. Die Kalksättigung wird erhöht, wodurch $CaCO_3$ kristallin ausfällt. Die Calcitkristalle adsorbieren Phosphor und nehmen ihn beim Absinken mit in die Tiefe. Der Nachteil ist, daß die Kristalle die Interstitiale vom Sediment und Fadenalgenaufwuchs verstopfen und die darin lebende Mikroflora und -fauna vernichten (SCHÖNBORN 1995).

  Eine andere Methode ist die Resuspension der Seekreide (**I. 8**.1.9.4.) (MURPHY & PREPAS 1990, DITTRICH et al. 1995), die ebenfalls aus der biogenen Entkalkung stammt. Ihre Resuspension bindet Phosphor; und die sich dann flächenhaft sedimentierende Seekreide versiegelt zugleich die Sedimentoberfläche und blockiert weitere Phosphorfreisetzung (Abb. 296), was aber andererseits die Interstitialfauna stark beeinträchtigt. Früher wurde auch mit Ton und Kaolin versiegelt.

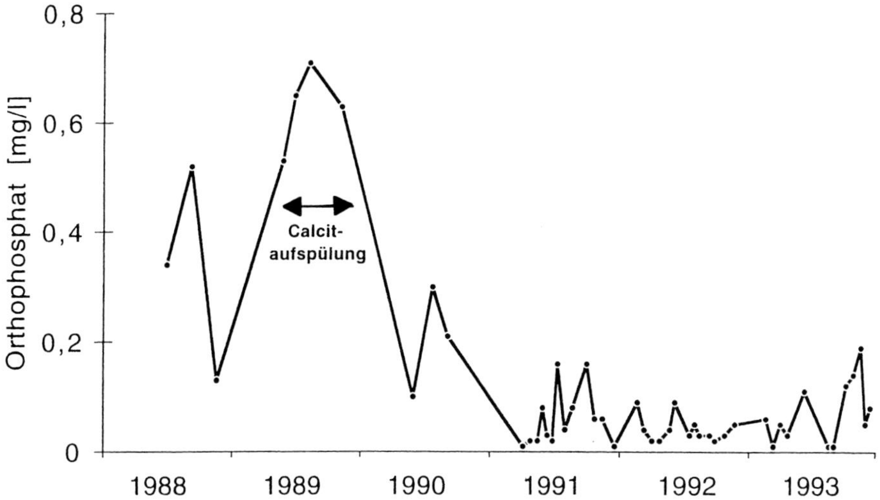

Abb. 296. Konzentrationsänderungen von Orthophosphat nach einer Calcitaufspülung (aus der Seekreidebank) in einem See. (Nach Rönicke et al. 1995).

- **Chemotherapie**. Es handelt sich dabei um die Phosphor- und Stickstoffeliminierung in Gewässern mit Hilfe von Chemikalien und ist der 3. Reinigungsstufe der Kläranlagen nachempfunden. Als Fällungsmittel für Phosphor dienen $FeCl_2$ und $FeCl_3$, seltener $Al(SO_4)_3$. Soll die Phosphorreduzierung eine Wirkung haben, muß der P-Schwellenwert für die Primärproduktion deutlich unterschritten werden. Dieser Schwellenwert ist aber von vielen Faktoren abhängig (**I**. **8**.1.10.3.2., **II**. **2**.), dürfte aber bei 0,03 mg l^{-1} liegen. Die Ausbringung geschieht vom Boot oder Flugzeug aus oder aber auch durch Ausstreuen der Substanzen auf dem Eis. Eisen und Kalk können in die obersten Sedimentschichten eingearbeitet werden und führen dann häufig zu deutlichen Phosphorentlastungen.
  Zur Entgiftung werden Nitrate in das anaerobe Sediment eingeführt. Es kommt dann zur Nitratatmung und zur Oxidation von NH_4^+, NH_3 und H_2S; das Nitrat selbst wird zu molekularem Stickstoff reduziert (Ripl 1978, 1986). Auch das Nitrat der Seen läßt sich durch Denitrifikation entfernen, indem nitrathaltiges epilimnisches Wasser in das anaerobe Hypolimnion desselben Sees gepumpt wird (Klapper 1992). Die beste Methode, wenn auch teuer, ist die Phosphoreliminierung in Fällcontainern am Ufer. Das hypolimnische Wasser wird hochgepumpt, sein Phosphor gefällt und das gereinigte Wasser zurück in den See geführt (Abb. 297).
  Die Chemotherapie führt nicht immer zu einer Reduktion des Phytoplanktons. Aluminium und Eisen beeinträchtigen die Wasserqualität; Aluminium ist giftig, Eisen senkt den pH-Wert, weshalb letzteres oft mit Kalkzugaben kombiniert wird. Bei Anwesenheit von viel H_2S bildet sich FeS, wodurch zwar der Schwefelwasserstoff verschwindet, aber gleichzeitig kann es zur Freisetzung von Phosphor kommen.
- **Kombinierte Maßnahmen**. Zum Ausgleich unerwünschter Nebenwirkungen, wie auch zur Wirkungsverstärkung werden die restaurativen Maßnahmen oft kombiniert.

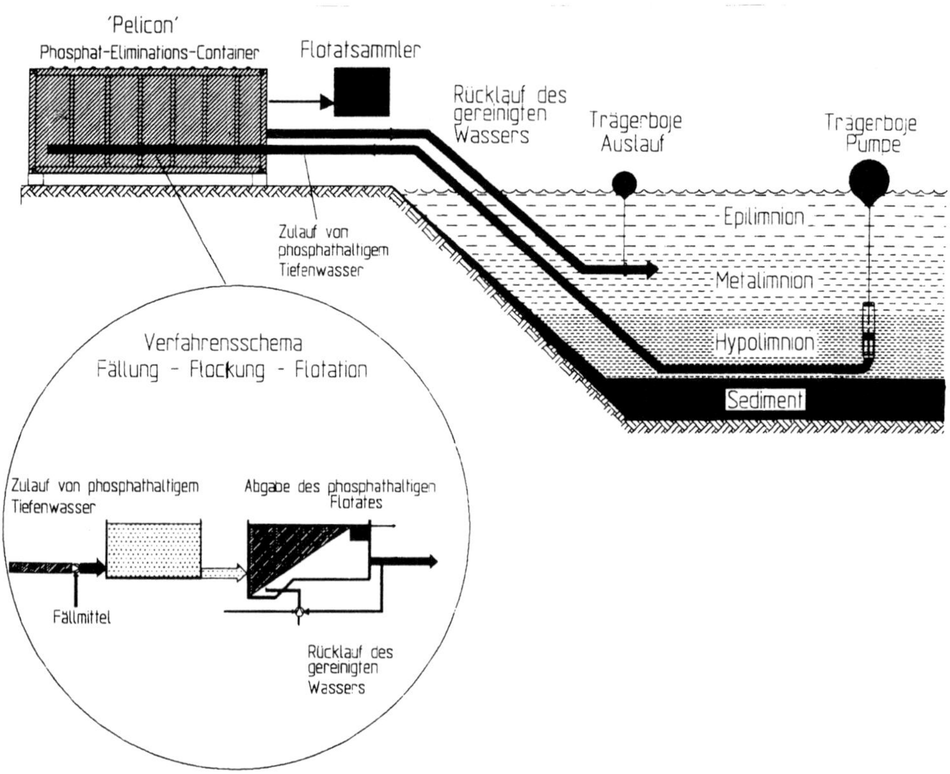

Abb. 297. Schematischer Aufbau einer Phosphateliminationsanlage außerhalb des Gewässers. (Nach KEIL 1995).

Beispiele: a) Phosphorfällung im Gewässer durch $FeCl_3$ und Ausbringen von $Ca(NO_3)_2$ (= „Riplox"-Verfahren), b) Destratifikation oder Tiefenbelüftung mit gleichzeitiger Phosphorfällung. c) Biomanipulation (s. unten) und Phosphorfällung.

- **Biomanipulation**. Sie gilt als eine biologische Methode der Seenrestaurierung, hat aber große Schwierigkeiten (**I. 8.**1.10.8.; BENNDORF 1988, DEMELO et al. 1992), wenn sie nachhaltig die Wasserqualität verbessern soll. Das Prinzip ist die Förderung des phytoplankton-filtrierenden Zooplanktons durch die Reduktion zooplanktivorer Fische. Dies läßt sich mit Hilfe eines Raubfischüberbesatzes oder durch Abfischung erreichen. Ein längerer Erfolg wurde bisher nur in Seen mit nicht zu hohen Nährstoffkonzentrationen erreicht. Bei hohen Nährstoffkonzentrationen, die es vor allem zu reduzieren gilt, sind nur immer kurzzeitige Verbesserungen (Klarwasserstadien) möglich. Ursache ist das Ausfüllen der Lücke, die das Abfiltrieren freßbarer Algen bewirkt durch koloniebildende Blaualgen und nicht filtrierbare Algen (VAN DONK et al. 1989, MEIJER et al. 1989). Außerdem werden die fehlenden planktivoren Fische sehr schnell durch räuberische Zooplankter ersetzt, wie *Neomysis*, *Chaoborus*, *Leptodora* oder räuberische Copepoden, die das Zooplankton erheblich reduzieren können. Bei der Reduktion der planktivoren Fische durch Raubfische können hoch-

rückige Arten, wie der Blei, *Abramis brama*, übrigbleiben, die dann die ausgefallenen Arten ersetzen.
In Flachseen wird die positive Auswirkung der Friedfischreduzierung durch den Ausfall ihrer phosphorreichen Faeces und der Resuspension des Sedimentes noch verstärkt. In ihnen sind planktivore Fische auch gleichzeitig benthivor. Nach Fischreduktionen kommt es fast immer zur Zunahme der Transparenz und zur Abnahme des Phosphorgehaltes im Wasser. Durch Reduktion des Phytoplanktons können auch die Makrophyten zunehmen (Wegfall des Konkurrenten), doch es sind auch hier wieder derartige Erfolge nicht bei hocheutrophen Flachgewässern zu erzielen, da sich sehr bald fädige Phytoplankter einstellen, die auch mit abnehmendem Phosphorgehalt gut leben können (**I. 8**.1.10.3.2.). Bei hypertrophierten Flachgewässern, besonders Weihern, ist die Ausbaggerung die günstigste Methode der Sanierung.
Eine andere Methode der Biomanipulation ist der Einsatz von phytoplanktivoren Fischen, wie den asiatischen **Silberkarpfen** (*Hypophthalmichthys molitrix*) und **Marmorkarpfen** (*Aristichthys nobilis*). Die Phosphorfreisetzung durch ihre Faeces, wie auch die Aufnahme von Daphnien, macht den Erfolg durch diese Fische fraglich. Die Nährstoffreduktion durch den Wiederfang der Fische ist gering und außerdem stellen sie eine Faunenverfälschung dar. Abzulehnen ist der Einsatz des **Graskarpfens** (*Ctenopharyngodon idella*) für die Biomanipulation. Durch ihn kommt es zu einer starken Reduktion der Makrophyten und infolge der hohen Phosphorabgaben der Faeces zur Förderung des Phytoplanktons.

- **Andere Maßnahmen**. In der Literatur sind noch andere restaurative Maßnahmen beschrieben, die jedoch meist zu teuer (z. B. Frischwasserzufuhr) oder ökologisch nicht akzeptabel sind (z. B. Zusatz von Kupfersulfat oder Herbiziden zur Phytoplanktonbekämpfung, Entnahme von Makrophyten als Nährstoffspeicherer, Abdecken des Sedimentes mit Ton oder auch Abdunkeln der Gewässeroberfläche).

6.2.4. Die Sanierung der Einzugsgebiete

Die Sanierung der Einzugsgebiete der Seen hat nicht den gleichen Stellenwert wie bei den Fließgewässern, doch sollte sie nicht außer Acht gelassen werden. Dies gilt besonders, wenn relevante Zuflüsse und Hanglagen in der Seeumgebung vorhanden sind. Zuflüsse sind streng zu überprüfen und dürfen dem See keine ungeklärten Abwässer zuführen. Sind sie stark belastet, ist eine Phosphorfällanlage, wie sie auf S. 493 beschrieben ist, zu empfehlen.

Auch der diffuse Nährstoffeintrag aus der unmittelbaren Umgebung ist zu beachten. Uferbäume und Emersenzone sind gute Puffersysteme, wo sie fehlen, sollten Bäume angepflanzt werden und die landwirtschaftlichen Flächen genügend Abstand vom See einhalten. Bei landwirtschaftlich genutzten Hanglagen um den See ist ähnlich wie bei Fließgewässern beschrieben zu verfahren: a) extensiv bewirtschaften, vor allem als Dauergrünland, b) Reduktion des Viehbesatzes, c) in erosionsgefährdeten Bereichen Unterlassung von Düngung und Pflügen und Anlage von Hecken, d) kein Anbau von Ackerfrüchten mit erhöhten stickstoffhaltigen Rückständen (Raps).

6.2.5. Kalkung versauerter Gewässer

Versauerte Gewässer lassen sich durch Kalkzugaben neutralisieren. Diese Neutralisierung sollte nur bei anthropogener Verursachung der Versauerung angewandt werden. Benutzt werden meist Calciumhydroxid($Ca(OH)_2$) und Soda (Natriumkarbonat). Bei einem Wasservolumen von 10^6 m^3 wurden in kanadischen Gewässern > 18 t Calciumhydroxid appliziert. Es wird oft noch die gleiche Menge Calciumkarbonat zugesetzt, das der besseren Pufferung dient (ADAMSKI & MICHALSKI 1975). In schwedischen Gewässern, die durch den sauren Regen stark geschädigt sind, verwendet man häufig Soda (LINDMARK 1993).

Dosisbeispiel: Auf 480×10^3 m^3 Seevolumen etwa 2,7 t ha^{-1}. Es genügt eine einmalige Dosis, da der Anteil, der sich im Sediment ablagert, langzeitig und stetig basische Ionen abgibt.

Mit der Kalkung, so können wir bereits ableiten, kann auch ein Rückgang von Phosphor und Partikeln im Freiwasser verbunden sein (BELL et al. 1993) (**I. 8**.1.10.3.4.). Im Allgemeinen ist der Einfluß der Kalkung auf die Zönosen schwer voraussehbar.

6.2.6. Renaturierung geschädigter Ufer und Schilfbestände

Wenn auch viel unauffälliger als in Fließgewässern, so treten doch auch an Seen Schädigungen der Uferregion auf. Die **wichtigsten Schädigungen** sind:

- Verbauung durch Ansiedler, vor allem durch Erholungsanlagen, bei sehr großen Seen auch durch Hafenanlagen.
- Ufererosionen. Natürliche und durch den Menschen hervorgerufene Ufererosionen sind oft schwer zu unterscheiden. Ufererosionen kommen durch Wellenerosion zustande und zerstören die Ufervegetation. Es scheint eine natürliche Zunahme von Wellenerosionen zu geben, vermutlich ausgelöst durch die ständigen Änderungen in der Erdkruste. Die meisten Uferbänke sind das Ergebnis natürlicher Erosionen. Anthropogen verstärkt werden die Erosionen durch ständige Wasserstandsschwankungen bei Seewasserentnahme und auch bei baulicher Fixierung von Flachufern. Im letzteren Fall erhöhen sich die Erosionen in benachbarten Uferstrecken, da die Wellen stärker an der baulichen Anlage (Mauer) anschlagen, als beispielsweise an einem Schilfbestand und seitlich abgelenkt werden. Seen, deren Wasserstand gesenkt wurde, müssen erst wieder ein Gleichgewicht zwischen Wellenschlag und Ufermorphologie entwickeln.
  Andere Ursachen für die Erosionszunahme sind in dem Rückgang der Schilfbestände begründet.
- Schilfsterben. Seit etwa 1940 wird zunehmend ein Schilfsterben an europäischen Seen festgestellt. Dem Schilf kommt eine natürliche, wichtige Schutzfunktion der Seen zu (**I. 8**.1.11.1.6.). Das Schilfsterben ist sehr heterogen. Es gibt Seen, die dieses Phänomen nicht zeigen, andere nur teilweise und wieder andere vollkommen. Die Basishypothese lautet: Schilf vermehrt sich vorwiegend vegetativ, so daß es zur Klonbildung kommen kann; es besteht aus vielen Genotypen. Nach der Eiszeit, als die entstandenen Seen noch unbesiedelt waren, blieb es dem Zufall überlassen, welche Genotypen des Schilfes sich an den einzelnen Seen ansiedelten. Die Genotypen, die den spezifischen Bedingungen des Sees zufällig angepaßt waren, blieben, andere

verschwanden. Daher gibt es Seen, die zufällig monoklonal, andere aber, die multiklonal besiedelt sind. Innerhalb der Bestände kann es keine Wirkung der genetischen Variabilität mehr geben. Einfallende Schilfsamen kommen aus Konkurrenzgründen in den dichten Beständen nicht mehr zur Auskeimung. Unter den modernen zivilatorischen Bedingungen treten jedoch in Seen neue Streßfaktoren auf, die nun wiederum eine Auslese unter den Genotypen herbeiführen, wodurch das genannte heterogene Bild des Schilfsterbens entsteht (KÜHL & NEUHAUS 1993) (Abb. 298). Es zeigte sich allerdings, daß es zwar keine genetische Variabilität in den Schilfbeständen gibt, jedoch eine relativ große phänotypische Anpassung. SCHIEFERSTEIN (1999) schätzt nur eine etwa 40%-ige Übereinstimmung der Genotypen mit den bestandscharakteristischen Variablen. Unklar ist auch die Wirkung der modernen Streßfaktoren. Genannt werden (s. hierzu OSTENDORP & KRUMSCHEID-PLANKERT 1993):

a) Eutrophierung. Die direkte Wirkung des Überangebotes an Nährstoffen wird weniger verantwortlich gemacht, als vielmehr die indirekte über die Bildung

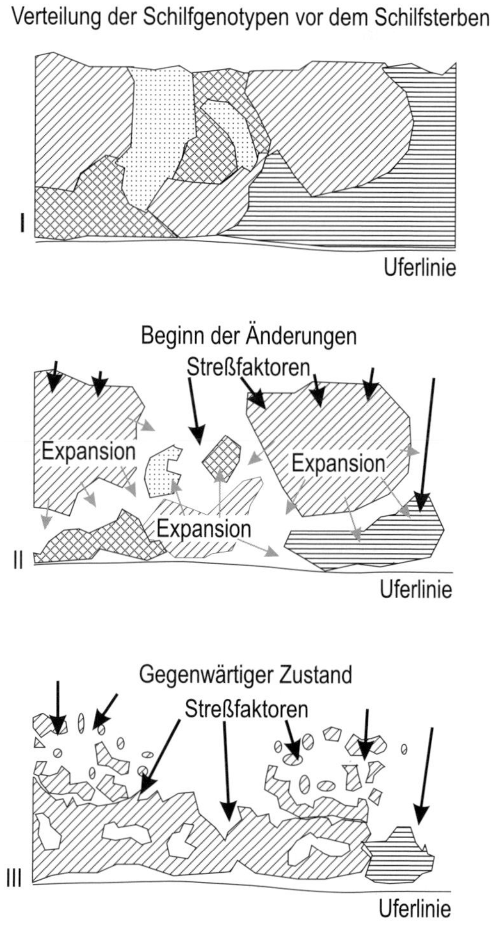

Abb. 298. Modell der Ursachen des Schilfsterbens. **I** = Verteilung der Schilfgenotypen vor dem Schilfsterben. **II** = Einsetzen der Streßfaktoren und Beginn der Änderungen. **III** = gegenwärtiger Zustand. (Nach KÜHL & NEUHAUS 1993).

mächtiger Fadenalgenwatten an den Schilfhalmen. Sie sondern Toxine ab und bewirken in Verbindung mit Wellenschlag ein Abbrechen der Halme.

b) Zu starker Wellenschlag durch Motorsport und Schiffahrt.

c) Werden einmündende Flüsse begradigt oder finden Wasserentnahmen aus dem See statt, kommt es zu wechselnden Wasserständen, die den Schilfbestand erheblich stören können.

d) Tierfraß. Er ist nur selten die entscheidende Ursache, sondern wirkt meist nur verstärkend. Wichtige schädigende Arten sind Graskarpfen, Bisame, Bleßrallen, Larven der Schilfkäfer und Schilfeulen. In Einzelfällen können Fraßschäden von Bedeutung sein, wie z. B. der Larvenfraß an den Schilfrhizomen im Bodensee-Untersee.

e) Lokal können noch viele andere Faktoren eine Rolle spielen.

Renaturierung geschädigter See-Ufer

- Verbot weiterer Verbauungen und Privatisierungen von Uferstrecken. Anlagen, die nicht mehr benutzt werden, sollten abgerissen werden. Auch der Erholungsverkehr auf Seen ist einzuschränken.
- Vor erodierenden Ufern und gefährdeten Schilfbeständen sind Unterwasserdämme (sog. Wellendissipatoren) anzulegen. Die wichtigsten sind:
  a) Lahnungen nach Gester: Plankenwand mit Unterströmung bis in das Röhricht.
  b) Palisaden. Auch sie werden so angelegt, daß sie zwar den Wellenschlag abhalten, aber etwas Wasser zum Wasseraustausch mit der Röhrichtzone durchlassen.
  c) Reisiglahnungen. Das sind zwischen zwei Holzpfahlreihen eingepreßte Reisigfaschinen. Sie sind fast wasserundurchlässig. Es kommt zu keinem Wasseraustausch mit der Röhrichtzone, so daß es hinter der Lahnung zu nährstoffreichen und anaeroben Akkumulationen von Feinsedimenten kommen kann. Aus diesem Grund sind derartige Reisigdämme nicht zu empfehlen (Rolletschek & Kühn 1997).
- Abgestorbene Schilfzonen sind neu zu bepflanzen. Gepflanzt werden verschiedene Klone (erhältlich aus Schilfpflanzkulturen), um ihre Eignung auszuprobieren. Die bepflanzten Bereiche werden mit Geotextilien (Kokosmatten, Nylon-Strukturmatten) bespannt, die zunächst das Ufer befestigen. Die Schilfpflanzen wachsen durch diese Textilien hindurch, die später vergehen. Zum weiteren Schutz der Anpflanzungszonen sind vorgelagerte Unterwasserdämme zu empfehlen.
- Mauerwerke an den Ufern (sog. Hartufer) können zur Abschwächung des Wellenschlages durch Vorlagern von Kies- oder Sandbänken behandelt werden.

7. Künstliche Seen

7.1. Talsperren (Stauseen, engl. reservoirs, dams)

Zu empfehlende Übersichtsliteratur: Heitfeld (1991).

Talsperren sind Anstauungen von Fließgewässern in einem natürlichen Tal oder auch künstlich angelegten Becken und dienen sehr verschiedenen Nutzungen. Die Staumauer besitzt einen regulierbaren Abfluß, so daß unterhalb der Sperre der angestaute Fluß weiter existiert.

7.1.1. Zur Geschichte der Talsperren

Älteste Dokumente stammen aus dem alten Ägypten. Unter König Amenemha III. (2221–2179 v.Chr.) wurde der Möris See angelegt. Er war der erste Stausee, von dem wir Kenntnis haben. Heute ist die Oase Faym noch ein Überrest davon. Er wurde durch Nilarme gespeist und zur Bewässerung der Äcker in wasserarmen Zeiten genutzt. Später legte ein hoher Beamter der Hyksos-Machthaber (semitischer Herkunft, die das Land am Nil eroberten) einen nach ihm benannten Verbindungskanal zum Nil selbst an, der noch heute nachweisbar ist (Josephs-Kanal, Bahr el Yusuf, etwa 1991–1785 v. Chr.). Auch schon Talsperren mit einem beweglichen Wehrverschluß sollen im alten Ägypten erfunden worden sein.

Heute gibt es in Europa über 10 000 größere Talsperren, die eine Fläche von mehr als 100 000 km^2 einnehmen (Premazzi & Cardoso 2000).

Die erste Talsperre der jüngeren Geschichte in Deutschland wurde 1891 in Westfalen gebaut. (Ältere Stauwerke gehen in Deutschland bis in das 13. Jahrhundert zurück).

Die größte Talsperre der Welt sind die Owen Falls in Uganda (1954 erbaut, $200\,000 \cdot 10^6\ m^3$ Inhalt). Es gibt ein „World Register of Dams", das Stauseen mit Staumauern von > 30 m Höhe erfaßt (ICOLD 1984, 1988). Die höchste Zahl an Dämmen, bezogen auf ein Flußsystem (= **Dammindikator**) haben Kalifornien, Colorado, Südeuropa, China, Japan und noch einige kleinere Gebiete.

7.1.2. Unterschiede zum natürlichen See

Talsperren unterscheiden sich deutlich von natürlichen Seen, auch von durchflossenen Seen. Talsperren haben **kein** Litoral. Eine Talsperre ist eine künstlich angelegte oder als Tal genutzte Seewanne, wie sie nach der Eiszeit natürlich entstanden (**I. 8**.1.8.). Die Sperre kann aber keine Uferbank ausbilden, da infolge der wasserwirtschaftlichen Maßnahmen ständig Wasserstandsschwankungen vorkommen, so daß das Wasser nicht in einer Höhe erodieren kann, sondern verteilt über weite Uferbereiche, wodurch die Wirkung nachläßt (Abb. 299). Daher fehlen den Talsperren die natürlichen Barrieren gegen den Stoffeintrag von außen. Häufig fehlen ihnen auch Baumbestände am Ufer. Hinzu

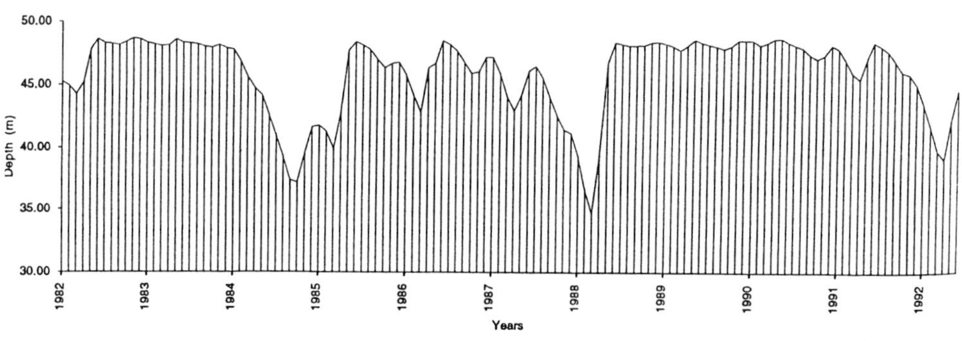

Abb. 299. Wasserstandsschwankungen in einer Talsperre (Masinga-Sperre in Kenya). (Nach Pacini et al. 1993).

kommt, daß bei Wasserentnahme die trockengefallenen Uferpartien schnell begrünen und bei erneutem Anstau überflutet werden. Aus diesen Gründen sind Talsperren immer eutrophiegefährdet. Eine Talsperre, die 18 Monate lang repariert wurde, zeigte in dieser Zeit extreme Wasserstandsschwankungen, die zu einer deutlichen Eutrophierung führten (MARQUES & BOAVIDA 1993).

Wichtig für die Trophie der Talsperre ist auch der anstehende Boden, über dem der Stau erfolgte. Häufig ist er nährstoffreich, so daß schon von hieraus eine schnelle Eutrophierung droht. Talsperren sind meist länglich; insofern nehmen sie eine Zwischenstellung zwischen Fließgewässer und Seen ein. Infolge der Polarisierung, bedingt durch Zu- und Abfluß, kommt es zu einem **Gradienten** im Stausee. Er bezieht sich auf die Verteilung von suspendiertem Material, Plankton und Körnchengrößen des Sedimentes. In Richtung Abfluß nimmt generell die Partikelgröße ab.

Die Verweilzeit des Wassers ist in Stauseen oft sehr viel kürzer als in Seen, was einen erheblichen Einfluß auf den Stoffhaushalt hat.

7.1.3. Aufgaben und Bewirtschaftung der Talsperren

Talsperren haben sehr unterschiedliche **Aufgaben** zu erfüllen, oft sind mehrere kombiniert:

- Sie sammeln in regenreichen Zeiten Wasser und bewahren es für regenarme Zeiten.
- Sie nehmen bei Hochwassern viel Wasser auf und entlasten die Überschwemmungsgebiete (Hochwasserschutz) (Abb. 300).
- Sie dienen als Trinkwasserreservoir bei qualitativ gutem Wasser, aber auch als Brauchwasser für Industrie und Landwirtschaft (in ariden Gebieten häufig zur Bewässerung). Bei künstlich versalzten Flüssen können sie auch zur Verdünnung beitragen.
- Sie werden zur Energieerzeugung genutzt (Turbinenbetrieb) und dienen auch der Wasserregulierung (Schiffahrt).

Die **Bewirtschaftung** ist abhängig von der geographischen Lage des Stausees und auch von den Nutzungsansprüchen. In Deutschland ist folgender Modus häufig:

- Auffüllen ab Winter bis zum Vollstau im Sommer.
- Senkung des Wasserstandes im Spätsommer bis Herbst für den Wasserbedarf der Industrie. Es ist zugleich eine Entlastung der Sperrmauer und Raumschaffung für die Schneeschmelze, Frühjahrshochwässer und sommerliche Starkregenereignisse.
- In der Absenkzeit werden viele Talsperren auch zur Stromerzeugung genutzt, da in der dunklen Jahreszeit der Strombedarf ansteigt.
- Auch während der Anstauperiode muß ständig Wasser zur Erhaltung der Funktionsfähigkeit des Fließgewässers abfließen (s. auch Mindestabfluß **II. 6.1.1.**).

7.1.4. Aufbau von Talsperren

Wichtigstes Bauelement an Talsperren ist die Absperrvorrichtung. Für das Schicksal der Sperre hat die Gestalt ihres Beckens die größte Bedeutung. Auch natürliche Täler, die überstaut werden sollen, müssen zuvor ausgeräumt und vorbereitet werden. Den Aufbau einer Talsperre zeigt die Abb. 301. Es wird unterschieden:

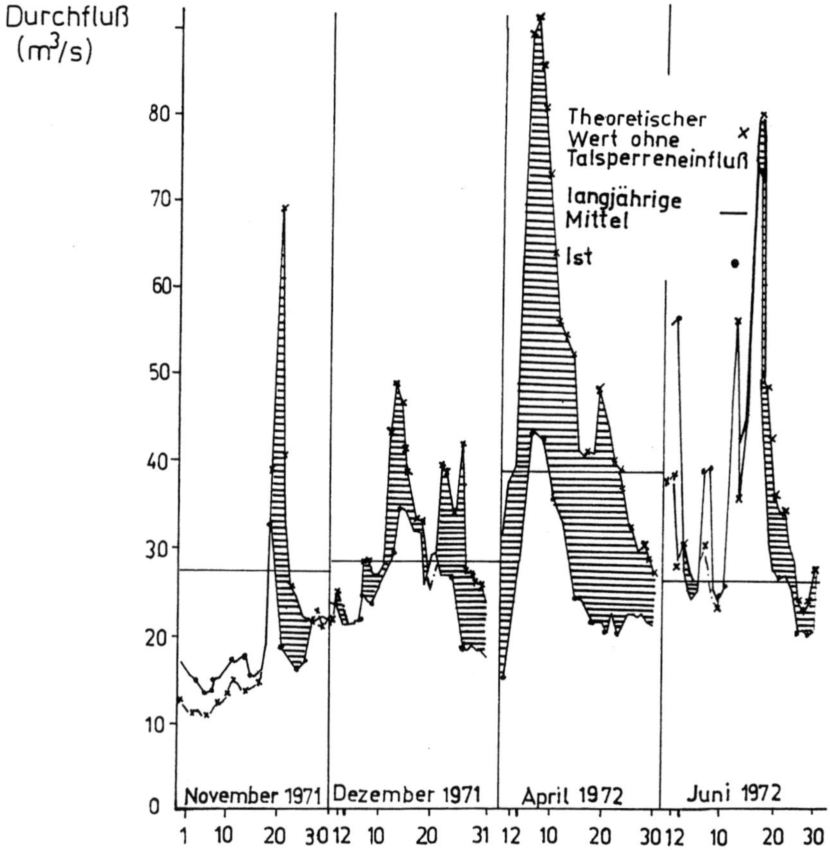

Abb. 300. Der Einfluß einer Talsperre auf den Abfluß eines Fließgewässers. (Saale, Deutschland). (Nach KREY 1976).

- Totraum. Das ist der Raum unterhalb des **Grundablasses**. Er muß immer gefüllt bleiben, da es bei Austrocknung zur schnellen Verlandung kommt.
- Dauerstauraum. Nur in Ausnahmefällen ist bis zum Totraum abzusenken.
- Hochwasserstauraum. Es ist der Raum zwischen Dauerstauraum und Staumauerkrone. Mit seinem Wasser wird gewirtschaftet. Bei Hochwasser wird die Krone der Staumauer überflossen (= **Überfallkrone**).
- Höchstwasserstauraum. Er ist oft nicht vorhanden. Wenn der Überfallkrone eine **Hochwasserkrone** aufgesetzt werden muß, sollte die Staumauer besonders stabil sein.

Die **Größe des Stauraumes** hängt von der Dauer und Anzahl der Trockenzeiten ab. In Mitteleuropa, wo nur hin und wieder mit einem Trockenjahr gerechnet werden kann, ist es anders als in Gebieten, in denen häufig mehrere Trockenjahre hintereinander folgen. Der Stauraum wird nach der Verweilzeit des Wassers, dem

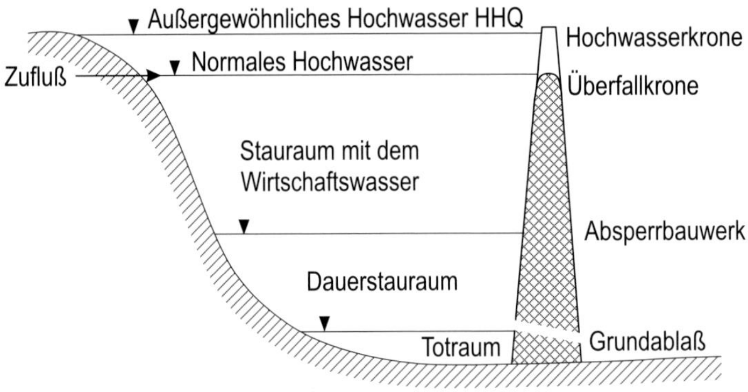

Abb. 301. Aufbau einer Talsperre. (In Anlehnung an VISCHER & HUBER 1978).

$$\frac{V}{\bar{\bar{Z}}} - \text{Quotienten}$$

berechnet (vgl. **I. 8**.1.4.):

$$\frac{V \text{ (= Stauraum in m}^3\text{)}}{\bar{Z} \text{ (= Mittlerer jährlicher Wasserzufluß in m}^3\text{)}}$$

In Regionen mit vereinzelten Trockenjahren, wie in Mitteleuropa, gilt:

$$V = 0{,}7 \cdot \bar{Z}$$

In trockenen Gebieten gilt:

$$V = \bar{Z} \text{ oder } V > \bar{Z}$$

Die **Absperrvorrichtungen** werden in Staudämme und Staumauern unterteilt.

- Staudämme. Sie stellen die älteste, aber auch sicherste Absperrvorrichtung dar. Es gibt verschiedene Typen, den häufigsten Typ zeigt Abb. 302. Die breite Grundfläche bewirkt, daß der Untergrund relativ wenig beansprucht wird. Staudämme sind vorgeschrieben bei anstehendem Lockergestein und in Erdbebengebieten.
- Staumauern. Sie sind schmaler als Dämme und meist aus Beton. Auch von ihnen gibt es mehrere Typen (Abb. 303).
  a) Schwergewichtsmauer. Sie ist basal verbreitert und wird gebaut, wenn die Hänge des Stausees wenig belastbar sind. Die Wasserlast liegt vor allem auf dem Untergrund.
  b) Bogenmauer. Sie ist bogig gebaut, schmaler als die vorige und wird für Talsperren mit steilen Hängen und relativ schmalem Boden benutzt. Da die Hänge in diesem Fall einen starken Druck aushalten, kann die Mauer schmaler sein, was Beton einspart.

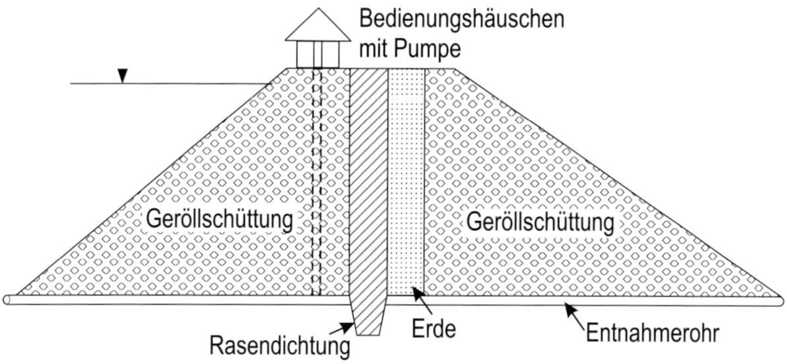

Abb. 302. Vereinfachtes Schema einer Staumauer. (Aus Heitfeld 1991).

c) Pfeilstaumauer. Sie besteht aus Betonpfeilern, die oft sogar Zwischenräume aufweisen. Sie wird bei weiten Talquerschnitten errichtet.

Die Absperrvorrichtungen enthalten **Ablässe**. Ihre Höhe an der Mauer ist wichtig für das Management des unterhalb der Mauer fließenden Gewässers. Unterschieden werden je nach Höhe Oberflächen-, gemischte (mittlere) und Grundablässe (s. S. 511).

Die **Wasserentnahme** aus der Sperre geschieht mit Hilfe besonderer technischer Einrichtungen. Für viele Trinkwasser-Talsperren gibt es Entnahmetürme. Die Trinkwasserentnahme erfolgt zumeist aus dem Metalimnion. Andere Entnahmetechniken sind häufig in die Absperrvorrichtungen integriert, also im Bereich des Ablasses.

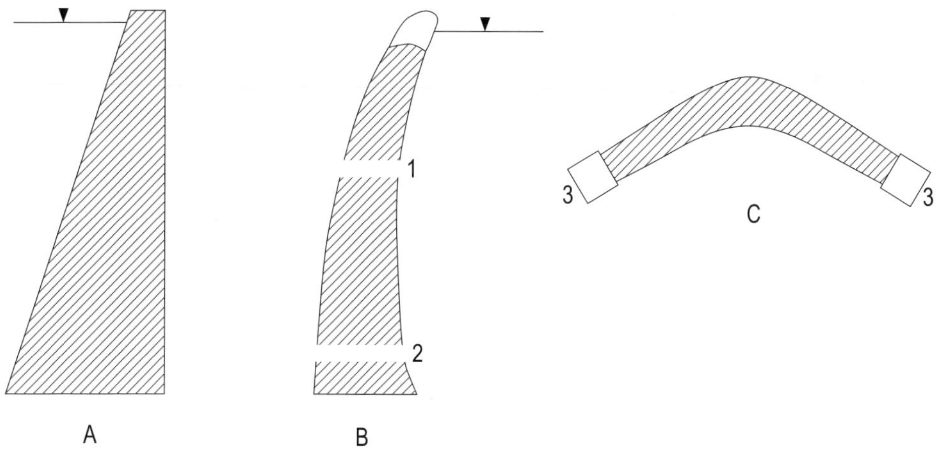

Abb. 303. Einfache Schemata von Staumauern. **A** = Schwergewichtsmauer und **B** = Bogenmauer (Querschnitte), letztere mit Durchflußöffnungen zur Hochwasserentlastung (1) und Grundablaß (2). **C** = Bogenmauer (Grundriß) mit Widerlager (3). (In Anlehnung an Heitfeld 1991).

7.1.5. Erzeugung von Elektrizität durch Talsperren

Talsperren dienen sowohl ausschließlich als auch als Nebenfunktion der Stromerzeugung. Im letzteren Fall ist es ein billiger und umweltfreundlicher Modus der Stromerzeugung: das Ablaßwasser der Sperrmauer betreibt eine Turbine. Die Stromerzeugung als Nebenfunktion dient häufig zur Absicherung des Strombedarfes in Spitzenzeiten, vor allem morgens vor und abends nach der Arbeitszeit. In gemäßigten Breiten geschieht dies vor allem im Herbst und Winter, wenn die Sperre abgesenkt wird. Zur Vermeidung eines diskontinuierlichen Abflusses wird der Sperre ein **Ausgleichsbecken** nachgeschaltet (Abb. 304), welches das Wasser für eine kontinuierliche Abgabe an den Fluß sammelt.

Besondere Einrichtungen der Stromerzeugung sind **Pumpspeicherwerke**. Die Hauptsperre dient dabei als Unterbecken, darüber auf dem Hangplateau ist ein Oberbecken eingerichtet. Mit elektrischer Überschußenergie (zu belastungsschwachen Zeiten des Energieverbrauchs) wird das Wasser aus dem Unter- in das Oberbecken gepumpt. Zu Zeiten erhöhter Belastungen des Stromnetzes wird durch das herunterfallende Wasser der Turbinenbetrieb eingeschaltet (Abb. 305).

7.1.6. Hochwasserschutz

Talsperren dienen als Nebenfunktion fast immer auch dem Hochwasserschutz. Sie sind ein sehr wirksamer Schutz, wie auch Abb. 300 zeigt. Sperren, die ausschließlich dem Hochwasserschutz dienen, sind die **Hochwasser-Rückhaltebecken** (Vischer & Hager 1992). Auch hier wird eine Absperrung errichtet (meist Dämme, seltener Staumauern), wodurch das Wasser bei hohen Durchflüssen zu beiden Seiten des Flusses gestaut wird. Nach Abklingen des Hochwassers fällt das Rückhaltebecken wieder trocken und kann landwirtschaftlich genutzt werden (Grünland, daher auch „Grüne Becken" genannt). Es gibt aber auch Rückhaltebecken, die einen Dauerstau beibehalten. Dieser relativ flache Stausee eutrophiert sehr schnell, da er verschlammt und auch zumeist fischereilich und zum Baden genutzt wird (vgl. Lange & Lecher 1993) (Abb. 306).

Hochwasserrückhaltebecken, die durch Eindämmung seitlich vom Fluß angelegt werden, heißen **Polder**. Sie haben eine Einlauf- und meist auch Auslaufvorrichtung und

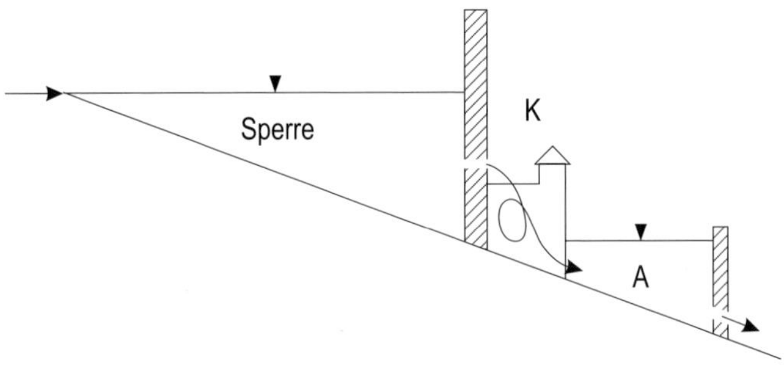

Abb. 304. Talsperre mit Stromerzeugung in einem Kraftwerk durch Turbinenbetrieb (K) und Ausgleichsbecken (A), wodurch der Abfluß mehr oder weniger kontinuierlich erfolgt. (Original).

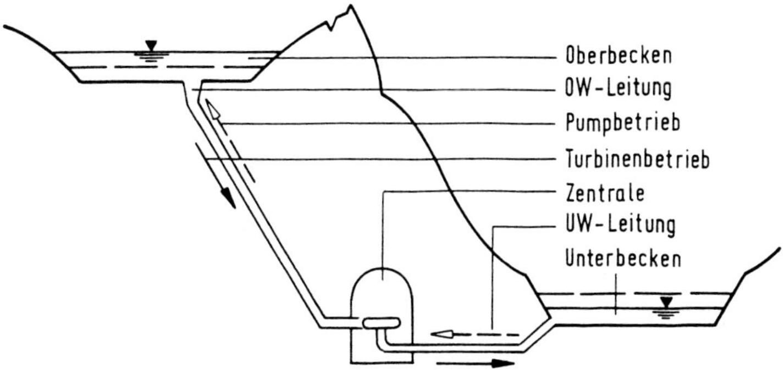

Abb. 305. Pumpspeicherwerk. (Nach VISCHER & HUBER 1978).

entleeren sich nach einem Hochwasser wieder. Polder benötigen keine technisch aufwendigen Sperreinrichtungen, sind technisch risikolos und ökologisch meist akzeptabel. Allerdings gibt es sehr große Polder, die in einigen niederschlagsarmen Ländern von Menschen besiedelt werden. Macht sich eine Revitalisierung erforderlich, kommt es zur Aussiedlung der Menschen.

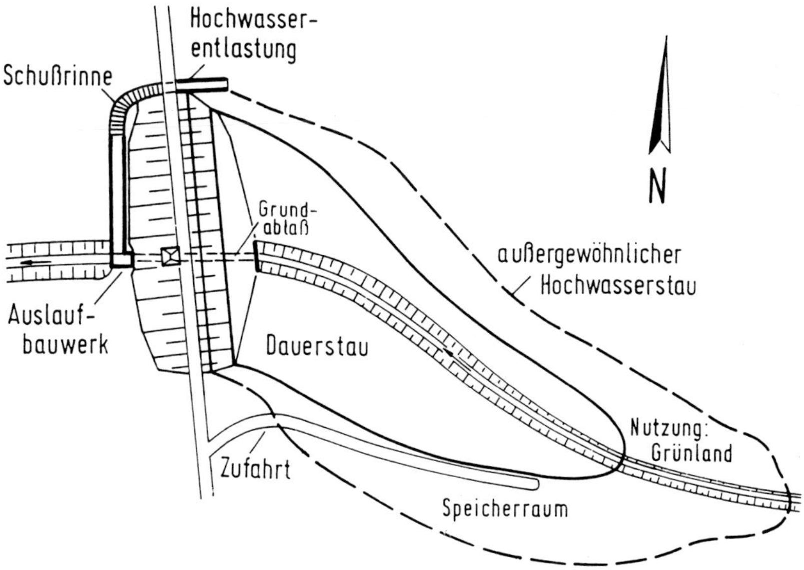

Abb. 306. Hochwasserrückhaltebecken. (Aus HEITFELD 1991).

7.1.7. Schichtung und Einschichtung in Talsperren

Große Stauseen zeigen, wie natürliche Seen, die gleiche, geographisch bedingte, thermische Schichtung. Entsprechend sind Sauerstoff und Kohlendioxid verteilt. Diese Stauseen bilden Epi-, Meta- und Hypolimnion aus und besitzen die gleichen chemischen und biologischen Indikatoren für den Trophiegrad, wie die natürlichen Seen. Das dem Stausee zufließende Wasser schichtet sich nach physikalischen Gesetzmäßigkeiten, wie sie für Seen beschrieben sind (s. **I. 7.5.12.**), in den Wasserkörper ein. Warmes Wasser schichtet sich in das Epi- und kaltes oder schwebstoffreiches in das Hypolimnion ein. In vielen Fällen entspricht die Temperatur des zufließenden Wassers der des Metalimnions und verbleibt in dieser Zone (SCHRÄDER 1959).

Während der winterlichen inversen Schichtung und auch zu Zeiten von Teil- und Vollzirkulationen kommt es zu entsprechend abgeänderten Einschichtungen (Abb. 307). Diese Einschichtungsmodi sind für den Stoffhaushalt und die noch zu besprechende Klärfunktion der Talsperren von Bedeutung.

7.1.8. Sedimentation

Die Sedimentation in Talsperren ist für ihre Leistung und Existenz ein fundamentaler Prozeß. Der aufgestaute Fluß bringt ständig Feststoffe in den Stausee und lagert sie dort ab. Stauseen halten weltweit etwa 20 % der jährlichen Sedimentfracht der Flüsse zurück, die somit nicht die Weltmeere erreicht; das sind etwa 2–5 · 10^9 metrische Tonnen (TAKEUCHI 1996). Für die Talsperren bedeutet dies ihre relativ schnelle Verfüllung, d. h., sie verschlammen und verlanden.

Die eingebrachten Feststoffe bestehen aus Geschiebe und Schwebstoffen. Ihre Menge ist in Flüssen aus geologisch jungen Gebirgen arider und semiarider Regionen besonders hoch. Das gilt vor allem für Nordafrika. Im Osten und Südostasien erfolgen

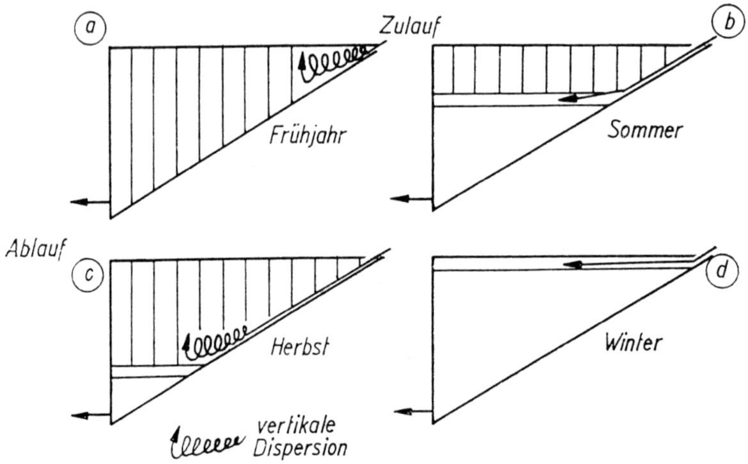

Abb. 307. Einschichtung des Zuflusses in eine Talsperre zu verschiedenen Jahreszeiten. Senkrechte Streifung = durchmischte Schicht. (Nach UHLMANN 1988).

etwa 66 % des weltweiten Sedimementtransportes der Flüsse. Auch in diesen Gebieten sind die Talsperren stark gefährdet. Kleine Sperren in Japan von < $10 \cdot 10^6\,m^3$ Volumen, die zur Stromerzeugung angelegt werden, sind oft schon nach 10 Jahren mit Sediment verfüllt. Daher müssen immer wieder neue Stauseen angelegt werden, wodurch auch die Limnologie immer wieder gefordert wird, denn mit dem Bau von Talsperren sind immer wieder Veränderungen des Wasserhaushaltes und der Ökologie der Fließgewässer verbunden.

Nach dem Gesetz der Akkumulation verbleibt das Geschiebe am Beginn des Stausees; und mit zunehmender Entfernung von dem Einlauf werden immer feinere Partikel abgesetzt. So entsteht der schon erwähnte Größengradient der Partikel.

Die Verlandung der Stauseen schwankt etwa zwischen 0,25–0,50 % a^{-1}. Bei einer Stauraumverlandung von > 80 % ist die Sperre unbrauchbar. In Gebieten mit hohem Feststofftransport beträgt die Lebensdauer einer Sperre etwa 30–80 Jahre. In Europa haben die Talsperren der Alpengebiete die höchste Verlandungsgeschwindigkeit. Die Sedimentationsrate ist ebenfalls stark abhängig von der landschaftlichen Lage der Sperre. In Richtung der Landschaften Wald, Grünland, Wüste nimmt die Sedimentationsrate zu. In dieser Richtung nimmt auch der effektive Niederschlag ab, d. h. der vom Boden zurückgehaltene und nicht oberflächlich abfließende Niederschlag (s. **I. 4.**). In den Wüsten ist der Feststofftransport sehr hoch (Abb. 308).

Die Sedimentationsrate hängt ferner von der Verweilzeit des Wassers in der Sperre ab. Sie berechnet sich als V/Z-Quotient. Beträgt er 1 und mehr, so verbleiben 100 % der absetzbaren Stoffe im Stausee, bei 0,1 sind es etwa 85 % (Abb. 309).

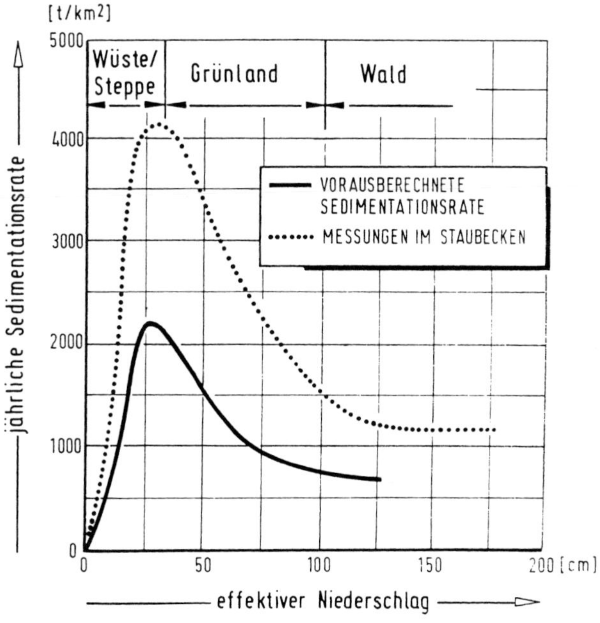

Abb. 308. Sedimentationsrate von Stauseen in Abhängigkeit vom effektiven Niederschlag. (Aus HEITFELD 1991).

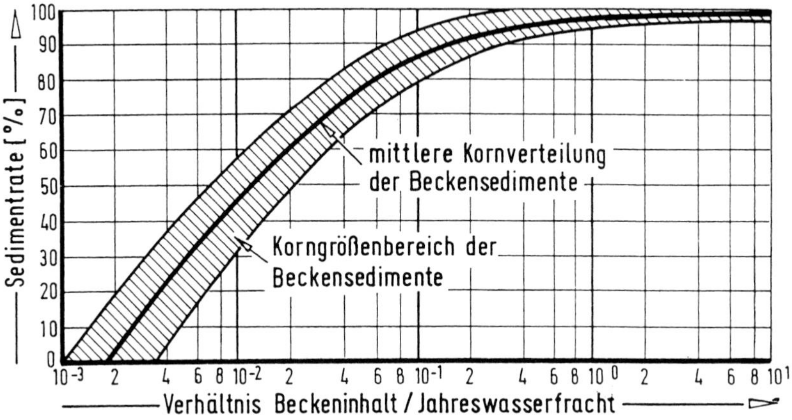

Abb. 309. Sedimentationsrate als Klärfunktion von Stauseen im Verhältnis von Beckeninhalt zur Jahreswasserfracht. (Nach THOMAS aus HEITFELD 1991).

Stauseen erhalten damit eine wichtige limnologische Funktion: Sie sind große Retentionssysteme für Wasser und partikuläre Stoffe. Hier begegnet uns zum ersten Mal die Klärfunktion der Talsperren, die allerdings zu Lasten ihrer Lebensdauer geht.

Die jährliche Verlandungsmenge (R) läßt sich berechnen als

$$R\,[m^3 km^{-2}] = I\left(\frac{K}{E}\right)^{0,83} \cdot 2,853$$

Es bedeuten: I = Gebietsbeiwert, K = Anfangsraum des Beckens (m^3), E = Größe des Einzugsgebietes (km^2) (JENKINS et al. 1960).

7.1.9. Stoffhaushalt und Klärfunktion von Talsperren

Wie bereits ausgeführt, neigen Talsperren zur Eutrophierung. Nach dem VOLLENWEIDER-Modell (s. **I. 8.1.10.3.2.**) ist bekannt, daß die Trophie mit zunehmender Tiefe und abnehmender Verweilzeit zurückgeht. Daher dürfen Stauseen nicht zu flach sein und nicht zu lange Verweilzeiten ihres Wassers haben, und dennoch sollte die Retentionsfunktion bedeutsam bleiben. Ist das Tal zu eng und zu tief, besteht die Gefahr der Meromixis. Es muß also beim Bau von Talsperren sehr viel Gegensätzliches ausbalanciert werden. Der Fluß schwemmt nicht nur Feststoffe, sondern auch Nährstoffe und Plankton in die Sperre. Nährstoffe gelangen auch von außen durch die Hänge in den Stausee und aus dem Boden des überstauten Beckens. Im ersten Jahr nach der Auffüllung des Beckens kommt es daher meist zu einer Auswaschung (Leaching) und Erosion des Bodens, verbunden mit einer Nährstoffanreicherung und Produktionssteigerung im Stausee. Darauf folgt zumeist eine Periode instabiler Verhältnisse, bezogen auf Besiedler, Chlorophyllgehalt, aber auch auf die Konzentrationen von Sauerstoff und Kohlendioxid. Im weiteren Verlauf nehmen oft Eisen, aber auch die Nährstoffe, sowie die elektrische Leitfähigkeit zu, bis sich biologische und abiotische Faktoren eingependelt haben und ein mehr oder weniger stabiles Stadium erreicht wird. Die Transparenz des Wassers geht im Verlauf der Zeit meist zurück (Abb. 310).

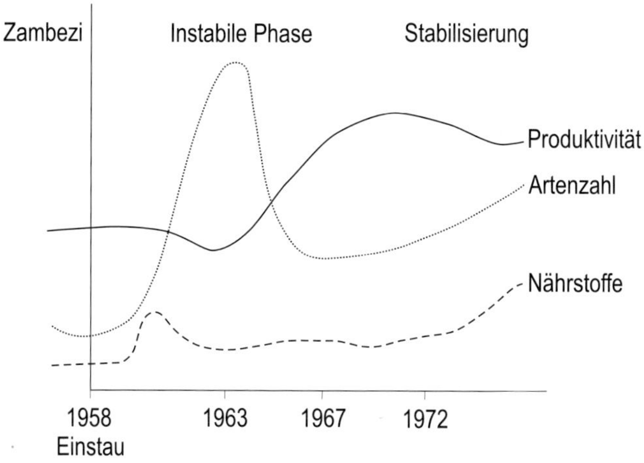

Abb. 310. Verhalten einiger Faktoren nach dem Einstau des Zambesi (Simbabwe) zum Kariba-Stausee. (Relativwerte in Anlehnung an Balon 1978).

Das eingeschwemmte Plankton sedimentiert sehr schnell und die oft im Fluß dominierenden zentrischen Diatomeen werden durch Grünalgen und Dinoflagellaten ersetzt.

Wie die suspendierten Stoffe, so werden auch die gelösten Nährstoffe in der Sperre zurückgehalten, die wie eine 3. Reinigungsstufe fungiert. Die Nährstoffe werden in Biomasse umgesetzt, Phosphor als Polyphosphat gespeichert. Das Seeplankton des Stausees erreicht oft die hundertfache Dichte, bezogen auf das Flußplankton, und die Biomasse steigt um das sechs- bis achtfache an. Die nach dem Absterben des Planktons wieder freigesetzten Nährstoffe, vor allem Phosphate, werden sofort wieder aufgenommen und verbleiben damit im Epilimnion. Phosphat wird im Stausee stärker gespeichert als Stickstoff. Auch das Seeplankton sedimentiert; vor allem die großen Diatomeen sinken relativ schnell ab, und so verbleiben auch die von ihnen aufgenommenen Stoffe in der Sperre. Die Retention des Phosphors liegt bei etwa 80 %, die des Stickstoffs meist nur bei 20 % (Tab. 63).

Eingebrachte fäulnisfähige Stoffe werden in der Sperre weiter abgebaut. In einer $10 \cdot 10^6$ m^3-Sperre ging der BSB_5 um etwa 70 % zurück (Ortleb 1960).

Diese Retentionsmechanismen bedeuten Entlastung des unterhalb der Sperrmauer sich fortsetzenden Fließgewässers und des meerwärts fließenden Stoff- und Wassertransports, belasten jedoch den Stausee. Die Retentions- und somit Reinigungsleistungen der Stauseen hängen auch von der Einschichtung des Flußwassers ab (vgl. Abb. 307).

In der warmen Jahreszeit kommt es oft (in gemäßigten Breiten) zur metalimnischen Einschichtung; und erst zur nächsten Zirkulationszeit werden die eingebrachten Stoffe im gesamten Wasserkörper „eingearbeitet“. Infolge der dann herrschenden niederen Temperaturen verlaufen die Prozesse sehr langsam, so daß erst in der folgenden Stagnationszeit die Reinigungsprozesse intensiviert werden.

Ist die Verweilzeit des Wassers geringer als die durchschnittliche Generationszeit des Phytoplanktons, so kommt es zu erheblichen Ausschwemmungen, so daß die Retentionsmechanismen nicht mehr greifen. Es gibt eine kritische Verweilzeit für die Algen,

Tabelle 63. Retention von Phosphor und Stickstoff in einigen Talsperren (Deutschland) (Nach Nusch & Koppe 1975).

Talsperre	Einlauf		Auslauf		Retention [%]	
	P [µg l-1]	N [mg l-1]	P	N	P	N
Möhne	310	3,2	55	2,0	82	38
Bigge	270	2,3	12	1,95	94	15
Sorpe	246	2,6	26	1,75	89	33
Henne	133	3,0	32	2,8	74	7
Verse	39	1,7	7	1,5	82	12

bei der ihre Generationszeit (µ) höchstens die durchschnittliche Erneuerungsrate des Wassers betragen muß. Die Generationszeit der planktischen Algen liegt oft bei 0,8–0,9 Tagen, die Erneuerungsrate des Wassers aber meist selten unter 2–3 Monaten (s. jedoch Vorsperre). In kleineren Talsperren kann sie bis zu einem Jahr betragen.

7.1.10. Biologie der Stauseen

Jeder Stausee stellt für das Fließgewässer eine Unterbrechung dar. Generell werden im Stausee rheophile Arten durch pelophile ersetzt. Es entwickelt sich eine den Seen ähnliche Flora und Fauna. Aus dem Flußsystem verschwinden Wanderfische und Kieslaicher: Flußneunaugen, Stör, Lachs, Barbe, Wels u. a.

In China bedeuteten die vielen Stauanlagen einen starken Rückgang der Flußfischerei. Viele Flußfischarten Chinas legen ihre Eier in die fließende Welle. Gelangen die Eier in einen Stauraum, so sinken sie und sterben ab.

Es gibt eine immense Literatur über die Limnologie von Bakterien, Pflanzen und Tieren in Stauseen. Jedoch sind die meisten Untersuchungen nicht klar auf die Spezifität der Stauseen bezogen, so daß die Ergebnisse auch für natürliche Seen Geltung haben. Daher können diese Forschungsergebnisse hier weitgehend ausgespart werden. Verwiesen sei auf das Sammelwerk Thornton & Kimmel (1990).

Ein deutlicher Bezug der Biologie zur Spezifität von Talsperren ist durch den Gradienten, bestimmt durch Zu- und Abfluß, gegeben. Er bezieht sich auf Fließgeschwindigkeit, Stoffkonzentration und sedimentierte Partikelgröße. Im allgemeinen sind Durchfluß und Phytoplankton negativ miteinander korreliert (Abb. 311).

Im Benthos der Talsperren dominieren Oligochaeten und Chironomidenlarven. Hohe Dichten von ihnen sind auf nährstoffreiche Sedimente beschränkt, die zumeist in der vorderen Hälfte der Sperre anzutreffen sind; es gibt jedoch auch Sedimentationsmosaike, die spezifisch für die einzelnen Sperren sein können.

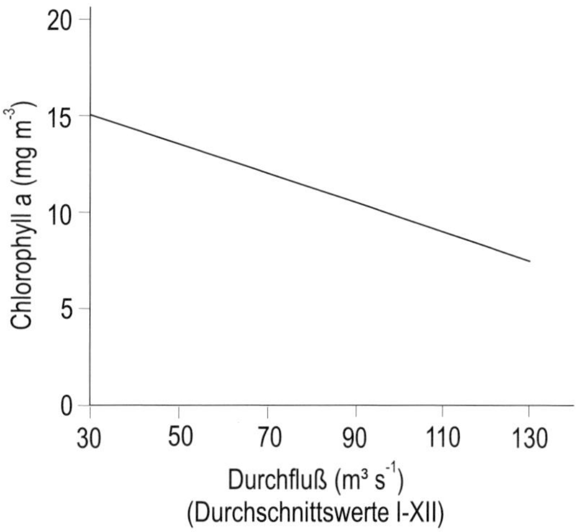

Abb. 311. Beziehung zwischen Durchfluß und Chlorophyll-a-Konzentration in der Slapy-Talsperre in Tschechien. (Variationsmaße nicht angegeben). (Nach Komárková 1993).

7.1.11. Zur Limnologie des Fließgewässers unterhalb der Sperrmauer

Von besonderer Bedeutung ist der Zustand und die Fortsetzung des Fließgewässers unterhalb der Sperrmauer. Die Sperre übt immer Einfluß auf das Fließgewässer aus, der jedoch im wesentlichen von der Höhe des Ablasses in der Mauer abhängt.

- **Oberflächenablaß**. Er ist epilimnisch und führt im Sommer zu einer deutlichen Temperaturerhöhung im Fluß, die die rhithrischen Organismen schädigt. Der Nährstoffeintrag ist relativ gering, da immer nur ein sehr geringer Teil des Wasserkörpers abfließt und die Nährstoffe in dem Plankton gespeichert sind. Dieses wird im Fluß nach 4–8 km eliminiert. Häufig kommt es im Bereich des Sperrenausflusses zu einer Konzentration von Filtrierern, die sich von dem eingeschwemmen Plankton ernähren. Bei noch intakten Retentionsmechanismen des Fließgewässers sind die epilimnischen Auswirkungen noch akzeptabel.
- **Grundablaß** (Tiefenwasserablaß). Es handelt sich um hypolimnisches Wasser, das in eutrophen Stauseen eine hohe Konzentration an Kationen und Anionen aufweist. Es kommt zu einem hohen Nährstoffeintrag in den Fluß, der oft schon unterhalb der Sperrmauer einen erhöhten Pflanzenwuchs bewirkt.
  Im Stausee ist das Tiefenwasser im Herbst noch relativ warm, während das Fließgewässer stark auskühlt. Es kommt daher im Spätherbst und Winter zu einer Erwärmung des Fließgewässers unterhalb der Mauer und im Sommer, wenn der Fluß ein Temperaturmaximum hat, zu einem Rückgang der Temperatur, da das Tiefenwasser relativ kühl ist. Die winterliche Temperaturerhöhung beträgt in den gemäßigten Breiten oft 1–4 °C, die sommerliche Abkühlung 2–10 °C. Diese Verschiebung der Temperaturverhältnisse (Abb. 312) beeinflußt Besiedlung, Schlupf- und Driftverhalten. Es kommt zu einer Umorganisierung der Zönosen unterhalb der Sperrmauer, oft verbunden mit dem Verschwinden oligosaprober Arten.
  In eutrophen Sperren ist das Hypolimnion oft anoxisch. Es kommt jedoch im anschließenden Fluß relativ schnell wieder zur atmosphärischen Belüftung (Abb. 313).

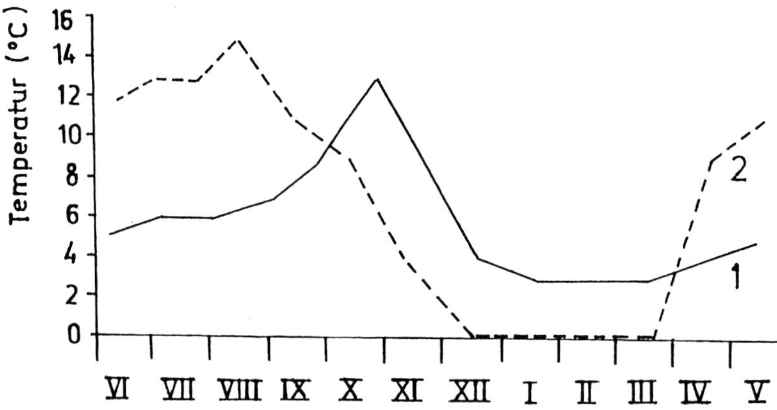

Abb. 312. Jahreszeitlicher Verlauf der Temperatur des Flusses unterhalb der Sperrmauer (South Platte River, Colorado). **1** = kurz unterhalb der Talsperre, **2** = etwa 40 km unterhalb der Talsperre. (Nach Ward 1976).

Eine andere Gefahr für den Fluß ist die geringe Körnchengröße des Sedimentes am Sperrenende. Ausgespültes Feinsediment führt dann zur Kolmation der Fließgewässersohle. Mehrere hintereinander geschaltete Stauseen fördern die Akkumulation von Feinsedimenten.

- **Variable Ablässe.** Heute werden häufig variable Ablässe benutzt, wie sie die Abb. 314 vorstellt. Mit ihnen läßt sich für das Fließgewässer ein ökologisches Management betreiben. Die günstigste Ablaßhöhe kann bereits kurzfristig schwanken. Sie ist z. B. abhängig von der Bewölkung, dem Vorherrschen bestimmter Phytoplankter (z. B. kleiner, langsam sinkender oder großer, schnell sinkender Diatomeen), dem Auftreten eines Klarwasserstadiums oder von Temperaturschwankungen.

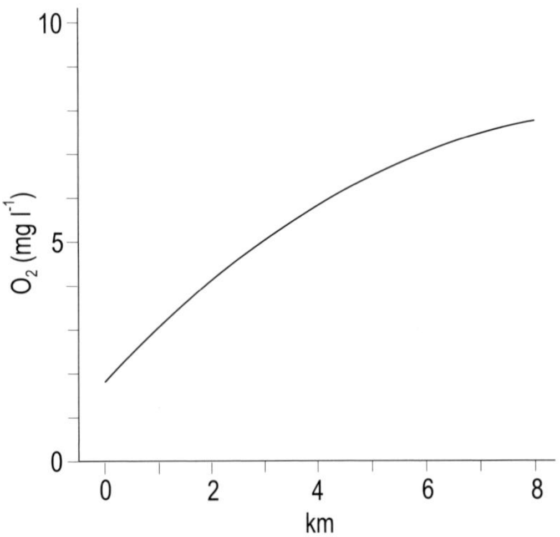

Abb. 313. Atmosphärische Wiederbelüftung von fast sauerstofffreiem Wasser aus einer Talsperre im anschließenden Fluß (Saale). (Nach Proft 1976).

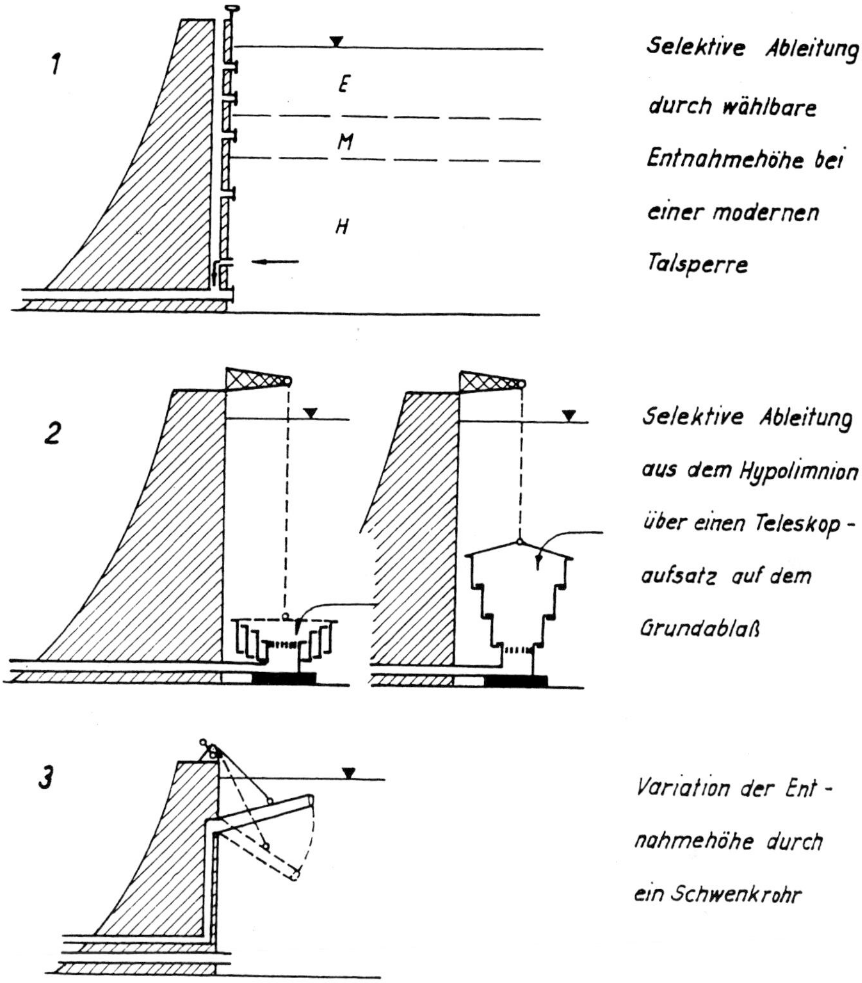

Abb. 314. Variable Talsperrenablässe zur Steuerung der Wassergüte in der Talsperre selbst und zum Flußmanagement unterhalb der Mauer. (Nach KLAPPER 1992).

Aus oligotrophen Stauseen soll im Sommer je nach Temperaturregime des Fließgewässers abgegeben werden: bei rhithrischem Charakter Tiefenablaß, bei potamalem Oberflächenablaß.

7.1.12. Nutzung der Reinigungsleistung von Talsperren

Die natürlichen Reinigungsleistungen der Talsperren werden gezielt zu Klärzwecken genutzt. Trinkwassersperren werden oft **Vorsperren** vorgeschaltet, die vor allem der Phosphorelimination dienen. Die Vorsperren sollen

- im Verhältnis zur Hauptsperre nicht zu klein sein, da dann die Wartungsarbeiten zu teuer werden.

- ungeschichtet sein, damit eine ständige Zirkulation das Sediment zur Phosphorfalle werden läßt. Die Anwesenheit von Eisen erhöht die Wirkung.
- eine Algenentwicklung aufweisen, die auch zur Phosphorelimination beiträgt.
- eine lange Verweilzeit des Wassers haben. Dies erhöht die Phosphorelimination. Die Verweilzeit sollte mindestens 2 Tage betragen.

Den Vorsperren können weitere Klärteiche vorgeschaltet werden, auch beispielsweise **Daphnienteiche**. Teiche mit **nitrophilen Pflanzen** dienen der Stickstoffelimination, müssen aber regelmäßig gemäht werden. Die Höhe des Ablasses spielt nicht nur für den sich fortsetzenden Fluß eine Rolle, sondern auch für die Sperre selbst. Aus phosphateliminierenden Vorsperren ist Oberflächenablaß erwünscht. Geht es nur um die Senkung der Trophie in der Sperre und bleibt der sich anschließende Fluß gleichgültig, bewirkt der Grundablaß eine deutliche Stickstoffausleitung (z. B. als Ammonium). Mit der Tiefenwasserableitung ist häufig eine Destratifikation verbunden, was ebenfalls zur Verbesserung der Wasserqualität der Sperre führt. Bei Tiefenwasserabfluß hocheutropher Talsperren sollte jedoch ein Reinigungsverfahren installiert werden, bevor das abgelassene Wasser den Fluß erreicht.

7.1.13. Restaurierung von Talsperren

- Für die Restaurierung stark **eutrophierter Talsperren** wurden die für natürliche Seen üblichen Methoden angewendet: Tiefenwasserbelüftung, Destratifikation, Tiefenwasserableitung, Zugabe von Fällungs- und Flockungsmitteln, Phosphatfällung im Zulauf, Biomanipulation (s. **II. 6**.2.3.).
- Gegen die Verlandung von Talsperren müssen schon Vorsorgemaßnahmen getroffen werden. Die wichtigsten sind:
  a) Anlage von Vorsperren oder Sedimentfallen oberhalb der Stauwurzel. Hier lagert sich dann das Geschiebe ab und gelangt nicht in die Sperre.
  b) Bepflanzung der Hänge mit tiefwurzelnden Bäumen (in Mitteleuropa z. B. Buchen). Es ist günstig, wenn Talsperren von dichter Vegetation umgeben sind.

Es sind Möglichkeiten vorhanden, schon beim Bau einer Talsperre Vorsorge für eine geringere Sedimentation und Eutrophierung zu treffen. Damit lassen sich **Voraussagen** über das Schicksal der künftigen Sperre treffen (s. **II. 8**.). Ist eine Sperre stark mit Sediment angefüllt, gibt es folgende Möglichkeiten der Restaurierung:

- **Spülungen**. Mit Hilfe eines Wasserstromes werden die Sedimente aufgewirbelt, so daß sie durch den Ablaß gespült werden können. Dies ist allerdings sehr bedenklich für den unterhalb der Mauer fließenden Fluß, da die Gefahr der Kolmation besteht. Die Spülungen sollten daher mit viel Wasser erfolgen (imitiertes Hochwasser). Nach der eigentlichen Sedimentspülung sollte noch eine weitere mit reinem Wasser erfolgen, um zugesetzte Poren im Fließgewässerbett wieder freizuspülen.
- **Baggerung**. Erweist sich die Ausbaggerung der Sedimente als notwendig, sollte dabei das Becken zugleich vertieft werden.
- **Erhöhung** der Absperrvorrichtung.

7.1.14. Vor- und Nachteile von Stauseen

Vorteile

- Verbesserung der Wasserversorgung der Bevölkerung und Industrie.
- Bewässerung landwirtschaftlicher Kulturen.
- Hochwasserschutz, Energieerzeugung.
- Schaffung von Arbeitsplätzen.
- Entstehung neuer Lebensräume, vor allem für Tiere.
- Retention von Wasser und Stoffen, damit Entlastung der Küstenregion der Meere (Ausgleich der verminderten Retentionsfähigkeit der Landschaften und Fließgewässer).
- Ersatz (allerdings nicht optimal) fehlender Biberdämme.

Nachteile

- Zwangsumsiedlung der auf dem künftigen Gebiet der Talsperre lebenden Menschen. Bisher waren etwa $50 \cdot 10^6$ Menschen davon betroffen.
- Zunahme an Bilharziose in tropischen Gebieten.
- Brüche von Dämmen oder Staumauern haben verheerende Folgen für die Bevölkerung.
- Zunahme der Verdunstung auf dem Festland, was den Wasserhaushalt verändert. In ariden Gebieten bewirkt die Verdunstung z. B. eine 10–25 %-ige Minderung des Abflusses aus Talsperren (Dubreuil & Girard 1973).
- Verlust an landwirtschaftlichen Nutzflächen
- Ausstoß großer Mengen an CH_4 stark eutrophierter Stauseen.
- Verlust an terrestrischen Lebensräumen und Landschaften.

Eine generelle Abschätzung der Vor- und Nachteile bei Errichtung einer Talsperre ist nicht möglich, sondern muß gebietsweise entschieden werden. Hierbei stehen aber oft politische Interessen im Vordergrund.

7.2. Baggerseen

Der hohe Bedarf an Kies als Baumaterial führte zum Ausbaggern vieler Kiesgruben. In vielen Fällen füllen sich diese Gruben mit **Grundwasser**. Sie heißen Baggerseen (engl. gravel pits) und sind zumeist reine Grundwasserseen ohne Zu- und Abfluß (Wrobel 1980). Ihre Wassergüte hängt von der des Grundwassers und externen Einflüssen ab. Zu diesen zählen auch benachbarte Fließgewässer, deren Wasser durch den anstehenden Kies in das Gewässer infiltriert, wodurch es zur Eutrophierung kommen kann. Zur Belastung kommt es auch durch Hangerosionen, wodurch Humus in den See gelangen kann (Maier 1987).

Die Größe der Baggerseen liegt meist < 30 ha, oft sogar < 10 ha und die Tiefe übersteigt häufig nicht 15 m. Es sind Weiher oder Flachseen mit einer **instabilen Schichtung**. Ursprünglich sind Baggerseen meist oligo- bis mesotroph, eutrophieren aber schnell bei externer Belastung.

Die Ufer sind abbaubedingt steil und abbruchgefährdet, so daß sich kaum emerse Pflanzen ansiedeln können. Der belichtete Grund ist jedoch meist von Makrophyten bewachsen. In den ersten 10–30 Jahren sind es vorwiegend Characeen-Gemeinschaften, die später dann von *Myriophyllum*-Gemeinschaften abgelöst werden. Es kann zur Verkrautung kommen, die auch durch den Einsatz von Graskarpfen bekämpft wird, was aber durch die phosphorreichen Faeces der Fische zur Förderung des Phytoplanktons führt.

Die Limnologie von Baggerseen ist der von Flachseen ähnlich. Der hohe Makrophytenbesatz bewirkt eine hohe Fischdichte, wodurch das größere Zooplankton reduziert wird, die kleinen Zooplankter, wie Rotatorien, sich aber entfalten können (Maier & Buchholz 1966). Das Phytoplankton ist in relativ unbeeinflußten Baggerseen infolge der Konkurrenz mit den Makrophyten meist gering entwickelt (auch wenn große Zooplankter fehlen).

Den Baggerseen drohen neben der Eutrophierung noch andere Gefahren. Fortgesetzte Baggerungen und Kieswaschungen führen oft zu Trübungen des Wassers, die auch immer mit einer Reduktion des Planktons (z. T. auch der Makrophyten) verbunden sind. Sie und Hangerosionen führen zu einer hohen Sedimentationsrate (bis 10 mm a^{-1}), so daß die Verlandungsgeschwindigkeit hoch ist.

Baggerseen werden auch häufig zur Erholung (Badebetrieb) genutzt (Hamm 1975).

Die Baggerseen enstanden als Folge anthropogener Tätigkeit, sie sollten als künstliche Flachgewässer erhalten und geschützt werden. Dieses Schutzdenken muß schon beim Ausbaggern beginnen und ist später nur noch zu ergänzen (Kügel & Rott 1998).

Einige wichtige Erhaltungsmaßnahmen für Baggerseen sind:

- Über 10 m tief ausbaggern (ansonsten schnelle Verlandungsgefahr).
- Böschung gering halten, aber ein Flachufer als Röhrichtstandort anlegen.
- Hangerosionen und Humuseintrag vermeiden.
- Verhinderung zusätzlicher Belastung, evtl. auch Einschränkung des Badebetriebes.
- Anpflanzung eines Gehölzsaumes um den See.

7.3. Bergbaurestseen

Spezielle Übersichtsliteratur: Geller & Packroff (1995), Geller et al. (1998), Geller et al. (2000) (s. **II. 4.4.**).

Bergbaurestseen sind die Folge der in Tagebauen geförderten Braunkohle. Nach Beendigung der Förderung bleiben große Gruben (Restlöcher), die von den Abraumkippen umgeben sind. Die leeren Gruben füllen sich allmählich mit dem wiederansteigenden **Grundwasser**. Die tertiären und quartären Abraumschichten enthalten (unterschiedliche) Mengen an Pyrit und Markasit, also Eisendisulfide (FeS_2). Diese Verbindungen entstanden einst aus der Sulfatreduktion unter Luftabschluß. Jetzt gelangen sie wieder an die Oberfläche und werden zu Schwefelsäure und Eisenhydroxid oxidiert, was zu einer enormen Versauerung führt. (pH 2–3, K_B-Werte zwischen 1 und 35 mmol l^{-1}). Tagebaurestseen sind daher zumeist durch sulfathaltige Eisen-III-Mineralien geprägte Seen:

$$FeS_2 + 3{,}5\ O_2 + H_2O \rightarrow Fe^{2+} + 2\ SO_4^{2-} + 2\ H^+$$
$$Fe^{2+} + 0{,}25\ O_2 + 2{,}5\ H_2O \rightarrow Fe(OH)_3 + 2H^+$$

(vgl. bei Wisotzky 1994).

Es können Sulfatgehalte um 2 g l^{-1} auftreten.

Die Ufer der Tagebaurestseen sind abraumbedingt steil, so daß sich ein Litoral bildet, das von dem natürlicher Seen deutlich abweicht (s. unten). Hangrutschungen verändern die Ufergestalt, so daß es nur diskontinuierlich zur Ansiedlung litoraler Pflanzen kommt. Tagebaurestseen sind, keine Beeinflussung von außen vorausgesetzt, oligotroph, C- und P-limitiert. Der hohe Gehalt an Eisen bindet noch den wenig vorhandenen Phosphor. Aus den Abraumkippen strömt das Porenwasser in den See, aber auch dieses ist stark sauer. Der pH-Wert bleibt stabil, da das System durch das Eisenhydroxid gut **gepuffert** ist. Wir wissen auch, daß das Eisenhydroxid in oligotrophen Seen sehr stabil ist, bedingt durch das hohe Redoxpotential (s. **I. 8**.1.11.2.1.). Das Puffersystem lautet:

$$Fe^{3+} + OH^- \leftrightarrow Fe\,OH^{2+}$$
$$Fe\,OH^{2+} + OH^- \leftrightarrow Fe(OH)_2^+$$
$$Fe(OH)_2^+ + OH^- \leftrightarrow Fe(OH)_3$$

Tagebauseen sind sehr **transparent**. Dies bewirkt, daß das Licht Fe^{3+} wieder zu Fe^{2+} reduzieren kann, wodurch es zur Oxidation gelöster oranischer Substanzen kommen kann. Das Eisen bewirkt also in doppelter Hinsicht eine Stabilisierung der Oligotrophie (s. **I. 8**.1.9.4.).

Die saure Reaktion setzt auch in Tagebauseen Aluminium frei, über dessen Wirkung in diesen Seen kaum etwas bekannt ist.

Viele von den Restseen läßt man sich nicht nur selbst mit Grundwasser füllen, sondern sie werden **zusätzlich** mit alkalischem Wasser, eutrophem Oberflächenwasser, Sümpfungswasser, Aschespülwasser und sogar kommunalem Abwasser **geflutet**. Hier wird der Versauerung entgegengewirkt und eine Eutrophierung in Kauf genommen. Der pH-Wert kann auf 4–5 ansteigen und der Grundwasserstrom durch den hydraulischen Druck verlangsamt oder verhindert werden. So kann es geschehen, daß Bergbaurestseen eutroph sind und sogar eine deutliche Sauerstoffzehrung im Hypolimnion zeigen.

Es gibt auch Tagebauseen, in denen **Salzwässer** aufsteigen, wenn entsprechende salzführende Schichten vorhanden sind.

Biologie saurer Tagebaurestseen. Die stark versauerten Restseen sind sehr artenarm, und die Dichte der wenigen Arten ist hoch (Biozönotisches Grundgesetz). Ein eigentliches **Litoral** fehlt, und trotzdem wachsen an der Uferlinie emerse Pflanzen. Sie wurzeln z. T. im Erdboden, erhalten ihr CO_2 aus der Luft und sind daher relativ unabhängig von dem Chemismus des Sees. Pionierart ist der azidophile *Juncus bulbosus*. Je nach Ufergestalt (s. Abrutschen des Ufers) wurzeln auch *Typha* und *Phragmites* (Pietsch 1998).

Bei pH-Werten unterhalb 4,5 fehlen Fische, wodurch das Ökosystem stark vereinfacht wird. Auch das **Plankton** ist artenarm. Erstbesiedler unter den Phytoplanktern sind Chlorophyceen und Chrysophyceen (Nixdorf et al. 1998). Auch Dinophyceen treten auf, während Blaualgen fehlen. Chlorophyllkonzentrationen liegen bei 8 µg l^{-1}, maximale Phytoplanktonvolumina betragen um die 2 mm^3 l^{-1}, was oligotrophen Verhältnissen entspricht. Die Sichttiefe ist stets sehr hoch.

Trotz der fehlenden Fische ist bei den typischen sauren Seen das Crustaceen- und Rotatorienplankton sehr artenarm. Unter den Protozoen werden vor allem Ciliaten gefunden, jedoch beschränkt auf einige hypotriche, prostomatide und peritriche Arten.

Es handelt sich dabei um benthische Arten, die das Pelagial infolge seiner Konkurrenzarmut besiedeln (Packroff 1998). Als Topräuber im Mikrobereich treten Heliozoen (Sonnentierchen) auf (Wölfl et al. 1998), (vgl. auch Nixdorf et al. 1995). Das **Mikrobenthos** besteht aus wenigen Arten von Diatomeen, Grünalgen, euglenoiden Algen, Ciliaten und Rotatorien. Das **Makrozoobenthos** ist durch *Chaoborus*- und Chironomidenlarven vertreten. Auch Corixiden (Ruderwanzen) können auftreten, die dann innerhalb des Gewässers zu Gipfelräubern werden. Mollusken fehlen völlig.

Bakterien erreichen Dichten bis zu $3 \cdot 10^6 \, ml^{-1}$, was als hoch zu bezeichnen ist und denen normaler Oberflächengewässer entspricht. Es handelt sich allerdings nur um lithoautotrophe Formen: Sulfurikanten, die an der Oxidation des Pyrits und Eisenbakterien, die an der des Fe^{2+} zu Fe^{3+} beteiligt sind. Kommt es bei Eutrophierung der Seen wieder zur Reduktion der Sulfate im anoxischen Hypolimnion, so steigt die Dichte der (heterotrophen) Desulfurikanten deutlich an. Saprophytische Bakterien sind in den oligotrophen Restseen in extrem geringer Dichte vorhanden.

Das **Ökosystem** der stark sauren Seen ist nur fragmentarisch ausgebildet. Je nach Vorkommen und Dichten von Prädatoren ist es unterschiedlich vollständig. Fehlen metazoische Zooplankter, können, wie bereits erwähnt, Heliozoen die höchste trophische Ebene darstellen. Sind Rotatorien, Crustaceen, Chironomiden, *Chaoborus*larven und Corixiden (die letzten beiden räuberisch) anwesend, erreicht das System einen höheren Grad an Vollständigkeit, als ohne diese Gruppen, vorausgesetzt, Primärproduzenten sind vorhanden, was aber fast regelmäßig der Fall ist.

Vergleichbar sind die sauren Restseen mit Vulkanseen (Albertano 1995) und auch mit anderen anthropogen bedingten versauerten Gewässern.

Sanierungskonzepte. Eigentlich sind Tagebaurestseen nicht sanierungsbedürftig. Sie sollten als anthropogen bedingte Eisensulfatseen und als besonderer Seetyp akzeptiert werden (Pfeiffer 1999).

Doch dem stehen wirtschaftliche Interessen entgegen: Nutzung als Erholungsseen (Badebetrieb), Wasserspeicher und zu fischereilichen Zwecken.

Das Ziel der Sanierung ist die Umkehr der Pyritoxidation, also die Neutralisation der Schwefelsäure. Der dabei entstehende Schwefelwasserstoff geht dann mit Eisen Verbindungen ein (FeS, FeS_2). Diesem Zweck dient die Flutung mit neutralem und alkalischem Fremdwasser. Die Zuführung von ungeklärtem Abwasser bewirkt im Hypolimnion sehr schnell eine Desulfurikation.

Die Kippen lassen sich auch gegen Sickerwasser versiegeln, und die Gestalt des Bekkens läßt sich beeinflussen. Die Restlöcher als Seebecken sollten langgestreckt gebaggert werden, damit es windbedingt zu einer besseren Durchmischung kommt. Teilweise sind sehr tiefe Becken erwünscht, in denen es zur Meromixis kommt, weil dies im Monimolimnion zu extremen Desulfurikationen führt. Mit Hilfe des Baggers läßt sich das Litoral naturnah gestalten.

Die morphometrischen Veränderungen begünstigen die Fischbesiedlung, so daß das Ökosystem immer kompletter wird (Klapper & Schultze 1995). Direkte Kalkung ist für die relativ großen Seen nicht empfehlenswert (Reichel & Uhlmann 1995).

8. Voraussage des Trophiegrades, der Wassergüte und des Verhaltens von Kompartimenten limnischer Ökosysteme

Spezielle Überblicksliteratur: CANALE (1976), STRASKRABA & GNAUCK (1983), UHLMANN (1988), BUSCH et al (1989), ZAUKE et al. (1995).

Grundsätzlich läßt sich das Verhalten nichtlinearer Systeme, wozu auch die Ökosysteme gehören, nicht voraussagen. Dies gilt schon für die Trophie, die von einem kaum zu überblickenden Komplex von Faktoren beeinflußt wird. Man kann dem entgegenkommen, indem extreme Vereinfachungen vorgenommen werden, die dann allerdings auch zu sehr groben und ungenauen Voraussagen führen. So läßt sich die Trophie als Intensität der Primärproduktion, ausschließlich als von der Nährstoffkonzentration bestimmt, annehmen (s. „bottom" up in **I. 8.1.10.9.**). Ganz allgemein betrachtet, stimmt dies auch, doch wir sahen, daß damit keine feineren Voraussagen zu treffen sind.

Die Wassergüte wird in den Voraussage-Berechnungen fast immer auf den Sauerstoffgehalt reduziert, der zwar von großer Bedeutung ist, aber nicht die Komplexität der Wassergüte widerspiegelt.

Noch schwieriger läßt sich das Verhalten ganzer Ökosystem-Kompartimente voraussagen. Auch hier muß man sich auf die Wirkung eines oder weniger Faktoren beschränken und damit ein unökologisches Verfahren in Kauf nehmen.

Das wichtigste Hilfsmittel der Voraussage sind Modelle, zumeist mathematische. Ihre Klassifizierung ist den genannten Literaturempfehlungen zu entnehmen.

Die Voraussage ist immer nur für eine kurze Zeitspanne möglich, oft noch beschränkt auf die Rahmenbedingungen (z. B. Jahreszeit, Morphometrie, geographische Lage usw.). Es scheint nicht möglich, ein großes Trophiemodell zu entwickeln, in dem man seen- bzw. flußspezifisch Modellparameter ändert und es auf alle Seen oder Fließgewässer anwendbar macht. Voraussagemodelle werden als Forderung der Gesellschaft an die Limnologie gestellt. Von ihrer Brauchbarkeit hängt auch die Akzeptanz der Limnologie durch entscheidende Gesellschaftskreise ab. Man sollte sich jedoch davon nicht beirren lassen. Wenn etwas nicht möglich ist, muß auch das akzeptiert werden, und auch das ist eine wichtige Erkenntnis. Es ist durchaus möglich, daß Ökologie und Limnologie noch nicht die richtigen Voraussetzungen für mathematische Modelle erarbeitet haben. Doch auch wenn diese Voraussetzungen geschaffen sind, sie in der wissenschaftlichen Welt durchzusetzen, dürfte ein schwieriges Unterfangen sein. Wie dem auch sei, Ökologie und Limnologie erforschen einen bedeutenden Teil unserer Erde und die Ressource Wasser wird immer aktuell bleiben.

In der Literatur gibt es eine Fülle von mathematisierten ökologischen bzw. limnologischen Modellen, die hier nicht besprochen werden. Obwohl mathematisiert, spiegeln sie die schwache Verifizierbarkeit ökologischer Beziehungen auf dem heutigen Erkenntnisstand wider.

Voraussagen über die zu erwartenden Änderungen machen sich im besonderen Maße bei zusätzlichen Belastungen bestehender Gewässer, bei Änderungen an Gewässern (z. B. morphometrische Änderungen, Abholzungen der Uferbäume usw.) und über die zukünftige Entwicklung neu zu schaffender Gewässer (Talperren, Tagebaurestseen) notwendig. Grobe Voraussagen kann oft schon der limnologisch Erfahrene ohne Modelle treffen.

8.1. Chlorophyllgehalt und Nährstoffkonzentration

Der Chlorophyllgehalt dient häufig als Kriterium der Trophie. Die Mehrzahl der diesbezüglichen Modelle sind Regressionsmodelle. Ein umfassendes Modell stammt von SMITH (1982):

$$\log(\text{Chl–a}) = 0{,}65 \log(\text{TP}) + 0{,}55 \log(\text{TN}) - 1{,}517$$

Es bedeuten: TP, TN = Gesamtphosphor bzw. -stickstoff

Die Mehrzahl der Modelle beschränkt sich auf den wichtigsten Pflanzennährstoff Phosphor. Eine Auswahl dieser Modelle gibt Tab. 64. Derartige Modelle lassen sich etwas stärker präzisieren, wenn sie für bestimmte Seengruppen entwickelt werden, z. B. nach N/P-Klassen, morphometrischen und Schichtungstypen, geographischen Regionen, auch natürlichen und künstlichen Seen usw. (QUIROS 1988). Die Modelle ergeben nur grobe Anhaltspunkte für die Trophie-Prognose.

Die Anwendung der reinen Chlorophyll-, Phosphor-Modelle auf N-limitierte Seen, wie sie häufig in den Tropen vorkommen, ist besonders problematisch.

8.2. Voraussage der Trophie von Stauseen

Die Voraussage geschieht zumeist in zwei Schritten:

- Festlegung des V/Z –Quotienten zur Ermittlung der mittleren Verweilzeit des Wassers. Daraus läßt sich der Quotient Mittlere Tiefe/mittlere Verweilzeit bilden. Auf der Basis des VOLLENWEIDER-Modells bzw. der Modifikationen, läßt sich die noch akzeptable Phosphorbelastung ermitteln (vgl. Abb. 228).
- Abschätzung der zu erwartenden Einträge bei Einstau und aus dem Einzugsgebiet (Tab. 65)

Tabelle 64. Phosphor-Chlorophyll-Modelle bezogen auf Seen. (Nach AHLGREN et al. 1988; die einzelnen Autoren werden nicht gesondert zitiert).

Lineare Modelle	
Chla = 1,19 TP – 7,3	SCHINDLER et al. 1978
Chla = 0,58 TP + 4,2	MEGARD 1978
Chla = 0,55 TP – 4,8	EDMONDSON & LEHMANN 1981
Chla = 0,42 TP – 0,93	BERGE et al. 1980
Logarithmische Modelle	
Chla = 0,0735 $\text{TP}^{1,583}$	SAKAMOTO 1966
Chla = 0,0724 $\text{TP}^{1,45}$	DILLON & RIGLER 1974
Chla = 0,028 $\text{TP}^{0,98}$	OECD 1982

Tabelle 65. Zu erwartender Eintrag aus Flächenabtrag und Atmosphäre im Einzugsgebiet von Talsperren sowie aus dem Überstau (Nach Angaben aus LOEHR 1974 – Einzugsgebiet – und MOUCHET et al. 1972 – Überstau).

A. Flächenabtrag [kg $ha^{-1}a^{-1}$] von Phosphor und Stickstoff					
	Ackerland	Wald	Weideland	Stadt	Atmosphäre
P	0,05–3	0,03–1,0	1,2–1,5	1,0–5,0	± 0,05
N	0,1– > 10	3,0– > 10	3,6– 5,5	6,0– 8,0	6,0– 10
B. Überstau					
	Wiese	Wald	Tropisch		
			Grassavanne	Waldsavanne	Regenwald
Biomasse (Blätter und Streu) [kg m^{-2}]	1,0–2,5	20–40	2,5–3,0	5,0–7,0	30–50
C_{org} [kg m^{-2}]	0,5–1,3	10–20	1,0–1,5	2,5–3,5	15–20
C_{org} [g m^2a^{-1}]	20–50	120–240	50–60	65–85	210–300
O_2-Zehrung [g m^2a^{-1}]	50–130	300–600	130–160	170–225	560–800
P-Remineralisierung [g m^{-2}]	2–6	2–8	2–5	2–7	3–10
P-Remineralisierung [g m^2a^{-1}]	1,0–2,5	1,0–4,0	1,5–3,0	1,5–3,0	2,0–5,0

Übersteigt die geschätzte Belastung die als akzeptabel festgelegte, müssen Korrekturen am Bau bzw. Ersteinstau (z. B. bessere Räumung des zu überstauenden Tales) vorgenommen werden. Es kann sich auch ergeben, daß das Einzugsgebiet noch saniert werden muß (vgl. **II. 7**.1.4., **II. 7**.1.8., **II. 7**.1.9.).

Einen anderen Modellansatz zeigt die Vorausberechnung der Änderung einer phytoplanktischen Population (in diesem Fall *Asterionella*) und des Phosphorgehaltes in Talsperren (UHLMANN 1972). Das Modell zeigt auch zugleich die große Anzahl der benötigten biologischen Daten, um eine Voraussage für eine sehr kurze Zeit treffen zu können (z. B. in der Zeit am Ende der Frühjahrs-Vollzirkulation).

$$\frac{dn}{dt} = k_1 \cdot A \cdot Z - k_2 \cdot n$$

$$\frac{dP}{dt} = k_3 \cdot B \cdot R + k_4 \cdot B - k_5 \cdot E(P \cdot n - k_6 \cdot Z) + k_7 \times n$$

Es bedeuten: dn/dt = Änderung der Algendichte (*Asterionella*) in der Zeit t
k_1 = Geschwindigkeitsbeiwert des Algenwachstums (d^{-1})
k_2 = Geschwindigkeitsbeiwert des Absterbens der Algen (d^{-1})
A = Angebot an Lichtenergie
Z = Phosphorgehalt der Algen
n = Anzahl der Algen zu Beginn der Zeit t
dP/dt = Änderung des Phosphatgehaltes im Wasser in der Zeit t
k_3–k_7= Geschwindigkeitsbeiwerte für PO_4^{3-}-Freisetzung durch Bakterien, das Absterben der Bakterien, PO_4^{3-}-Speicherung der Algen, Transport von PO_4^{3-} in die Algen, Freisetzung von PO_4^{3-} beim Absterben der Algen.
B = Bakteriendichte
R = Gehalt an gelöstem Nicht-Orthophosphat.
E = Energievorrat in den Algen als ATP (Adenosintriphosphat).

8.3. Voraussage des Sauerstoffgehaltes (vgl. I. 7.6.2.)

Der Sauerstoffgehalt eines Gewässers ist ein wichtiger Faktor seiner Wassergüte. Seine Voraussage ist unter allen Parameter-Prognosen noch die günstigste. Dies gilt aber nur für Fließgewässer, worauf sich die folgenden Beispiele auch beziehen. Es gibt eine immense Literatur über die Prognose des Sauerstoffgehaltes. Ausgang ist die klassische Formel von Streeter & Phelps (1925) :

$$\frac{dD}{dt} = K_1 \cdot S - K_2 \cdot D$$

Es bedeuten: D = O_2-Defizit = Sättigungsgehalt (± 10 mg l^{-1}) – x
dD/dt = Änderung des O_2-Defizits in der Zeit t
K_1 = Geschwindigkeitsbeiwert des mikrobiellen O_2-Verbrauchs (d^{-1})
K_2 = Geschwindigkeitsbeiwert der atmosphärischen Belüftung (d^{-1})
S = Gehalt an leichtabbaubaren Substanzen, angegeben als O_2-Äquivalent zu Beginn der Berechnung (t_0) (in mg l^{-1}, praktisch als BSB_5).

In der Formel fehlen viele Faktoren, wie Durchfluß, Temperatur, biogene Belüftung. Trotzdem ist sie auf stark verschmutzte Gewässer anwendbar. Die Formel erlebte bis heute viele Modifikationen und Verbesserungen. Zunächst als Beispiel die Berechnung des zu erwartenden Sauerstoffminimums (t_c) nach Einleitung von Abwässern (Busch et al. 1989):

$$t_c = \frac{1}{K_2 - K_1} \cdot \ln\left[\frac{K_2}{K_1}\left(1 - \frac{(K_2 - K_1) \cdot D}{K_1 \cdot S}\right)\right] [\text{Tage}]$$

Die Höhe des Defizits berechnet sich dann:

$$D_{max} = \frac{K_1}{K_2} \cdot S \cdot e^{-K_1 \cdot t_c}$$

Es gibt auch lineare Modelle der Sauerstoffprognose. Sie beruhen auf der Modellgleichung

$$y = a_0 + \sum_{i=1}^{n} a_i x_i$$

Es bedeuten: y = Vektor der Ausgangsgröße, x_i = Vektoren der Eingangsgrößen, a_o = Parametervektor, a_i = die variablen Parameter.

Das Modell mit den Eingangsgrößen: Wassertemperatur (Tw), Durchfluß (Q) und CSB lautet:

$$\hat{O}_2 = \hat{a}_o + \hat{a}_1\,Tw + a_2\,Q + \hat{a}_3\,CSB$$

(^ kennzeichnet die aus Meßwerten abgeleiteten Modellergebnisse) (Abb. 315).

Mit Hilfe des Modells läßt sich also bei Änderung einer der Eingangsgrößen die Änderung des Sauerstoffgehaltes ermitteln. Es gibt auch eine Erweiterung des Modells durch die Aufnahme von BSB_2, Sestongehalt, Chlorophyll-a-Gehalt, Sichttiefe und Nitratgehalt. Je größer der Zeitraum der Voraussage, um so ungenauer wird sie.

Die umfassendste Gleichung der Sauerstoffprognose ist die **Sauerstoff-Bilanzgleichung**, die viele Parameter integriert (Uhlmann 1988, Busch et al. 1989):

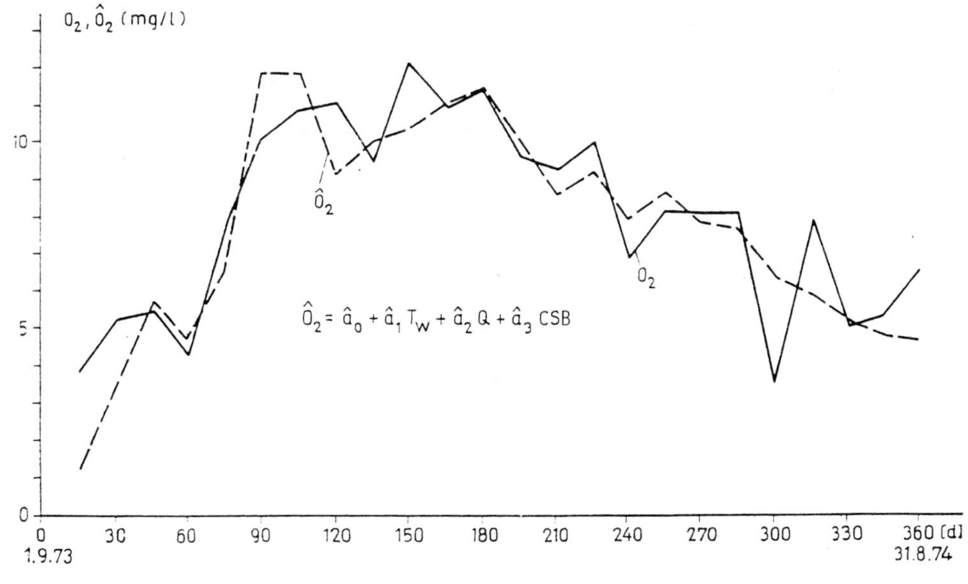

Abb. 315. Lineares Modell der Sauerstoffprognose (s. Text). (Aus Busch et al. 1989).

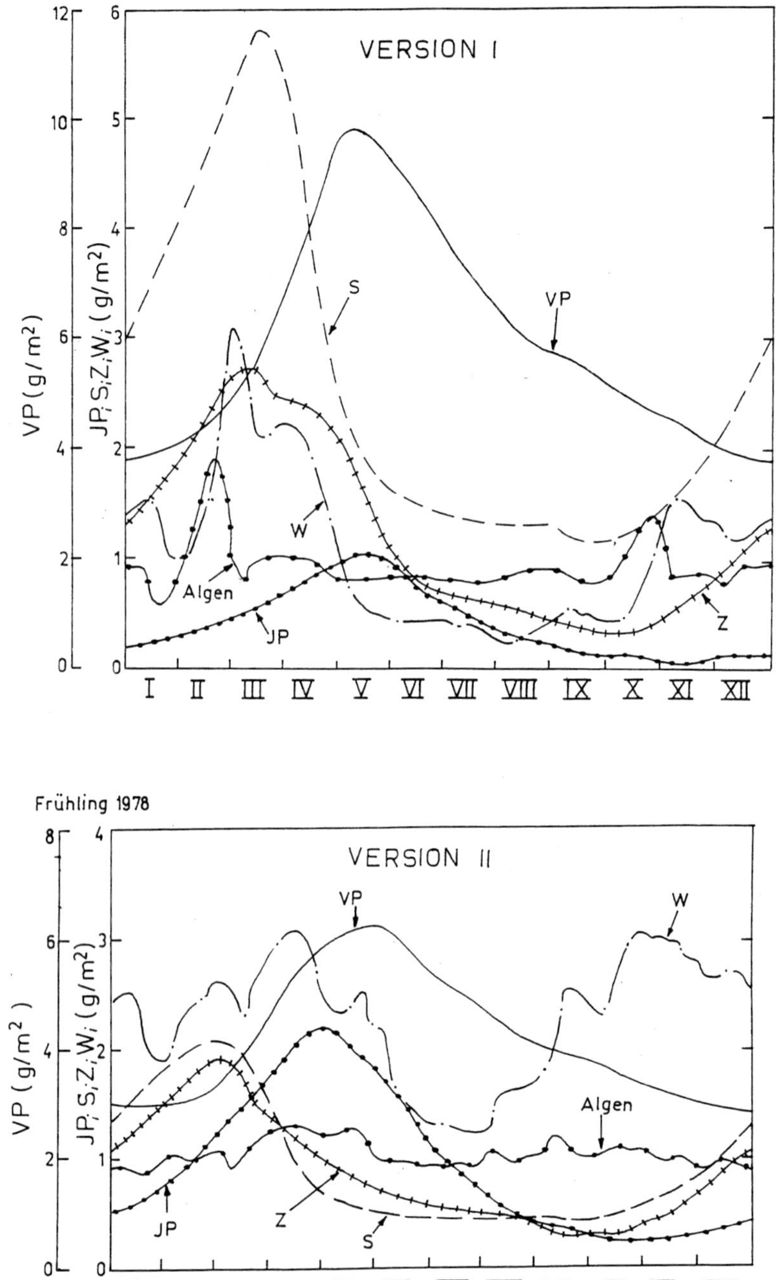

Abb. 316. Voraussagen eines Ökosystemmodells für Fließgewässer. Version I (Berry-Bach, Oregon, USA), schattig; Version II Fließgewässer mit hoher Lichteinstrahlung. Es bedeuten: S = Sammler, Z = Zerkleinerer, W = Weidegänger, IP = Invertebrate Prädatoren, VP = Vertebrate Prädatoren. (Nach McIntire & Colby 1978).

$$\frac{\delta D}{\delta t} = K_d \frac{\delta^2 D}{\delta x^2} - v \cdot \frac{\delta S}{\delta x} + K_1 \cdot S + R - K_2 \cdot D - P$$

1 2 3 4 5 6

Es bedeuten: 1 = Längsdurchmischung, 2 = Stofftransport, 3 = Bakterieller Abbau; 4 = Atmung, 5 = Atmosphärische Belüftung, 6 = Photosynthese.
$\delta D/\delta t$ = Änderung des Sauerstoffdefizites in der Zeit t (in g m^{-3}), Kd = Durchmischungskoeffizient (m^2 s^{-1}), x = Ortskonstante (Fließstrecke in m), v = Fließgeschwindigkeit, R = Respiration (der gesamte Sauerstoffverbrauch in g m^{-3}), P = Photosynthese (biogene Sauerstoffproduktion in g m^{-3}).

8.4. Voraussage des Verhaltens von Ökosystem-Kompartimenten

Modelle mit derartigen Prognosezielen bereiten einen großen formalen Aufwand, aber erfüllen die in sie gesetzten Hoffnungen meist nur sehr unvollkommen. Wir beschränken uns hier nur auf ein Beispiel, dem Modell nach McIntire & Colby (1978). Es enthält 14 Variable und 7 Grundvorgänge, läßt sich aber doch auf die Auswirkungen nur eines Faktors auf die wichtigsten ökologischen Gruppen in einem Fließgewässer reduzieren, der Lichtintensität. Ökosystemar ausgedrückt, handelt es sich um ein beschattetes und ein unbeschattetes Fließgewässer. Mit dem Modell wird die Dynamik der Biomasse von benthischen Algen, Weidegängern, Sammlern und Räubern (invertebraten und vertebraten) sowie die Detritusbedingungen bestimmt.

Grobe Orientierungswerte über die ökologischen Gruppen in beiden Fließgewässerformen, bzw. über ihre Änderung nach Abholzung der Uferbäume kann auch der erfahrene Limnologe geben, doch liefert das Modell eine verfeinerte Quantifizierung (Abb. 316).

- Im schattigen Gewässer: Die Bruttoprimärproduktion erreicht das Dreifache der Produktion der Primärkonsumenten. Bei den Primärkonsumenten betrug die Produktion der Weidegänger 15,6 %, die der Zerkleinerer und Sammler 84,4 %. Algen und Primärkonsumenten wiesen deutliche Maxima und Minima im Jahresverlauf auf.
- Im unbeschatteten Gewässer: Die Bruttoprimärproduktion ist doppelt so hoch wie in beschatteten Gewässern. In der Produktion der Primärkonsumenten dominieren die Weidegänger mit 58,8 % über Zerkleinerer und Sammler mit 47,2 %. Jahreszeitliche Minima und Maxima verwischen.

Literaturverzeichnis

Åberg, B. & Rodhe, W. (1942): Über die Milieufaktoren in einigen südschwedischen Seen. – Symb. Bot. Ups. **5**: 1–256.

Abrams, B.J. & Mitchell, M.J. (1980): Role of nematode-bacterial interaction in heterotrophic systems with emphasis on sewage sludge decomposition. – Oikos **35**: 404–410.

Adams, F.S., Cole, H. & Massif, L.B. (1973): Element constituition of selected aquatic vascular plants from Pennsylvania: submersed and floating leaved species and rooted emergent species. – Environ. Pollution **5**: 117–147.

Adamski, J.M. & Michalski, M.F.P. (1975): Reclamation of acidified lakes – Middle and Lohi, Sudbury, Ontario. – Verh. Internat. Verein. Limnol. **19**: 1971–1983.

Ahlgren, G., Gustafsson, J.B. & Boberg, M. (1992): Fatty acid content and chemical composition of freshwater microalgae. – J. Phycol. **28**: 37–50.

Ahlgren, G., Lundstedt, L., Brett, M. & Forsberg, C. (1990): Lipid composition and food quality of some freshwater phytoplankton for cladoceran zooplankters. – J. Plankton Res. **12**: 809–818.

Ahlgren, I., Frisk, T. & Kamp-Nielsen, L. (1988): Empirical and theoretical models of Phosphorus loading, retention and concentration vs. lake trophic state. – Hydrobiologia **170**: 285–303.

Albertano, P. (1995): Microalgae from sulfuric acid environments. – In: Wiessner, Schnepf & Starr (eds.), Algae environment and human affairs. – Biopress, Bristol, 19–39.

Allan, J.D. (1994): Stream Ecology. Structure and function of running waters. – Chapman & Hall, London.

Allanson, B.R., Hart, R.C., Keeffe, J.H. & Robarts, R.D. (1990): Inland waters of Southern Africa. An ecological perspective. – Kluwer Acad. Publ., Dordrecht usw.

Allard, M. & Moreau, G. (1986): Leaf decomposition in an experimentally acidified stream channel. – Hydrobiologia **139**: 109–117.

Ambühl, H. (1959): Die Bedeutung der Strömung als ökologischer Faktor. – Schweiz. Z. Hydrol. **21**: 133–264.

Ameen, M.U. & Iversen, T.M. (1978): Food of *Aedes* larvae (Diptera:Culicidae) in a temporary forest pool. – Arch. Hydrobiol. **83**: 552–564.

Amlong, K. (1992): Nährstoffumsatz in wassergefüllten Ackerhohlformen auf einem Grundmoränenstandort in Brandenburg. – Z. Kulturtechnik und Landentwicklung **33**: 116–124.

Amtsblatt für Berlin (1996): Bewertungskriterien für die Beurteilung stofflicher Belastungen von Böden und Grundwasser in Berlin (Berliner Liste 1996) **15**: 957–987.

Andersen, N.M. (1982): The semiaquatic bugs (Hemiptera, Gerromorpha). Phylogeny, Adaptation, Biogeography and Classification. – Entomograph **3**, Scand. Sci. Press, Klampenborg.

Andersen, T. (1997): Pelagic nutrient cycles. Herbivores as sources and sinks. – Springer, Berlin usw.

Anderson, K.B., Thompson, C.M., Sparks, R.E. & Paparo, A.A. (1976): Effects of potassium on adult asiatic clams, *Corbicula manilensis*. – Illinois Natural History Survly, Biol. Notes **98**: 3–7.

Andersson, F. & Olsson, B. (1985): Lake Gårdsjön. An acid forest lake and its catchment. – Ecol. Bulletins **37**. Stockholm.

Arle, J. (2000): Limnologische Untersuchungen an temporären Kleingewässern im NSG Windknollen, Jena (Thüringen): Dynamik der physikalisch-chemischen Parameter und der Wasserkäfergesellschaft. – Diplomarbeit, Universität Jena.

Arndt, H. (1993): A critical review of the importance of rhizopods (naked and testate amoebae) and actinopods (heliozoa) in lake plankton. – Mar. Microb. Food Webs **7**: 3–29.

Arndt, H., Dietrich, D., Auer, B., Cleven, E.-J., Gräfenhan, T., Weitere, M. & Mylnikov, A.P. (2000): Functional diversity of heterotrophic flagellates in aquatic ecosystems. – In: Leadbeater & Green (eds), The Systematics Association Special Volume Ser. **59**: The Flagellates. Unity, diversity and evolution. – Taylor & Francis, London & New York: 240–268.

Arts, M.T. & Wainman, B.C. (1999): Lipids in freshwater ecosystems. – Springer, New York usw.

Arumugam, P.T. & Furtado, J.I. (1980): Physico-chemistry, destratification and nutrient budget of a lowland eutrophicated Malaysian reservoir and its limnological implications. – Hydrobiologia **70**: 11–24.

ARVIN, E. & KRISTENSEN, G.H. (1983): Phosphate precipitation in biofilms and flocs. – Wat. Sci. Tech. **15**: 65–85.
ATV (Abwassertechnische Vereinigung) (1999): Geschichte der Abwasserentsorgung. – GFA Hennef.
AUMEN, N.G. & WETZEL, R.G. (eds.) (1995): Ecological studies on the littoral and pelagic systems of Lake Okeechobee, Florida (USA). – Arch. Hydrobiol., Advances in Limnology **45**: 1–356.
AZAM, F., FENCHEL, T., FIELD, J.G., GRAY, J.S., MEYER-REIL, L.A. & THINGSTAD, F. (1983): The ecological role of water column microbes in the sea. – Mar. Ecol. Progr. Ser. **10**: 257–263.
BABENZIEN, H.D. & BABENZIEN, CH. (1985): Microbial activities at lake Stechlin. – In: CASPER, Lake Stechlin. A temperate oligotrophic lake. – Junk Publishers, Dordrecht usw.
BABENZIEN, H.D., CASPER, P. & BABENZIEN, CH. (1988): Analyse des heterotrophen Potentials im Kohlenstoff-Flux von Seen. – G4-Abschlußbericht der AdW ZIMET, Jena (unveröffentlicht).
BAER, H.-W. (1960): *Anopheles* und Malaria in Thüringen. – Parasitol. Schr. Reihe **12**: Fischer, Jena.
BALON, E.K. (1978): Kariba: The dubious benefits of large dams. – Ambio **7**: 40–48.
BALON, E.K. & COCHE, A.G. (1974): Lake Kariba: A man-made tropical ecosystem in Central Africa. – (Monographiae Biologicae); Junk Publishers, The Hague.
BANARESCU, P. (1990): Zoogeography of fresh waters **1**: General distribution and dispersal of freshwater animals. – Aula-Verlag, Wiesbaden.
BARICA, J., VIEIRA, C. & FELLOWES, M. (1992): Oscillations of algal biomass, nutrients and dissolved oxygen: methodology and data set analysis. – National Water Research Institute Contribution No. **92–201**, Burlington, Ontario (Kanada).
BÄRLOCHER, F. & KENDRICK, B. (1973): Fungi and food preferences of *Gammarus pseudolimanaeus*. – Arch. Hydrobiol. **72**: 501–516.
BÄRLOCHER, F. & KENDRICK, B. (1974): Dynamics of the fungal population on leaves in a stream. – J. Ecol. **62**: 761–791.
BÄRLOCHER, F. & MICHAELIDES, J. (1978): Colonization and conditioning of *Pinus resinosa* needles by aquatic hyphomycetes. – Arch. Hydrobiol. **81**: 462–474.
BARTH, W.-E. (1987): Praktischer Umwelt- und Naturschutz. – Parey, Hamburg & Berlin.
BARTHELMES, D. (1981): Hydrobiologische Grundlagen der Binnenfischerei. – Fischer Jena.
BÄTHE, J. (1992): Die Makroinvertebratenfauna der Weser. Ökologische Analyse eines hochbelasteten, anthropogenen Ökosystems. – Ekopan-Verl. Witzenhausen.
BÄTHE, J. (1997): Decreasing salinity in Werra and Weser (Germany): reactions of the phytoplankton and the macrozoobenthos. – Limnologica **27**: 111–119.
BÄTHE, J., HERBST, V., HOFMANN, G., MATTHES, U. & THIEL, R. (1994): Folgen der Reduktion der Salzbelastung in Werra und Weser für das Fließgewässer als Ökosystem. – Wasserwirtschaft **10**: 528–536.
BÄUERLE, E. & GAEDTKE, U. (eds.) (1998): Lake Constance. Characterization of an ecosystem in transition. – Arch. Hydrobiol., Advances in Limnology **53**.
BAUMERT, J. (2000): Eintrag von Fallaub in ein Fließgewässer erster Ordnung (Leutra, Thüringen) sowie dessen Transport und Retention. – Deutsche Gesellschaft für Limnologie (DGL) – Tagungsbericht (Rostock): 257–261
BAUMGARTNER, A. & LIEBSCHER, H.-J. (1990): Lehrbuch der Hydrologie. Bd. 1.: Allgemeine Hydrologie. Quantitative Hydrologie. – Gebr. Borntraeger, Berlin, Stuttgart.
BAUMGARTNER, A. & REICHEL, E. (1974): Die Wasserbilanz von Europa im Rahmen der Weltwasserbilanz. – DGM **18**, 29–34.
Bayerische Landesanstalt für Wasserforschung (Hrsg.): Schadstoffbelastung und Ökosystemschutz im aquatischen Bereich (1985) – Bewertung der Gewässerqualität und Gewässergüteanforderungen (1986). – Oldenbourg, München.
Bayerisches Landesamt für Wasserwirtschaft (1987): Grundzüge der Gewässerpflege, Fließgewässer. – München.
BEADLE, L.C. (1981): The inland waters of tropical Africa. An introduction to tropical limnology. 2. Aufl. – Longman, London, usw.
BEAVER, R.A. (1983): The communities living in *Nepenthes* pitcher plants: fauna and food webs. – In: FRANK & LOUNIBOS (eds.), Phytotelmata: terrestrial plants as hosts of aquatic insect communities. – Plexus Publishing Bedford, New Yersey, 129–160.

BEHRENDT, H. & OPITZ, D. (1999): Retention of nutrients in river systems: Dependence on specific runoff and hydraulic load. – Hydrobiologia **410**: 111–122.
BELL, R., STENSDOTTER, U., VREDE, K. & BLOMQVIST, P. (1993): Impact of liming on the planktonic communities in an acidified Swedish lake. – Verh. Internat. Verein. Limnol. **25**: 500.
BENNDORF, J. (1988): Objectives and unsolved problems in ecotechnology and biomanipulation: A preface. – Limnologica **19**: 5–8.
BENNDORF, J., WISSEL, B., SELL, A.F., HORNIG, U., RITTER, P. & BÖING, W. (2000): Food web manipulation by extreme enhancement of piscivory: an invertebrate predator compensates for the effects of planktivorous fish on a plankton community. – Limnologica **30**: 235–245.
BENZING, D.H. (1980): The biology of bromeliads. – Mad. River Press, Eureka, California.
BERECZKY, M.CS. (1975): [Einfluß der Stromgeschwindigkeit und der Änderung des Wasserstandes auf die Gestaltung der planktonischen Ciliatenpopulation der Donau]. Ung. m. dtsch. Zusammenfassung. – Hidrol. Közlöny **62**: 15–21.
BERGER, F. (1955): Die Dichte natürlicher Wässer und die Konzentrations-Stabilität in Seen. – Arch. Hydrobiol. Suppl. **22**: 286–294.
BERGER, H., FOISSNER, W. & KOHMANN, F. (1997): Bestimmung und Ökologie der Mikrosaprobien nach DIN 38 410. – Fischer, Stuttgart usw.
BERMAN, T. , HAMBRIGHT, K.D., GAT, J., GAFNY, S., SUKENIK, A. & TILZER, M. (eds.) (2000): Limnology and lake management 2000 +. – Arch. Hydrobiol., Advances in Limnology **55**.
BERNHARDT, H. (1978): Die hypolimnische Belüftung der Wahnbachtalsperre. – GWF-Wasser-Abwasser **119**: 177–182.
BESCH, W.-K. (1982): Wasseruntersuchungen mit Hilfe des Toxizitätstestes. – In: VOGL, HEIGL & SCHÄFER (Hrsg.), Handbuch des Umweltschutzes. 10. Erg. Lfg. 4/82.
BESCH, W.-K., HAMM, A., LENHART, B., MELZER, A., SCHARF, B. & STEINBERG, C. (1984): Limnologie für die Praxis. Grundlagen des Gewässerschutzes. – Ecomed, Landsberg/Lech.
BEULKER, C. & GUNKEL, G. (1996): Studies on the occurrence and ecology of meiofauna and benthic algae in the littoral sediment of lakes – Limnologica **26**: 311–326.
BICK, H. (1966): Ökologische Untersuchungen an Ciliaten des Saprobiensystems. II. Ergebnisse von Sukzessionsstudien mit besonderer Berücksichtigung der Autökologie von *Coleps hirtus*. – Verh. Internat. Verein. Limnol. **16**: 845–853.
BIRD, D. & KALFF, J. (1984): The empirical relationships between bacterial abundance and chlorophyll concentrations in aquatic systems. – Can. J. Fish. Aquat. Sci. **43**: 1015–1023.
BITTNER, K., EBERT, D. & ROTHHAUPT, K.-O. (1999): Parasitismus bei *Daphnia* im Bodensee. – Deutsche Gesellschaft für Limnologie (DGL)-Tagungsbericht (Klagenfurt), 685–689.
BLAKAR, I.A. & HONGVE, D. (1991): Chernobyl cesium deposition in the sediment of a Norwegian lake. – Verh. Internat. Verein. Limnol. **24**: 2344.
BLANDIN, P., BARBAULT, R. & LECORDIER, C. (1976): Reflexions sur la notion d'ecosystème: Le concept de stratégie cénotique. – Bull. Ecol. **7**: 391–410.
BLATTARBEE, R., SMOL, J. & MERILÄINEN, J. (1986): Diatoms as indicators of pH: A historical review. – In: SMOL, BLATTARBEE, DAVIS & MERILÄINEN (eds.), Diatoms and lake acidity. – Developments in hydrobiology **29**, Junk Publishers, Dordrecht usw.: 5–14.
BLINDOW, I., ANDERSON, G., HARGEBY, A. & JOHANSSON, S. (1993): Long term patterns of alternative stable states in two shallow eutrophic lakes. – Freshw. Biol. **30**: 159–167.
BLOESCH, J. (1982): Inshore-offshore sedimentation differences resulting from resuspension in the eastern basin of Lake Erie. – Can. J. Fish. Aquat. Sci. **39**: 748–759.
BLOESCH, J. & UEHLINGER, U. (1986): Horizontal sedimentation differences in a eutrophic Swiss lake. – Limnol. Oceanogr. **31**: 1094–1109.
BLOESCH, J. & UEHLINGER, U. (1990): Epilimnetic carbon flux and turnover of different particle size classes in oligo-meso-trophic Lake Lucerne, Switzerland. – Arch. Hydrobiol. **118**: 403–419.
BLUZAT, R. & SEUGE, J. (1979): Effets de trois insecticides (Lindane, Fenthion et Carbaryl): Toxicité aigue sur quatre espèces d'invertébres limniques, toxicité chronique chez le mollusque pulmoné *Lymnaea*. – Envir. Pollut. **18**: 51–70.
BODAR, C.W.M., VAN DER SLUISE, I., VAN MONTFORT, J.C.P. , VOOGT, P.A. & ZANDEE, D.I. (1990): Cadmium resistance in *Daphnia magna*. – Aquat. Toxicol. **16**: 33–40.

BOEHRER, B. (1999): Energiebetrachtungen zur Beständigkeit von Meromixie. – Deutsche Gesellschaft für Limnologie (DGL)-Tagungsbericht (Klagenfurt), 219–223.

BOENIGK, J. & ARNDT, H. (2000): Particle handling during interception feeding by four species of heterotrophic nanoflagellates. – J. Eukaryot. Microbial. **47**: 350–358.

BOHL, E. (1980): Diel pattern of pelagic distribution and feeding in planktivorous fish. – Oecologia **44**: 368–375.

BOHLE, H.W. (1995): Spezielle Ökologie – Limnische Systeme. – Springer, Berlin usw.

BÖHMER, J., RAWER-JOST, C. & KAPPUS, B. (1999): Ökologische Fließgewässerbewertung. – In: STEINBERG, CALMANO, KLAPPER & WILKEN (Hrsg.), Handbuch Angewandte Limnologie, 8. Erg. Lfg. **12** – Ecomed, Landsberg/Lech, 1–51.

BOLING, R.H., GOODMAN, E.D., VAN SICKLE, J.A., ZIMMER, J.O., CUMMINS, K.W., PETERSEN, R.C. & REICE, S.R. (1975): Toward a model of detritus processing in a woodland stream. – Ecology **56**: 141–151.

BONESS, M. (1975): Arthropoden im Hochwassergenist von Flüssen. – Bonner zool. Beitr. **26**: 383–401.

BORCHARD, D. (2000): Abwassereinträge aus der Siedlungsentwässerung. – In: GUDERIAN & GUNKEL (Hrsg.), Handbuch der Umweltveränderungen und Ökotoxikologie. Aquatische Systeme. – Springer, Berlin usw.: **3B**: 99–117.

BORMANN, F.H. & LIKENS, G.E. (1985): Air and watershed management and the aquatic ecosystem. – In: LIKENS (ed.), An ecosystem approach to aquatic ecology. – Springer, New York, 436–444.

BORMANN, F.H., LIKENS, G.E., SICCAMA, T.G., PIERCE, R.S. & EATON, J.S. (1974): The export of nutrients and recovery of stable conditions following deforestation at Hubbart Brook. – Ecol. Monogr. **44**: 255–277.

BÖRNER, T. (1992): Einflußfaktoren für die Leistungsfähigkeit von Pflanzenkläranlagen. – Wasserversorgung, Abwasserbeseitigung u. Raumplanung (WAR) **58**, Darmstadt.

BOSSARD, P. & GÄCHTER, R. (1981): Methan- und Sauerstoffhaushalt im mesotrophen Lungernsee. – Schweiz. Z. Hydrol. **43**: 219–252.

BOTOSANEANU, L. (ed.) (1998): Studies in Crenobiology. The biology of springs and springbrooks. – Backhuys Publishers, Leiden.

BÖTTGER, K. (1984): Einige ökologische Beobachtungen am Nekton und Benthon guatemaltekischer Bergbäche (Mittelamerika), unter besonderer Berücksichtigung des temporären Rio Cuxja. – Amazoniana **8**: 475–496.

BRAUKMANN, U. (1987): Zoozönologische und saprobiologische Beiträge zu einer allgemeinen regionalen Bachtypologie. – Arch. Hydrobiol., Beih. Ergebn. Limnol. **26**: 1–355.

BREHM, J. & MEIJERING, M.P.D. (1990): Fließgewässerkunde. (2. Aufl.) – Quelle & Meyer, Heidelberg.

BRETSCHKO, G. (1981a): Austauschprozesse zwischen Oberflächenwasser und Bettsedimentwasser. – Jber. Biol. Station Lunz **4**: 35–80.

BRETSCHKO, G. (1981b): Vertical distribution of zoobenthos in an alpine brook of the Ritrodat-Lunz study area. – Verh. Internat. Verein. Limnol. **21**: 873–876.

BRETSCHKO, G. (1995): River/land ecotones: scales and patterns. – Hydrobiologia **303**: 83–91.

BRETSCHKO, G. & HELESIC, J. (eds.) (1998): Advances in river bottom ecology. – Backhuys Publishers, Leiden.

BRETTAR, I., SANCHEZ-PEREZ, J.M., KERN, J., TRÉMOLIERES, M. & RENNENBERG, H. (1998): Stickstoffretention in Auewäldern des Oberrheins. – Deutsche Gesellschaft für Limnologie (DGL) –Tagungsbericht (Frankfurt), 647–651.

BREUKELAAR, A.W., LAMMENS, E.H.R.R., KLEIN BRETELER, J.P.G. & TATRAI, I. (1994): Effect of benthivorous bream (*Abramis brama*) and carp (*Cyprinus carpio*) on resuspension. – Verh. Internat. Verein. Limnol. **25**: 2144–2147.

BRITTAIN, J.E. & EIKELAND, T.J. (1988): Invertebrate drift – A review. – Hydrobiologia **166**: 77–93.

BROCK, T.D. (1967): Relationship between standing crop and primary productivity along a hot spring thermal gradient. – Ecology **48**: 566–571.

BROCK, T.D. (1985): A eutrophic lake. Lake Mendota, Wisconsin. Ecologial Studies. **55** – Springer, Berlin usw.

BRODISCH, K.E.U. (1985): Interaction of different groups of microorganisms in biological phosphate removal. – Wat. Sci. Tech. **17**: 89–97.

Brooks, J.L. (1968): The effects of prey size selection by lake planktivores. – Syst. Zool. **17**: 273–291.
Brooks, J.L. & Dodson, S.I. (1965): Predation, body size and composition of plankton. – Science **150**: 28–35.
Brunke, M. & Gonser, T. (1997): The ecological significance of exchange processes between rivers and groundwater. – Freshw. Biol. **37**: 1–33.
Buchmeier, G., Jersabek, C.D., Schabetsberger, R. & Goldschmid, A. (1999): Zusammenbruch einer Population von *Bosmina longirostris* – Sporozoenbefall oder trophische Situation als Ursache? – Deutsche Gesellschaft für Limnologie (DGL) –Tagungsbericht (Klagenfurt), 690–694.
Burns, C.W. (1968): Direct observations of mechanism regulating feeding behaviour of *Daphnia* in lakewater. – Int. Rev. ges. Hydrobiol. **53**: 83–100.
Burton, R.S. & Swisher, S.G. (1985): Population structures of the intertidal copepod *Tigriopus californicus* as revealed by field manipulation of allele frequencies. – Oecologia **65**: 108–111.
Burton, T.M., Stanford, R.M. & Allan, J.W. (1985): Acidification effects on stream biota and organic matter processing. – Can. J. Fish. Aquat. Sci. **42**: 669–675.
Busch, K.F., Uhlmann, D. & Weise, G. (Hrsg.) (1989): Ingenieurökologie. 2. Aufl. – Fischer Jena.
Calow, P. & Petts, G.E. (eds.) (1992, 1995): The rivers handbook. Hydrological and ecological principles. 2 Bände. – Blackwell Scientific Publications, London usw.
Canale, R.P. (1976): Modeling biochemical processes in aquatic ecosystems. – Ann. Arbor Science Publ., Ann Arbor.
Carmichael, W.W., Jones, C.L.A., Mamood, N.A. & Theiss, W.C. (1985): Algal toxins and water based diseases. – Critical Rev. Environm. **15**: 275–313.
Carmouze, J.P., Durand, J.-R. & Lèvêque, C. (1983): Lake Chad. Ecology and productivity of a shallow tropical ecosystem. – Junk Publishers, The Hague usw.
Carmouze, J.P. & Jaen, E.A. (1981) : La régulation hydrique du Lac Titicaca. – Rev. Hydrol. trop. **14**: 311–328.
Carpenter, S.H. & Lodge, D.M. (1986): Effects of submersed macrophytes on ecosystem processes. – Aquat. Bot. **26**: 341–370.
Carpenter, S.R. (1988): Complex interactions in lake communities. – Springer, New York usw.
Carpenter, S.R. & Kitchell, J.F. (1993): The trophic cascade in lakes. – Univ. Press, Cambridge.
Carpenter, S.R., Kitchell, J.F. & Hodgson, J.R. (1985): Cascading trophic interactions and lake productivity. – Bio Science **35**: 634–639.
Casas, J.J., Picazo, J. & Carcelen, M.L. (1994): Leaf packs breakdown in a karstic Mediterranean stream. – Verh. Internat. Verein. Limnol. **25**: 1739–1744.
Casey, H. & Newton, P.V.R. (1973): The chemical composition and flow of the River Frome and its main tributaries. – Freshwat. Biol. **3**: 317–333.
Casper, P. (1992): Methane production in lakes of different trophic state. – Ach. Hydrobiol., Beih. Ergebn. Limnol. **37**: 149–154.
Casper, P., Maberly, St.C., Grahame, H.H. & Finlay, B.J (1999): Methanhaushalt und -emission eines hypertrophen Gewässers. – Deutsche Gesellschaft für Limnologie (DGL) –Tagungsbericht (Klagenfurt), 822–826.
Casper, S.J. & Schönborn, W. (1985): Flora and fauna of the Lake Stechlin area. – In: Casper (ed.), Lake Stechlin, a temperate oligotrophic lake. – Junk Publishers, Dordrecht usw., 277–283.
Caspers, H. & Karbe, L. (1967): Vorschläge für eine saprobiologische Typisierung der Gewässer. – Int. Rev. ges. Hydrobiol. **52**: 145–162.
Cathey, D.D., Parker, B.C., Simmons, G.M., Yongue, W.H. & Van Brunt, M.R. (1981): The microfauna of algal and artificial substrates in Southern Victoria Land Lakes of Antarctica. – Hydrobiologia **85**: 9–15.
Cembrowicz, R.G. & Krauter, G.E. (1988): Kurzzeitprognose der Sauerstoffkonzentration in Fließgewässern zur Frühwarnung kritischer Entwicklungen. – Wasserwirtschaft **78**: 428–433.
Chambers, P.A. & Kalff, J. (1985): Depth distribution and biomass and submersed aquatic macrophyte communities in relation to secchi depth. – Can. J. Fish. Aquat. Sci. **42**: 701–709.
Chamier, A.-C. & Willoughby, L. (1986): The role of fungi in the diet of the amphipod *Gammarus pulex* (L): an enzymatic study. – Freshwat. Biol. **16**: 197–208.
Chapman, D. (1992): Water quality assessment. – Chapman & Hall, London.

Chappell, K.R. & Goulder, R. (1994): Seasonal variation of epilithic extracellular enzyme activity in three diverse headstreams. – Arch. Hydrobiol. **130**: 195–214.

Chappuis, P.A. (1927): Die Tierwelt der unterirdischen Gewässer. (Reihe: Die Binnengewässer III). – Schweizerbart, Stuttgart.

Charles, D.F. (1990): Acid deposition and aquatic ecosystems. – Springer, New York usw.

Charlson, R.S., Lovelock, J.F., Andreae, M.O. & Warren, S.G. (1987): Oceanic phytoplankton, atmospheric sulfur, cloud albedo and climate. – Nature **326**: 665–671.

Chergui, H. & Pattee, E. (1990): The influence of season on the breakdown of submerged leaves. – Arch. Hydrobiol. **120**: 1–12.

Chrost, R.J. (1975): Inhibitors produced by algae as an ecological factor affecting bacteria in water ecosystems. II. Antibacterial activity for algae during blooms. – Acta Microbiol. Pol. Ser. B_1 **7**: 167–176.

Chrost, R.J. (ed.) (1991): Microbial enzymes in aquatic environments. – Springer, Heidelberg usw.

Chrost, R.J. (1993): Microbial enzymatic degradation and utilization of organic matter: – In: Overbeck & Chrost (eds.), Microbial ecology of lake Plußsee. – Springer, New York usw.

Chrost, R.J. & Overbeck, J. (1987): Kinetics of alkaline phosphatase activity and phosphorus availability for plankton and bacterioplankton in Lake Plussee. – Microb. Ecol. **13**: 229–248.

Cleven, E.-J. (1999): An improved method of taking cores in sandy sediments. – Arch. Hydrobiol. **147**: 65–72.

Cole, J. & Fisher, S.G. (1978): Annual metabolism of a temporary pond ecosystem. – Amer. Midl. Natur. **100**: 15–22.

Cole, J.J., Findlay, S. & Pace, M.L. (1988): Bacterial production in fresh and saltwater ecosystems: a cross-system overview. – Mar. Ecol. Prog. Ser. **43**: 1–10

Collins, N.C., Mitchell, R. & Wiegert, R.G. (1976): Functional analysis of a thermal spring ecosystem, with an evaluation of the role of consumers. – Ecology **57**: 1221–1222.

Connell, J.H. (1978): Diversity in tropical rain forests and coral reefs. – Science **199**: 1302–1310.

Corbet, P.S. (1983): Odonata in Phytotelmata. – In: Frank & Lounibos (eds.), Phytotelmata: terrestrial plants as hosts of aquatic insect communities. – Plexus Publishing Bedford, New Yersey: 29–54.

Costa, W.J.E.M. (1987): Feeding habits of a fish community in a tropical coastal stream, Rio Mato Grosso, Brazil. – Studies on Neotropical Fauna and Environment **20**: 145–153.

Cox, C.B. & Moore, P.D. (1987): Einführung in die Biogeographie. – Fischer, Stuttgart usw.

Culver, D.C. (1994): Species interactions. – In: Gibert et al. (eds.), Groundwater Ecology. – Academic Press, London, 271–285.

Cummins, K.W. (1996): Lotic Limnology. – Chapman & Hall, London.

Cummins, K.W., Petersen, R.C., Howard, F.O., Wuychek, J.W. & Holt, V.A. (1973): The utilization of leaf litter by stream detritivores. – Ecology **54** 336–345.

Curds, C.R. & Hawkes, H.A. (ab 1983): Ecological aspects of used-water treatment. **1–3**. – Academic Press, London usw.

Cushing, C.E. (1964): Plankton and water chemistry in Montreal river lake-stream system, Saskatchewan. – Ecology **45**: 306–313.

Cushing, C.E. (1988): Allochthonous detritus input to a small, cold desert spring-stream. – Verh. Internat. Verein. Limnol. **23**: 1107–1113.

Cushing, C.E., Cummins, K.W. & Minshall, G.W. (eds.) (1995): River and stream Ecosystems. – Elsevier Science, New York.

Czeczuga, B., Godlewska, A. & Kozlowska, M. (2000): Zoosporic fungi growing on carapaces of dead zooplankton organisms. – Limnologica **30**: 37–43.

Dall, P.C., Hamburger, K. & Lindegaard, C. (1993): Short cutting energy budgets of littoral zoobenthos communities. – Verh Internat. Verein. Limnol. **25**: 567–573.

Danielopol, D.L. (1983): Der Einfluß organischer Verschmutzung auf das Grundwasser-Ökosystem der Donau im Raum Wien und Niederösterreich. – Forschungsber. Bundesminist. Gesund. Umweltschutz **5**: 5–160.

Danielopol, D.L., Creuze des Châtelliers, M., Moeszlacher, F., Pospisil, P. & Popa, R. (1994): Adaptation of Crustacea to interstitial habitats: A practical agenda for ecological studies. – In: Gibert, J. et al. (eds.), Groundwater Ecology. – Academic Press, London, 217–243.

Davies, B.R. & Walker, K.F. (1986): The ecology of river systems. Monographia Biologicae **60**. – Junk Publishers, Dordrecht usw.

Davis, R.B. (1974): Stratigraphic effects of tubificides in profundal lake sediments. – Limnol. Oceanogr. **19**: 466–488.

Davis, R.B. (ed.) (1990): Paleolimnology and the reconstruction of ancient environments. – Kluwer Academic Press, Dordrecht usw.

De Melo, R., France, R & McQueen, D.J. (1992): Biomanipulation: Hit or myth? – Limnol. Oceanogr. **37**: 192–207.

Decksbach, N. (1924): Seen und Flüsse des Turgai-Gebietes (Kirgisen-Steppe). – Verh. Internat. Verein. Limnol. **2**: 252–288.

Dehnert, J., Nestler, W. & Treutler, H.C. (1999): Messung der Infiltrationsgeschwindigkeit von Oberflächenwasser mit Hilfe des natürlichen Isotops Radon - 222. – Grundwasser **4**: 18–30.

Dekker, P.De. & Williams, W.D. (eds.) (1986): Limnology in Australia. Monographiae Biologicae **61**. – Junk Publishers, Dordrecht usw.

Del Giorgio, P.A. & Peters, R.H. (1993): The influence of DOC and the bacteria-chlorophyll relationship in lakes. – Verh. Internat. Verein. Limnol. **25**: 359–362.

Dermott, R. & Kerrec, D. (1997): Changes to the deep-water benthos of eastern Lake Erie since the invasion of *Dreissena* : 1979–1993. – Can. J. Fish. Aquat. Sci. **54**: 922–930.

Descy, J.P. & Coste, M. (1990): Utilisation des diatomées benthiques pour l'evaluation de la qualité des eaux courrantes. – CEEE, c. B-71-23, final report, Bordeaux.

Descy, J.-P. & Coste, M. (1991): A test of methods for assessing water quality based on diatoms. – Verh. Internat. Verein. Limnol. **24**: 2112–2116.

Descy, J.P. & Mouyet, C. (1984): Impact of the Tihange nuclear power plant on the periphyton and the phytoplankton of the Meuse River (Belgium). – Hydrobiologia **119**: 119–128.

Dettinger-Klemm, P.-M.A. & Bohle, H.W. (1996): Überlebensstrategien und Faunistik von Chironomiden (Chironomidae, Diptera) temporärer Tümpel. – Limnologica **28**: 403–421.

Dickson, G.W., Briese, L.A. & Giesy, J.P.C. (1979): Tissue metal concentrations in two crayfish species cohabiting a Tennessee cave stream. – Oecologia **44**: 8–12.

Dieck, A. (1983): Jungsteinzeitliche bis mittelalterliche Brenntorfgewinnung – Materialien und Deutungsversuche. – Telma **13** : 19–126.

Diehl, S. (1988): Foraging efficiency of three freshwater fishes: Effects of structural efficiency and light. – Oikos **53**: 207–214.

Diehl, S. (1998): Populationsdynamik im Spannungsfeld trophischer Interaktionen – von Primärproduzenten zu Fischen und zurück. – Deutsche Gesellschaft für Limnologie (DGL)-Tagungsbericht (Frankfurt/M.), 32–44.

Dillon, P.J., Reid, R.A. & Evans, H.E. (1993): The relative magnitude of phosphorus sources for small, oligotrophic lakes in Ontario, Canada. – Verh. Internat. Verein. Limnol. **25**: 355–358.

Dittmar, H. (1955): Ein Sauerlandbach. Untersuchungen an einem Mittelgebirgsbach. – Arch. Hydrobiol. **50**: 305–352.

Dittrich, M., Heiser, A. & Koschel, R. (1995): Kombination von künstlicher Kalzitfällung und Tiefenwasserbelüftung zur Restaurierung eutrophierter Hartwasserseen – Enclosureversuche. – In: Jaeger & Koschel (Hrsg.), Verfahren zur Sanierung und Restaurierung stehender Gewässer. – Limnologie aktuell **8**: 239–253, Fischer, Stuttgart.

Dobolyi, E. & Herodek, S. (1980): On the mechanisms reducing the phosphate concentration in the water of Lake Balaton. – Int. Rev. ges. Hydrobiol. **65**: 339–343.

Dodson, S.C. (1974): Zooplankton competition and predation: an experimental test of the size-efficiency hypothesis. – Ecology **55**: 605–613.

Dokulil, M. & Jagsch, A. (1992): Dynamics of phosphorus and nitrogen loading and its effect on phytoplankton in Mondsee, Austria. – Hydrobiologia **243/244**: 389–394.

Downing, J.A. & McCauley, E. (1992): The N:P relationship in lakes. – Limnol. Oceanogr. **37**: 936–945.

Dubreuil, P. & Girard, G. (1973): Influence of a very large number of small reservoirs on the annual flow repine of a tropical stream. – In: Man-made-lakes. – Amer. Geophys. Union, Geophys. Monogr. **17**: 295–299, Washington D.C.

DUDSON, D. (1992): Patterns and processes in stream ecology. A synoptic review of Hong Kong running waters. – Die Binnengewässer XXIX. – Schweizerbart, Stuttgart.
DUFFER, W.R. & DORRIS, T.C. (1966): Primary productivity in a southern Great Plains streams. – Limnol. Oceanogr. **11**: 143–151.
DVWK (Deutscher Verband für Wasserwirtschaft und Kulturbau e.V.) (1984): Ökologische Aspekte bei Ausbau und Unterhaltung von Fließgewässern. – Merkblätter **204**, Parey, Hamburg.
DVWK (Deutscher Verband für Wasserwirtschaft und Kulturbau e.V.) (1996a): Fischaufstiegsanlagen – Bemessung, Gestaltung, Funktionskontrolle. – Fachausschuß Fischaufstiegsanlagen, H. **232**.
DVWK (Deutscher Verband für Wasserwirtschaft und Kulturbau e.V.) (1996b): Fluß und Landschaft – Ökologische Entwicklungskonzepte. – Merkblätter **240**, Bonn.
DVWK (Deutscher Verband für Wasserwirtschaft und Kulturbau e.V.) (1996c): Gesichtspunkte zum Abfluß in Ausleitungsstrecken kleiner Wasserkraftanlagen. – Schriften **114**.
ECKHOLDT, M. (1964): Ein Lexikon der deutschen Flüsse aus der Barockzeit. – DGM **8**: 42–46.
ECKSTEIN, H. (1963/64): Untersuchungen über den Einfluß des Rheinwassers auf die Limnologie des Schuchsees. Teil 1 u. Schluß. – Arch. Hydrobiol., Suppl. **28**: 47–182.
EDELMANN, W., EICHENBERGER, E. & WUHRMANN, K. (1978): Experimental approach to problems in river ecology. – EAWAG **9**: 1–5.
EDER, E. & HÖDL, W. (1996): Bestimmungshilfen zur Erkennung heimischer Anostraca, Notostraca und Conchostraca. – Staphia **42**, N.F. **100**: 111–136.
EDWARDS, R.W. (1962): Some effects of plants and animals on the conditions in fresh water streams with particular reference to their oxygen balance. – Int. J. Air Water Poll. **6**: 505–520.
EEA (1998): EUROWATERNET, technical guidelines for implementation. Technical Report No. **7**. – The European Agency´s Monitoring and Information Network for Inland Water Resources, European Environment Agency, Copenhagen, Denmark, June 1998.
EICHENBERGER, E. (1975): On the quantitative assessment of the effects of chemical factors on running water ecosystems. – Schweiz. Z. Hydrol. **34**: 155–172.
EICHENBERGER, E., SCHLATTER, F., WEILENMANN, H. & WUHRMANN, K. (1981): Toxic and eutrophicating effects of Co, Cu and Zn on algal benthic communities in rivers. – Verh. Internat. Verein. Limnol. **21**: 1131–1134.
ELSER, J.J., GOFF, N.C., MACKAY, N.A., AMAND, A.L. ST., ELSER, M.M. & CARPENTER, S.R. (1988): Speciesspecific algal responses to zooplankton: experimental and field observations in three nutrient limited lakes. – J. Plankton Res. **9**: 699–717.
ELSER, P. (1999): Use of colonization baskets for the investigation of disturbance phenomena in streams under model conditions. – Limnologica **29**: 120–127.
ELSER, P. (2001): Assessing small-scale directional movements of benthic invertebrates in streams by using a multidirectional cage trap. – Limnologica **31**: 119–128.
ELSTER, H.-J. (1958): Das limnologische Seetypensystem, ein Rückblick und Ausblick. – Verh. Internat. Verein. Limnol. **13**: 101–120.
ELSTER, H.-J. (1962): Stoffkreislauf und Typologie der Binnengewässer als zentrale Probleme der Limnologie. – Die Naturwissenschaften **49** (3): 49–55.
ELSTER, H.-J. (1974): History of limnology. – Mitt. Internat. Verein. Limnol. **20**: 7–30.
ENGELS, ST. & NEUMANN, D. (1995): Limnologie auf dem Trockenen: Schwarmverhalten der Imagines dreier *Hydropsyche*arten (Trichoptera). – Deutsche Gesellschaft für Limnologie – Tagungsbericht (Hamburg): In DGL Mitteilungen I/95, 25–28.
ERLACH, S.A. (1968): Meiobenthos. – In: SCHLIEPER (Hrsg.), Methoden der meeresbiologischen Forschung. – Fischer, Jena, 109–118.
ERNST, M.R. & STEWART, K.E. (1985): Emergence patterns and an assessment of collecting methods for adult stoneflies (Plecoptera) in an Ozark foothills stream. – Can. J. Zool. **63**: 2962– 2968.
ESCHKE, H.-D. (2000): Gewässerbelastung durch synthetische Moschusstoffe. – In: GUDERIAN & GUNKEL (Hrsg.) Handbuch der Umweltveränderungen und Ökotoxikologie. Aquatische Systeme **3B**: 145–157, Springer, Berlin usw.
EVANS, R.D. (1993): Various phenomena observed in lakes which suggest sediment resuspension as an important mechanism. – Verh. Internat. Verein. Limnol. **25**: 318–319.

FABIS, J., BACH, M. & FREDE, H.G. (1994): Einfluß von Uferstreifen auf den Nährstoffeintrag in Gewässer des Mittelgebirgsraumes. – Wasserwirtschaft **84**: 326–333.

FAST, A.W. & LORENZEN, M. (1978): Effects of aeration/mixing on lake biology. – In: MITCHEL (ed.), Water pollution microbiology **2**. – Wiley & Sons. INC, New York, 415–430.

FELFÖLDY, L.J.M. (1960): Experiments on the carbonate assimilation of some unicellular algae by Ruttner's conductometric method. – Acta Biol. Acad. Sci. Hung. **11**: 67–75.

FENCHEL, T. (1987): Ecology of Protozoa. The biology of free-living phagotrophic protists. – Springer, Berlin usw.

FEY, J.M. (1977): Die Aufheizung eines Mittelgebirgsflusses und ihre Auswirkung auf die Zoozönose – dargestellt an der Leine (Sauerland). – Arch. Hydrobiol., Suppl. **53**: 307–363.

FEY, M. (1993): Web and capture-net spinning activities of *Hydropsyche pellucidula* CURT. and *Hydropsyche contubernalis* MC L. under artificial conditions (Trichoptera, Hydropsychidae). – Dtsch. ent. Z., N.F. **40**: 319–331.

FIEBIG, D.M. (1995): Groundwater discharge and its contribution to dissolved carbon to an upland stream. – Arch. Hydrobiol. **134**: 129–155.

FINLAY, B.J. & FENCHEL, T. (1986): Physiological ecology of the ciliated protozoan *Loxodes*. – Freshwat. Biol. Assoc. Ann. Rep. **54**: 73–96, Ambleside, UK.

FIRBAS, F. (1949): Spät- und nacheiszeitliche Waldgeschichte Mitteleuropas nördlich der Alpen. I. Allgemeine Waldgeschichte. II. Waldgeschichte der einzelnen Landschaften. – Fischer, Jena.

FIRTH, P. & FISHER, ST.G. (eds.) (1992): Global climate change and freshwater ecosystems – Springer, New York usw.

FISCHER, H. & SCHWOERBEL, J. (1995): Räumliche Verteilung, Biomasse und Aktivität von Bakterien im Hyporheal eines Bergbaches (Steina, Südschwarzwald). – Deutsche Gesellschaft für Limnologie (DGL) –Tagungsbericht (Hamburg), 642–646.

FISHER, ST.G. & LIKENS, G.E. (1973): Energy flow in Bear Brook, New Hampshire: an integrative approach to stream ecosystem metabolism. – Ecol. Monogr. **43**: 421–439.

FITTKAU, E.J. (1973): Artenmannigfaltigkeit amazonischer Lebensräume aus ökologischer Sicht. – Amazoniana **4**: 321–340.

FLINT, R.F. (1971): Glacial and Quaternary Geology. – Wiley, New York.

FLÖßNER , D. (1990): Die Geschichte der Cladocerenfauna des Kleinen Barsch-Sees, eines sauren, kalkarmen Moorweihers im mitteleuropäischen Flachland. – Limnologica **21**: 125–135.

FLÖßNER , D. (2000): Die Haplopoda und Cladocera (ohne Bosminidae) Mitteleuropas. – Backhuys Publishers, Leiden.

FOISSNER, W., BLATTERER, H., BERGER, H. & KOHMANN, F. (1991–1995): Revision der Ciliaten des Saprobiensystems. Bd. **1**: Cyrtophorida, Oligotrichida, Hypotrichida, Colpodea (1991). Bd. **2**: Peritrichia, Heterotrichida, Odontostomatida (1992). Bd. **3**: Hymenostomata, Prostomatida, Nassulida (1994). Bd. **4**: Gymnostomatea, *Loxodes*, Suctoria (1995). – Bayr. Landesamt Wasserwirtschaft, München, Informationsberichte (1/91, 5/92, 1/94, 1/95).

FORD, T.E. (ed.) (1993): Aquatic microbiology. An ecological approach. – Blackwell Scientific Publications, Boston usw.

FORSBERG, C. & PETTERSON, K. (eds.) (1998): Lake Erken – 50 years of limnological research. – Arch. Hydrobiol., Advanc. Limnol. **51**.

FÖRSTER, U. (1990): Umweltschutztechnik. – Springer, Berlin usw.

FÖRSTNER, U. & WITTMANN, G.T. (1979): Metal pollution in the aquatic environment. – Springer, Berlin usw.

FOTT, B. (1971): Algenkunde. – Fischer, Jena.

FRANK, J.H. (1983): Bromeliad phytotelmata and their biota, especially mosquitos. – In: FRANK & LOUNIBOS (eds.), Phytotelmata: terrestrial plants as hosts of aquatic insect communities. – Plexus Publishing Bedford, New Yersey, 101–128.

FRANK, J.H. & LOUNIBOS, L.P. (eds.) (1983): Phytotelmata: terrestrial plants as hosts of aquatic insect communities. – Plexus Publishing Bedford, New Yersey.

FREEMAN, M.C. (1985): The reduction of arsenite by an *Anabaena*-bacteria assemblage isolated from the Waikato River. – N. Z. J. Mar. Freshwat. Res. **19**: 277–282.

FREY, D.G. (1963): Limnology in North America. – Univ. Wisconsin Press, Madison.

FREY, D.G. (1964): Remains of animals of quaternary lake and bog sediments and their interpretation. – Arch. Hydrobiol., Ergebn. Limnol **2**: 1–114.

FREY, D.G. (1990): Littoral and offshore communities of diatoms, cladocerans and dipterous larvae and their interpretation in paleolimnology. – In: DAVIS (ed.), Paleolimnology and reconstruction of ancient environments. – Kluwer Acad. Publishers, Dordrecht usw., 133–145.

FRIEDRICH, G. (1990): Eine Revision des Saprobiensystems. – Z. Wasser-Abwasser-Forsch. **23**: 141–152.

FRIEDRICH, G. & LACOMBE, J. (Hrsg.) (1992): Ökologische Bewertung von Fließgewässern. – Limnologie aktuell **3**: Fischer, Stuttgart, usw.

FRIESE, K., WITTER, B., MIEHLICH, G. & RODE, M. (Hrsg.) (2000): Stoffhaushalt von Auenökosystemen. Böden und Hydrologie, Schadstoffe, Bewertungen. – Springer, Berlin usw.

FUKUHARA, H. & SAKAMOTO, M. (1987): Enhancement of inorganic nitrogen and phosphate release from lake sediments by tubificid worms and chironmid larvae. – Oikos **48**: 312–320.

FUKUHARA, H. & SAKAMOTO, M. (1988): Ecological significance of bioturbation of zoobenthos community in nitrogen release from bottom sediments in a shallow eutrophic lake. – Arch. Hydrobiol. **113**: 425–445.

FUKUHARA, H., TORRES, G.E. & CLARO MONTEIRO, S.M. (1987): The rainy season standing crop of zoobenthos in Lakes Dom Helvécio and Jacare. – In: SAIJO & TUNDISI (eds.), Limnological studies in Rio Doce Valley Lakes and Pantanal Wetland, Brazil. – Water Research Institute Nagoya University, 121–128.

FURTADO, A.L.S. & CASPER, P. (1999): Bacterial production and abundance in sediments of an oligo- and a eutrophic German lake. – Deutsche Gesellschaft für Limnologie (DGL) –Tagungsbericht (Klagenfurt), 554–558.

FURTADO, A.L.S., CASPER, P. & ESTEVES, F.A. (2001): Bacterioplankton abundance, biomass and production in a Brazilian coastal lagoon and in two German lakes. – An. Acad. Bras. Ci. **73**: 39–49.

GALINSKI, E.A. (1994): Halophile und halotolerante Eubakterien. – In: HAUSMANN & KREMER (eds.), Extremophile: Mikroorganismen in ausgefallenen Lebensräumen. – Weinheim, 89–112.

GAMMETER, S., Forster, R. & Zimmermann, U. (1998): Resilienz eines oligotrophen Sees gegenüber verminderter Phophorzufuhr (Walensee, Schweiz). – Deutsche Gesellschaft für Limnologie (DGL) – Tagungsbericht (Frankfurt/M.), 230–233.

GANF, G.G. & VINER, A.B. (1973): Ecological stability in a shallow equatorial lake (Lake George, Uganda). – Proc. Roy. Soc. London **184**: 321–346.

GANNING, B. (1971): Studies on chemical, physical and biological conditions in Swedish rockpool ecosystems. – Ophelia **9**: 51–105.

GEBLER, R.-J. (1991): Naturgemäße Bauweisen von Sohlenbauwerken und Fischaufstiegen zur Vernetzung der Fließgewässer. – Mitt. Inst. f. Wasserwirtschaft u. Kulturtechnik d. Univ. Karlsruhe, H. **181**.

GELLER, W. (1975): Die Nahrungsaufnahme von *Daphnia pulex* in Abhängigkeit von der Futterkonzentration, der Temperatur, der Körpergröße und dem Hungerzustand der Tiere. – Arch. Hydrobiol., Suppl. **48**: 47–107.

GELLER, W., KLAPPER, H. & SALOMONS, W. (eds.) (1998): Acidic mining lakes. – Springer, Berlin usw.

GELLER, W. & MÜLLER, H. (1981): The filtration apparatus of Cladocera: filter mesh-sizes and their implicatious on food selectivity. – Oecologia **49**: 316–321.

GELLER, W. & PACKROFF, G. (Hrsg.) (1995): Abgrabungsseen – Risiken und Chancen. – Limnologie aktuell **7**. Fischer, Stuttgart usw.

GELLER, W. et al. (2000): Geogene Versauerung von Tagebaurestgewässern. – In: GUDERIAN & GUNKEL (Hrsg.), Handbuch der Umweltveränderungen und Ökotoxikologie. Aquatische Systeme **3A**: 352–380, Springer, Berlin usw.

GEMS/Water Datenbank (1997): Global risk of surface water acidification. – Internet-Datei http:// cciw. ca/gems/atlas–gwdq/limages/figpg 25a.gif. Burlington, Ontario: UNEP Collaborating Centre for Surface and Groundwater Quality Monitoring and WHO Collaborating Centre for Surface and Groundwater Quality.

GEORGE, D.G. & EDWARDS, R.W. (1976): The effect of wind on the distribution of chlorophyll a and crustacean plankton in a shallow eutrophic reservoir. – J. Appl. Ecol. **13**: 667–690.

GERLACH, S.A. (1954): Das Supralitoral sandiger Meeresküsten als Lebensraum einer Mikrofauna. – Kieler Meeresforschungen **10**: 121–129.

GERLACH, S.A. (1994): Meiobenthos. – In: SCHLIEPER (Hrsg.), Methoden der meeresbiologischen Forschung. – Fischer, Jena: 109–118.

GERLACH, S.A. (1994): Spezielle Ökologie: Marine Systeme. – Springer, Berlin usw.

GESSNER, F. (1955, 1959): Hydrobotanik. Die physiologischen Grundlagen der Pflanzenverbreitung im Wasser. I. (1955): Energiehaushalt. II. (1959): Stoffhaushalt. – Verlag d. Wissenschaften, Berlin.

GESSNER, M. & SCHWOERBEL, J. (1989): Leaching kinetics of fresh leaf-litter with implications for the current concept of leaf-processing in streams. – Arch. Hydrobiol. **115**: 81–90.

GESSNER, M.O. (1999): Dynamik laubassoziierter Bakterien und Pilze im Schilfröhricht eines norddeutschen Sees. – Deutsche Gesellschaft für Limnologie (DGL) –Tagungsbericht (Klagenfurt), 546–548.

GIBERT, J., DANIELOPOL, D.L. & STANFORD, J.A. (eds.) (1994): Groundwater ecology. – Academic Press, San Diego, London usw.

GIESSLER, A. (1957): Das unterirdische Wasser. Eine Einführung in die Geohydrologie für Naturwissenschaftler, Mediziner, Landwirte und Ingenieure. – Berlin.

GILBERT, J.J. (1967): *Asplanchna* and postero-lateral spine production in *Brachionus calyciflorus*. – Arch. Hydrobiol. **64**: 1–62.

GINET, R. & DECOU, V. (1977): Initiation à la biologie et à l'ecologie souterraine. – Delarge, Paris.

GLASER, R. (1963): Der Anstieg der Radioaktivität der Wasserpflanzen des Stechlinsees in den Jahren 1961/1962. – Limnologica **1**: 473–474.

GODSHALK, G.L. & WETZEL, R.G. (1987): Decomposition in the littoral zone of lakes. – In: GOOD et al. (eds.), Freshwater wetlands: ecological processes and management potential. – Academic Press, New York, 131–143.

GOLDMAN, CH.R. & DE AMEZAGA, E. (1975): Primary productivity in the littoral zone of Lake Tahoe, California-Nevada. – In: SALÁNKI & PONYI (eds.), Limnology of shallow waters. – Akadémiai Kiadó, Budapest.

GONS, H.R., OTTEN, J.H & RIJKEBOER, M. (1991): The significance of wind resuspension for the predominance of filamentous Cyanobacteria in a shallow, eutrophic lake. – Mem. Ist. ital. Idrobiol. **48**: 233–249.

GONSER, T. (1994): Die Bedeutung physiographischer Faktoren für Fließgewässerökosysteme. – EAWAG News **36**: 12–16.

GOOCH, J.L. & GLACIER, D.S. (1991): Temporal and spatial patterns in Mid-Appalachian springs. – Mem. Ent. Soc. Can. **155**: 29–49.

GORDON, N.D., MCMAHON, TH.A. & FINLAYSON, B.L. (1992): Stream Hydrology. An introduction for ecologists. – Wiley & Sons, Chichester usw.

GORE, J.A. (ed.) (1985): The restoration of rivers and streams. Theories and experience. – Butterworth Publishers, Boston usw.

GÖTTLICH, K. (1980): Moor- und Torfkunde. 2. Aufl. – Schweizerbart, Stuttgart.

GRAY, J. (ed.) (1988): Paleolimnology. Aspects of freshwater paleoecology and biogeography. – Elsevier, Amsterdam usw.

GREEN, J. (1974): Parasites and epibionts of Cladocera. – Trans. Zool. Soc., London **32**: 417–515

GREENSLADE, P.J.M. (1983): Adversity selection and the habitat templet. – Amer. Nat. **122**: 352–365.

GRESIKOWSKI, S., GREISER, N. & HARMS, H. (1996): Distribution and activity of nitrifying bacteria at two stations in the Ems estuary. – Arch. Hydrobiol., Advanc. Limnol. **47**: 65–67.

GRIMM, N.B., FISHER, ST.G. & PETRONE, K.C. (1994): Nitrogen fixation in a desert stream ecosystem: Rates and spatial patterns. – Verh. Internat. Verein. Limnol. **25**: 1461.

GROBBELAAR, J.U. (1983): Availability of algae of N and P adsorbed on suspended solids in turbid waters of the Amazon River. – Arch. Hydrobiol. **96**: 302–316.

GROBBELAAR, J.U. (1989): Do light/dark cycles of medium frequency enhance phytoplankton productivity? – J. Appl. Phycol. **1**: 333–340.

GROEGER, A.W. & KIMMEL, B.L. (1988): Phytoplankton photosynthetic carbon metabolism in a nitrogen-limited reservoir. – Can. J. Fish. Aquat. Sci. **45**: 720–730.

Gross, E.M. (2000): Allelopathische Aktivität submerser Makrophyten. – Deutsche Gesellschaft für Limnologie, – Tagungsbericht (Rostock), 21–32.
Großpietsch, Th. (1953): Rhizopodenanalytische Untersuchungen an Mooren Ostholsteins. – Arch. Hydrobiol. **47**: 321–452.
Großpietsch, Th. (1958): Rhizopodenanalyse der Moore. – VI. Internat. Kongr. f. Univers. Moorforsch., Brüssel & Spa, 175–182.
Guderian, R. & Gunkel, G. (Hrsg.) (2000): Handbuch der Umweltveränderungen und Ökotoxikologie. Aquatische Systeme. **3A**: Grundlagen, Physikalische Belastungsfaktoren, Anorganische Stoffeinträge. **3B**: Biogene Belastungsfaktoren, Organische Stoffeinträge, Verhalten von Xenobiotika. – Springer, Berlin usw.
Gujer, W. (1976): Nitrifikation in Fließgewässern – Fallstudie Glatt. – Schweiz. Z. Hydrol. **38**: 171–189.
Gunkel, G. (Hrsg.) (1994): Bioindikation in aquatischen Ökosystemen. – Fischer, Jena.
Gunkel, G. (Hrsg.) (1996): Renaturierung kleiner Fließgewässer. – Fischer, Jena, Stuttgart.
Gunkel, G. (2000): Komplexe Wirkungen von Xenobiotika in Gewässern – Ökotoxische Wirkung. – In: Guderian & Gunkel (Hrsg.), Handbuch der Umweltveränderungen und Ökotoxikologie. Aquatische Systeme **3B**: 322–342 – Springer, Berlin usw.
Haas, W. (1985): Bilharziose: die biologische und biotechnische Bekämpfung einer Tropenkrankheit. – Verh. Dtsch. Zool. Ges., Wien,: 45–60.
Haberer, K. & Ternes, T.A. (2000): Gewässerbelastungen durch Arzneimittel. – In: Guderian & Gunkel (Hrsg.), Handbuch der Umweltveränderungen und Ökotoxikologie. Aquatische Systeme **3B**: 258–272 – Springer, Berlin usw.
Haddering, R.H. & Bakker, H.D. (1998): Fish mortality due passage through hydroelectric power stations on the Meuse and Vecht Rivers. – In: Jungwirth, Schmutz & Weiss (eds.), Fish migration and fisch bypasses. – Fishing News Books, Oxford, 315–328.
Hagedorn, H. (1971): Die ökologische Bedeutung des Thiamins. – Ber. Dtsch. Bot. Ges. **84**: 479–482.
Hakanson, L. (1981): A manual of lake morphometry. – Springer, Berlin usw.
Halbfaß, W. (1923): Grundzüge einer vergleichenden Seenkunde. – Gebr. Borntraeger, Berlin.
Halbfaß, W. (1933): Seen. – In: Handbuch der Geophysik. – Gebr. Borntraeger, Berlin.
Halle, M. (1993): Beeinträchtigungen von Drift und Gegenstromwanderungen des Makrozoobenthos durch wasserbauliche Anlagen. – Landesamt für Wasser und Abfall Nordrhein-Westfalen-Studie.
Hamburger, K., Dall, P.C. & Lindegaard, C. (1993): Studies on the metabolism of *Chironomus anthracinus* from the profundal zone of Lake Esrom, Denmark. – Verh. Internat. Verein. Limnol. **25**: 574–575.
Hamm, A. (1975): Chemisch-biologische Gewässeruntersuchungen an kleinen Seen und Baggerseen im Großraum München im Hinblick auf die Bade- und Erholungsfunktion. – Münchener Beitr. z. Abwasser-, Fischerei- und Flussbiol. **26**: 75–109.
Hamm, A. (Hrsg.) (1991): Studie über Wirkungen und Qualitätsziele von Nährstoffen in Fließgewässern. – Academia Verlag, Sankt Augustin.
Hamm, A., Glassmann, M. & Schilling, N. (1992): Schwebstoffgebundene Stoffbelastung der Salzach. – Deutsche Gesellschaft für Limnologie (DGL) –Tagungsbericht (Mondsee): 313–317.
Hammer, U.Th. (1986): Saline lake ecosystems of the world. Monographiae Biologicae **59**. – Junk Publishers, Dordrecht usw.
Hänel, K. (1979): Systematik und Ökologie der farblosen Flagellaten des Abwassers. – Arch. Protistenkde. **121**: 73–137.
Harmon, M.E. et al. (1986): Ecology of coarse woody debris in temperate ecosystems. – Advanc. Ecol. Res. **15**: 133–302.
Harnisch, O. (1948): Rhizopodenanalyse der Moore. – Biol. Zbl. **67**: 551–562.
Harper, D.M. & Ferguson, A.J.D. (eds.) (1995): The ecological basis for river management. – Wiley & Sons, New York.
Harper, M.A. (1969): Movement and migration of diatoms on sand grains. – Br. phycol. J. **4**: 97–103.
Harris, G.P. (1978): Photosynthesis, productivity and growth: The physiological ecology of phytoplankton. – Arch. Hydrobiol., Ergebn. Limnol. **10**: 1–171.

HARRISON, A.D. (1958): The effects of sulfuric acid pollution on the biology of streams in the Transvaal, South Africa. – Verh. Internat. Verein. Limnol. **13**: 603–610.

HARTHUN, M. (1999): Der Einfluß des Bibers (*Castor fiber albicus*) auf die Fauna (Odonata, Mollusca, Trichoptera, Ephemeroptera, Diptera) von Mittelgebirgsbächen in Hessen (Deutschland). – Limnologica **29**: 449–464.

HARTMANN, L. (1983): Biologische Abwasserreinigung. – Springer, Berlin usw.

HATHAWAY, C.J. & STEFAN, H.G. (1995): Model of *Daphnia* populations for wastewater stabilization in ponds. – Wat. Res. **29**: 195–208.

HAVEL, J.E. & DODSON, S.I. (1984): *Chaoborus* predation on typical and spined morphs of *Daphnia pulex*: Behavioral observations. – Limnol. Oceanogr. **29**: 487–494.

HAYWORTH, E.Y. & Lund, J.W.G. (eds.) (1984): Lake sediments and environmental history. – Univ. Press, Leicaster.

HEBERT, P.D. & EMERY, C.J. (1990): The adaptive significance of cuticular pigmentation in *Daphnia*. – Functional Ecol. **4**: 703–710.

HECKY, R.E., CAMPELL, P. & Hendze, L.L. (1993): The stoichiometry of carbon, nitrogen and phosphorus in particulate matter of lakes and oceans. – Limnol. Oceanogr. **38**: 709–724.

HEGEMANN, W. (2000): Gewässerbelastungen aus dem ländlichen Raum. – In: GUDERIAN & GUNKEL (Hrsg.), Handbuch der Umweltveränderungen und Ökotoxikologie, Aquatische Systeme **3B**: 117–128. – Springer, Berlin usw.

HEGEMANN, W. & WILDMOSER, A. (1986): Sanierung einer Belebungsanlage durch den Einsatz von schwimmenden Aufwuchskörpern zur Biomasseanreicherung. – GWF **127**: 415–421.

HEGER-BURSIK, H. & RODINGER, W. (1975): Biologische Auswirkungen des Kühlwassers aus dem Kraftwerk Voigtsberg auf den Vorfluter Krainach. – Wasser und Abwasser **1975**: 261–273.

HEIDE, F., KAEDING, J. & GNAUK, A. (1987): Beiträge zum Verhalten von Blei und Quecksilber in der Saale. – Acta hydrochim. hydrobiol. **6**: 399–406.

HEIMAN, D.R. & Knight, A.W. (1975): The influence of temperature on the bioenergetics of the carnivorous stonefly nymph, *Acroneuria californica* BANKS (Plecoptera: Perlidae). – Ecology **56**: 105–116.

HEININGER, P. & TIPPMANN, P. (1994): Aminosäuremuster in Sedimentporengewässern der Elbe und der Spree. – Deutsche Gesellschaft für Limnologie (DGL) –Tagungsbericht (Hamburg), 647–651.

HEINONEN, P., ZIGLIO, G. & VAN DER BEKEN, A. (eds.) (2000): Hydrological and limnological aspects of lake monitoring. – Wiley & Sons LTD, Chichester usw.

HEITFELD, K.-H. (1991): Talsperren. – In: MATTHES (Hrsg.), Lehrbuch der Hydrogeologie. **5**. – Gebr. Borntraeger, Berlin, Stuttgart.

HELLMANN, H. (1995): Belastung von Fließgewässern mit Tensiden. – In: STEINBERG, BERNHARDT & KLAPPER (Hrsg.), Handbuch Angewandte Limnologie. – Ecomed, Landsberg/Lech: **V**–2.3, 3–37.

HELLMANN, H. (1998): Gewässerbelastung durch Kohlenwasserstoffe. – In: STEINBERG, CALMANO, KLAPPER & WILKEN (Hrsg.), Handbuch Angewandte Limnologie. – Ecomed, Landsberg/Lech: **V**–4.1, 1–31.

HENDERSON, H.F. & WELCOME, R.L. (1974): The relationship of yields to morpho-edaphic index and numbers of fishermen in African inland fisheries. – CIFA Ocas **1**: 1–19.

HENDL, M., MARCINEK, J. & JÄGER, E.J. (1978): Allgemeine Klima-, Hydro- und Vegetationsgeographie. – Haack, Gotha, Leipzig.

HENNES, K. & SIMON, M. (1995): Significance of bacteriophages for controlling bacterio-plankton growth in mesotrophic lake. – Appl. Environ. Microbial. **61**: 333–340.

HENRY, R., UIEDA, V.S., DE O. AFONSO, A.A. & KIKUCHI, R.M. (1994): Input of allochthonous matter and structure of fauna in a Brazilian headstream. – Verh. Internat. Verein. Limnol. **25**: 1866–1870.

HERBST, V. (1997): The confluence of the rivers Werra and Fulda, physical processes and heterotrophic microbial activity in the Upper Weser (Germany). – Limnologica **27**: 37–42.

HERING, D. & REICH, M. (1997): Bedeutung von Totholz für Morphologie, Besiedlung und Renaturierung mitteleuropäischer Fließgewässer. – Natur und Landschaft **72**: 383–389.

HERING, D. et al. (2000): Coarse woody debris quantity and distribution in Central European streams. – Internat. Rev. Hydrobiol. **85**: 5–23.

HERMANN, R. (1994): Die Versauerung von Oberflächengewässern. – Limnologica **24**: 105–120.

HEROLD, H. & BARTHELMES, D. (1976): Binnenfischerei und Gewässerzustand. – Mat. Internat. Sympos. EUTROSYM, Karl-Marx-Stadt: 112–121.

HERVE, S. (2000): Chemical variables in lake monitoring. – In: HEINONEN, ZIGLIO & VAN DER BEKEN (eds.), Hydrological and limnological aspects of lake monitoring. – Wiley & Sons LTD, Chichester usw., 41–54.

HESSE, R. & DOFLEIN, F. (1943): Tierbau und Tierleben in ihrem Zusammenhang betrachtet. Bd. 2: Das Tier als Glied des Naturganzen. 2. Aufl. – Fischer, Jena.

HESSEN, D.O. & SØRENSEN, K. (1990): Photoprotective pigmentation in alpine zooplankton populations. – Aqua Fennica **20**: 165–170.

HEYER, J. & BABENZIEN, H.-D. (1985): Untersuchungen des Methankreislaufes in einem oligotrophen See (Stechlinsee). – Limnologica **16**: 267–276.

HILL, B.H. & WEBSTER, J.R. (1982): Periphyton production in an Appalachian river. – Hydrobiologia **97**: 275–280.

HILL, G. & RAI, H. (1981): Microbial response to a uranium mine discharge into the Kern River. – Verh. Internat. Verein. Limnol. **21**: 1111–1114.

HIRAYAMA, A., NAKANISHI, M., MIYAJIMA, T., NAKANO, S. & KUMAGAI, M. (1993): Light environment and photosynthesis in the south basin of Lake Biwa: Calibration of water quality model parameters. – Verh. Internat. Verein. Limnol. **25**: 811–816.

HIRSCH, P. & RADES-ROHKOHL, E. (1983): Microbial diversity in a groundwater aquifer in Northern Germany. – Dev. Ind. Microbiol. **24**: 183–200.

HOAGLAND, K.D., ROSOWSKI, J.R., GREIZ, M.R. & ROEMER, S.C. (1993): Diatom extracellular polymeric substances: function, fine structure, chemistry, and physiology. – J. Phycol. **29**: 537–566.

HOFMANN, G. (1997): Diatom communities in the rivers Werra and Ulster (Germany) and their response to reduced salinity. – Limnologica **27**: 77–84.

HOFMANN, K. (1991): The role of plants in subsurface flow constructed wetland. – In: ETUIER & GUTERSTAM (eds.), Ecological engineering for wastewater treatment. – Gothenburg, 248–259.

HOFMANN, K. (1992): Entwässerung und Vererdung von Klärschlamm in Schilfbeeten. – Dissertation, Tübingen.

HOFMANN, W. (1983): Stratigraphy of subfossil Chironomidae and Ceratopogonidae (Insecta: Diptera) in late glacial littoral sediments from Lobsigensee (Swiss Plateau). – Studies in the late quaternary of Lobsigensee, 4. Rev. Paleobiol. **2**: 205–209.

HOHAM, R.W., ULLET, J.E. & ROEMER, S.C. (1983): The life history and ecology of snow alga *Chloromonas polyptera*, new combination Chlorophyta: volvocales. – Can. J. Bot. **61**: 2416–2429.

HOME, G.P., STICKLEY, M.M. & SHOW, G. (1992): The sirofloc-process at redmires water treatment works. – Journal IWFM **6**: 10–19.

HONGVE, D. (1993): Total and reactive aluminium concentrations in non-turbid Norwegian surface waters. – Verh. Internat. Verein. Limnol. **25**: 133– 136.

HORASAWA, I. (1956): A preliminary report on the biological index of water pollution. – Zool. Mag., Tokyo **54**.

HORN, H. & HORN, W. (1998): Allochthone und autochthone Anteile im Sedimentationsflux zweier Talsperren unterschiedlicher Trophie. – Deutsche Gesellschaft für Limnologie (DGL) –Tagungsbericht (Frankfurt/M.), 442–446.

HORN, W. (1984): Fließgewässer als Lebensraum. – In: SCHUBERT: Lehrbuch der Ökologie, Fischer, Jena, 351–361.

HORNE, A.J. & CARMIGGELT, J.W. (1975): Algal nitrogen fixation in California streams. I. Seasonal cycles. – Freshwat. Biol. **5**:461–470.

HORNE, A.J. & GOLDMAN, C.R. (1994): Limnology. 2. Aufl. – McGraw-Hill, New York.

HOROWITZ, A.J. (1996): Spatial and temporal variations in suspended sediment and associated trace elements-requirements for sampling, data interpretation, and the determination of annual mass transport. – Arch. Hydrobiol., Advanc. Limnol. **47**: 515–536.

HRBÁČEK, J. (1962): Species composition and the amount of the zooplankton in relation to the fish stock. – Rozp. ČSAV, řada matem. a přir. věd **72**: 1–116.

HÜRLIMANN, H. (1951): Zur Lebensgeschichte des Schilfes an den Ufern der Schweizer Seen. – Beiträge zur geobotanischen Landesaufnahme der Schweiz. H. 30, Bern.

HUSMANN, S. (1961): Filtersandschichten in Grundwasseranreicherungs-Anlagen als künstliche Biotope aquatiler Subteranorganismen. – Abh. Braunschw. Wiss. Ges. **13**: 163–181.

HUSMANN, S. (1975): Versuche zur vertikalen Verteilung von Organismen und chemischen Substanzen im Grundwasser von Talauen und Terrassen. Methoden und erste Befunde. – Int. J. Speleol. **6**: 271–302.

HUSMANN, S. (1978): Die Bedeutung der Grundwasserfauna für biologische Reinigungsvorgänge im Interstitial von Lockergesteinen. – „gwf"-Wasser/Abwasser **119**: 293–302.

HUSMANN, W. (1964): Praxis der Abwasserreinigung. – Springer, Heidelberg.

HUSTEDT, F. (1967): Die Diatomeenflora des Flußsystems der Weser im Gebiet der Hansestadt Bremen. – Abh. naturwiss. Ver. Bremen **34**: 181–440.

HUTCHINSON, G.E. (1957, 1967, 1975, 1993): A treatise on Limnology. **1**: Geography Physics, and Chemistry. **2**: Introduction to lake biology and limnoplankton. **3**: Limnological botany. **4**: The zoobenthos. – Wiley, New York.

HUTCHINSON, G.E. (1961): The paradox of plankton. – Am. Nat. **95**: 137–147.

HÜTTE, M. (2000): Ökologie und Wasserbau. Ökologische Grundlagen von Gewässerverbauung und Wasserkraftnutzung. – Parey-Blackwell, Berlin.

HUTTER, K. (1984): Strömungsdynamische Untersuchungen im Zürich- und Luganersee, ein Vergleich von Feldmessungen mit Resultaten theoretischer Modelle. – Schweiz. Z. Hydrol. **45**: 101–175.

HYNES, H.B.N. (1963): The biology of polluted waters. –University Press, Liverpool.

HYNES, H.B.N. (1970): The ecology of running waters. – University Press, Liverpool.

ICOLD (International Commission on Large Dams) (1984): World register of dams. – Full Edition. Paris: ICOLD.

ICOLD (International Commission on Large Dams) (1988): World register of dams. – Updating. Paris: ICOLD.

ILLIES, J. (1961): Versuch einer allgemeinen biozönotischen Gliederung der Fließgewässer. – Int. Rev. ges. Hydrobiol **46**: 205–213.

ILLIES, J. (1971): Emergenz 1969 im Breitenbach. Schlitzer produktionsbiologische Studien (1). – Arch. Hydrobiol. **69**: 14–59.

ILLIES, J. (1972): Emergenzmessung als neue Methode zur produktionsbiologischen Untersuchung von Fließgewässern. Schlitzer produktionsbiologische Studien (2). – Verh. Dtsch. Zool. Ges. **1971**: 65–68.

ILLIES, J. (Hrsg.) (1978): Limnofauna Europaea, 2. Aufl. Eine Zusammenstellung aller die europäischen Binnengewässer bewohnenden mehrzelligen Tierarten mit Angaben über ihre Verbreitung und Ökologie. – Fischer, Stuttgart.

ILLIES, J. & BOTOSANEANU, L. (1963): Problèmes et méthods de la classification et de la zonation écologique des eaux courantes, considerées surtout du point de vue faunistique. – Mitt. Int. Ver. Limnol. **12**: 1–59.

IMHOFF, K. & IMHOFF, K.R. (1993): Taschenbuch der Stadtentwässerung. 28. Aufl. – Oldenbourg, München, Wien.

IVERSEN, T.M. (1973): Decomposition of autumn-shed beech leaves in a springbrook and its significance for the fauna. – Arch. Hydrobiol. **72**: 305–312.

IVERSEN, T.M. (1975): Disappearance of autumn shed beech leaves placed in bags in small streams. – Verh. Internat. Verein. Limnol. **19**: 1687–1692.

IVERSEN, T.M. & JESSEN, J. (1977): Life-cycle, drift and production of *Gammarus pulex* L. (Amphipoda) in a Danish spring. – Freshwat. Biol. **7**: 287–296.

JACKSON, J.K. & FISHER, ST.G. (1986): Secondary production, emergence, and export of aquatic insects of a sonoran desert stream. – Ecology **67**: 629–638.

JACOB, J. (1997): Der Eintrag terrestrischer Invertebraten aus Baumkronen in ein kleines Fließgewässer am Beispiel der Leutra (Thüringen). – Deutsche Gesellschaft für Limnologie (DGL) –Tagungsbericht (Schwedt), 22–26.

JACOBS, J. (1967): Untersuchungen zur Funktion und Evolution der Zyklomorphose bei *Daphnia* mit besonderer Berücksichtigung der Selektion durch Fische. – Arch. Hydrobiol. **62**: 467–541.

JACOBS, J. (1987): Cyclomorphosis in *Daphnia*. – In: PETERS & DE BERNHARDI (eds.), *Daphnia*. – Mem. Ist. Ital. Idrobiol. **45**: 325–352.

Jaeger, D. & Koschel, R. (Hrsg.) (1995): Verfahren zur Sanierung und Restaurierung stehender Gewässer. – Limnologie aktuell **8**, Fischer, Stuttgart usw.

Jäger, U. (1981): Die wassergefüllte Wagenspur: Untersuchungen an einem anthropogenen Miniatur-Ökosystem. – Decheniana **134**: 215–226.

Janetzky, W. & Vareschi, E. (1994): Phytotelmata. Aquatische Lebensräume in den Baumkronen tropischer Wälder. – Biologie in unserer Zeit **24**: 207–210.

Janicke, W. (1973): Schadwirkung von Tensiden unter wasserwirtschaftlichem Gesichtspunkt. – Bundesgesundheitsblatt **16**: 242–246, 258–263.

Jansson, M., Olsson, H. & Peterson, K. (1988): Phosphatase: Origin, characteristics and function in lakes. – Hydrobiologia **170**: 157–176.

Javor, B. (1989): Hypersaline environments. Microbiology and biogeochemistry. – Springer, Berlin usw.

Jeffrey, K.A., Beamish, F.W.H., Ferguson, S.C., Kolton, R.J. & MacMahon, P.D. (1986): Effects of lampricide, 3-triflourmethyl-4-nitrophenol (TFM) on the macroinvertebrates within the hyporheic region of a small stream. – Hydrobiologia **134**: 43–51.

Jenkins, J.E., Moak, C.E. & Okun, D.A. (1960): Sedimentation in reservoirs in the Southeast. – Proc. Assoc. Soc. Civ. Eng. , New York.

Jöhnk, K.D. (1999): Meromixis aus physikalischer Sicht. – Deutsche Gesellschaft für Limnologie (DGL) –Tagungsbericht (Klagenfurt), 82–96.

Johnson, R.L., Gross, E.M. & Hairston, N.G. (1997): Decline of the invasive submersed macrophyte *Myriophyllum spicatum* (Haloragaceae) associated with herbivory by larvae of *Acentria ephemerella* (Lepidoptera). – Aquat. Ecol. **31**: 237–282.

Jonasson, P.M. (1965): Factors determining population size of *Chironomus anthracinus* in Lake Esrom. – Mitt. Internat. Verein. Limnol. **13**: 139–162.

Jonasson, P.M. (1972): Ecology and production of the profundal benthos in relation to phytoplankton in Lake Esrom. – Oikos (Suppl.) **14**: 1–148.

Jonasson, P.M. (1996): Limits for life in lake ecosystem. – Verh. Internat. Verein. Limnol. **26**: 1–33.

Jonasson, P.M. & Kristiansen, J. (1967): Primary and secondary production in Lake Esrom. Growth of *Chironomus anthracinus* in relation to seasonal cycles of phytoplankton and dissolved oxygen. – In. Rev. ges. Hydrobiol. **52**: 163–217.

Jones, D.R., Kiceniuk, J. & Bamford, O.S. (1974): Evaluation of the swimming perforance of several fish species from the Mackenzie River. – J. Fish. Res. Bd. Can. **31**: 1641–1647.

Jop, K. & Wojtan, K. (1982): Concentrations of cadmium and lead in the body of some macrobenthos species from five streams of southern Poland. – Acta Hydrobiol. (Krakow) **24**: 197–210.

Jørgensen, E.G. (1957): Diatom periodicity and silicon assimilation. – Dansk. Bot. Arkiv. **18**: 1–54.

Jørgensen, S.E. (1980): Lake management. – Pergamon Press,

Jung, G. (1994): Seengeschichte. Entstehung, Geologie, Geomorphologie, Altersfrage, Limnologie, Ökologie. – Ecomed, Landsberg

Junk, W.J. (1989): Flood tolerance and tree distribution in central Amazonian floodplains. – In: Holm-Nielsen (ed.), Symposium on tropical forests. – Academic Press, London, New York.

Junk, W.J. (ed.) (1997): The Central Amazon floodplain. Ecology of a pulsing system. – Springer, Berlin usw.

Justyn, J. & Staněk, Z. (1974): Accumulation of natural radionuclids in the bottom sediments and by aquatic organisms in streams. – Int. Rev. Hydrobiol. **59**: 593–601.

Kairesalo, T. (1983): Dynamics of epiphytic communities on *Equisetum fluviatile* L. Response to short-term variation in environmental conditions. – In: Wetzel (ed.), Periphyton of freshwater ecosystems. – Junk Publishers, The Hague, 153–160.

Kajak, Z., Hillbricht-Ilkowska, A. & Pieczyúska, E. (1972): The production processes in several Polish lakes. – In: Kajak & Hillbricht-Ilkowska (eds.), Productivity problems of freshwaters. – PWN Polish Scientific Publishers, Warsaw, 129–147.

Kalbe, L. (1965): Gewässertypen und die Möglichkeit ihrer Besiedlung mit Entenvögeln. – Falke **12**: 10–16, 42–44.

Kalbe, L. (1972): Sauerstoff und Primärproduktion in hypertrophen Flachseen des Havelgebietes. – Int. Rev. ges. Hydrobiol. **57**: 825–862.

KALBE, L. (1996): Zur Stabilität von limnischen Ökosystemen. – Limnologica **26**: 281–291.

KALBE, L. (1997): Limnische Ökologie. – Teubner , Stuttgart, Leipzig.

KAMP-NIELSEN, L. (1974): Mud water exchange of phosphate and other ions in undisturbed sediment cores and factors affecting the exchange rates. – Arch. Hydrobiol. **73**: 218–237.

KAMP-NIELSEN, L. & FLINDT, M.R. (1993): On-line recording of porewater profiles from in situ dialysis. – Verh. Internat. Verein. Limnol. **25**: 151–156.

KANE, T.C., CULVER, D.C. & JONES, R.T. (1992): Genetic structure of morphologically differentiated populations of the amphipod *Gammarus minus*. – Evolution **46**: 272–278.

KANE, T.C., CULVER, D.C. & MATHIEU (1994): Biotic fluxes and gene flow. – In: GIBERT et al., Groundwater Ecology – Academic Press, London, 245–270.

KANN, E. (1985): Benthische Cyanophyten-Gemeinschaften in Bächen und Seen. – Arch. Hydrobiol., Suppl. **71** (Algological studies 38/39): 307–310.

KARL, T.R. & RIEBSAME, W.E. (1989): The impact of decadal fluctuations in mean precipitation and temperature on runoff: A sensitivity study over the United States. – Clim. Change **15**: 423–447.

KAUSCH, H. & MICHAELIS, W. (eds.) (1996): Suspended particulate matter in rivers and estuaries. – Arch. Hydrobiol., Advanc. Limnol. **47**.

KAUSCH, H. et al. (1991): Tidegewässer. – In: HAMM (Hrsg.), Studie über Wirkungen und Qualitätsziele von Nährstoffen in Fließgewässern. – Academia-Verl., St. Augustin, 565–638.

KAWECKA, B. (1971): Zonal distribution of algal communities in streams of the Polish High Tatra Mts. – Acta Hydrobiol. (Krakow) **13**: 393–414.

KEIL, U. (1995): Phosphat-Elimination zur Restaurierung geschichteter Gewässer. – In: JÄGER & KOSCHEL (Hrsg.), Verfahren zur Sanierung und Restaurierung stehender Gewässer. – Limnologie aktuell **8**,: 115–131, Fischer, Stuttgart usw.

KELLER, R. (1962): Gewässer und Wasserhaushalt des Festlandes. Eine Einführung in die Hydrogeographie. – Teubner, Leipzig.

KELLER, R. (1980): Hydrologie. – Erträge d. Forschung **143**, Darmstadt.

KELLY, M.G., GIRTON, C. & WHITTON, B.A. (1987): Use of moss-bags for monitoring heavy metals in rivers. – Wat. Res. **11**: 1429–1435.

KERFOOT, W.C. & KIRK. K.L. (1991): Taste discrimination in freshwater suspension-feeders. – Limnol. Oceanogr. **36**: 1107–1123.

KERN, K. (1994): Grundlagen naturnaher Gewässergestaltung. Geomorphologische Entwicklung von Fließgewässern. – Springer, Berlin usw.

KETTNER, R. (1959): Allgemeine Geologie Bd. 3. Die äußeren geologischen Kräfte, die Erdoberfläche und die geologische Tätigkeit des Wassers. – Verlag d. Wissenschaften, Berlin.

KETTRUP, A. & HEINISCH, E. (2000): Gewässerbelastungen durch leichtflüchtige chlorierte Kohlenwasserstoffe, LCKW. – In: GUDERIAN & GUNKEL (Hrsg.), Handbuch der Umweltveränderungen und Ökotoxikologie. Aquatische Systeme **3B**: 205–219. – Springer, Berlin usw.

KHOLIN, S.K. & NILSSON, A.N. (1998): Regional enrichment of predacious water beetles in temporary ponds at opposite east-west ends of the Palearctic. – J. Biogeogr. **25**: 47–55.

KIEL, E. (1997): Durability of simuliid silk pads (Simuliidae, Diptera). – Aquatic Insects **19**: 15–22.

KIEL, E., DICKMANN, K. & RÜHM, W. (1998): Effects of frequent events on blackfly (Simuliidae, Diptera) development: A laboratory study. – Limnologica **28**: 301–305.

KIES, L., FAST, T., WOLFSTEIN, K. & HOBERG, M. (1996): On the role of algae and their exopolymers in the formation of suspended particulate matter in the Elbe estuary. – Arch. Hydrobiol., Advanc. Limnol. **47**: 93–103.

KINZELBACH, R. (1982): Veränderungen der Fauna am Oberrhein. – Veröff. Pfälz. Ges. Förderung Wiss. **70**: 6–86.

KINZELBACH, R. (1983): Zur Dynamik der Zoobenthon-Biozönosen des Rheins. – Verh. Ges. Ökologie **10**: 263–271.

KITCHING, R.L. (1983): Community structure in water-filled treeholes in Europe and Australia – comparisons and speculations. – In: FRANK & LOUNIBOS (eds.), Phytotelmata: terrestrial plants and hosts for aquatic insect communities. – Plexus Publishing Bedford, New Yersey, 205–222.

KLAFS, G., JESCHKE, L. & SCHMIDT, H. (1973): Genese und Systematik wasserführender Ackerhohlformen in den Nordbezirken der DDR. – Arch. f. Landschaftsforsch. u. Naturschutz **13**: 287–302.

KLAPPER, H. (1992): Eutrophierung und Gewässerschutz. – Fischer, Jena.
KLAPPER, H. & SCHULTZE, M. (1995): Geogenically acidified mining lakes – living conditions, and possibilities of restoration. – Int. Rev. ges. Hydrobiol. **80**: 639–653.
KLEE, O. (1971): Die größte Kläranlage im Bodensee: eine Muschel. – Mikrokosmos **2**: 129–131.
KLEE, O. (1991): Angewandte Hydrobiologie. Trinkwasser – Abwasser – Gewässerschutz, 2. Aufl. – Thieme, Stuttgart usw.
KLEE, O. (1993): Wasser untersuchen. Einfache Analysenmethoden und Beurteilungskriterien. – Quelle & Meyer, Heidelberg, Wiesbaden.
KLEEBERG, A., RÜCKER, J. & ZIPPEL, P. (1998): Sedimentation und Zusammensetzung von partikulärem organischen Material im tiefen, eutrophen Scharmützelsee (Brandenburg). – Deutsche Gesellschaft für Limnologie (DGL) – Tagungsbericht (Frankfurt /M.), 447–451.
KLEKOWSKI, R.Z. (1973): Neue Ergebnisse auf dem Gebiete der Bioenergetik und der physiologischen Ökologie der Wassertiere. – Verh. Internat. Verein. Limnol. **18**: 1594–1609.
KLEKOWSKI, R.Z. & FISCHER, Z. (1975): Review of studies on ecological bioenergetics of aquatic animals. – Pol. Arch. Hydrobiol. **22**: 345–373.
KNOPF, K. & ULRICH, K.-U. (1995): Auswirkung der hypolimnischen Belüftung auf das Phytoplankton und Zooplankton im Heidesee, einem Baggersee in der Oberrheinebene. – In: JAEGER & KOSCHEL (Hrsg.), Verfahren zur Sanierung und Restaurierung stehender Gewässer. – Limnologie aktuell **8**: 119–131, Fischer, Stuttgart usw.
KNÖPP, H. (1968): Stoffwechseldynamische Untersuchungen für die Wasseranalyse. – Int. Rev. ges. Hydrobiol. **33**: 409–441.
KOBUKE, Y. (1983): Concentrations of linear alkylbenzene sulfonates (LAS) and its composition in the river water of Hyogo Pref. – Jpn. J. Limnol. **46**: 279–286.
KÖCK, G. (1996): Die toxische Wirkung von Schwermetallen auf Fische. – In: STEINBERG, CALMANO, KLAPPER & WILKEN (Hrsg.), Handbuch Angewandte Limnologie. – Ecomed, Landsberg, V–3.1.1., 1–167.
KOEHNE, W. (1948): Grundwasserkunde. 2. Aufl. – Schweizerbart, Stuttgart.
KOHL, J.G. & Nicklisch, A. (1988): Ökophysiologie der Algen. – Akademie-Verlag, Berlin.
KOHL, W. (1975): Über die Bedeutung bakteriologischer Untersuchungen für die Beurteilung von Fließgewässern, dargestellt am Beispiel der österreichischen Donau. – Arch. Hydrobiol., Suppl. **44**: 392–461.
KOL, E. (1968): Kryobiologie. Biologie und Limnologie des Schnees und Eises. I. Kryovegetation. (Reihe: Die Binnengewässer XXIV). – Schweizerbart, Stuttgart.
KOLBE, A. (2000): GC/MS-Nontargentananalyse zur Bewertung unbekannt organisch kontaminierter Wasser. – Dissertation Univ. Jena.
KOLKWITZ, R. & MARSSON, M. (1908): Ökologie der pflanzlichen Saprobien. – Ber. Bot. Ges. **26**: 505–519.
KOLKWITZ, R. & MARSSON, M. (1909): Ökologie der tierischen Saprobien. – Int. Rev. ges. Hydrobiol. **2**: 126–159
KOMÁRKOVÁ, J. (1993): Cycles of phytoplankton during long-term monitoring of Rímov and Slapy Reservoir (Czech Republic). – Verh. Internat. Verein. Limnol. **25**: 1187–1191.
KONAR, M. (1990): Bibliographie über die quantitative Beschreibung von Driftphänomenen. – Wasser und Abwasser **34**:11–29
KONOLD, W. (1984): Zur Ökologie kleiner Fließgewässer. Verschiedene Ausbauarten und ihre Bewertung. – Agrar- und Umweltforschung in Baden-Württemberg **6**: 1–272. Ulmer, Stuttgart.
KÖPKE, U., SCHULTZ, H., JARCHOW, R., HORNIG, U. & PENIG, J. (1988): Analyse des Nahrungskonsums von Barschen (*Perca fluviatilis*) in der Talsperre Bautzen. – Limnologica **19**: 37–43.
KORDE, N.V. (1960): Biostratifikatsiya i tipologiya russkikh sapropeley. – Akad. Nauk. SSSR, Moskva: 1–220. (Engl. Übersetzung von BRADLEY bei Nat. Lend. Libr. Sci. Techn., Boston).
KORNIJOW, R. & KAIRESALO, T. (1994): *Elodea canadensis* sustains rich environment for macroinvertebrates. – Verh. Internat. Verein. Limnol. **25**: 2270–2275
KORZUN, V.I., SOKOLOV, A.A. & BUDYKO, M.I. (1974: [Atlas der Weltwasserbilanz], Russ. – Leningrad.
KOSCHEL, R., BENNDORF, J. PROFT, G. & RECKNAGEL, F. (1983): Calcite precipitation as a natural control mechanism of eutrophication. – Arch. Hydrobiol. **98**: 380–408.

KOSCHEL, R. & RAIDT, H. (1988): Morphologische Merkmale der *Phacotus*-Hüllen in Hartwasserseen der Mecklenburger Seenplatte. – Limnologica **19**: 13–25.

KOSHOV, M. (1963): Lake Baikal and its life. – Junk Publishers, Dordrecht usw.

KOTHÉ, P. (1962): Der "Artenfehlbetrag", ein neues Gütekriterium und seine Anwendung bei biologischen Vorfluteruntersuchungen. – DGM **6**: 60–65.

KOTHÉ, P. & KNÖPP, H. (1965): Die Bedeutung des biologischen Wasserbaus für Gewässerbiologie und Fischerei. – In: Der biologische Wasserbau an den Bundeswasserstraßen. – Ulmer, Stuttgart, 268–285.

KOWARC, V.A. (1994): Impact of sills on the structure of bedsediments and the colonization of a second order prealpine stream. – Verh. Internat. Verein. Limnol. **25**: 1599–1604.

KOZLOWSKI, ST. J. DE & BUNTING, D.L. (1979): A laboratory study on the thermal tolerance of four southeastern stream insecta species (Trichoptera, Ephemeroptera). – Hydrobiologia **79**: 141–145.

KRETZSCHMAR, R. (1992): Abtrag von Böden – Wassererosion. – In: BLUME, (Hrsg.), Handbuch des Bodenschutzes. Bodenökologie und -belastung, vorbeugende und abwehrende Schutzmaßnahmen. 2. Aufl. – Ecomed, Landsberg/Lech, 182–200.

KREY, L. (1976): Zur Physiographie der mittleren Saale. – Limnologica **10**: 9–44.

KRIENITZ, L., KOSCHEL, R., GIERING, B., CASPER, S.J. & HEPPERLE, D. (1993): Phenomenology of organismic calcite precipitation by *Phacotus* in hardwater lakes and ponds of northeastern Germany. – Verh. Internat. Verein. Limnol. **25**: 170–174.

KRUTZ, H. (1979): Cyanverbindungen in Fließgewässern. Eine mathematische Beschreibung ihres raumzeitlichen Verhaltens und ihrer Wechselwirkungen zwischen Wasserkörper und Sediment. – Veröff. Inst. Wasserforsch., Dortmund **28**: 1–139.

KUBIČEK, F. (1978): The influence of sewage waters on the macrobenthos of a trout brook. – In: KUBIČEK et al. (eds.), Contributions to new information concerning the biology of eutrophicated streams. – Folia Fac. Sci. Nat. Univ. Purkynianae Brunnensis **14**: 17–31.

KUENZEL, L.E. (1969): Bacteria, carbon dioxide, and algal blooms. – J. Wat. Poll. Contr. Fed. **41**: 1737–1747.

KÜGEL, B., HOFFMANN, R.W. & FRIESS, A. (1990): Effects of low pH on the chorion of rainbow trout, *Oncorhynchus mykiss*, and brown trout, *Salmo trutta* f. *fario*. – J. Fish Biol. **37**: 301–310.

KÜGEL, B. & PETERSON, R.H. (1989): Perivitelline pH of rainbow trout (*Oncorhynchus mykiss*) eggs in relation to ambient pH. – Can. J. Fish. Aquat. Sci. **46**: 2070–2073.

KÜGEL B. & ROTT, T. (1999): Baggerseekataster der Region 10. – Deutsche Gesellschaft für Limnologie (DGL) – Tagungsbericht (Klagenfurt), 249–253.

KÜHL, H. & MANN, H. (1961): Vergleichende hydrochemische Untersuchungen an den Mündungen deutscher Flüsse. – Verh. Internat. Verein. Limnol. **14**: 451–458.

KÜHL, H. & NEUHAUS, D. (1993): The genetic variability of *Phragmites australis* investigated by random amplified polymorphic DNA. – In: OSTENDORP & KRUMSCHEID-PLANKERT (Hrsg.), Seeuferzerstörung und Seeuferrenaturierung in Mitteleuropa. – Limnologie aktuell **5**: 9–18, Fischer, Stuttgart usw.

KÜHLMANN, D. (1960): Zur Frage der räumlichen und zeitlichen Verteilung von Sauerstoff und anderen chemischen Faktoren in kleinen Gewässern. – Gerlands Beitr. Geophys. **69**: 294–319.

KÜHLMANN, D.H.H. & KÜHLMANN, I. (1963): Eisbildungsprozesse an einem Gebirgsbach bei geringen Kältegraden. – Acta Hydrophysica **8**: 57–110.

KUMAGAI, M., MAEDA, H., OHONISHI, Y., YOKOYAMA, K. & OKUDA, S. (1986): Study on effects of low water level by remote sensing. – Res. Rep. Water Resource Res. Center, DPRI, Kyoto University **7**: 39–49.

KÜSTER, F. (1978): Korrelationsmodell eines natürlichen Fließgewässers aus der Sicht des Naturschutzes. – Verh. Ges. Ökol. (Kiel): 233–242.

LAIR, N., TALEB, H. & REYES-MARCHANT, P. (1993): Zooplankton diversity responses to predation pressure in littoral and limnetic zones of a eutrophic lake, in France. – Verh. Internat. Verein. Limnol. **25**: 603–607.

Lake Biwa Research Institute and International Lake Environment Committee (ab 1987): Data book of world lake environments - A survey of the state of world lakes. – Otsu.

LAMPERT, K. (1928): Das Leben der Binnengewässer. 4. Aufl. (Hrsg.: LAUTERBORN, BREHM, WILLER). – Tauchnitz, Leipzig.

LAMPERT, W. (1987a): Laboratory studies on zooplankton cyanobacteria interactions. – N. Z. Mar. Freshwat. Res. **21**: 483–490.

LAMPERT, W. (1987b): Predictability in lake ecosystems: the role of biotic interactions. – In: SCHULZE & ZWÖLFER (eds.), Potentials and limitations of ecosystem analysis. – Ecol. Studies **61**: 333–346, Springer, Berlin.

LAMPERT, W. (1988): The relative importance of food limitation in the seasonal cycle of two *Daphnia* species. – Verh. Internat. Verein. Limnol. **23**: 713–718

LAMPERT, W. (1989): The relationship between zooplankton biomass and grazing: A review. – Limnologica **19**: 11–20.

LAMPERT, W. (1992): Zooplankton vertical migrations: Implications for phytoplankton - zooplankton interactions. – Arch. Hydrobiol., Ergebn. Limnol. **35**: 69–78.

LAMPERT, W. & SCHOBER, U. (1978): Das regelmäßige Auftreten von Frühjahrsalgenmaximum und „Klarwasserstadium" im Bodensee als Folge von klimatischen Bedingungen. – Arch. Hydrobiol. **82**: 364–386.

LAMPERT, W. & SOMMER, U. (1999): Limnoökologie. 2. Aufl. – Thieme, Stuttgart usw.

LAN, J.C., BENEFIELD, L. & RANDALL, C.W. (1983): Phosphorus removal in the activated sludge process. – Wat. Res. **17**: 1193–2000.

LANGE, E., JESCHKE, L. & KNAPP, H.-D. (1986): Die Landschaftsgeschichte der Insel Rügen seit dem Spätglazial. – Schrift. Ur- und Frühgeschichte **38**, Berlin.

LANGE, G. & LECHER, K. (1993): Gewässerregelung, Gewässerpflege. Naturnaher Ausbau und Unterhaltung von Fließgewässern. 2. Aufl. – Parey, Hamburg.

LANGFORD, T.E. & DAFFERN, J.R. (1975): The emergence of insects from a British river, warmed by power station cooling-water. I. The use and performance of insect emergence traps in a large spate-river and the effects of various factors on total catches, upstream and downstream of the cooling-water outfalls. – Hydrobiologia **47**: 91–133.

LARSEN, M., JETSCHKE, G. & JAX, K. (1995): Modellierung der Dynamik der benthischen Besiedlung in kleinen Fließgewässern (am Beispiel der Ilm) und deren Abhängigkeit von äußeren Störungen. – In: Modellhafte Erarbeitung ökologisch begründeter Sanierungskonzepte kleiner Fließgewässer. Fallbereich Ilm/Thüringen, Teil **2**: 398–412. Jena (im Auftrag des BMFT), unveröffentlicht.

LARSON, R.A. (1997): Naturally occurring antioxidants. – Springer, Berlin usw.

LARSSON, P. & DODSON, S. (1993): Invited review: Chemical communication in planktonic animals. – Arch. Hydrobiol. **129**: 129–155.

LAWA (1977): Grundlagen für die Beurteilungen der Wärmebelastungen von Gewässern. 2. Aufl. – Länderarbeitsgemeinschaft Wasser.

LAWA (1994): Arbeitskreis qualitative Hydrologie der Fließgewässer. Erprobung von Zielvorgaben für 28 gefährliche Wasserinhaltsstoffe in ausgewählten Fließgewässern – Länderarbeitsgemeinschaft Wasser 1985–1991. UBA-Text 9/94.

LEAH, R.T., MOSS, B. & FORREST, D.E. (1980): The role of predation in causing major changes in the limnology of a hypereutrophic lake. – Int. Rev. ges. Hydrobiol. **65**: 223–247.

LEICHTFRIED, M. (1994): Protein measurement in bedsediments, an important compartement of POM in a 2nd order stream (Project Ritrodat-Lunz, Austria). – Verh. Internat. Verein. Limnol. **25**: 1636–1640.

LEINAAS, H.P. (1981): Cyclomorphosis in the furca of the winter active Collembola *Hypogastrura socialis*. – Ent. scand. **12**: 35–38.

LEMMER, H. (1992): Fadenförmige Mikroorganismen aus belebtem Schlamm. Vorkommen, Biologie, Bekämpfung. – Dok. u. Schr. Reihe d. ATV aus Wiss. u. Praxis **30**, Hennef.

LENHARD, A. (1995): HPLC-Pigmentanalytik zur Rekonstruktion von Phytoplanktonentwicklungen im Bodensee. – Hartung-Gorre Verl., Konstanz.

LENHART, B. & STEINBERG, C. (1984): Limnochemische und limnobiologische Auswirkungen der Versauerung von kalkarmen Oberflächengewässern. – Bayr. Landesamt Wasserwirtschaft, München, Informationsberichte 4/84.

LENHART, B. & STEINBERG, C. (1992): Gewässerversauerung. – In: BESCH, HAMM, LENHART, MELZER, SCHARF & STEINBERG (Hrsg.), Limnologie für die Praxis. Grundlagen des Gewässerschutzes. – 3. Aufl. Ecomed, Landsberg/Lech.

LEOPOLD, L.B. & LANGBEIN, W.B. (1966): River meanders. – Sci. Amer. 1966: 60–70.

LEßMANN, D., AVERMANN, TH., CORING, E. & RÜDDENKLAU, R. (1994): Fließgewässerbiozönosen. – In: MATSCHULLAT, HEINRICHS, SCHNEIDER & ULRICH (Hrsg.), Gefahr für Ökosysteme und Wasserqualität. Ergebnisse interdisziplinärer Forschung im Harz. – Springer, Berlin usw., 317–378.

LETARTE, Y., HANSEN, H.J., SONDERGAARD, M. & PINEL-ALLOUL, B. (1992): Production and abundance of different bacterial size-classes: relationship with primary production and chlorophyll concentration. – Arch. Hydrobiol. **126**: 15–26.

LEWIS, W.M. (1987): Tropical limnology. – Ann. Rev. Ecol. Syst. **18**: 159–184.

LIBBERT, E. (1979): Lehrbuch der Pflanzenphysiologie. – Fischer, Jena.

LIEBMANN, H. (1960/62): Handbuch der Frischwasser- und Abwasser-Biologie. Bd. 1, 2. Aufl. 1962, Bd. 2 1960. – Oldenbourg, München.

LIESS, M. & SCHULZ, R. (1995): Ökologische Bewertung von Pflanzenschutzmittel-Einträgen aus landwirtschaftlich genutzten Flächen in Fließgewässer. – In: STEINBERG, BERNHARD & KLAPPER (Hrsg.), Handbuch Angewandte Limnologie,. – Ecomed , Landsberg/Lech, V–3.3.5, 3–4.

LIKENS, G.E. (ed.) (1985): An ecosystem approach to aquatic ecology. Mirrow Lake and its environment. – Springer, New York usw.

LILLEHAMMER, A. & SALTVEIL, S.J. (1982): Regulated rivers. – Universitetsforlaget AS, Oslo.

LINDMARK, G.K. (1993): Soda ash for mitigation in acidified waters. Long-term lake response and efficiency. – Verh. Internat. Verein. Limnol. **25**: 494–499.

LINDNER, G., KAMINSKI, S., GREINER, I., WUNDERER, M., BEHRSCHMIDT, J., SCHRÖDER, G. & KRESS, S. (1993): Interaction of dissolved radionuclides with organic matter in prealpine freshwater lakes. – Verh. Internat. Verein. Limnol. **25**: 238–241.

LINDROTH, A. (1955): Mergansers as salmon and trout predators in the River Indalsälven. – Annual Report, Drottingholm 1954: 126–132.

LOCK, M.A., WALLACE, R.R., COSTERTON, J.W., VENTULLO, K.M. & CHARLTON, S.E.(1984): River epilithon: toward a structural-functional model. – Oikos **42**: 10–22.

LODGE, D.M., CRONIN, G., VAN DONK, E & FROELICH, A.J. (1998): Impact of herbivory on plant standing crop: Comparison among biomass, between vascular and nonvascular plants, and among freshwater herbivore taxa. – In: JEPPESEN, SONDERGAARD, SONDERGAARD & CHRISTOFFERSEN (eds.), The structuring role of submerged macrophytes in lakes. – Ecological Studies **131**: 149–174, Springer, New York usw.

LOEB, ST. L. & SPACIE, A. (1994): Biological monitoring of aquatic systems. – Lewis Publishers, Boca Raton usw.

LOEHR, R.C. (1974): Characteristics and comparative magnitude of non-point sources. – J. Wat. Pollut. Contr. Fed. **46**: 1849–1872.

LÖFFLER, H. (ed.) (1979): Neusiedlersee: The limnology of a shallow lake in Central Europe. – Junk Publishers, Den Haag usw.

LOZÁN, J.L. & KAUSCH, H. (Hrsg.) (1996): Warnsignale aus Flüssen und Ästuaren. – Parey, Berlin.

LUCKER, T., BUSCH, D. & WOSNIOK, W. (1997): Experiments to determine the impact of salinity on the heavy metal accumulation of *Dreissena polymorpha* (PALLAS 1771). – Limnologica **27**: 91–101.

LVOVIČ M.I. (1974): [Die Wasserressourcen der Erde und ihre Zukunft] Russ. – Moskau.

LWA NRW (Landesamt für Wasser und Abfall Nordrhein Westfalen) (1985): Bewertung des ökologischen Zustandes von Fließgewässern. Teil I: Bewertungsverfahren; Teil II: Grundlagen für das Bewertungsverfahren. – Düsseldorf.

LWA NRW (Landesamt für Wasser und Abfall Nordrhein Westfalen) (1991): Allgemeine Güteanforderungen für Fließgewässer (AGA). – LWA-Merkblätter Nr. **7**, Woeste Druck u. Verlag, Essen.

MACEK, K.J., BUXTON, K.S., DERR, S.K., DEAN, J.W. & SAUTER, S. (1976): Chronic toxicity of lindane to selected aquatic invertebrates and fishes. – U.S. Environmental protection agency ecological research series, EPA-600/3-76-047, Washington, D.C.

MACKAY, R.J. & KERSEY, K.E. (1985): A preliminary study of aquatic insect communities and leaf decomposition in acid streams near Dorset, Ontario. – Hydrobiologia **122**: 3–11.

MAGNIEZ, G. (1978): Quelques problèmes biogéographiques, écologiques et biologiques de la vie souterraine. – Bull. sc. Bourg. **31**: 21–35.

MAIER, G. (1987): Limnologische Untersuchungen zur Eutrophierung flußnaher Baggerseen. II. Hydrologische Untersuchungen zur Infiltration von Flußwasser in nahegelegene Baggerseen. – Jh. Ges. Naturkde. Württemberg **142**: 117–241.

MAIER, G. & BUCHHOLZ, R. (1996): Zooplankton communities of gravel pits in relation to trophy, dredging activity and macrophyte growth. – Limnologica **26**: 353–360.

MALANSON, G.P. (1993): Riparian landscapes. – University Press, Cambridge.

MANGELSDORF, J. & SCHEURMANN, K. (1980): Flußmorphologie. Ein Leitfaden für Naturwissenschaftler und Ingenieure. – Oldenbourg, München.

MARCINEK, J. & ROSENKRANZ, E. (1996): Das Wasser der Erde (2. Aufl.) – Perthes , Gotha.

MARCUS, B.A., FOREST, H.S. & SHERO, B. (1984): Establishment of freshwater biota in an inland stream following reduction of salt input. – Can. Field-nat. **98**: 198–208.

MARQUES, R.T. & BOAVIDA, M.J. (1993): Effects of the water level fluctuation on the forms of phosphorus in mesotrophic Maranão Revervoir. – Verh. Internat. Verein. Limnol. **25**: 1207–1209.

MARXEN, J. & WITZEL, K.P. (1991): Significance of extracellular enzymes for organic matter degradation and nutrient regeneration in small streams. – In: CHROST (ed.): Microbial enzymes in aquatic environments. – Springer, New York usw., 270–285.

MASON, C.F. (1993): Biology of freshwater pollution. 2. Aufl. – Wiley & Sons, Inc., New York.

MATTHEß, G. (Hrsg.) (1997): Transport- und Abbauverhalten von Pflanzenschutzmitteln im Sicker- und Grundwasser. – Schr. Ver. Wasser Boden u. Lufthyg. **100**, Fischer, Stuttgart.

MATTHIAS, U. (1983): Der Einfluß der Versauerung auf die Zusammensetzung von Bergbachbiozönosen. – Arch. Hydrobiol., Suppl. **65**: 407–483.

MATTIASCHK, F. (2000): Struktur, Chemismus und Besiedlung des Hyporheals von Muschelkalkbächen in der Umgebung von Jena (Thüringen). – Deutsche Gesellschaft für Limnologie (DGL) – Tagungsbericht (Rostock), 268–272.

MAUCH, E. (1986): Biologische Gewässeranalyse und Auswertung auf der Basis des Saprobiensystems. – In: Bewertung der Gewässerqualität und Gewässergüteanforderungen. – Oldenbourg, München usw.: 34–80.

MAUCH, E. (1990): Der ökologische Zustand der Alb im Stadtgebiet von Karlsruhe und die Auswirkungen der Einleitung von Kühlwasser und Abwasser. – In: KINZELBACH & FRIEDRICH (Hrsg.), Biologie des Rheins. – Limnologie aktuell **1**: 59–85, Fischer, Stuttgart, New York.

MAUCH, E. (1999): Die Selbstreinigung der Gewässer. Das Phänomen und seine Bedeutung für die Wassergütewirtschaft. – In: ATV, Geschichte der Abwasserentsorgung – GFA, Hennef.

MAYNARD SMITH, J. (1989): Evolutionary genetics. – University Press, Oxford.

MAYR, C. (1998): Zum Einfluß von Trophie, Fischdichte und Habitatwahl auf die Nahrungs- und Wachstumsbedingungen von Renken (*Coregonus lavaretus* L.) in vier oberbayerischen Seen. – Hieronymus, München.

MCCARTHY, J.F., JIMENEZ, B.D. & BARBEE, T. (1985): Effect of dissolved humic material on accumulation of polycyclic aromatic hydrocarbons: structure-activity relationships. – Aquat. Toxicol. **7**: 15–24.

MCCAULEY, R.N. (1966): The biological effects of oil pollution in a river. – Limnol. Oceanogr. **11**: 475–486.

MCDIFFETT, W.F. (1970): The transformation of energy by a stream detritivore, *Pteronarcys scotti* (Plecoptera). – Ecology **51**: 975–988.

MCINTIRE, C.D. & Colby, J.A. (1978): A hierarchical model of lotic ecosystems. – Ecol. Monogr. **48**: 167–190.

MCLACHLAN, A.J. & CANTRELL, M.A. (1980): Survival strategies in tropical rain pools. – Oecologia **47**: 344–351.

MCMAHON, J.W. & RIGLER, F.H. (1963): Feeding rate of *Daphnia magna* STRAUS in different foods labelled with radioactive phosphorus. – Limnol. Oceanogr. **10**: 105–113.

MCQUEEN, D.J., JOHANNES, M.R.S., POST, J.R., STEWART, T.J. & LEAN, D.R.S. (1989): Bottom-up and top-down impacts on freshwater pelagic community structure. – Ecol. Monogr. **59**: 289–309.

MEHL, D & THIELE, V. (1998): Fließgewässer- und Talraumtypen des Norddeutschen Tieflandes. Am Beispiel der jungglazialen Naturräume Mecklenburg-Vorpommerns. – Parey, Berlin.

MEIDL, E.-B. (2000) Die Verteilung der aquatischen Insekten im hyporheischen Interstitial eines Mittelgebirgsbaches des Thüringer Schiefergebirges (Schwarza, Thüringen, Deutschland). – Mitt. Dtsch. Ges. Allg. Angew. Ent. **12**: 241–244.

MEIJER, M.-L., DE HAAN, M W., BREUKELAAR, A.W. & BUTTENVELD, H. (1990): Is reduction of the benthivorous fish an important cause of high transparency following biomanipulation in shallow lakes? – Hydrobiologia **200/201**: 303–317.

MEIJER, M.-L., RAAT, A.-J. & DOEF, R.W. (1989): Restoration by manipulation of Lake Bleiswijkse Zoom (The Netherlands): first results. – Hydrobiol. Bull. **23**: 49–57.

MELILLO, J.M. & HOBBIE, J.E. (1986): Ecosystem alteration of boreal forest streams by beaver (*Castor canadensis*). – Ecology **67**: 1254–1269.

MELZER, A. (1990): Die submerse Vegetation bayerischer Seen – Möglichkeiten einer biologischen Gewässerbeurteilung. – In: Ökologie der oberbayerischen Seen, 75–85.

MELZER, A. (1993): Die Ermittlung der Nährstoffbelastung im Uferbereich von Seen mit Hilfe des Makrophytenindex. – Münchener Beitr. z. Abwasser-, Fischerei- u. Flußbiol. **47**: 156–172.

MERILÄINEN, J.J. & HYNYNEN, J. (1990): Benthic invertebrates in relation to acidity in Finnish forest lakes. – In: KAUPPI, ANTILLA & KENTTÄMIES (eds.), Acidification in Finland. – Springer, Berlin usw., 1029–1049

MESCHKAT, A. (1937): Abwasserbiologische Untersuchungen in einem Buhnenfeld unterhalb Hamburgs. – Arch. Hydrobiol. **31**: 399–432.

MEYBOHM, A., OCKENFELD, K., DEPPE, TH & BENNDORF, J. (1998): Die Reaktion des Phytoplanktons auf die ökotechnologische Maßnahme zur Bekämpfung von Massenentwicklungen flotierender Blaualgen in der Talsperre Bautzen. – Deutsche Gesellschaft für Limnologie (DGL) –Tagungsbericht (Frankfurt/M.), 254–258.

MEYER, E. (1991): Pattern of invertebrate community structure, abundance and standing crop in a Black Forest stream: Results of a 3-year study. – Verh. Internat. Verein. Limnol. **24**:1840–1845.

MEYER, E.I. (2000): Auswirkungen von Kühlwassereinleitungen in Fließgewässer. – In: GUDERIAN & GUNKEL (Hrsg.), Handbuch der Umweltveränderungen und Ökotoxikologie. Aquatische Systeme **3A**: 179–194. – Springer, Berlin usw.

MIAO, S. & Nauwerck, A. (1999): Fungal infection of *Eudiaptomus gracilis* (Copepoda, Crustacea) in Lake Mondsee. – Limnologica **29**: 168–173.

MINSHALL, G.W. (1988): Stream ecosystem theory: a global perspective. – J. N. Amer. Benthol. Soc. **7**: 263–288.

MINSHALL, G.W. & PETERSEN, R.C. (1985): Toward a theory of macroinvertibrate community structure in stream ecosystems. – Arch. Hydrobiol. **104**: 49–76.

MISKIMMIN, B.M. & SCHINDLER, D.W. (1993): Reconstructing the effects of toxaphene treatment and fish stocking on invertebrates in a western Canadian lake. – Verh. Internat. Verein. Limnol. **25**: 1055–1058.

MITSCH, W.J. & GOSSELINK, J.G. (1993): Wetlands. 2. Aufl. – New York.

MOLL, R.A. & STOERMER, E.F. (1982): A hypothesis relating trophic status and subsurface chlorophyll maxima of lakes. – Arch. Hydrobiol. **94**: 425–440.

MÖLLGAARD, M, & KASTEN, J. (1998): Frühjahrsaspekte des Phytoplanktons in Kleingewässern des Unteren Odertales (Brandenburg). – Deutsche Gesellschaft für Limnologie (DGL) – Tagungsbericht (Frankfurt/M.), 336–340.

MOLTMANN, J. (1978): Die Wirkung kurzzeitiger thermaler Belastung auf Stoffhaushalt und Ciliatenbesiedlung aquatischer Modellökosysteme. – Verh. Ges. Ökol. (Kiel): 311–315.

MOOG, O. (1991): Biologische Parameter zum Bewerten der Gewässergüte von Fließgewässern. – Landschaftsbau **11** (Wien): 235–265.

MOOG, O. (Hrsg.) (1995): Fauna Aquatica Austriaca. Katalog zur autökologischen Einstufung aquatischer Organismen Österreichs. – Wasserwirtschaftskataster, Bundesministerium für Land- und Forstwirtschaft, Wien.

MOOG, O., JUNGWIRTH, M., MUHAR, S. & SCHÖNBAUER, B. (1993): Berücksichtigung ökologischer Gesichtspunkte bei der Wassernutzung durch Ausleitungswerke. – Österr. Wasserwirtschaft **45**: 197–210.

MORTIMER, C.H. (1941): The exchange of dissolved substances between mud and water in lakes (I. a. II.). – J. Ecol. **29**:280–329.
MORTIMER, C.H. (1952): Water movements in lakes during summer stratification: Evidence from the distribution of temperature in Windermere. – Proc. Roy. Soc. London (Ser. B) **236**: 355–404.
MORTIMER, C.H. (1955): Some effects of the earth`s rotation on water movements in stratified lakes. – Verh. Internat. Verein. Limnol. **12**: 66–77.
MORTIMER, C.H. (1974): Lake hydrodynamics. – Mitt. int. Ver. Limnol. **20**: 124–197.
MOTHES, G. (1985): The macrozoobenthos. – In: CASPER (ed.), Lake Stechlin. A temperate oligotrophic lake. – Junk Publishers, Dordrecht usw., 230–243.
MOTHES, G. & KOSCHEL, R. (1985): The silicon budget. – In: CASPER (ed.), Lake Stechlin. A temperate oligotrophic lake. – Junk Publishers, Dordrecht usw., 116–118.
MOTHES, G., KOSCHEL, R. & PROFT, G (1985): The chemical environment. – In: CASPER (ed.), Lake Stechlin. A temperate oligotrophic lake. – Junk Publishers, Dordrecht usw., 87–125.
MOUCHET, P., RIZET, M. & AMBOUZAID, H. (1982): Eutrophication in hot countries. – Wat. Sci. Technol. **14**: 43–58.
MUDRACK, K. & KUNST, S. (1994): Biologie der Abwasserreinigung, 4. Aufl. – Fischer, Stuttgart usw.
MULHOLLAND, P.J., ELWOOD, J.W., NEWBOLD, J.D.,WEBSTER, J.R., FERREN, L.A. & PERKINS, R.E. (1984): Phosphorus uptake by decomposing leaf detritus: Effect of microbial biomass and activity. – Verh. Internat. Verein. Limnol. **22**: 1899–1905.
MÜLLER, G. (1979): Schwermetalle in den Sedimenten des Rheins – Veränderungen seit 1971. – Umschau **79**: 778–789.
MUNLV NRW (2001) (Ministerium für Umwelt und Naturschutz, Landwirtschaft und Verbraucherschutz Nordrhein-Westfalen): Verbreitungskarte und Datenbank der Fließgewässertypen Nordrhein-Westfalens.
MURPHY, T.P. & PREPAS, E.E. (1990): Lime treatment of hardwater lakes to reduce eutrophication. – Verh. Internat. Verein. Limnol. **24**: 327–334.
NAIMAN, R.J., MCDOWELL, D.M. & FARR, B.S. (1984): The influence of beaver (*Castor canadensis*) on the production dynamics of aquatic insects. – Verh. Internat. Verein. Limnol. **22**: 1801–1810.
NAIMAN, R.J. & SEDELL J.R. (1980): Relationship between metabolic parameters and stream order in Oregon. – Can. J. Fish. Aquat. Sci. **37**: 834–847.
NAKAJIMA, T. (1979): Denitrification by the sessile microbial community of a polluted river. – Hydrobiologia **66**: 57–64.
NAUJOK, ST. (1998): Experimentelle und theoretische Untersuchungen zum Einsatz von *Daphnia magna* STRAUS (Cladocera) zur Klärung kommunaler Abwässer. – Diplomarbeit, Universität Jena.
NAUWERCK, A. (1963): Die Beziehungen zwischen Zooplankton und Phytoplankton im See Erken. – Symbol. Bot. Ups. **17**: 1–163.
NEILL, W.E. (1990): Induced vertical migration in copepods as a defense against invertebrate predation. – Nature **345**: 524
NEUBAUER, I., KOOP, J.H.E. & BENNDORF, J. (1998): Der Einfluß der Sedimentation auf die Entwicklung der Gesamt-Phosphor-Konzentration im Epilimnion der biomanipulierten Talsperre Bautzen. – Deutsche Gesellschaft für Limnologie (DGL) –Tagungsbericht (Frankfurt/M.), 462–466.
NEUMANN, D. & BORCHERDING, J. (1993): Entwicklung, Erprobung und Implementation von Biotestverfahren zur Überwachung des Rheins. Teilvorhaben 8. Der *Dreissena*-Monitor. – Umweltbundesamt (UBA), Abschlußbericht.
NEUMANN, D., GRAEF, H., LEUCHS, H., & SCHARWÄCHTER, P. (1986): Ökophysiologische Anpassungen von einigen limnischen Makrozoobenthos-Arten. – Verh. Dtsch. Zool. Ges. **79**: 314–315.
NEWBOLD, J.D., ELWOOD, J.W., O'NEILL, R.V. & VAN WINKEL, W. (1981): Measuring nutrient spiralling in streams. – Can. J. Fish. Aquat. Sci. **38**: 860–863.
NEWBOLD, J.D., MULHOLLAND, P.J., ELWOOD, J.W., O'NEILL, R.V. (1982): Organic carbon spiralling in stream ecosystems. – Oikos **38**: 266–272.
NICHOLLS, H.A. & OSBORN, D.W. (1979): Bacterial stress: Prerequisite for biological removal of phosphorus. – J. WPCF **51**: 557–569.

NIEMI, R.M., NIEMELÄ, S.I., LAHTI, K. & NIEMI, J.S. (1997): Coliform and *E. coli* in Finnish surface waters. – In: KAY & FRICKER (eds.), Coliforms and *E. coli* -Problems or solution. – The Royal Society of Chemistry, Cambridge, 112–119.

NILSSON, A.N. (1984): Species richness and succession of aquatic beetles in some kettle-hole ponds in northern Sweden. – Holarctic Ecology **7**: 149–156.

NIXDORF, B., MISCHKE, U. & LESSMANN, D (1998): Chrysophytes and chlamydomonads: pioneer colonists in extremely acidic mining lakes (pH < 3) in Lusatia (Germany). – Hydrobiologia **369/370**: 315–327.

NIXDORF, B. et al. (1995): Erste Ergebnisse zur Limnologie von Tagebaurestseen in Brandenburg unter besonderer Berücksichtigung der Besiedlung im Pelagial. – In: GELLER & PACKROFF (Hrsg.), Abgrabungsseen-Risiken und Chancen. – Limnologie aktuell **7**: 39–52, Fischer, Stuttgart usw.

NOBEL, W. & KOHLER, A. (1978): Die Wirkung der Salzbelastung auf submerse Weichwasser-Makrophyten unter Laborbedingungen. – Verh. Ges. Ökol. (Kiel): 273–279.

NOLTING, E. (1998): Aufwuchsciliaten (Protozoa: Ciliophora). – DVWK Folgen der Reduktion der Salzbelastung in Werra und Weser für das Fließgewässer als Ökosystem: 53–68.

NOLTING, E. & RUSTIGE, K.-H. (1998): Investigations on ciliate settlement in the rivers Werra and Weser (Germany). – Limnologica **28**: 253–262.

NOTENBOOM, J., PLÉNET, S. & TURQUIN, M.-J. (1994): Groundwater contamination and its impact on groundwater animals and ecosystems. – In: GIBERT et al., Groundwater Ecology. – Academic Press; London, 477–504

NUSCH, E.A. & KOPPE, P. (1975): Die Veränderungen der Wasserqualität durch Stauhaltung in Talsperren. – Wasserwirtschaft **65**: 7–12.

OCEVSKI, B., KOZAROV, G. & SERAFIMOVA-HADŽIŠČ, J. (1975): Distribution and characteristics of bacteria, phytoplankton and zooplankton in Lake Castoria. – In: SALÁNKI & PONYI (eds.), Limnology of shallow waters. – Acad. Kiadó, Budapest, 233–245.

OCHIAI, M. & NAKAJIMA, T. (1994): Decomposition of aquatic plant *Elodea nutallii* from Lake Biwa. – Verh. Internat. Verein. Limnol. **25**: 2276–2278.

ODUM, H.T. (1957): Trophic structure and productivity of Silver Springs, Florida. – Ecol. Monogr. **27**: 55–112.

OEKLAND, J. & OEKLAND, K.A. (1986): The effects of acid deposition on benthic animals in lakes and streams. – Experimentia **42**: 471–486.

OGILVIE, S.C. & MITCHELL, S.F. (1995): A model of mussel filtration in a shallow Zealand lake, with reference to eutrophication control. – Arch Hydrobiol. **133**: 471–482.

OHLE, W. (1952): Die hypolimnische Kohlendioxyd-Akkumulation als produktionsbiologischer Indikator. – Arch. Hydrobiol. **46**: 153–285.

OHLE, W. (1958): Die Stoffwechseldynamik der Seen in Abhängigkeit von der Gasausscheidung ihres Schlammes. – Vom Wasser **25**: 127–149.

OLÁH, J. (1975): Metalimnion function in shallow lakes. – In: SALÁNKI & PONYI (eds.), Limnology of shallow waters. – Akadémiai Kiadó, Budapest, 149–155.

OLEKSY-FRENZEL, J. (2000): Gewässerbelastung durch organische Halogenverbindungen. – In: GUDERIAN & GUNKEL (Hrsg.), Handbuch der Umweltveränderungen und Ökotoxikologie. Aquatische Systeme. **3B**: 173–184. – Springer, Berlin usw.

ORTLEB, W.(1960): Klärtechnische, flußbauliche und speicherwirtschaftliche Maßnahmen zur Stärkung der Selbstreinigungskraft hochbelasteter Gewässer. – WWT **10**: 217–223.

OSTENDORP, W. & KRUMSCHEID-PLANKERT, P. (Hrsg.) (1993): Seeuferzerstörung und Seeuferrenaturierung in Mitteleuropa. – Limnologie aktuell **5**. Fischer, Stuttgart usw.

OSTERKAMP, S., LORENZ, U. & SCHIRMER, M. (1999): Einsatz von Pflanzenkläranlagen zur Behandlung von schadstoffbelastetem Oberflächenabfluß städtischer Straßen. – Limnologica **29**: 93–102.

OTTO, A. (1991): Grundlagen einer morphologischen Typologie der Bäche. – In: LARSSON (Hrsg.), Beiträge zur naturnahen Gestaltung von Fließgewässern. – Inst. Wasserbau Kulturtechnik, Mitt. **180**: 1–94, Universität Karlsruhe.

OTTO, CH. & SVENSSON, B.S. (1983): Properties of acid brown water streams in South Sweden. – Arch. Hydrobiol. **91**: 341–350.

OTTOW, C.G & BIDLINGMAIER, W. (Hrsg.) (1997): Umweltbiotechnologie. – Fischer, Stuttgart usw.

OTZUKI, A. & WETZEL, R.G. (1972): Co-precipitation of phosphate with carbonates in a marl lake. – Limnol. Oceanogr. **17**: 763–767.
OVERBECK, J. (1962): Untersuchungen zum Phosphathauhalt von Grünalgen. III. Das Verhalten der Zellfraktionen von *Scenedesmus quadricaudata* (TURP.) BRÉB. im Tagescyclus unter verschiedenen Belichtungsbedingungen und bei verschiedenen Phosphatverbindungen. – Arch. Mikrobiol. **41**: 11–26.
OVERBECK, J. & BABENZIEN, H.D. (1964): Über den Nachweis von freien Enzymen im Gewässer. – Arch. Hydrobiol. **60**: 107–114.
OVERBECK, J. & CHROST, R.J. (eds.) (1990): Aquatic microbiology. Biochemical and molecular approaches. – Springer, Heidelberg usw.
OWENS, M., KNOWLESS, G. & CLARK, A. (1969): The prediction of the distribution of dissolved oxygen in rivers. – Proceeding of the 4th International Conference held in Prague 1969. Advance water pollution research, Oxford & New York, 125–137.
ÖWWV (Österreichischer Wasserwirtschaftsverband) (1992): Schutzwasserbau, Gewässerbetreuung, Ökologie. – Arbeitsausschuß „Schutzwasserbau", Wien.
OZIMEK, T., VAN DONK, E. & GULATI, R.D. (1990): Can macrophytes be useful in biomanipulation of lakes? The Lake Zwemlust example. – Hydrobiologia **200/201**:399–409
PACINI, N., HARPER, D.M. & MAVUTI, K.M. (1993): A sediment-dominated tropical impoundment: Masinga Dam, Kenya. – Verh. Internat. Verein. Limnol. **25**: 1275–1279.
PACKROFF, G. (1998): Protozoen in Tagebaurestseen – Qualitative und quantitative Aspekte. – Deutsche Gesellschaft für Limnologie (DGL) – Tagungsbericht (Frankfurt/M.), 346–350
PAGENKOPF, W.G. (1989): Die Erfassung thermischer Mikrostrukturen in Binnengewässern. – Acta hydrophys. (Berlin) **33**: 181–225.
PANKOW, H. (1961): Über die Ursachen des Fehlens von Epiphyten auf Zygnemalen. – Arch. Protistenkde. **105**: 417–444.
PANTLE, R. & BUCK, H. (1955): Die biologische Überwachung der Gewässer und die Darstellung der Ergebnisse. – GWF **96**: 604.
PARDÉ, M. (1964): Fleuves et rivières. – Paris.
PARKERTON, F.P., STEWART, S.M., DICKSON, K.L., RODGERS, J.H. & SALEH, F.Y. (1989): Derivation of site-specific water quality criteria for zinc: Implications for wasteload allocation. – Res. J. WPCF **61**: 1636–1644.
PARZEFALL, J. (1983): Field observation in epigean and cave populations of the Mexican characid *Astyanax mexicanus* (Pisces, Caracidae). – Mem. Biospéol **10**: 171–178.
PASTOROK, R.A. (1980): The effects of predator, hunger and food abundance on prey selection by *Chaoborus* larvae. – Limnol. Oceanogr. **25**: 910–921.
PASTOROK, R.A. (1981): Prey vulnerability and size selection by *Chaoborus* larvae. – Ecology **62**: 1311–1324.
PATRICK, R. (1995): Rivers of the United States. Vol. II: Chemical and physical characteristics. – Wiley & Sons, New York usw.
PATT, H., JÜRGING, P. & KRAUS, W. (1998): Naturnaher Wasserbau. Entwicklung und Gestaltung von Fließgewässern. – Springer, Berlin usw.
PAUL, R.W., BENFIELD, E.F. & CAIRNS, J. (1978): Effects of thermal discharge on leaf decomposition in a river ecosystem. – Verh. Internat. Verein. Limnol. **20**: 1759–1766.
PAWLIKOWSKI, M., RALSKA-JASIEWICZOWA, M., SCHÖNBORN, W., STUPNICKA, E. & SZEROCZYŃSKA, K. (1982): Woryty near Gietrzwald, Olsztyn Lake District, NE Poland-Vegetetational history and lake development during the last 12 000 years. – Acta Palaeobotanica **22**: 85–116.
PAX, F. (1948): Die Tierwelt der mitteleuropäischen Schwefelquellen. – Senckenbergiana **28**: 139–152.
PAYNE, A.I. (1986): The ecology of tropical lakes and rivers. – Wiley, Chichester.
PECHLANER, R. (1979): Response of the eutrophic Piburger See to reduced external loading and removal of monimolimnic water. – Arch. Hydrobiol. Beih. Ergebn. Limnol. **13**: 293–305.
PENCK, A. (1894): Morphologie der Erdoberfläche, 2 Bde. – Engelhorn, Stuttgart.
PERSSON, L. (1987): The effects of resource availabity and distribution on size class interactions in perch, *Perca fluviatilis*. – Oikos **48**: 148–160.

PERSSON, L. (1994): Natural shifts in the structure of fish communities: mechanisms and constraints on perturbation sustenance. – In: CROWX (ed.), Rehabilitation of freshwater fisheries. – Fishing News Books, Blackwell Scientific Publishers, Oxford, 421–434.
PERSSON, L., ANDERSSON, G., HAMRIN, S.F. & JOHANSSON, L. (1988): Predator regulation and primary production along the productivity gradient of temperate lake ecosystems. – In: CARPENTER (ed.), Complex interactions in lake communities. – Springer, New York.
PETERS, N. & PETERS, G. (1973): Genetic problems of regressive evolution of cavernicolous fish. – In: SCHRÖDER (ed.), Genetics and mutagenesis of fish. – Springer, Berlin usw., 187–201.
PETERS, R.H. (1983): The ecological implications of body size. – University Press, Cambridge.
PETERS, R.H. (1986): The role of prediction in limnology. – Limnol. Oceangr. **31**: 1143–1159.
PETERSEN, L.B.M. & PETERSEN, R.C. (1991): Short term retention properties of channelized and natural streams. – Verh. Internat. Verein. Limnol. **24**: 1756–1759.
PETERSEN, R.C. & CUMMINS, K.W. (1974): Leaf processing in a woodland stream. – Freshwat. Biol. **4**: 343–368.
PETERSEN, R.R. (1993): Recovery of lakes located in the blast zone of Mount St. Helens. – Verh. Internat. Verein. Limnol. **25**: 366–369.
PETRAN, M. & KOTHÉ, P. (1978): Influence of bedload transport on the macrobenthos of running waters. – Verh. Internat. Verein. Limnol. **20**: 1867–1872.
PETTS, G.E. (1984): Impounded rivers. Perspectives for ecological management. – Wiley & Sons, Chichester usw.
PFEIFFER, ST. (1999): Schwefelsaure Restlochseen des Braunkohletagebaus – ein neuer Seentyp? Ein geochemischer Klassifizierungsversuch. – Deutsche Gesellschaft für Limnologie (DGL) – Tagungsbericht (Klagenfurt), 259–263.
PHLIPS, E.J., ALDRIDGE, F.J. & HANLON, C. (1995): Potential limiting factors for phytoplankton biomass in a shallow subtropical lake (Lake Okeechobee, Florida, USA). – Arch. Hydrobiol., Advanc. Limnol. **45**: 137–155.
PICADO, C. (1913): Les Bromeliacées épiphytes considérées comme milieu biologique. – Bull. Sci. de la France et de la Belgique **47** (7).
PIECZYŃSKA, E. (1972): Role of allochthonous matter in lakes. – Wiad. Ecol. **18**: 131–140.
PIECZYŃSKA, E. & SZCZEPAŃSKA, W. (1966): Primary production in the littoral of several Masurian lakes. – Verh. Internat. Verein. Limnol. **16**: 372–379.
PIETSCH, W. (1998): Colonization and development of vegetation in mining lakes of the Lusatian lignite area depending on water genesis. – In: GELLER, KLAPPER & SALOMONS (eds.), Acidic mining lakes. – Springer, Berlin usw., 169–193.
PIJANOWSKA, J. (1994): Fish-enhanced patchiness in *Daphnia* distribution. – Verh. Internat. Verein. Limnol. **25**: 2366–2368.
PLUTA, H.-J., KNIE, J. & LESCHBER, R. (Hrsg.) (1994): Biomonitore in der Gewässerüberwachung. – Fischer, Stuttgart usw.
POULSON, T.L. & WHITE, W.B. (1969): The cave environment. – Science **165**: 971–981.
POURRIOT, R. & MEYBECK, M. (1995): Limnologie générale. – Masson, Paris usw.
PREMAZZI, G. & CARDOSO, A. (2000): Integration of different approaches in lake monitoring. – In: HEINONEN, ZIGLIO & VAN DER BEKEN (eds.), Hydrological and limnological aspects of lake monitoring. – Wiley & Sons, Ltd, Chichester usw., 211–222.
PRINGLE, C.M., NAIMAN, R.J., BRETSCHKO, G., KARR, J.R., OSWOOD, M.W., WEBSTER, J.R. WELCOME, R.L. & WINTERBOURN, M.J. (1988): Patch dynamics in lotic systems: the stream as a mosaic. – J. N. Amer. Benthol. Soc. **7**: 503–524.
PROFT, G. (1976): Der Sauerstoffhaushalt der mittleren Saale. – Limnologica **10**: 155–169.
PROFT, G. & KREY, L. (1990): Die chemische Zusammensetzung der Spät- und Postglazialsedimente des Kleinen Barsch-Sees (Fe, Mn, P, C, N, H und BSi), eines dystrophen Moorweihers im Norden der DDR. – Limnologica **21**: 157–164.
PUDWILL, R. & TIMM, T. (1997): The salinization of streams by water from coal mine spoil dumps in the Ruhr area (Germany). – Limnologica **27**: 65–75.
PUGNETTI, A. & BETTINETTI, R. (1999): Biomass and species structure of the phytoplankton of a high mountain lake (Lake Paione Superiore, Central Alps, Italy). – J. Limnol. **58**: 127–130.

PUSCH, M. (1996): The metabolism of organic matter in the hyporheic zone of a mountain stream, and its spatial distribution. – Hydrobiologia **323**: 107–118.

PUSCH, M. & SCHWOERBEL, J. (1994): Community respiration in hyporheic sediments of a mountain stream (Steina, Black Forest). – Arch. Hydrobiol. **130**: 35–52.

PÜTTER, A. (1911): Die Ernährung der Wassertiere durch gelöste organische Verbindungen. – Pflüger's Archiv **37**.

QUAST, J., MERZ, CH. & STEIDL, J. (2000): Überlagerung von Grundwasserdynamik und Stoffumwandlungsprozessen in Grundwasserleitern von Flußauen mit eingedeichten Poldern. – In: FRIESE, WITTER, MIEHLICH & RODE (Hrsg.): Stoffhaushalt von Auenökosystemen. Böden und Hydrologie, Schadstoffe, Bewertungen. – Springer, Berlin usw., 149–158.

QUESEDA, A. & VINCENT, W.P. (1993): Adaptation of cyanobacteria to the light regime within Antarctic microbial mats. – Verh. Internat. Verein. Limnol. **25**: 960–965.

QUIROS, R. (1988): Relationship between air temperature, depth, nutrients and chlorophyll in 103 Argentinian lakes. – Verh. Internat. Verein. Limnol. **23**: 647–658.

RACKHAM, O. (1986): The history of the countryside. – Dent & Sons, London.

RADDUM, G.G. & FJELLHEIM, A. (1994): Invertebrate community changes caused by reduced acidification. – In: STEINBERG & WRIGHT (eds.), Acidification of freshwater ecosystems implication for the future. – Wiley & Sons, Chichester usw., 345–354.

RASK, M., ARVOLA, L. & SALONEN, K. (1993): Effects of catchment deforestation and burning on the limnology of a small forest lake in southern Finland. – Verh. Internat. Verein. Limnol. **25**: 525–528.

Rat der Europäischen Union (2000): Richtlinie 2000/60/EG des Europäischen Parlamentes und des Rates zur Schaffung eines Ordnungsrahmens für Maßnahmen der Gemeinschaft im Bereich der Wasserpolitik. – Amtsblatt für Europäische Gemeinschaft vom 22.12. 2000 (L 327/1.).

REEDERS, H.H. (1989): De Driehoeksmossel en aktief biologisch beheer. – Institute of Inland Water-Management and Waste Water Treatment, report 89.030, Lelystad.

REEDERS, H.H. (1990): Hangcultures Driehoeksmosselen (*Dreissena polymorpha*), resultaten van onderzoek in 1989. – Institute of Inland Water-Management and Waste Water Treatment, report 90.030, Lelystad.

REES, S. & JONES, R.I. (1994): Phagotrophic nutrition of phytoflagellates. – Verh. Internat. Verein. Limnol. **25**: 2237.

REICH, M. (1991): Grashoppers (Orthoptera, Saltatoria) on alpine and dealpine riverbanks and their use as indicators for natural floodplain dynamics. – Regulated Rivers **6**: 333–339.

REICHEL, F. & UHLMANN, W. (1995): Wasserbeschaffenheit in Tagebaurestseen, Studien und Tagungsbericht. – Landesumweltamt Brandenburg **6**: 1–86.

REICHHOLF, J.H. (1993): Comeback der Biber. – Mosaik, München.

REINHOLD, M. & TITTIZER, TH. (1998): Der Einfluß eines Dükers auf das Makrozoobenthos eines kanalkreuzenden Fließgewässers. – Limnologica **28**: 183–199.

REMMERT, H. (1992): Ökologie. Ein Lehrbuch. 5. Aufl. – Springer, Berlin usw.

REVSBECH, N.P. & JØRGENSEN, B.B. (1986): Microelectrodes: their use in microbial ecology. – Adv. Microb. Ecol. **9**: 293–352.

REYNOLDS, C.S. (1984): The ecology of freshwater phytoplankton. – Cambridge Stud. Ecol., University Press, Cambridge.

REYNOLDS, C.S., WALSBY, A.E. & OLIVER, R.L. (1987): The role of buoyancy in the distribution of *Anabaena* sp. in Lake Rotonaio. – NZ J. Mar. Freshw. Res. **21**: 525–

RHEINHEIMER, G. (1991): Mikrobiologie der Gewässer. 5. Aufl. – Fischer, Jena.

RICHARDS, K. (1982): Rivers. Form and process in alluvial channels. – Methuen, London & New York.

RICHMANN, S. (1958): The transformation of energy by *Daphnia pulex*. – Ecol. Monogr. **28**: 273–291.

RIDDOCK, B.J., MPOLOKA, S.W. & CANTRELL, M. (1994): Genetic variation and localized gene flow in the fairly shrimp, *Branchipodopsis wolfi*, in temporary pools in Botswana. – In: BEAUMONT (ed.), Genetics and evolution of aquatic organisms. – Chapman & Hall, London.

RIGLER, F.H., MAC CALLUM, R.L. & MAYNHARD SMITH, J. (1980): Evolutionary and ecological strategies of animals in annual temporary pools. – Arch. Hydrobiol., Suppl. **58**: 1 u. 2 : 97–206.

RIGLER, F.H., MAC CALLUM, M.E. & ROFF, J.C. (1974): Production of zooplankton in Char Lake. – J. Fish. Res. Bd. Canada, **31**: 637–646.

RIMKUS, G. & WOLF, M. (1993): Rückstände und Verunreinigung in Fischen aus Aquakultur. 2. Mitteilung: Nachweis von Moschus, Xylol und Moschus Keton in Fischen. – Dtsch. Lebensm.-Rundsch. **89**: 171–175.

RINGELBERG, J., FLICK, B.J.G., LINDEMAAR, D. & ROYACHERS, K. (1991): Diel vertical migration of *Daphnia hyalina* (sensu *latiori*) in Lake Maarsseveen: Part 1. Aspects of seasonal and daily timing. – Arch. Hydrobiol. **121**: 129–145.

RIPL, W. (1978): Oxidation of lake sediments with nitrate – a restoration method for former recipients. – Inst. Limnol. Univ. Lund.

RIPL, W. (1986): Restaurierung der Schlei. Bericht über ein Forschungsvorhaben. – Landesamt f. Wasserhaushalt u. Küsten Schleswig Holsteins.

RIPL, W. (1996a): Die Stör. – In: DVWK, Merkblätter für die Wasserwirtschaft 240/1996: 149–162, Bonn.

RIPL, W. (Hrsg.) (1996b): Entwicklung eines Land-Gewässer-Bewirtschaftungskonzeptes zur Senkung von Stoffverlusten an Gewässern. – Unveröff. Bericht (BMFT) , Berlin.

RIVIER, I.K., BARASTOV, S.S. & SARATOV, I.A. (1981): Zooplankton vertical distribution in the Mologa River in winter. – Hydrobiol. J. (Kiew) **17**: 20–25.

RODHE, W. (1958): The primary production in lakes: Some results and restrictions of the 14 C method. – Rapp. Et Proc.-Verb. **144**.

RODHE, W. (1965): Standard correlations between pelagic photosynthesis and light. – Mem. Ist. Ital. Idrobiol. **18**: 365–382.

ROLLETSCHEK, H. & KÜHL, H. (1997): Die Auswirkungen von Röhricht-Schutzbauwerken auf die Gewässerufer. – Limnologica **27**: 365–380

RÖNICKE, H., BEYER, M. & TITTEL, J. (1995): Möglichkeiten zur Steuerung der Blaualgendynamik in eutrophierten, stehenden Gewässern durch Maßnahmen zur Seenrestaurierung. – In: JÄGER & KOSCHEL (Hrsg.), Verfahren zur Sanierung und Restaurierung stehender Gewässer. – Limnologie aktuell **8**: 133–156, Fischer, Stuttgart usw.

RONNEBERGER, D. (1958): Die Aufnahme von Latex-Beads als Größenmodell des Futters bei planktischen Rotatorien. – Deutsche Gesellschaft für Limnologie (DGL) –Tagungsbericht (Frankfurt/M.): 356–360

RØRSLETT, B., BERGE, D. & JOHANSEN, S.W. (1986): Lake enrichment by submersed macrophytes: a Norwegian whole-lake experience with *Elodea canadensis*. – Aquat. Bot. **26**: 325–340.

ROSENZWEIG, M.C. (1971): Paradox of enrichment: Destabilization of exploitation ecosystems in ecological time. – Science **171**: 385–387.

ROSGEN, D. (1996): Applied river morphology. – Wildland Hydrology, Lakewood, Colorado.

RÖSKE, I. & SCHÖNBORN, CH. (1993): Konkurrenz zwischen biologischen (mikrobiellen) und chemischen Prozessen bei der Phosphateliminierung durch Belebtschlamm. – SfB 193, Biol. Abwasserreinigung **3**: 11–25.

ROSSELAND, B.O., SKOGHEIM, O.K. & SEVALDRUD, I. (1986): Acid deposition and effects in nordic Europe. Damage to fish populations continue to space. – Water, Air, Soil Pollut. **30**: 381–386.

ROSSELAND, B.O. et al. (1992): The mixing zone between limed and acid river waters: Complex aluminium chemistry and extreme toxicity for salmonids. – Environ. Pollut. **78**: 3–8.

ROSSI, V., PARIS, G. & MENOZZI, P. (1994): Genetic variability in *Mixodiaptomus kupelwieseri* (Crustacea, Copepoda). – Verh. Internat. Verein. Limnol. **25**: 2436–2438.

ROTHHAUPT, K.-O. (1996): Laboratory experiments with a mixotrophic chrysophyte and obligately phagotrophic and phototrophic competitors. – Ecology **77**: 716–724.

ROUCH, R. (1988): Sur la répartition spatiale des Crustacés dans le sous-ecoulement d'un ruisseau des Pyrénées. – Ann. Limnol. **24**: 213–234.

ROUND, F.E. (1968): Biologie der Algen. Eine Einführung. – Thieme, Stuttgart.

ROWBURY, R.J., ARMITAGE, J.P. & KING, C. (1983): Movement, taxes, and cellular interactions in the response of microorganisms to the natural environment. – In: SLATER, WHITTENBURY & WIMPENNY (eds.), Microbes in their natural environments. – University Press, Cambridge, 299–350.

RUDESCU, L. (1974): Das Schilfrohr *Phragmites communis* (T.). (Reihe: Die Binnengewässer XXVII) – Schweizerbart, Stuttgart.

Rühm, W. (1998): Zur Einteilung der Drift der Kriebelmücken (Diptera: Simuliidae) – Entomol. Gener. **23**: 223–232.

Rühm, W. & Rupp, K. (1993): Zur Habitatbindung der Kriebelmücken (Simuliidae, Diptera): Die Driftweite (-strecke) im präimaginalen Stadium. – Essener Ökologische Schriften **2**: 111–120.

Rustige, K.H. (1999): Besiedlung von *Gammarus* und *Asellus* in salz- und organisch belasteten Fließgewässern. – Deutsche Gesellschaft für Limnologie (DGL) – Tagungsbericht (Klagenfurt), 719–723.

Ruttner, F. (1962): Grundriß der Limnologie. 3. Aufl. – De Gruyter & Co., Berlin.

Sager, M. (1986): Ökologie des Aluminiums. Eine Übersicht. – Schweiz. Z. Hydrol. **48**: 71–103.

Salánki, J. & Ponyi, J.E. (1975): Limnology of shallow waters. – Akadémiai Kiadó, Budapest.

Salas, H.J. & Martino, P. (1991): A simplified phosphorus trophic state model for warm-water tropical lakes. – Water Res. **25**: 341–350.

Salonen, K., Arvola, L. & Rosenberg, M. (1993): Diel vertical migrations of phyto- and zooplankton in a small steeply stratified humic lake with low nutrient concentration. – Verh. Internat. Verein. Limnol. **25**: 539–543.

Sand-Jensen, K. & Madsen, T.V. (1989): Invertebrates graze submerged rooted macrophytes in lowland streams. – Oikos **55**: 420–423.

Saunders, G.W. (1972): The transformation of artificial detritus in lake water. – Mem. Ist. Ital. Idrobiol. **29** (Suppl.): 261–288.

Saunders, J.F. & Lewis, W.M. (1988): Dynamics and control mechanisms in a tropical zooplankton community (Lake Valencia, Venezuela). – Ecol. Monogr. **58**: 337–353.

Savarese, M., Patterson, M.R., Chernykh, V.I. & Fialkov, V.A. (1997): Trophic effects of sponge feeding within Lake Baikal's littoral zone. 1. In situ pumping rates. – Limnol. Oceanogr. **42**: 171–178.

Say, P.J. & Whitton B.A. (1983): Accumulation of heavy metals by aquatic mosses. 1. *Fontinalis antipyretica* Hedw. – Hydrobiologia **100**: 245–260.

Schäfer, A. (1997): Biogeographie der Binnengewässer. – Teubner, Stuttgart.

Schallenberg, M., Kalff, J. & Rasmussen, J.B. (1989): Solutions to problems in enumerating sediment bacteria by direct counts. – Appl. Environ. Microbiol. **55**, 1214–1219.

Schanz, F. & Friedl, C. (1993): Environmental effects on light utilization by phytoplankton in a meromictic alpine lake. – Verh. Internat. Verein. Limnol. **25**: 621–624.

Scharf, B.W. (1998): Laminierte Sedimente. – Deutsche Gesellschaft für Limnologie (DGL) – Tagungsberichte (Frankfurt/M.), 118–124.

Scheffer, B. (1977): Stickstoff- und Phosphorverlagerung in nordwestdeutschen Niederungsböden und Gewässerbelastung. – Geol. Jahrb. R. F. **4**: 203–243.

Schell, W.R., McGarry, A., Novak, M., Mitchel, P.I. & Wieder, R.K. (1993): Deposition history of lead as revealed in wetland ecosystems using ^{210}Pb cronology. – Verh. Internat. Verein. Limnol. **25**: 232–234.

Schelske, C.L., Coveney, M.F., Aldridge, F.J., Kenney, W.F. & Cable, J.E. (2000): Wind or nutrients: Historic development of hypereutrophic in Lake Apopka, Florida. – In: Berman et al., Limnology and lake management 2000+. – Arch. Hydrobiol., Advanc. Limnol. **55**: 543–563.

Schemmel, C. (1974): Genetische Untersuchungen zur Evolution des Geschmacksapparates bei cavernicolen Fischen. – Z. Zool. Syst. Evol. forsch. **12**: 196–215.

Schieferstein, B.B. (1999): Ökologische und molekularbiologische Untersuchungen an Schilf (*Phragmites australis* [Cav.] Trin. ex Steudel) von norddeutschen Seen – Ein Überblick. – Limnologica **29**: 28–35.

Schimmele, M. (1999): Ausbildung von Meromixien durch physikalische und chemische Einflüsse am Beispiel von Bergbaurestseen. – Deutsche Gesellschaft für Limnologie (DGL) – Tagungsbericht (Klagenfurt), 234–238.

Schindler, D.W. (1980): Experimental acidification in a whole lake: A test of the oligotrophication hypothesis. – In: Drabbløs & Tollan (eds.), Ecological impact of acid precipitation. – Proc. of an Intl. Conf., Sandefjord, Oslo, 370–374.

Schindler, D.W., Welch, H.E., Kalff, J., Brunshill, G.J. & Kritsch, N. (1974): Physical and chemical limnology of Char Lake, Cornvallis Island (75° N Lat.). – J. Fish. Res. Board Can. **31**: 637–646.

Schlegel, H.G. (1992): Allgemeine Mikrobiologie. 7. Aufl. – Thieme, Stuttgart.

SCHLEGEL, I., KOSCHEL, R. & KRIENITZ, L. (1998): On the occurrence of *Phacotus lenticularis* (Chlorophyta) in lakes of different trophic state. – Hydrobiologia **369/370**: 353–361.

SCHLESINGER, W. (1991): Biogeochemistry: an analysis of global change. – Academic Press, London & New York.

SCHLEYPEN, P. (1987): Abwasserreinigung in Teichen – Beispiele aus der Praxis. – Wiener Mitt. Wasser Abwasser Gewässer **71**: M1–M30.

SCHLÜTER, U. (1996): Pflanze als Baustoff. Ingenieurbiologie in Praxis und Umwelt. 2. Aufl. – Patzer, Berlin.

SCHMIDT, E (1996): Ökosystem See. Der Uferbereich des Sees. 5. Aufl. – Quelle & Meyer, Wiesbaden.

SCHMIDT, G.W. & UHERKOVICH, G. (1973): Zur Artenfülle des Phytoplanktons in Amazonien. – Amazoniana **4**: 243–252.

SCHMIDT, W. (1928): Über Temperatur- und Stabilitätsverhältnisse von Seen. – Geogr. Ann. **10**: 145–177.

SCHMITZ, W. (1960): Die Einbürgerung von *Gammarus tigrinus* SEXTON auf dem europäischen Kontinent. – Arch. Hydrobiol. **57**: 223–225.

SCHMITZ, W., BESCH, W. & KNEISL, I. (1967): Die Salzgehaltstoleranz von *Gammarus pulex* (L.), *Gammarus tigrinus* SEXTON und *Asellus aquaticus* (L.) in Abhängigkeit von der relativen Konzentration der Kationen Na, Mg, K und Ca. – Int. Rev. ges. Hydrobiol. **52**: 589–616.

SCHNEIDER, S., SCHRANZ, CH. & MELZER, A. (2000): Indicating the trophic state of running waters by submersed macrophytes and epilithic diatoms. – Limnologica **30**: 1–8.

SCHÖBERL, P. (1987): Linear alkylbenzenesulfonate (LAS) monitoring in Germany. – Tenside, Surf. Det. **34**: 233.237.

SCHÖNBERGER, M. & ZELLMER, I.D. (1994): The influence of food on population dynamics and UV-tolerance of *Daphnia obtusa* KURZ in a mountain pond. – Verh. Internat. Verein. Limnol. **25**: 2388–2391.

SCHÖNBORN, CH. (1995): Erhöhung des Wirkungsgrades der biologischen P-Elimitation. – Entsorgungspraxis, H.**7–8**: 60–65.

SCHÖNBORN, W. (1962): Die Ökologie der Testaceen im oligotrophen See, dargestellt am Beispiel des Großen Stechlinsee. – Limnologica **1**: 111–182.

SCHÖNBORN, W. (1965): Untersuchungen über die Zoochlorellen-Symbiose der Hochmoor-Testaceen. – Limnologica **3**: 173–176.

SCHÖNBORN, W. (1976): Biochemischer Sauerstoffbedarf (BSB_5) und Zusätzliche Zehrung (ZZ) in der mittleren Saale. – Limnologica **10**: 177–190.

SCHÖNBORN, W. (1980): Der Kohlenstoffhaushalt des Periphytons der mittleren Saale. – Limnologica **12**: 223–233.

SCHÖNBORN, W. (1985): The microzoobenthos. – In: CASPER (ed.), Lake Stechlin. A temperate oligotrophic lake. – Junk Publishers, Dordrecht usw., 213–218.

SCHÖNBORN, W. (1987): Secondary production and energy transfer in the polluted River Saale (Thuringia, Southern GDR). – Int. Rev. ges. Hydrobiol. **72**: 539–557.

SCHÖNBORN, W. (1990): Analyse subfossiler Protozoenschalen der Sedimente eines kleinen sauren Waldsees (Kleiner Barsch-See, nördliche DDR). – Limnologica **21**: 137–145.

SCHÖNBORN, W. (1992a): Fließgewässerbiologie. – Fischer, Jena.

SCHÖNBORN, W. (1992b): Comparative studies on the production biology of protozoan communities in freshwater and soil ecosystems. – Arch. Protistenkde. **141**: 187–214.

SCHÖNBORN, W. (1995a): Gewässerökologie – Limnische Ökosysteme. – In: STEUBING, BUCHWALD & BRAUN (Hrsg.), Natur- und Umweltschutz – Ökologische Grundlagen, Methoden, Umsetzung. – Fischer, Jena, Stuttgart, 45–69.

SCHÖNBORN, W. (1995b): Defensive reactions of stream ecosystems in the early stages of pollution. Ecological importance and possibilities of ecosystem-adequate restoration methods. – Int. Rev. ges. Hydrobiol. **80**: 655–666.

SCHÖNBORN, W. (1996a): Algal aufwuchs on stones, with particular reference to the *Cladophora*-dynamics in a small stream (Ilm, Thuringia, Germany): production, decomposition and ecosystem reorganizer. – Limnologica **26**: 375–383.

SCHÖNBORN, W. (1996b): Die Ilm, ein kleiner Mittelgebirgsfluß in Thüringen (Deutschland): Ausgewählte praxisrelevante Forschungsergebnisse aus dem Projekt „Sanierungskonzept Ilm". – Beitr. Ökol. (Jena) **2**: 108–129.

SCHÖNBORN, W. (1996c): Colonization and structure of natural and artificial microhabitats (stone and slide surfaces, interstitial spaces between algal and wool filaments, as well as in sediments and foamed plastic) in the Ilm, a small stream of the middle mountain region (Thuringia, Germany). – Limnologica **26**: 385–391.

SCHÖNBORN, W. (1996d): Grenzflächen auf Steinen in Fließgewässern – Struktur, Funktion und Bedeutung im Stoffhaushalt. – Deutsche Gesellschaft für Limnologie (DGL) – Tagungsbericht (Berlin), 431–434.

SCHÖNBORN, W. (1997): Retentions- und Resuspensionsmechanismen in kleinen Fließgewässern am Beispiel der Ilm (Thüringen, Deutschland). – BTU Cottbus-AR **1**/97: 15–24.

SCHÖNBORN, W. (1998): Changes of biological time patterns and of energy transfer on exposed slides and stone surfaces (boundary layers with fractal structures) by organic pollution in an oligotrophic stream (Ilm, Thuringia, Germany). – Limnologica **28**: 347–361.

SCHÖNBORN, W. (2000): Regeneration der Ilm (Thüringen) nach einem toxischen Havariefall. – Thüringer Ministerium für Landwirtschaft, Naturschutz und Umwelt. Kolloquiumsband 4: Einfluß der Großflächenlandwirtschaft auf das Wasser, Jena, 55–61.

SCHÖNBORN, W., FLÖßNER, D & PROFT, G. (1966): Die limnologische Charakterisierung einiger norddeutscher und masurischer Seen mit Hilfe von Testaceen-Gemeinschaften. – Verh. Internat. Verein. Limnol. **16**: 251–257.

SCHRÄDER, TH. (1959): Zur Limnologie und Abwasserbiologie von Talsperren. Obere Saale (Thüringen). – Int. Rev. ges. Hydrobiol. **44**: 485–619.

SCHREIBER, I. (1975): Biologische Gewässerbeurteilung der Mettma anhand des Makrozoobenthos: Methodenvergleich. – Arch. Hydrobiol., Suppl. **47** (Fallkau-Arb. **9**): 432–457.

SCHULZ, C.-J., BAUMGART, J., KARRASCH, B. & BABOROWSKI, M. (1997): Effects of salinization on the structure and function of bacterio- and phytoplankton of the salt-loaded River Wipper (Thuringia, Germany). – Limnologica **27**: 43–53.

SCHWARZ, P. (1967): Untersuchungen zum Besiedlungskreislauf von *Isoperla goertzi* (Insecta, Plecoptera). – Arch. Hydrobiol. **64**: 75–87.

SCHWARZ, S. & RICKING, M. (1995): Heavy metals and chlorinated hydrocarbons in sediments from Baltic lakes in North-Eastern Germany. – Limnologica **25**: 285–294.

SCHWOERBEL, J. (1961): Über die Lebensbedingungen und die Besiedlung des hyporheischen Lebensraumes. – Arch. Hydrobiol., Suppl. **25**: 182–214.

SCHWOERBEL, J. (1967): Das hyporheische Interstitial als Grenzbiotop zwischen oberirdischem und subterranem Ökosystem und seine Bedeutung für die Primärevolution von Kleinsthöhlenbewohnern. – Arch. Hydrobiol., Suppl. **33**: 1–62

SCHWOERBEL, J. (1968): Untersuchungen über die Rolle der submersen Wasserpflanzen bei Eliminierung von Phosphaten. – In: LIEBMANN (Hrsg.), Tropfkörper und Belebungsbecken. – Oldenbourg, München usw., 361–374.

SCHWOERBEL, J. (1994): Methoden der Hydrobiologie. 4. Aufl. – Fischer, Stuttgart, Jena.

SCHWOERBEL, J. (1999): Einführung in die Limnologie. 8. Aufl. (Unter Mitarbeit von N. SELJE). – Fischer, Stuttgart.

SCRIMSHAW, S. & KERFOOT, W.C. (1987): Chemical defences of freshwater organisms: beetles and bugs. – In: KERFOOT & SIH: Predation. Direct and indirect impact on aquatic communities. – University Press, New England, Hanover, London, 240–261.

SHAPIRO, J. (1990): Current beliefs regarding dominance by blue-greens: The case for the importance of CO_2 and pH. – Verh. Internat. Verein. Limnol. **24**: 38–54.

SHAPIRO, J. (1997): The role of carbon dioxide in the initiation and maintenance of blue-green dominance in lakes. – Freshwat. Biol. **37**: 307–323.

SHAPIRO, J. & WRIGHT, D.I. (1984): Lake restoration by biomanipulation: Round Lake, Minnesota, the first two years. – Freshwat. Biol. **14**: 371–383.

SIEBECK, O., SOMMARUGA, R. & TARTAROTTI, B. (2000): Auswirkungen der UV-Strahlung auf heterotrophe aquatische Organismen. – In: GUDERIAN & GUNKEL (Hrsg.), Aquatische Systeme. **3A**: 243–263. – Springer, Berlin usw.

SIEBURTH, J. McN. (1968): The influence of algae antibiosis on the ecology of marine microorganisms. – In: DROOP & WOOD (eds.), Advances in microbiology of sea **1** – Academic Press, London & New York, 63–94.

SIERSZEN, M.E. & BROOKS, A.S. (1982): The release of dissolved organic carbon as a result of diatom fragmentation during feeding by *Mysis relicta*. – In: MORGAN (ed.), Ecology of Mysidacea. – Junk Publishers, The Hague usw., 155–161.

SIGG, L & STUMM, W. (1991): Aquatische Chemie. – Teubner, Stuttgart.

SIMMONS, G.M. & ARMITAGE, B.J. (1974): An ecological evaluation of heated water discharge on phytoplankton blooms in the Potamac River. – Hydrobiologia **45**: 441–465.

SINCLAIR, J.L. & GHIORSE, W.C. (1989): Distribution of aerobic bacteria, protozoa, algae and fungi in deep subsurface sediments. – Geomicrobiol. J. **7**: 15–31.

SINTON, L.W. (1984): The macroinvertebrates in a sewage-polluted aquifer. – Hydrobiologia **119**: 161–169.

SIOLI, H. (1951): Zum Alterungsprozeß von Flüssen und Flußtypen im Amazonasgebiet. – Arch. Hydrobiol. **45**: 267–283.

SIOLI, H. (1965): Bemerkungen zur Typologie amazonischer Flüsse. – Amazoniana **1**: 79–83.

SKULBERG, O., UNDERDAL, B. & UTKILEN, H. (1994): Toxic water blooms with cyanophytes in Norway – current knowledge. – Arch. Hydrobiol., Suppl. **105**, Algological Studies **75**: 279–289.

SLADEČEK, V. (1973): System of water quality from the biological point of view. – Arch. Hydrobiol., Ergebn. Limnol. **7**: 1–218.

SMITH, V.H. (1982): The nitrogen and phosphorus dependence of algal biomass in lakes: An empirical and theoretical analysis. – Limnol. Oceanogr. **27**: 1101–1112.

SOLGER, F. (1951): Die Deutung der Rinnenseen. – Die Erde **2**, Berlin.

SOLUK, D.A. & CLIFFORD, H.F. (1985): Microhabitat shifts and substrate selection by the psammophilous predator *Pseudiron centralis* MCDUNNOUGH (Ephemeroptera: Heptageniidae). – Can. J. Zool. **63**: 1539–1543.

SOMMER, U. (1988): Phytoplankton succession in microcosm experiments under simultaneons grazing pressure and resource limitation. – Limnol. Oceanogr. **33**: 1037–1054.

SOMMER, U. (ed.) (1989): Plankton ecology: Succession in plankton communities. – Springer, Berlin usw.

SOMMER, U. (1994): Planktologie. – Springer, Berlin usw.

SOMMERHÄUSER, M. (1994): Sommertrockene Fließgewässer des Niederrheinischen Tieflandes – Hydrologie, Physikochemie und Anpassungsstrategien ausgewählter Arten. – Deutsche Gesellschaft für Limnologie (DGL) – Tagungsbericht (Hamburg), 577–581.

SOROKIN, Y.I. & PAVELJEVA, E.B. (1972): On the quantitative characteristics of the pelagic ecosystems of Dalnee Lake (Kamchatka). – Hydrobiologia **40**: 519–552.

SPÄNHOFF, B., ALECKE, CH. & MEYER, E.I. (2000): Colonization of submerged twigs and branches of different wood genera of aquatic macroinvertebrates. – Int. Rev. ges. Hydrobiol. **85**: 49–66.

STAHLBERG, S. (1986):Das Schwimmverhalten von Bachschmerle (*Neomacheilus barbatulus*) und Gründling (*Gobio gobio*) im Strömungskanal. – Mitt. Inst. Wasserwirt. Hydrol. u. landwirt. Wasserbau, Universität Hannover, **61**: 219–296.

STAKE, E. (1967): Higher vegetation and nitrogen in a rivulet in Central Sweden. – Schweiz. Z. Hydrol. **29**: 107–124.

STANFORD, J.A. & WARD, J.V. (1993): An ecosystem perspective of alluvial rivers: connectivity and the hyporheic corridor. – J. N. Am. Benthol. Soc. **12**: 48–60.

STANFORD, J.A., WARD, J.V. & ELLIS, B.K. (1994): Ecology of the alluvial aquifers of the Flathead River, Montana. – In: GIBERT et al. (eds.), Groundwater Ecology. – Academic Press, 367–390.

STANGENBERG, M. (1958): [A general outlook of the chemical composition of river waters in Poland]. Poln. m. Summary. – Pol. Arch. Hydrobiol. **4**: 289–359.

STANGENBERG-OPOROWSKA, K. & SOLSKI, A. (1964): Der Verunreinigungszustand im oberen Lauf des Odra-Flusses. – Pol. Arch. Hydrobiol. **12**: 81–123.

STANKOVIČ, S. (1960): The Balkan Lake Ohrid and its living world. – Junk, Den Hague.
STARMÜHLNER, F. (1957): Ergebnisse der österreichschen Island-Expedition 1955. Zur Individuendichte und Formänderung von *Lymnaea peregra* MÜLLER in isländischen Thermalbiotopen. – Sitz. Ber. Öster. Akad. Wiss., Math.-naturw. Kl. Abt. 1, **166**: 331–384.
STATZNER, B. (1981): The relation between "hydraulic stress" and microdistribution of benthic macroinvertebrates in a lowland running water system, the Schierenseebrooks (North Germany). – Arch. Hydrobiol. **91**: 192–218.
STATZNER, B. & HOLM, T.F. (1982): Morphological adaptations of benthic invertebrates to stream flow – an old question studied by means of a new technique (Laser Doppler Anemometry). – Oecologia **53**: 290–292.
STEELE, J.H. & BAIRD, I.E. (1968): Production ecology of a sandy beach. – Limnol. Oceanogr. **13**: 14–25.
STEIN, J.R. & AMUNDSEN, C.C. (1967): Studies on snow algae and fungi from the front range of Colorado. – Nature **200**: 1020–1021, 4910.
STEINBERG, C. & SCHIEFELE, S. (1988) Biological indication of trophy and pollution of running waters. – Z. Wasser - Abwasser - Forsch. **21**: 227–234.
STEINBERG, C.E.W. & WRIGHT, R.F. (Eds.) (1992): Acidification of freshwater ecosystems. Implications for the future. – Wiley & Sons, Chichester usw.
STEINBERG, C., BERNHARD, H. & KLAPPER, H. (Hrsg.) (ab 1997): Handbuch Angewandte Limnologie. Grundlagen, Gewässerbelastung, Restaurierung, Aquatische Ökotoxikologie, Bewertung, Gewässerschutz. – Ecomed, Landsberg/Lech. Ab 2. Ergänzungslieferung anstelle von BERNHARD: CALMANO, W. & WILKEN, K.D. Ständige Ergänzungslieferungen.
STEINBERG, C.E.W. & JÜTTNER, I. (2000): Belastung von Gewässern durch saure Depositionen. – In: GUDERIAN & GUNKEL (Hrsg.), Handbuch der Umweltveränderungen und Ökotoxikologie. – Aquatische Systeme **3A**: 338–325. – Springer, Berlin usw.
STEINER, H.A. & LEITNER, J. (1997): Technische und ökologische Problemlösungsansätze am Beispiel der Ausleitungsstrecke des Draukraftwerkes Rosegg - St. Jakob. – Bayr. Akad. Natursch. Landschaftspl. (Laufener Seminarbeiträge 4/97), Laufen, 135–146.
STELCZER, K. (1968): Der Geschiebeabschliff. – Die Wasserwirtschaft **58**: 260–269.
STEWARD, K.M. & HOLLAN, E. (1984): Physical model study of Lake Constance. – Schweiz. Z. Hydrol. **46**: 5–40.
STIBOR, H. & LÜNING, J. (1994): Predator-induced phenotypic variation in the pattern of growth and reproduction in *Daphnia hyalina* (Crustacea: Cladocera). – Functional Ecology **8**: 97–101.
STRAŠKRABA, M. (1976): Empirische und analytische Eutrophierungsmodelle. – EUTROSYM, Karl-Marx-Stadt, 365–385.
STRAŠKRABA, M. & GNAUCK, A. (1983): Aquatische Ökosysteme – Modellierung und Simultation. – Fischer, Jena.
STRAUCH, D. (1988): Anforderungen an die hygienische Beschaffenheit von Klärschlamm. – Ber. ATV **38**: 81–98.
STREBLE, H. & KRAUTER, D. (2002): Das Leben im Wassertropfen. Mikroflora und Mikrofauna des Süßwassers. 9. Aufl. – Frankh-Kosmos, Stuttgart.
STREETER, H.W. & PHELPS, E.B. (1925): Study of the pollution and natural purification of Ohio River. III. Factors concerned in the phenomena of oxidation and reaeration. – Bull. U.S. Public Health Service No **116**: 1–75.
STREICHSBIER, F. (1977): Stoffumsatzaktivitäten von Bakterienpopulationen in stadtnahen Fließgewässern. – Wasser und Abwasser **1976/77**: 345–363.
STREIT, B. & KENTNER, E. (1992): Umweltlexikon. – Herder, Freiburg/Br.
STREIT, B. & SCHWOERBEL, J. (1976): Experimentelle Untersuchungen über die Akkumulation und Wirkung von Herbiziden bei benthischen Süßwassertieren. – Verh. Ges. Ökol. (Göttingen): 371–383.
STRICKLER, A. (1923): Beitrag zur Frage der Geschwindigkeitsformel und der Rauhigkeitszahlen für Ströme, Kanäle und geschlossene Leitungen. – Eidg. Amt f. Wasserwirtschaft, Mitt. Nr. 16.
STRONG, A.E. & EADIE, B.J. (1978): Satellite observations of calcium carbonate precipitations in Great Lakes. – Limnol. Oceanogr. **23**: 877–887.

STRÜDER-KYPKE, M.C. & SCHÖNBORN, W. (1999): Periphyton and sphagnicolous protists of dystrophic bog lakes (Brandenburg, Germany). Characteristic species and trophy of the lakes. – Limnologica **29**: 407–424.

STUGREN, B. (1986): Grundlagen der Allgemeinen Ökologie. 4. Aufl. – Fischer, Jena.

STUMPF, M., TERNES, T.A., HABERER, K., SEEL, P. & BAUMANN, W. (1996a): Nachweis von Arzneimittelrückständen in Kläranlagen und Fließgewässern. – Vom Wasser **86**: 291–303.

STUMPF, M., TERNES, T.A., HABERER, K. & BAUMANN, W. (1996b): Nachweis von natürlichen und synthetischen Östrogenen in Kläranlagen und Fließgewässern. – Vom Wasser **87**: 251–261.

SUCCOW, M. & JOOSTEN, H. (Hrsg.) (2001): Landschaftsökologische Moorkunde. 2. Aufl. – Fischer, Jena.

SUMPTER, J.P. & JOBLING, S. (1995): Vitellogenesis as a biomarker for estrogenic contamination of the aquatic environment. – Environ. Health Perspect **103** (Suppl.): 173–178.

SUNDBOM, M. & VREDE, T. (1997): Effects of fatty acid and phosphorus content of food on the growth, survival and reproduction of *Daphnia*. – Freshwat. Biol. **38**: 665–674.

SUTCLIFFE, D.W. & CARRICK, T.R. (1973): Studies on mountain streams in the English Lake District. I. pH, calcium and the distribution of invertebrates in River Duddon. – Freshwat. Biol. **3**: 437–462.

SUTCLIFFE, D.W. & JONES, J.G. (eds.) (1992): Eutrophication: Research and application to water supply. – Freshwater Biological Association, Ambleside.

SZCZEPAŃSKI, A. (1965): Deciduous leaves as a source of organic matter in lakes. – Bull. Acad. Pol. Sci. Cl. **II 13**: 215–217.

SZELAG-WASIELEWSKA, E. (1993): Phytoplankton in the littoral and pelagial of the Lake Miedwie. – Verh. Internat. Verein. Limnol. **25**: 662–665.

TAKEUCHI, K. (1996): Future of reservoirs and their management criteria. – In: 3. IHP/IAH5 George Kovacs Colloquium, Risk, reliability, uncertainty and robustness of water resources systems. – UNESCO, Paris.

TALLING, J.F. & TALLING, L.B. (1965): The chemical composition of African lake waters. – Int. Rev. ges. Hydrobiol. **50**: 421–463.

TAYLOR, W.R. (1964): Light and photosynthesis in intertidal benthic diatoms. – Helgol. Wiss. Meeresunters. **10**: 29–37.

TCHEPILSKA, L.N., DETCHEVA, R.B. & TONCHEVA-PANOVA, T.G. (1985): Effect of reglone and gramoxone on bacteria, protozoa and algae. – Hydrobiology (Sofia) **25**: 42–50.

TERZIEVA, S.I., DANON, S.E., DETCHEVA, R.B. & TONCHEVA-PANOVA, T.G. (1985): Effect of some heavy metals (copper, lead, zinc, cadmium) on bacteria, protozoa and algae. – Hydrobiology (Sofia) **25**: 30–41.

TESSENOW, U. (1964): Experimentaluntersuchungen zur Kieselsäurerückführung aus dem Schlamm der Seen durch Chironomidenlarven (*Plumosus*-Gruppe). – Arch. Hydrobiol. **60**: 497–504.

TESSENOW, U. (1966): Untersuchungen über den Kieselsäuregehalt der Binnengewässer. – Arch. Hydrobiol., Suppl. **32**: 1–136.

TESSENOW, U. & BAYNES, Y. (1978): Redoxchemische Einflüsse von *Isoetis lacustris* L. im Litoralsediment des Feldsees (Hochschwarzwald). – Arch. Hydrobiol. **82**: 20–48.

THIENEMANN, A. (1925): Die Binnengewässer Mitteleuropas (Reihe: Die Binnengewässer I). – Schweizerbart, Stuttgart.

THIENEMANN, A. (1928): Der Sauerstoff im eutrophen und oligotrophen See. Ein Beitrag zur Seetypenlehre. (Reihe: Die Binnengewässer IV). – Schweizerbart, Stuttgart.

THIENEMANN, A. (1950): Verbreitungsgeschichte der Süßwassertierwelt Europas. (Reihe: Die Binnengewässer XVIII). – Schweizerbart, Stuttgart.

THORNTON, K., KIMMEL, W. & PAYNE, F. (eds.) (1990): Reservoir limnology: Ecological Perspectives. – A Wiley-Interscience Publication.

THYSSEN, N. & ERLANDSEN, M. (1987): Reaeration of oxygen in shallow, macrophyte rich streams: II. Relationships between the reaeration rate coefficient and hydraulic properties. – Int. Rev. ges. Hydrobiol. **72**: 575–597.

TILMAN, D. (1982): Resource competition and community structure. – In: MAY (ed.), Monographs in Population Biology **17**. – University Press, Princeton.

TILMAN, D. & STERNER, R.W. (1984): Invasions of equilibria: tests of resource competition using two species of algae. – Oecologia **61**: 197–200.

TILZER, M.M. (1988): Secchi disk-chlorophyll relationship in a lake with highly variable phytoplankton biomass. – Hydrobiologia **162**: 163–171.

TILZER, M.M. (2000): Control factors of planktonic population dynamics: A review. – In: BERMAN et al., Limnology and lake management 2000+. – Arch. Hydrobiol., Advanc. Limnol. **55**: 471–491.

TIMM, T. (1993): Unterschiede in Eibiologie und Habitatbindung zwischen *Prosimulium tomosvaryi* (Prosimulini) und verschiedenen Simuliini (Diptera, Simuliidae). – Int. Rev. ges. Hydrobiol. **78**: 95–106.

TIMM, T. & KLOPP, F. (1993): Die Ursachen unterschiedlicher Verteilungsmuster der Kriebelmücken in zwei Bächen des Niederbergischen Landes. – Essener Ökologische Schriften **2**: 121–145.

TIMM, T. & OHLENFORST, F.H. (1994): Der grundwassergeprägte Tieflandbach. – Limnologica **24**: 213–229.

TIMM, T. & SOMMERHÄUSER, M. (1993): Bachtypen im Naturraum Niederrheinische Sandplatten – Ein Beitrag zur Typologie der Fließgewässer des Tieflandes. – Limnologica **23**: 381–394.

TIPPNER, M. (1972): Beitrag zur Ermittlung von Gesetzmäßigkeiten der Geschiebebewegung im Oberrhein zwischen Freistett und Worms. – DGM **16**: 98–104.

TITTIZER, TH. (1997): Ausbreitung aquatischer Neozoen (Makrozoobenthos) in den europäischen Wasserstraßen, erläutert am Beispiel des Main-Donau-Kanals. – Schriftenreihe Bundesamt Wasserwirtschaft **4**: 113–134.

TITTIZER, TH. & KREBS, F. (Hrsg.) (1996): Ökosystemforschung: Der Rhein und seine Auen – eine Bilanz. – Springer, Berlin usw.

TITTIZER, TH. & SCHÖLL, F. (1993): Leben an der Stromsohle des Rheins. – Biologie in unserer Zeit **23** (4): 248–253.

TOLLS, J., KLOEPPER-SAMS, P. & SIJM, D.T.H.M. (1997): Surfactant bioconcentration – a critical review. – Chemosphere **29**: 693–717.

TOMAJKA, J. (1985): Der Einfluß von Erdölkohlenwasserstoffen auf die Prozesse der Photosynthese und der Dissimilation im Wasser der Donau. – Práce Laboratoria ry bárstva a hydrobiologie **5**: 33–45 (tsch. m. dtsch. Zus.).

TOWNSEND, C.R., SCARSBROOK, M.R. & DOLÉDEC, S. (1997): The intermedial-disturbance hypothesis, refugia and biodiversity in streams. – Limnol. Oceanogr. **42**: 938–949.

TRAAEN, T.S., ORMEROD, K.S. & EFRAIMSEN, H. (1972): Heterotrophic growth in indoor research channels, self-purification and production. – Verh. Internat. Verein. Limnol. **18**: 891–895.

TRÉMOLIÈRES, M., EGLIN, J., ROECK, U. & CARBIENER, R. (1993): The exchange processes between river and groundwater on the central Alsace floodplain. I. The case of the canalised River Rhine. – Hydrobiologia **254**: 133–148.

TREMP, H. & KOHLER, A. (1993): Wassermoose als Versauerungsindikatoren. Praxisorientierte Bioindikationsverfahren mit Wassermoosen zur Überwachung des Säurezustandes von pufferschwachen Fließgewässern. – Landesamt für Umweltschutz Baden-Württemberg, Karlsruhe.

TÜMPLING, W. v. (1968): Probleme der Klassifizierung der Wasserbeschaffenheit aus biologischer Sicht. – Fortschr. Wasserchemie **9**: 141–156.

TÜMPLING, W. v. (1969): Zur Klassifizierung der Wasserbeschaffenheit aus biologischer Sicht. – Wiss. Z. Univ. Rostock, Math.-Naturw. R. **18**: 793–798.

TUNDISI, J.G. et al. (1984): Mixing patterns in Amazon lakes. – Hydrobiologia **108**: 3–15.

TUNDISI, J.G., CALIJURI, M.C., MATSUMURA-TUNDISI, T. & ROCHA, O. (1987): The ecological significance of the metalimnion in Lakes D. Helvecio and Carioca. – In: SAIJO & TUNDISI (eds.), Limnological studies in Rio Doce Valley Lakes and Patanal Wetland, Brazil. – Water Research Institute Nagoya University, 137–146.

UHLMANN, D. (1966): Produktion und Atmung im hypertrophen Teich. – Verh. Internat. Verein. Limnol. **16**: 934–941.

UHLMANN, D. (1972): Das Staugewässer als offenes System und als Reaktor. – Verh. Internat. Verein. Limnol. **18**: 761–778.

UHLMANN, D. (1973): Störungen des biologischen Gleichgewichts in Gewässern. – Abh. Sächs. Akad. Wiss. **52**: 1–17.

UHLMANN, D. (1977): Möglichkeiten und Grenzen einer Regenerierung geschädigter Ökosysteme. – Sitz. Ber. Sächs. Akad. Wiss. Leipzig **112** (5).

UHLMANN, D. (1988): Hydrobiologie. Ein Grundriß für Ingenieure und Naturwissenschaftler. 3. Aufl. – Fischer, Jena.

Umweltbundesamt (UBA) (1997): Daten zur Umwelt. Der Zustand der Umwelt in Deutschland. – E. Schmidt, Berlin usw.

VAILANT, F. (1956): Recherches sur la faune madicole de France, de Corse et d'Afrique du nord. – Mem du Museum National d'Histoire Naturelle, Serie A Zoologie: 1–258.

VALKANOV, A. (1968): Das Neuston. – Limnologica **6**: 381–403.

VAN DE BUND, W.J., GOEDKOOP, W. & JOHNSON, R. (1994): Effect of deposit-feeder on bacterial production and abundance in profundal lake sediment. – J. N. Amer. Benthol. Soc. **13**: 532–539.

VAN DER KRAAK, G.J., MUNKITTRICK, K.R., MCMASTER, M.E., PORTT, C.B. & CHANG, J.P. (1992): Exposure to bleached kraft pulp mill effluents disrupts the pituitary-gonadal axis of white sucker at multiple sites. – Toxicol. Applied Pharmacol. **115**: 224–233.

VAN DER VEEN, A. & ZACHMANN, D.W. (2000): Schwermetalle in einer Elbaue bei Wittenberge. – In: FRIESE, WITTER, MIEHLICH & RODE: Stoffhaushalt von Auenökosystemen. Böden und Hydrologie, Schadstoffe, Bewertungen. – Springer, Berlin usw., 199–217.

VAN DER VEER, B.,VAN NIEUWENHUYZE, R.F. & DONZE, M. (1993): Accumulation of blue-green algal scums in small harbours and its prevention. – Ver. Internat. Verein. Limnol. **25**: 610–613.

VAN DONK, E. (1989): The role of fungal parasites in phytoplankton succession. – In: SOMMER (ed.), Plankton ecology: Succession in plankton communities. – Springer, Berlin usw.

VAN DONK, E., DE DECKERE, E., KLEIN BRETELER, J.P.G. & MEULEMANS, J.T. (1994): Herbivory by waterfowl and fish on macrophytes in a biomanipulated lake: effects on long-term recovery. – Verh. Internat. Verein. Limnol. **25**: 2139–2143.

VAN DONK, E., GULATI, R.D. & GRIMM, M.P. (1989): Food web manipulation in Lake Swemlust: positive and negative effects during the first two years. – Hydrobiol. Bull. **23**: 19–34.

VANNOTE, R.L., MINSHALL, G.W., CUMMINS, K.W., SEDELL, J.R. & CUSHING, C.E. (1980): The river continuum concept. – Can. J. Fish. Aquat. Sci. **37**: 130–177.

VARESCHI, E & JACOBS, J. (1985): The ecology of Lake Nakuru. VI. Synopsis of production and energy flow. – Oecologia **65**: 412–424.

VDFF (Verband Deutscher Fischereiverwaltungsbeamter und Fischereiwissenschaftler) (1997): Fischwanderhilfen – Notwendigkeit, Gestaltung, Rechtsgrundlagen. – Schriftenreihe d. Verbandes H. **11**: 1–113.

VENTZ, D. (1972): Die Einzugsgebietsgröße, ein Geofaktor für den Trophiezustand stehender Gewässer. – Fortschr. Wasserchem. **14**: 105–118.

VILA, X. & ABELLA, C.A. (1993): Comparison of light spectral distribution in some waterbodies of Banyoles area (Girona, Spain). – Verh. Internat. Verein Limnol. **25**: 100–104.

VILACLARA, G., CHÁVEZ, M., LUGO, A., GONZÁLEZ, H. & GAYTÁN, M. (1993): Comparative description of crater-lakes basic chemistry in Puebla State, Mexico. – Verh. Internat. Verein. Limnol. **25**: 435–440.

VINBERG, G.G. (1972): Biological productivity of different types of lakes. – In: KAJAK & HILLBRICHT-ILKOWSKA, Productivity problems of freshwaters. – Proceed. IBP-UNESCO Symp. PWN Warszawa-Krakow, 383–404.

VINCENT, W.F. (1988): Microbial ecosystems of Antarctica. – University Press, Cambridge.

VINCENT, W.F. & GOLDMAN, C.R. (1980): Evidence for algal heterotrophy in Lake Tahoe, California-Nevada. – Limnol. Oceanogr. **25**: 89–99.

VISCHER, D. & HAGER, W.H. (1992): Hochwasserrückhaltebecken. – VDF, Zürich.

VISCHER, D. & HUBER, A. (1978): Wasserbau. – Springer, Berlin usw.

VOGELSANG, D. (1989): Grundwasser. – Springer, Berlin, Heidelberg.

VOLLENWEIDER, R. (1968): Die wissenschaftlichen Grundlagen der Seen- und Fließgewässereutrophierung unter besonderer Berücksichtigung des Phosphors und des Stickstoffs als Eutrophierungsfaktoren. – OECD – Report DAS/CSJ **69**.

VOLLENWEIDER, R.A. (ed.) (1969): A manual on methods for measuring primary production in aquatic environments. – IBP Handbook **12**, Oxford, Edinburg.

VOLLENWEIDER, R. & KEREKES, J. (1982): OECD cooperative programme for monitoring of inland waters (eutrophication control) – Synthesis Report, Paris.

VOLLENWEIDER, R.A., RAST, W. & KEREKES, J. (1980): The phosphorus loading concept and Great Lakes eutrophication. – In: LOEHR, MARTIN & RAST (eds.), Phosphorus management strategies for lakes. – Ann. Arbor Science, Ann. Arbor MI, 207–234.

VOOGT, L. (1989): Rendement van een biologisch filter. – Institute of Inland Water-Management and Waste Water Treatment, report 89. 036x, Dordrecht.

VOUK, V. (1950): Grundriß einer Balneobiologie der Thermen. – Birkhäuser, Basel.

VYHNÁLEK, V., SEDA, J. & NEDOMA, J. (1993): Fate of the spring phytoplankton bloom in Rimov Reservoir (Czechoslovakia): Grazing, lysis and sedimentation. – Verh. Internat. Verein. Limnol. **25**: 1192–1195.

WACHS, B. (1963): Zur Kenntnis der Oligochaeten der Werra. – Arch. Hydrobiol. **59**: 508–514.

WACHS, B. (1985): Bioindicators for the heavy metal load of river ecosystems. – Sym. Biol. Hung. **29**: 179–190.

WAGNER, A., BOLLENBACH, M. & HÜLSMANN, St. (1999): Der Zusammenbruch einer Daphnien-Population II: Die Rolle des Fraßdruckes der 0+Fische und evertebraten Räuber. – Deutsche Gesellschaft für Limnologie (DGL) –Tagungsbericht (Klagenfurt): 700–704.

WAGNER, F. (2000): Verteilung fliegender merolimnischer Insekten im Nahbereich eines kleinen Fließgewässers, Leutra (Thüringen). – Deutsche Gesellschaft für Limnologie (DGL) –Tagungsbericht (Rostock): 262–267.

WALLACE, J.B., ROSS, D.H. & MEYER, J.L. (1982): Seston and dissolved organic carbon dynamics in a southern Appalachian stream. – Ecology **63**: 824–838.

WALLACE, R.L. & STARKEWEATHER, P.L. (1985): Clearance rates of sessile rotifers: in vitro determinations. – Hydrobiologia **121**: 139–144.

WALTER, G. & BAUER, K. (1972): Komplexanalyse langjähriger Kontrollergebnisse der Wasserbeschaffenheit von Fließgewässern. – Verh. Internat. Verein. Limnol. **18**: 927–933.

WALTERS, K.H. & SMOCK, L.A. (1991): Cellulase activity of leaf litter and stream-dwelling shredder macroinvertebrates. – Hydrobiologia **220**: 29–35.

WANG, W.-C. (1969): Variation of silica and diatoms in a stream. – Limnol. Oceanogr. **14**: 941– 944.

WANTZEN, M. (1992): Das hyporheische Interstitial der Rheinsohle. – Deutsche Gesellschaft für Limnologie (DGL) – Tagungsbericht (Konstanz), 460–463.

WARD, J.V. (1976): Comparative limnology of differentially regulated sections of a Colorado mountain river. – Arch. Hydrobiol. **78**: 319–342.

WARD, J.V. (1985): Thermal characteristics of running waters. – Hydrobiologia **125**: 31–46.

WARINGER, J.A. (1989): Resistance of a cased caddies larva to accidental entry into the drift: the contribution of active and passive elements. – Freshwat. Biol. **21**: 411–420.

WARWICK, W.F. (1990): The use of morphological deformities in chironomid larvae for biological effects monitoring. – National Hydrology Research Institute Paper **43** (Inland Water Directorate **173**).

WASHBOURN, J.O.et al. (1988): Predator induced trophic shift of a free-living ciliate: Parasitism of mosquito larvae by their prey. – Science **240**: 1193–1195.

WATSON, J.A.L., ARTHINGTON, A.H. & CONRICK, D.L. (1982): Effect of sewage effluent on dragonflies (Odonata) of Bulimba Creek, Brisbane. – Austr. J. Mar. Freshwat. Res. **33**: 517–528.

WEIDER, L.J. & HEBERT, P.D. (1987): Ecological and physiological differentiation among low-arctic clones of *Daphnia pulex*. – Ecology **68**: 188–198.

WEIGAND, E. (1999): Biodiversität in alpinen Karstquellsystemen (Nationalpark Kalkalpen, Österreich). – Deutsche Gesellschaft für Limnologie (DGL) – Tagungsbericht (Klagenfurt), 149–153.

WEISE, G., BURGER, G., FUCHS, S. & SCHÜRMANN, L. (1985): Zum Einfluß von Rückständen von Zink- und Bleiverbindungen im Wasser auf die Assimilation von *Fontinalis antipyretica*. – Acta hydrochim. hydrobiol. **13**: 25–34.

WEISSE, T. (1990): Trophic interactions among heterotrophic microplankton, nanoplankton, and bacteria in Lake Constance. – Hydrobiologia **191**: 111–122.

WENTZEL, M.C., EKAMA, G.A., MARAIS, G.V.R. (1990): Biological excess phosphorus removal – Steady state process design. – Water S. A. **16**: 29–48.

WESENBERG-LUND, C. (1939): Biologie der Süßwassertiere. – Springer, Wien.
WESENBERG-LUND, C. (1943): Biologie der Süßwasserinsekten. – Springer, Wien.
WESTRICH, B. (1988): Fluvialer Feststofftransport – Auswirkungen auf die Morphologie und Bedeutung für die Gewässergüte. – Schriftenreihe GWF Wasser Abwasser **22**, Oldenbourg, München, Wien.
WETZEL, A. (1969): Technische Hydrobiologie. Trink-, Brauch- und Abwasser. – Geest & Portig, Leipzig.
WETZEL, R.G. (ed.) (1983a): Periphyton of freshwater ecosystems. – Developments in Hydrobiology **17**, Junk, The Hague usw.
WETZEL, R.G. (1983b): Limnology. 2. Aufl. – Saunders Comp., Philadelphia usw.
WETZEL, R.G. (1991): Extracellular enzymatic interactions in aquatic ecosystems: Storage, redistribution, and interspecifc communication. – In: CHROST (ed.), Microbial Enzymes in Aquatic Environments. – Springer, New York usw.: 6–28.
WETZEL, R.G., HATCHER, P.G. & BIANCHI, T.S. (1995): Natural photolysis by ultraviolet irradiance of recalcitrant dissolved organic matter to simple substrates for rapid bacterial metabolism. – Limnol. Oceanogr. **40**: 1369–1380.
WETZEL, R.G. & MANNY, B.A. (1972): Decomposition of dissolved organic carbon and nitrogen compounds from leaves in an experimental hardwater stream. – Limnol. Oceanogr. **17**: 927–931.
WETZEL, R.G., RICH, P.H., MILLER, M.C. & ALLEN, H.L. (1972): Metabolism of dissolved and particulate detrital carbon in a temperate hard-water lake. – Mem. Ist. Ital. Idrobiol. **29** (Suppl.): 185–243.
WHITE, D.S. (1993): Perspectives on defining and delineating hyporheic zones. – J. N. Amer. Benthol. Soc. **12**: 61–64.
WHITE, R.J. (1979): Stream habitat management. – In: TEAGUE (ed.), A manual of wildlife conservation. – The Wildlife Society, Washington, D.C.
WHITE, W.S. & WETZEL, R.G. (1985): Association of vitamin B_{12} with calcium carbonate in hardwater lakes. – Arch. Hydrobiol. **104**: 305–309.
WHITFORD, L.A. & SCHUMACHER, G.J. (1961): Effect of current on mineral uptake and respiration by a fresh-water alga. – Limnol. Oceanogr. **6**: 423–425.
WHITTON, B.A. (ed.) (1984): Ecology of European rivers. – Blackwell Scientific Publications, Oxford usw.
WHITTON, B.A. & ROTT, E. (eds.) (1996): Use of algae for monitoring rivers II. – Rott, Inst. f. Botanik, Innsbruck.
WICHARD, W., ARENS, W. & EISENBEIS, G. (1995): Atlas zur Biologie der Wasserinsekten. – Fischer, Stuttgart usw.
WIEGART, R.G. & FRALEIGH, P.C. (1972): Ecology of Yellostone thermal effluent systems: Net primary production and species diversity of a successional blue-green algal mat. – Limnol. Oceanogr. **17**: 215–228.
WIGGINS, G.B., MACKAY, R.J. & MAYNARD SMITH, J. (1980): Evolutionary and ecological strategies of animals in annual temporary pools. – Arch. Hydrobiol., Suppl. **58**: 97–206.
WILKEN, R.D. & WEILER, K. (1986): Quecksilbermaxima im Schwebstoff der Elbe. – DGM **30**: 19–20.
WILLIAMS, D.D. (1987): The ecology of temporary waters. – Croom Helm and Timber Press, Portland OR, USA.
WILLIAMS, D.D. (1997): Temporary ponds and their invertebrate communities. – Aquat. Conserv.: Mar. Freshwat. Ecosyst. **7**: 105–107.
WILLIAMS, D.D. & HYNES, H.B.N. (1976): The ecology of temporary streams. I. The faunas of two Canadian streams. – Int. Rev. ges. Hydrobiol. **69**: 761–787.
WILLIAMS, D.D. & WILLIAMS, N.E. (1976): Aspects of the ecology of the faunas of some brackishwater pools on the St. Lawrence North Shore. – Can. Field-Nat. **90**: 410–415.
WILLIAMS, W.D. (1987): Salinization of rivers and streams: An important environmental hazard. – Ambio **16**: 180–185.
WILLIAMS, W.D. (ed.) (1981): Salt lakes. – Junk, The Hague usw.
WISOTZKY, F. (1994): Untersuchungen zur Pyritoxidation in Sedimenten des Rheinischen Braunkohlenreviers und deren Auswirkungen auf die Chemie des Grundwassers. – Dtsch. Gewässerkdl. Jahrb., Besond. Mitt. **58**: 1–153.

WISSING, F. (1995): Wasserreinigung mit Pflanzen. – Ulmer, Stuttgart.

WITTE, F., GOLDSCHMIDT, T., WANING, J., VAN OIJEN, M.J.P., GOUDSWAARD, P.C., WITTE-MAAS, E.L.M. & BOUTTON, N. (1992): The destruction of an endemic species flock: quantitative data on the decline of the haplochromine cichlids of Lake Victoria. – Environ. Biol. Fish. **34**: 1–28.

WITTMANN, H. (1955): Flußbau. – In: Taschenbuch für Bauingenieure. Bd. 2, 2. Aufl. – Springer, Berlin usw.

WITZEL, K.-P., DEMUTH, J. & SCHÜTT, C. (1993): Viruses. – In: OVERBECK & CHROST (eds.), Microbial ecology of the Plußsee. – Springer, Berlin usw.

WÖLFL, ST., ZIPPEL, B. & PACKROFF, G. (1998): Planktongesellschaften der mitteldeutschen Tagebauseen. – Deutsche Gesellschaft für Limnologie (DGL) – Tagungsbericht (Frankfurt/M.), 376–380.

WONG, S.L. & CLARK, B. (1976): Field determination of the critical nutrient concentration for *Cladophora* in streams. – J. Fish. Res. Bd. Can. **33**: 85–92.

WONG, S.L. & CLARK, B. (1979): The determination of desirable and nuisance plant levels in streams. – Hydrobiologia **63**: 223–230.

WROBEL, J.-P. (1980): Wechselbeziehungen zwischen Baggerseen und Grundwasser in gut durchlässigen Schottern. – GWF - Wasser - Abwasser **121**: 165–173.

WUNDT, W. (1941): Gefällskurve und Mäanderbildung als Folge des Prinzips des kleinen Zwangs. – Deutsche Wasserwirtschaft **36**: 115–120.

YAGI, A. (1990): Dissolved organic manganese in the interstitial water of Lake Fukami-ike. – Jpn. J. Limnol. **51**: 269–279.

YAMAMOTO, A. & SATOH, N. (1992): Distribution of different forms of phosphorus and phosphatase-solubilizing bacteria in the lake sediments of Kidoike, Maruike and Nakanuma. – Bull. Jap. Soc. Microbial Ecol. **7**: 9–17.

ZAUKE, G.P., NIEMEYER, R.G. & GILLES, K.-P. (1995): Bewertung von Aufstaumaßnahmen. Tropen. – In: STEINBERG, BERNHARDT & KLAPPER (Hrsg.), Handbuch Angewandte Limnologie. – Ecomed, Landsberg am Lech: VIII.– 3.2., 5–86.

ZAUNER, G. (1996): Ökologische Studien an Perciden der oberen Donau. – Österr. Akad. Wiss., Wien.

ZEIS, B. & GRIESHABER, M.K. (1998): Einfluß von EDTA auf die Stoffwechselleistung von *Dreissena polymorpha*. – Deutsche Gesellschaft für Limnologie (DGL) – Tagungsbericht (Frankfurt/Main), 540–543.

ZELINKA, M. & MARVAN, P. (1961): Zur Präzisierung der biologischen Klassifikation der Reinheit fließender Gewässer. – Arch. Hydrobiol. **57**: 389–407.

ZIEMANN, H. (1970): Zur Gültigkeit des Saprobiensystems in versalzten Binnengewässern. – Limnologica **7**: 279–293.

ZIEMANN, H. (1971): Die Wirkung des Salzgehaltes auf die Diatomeenflora als Grundlage für eine biologische Analyse und Klassifikation der Binnengewässer. – Limnologica **8**: 505–525.

ZIEMANN, H. (1975): Über den Einfluß der Wasserstoffionenkonzentration und des Hydrogenkarbonatgehaltes auf die Ausbildung von Bergbachbiozönosen. – Int. Rev. ges. Hydrobiol. **60**: 523–533.

ZIEMANN, H. (1997): The influence of different ion ratios on the biological effect of salinity in running waters of Thuringia (Germany). – Limnologica **27**: 19–28.

ZILLIOUX, L. (1994): Porous media and aquifer systems. – In: GIBERT et al. (eds.), Groundwater Ecology. – Academic Press, London, 69–96.

ZIMMERMANN, H. (1997): The microbial community on aggregates in the Elbe estuary, Germany. – Aquat. Microb. Ecol. **13**: 37–47.

ZIMMERMANN-TIMM, H. & BARKMANN, S. (2000): Feeding behaviour of two planktonic freshwater ciliates coexisting during spring time in the eutrophic Belauer See (Bornhövender Seenkette, North Germany). – Limnologica **30**: 222–230.

ZOLLHÖFER, J.M. (1997): Quellen – die unbekannten Biotope im Schweizer Jura und Mittelland. – Bristol-Stiftung, Zürich.

ZÜLLIG, H. (1982): Untersuchungen über die Stratigraphie von Carotinoiden im geschichteten Sediment von 10 Schweizerseen zur Erkundung früherer Plankton-Entfaltungen. – Schweiz. Z. Hydrobiol. **44**: 1–98.

ZUMBROICH, TH., MÜLLER, A. & FRIEDRICH, G. (1999): Strukturgüte von Fließgewässern. Grundlagen und Kartierung. – Springer, Berlin, Heidelberg.

ZUREK, S. (1984): Die Akkumulation organischer Substanz in europäischen Moorgebieten (auf der Basis von ^{14}C-Datierungen). – Proc. 7th Internat. Peat Congr. Dublin **II**. Irish Nat. Peat Committee, Dublin.

ZWICK, P. (1977): Die Plecopterenemergenz zweier Lunzer Bäche 1972–1974. Schlitzer produktionsbiologische Studien (20). – Arch. Hydrobiol. **80**: 458–505.

ZWICK, P. (1990): Emergence, maturation and upstream oviposition flights of Plecoptera from the Breitenbach, with notes on the adult phase as a possible control of stream insect populations. – Hydrobiologia **194**: 207–223.

ZWICK, P. (1993): Ökologie von Fließgewässern. – Biol. unserer Zeit **23**: 316–321.

Sachregister

D

E

M

N

O

P

Organismenregister

Höhere Taxa und besonders spezielle Arten in extremen Lebensräumen sind nicht vollständig im Register aufgeführt (s. diese Lebensräume und auch bei Phyto- und Zooplankton, Zoobenthos und Ernährungstypen).

A

B

F

G

H

I

J

K

L

M

N

O

P

T

U

V

W

Z